钢模板标准通用图册

GANG MUBAN BIAOZHUN TONGYONG TUCE

蔡新宁　李元猛　王成伟　主编

人民交通出版社股份有限公司
China Communications Press Co.,Ltd.

内 容 提 要

本图册以采集、汇编国内公路工程中常用的钢模板类型为主,主要内容包括墩柱、系梁、圆形抱箍、盖梁、吊箱、预制箱梁(空心板梁、T 梁)、三角(菱形)挂篮、墙式护栏、隧道施工台车、涵洞台车等桥涵、隧道常用钢模板设计图纸。本图册实用性与参考性很强,模板图均经过了施工生产一线的大量实践和验证。

本图册可供广大从事工程设计、施工人员在选择设计钢模板时参考使用。

图书在版编目(CIP)数据

钢模板标准通用图册 / 蔡新宁,李元猛,王成伟主编. — 北京:人民交通出版社股份有限公司,2016.5
ISBN 978-7-114-12961-2

Ⅰ. ①钢… Ⅱ. ①蔡… ②李… ③王… Ⅲ. ①钢模板—通用图—图集 Ⅳ. ①TU755.2-64

中国版本图书馆 CIP 数据核字(2016)第 087578 号

书　　名:	钢模板标准通用图册
著 作 者:	蔡新宁　李元猛　王成伟
责任编辑:	孙　玺　李　瑞　卢俊丽
出版发行:	人民交通出版社股份有限公司
地　　址:	(100011)北京市朝阳区安定门外外馆斜街 3 号
网　　址:	http://www.ccpress.com.cn
销售电话:	(010)59757973
总 经 销:	人民交通出版社股份有限公司发行部
经　　销:	各地新华书店
印　　刷:	北京市密东印刷有限公司
开　　本:	880×1230　1/8
印　　张:	66.5
字　　数:	1870 千
版　　次:	2016 年 5 月　第 1 版
印　　次:	2016 年 5 月　第 1 次印刷
书　　号:	ISBN 978-7-114-12961-2
定　　价:	300.00 元

(有印刷、装订质量问题的图书由本公司负责调换)

前 言

近年来,交通运输领域内的施工企业均在谋求转型升级,由粗放式经营管控逐渐向精细化、精益化过渡,积极布局实施"一带一路"和"大海外"战略,推动我国由"中国制造"向"中国建造"迈进。作为基础设施重要组成部分的公路桥涵、隧道工程也正值发展的良好契机,为保证桥涵、隧道工程的外观和内在质量,对桥梁、隧道钢模板的需求量也在不断扩张式增长。然而,近年来,桥梁"爆模"导致的灾难性人员伤亡事故和财产损失屡见不鲜,不排除过程中个别加工厂家为追求和实现利润最大化,额外增减一些钢模板构件面板厚度、加劲肋、螺栓(杆)、辅助件等的体积和重量,这样在钢模板起吊就位、组合拼接、部件拆除过程中,势必会增加操作工人和机具的超高危作业风险,继而导致混凝土外观质量降低。模板工程装备和施工应用水平一定程度上也代表了施工企业技术管理能力,优秀的模板设计及应用是保证安全质量、加快进度、降低成本,实现施工企业"提质增效"的重要手段之一。目前钢模板虽然实现了生产的工厂化和机械化,但尚未实现设计和施工的统一化。为贯彻科学发展观,本着设计优化、资源整合、保证安全、降低成本、节约造价的目的,特编制《钢模板标准通用图册》。

本图册贯彻执行了现行国家、行业和地方标准,积极吸收采纳新型模板技术和产品,紧密结合工程施工实际,在保证施工安全的条件下,力争做到技术先进,具备简捷、高效的操作性。由于各地区设计结构类型较多,本图册的内容仅涵盖了公路桥梁工程、隧道施工台车、涵洞施工台车等常用模板图纸,以供读者在选择设计钢模板时参考使用。

本图册的采集与汇编,集合了施工一线18个省、市(自治区)各类在建公路工程项目钢模板使用情况,历时7年,反复优化与综合比选,编者的初衷是为广大工程设计、施工人员提供一个实用的快速查询、选择各种模板设计形式的方式,以提高公路工程常用钢模板的通用性,优化资源配置。具体使用时,要求充分理解设计规范的意图和通用图册的设计本意,结合工程项目的实际情况予以完善。读者可以根据工程项目的具体情况,在本图册的基础上,进一步优化提升某些设计要求,并应在详细的结构受力分析验算后有针对性地予以修正。本图册所有图纸,在理论计算的基础上全部通过了生产一线的大量实践和验证、应用,基本认为安全可靠,期望本通用图册的出版发行,能为建设资源节约型、环境友好型交通发挥一定的启迪和促进作用。

由于该图册编写工作量大,内容繁杂,所需求支撑性技术文件内容广泛,数据资料来源渠道多,加之时间仓促和编者水平所限,对于图册中存在不足之处,欢迎广大读者批评、指正。

编 者

2016年4月

目 录

序号	图 名	图 号
1	直径1.0m圆柱墩模板	图1.1.1
2	直径1.1m圆柱墩模板	图1.1.2
3	直径1.2m圆柱墩模板	图1.1.3
4	直径1.3m圆柱墩模板	图1.1.4
5	直径1.4m圆柱墩模板	图1.1.5
6	直径1.5m圆柱墩模板	图1.1.6
7	直径1.6m圆柱墩模板	图1.1.7
8	1.2m×1.2m方形墩柱	图1.2.1
9	1.4m×1.4m方形墩柱	图1.2.2
10	1.6m×1.6m方形墩柱	图1.2.3
11	1.2m×1.4m方形墩柱	图1.2.4
12	1.2m×1.6m方形墩柱	图1.2.5
13	1.4m×1.6m方形墩柱	图1.2.6
14	方形墩柱材料表	图1.2.7
15	3.5m×6.1m空心方墩	图1.3
16	V形墩模板支架图	图1.4.1
17	V形墩第一次浇筑模板	图1.4.2
18	V形墩第二次浇筑模板	图1.4.3
19	V形墩第三次浇筑模板	图1.4.4
20	矩形薄壁墩	图1.5.1
21	1.1m×5.0m矩形薄壁墩	图1.5.2
22	1.6m×5.0m矩形薄壁墩	图1.5.3
23	3.0m×5.0m矩形薄壁墩	图1.5.4
24	高墩爬模	图1.6
25	滑翻结合	图1.7
26	大悬臂盖梁	图1.8
27	M墩盖梁	图1.9
28	系梁	图2
29	抱箍示意图	图3.1
30	抱箍	图3.2

序号	图 名	图 号
31	盖梁模板细部构造图	图4
32	平板模	图5
33	吊箱	图6
34	13m空心板	图7.1.1
35	16m空心板	图7.1.2
36	20m空心板	图7.1.3
37	20m箱梁	图7.2.1
38	25m箱梁	图7.2.2
39	30m箱梁	图7.2.3
40	40m箱梁	图7.2.4
41	30m(25m)大型箱梁模板方案图	图7.3
42	20mT梁模板	图7.4.1
43	25mT梁模板	图7.4.2
44	30mT梁模板	图7.4.3
45	40mT梁模板	图7.4.4
46	三角挂篮	图8.1

序号	图 名	图 号
47	联体挂篮解体示意图	图8.2.1
48	73m+135m+73m菱形挂篮	图8.2.2
49	1.5m护栏模板	图9
50	双向四车道隧道施工台车	图10.1
51	双向六车道隧道施工台车	图10.2
52	涵洞台车	图11

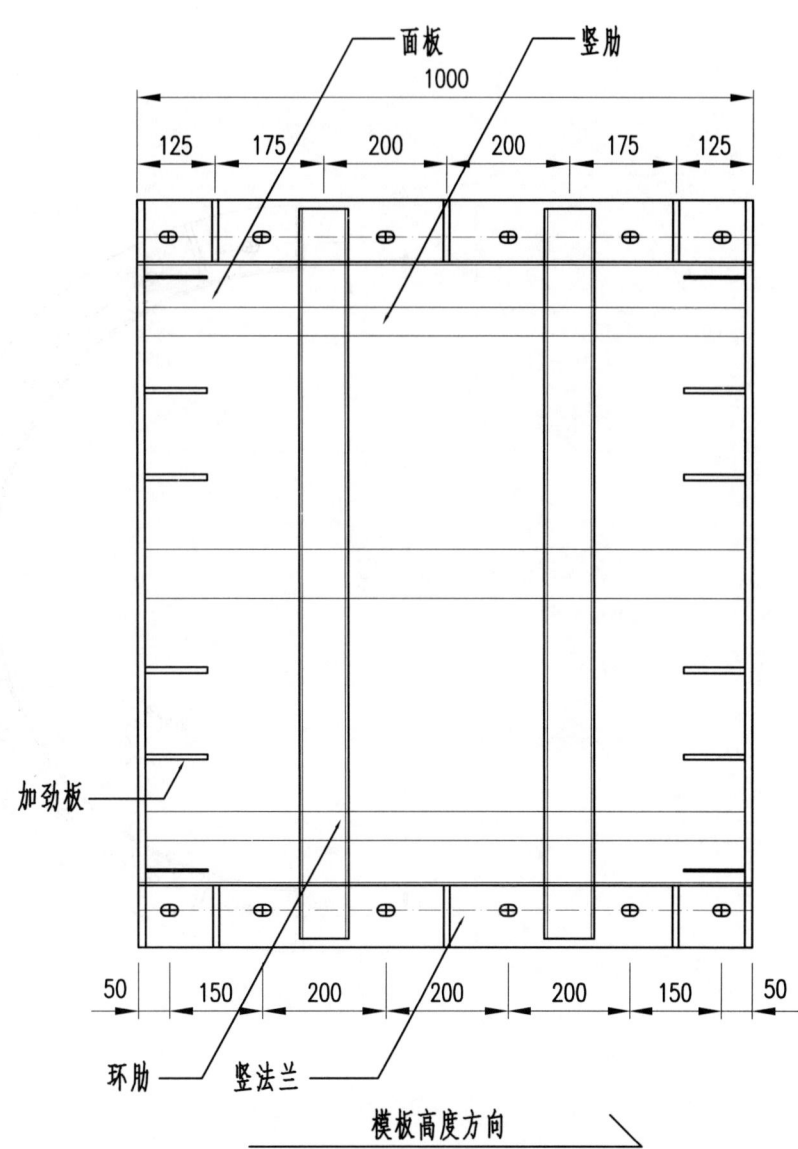

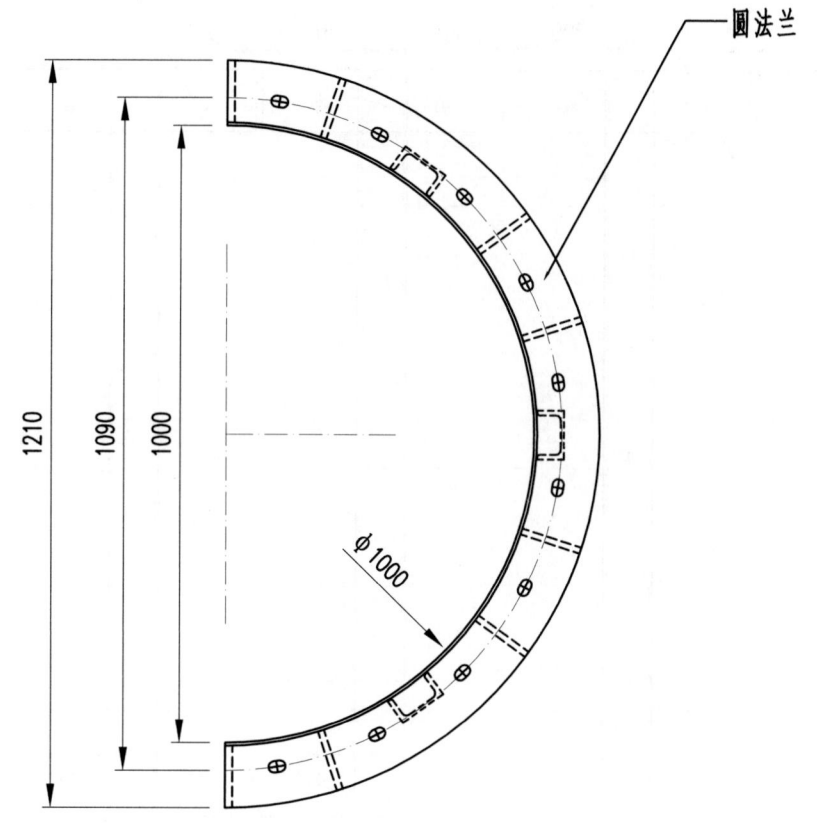

模板质量计算表

圆柱墩直径(mm) 1000		1m一节					
序号	项目名称	型钢型号	长(mm)	宽(mm)	数量	单块质量(kg)	总质量(kg)
1	面板	5mm厚钢板	1000	1570	1	61.62	61.62
2	圆法兰	12mm厚钢板	1727	100	2	16.27	32.54
3	竖法兰	12mm厚钢板	1000	100	2	9	19
4	环肋	[8	1721		2	13.84	27.69
5	竖肋	[8	1000		3	8.05	24.14
6	加劲板	12mm厚钢板	100	100	18	0.39	7
合计							171.89
总计							343.78
每平方米质量							109.49

说明：

1.所有孔的尺寸均为φ18mm×28mm，圆法兰上孔间距为18°，竖肋间加劲板间距为18°，竖法兰上孔间距按照图中标注。

2.图中尺寸以mm计。

直径1.0m圆柱墩模板	材质	Q235	单重	172kg
φ1000mm×1000mm	件数	2	图号	1.1.1-1

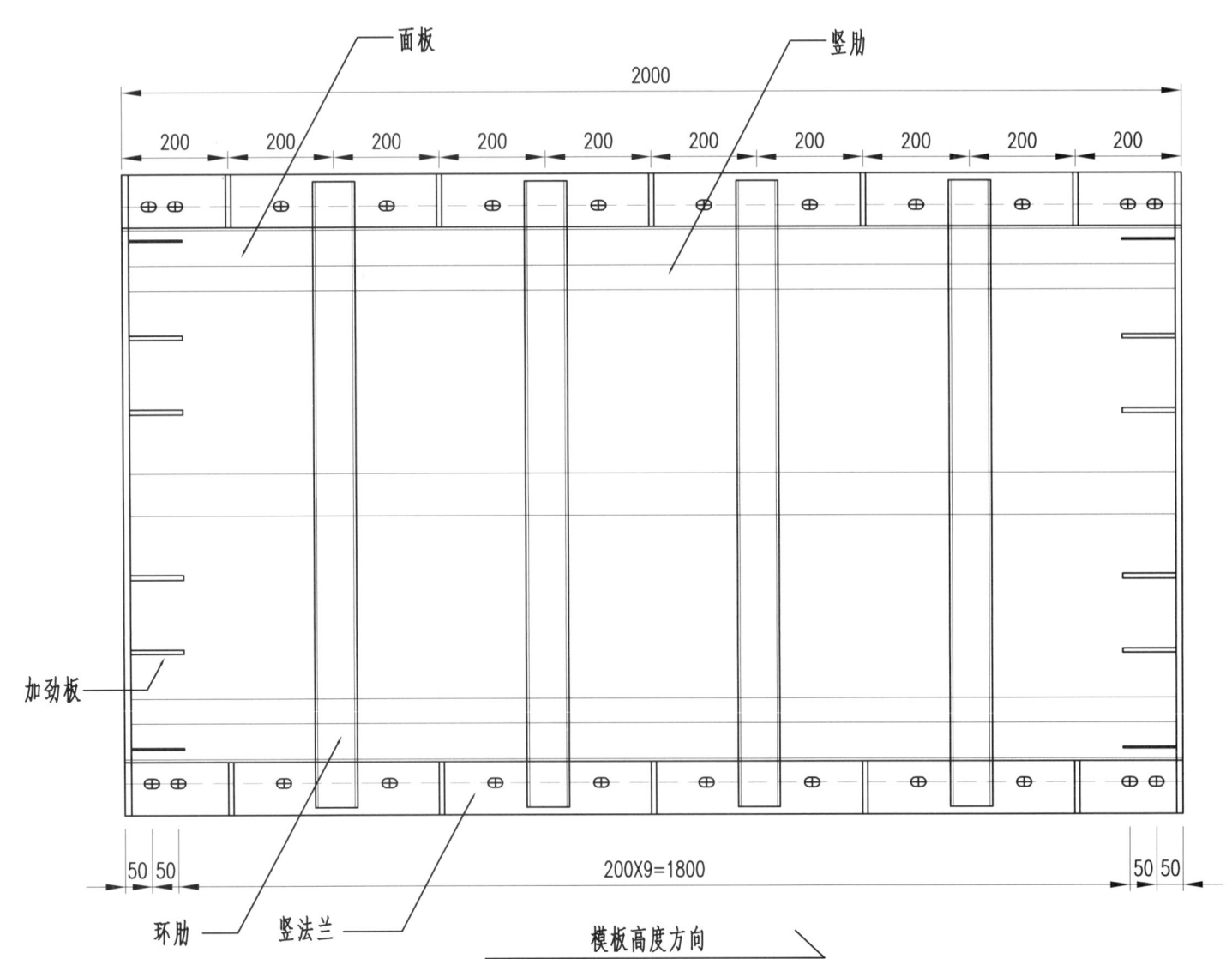
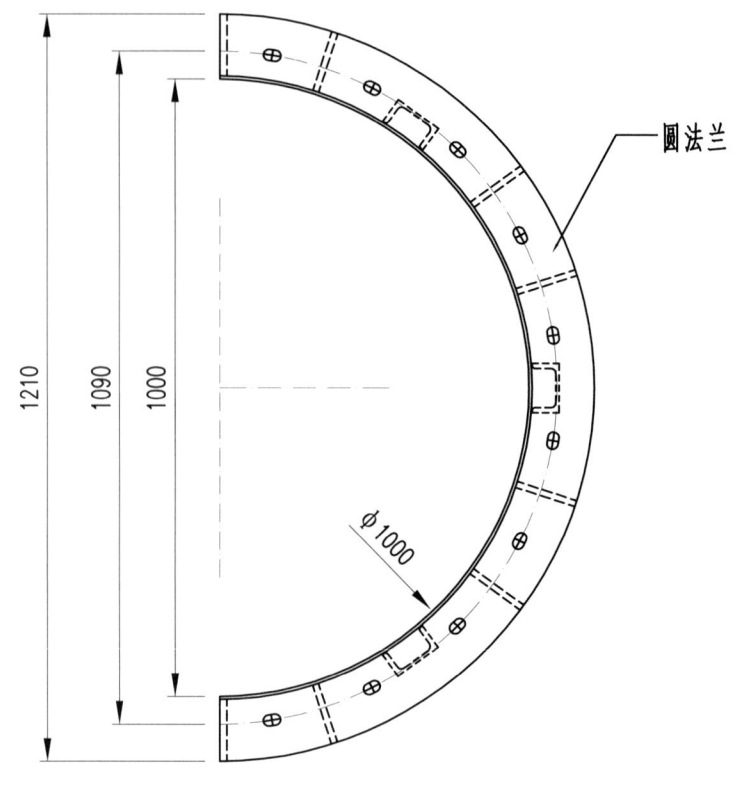

模板质量计算表

圆柱墩直径(mm)						
1000			2m一节			
序号	项目名称	型钢型号	长(mm)	宽(mm)	数量	单块质量(kg)	总质量(kg)
1	面板	5mm厚钢板	2000	1570	1	123.25	123.25
2	圆法兰	12mm厚钢板	1727	100	2	16.27	32.54
3	竖法兰	12mm厚钢板	2000	100	2	18.84	37.68
4	环肋	[8	1721		4	13.84	55.38
5	竖肋	[8	2000		3	6.09	48.28
6	加劲板	12mm厚钢板	100	100	22	0.41	9
合计							305.75
总计							611.50
每平方米质量							97.37

说明：
1. 所有孔的尺寸均为 φ18mm×28mm，圆法兰上孔间距为18°，竖肋间加劲板间距为18°，竖法兰上孔间距按照图中标注。
2. 图中尺寸以mm计。

直径1.0m圆柱墩模板	材质	Q235	单重	306kg
φ1000mm×2000mm	件数	2	图号	1.1.1-2

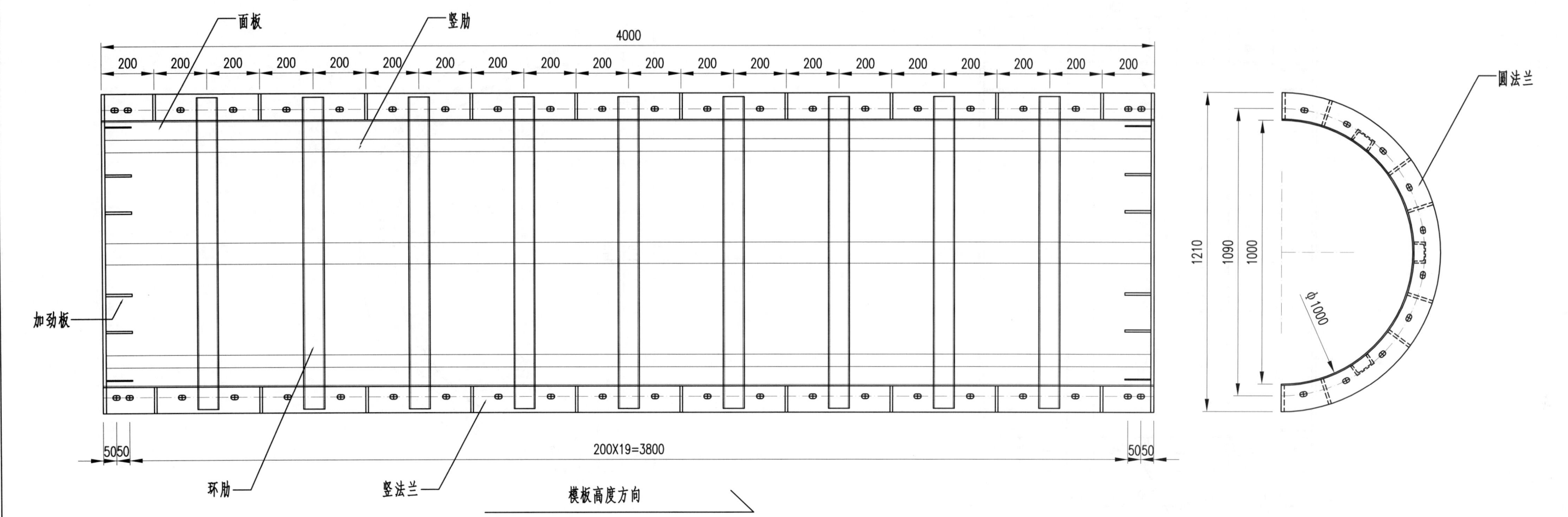

模板质量计算表

圆柱墩直径(mm)		4m一节				
1000						
序号	项目名称	型钢型号	长(mm)	宽(mm)	数量	单块质量(kg)	总质量(kg)
1	面板	5mm厚钢板	4000	1570	1	246.49	246.49
2	圆法兰	12mm厚钢板	1727	100	2	16.27	32.54
3	竖法兰	12mm厚钢板	4000	100	2	37.68	75.36
4	环肋	[8	1721		9	13.84	124.60
5	竖肋	[8	4000		3	32.18	96.55
6	加劲板	12mm厚钢板	100	100	32	0.40	13
合计							588.10
总计							1176.21
每平方米质量							93.65

说明：

1. 所有孔的尺寸均为φ18mmX28mm，圆法兰上孔间距为18°，竖肋间加劲板间距为18°，竖法兰上孔间距按照图中标注。
2. 图中尺寸以mm计。

直径1.0m圆柱墩模板	材质	Q235	单重	588kg
φ1000mm×4000mm	件数	2	图号	1.1.1-3

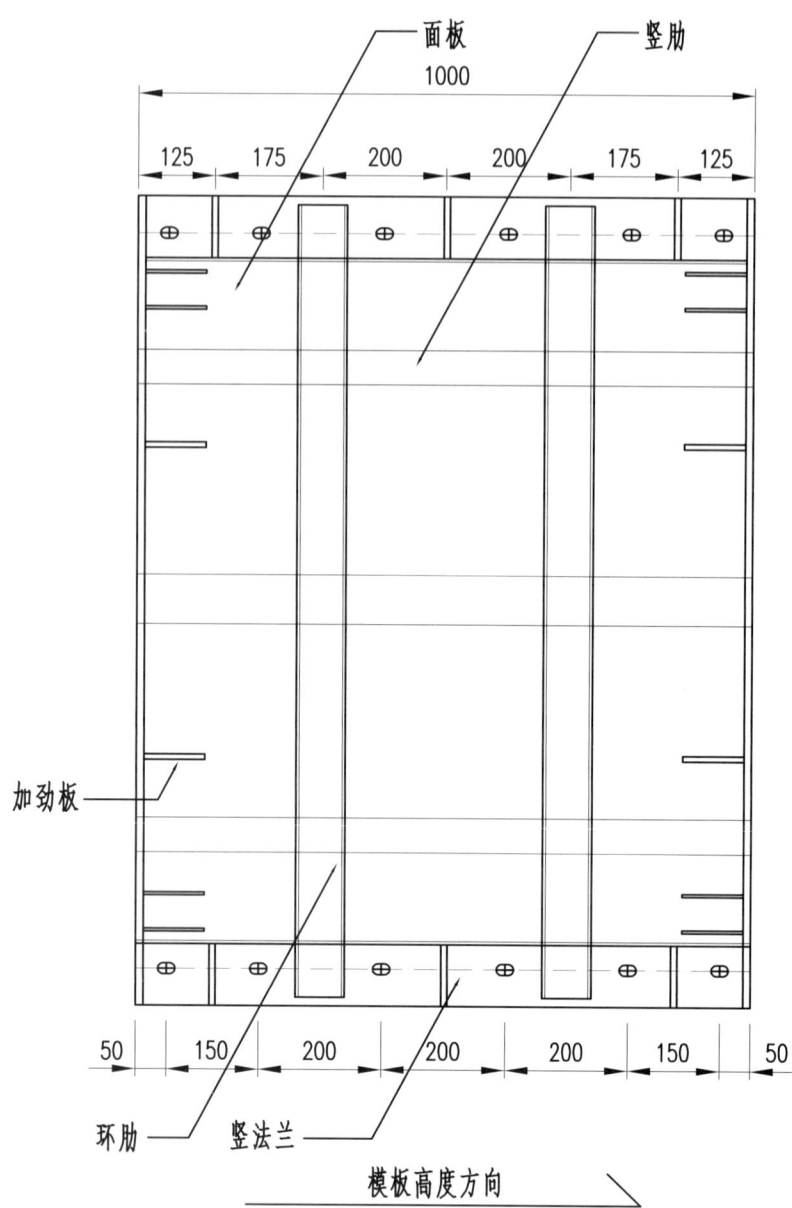

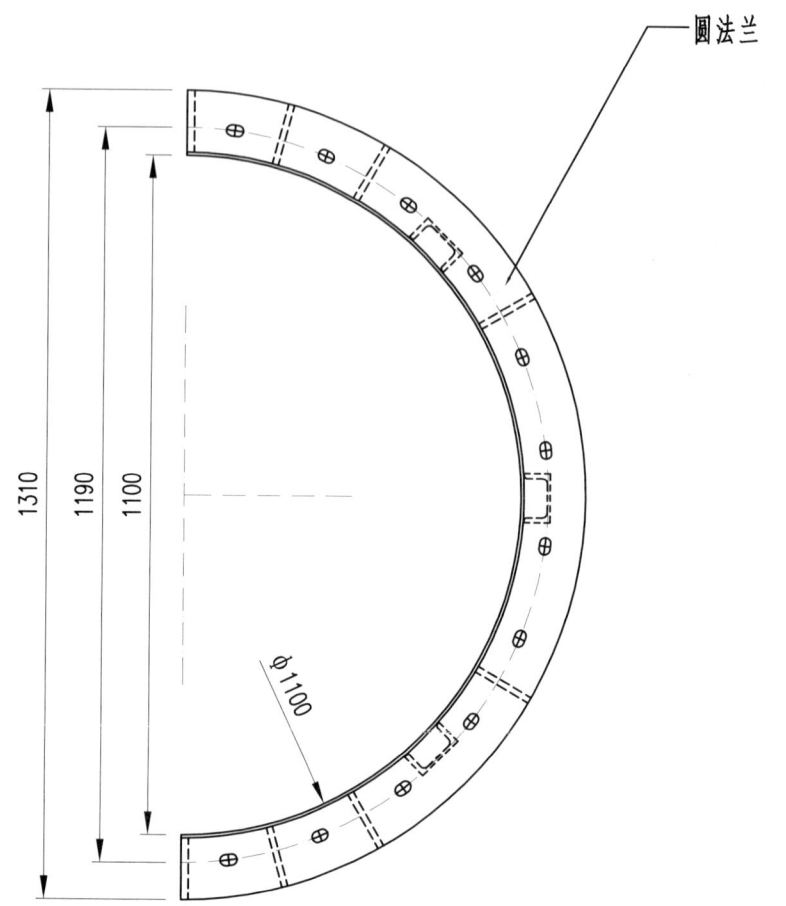

模板质量计算表

圆柱墩直径 (mm) 1100		1m一节					
序号	项目名称	型钢型号	长(mm)	宽(mm)	数量	单块质量(kg)	总质量(kg)
1	面板	5mm厚钢板	1000	1727	1	67.78	67.78
2	圆法兰	12mm厚钢板	1884	100	2	17.75	35.49
3	竖法兰	12mm厚钢板	1000	100	2	9	19
4	环肋	[8	1878		2	15.11	30.22
5	竖肋	[8	1000		3	8.05	24.14
6	加劲板	12mm厚钢板	100	100	18	0.39	7
合计							183.54
总计							367.08
每平方米质量							106.28

说明：

1. 所有孔均为φ18mm×28mm，圆法兰上孔间距为15°，竖肋间加劲板间距为15°，竖法兰上孔间距按照图中标注。
2. 图中尺寸以mm计。

直径1.1m圆柱墩模板	材质	Q235	单重	184kg
φ1100mm×1000mm	件数	2	图号	1.1.2-1

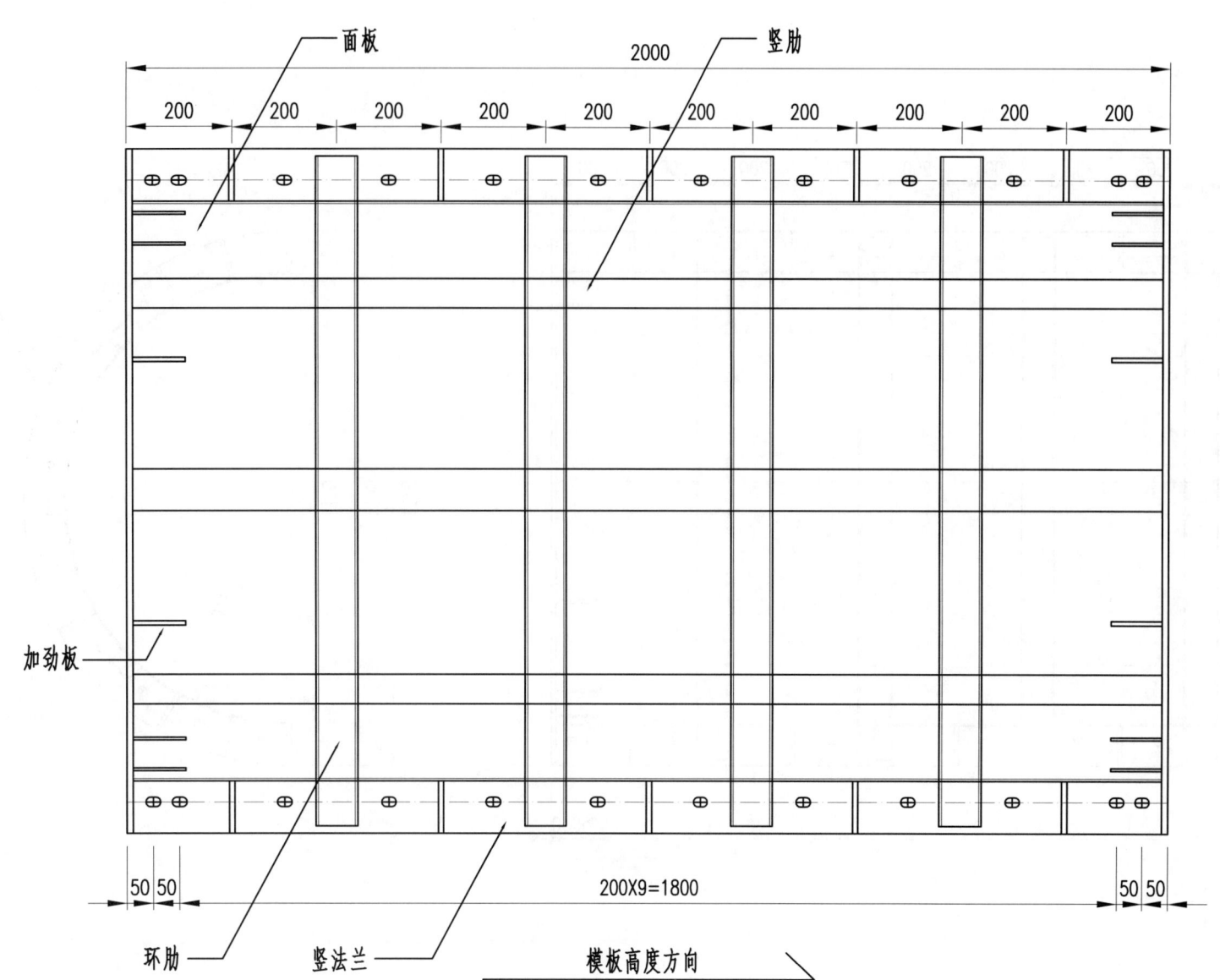
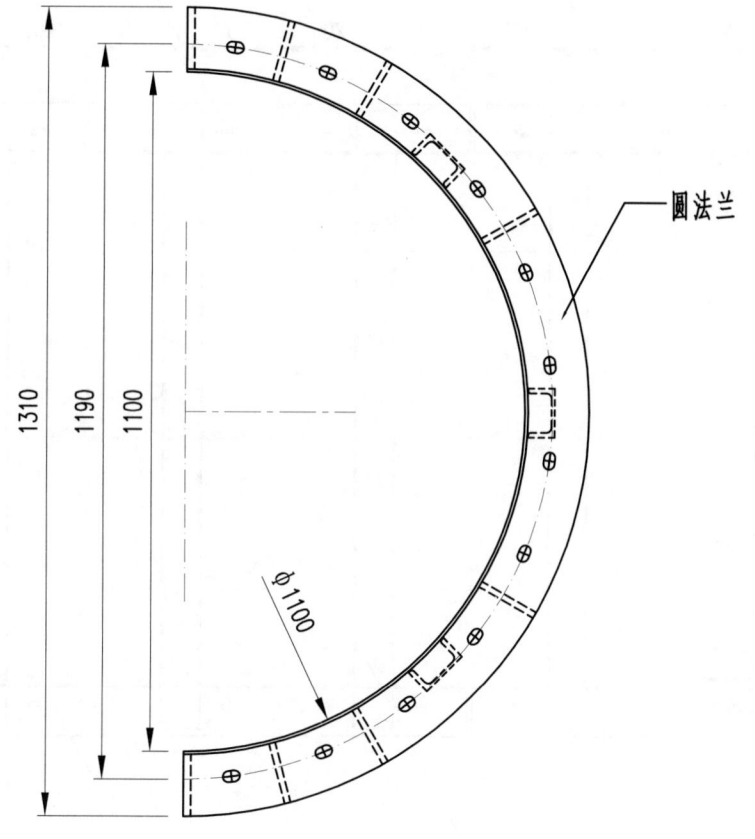

模板质量计算表

圆柱墩直径(mm)						
1100			2m一节			
序号	项目名称	型钢型号	长(mm)	宽(mm)	数量	单块质量(kg)	总质量(kg)
1	面板	5mm厚钢板	2000	1727	1	135.57	135.57
2	圆法兰	12mm厚钢板	1884	100	2	17.75	35.49
3	竖法兰	12mm厚钢板	2000	100	2	18.84	37.68
4	环肋	[8	1878		4	15.11	60.43
5	竖肋	[8	2000		3	16.09	48.28
6	加劲板	12mm厚钢板	100	100	22	0.39	9
合计							326.09
总计							652.18
每平方米质量							94.41

说明：
1. 所有孔均为 φ18mm×28mm，圆法兰上孔间距为15°，竖肋间加劲板间距为15°，竖法兰上孔间距按照图中标注。
2. 图中尺寸以mm计。

直径1.1m圆柱墩模板	材质	Q235	单重	326kg
φ1100mm×2000mm	件数	2	图号	1.1.2-2

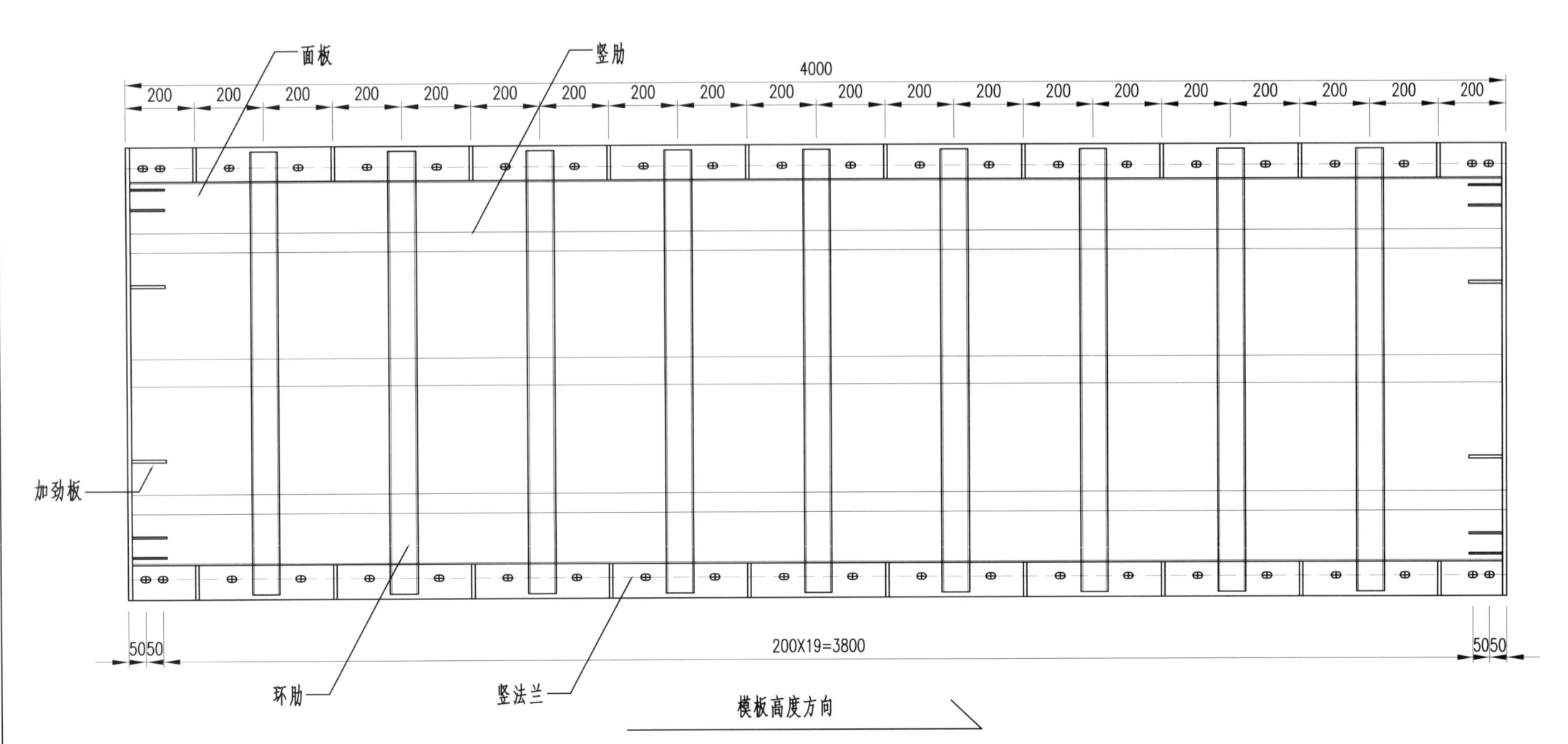
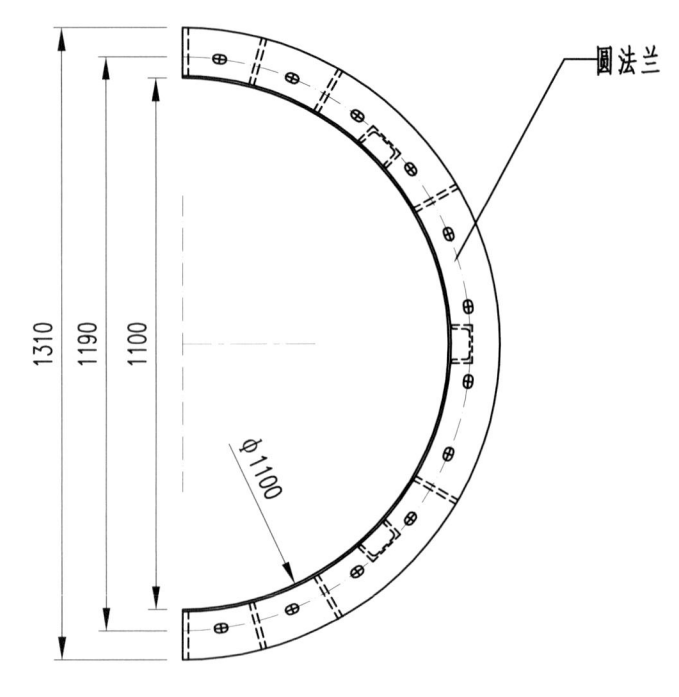

模板质量计算表

圆柱墩直径(mm)						
1100			4m一节			
序号	项目名称	型钢型号	长(mm)	宽(mm)	数量	单块质量(kg)	总质量(kg)
1	面板	5mm厚钢板	4000	1727	1	271.14	271.14
2	圆法兰	12mm厚钢板	1884	100	2	17.75	35.49
3	竖法兰	12mm厚钢板	4000	100	2	37.68	75.36
4	环肋	[8	1878		9	15.11	135.97
5	竖肋	[8	4000		3	32.18	96.55
6	加劲板	12mm厚钢板	100	100	32	0.41	13
合计							627.08
总计							1254.16
每平方米质量							90.78

说明：
1.所有孔均为φ18mm×28mm，圆法兰上孔间距为15°，竖肋间加劲板间距为15°，竖法兰上孔间距按照图中标注.
2.图中尺寸以mm计.

直径1.1m圆柱墩模板	材质	Q235	单重	627kg
φ1100mm×4000mm	件数	2	图号	1.1.2-3

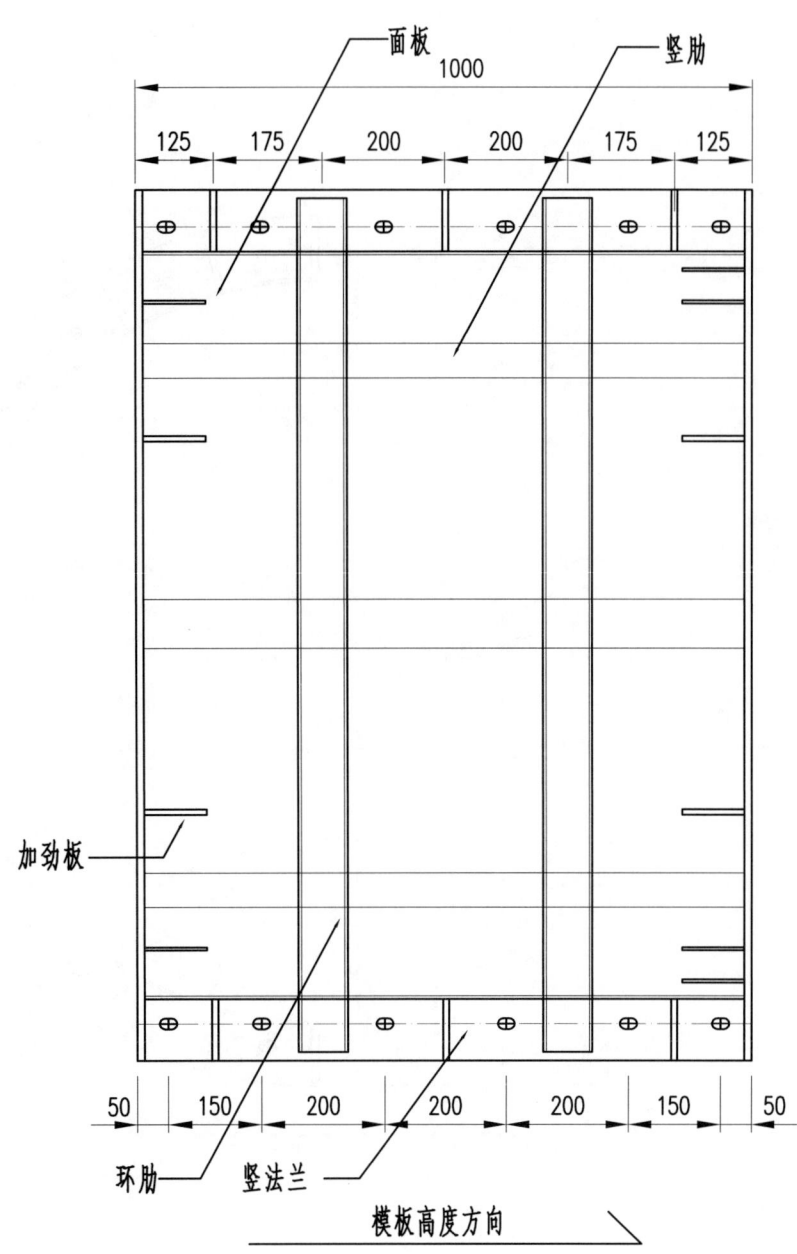

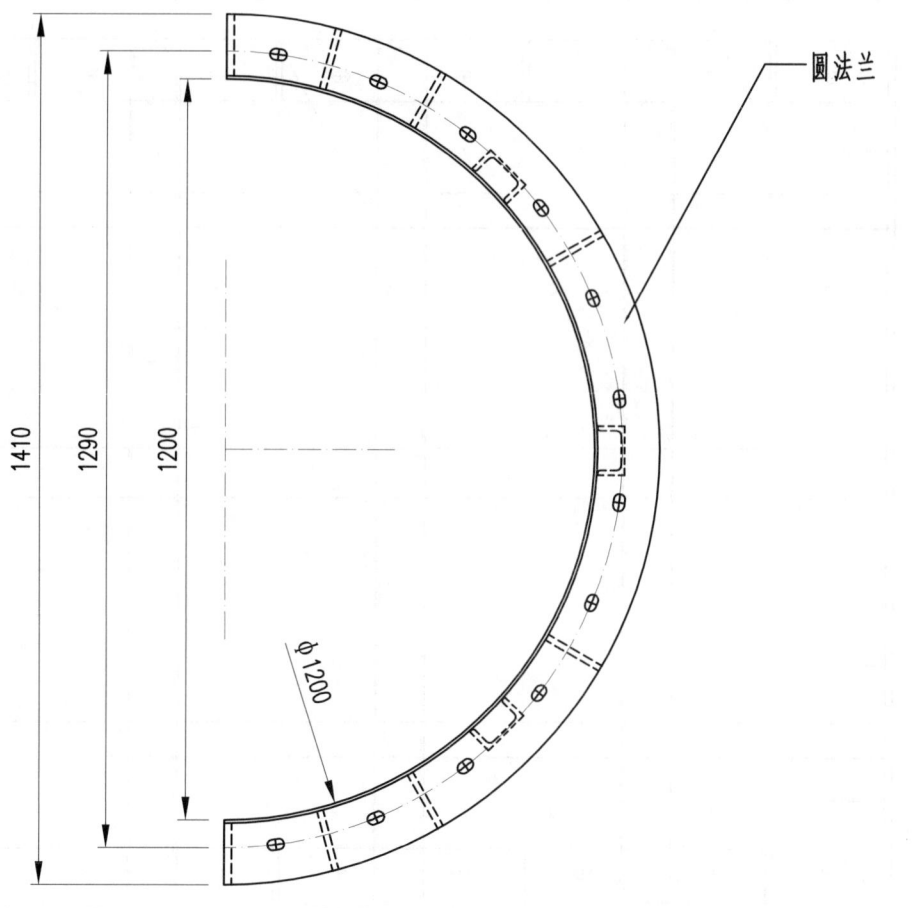

模板质量计算表

圆柱墩直径(mm)							
1200				1m一节			
序号	项目名称	型钢型号	长(mm)	宽(mm)	数量	单块质量(kg)	总质量(kg)
1	面板	5mm厚钢板	1000	1884	1	73.95	73.95
2	圆法兰	12mm厚钢板	2041	100	2	19.23	38.45
3	竖法兰	12mm厚钢板	1000	100	2	9	19
4	环肋	[8	2035		2	16.37	32.74
5	竖肋	[8	1000		3	8.05	24.14
6	加劲板	12mm厚钢板	100	100	18	0.39	7
合计							195.19
总计							390.37
每平方米质量							103.60

说明：

1. 所有孔均为φ18mm×28mm，圆法兰上孔间距为15°，竖肋间加劲板间距为15°，竖法兰上孔间距按照图中标注。
2. 图中尺寸以mm计。

直径1.2m圆柱墩模板	材质	Q235	单重	195kg
φ1200mm×1000mm	件数	2	图号	1.1.3-1

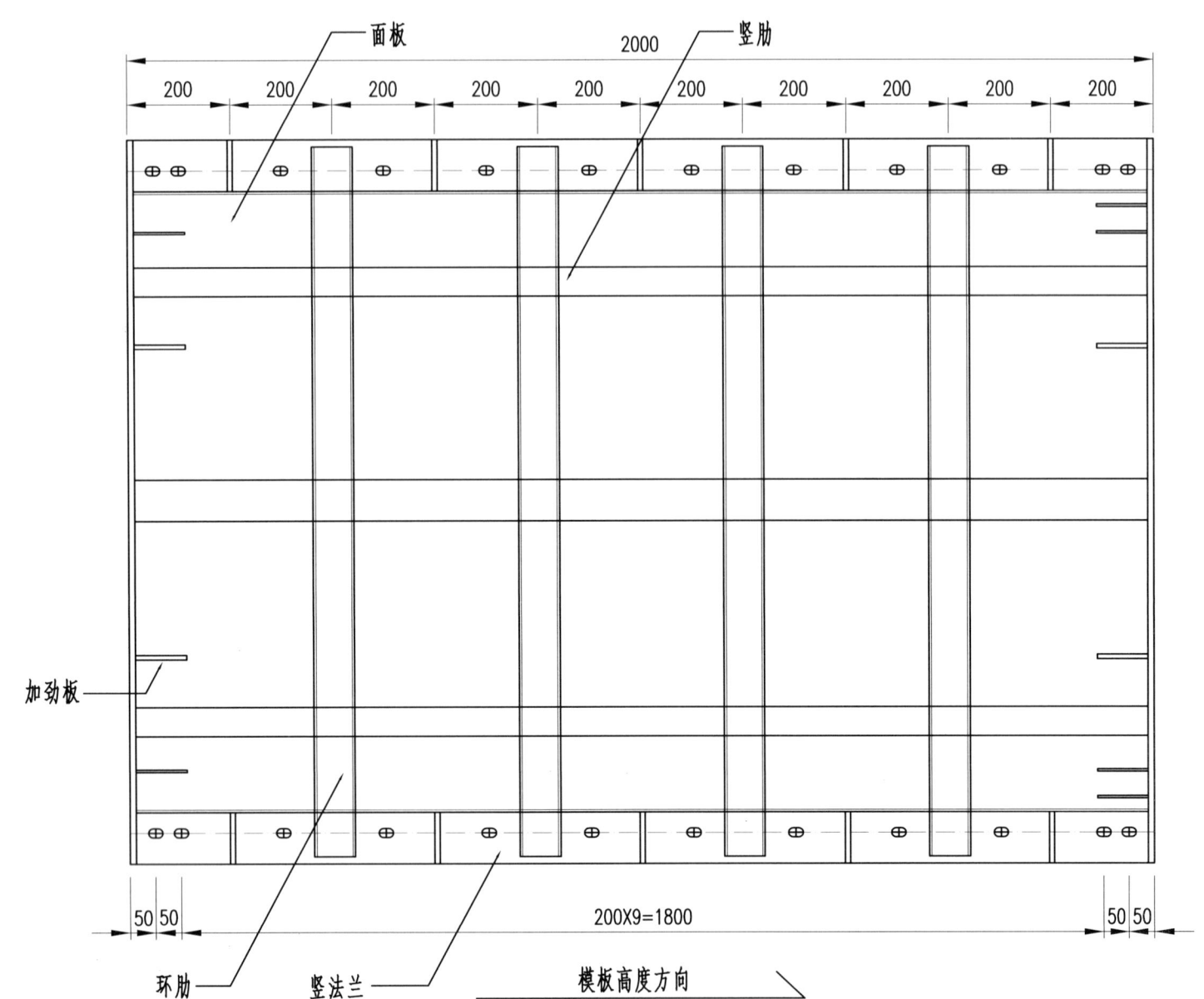
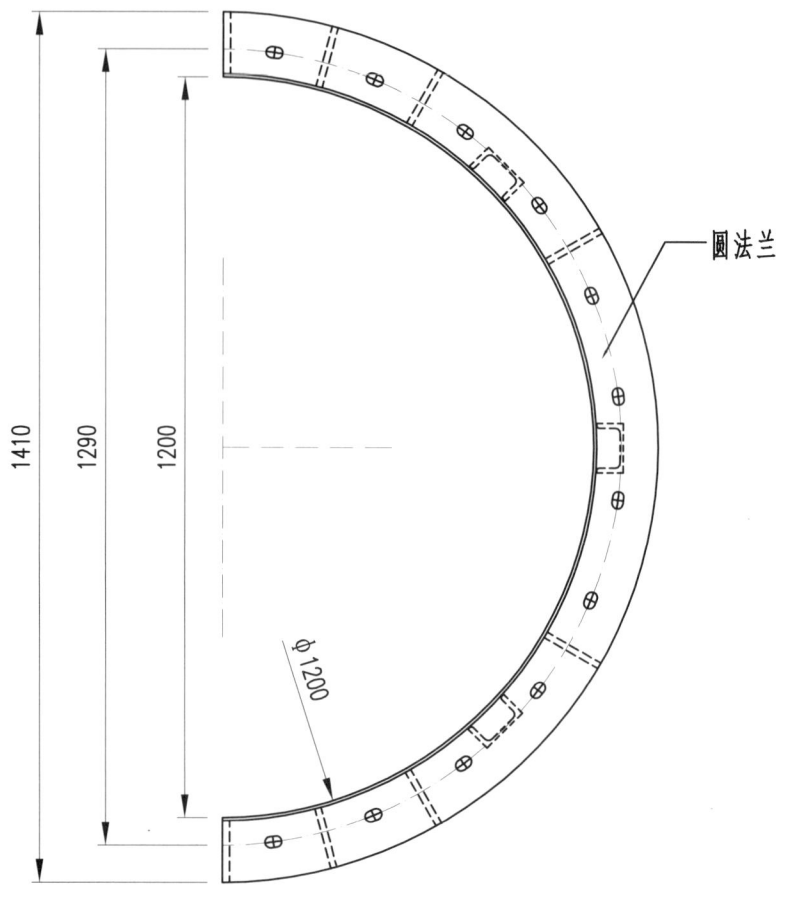

模板质量计算表

圆柱墩直径(mm)			2m一节				
1200							
序号	项目名称	型钢型号	长(mm)	宽(mm)	数量	单块质量(kg)	总质量(kg)
1	面板	5mm厚钢板	2000	1884	1	147.89	147.89
2	圆法兰	12mm厚钢板	2041	100	2	19.23	38.45
3	竖法兰	12mm厚钢板	2000	100	2	18.84	37.68
4	环肋	[8	2035		4	16.37	65.49
5	竖肋	[8	2000		3	16.09	48.28
6	加劲板	12mm厚钢板	100	100	22	0.41	9
合计							346.42
总计							692.85
每平方米质量							91.94

说明：
1. 所有孔均为φ18mm×28mm，圆法兰上孔间距为15°，竖肋间加劲板间距为15°，竖法兰上孔间距按照图中标注。
2. 图中尺寸以mm计。

直径1.2m圆柱墩模板	材质	Q235	单重	346kg
φ1200mm×2000mm	件数	2	图号	1.1.3-2

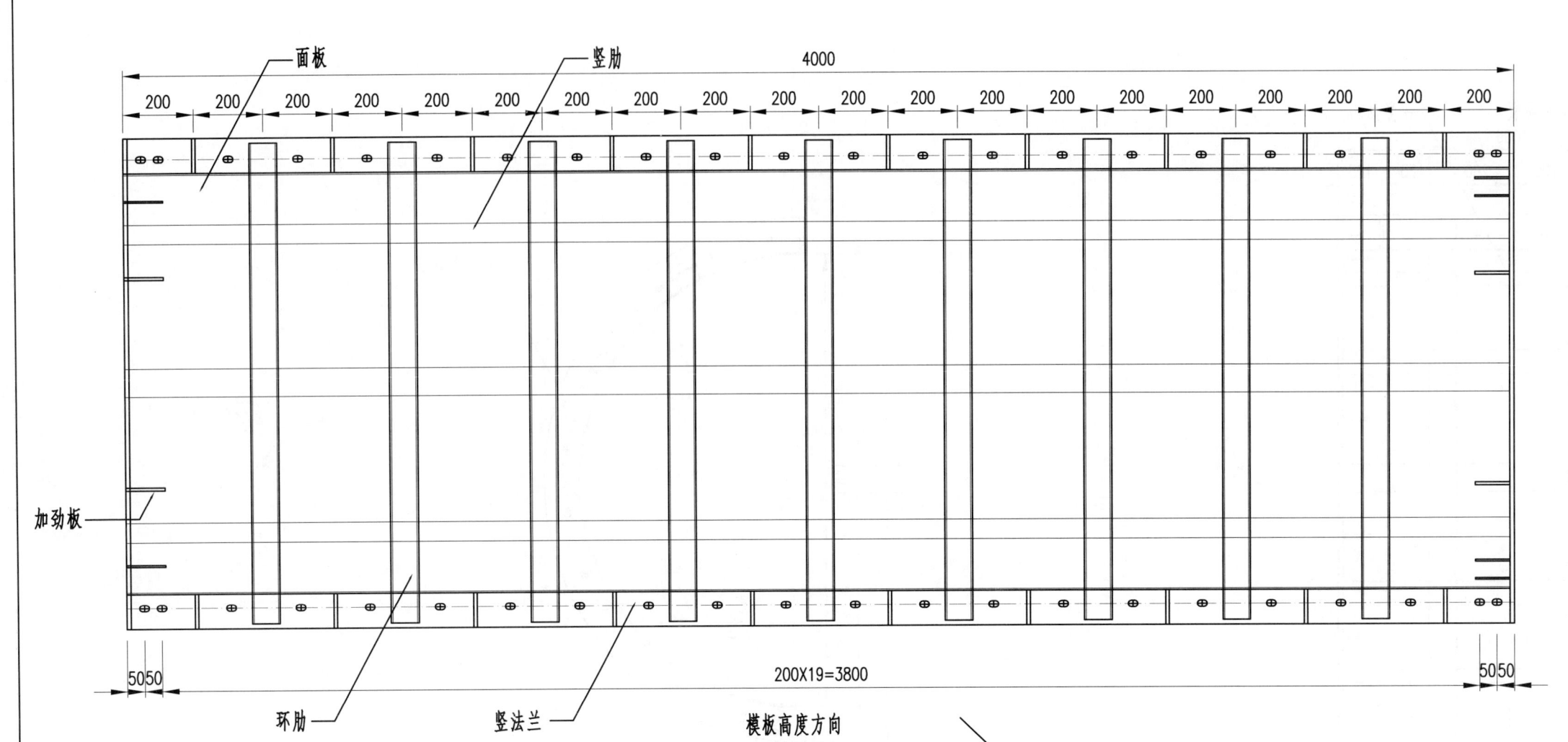
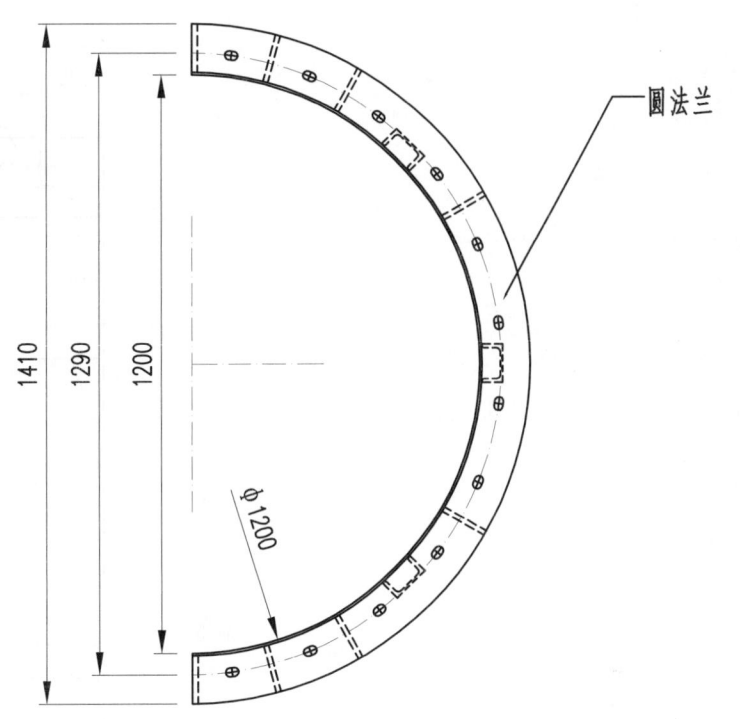

模板质量计算表

圆柱墩直径(mm)			4m一节				
1200							
序号	项目名称	型钢型号	长(mm)	宽(mm)	数量	单块质量(kg)	总质量(kg)
1	面板	5mm厚钢板	4000	1884	1	295.79	295.79
2	圆法兰	12mm厚钢板	2041	100	2	19.23	38.45
3	竖法兰	12mm厚钢板	4000	100	2	37.68	75.36
4	环肋	[8	2035		9	16.37	147.34
5	竖肋	[8	4000		3	32.18	96.55
6	加劲板	12mm厚钢板	100	100	32	0.41	13
合计							666.05
总计							1332.11
每平方米质量							88.38

说明：
1. 所有孔均为 φ18mm×28mm，圆法兰上孔间距为15°，竖肋间加劲板间距为15°，竖法兰上孔间距按照图中标注。
2. 图中尺寸以mm计。

直径1.2m圆柱墩模板	材质	Q235	单重	666kg
φ1200mm×4000mm	件数	2	图号	1.1.3-3

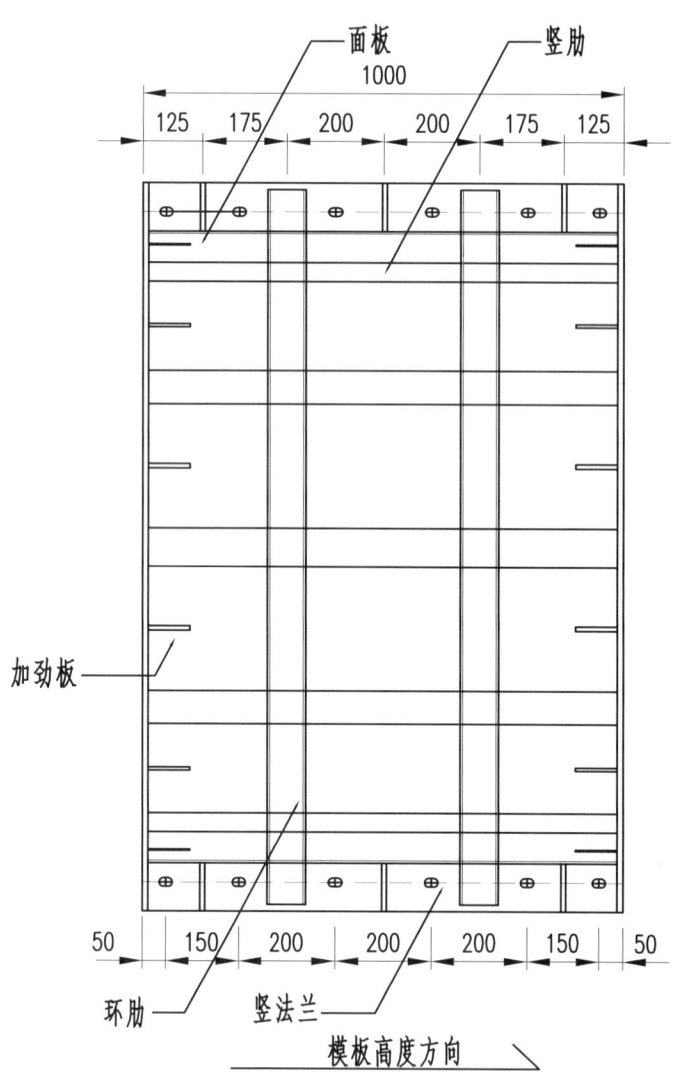
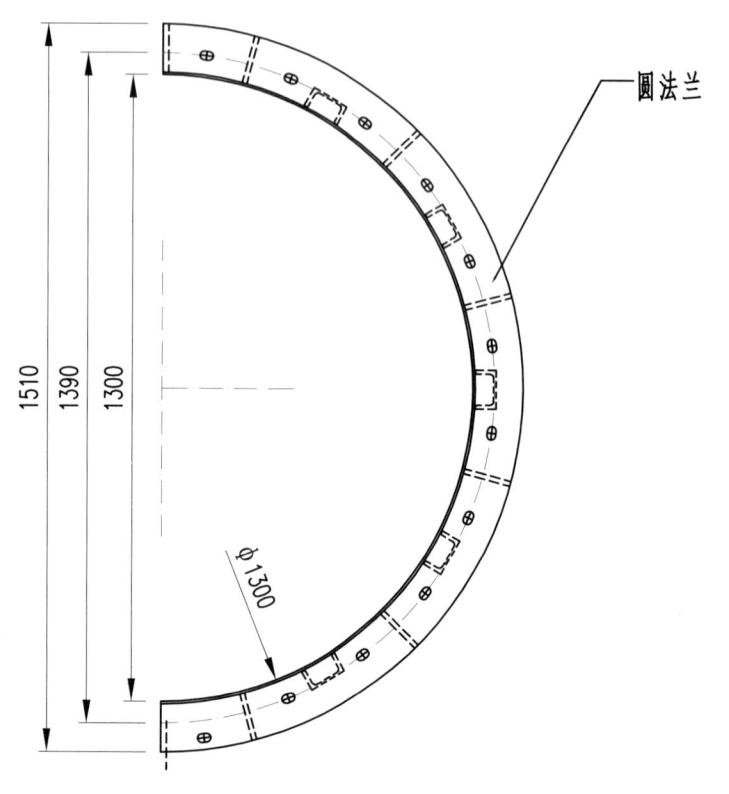

模板质量计算表

圆柱墩直径(mm)		1m一节					
1300							
序号	项目名称	型钢型号	长(mm)	宽(mm)	数量	单块质量(kg)	总质量(kg)
1	面板	5mm厚钢板	1000	2041	1	80.11	80.11
2	圆法兰	12mm厚钢板	2198	100	2	20.71	41.41
3	竖法兰	12mm厚钢板	1000	100	2	9	19
4	环肋	[8	2192		2	17.63	35.27
5	竖肋	[8	1000		5	8.05	40.23
6	加劲板	12mm厚钢板	100	100	18	0.39	7
合计							222.92
总计							445.85
每平方米质量							109.22

说明：
1. 所有孔均为 φ18mm×28mm，圆法兰上孔间距为15°，竖肋间加劲板间距为15°，竖法兰上孔间距按照图中标注。
2. 图中尺寸以mm计。

直径1.3m圆柱墩模板	材 质	Q235	单 重	223kg
φ1300mm×1000mm	件 数	2	图 号	1.1.4-1

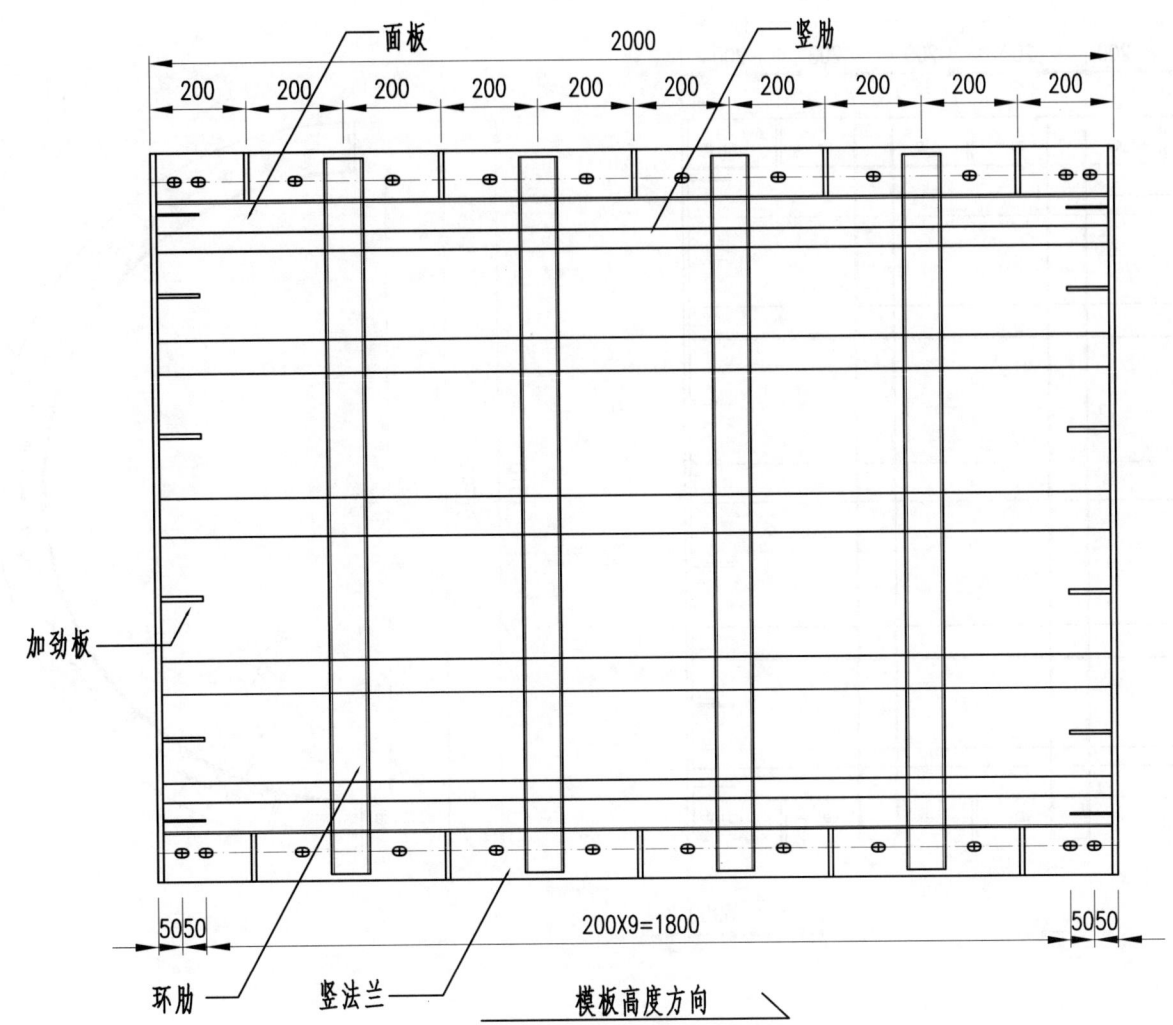
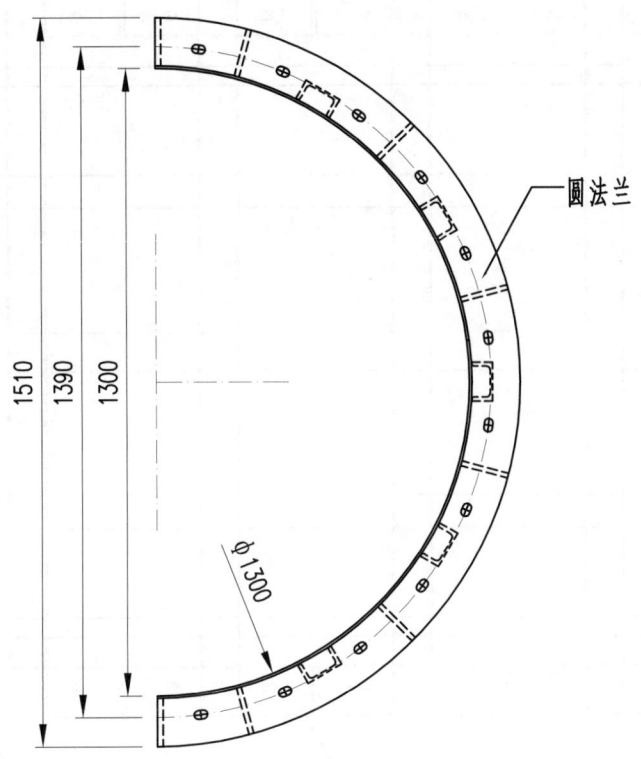

模板质量计算表

圆柱墩直径(mm) 1300			2m一节				
序号	项目名称	型钢型号	长(mm)	宽(mm)	数量	单块质量(kg)	总质量(kg)
1	面板	5mm厚钢板	2000	2041	1	160.22	160.22
2	圆法兰	12mm厚钢板	2198	100	2	20.71	41.41
3	竖法兰	12mm厚钢板	2000	100	2	18.84	37.68
4	环肋	[8	2192		4	17.63	70.54
5	竖肋	[8	2000		5	16.09	80.41
6	加劲板	12mm厚钢板	100	100	22	0.41	9
合计							399.26
总计							797.88
每平方米质量							97.73

说明：
1. 所有孔均为φ18mm×28mm，圆法兰上孔间距为15°，竖肋间加劲板间距为15°，竖法兰上孔间距按照图中标注。
2. 图中尺寸以mm计。

直径1.3m圆柱墩模板	材质	Q235	单重	399kg
φ1300mm×2000mm	件数	2	图号	1.1.4-2

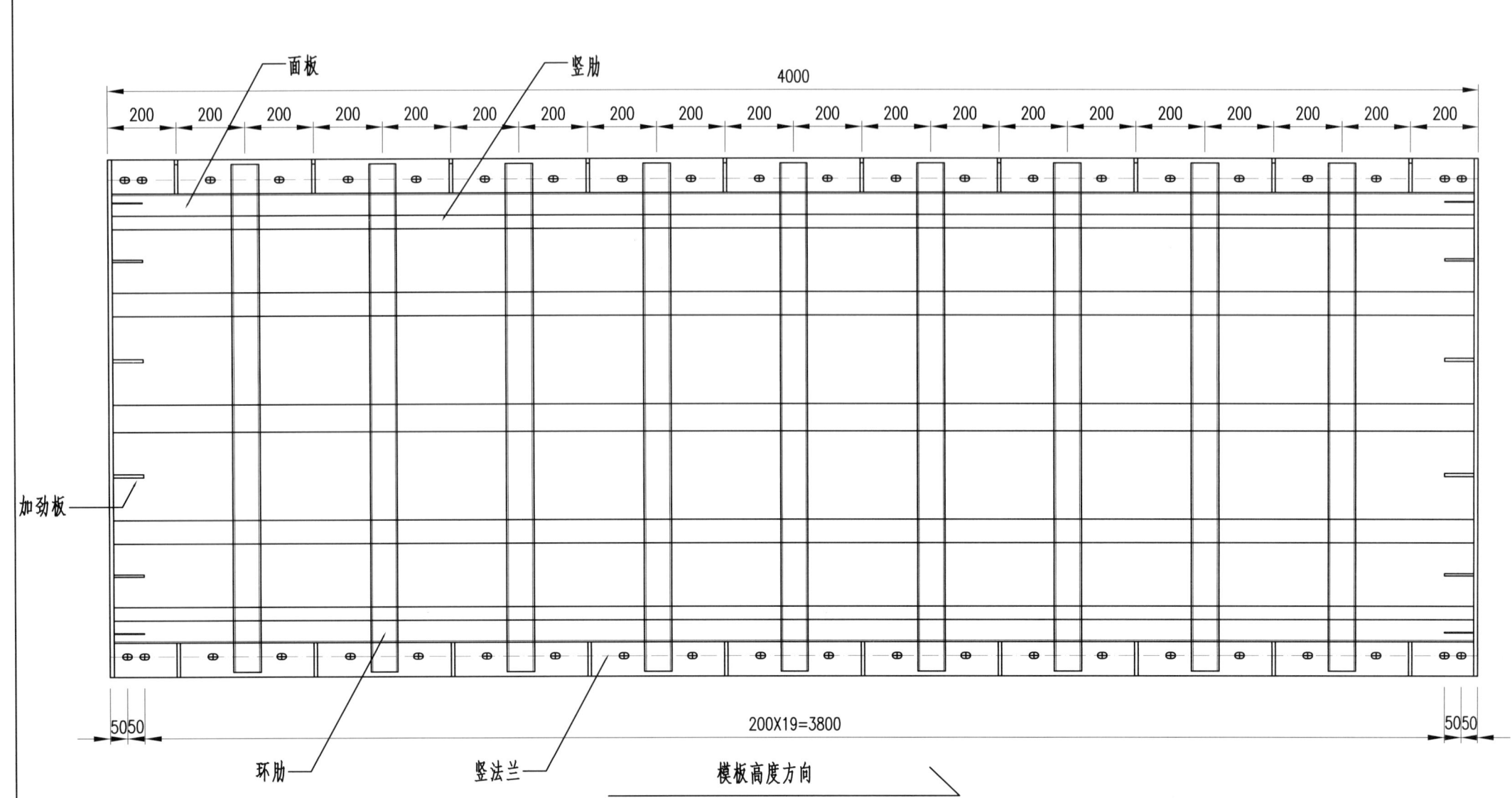
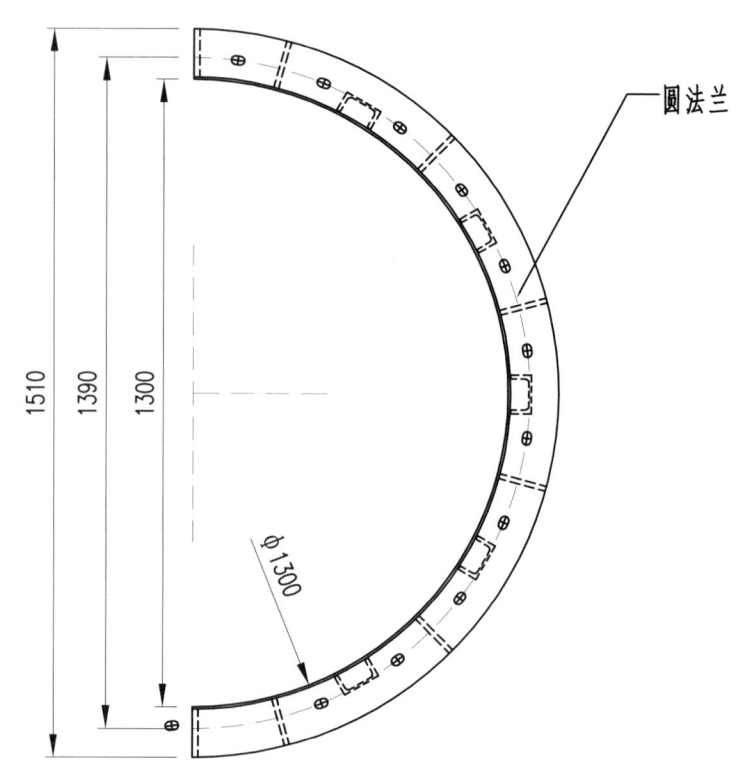

模板质量计算表

圆柱墩直径 (mm) 1300			4m一节				
序号	项目名称	型钢型号	长(mm)	宽(mm)	数量	单块质量(kg)	总质量(kg)
1	面板	5mm厚钢板	4000	2041	1	320.44	320.44
2	圆法兰	12mm厚钢板	2198	100	2	20.71	41.41
3	竖法兰	12mm厚钢板	4000	100	2	37.68	75.36
4	环肋	[8	2192		9	17.63	158.71
5	竖肋	[8	4000		5	32.18	160.92
6	加劲板	12mm厚钢板	100	100	32	0.41	13
合计							769.40
总计							1538.80
每平方米质量							94.24

说明：
1. 所有孔均为 φ18mm×28mm，圆法兰上孔间距为15°，竖肋间加劲板间距为15°，竖法兰上孔间距按照图中标注。
2. 图中尺寸以mm计。

直径1.3m圆柱墩模板	材质	Q235	单重	769kg
φ1300mm×4000mm	件数	2	图号	1.1.4-3

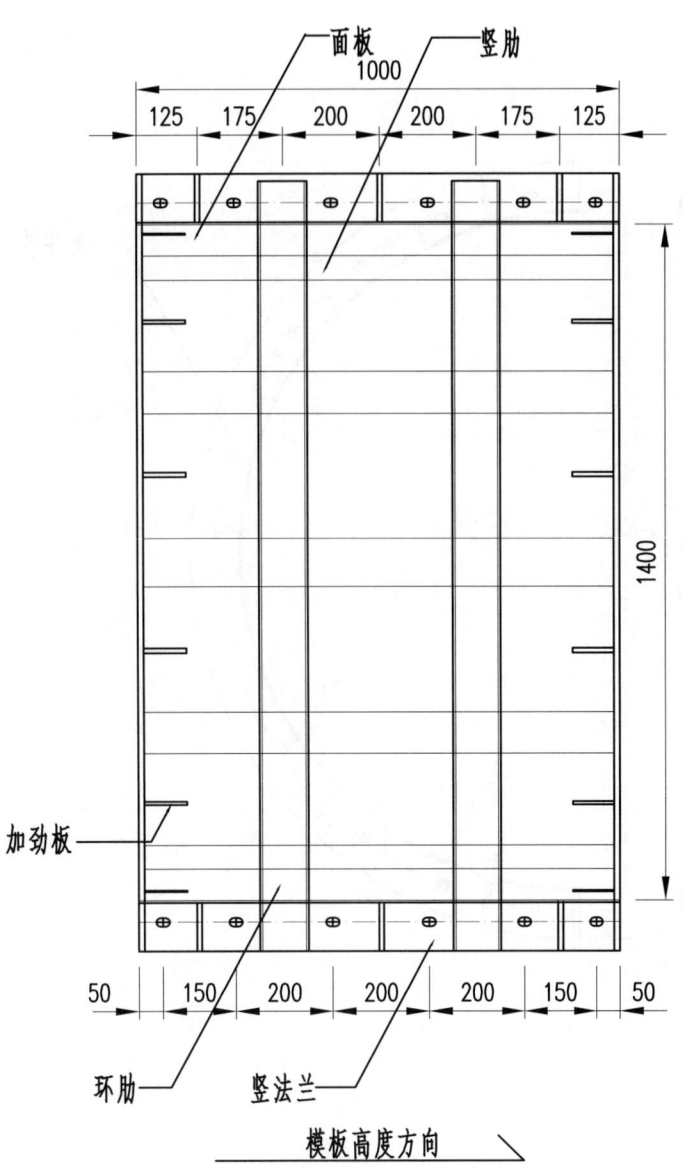

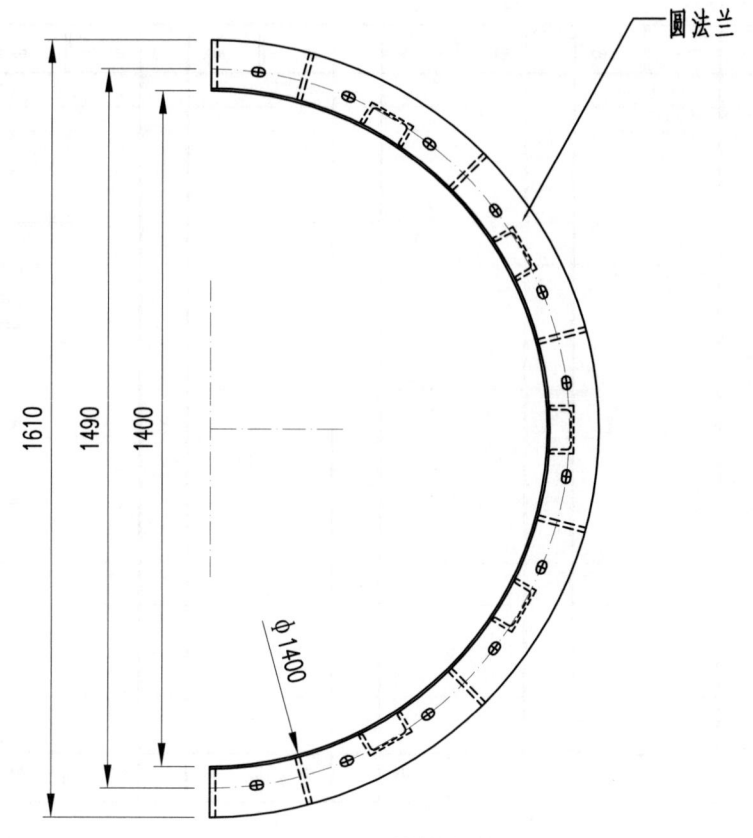

说明：
1. 所有孔均为φ18mm×28mm，圆法兰上孔间距为15°，竖肋间加劲板间距为15°，竖法兰上孔间距按照图中标注。
2. 图中尺寸以mm计。

模板质量计算表

圆柱墩直径(mm)				1m一节			
1400							
序号	项目名称	型钢型号	长(mm)	宽(mm)	数量	单块质量(kg)	总质量(kg)
1	面板	5mm厚钢板	1000	2198	1	86.27	86.27
2	圆法兰	12mm厚钢板	2355	100	2	22.18	44.37
3	竖法兰	12mm厚钢板	1000	100	2	9	19
4	环肋	[10	2364		2	23.66	47.32
5	竖肋	[10	1000		5	10.01	50.04
6	加劲板	12mm厚钢板	100	100	18	0.39	7
合计							253.90
总计							507.8
每平方米质量							115.51

直径1.4m圆柱墩模板	材质	Q235	单重	254kg
φ1400mm×1000mm	件数	2	图号	1.1.5-1

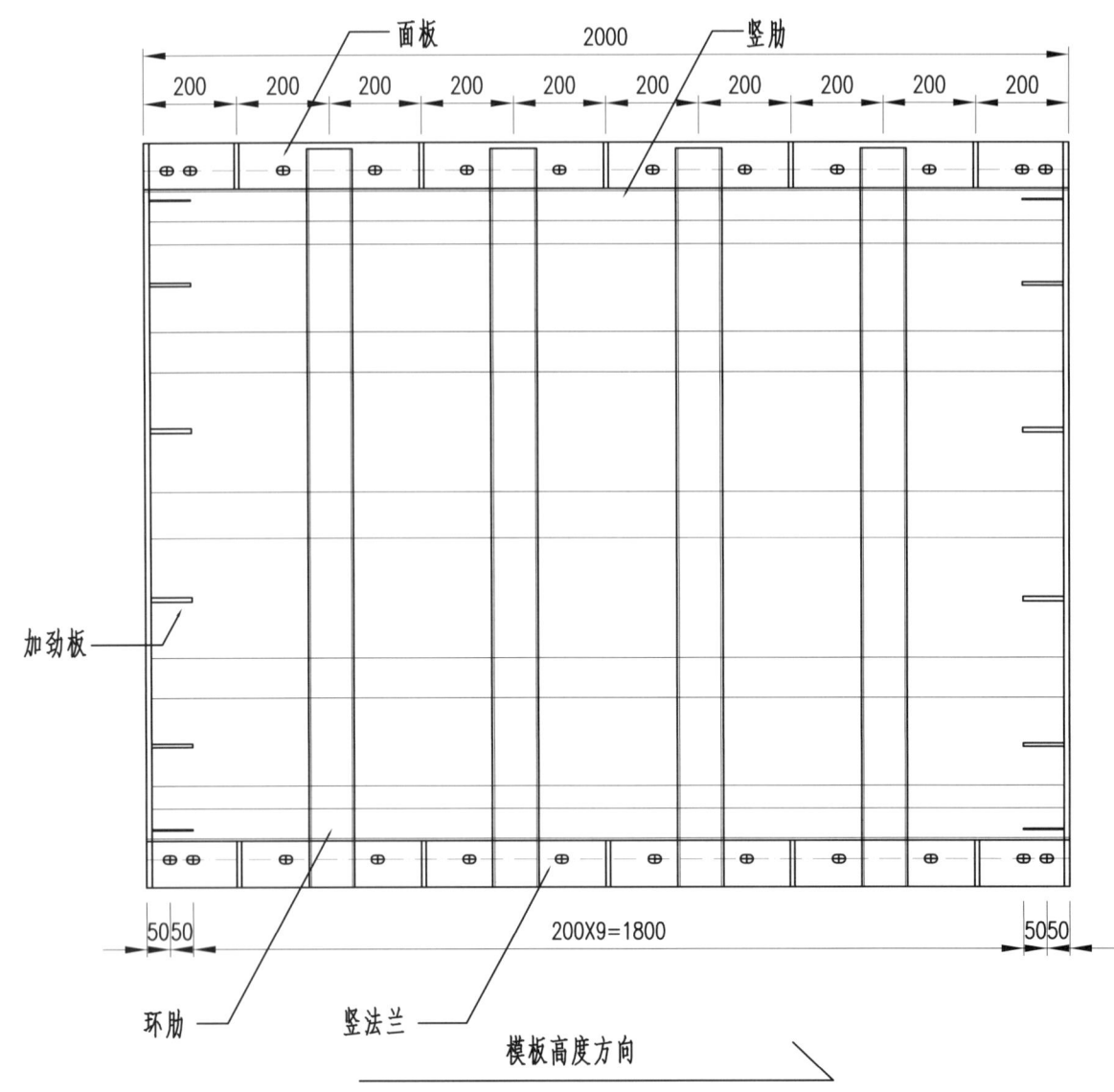
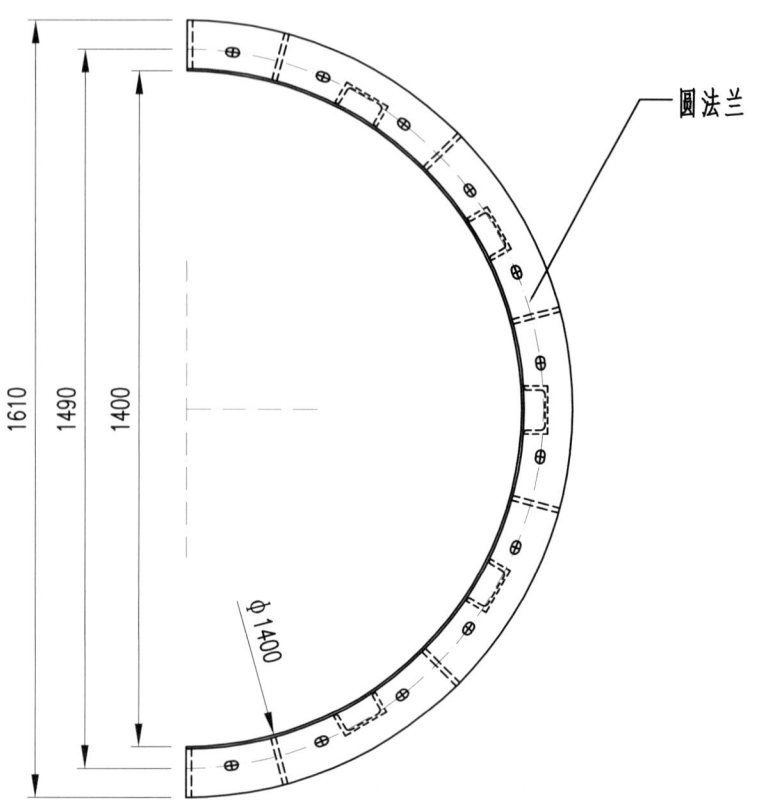

说明：
1.所有孔均为φ18mm×28mm，圆法兰上孔间距为15°，竖肋间加劲板间距为15°，竖法兰上孔间距按照图中标注。
2.图中尺寸以mm计。

模板质量计算表

圆柱墩直径(mm) 1400							2m一节	
序号	项目名称	型钢型号	长(mm)	宽(mm)	数量	单块质量(kg)	总质量(kg)	
1	面板	5mm厚钢板	2000	2198	1	172.54	172.54	
2	圆法兰	12mm厚钢板	2355	100	2	22.18	44.37	
3	竖法兰	12mm厚钢板	2000	100	2	18.84	37.68	
4	环肋	[10	2364		4	23.66	94.64	
5	竖肋	[10	2000		5	20.01	100.07	
6	加劲板	12mm厚钢板	100	100	22	0.41	9	
合计							457.94	
总计							915.88	
每平方米质量							104.17	

直径1.4m圆柱墩模板	材质	Q235	单重	458kg
φ1400mm×2000mm	件数	2	图号	1.1.5-2

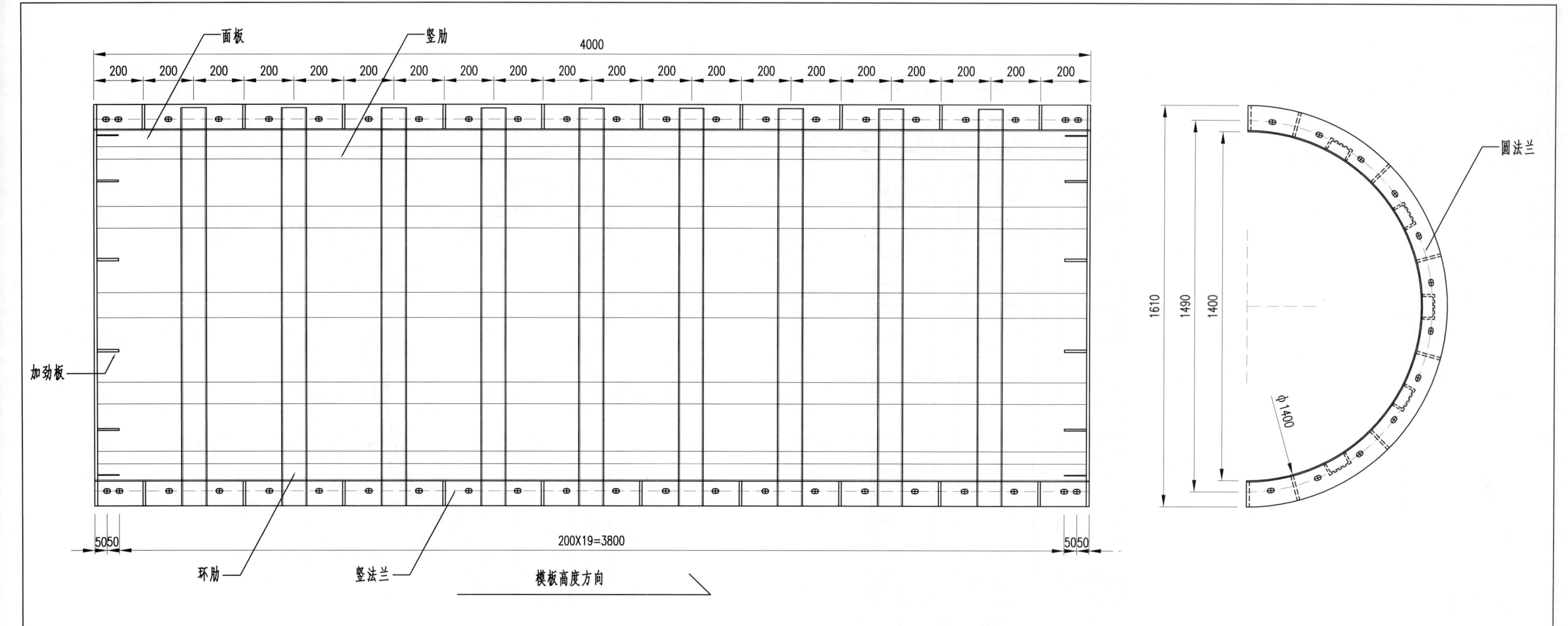

模板质量计算表

圆柱墩直径 (mm)					4m一节		
1400							
序号	项目名称	型钢型号	长(mm)	宽(mm)	数量	单块质量(kg)	总质量(kg)
1	面板	5mm厚钢板	4000	2198	1	345.09	345.09
2	圆法兰	12mm厚钢板	2355	100	2	22.18	44.37
3	竖法兰	12mm厚钢板	4000	100	2	37.68	75.36
4	环肋	[10	2364		9	23.66	212.95
5	竖肋	[10	4000		5	40.03	200.14
6	加劲板	12mm厚钢板	100	100	32	0.41	13
合计							890.46
总计							1780.92
每平方米质量							101.28

说明：
1. 所有孔均为 φ18mm×28mm，圆法兰上孔间距为15°，竖肋间加劲板间距为15°，竖法兰上孔间距按照图中标注。
2. 图中尺寸以mm计。

直径1.4m圆柱墩模板	材质	Q235	单重	890kg
φ1400mm×4000mm	件数	2	图号	1.1.5-3

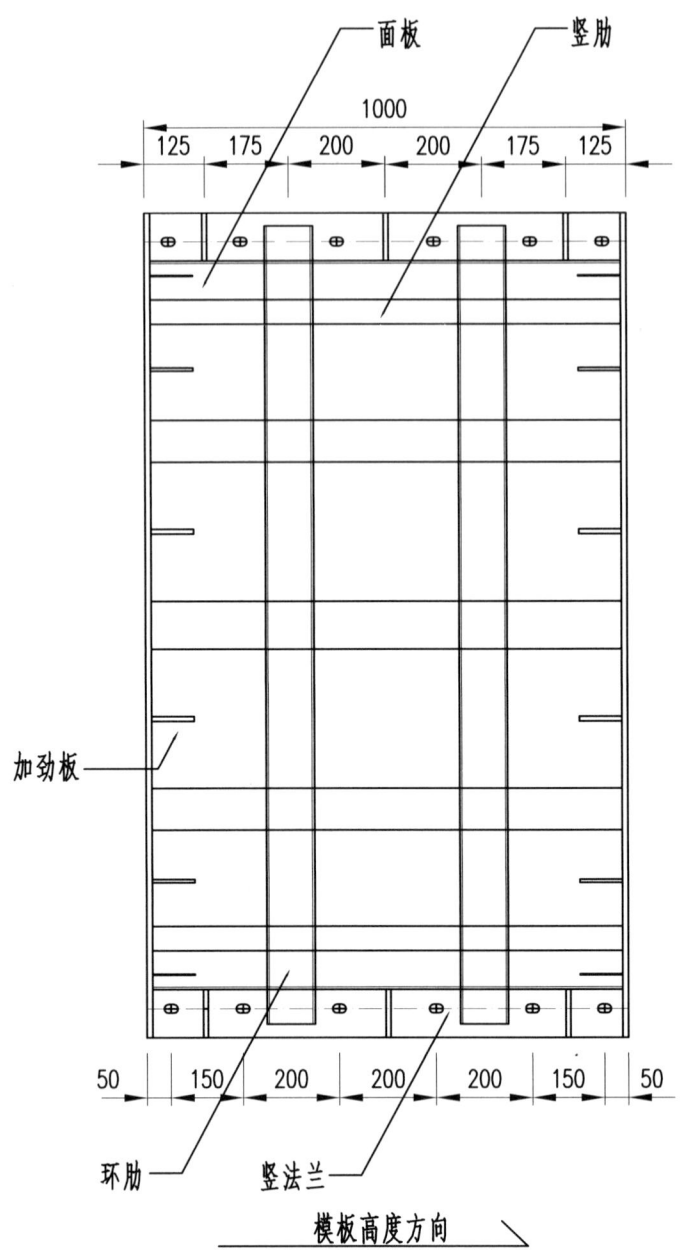
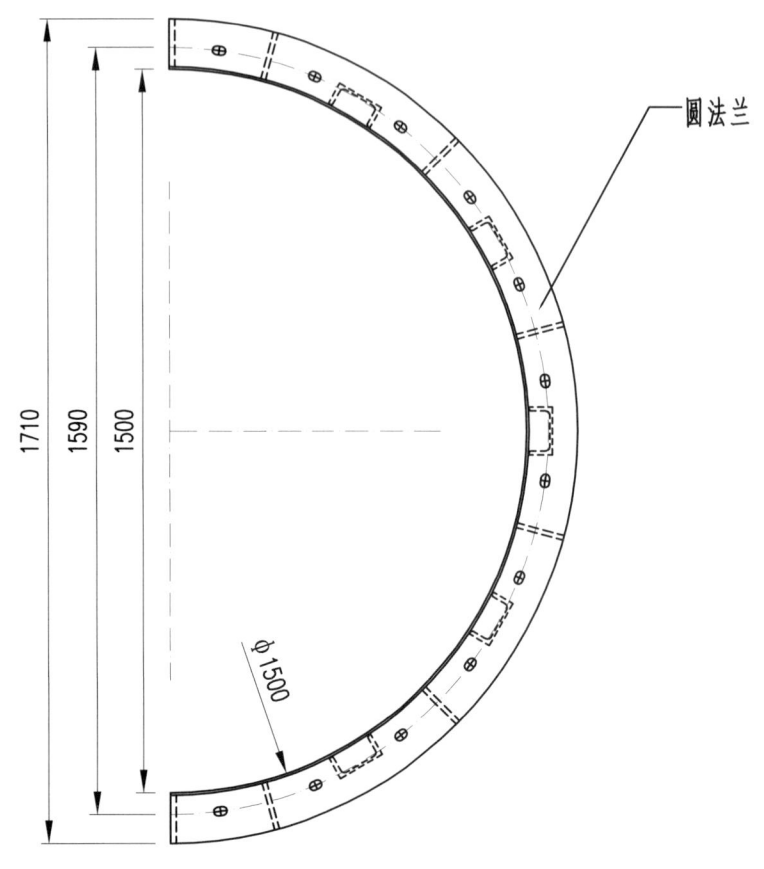

模板质量计算表

圆柱墩直径(mm)			1m一节				
1500							
序号	项目名称	型钢型号	长(mm)	宽(mm)	数量	单块质量(kg)	总质量(kg)
1	面板	5mm厚钢板	1000	2355	1	92.43	92.43
2	圆法兰	12mm厚钢板	2512	100	2	23.66	47.33
3	竖法兰	12mm厚钢板	1000	100	2	9	19
4	环肋	[10	2521		2	25.23	50.46
5	竖肋	[10	1000		5	10.01	50.04
6	加劲板	10mm厚钢板	100	100	18	0.39	7
合计							266.16
总计							532.33
每平方米质量							113.02

说明：
1. 所有孔的尺寸均为φ18mmX28mm，圆法兰上孔间距为15°，竖肋间加劲板间距为15°，竖法兰上孔间距按照图中标注。
2. 图中尺寸以mm计。

直径1.5m圆柱墩模板	材质	Q235	单重	266kg
φ1500mm×1000mm	件数	2	图号	1.1.6-1

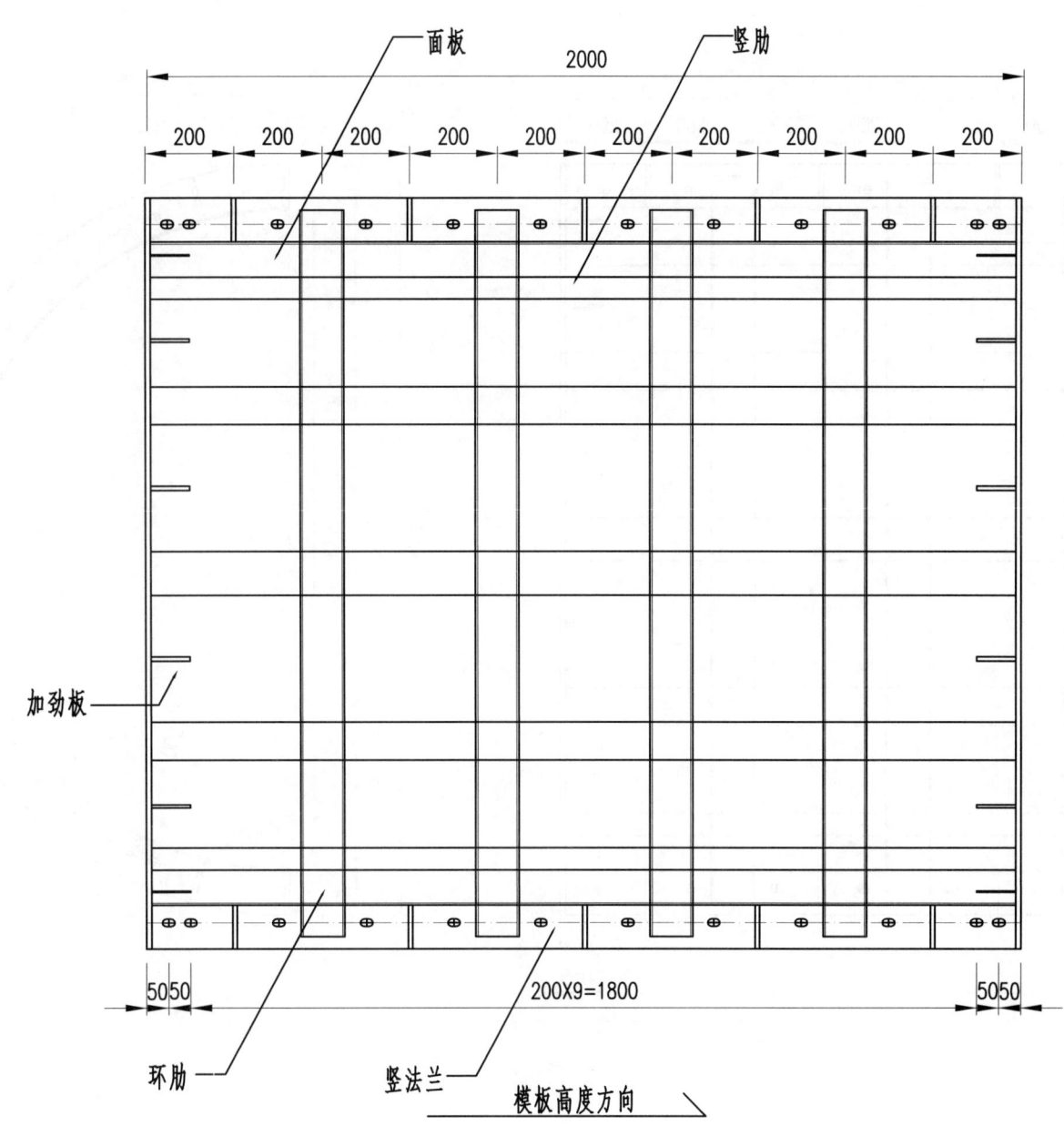

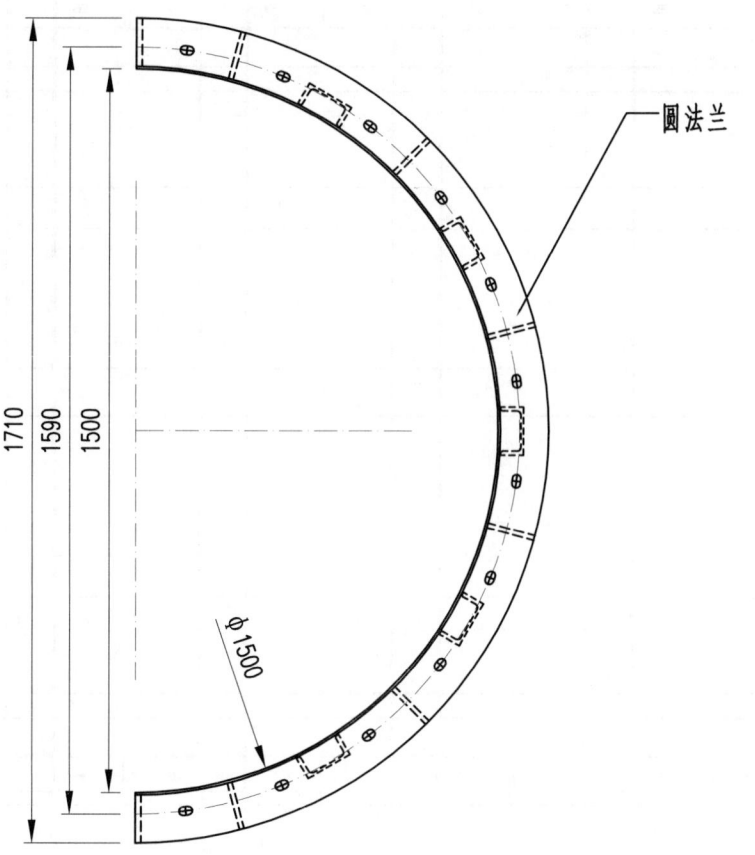

模板质量计算表

圆柱墩直径(mm)		2m一节				
1500						
序号	项目名称	型钢型号	长(mm)	宽(mm)	数量	单块质量(kg)	总质量(kg)
1	面板	5mm厚钢板	2000	2355	1	184.87	184.87
2	圆法兰	12mm厚钢板	2512	100	2	23.66	47.33
3	竖法兰	12mm厚钢板	2000	100	2	18.84	37.68
4	环肋	[10	2521		4	25.23	100.93
5	竖肋	[10	2000		5	20.01	100.07
6	加劲板	10mm厚钢板	100	100	22	0.41	9
合计							479.51
总计							959.01
每平方米质量							101.81

说明：
1. 所有孔的尺寸均为φ18mmX28mm，圆法兰上孔间距为15°，竖肋间加劲板间距为15°，竖法兰上孔间距按照图中标注。
2. 图中尺寸以mm计。

直径1.5m圆柱墩模板	材 质	Q235	单重	480kg
φ1500mm×2000mm	件 数	2	图号	1.1.6-2

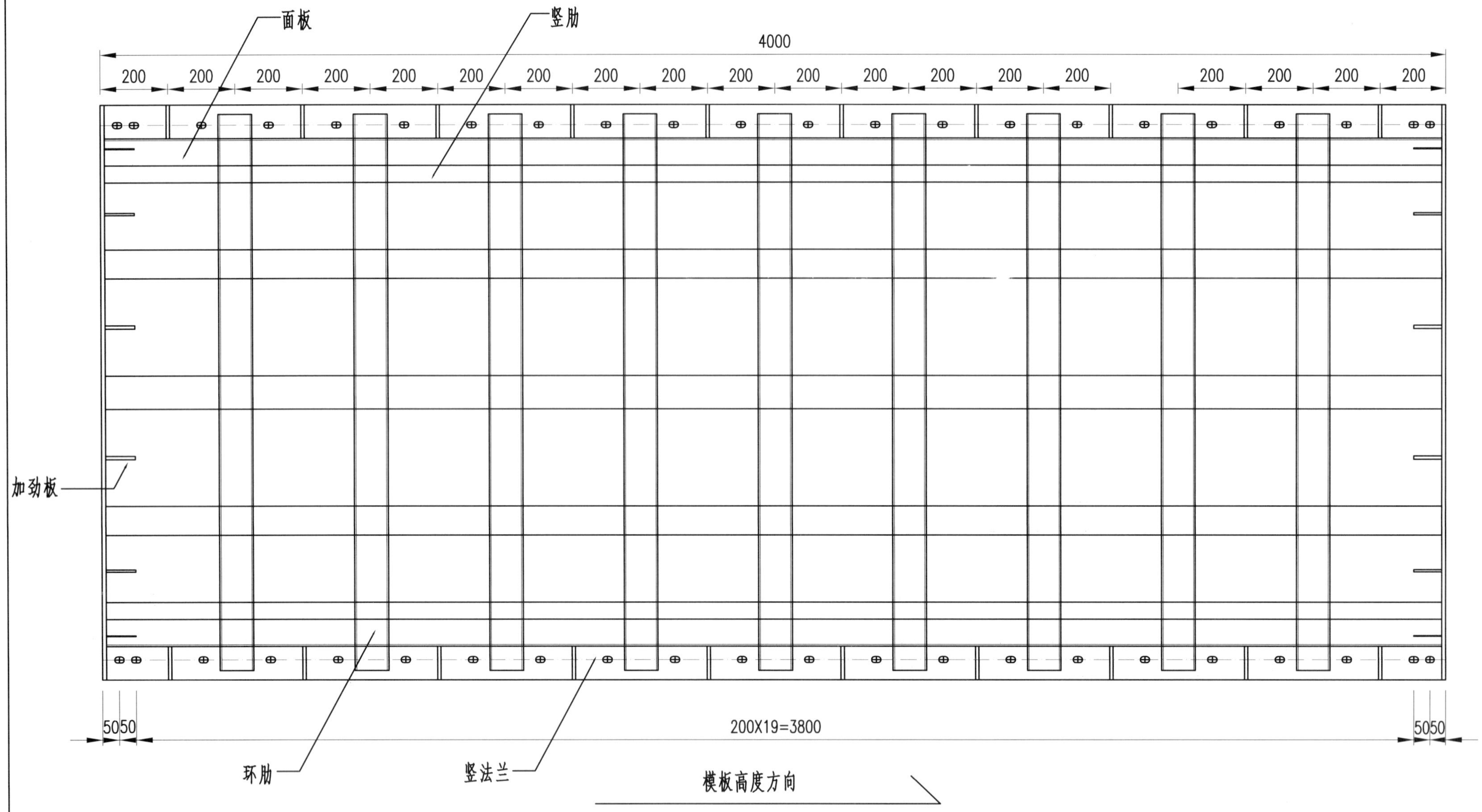

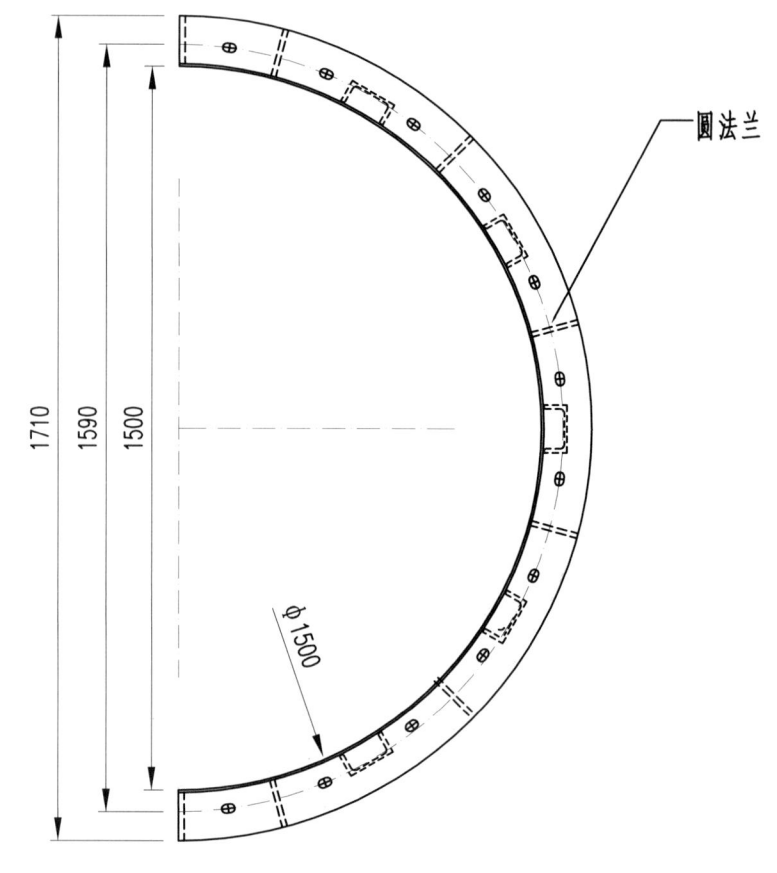

模板质量计算表

圆柱墩直径(mm)							
1500			4m一节				
序号	项目名称	型钢型号	长(mm)	宽(mm)	数量	单块质量(kg)	总质量(kg)
1	面板	5mm厚钢板	4000	2355	1	369.74	369.74
2	圆法兰	12mm厚钢板	2512	100	2	23.66	47.33
3	竖法兰	12mm厚钢板	4000	100	2	37.68	75.36
4	环肋	[10	2521		9	25.23	227.09
5	竖肋	[10	4000		5	40.03	200.14
6	加劲板	10mm厚钢板	100	100	32	0.41	13
合计							932.21
总计							1864.42
每平方米质量							98.96

说明：
1. 所有孔的尺寸均为 φ18mm×28mm，圆法兰上孔间距为15°，竖肋间加劲板间距为15°，竖法兰上孔间距按照图中标注。
2. 图中尺寸以mm计。

直径1.5m圆柱墩模板	材质	Q235	单重	932kg
φ1500mm×4000mm	件数	2	图号	1.1.6-3

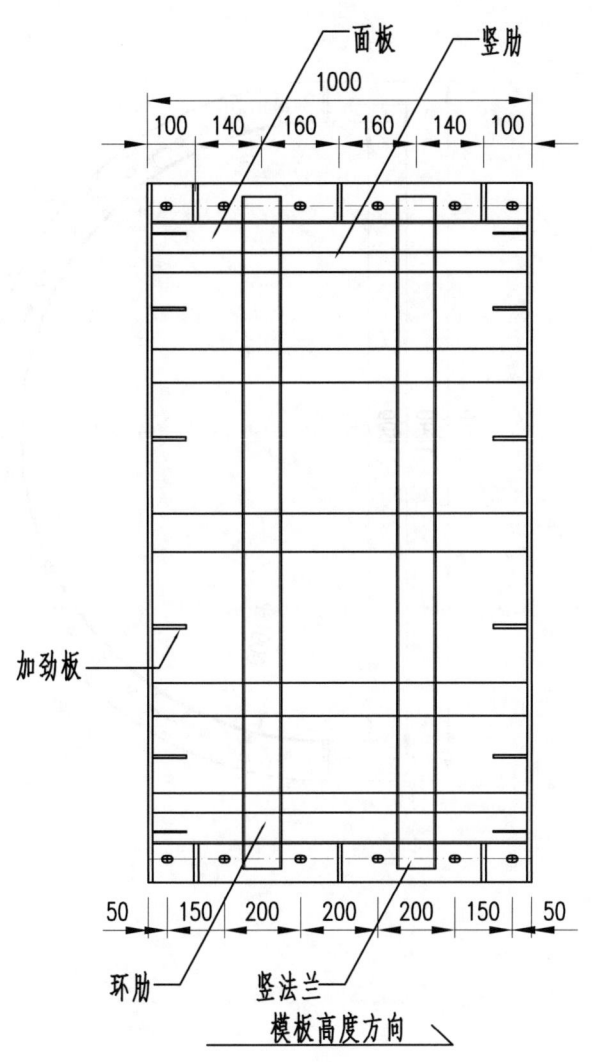

模板质量计算表

圆柱墩直径(mm)		1m一节				
1600						
序号	项目名称	型钢型号	长(mm)	宽(mm)	数量	单块质量(kg)	总质量(kg)
1	面板	5mm厚钢板	1000	2512	1	98.60	98.60
2	圆法兰	12mm厚钢板	2669	100	2	25.14	50.28
3	竖法兰	12mm厚钢板	1000	100	2	9	19
4	环肋	[10	2678		2	26.80	53.61
5	竖肋	[10	1000		5	10.01	50.04
6	加劲板	10mm厚钢板	100	100	18	0.39	7
合计							278.43
总计							556.85
每平方米质量							110.84

说明：

1. 所有孔的尺寸均为φ18mm×28mm，圆法兰上孔间距为15°，竖肋间加劲板间距为15°，竖法兰上孔间距按照图中标注。
2. 图中尺寸以mm计。

直径1.6m圆柱墩模板	材质	Q235	单重	278kg
φ1600mm×1000mm	件数	2	图号	1.1.7-1

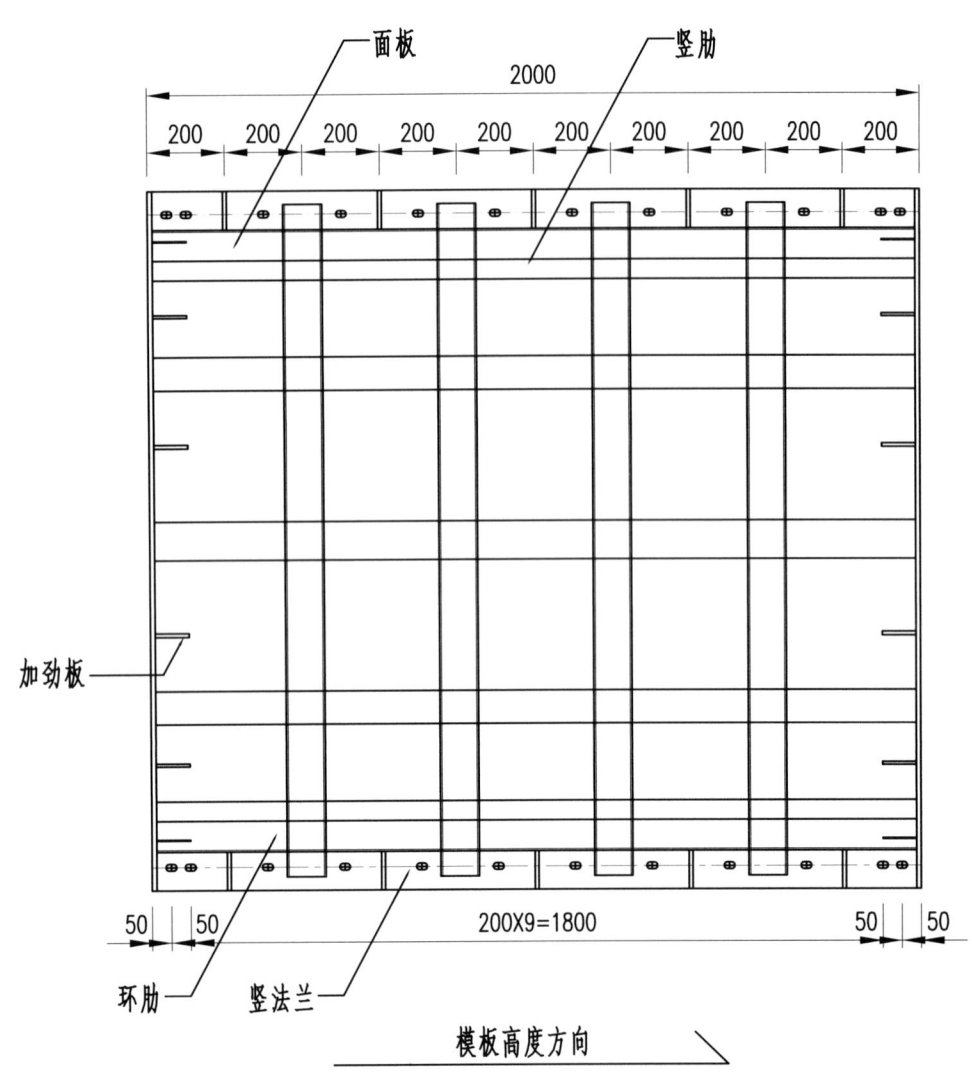
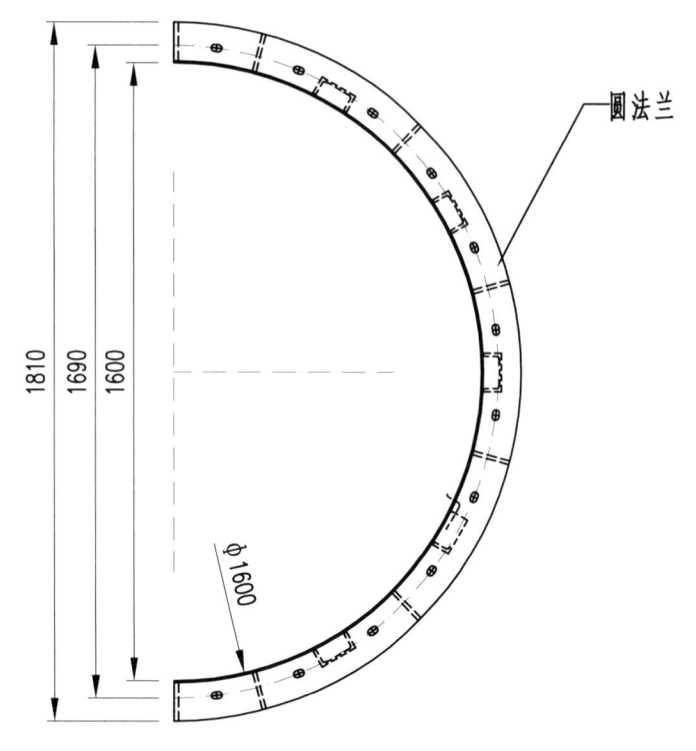

模板质量计算表

圆柱墩直径(mm)					2m一节		
1600							
序号	项目名称	型钢型号	长(mm)	宽(mm)	数量	单块质量(kg)	总质量(kg)
1	面板	5mm厚钢板	2000	2512	1	197.19	197.19
2	圆法兰	12mm厚钢板	2669	100	2	25.14	50.28
3	竖法兰	12mm厚钢板	2000	100	2	18.84	37.68
4	环肋	[10	2678		4	26.80	107.21
5	竖肋	[10	2000		5	20.01	100.07
6	加劲板	10mm厚钢板	100	100	22	0.41	9
合计							501.07
总计							1002.15
每平方米质量							99.74

说明：

1. 所有孔的尺寸均为φ18mm×28mm，圆法兰上孔间距为15°，竖肋间加劲板间距为15°，竖法兰上孔间距按照图中标注。
2. 图中尺寸以mm计。

直径1.6m圆柱墩模板	材质	Q235	单重	501kg
φ1600mm×2000mm	件数	2	图号	1.1.7-2

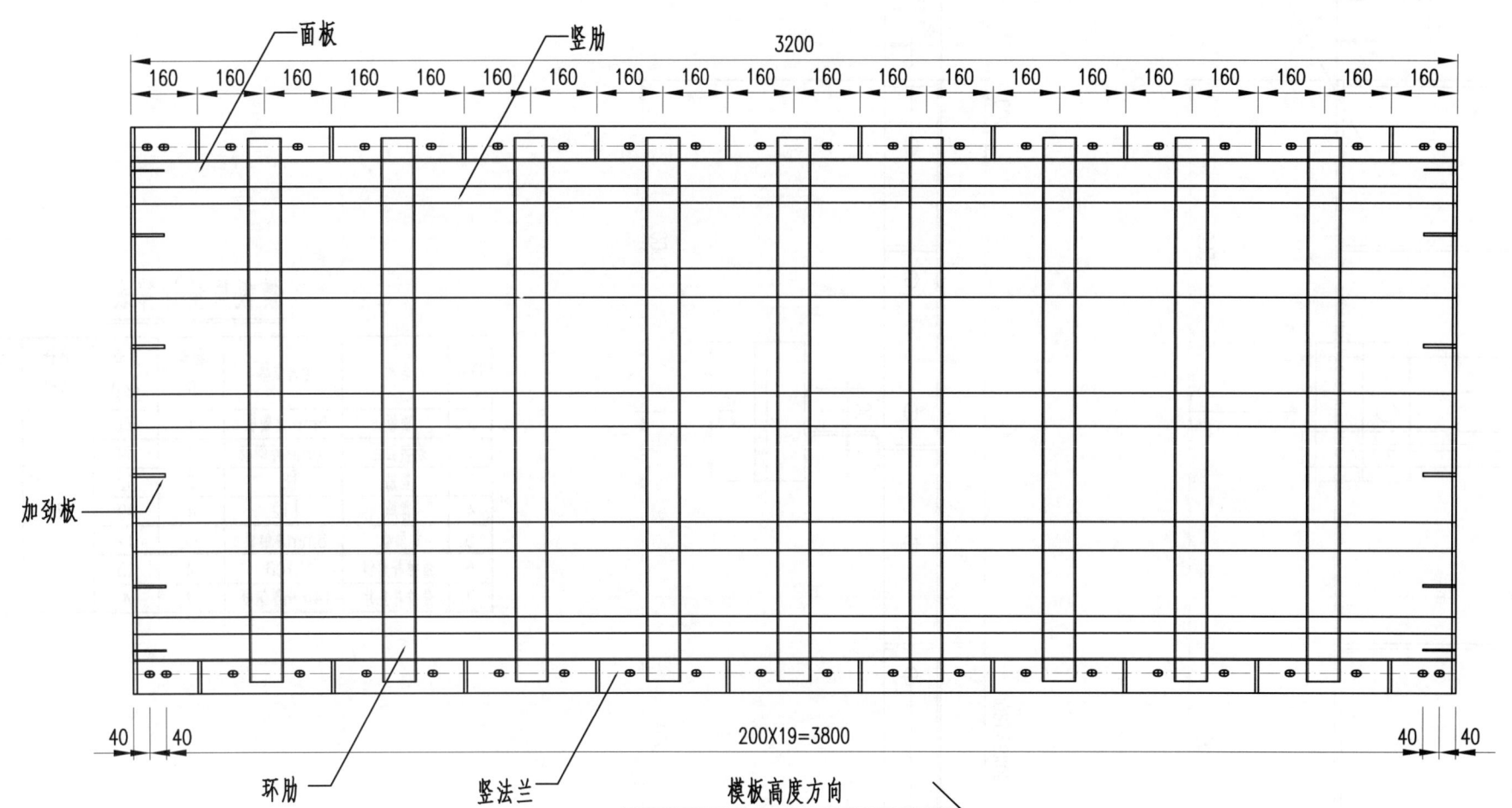
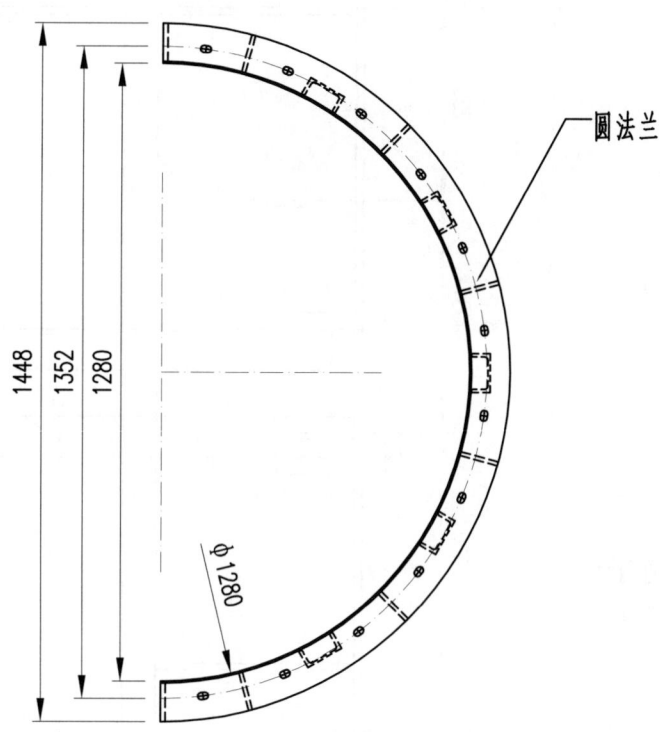

模板质量计算表

圆柱墩直径(mm)		4m一节				
1600						
序号	项目名称	型钢型号	长(mm)	宽(mm)	数量	单块质量(kg)	总质量(kg)
1	面板	5mm厚钢板	4000	2512	1	394.38	394.38
2	圆法兰	12mm厚钢板	2669	100	2	25.14	50.28
3	竖法兰	12mm厚钢板	4000	100	2	37.68	75.36
4	环肋	[10	2678		9	26.80	241.23
5	竖肋	[10	4000		5	40.03	200.14
6	加劲板	10mm厚钢板	100	100	32	0.41	13
合计							973.95
总计							1947.91
每平方米质量							96.93

说明：
1. 所有孔的尺寸均为φ18mm×28mm，圆法兰上孔间距为15°，竖肋间加劲板间距为15°，竖法兰上孔间距按照图中标注。
2. 图中尺寸以mm计。

直径1.6m圆柱墩模板	材质	Q235	单重	974kg
φ1600mm×4000mm	件数	2	图号	1.1.7-3

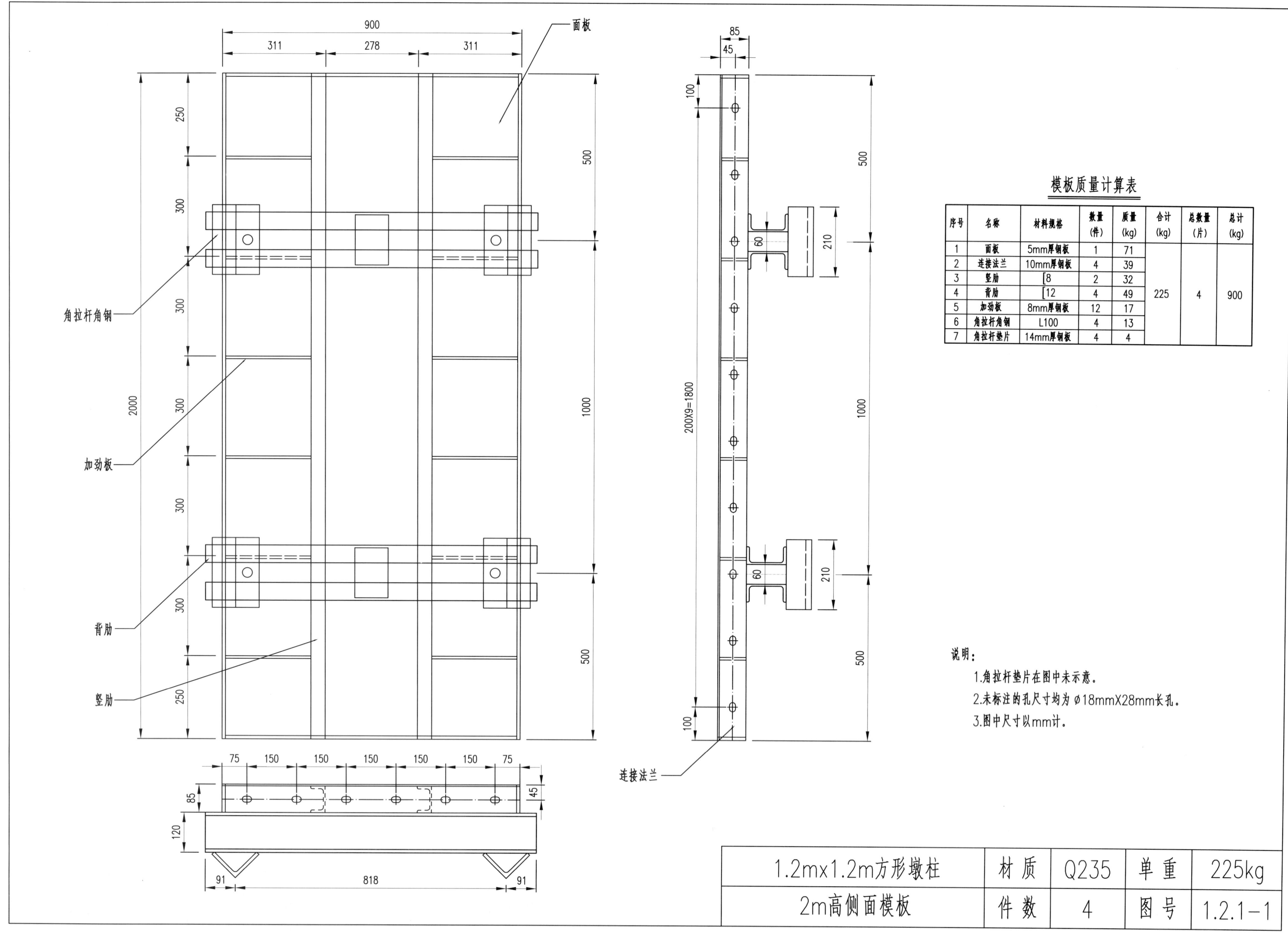

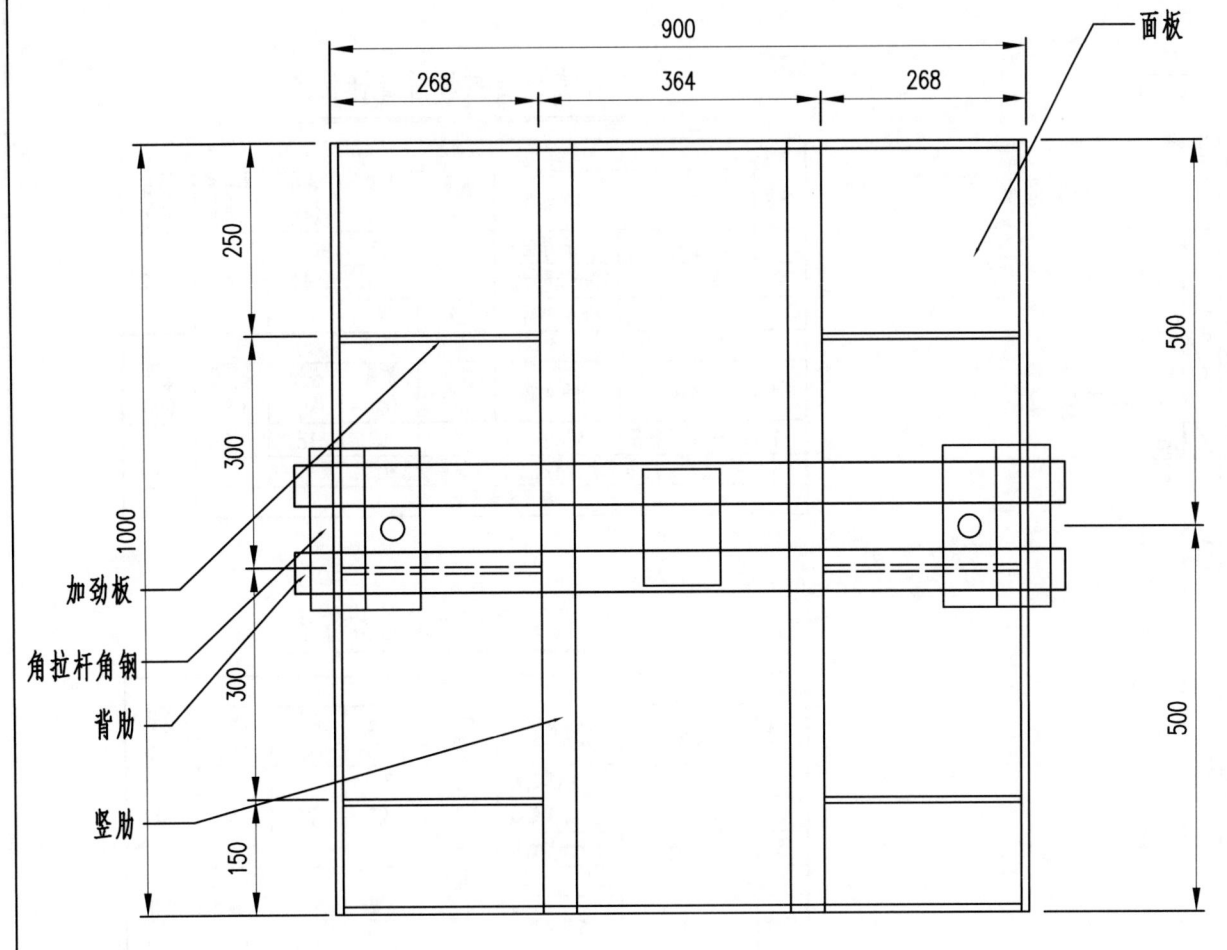
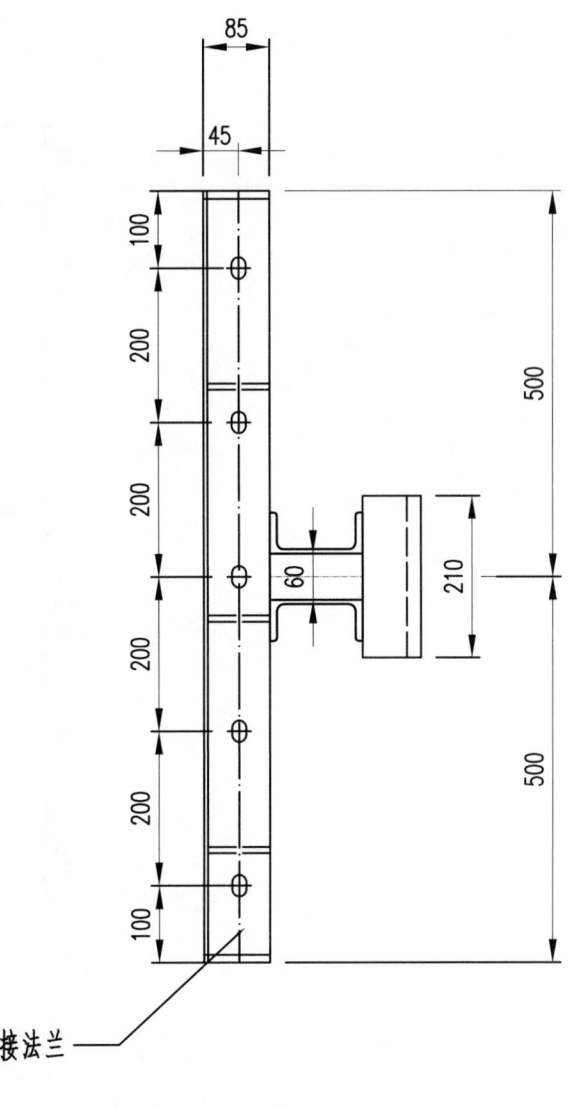

模板质量计算表

序号	名称	材料规格	数量(件)	质量(kg)	合计(kg)	总数量(片)	总计(kg)
1	面板	5mm厚钢板	1	35	106	4	423
2	连接法兰	10mm厚钢板	4	13			
3	竖肋	[8	2	16			
4	背肋	[12	2	25			
5	加劲板	8mm厚钢板	6	9			
6	角拉杆角钢	L100	2	6			
7	角拉杆垫片	14mm厚钢板	2	2			

说明：
1. 角拉杆垫片在图中未示意。
2. 未标注的孔尺寸均为 Ø18mm×28mm长孔。
3. 图中尺寸以mm计。

1.2m×1.2m方形墩柱	材质	Q235	单重	106kg
1m高侧面模板	件数	4	图号	1.2.1-2

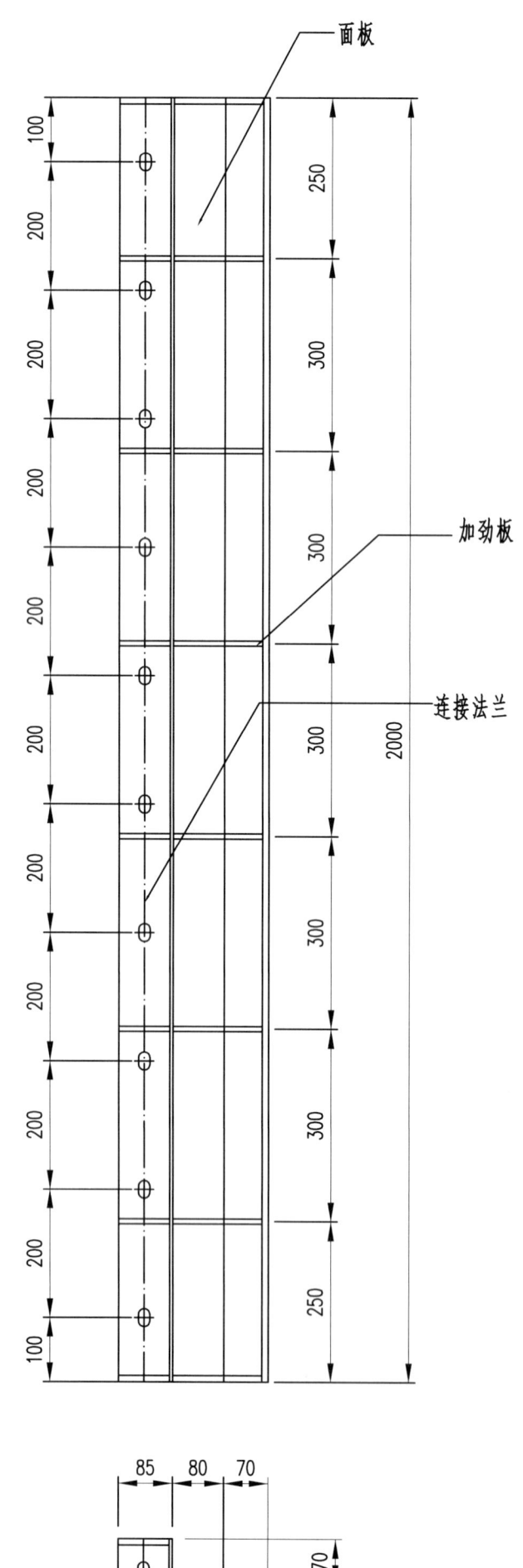
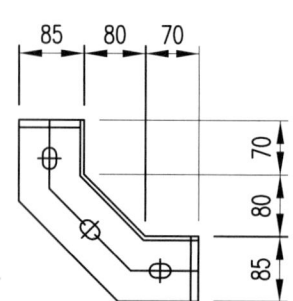
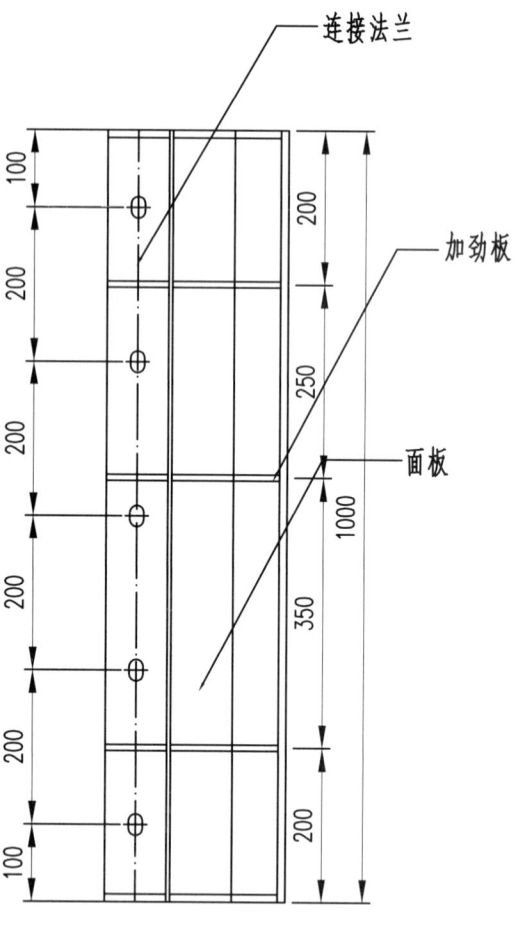
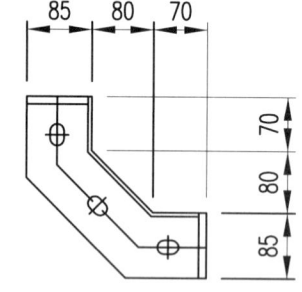

1m高倒角模板质量计算表

		钢角					
序号	名称	材料规格	数量(件)	质量(kg)	合计(kg)	总数量(片)	总计(kg)
1	面板	5mm厚钢板	1	16	41	4	162
2	连接法兰	10mm厚钢板	4	19			
3	加劲板	8mm厚钢板	3	6			
		拉杆					
序号	名称	材料规格	数量(件)	质量(kg)	合计(kg)	总数量(个)	总计(kg)
1	0.815 角拉杆	30mm	4	18	18	1	18
1m 高1.2m×1.2m 方墩模板总重							604
每平方米质量							126

2m高倒角模板质量计算表

		钢角					
序号	名称	材料规格	数量(件)	质量(kg)	合计(kg)	总数量(片)	总计(kg)
1	面板	5mm厚钢板	1	31	76	4	304
2	连接法兰	10mm厚钢板	4	32			
3	加劲板	8mm厚钢板	6	13			
		拉杆					
序号	名称	材料规格	数量(件)	质量(kg)	合计(kg)	总数量(个)	总计(kg)
1	0.815 角拉杆	30mm	8	36	36	1	36
2m 高1.2m×1.2m 方墩模板总重							1240
每平方米质量							129

说明：
1. 未标注的孔均为ø18mm×28mm长孔。
2. 角拉杆在图中未示意出。
3. 图中尺寸以mm计。

1.2m×1.2m方形墩柱	材质	Q235	单重	
1m、2m高倒角模板	件数	4	图号	1.2.1-3

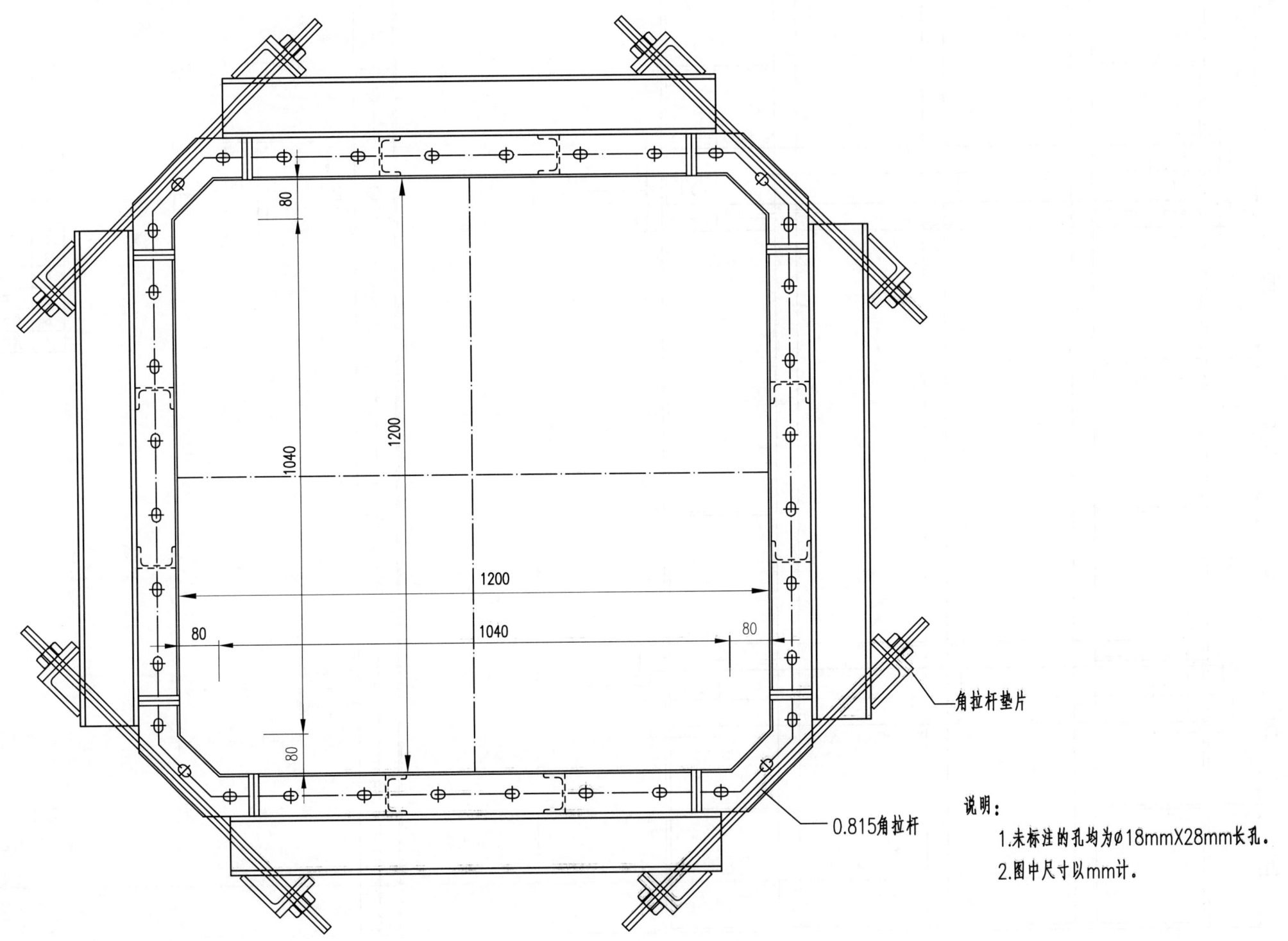

说明：
1. 未标注的孔均为Φ18mm×28mm长孔。
2. 图中尺寸以mm计。

1.2m×1.2m方形墩柱	材 质	Q235	单 重	
模板拼接示意图	件 数		图 号	1.2.1-4

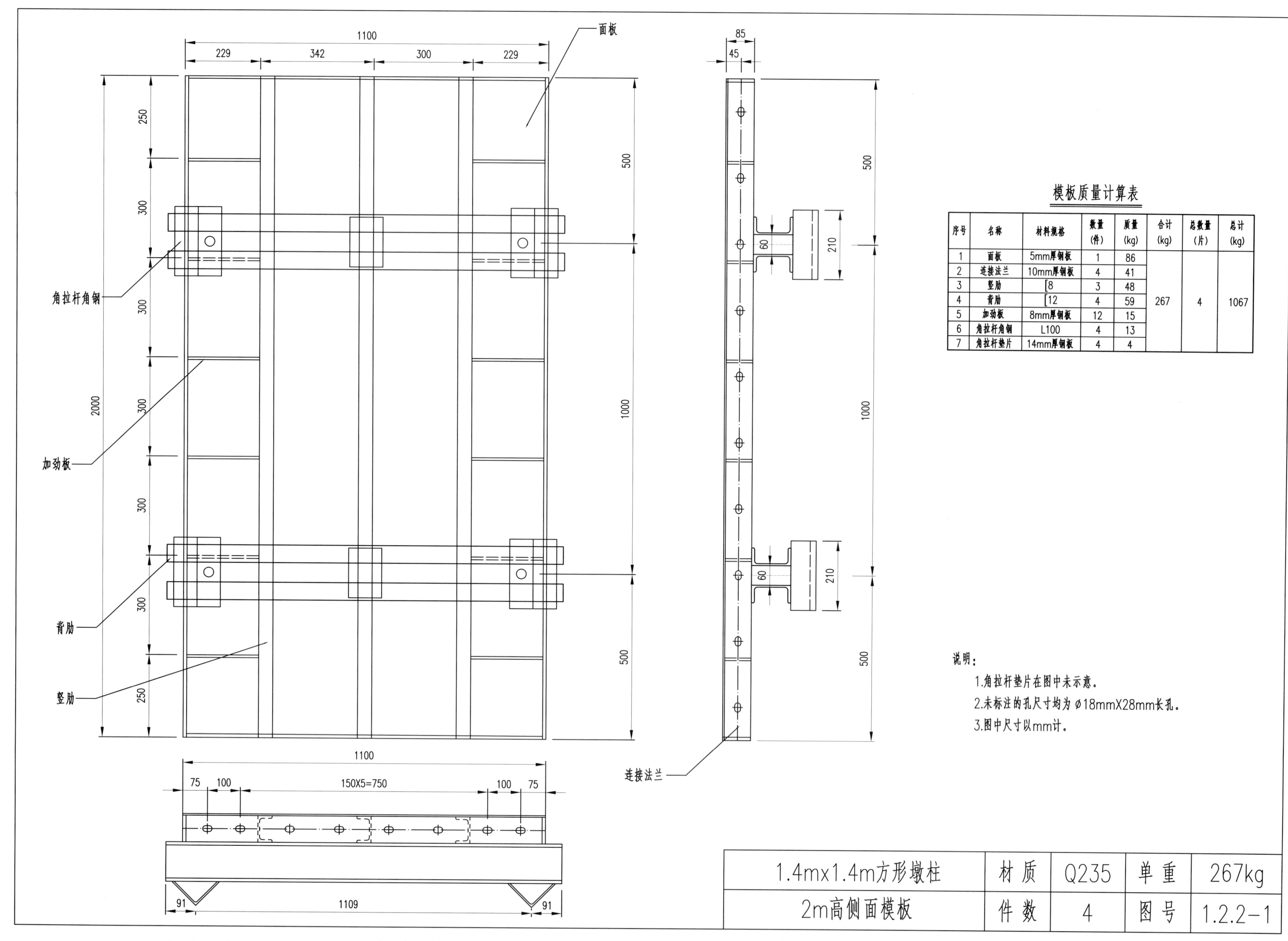

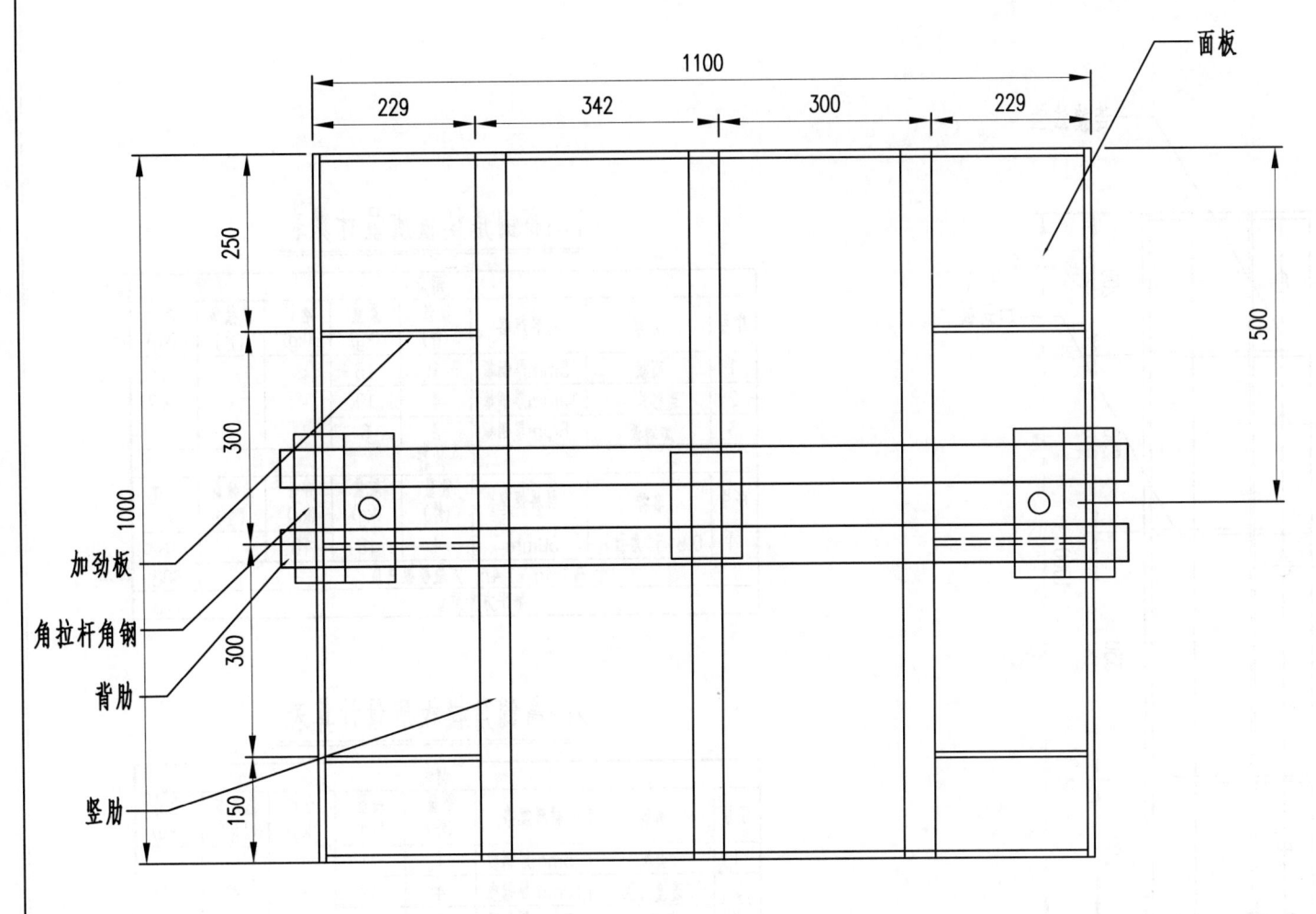
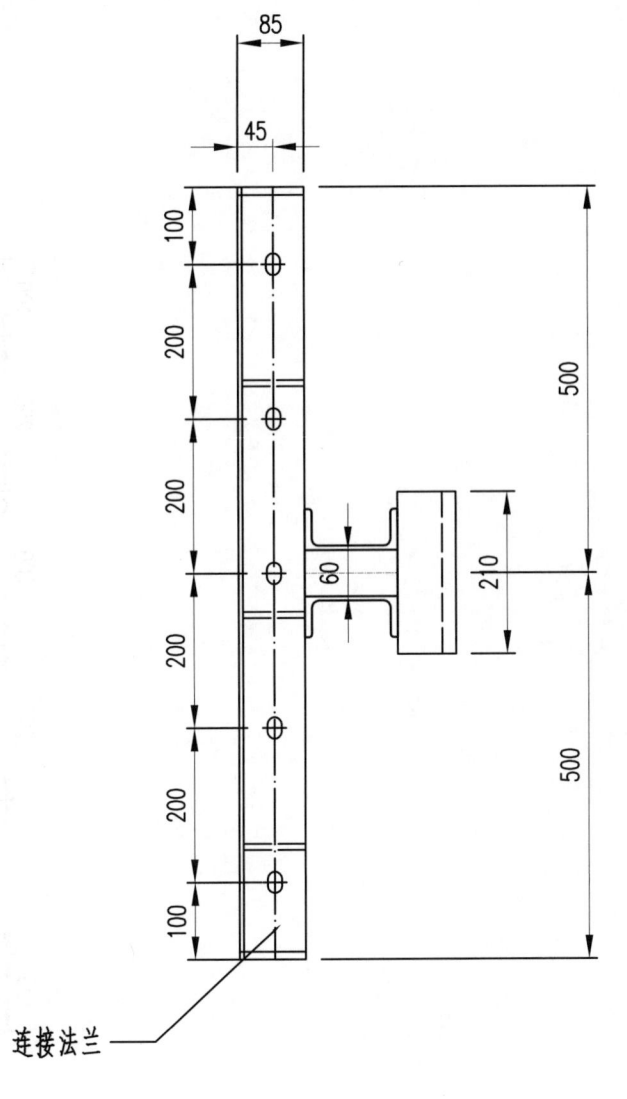
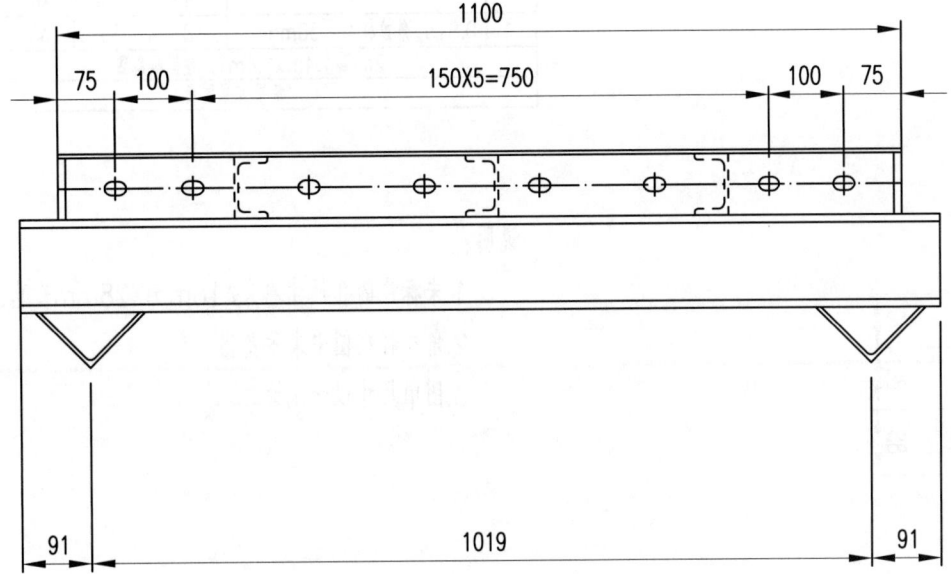

模板质量计算表

序号	名称	材料规格	数量(件)	质量(kg)	合计(kg)	总数量(片)	总计(kg)
1	面板	5mm厚钢板	1	43	127	4	507
2	连接法兰	10mm厚钢板	4	14			
3	竖肋	[8	3	24			
4	背肋	[12	2	30			
5	加劲板	8mm厚钢板	6	7			
6	角拉杆角钢	L100	2	6			
7	角拉杆垫片	14mm厚钢板	2	2			

说明：
1. 角拉杆垫片在图中未示意。
2. 未标注的孔尺寸均为 ø18mm×28mm长孔。
3. 图中尺寸以mm计。

1.4m×1.4m方形墩柱	材质	Q235	单重	127kg
1m高侧面模板	件数	4	图号	1.2.2-2

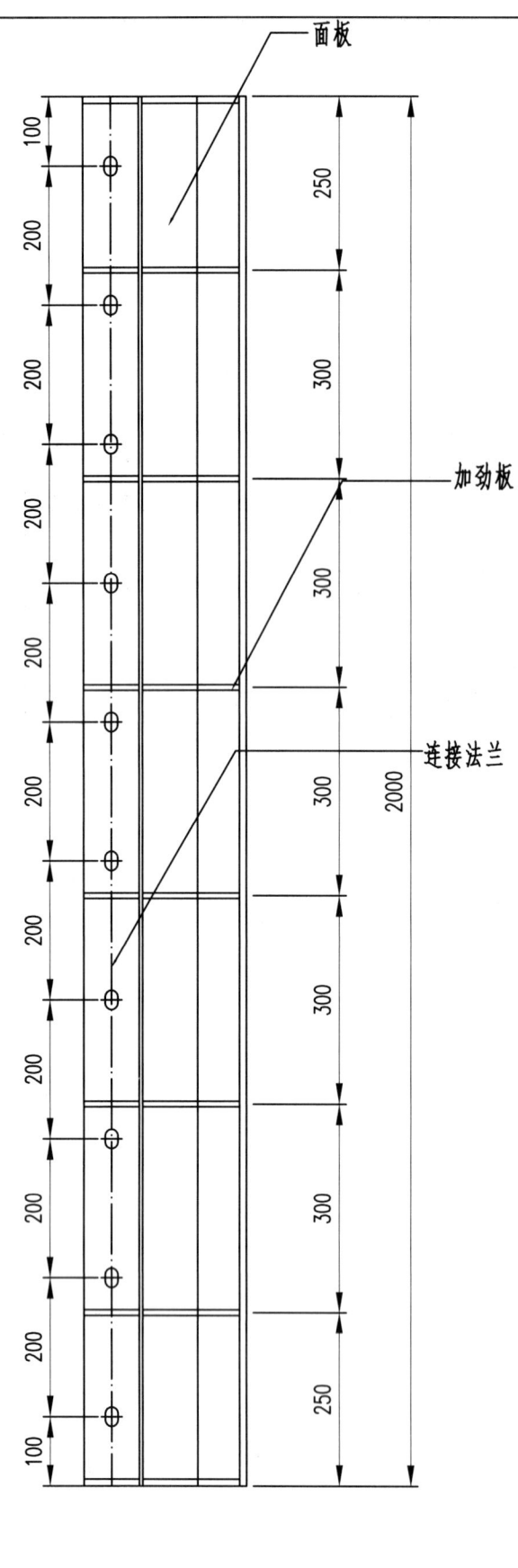
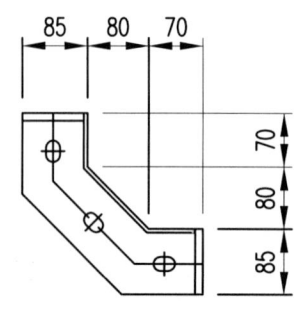
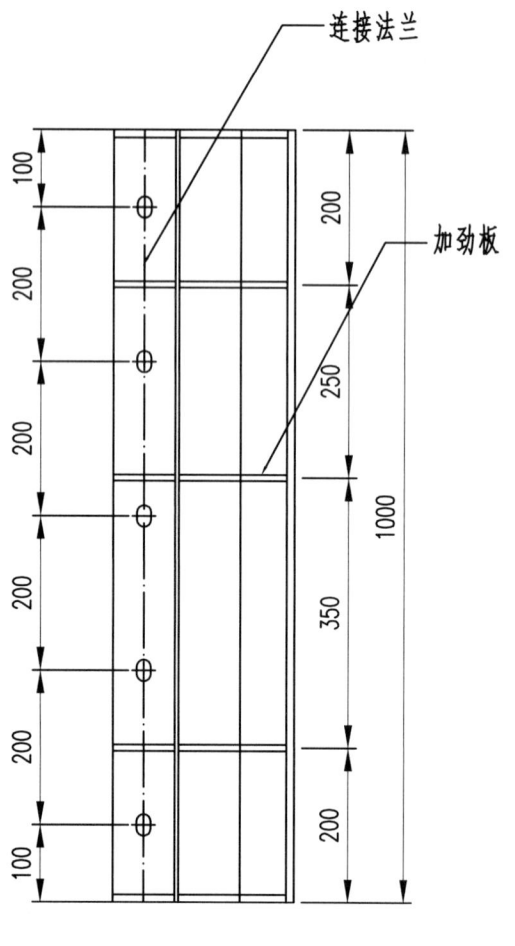
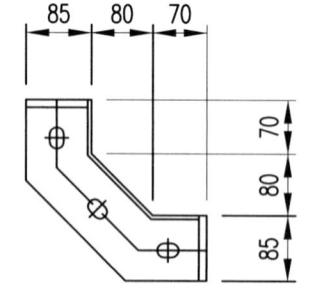

1m高倒角模板质量计算表

		倒角					
序号	名称	材料规格	数量(件)	质量(kg)	合计(kg)	总数量(片)	总计(kg)
1	面板	5mm厚钢板	1	16	41	4	162
2	连接法兰	10mm厚钢板	4	19			
3	加劲板	8mm厚钢板	3	6			
		拉杆					
序号	名称	材料规格	数量(件)	质量(kg)	合计(kg)	总数量(个)	总计(kg)
1	0.815 角拉杆	30mm	4	18	18	1	18
1m高1.4m×1.4m 方墩模板总重							688
每平方米质量							123

2m高倒角模板质量计算表

		倒角					
序号	名称	材料规格	数量(件)	质量(kg)	合计(kg)	总数量(片)	总计(kg)
1	面板	5mm厚钢板	1	31	76	4	304
2	连接法兰	10mm厚钢板	4	32			
3	加劲板	8mm厚钢板	6	13			
		拉杆					
序号	名称	材料规格	数量(件)	质量(kg)	合计(kg)	总数量(个)	总计(kg)
1	0.815 角拉杆	30mm	8	36	36	1	36
2m高1.4m×1.4m 方墩模板总重							1407
每平方米质量							126

说明：
1. 未标注的孔尺寸均为ø18mm×28mm长孔。
2. 角拉杆在图中未示意出。
3. 图中尺寸以mm计。

1.4m×1.4m方形墩柱	材质	Q235	单重	
1m、2m高倒角模板	件数	4	图号	1.2.2-3

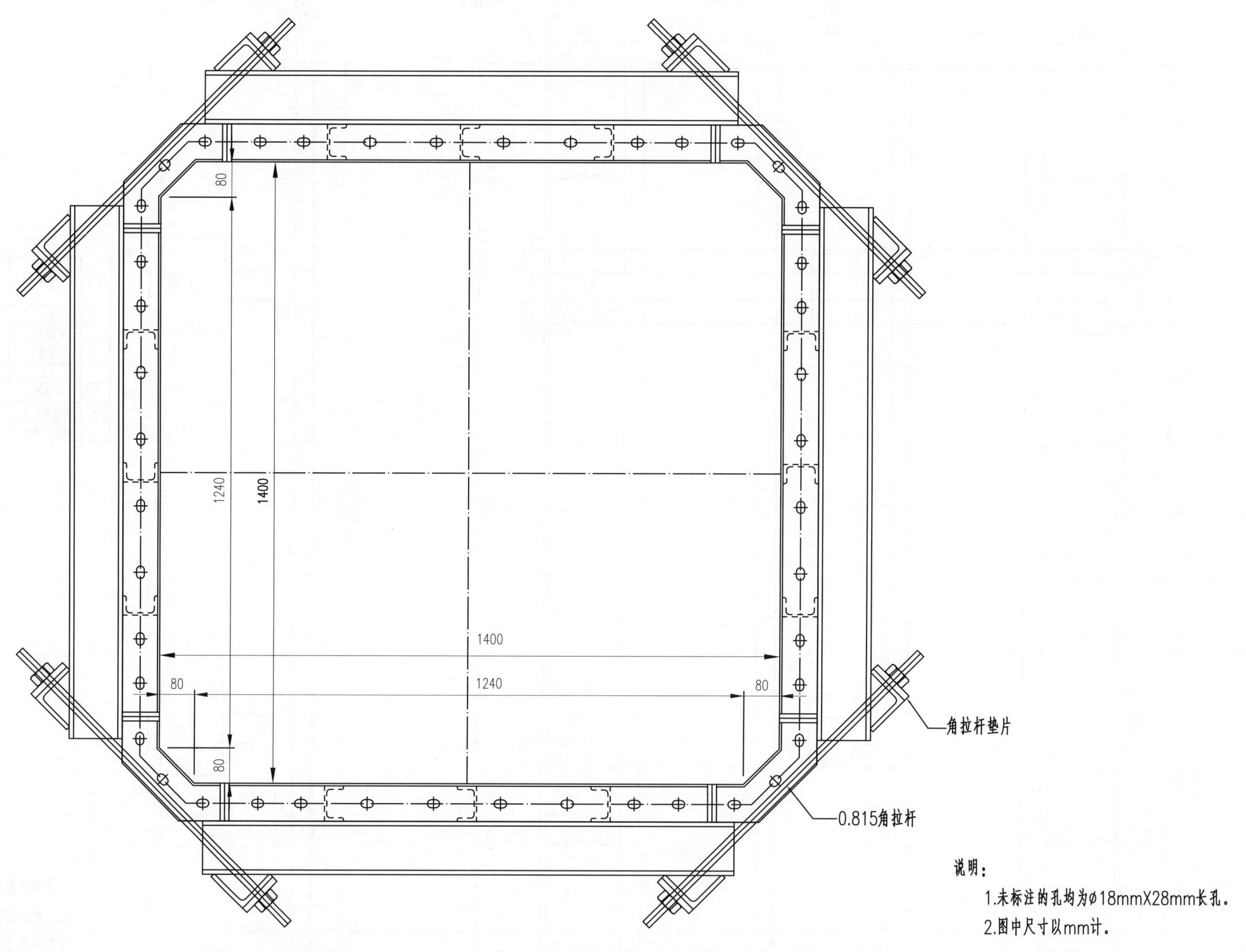

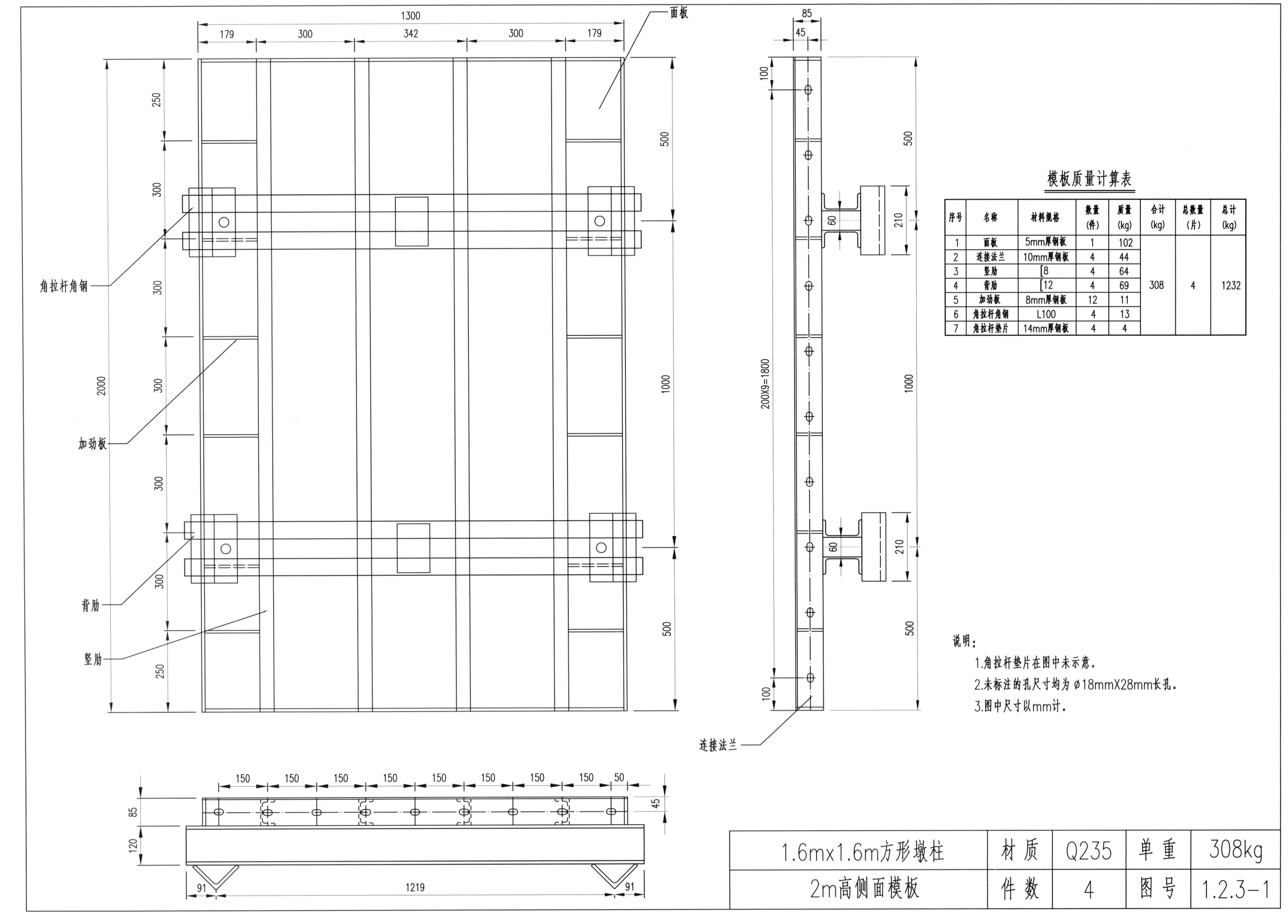

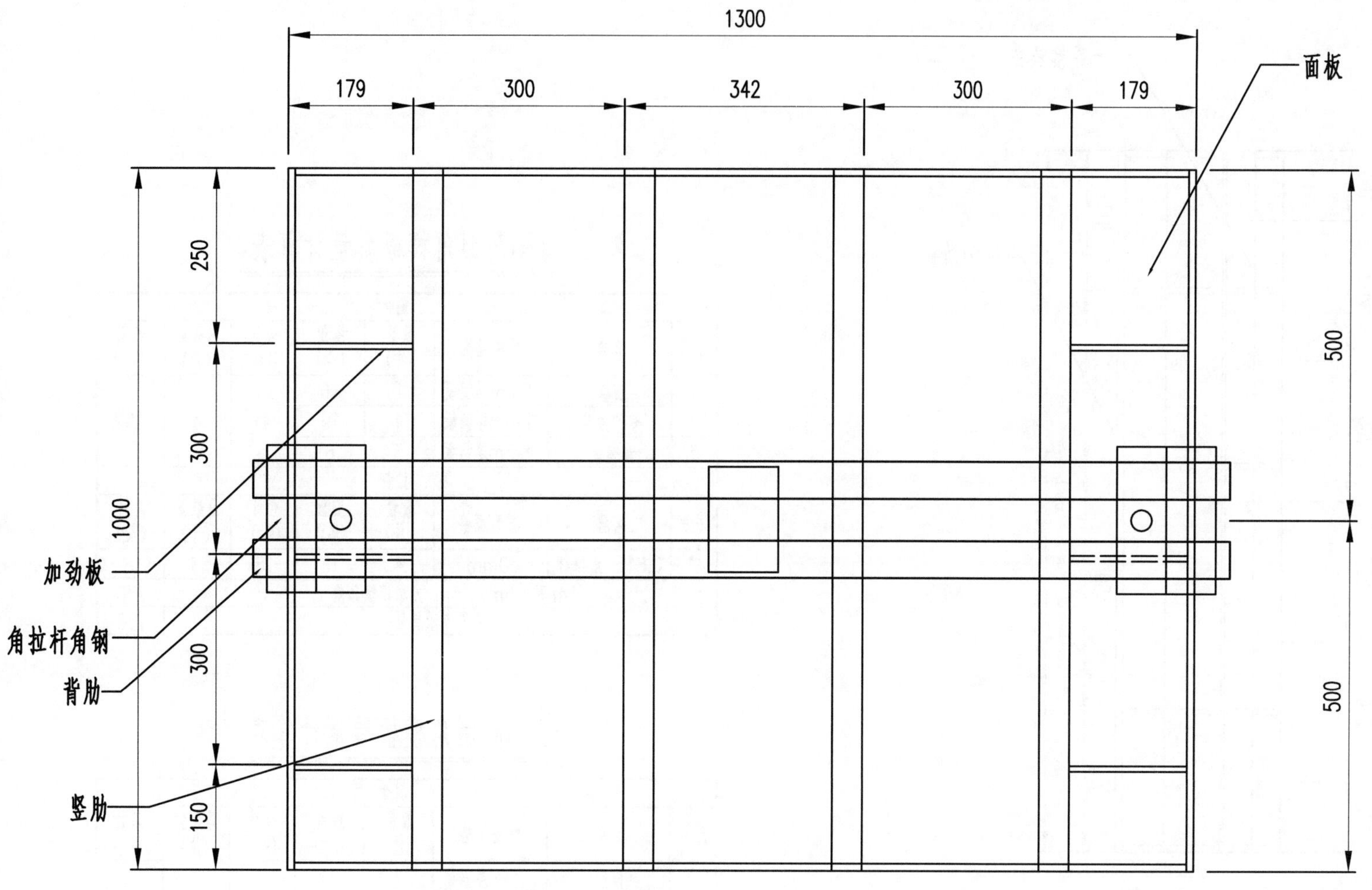

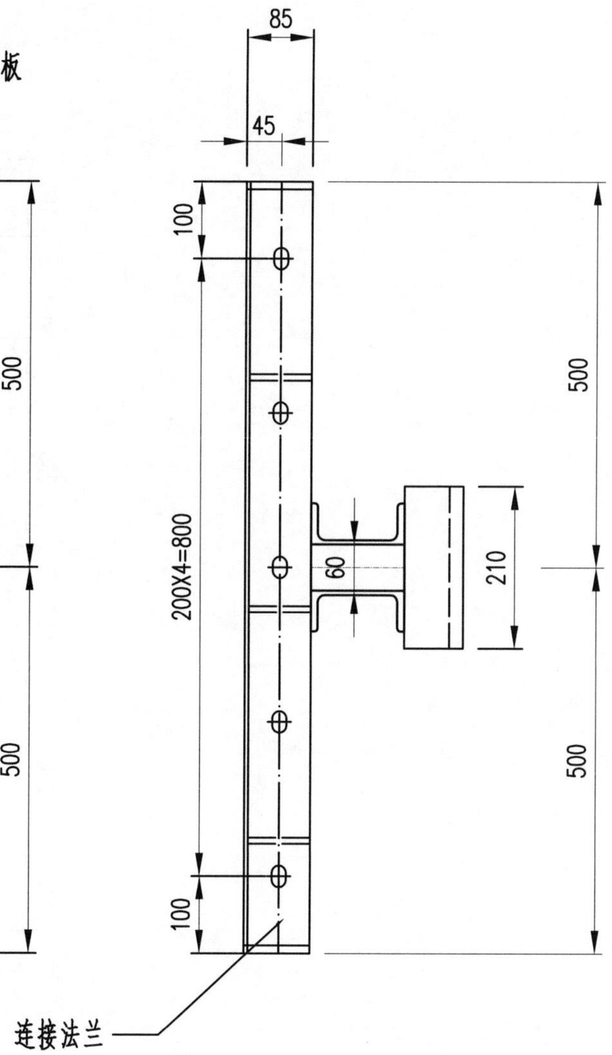

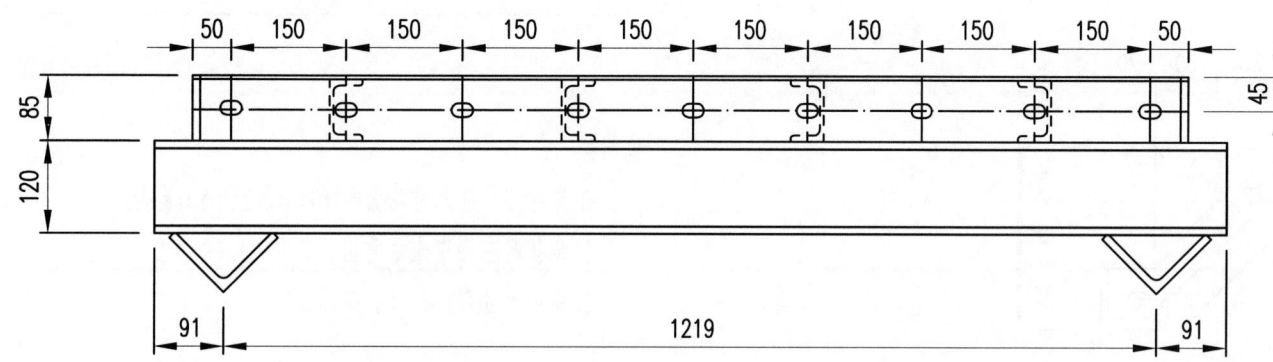

模板质量计算表

序号	名称	材料规格	数量(件)	质量(kg)	合计(kg)	总数量(片)	总计(kg)
1	面板	5mm厚钢板	1	51	147	4	589
2	连接法兰	10mm厚钢板	4	15			
3	竖肋	[8	4	32			
4	背肋	[12	2	34			
5	加劲板	8mm厚钢板	6	6			
6	角拉杆角钢	L100	2	6			
7	角拉杆垫片	14mm厚钢板	2	2			

说明：
1. 角拉杆垫片在图中未示意。
2. 未标注的孔尺寸均为 ø18mm×28mm长孔。
3. 图中尺寸以mm计。

1.6m×1.6m方形墩柱	材质	Q235	单重	147kg
1m高侧面模板	件数	4	图号	1.2.3-2

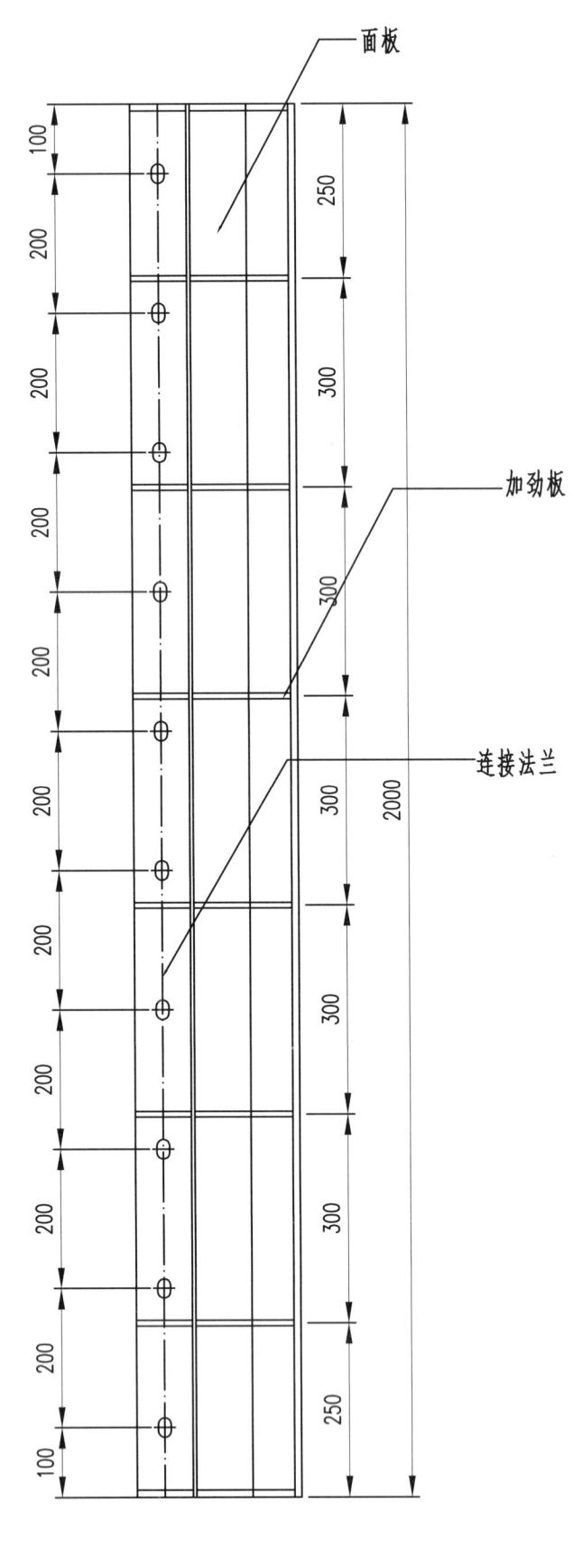
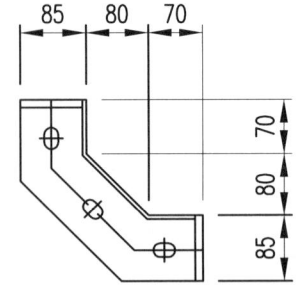
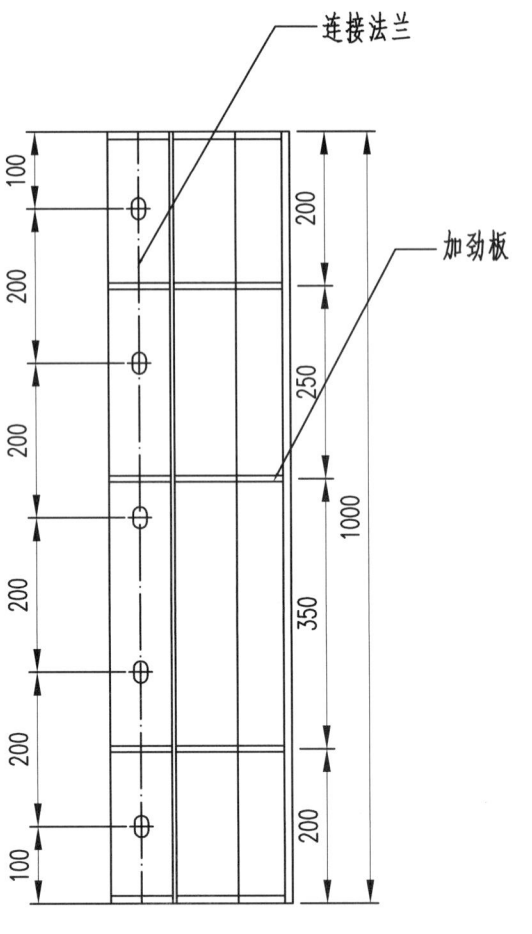
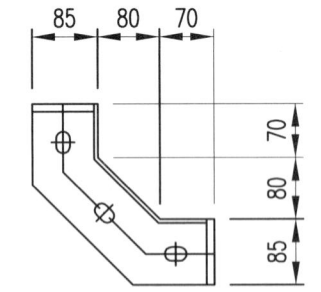

1m高倒角模板质量计算表

			倒角				
序号	名称	材料规格	数量(件)	质量(kg)	合计(kg)	总数量(片)	总计(kg)
1	面板	5mm厚钢板	1	16	41	4	162
2	连接法兰	10mm厚钢板	4	19			
3	加劲板	8mm厚钢板	3	6			
			拉杆				
序号	名称	材料规格	数量(件)	质量(kg)	合计(kg)	总数量(个)	总计(kg)
1	0.815 角拉杆	30mm	4	18	18	1	18
1m高1.6m×1.6m 方墩模板总重							770
每平方米质量							120

2m高倒角模板质量计算表

			倒角				
序号	名称	材料规格	数量(件)	质量(kg)	合计(kg)	总数量(片)	总计(kg)
1	面板	5mm厚钢板	1	31	76	4	304
2	连接法兰	10mm厚钢板	4	32			
3	加劲板	8mm厚钢板	6	13			
			拉杆				
序号	名称	材料规格	数量(件)	质量(kg)	合计(kg)	总数量(个)	总计(kg)
1	0.815 角拉杆	30mm	8	36	36	1	36
2m高1.6m×1.6m 方墩模板总重							1572
每平方米质量							123

说明：
1. 未标注的孔尺寸均为ø18mm×28mm长孔。
2. 角拉杆在图中未示意出。
3. 图中尺寸以mm计。

1.6m×1.6m方形墩柱	材质	Q235	单重	
1m、2m高倒角模板	件数	4	图号	1.2.3-3

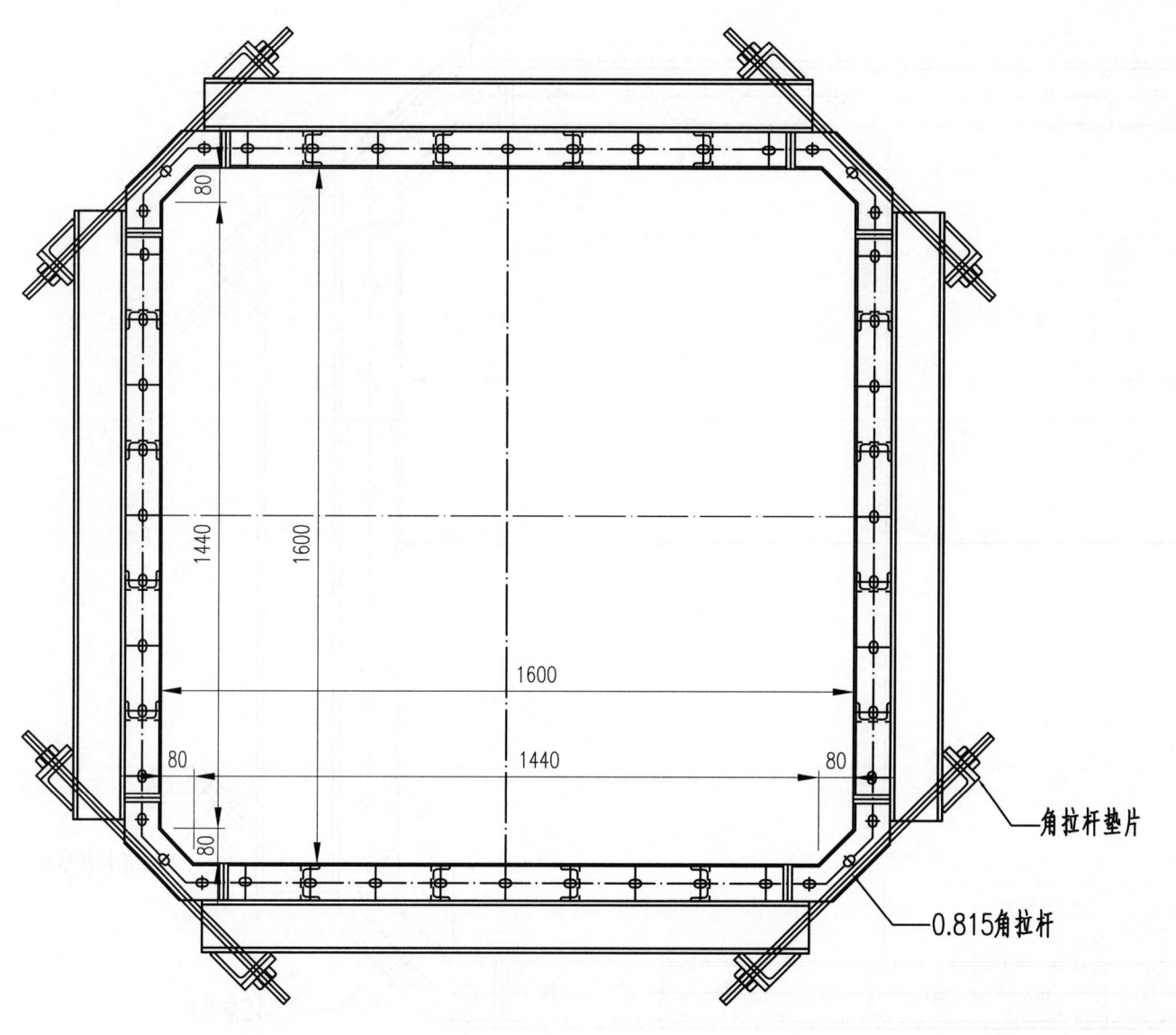

说明：
1. 未标注孔的尺寸均为ø18mmX28mm长孔。
2. 图中尺寸以mm计。

1.6mx1.6m方形墩柱	材质	Q235	单重	
模板拼接示意图	件数		图号	1.2.3-4

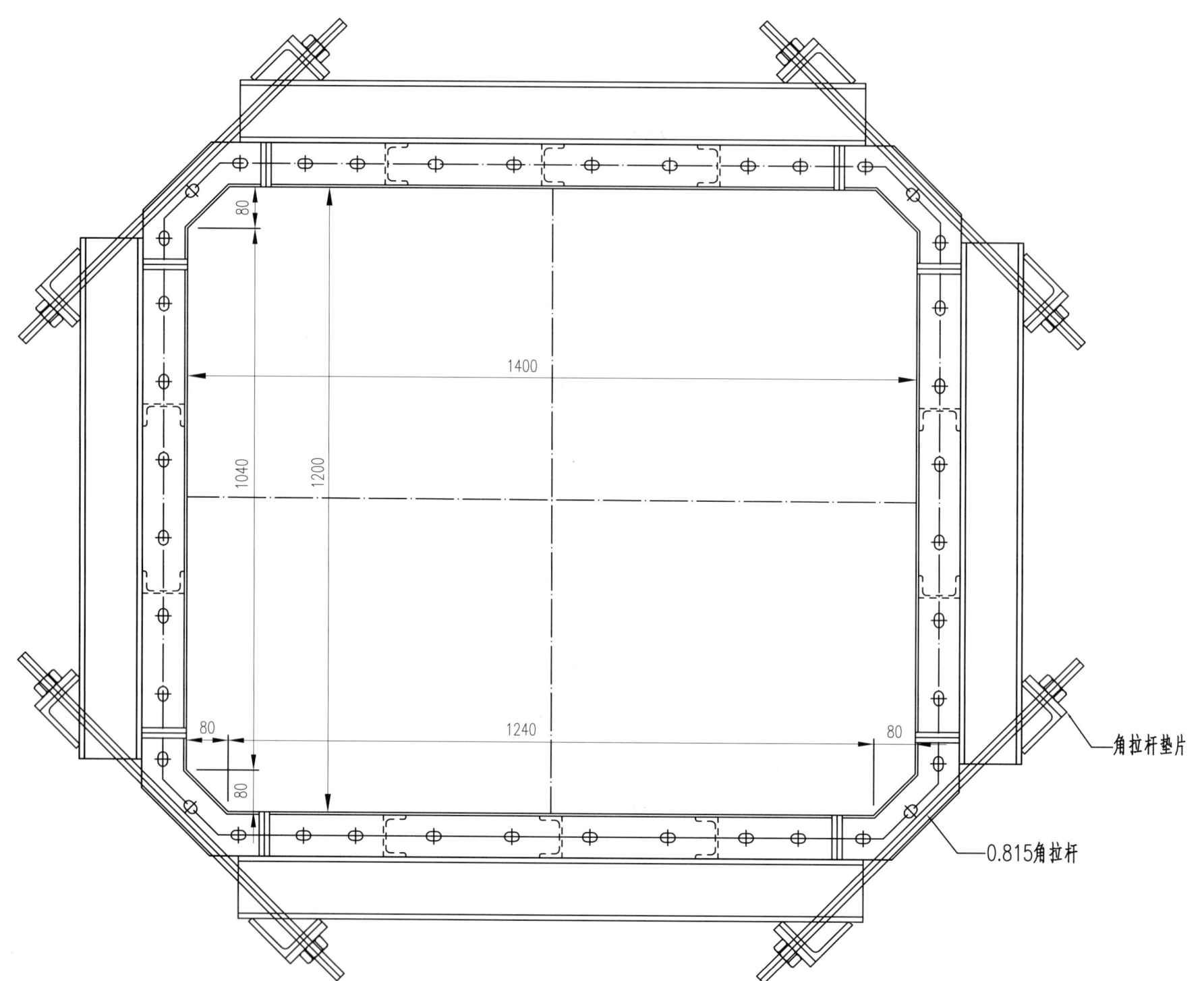

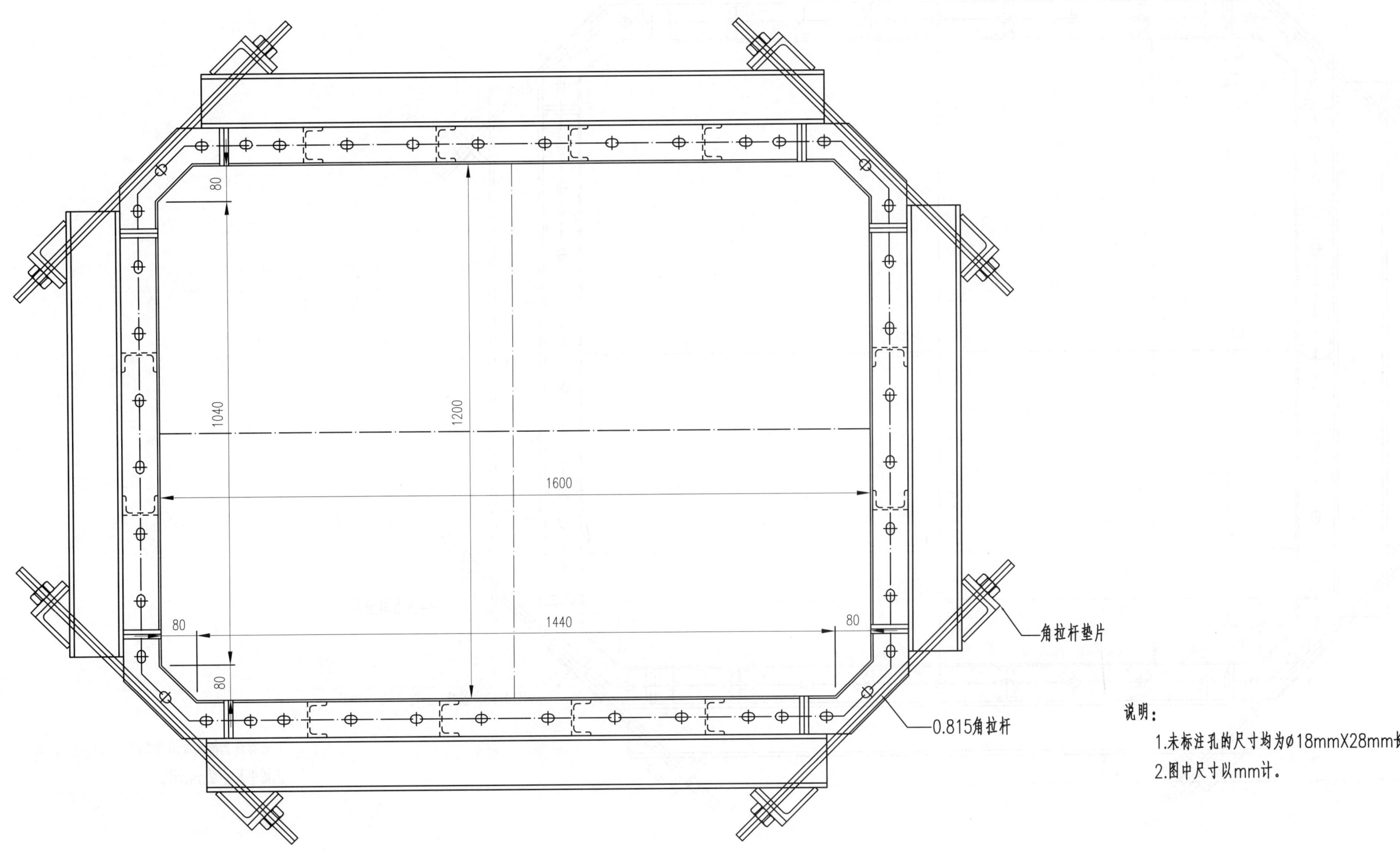

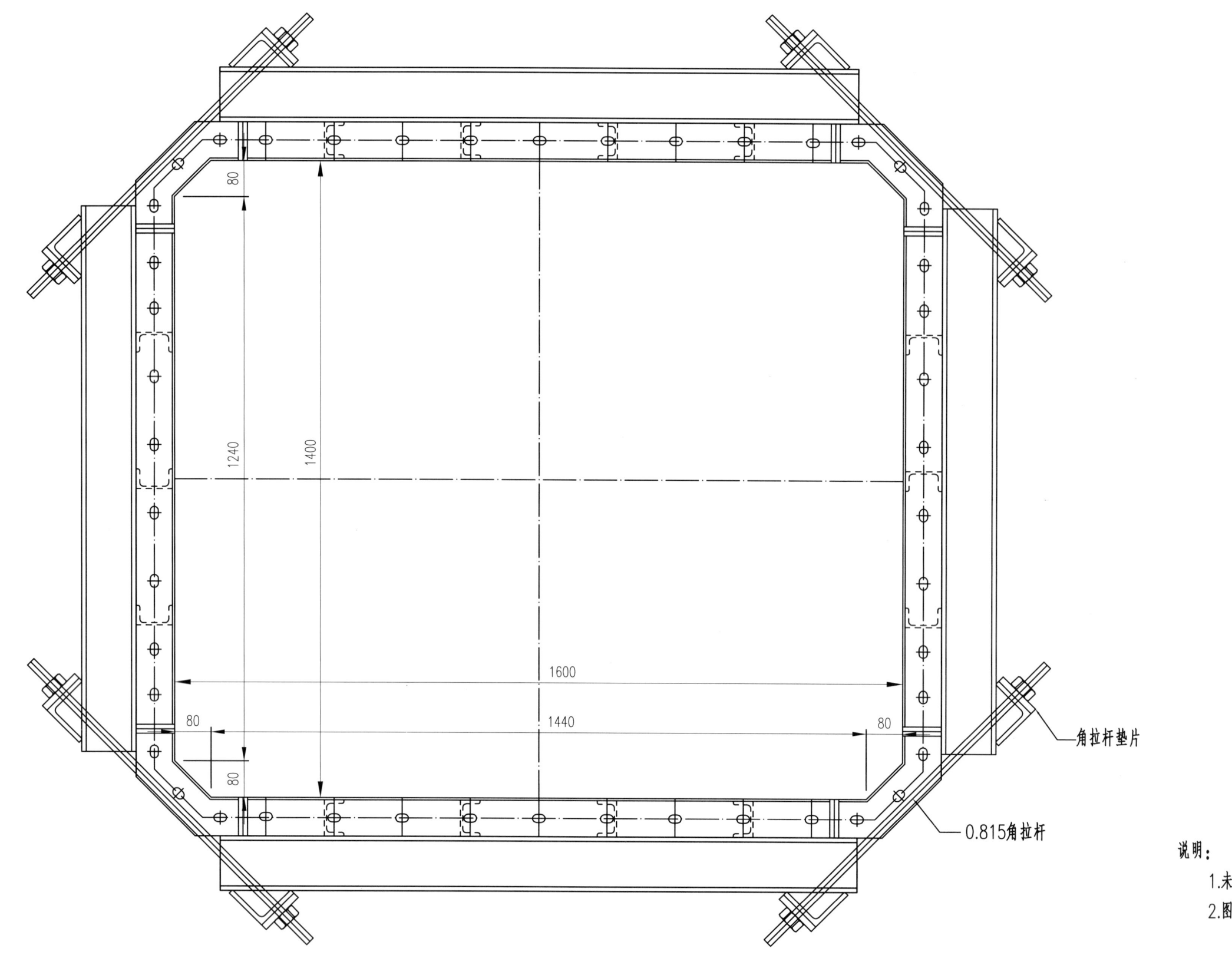

1.2m×1.4m方形墩模板质量计算表

2m高侧模 (0.9m)

序号	名称	材料规格	数量(件)	质量(kg)	合计(kg)	总数量(片)	总计(kg)
1	面板	5mm厚钢板	1	71			
2	连接法兰	10mm厚钢板	4	39			
3	竖肋	[8	2	32	225	2	450
4	背肋	[12	4	49			
5	筋板	8mm厚钢板	12	17			
6	角拉杆角钢	L100	4	13			
7	角拉杆垫片	14mm厚钢板	4	4			

1.2m×1.4m方形墩模板质量计算表

1m高侧模 (0.9m)

序号	名称	材料规格	数量(件)	质量(kg)	合计(kg)	总数量(片)	总计(kg)
1	面板	5mm厚钢板	1	35			
2	连接法兰	10mm厚钢板	4	13			
3	竖肋	[8	2	16	106	2	212
4	背肋	[12	2	25			
5	筋板	8mm厚钢板	6	9			
6	角拉杆角钢	L100	2	6			
7	角拉杆垫片	14mm厚钢板	4	2			

1.2m×1.6m方形墩模板质量计算表

2m高侧模 (0.9m)

序号	名称	材料规格	数量(件)	质量(kg)	合计(kg)	总数量(片)	总计(kg)
1	面板	5mm厚钢板	1	71			
2	连接法兰	10mm厚钢板	4	39			
3	竖肋	[8	2	32	225	2	450
4	背肋	[12	4	49			
5	筋板	8mm厚钢板	12	17			
6	角拉杆角钢	L100	4	13			
7	角拉杆垫片	14mm厚钢板	4	4			

1.2m×1.4m方形墩模板质量计算表

2m高侧模 (1.1m)

序号	名称	材料规格	数量(件)	质量(kg)	合计(kg)	总数量(片)	总计(kg)
1	面板	5mm厚钢板	1	86			
2	连接法兰	10mm厚钢板	4	41			
3	竖肋	[8	3	48			
4	背肋	[12	4	59	267	2	534
5	筋板	8mm厚钢板	12	15			
6	角拉杆角钢	L100	4	13			
7	角拉杆垫片	14mm厚钢板	4	4			

1.2m×1.4m方形墩模板质量计算表

1m高侧模 (1.1m)

序号	名称	材料规格	数量(件)	质量(kg)	合计(kg)	总数量(片)	总计(kg)
1	面板	5mm厚钢板	1	43			
2	连接法兰	10mm厚钢板	4	14			
3	竖肋	[8	3	24			
4	背肋	[12	2	30	127	2	253
5	筋板	8mm厚钢板	6	7			
6	角拉杆角钢	L100	2	6			
7	角拉杆垫片	14mm厚钢板	2	2			

1.2m×1.6m方形墩模板质量计算表

2m高侧模 (1.3m)

序号	名称	材料规格	数量(件)	质量(kg)	合计(kg)	总数量(片)	总计(kg)
1	面板	5mm厚钢板	1	102			
2	连接法兰	10mm厚钢板	4	44			
3	竖肋	[8	4	64			
4	背肋	[12	4	69	308	2	616
5	筋板	8mm厚钢板	12	11			
6	角拉杆角钢	L100	4	13			
7	角拉杆垫片	14mm厚钢板	4	4			

1.2m×1.4m方形墩模板质量计算表

2m高侧角模板

序号	名称	材料规格	数量(件)	质量(kg)	合计(kg)	总数量(片)	总计(kg)
1	面板	5mm厚钢板	1	31			
2	连接法兰	10mm厚钢板	4	32	76	4	304
3	加筋板	8mm厚钢板	6	13			

拉杆

序号	名称	材料规格	数量(件)	质量(kg)	合计(kg)	总数量(片)	总计(kg)
1	0.815 角拉杆	30mm	8	36	36	1	36

2m 高1.2m×1.4m 方形墩模板总重	1287
每平方米质量	124

1.2m×1.4m方形墩模板质量计算表

1m高侧角模板

序号	名称	材料规格	数量(件)	质量(kg)	合计(kg)	总数量(片)	总计(kg)
1	面板	5mm厚钢板	1	16			
2	连接法兰	10mm厚钢板	4	19	41	4	162
3	加筋板	8mm厚钢板	3	6			

拉杆

序号	名称	材料规格	数量(件)	质量(kg)	合计(kg)	总数量(片)	总计(kg)
1	0.815 角拉杆	30mm	4	18	18	1	18

1m 高1.2m×1.4m 方形墩模板总重	628
每平方米质量	121

1.2m×1.6m方形墩模板质量计算表

2m高侧角模板

序号	名称	材料规格	数量(件)	质量(kg)	合计(kg)	总数量(片)	总计(kg)
1	面板	5mm厚钢板	1	31			
2	连接法兰	10mm厚钢板	4	32	76	4	304
3	加筋板	8mm厚钢板	6	13			

拉杆

序号	名称	材料规格	数量(件)	质量(kg)	合计(kg)	总数量(片)	总计(kg)
1	0.815 角拉杆	30mm	8	36	36	1	36

2m 1.2m×1.4m 方形墩模板总重	1370
每平方米质量	122

方形墩柱材料表
材料数量计算表(一)

材质	Q235	单重	
件数		图号	1.2.7-1

1.2m×1.6m方形墩模板质量计算表

1m高侧模(0.9m)

序号	名称	材料规格	数量(件)	质量(kg)	合计(kg)	总数量(片)	总计(kg)
1	面板	5mm厚钢板	1	35	106	2	212
2	连接法兰	10mm厚钢板	4	13			
3	竖肋	[8	2	16			
4	背肋	[12	2	25			
5	筋板	8mm厚钢板	6	9			
6	角拉杆角钢	L100	2	6			
7	角拉杆垫片	14mm厚钢板	4	2			

1.4m×1.6m方形墩模板质量计算表

2m高侧模(1.1m)

序号	名称	材料规格	数量(件)	质量(kg)	合计(kg)	总数量(片)	总计(kg)
1	面板	5mm厚钢板	1	86	267	2	534
2	连接法兰	10mm厚钢板	4	41			
3	竖肋	[8	3	48			
4	背肋	[12	4	59			
5	筋板	8mm厚钢板	12	15			
6	角拉杆角钢	L100	4	13			
7	角拉杆垫片	14mm厚钢板	4	4			

1.4m×1.6m方形墩模板质量计算表

1m高侧模(1.1m)

序号	名称	材料规格	数量(件)	质量(kg)	合计(kg)	总数量(片)	总计(kg)
1	面板	5mm厚钢板	1	43	127	2	253
2	连接法兰	10mm厚钢板	4	14			
3	竖肋	[8	3	24			
4	背肋	[12	2	30			
5	筋板	8mm厚钢板	6	7			
6	角拉杆角钢	L100	2	6			
7	角拉杆垫片	14mm厚钢板	2	2			

1.2m×1.6m方形墩模板质量计算表

1m高侧模(1.3m)

序号	名称	材料规格	数量(件)	质量(kg)	合计(kg)	总数量(片)	总计(kg)
1	面板	5mm厚钢板	1	51	147	2	295
2	连接法兰	10mm厚钢板	4	15			
3	竖肋	[8	4	32			
4	背肋	[12	2	34			
5	筋板	8mm厚钢板	6	6			
6	角拉杆角钢	L100	2	6			
7	角拉杆垫片	14mm厚钢板	2	2			

1.4m×1.6m方形墩模板质量计算表

2m高侧模(1.3m)

序号	名称	材料规格	数量(件)	质量(kg)	合计(kg)	总数量(片)	总计(kg)
1	面板	5mm厚钢板	1	102	308	2	616
2	连接法兰	10mm厚钢板	4	44			
3	竖肋	[8	4	64			
4	背肋	[12	4	69			
5	筋板	8mm厚钢板	12	11			
6	角拉杆角钢	L100	4	13			
7	角拉杆垫片	14mm厚钢板	4	4			

1.4m×1.6m方形墩模板质量计算表

1m高侧模(1.3m)

序号	名称	材料规格	数量(件)	质量(kg)	合计(kg)	总数量(片)	总计(kg)
1	面板	5mm厚钢板	1	51	147	2	295
2	连接法兰	10mm厚钢板	4	15			
3	竖肋	[8	4	32			
4	背肋	[12	2	34			
5	筋板	8mm厚钢板	6	6			
6	角拉杆角钢	L100	2	6			
7	角拉杆垫片	14mm厚钢板	2	2			

1.2m×1.6m方形墩模板质量计算表

1m高侧角模板

序号	名称	材料规格	数量(件)	质量(kg)	合计(kg)	总数量(片)	总计(kg)
1	面板	5mm厚钢板	1	16	41	4	162
2	连接法兰	10mm厚钢板	4	19			
3	加劲板	8mm厚钢板	3	6			

拉杆

序号	名称	材料规格	数量(件)	质量(kg)	合计(kg)	总数量(片)	总计(kg)
1	0.815 角拉杆	30mm	4	18	18	1	18

1m 高1.2m×1.6m 方墩模板总重	669
每平方米质量	119

1.4m×1.6m方形墩模板质量计算表

2m高侧角模板

序号	名称	材料规格	数量(件)	质量(kg)	合计(kg)	总数量(片)	总计(kg)
1	面板	5mm厚钢板	1	31	76	4	304
2	连接法兰	10mm厚钢板	4	32			
3	加劲板	8mm厚钢板	6	13			

拉杆

序号	名称	材料规格	数量(件)	质量(kg)	合计(kg)	总数量(片)	总计(kg)
1	0.815 角拉杆	30mm	8	36	36	1	36

2m 高1.4m×1.6m 方墩模板总重	1453
每平方米质量	121

1.4m×1.6m方形墩模板质量计算表

1m高侧角模板

序号	名称	材料规格	数量(件)	质量(kg)	合计(kg)	总数量(片)	总计(kg)
1	面板	5mm厚钢板	1	16	41	4	162
2	连接法兰	10mm厚钢板	4	19			
3	加劲板	8mm厚钢板	3	6			

拉杆

序号	名称	材料规格	数量(件)	质量(kg)	合计(kg)	总数量(片)	总计(kg)
1	0.815 角拉杆	30mm	4	18	18	1	18

1m 高1.4m×1.6m 方墩模板总重	711
每平方米质量	118

方形墩柱材料表
材料数量计算表(二)

材质	Q235
件数	

单重

图号 1.2.7-2

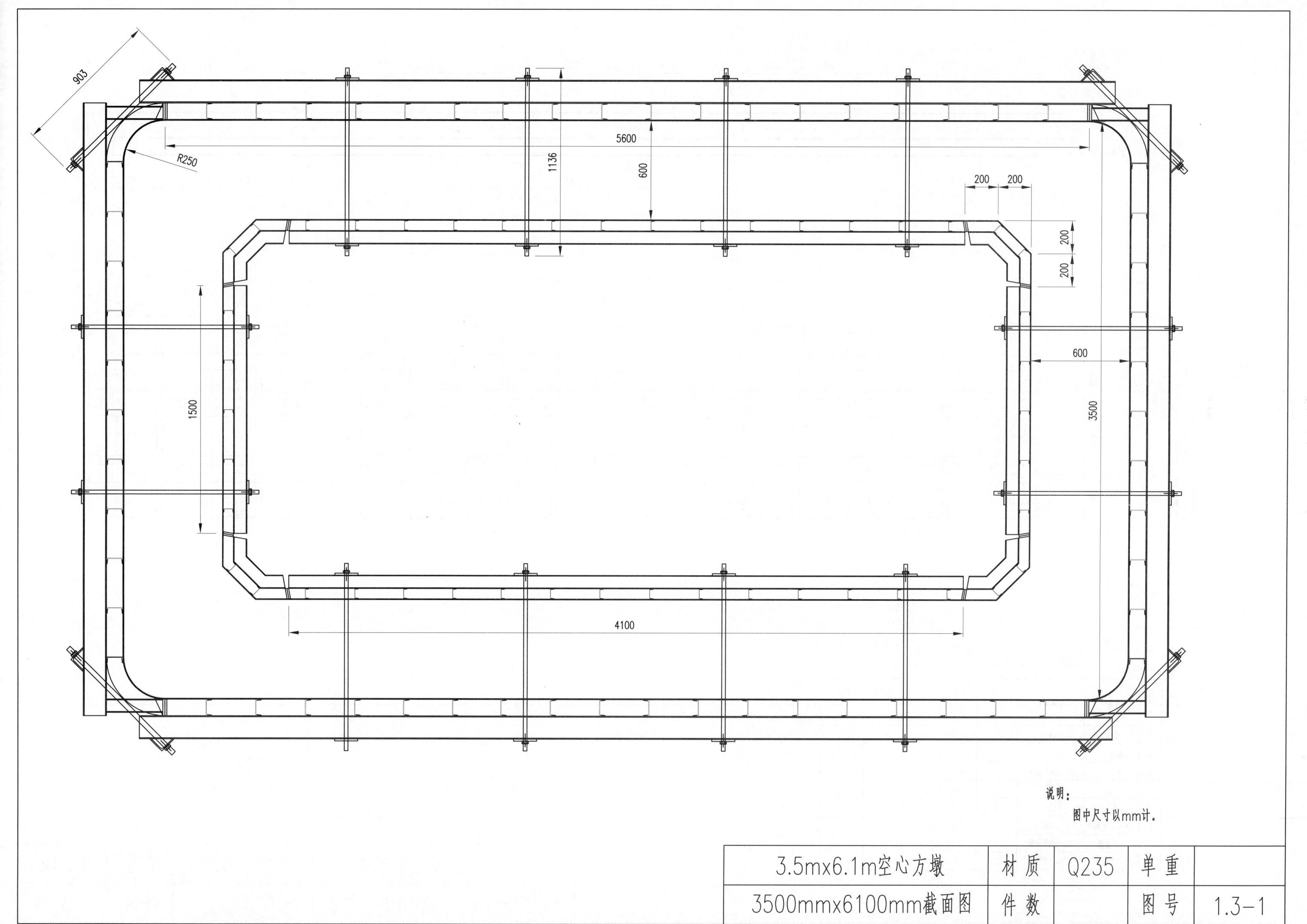

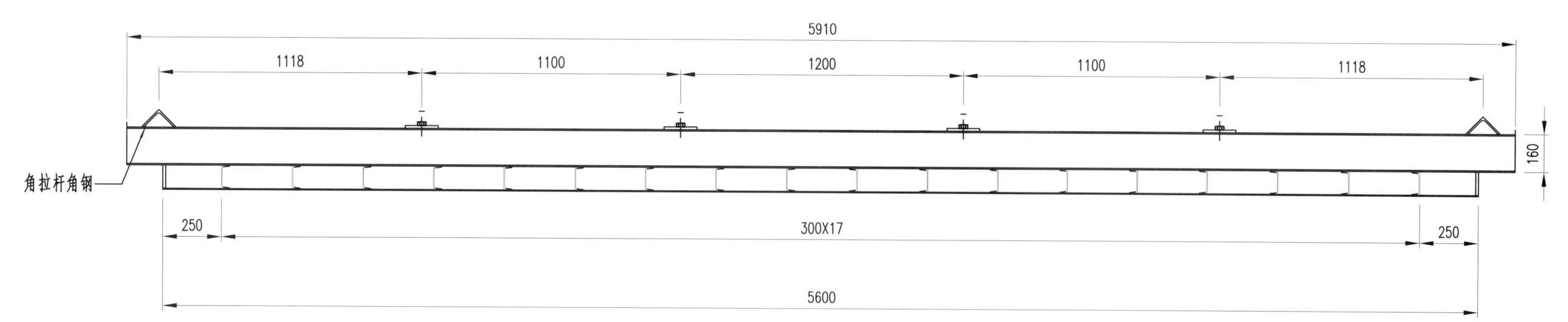

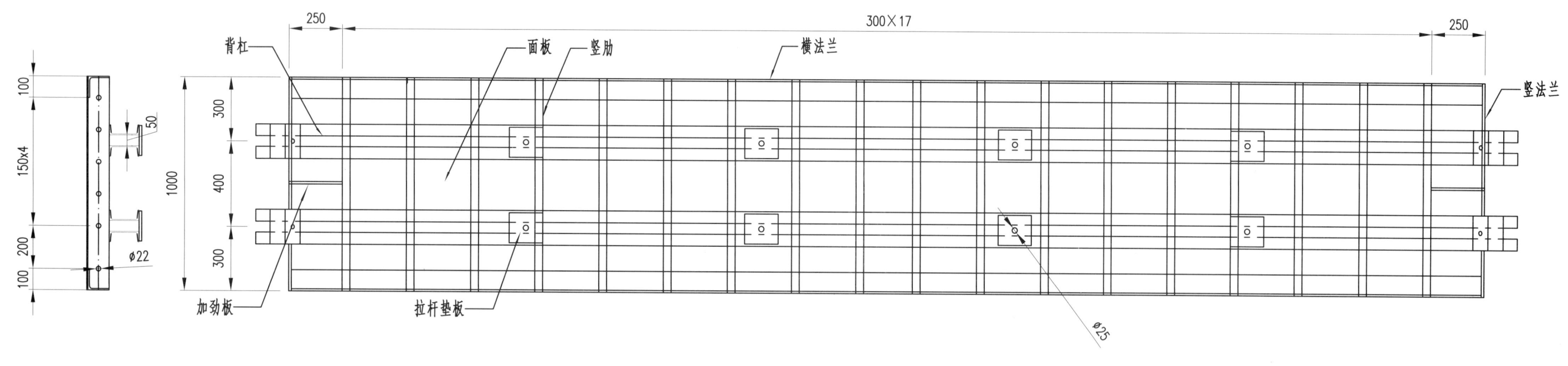

5.6m×1m外侧模板质量计算表

序号	名称	材料规格	数量(件)	质量(kg)	合计(kg)	总数量(片)	总计(kg)
1	面板	5mm厚钢板	1	220	1024	2	2049
2	横法兰	L100	2	169			
3	竖法兰	12mm厚钢板	2	19			
4	竖肋	[10	18	180			
5	背杠	[16a	4	407			
6	角拉杆角钢	L100	4	10			
7	拉杆垫板	12mm厚钢板	8	15			
8	加劲板	12mm厚钢板	2	4			

说明：

图中尺寸以mm计。

3.5m×6.1m空心方墩	材质	Q235	单重	1024kg
5600mm×1000mm外侧模板	件数	2	图号	1.3-2

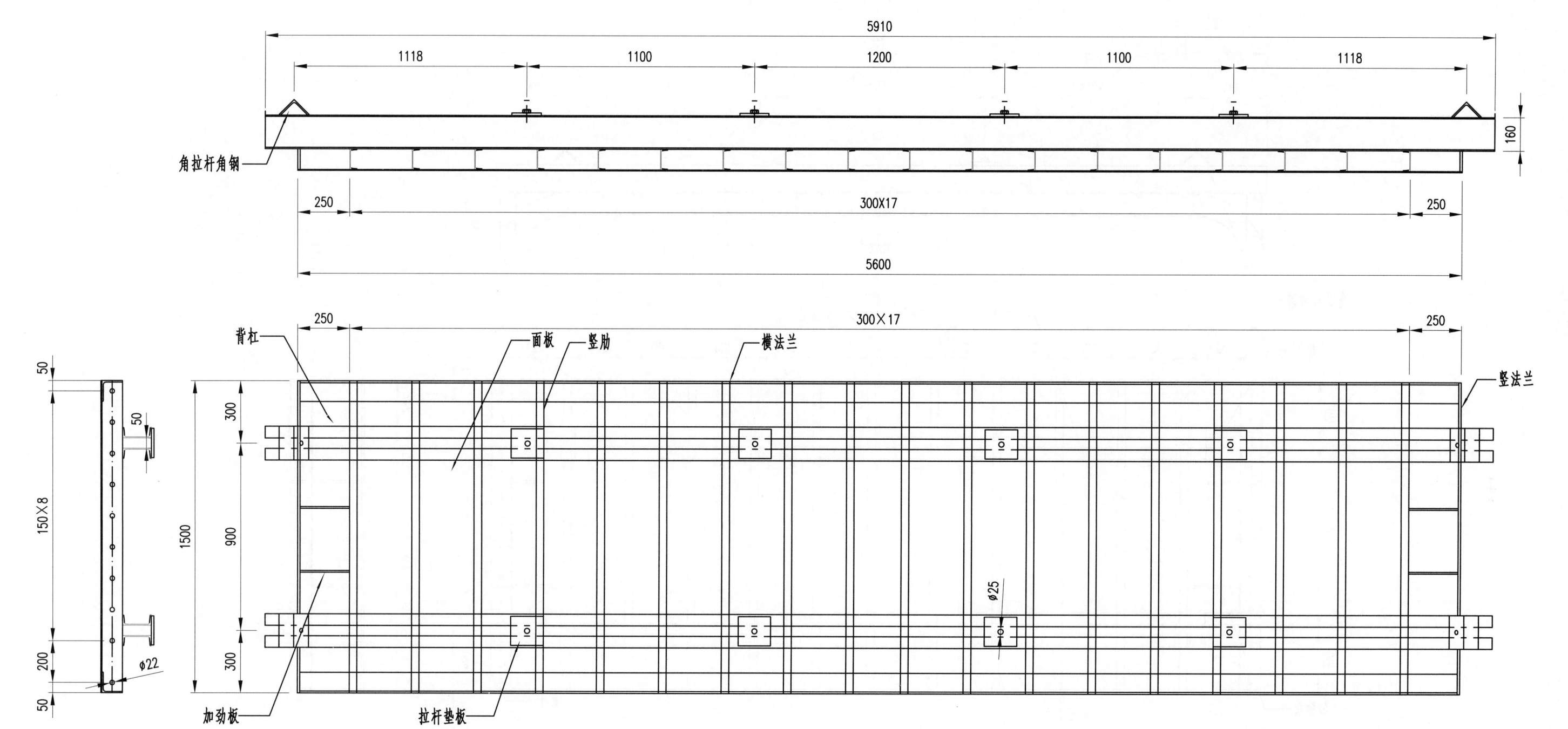

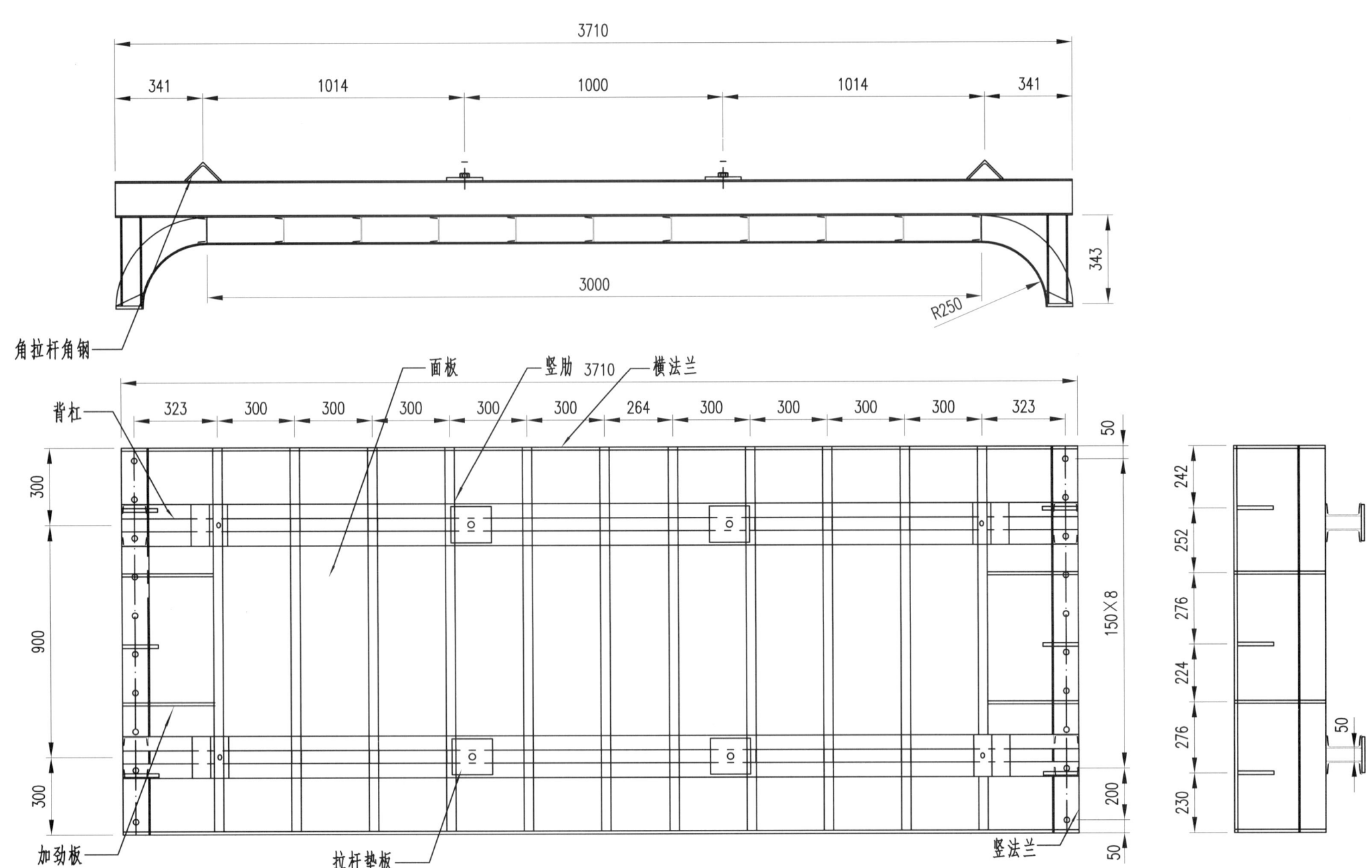

3.5m×1.5m外侧模板质量计算表

序号	名称	材料规格	数量(件)	质量(kg)	合计(kg)	总数量(片)	总计(kg)
1	面板	5mm厚钢板	1	252	821	2	1641
2	横法兰	12mm厚钢板	2	81			
3	竖法兰	12mm厚钢板	2	28			
4	竖肋	[10	11	165			
5	背杠	[16a	4	256			
6	角拉杆角钢	L100	4	10			
7	拉杆垫板	12mm厚钢板	4	7			
8	加劲板	12mm厚钢板	10	21			

说明：

图中尺寸以mm计。

3.5m×6.1m空心方墩	材质	Q235	单重	821kg
3500mm×1500mm外侧模板	件数	2	图号	1.3-4

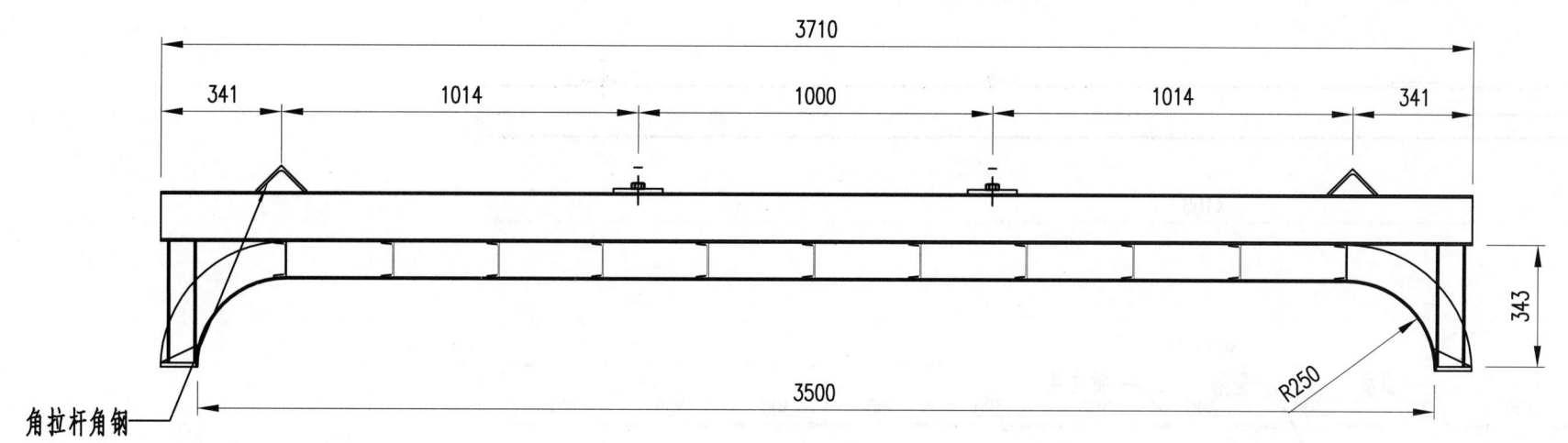

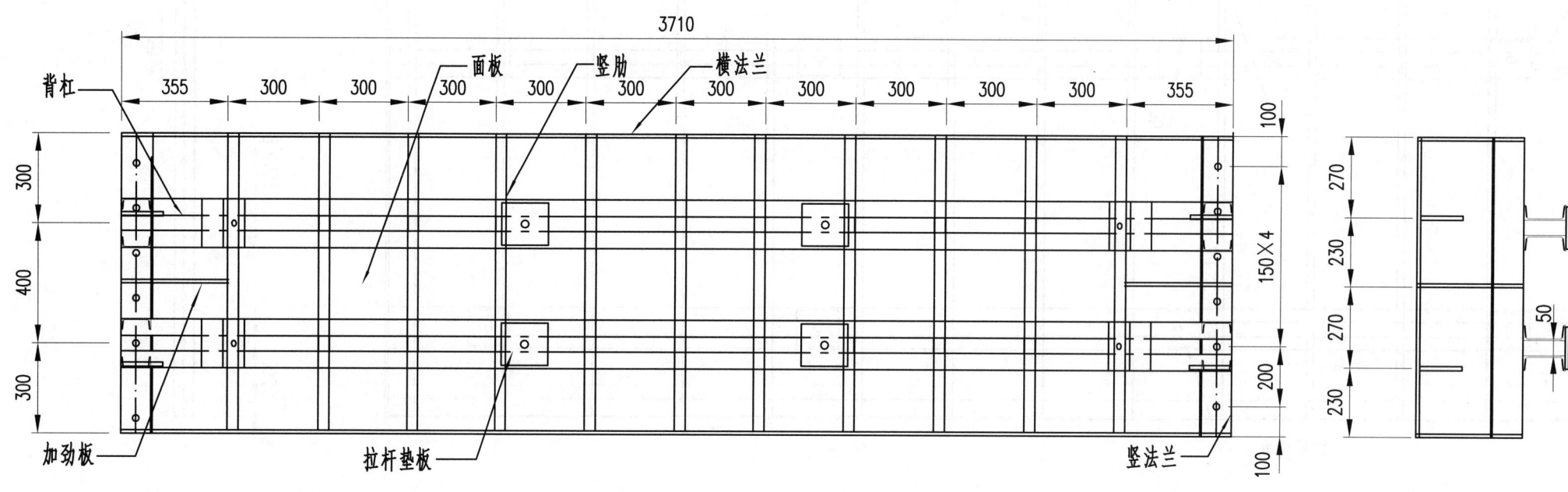

3.5m×1m外侧模板质量计算表

序号	名称	材料规格	数量(件)	质量(kg)	合计(kg)	总数量(片)	总计(kg)
1	面板	5mm厚钢板	1	168	663	2	1325
2	横法兰	12mm厚钢板	2	81			
3	竖法兰	12mm厚钢板	2	19			
4	竖肋	[10	11	110			
5	背杠	[16a	4	256			
6	角拉杆角钢	L100	4	10			
7	拉杆垫板	12mm厚钢板	4	7			
8	加劲板	12mm厚钢板	10	12			

说明：

图中尺寸以mm计。

3.5m×6.1m空心方墩	材质	Q235	单重	663kg
3500mm×1000mm外侧模板	件数	2	图号	1.3-5

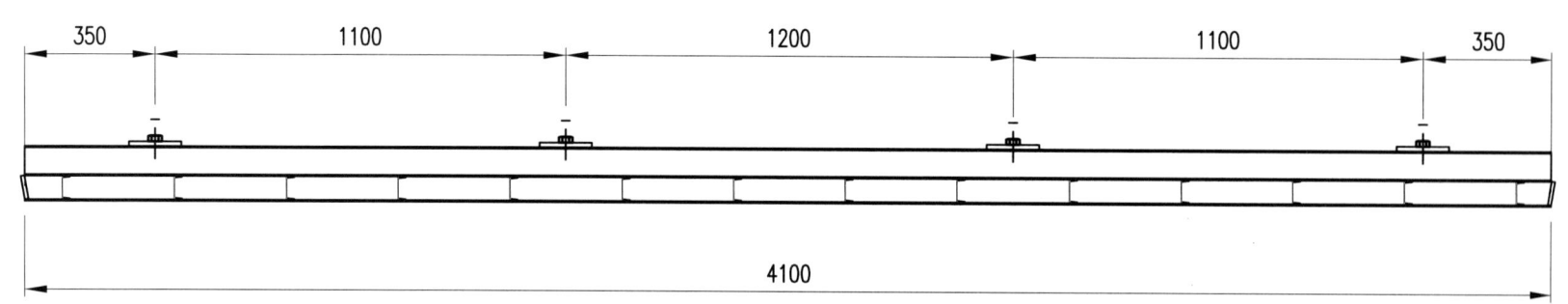

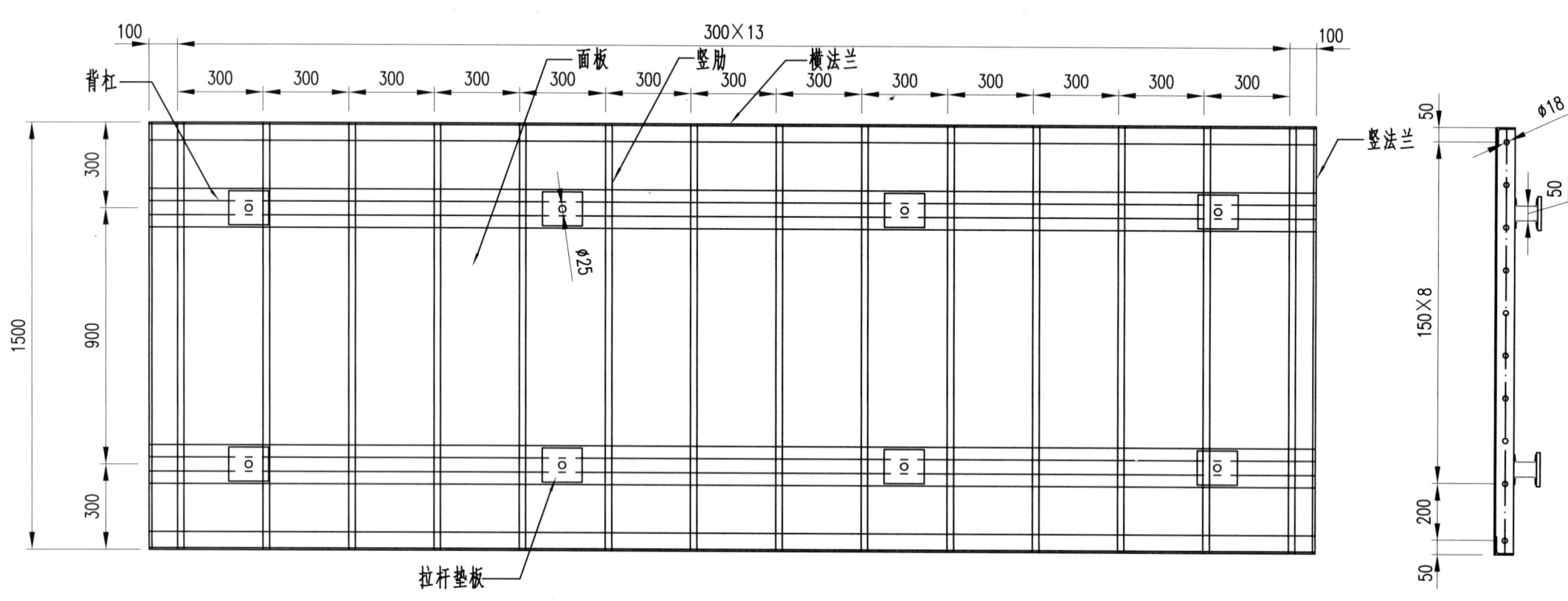

4.1m×1.5m外侧模板质量计算表

序号	名称	材料规格	数量(件)	质量(kg)	合计(kg)	总数量(片)	总计(kg)
1	面板	5mm厚钢板	1	330	680	2	1361
2	横法兰	L63	2	47			
3	竖法兰	12mm厚钢板	2	18			
4	竖肋	[6.3	14	139			
5	背杠	[8	4	132			
6	拉杆垫板	12mm厚钢板	8	15			

说明：

图中尺寸以mm计。

3.5m×6.1m空心方墩	材质	Q235	单重	680kg
4100mm×1500mm内侧模板	件数	2	图号	1.3-6

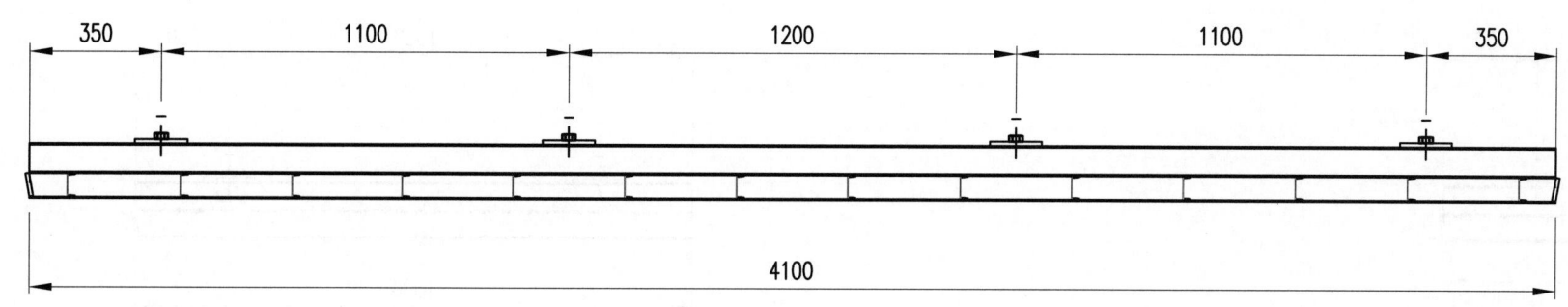

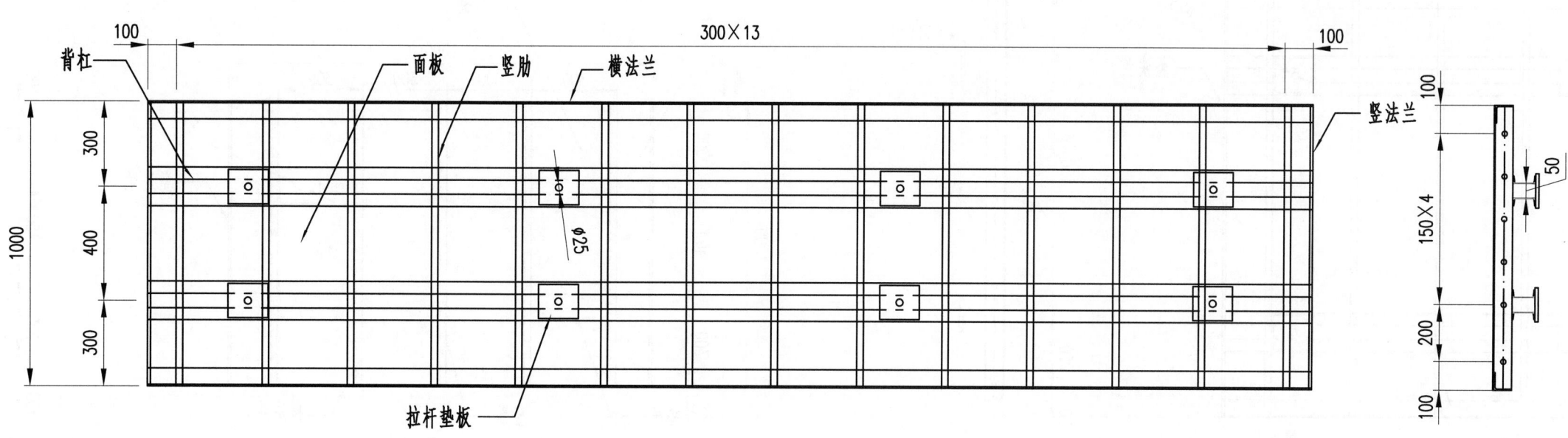

4.1m×1m外侧模板质量计算表

序号	名称	材料规格	数量(件)	质量(kg)	合计(kg)	总数量(片)	总计(kg)
1	面板	5mm厚钢板	1	220	518	2	1036
2	横法兰	L63	2	47			
3	竖法兰	12mm厚钢板	2	12			
4	竖肋	[6.3	14	93			
5	背杠	[8	4	132			
6	拉杆垫板	12mm厚钢板	8	15			

说明：

图中尺寸以mm计。

3.5m×6.1m空心方墩	材质	Q235	单重	518kg
4100mm×1000mm内侧模板	件数	2	图号	1.3-7

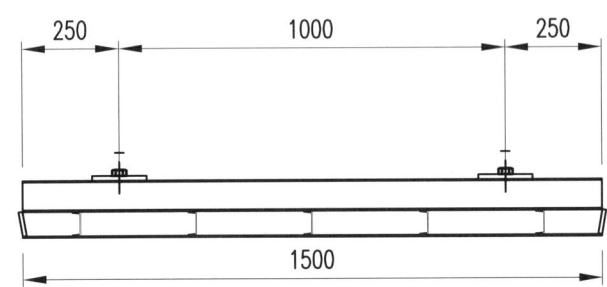
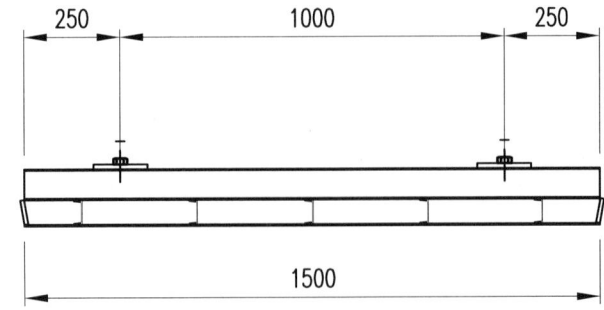
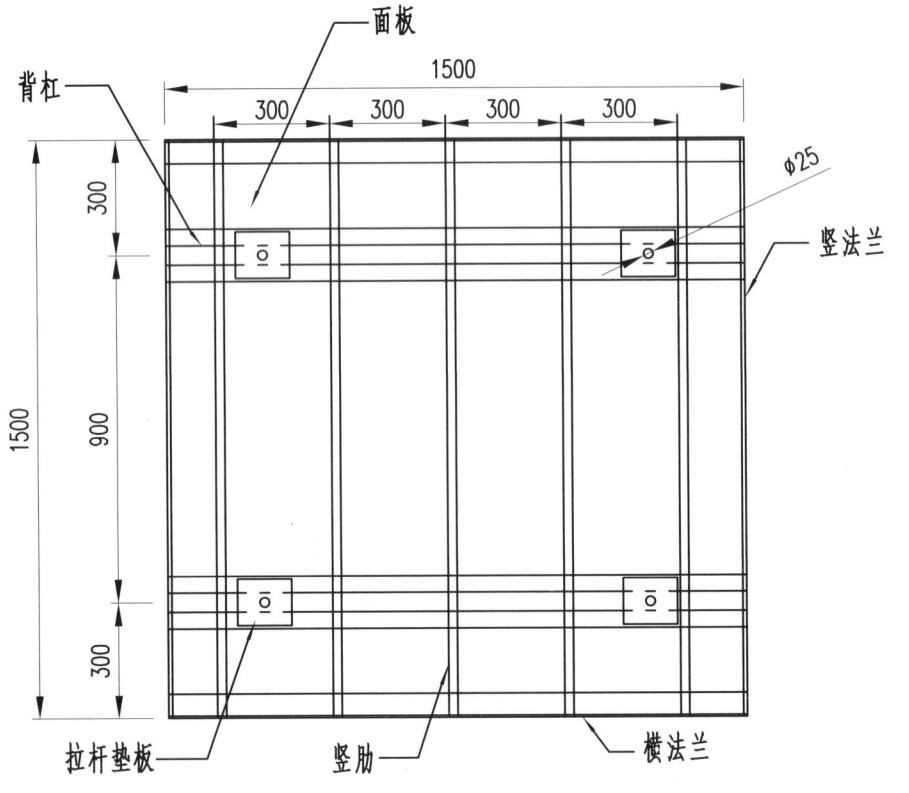
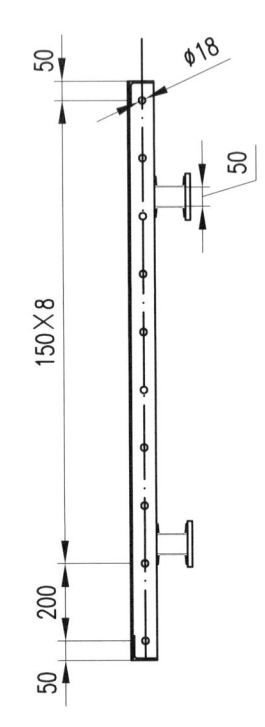
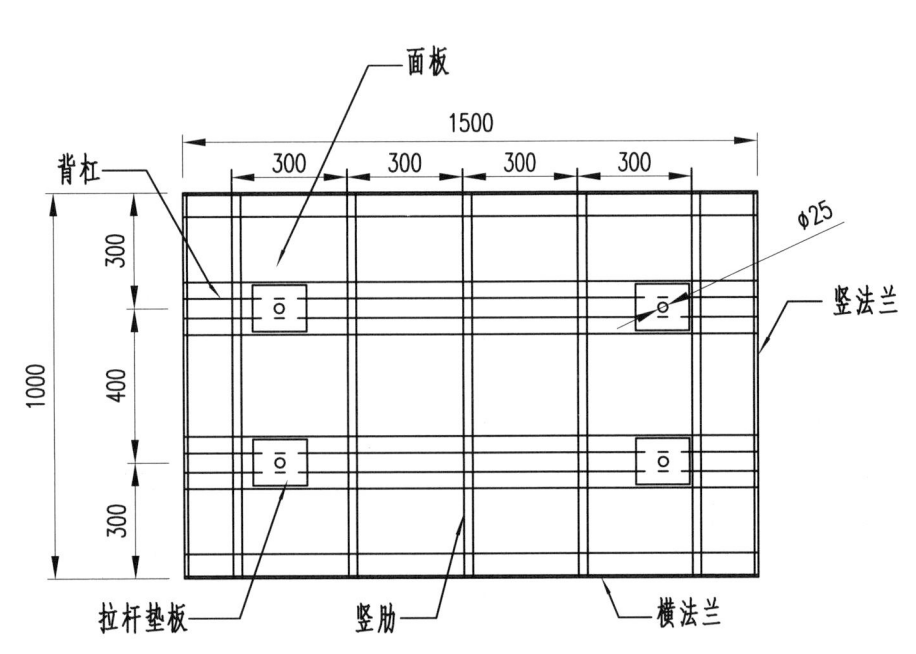
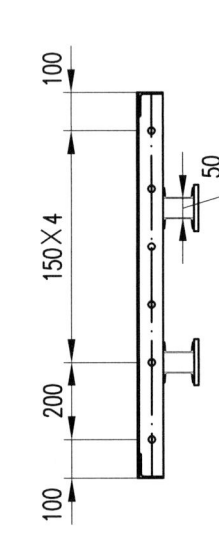

1.5m×1m内侧模板质量计算表

序号	名称	材料规格	数量（件）	质量（kg）	合计（kg）	总数量（片）	总计（kg）
1	面板	5mm厚钢板	1	59	236	2	473
2	横法兰	L63	2	17			
3	竖法兰	12mm厚钢板	2	12			
4	竖肋	[6.3	14	93			
5	背杠	[8	4	48			
6	拉杆垫板	12mm厚钢板	4	7			

1.5m×1.5m外侧模板质量计算表

序号	名称	材料规格	数量（件）	质量（kg）	合计（kg）	总数量（片）	总计（kg）
1	面板	5mm厚钢板	1	88	318	2	636
2	横法兰	L63	2	17			
3	竖法兰	12mm厚钢板	2	18			
4	竖肋	[6.3	14	139			
5	背杠	[8	4	48			
6	拉杆垫板	12mm厚钢板	4	7			

说明：

图中尺寸以mm计。

3.5m×6.1m空心方墩	材质	Q235	单重	
1500mm×1500(1000)mm内侧模板	件数	2	图号	1.3-8

1m高内侧倒角模板质量计算表

序号	名称	材料规格	数量(件)	质量(kg)	合计(kg)	总数量(片)	总计(kg)
1	面板	5mm厚钢板	1	27	84	4	336
2	横法兰	L63	2	8			
3	竖法兰	12mm厚钢板	2	12			
4	竖肋	[6.3	2	13			
5	背杠	[8	2	24			
拉杆							
序号	名称	材料规格	数量(件)	质量(kg)	合计(kg)	总数量(个)	总计(kg)
1	对拉杆	22mm	24	111	151	1	151
2	角拉杆角钢	30mm	8	40			
1m段总质量							5370
每平方米质量							164

1.5m高内侧倒角模板质量计算表

序号	名称	材料规格	数量(件)	质量(kg)	合计(kg)	总数量(片)	总计(kg)
1	面板	5mm厚钢板	1	40	110	4	439
2	横法兰	L63	2	8			
3	竖法兰	12mm厚钢板	2	18			
4	竖肋	[6.3	2	20			
5	背杠	[8	2	24			
拉杆							
序号	名称	材料规格	数量(件)	质量(kg)	合计(kg)	总数量(个)	总计(kg)
1	对拉杆	22mm	24	111	151	1	151
2	角拉杆角钢	30mm	8	40			
1m段总质量							6706
每平方米质量							137

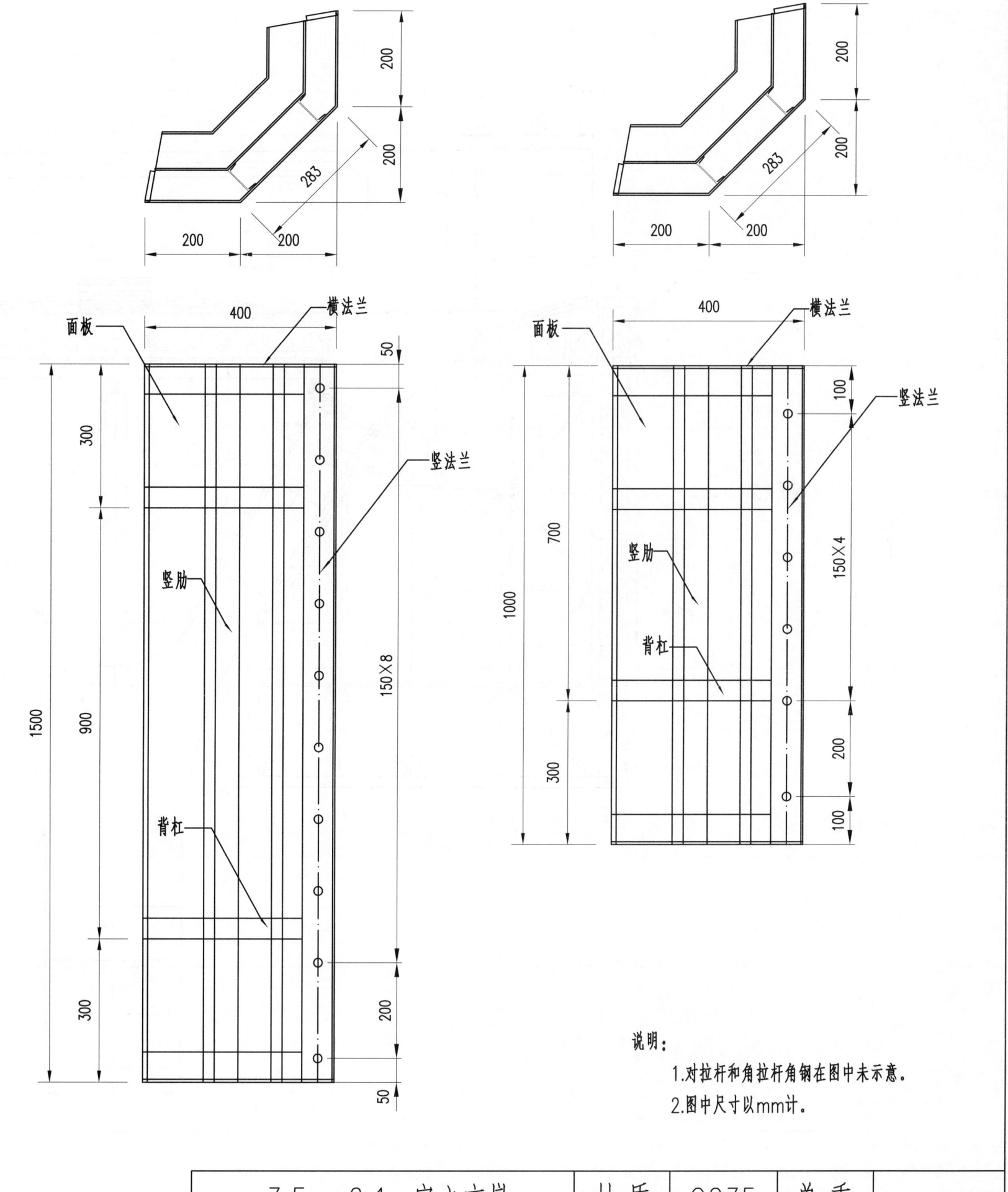

说明：
1.对拉杆和角拉杆角钢在图中未示意。
2.图中尺寸以mm计。

3.5m×6.1m空心方墩	材质	Q235	单重	
1500mm、1000mm内侧倒角模板	件数	4	图号	1.3-9

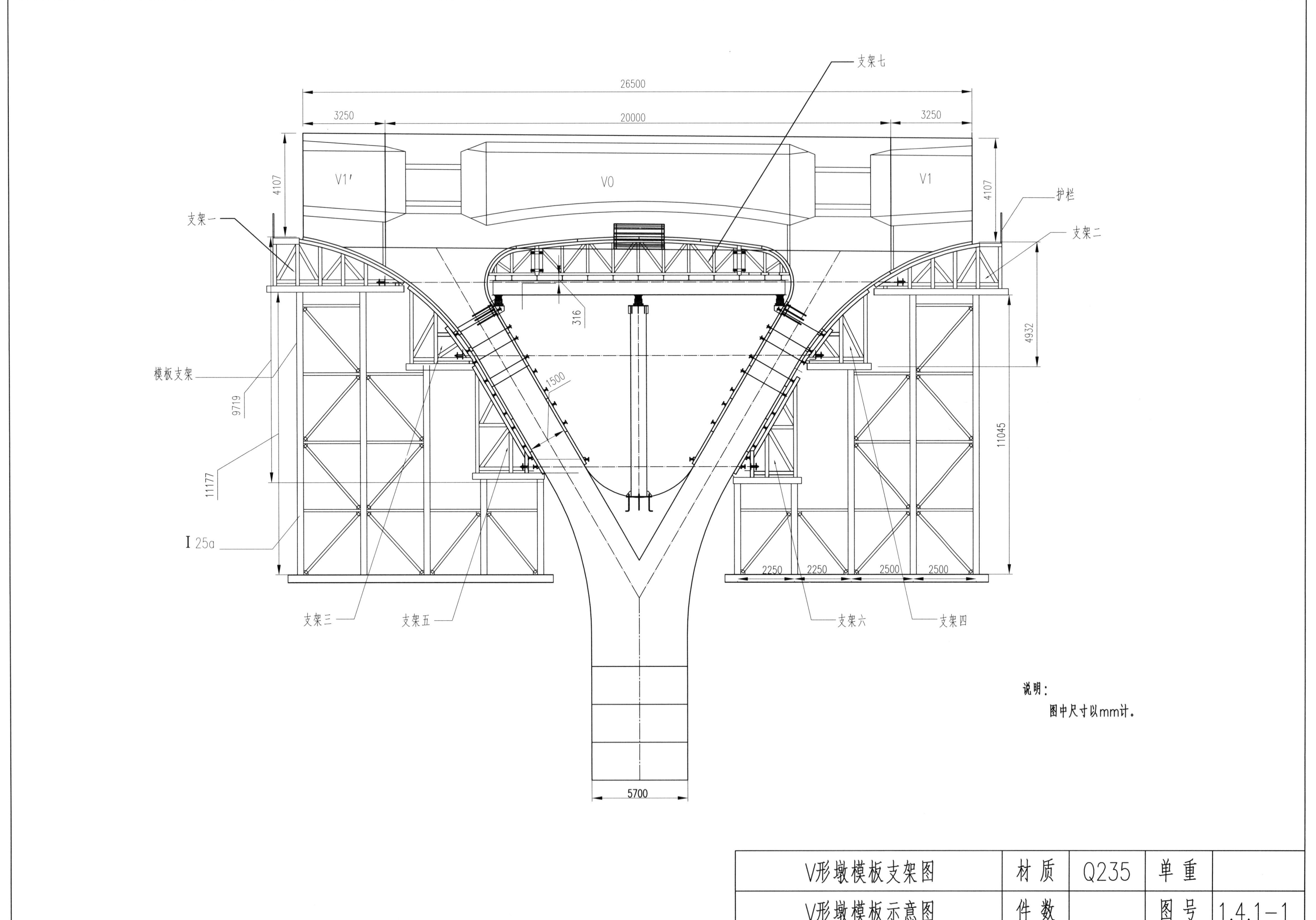

支架一

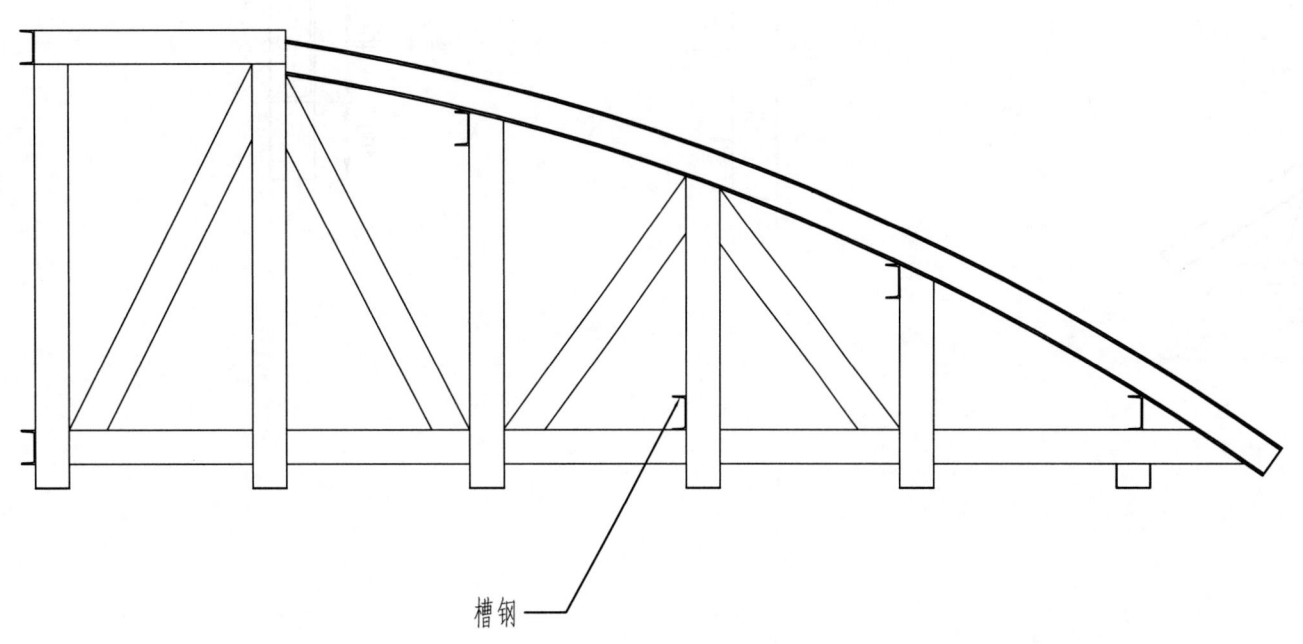

槽钢

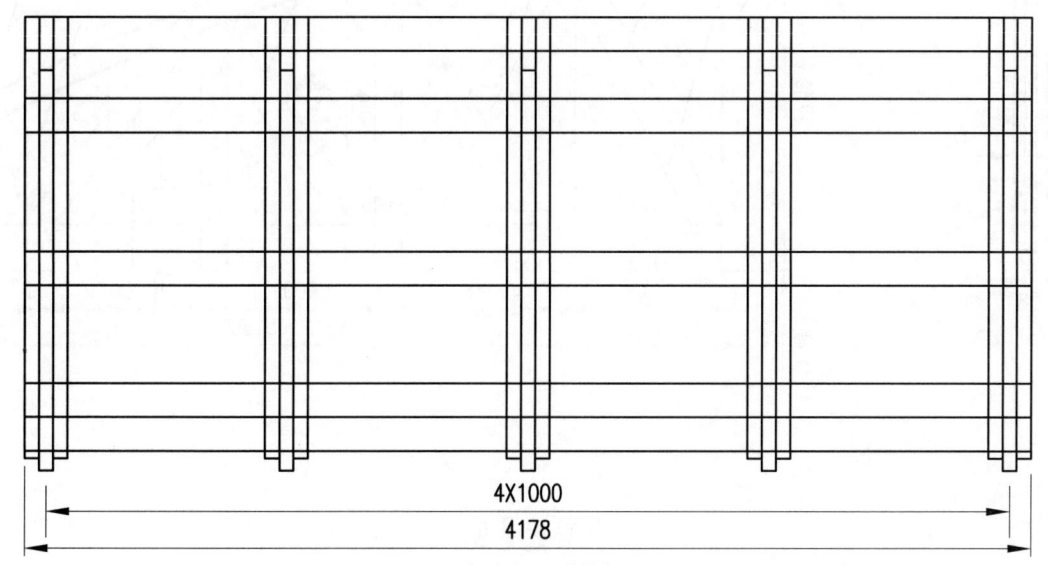

4X1000
4178

说明：
图中尺寸以mm计。

材料数量表

序号	名称	数量(件)	材料	单件 质量(kg)	总计 质量(kg)	备注
1	支架一	5		458	2290	
2	槽钢	6	[14	61	366	L=4200mm

V形墩模板支架图	材质	Q235	单重	2656kg
模板支架一(全图)	件数	5	图号	1.4.1-2

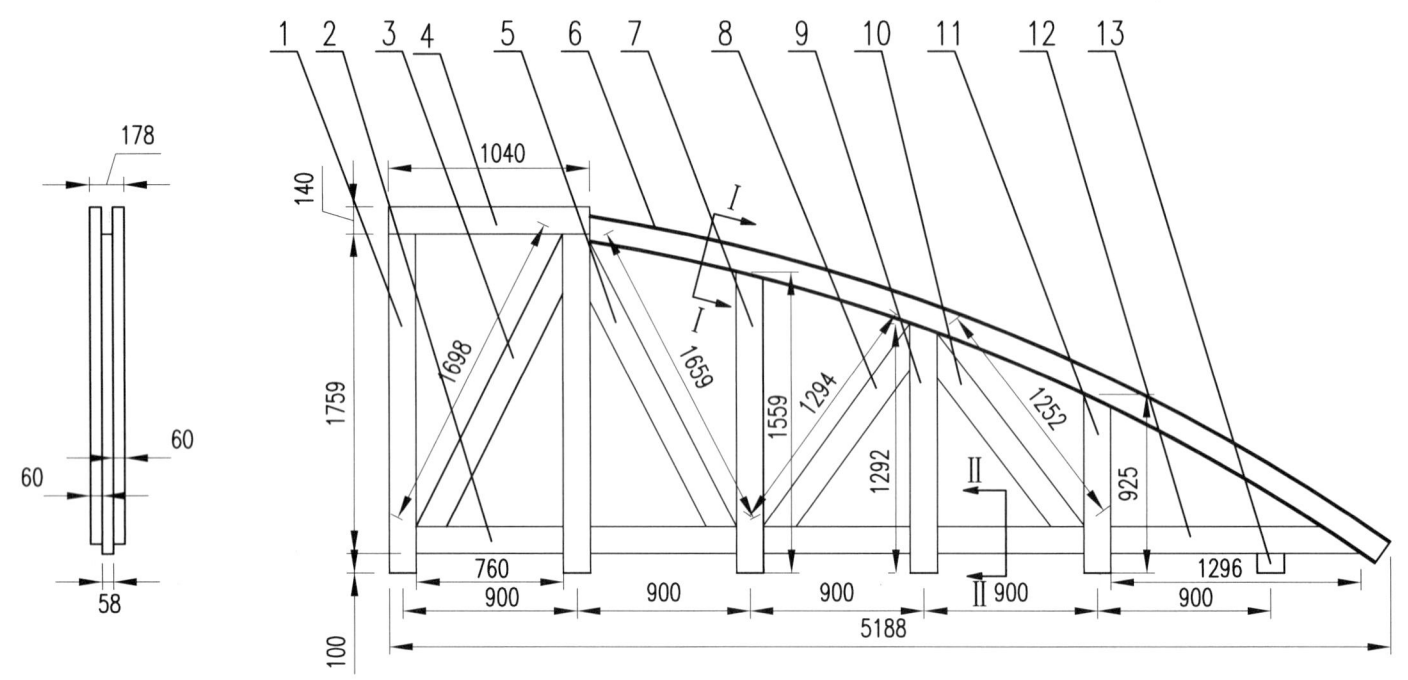
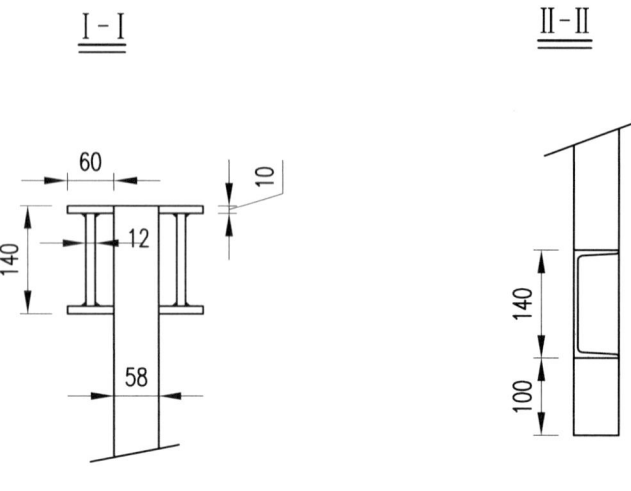

材料数量表

序号	名称	数量(件)	材料	单件 质量(kg)	总计 质量(kg)	备注
1	槽钢	2	[14	25.6	51.2	L=1759mm
2	槽钢	4	[14	11	44	L=760mm
3	槽钢	1	[14	24.7	24.7	L=1698mm
4	槽钢	1	[14	15	15	L=1040mm
5	槽钢	1	[14	24	24	L=1659mm
6	自制工字钢	2	10mm、12mm厚钢板	93.6	187.2	L=4519mm
7	槽钢	1	[14	22.7	22.7	L=1559mm
8	槽钢	1	[14	18.8	18.8	L=1294mm
9	槽钢	1	[14	18.8	18.8	L=1292mm
10	槽钢	1	[14	18.2	18.2	L=1252mm
11	槽钢	1	[14	13.4	13.4	L=925mm
12	槽钢	1	[14	18.8	18.8	L=1296mm
13	槽钢	1	[14	1.4	1.4	L=100mm

说明：

图中尺寸以mm计。

V形墩模板支架图	材质	Q235	单重	458kg
模板支架一(详图)	件数	1	图号	1.4.1-3

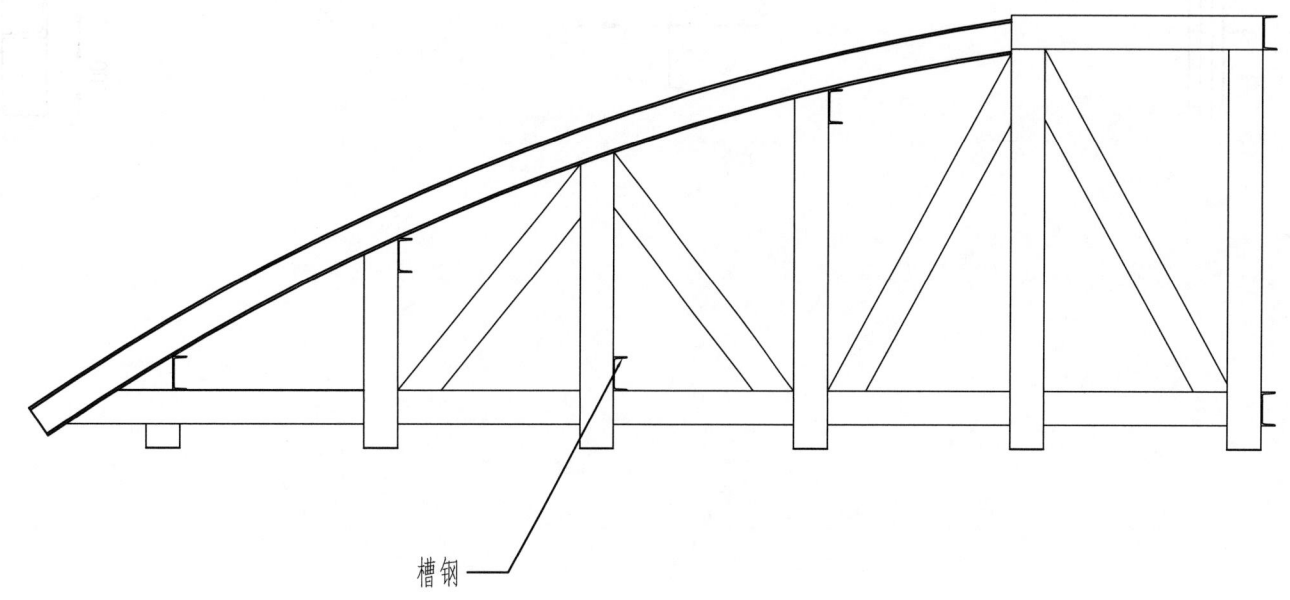
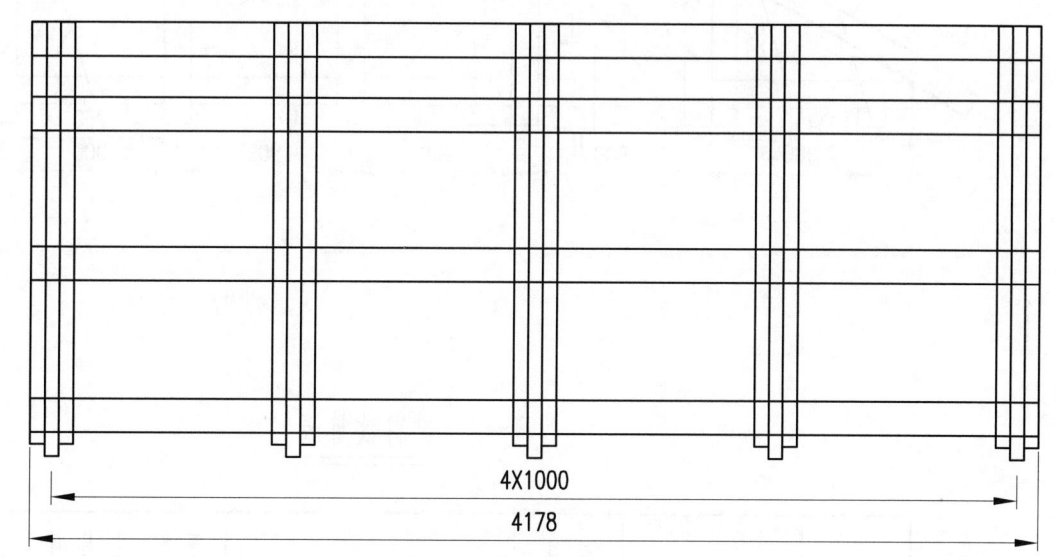

槽钢

说明：
图中尺寸以mm计。

材料数量表

序号	名称	数量(件)	材料	单件质量(kg)	总计质量(kg)	备注
1	支架二	5		444	2220	
2	槽钢	6	[14	61	366	L=4200mm

V形墩模板支架图	材质	Q235	单重	2586kg
模板支架二(全图)	件数	1	图号	1.4.1-4

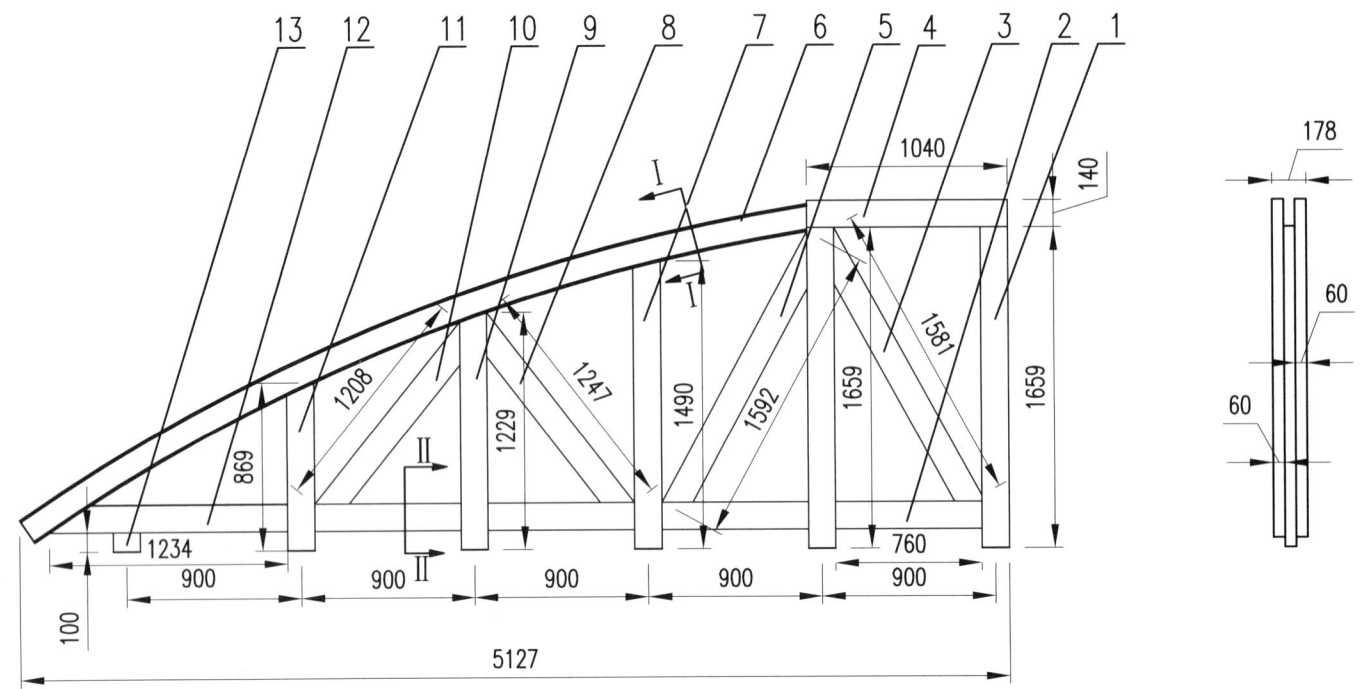
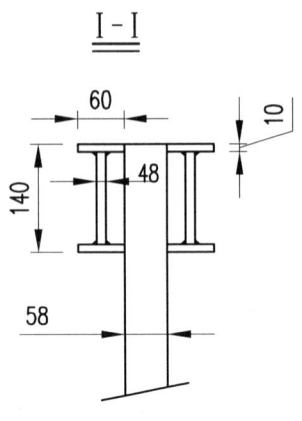
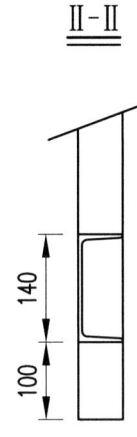

材料数量表

序号	名称	数量(件)	材料	单件 质量(kg)	总计 质量(kg)	备注
1	槽钢	2	[14	24	48	L=1659mm
2	槽钢	4	[14	11	44	L=760mm
3	槽钢	1	[14	23	23	L=1581mm
4	槽钢	1	[14	15	15	L=1040mm
5	槽钢	1	[14	23.1	23.1	L=1592mm
6	自制工字钢	2	10mm、12mm厚钢板	91.8	183.6	L=4431mm
7	槽钢	1	[14	21.7	21.7	L=1490mm
8	槽钢	1	[14	18.1	18.1	L=1247mm
9	槽钢	1	[14	17.9	17.9	L=1229mm
10	槽钢	1	[14	17.6	17.6	L=1208mm
11	槽钢	1	[14	12.6	12.6	L=859mm
12	槽钢	1	[14	17.9	17.9	L=1234mm
13	槽钢	1	[14	1.4	1.4	L=100mm

说明：
图中尺寸以mm计。

V形墩模板支架图	材质	Q235	单重	444kg
模板支架二(详图)	件数	5	图号	1.4.1-5

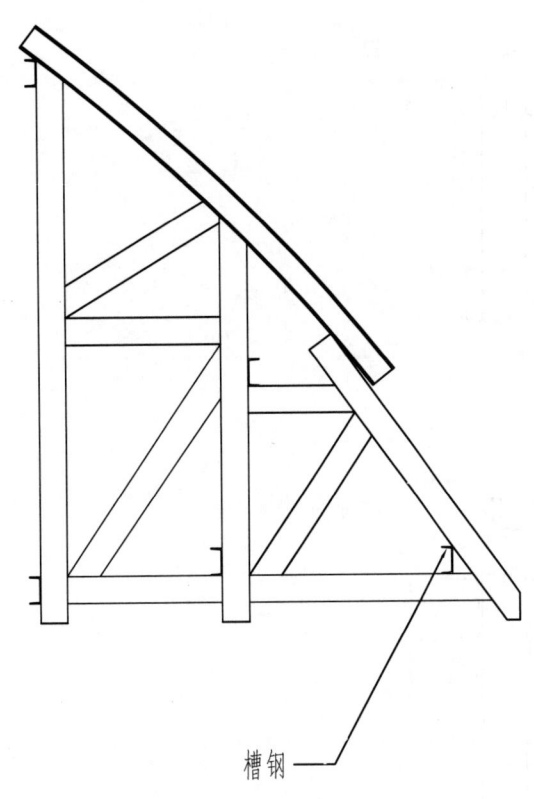
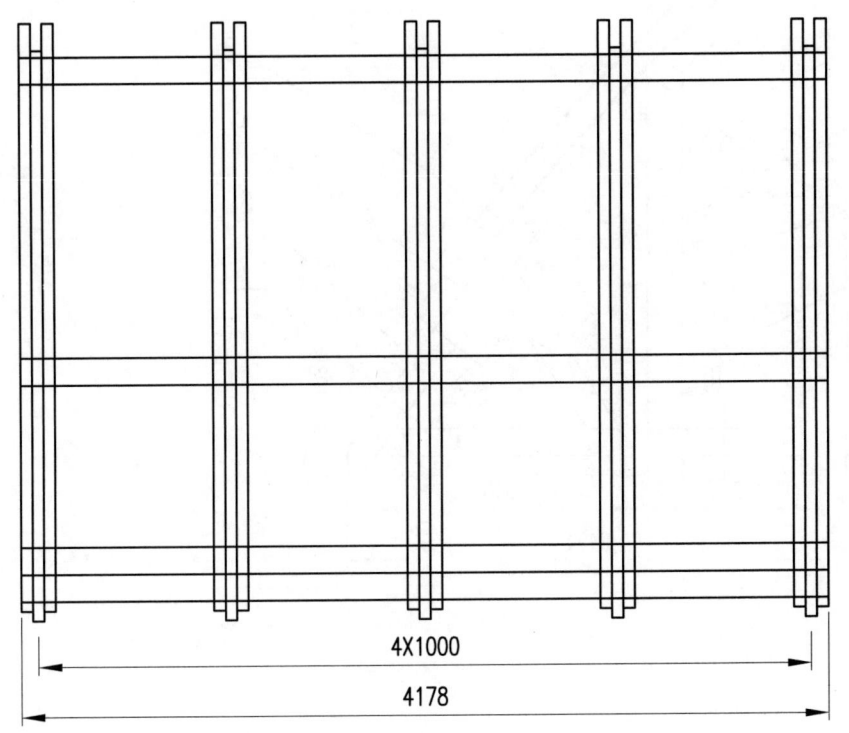

槽钢

说明:
图中尺寸以mm计。

材料数量表

序号	名称	数量(件)	材料	单件 质量(kg)	总计 质量(kg)	备注
1	支架三	5		309	1545	
2	槽钢	5	[14	61	305	L=4200mm

V形墩模板支架图	材质	Q235	单重	1850kg
模板支架三(全图)	件数	5	图号	1.4.1-6

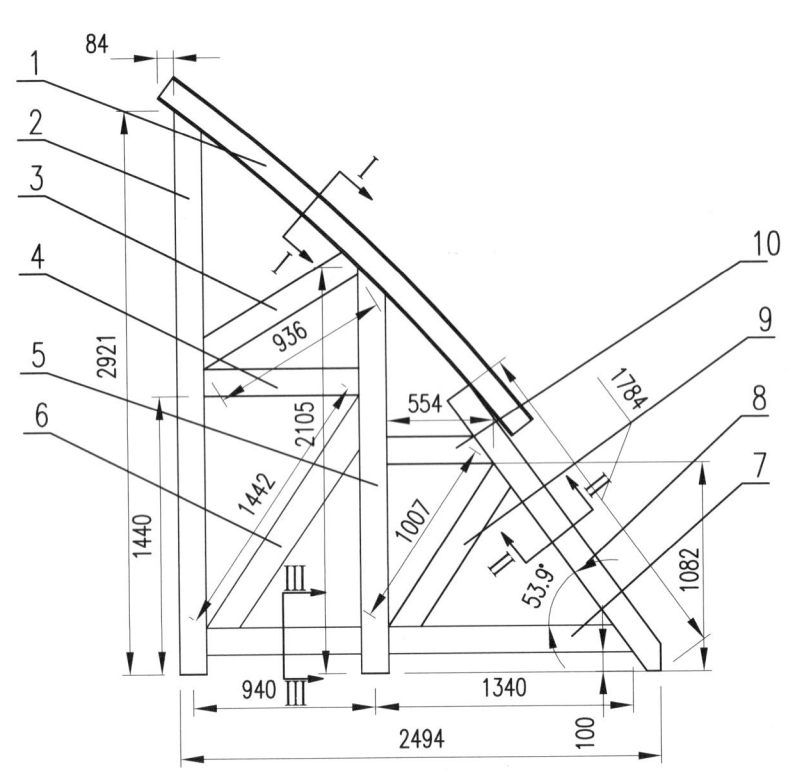
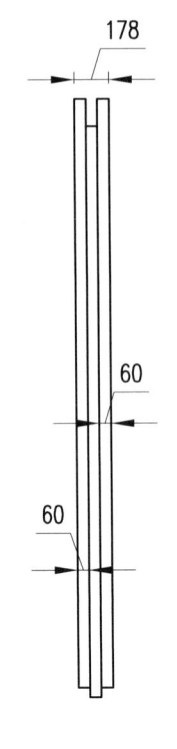
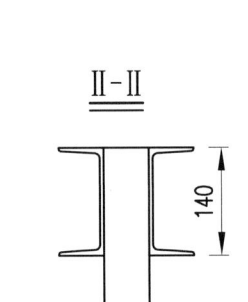
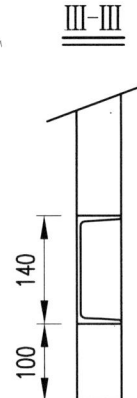

材料数量表

序号	名称	数量(件)	材料	单件 质量(kg)	总计 质量(kg)	备注
1	自制工字钢	2	10mm、12mm厚钢板	53.2	106.4	L=2573mm
2	槽钢	1	[14	42.5	42.5	L=2921mm
3	槽钢	1	[14	13.6	13.6	L=936mm
4	槽钢	2	[14	11.6	23.2	L=800mm
5	槽钢	1	[14	30.6	30.6	L=2105mm
6	槽钢	1	[14	21	21	L=1442mm
7	槽钢	1	[14	20.6	20.6	L=1415mm
8	槽钢	2	[14	20.9	42	L=1784mm
9	槽钢	1	[14	14.6	14.6	L=1007mm
10	槽钢	1	[14	8	8	L=554mm

说明：

图中尺寸以mm计。

V形墩模板支架图	材质	Q235	单重	309kg
模板支架三(详图)	件数	5	图号	1.4.1-7

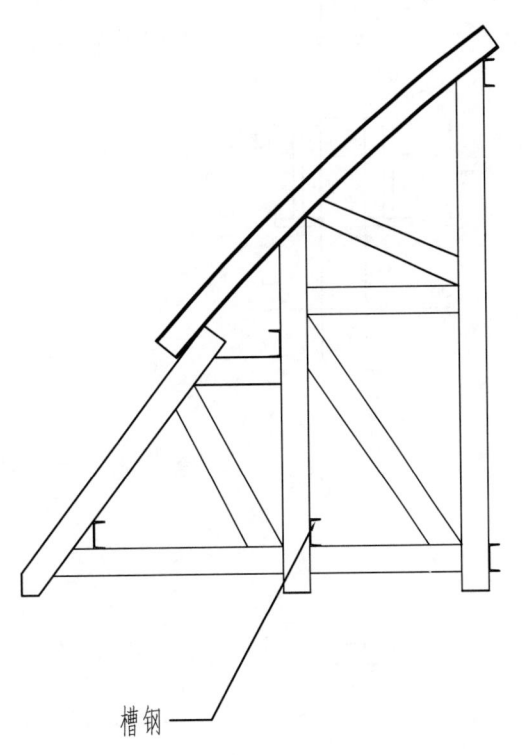

槽钢

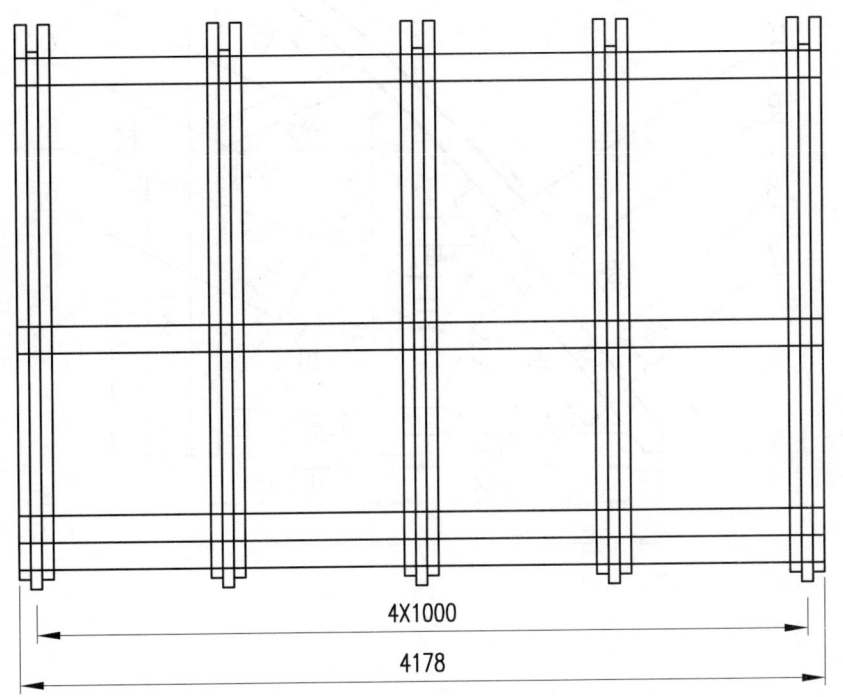

4X1000
4178

说明：

图中尺寸以mm计。

材料数量表

序号	名 称	数量(件)	材料	单件 质量(kg)	总计 质量(kg)	备注
1	支架四	5		293	1465	
2	槽钢	5	[14	61	305	L=4200mm

V形墩模板支架图	材质	Q235	单重	1770kg
模板支架四(全图)	件数	1	图号	1.4.1-8

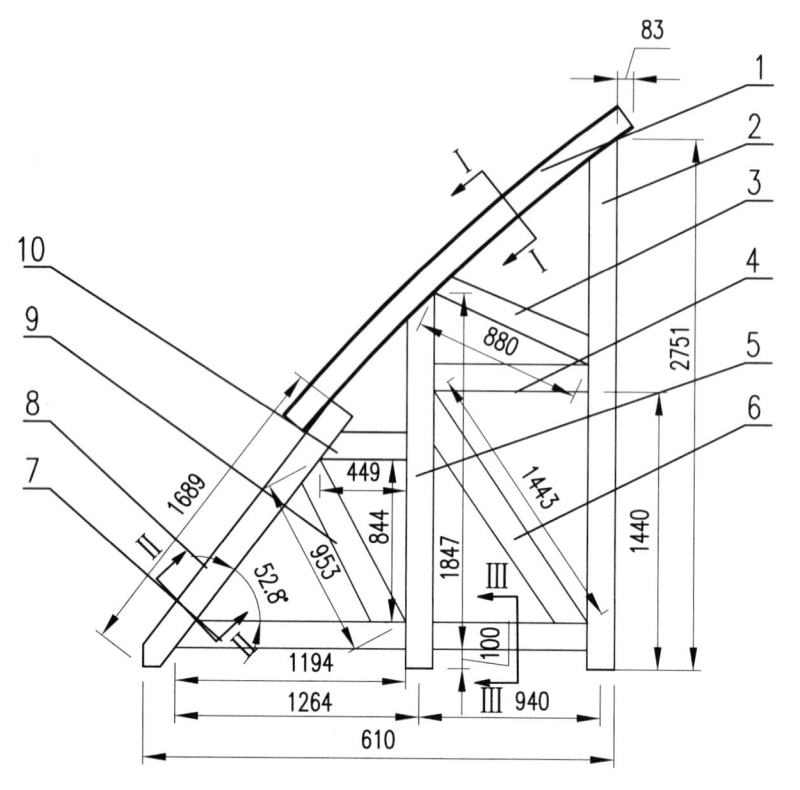
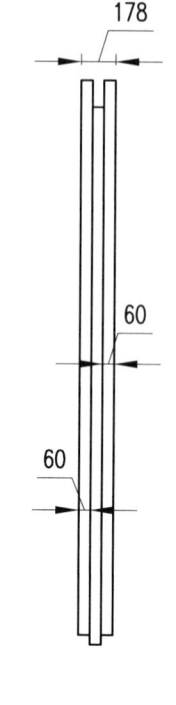
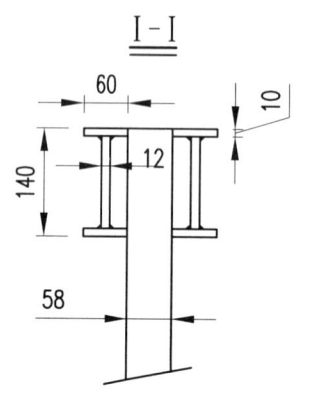
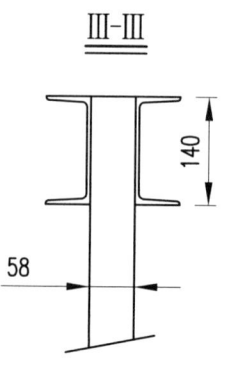
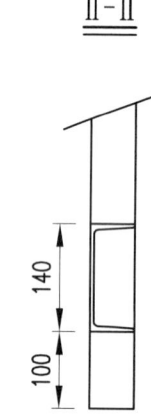

材料数量表

序号	名称	数量(件)	材料	单件 质量(kg)	总计 质量(kg)	备注
1	自制工字钢	2	10mm、12mm厚钢板	40.9	81.8	L=2366mm
2	槽钢	1	[14	40	40	L=2751mm
3	槽钢	1	[14	12.8	12.8	L=880mm
4	槽钢	2	[14	11.6	23.2	L=800mm
5	槽钢	1	[14	26.8	26.8	L=1847mm
6	槽钢	1	[14	21	21	L=1443mm
7	槽钢	1	[14	17.4	17.4	L=1194mm
8	槽钢	2	[14	24.5	49	L=1689mm
9	槽钢	1	[14	13.9	13.9	L=953mm
10	槽钢	1	[14	6.5	6.5	L=449mm

说明：

图中尺寸以mm计。

V形墩模板支架图	材质	Q235	单重	293kg
模板支架四(详图)	件数	5	图号	1.4.1-9

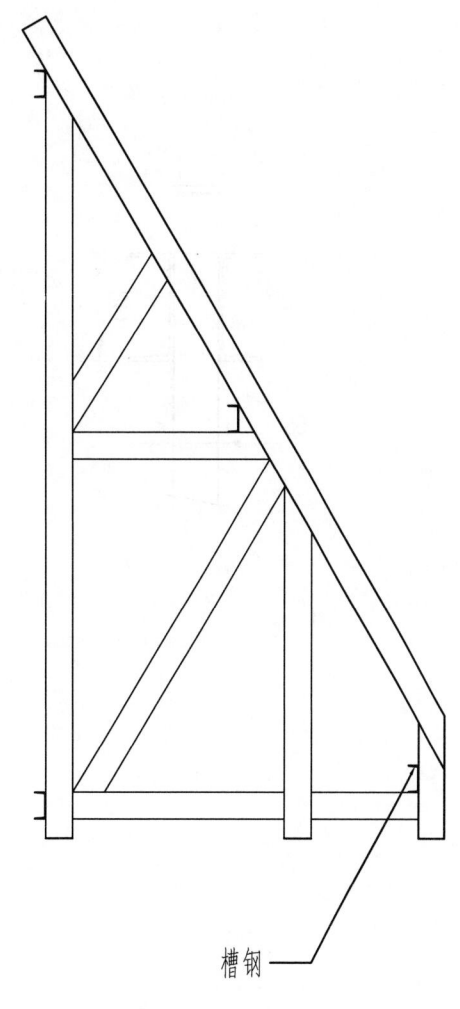

槽钢

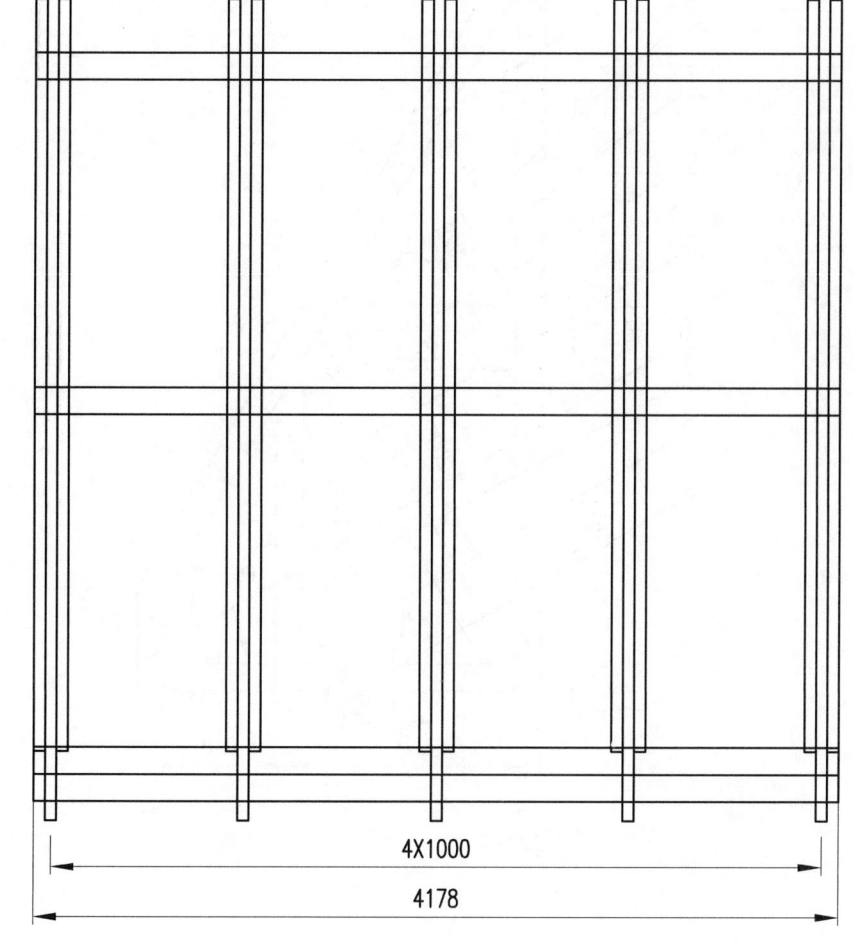

说明:

图中尺寸以mm计。

材料数量表

序号	名称	数量(件)	材料	单件 质量(kg)	总计 质量(kg)	备注
1	支架五	5		304	1520	
2	槽钢	4	[14	61	244	L=4200mm

V形墩模板支架图	材质	Q235	单重	1764kg
模板支架五(全图)	件数	1	图号	1.4.1-10

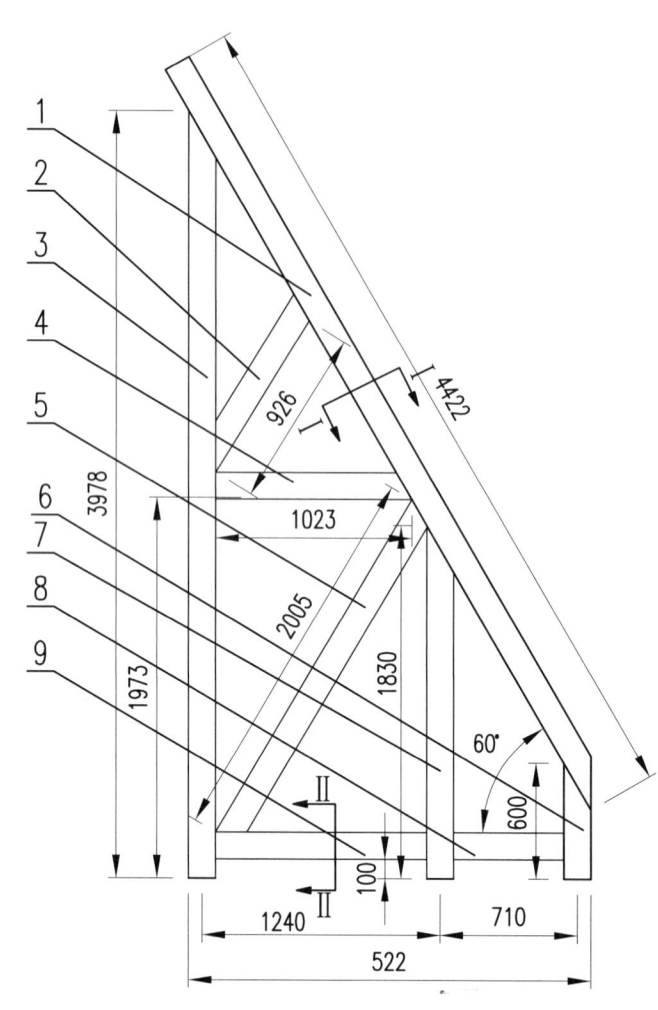
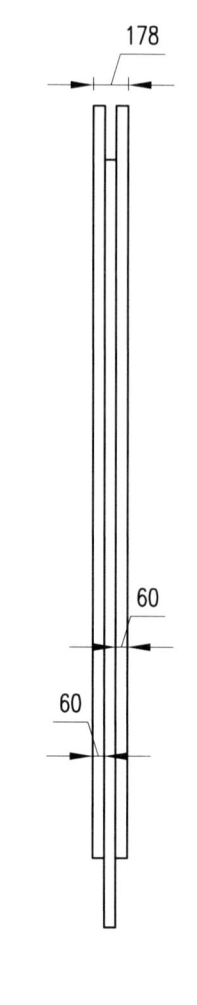
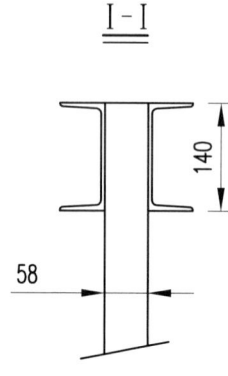
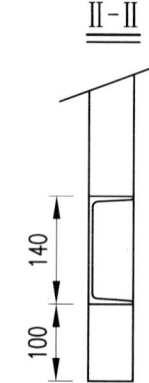

材料数量表

序号	名称	数量(件)	材料	单件 质量(kg)	总计 质量(kg)	备注
1	槽钢	2	[14	64.3	128.6	L=4422mm
2	槽钢	1	[14	13.5	13.5	L=926mm
3	槽钢	1	[14	57.8	57.8	L=3978mm
4	槽钢	1	[14	14.9	14.9	L=1023mm
5	槽钢	1	[14	29.1	29.1	L=2005mm
6	槽钢	2	[14	8.7	8.7	L=600mm
7	槽钢	1	[14	26.6	26.6	L=1830mm
8	槽钢	1	[14	8.3	8.3	L=570mm
9	槽钢	1	[14	16	16	L=1100mm

说明：
图中尺寸以mm计。

V形墩模板支架图	材质	Q235	单重	304kg
模板支架五(详图)	件数	5	图号	1.4.1-11

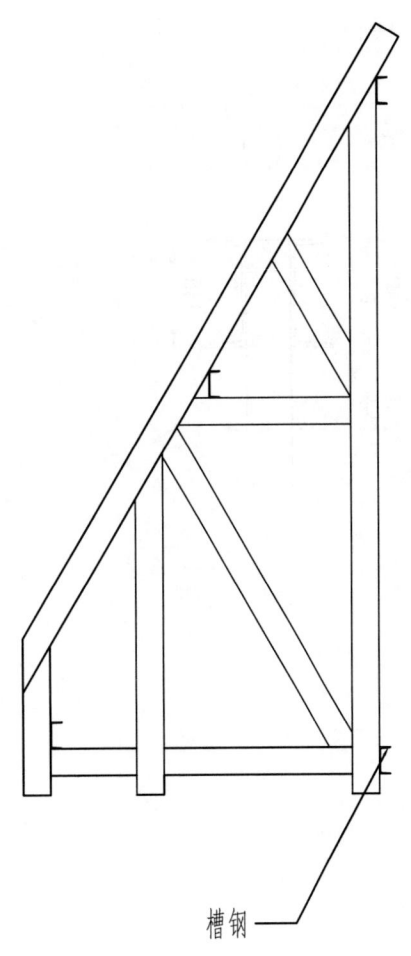
槽钢

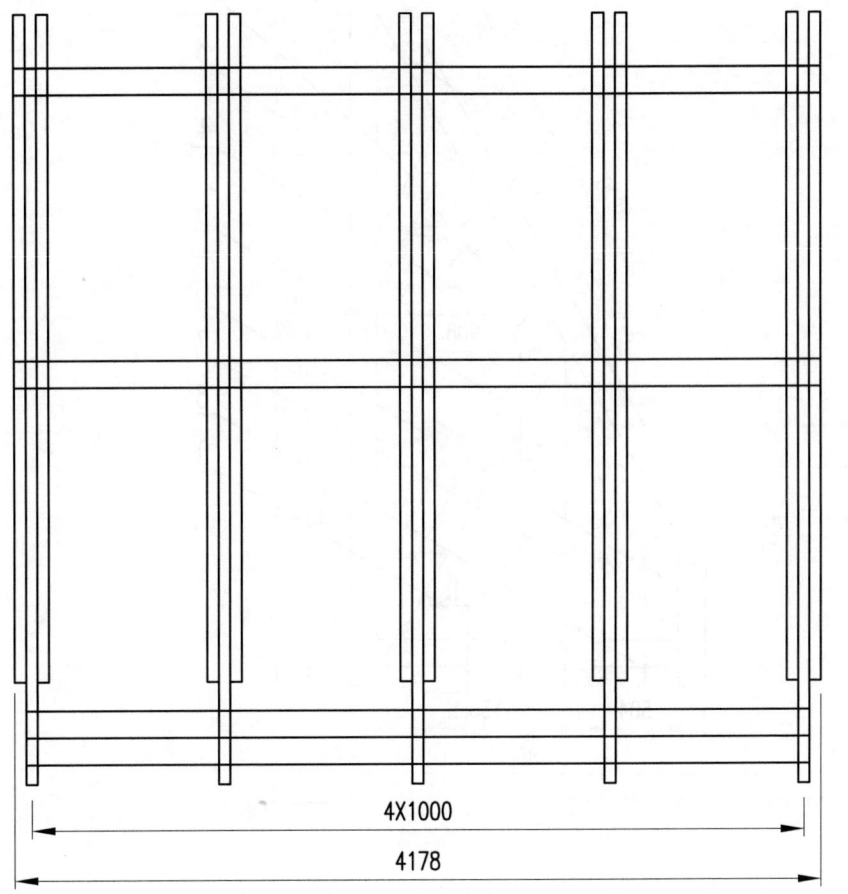

4X1000
4178

说明：
图中尺寸以mm计。

材料数量表

序号	名称	数量(件)	材料	单件 质量(kg)	总计 质量(kg)	备注
1	支架六	5		224	1120	
2	槽钢	4	[14	61	244	L=4200mm

V形墩模板支架图	材质	Q235	单重	1364kg
模板支架六(全图)	件数	1	图号	1.4.1-12

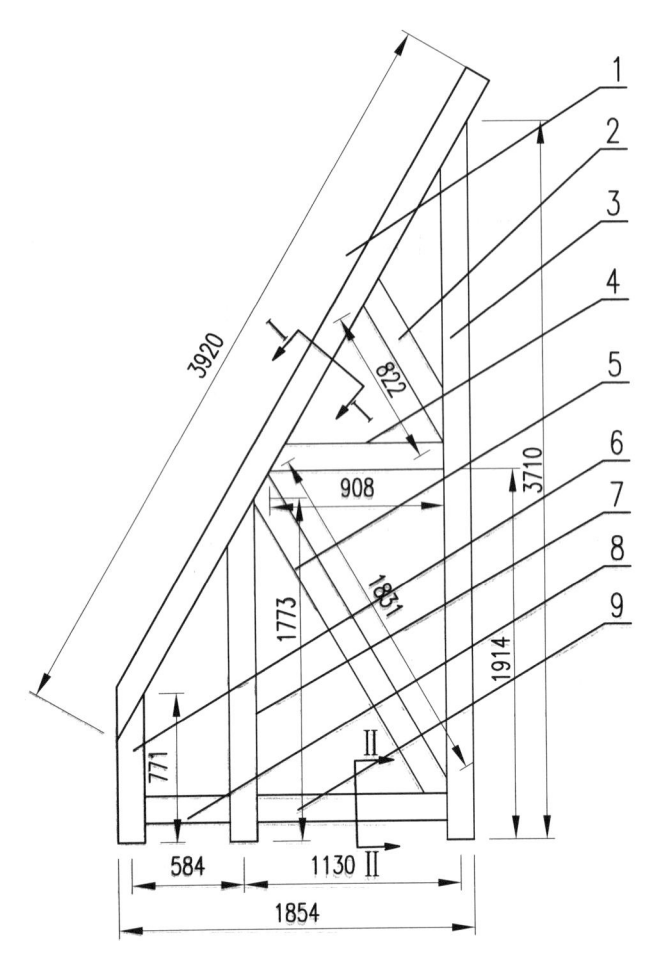
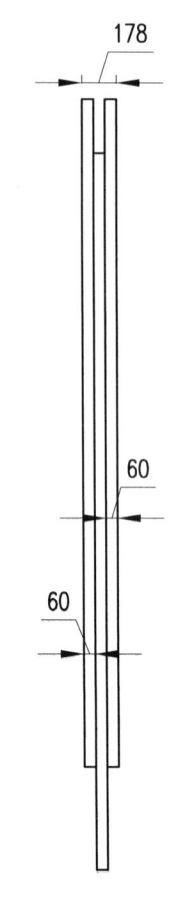
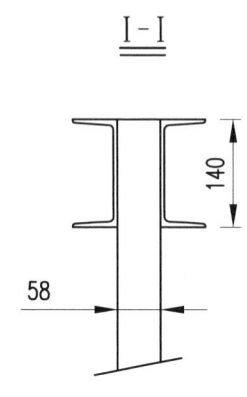

I-I

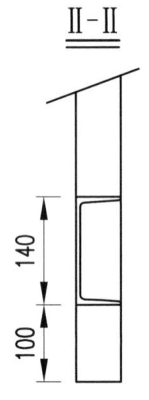

II-II

材料数量表

序号	名称	数量(件)	材料	单件 质量(kg)	总计 质量(kg)	备注
1	槽钢	2	[14	57	114	L=3920mm
2	槽钢	1	[14	12	12	L=822mm
3	槽钢	1	[14	54	54	L=3710mm
4	槽钢	1	[14	13.2	13.2	L=908mm
5	槽钢	1	[14	26.6	26.6	L=1831mm
6	槽钢	2	[14	11.2	11.2	L=771mm
7	槽钢	1	[14	25.8	25.8	L=1773mm
8	槽钢	1	[14	6.5	6.5	L=444mm
9	槽钢	1	[14	14.4	14.4	L=990mm

说明：

图中尺寸以mm计。

V形墩模板支架图	材质	Q235	单重	278kg
模板支架六(详图)	件数	5	图号	1.4.1-13

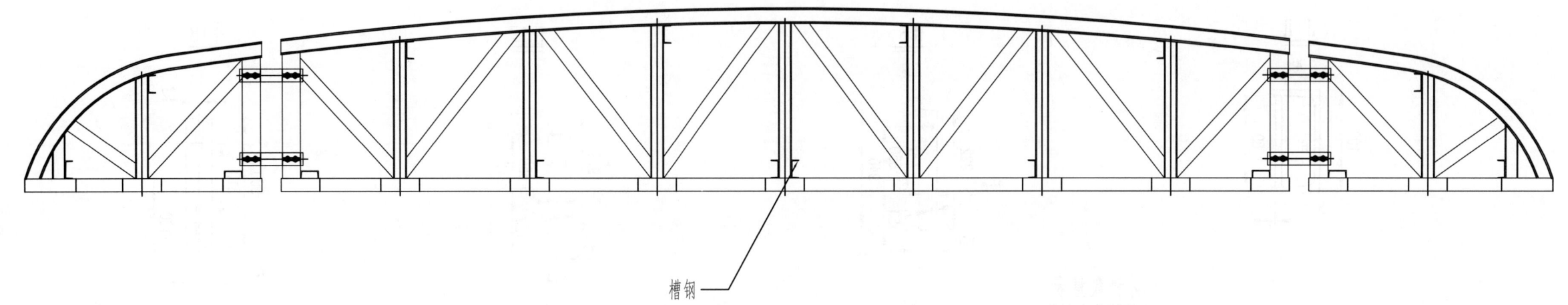
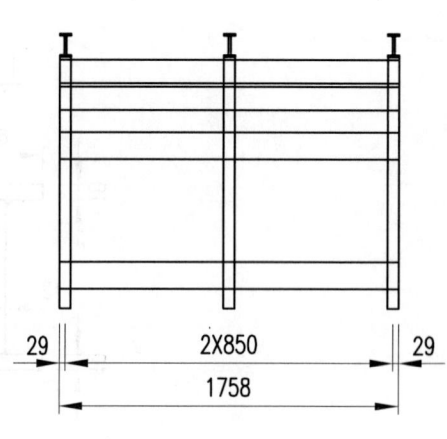

槽钢

说明：
图中尺寸以mm计。

材料数量表

序号	名称	数量(件)	材料	单件 质量(kg)	总计 质量(kg)	备注
1	支架七	3		539	1617	
2	槽钢	26	[14	25.7	668.2	L=1760mm

V形墩模板支架图	材质	Q235	单重	2285kg
模板支架七(全图)	件数	3	图号	1.4.1-14

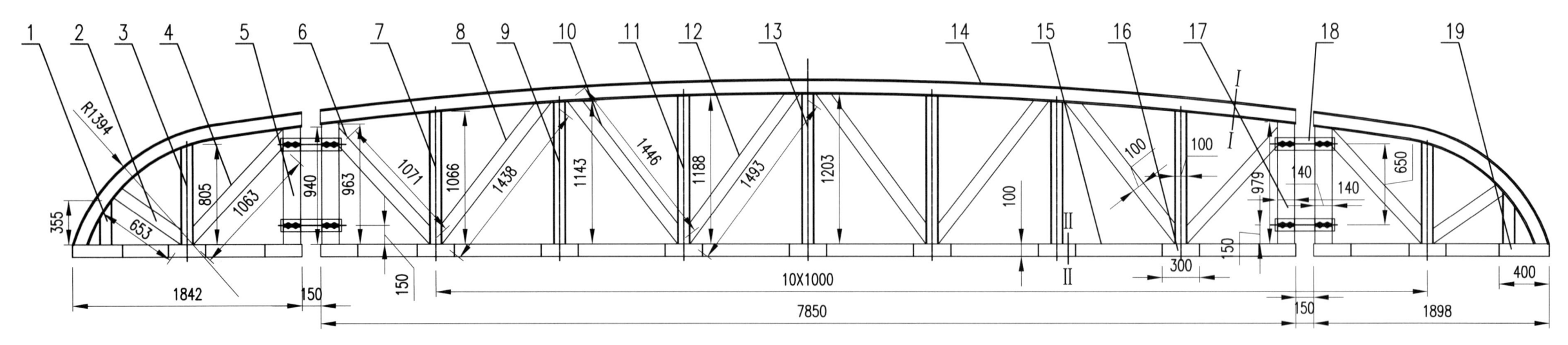
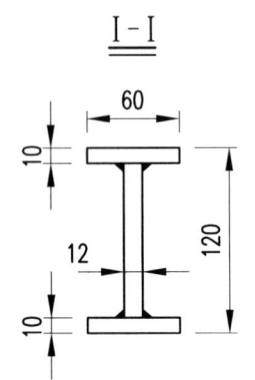
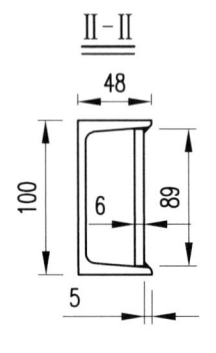
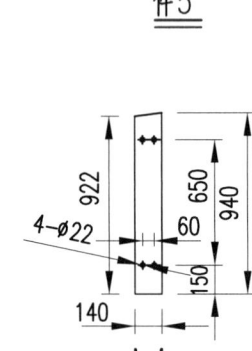
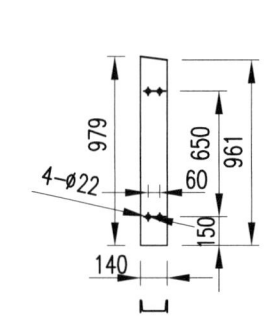
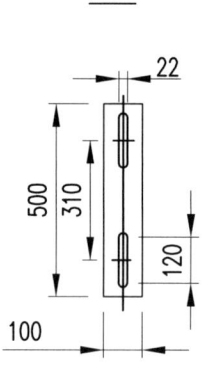

材料数量表

序号	名称	数量(件)	材料	单件质量(kg)	总计质量(kg)	备注	序号	名称	数量(件)	材料	单件质量(kg)	总计质量(kg)	备注
1	加强筋板	2	[10	3.5	7	L=355mm	15	槽钢	1	II-II剖面	119	119	L=11890mm
2	加强筋板	2	[10	6.5	13	L=653mm	16	加强筋板	15	6mm厚钢板	1.25	18.8	300X89X6
3	加强筋板	2	[10	8	16	L=805mm	17	槽钢	2	[14	14.2	28.4	L=979mm
4	加强筋板	2	[10	12.9	25.8	L=1287mm	18	连接板	15	6mm厚钢板	1.25	18.8	300X89X6
5	加强筋板	2	[10	13.6	13.6	L=940mm	19	槽钢	2	[14	14.2	28.4	L=979mm
6	加强筋板	2	[10	13	26	L=1304mm							
7	加强筋板	2	[10	10.7	21.4	L=1066mm							
8	加强筋板	2	[10	14.4	28.8	L=1438mm							
9	加强筋板	2	[10	11.4	22.8	L=1143mm							
10	槽钢	2	[10	14.5	29	L=1446mm							
11	槽钢	2	[10	11.9	23.8	L=1188mm							
12	槽钢	2	[10	15	30	L=1493mm							
13	槽钢	1	[10	12	12	L=1203mm							
14	自制工字钢	1	I-I剖面	128	128	L=12795mm							

说明：
图中尺寸以mm计．

V形墩模板支架图	材质	Q235	单重	539kg
模板支架七(详图)	件数	1	图号	1.4.1-15

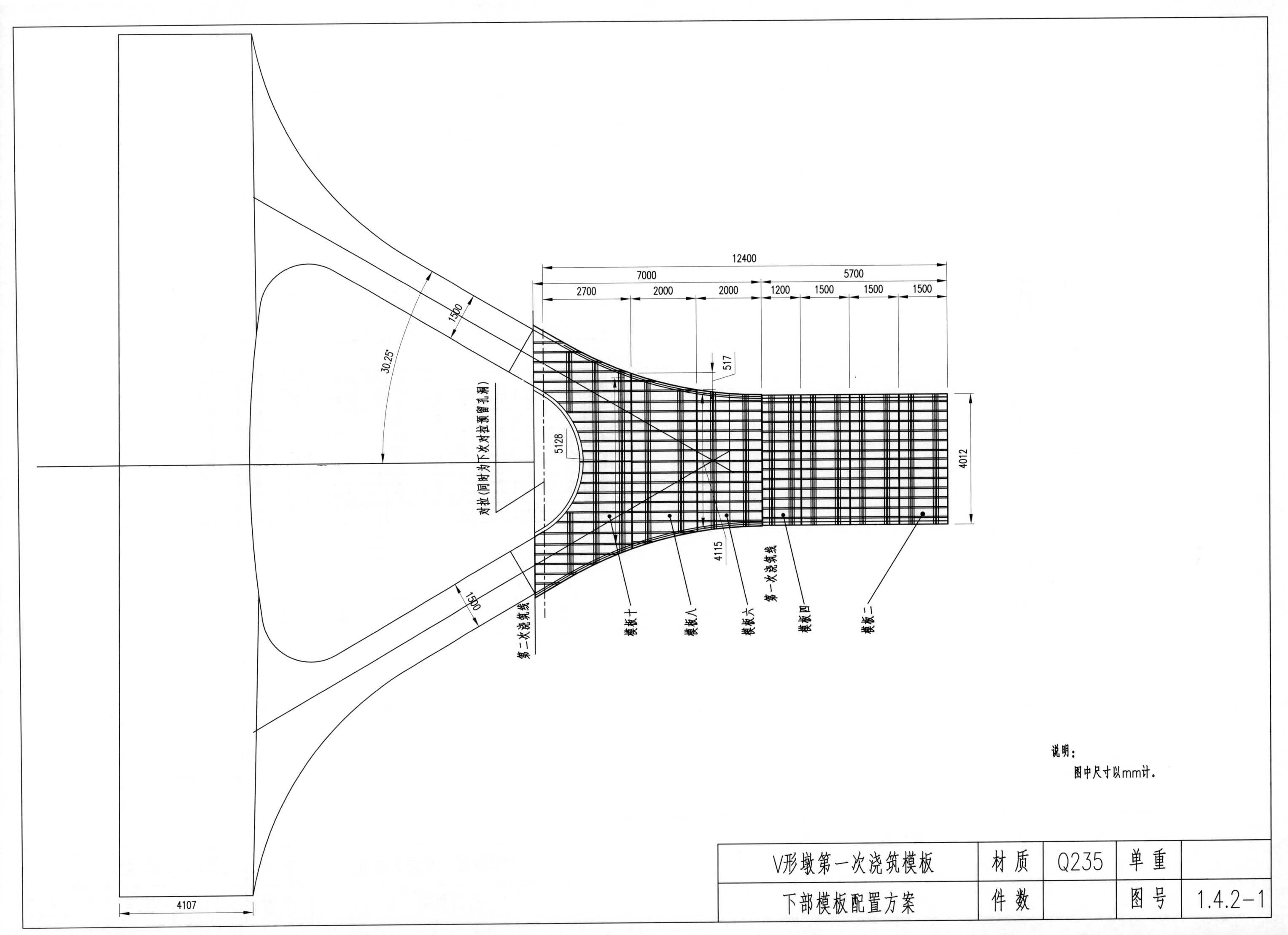

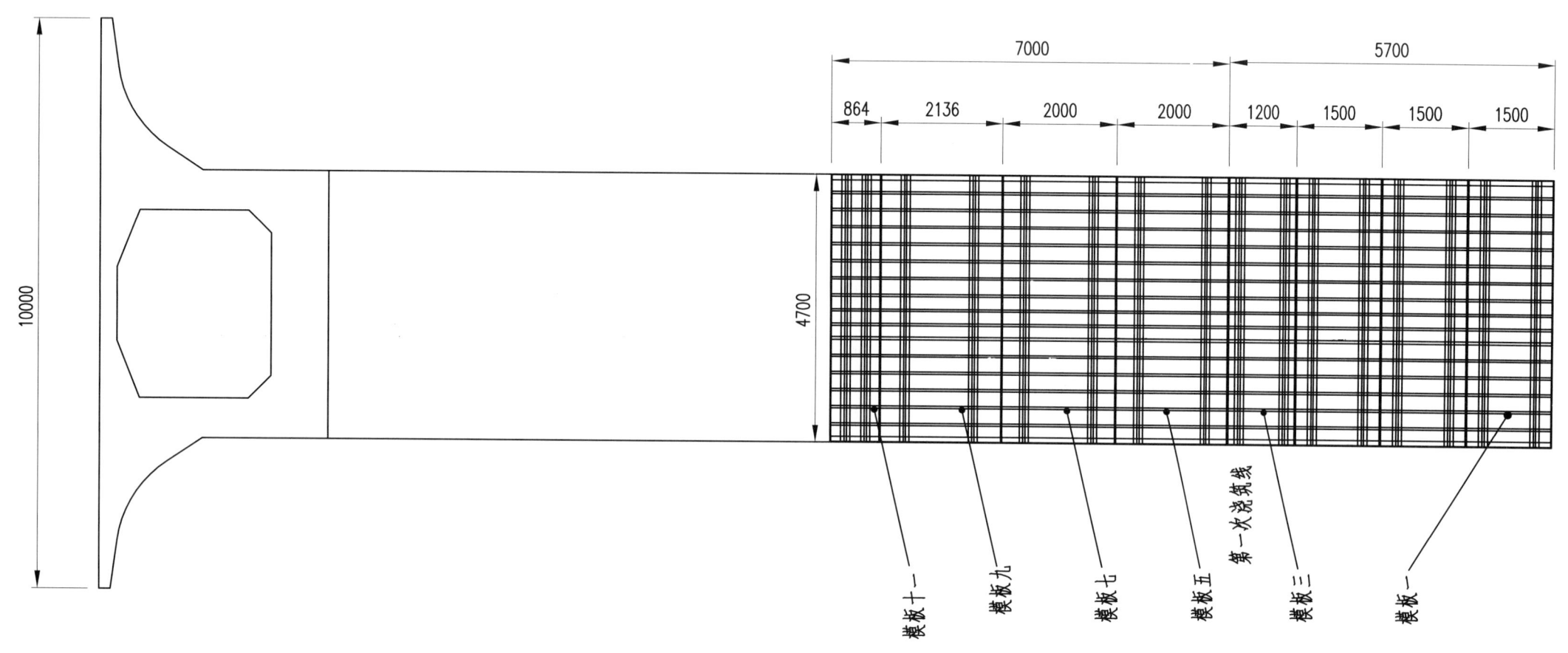

说明：
图中尺寸以mm计。

V形墩第一次浇筑模板	材 质	Q235	单 重	
纵断面图	件 数		图 号	1.4.2-2

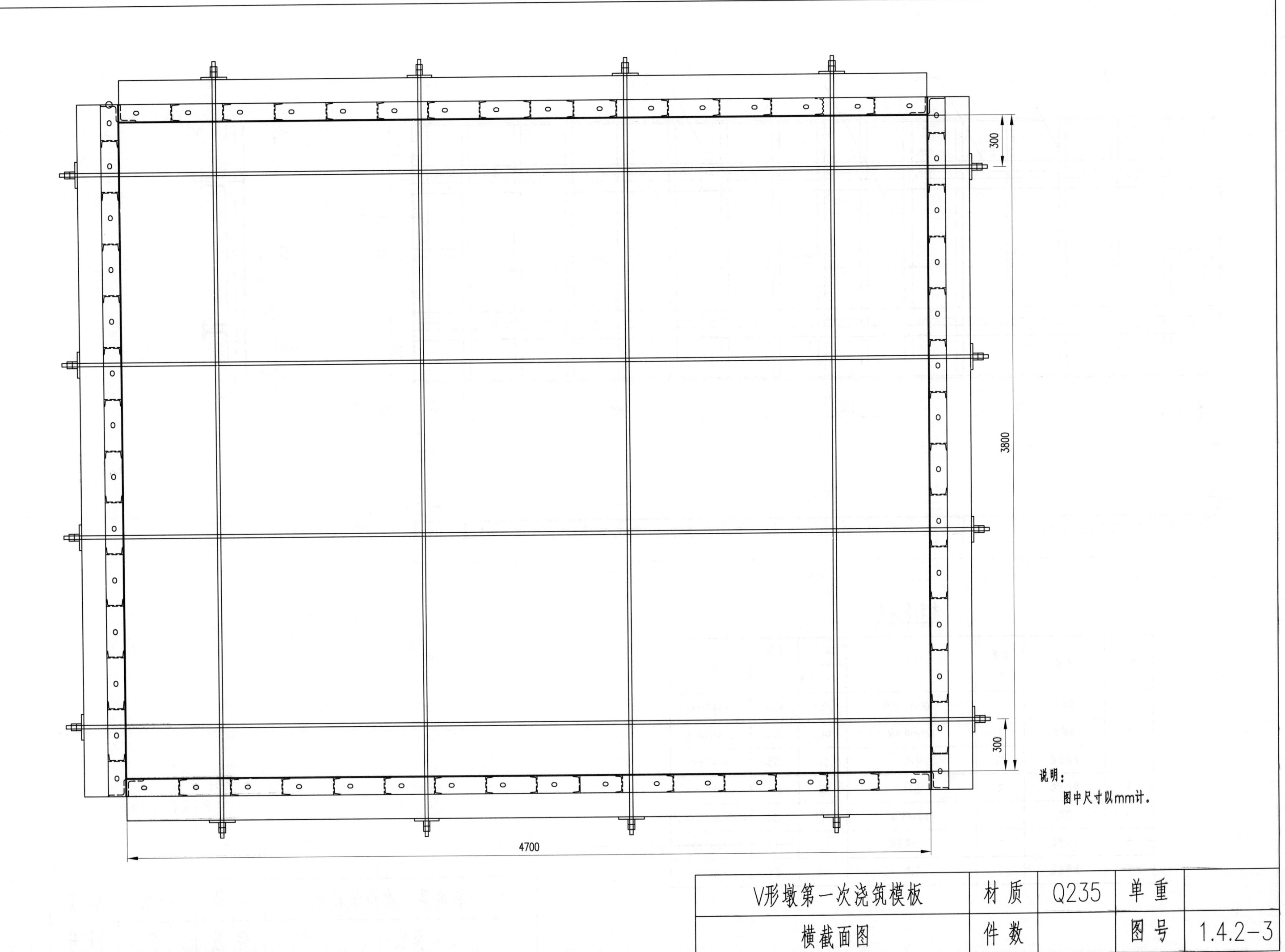

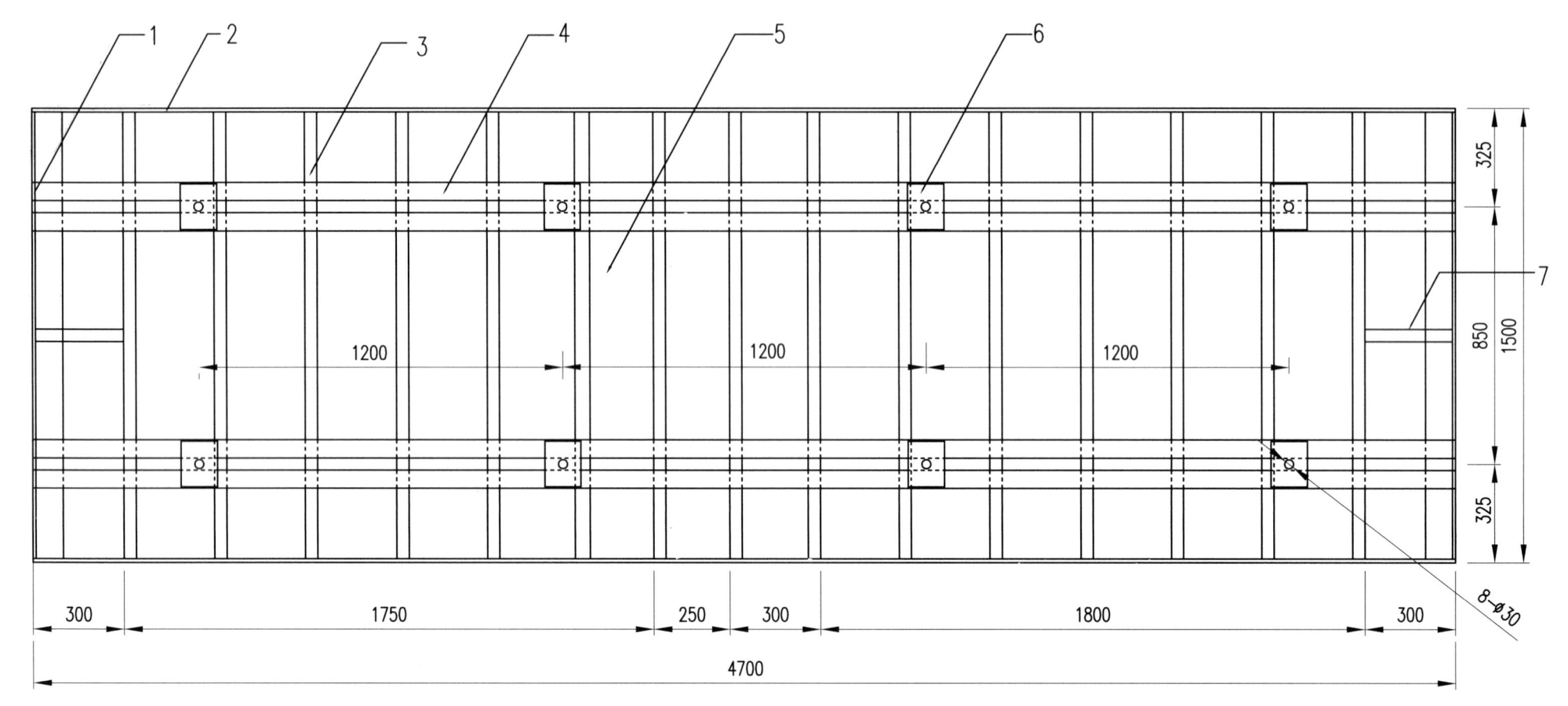
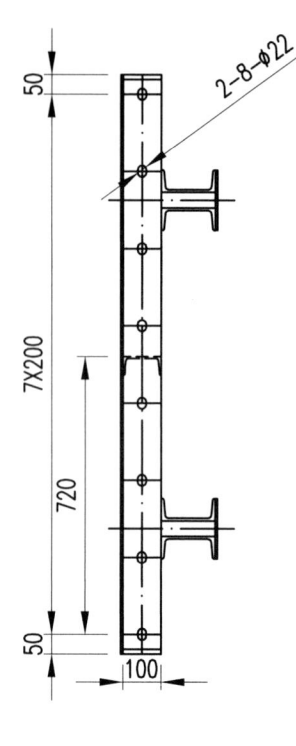
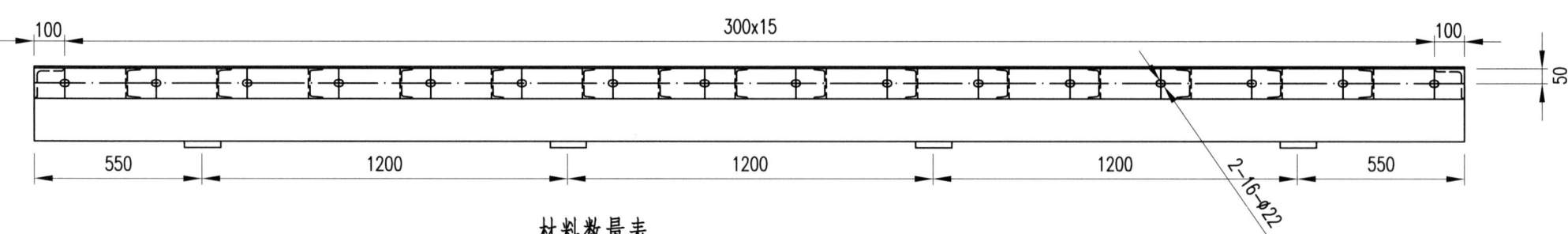

材料数量表

序号	名称	数量(件)	材料	单件 质量(kg)	总计 质量(kg)	备注
1	竖法兰	2	L100×100×10	22.7	45.4	L=1476mm
2	横法兰	2	12mm厚钢板	44.3	88.6	L=4700mm
3	竖向筋板	15	[10	15	225	L=1476mm
4	横向背杠	2	][14	157	314	L=4700mm
5	面板	1	6mm厚钢板	332	332	4700mm×1500mm
6	加强筋板	8	10mm厚钢板	1.4	11.2	120mm×150mm
7	加强筋板	2	[10	2.9	5.4	L=290mm

说明：

图中尺寸以mm计。

V形墩第一次浇筑模板	材 质	Q235	单重	1021kg
模板一	件数	6	图号	1.4.2-4

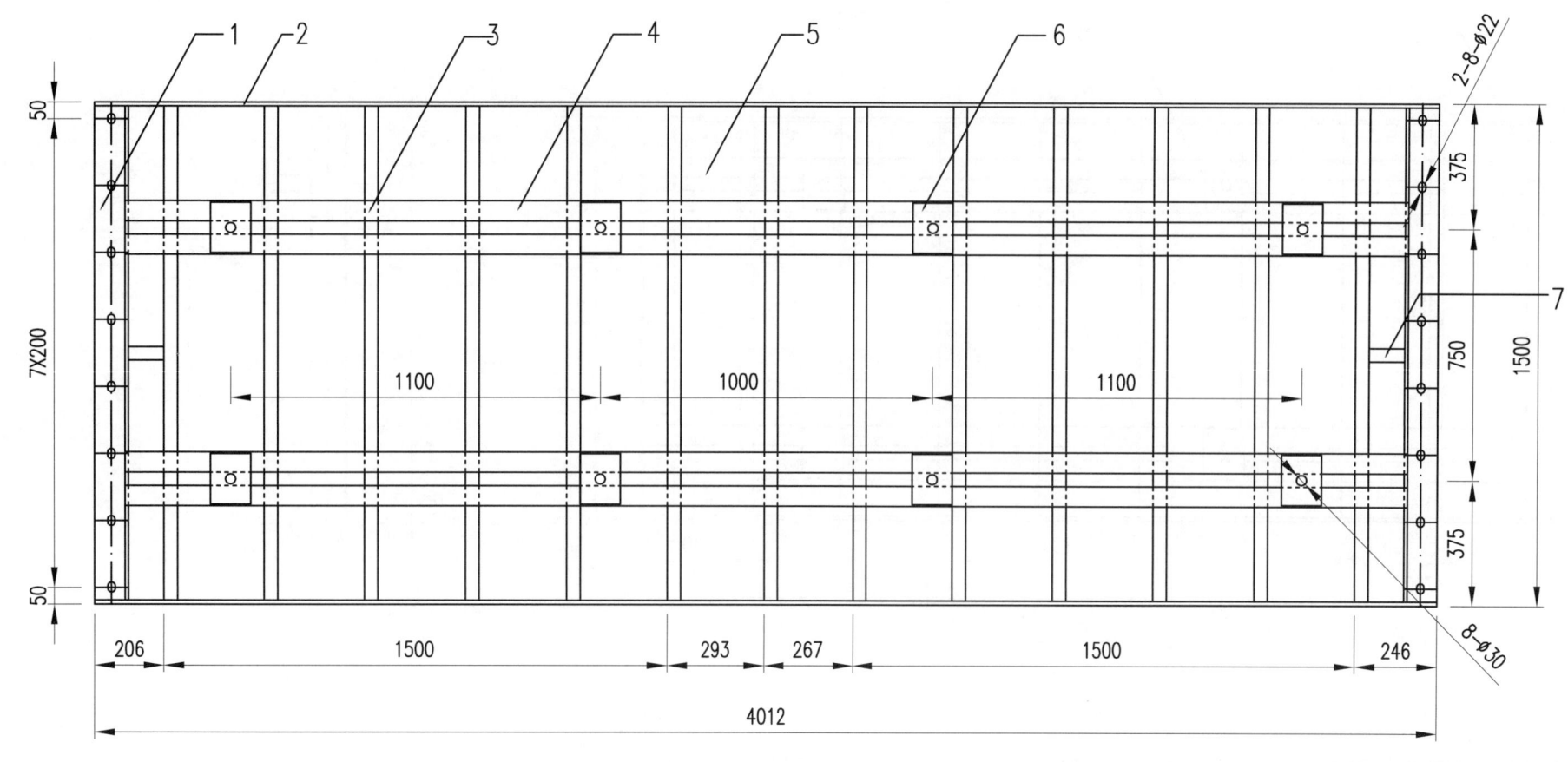
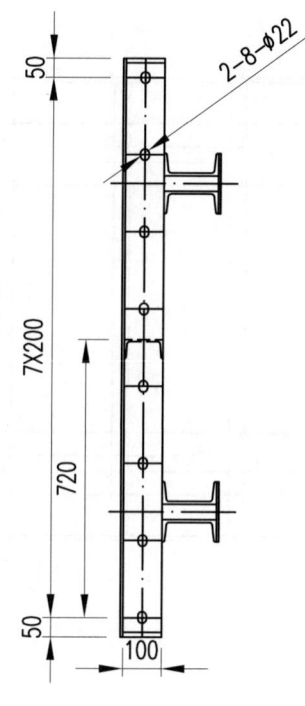
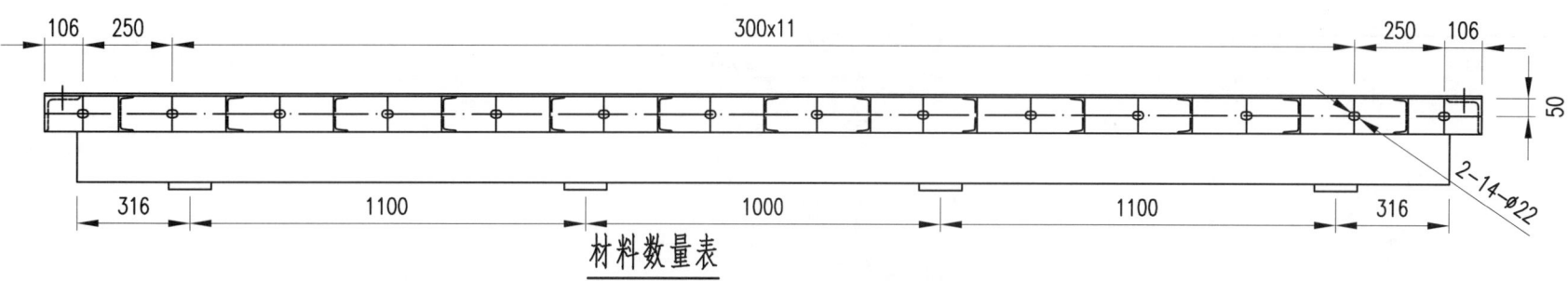

<u>材料数量表</u>

序号	名称	数量(件)	材料	质量(kg) 单件	质量(kg) 总计	备注
1	竖法兰	2	L100×100×10	22.7	45.4	L=1476mm
2	横法兰	2	12mm厚钢板	38	76	L=4012mm
3	竖向筋板	13	[10	15	195	L=1476mm
4	横向背杠	2	][14	128	256	L=3822mm
5	面板	1	6mm厚钢板	283	283	4012mm×1500mm
6	加强筋板	8	10mm厚钢板	1.4	11.2	120mm×150mm
7	加强筋板	2	[10	1	2	L=105mm

说明：

图中尺寸以mm计。

V形墩第一次浇筑模板	材质	Q235	单重	869kg
模板二	件数	6	图号	1.4.2-5

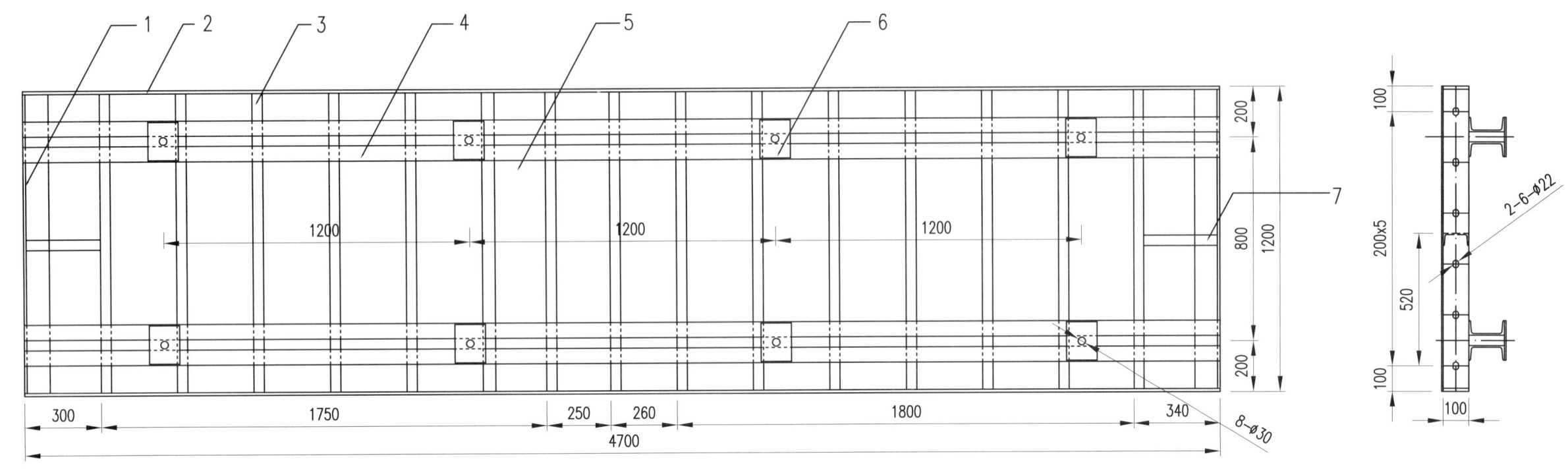

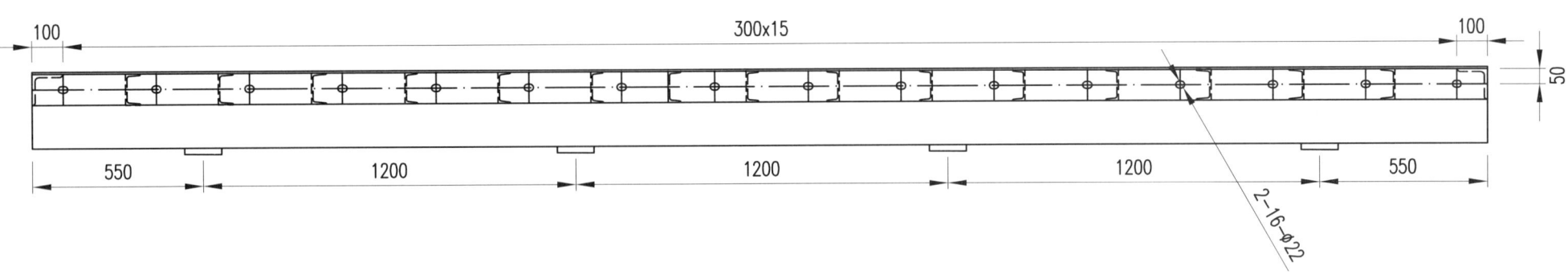

材料数量表

序号	名称	数量(件)	材料	单件 质量(kg)	总计 质量(kg)	备注
1	竖法兰	2	L100×100×10	17.8	35.6	L=1176mm
2	横法兰	2	12mm厚钢板	44.3	88.6	L=4700mm
3	竖向筋板	15	[10	12	180	L=1176mm
4	横向背杠	2	][14	157	314	l=4700mm
5	面板	1	6mm厚钢板	257	257	4700mm×1200mm
6	加强筋板	8	10mm厚钢板	1.4	11.2	120mm×150mm
7	加强筋板	2	[10	2.9	5.4	L=290mm

说明：

图中尺寸以mm计。

V形墩第一次浇筑模板	材质	Q235	单重	892kg
模板三	件数	2	图号	1.4.2-6

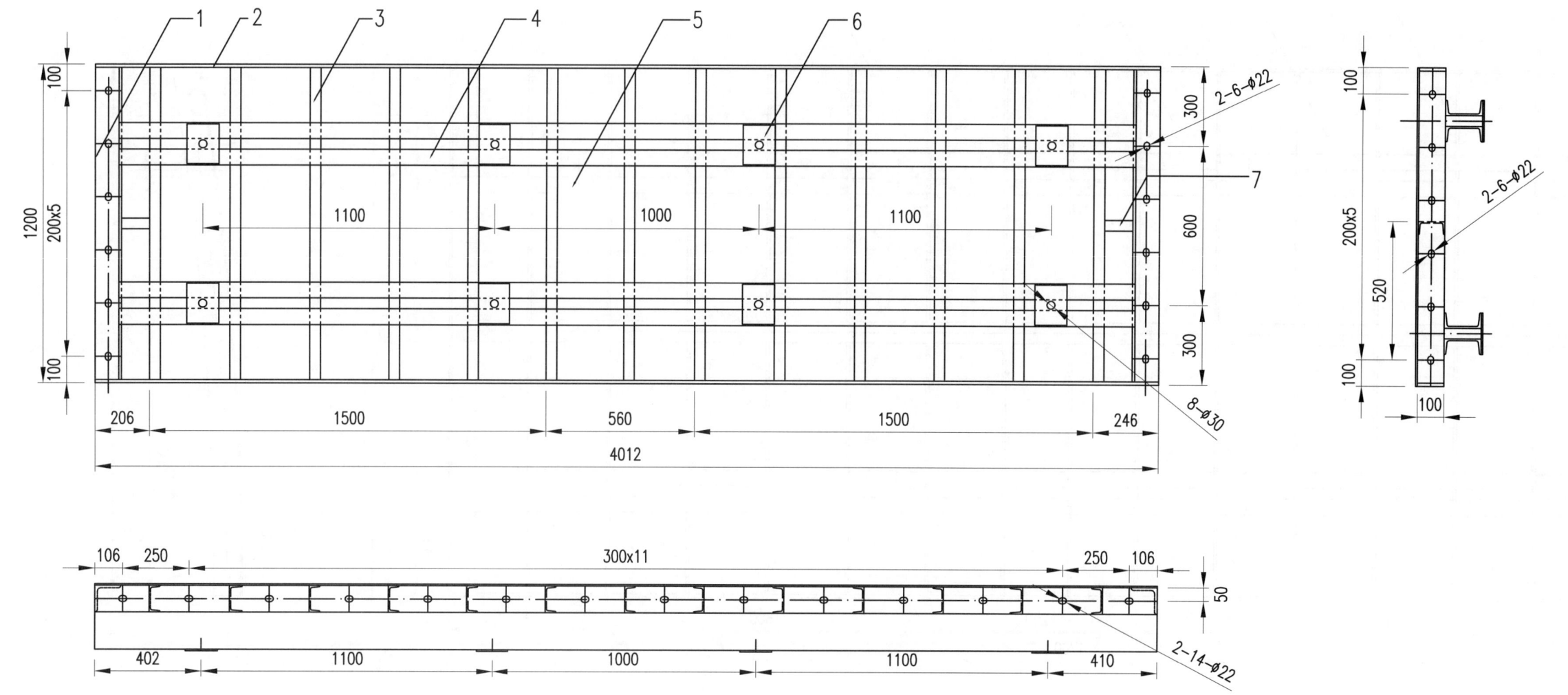

材料数量表

序号	名称	数量(件)	材料	单件 质量(kg)	总计 质量(kg)	备注
1	竖法兰	2	L100×100×10	17.8	35.6	L=1176mm
2	横法兰	2	12mm厚钢板	38	76	4012mm
3	竖向筋板	13	[10	12	156	L=1176mm
4	横向背杠	2	][14	128	256	L=3822mm
5	面板	1	6mm厚钢板	227	227	4012mm×1200mm
6	加强筋板	8	10mm厚钢板	1.4	11.2	120mm×150mm
7	加强筋板	2	[10	1	2	L=105mm

说明：

图中尺寸以mm计。

V形墩第一次浇筑模板	材质	Q235	单重	764kg
模板四	件数	2	图号	1.4.2-7

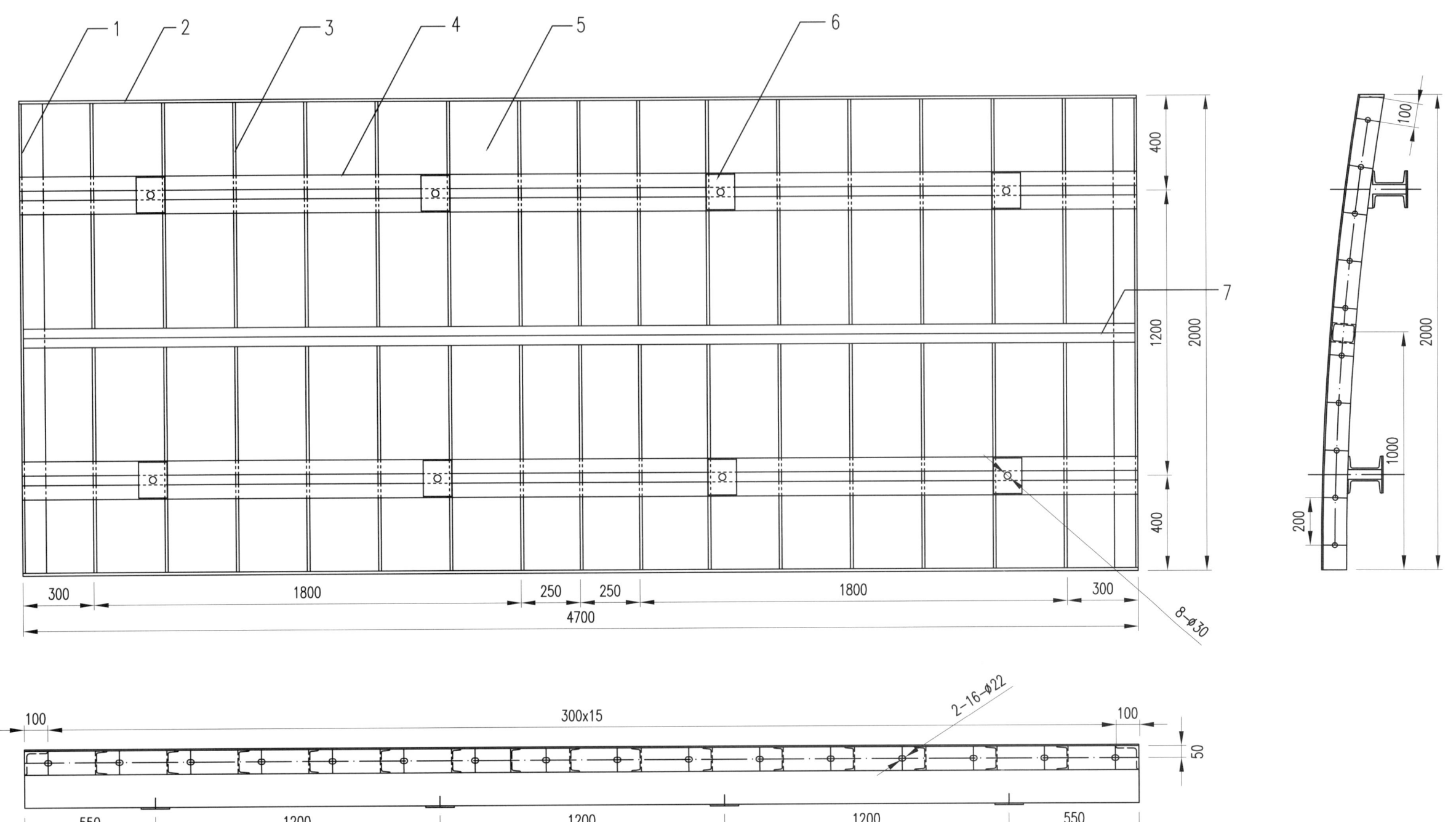

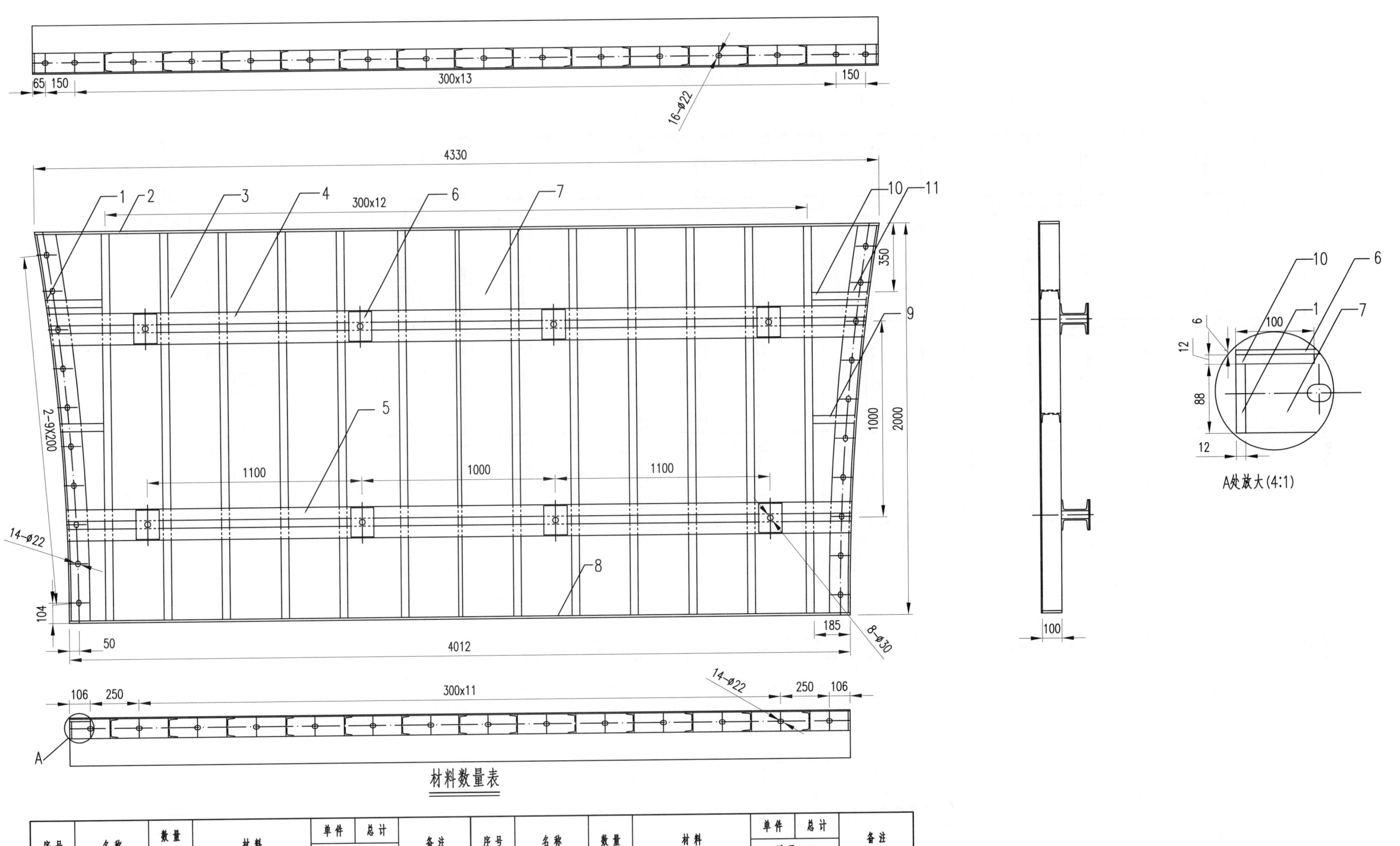

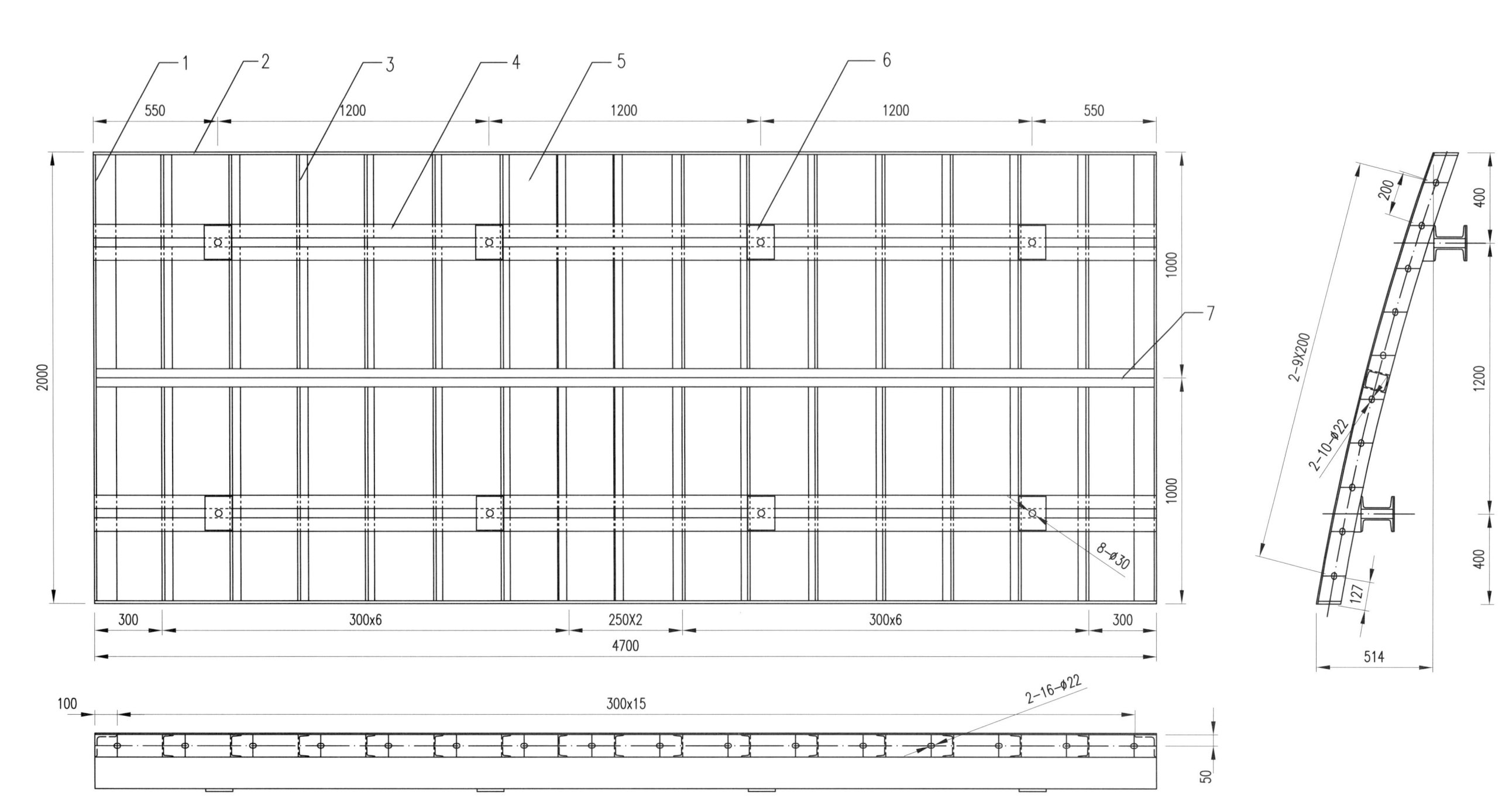

材料数量表

序号	名称	数量(件)	材料	单件 质量(kg)	总计 质量(kg)	备注
1	竖法兰	2	12mm厚钢板	17.8	35.6	
2	横法兰	2	12mm厚钢板	44.3	88.6	L=4700mm
3	竖向筋板	15	12mm厚钢板	17.8	267	
4	横向背杠	2	][14	157	314	L=4700mm
5	面板	1	6mm厚钢板	458	458	4700mm×2067mm
6	加强筋板	8	10mm厚钢板	1.4	11.2	120mm×150mm
7	加强筋板	2	][10	47	94	L=4700mm

说明：
图中尺寸以mm计。

V形墩第一次浇筑模板	材质	Q235	单重	1268kg
模板七	件数	2	图号	1.4.2-10

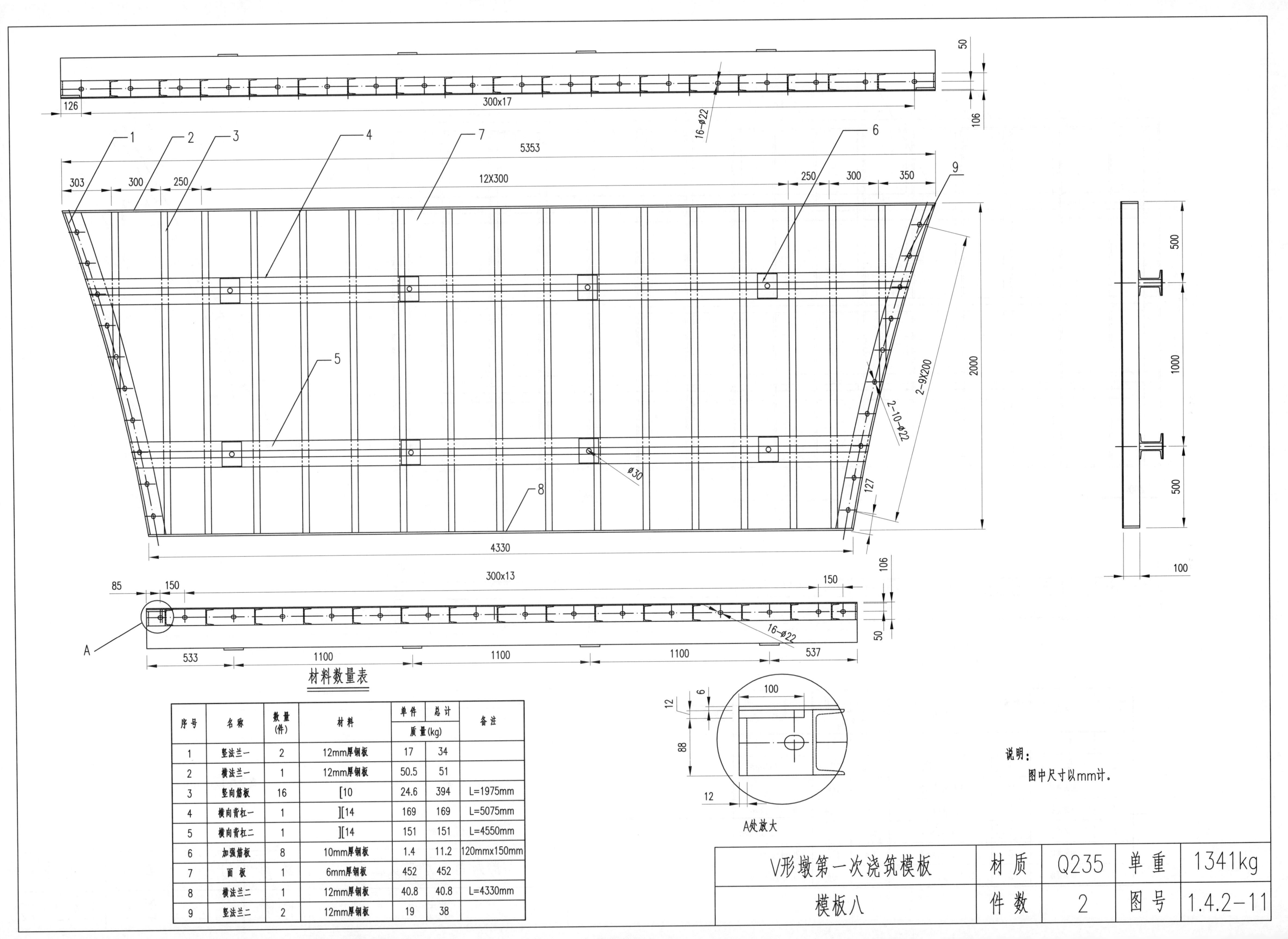

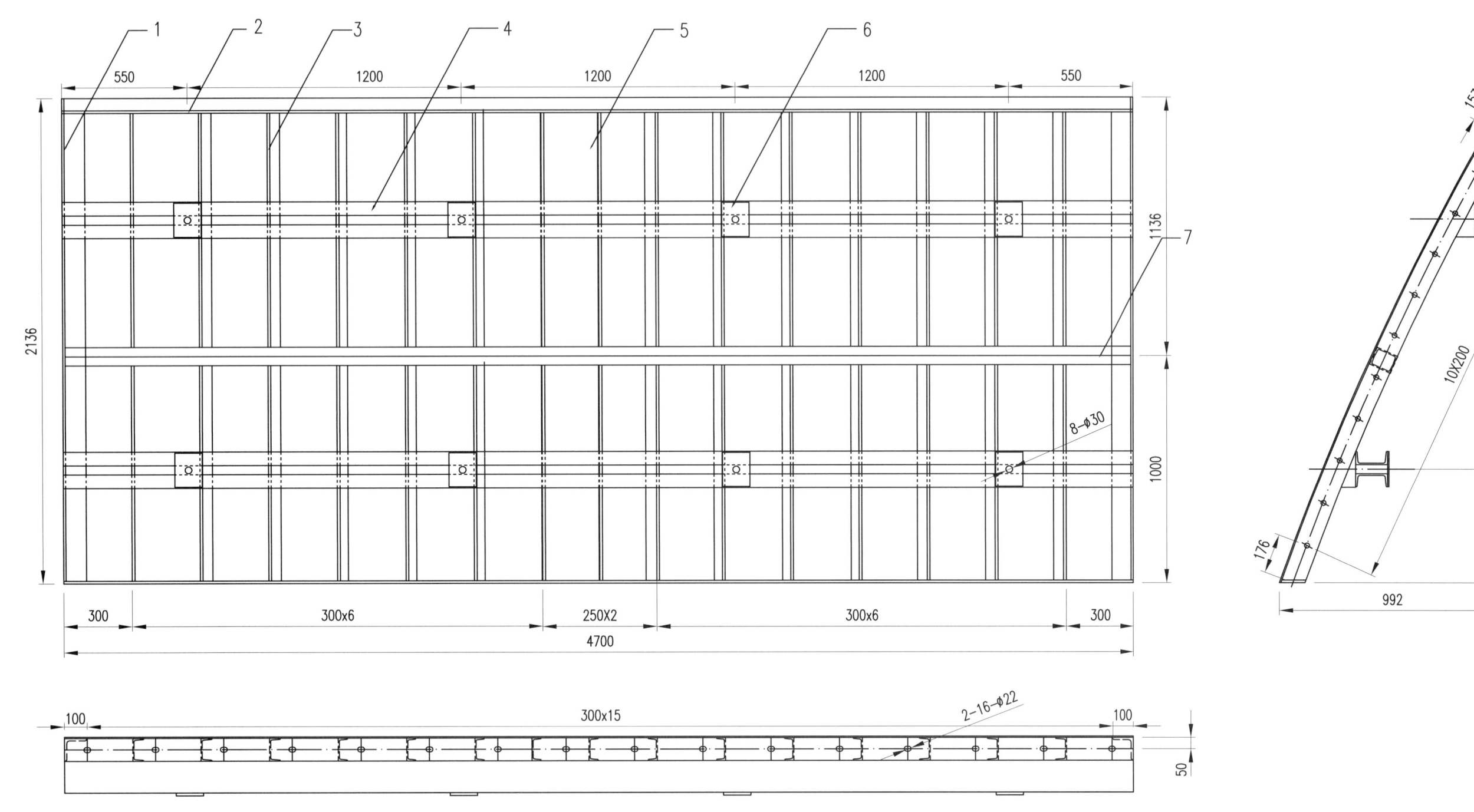

材料数量表

序号	名称	数量(件)	材料	单件 质量(kg)	总计 质量(kg)	备注
1	竖法兰	2	12mm厚钢板	22	44	
2	横法兰	2	12mm厚钢板	44.3	88.6	L=4700mm
3	竖向筋板	15	12mm厚钢板	22	330	
4	横向背杠	2	][14	157	314	L=4700mm
5	面板	1	6mm厚钢板	521	521	4700mm×2356mm
6	加强筋板	8	10mm厚钢板	1.4	11.2	120mm×150mm
7	加强筋板	2	][10	47	94	L=4700mm

说明：

图中尺寸以mm计。

V形墩第一次浇筑模板	材 质	Q235	单重	1402kg
模板九	件 数	2	图号	1.4.2-12

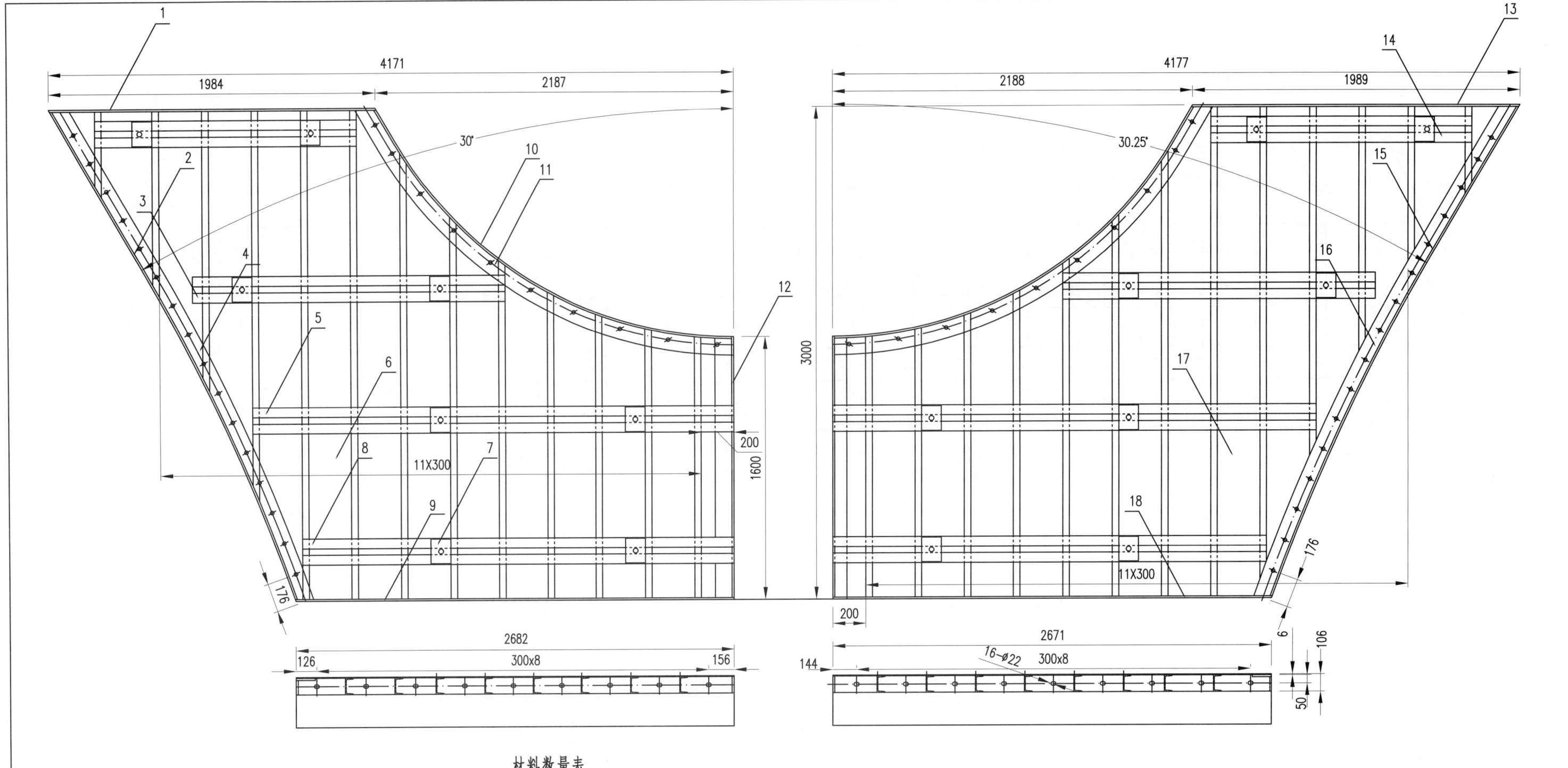

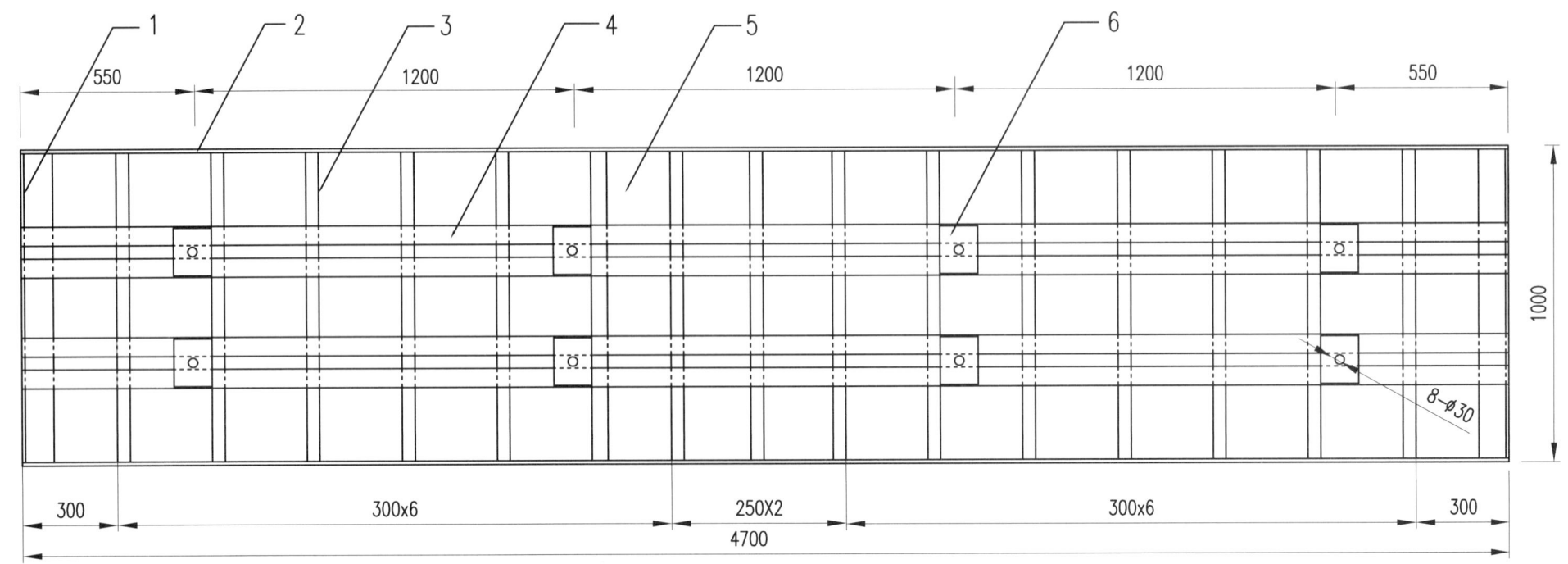
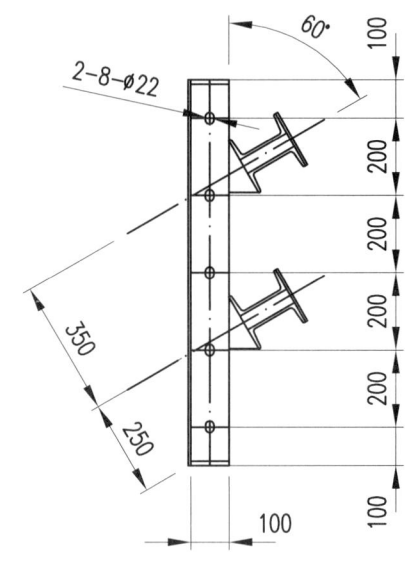
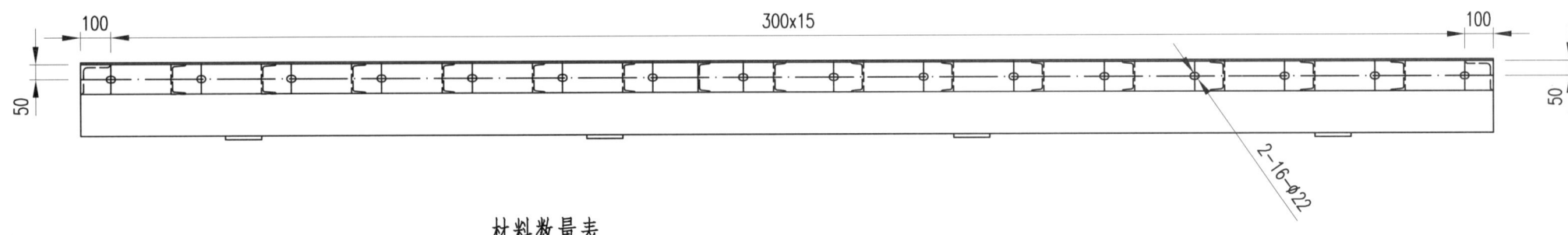

材料数量表

序号	名称	数量(件)	材料	单件 质量(kg)	总计 质量(kg)	备注
1	竖法兰	2	L100×100×10	15	30	L=976mm
2	横法兰	2	12mm厚钢板	44.3	88.6	L=4700mm
3	竖向筋板	15	[10	10	150	L=976mm
4	横向背杠	2	][14	157	314	L=4700mm
5	面板	1	6mm厚钢板	221	221	4700mm×1000mm
6	加强筋板	8	10mm厚钢板	1.4	11.2	120mm×150mm

说明：

图中尺寸以mm计。

V形墩第一次浇筑模板	材质	Q235	单重	814kg
模板十一	件数	2	图号	1.4.2-14

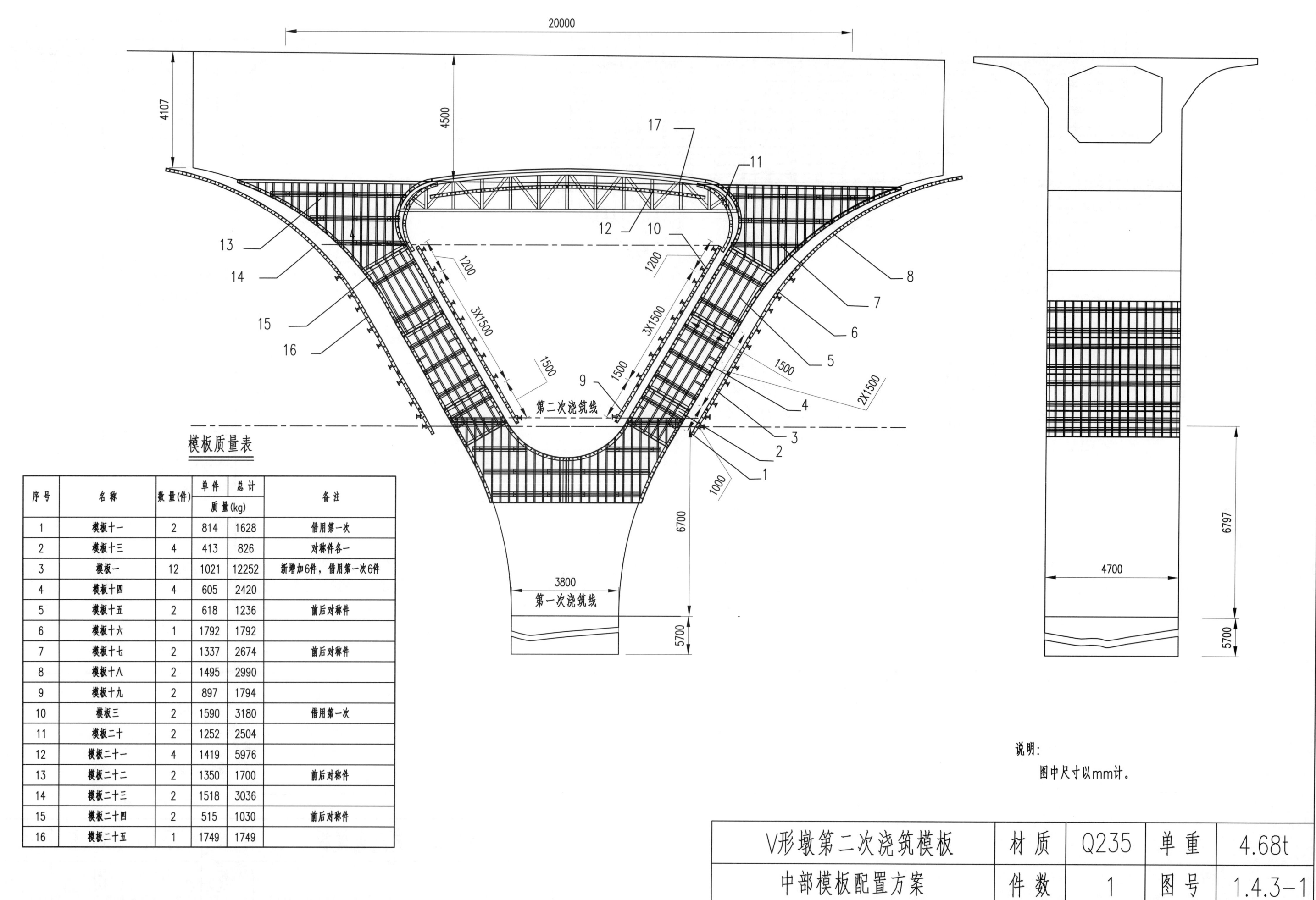

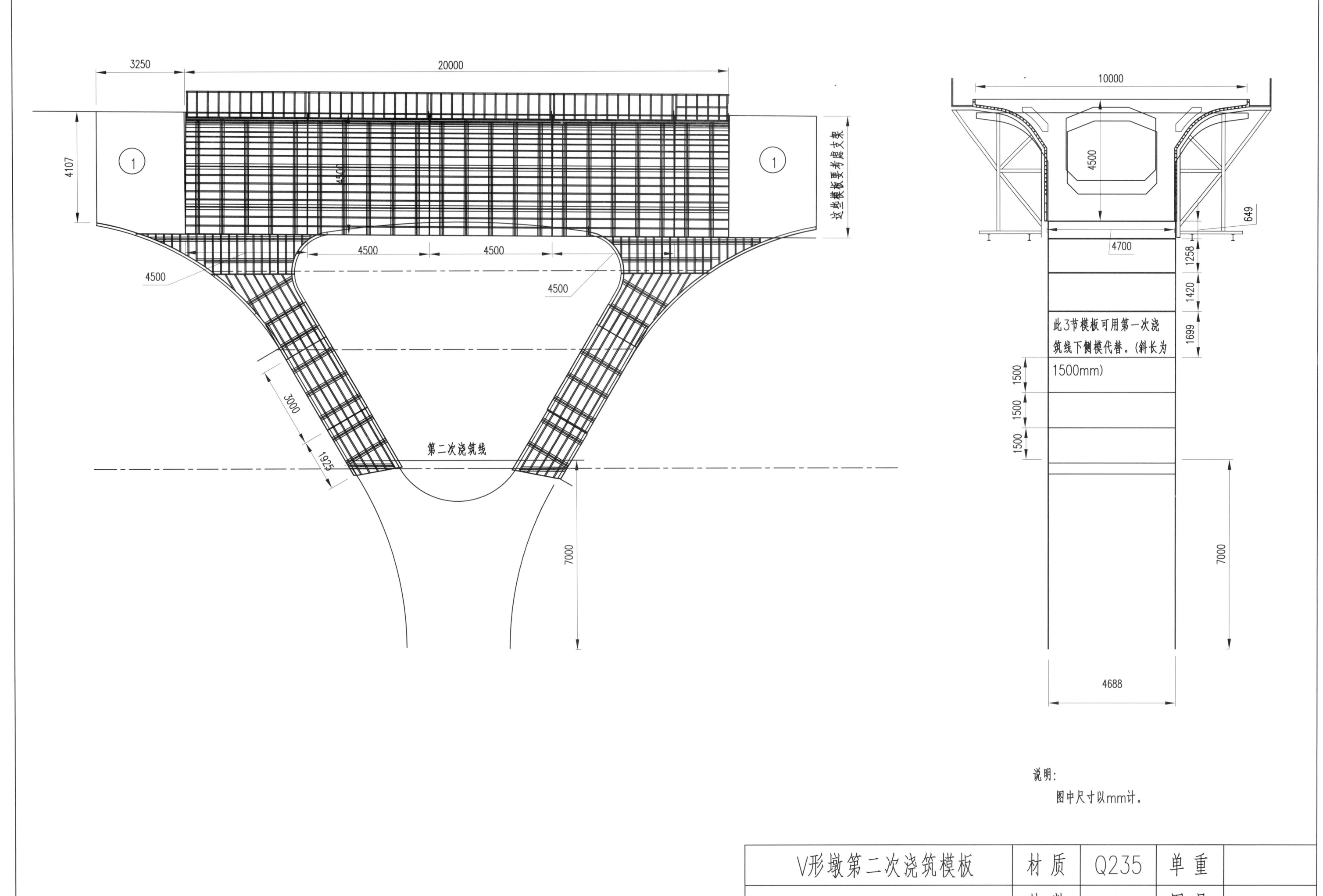

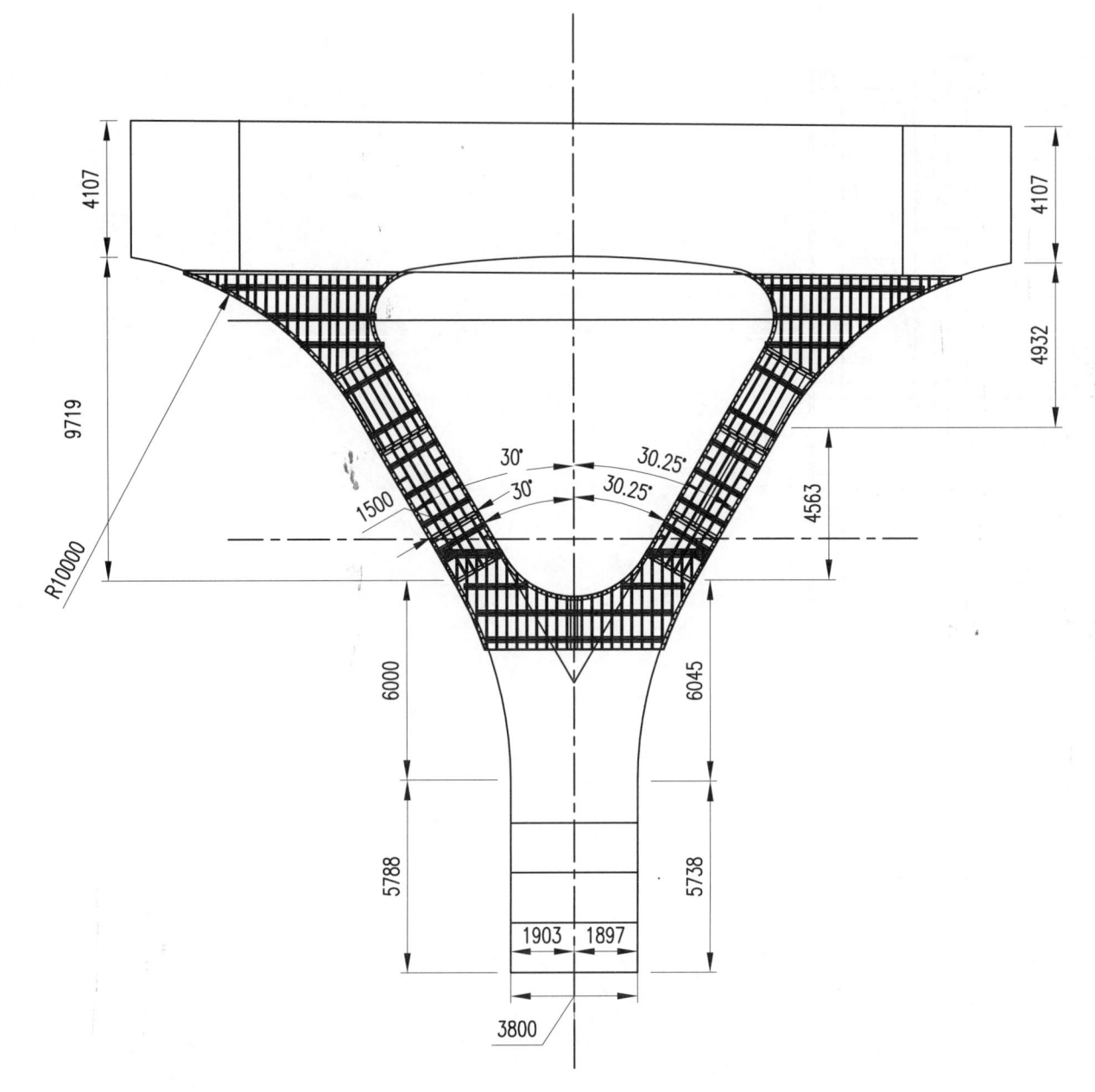
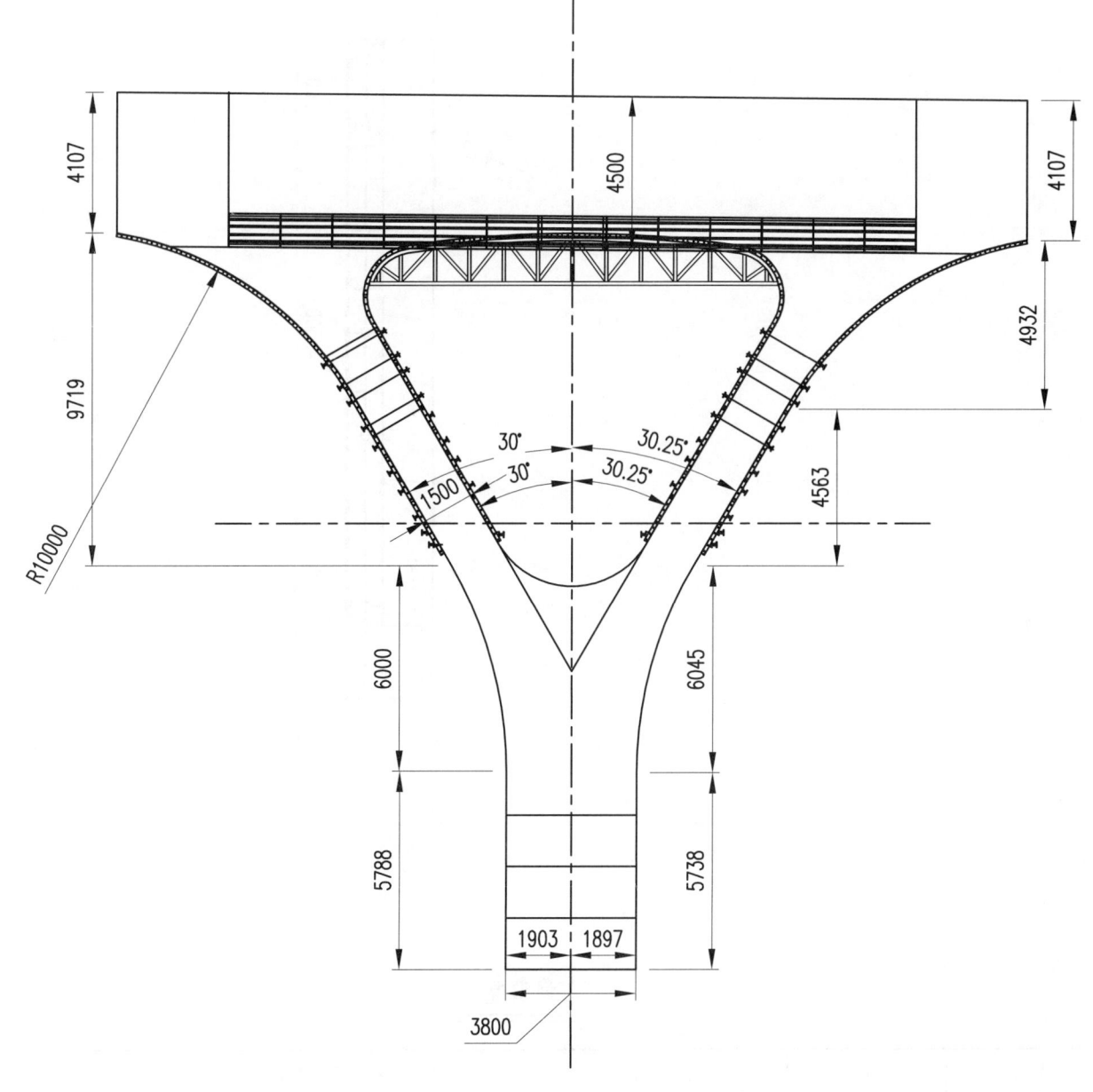

说明：
图中尺寸以mm计。

V形墩第二次浇筑模板	材 质	Q235	单 重	
	件 数		图 号	1.4.3-3

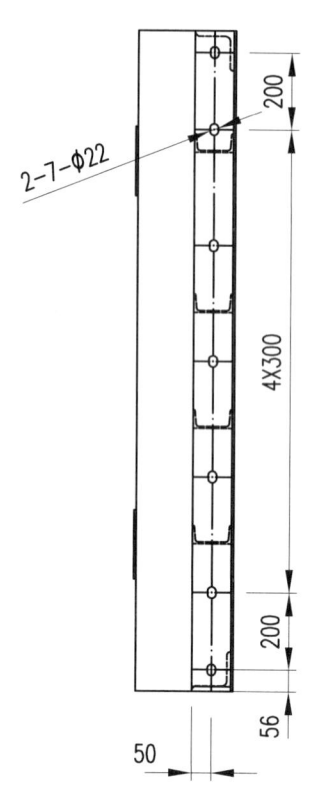
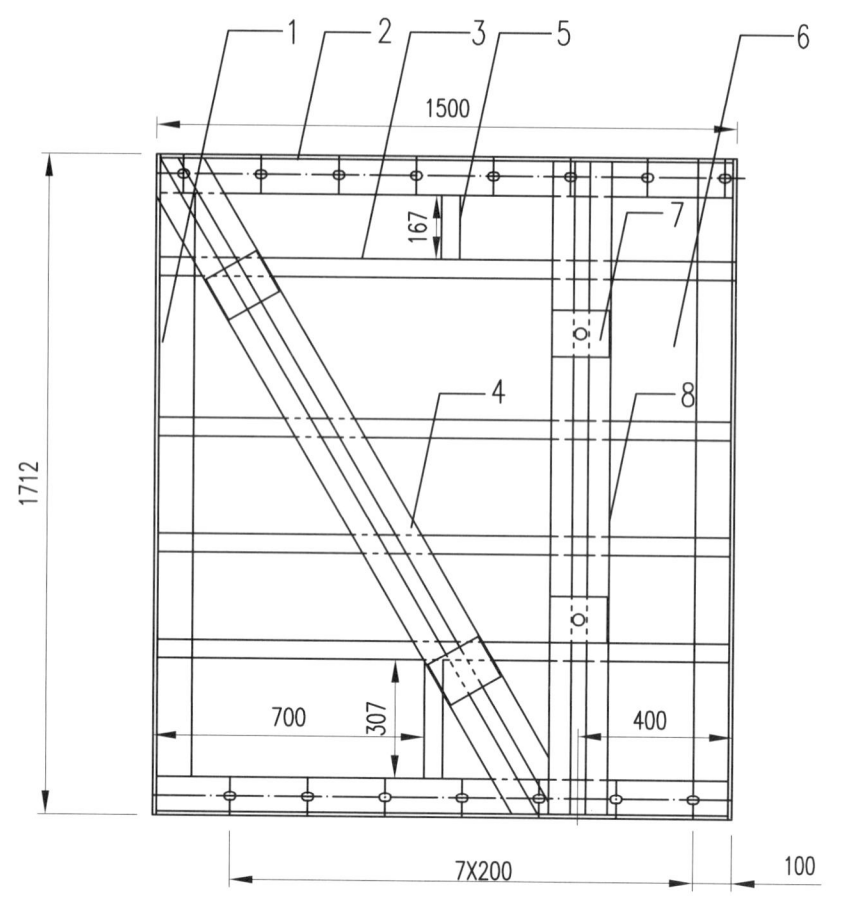
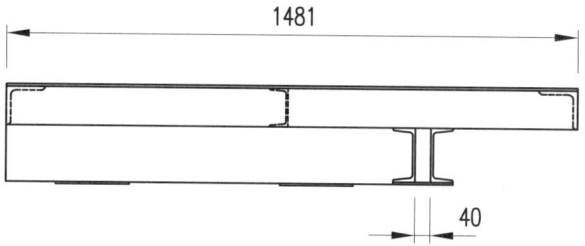

材料数量表

序号	名称	数量(件)	材料	单件 质量(kg)	总计 质量(kg)	备注
1	竖法兰	2	∠100x100x10	26.3	52.6	L=1712mm
2	横法兰	2	∠100x100x10	22.6	45.2	L=1475mm
3	竖向筋板	4	[10	15	60	L=1475mm
4	横向背杠一	1	][14	61.8	61.8	L=1850mm
5	加强筋板	1	[10	4.7	4.7	L=470mm,按图示,分两段
6	面板	1	6mm厚钢板	123	123	1500mmx1712mm
7	加强筋板	6	10mm厚钢板	1.4	8.4	120mmx150mm
8	横向背杠二	1	][14	57	57	L=1700mm

说明:

图中尺寸以mm计。

V形墩第二次浇筑模板	材质	Q235	单重	413kg
模板十三	件数	4	图号	1.4.3-4

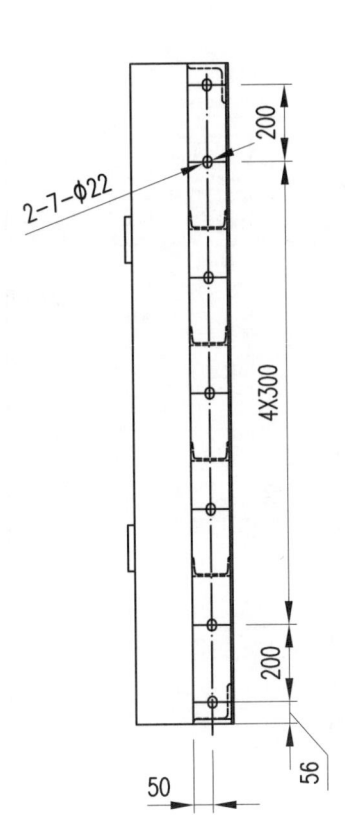
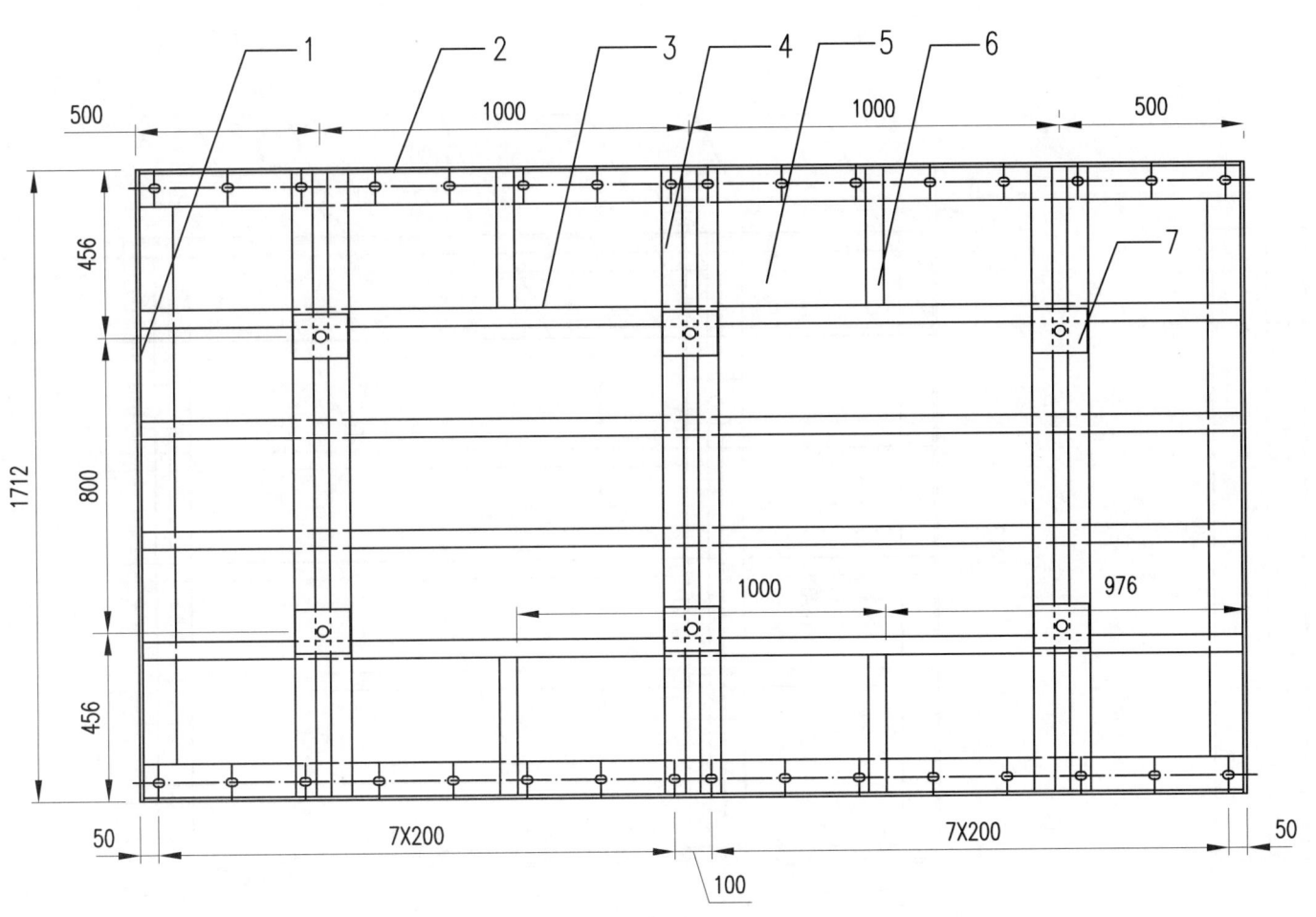
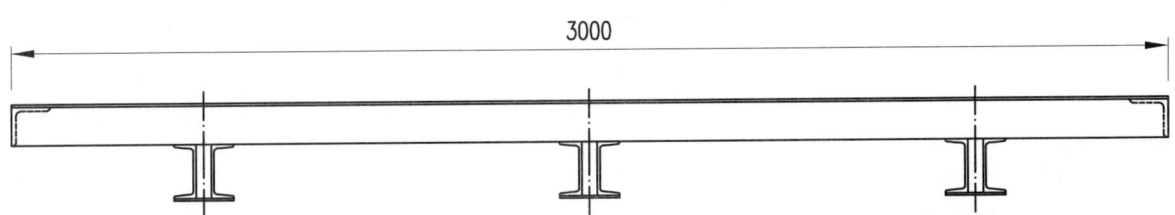

材料数量表

序号	名称	数量(件)	材料	单件 质量(kg)	总计 质量(kg)	备注
1	竖法兰	2	∠100×100×10	28.5	57	L=1712mm
2	横法兰	2	∠100×100×10	45	90	L=2975mm
3	竖向筋板	4	[10	30	120	L=2990mm
4	横向背杠	3	][14	50	150	L=1710mm
5	面板	1	6mm厚钢板	165	165	3000mm×1712mm
6	加强筋板	4	[10	3.7	15	L=370mm
7	加强筋板	6	10mm厚钢板	1.4	8.4	120mm×150mm

说明：

图中尺寸以mm计。

V形墩第二次浇筑模板	材质	Q235	单重	605kg
模板十四	件数	4	图号	1.4.3-5

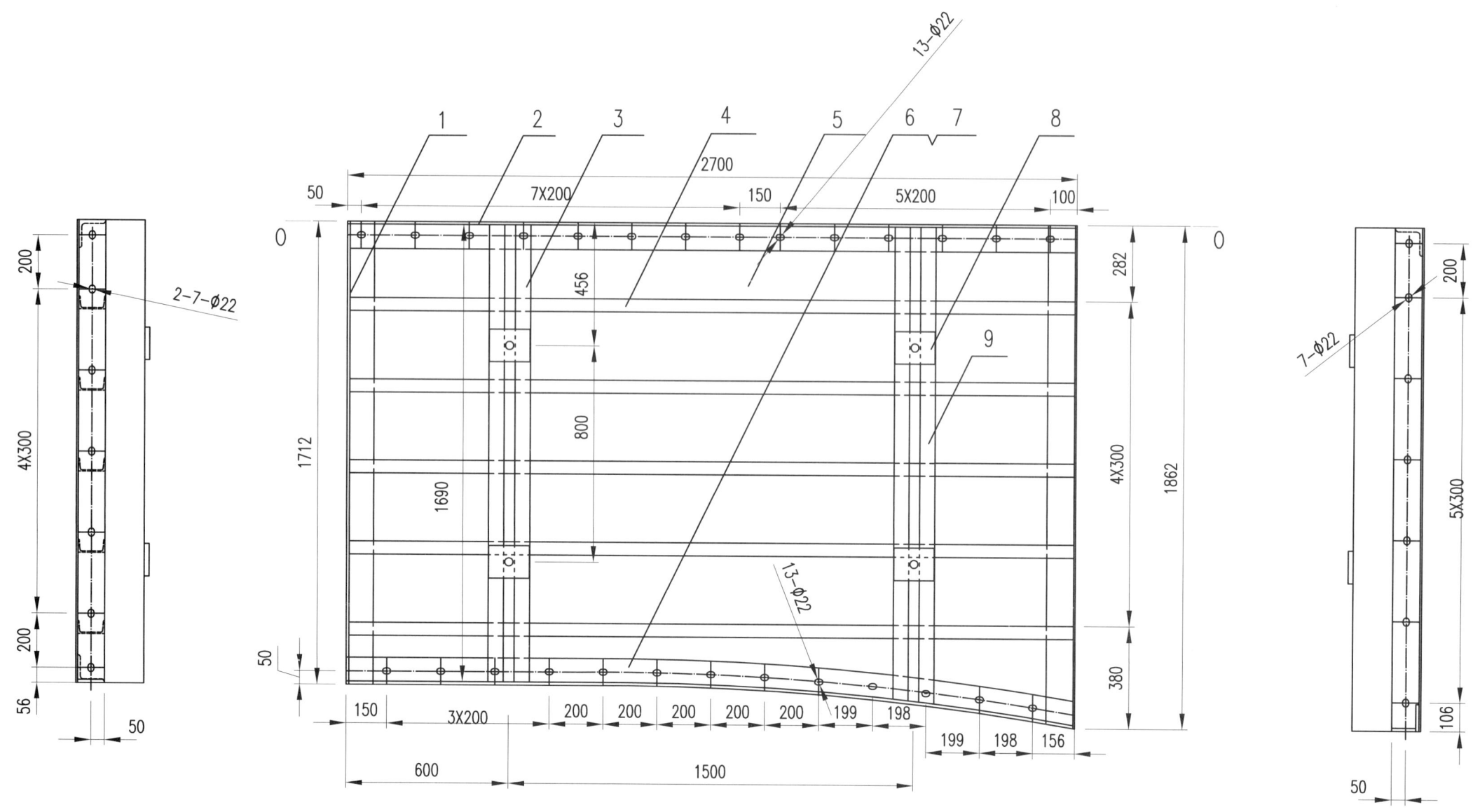

材料数量表

序号	名称	数量(件)	材料	单件	总计	备注
				质量(kg)	质量(kg)	
1	竖法兰	1	∠100x100x10	26.3	26.3	L=1712mm
2	横法兰	1	∠100x100x10	44.6	44.6	L=2675mm
3	横向背杠一	1	][14	56.5	56.5	L=1690mm
4	竖向筋板	5	[10	26.7	134	L=2675mm
5	面板	1	6mm厚钢板	223	223	
6	法兰板	1	12mm厚钢板	27.5	27.5	
7	连接板一	1	12mm厚钢板	24.2	24.2	
8	连接板二	1	10mm厚钢板	24	24	120mmx150mm
9	横向背杠二	1	][14	58.5	58.5	L=1750mm

说明：

图中尺寸以mm计。

V形墩第二次浇筑模板	材质	Q235	单重	618kg
模板十五	件数	2	图号	1.4.3-6

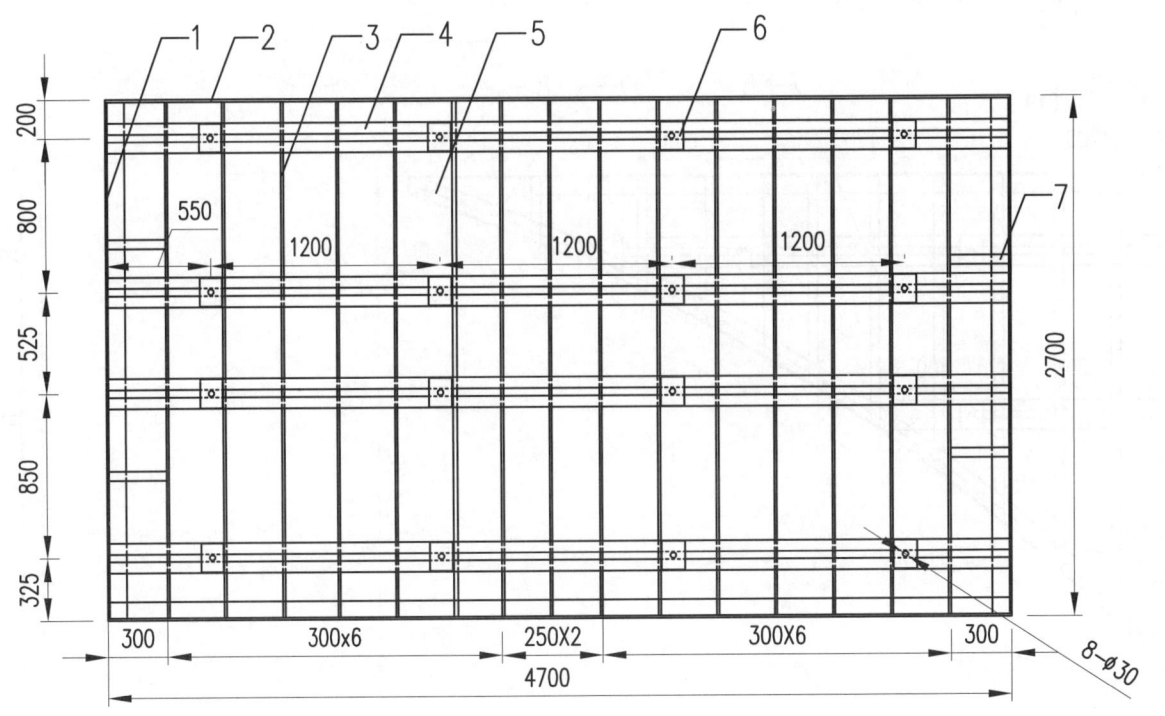
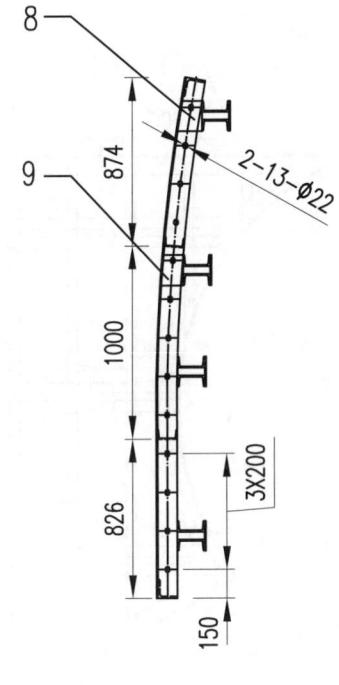

材料数量表

序号	名称	数量(件)	材料	单件 质量(kg)	总计 质量(kg)	备注
1	竖法兰	2	12mm厚钢板	27.5	55	
2	横法兰	2	∠100x100x10	44.3	88.6	L=4675mm
3	竖向筋板	15	12mm厚钢板	27.3	409	
4	横向背杠	4	][14	136	546	L=4700mm
5	面板	1	6mm厚钢板	600	600	4700mmx2709mm
6	加强筋板	16	10mm厚钢板	1.4	22.4	120mmx150mm
7	加强筋板	4	[10	3	12	L=304mm
8	三角加强筋板	17	10mm厚钢板	1.68	28.7	
9	三角加强筋板	17	10mm厚钢板	1.65	28.4	

说明：
1. 竖法兰螺栓孔间距为200mm。
2. 图中尺寸以mm计。

V形墩第二次浇筑模板	材 质	Q235	单 重	1792kg
模板十六	件 数	1	图 号	1.4.3-7

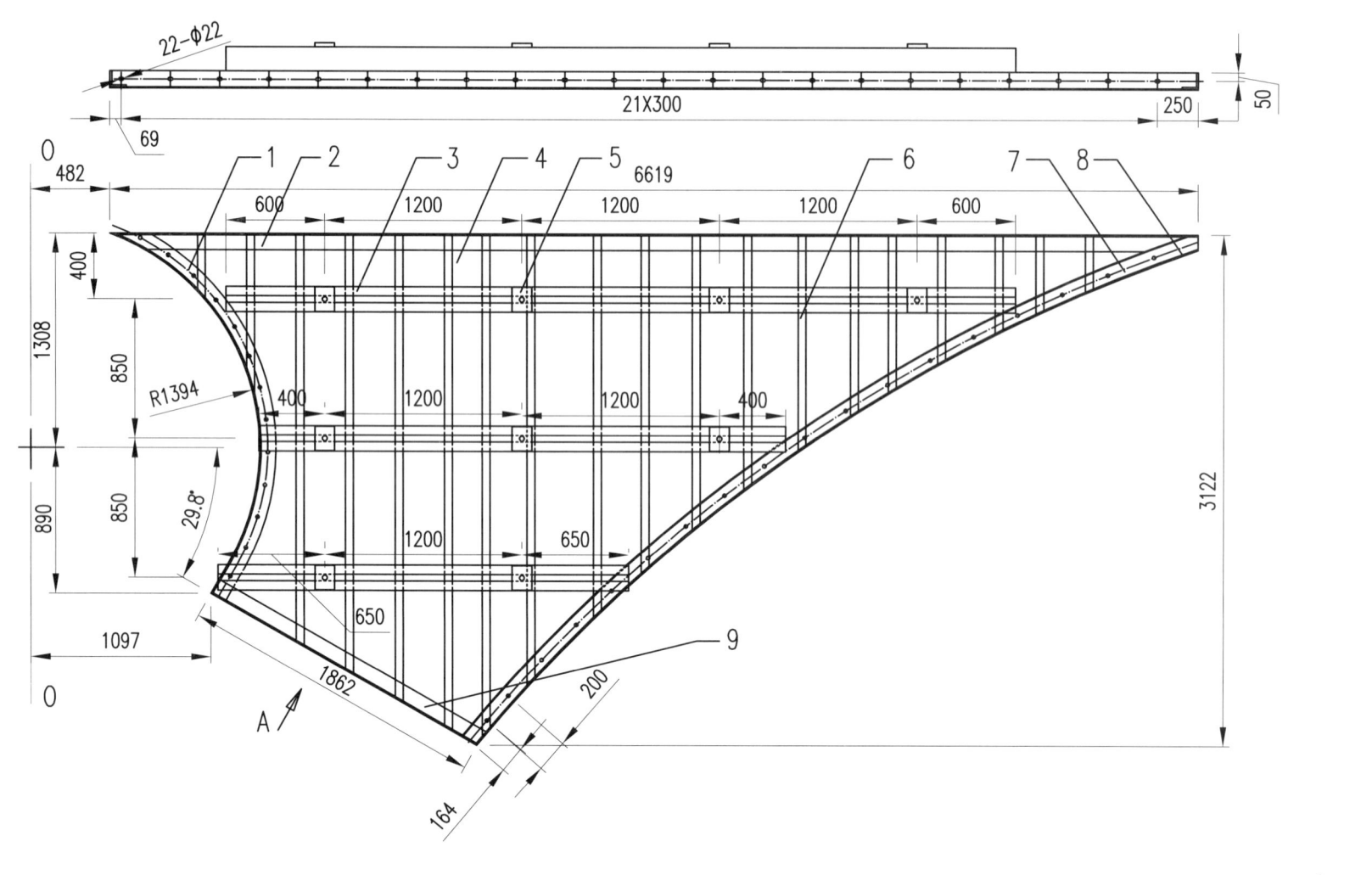

材料数量表

序号	名称	数量(件)	材料	单件 质量(kg)	总计 质量(kg)	备注
1	连接板一	1	12mm厚钢板	24	24	
2	连接板二	1	∠100x100x10	100	100	L=6619mm
3	横向背杠	3	][14	305	305	L=4800mm,L=3200mm, L=2500mm
4	面板	11	6mm厚钢板	462	462	
5	加强筋板	9	10mm厚钢板	1.4	12.6	120mmx150mm
6	加强筋板	19	[10	310	310	总长度均L=31050mm
7	连接板三	1	12mm厚钢板	51	51	
8	连接板四	1	12mm厚钢板	45	45	
9	连接板五	1	∠100x100x10	28	28	L=1862mm

说明：

图中尺寸以mm计。

V形墩第二次浇筑模板	材质	Q235	单重	1337kg
模板十七	件数	2	图号	1.4.3-8

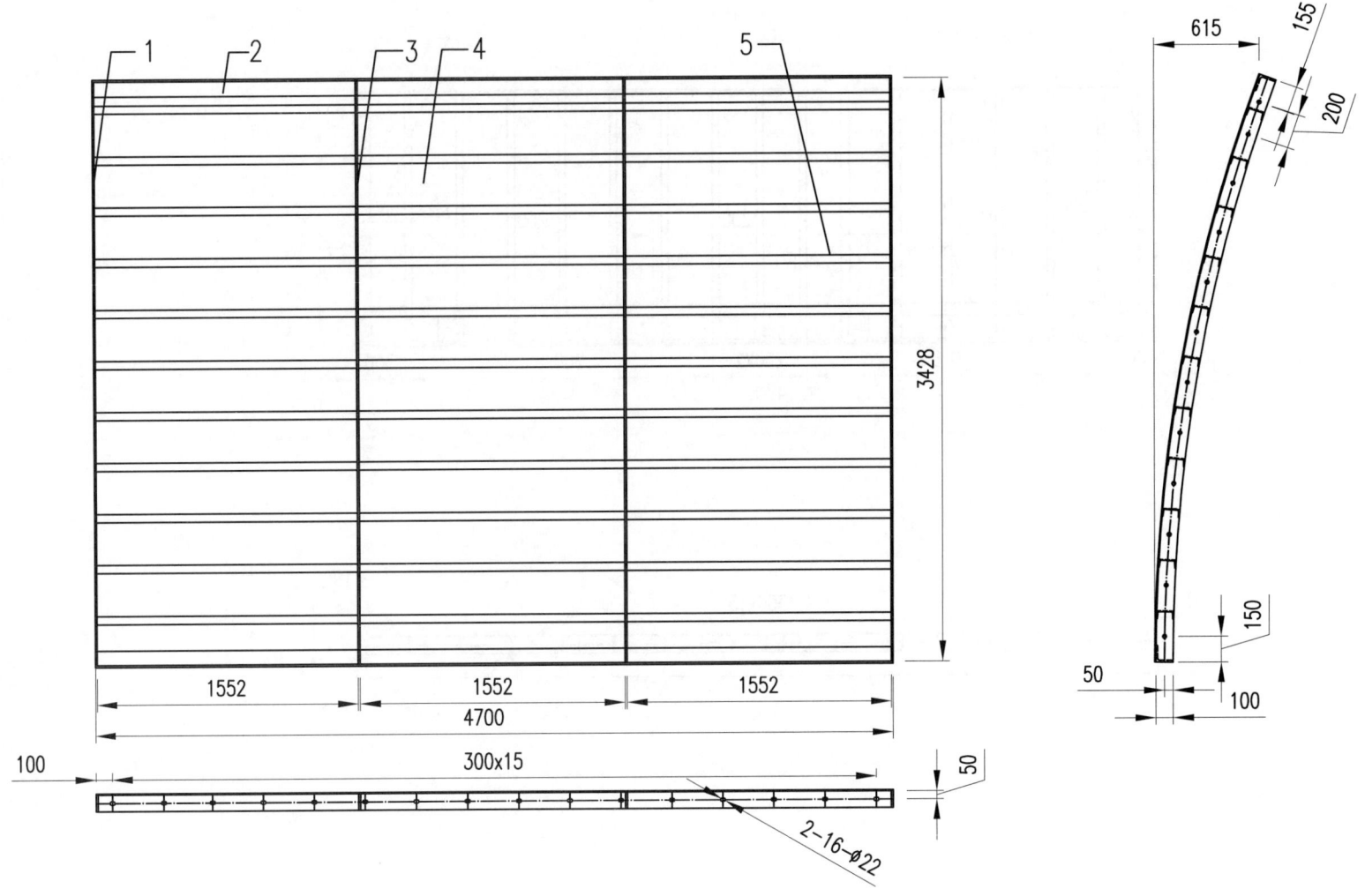

材料数量表

序号	名称	数量(件)	材料	单件 质量(kg)	总计 质量(kg)	备注
1	竖法兰	2	12mm厚钢板	33	66	
2	横法兰	1	∠100×100×10	71	71	L=4675mm
3	加强筋板	2	12mm厚钢板	33	66	
4	面板	11	6mm厚钢板	780	780	4700mm×3525mm
5	加强筋板	33	[10	15.5	511.5	L=1550mm

说明：
图中尺寸以mm计。

V形墩第二次浇筑模板	材质	Q235	单重	1495kg
模板十八	件数	2	图号	1.4.3-9

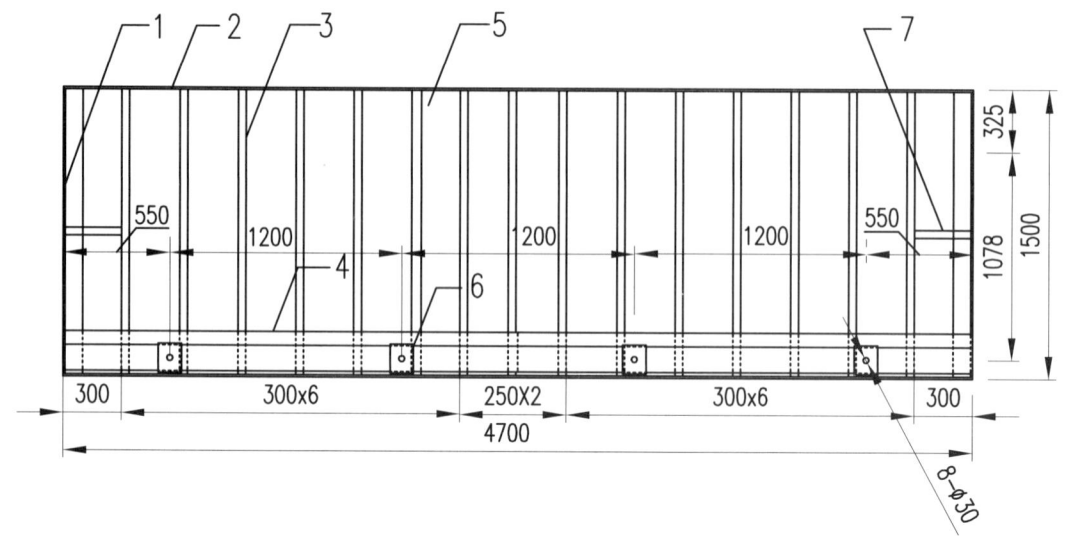
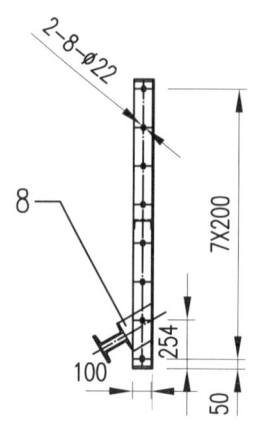
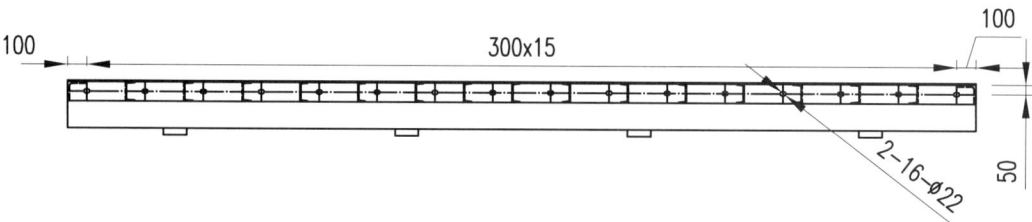
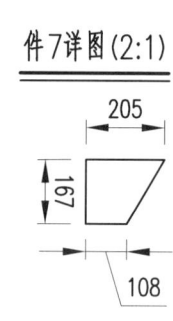

件7详图(2:1)

材料数量表

序号	名称	数量(件)	材料	单件 质量(kg)	总计 质量(kg)	备注
1	连接板一	2	∠100×100×10	22.7	45.4	L=1476mm
2	连接板二	2	12mm厚钢板	44.3	88.6	L=4700mm
3	竖向筋板	15	[10	15	225	L=1476mm
4	横向背杠	1	][14	157	157	L=4700mm
5	面板	1	6mm厚钢板	332	332	4700mm×1500mm
6	加强筋板	8	10mm厚钢板	1.4	11.2	120mm×150mm
7	加强筋板	2	[10	2.9	5.4	L=290mm
8	三角加强筋板	17	10mm厚钢板	2	34	

说明：
1. 以O-O对称件，各1件。
2. 图中尺寸以mm计。

V形墩第二次浇筑模板	材 质	Q235	单重	897kg
模板十九	件 数	2	图号	1.4.3-10

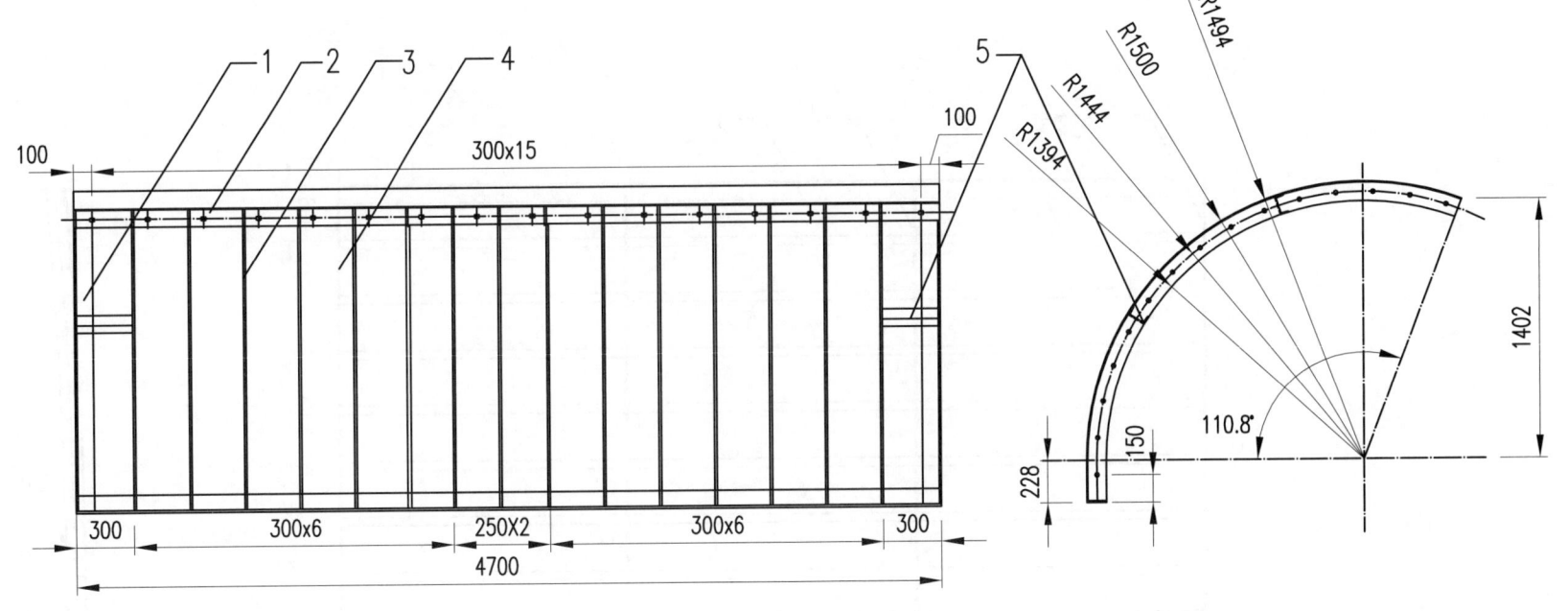

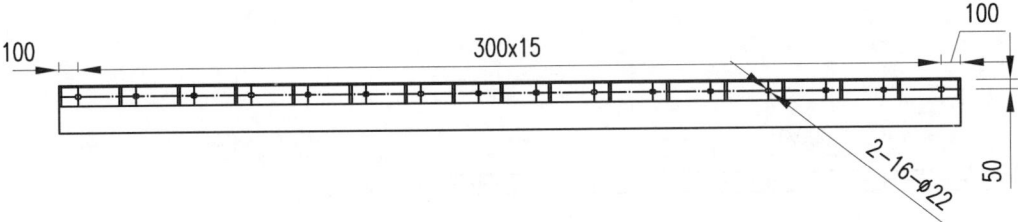

材料数量表

序号	名称	数量(件)	材料	单件 质量(kg)	总计 质量(kg)	备注
1	竖法兰	2	12mm厚钢板	28.5	57	
2	横法兰	1	∠100x100x10	71	71	L=4675mm
3	加强筋板	15	12mm厚钢板	28	420	
4	面板	1	6mm厚钢板	692	692	4700mmX3129mm
5	加强筋板	4	[10	3	12	L=304mm

说明：
图中尺寸以mm计。

V形墩第二次浇筑模板	材质	Q235	单重	1252kg
模板二十	件数	2	图号	1.4.3-11

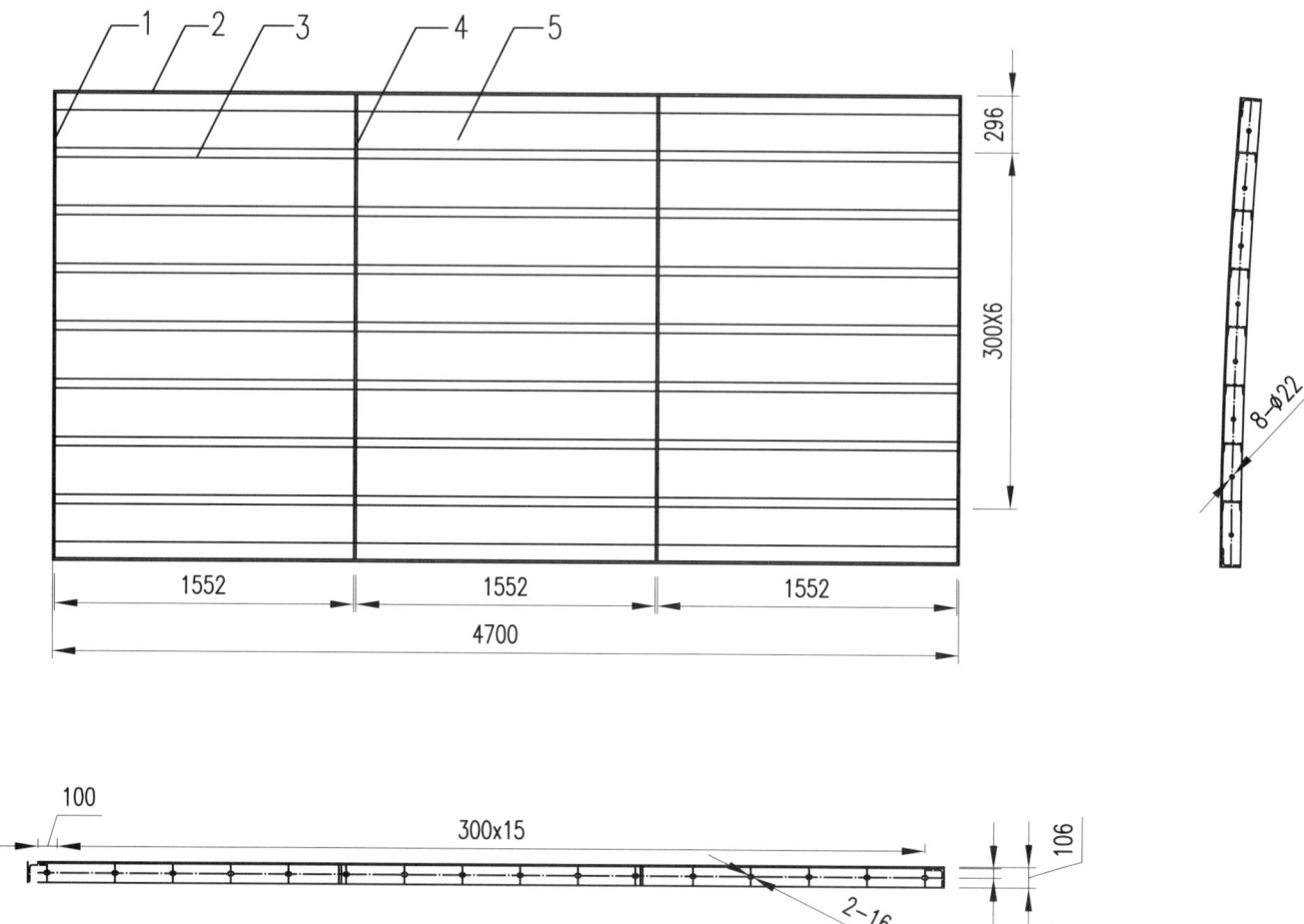

材料数量表

序号	名称	数量(件)	材料	单件 质量(kg)	总计 质量(kg)	备注
1	竖法兰	2	12mm厚钢板	22	44	
2	横法兰	2	∠100×100×10	44.3	88.6	L=4675mm
3	加强筋板	15	[10	16.8	702	L=3mm×1550mm
4	横向加强筋板	2	12mm厚钢板	22	44	
5	面板	1	6mm厚钢板	540	540	4700mm×2439mm

说明：
1. 竖法兰螺栓孔间距为200mm。
2. 图中尺寸以mm计。

V形墩第二次浇筑模板	材质	Q235	单重	1419kg
模板二十一	件数	4	图号	1.4.3-12

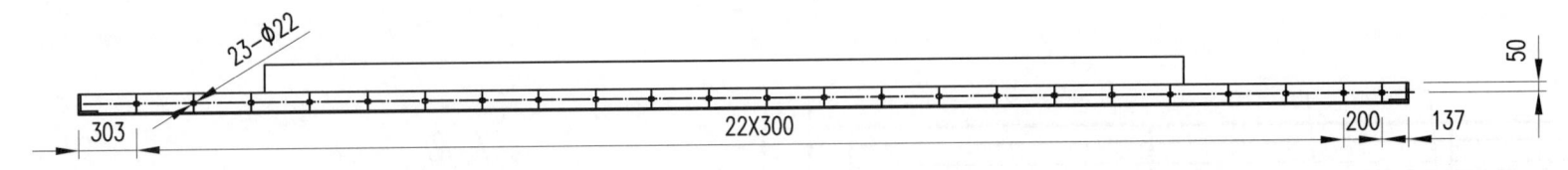
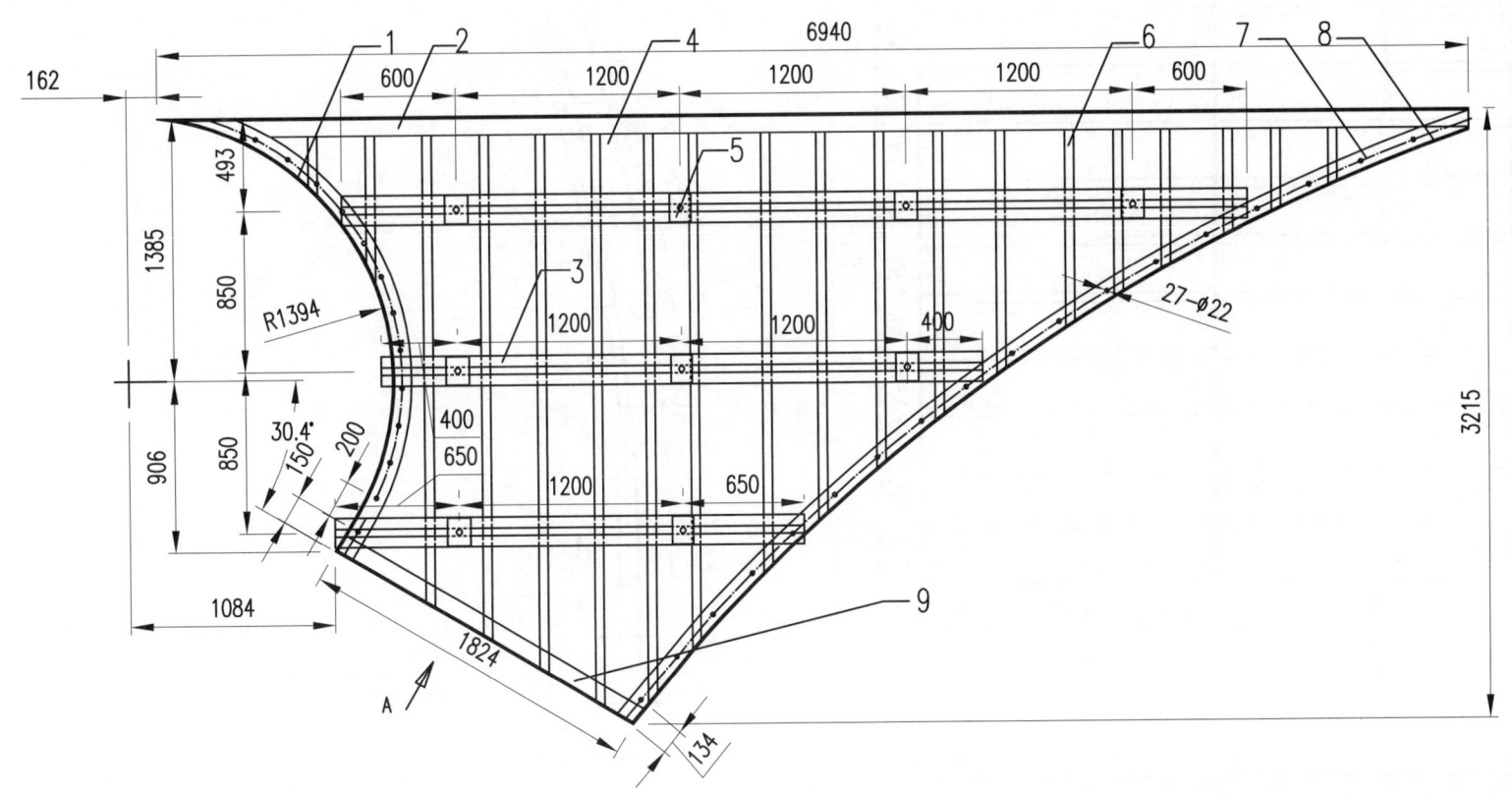
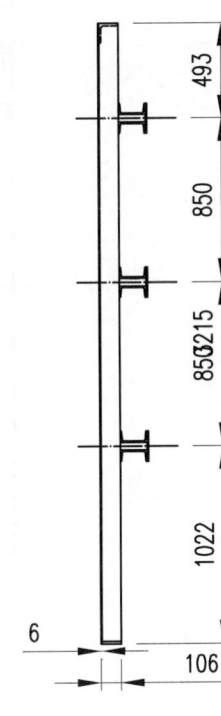
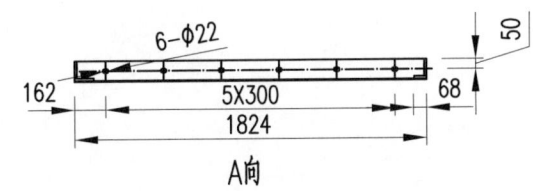

A向

材料数量表

序号	名称	数量(件)	材料	单件 质量(kg)	总计 质量(kg)	备注
1	连接板一	1	12mm厚钢板	24.8	24.8	
2	连接板二	1	∠100×100×10	105	105	L=6940mm
3	横向背杠	3	[14	305	915	L=4800mm,L=3200mm, L=2500mm
4	面板	1	6mm厚钢板	478	478	
5	加强筋板	9	10mm厚钢板	1.4	12.6	120mm×150mm
6	加强筋板	19	[10	310	310	总长度约L=31050mm
7	连接板三	1	12mm厚钢板	52.5	52.5	
8	连接板四	1	12mm厚钢板	45.7	45.7	
9	连接板五	1	∠100×100×10	27.6	27.6	L=1824mm

说明:
1.当[10加强筋遇到螺栓孔时,可以左右移动避让。
2.以O-O对称件,各1件。
3.图中尺寸以mm计。

V形墩第二次浇筑模板	材质	Q235	单重	1971kg
模板二十二	件数	2	图号	1.4.3-13

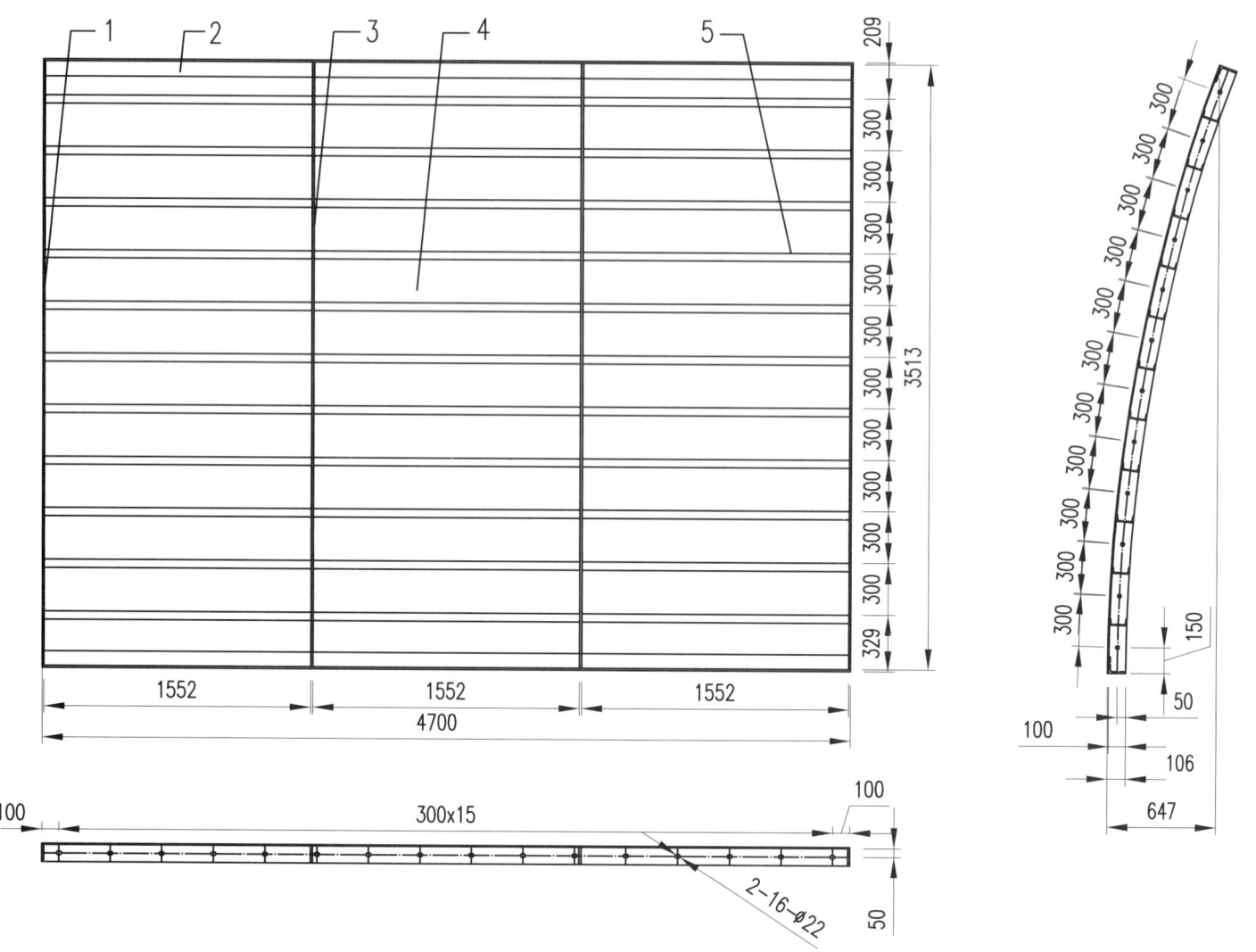

材料数量表

序号	名称	数量(件)	材料	单件 质量(kg)	总计 质量(kg)	备注
1	竖法兰	2	12mm厚钢板	33.8	67.6	
2	横法兰	1	∠100x100x10	71	71	L=4675mm
3	加强筋板	2	12mm厚钢板	33.8	67.6	
4	面板	1	6mm厚钢板	800	800	4700mmX3616mm
5	加强筋板	33	[10	15.5	511.5	L=1550mm

说明：

图中尺寸以mm计。

V形墩第二次浇筑模板	材质	Q235	单重	1518kg
模板二十三	件数	2	图号	1.4.3-14

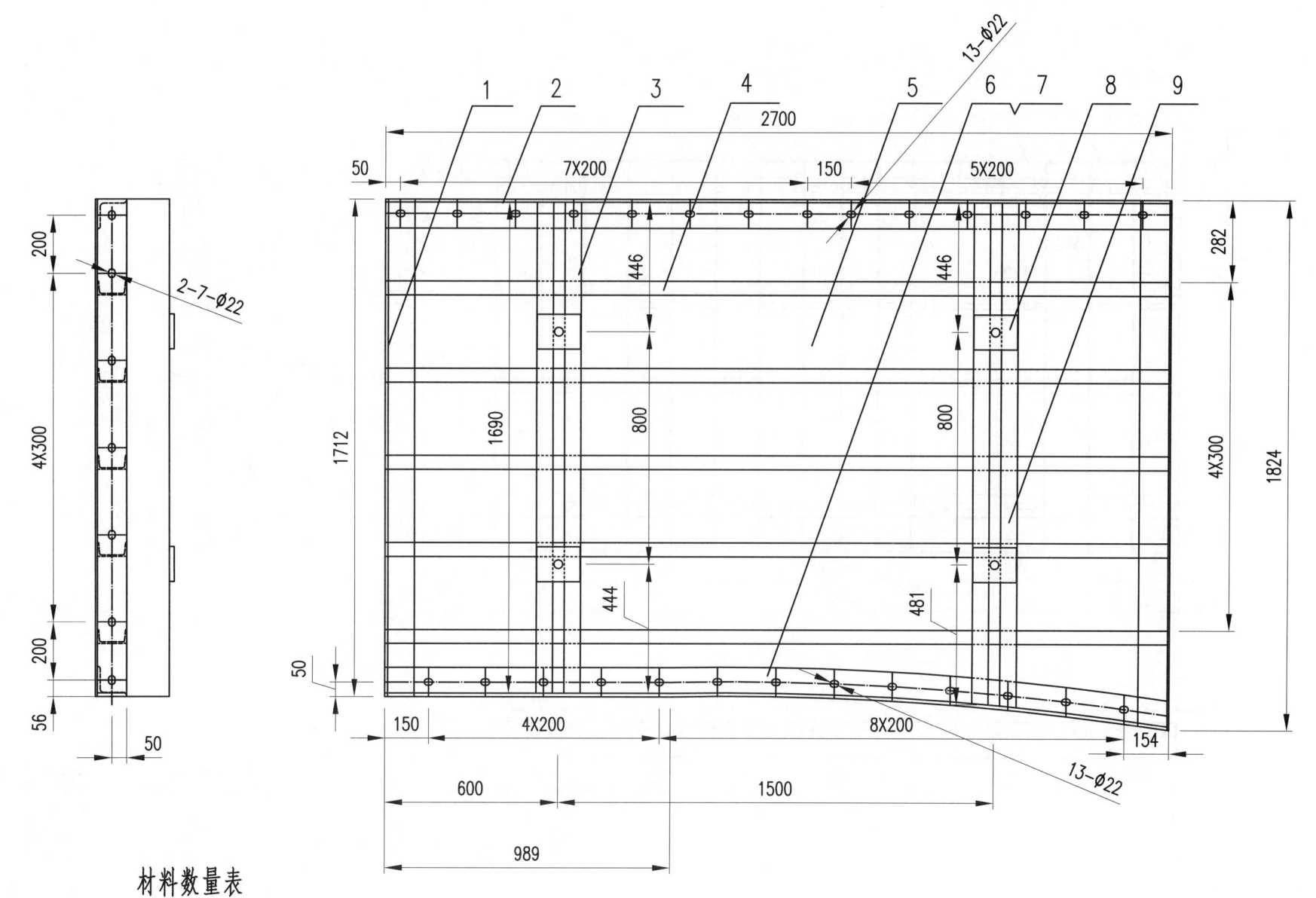
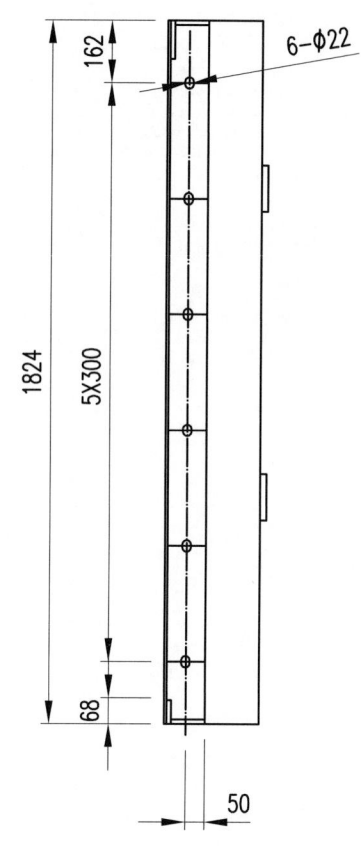

材料数量表

序号	名称	数量(件)	材料	单件 质量(kg)	总计 质量(kg)	备注
1	竖法兰	1	∠100x100x10	26.3	26.3	L=1712mm
2	横法兰	1	∠100x100x10	44.6	44.6	L=2675mm
3	横向背杠一	1	][14	49	49	L=1690mm
4	竖向筋板	5	[10	26.7	134	L=2675mm
5	面板	1	6mm厚钢板	218	218	
6	法兰板	1	12mm厚钢板	27.5	27.5	
7	连接板一	1	12mm厚钢板	24.5	24.5	
8	连接板二	4	10mm厚钢板	1.4	5.6	120mmx150mm
9	横向背杠二	1	][14	50	50	L=1730mm

说明:
1. 以O-O对称件,各1件。
2. 图中尺寸以mm计。

V形墩第二次浇筑模板	材质	Q235	单重	515kg
模板二十四	件数	2	图号	1.4.3-15

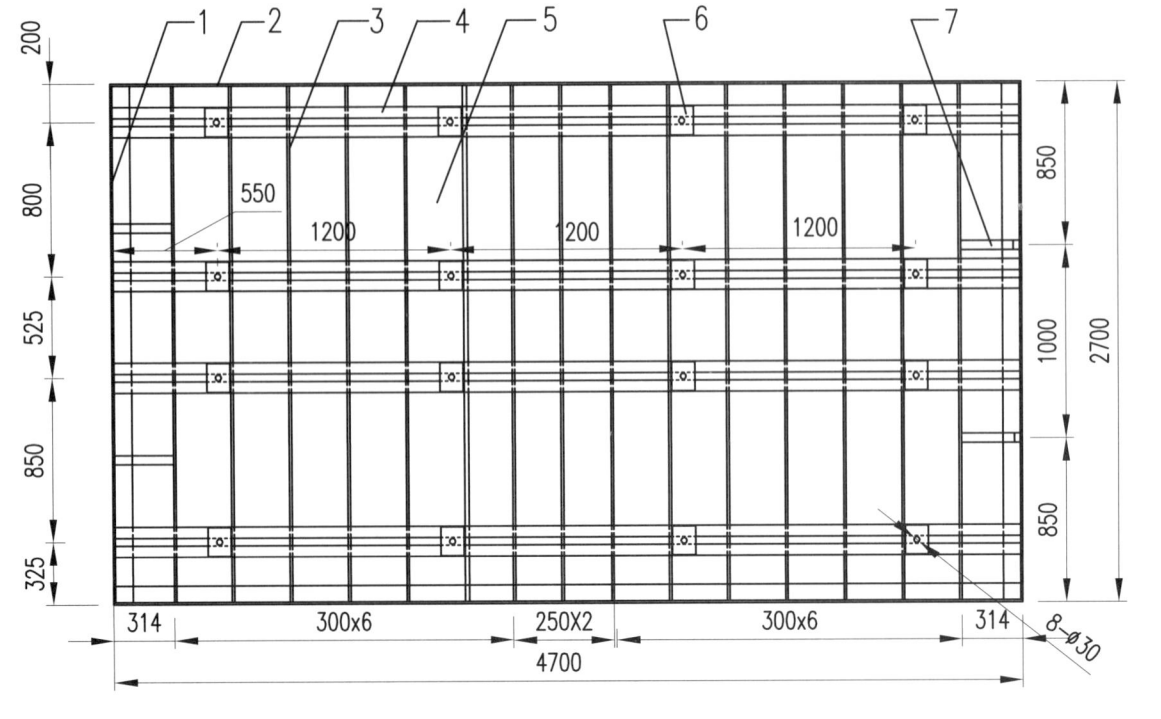
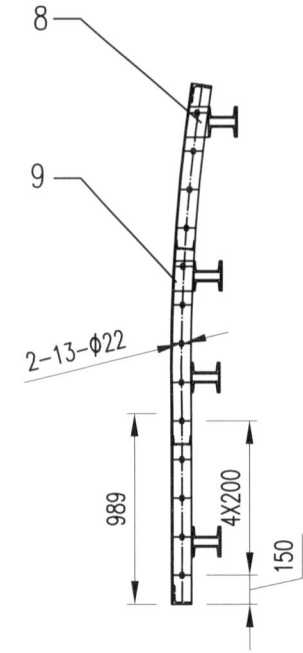
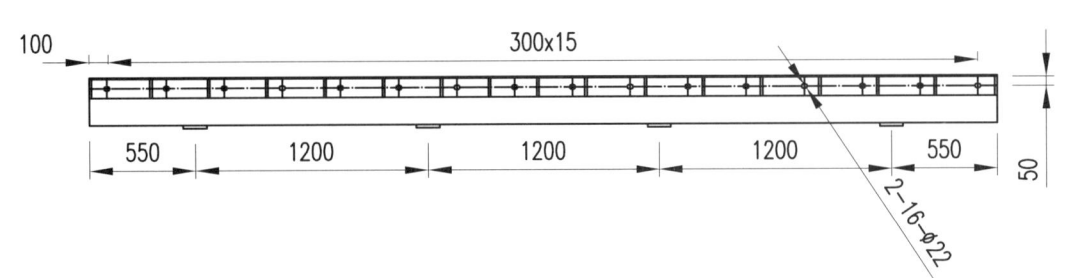
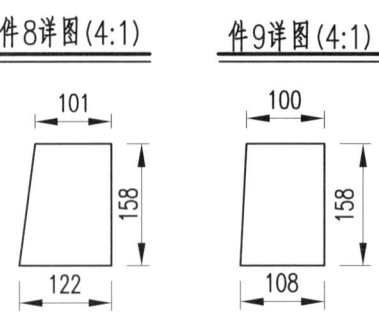

材料数量表

序号	名称	数量(件)	材料	单件 质量(kg)	总计 质量(kg)	备注
1	竖法兰	2	12mm厚钢板	25	50	
2	横法兰	2	∠100x100x10	44.3	88.6	L=4675mm
3	竖向筋板	15	12mm厚钢板	25	375	
4	横向背杠	4	][14	136	546	L=4700mm
5	面板	1	6mm厚钢板	600	600	4700mmx2709mm
6	加强筋板	16	10mm厚钢板	1.4	22.4	120mmx150mm
7	加强筋板	4	[10	3	12	L=304mm
8	三角加强筋板	17	10mm厚钢板	1.65	28	
9	三角加强筋板	17	10mm厚钢板	1.6	27.2	

说明：
1. 竖法兰连接孔孔距均为200mm。
2. 图中尺寸以mm计。

V形墩第二次浇筑模板	材质	Q235	单重	1749kg
模板二十五	件数	1	图号	1.4.3-16

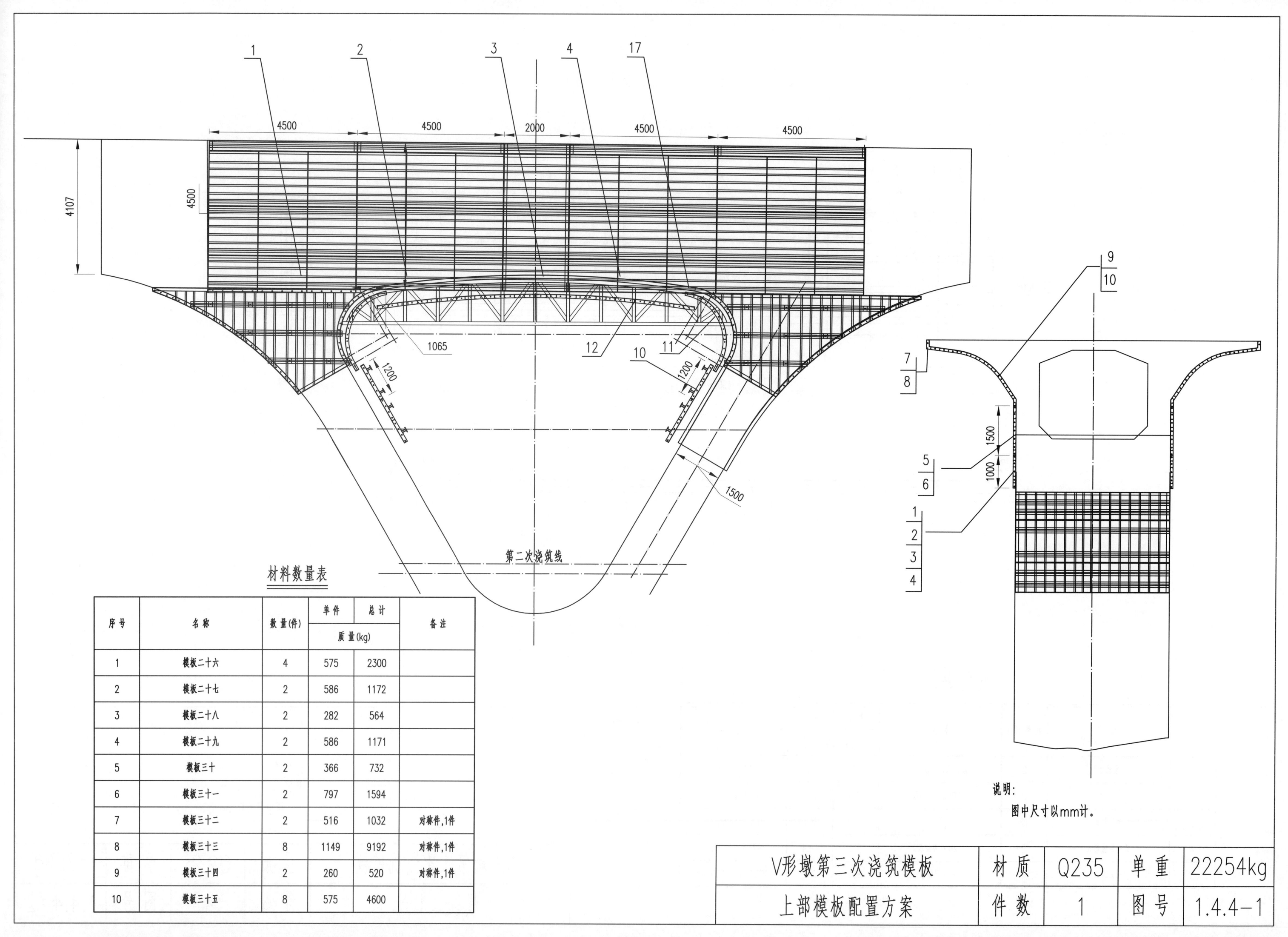

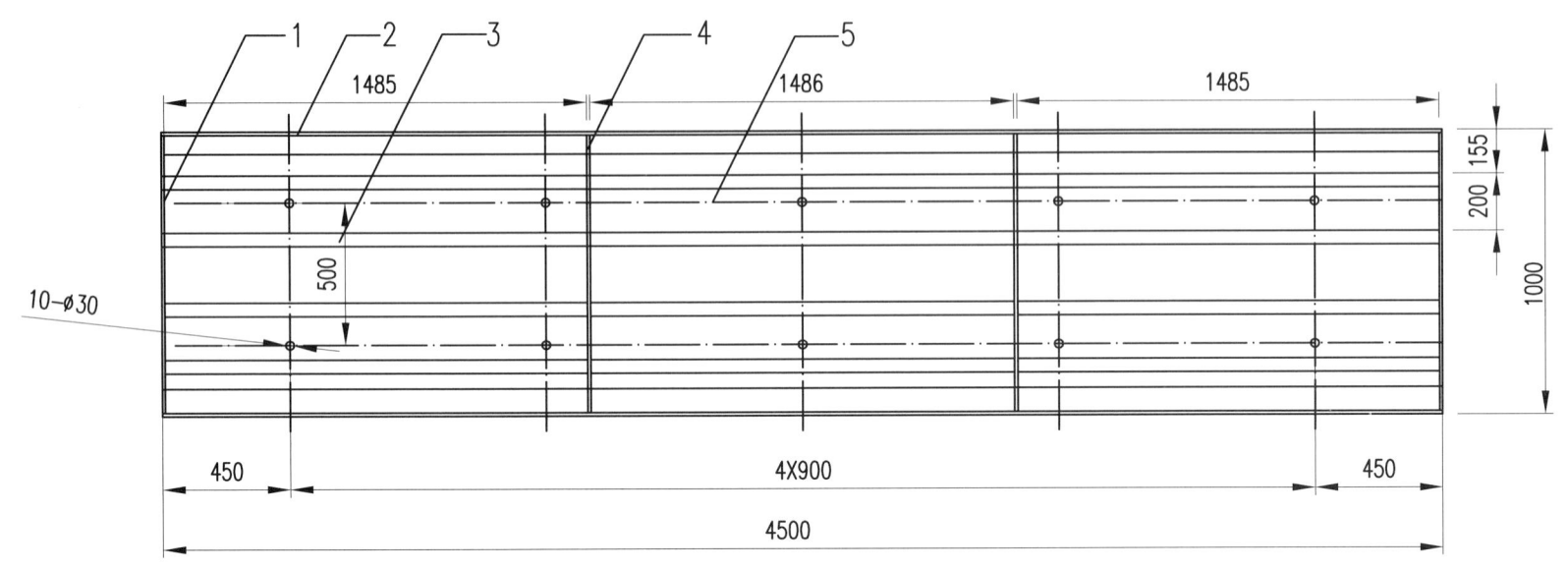
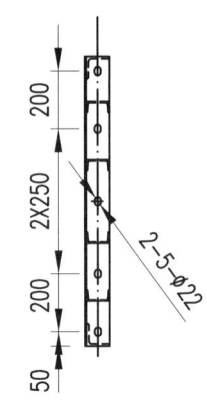
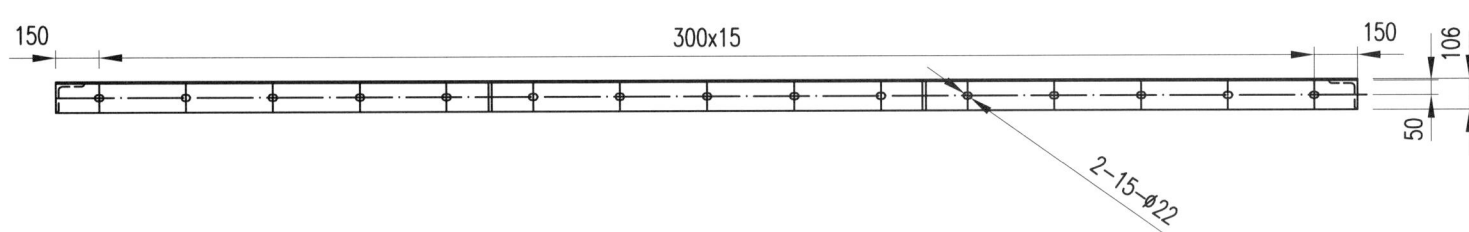

材料数量表

序号	名称	数量(件)	材料	单件 质量(kg)	总计 质量(kg)	备注
1	竖法兰	2	∠100×100×10	15	30	L=1000mm
2	横法兰	2	∠100×100×10	67.7	135.4	L=4475mm
3	加强筋板	12	[10	14.9	178.8	L=3×1485mm
4	横向加强筋板	2	12mm厚钢板	9.2	18.4	975mm×100mm
5	面板	1	6mm厚钢板	212	212	4500mm×1000mm

说明：
图中尺寸以mm计。

V形墩第三次浇筑模板	材质	Q235	单重	575kg
模板二十六	件数	4	图号	1.4.4-2

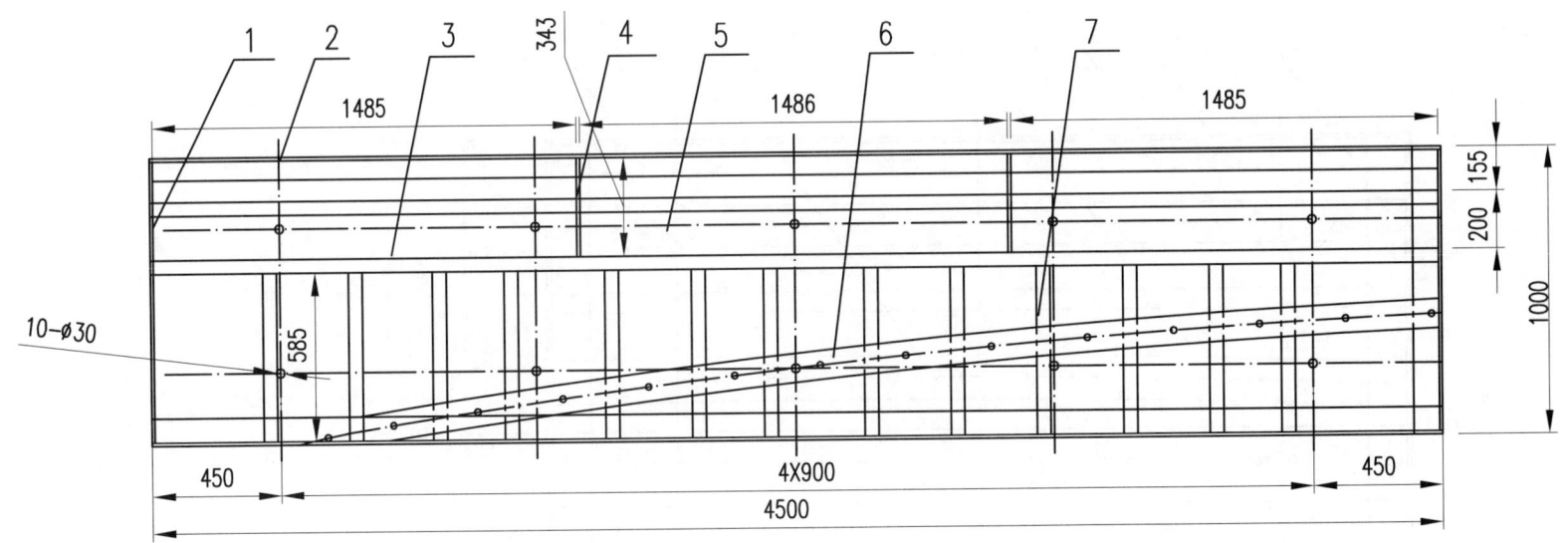
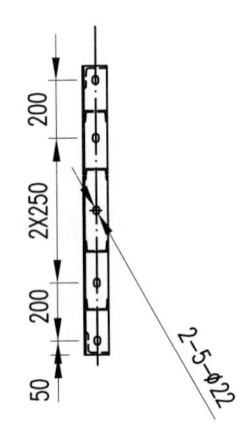
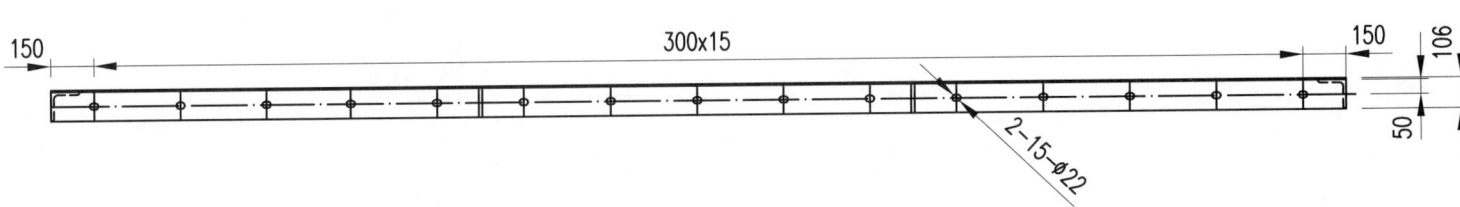

材料数量表

序号	名称	数量(件)	材料	单件 质量(kg)	总计 质量(kg)	备注
1	竖法兰	2	∠100x100x10	15	30	L=1000mm
2	横法兰	2	∠100x100x10	67.7	135.4	L=4475mm
3	加强筋板	2	[10	44.8	89.6	L=4475mm
4	横向加强筋板	2	12mm厚钢板	3.2	6.4	343mmX100mm
5	面板	1	6mm厚钢板	212	212	4500mmx1000mm
6	加强筋板	1	12mm厚钢板	36.2	36.2	3843mmX100mm
7	加强筋板	13	[10	5.9	76.7	L=585mm

说明:
图中尺寸以mm计。

V形墩第三次浇筑模板	材质	Q235	单重	586kg
模板二十七	件数	2	图号	1.4.4-3

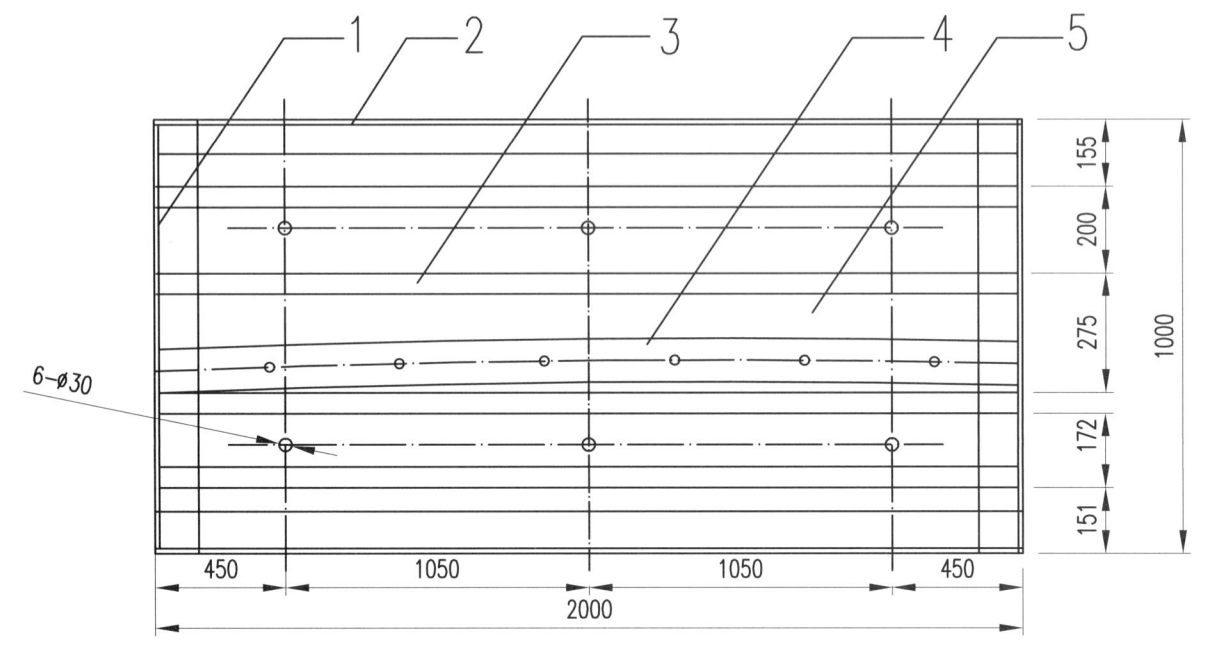
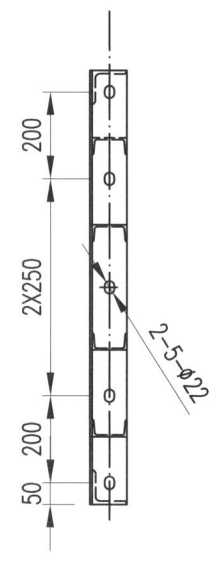
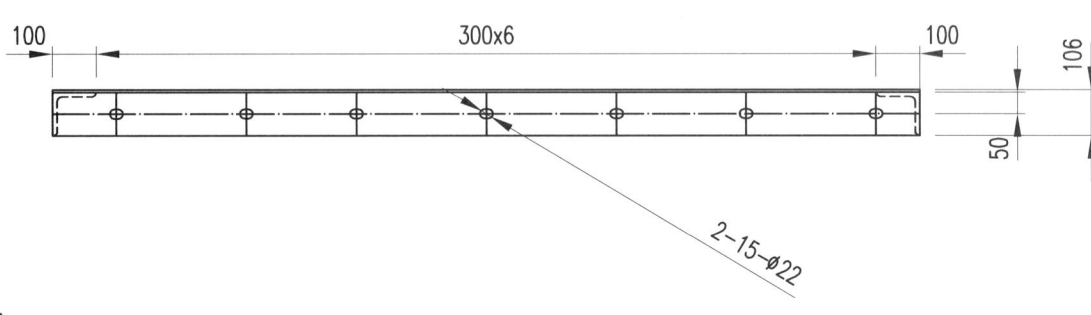

材料数量表

序号	名称	数量(件)	材料	单件 质量(kg)	总计 质量(kg)	备注
1	竖法兰	22	∠100x100x10	15	30	L=1000mm
2	横法兰	2	∠100x100x10	29.2	58.4	L=1975mm
3	加强筋板	4	[10	20	80	L=1975mm
4	横向加强筋板	1	12mm厚钢板	19.4	19.4	L=2060mm
5	面板	1	6mm厚钢板	94.2	94.2	2000mmx1000mm

说明：
图中尺寸以mm计。

V形墩第三次浇筑模板	材质	Q235	单重	282kg
模板二十八	件数	2	图号	1.4.4-4

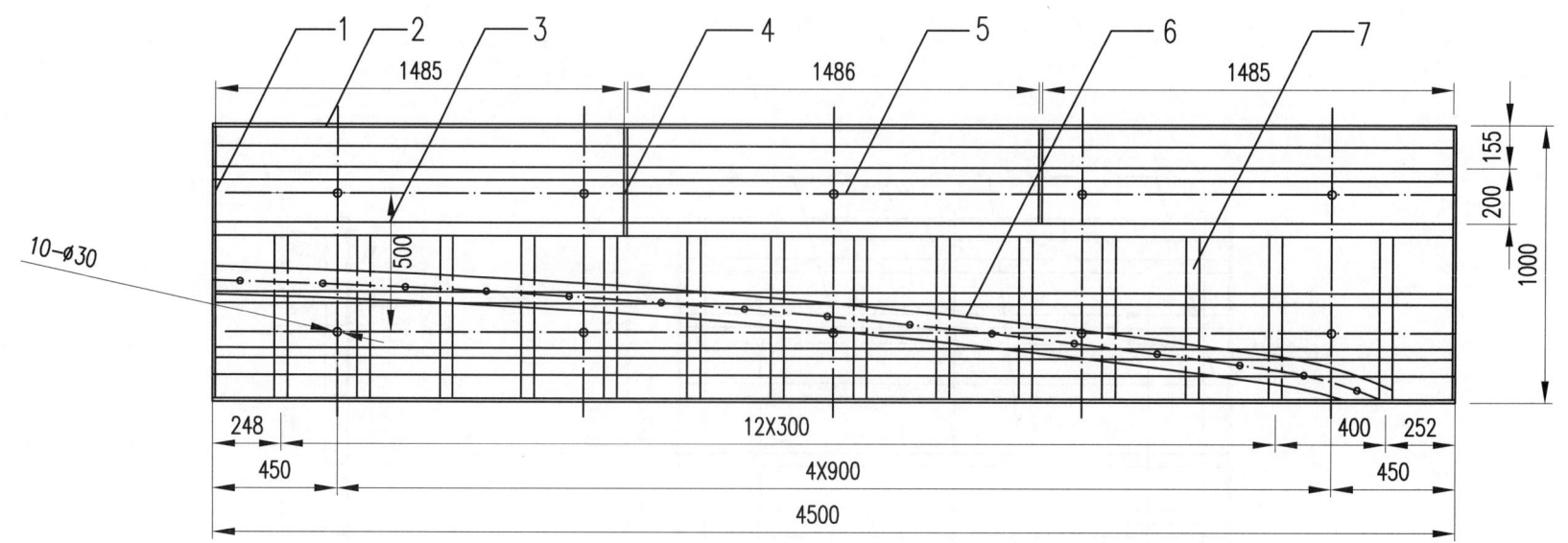
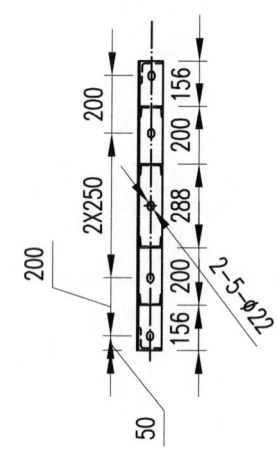
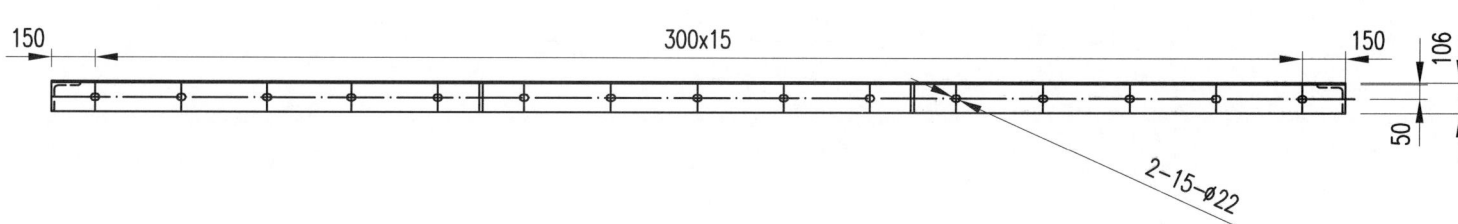

材料数量表

序号	名称	数量(件)	材料	单件 质量(kg)	总计 质量(kg)	备注
1	竖法兰	2	∠100×100×10	15	30	L=1000mm
2	横法兰	2	∠100×100×10	67.7	135.4	L=4475mm
3	加强筋板	2	[10	44.8	89.6	L=4475mm
4	横向加强筋板	2	12mm厚钢板	3.2	6.4	343mm×100mm
5	面板	1	6mm厚钢板	212	212	4500mm×1000mm
6	加强筋板	1	12mm厚钢板	36.2	36.2	3843mm×100mm
7	加强筋板	13	[10	5.9	76.7	L=585mm

说明：
图中尺寸以mm计。

V形墩第三次浇筑模板	材质	Q235	单重	586kg
模板二十九	件数	2	图号	1.4.4-5

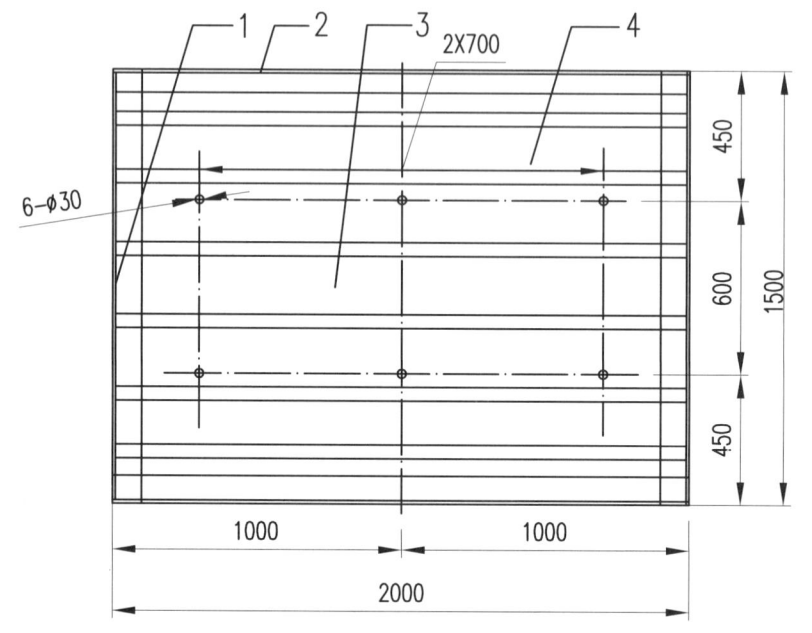
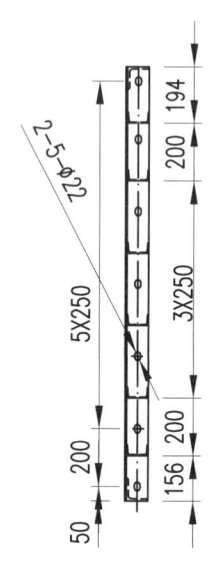

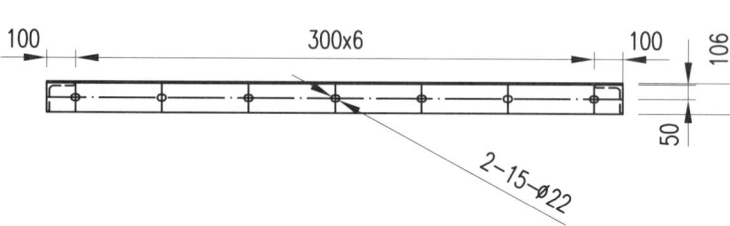

材料数量表

序号	名称	数量(件)	材料	单件	总计	备注
				质量(kg)		
1	竖法兰	2	∠100x100x10	22.7	45.4	L=1500mm
2	横法兰	2	∠100x100x10	29.9	59.8	L=1975mm
3	加强筋板	6	[10	20	120	L=1975mm
4	面板	1	6mm厚钢板	141	141	2000mmX1500mm

说明：

图中尺寸以mm计。

V形墩第三次浇筑模板	材质	Q235	单重	366kg
模板三十	件数	2	图号	1.4.4-6

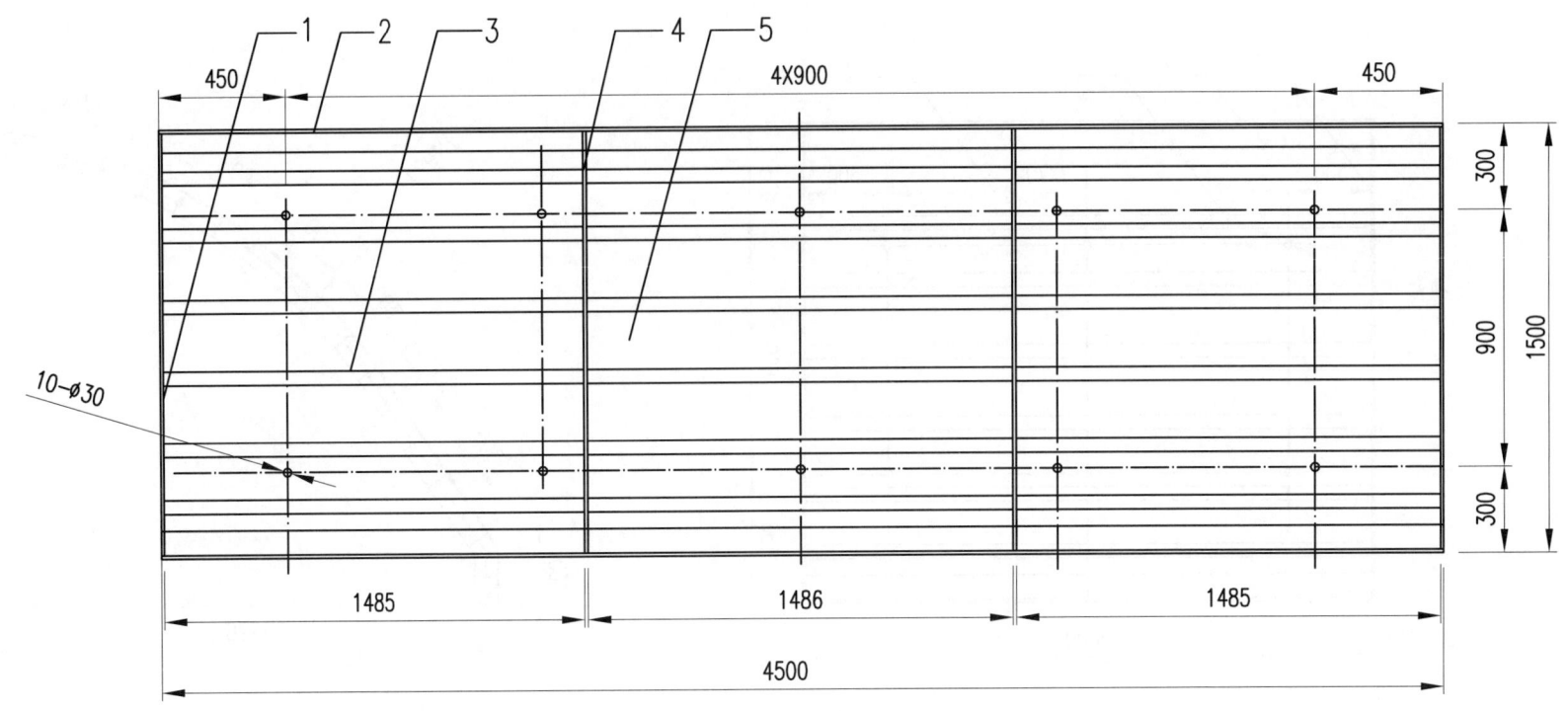
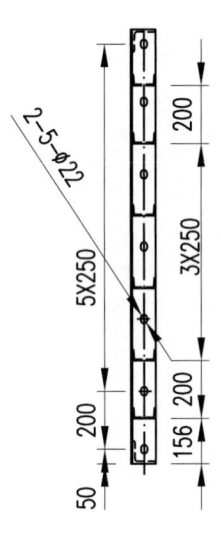
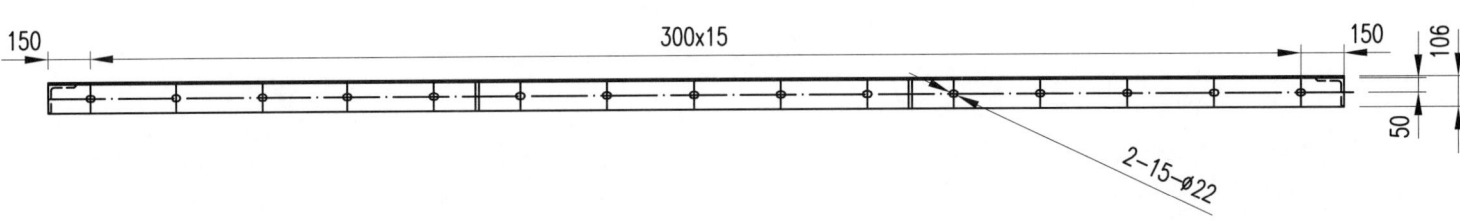

材料数量表

序号	名称	数量(件)	材料	单件 质量(kg)	总计 质量(kg)	备注
1	竖法兰	2	∠100x100x10	22.7	45.4	L=1500mm
2	横法兰	2	∠100x100x10	67.7	135.4	L=4475mm
3	加强筋板	18	[10	15	270	L=3X1485mm
4	横向加强筋板	2	12mm厚钢板	14.1	28.2	100mmX1500mm
5	面板	1	6mm厚钢板	318	318	4500mmX1500mm

说明：
图中尺寸以mm计。

V形墩第三次浇筑模板	材质	Q235	单重	797kg
模板三十一	件数	2	图号	1.4.4-7

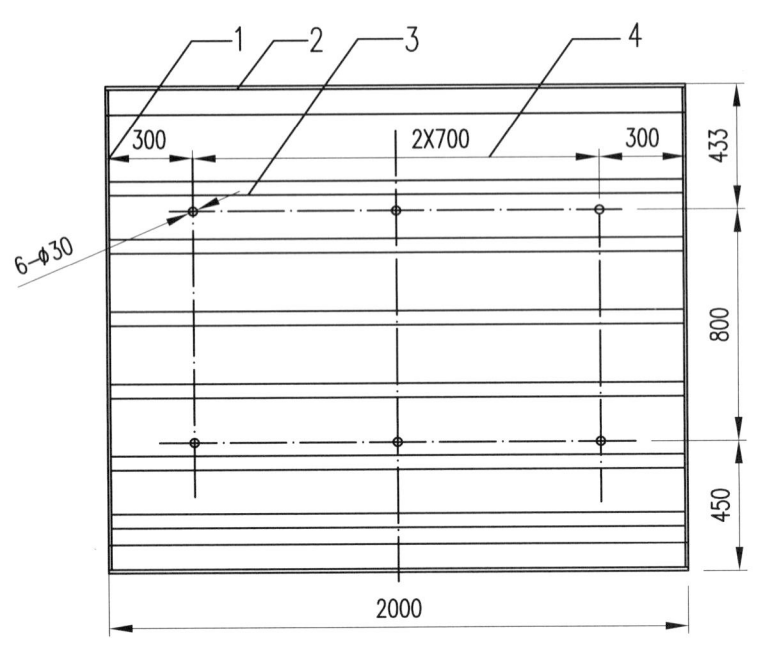
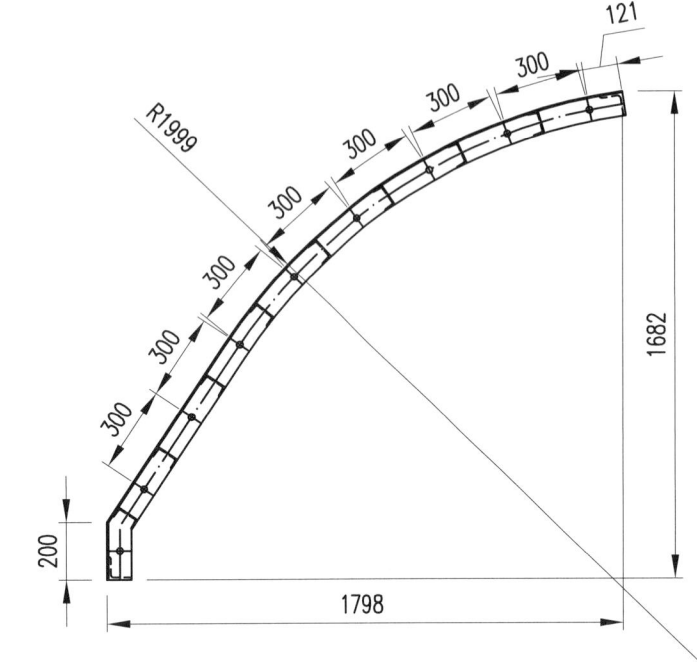
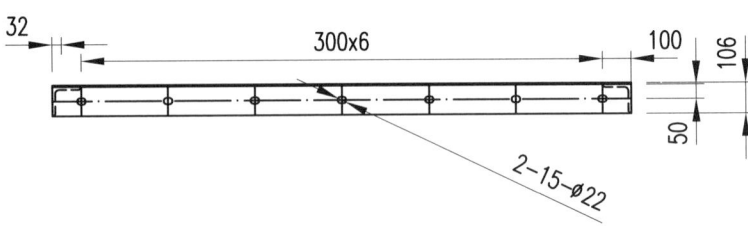

材料数量表

序号	名称	数量(件)	材料	单件 质量(kg)	总计 质量(kg)	备注
1	竖法兰	2	12mm厚钢板	24.7	49.4	
2	横法兰	2	∠100×100×10	29.9	59.8	L=1975mm
3	加强筋板	8	[10	20	160	L=1975mm
4	面板	1	6mm厚钢板	247	247	2626mm×2000mm

说明：
1. 竖法兰螺栓孔、槽钢间距均为300m。
2. 图中尺寸以mm计。

V形墩第三次浇筑模板	材 质	Q235	单重	516kg
模板三十二	件 数	2	图号	1.4.4-8

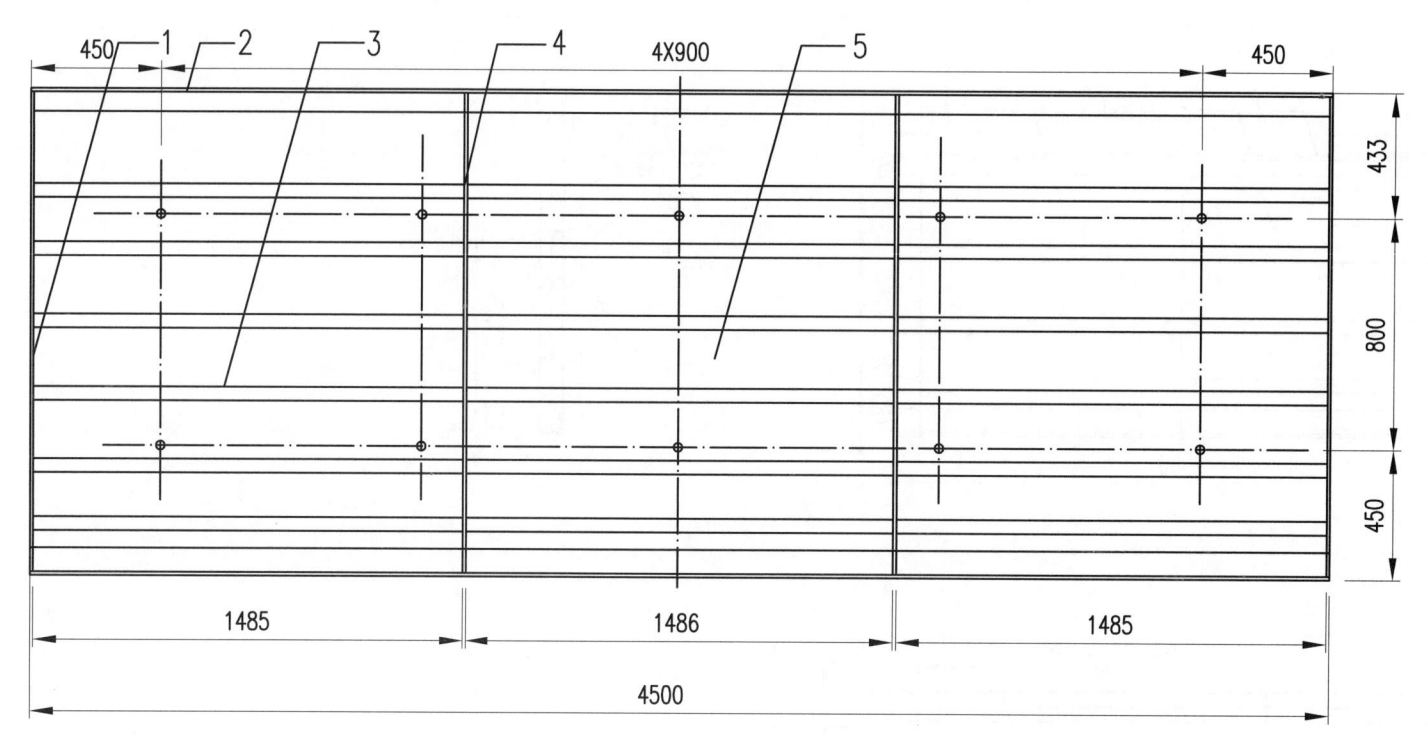
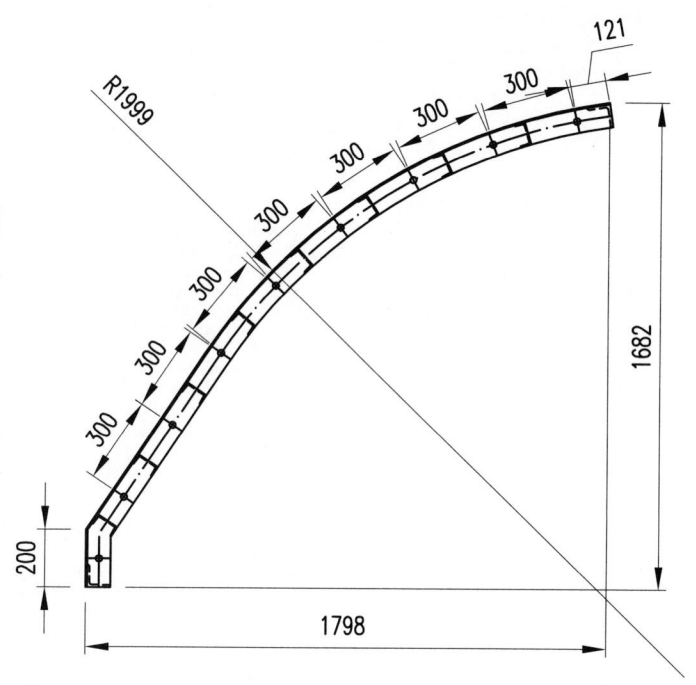
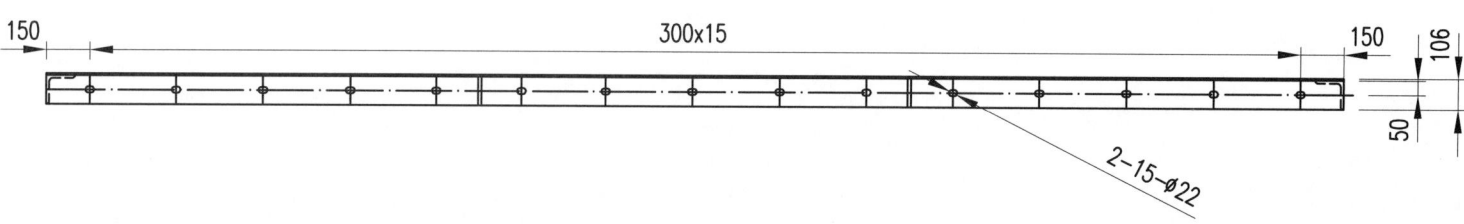

材料数量表

序号	名称	数量(件)	材料	单件 质量(kg)	总计 质量(kg)	备注
1	竖法兰	2	12mm厚钢板	24.7	49.4	
2	横法兰	2	∠100×100×10	67.7	135.4	L=4475mm
3	加强筋板	24	[10	14.9	357.6	L=3×1485mm
4	横向加强筋板	2	12mm厚钢板	24.5	49	
5	面板	1	6mm厚钢板	557	557	4500mm×2626mm

说明：
1. 竖法兰螺栓孔、槽钢间距均为300m。
2. 图中尺寸以mm计。

V形墩第三次浇筑模板	材质	Q235	单重	1149kg
模板三十三	件数	8	图号	1.4.4-9

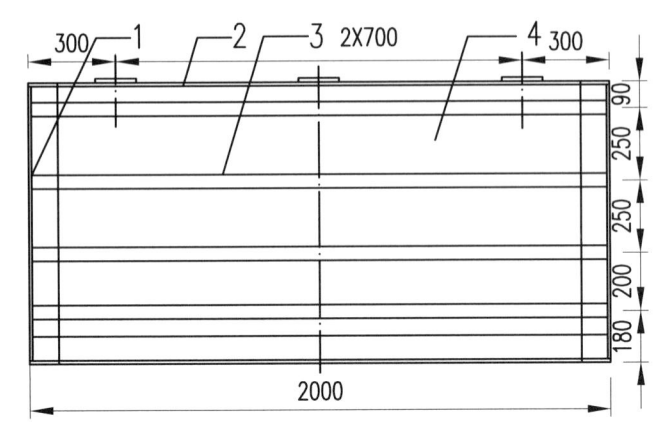
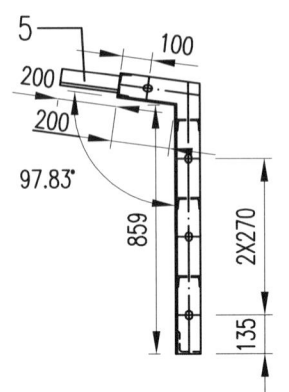

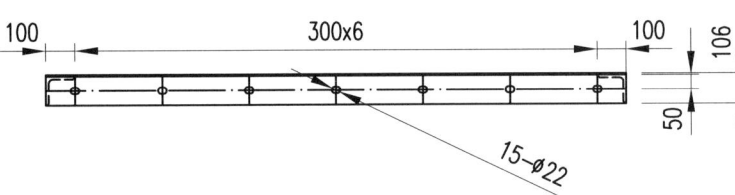

材料数量表

序号	名称	数量(件)	材料	单件 质量(kg)	总计 质量(kg)	备注
1	竖法兰	2	12mm厚钢板	10	20	
2	横法兰	2	∠100x100x10	29.9	59.8	L=1975mm
3	加强筋板	4	[10	20	80	L=1975mm
4	面板	1	6mm厚钢板	99.8	99.8	2000mmX1059mm
5	连接板一	3	[14	2.9	8.7	L=200mm

说明：

图中尺寸以mm计。

V形墩第三次浇筑模板	材 质	Q235	单重	260kg
模板三十四	件 数	2	图号	1.4.4-10

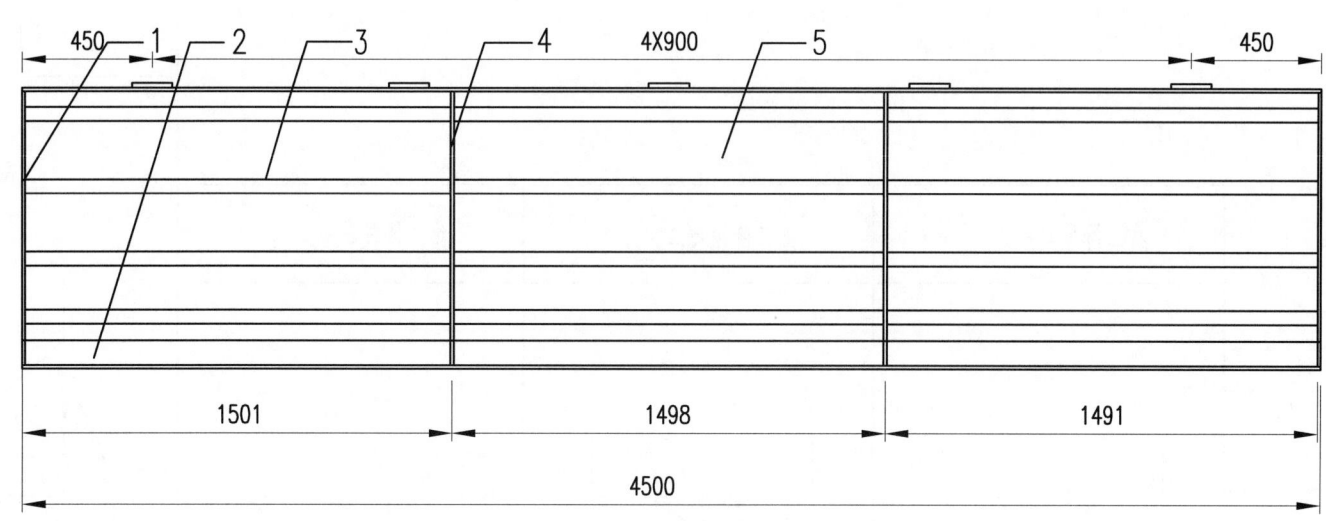
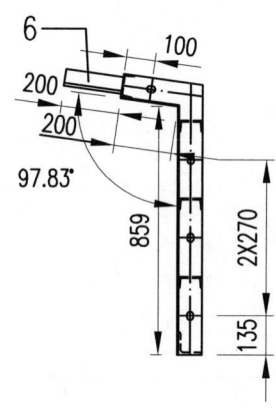
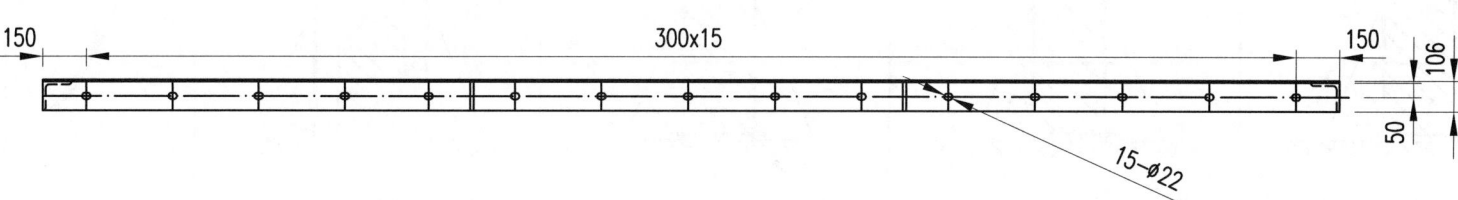

材料数量表

序号	名称	数量(件)	材料	单件 质量(kg)	总计 质量(kg)	备注
1	竖法兰	2	12mm厚钢板	10	20	L=4475mm
2	横法兰	1	∠100×100×10	67.7	67.7	L=4475mm
3	加强筋板	9	[10		164	L=8×1485mm
4	横向加强筋板	2	12mm厚钢板	10	20	
5	面板	1	6mm厚钢板	225	225	4500mm×1059mm
6	连接板一	3	[14	2.9	8.7	L=200mm

说明：
图中尺寸以mm计。

V形墩第三次浇筑模板	材质	Q235	单重	497kg
模板三十五	件数	8	图号	1.4.4-11

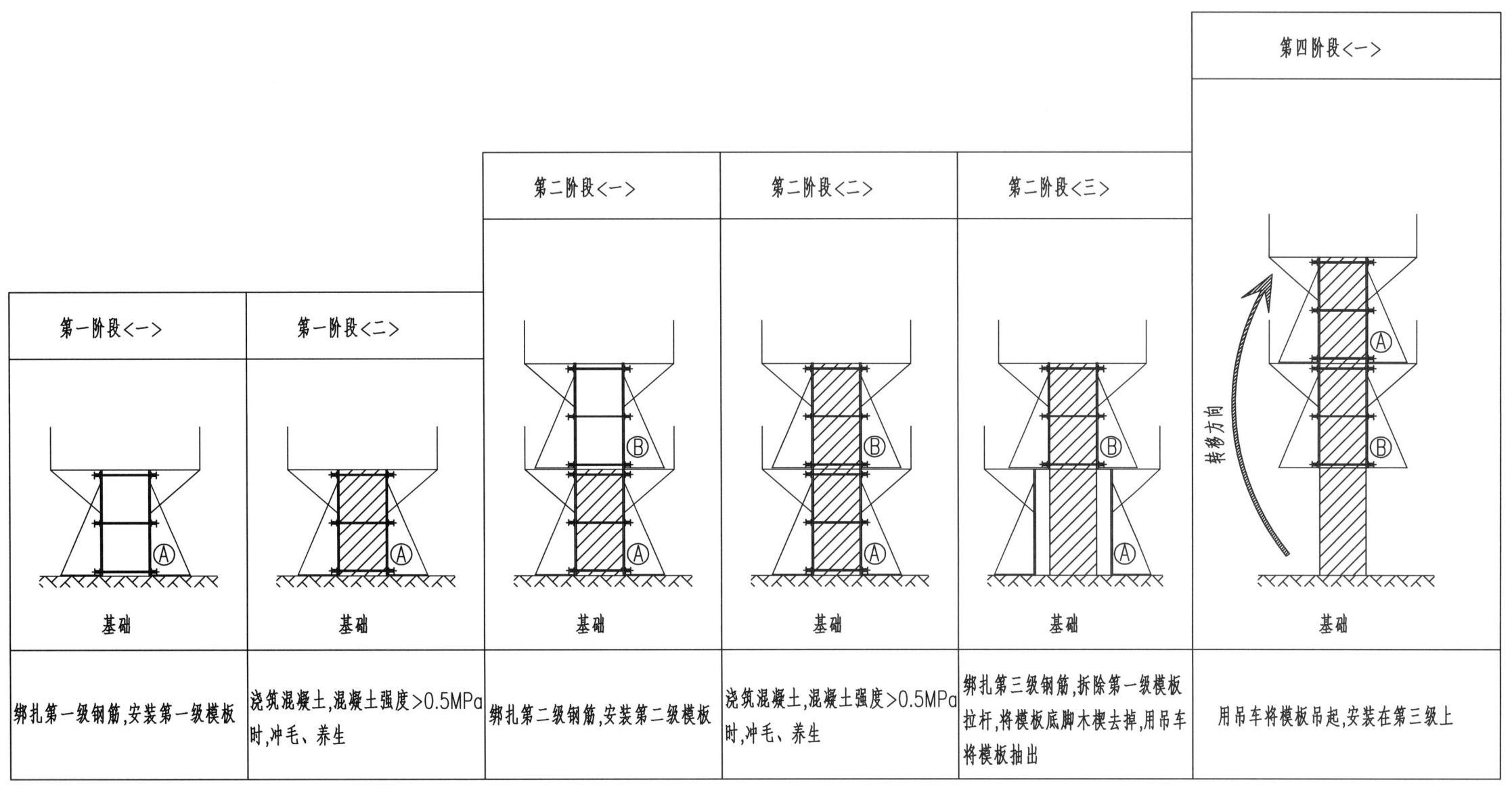

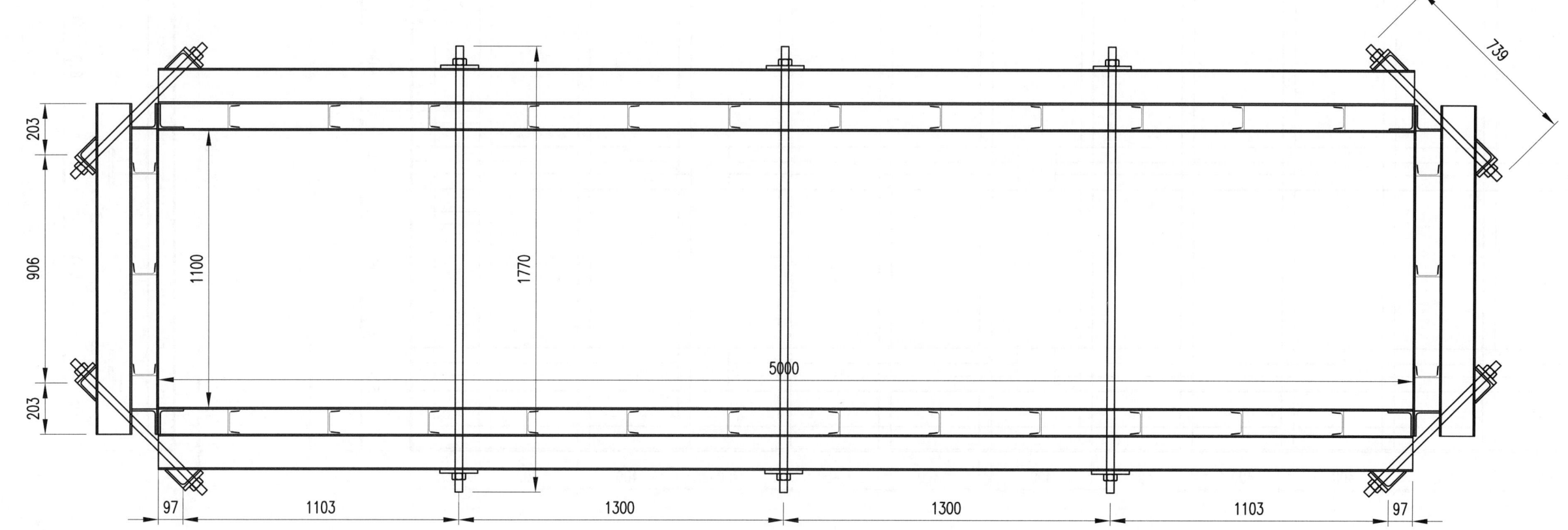

拉杆质量计算表

序号	名称	材料规格	数量	质量(kg)	合计(kg)	总数量(个)	总计(kg)
1	0.739m角拉杆	∅30mm	12	49	138	1	138
2	1.77m拉杆	∅30mm	9	88			
2.25m高1.1mx5m矩形墩模板总质量							4300
每平方米质量							157

说明：

1. 每套2250mm高。
2. 图中拉杆角钢和垫板未在计算表体现。
3. 图中尺寸以mm计。

1.1m×5.0m矩形薄壁墩	材 质	Q235	单 重	
1100mm×5000mm墩身截面图	件 数		图 号	1.5.2-1

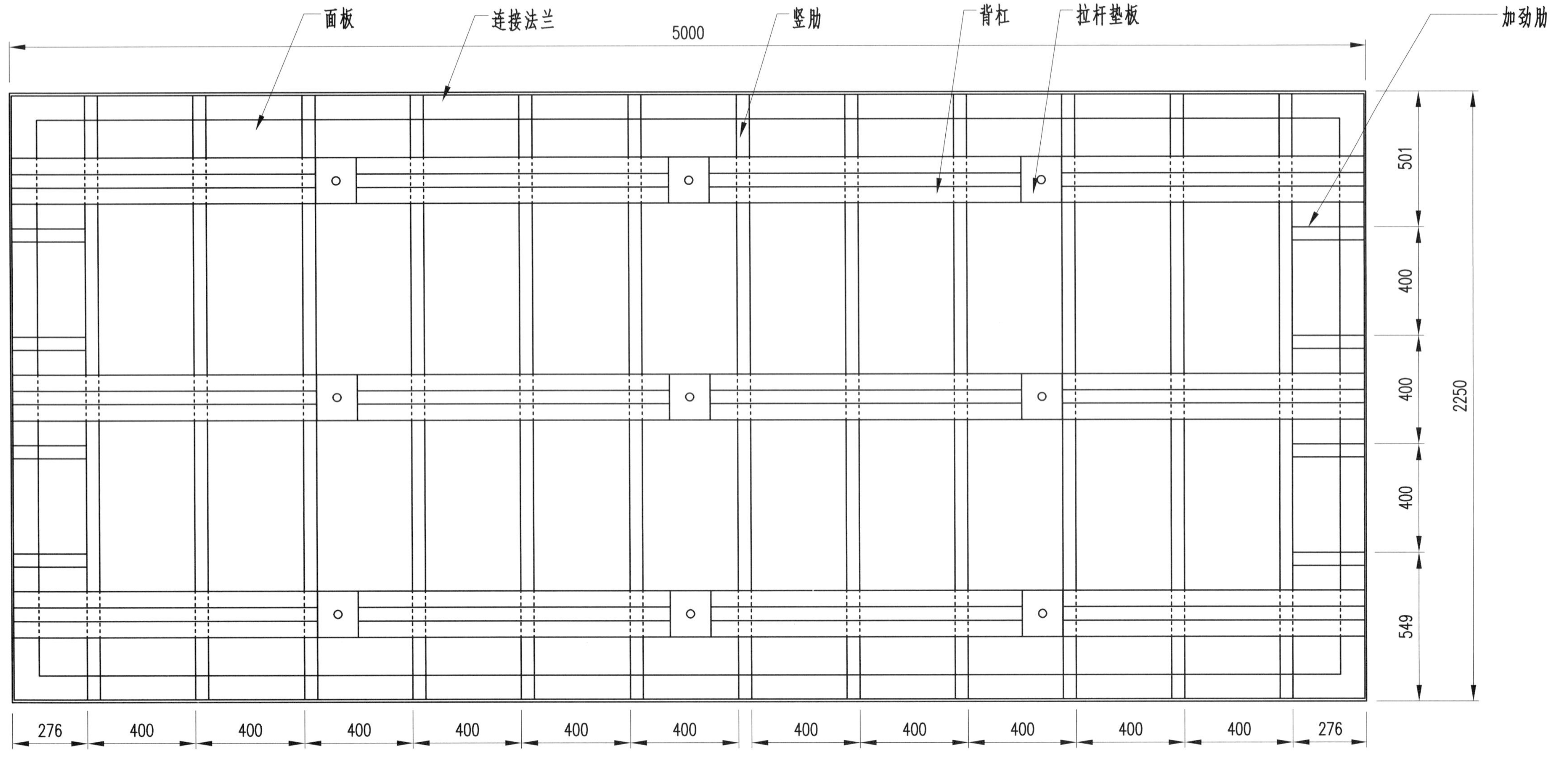

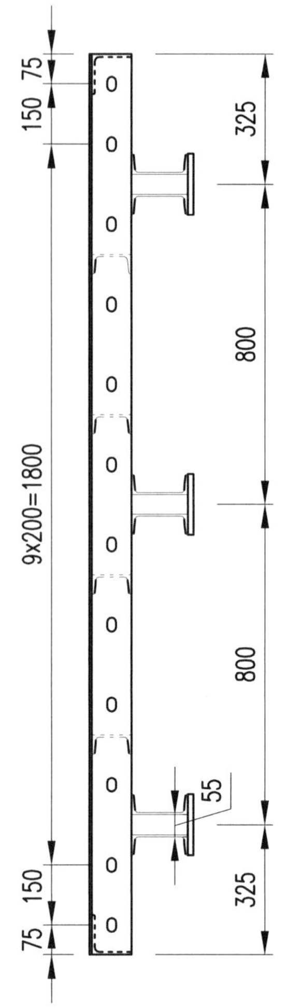

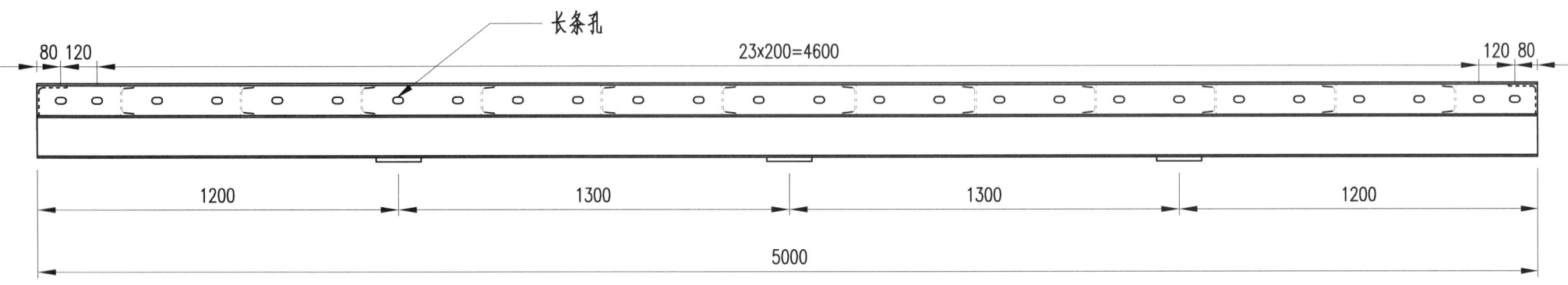

2.25m×5m平板质量计算表

序号	名称	材料规格	数量	质量(kg)	合计(kg)	总数量(片)	总计(kg)
1	面板	6mm厚钢板	1	530	1567	2	3134
2	连接法兰	L100	4	219			
3	竖肋	[10	12	270			
4	背杠	[14	6	502			
5	加劲肋	[10	8	22			
6	拉杆垫板	14mm厚钢板	9	24			

说明：
1. 除注明外所有连接孔均为⌀22长条孔。
2. 本图是墩柱大面模板，2250mm每节，对称制作。
3. 图中尺寸以mm计。

1.1m×5.0m矩形薄壁墩	材 质	Q235	单重	1567kg
2250mm×5000mm平模	件数	2	图号	1.5.2-2

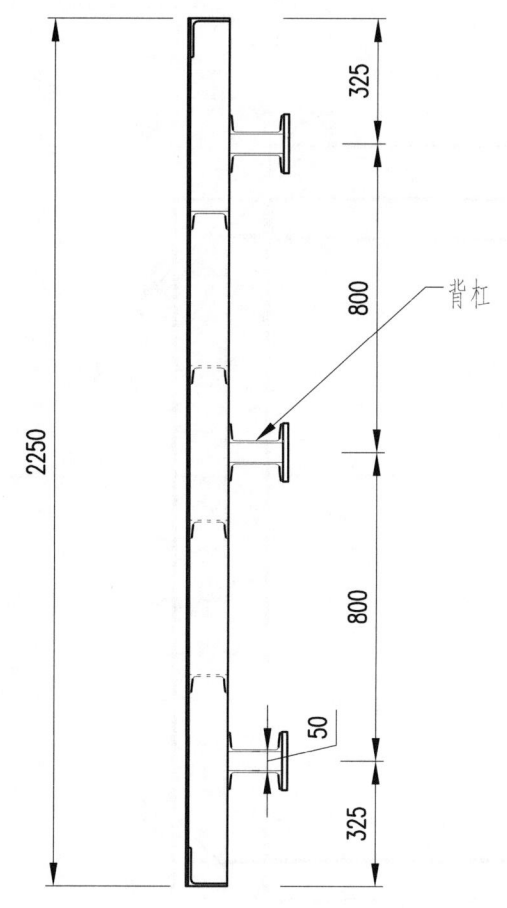
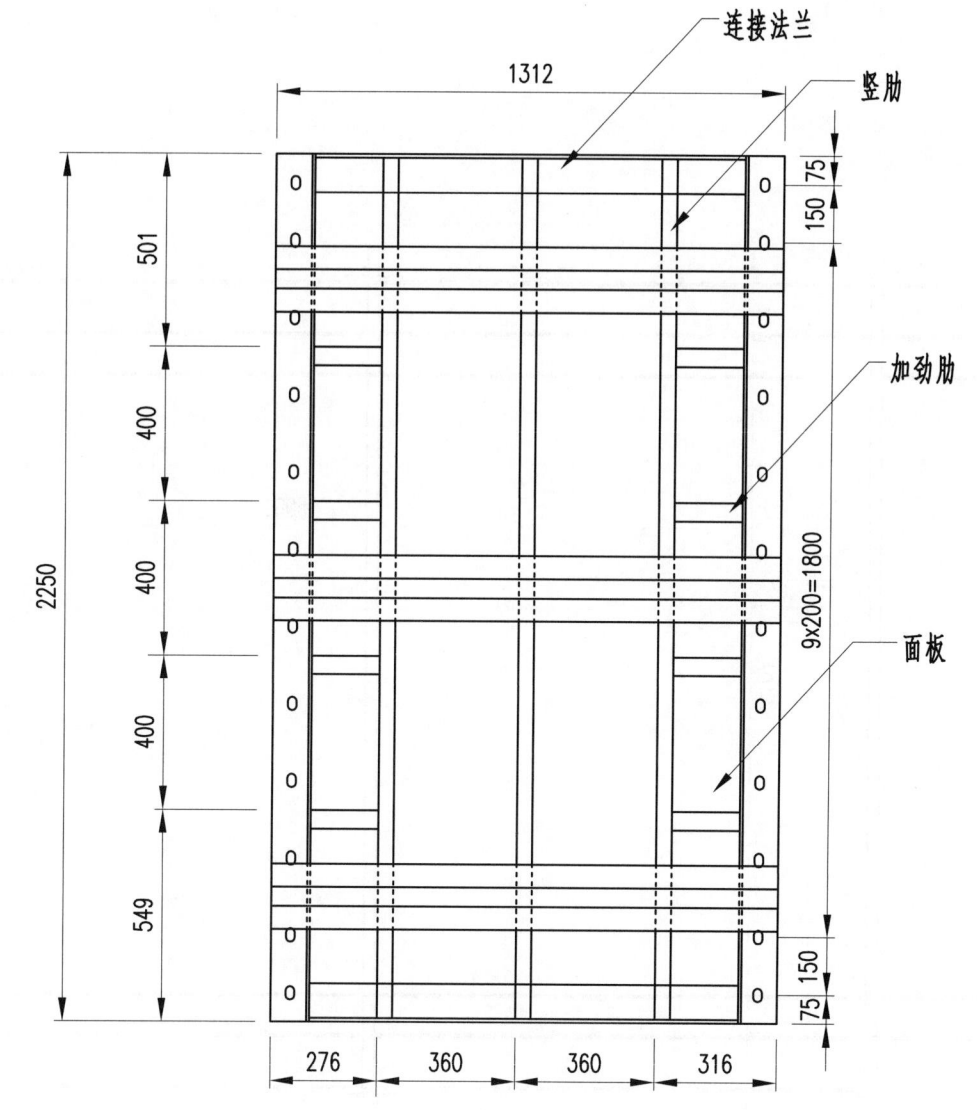

平模质量计算表

序号	名称	材料规格	数量	质量(kg)	合计(kg)	总数量(片)	总计(kg)
1	面板	6mm厚钢板	1	139	472	2	944
2	连接法兰	L100	4	108			
3	竖肋	[10	4	68			
4	背杠	[14	6	132			
5	加劲肋	[10	8	14			
6	角拉杆垫板	14mm厚钢板	6	11			

说明：
1. 除注明外所有连接孔均为φ22长条孔。
2. 本图是墩柱大面模板，2250mm每节，对称制作。
3. 角拉杆垫板在图中未示意出。
4. 图中尺寸以mm计。

1.1m×5.0m矩形薄壁墩	材质	Q235	单重	472kg
2250mm×1100mm平模	件数	2	图号	1.5.2-3

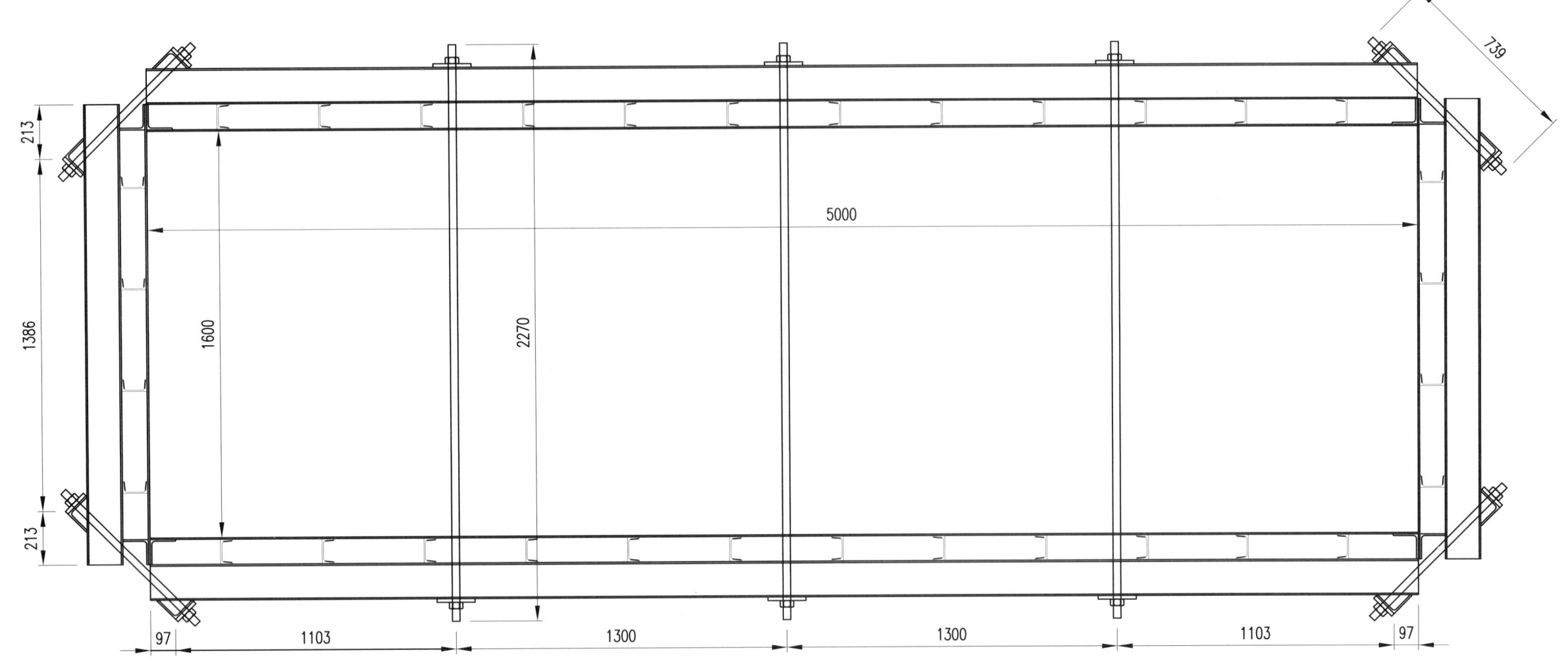

拉杆质量计算表

序号	名称	材料规格	数量	质量(kg)	合计(kg)	总数量(个)	总计(kg)
1	0.739m角拉杆	ø30mm	12	49	162	1	162
2	2.27m拉杆	ø30mm	9	113			
	2.25m高1.6mx5m矩形墩模板总质量						4608
	每平方米质量						155

说明：
1. 每套2250mm高。
2. 图中拉杆角钢和垫板未在计算表体现。
3. 图中尺寸以mm计。

1.6m×5.0m矩形薄壁墩	材 质	Q235	单重	
1600mm×5000mm墩身截面图	件 数		图 号	1.5.3-1

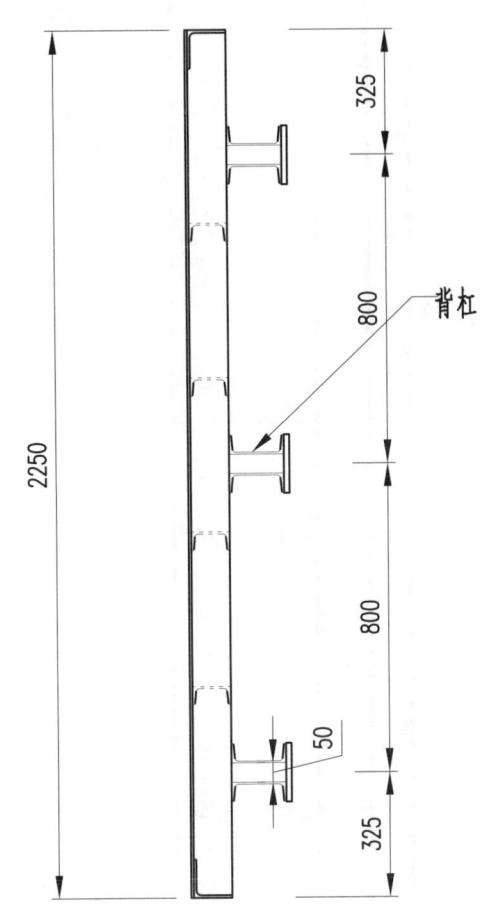
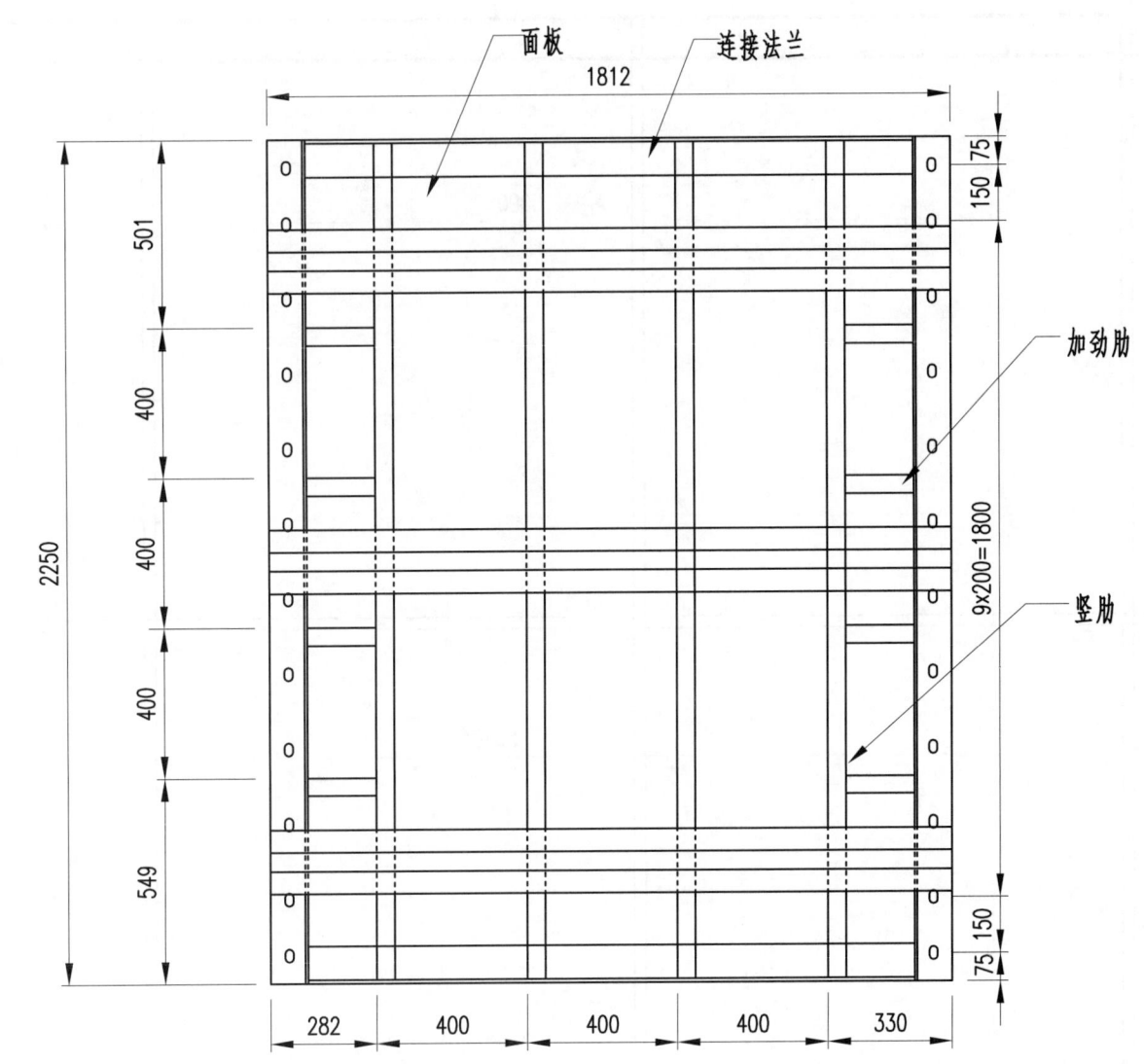
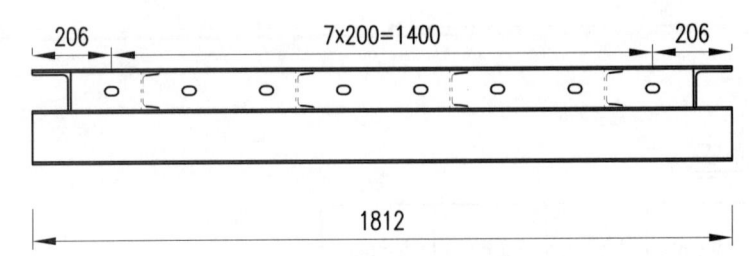

平模质量计算表

序号	名称	材料规格	数量	质量(kg)	合计(kg)	总数量(片)	总计(kg)
1	面板	6mm厚钢板	1	192	613	2	1226
2	连接法兰	L100	4	123			
3	竖肋	[10	4	90			
4	背杠	[14	6	182			
5	加劲肋	[10	8	15			
6	角拉杆垫板	14mm厚钢板	6	11			

说明：
1. 除注明外所有连接孔均为∅22长条孔。
2. 本图是墩柱大面模板，2250mm每节，对称制作。
3. 角拉杆垫板在图中未示意出。
4. 图中尺寸以mm计。

1.6m×5.0m矩形薄壁墩	材质	Q235	单重	613kg
2250mm×1600mm平模	件数	2	图号	1.5.3-2

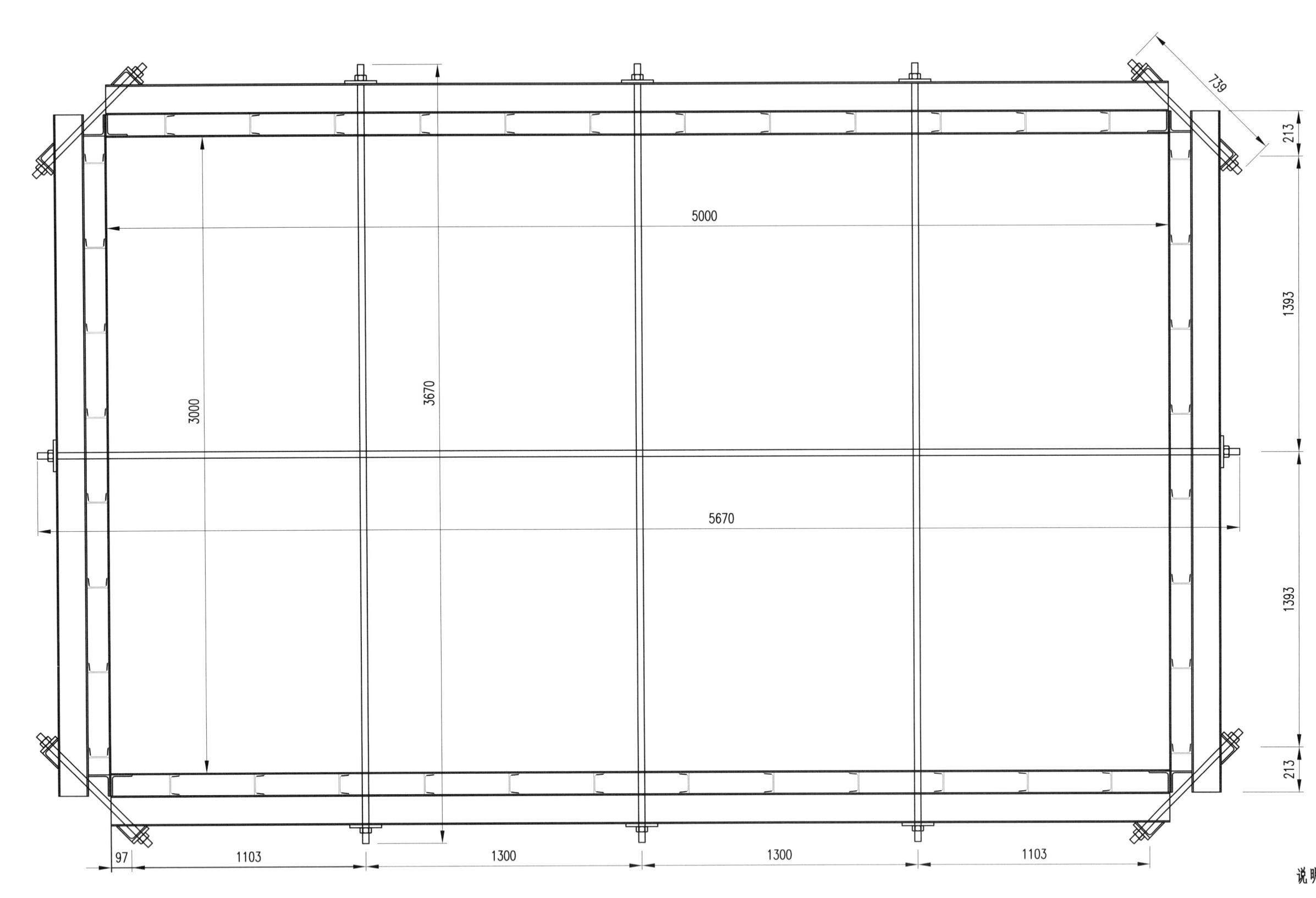

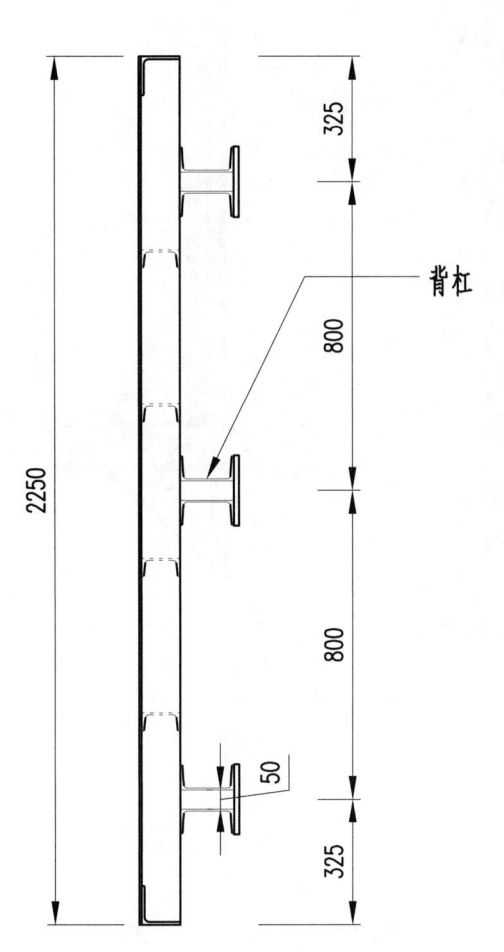
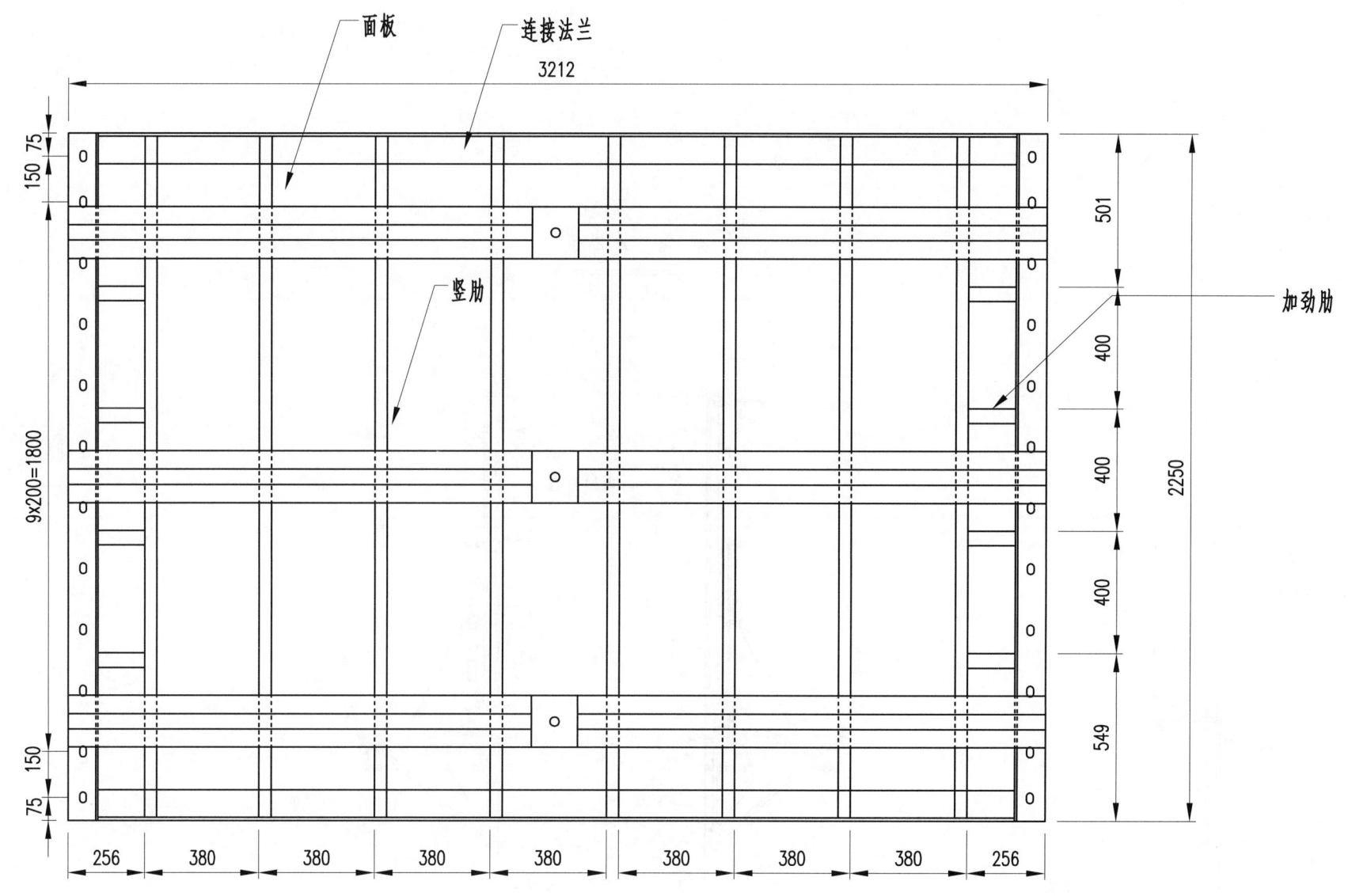
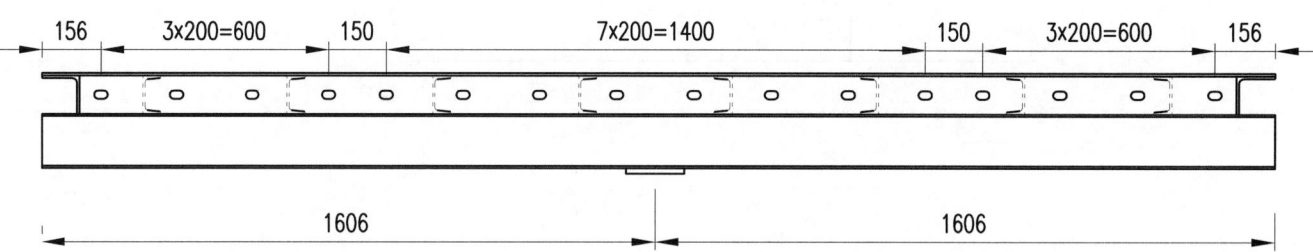

平模质量计算表

序号	名称	材料规格	数量	质量(kg)	合计(kg)	总数量(片)	总计(kg)
1	面板	6mm厚钢板	1	340	1038	2	2076
2	连接法兰	L100	4	165			
3	竖肋	[10	8	180			
4	背杠	[14	6	322			
5	加强肋	[10	8	12			
7	拉杆垫板	14mm厚钢板	3	8			
8	角拉杆垫板	14mm厚钢板	6	11			

说明：
1. 除注明外所有连接孔均为φ22长条孔。
2. 本图是墩柱大面模板，2250mm每节，对称制作。
3. 角拉杆垫板在图中未示意出。
4. 图中尺寸以mm计。

3.0m×5.0m矩形薄壁墩	材质	Q235	单重	1038kg
2250mm×3000mm平模	件数	2	图号	1.5.4-2

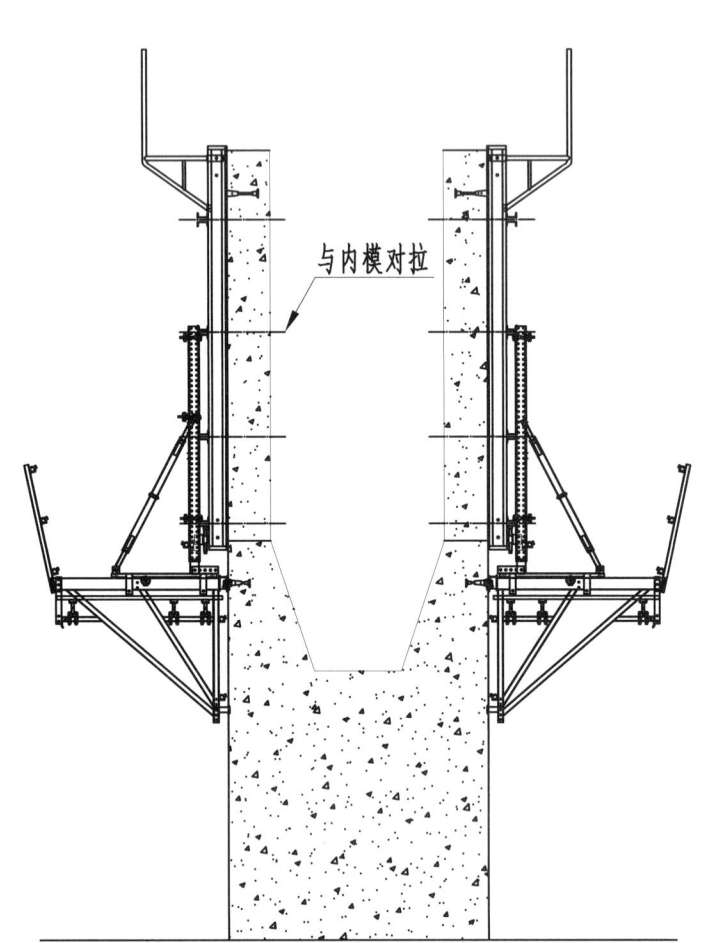

第一次浇筑

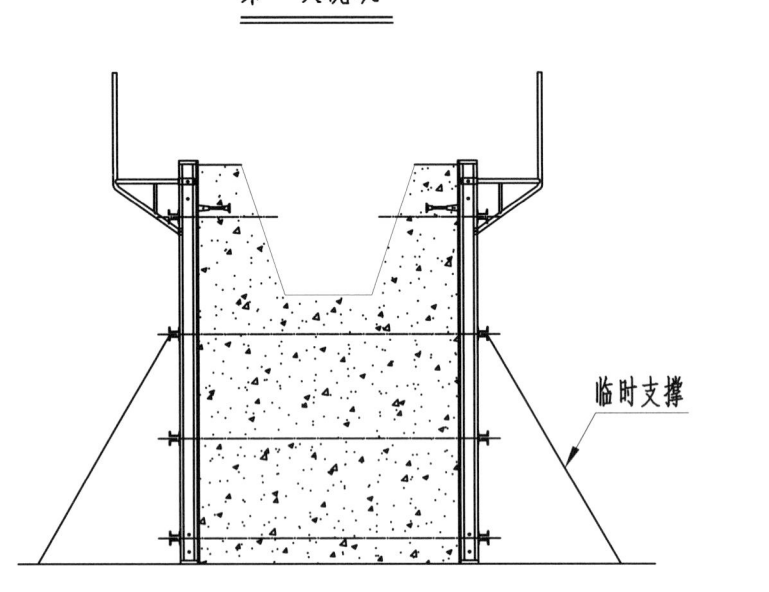

第二次浇筑

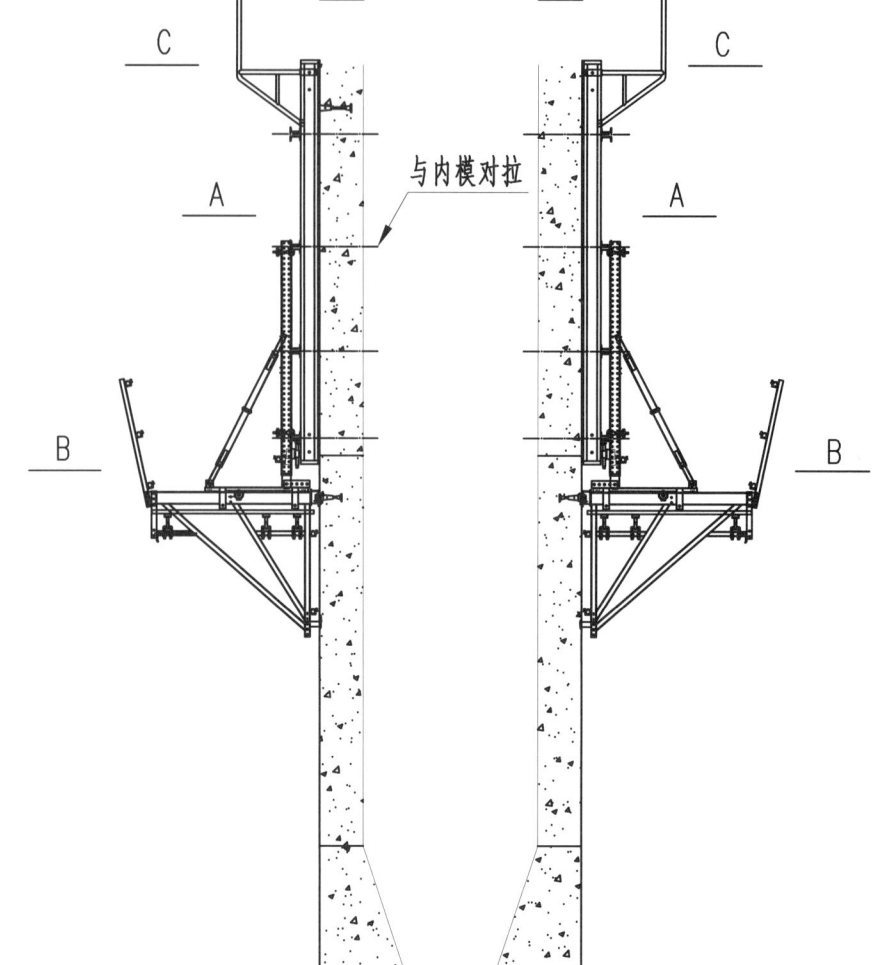

第三次浇筑

说明：
1. 第一次浇筑高度按图纸规定，临时支撑由工地使用钢管搭设。
2. 第二次浇筑高度为4.5m，可利用第一次预埋的埋件系统安装悬臂支架支撑模板。
3. 第三次浇筑高度为4.5m，用塔吊将悬臂支架提升到位后可以安装下平台来取出爬锥和受力螺栓。
4. 平台横梁、跳板和加固用钢管由工地自备。
5. 图中尺寸以mm计。

高墩爬模	材质	Q235	单重	
前三节浇筑示意图	件数		图号	1.6-1

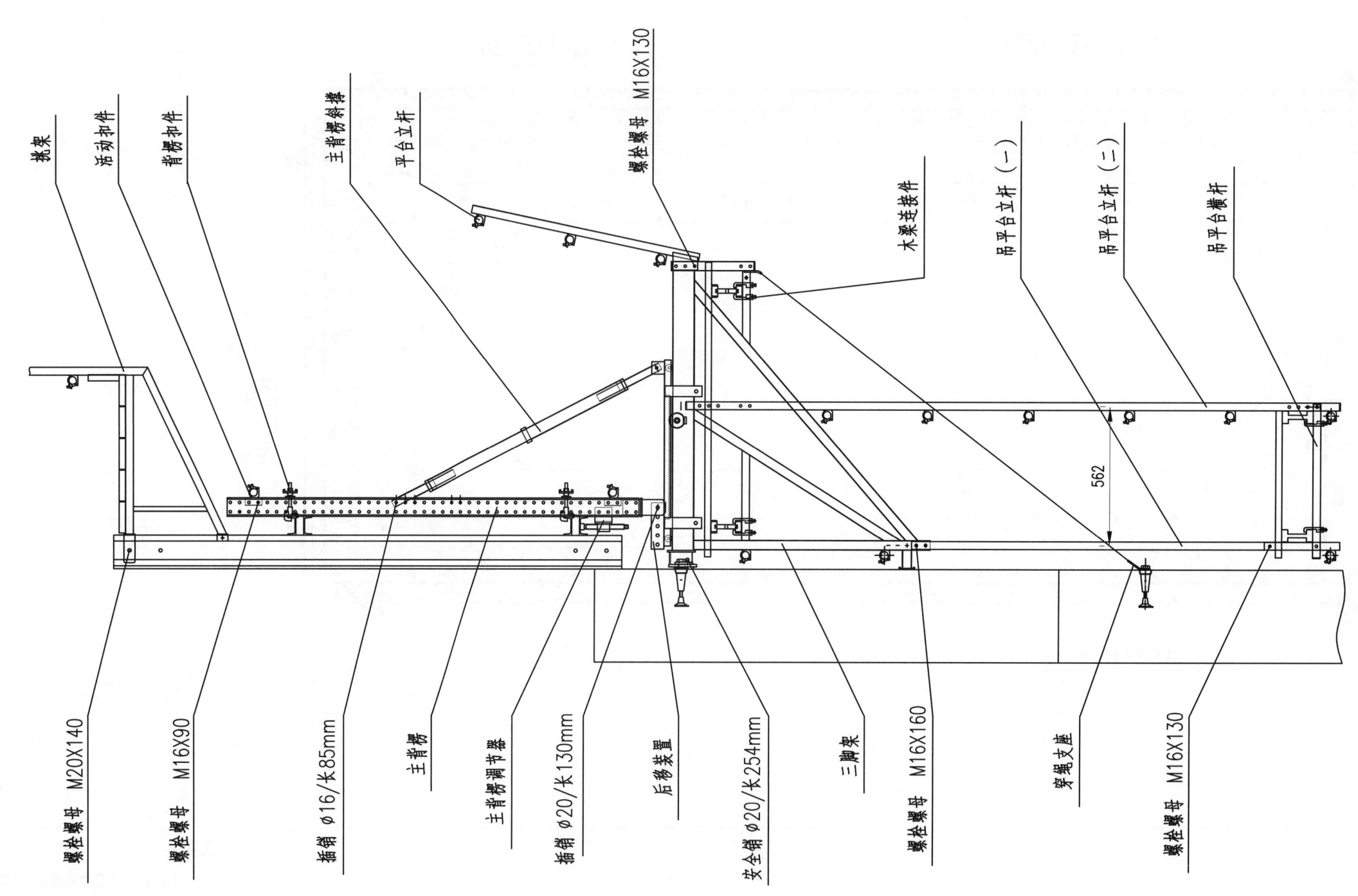

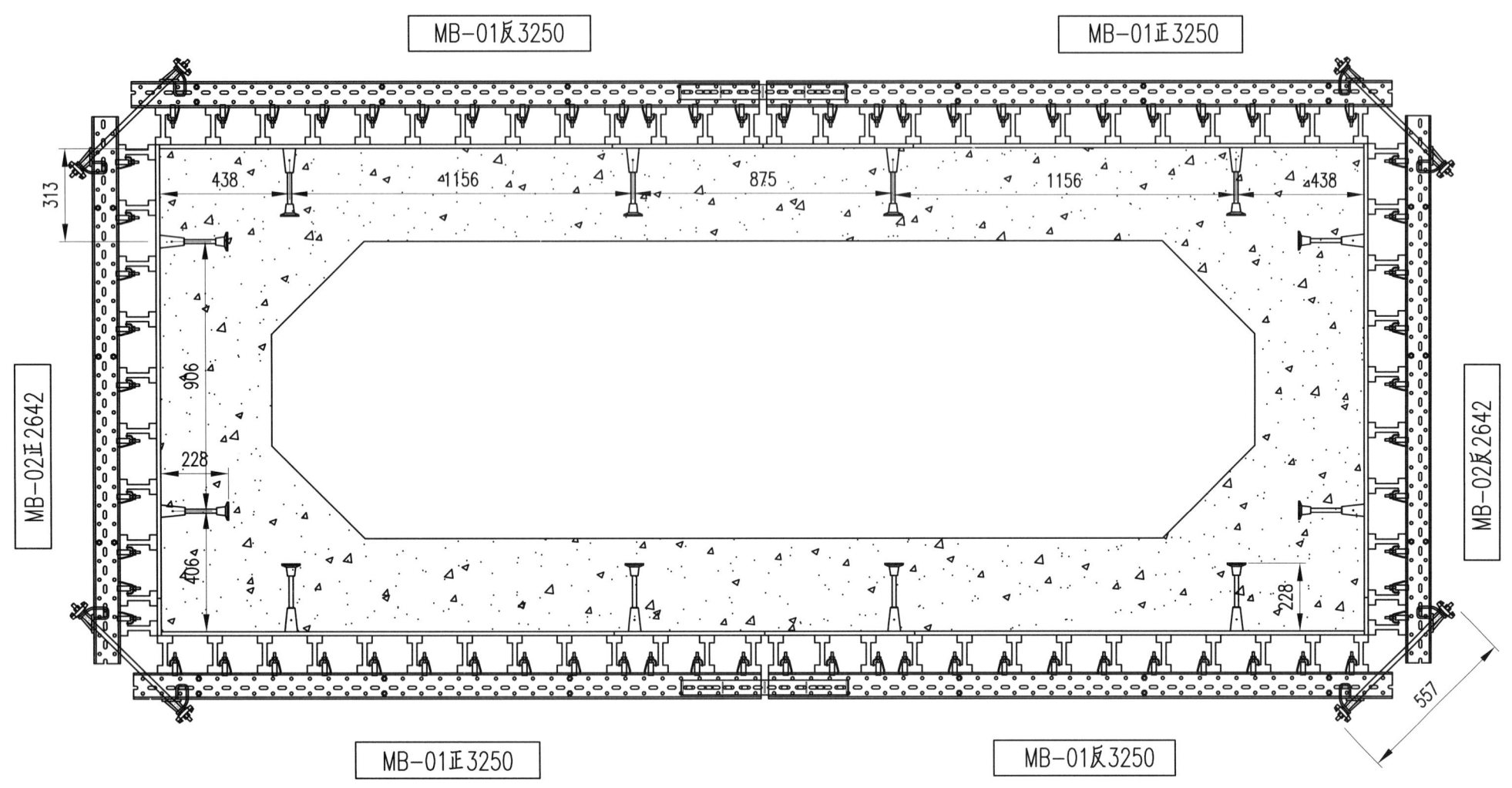

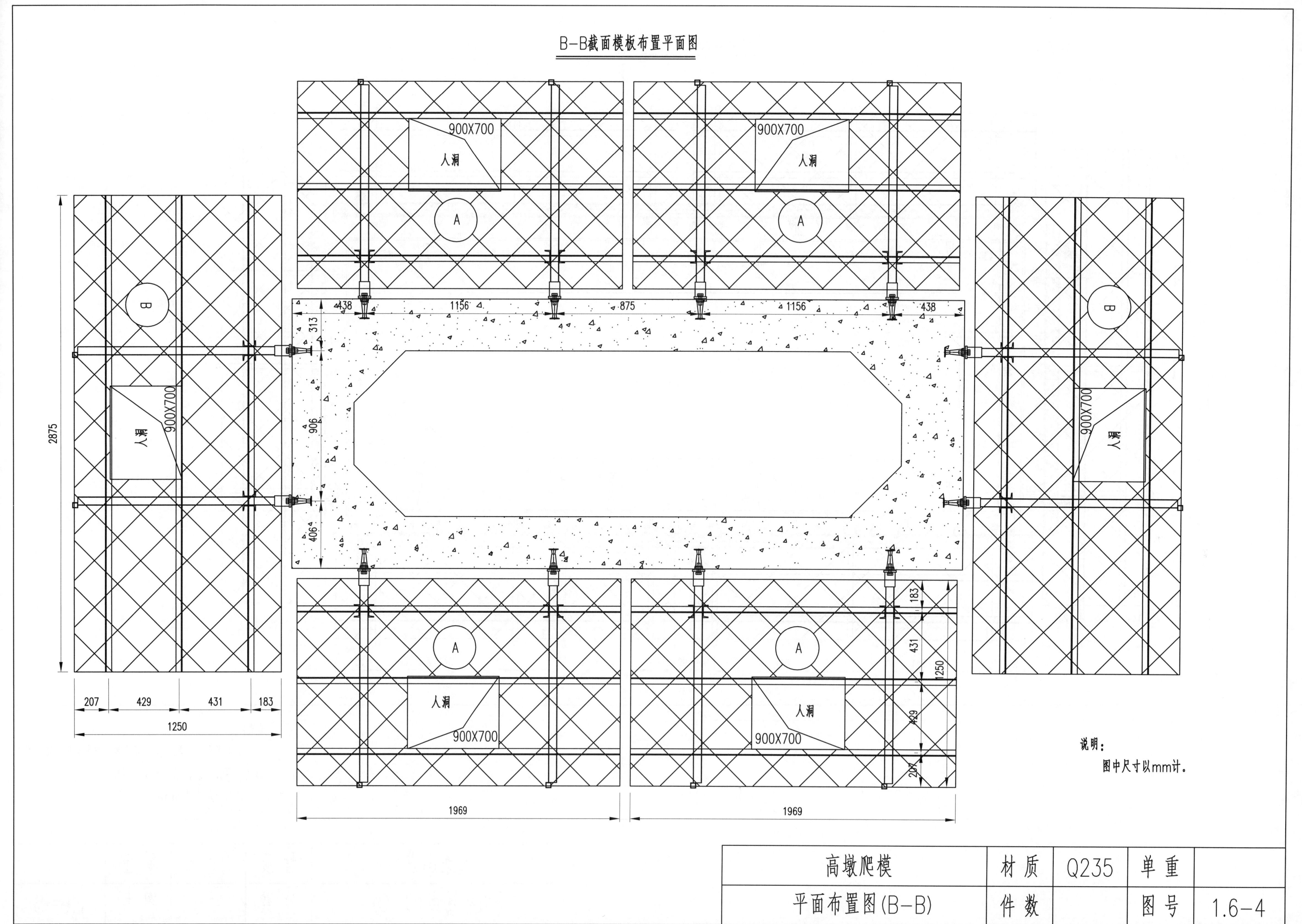

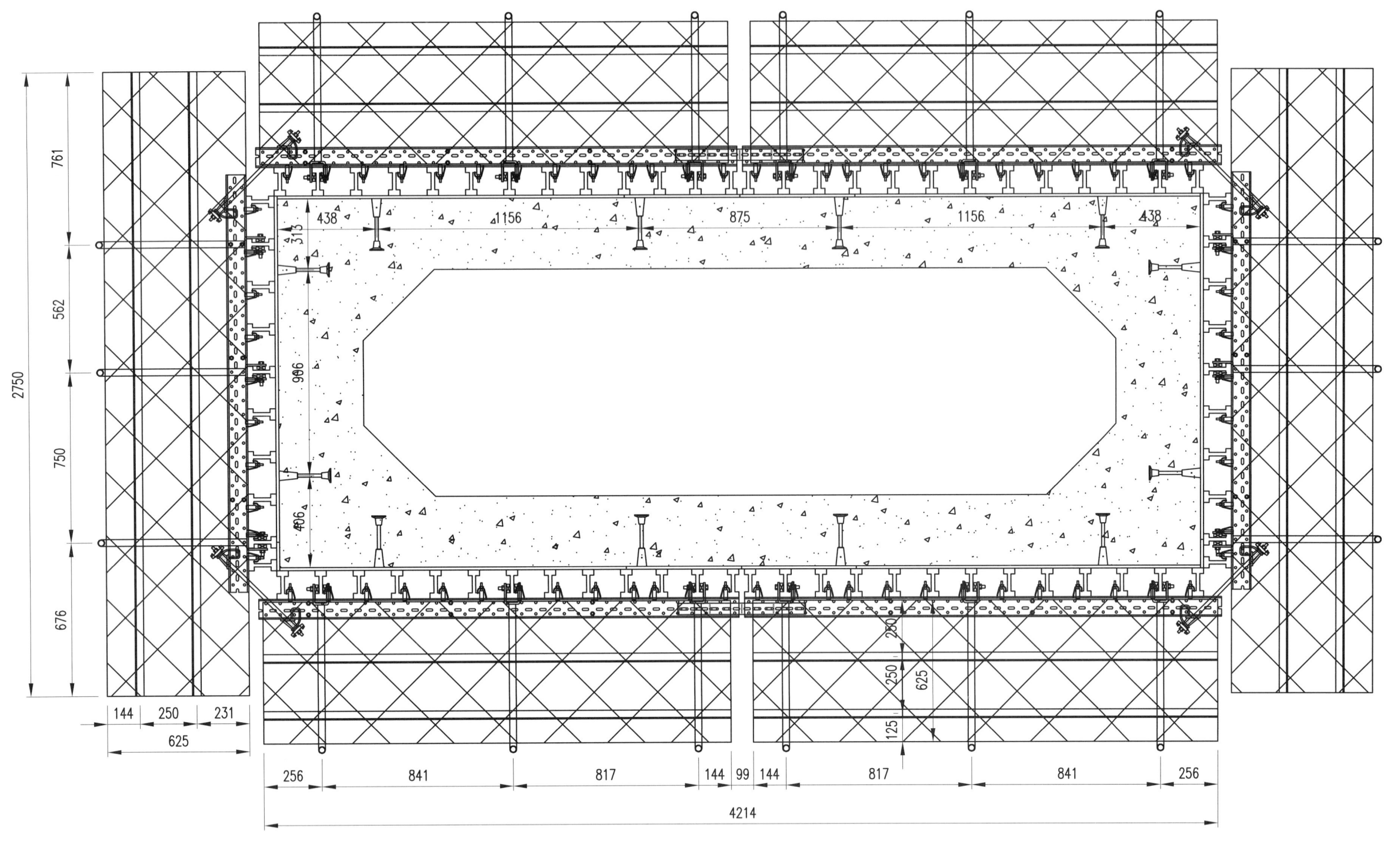

高墩配套构件分解示意图

序号	名称	样图	规格	单位	销售单价(元)	单位	备注
1	液压爬模		H=4.68m	m²	780.00	元/m²	1.面板采用21mm厚wiso板；2.竖肋采用80mm×mm200工字木梁；3.横背楞为14槽钢；4.见图纸为方示意
2	悬臂支架		PJ200	套	6500.00	元/套	平台底板、平台梁、护栏钢筋、剪刀撑等管、卡件、盘目等工地自备
3	挑梁			套	150.00	元/套	上平台
4	受力支座			件	30.00	元/件	周转使用
5	爬锥			件	65.00	元/件	周转使用
6	受力螺栓		M30/D15	件	95.00	元/件	周转使用
7	安装螺栓		M30X110	件	16.00	元/件	周转使用
8	对拉螺栓		M30X50	件	30.00	元/件	周转使用
9	附角斜拉杆		D20	m	30.00	元/m	用于附角斜拉
10	连系螺杆		D20 长1000mm	根	12.00	元/根	周转使用
11	附角斜拉座		D20	件	35.00	元/件	周转使用
12	垫片		边长120mm	件	12.00	元/件	周转使用
13	螺形接头		D20	件	50.00	元/件	用于实心墩的脚手拉杆,周转使用
14	主背楞连接器			套	50.00	元/套	连系主梁与底梁,含螺母及垫片
15	塞销			件	12.00	元/件	周转使用
16	芯带		长900mm	件	90.00	元/件	周转使用
17	高强螺杆		D15/300mm	件	10.00	元/件	基件系统,一次性使用,按10层核计
18	连墙座		D15	件	10.00	元/件	基件系统,一次性使用,按10层核计
19	穿墙支座			件	12.00	元/件	用于防风暴,防风爬模场合备

高墩爬模	材质	Q235	单重	
分解示意图	件数		图号	1.6-6

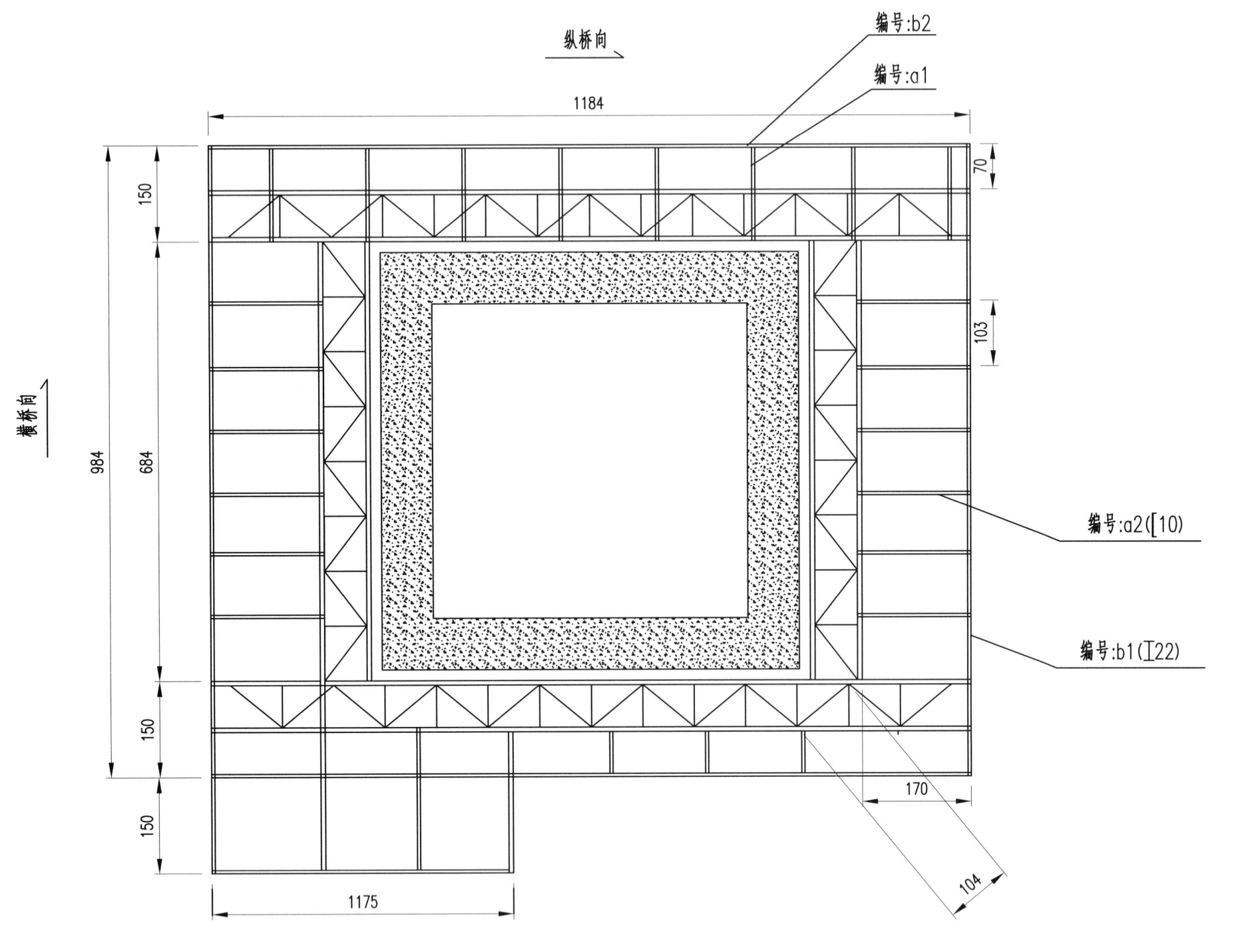

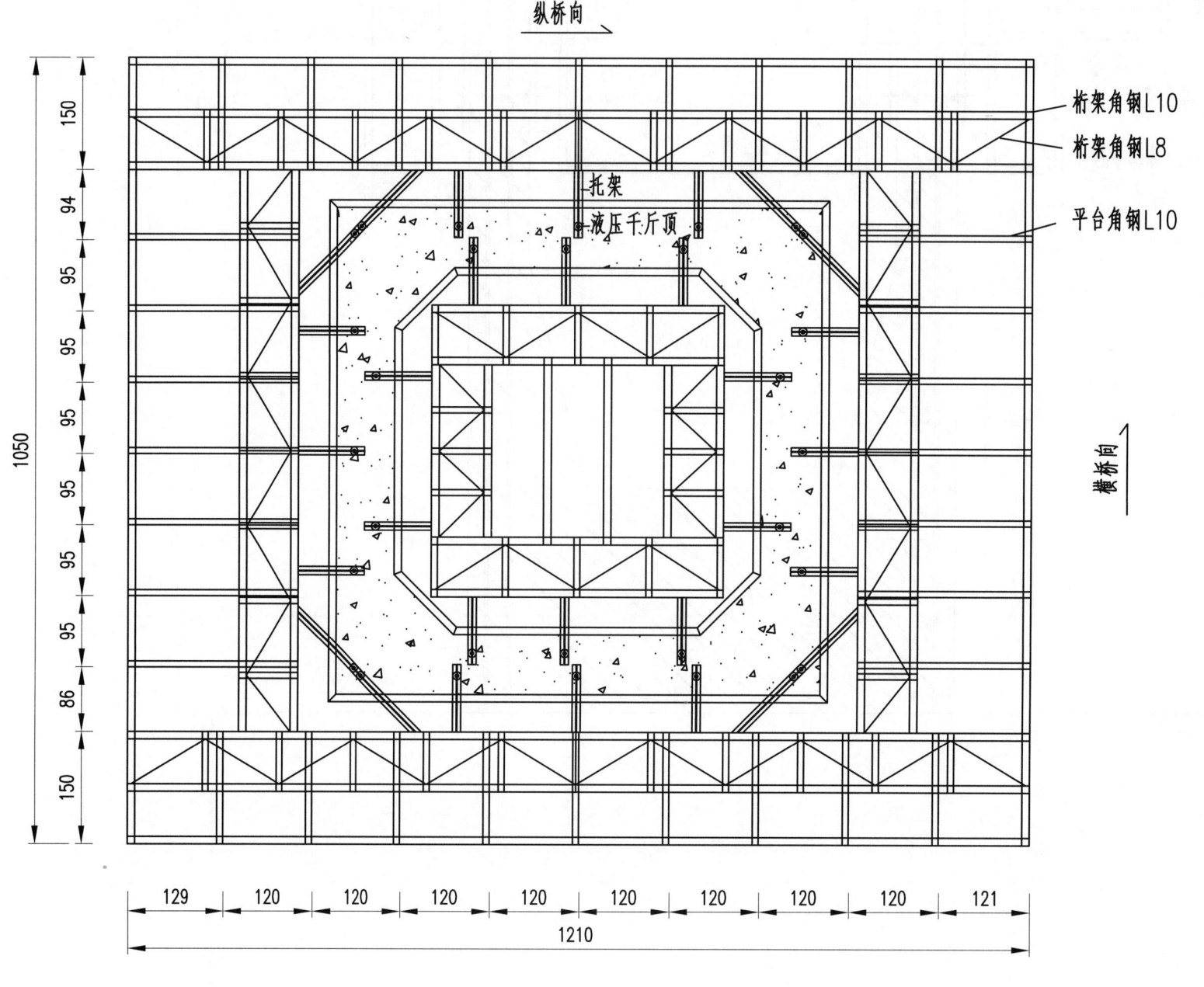

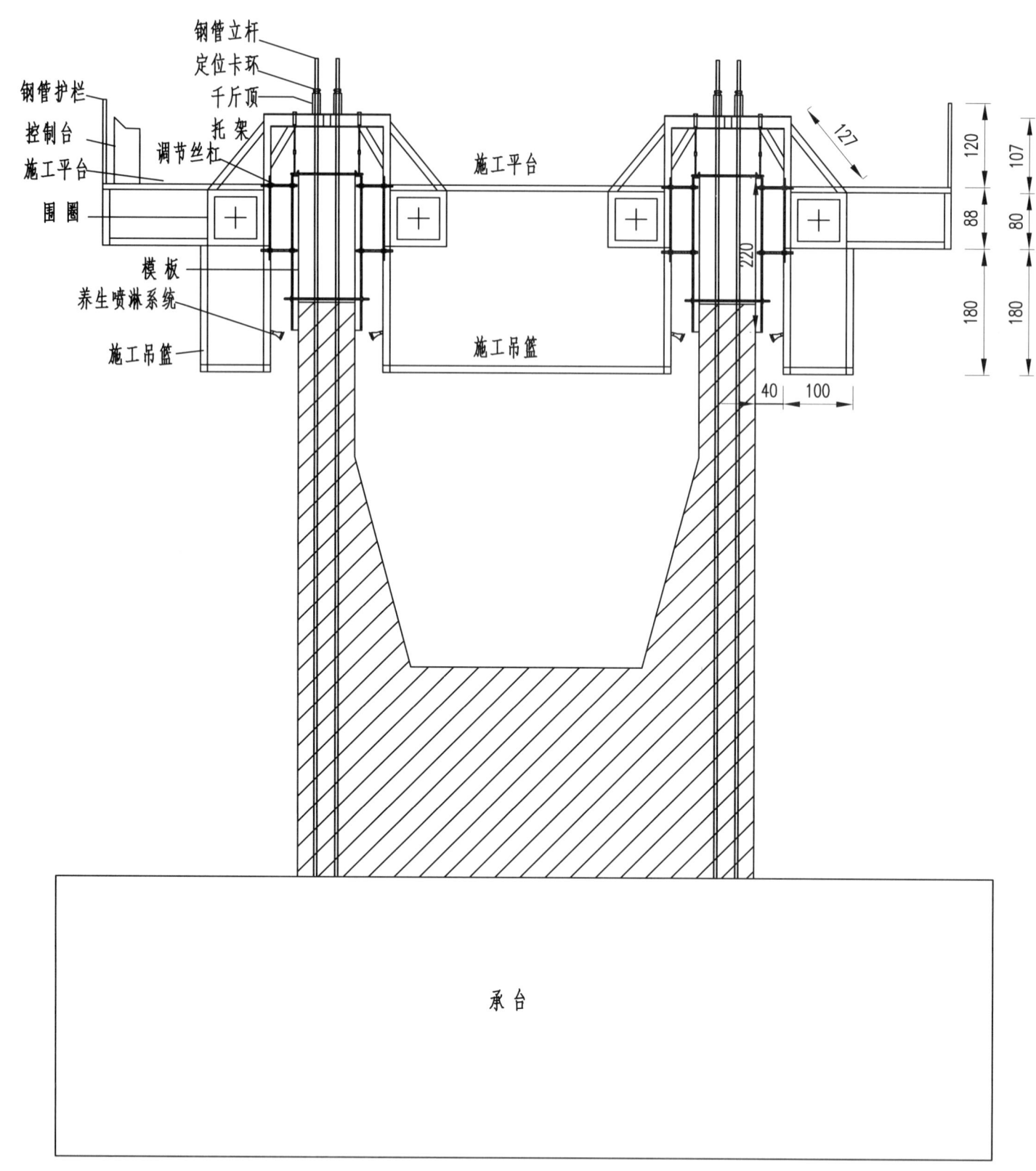

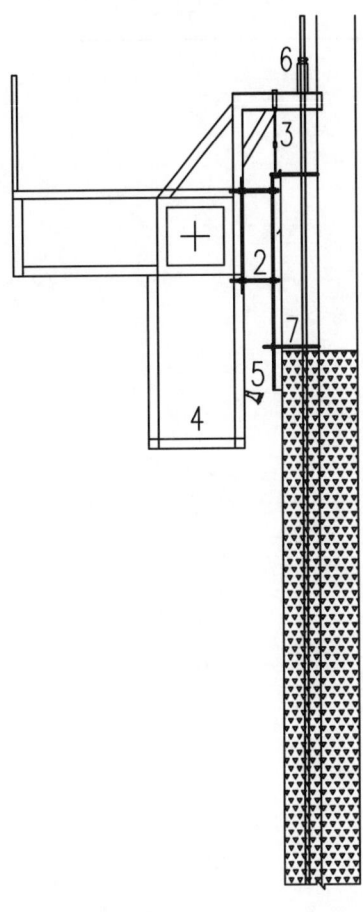
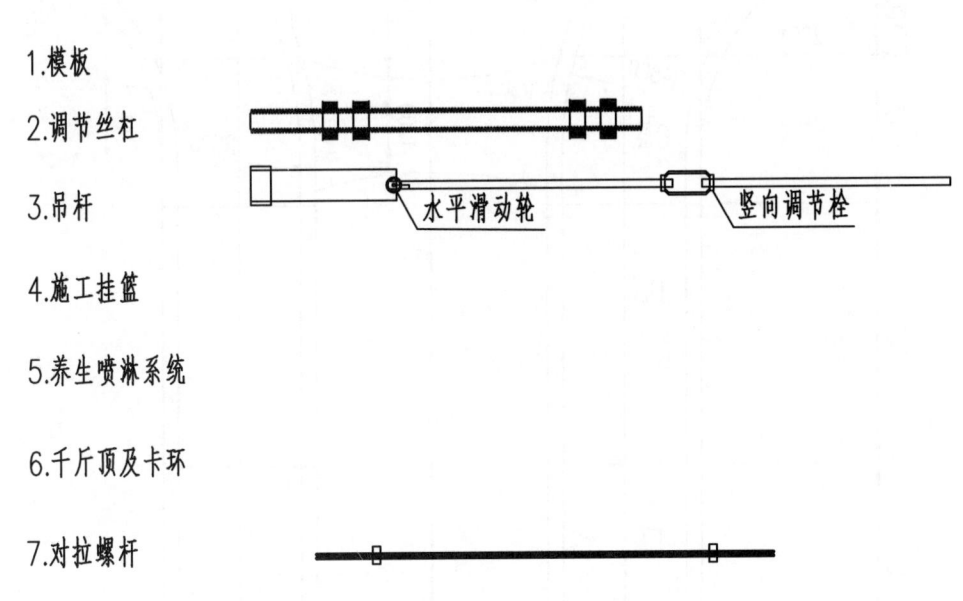

1. 模板
2. 调节丝杠
3. 吊杆
4. 施工挂篮
5. 养生喷淋系统
6. 千斤顶及卡环
7. 对拉螺杆

水平滑动轮　　竖向调节栓

说明：
图中尺寸以mm计。

滑翻结合	材质	Q235	单重	
系统细部结构图	件数		图号	1.7-4

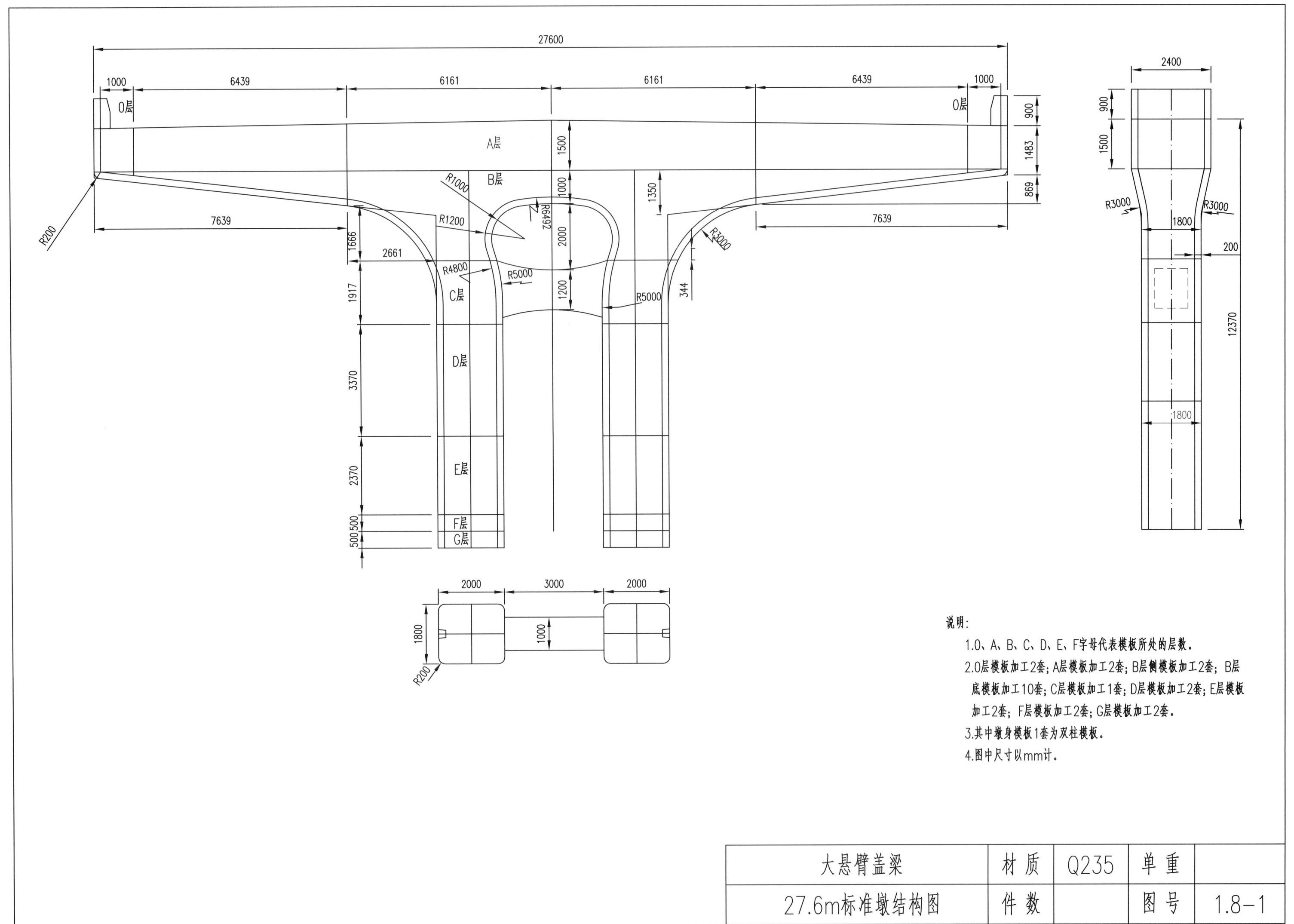

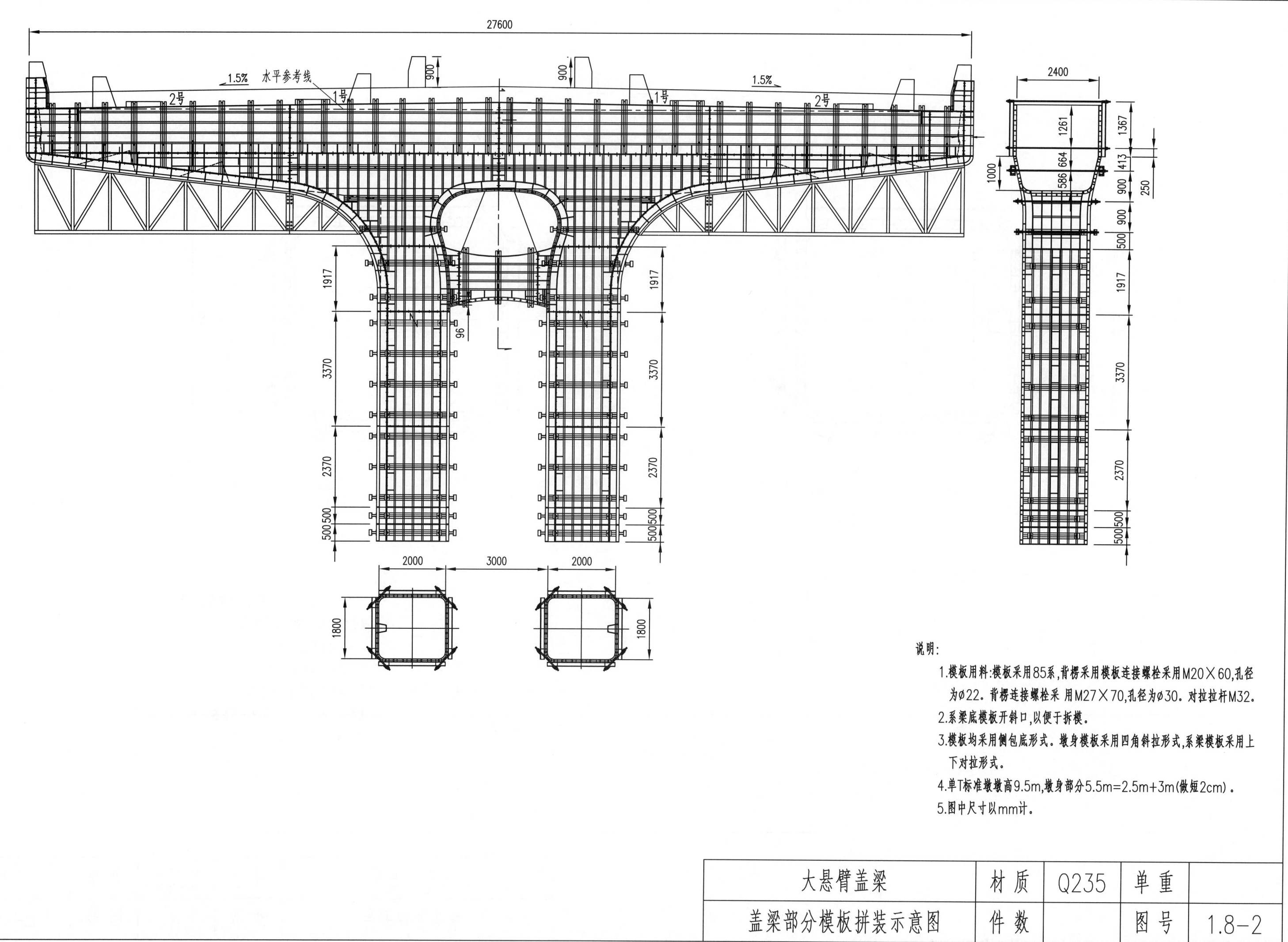

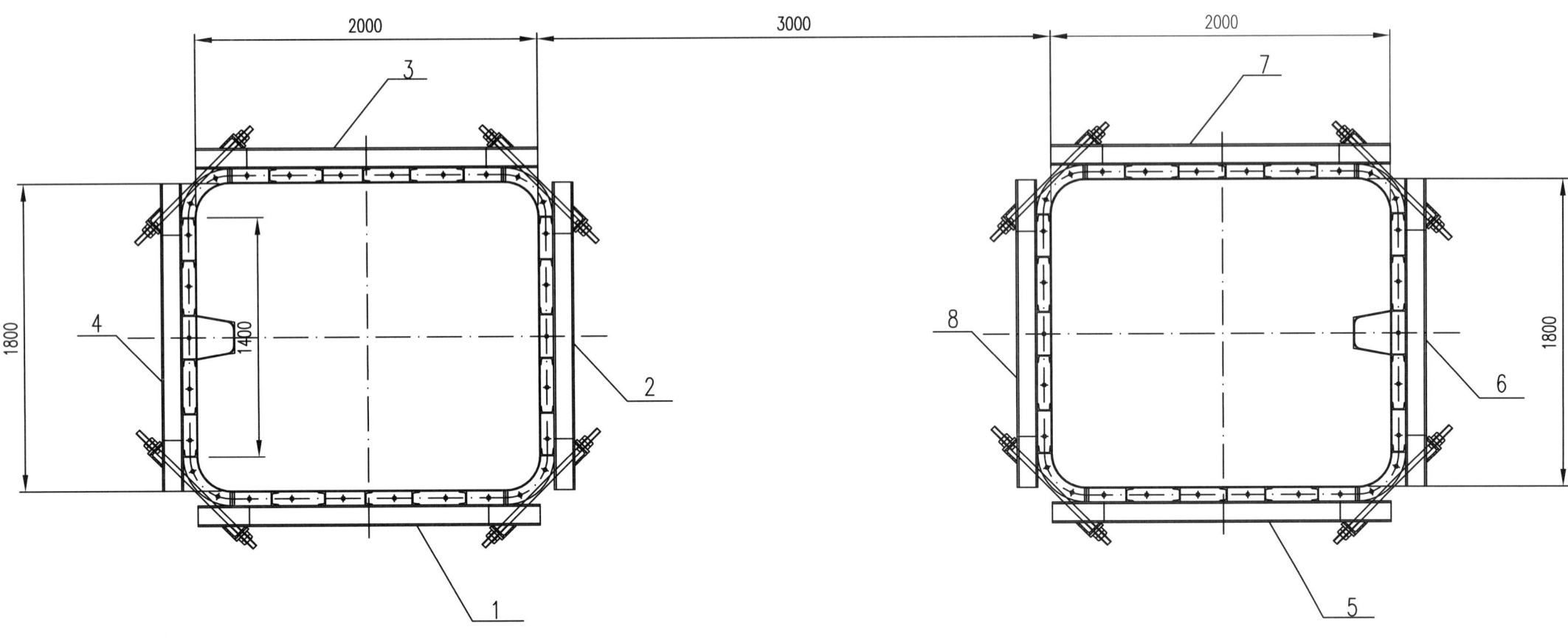

系梁截面图

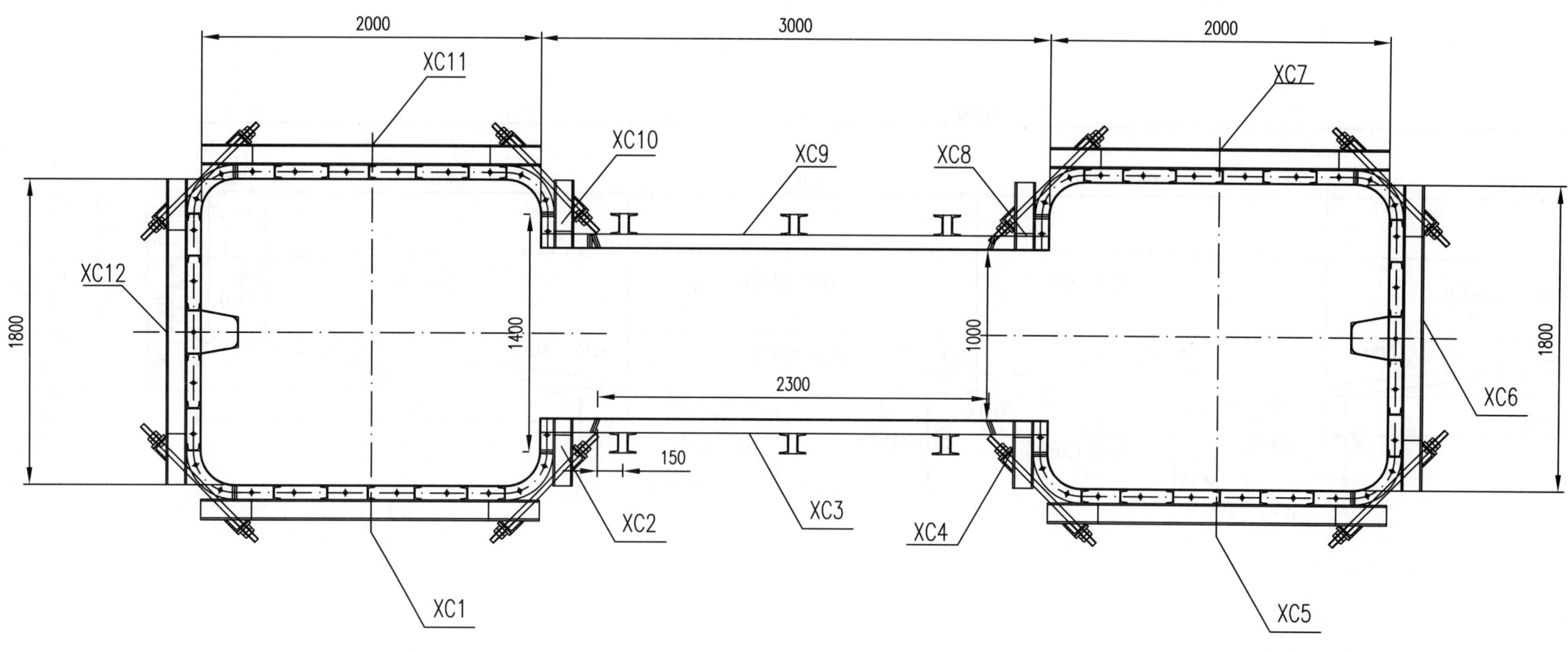

系梁底模图

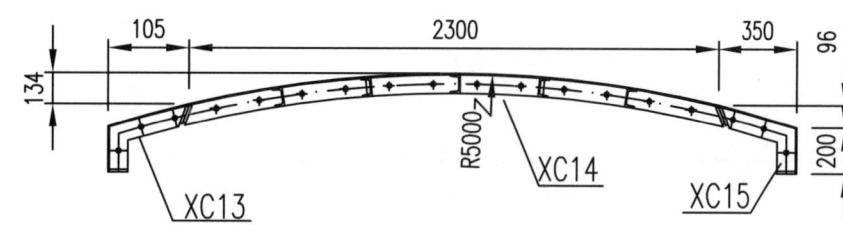

说明：
1. 模板编号由3位数字和字母组成：
   第一位为数字代表第几套；
   第二位为字母代表第几节；
   第三位为数字代表第几块板。
   例如第一套第A节第一块板的模板编号为1A1。
2. 图中尺寸以mm计。

大悬臂盖梁	材质	Q235	单重	
系梁模板编号	件数		图号	1.8-4

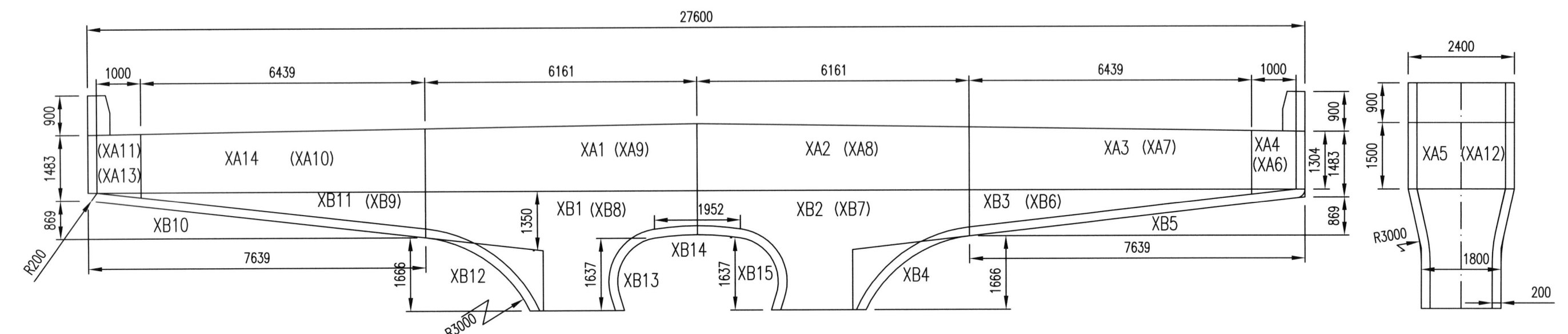

说明：
图中尺寸以mm计。

大悬臂盖梁	材质	Q235	单重	
盖梁部分模板编号	件数		图号	1.8-5

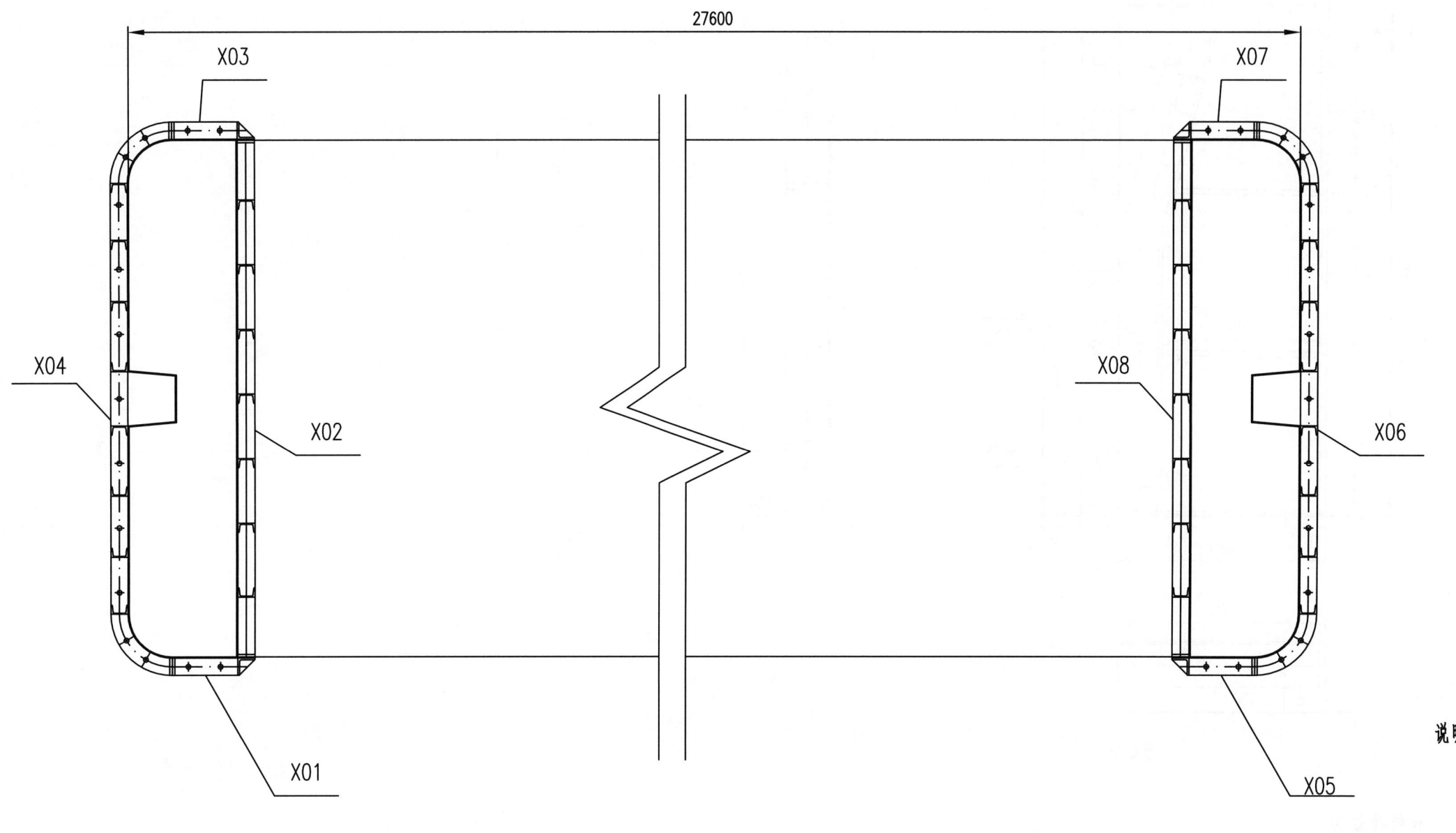

说明：
1.模板编号由3位数字和字母组成：
 第一位为数字代表第几套；
 第二位为字母代表第几节；
 第三位为数字代表第几块板。
 例如第一套第A节第一块板的模板编号为1A1。
2.图中尺寸以mm计。

大悬臂盖梁	材 质	Q235	单 重	
防震挡块模板编号	件 数		图 号	1.8-6

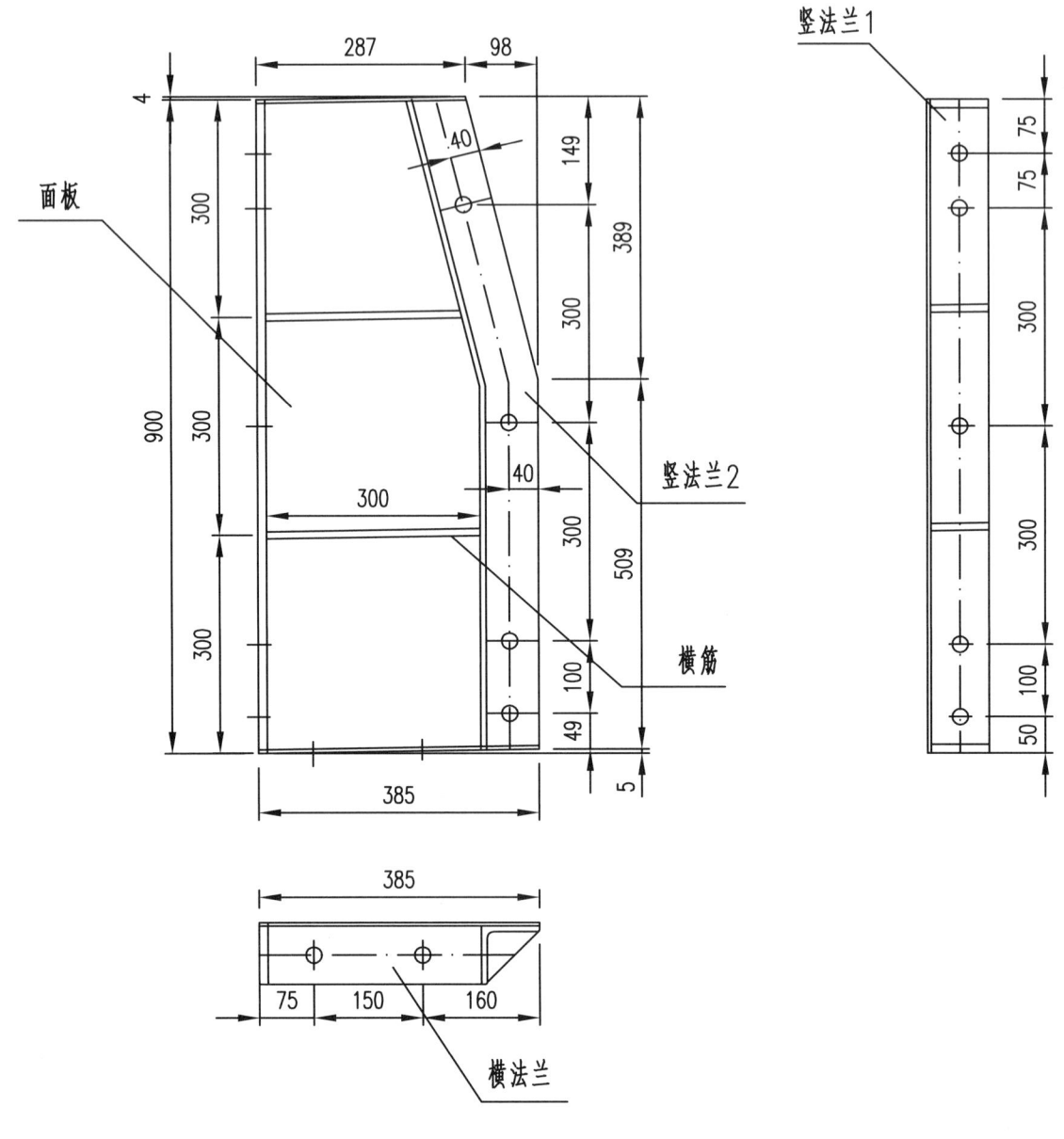

材料数量表

序号	名称	材料	长度(mm)	宽度(mm)	数量	单位质量(kg)	单块质量(kg)	总质量(kg)	备注
1	面板	5mm厚钢板	385	900	1	39.25	13.60	13.60	
2	横筋	10mm厚钢板	300	80	2	78.50	1.88	3.76	
3	横法兰	12mm厚钢板	385	80	2	94.20	2.9014	5.8028	
4	竖法兰1	12mm厚钢板	900	80	1	94.20	6.7824	6.7824	总长
5	竖法兰2	∠80X10	910		1	11.87	10.80	10.80	总长
合计								40.7452	

说明:
图中尺寸以mm计。

大悬臂盖梁	材质	Q235	单重	41kg
防震挡块X(01、03、05、07)模板	件数		图号	1.8-7

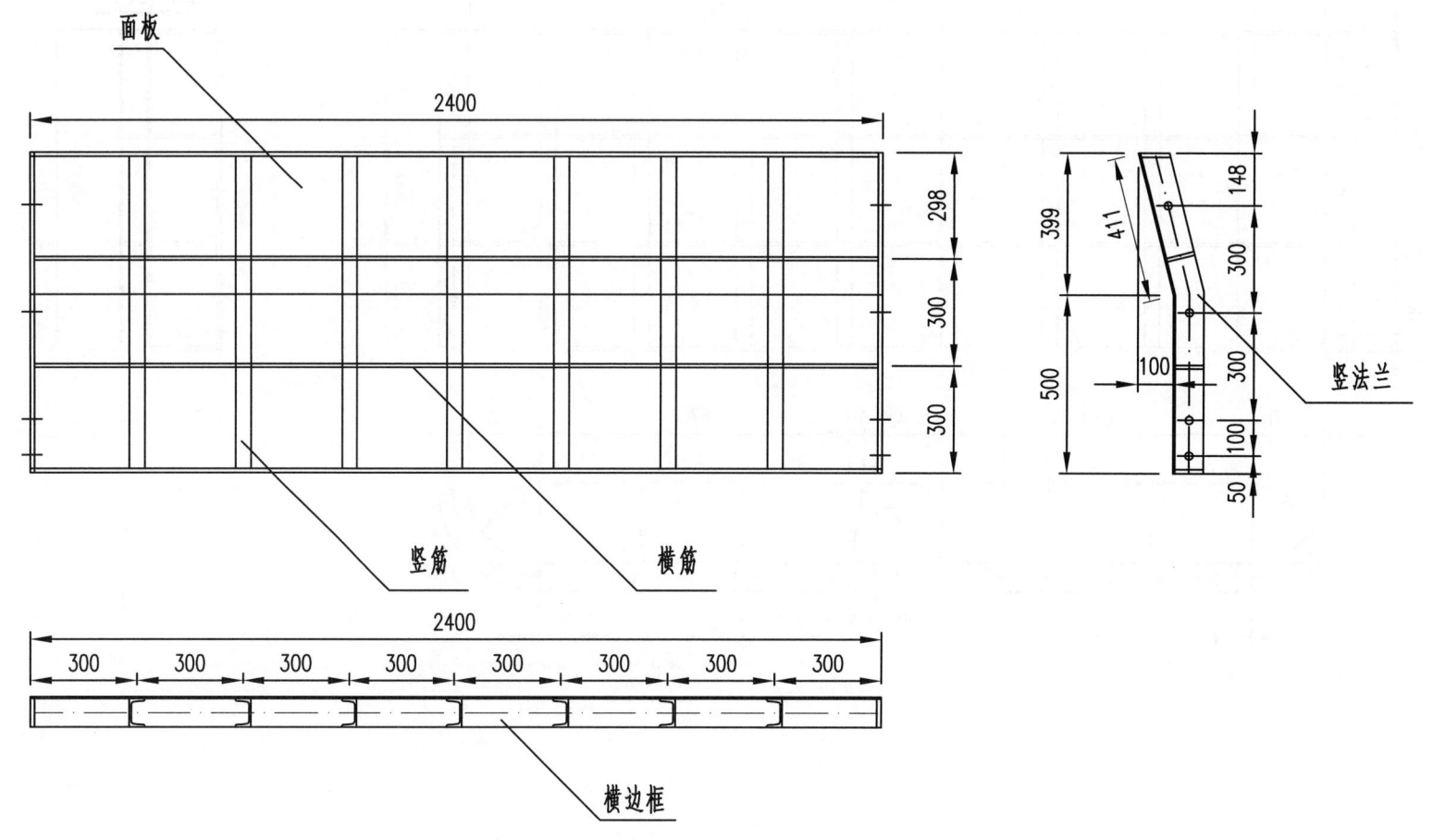

材料数量表

序号	名称	材料	长度(mm)	宽度(mm)	数量	单位质量(kg)	单块质量(kg)	总质量(kg)	备注
1	面板	5mm厚钢板	2400	911	1	39.25	85.82	85.82	
2	竖筋	[8	911		7	8.05	7.33	51.31	
3	横边框	12mm厚钢板	2400	80	2	94.20	18.0864	36.1728	
4	竖法兰	12mm厚钢板	911	80	2	94.20	6.8653	13.7306	
5	横筋	10mm厚钢板	2400	80	2	78.50	15.0720	30.1440	
合计								217.1774	

说明：

图中尺寸以mm计。

大悬臂盖梁	材 质	Q235	单 重	217kg
防震挡块X(02、08)模板	件 数		图 号	1.8-8

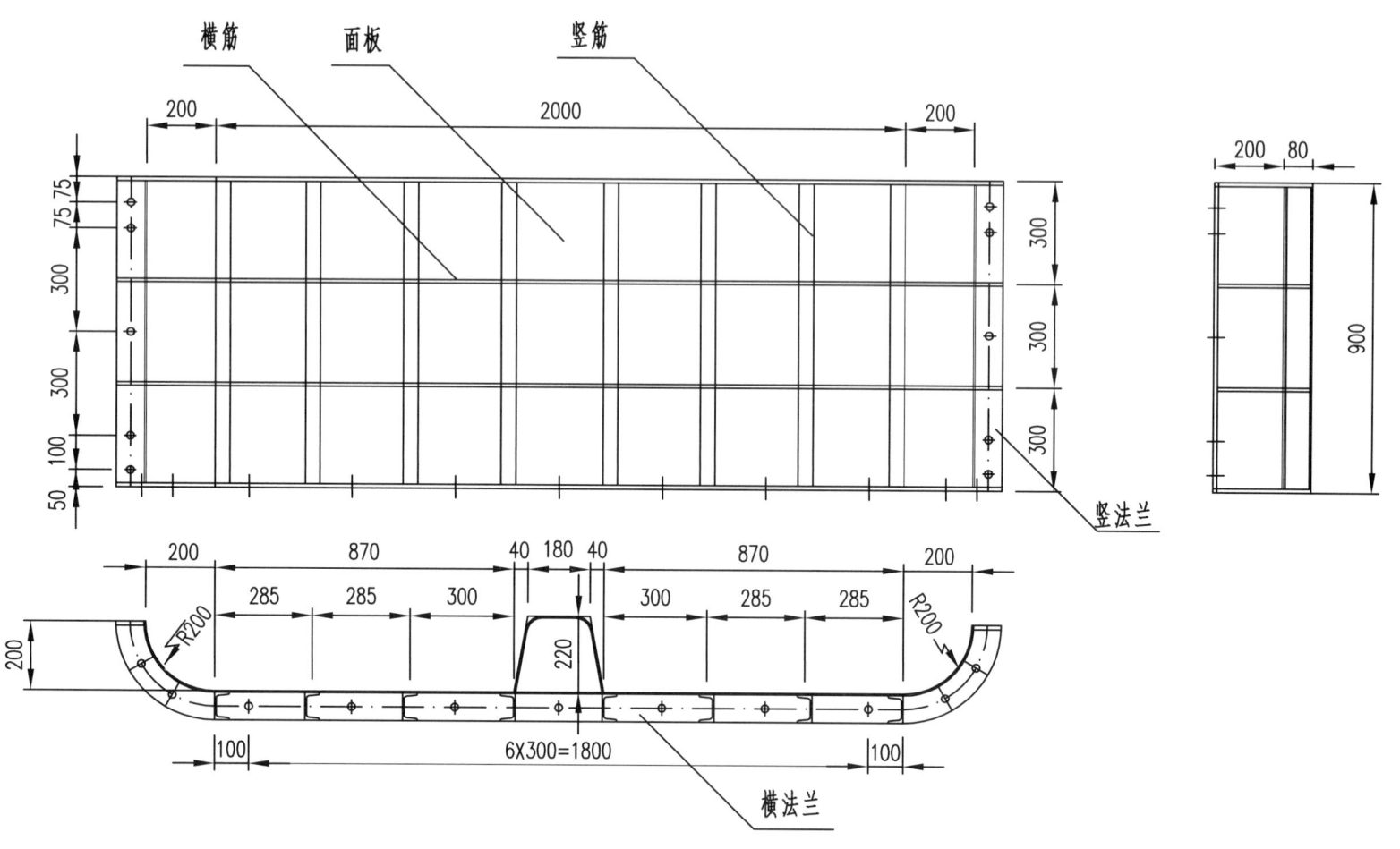

材料数量表

序号	名称	材料	长度(mm)	宽度(mm)	数量	单位质量(kg)	单块质量(kg)	总质量(kg)	备注
1	面板	5mm厚钢板	2969	900	1	39.25	104.88	104.88	
2	竖筋	[8	900		8	8.05	7.24	57.92	
3	横法兰	12mm厚钢板	2896	80	2	94.20	21.8243	43.6486	
4	竖法兰	12mm厚钢板	900	80	2	94.20	6.7824	13.5648	
5	横筋	10mm厚钢板	2636	80	2	78.50	16.5541	33.1082	
合计								253.1216	

说明：
图中尺寸以mm计。

大悬臂盖梁	材质	Q235	单重	253kg
防震挡块X(04、06)模板	件数		图号	1.8-9

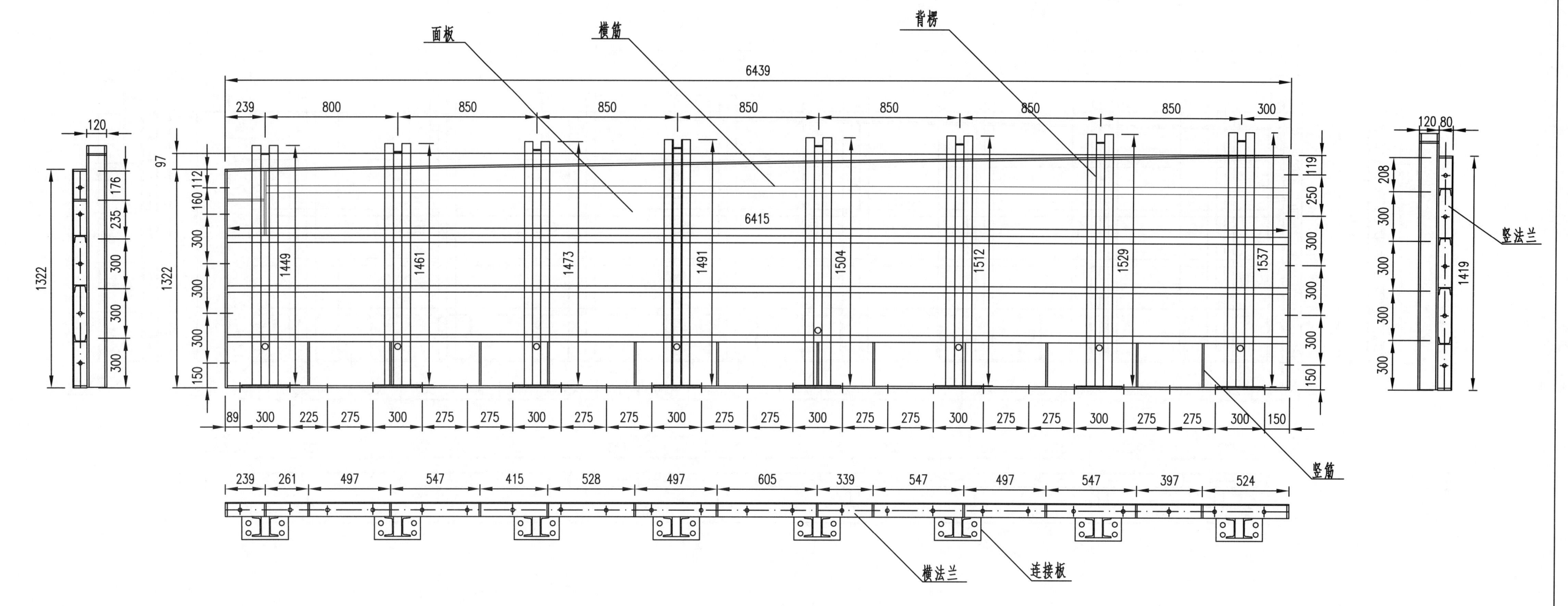

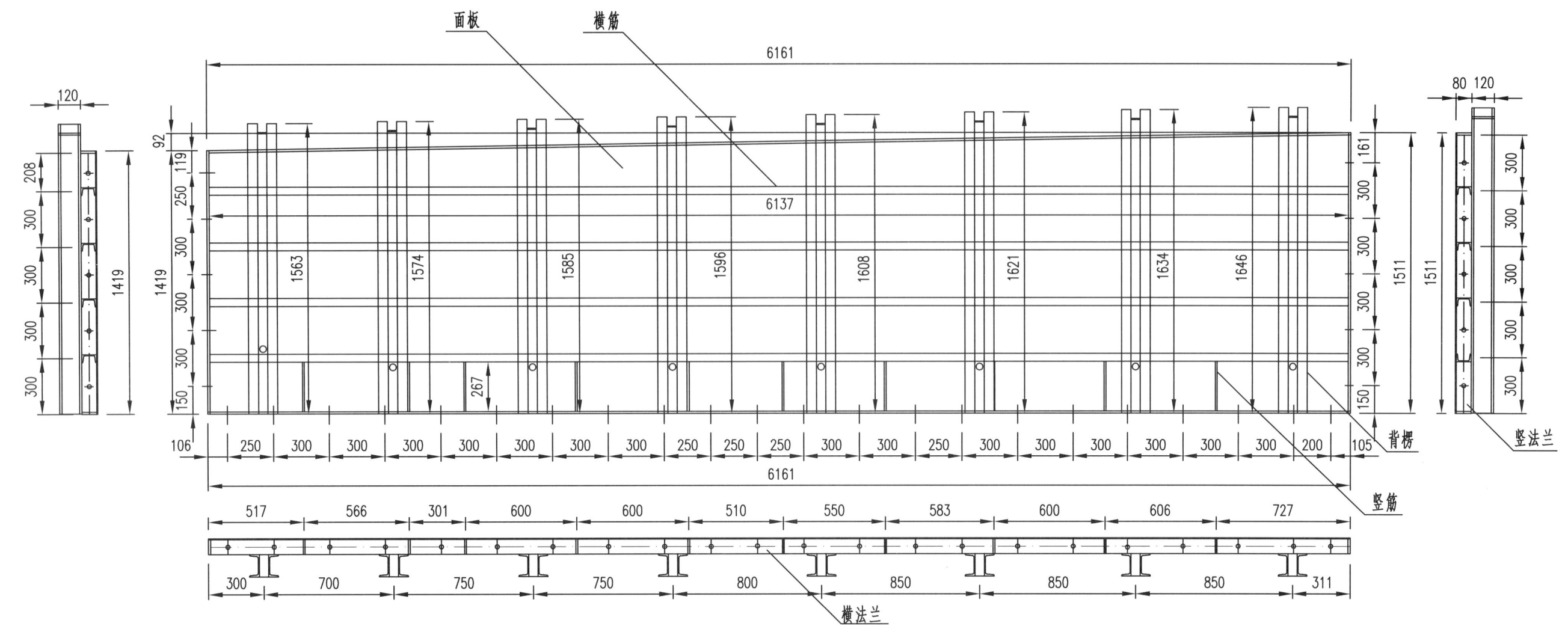

材料数量表

序号	名称	材料	长度(mm)	宽度(mm)	数量	单位质量(kg)	单块质量(kg)	总质量(kg)	备注
1	面板	5mm厚钢板	1511	6161	1	39.25	365.39	365.39	
2	横筋	[8	6137		4	8.05	49.37	197.48	
3	横法兰	12mm厚钢板	6161	80	2	94.20	46.4293	92.8586	
4	竖法兰	12mm厚钢板	2930	80	1	94.20	22.0805	22.0805	总长
5	背楞	2-[12	25654		1	12.06	309.3616	309.3616	总长
6	竖筋	10mm厚钢板	267	80	9	78.50	1.6768	15.0912	
合计								1002.2619	

说明：
图中尺寸以mm计。

大悬臂盖梁	材质	Q235	单重	1002kg
盖梁侧模XA(3、7、10、14)	件数		图号	1.8-11

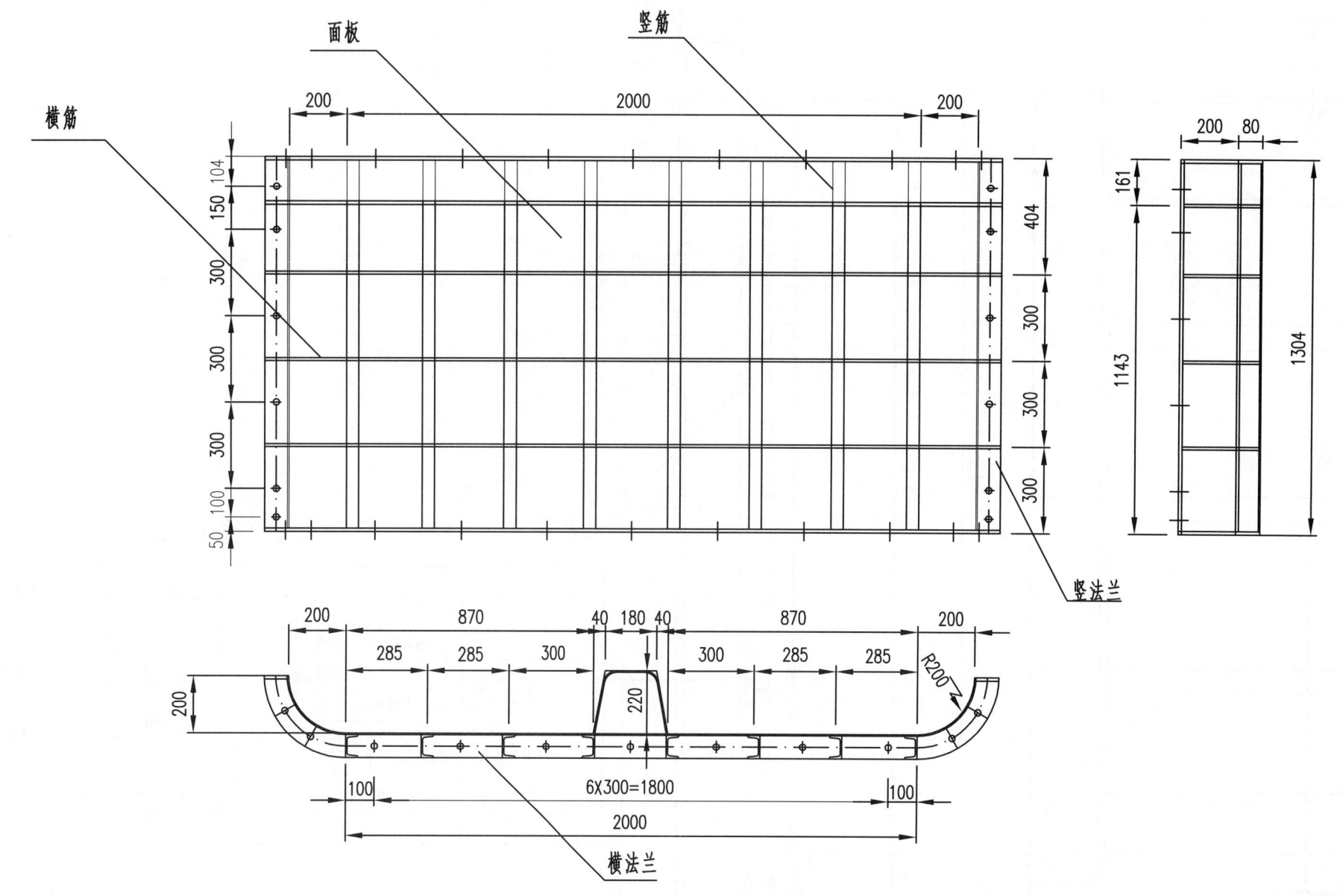

材料数量表

序号	名称	材料	长度(mm)	宽度(mm)	数量	单位质量(kg)	单块质量(kg)	总质量(kg)	备注
1	面板	5mm厚钢板	2969	1304	1	39.25	151.96	151.96	
2	竖筋	[8	1304		8	8.05	10.49	83.92	
3	横法兰	12mm厚钢板	2896	80	4	94.20	21.8243	87.2972	
4	竖法兰	12mm厚钢板	1304	80	2	94.20	9.8269	19.6538	
5	横筋	10mm厚钢板	2636	80	3	78.50	16.5541	49.6623	
合计								392.4933	

说明：

图中尺寸以mm计。

大悬臂盖梁	材质	Q235	单重	392kg
盖梁侧模XA(5、12)	件数		图号	1.8-12

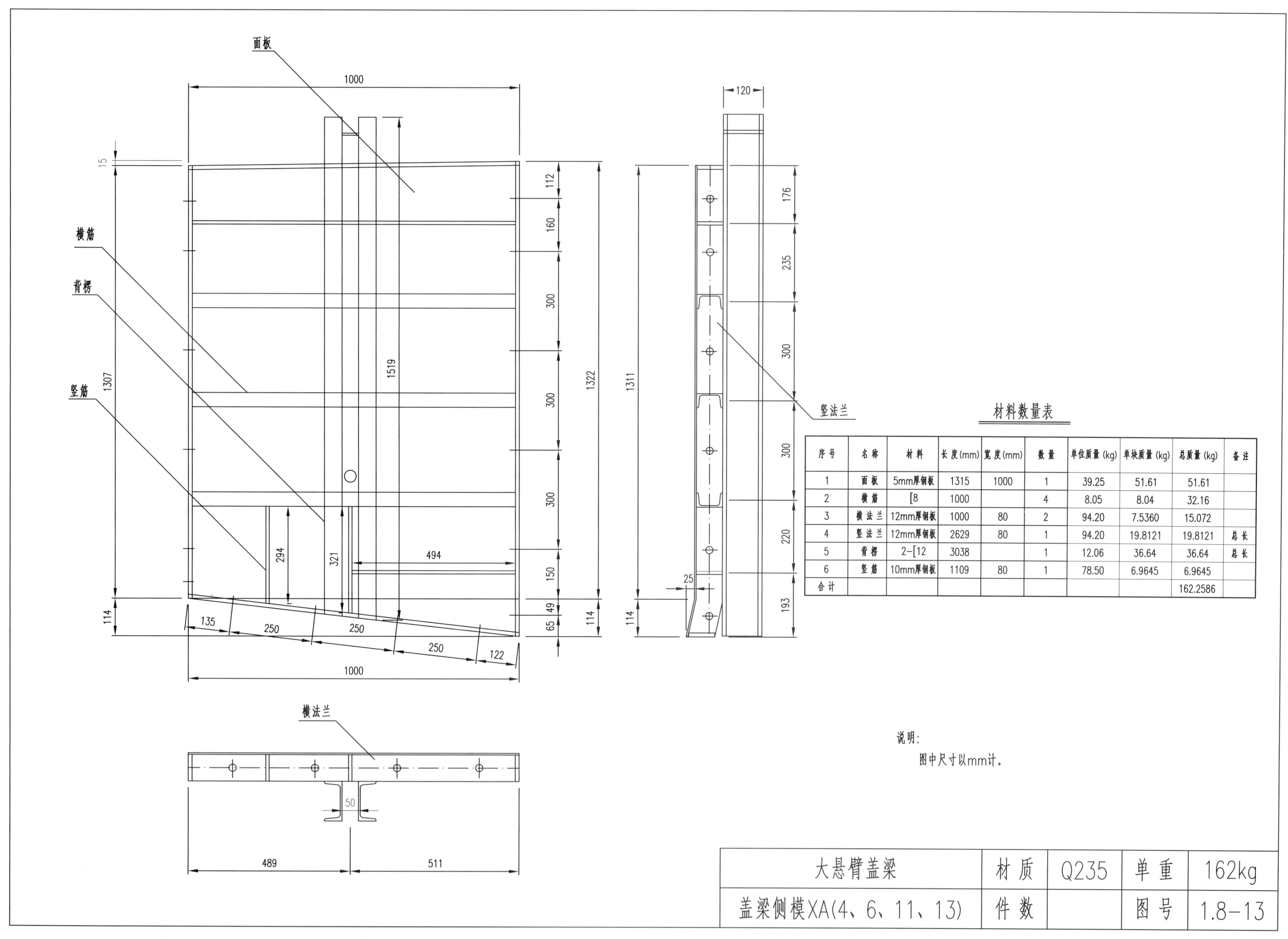

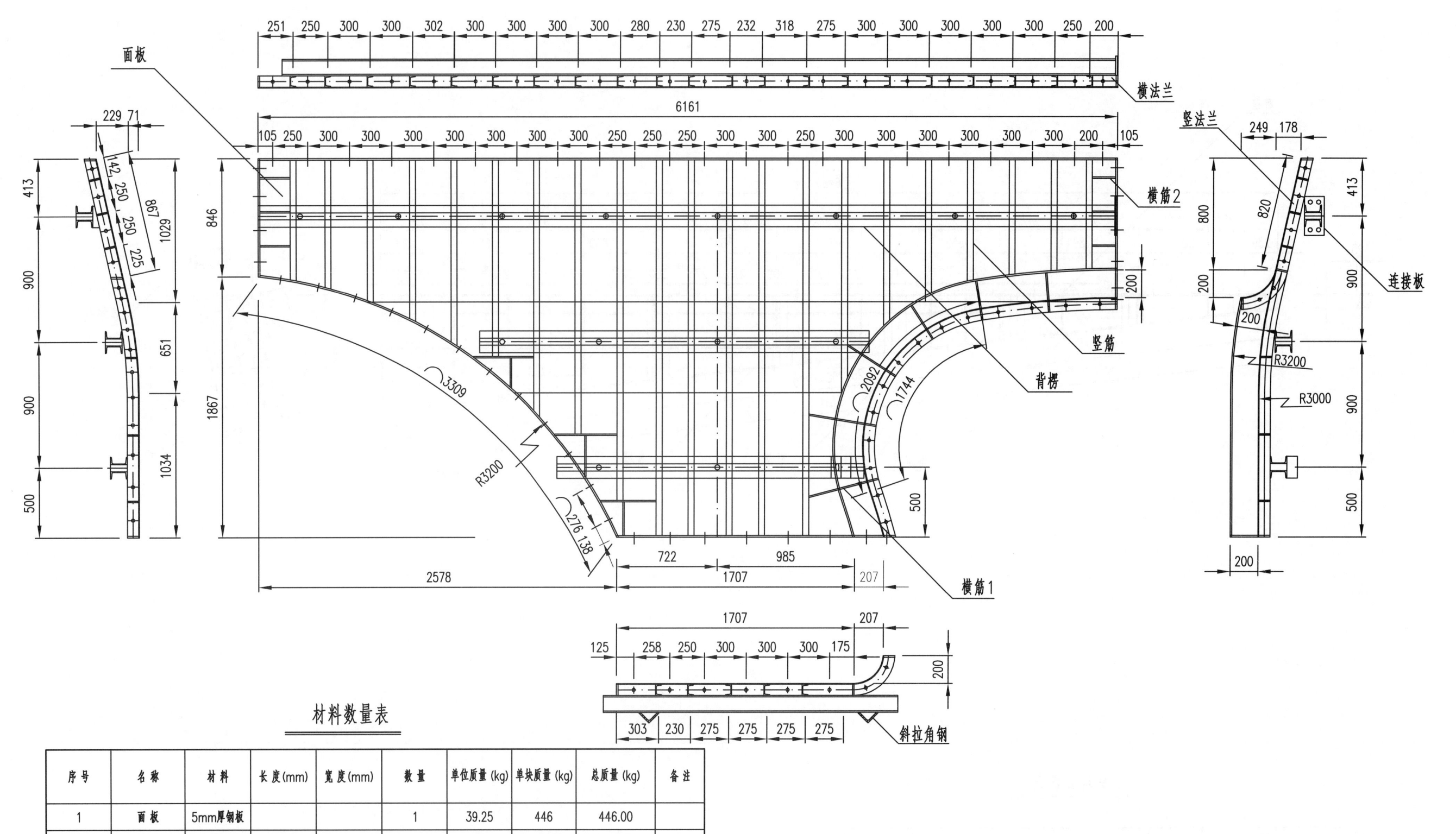

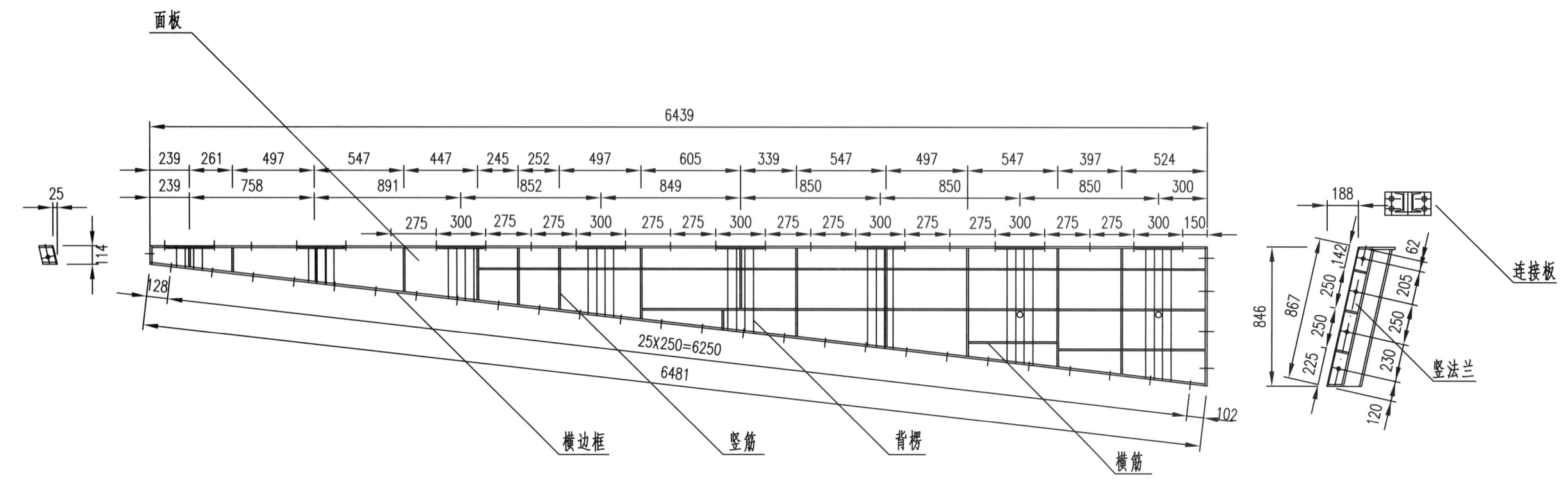

材料数量表

序号	名称	材料	长度(mm)	宽度(mm)	数量	单位质量(kg)	单块质量(kg)	总质量(kg)	备注
1	面板	5mm厚钢板	492	6439	1	39.25	124.3435	124.3435	
2	竖筋	10mm厚钢板	5952	80	1	78.50	467.23	467.23	
3	横边框	12mm厚钢板	12920	80	1	94.20	97.3651	97.3651	总长
4	竖法兰	12mm厚钢板	984	80	1	94.20	7.4154	7.4154	总长
5	背楞	2-[12	7458		1	12.06	89.9360	89.9360	总长
6	横筋	10mm厚钢板	9311	80	1	78.50	58.4731	58.4731	
7	连接板	14mm厚钢板	280	140	8	109.90	4.3081	34.4646	
合计								879.2279	

说明：

图中尺寸以mm计。

大悬臂盖梁	材质	Q235	单重	879kg
盖梁侧模XB(3、6、9、11)	件数		图号	1.8-15

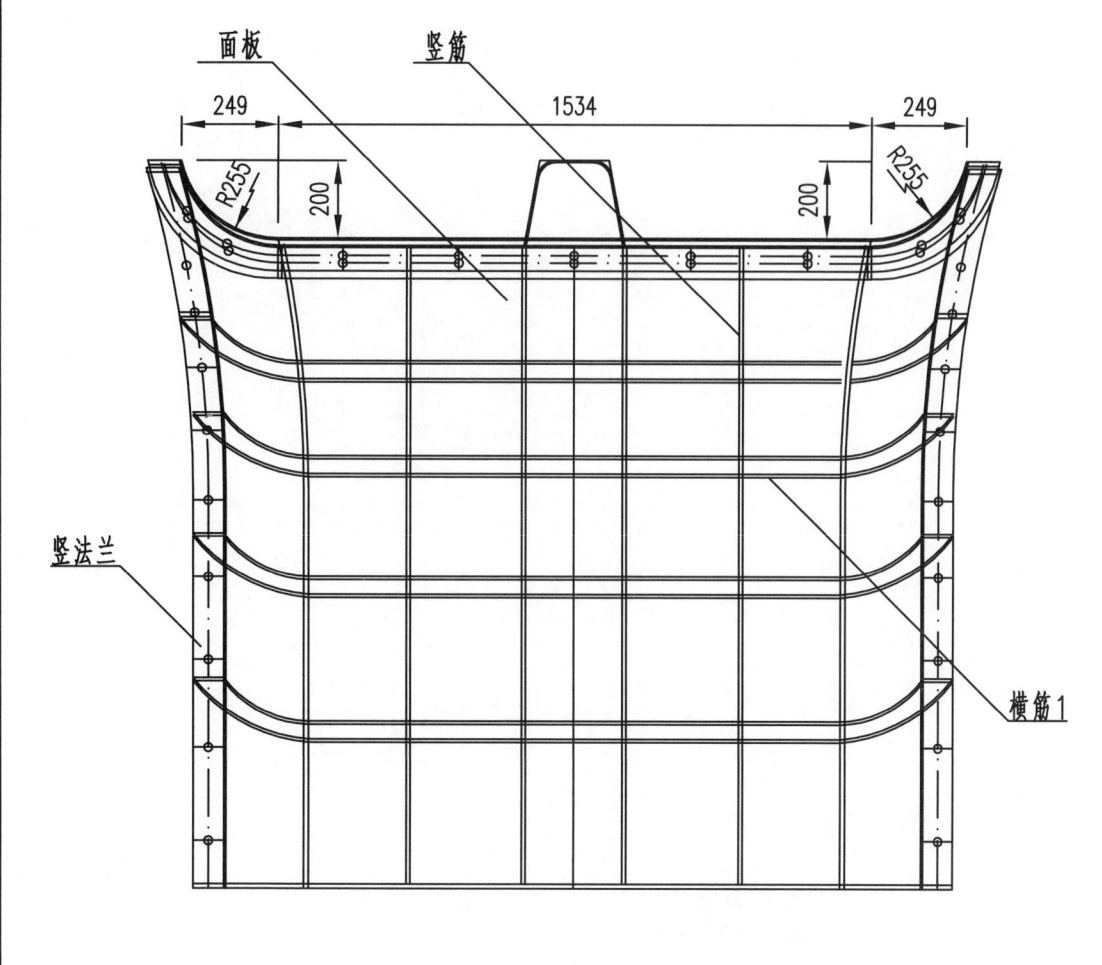
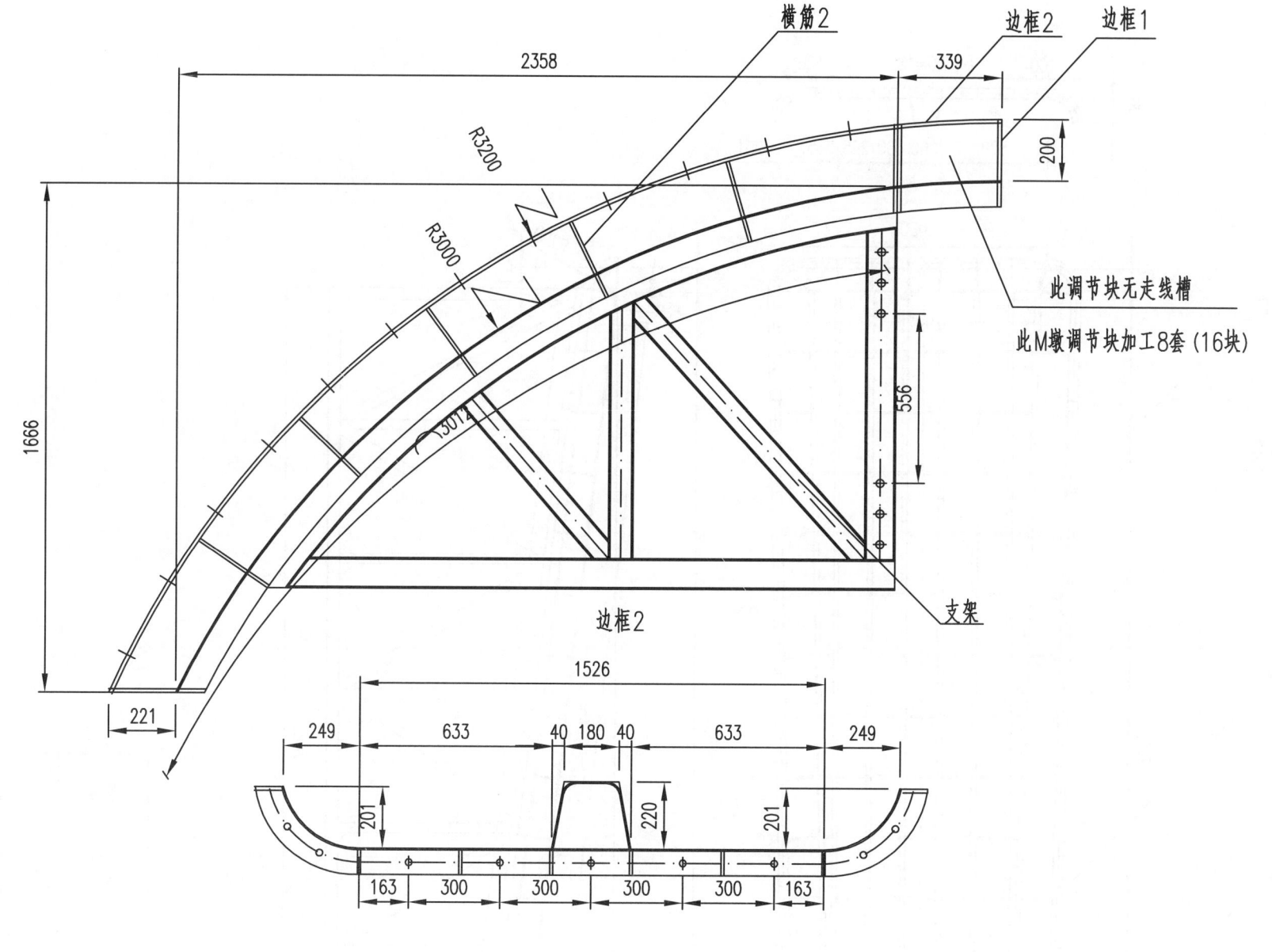
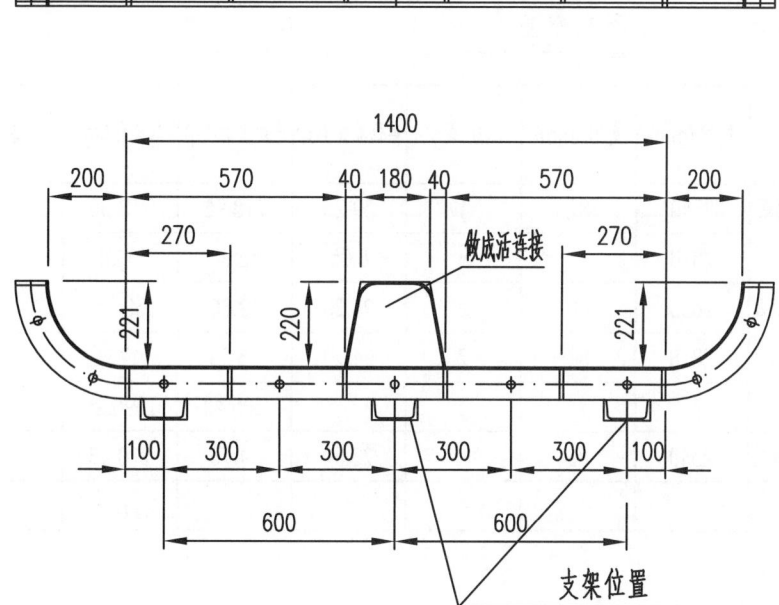
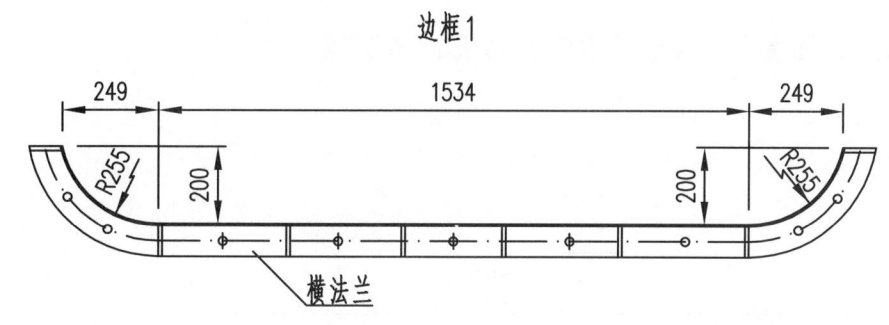

材料数量表

序号	名称	材料	长度(mm)	宽度(mm)	数量	单位质量(kg)	单块质量(kg)	总质量(kg)	备注
1	面板	5mm厚钢板	3012	2170	1	39.25	256.54	256.54	
2	竖筋	10mm厚钢板	3012	80	6	78.50	18.92	113.52	
3	横法兰	12mm厚钢板	2370	80	1	94.20	17.86	17.86	总长
4	竖法兰	12mm厚钢板	3012	80	2	94.20	22.70	45.40	
5	支架				3		91.33	273.99	
6	横筋1	10mm厚钢板	2370	80	5	78.50	14.88	74.40	
7	横筋2	10mm厚钢板	300	252	5	78.50	5.93	29.65	
合计								811.36	

说明:
1.此块侧模板做成整块的模板,走线槽做成活连接。
2.图中尺寸以mm计。

大悬臂盖梁	材质	Q235	单重	811kg
盖梁侧模XB(4、12)	件数		图号	1.8-16

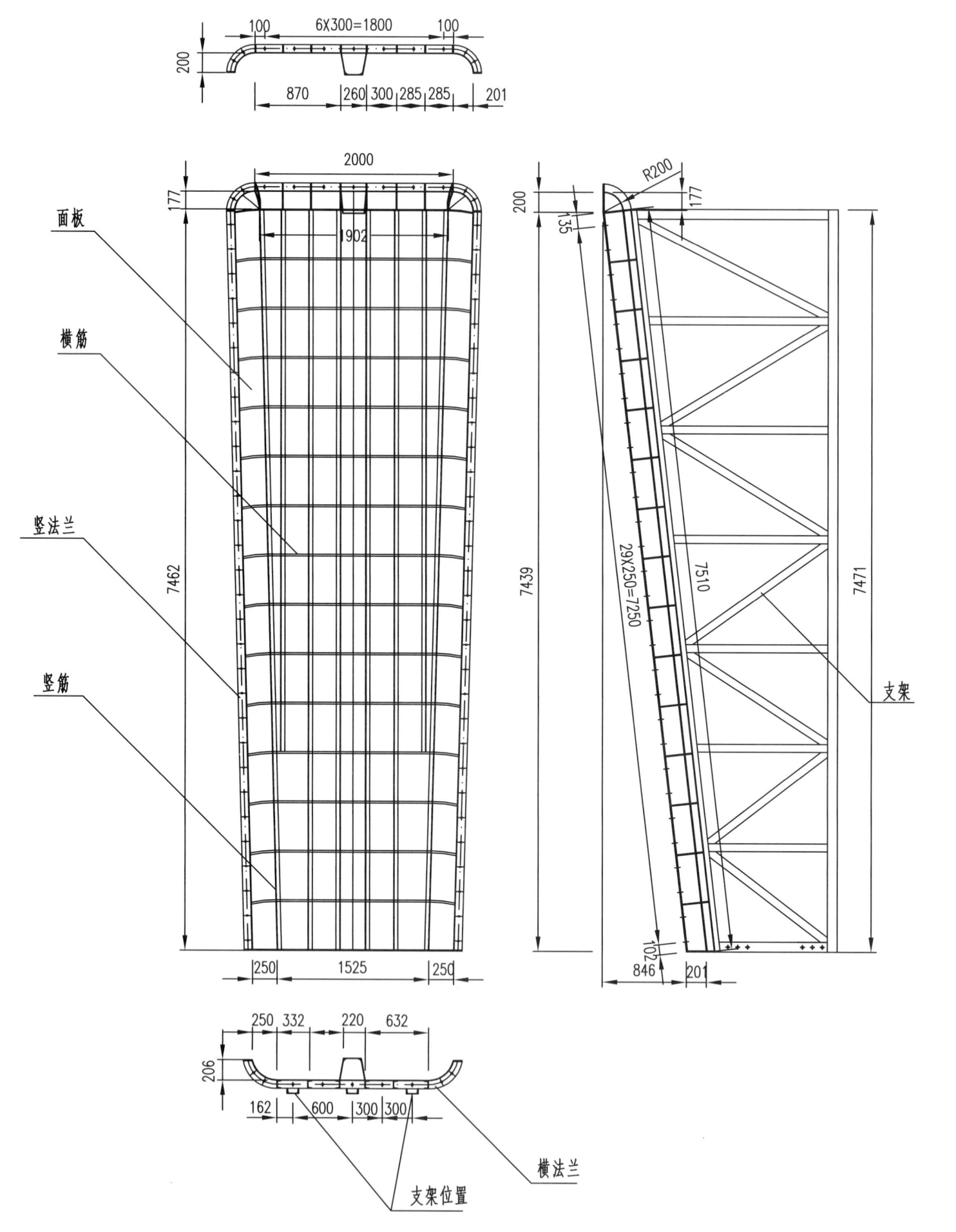

材料数量表

序号	名称	材料	长度(mm)	宽度(mm)	数量	单位质量(kg)	单块质量(kg)	总质量(kg)	备注
1	面板	5mm厚钢板	2340	7828	1	39.25	718.96	718.96	
2	竖筋	[8	7828		8	8.05	62.98	503.81	
3	横法兰	12mm厚钢板	2636	80	2	94.20	19.86	39.73	
4	竖法兰	12mm厚钢板	7828	80	2	94.20	58.99	117.98	
5	支架				3		365.42	1096.26	
6	横筋	10mm厚钢板	2340	80	15	78.50	14.70	220.43	
合计								2697.17	

说明：

1. 图中未标注孔径均为Φ22,加工时注意保证螺栓孔装配精度,保证模板可以顺利安装。
2. 图中尺寸以mm计。

大悬臂盖梁	材 质	Q235	单重	2697kg
盖梁底模XB(5、10)	件 数		图 号	1.8-17

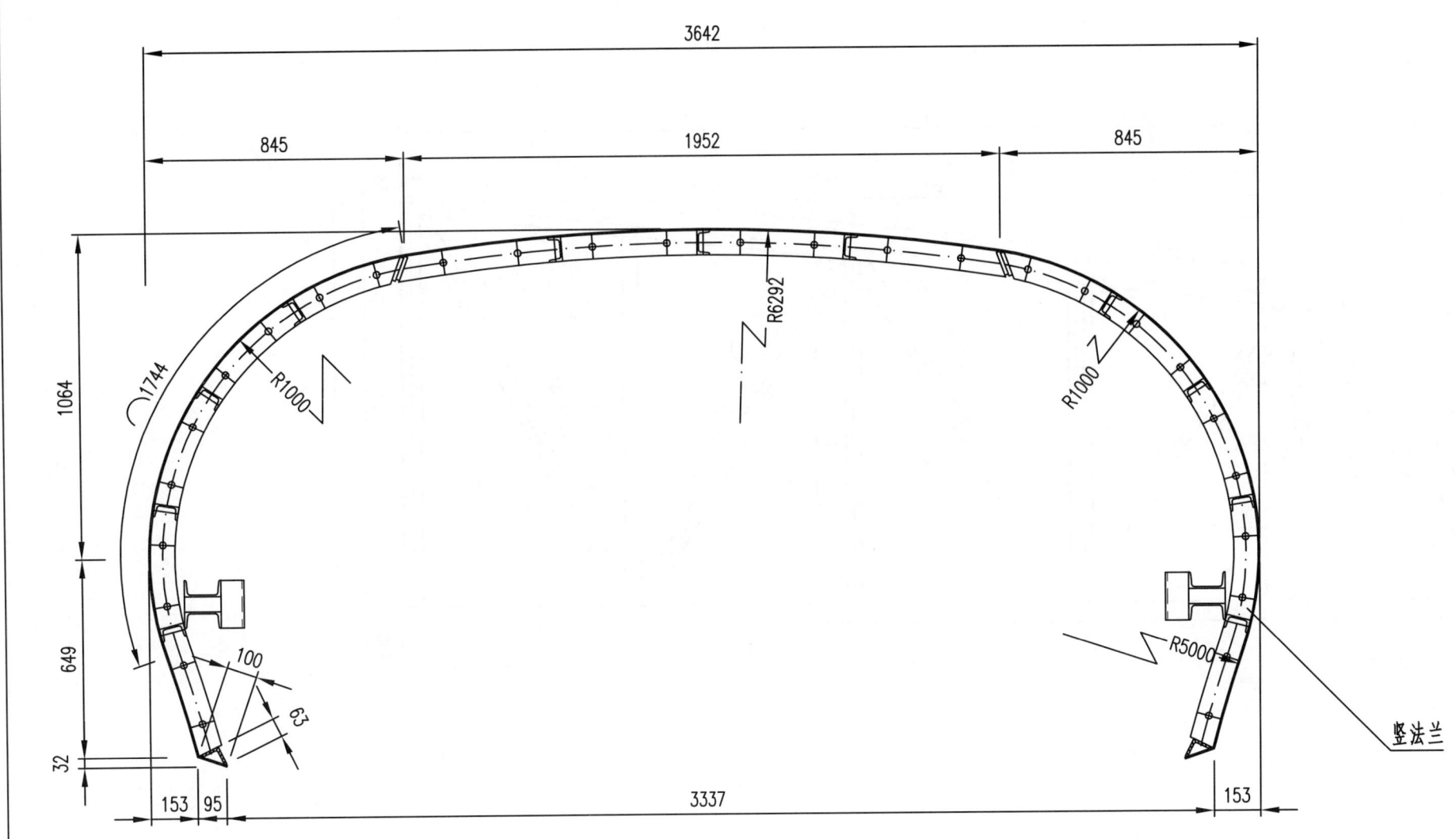
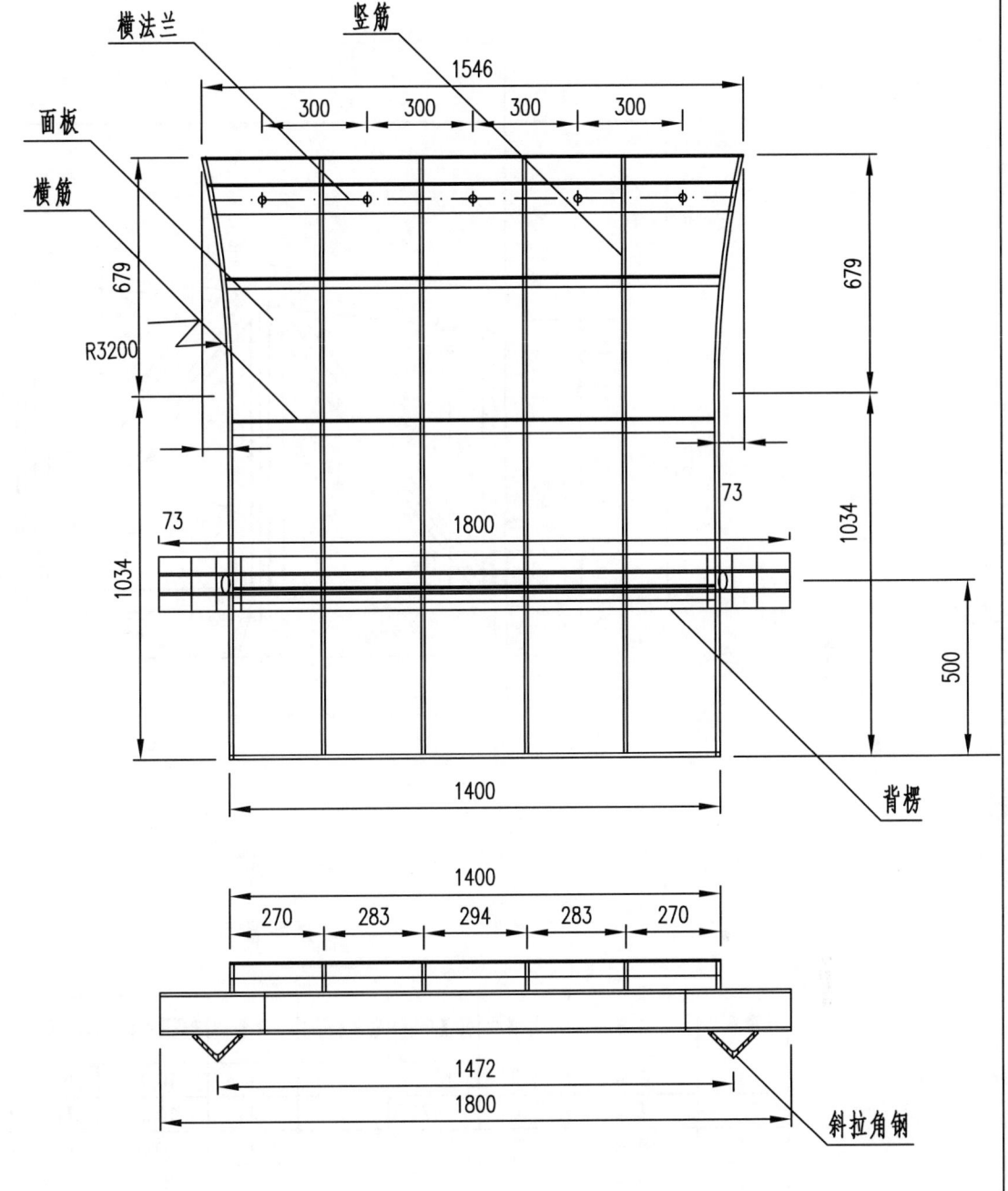

材料数量表

序号	名称	材料	长度(mm)	宽度(mm)	数量	单位质量(kg)	单块质量(kg)	总质量(kg)	备注
1	面板	5mm厚钢板	1546	5789	1	39.25	351.28	351.28	
2	竖筋	12mm厚钢板	5789	80	4	94.20	43.63	174.50	
3	横法兰	12mm厚钢板	1400	80	6	94.20	10.55	63.30	
4	竖法兰	12mm厚钢板	5789	80	2	94.20	43.63	87.26	
5	背楞	2-[12	1800		4	12.06	21.71	86.84	
6	横筋	[8	1400		11	8.05	11.26	123.86	
7	加强板	10mm厚钢板	300	120	4	78.50	2.83	11.32	
8	斜拉角钢	∟100×10	156		4	15.12	2.36	9.44	
合计								907.82	

说明：
图中尺寸以mm计。

大悬臂盖梁	材质	Q235	单重	908kg
盖梁底模XB(13、14、15)	件数		图号	1.8-18

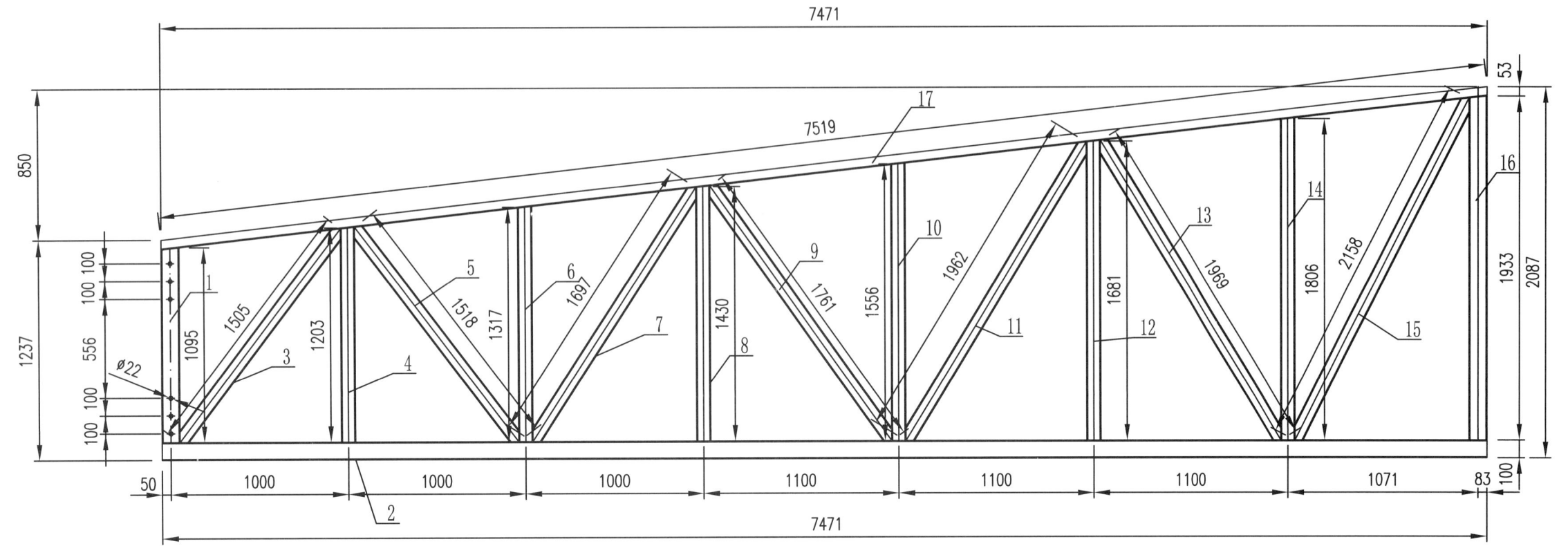

材料数量表

序号	名称	材料	长度(mm)	宽度(mm)	数量	单位质量(kg)	单块质量(kg)	总质量(kg)	备注
1	槽钢	[10	1095		1	10.01	10.9577	10.9577	
2	槽钢	[10	7471		1	10.01	74.7623	74.7623	
3	槽钢	[8	1505		1	8.05	12.1077	12.1077	
4	槽钢	[8	1203		1	8.05	9.6781	9.6781	
5	槽钢	[8	1518		1	8.05	12.2123	12.2123	
6	槽钢	[8	1317		1	8.05	10.5953	10.5953	
7	槽钢	[8	1697		1	8.05	13.6524	13.6524	
8	槽钢	[8	1430		1	8.05	11.5044	11.5044	
9	槽钢	[8	1761		1	8.05	14.1672	14.1672	
10	槽钢	[8	1556		1	8.05	12.5180	12.5180	
11	槽钢	[8	1962		1	8.05	15.7843	15.7843	
12	槽钢	[8	1681		1	8.05	13.5236	13.5236	
13	槽钢	[8	1969		1	8.05	15.8406	15.8406	
14	槽钢	[8	1806		1	8.05	14.5293	14.5293	
15	槽钢	[8	2158		1	8.05	17.3611	17.3611	
16	槽钢	[8	1933		1	8.05	15.5510	15.5510	
17	槽钢	[12	7519		1	12.06	90.6716	90.6716	
合计								365.4169	

说明：

图中尺寸以mm计。

大悬臂盖梁	材 质	Q235	单 重	365kg
B层支撑桁架	件 数		图 号	1.8-19

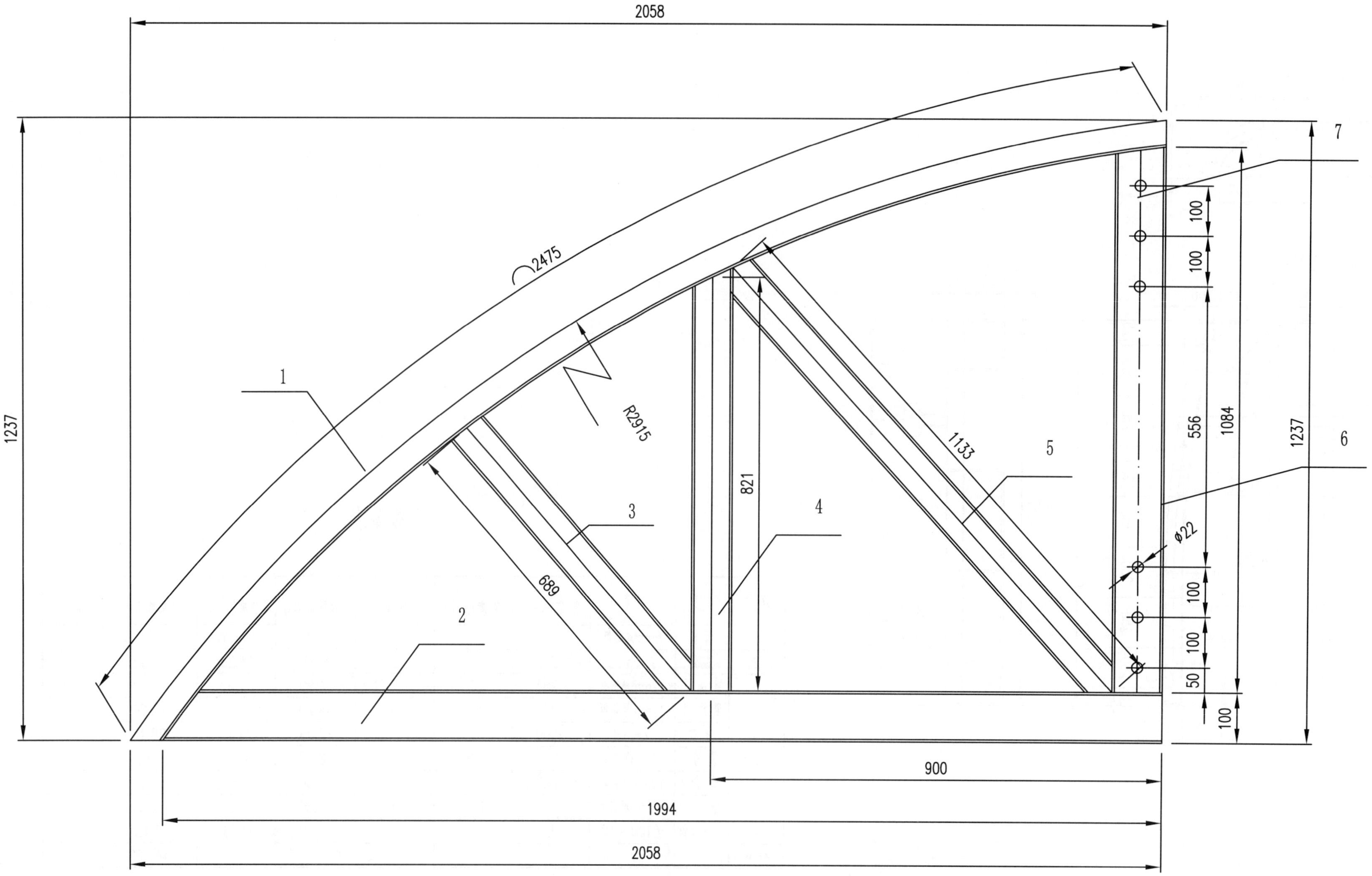

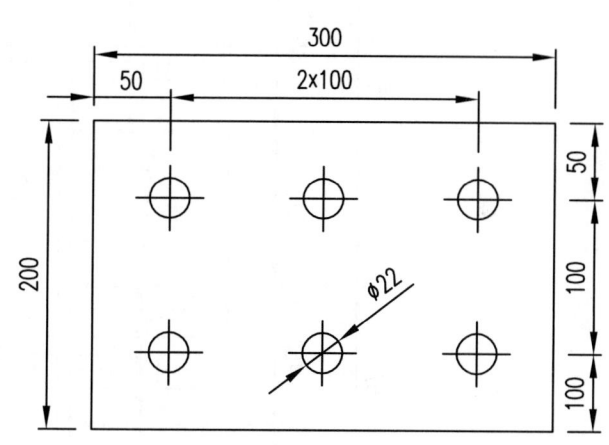

连接板大样

材料数量表

序号	名称	材料	长度(mm)	宽度(mm)	数量	单位质量(kg)	单块质量(kg)	总质量(kg)	备注
1	槽钢	[12	2475		1	12.06	29.8460	29.8460	
2	槽钢	[10	1994		1	10.01	19.9540	19.9540	
3	槽钢	[8	689		1	8.05	5.5430	5.5430	
4	槽钢	[8	821		1	8.05	6.6049	6.6049	
5	槽钢	[8	1133		1	8.05	9.1150	9.1150	
6	槽钢	[10	1084		1	10.01	10.8476	10.8476	
7	连接板	10mm厚钢板	300	200	2	78.50	4.7100	9.4200	
合计								91.3305	

说明：
1. 连接板位置在图中未示意。
2. 图中尺寸以mm计。

大悬臂盖梁	材质	Q235	单重	91kg
B层支撑桁架	件数		图号	1.8-20

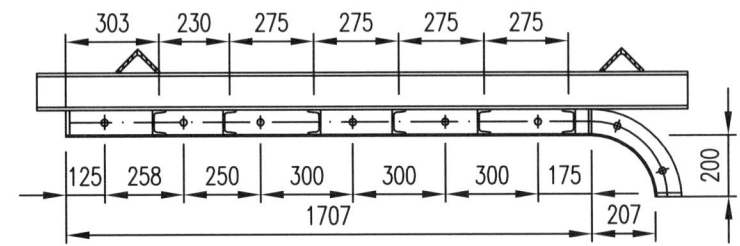
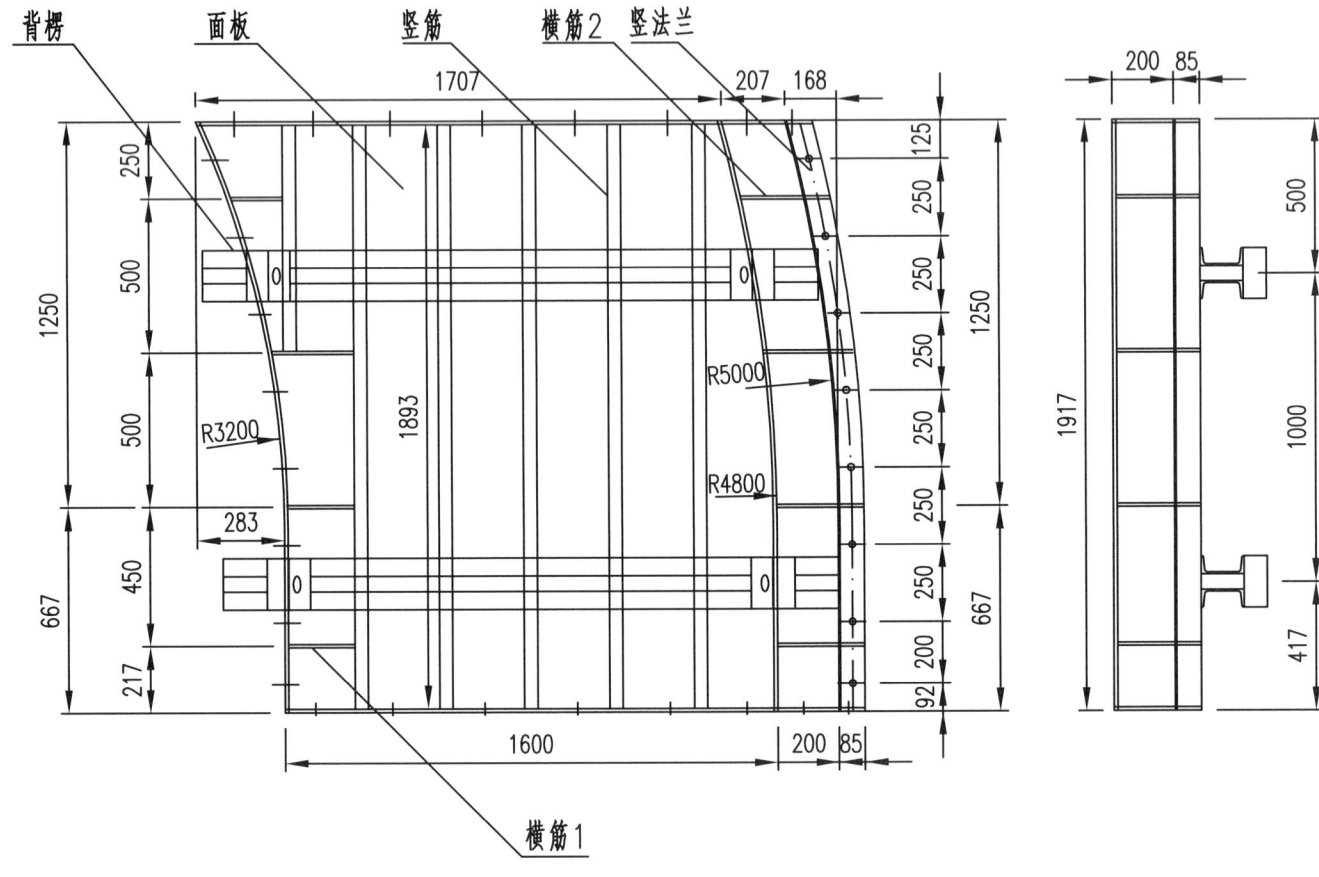
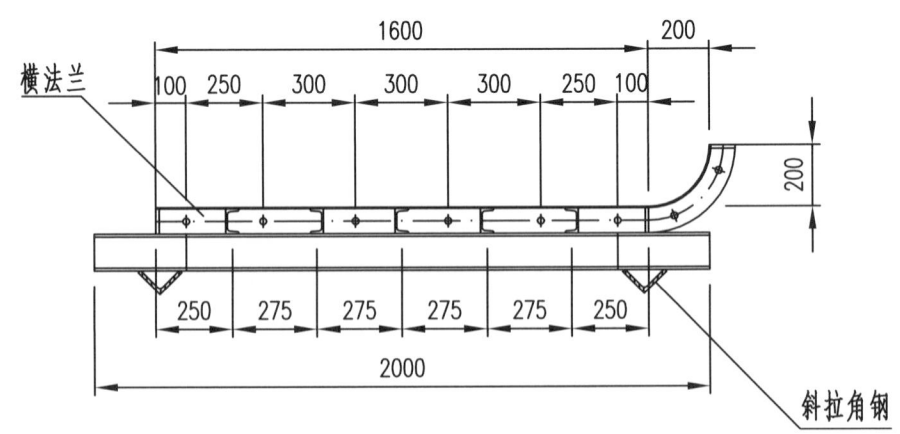

材料数量表

序号	名称	材料	长度(mm)	宽度(mm)	数量	单位质量(kg)	单块质量(kg)	总质量(kg)	备注
1	面板	5mm厚钢板	1917	1918	1	39.25	144.31	144.31	
2	竖筋	[8	1893		5	8.04	15.23	82.15	
3	横法兰	12mm厚钢板	4203	80	1	94.20	31.67	31.67	总长
4	竖法兰	12mm厚钢板	1957	80	3	94.20	14.75	44.24	
5	背楞	2-[12	2000		4	12.06	24.12	96.47	
6	横筋1	10mm厚钢板	217	80	4	78.50	1.36	5.45	
7	横筋2	10mm厚钢板	448	80	4	78.50	2.81	11.25	
8	加强板	10mm厚钢板	300	120	8	78.50	2.83	22.61	
9	斜拉角钢	∠100×10	156		4	15.12	2.36	9.43	
合计								447.60	

说明：

1. 加强板在图中未示意。
2. 图中未标注孔径均为∅22,加工时注意保证螺栓孔装配精度,保证模板可以顺利安装。
3. 图中尺寸以mm计。

大悬臂盖梁	材 质	Q235	单 重	448kg
墩柱模板C(1、5、7、11)	件 数		图 号	1.8-21

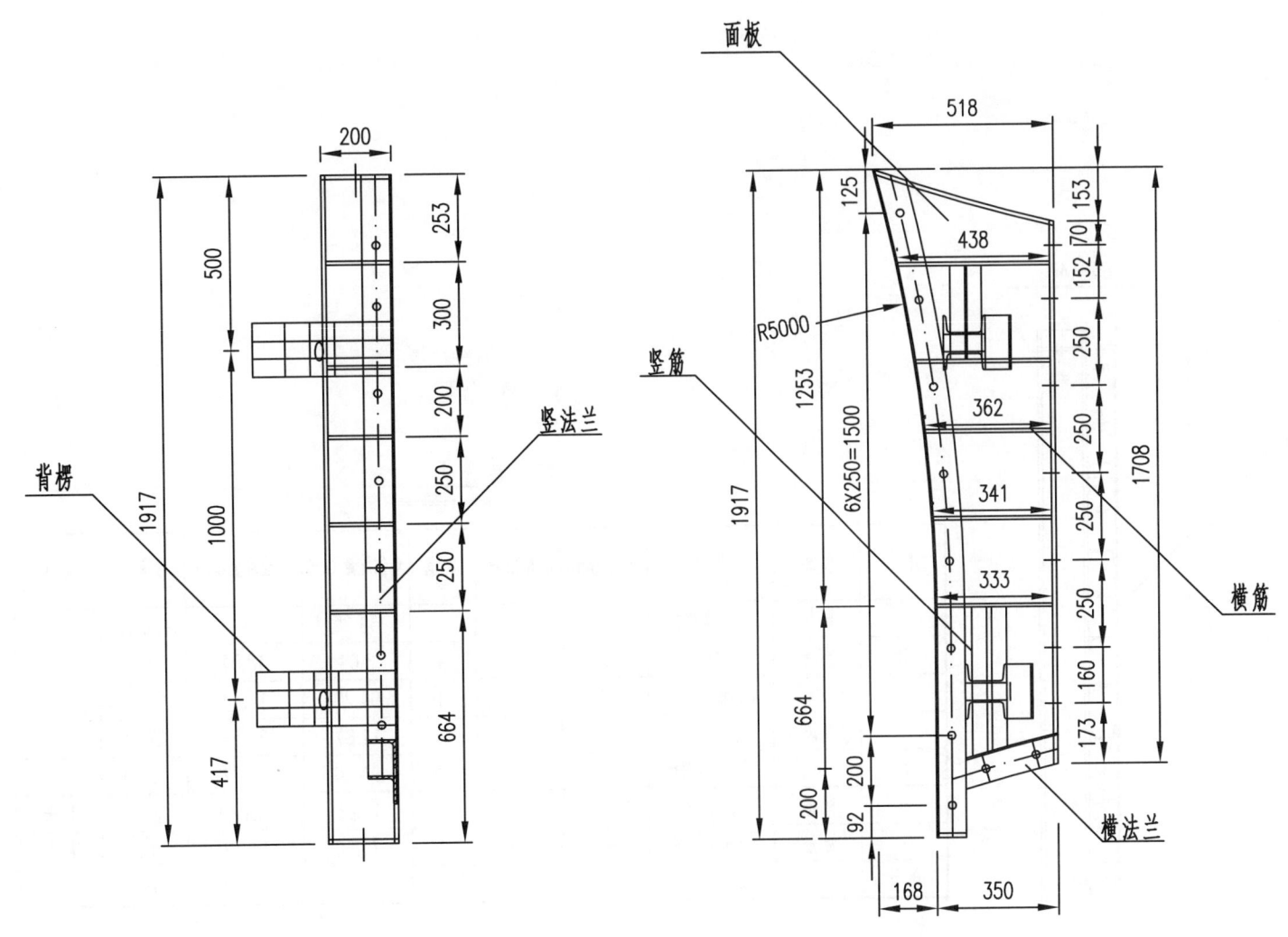

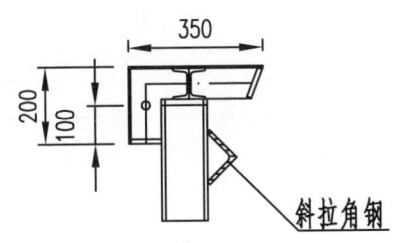

材料数量表

序号	名称	材料	长度(mm)	宽度(mm)	数量	单位质量(kg)	单块质量(kg)	总质量(kg)	备注
1	面板	5mm厚钢板			1	39.25	40.00	40.00	
2	竖筋	[8	670		2	8.04	5.39	10.78	
3	横法兰	12mm厚钢板	1304	80	1	94.20	9.83	9.83	总长
4	竖法兰	12mm厚钢板	3452	80	1	94.20	26.01	26.01	总长
5	背楞	2-[12	315		4	12.06	3.80	15.19	
6	横筋	10mm厚钢板	2862	80	1	78.50	17.97	17.97	总长
7	加强板	10mm厚钢板	315	120	4	78.50	2.97	11.88	
8	斜拉角钢	∟100X10	156		2	15.12	2.36	4.72	
合计								136.38	

说明：
1. 加强板在图中未示意。
2. 图中尺寸以mm计。

大悬臂盖梁	材质	Q235	单重	136kg
墩柱模板C(2、4、8、10)	件数		图号	1.8-22

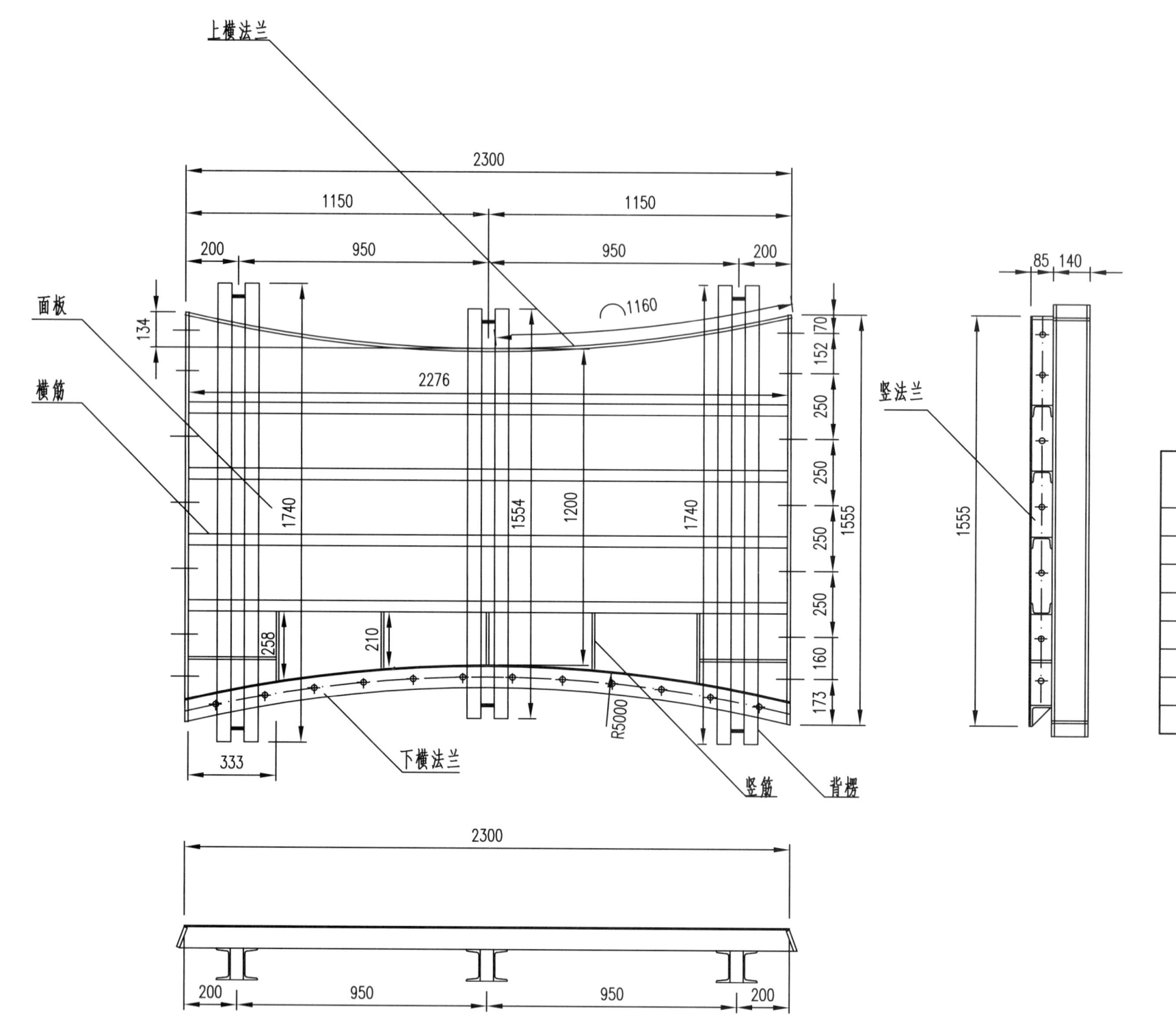

材料数量表

序号	名称	材料	长度(mm)	宽度(mm)	数量	单位质量(kg)	单块质量(kg)	总质量(kg)	备注
1	面板	5mm厚钢板			1	39.25	124.10	124.10	
2	横筋	[8	2276		4	8.04	18.31	73.24	
3	上横法兰	12mm厚钢板	2320	80	1	94.20	17.48	17.48	
4	下横法兰	∠80×10	2320		1	11.87	27.54	27.54	
5	竖法兰	12mm厚钢板	1555	80	2	94.20	11.72	23.44	
6	背楞	2-[12	10068		1	12.06	121.41	121.41	总长
7	竖筋	10mm厚钢板	1812	80	1	78.50	11.38	11.38	总长
合计								398.59	

说明：

图中尺寸以mm计。

大悬臂盖梁	材质	Q235	单重	399kg
系梁模板C(3、9)	件数		图号	1.8-23

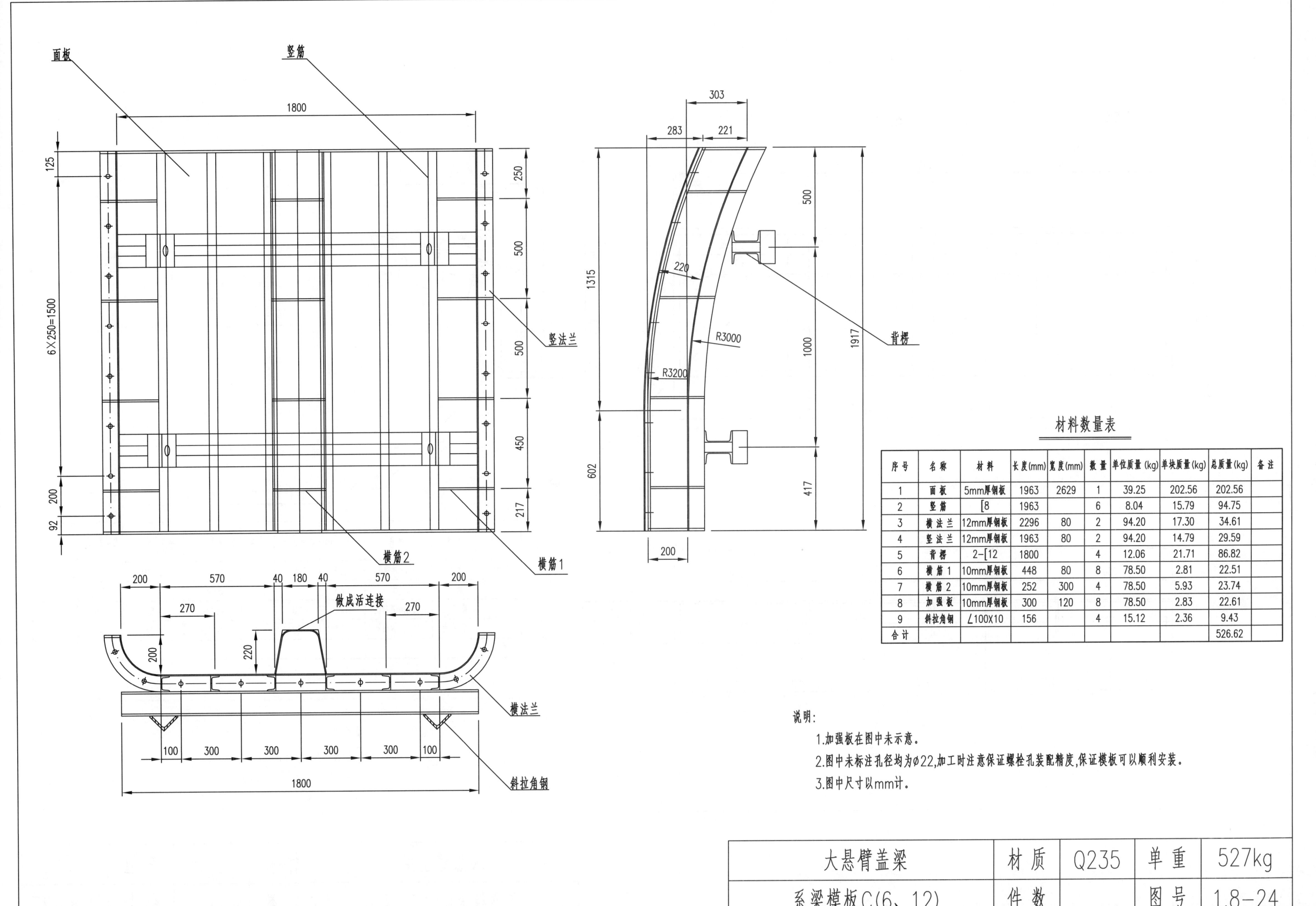

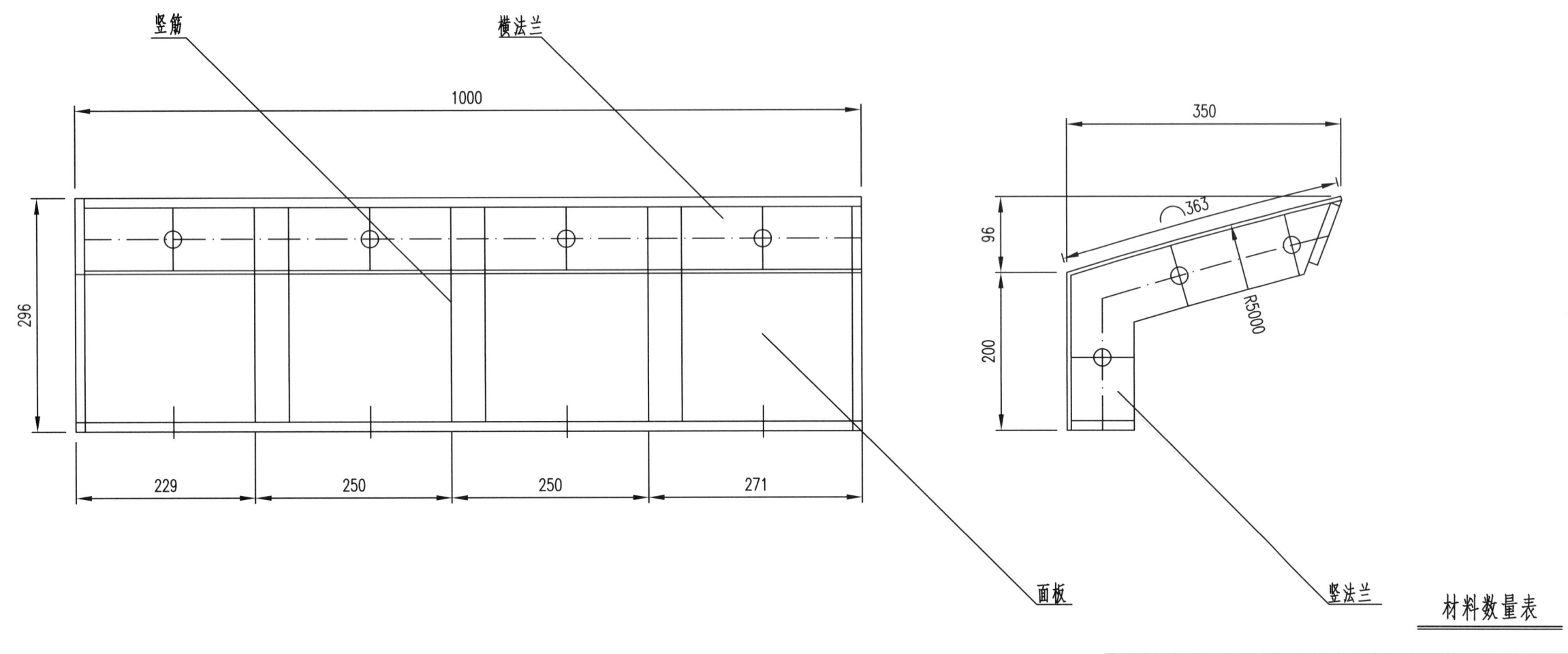

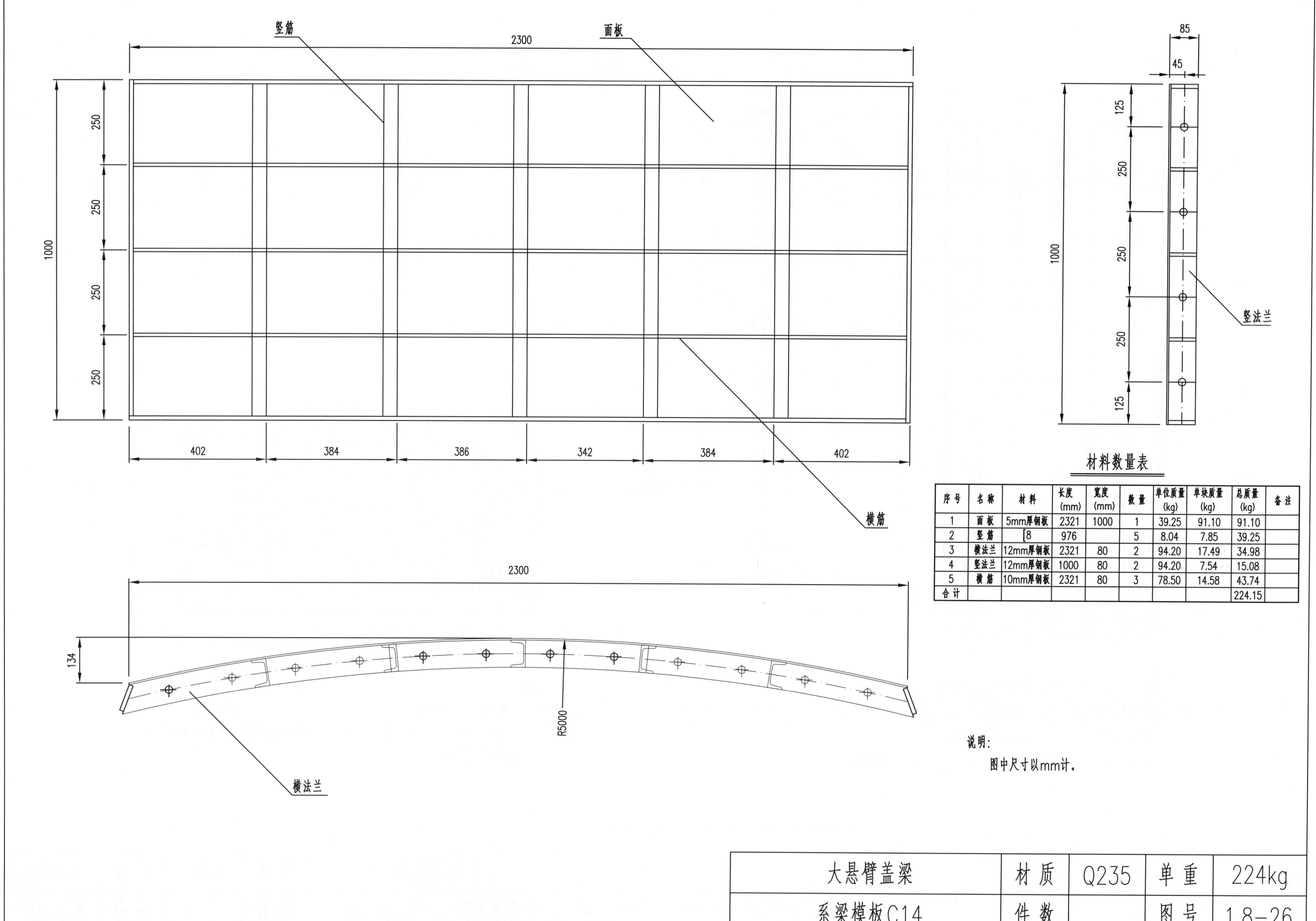

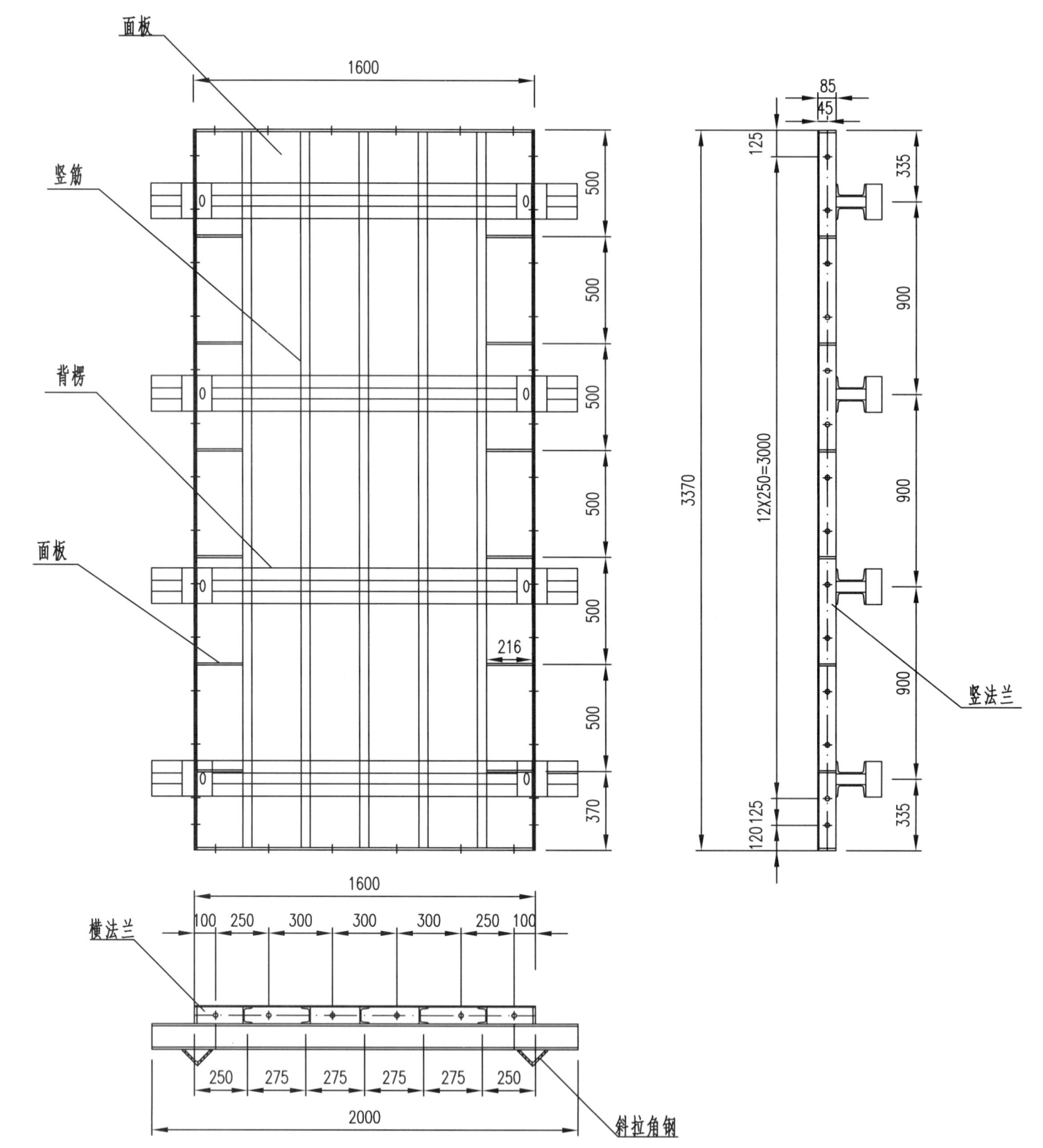

材料数量表

序号	名称	材料	长度(mm)	宽度(mm)	数量	单位质量(kg)	单块质量(kg)	总质量(kg)	备注
1	面板	5mm厚钢板	3370	1600	1	39.25	211.64	211.64	
2	竖筋	[8	3346		5	8.04	26.92	134.60	
3	横法兰	12mm厚钢板	1600	80	2	94.20	12.06	24.12	
4	竖法兰	12mm厚钢板	3346	80	2	94.20	25.22	50.44	
5	背楞	2-[12	2000		8	12.06	24.12	192.96	
6	横筋	10mm厚钢板	217	80	12	78.50	1.36	16.32	
7	加强板	10mm厚钢板	300	120	16	78.50	2.83	45.28	
8	斜拉角钢	∠100X10	156		8	15.12	2.36	18.88	
合计								694.24	

说明：

1. 加强板在图中未示意。
2. 图中未标注孔径均为Φ22,加工时注意保证螺栓孔装配精度,保证模板可以顺利安装。
3. 图中尺寸以mm计。

大悬臂盖梁	材质	Q235	单重	694kg
墩柱模板D(1、3、5、7)	件数		图号	1.8-27

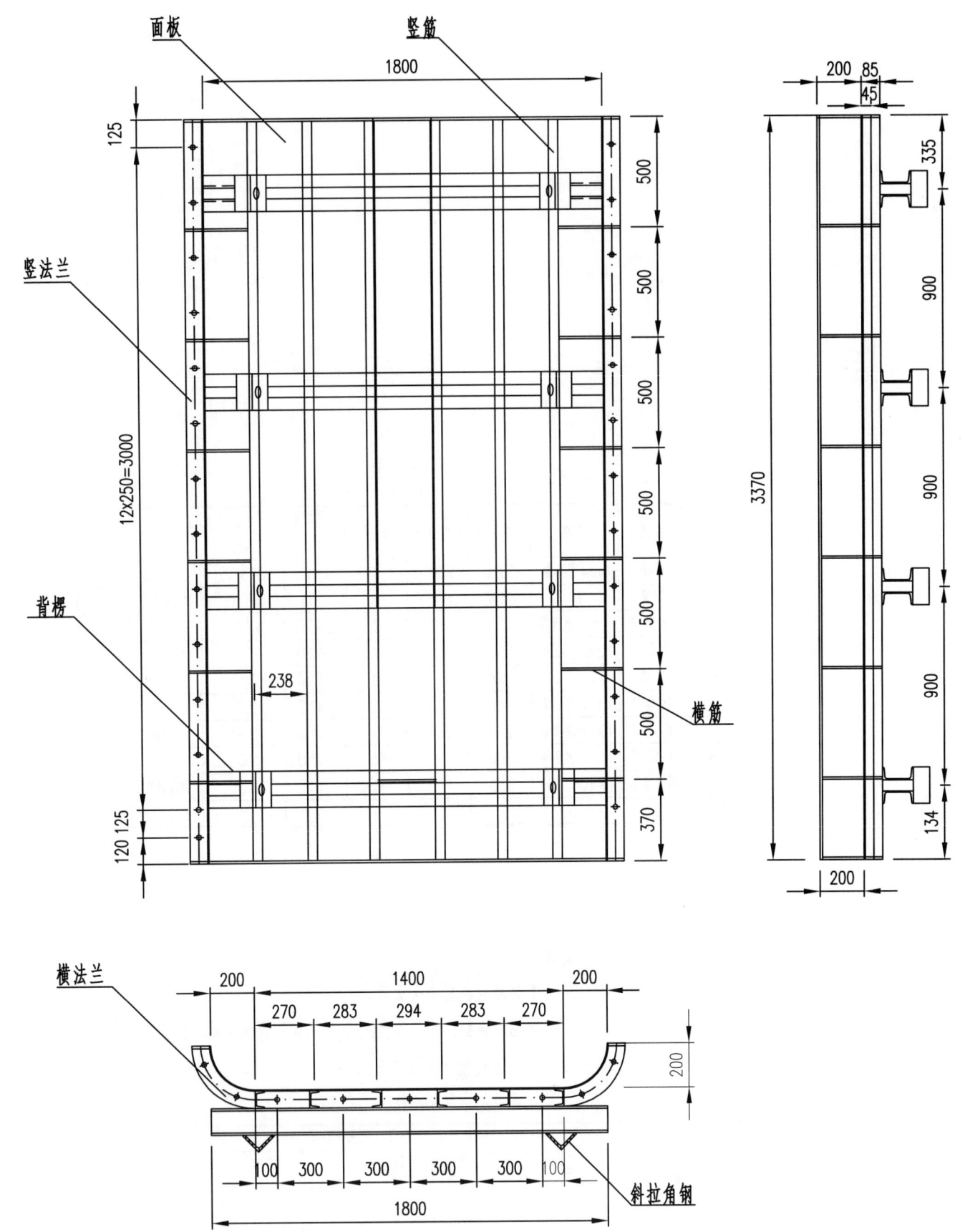

材料数量表

序号	名称	材料	长度(mm)	宽度(mm)	数量	单位质量(kg)	单块质量(kg)	总质量(kg)	备注
1	面板	5mm厚钢板	3370	2036	1	39.25	269.31	269.31	
2	竖筋	[8	3346		6	8.04	26.92	161.52	
3	横法兰	12mm厚钢板	2296	80	2	94.20	17.30	34.60	
4	竖法兰	12mm厚钢板	3346	80	2	94.20	25.22	50.44	
5	背楞	2-[12	1800		8	12.06	21.71	173.68	
6	横筋	10mm厚钢板	448	80	12	78.50	2.81	33.72	
7	加强板	10mm厚钢板	300	120	16	78.50	2.83	45.28	
8	斜拉角钢	∠100X10	156		8	15.12	2.36	18.88	
合计								787.43	

说明：
1. 加强板在图中未示意。
2. 图中尺寸以mm计。

大悬臂盖梁	材质	Q235	单重	787kg
墩柱模板D(2、8)	件数		图号	1.8-28

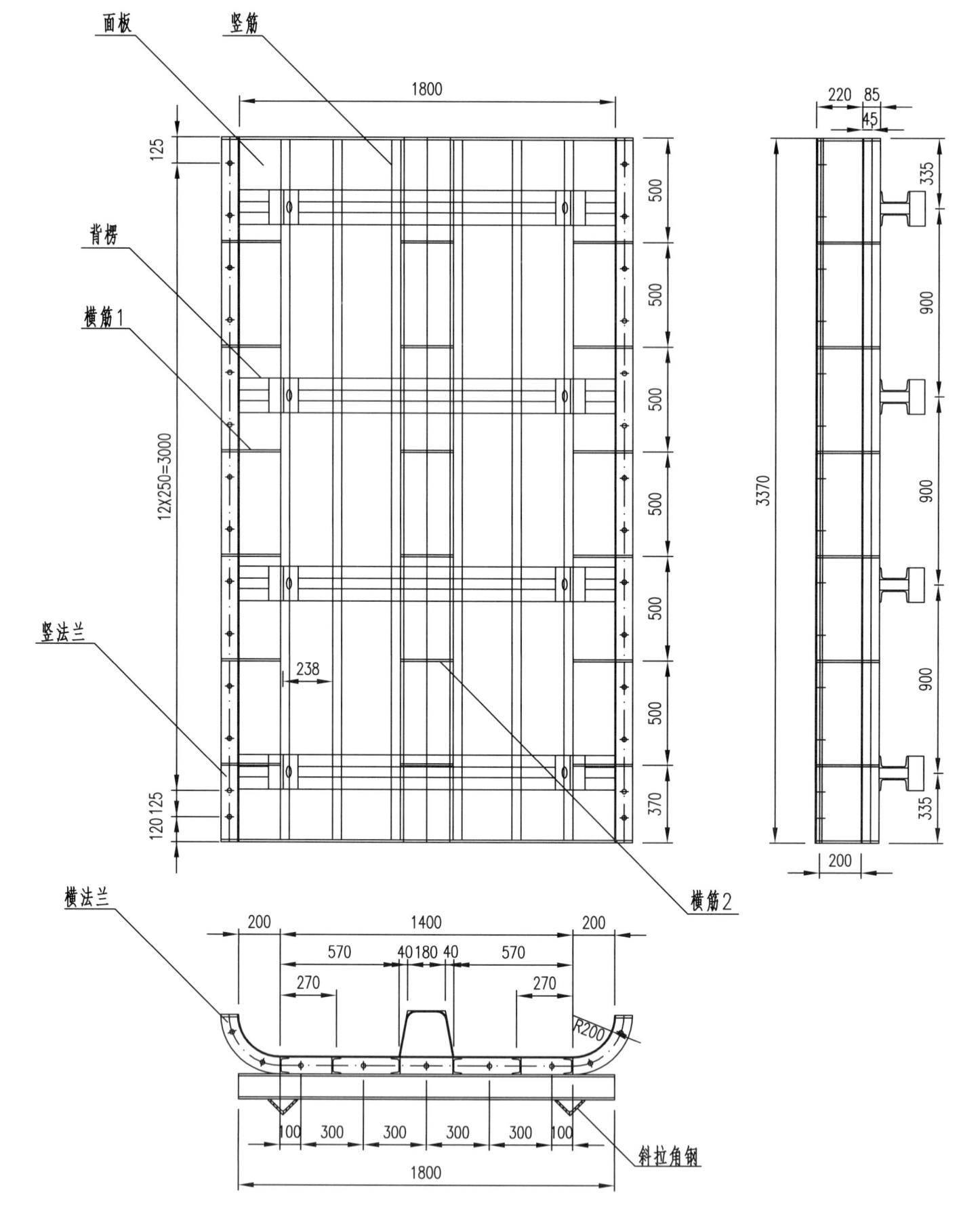

材料数量表

序号	名称	材料	长度(mm)	宽度(mm)	数量	单位质量(kg)	单块质量(kg)	总质量(kg)	备注
1	面板	5mm厚钢板	3370	2369	1	39.25	313.35	313.35	
2	竖筋	[8	3346		6	8.04	26.92	161.52	
3	横法兰	12mm厚钢板	2296	80	2	94.20	17.30	34.60	
4	竖法兰	12mm厚钢板	3346	80	2	94.20	25.22	50.44	
5	背楞	2-[12	1800		8	12.06	21.71	173.68	
6	横筋1	10mm厚钢板	448	80	12	78.50	2.81	33.72	
7	横筋2	10mm厚钢板	252	300	6	78.50	5.93	35.58	
8	加强板	10mm厚钢板	300	120	16	78.50	2.83	45.28	
9	斜拉角钢	∠100×10	156		8	15.12	2.36	18.88	
合计								867.05	

说明：
1. 加强板在图中未示意。
2. 图中未标注孔径均为Ø22,加工时注意保证螺栓孔装配精度，保证模板可以顺利安装。
3. 图中尺寸以mm计。

大悬臂盖梁	材质	Q235	单重	867kg
墩柱模板D(4、6)	件数		图号	1.8-29

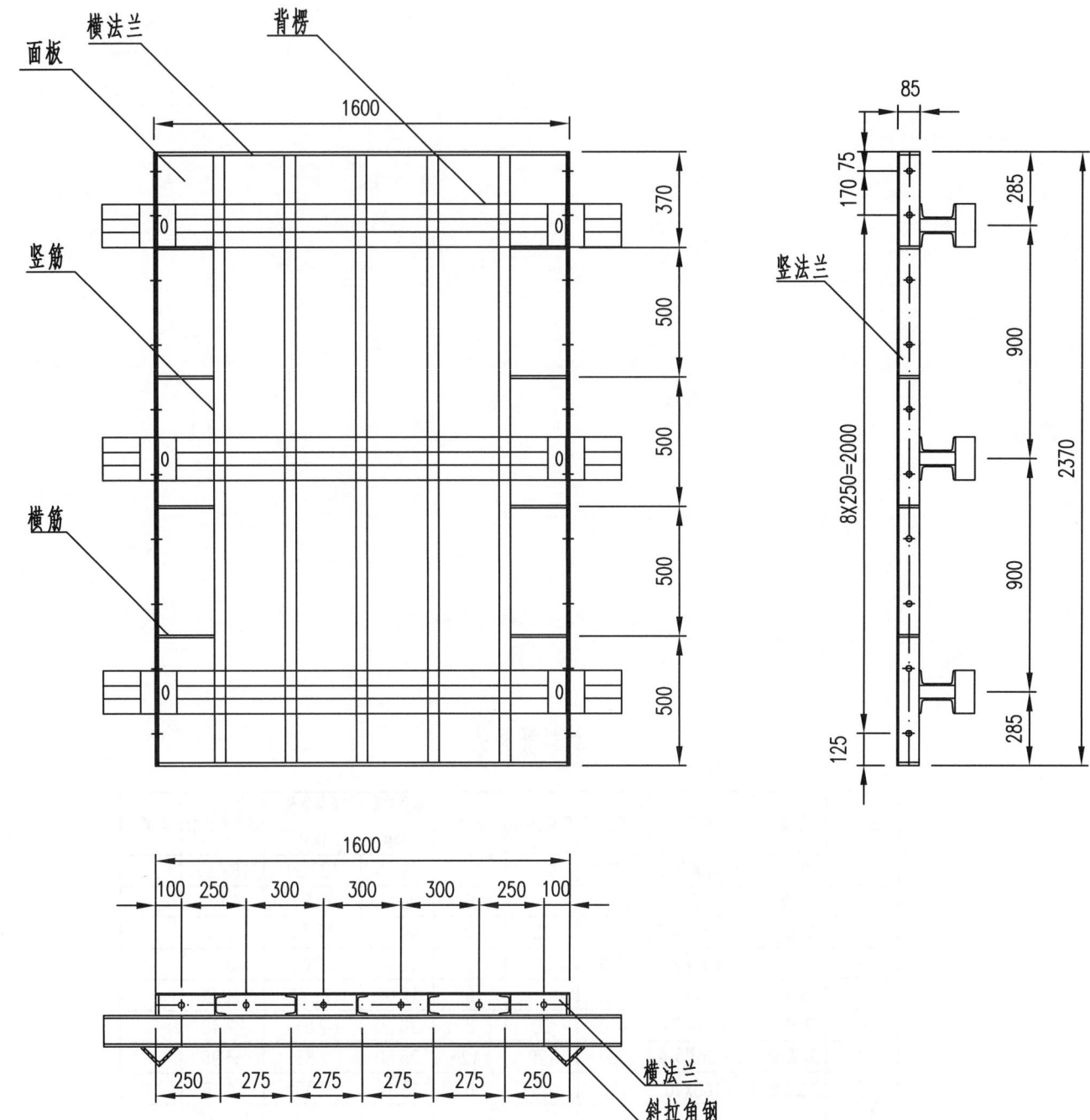

材料数量表

序号	名称	材料	长度(mm)	宽度(mm)	数量	单位质量(kg)	单块质量(kg)	总质量(kg)	备注
1	面板	5mm厚钢板	2370	1600	1	39.25	148.84	148.84	
2	竖筋	[8	2346		5	8.04	18.87	94.35	
3	横法兰	12mm厚钢板	1600	80	2	94.20	12.06	24.12	
4	竖法兰	12mm厚钢板	2346	80	2	94.20	17.68	35.36	
5	背楞	2-[12	2000		6	12.06	24.12	144.72	
6	横筋	10mm厚钢板	217	80	8	78.50	1.36	10.88	
7	加强板	10mm厚钢板	300	120	12	78.50	2.83	33.96	
8	斜拉角钢	L100×10	156		6	15.12	2.36	14.16	
合计								506.39	

说明：
1. 加强板在图中未示意。
2. 图中未标注孔径均为ø22，加工时注意保证螺栓孔装配精度，保证模板可以顺利安装。
3. 图中尺寸以mm计。

大悬臂盖梁	材质	Q235	单重	506kg
墩柱模板E(1、3、5、7)	件数		图号	1.8-30

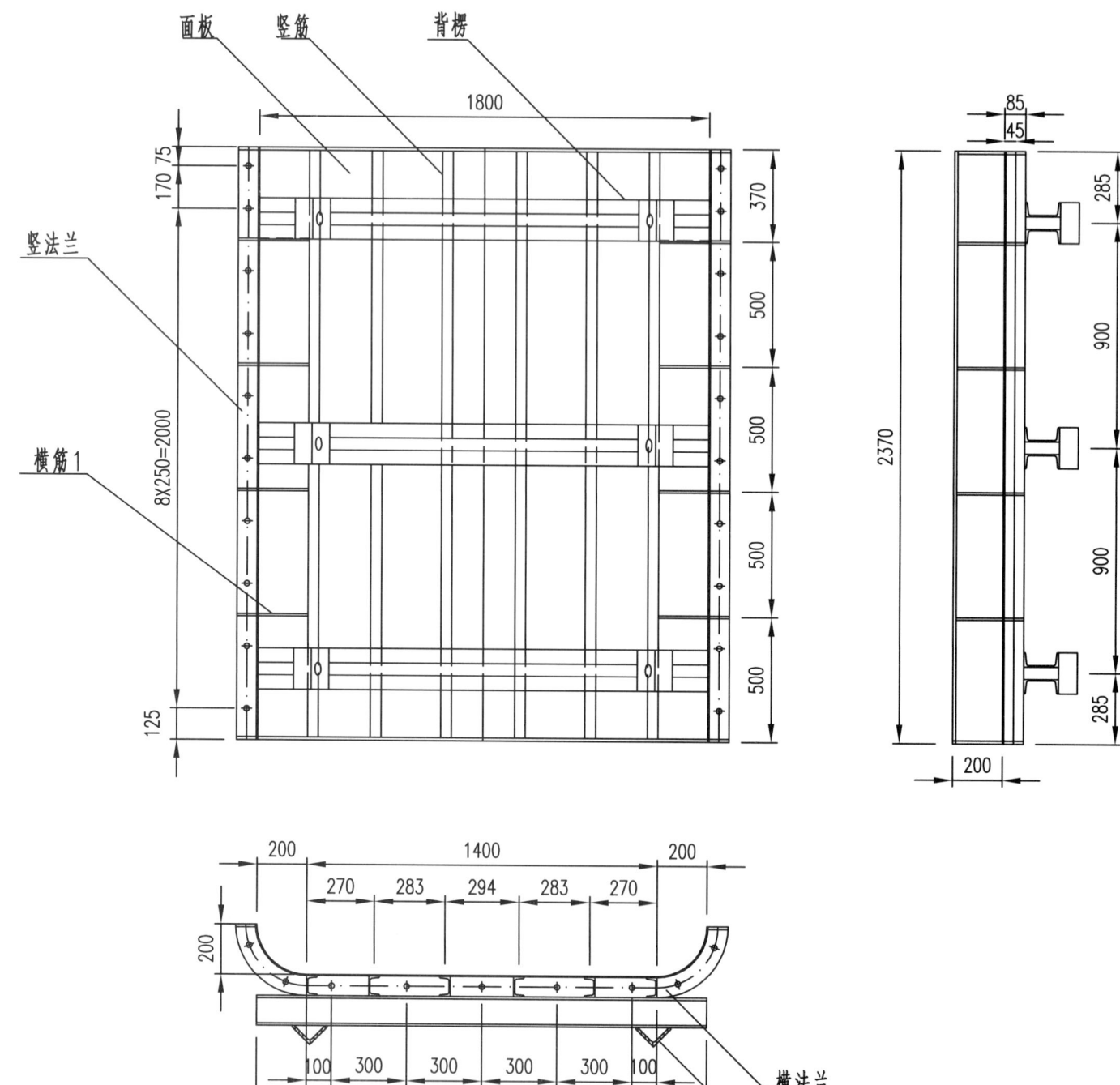

材料数量表

序号	名称	材料	长度(mm)	宽度(mm)	数量	单位质量(kg)	单块质量(kg)	总质量(kg)	备注
1	面板	5mm厚钢板	2370	2036	1	39.25	189.39	189.39	
2	竖筋	[8	2346		6	8.04	18.87	113.22	
3	横法兰	12mm厚钢板	2296	80	2	94.20	17.30	34.60	
4	竖法兰	12mm厚钢板	2346	80	2	94.20	17.68	35.36	
5	背楞	2-[12	1800		6	12.06	21.71	130.26	
6	横筋1	10mm厚钢板	448	80	8	78.50	2.81	22.48	
7	加强板	10mm厚钢板	300	120	12	78.50	2.83	33.96	
8	斜拉角钢	∠100X10	156		6	15.12	2.36	14.16	
合计								573.43	

说明：

1. 加强板在图中未示意。
2. 图中未标注孔径均为ø22,加工时注意保证螺栓孔装配精度,保证模板可以顺利安装。
3. 图中尺寸以mm计。

大悬臂盖梁	材 质	Q235	单 重	573kg
墩柱模板E(2、8)	件 数		图 号	1.8-31

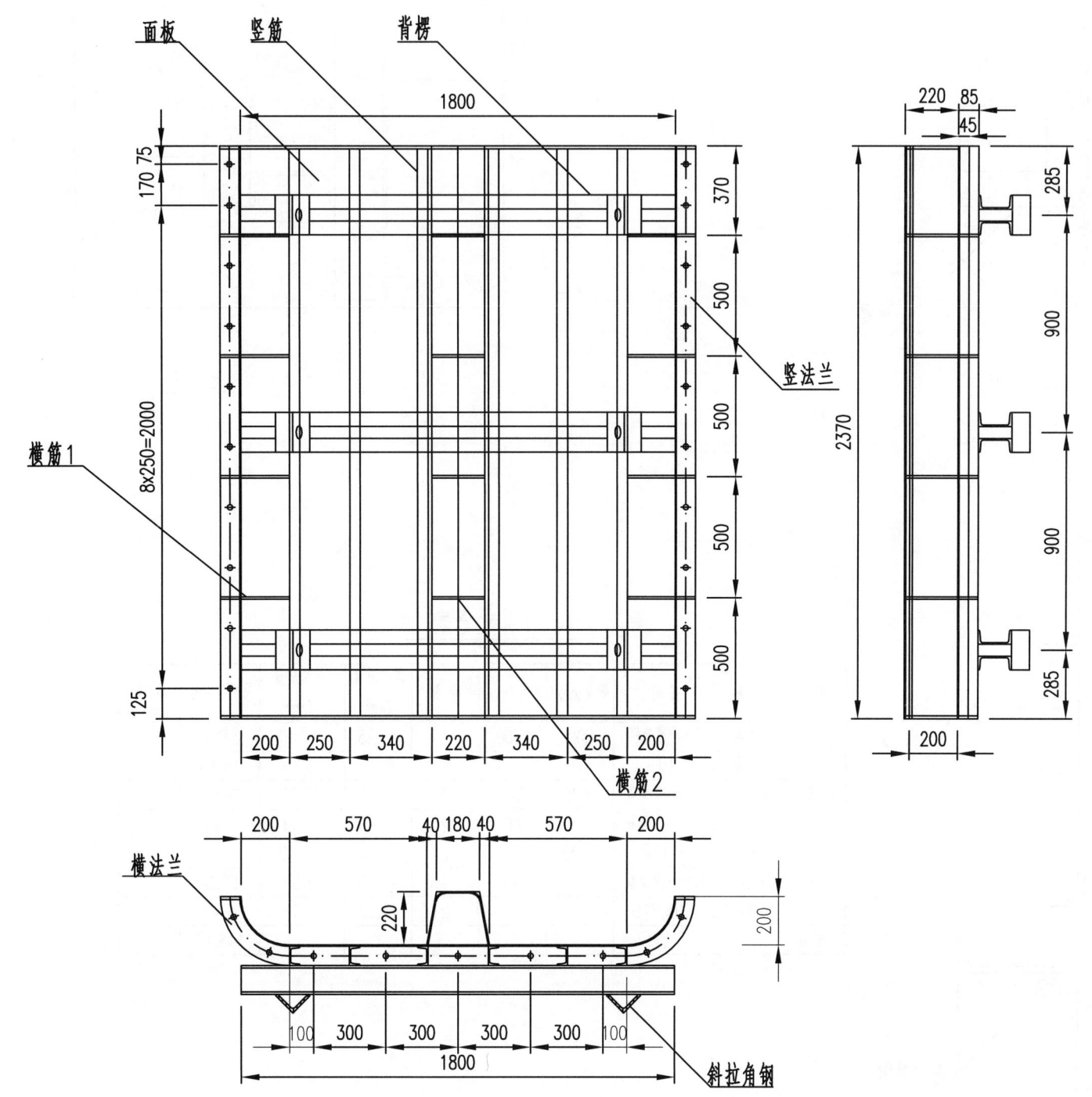

材料数量表

序号	名称	材料	长度(mm)	宽度(mm)	数量	单位质量(kg)	单块质量(kg)	总质量(kg)	备注
1	面板	5mm厚钢板	2370	2369	1	39.25	220.37	220.37	
2	竖筋	[8	2346		6	8.04	18.87	113.22	
3	横法兰	12mm厚钢板	2296	80	2	94.20	17.30	34.60	
4	竖法兰	12mm厚钢板	2346	80	2	94.20	17.68	35.36	
5	背楞	2-[12	1800		6	12.06	21.71	130.26	
6	横筋1	10mm厚钢板	448	80	8	78.50	2.81	22.48	
7	横筋2	10mm厚钢板	252	300	4	78.50	5.93	23.72	
8	加强板	10mm厚钢板	300	120	12	78.50	2.83	33.96	
9	斜拉角钢	∠100×10	156		6	15.12	2.36	14.16	
合计								628.13	

说明:

1. 加强板在图中未示意。
2. 图中未标注孔径均为ϕ22,加工时注意保证螺栓孔装配精度,保证模板可以顺利安装。
3. 图中尺寸以mm计。

大悬臂盖梁	材质	Q235	单重	628kg
墩柱模板E(4、6)	件数		图号	1.8-32

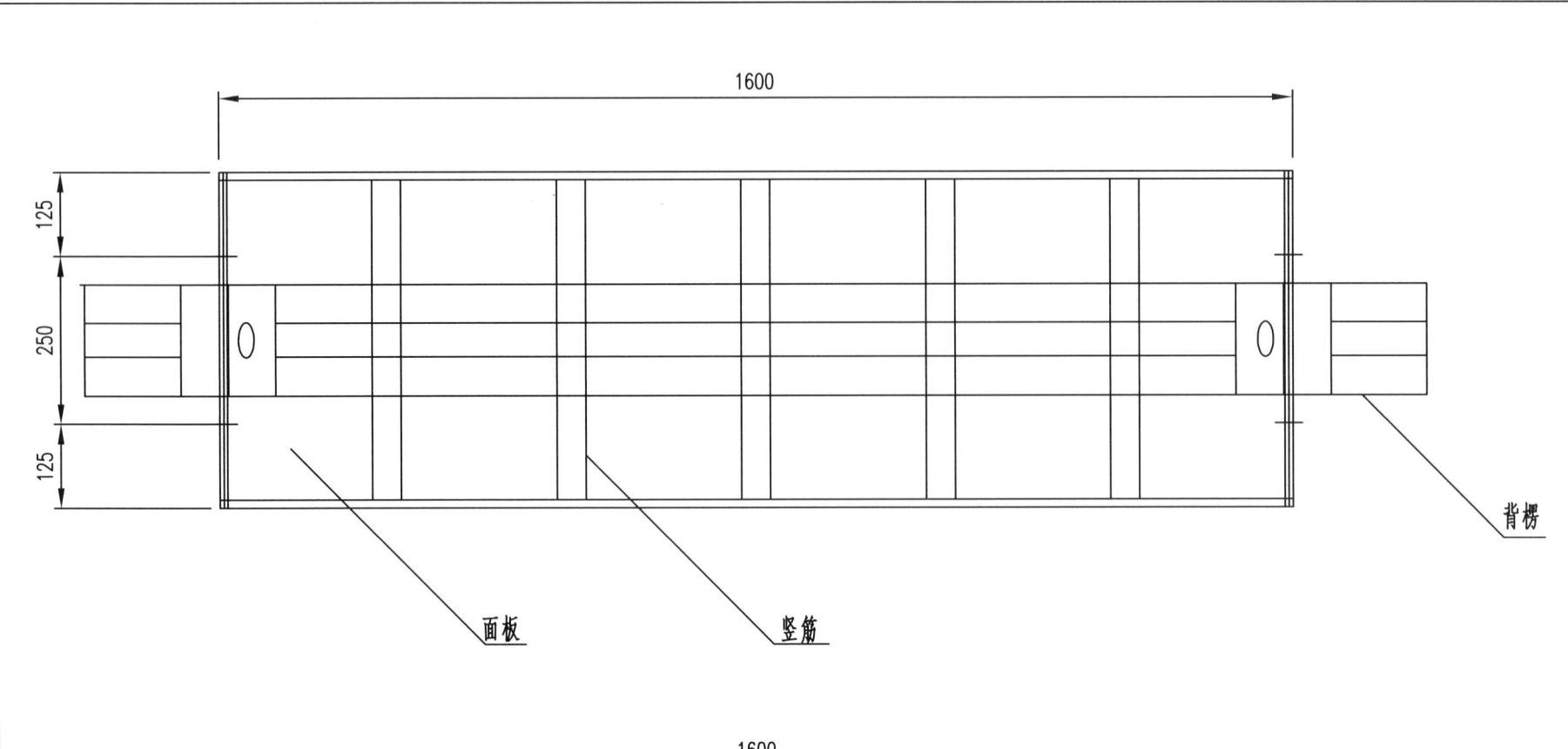
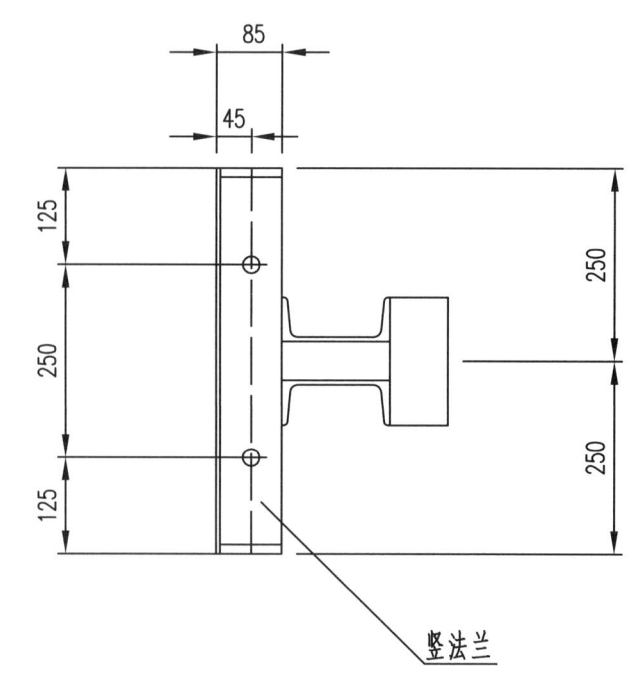

背楞
面板
竖筋
竖法兰
横法兰
斜拉角钢

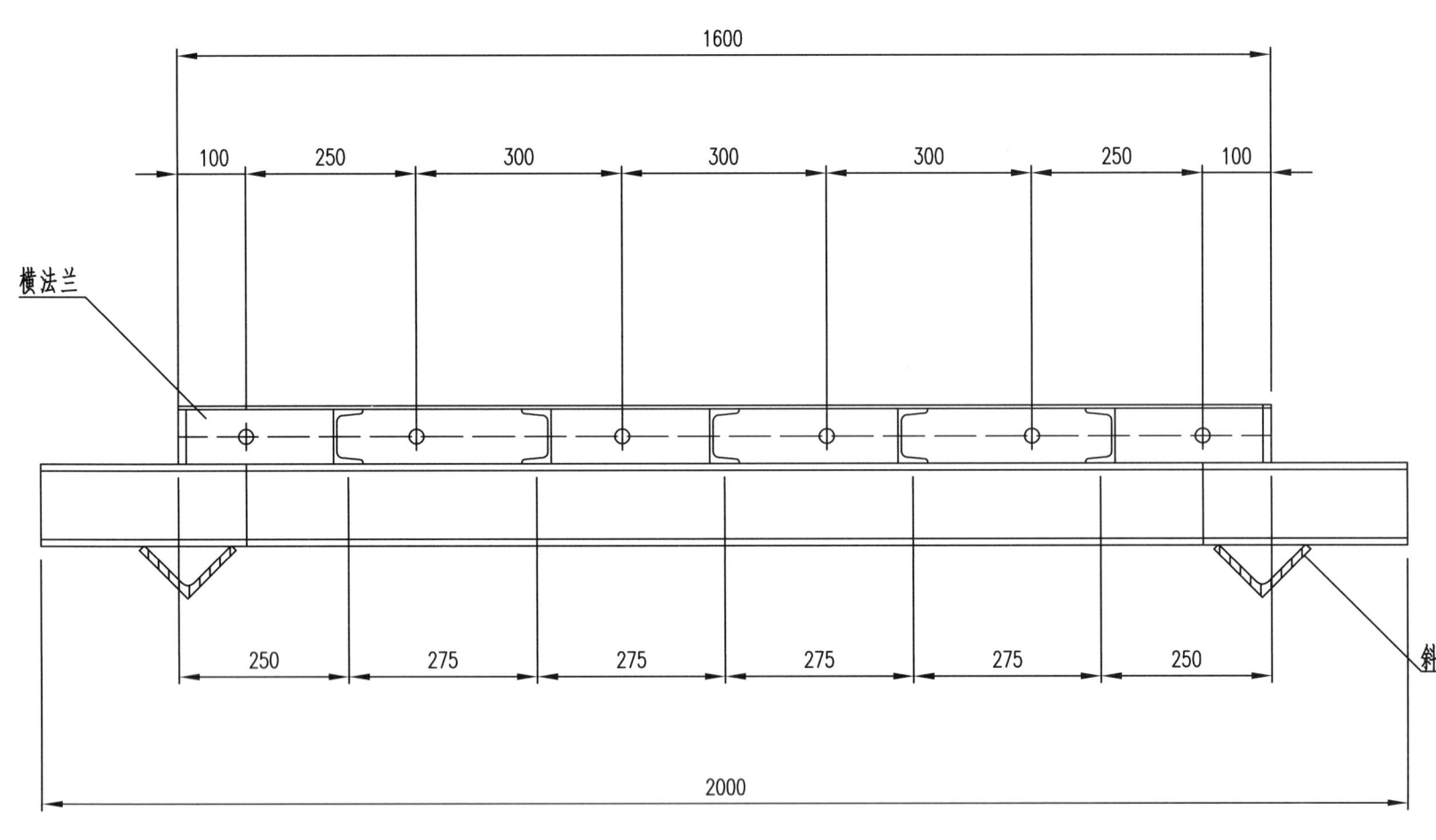

材料数量表

序号	名称	材料	长度(mm)	宽度(mm)	数量	单位质量(kg)	单块质量(kg)	总质量(kg)	备注
1	面板	5mm厚钢板	500	1600	1	39.25	31.40	31.40	
2	竖筋	[8	476		5	8.04	3.83	19.15	
3	横法兰	12mm厚钢板	1600	80	2	94.20	12.06	24.12	
4	竖法兰	12mm厚钢板	476	80	2	94.20	3.59	7.18	
5	背楞	2-[12	2000		2	12.06	24.12	48.24	
6	加强板	10mm厚钢板	300	120	4	78.50	2.83	11.32	
7	斜拉角钢	∠100X10	156		2	15.12	2.36	4.72	
合计								146.13	

说明：
1. 加强板在图中未示意。
2. 图中未标注孔径均为ø22，加工时注意保证螺栓孔装配精度，保证模板可以顺利安装。
3. 图中尺寸以mm计。

(1-2)F1、(1-2)G1、(1-2)F3、(1-2)G3、
(1-2)F5、(1-2)G5、(1-2)F7、(1-2)G7、

大悬臂盖梁	材质	Q235	单重	146kg
墩柱模板F、G(1、3、5、7)	件数		图号	1.8-33

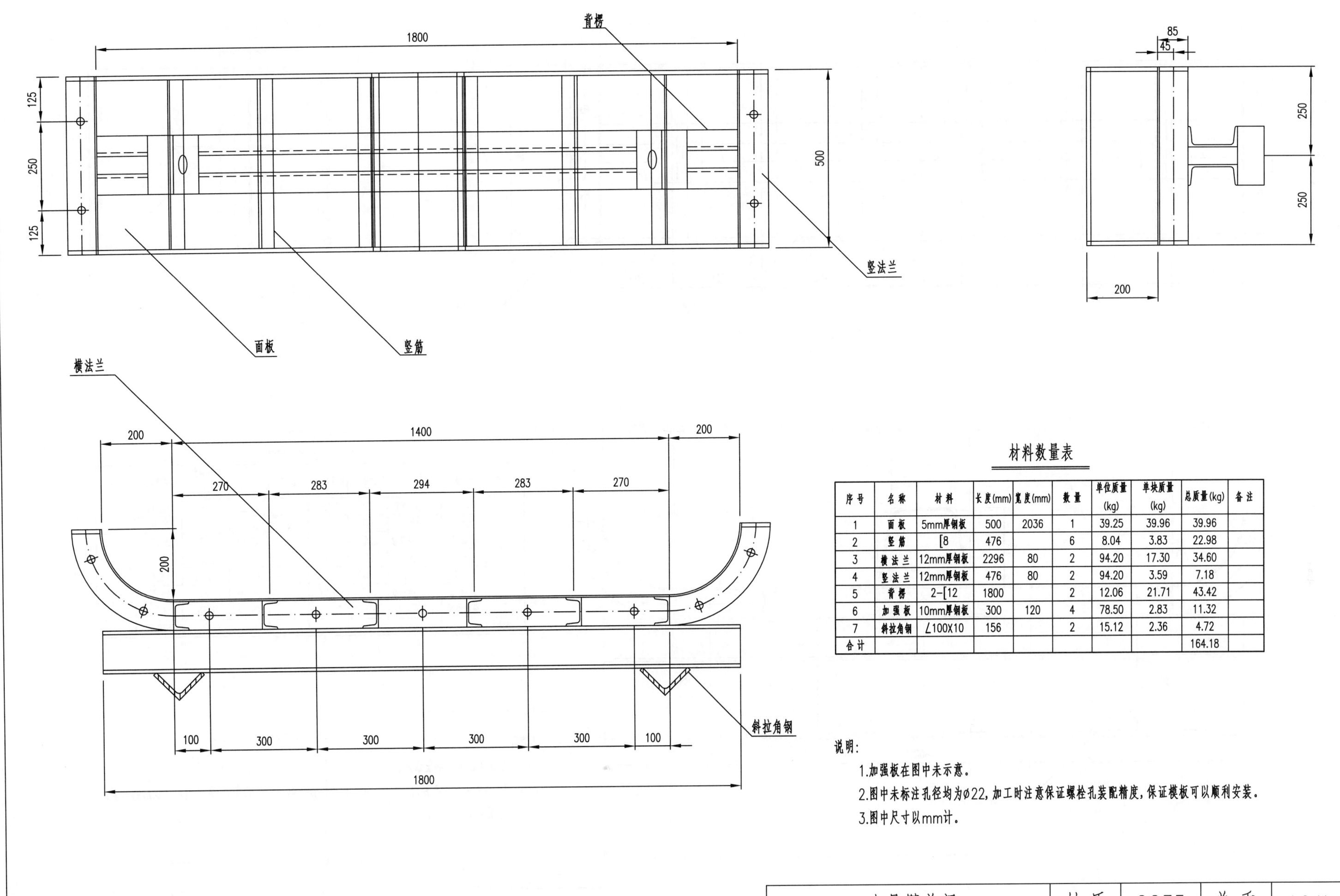

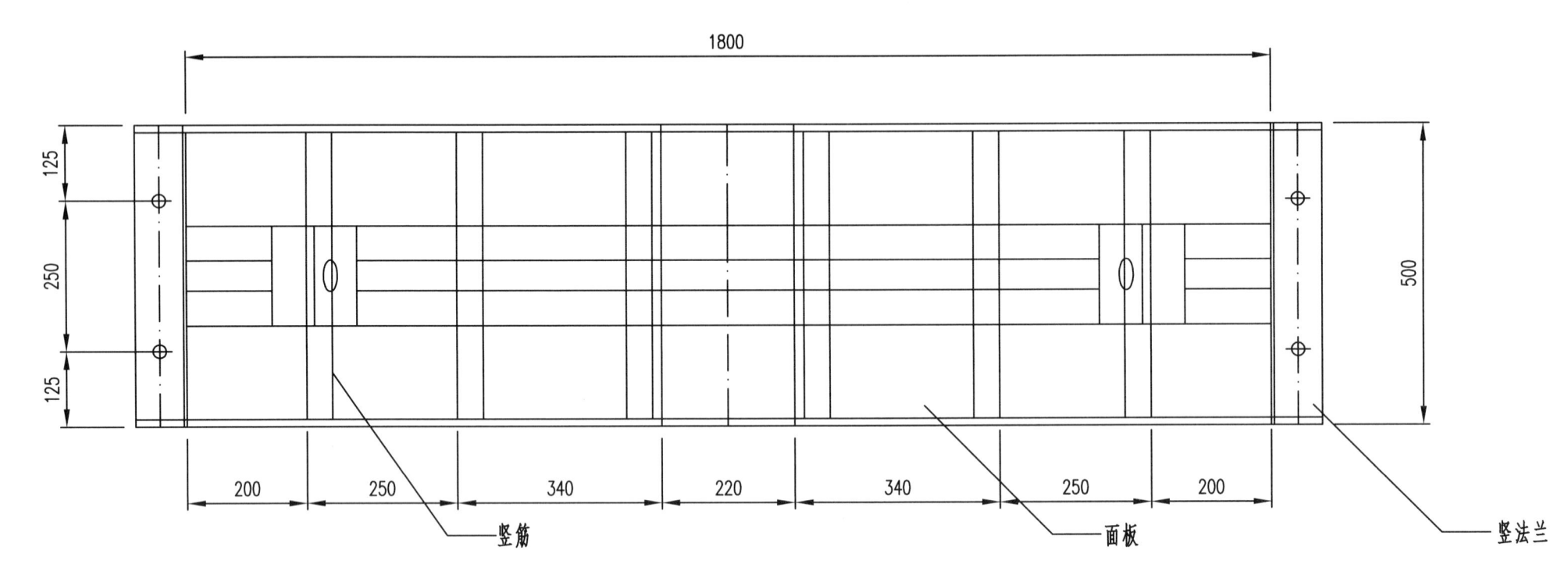
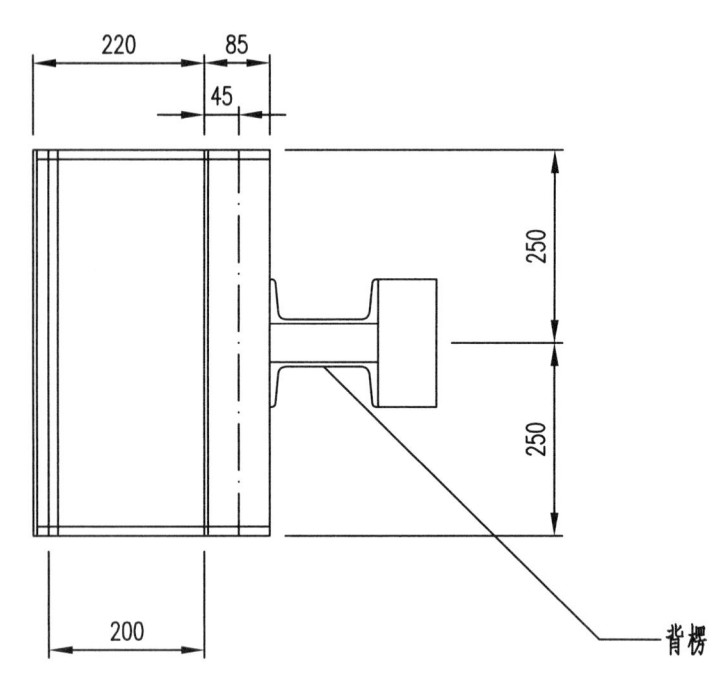
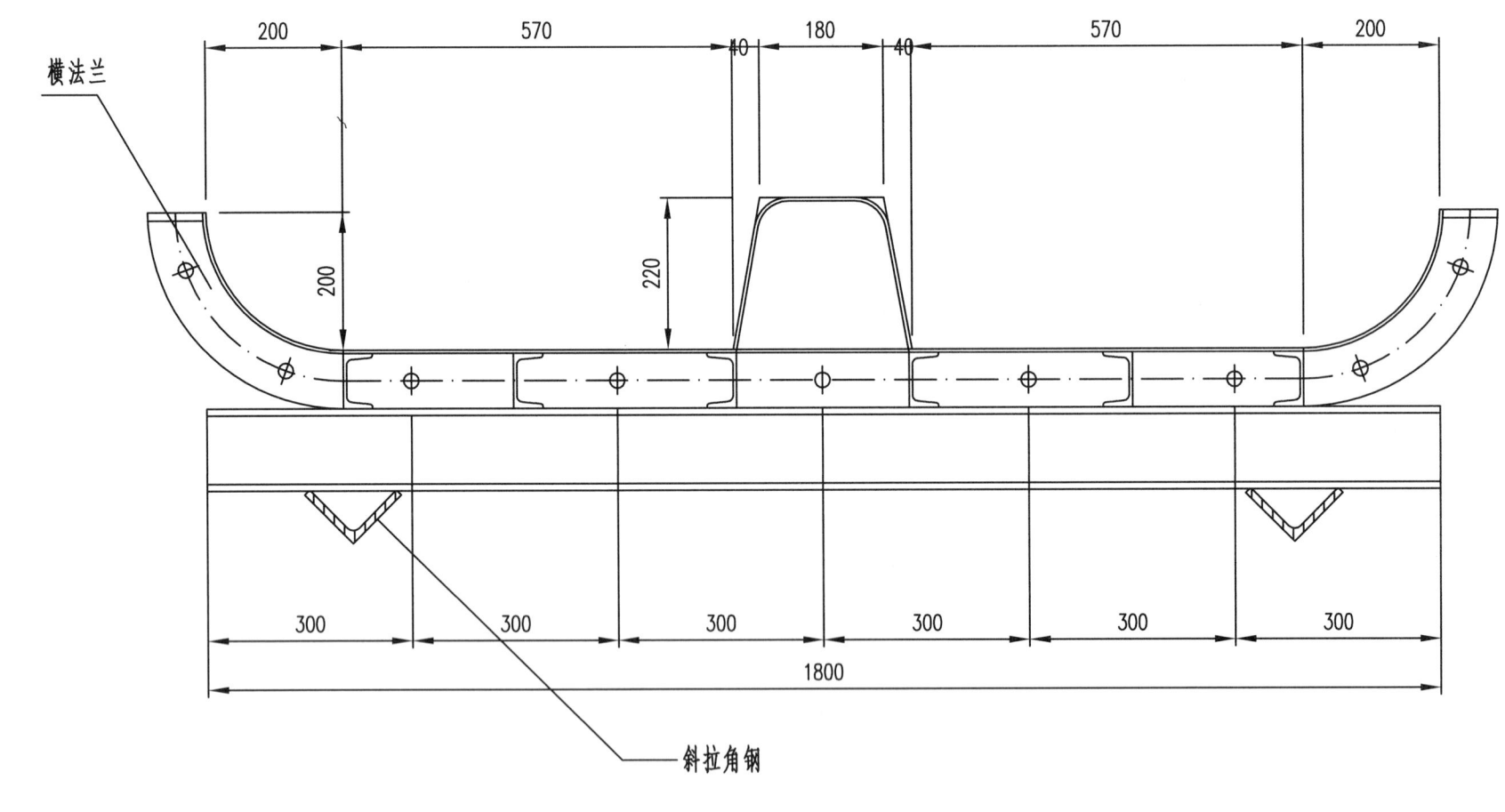

材料数量表

序号	名称	材料	长度(mm)	宽度(mm)	数量	单位质量(kg)	单块质量(kg)	总质量(kg)	备注
1	面板	5mm厚钢板	500	2369	1	39.25	46.49	46.49	
2	竖筋	[8	476		6	8.04	3.83	22.98	
3	横法兰	12mm厚钢板	2296	80	2	94.20	17.30	34.60	
4	竖法兰	12mm厚钢板	476	80	2	94.20	3.59	7.18	
5	背楞	2-[12	1800		2	12.06	21.71	43.42	
6	加强板	10mm厚钢板	300	120	4	78.50	2.83	11.32	
7	斜拉角钢	L100×10	156		2	15.12	2.36	4.72	
合计								170.71	

说明：

1. 加强板在图中未示意。
2. 图中未标注孔径均为Ø22，加工时注意保证螺栓孔装配精度，保证模板可以顺利安装。
3. 图中尺寸以mm计。

大悬臂盖梁	材质	Q235	单重	171kg
墩柱模板F(4、6)、G(4、6)	件数		图号	1.8-35

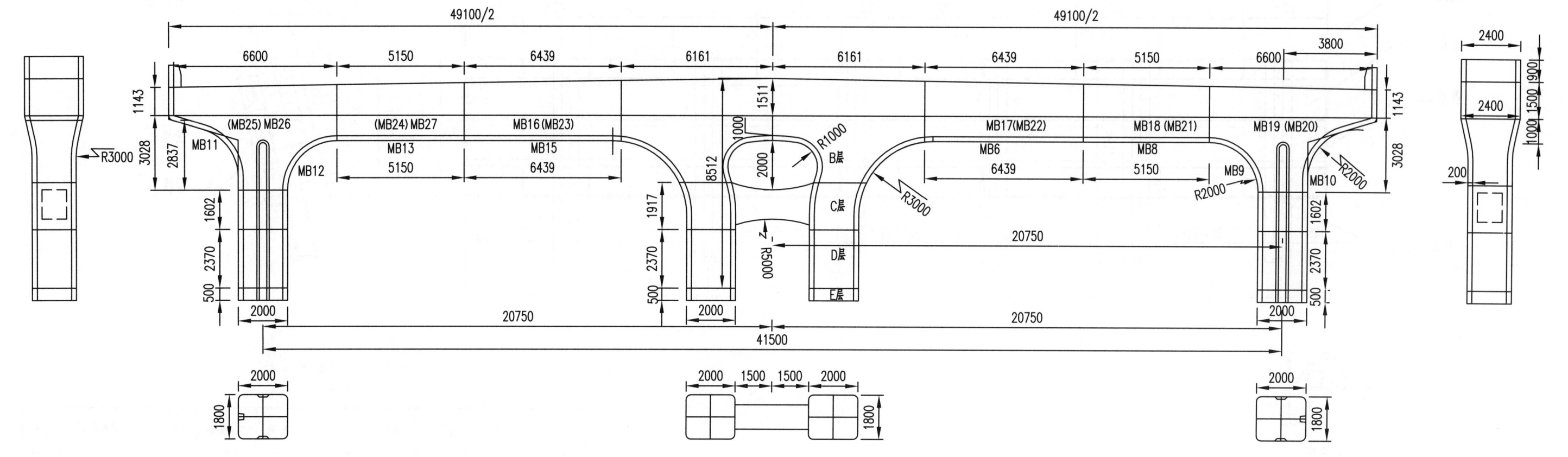

说明:
1. 按图加工1套侧模(不含平板部分)、一套底模(不含中间通用部分)。
2. 图中尺寸以mm计。

M墩盖梁	材质	Q235	单重	
M墩结构图	件数		图号	1.9-1

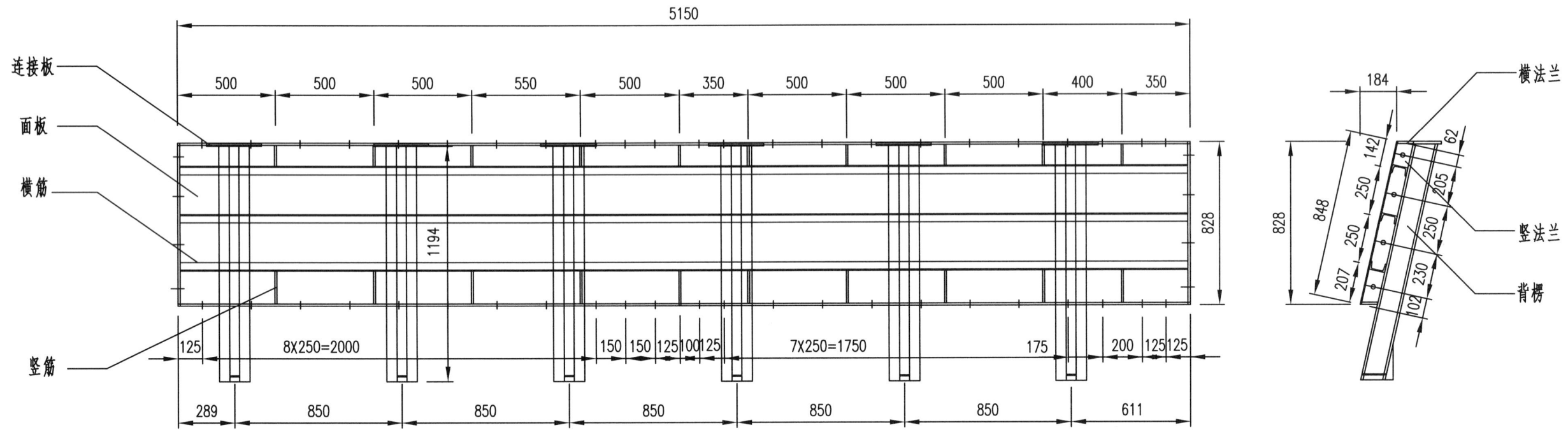

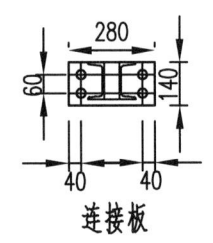
连接板

材料数量表

序号	名称	材料	长度(mm)	宽度(mm)	数量	单位质量(kg)	单块质量(kg)	总质量(kg)	备注
1	面板	5mm厚钢板	5150	867	1	39.25	175.25	175.25	
2	横筋	[8	5150		3	8.05	41.43	124.29	
3	横法兰	12mm厚钢板	5150	80	2	94.20	38.81	77.62	
4	竖法兰	12mm厚钢板	867	80	4	94.20	6.53	26.12	
5	背楞	2-[12	1226		12	12.06	14.78	177.36	
6	竖筋	10mm厚钢板	3150	80	1	78.50	19.78	19.78	总长
7	连接板	14mm厚钢板	280	140	6	109.90	4.31	25.86	
合计								626.28	

说明:
1. 整体制作。
2. 图中尺寸以mm计。

M墩盖梁	材质	Q235	单重	626kg
盖梁模板MB(18、21、24、27)	件数		图号	1.9-2

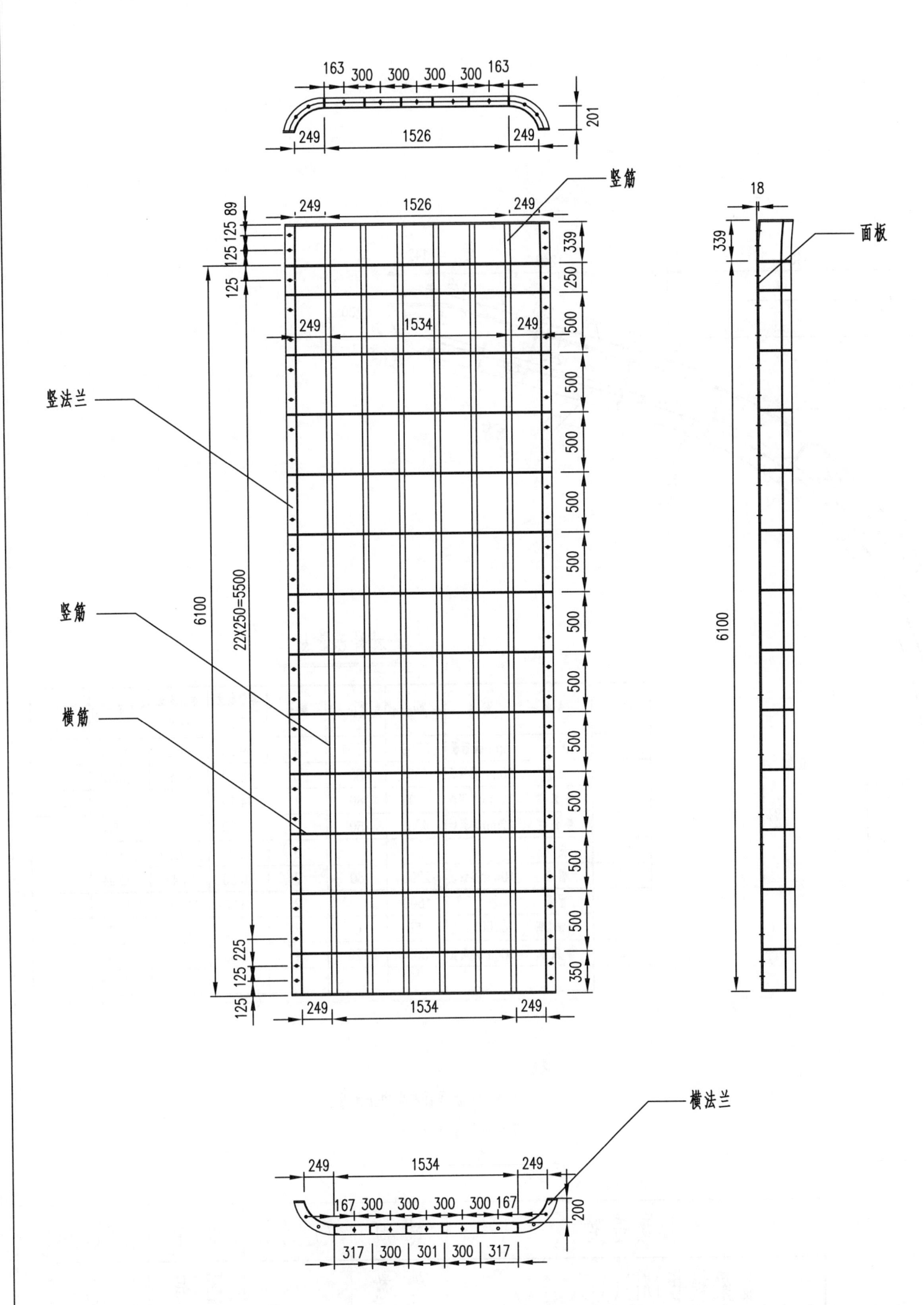

材料数量表

序号	名称	材料	长度(mm)	宽度(mm)	数量	单位质量(kg)	单块质量(kg)	总质量(kg)	备注
1	面板	5mm厚钢板	2230	5750	1	39.25	503.28	503.28	
2	竖筋	[8	5750		6	8.05	46.26	277.56	
3	横法兰	12mm厚钢板	2492	80	2	94.20	18.78	37.56	
4	竖法兰	12mm厚钢板	5750	80	2	94.20	43.33	86.66	
5	横筋	10mm厚钢板	2492	80	11	78.50	15.65	172.15	
合计								1077.21	

说明:

图中尺寸以mm计。

M墩盖梁	材质	Q235	单重	1077kg
盖梁模板MB(6、15)	件数		图号	1.9-3

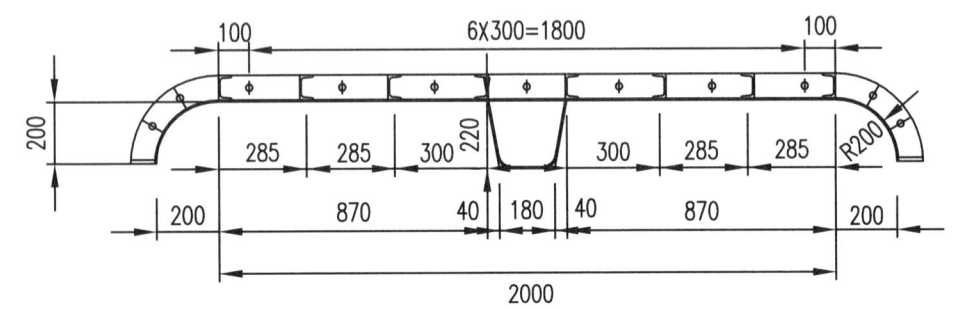
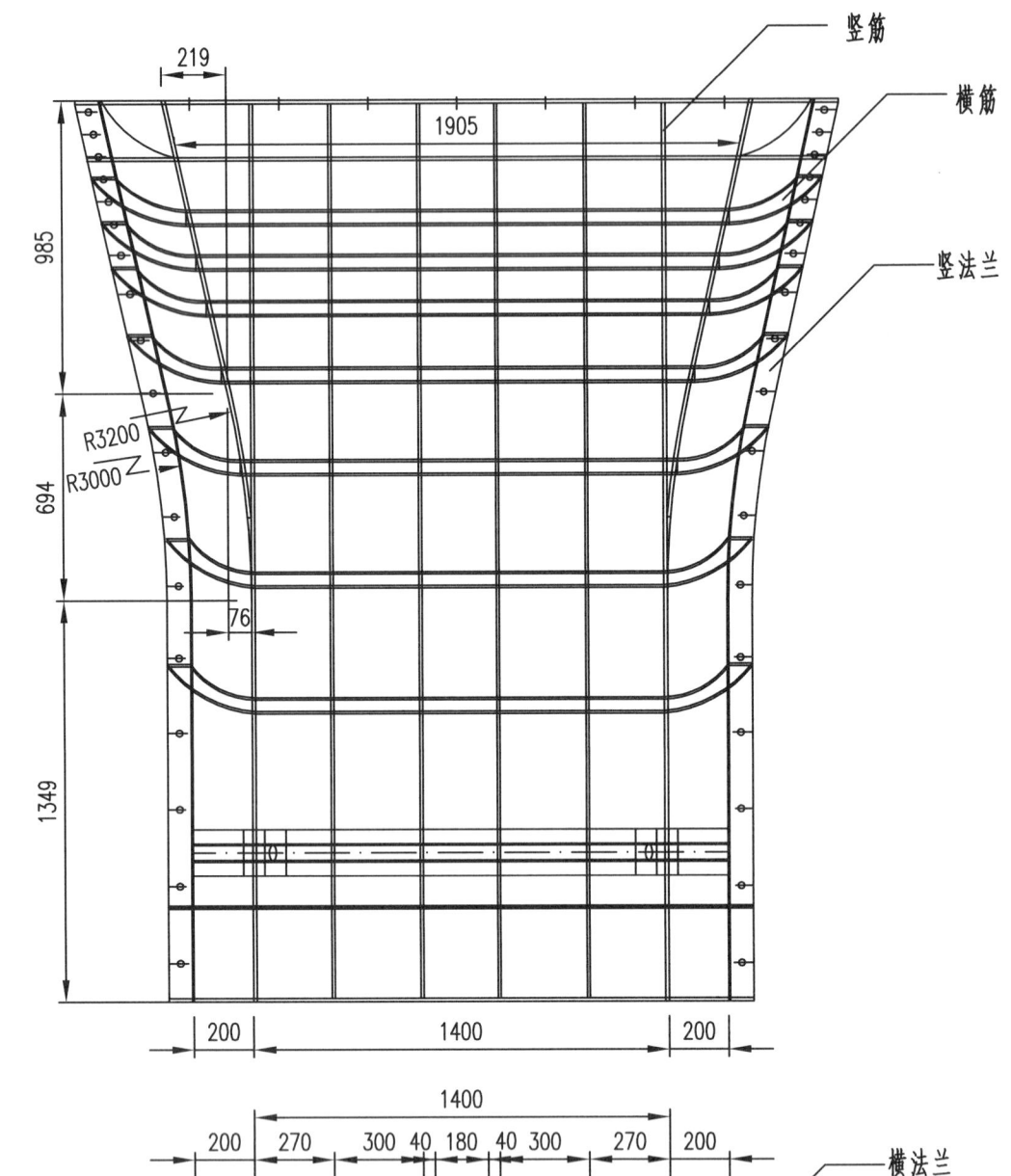
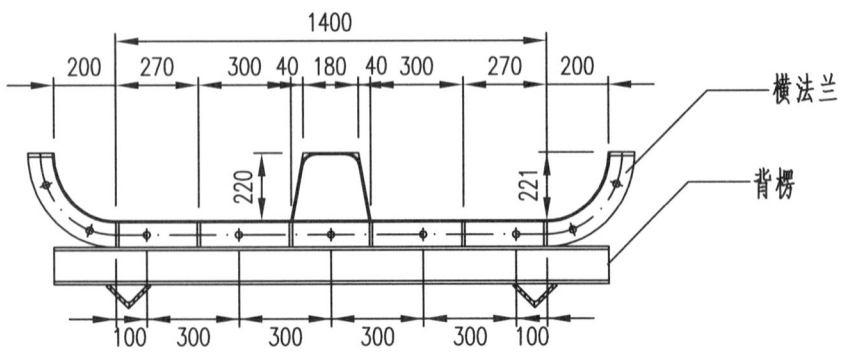
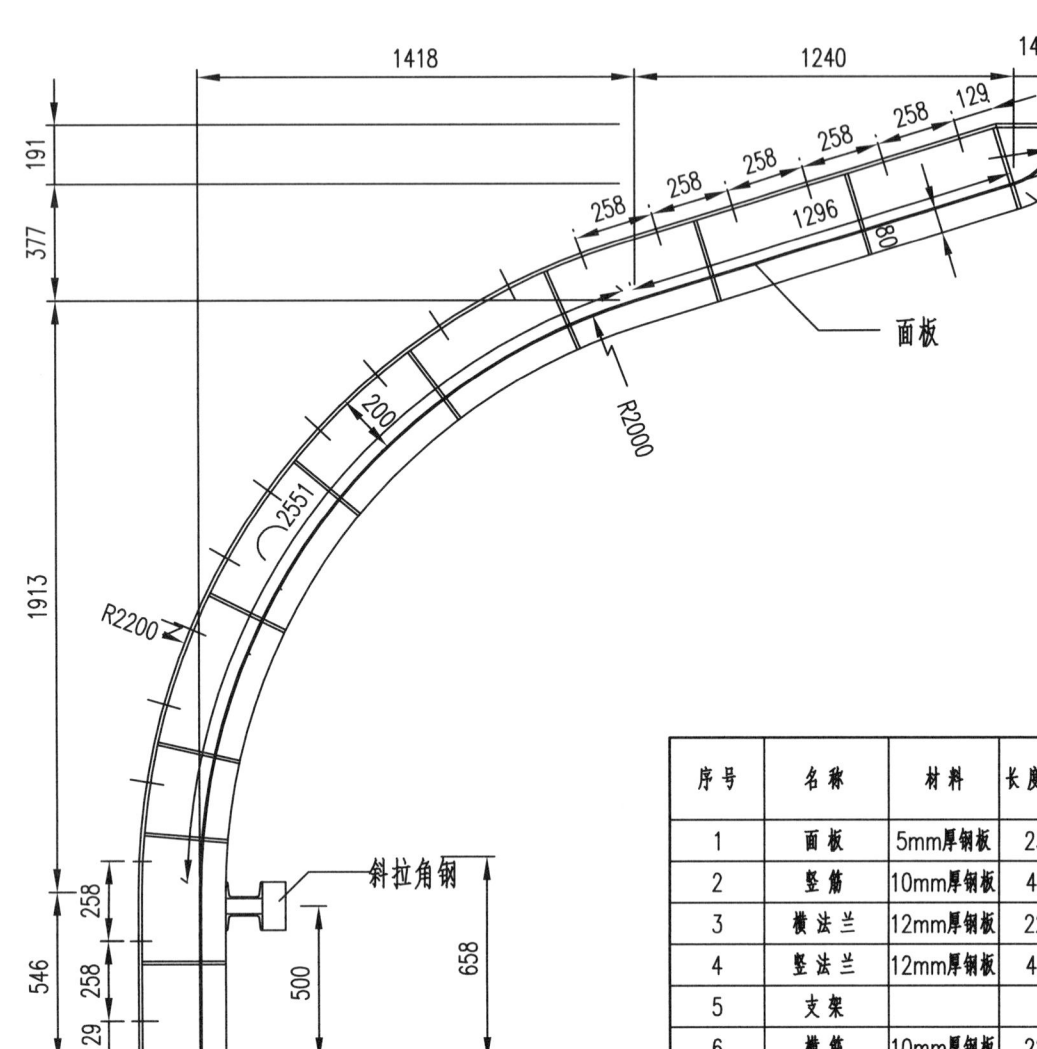

材料数量表

序号	名称	材料	长度(mm)	宽度(mm)	数量	单位质量(kg)	单块质量(kg)	总质量(kg)	备注
1	面板	5mm厚钢板	2369	4351	1	39.25	404.57	404.57	
2	竖筋	10mm厚钢板	4351	80	6	78.50	27.32	163.92	
3	横法兰	12mm厚钢板	2296	80	1	94.20	17.30	17.30	总长
4	竖法兰	12mm厚钢板	4351	80	2	94.20	32.79	65.58	
5	支架				3		117.50	352.50	
6	横筋	10mm厚钢板	2296	80	7	78.50	14.42	100.94	
7	背楞	2-[12	1800		2	78.50	141.30	282.60	
8	斜拉角钢	∠100×10	156	0	2	15.12	2.36	4.72	
9	加强板	10mm厚钢板	300	120	4	78.50	2.83	11.32	
合计								1403.45	

说明:
1.支架及加强板在图中未示意。
2.图中尺寸以mm计。

M墩盖梁	材质	Q235	单重	1403kg
盖梁模板MB(10、11)	件数		图号	1.9-4

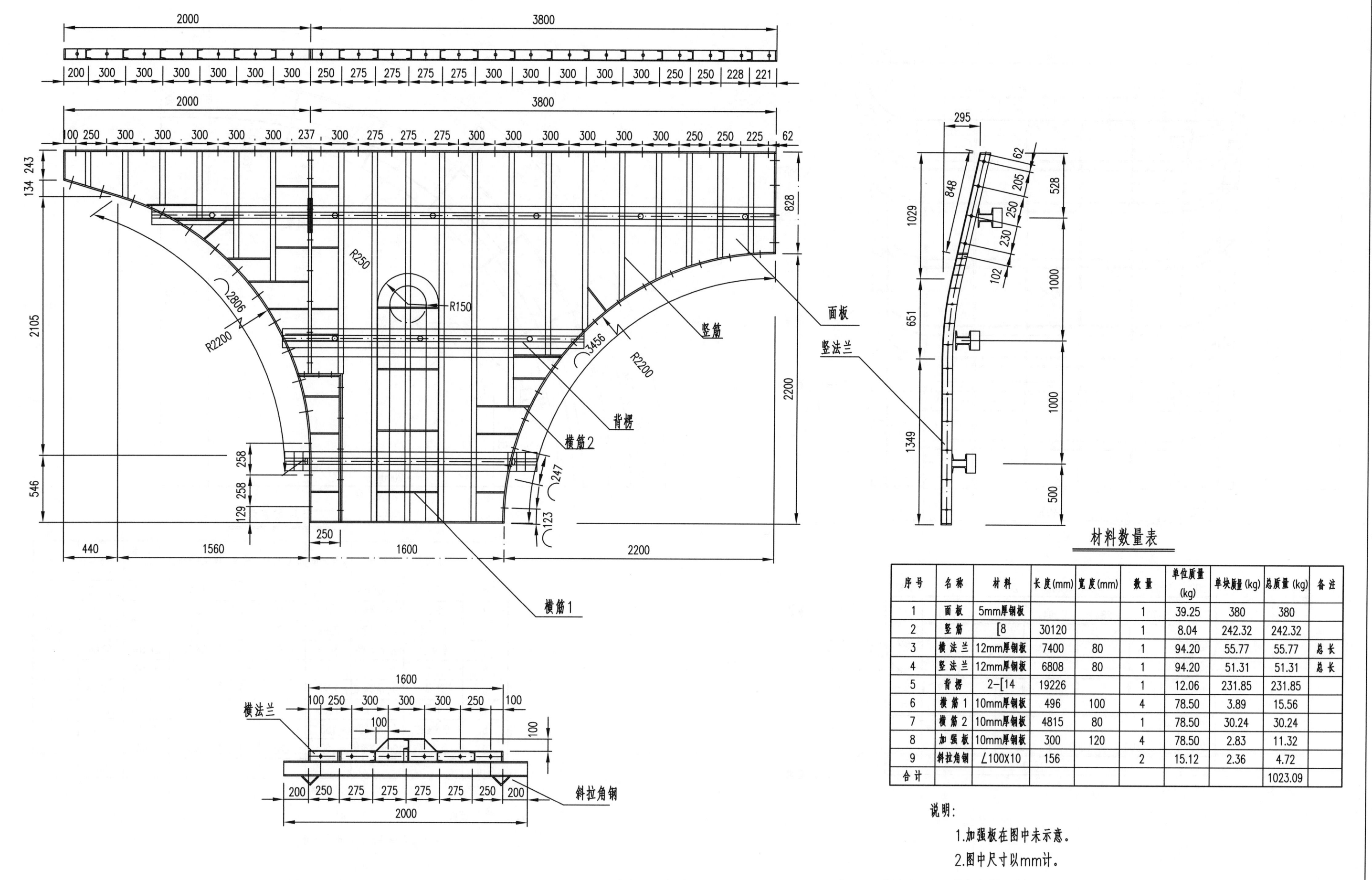

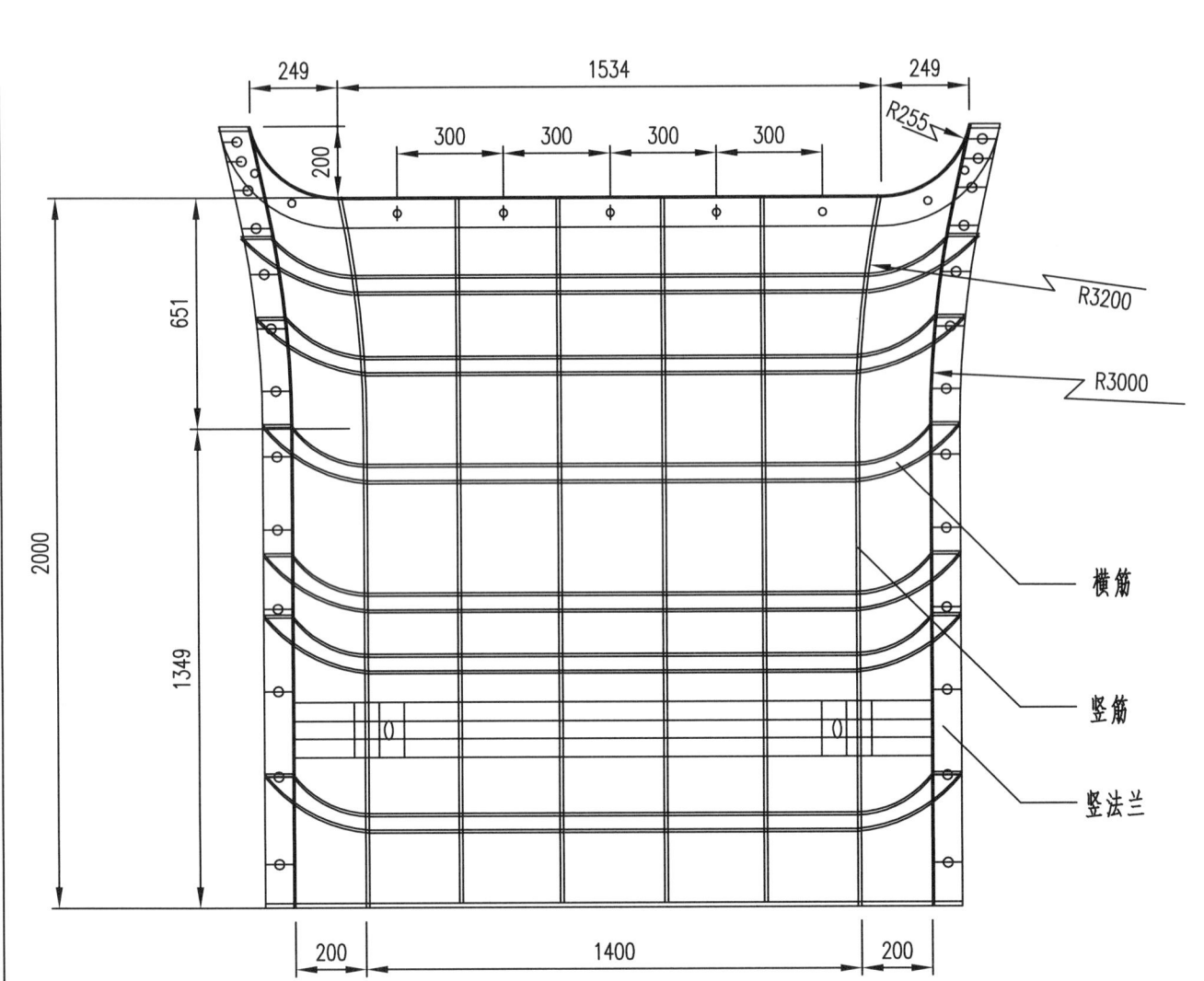

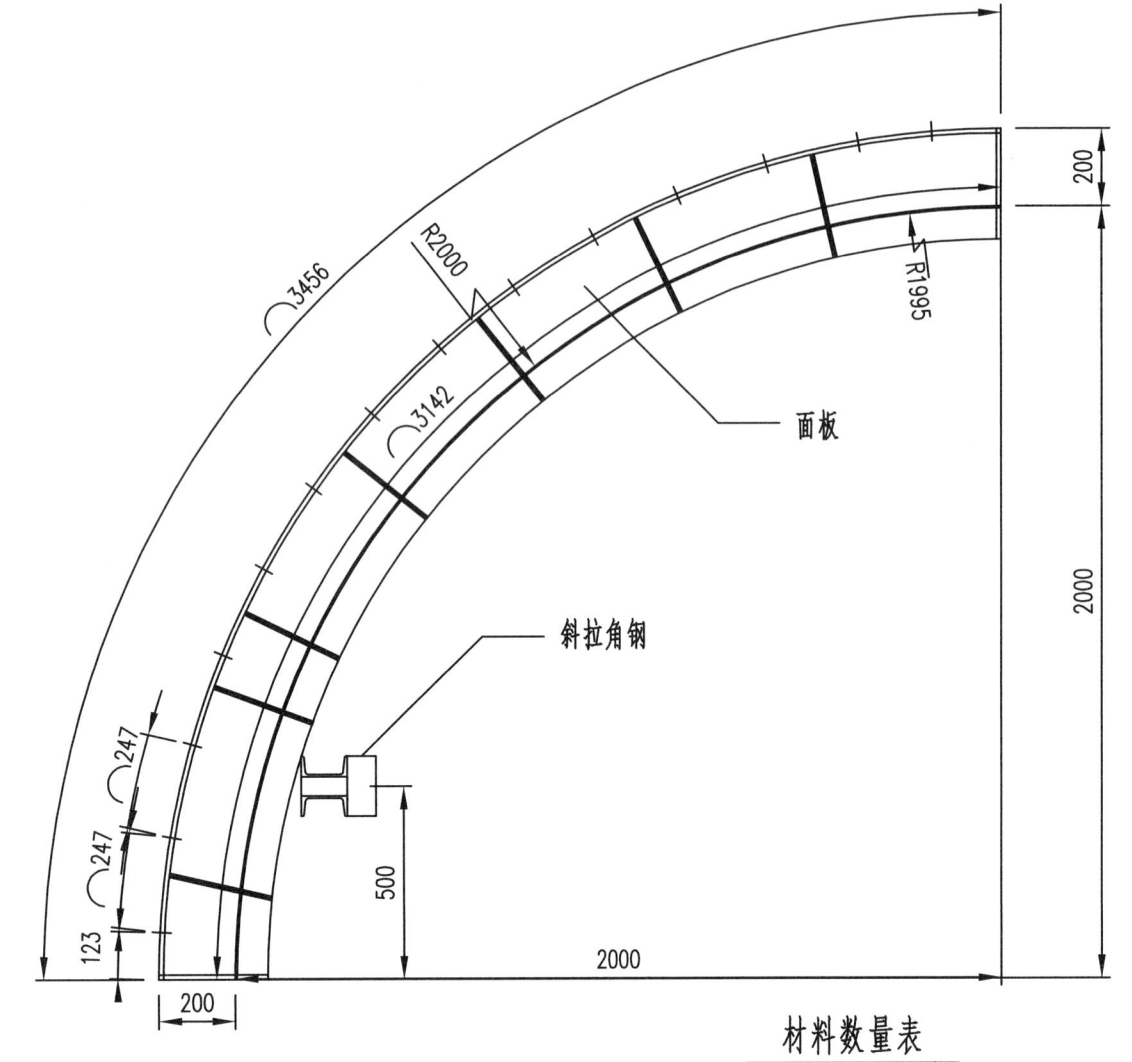

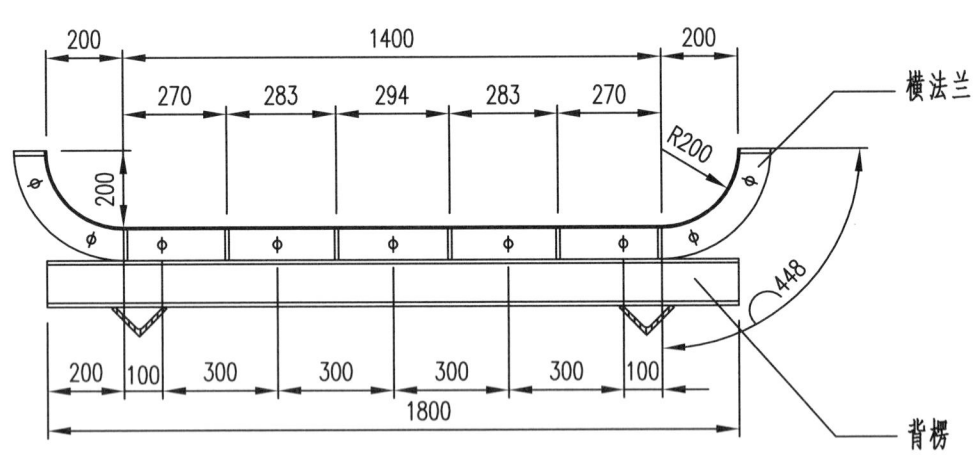

材料数量表

序号	名称	材料	长度(mm)	宽度(mm)	数量	单位质量(kg)	单块质量(kg)	总质量(kg)	备注
1	面板	5mm厚钢板	2036	3142	1	39.25	251.09	251.09	
2	竖筋	10mm厚钢板	3142	80	6	78.50	19.73	118.38	
3	横法兰	12mm厚钢板	2296	80	1	94.20	17.30	17.30	总长
4	竖法兰	12mm厚钢板	3456	80	2	94.20	26.04	52.08	
5	支架				3		84.00	252.00	
6	横筋	10mm厚钢板	2296	80	7	78.50	14.42	100.94	
7	背楞	2-[12	1800		2	78.50	141.30	282.60	
8	斜拉角钢	∠100×10	156		2	15.12	2.36	4.72	
9	加强板	10mm厚钢板	300	120	4	78.50	2.83	11.32	
合计								1090.43	

说明:
1. 支架和加强板在图中未示意。
2. 图中尺寸以mm计。

M墩盖梁	材质	Q235	单重	1090kg
盖梁模板MB(9、12)	件数		图号	1.9-6

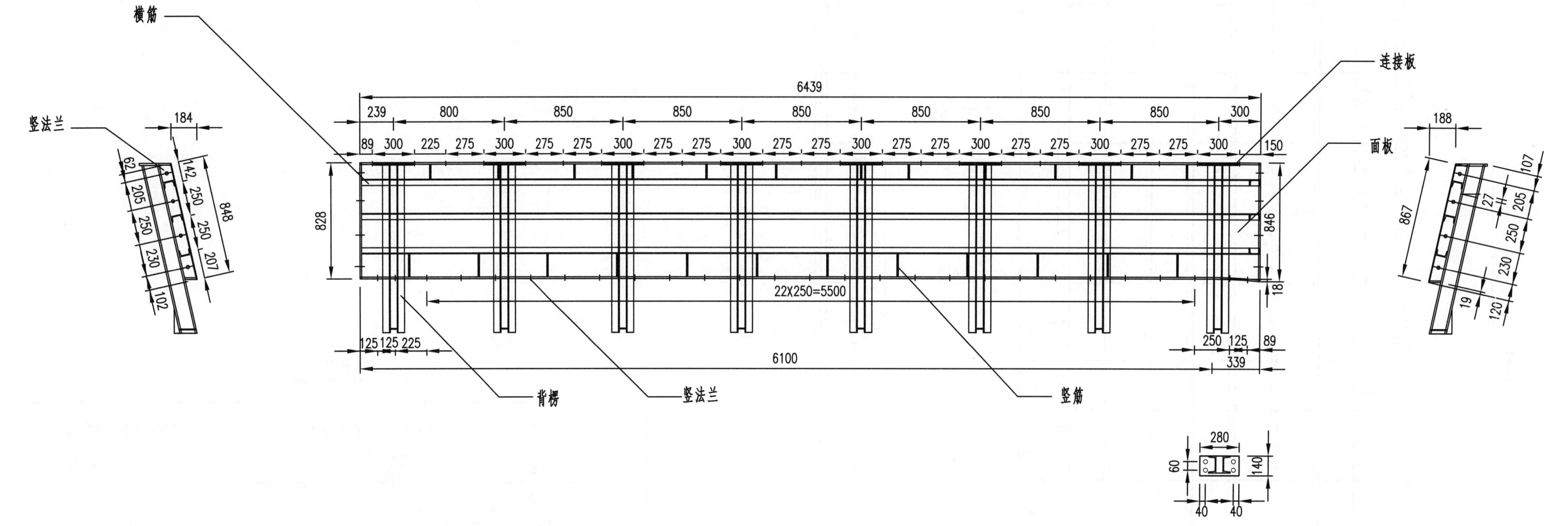

材料数量表

序号	名称	材料	长度(mm)	宽度(mm)	数量	单位质量(kg)	单块质量(kg)	总质量(kg)	备注
1	面板	5mm厚钢板	6349	867	1	39.25	216.05	216.05	
2	横筋	[8	6439		3	8.05	51.80	155.40	
3	横法兰	12mm厚钢板	6439	80	2	94.20	48.52	97.04	
4	竖法兰	12mm厚钢板	867	80	2	94.20	6.53	13.06	
5	背楞	2-[12	1226		16	12.06	14.78	236.48	
6	竖筋	10mm厚钢板	3780	80	1	78.50	23.74	23.74	总长
7	连接板	14mm厚钢板	280	140	8	109.90	4.31	34.48	
合计								776.25	

说明：

图中尺寸以mm计。

M墩盖梁	材质	Q235	单重	776kg
盖梁模板MB(16、17、22、23)	件数		图号	1.9-7

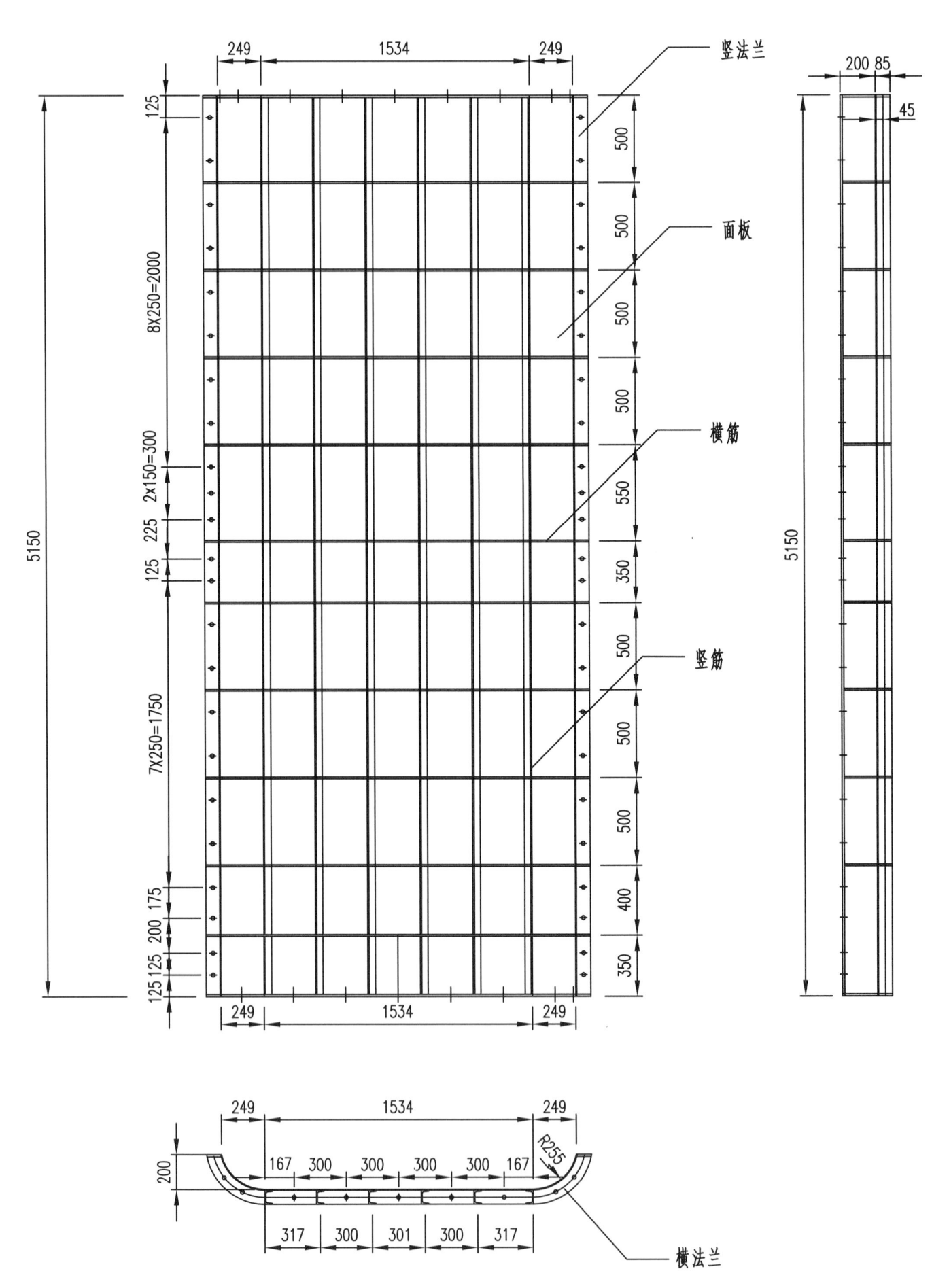

材料数量表

序号	名称	材料	长度(mm)	宽度(mm)	数量	单位质量(kg)	单块质量(kg)	总质量(kg)	备注
1	面板	5mm厚钢板	2230	4800	1	39.25	420.13	420.13	
2	竖筋	[8	4800		6	8.05	38.62	231.72	
3	横法兰	12mm厚钢板	2492	80	4	94.20	18.78	75.12	
4	竖法兰	12mm厚钢板	4800	80	2	94.20	36.17	72.34	
5	横筋	10mm厚钢板	2492	80	9	78.50	15.65	140.85	
合计								940.16	

说明：

图中尺寸以mm计。

M墩盖梁	材质	Q235	单重	940kg
盖梁模板MB(8、13)	件数		图号	1.9-8

说明：

图中尺寸以mm计。

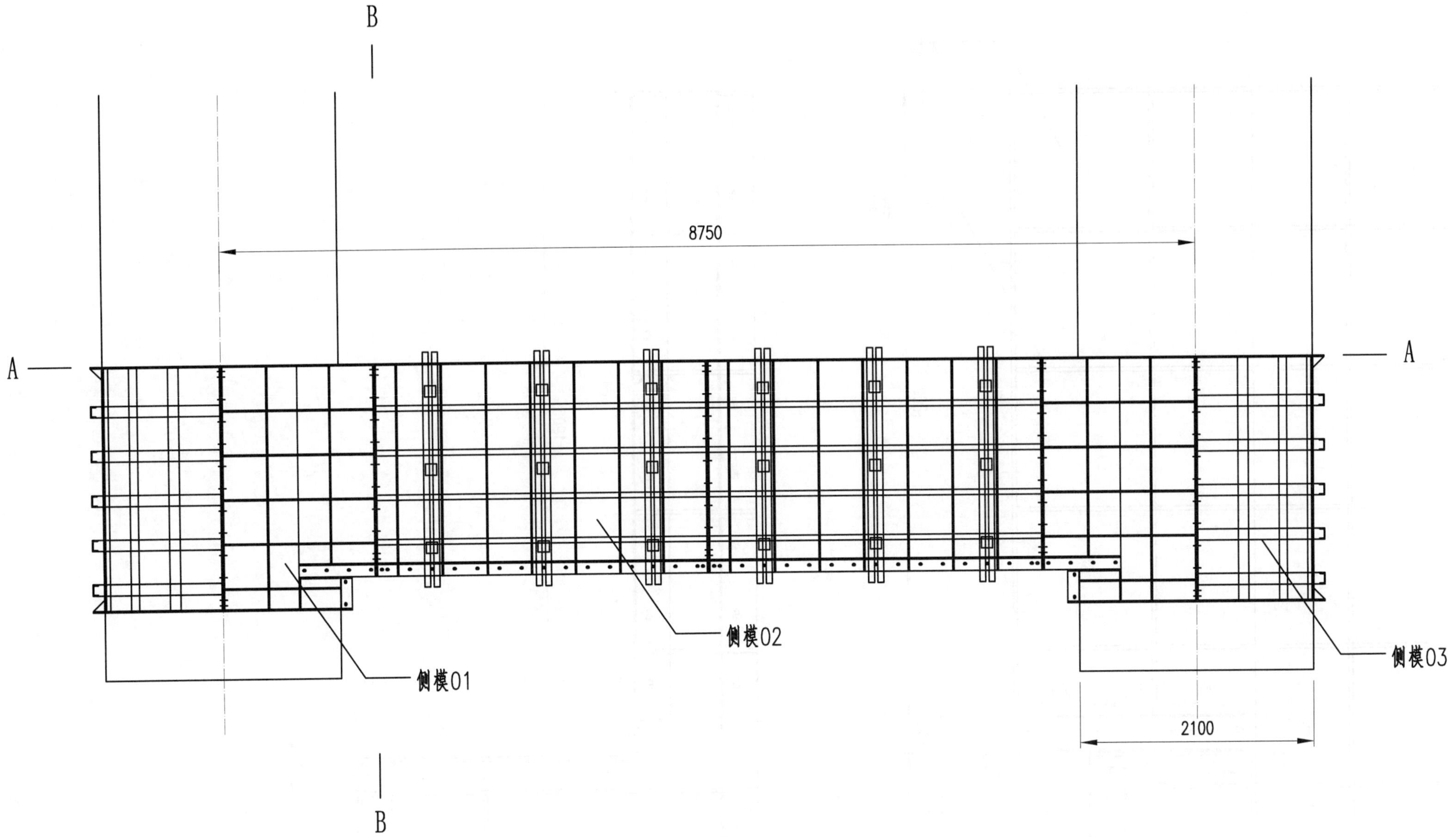

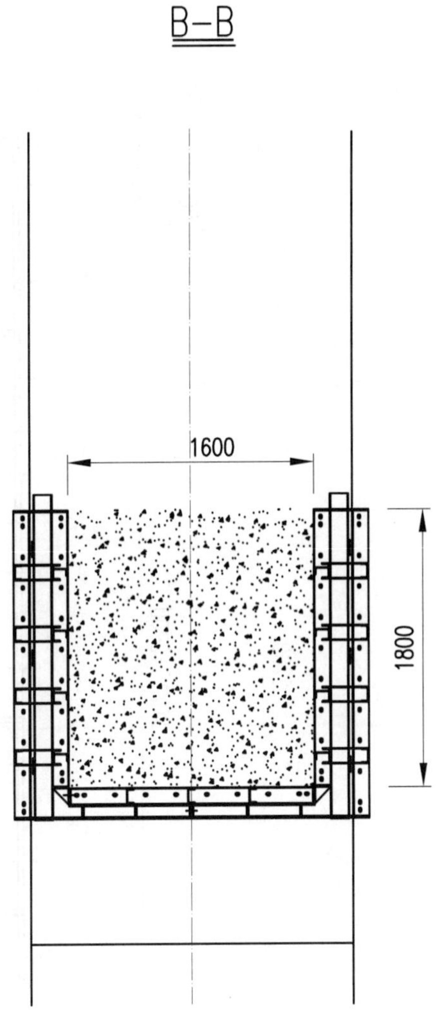

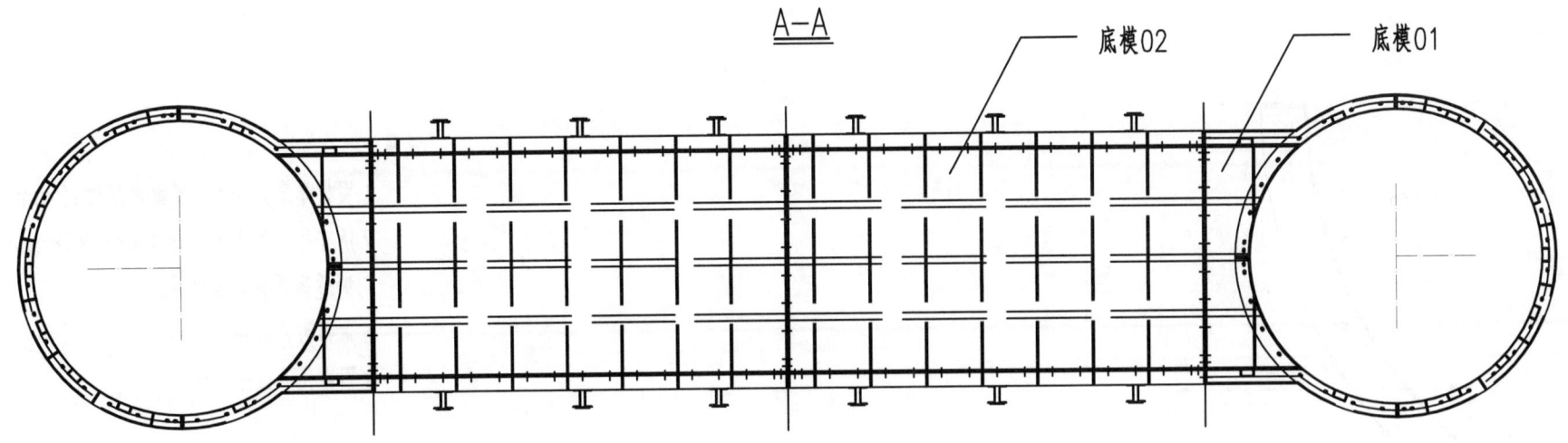

系梁	材质	Q235	单重	
模板总装图	件数		图号	2-1

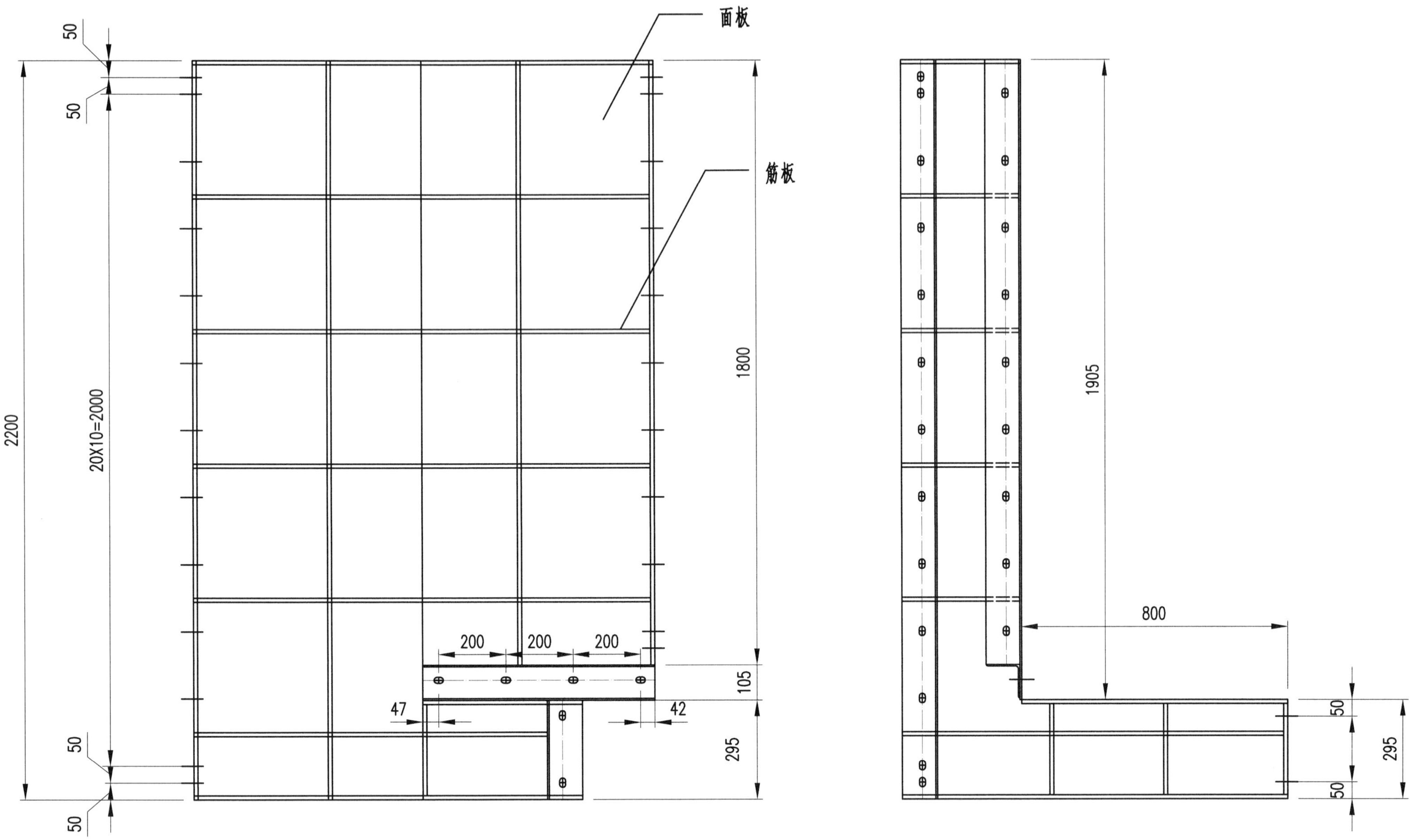

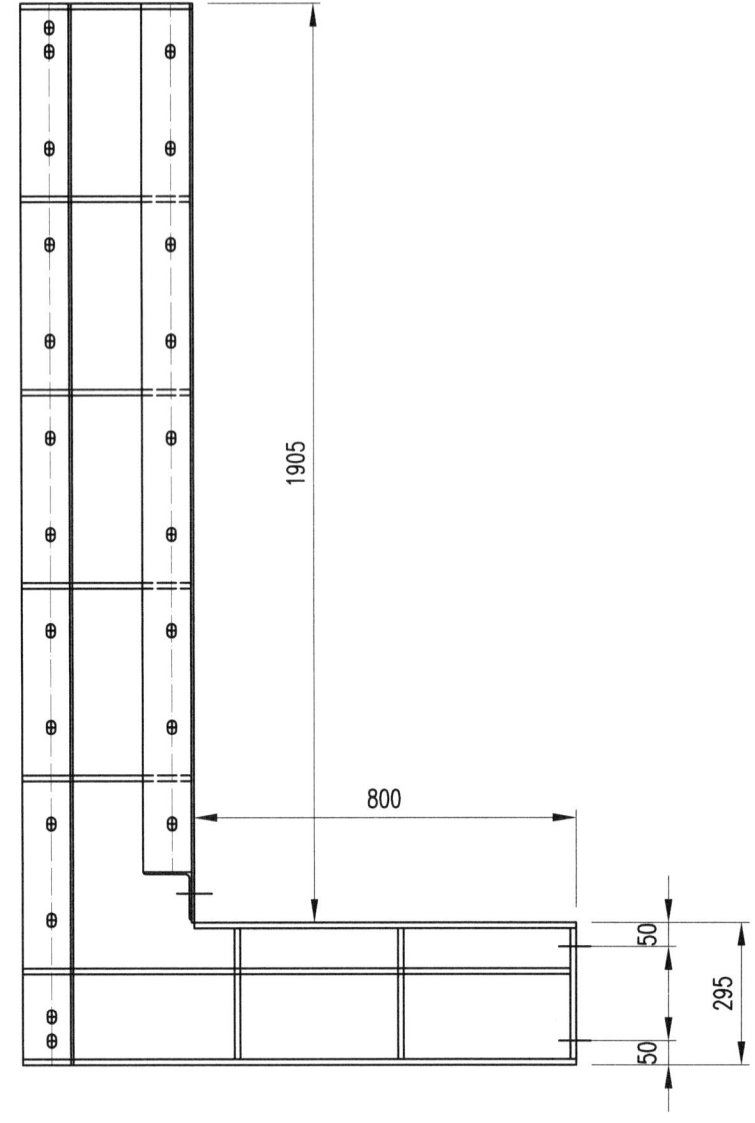

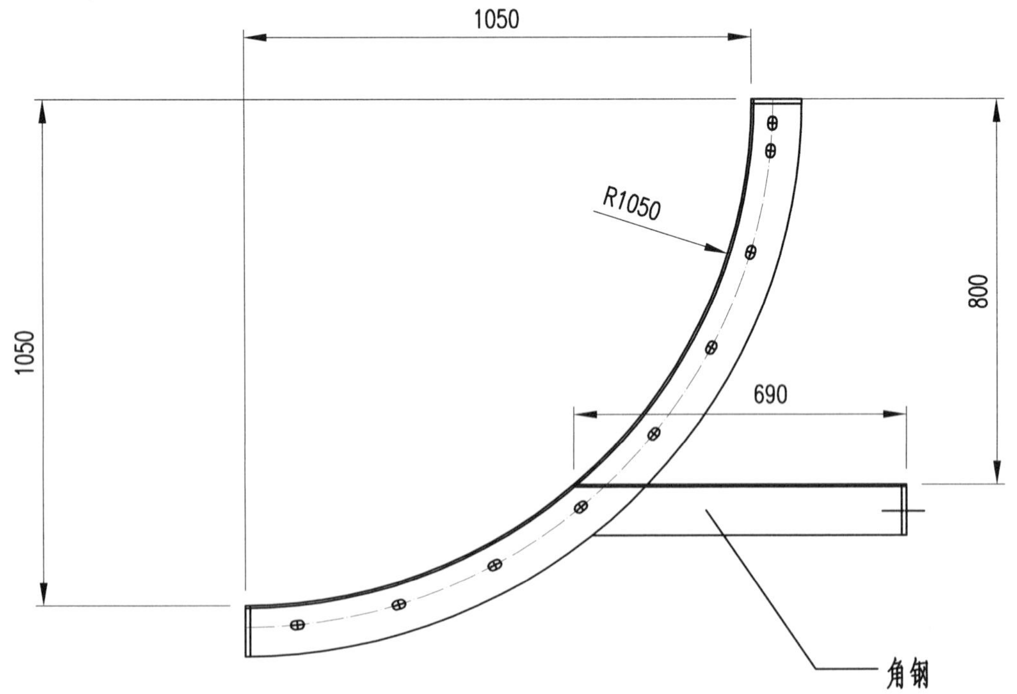

说明：
1. 面板厚度为5mm，筋板厚度为12mm。
2. 所有孔的尺寸均为 φ18mm×28mm，当孔与筋板发生干涉时适当调整筋板位置。
3. 角钢为∠100。
4. 图中尺寸以mm计。

系梁	材质	Q235	单重	340kg
系梁侧模01	件数	4	图号	2-2

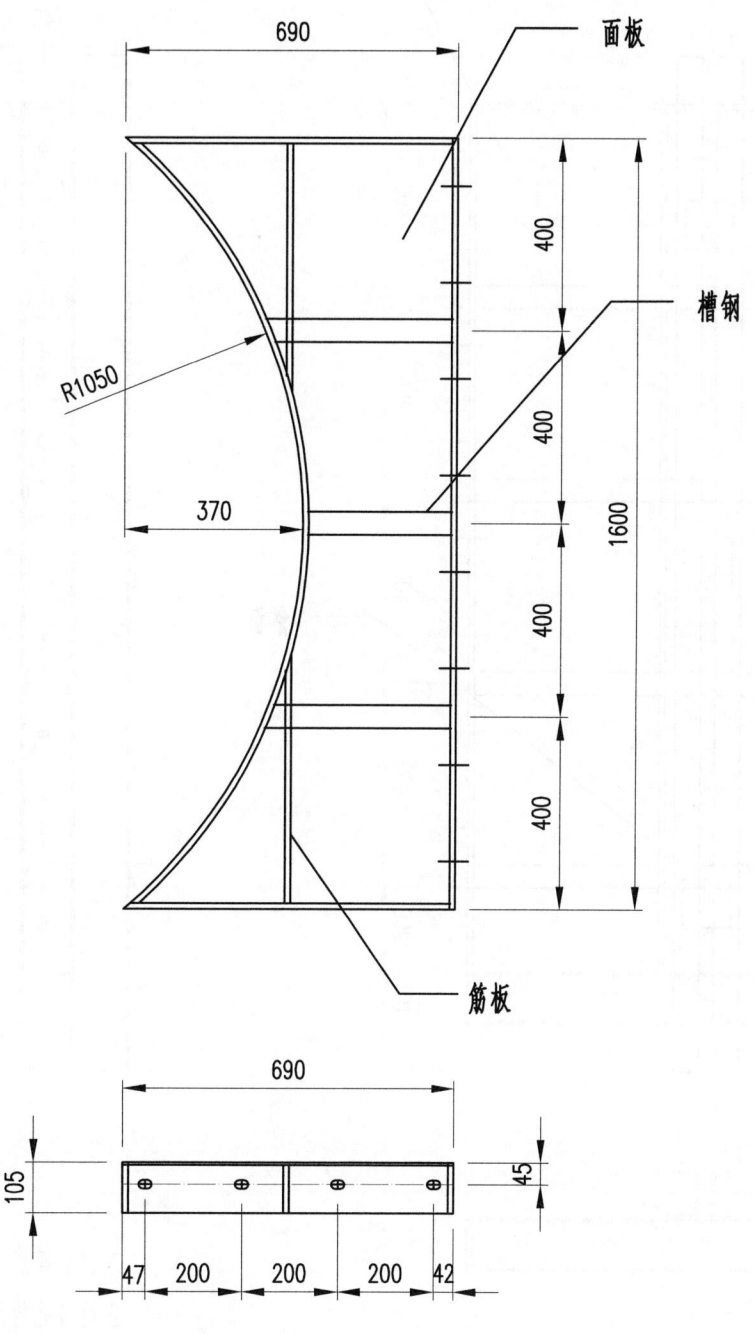
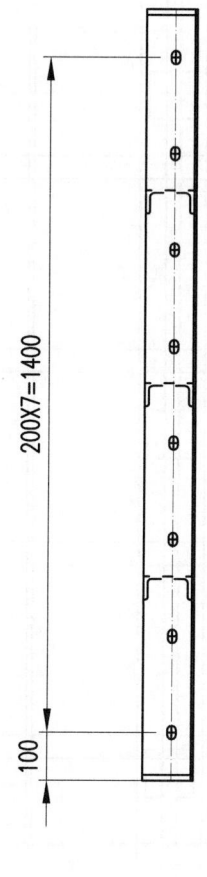

说明：
1. 面板厚度为5mm，筋板厚度为12mm。
2. 所有孔的尺寸均为φ18mm×28mm，当孔与筋板发生干涉时适当调整筋板位置。
3. 槽钢为[10。
4. 图中尺寸以mm计。

系梁	材质	Q235	单重	125kg
系梁底模01	件数	2	图号	2-3

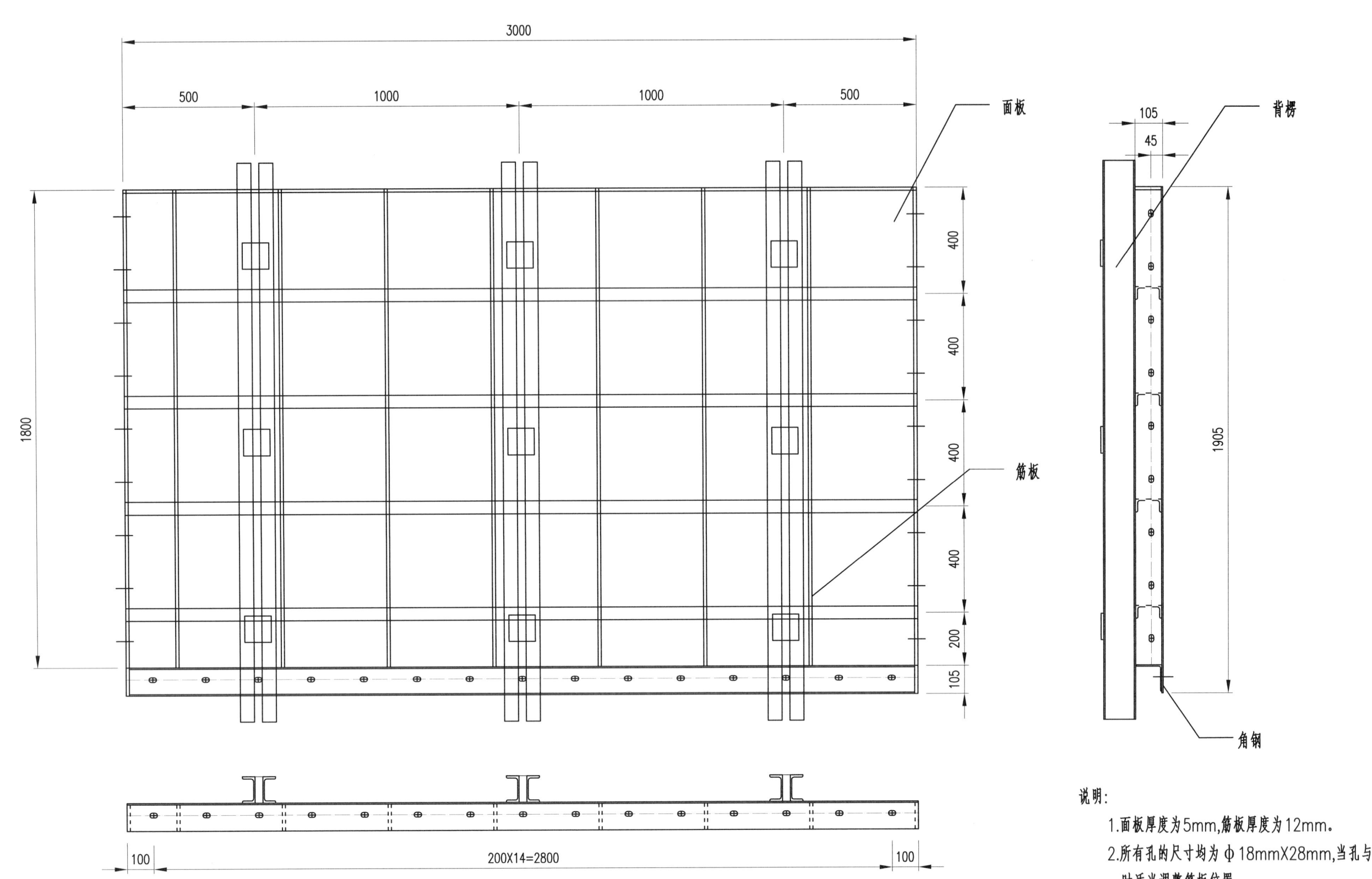

说明：
1. 面板厚度为5mm，筋板厚度为12mm。
2. 所有孔的尺寸均为φ18mm×28mm，当孔与筋板发生干涉时适当调整筋板位置。
3. 除背楞槽钢为[12外，其余槽钢均为[10，角钢为∠100。
4. 图中尺寸以mm计。

系梁	材质	Q235	单重	780kg
系梁侧模02	件数	4	图号	2-4

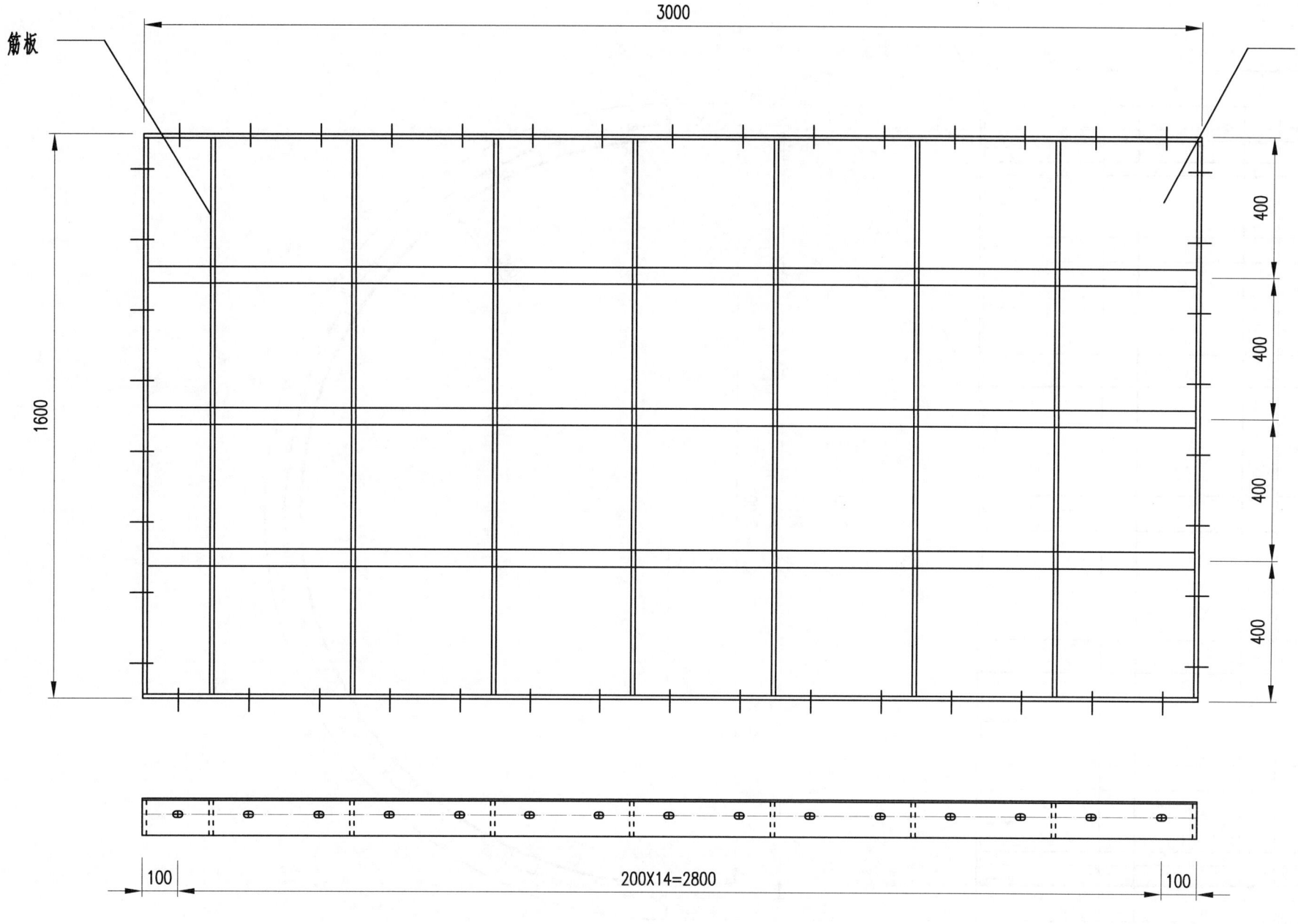
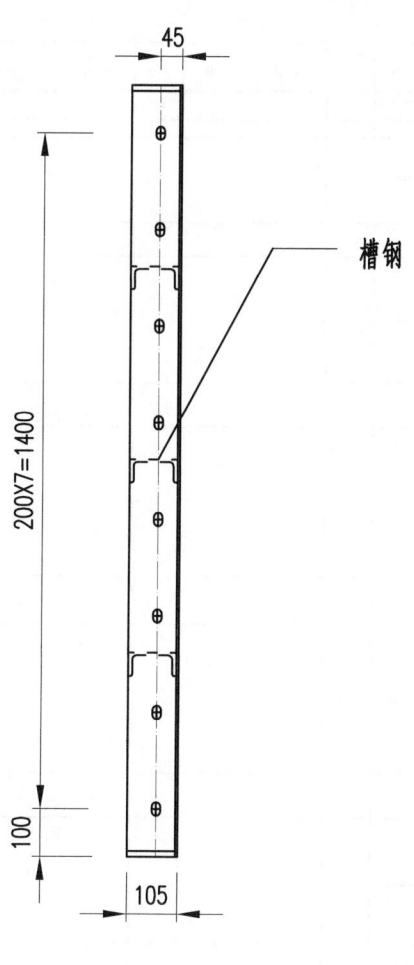

说明：
1. 面板厚度为5mm，筋板厚度为12mm。
2. 所有孔的尺寸均为φ18mm×28mm，当孔与筋板发生干涉时适当调整筋板位置。
3. 槽钢为[10。
4. 图中尺寸以mm计。

系梁	材质	Q235	单重	435kg
系梁底模02	件数	2	图号	2-5

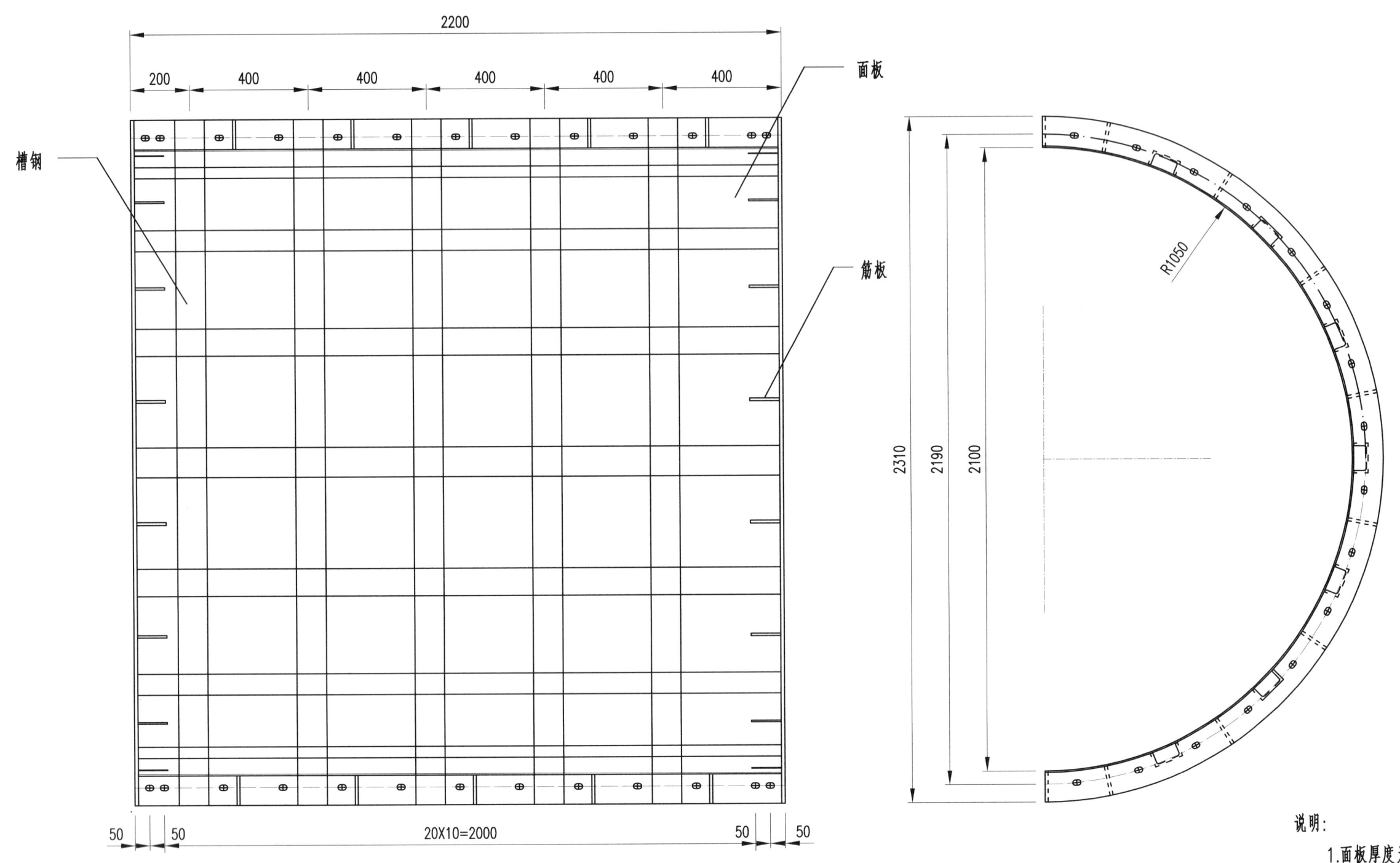

说明：
1. 面板厚度为5mm，筋板厚度为12mm。
2. 所有孔的尺寸均为 φ18mm×28mm，当孔与筋板发生干涉时适当调整筋板位置。
3. 槽钢为[10。
4. 图中尺寸以mm计。

系梁	材质	Q235	单重	799kg
系梁侧模03	件数	2	图号	2-6

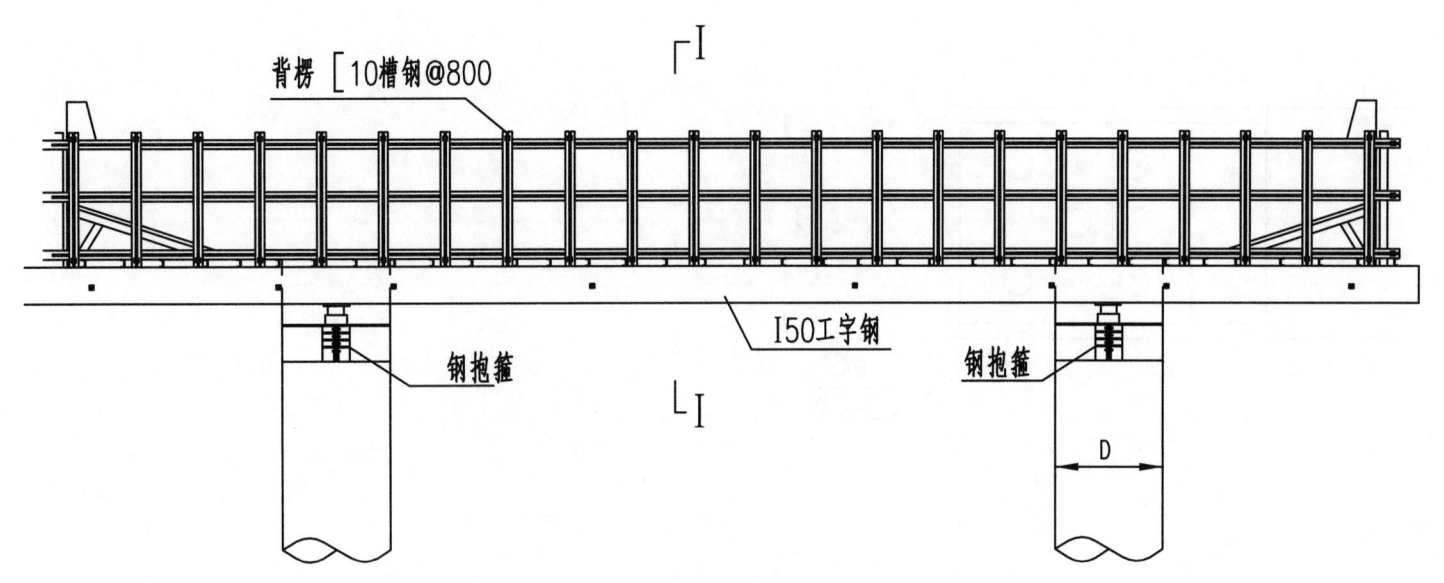

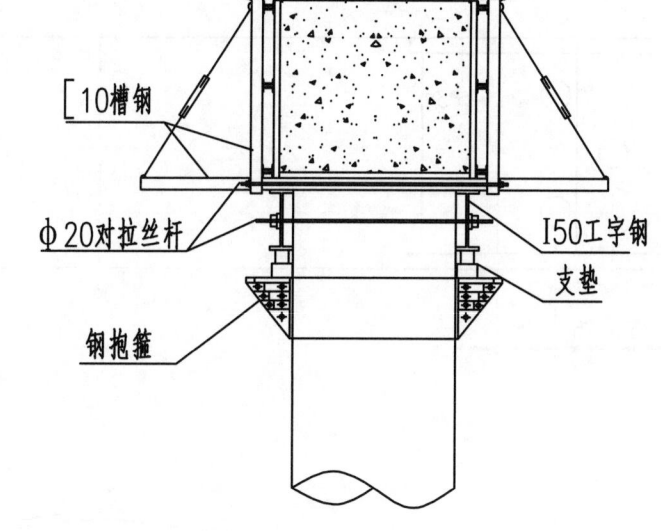

I-I 剖面图

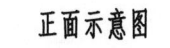

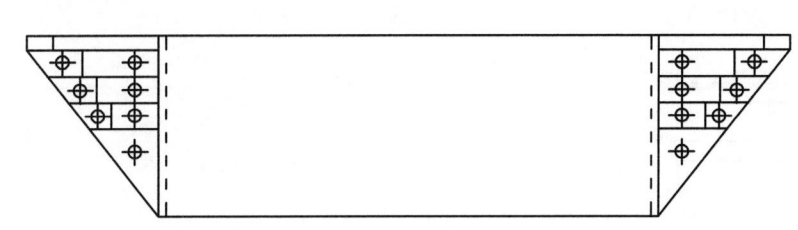

正面示意图

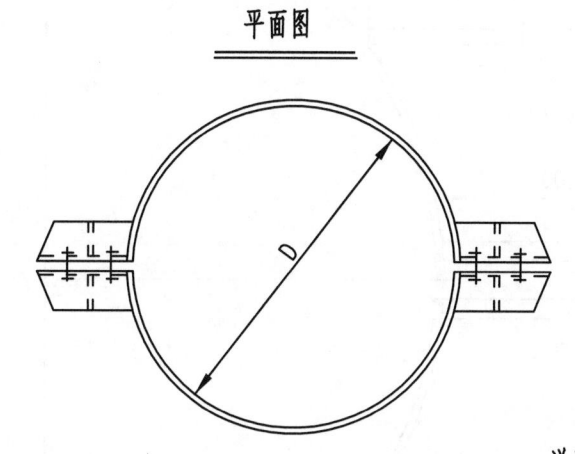

平面图

说明：
1. 图中尺寸除注明外均以mm计。
2. 钢抱箍制作直径必须准确，使其周长略小于墩身周长，在内面垫约5mm厚橡胶，用拆装梁N31螺栓将两片钢抱箍抱死于墩身上，每个螺栓上紧力矩不小于60kg·m，在其上搭设横梁，铺设底模。
3. 钢抱箍用于双柱圆墩盖梁模架施工临时支撑，可倒用。
4. 如盖梁两边墩柱高度不一样，可在钢抱箍形成的桁架上加上垫木，以满足施工要求。

抱箍示意图	材质	Q235	单重	
抱箍施工工艺示意图	件数		图号	3.1

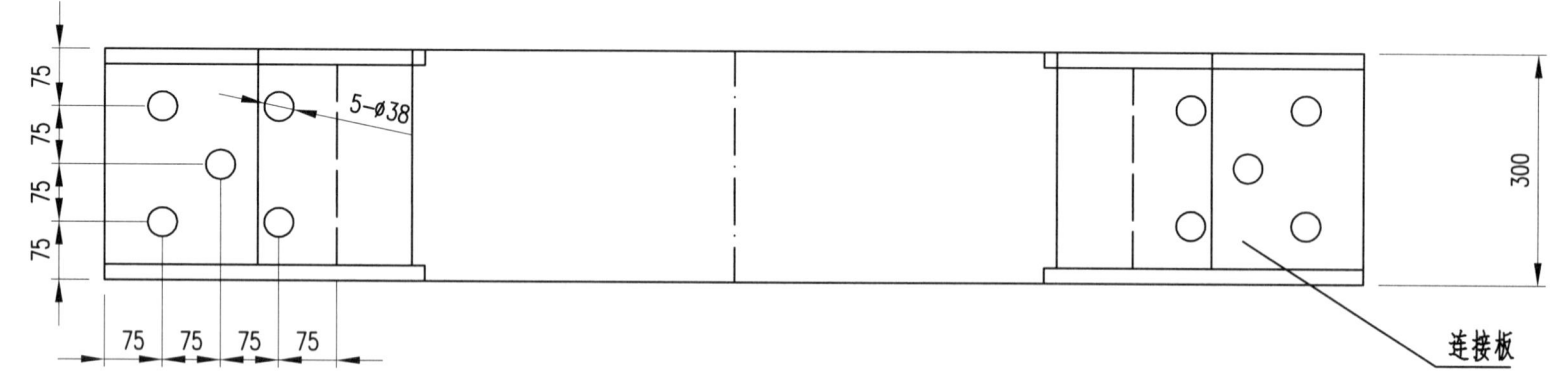

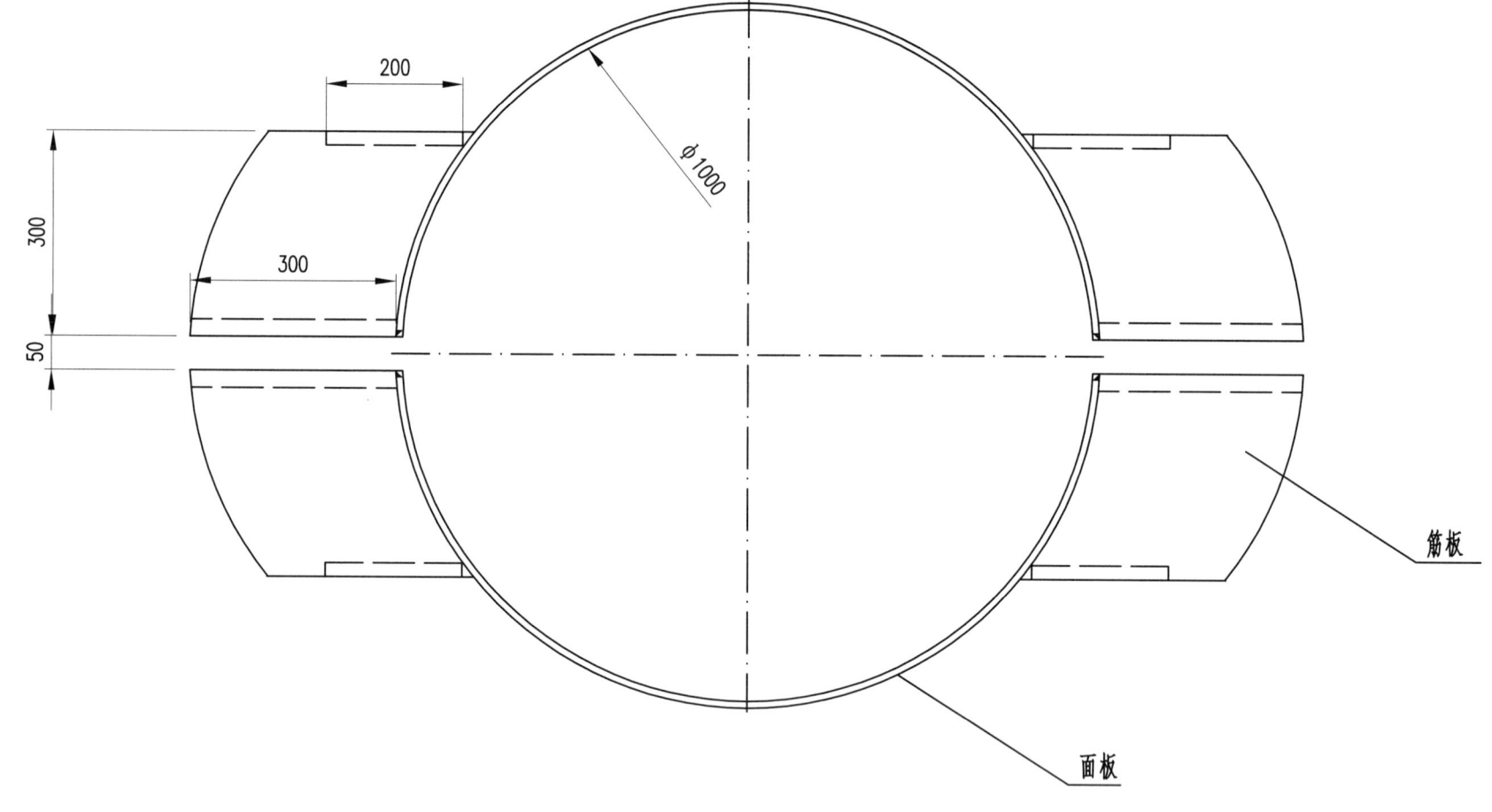

说明：
1. 面板厚度为10mm,筋板厚度为20mm,连接板厚度为25mm。
2. 焊角尺寸为10～15mm。
3. 图中尺寸以mm计。

抱箍	材质	Q235	单重	293kg
φ1000mm	件数	1	图号	3.2-1

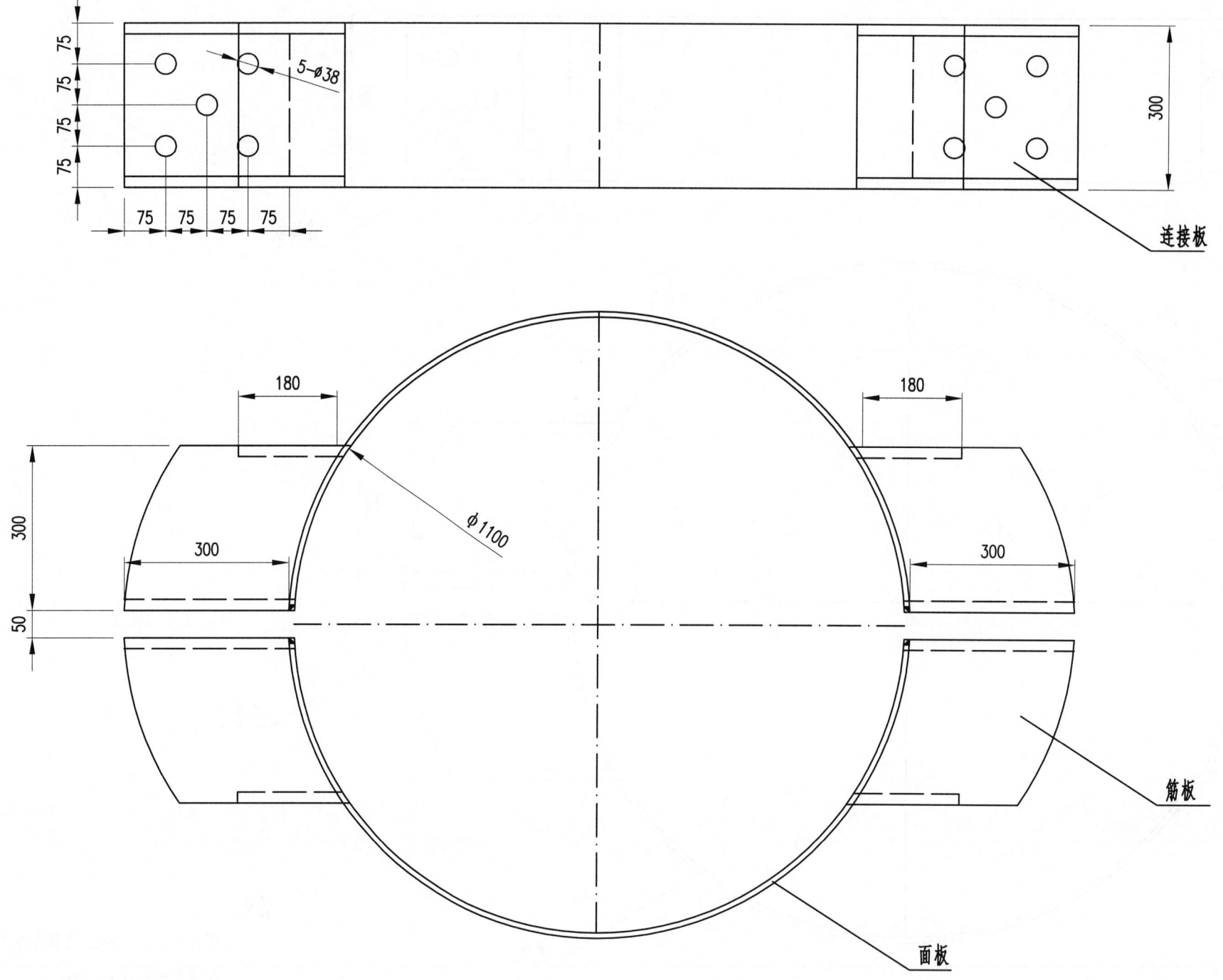

说明：
1. 面板厚度为10mm，筋板厚度为20mm，连接板厚度为25mm。
2. 焊角尺寸为10～15mm。
3. 图中尺寸以mm计。

抱箍	材质	Q235	单重	297kg
φ1100mm	件数	1	图号	3.2-2

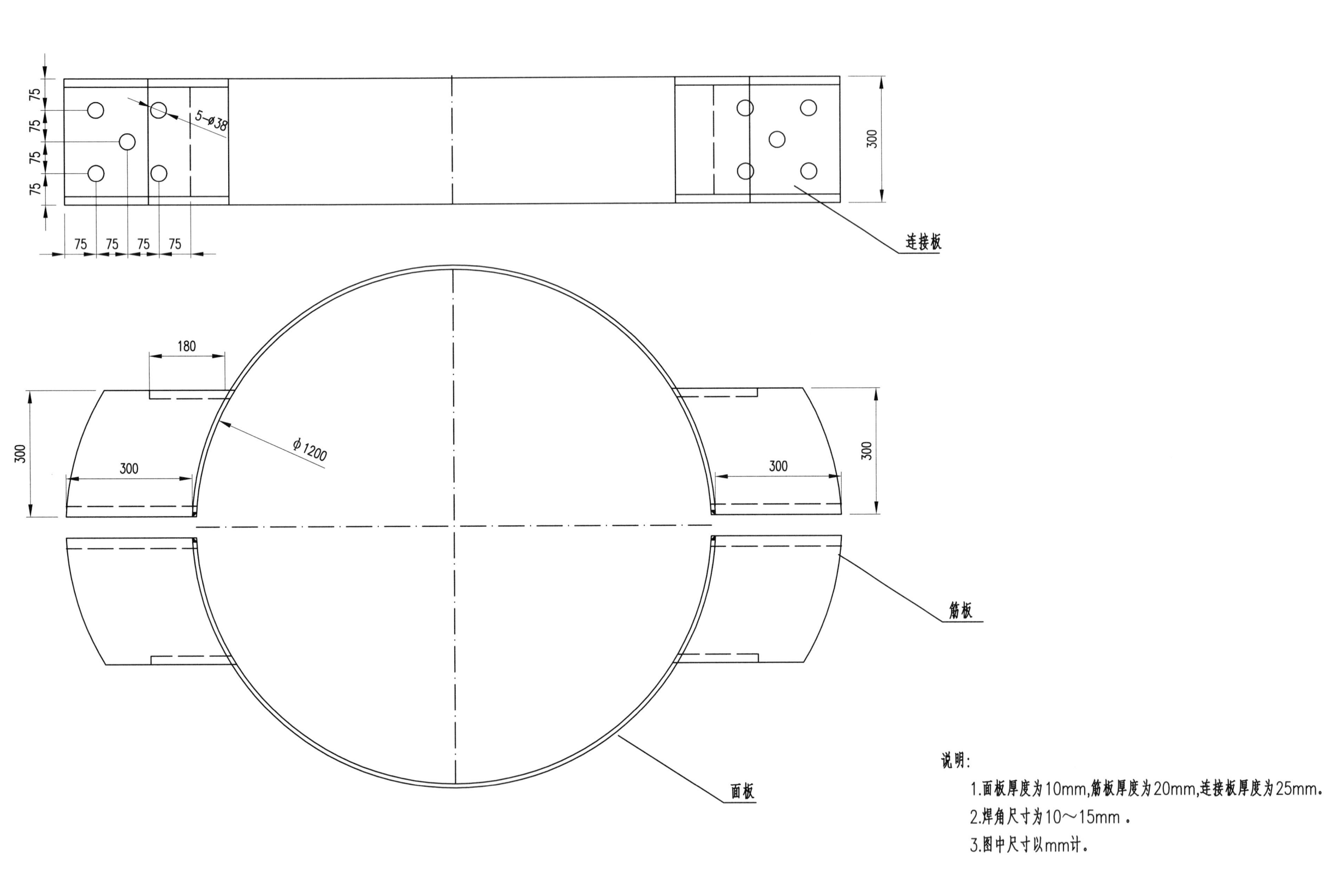

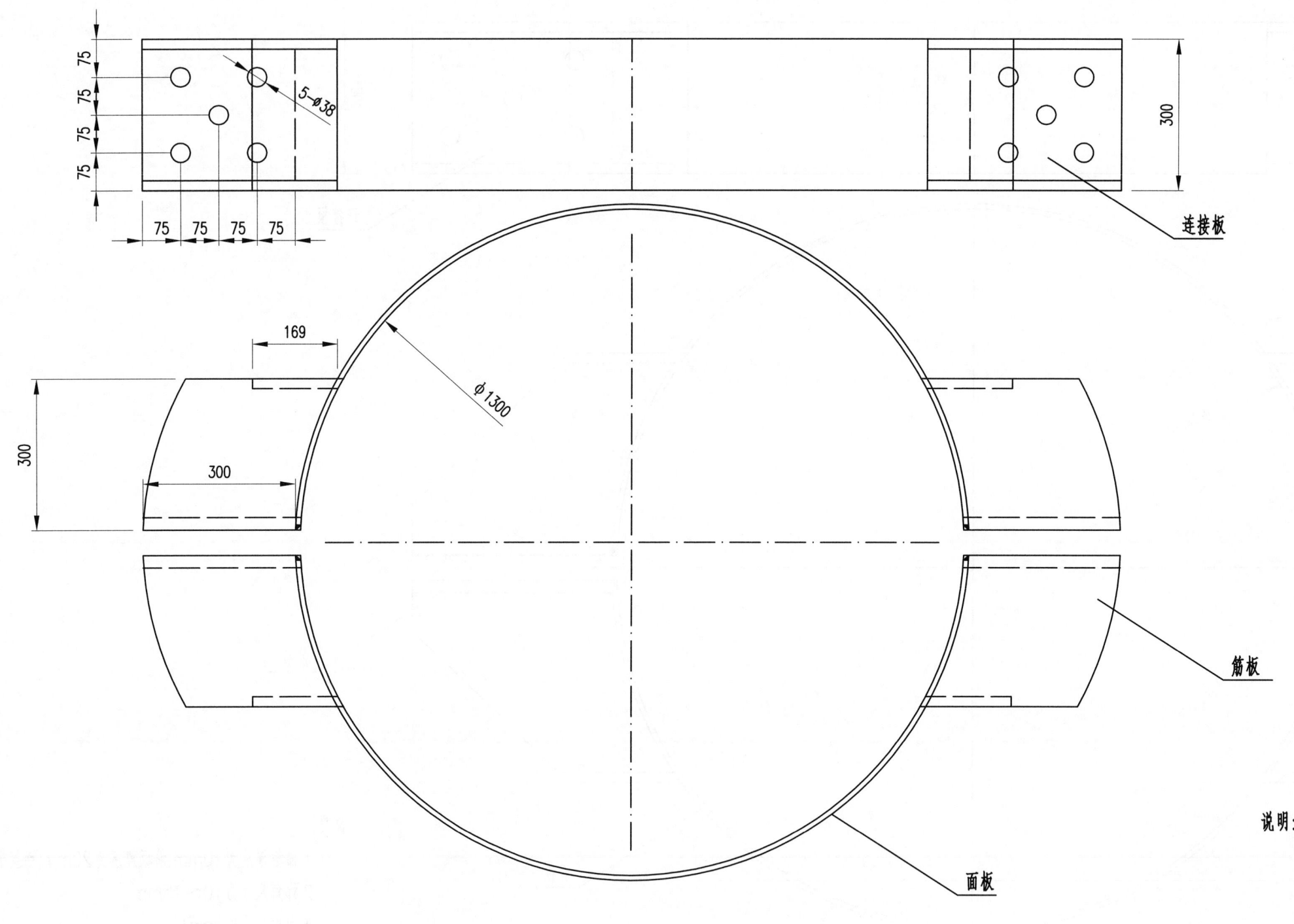

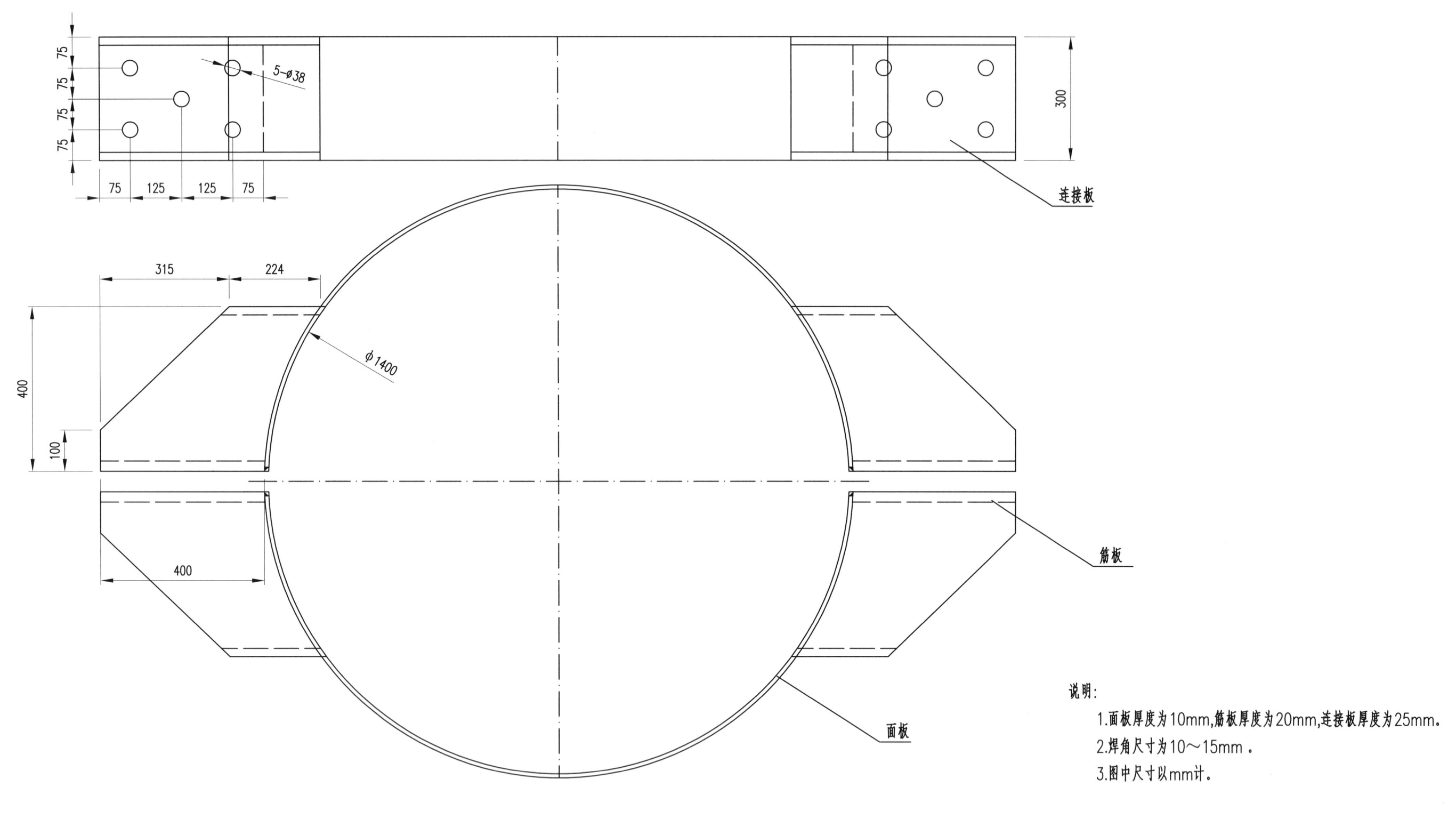

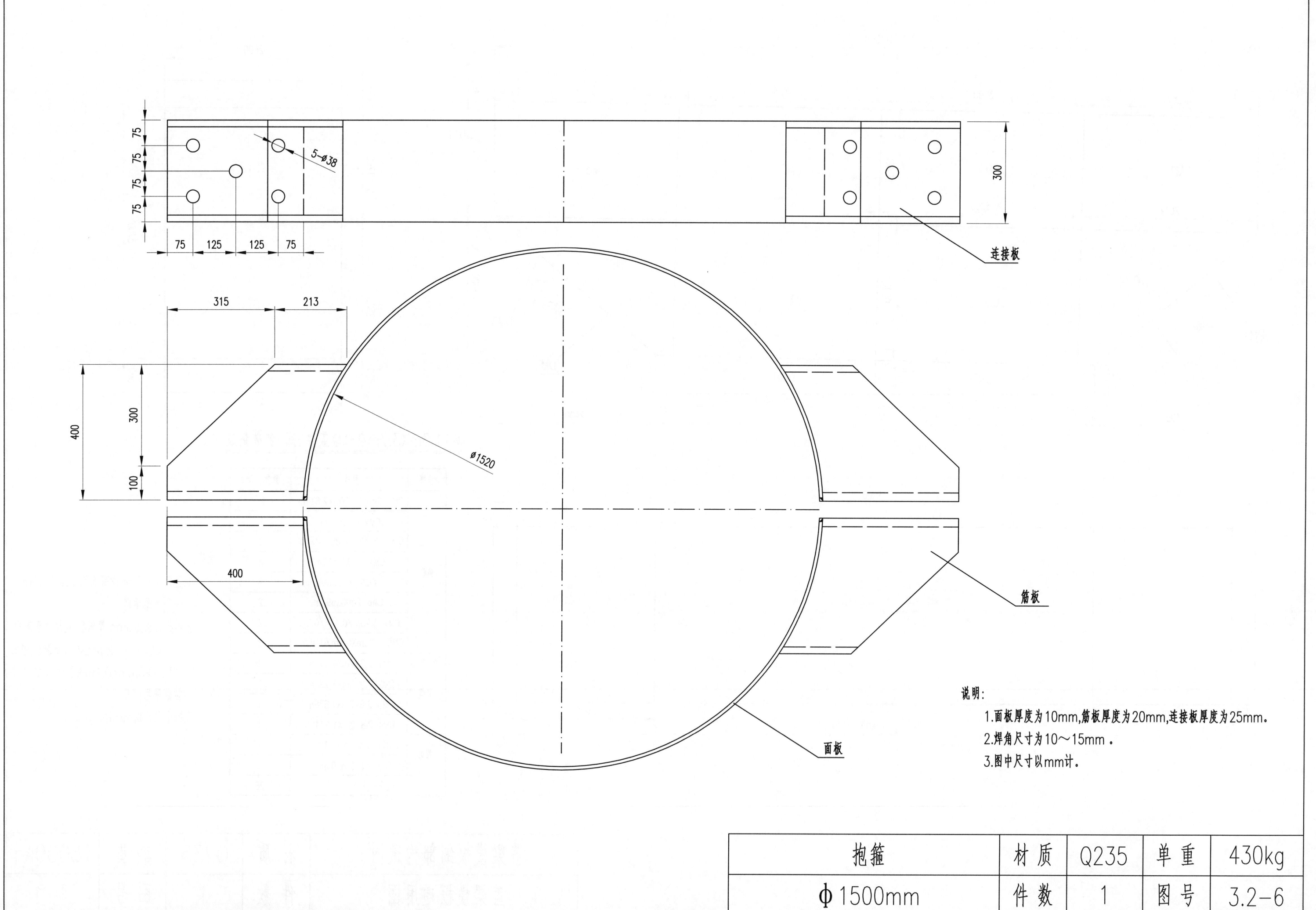

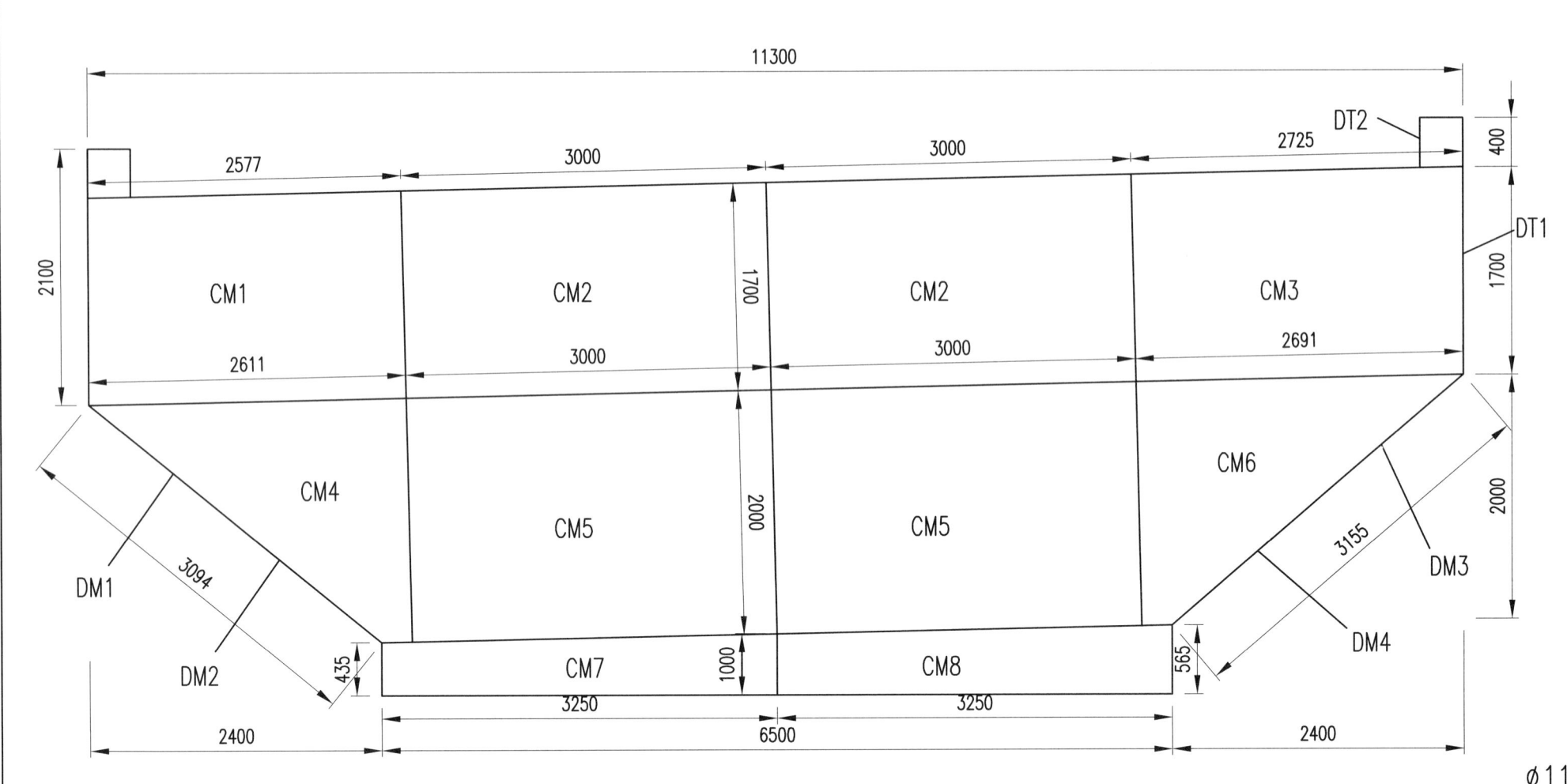
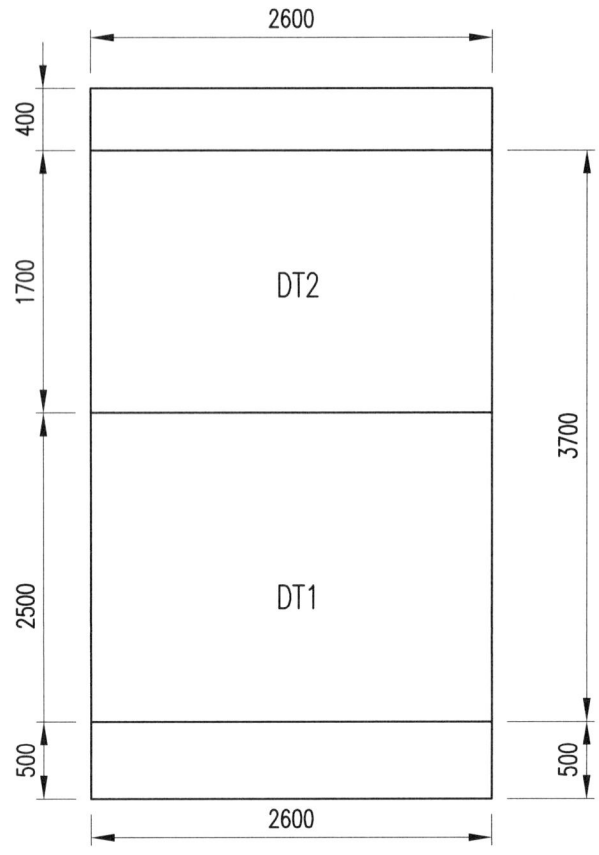

⌀11.3m×3.7m空心墩盖梁1底1侧数量表

	名称	规格	数量（块）
钢模	CM1	2m×2.577m/2.611m	2
	CM2	1.7m×3m	4
	CM3	2m×2.691m/2.725m	2
	CM4	2m×2.611m	2
	CM5	2m×3m	4
	CM6	2m×2.691m	2
	CM7	3.25m×0.435m/0.5m	2
	CM8	3.25m×0.5m/0.565m	2
底模	DM1	2.812m×1.647m	1
	DM2	2.812m×1.721m	1
	DM3	2.812m×1.578m	1
	DM4	2.812m×1.944m	1
堵头	DT1	2.812m×2.1m	2
	DT2	2.812m×0.4m	2
合计（块）			28

说明：
1. 现仅以宽2.6m×高3.7m×长11.3m一种盖梁示例。
2. 模板面板为5mm厚钢板，连接边筋采用∠100×10+12mm×0.1m钢板，中筋由[10+5mm×0.1m钢板组成，侧模对拉筋采用[16。
3. 图中尺寸以mm计。

盖梁模板细部构造图	材质	Q235	单重	16000kg
盖梁模板通用图	件数	1	图号	4-1

CM1

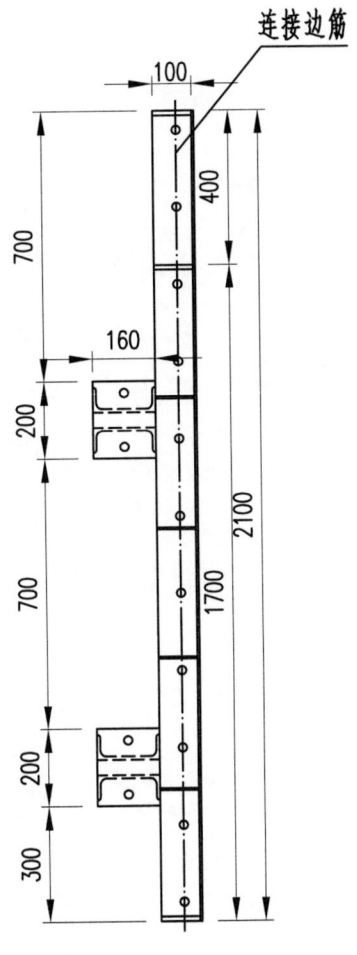
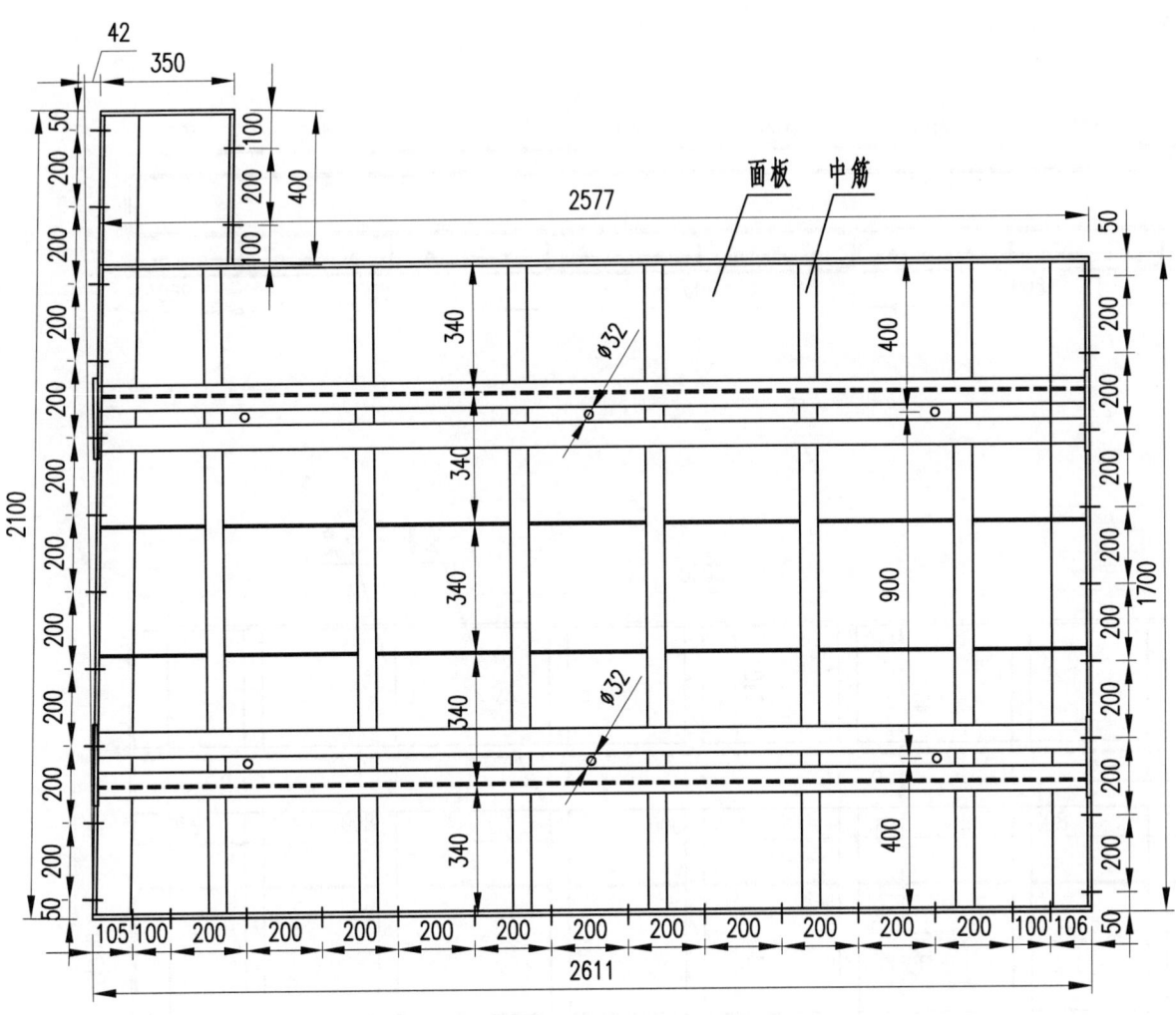
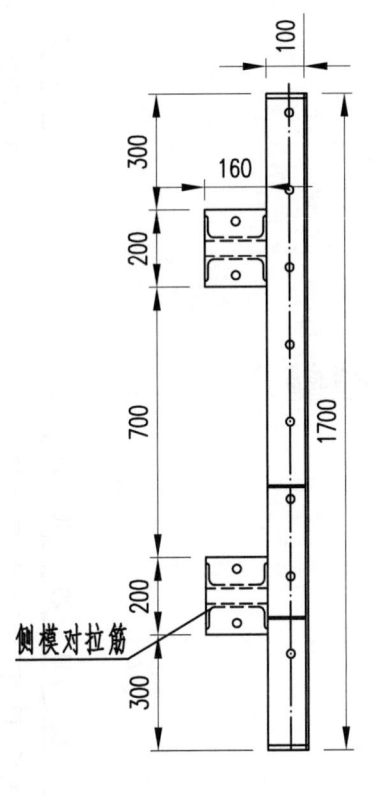
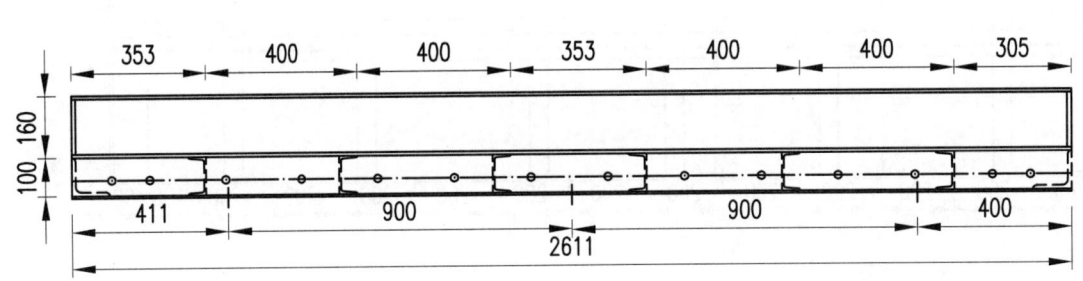

说明：
1. 现仅以宽2.6m×高3.7m×长11.3m一种盖梁示意。
2. 模板面板采用5mm厚钢板，连接边筋采用∠100×10+12mm×0.1m钢板，中筋采用[10+5mm×0.1m钢板组成，侧模对拉筋采用[16。
3. 图中尺寸以mm计。

盖梁模板细部构造图	材质	Q235	单重	603kg
CM1 2m×2.577m/2.611m	件数	2	图号	4-2

CM2

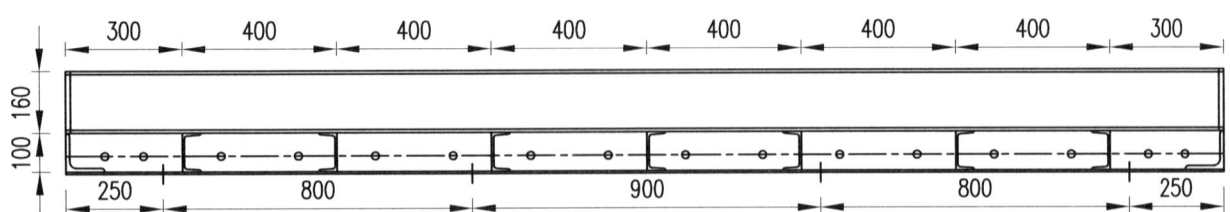

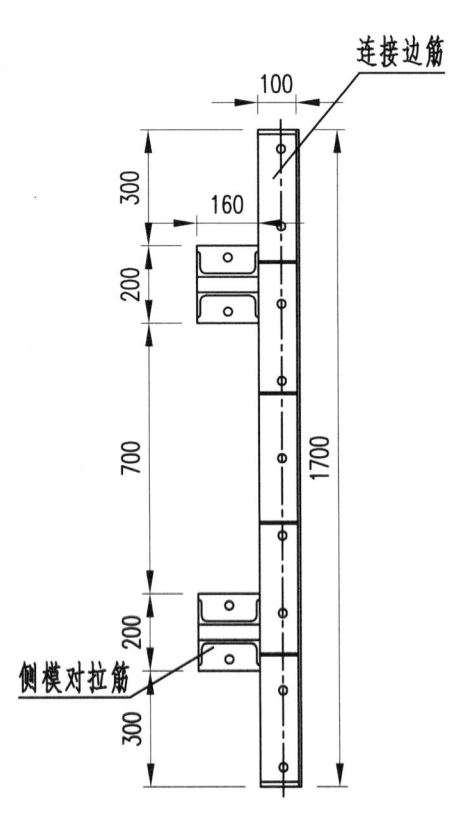

连接边筋

侧模对拉筋

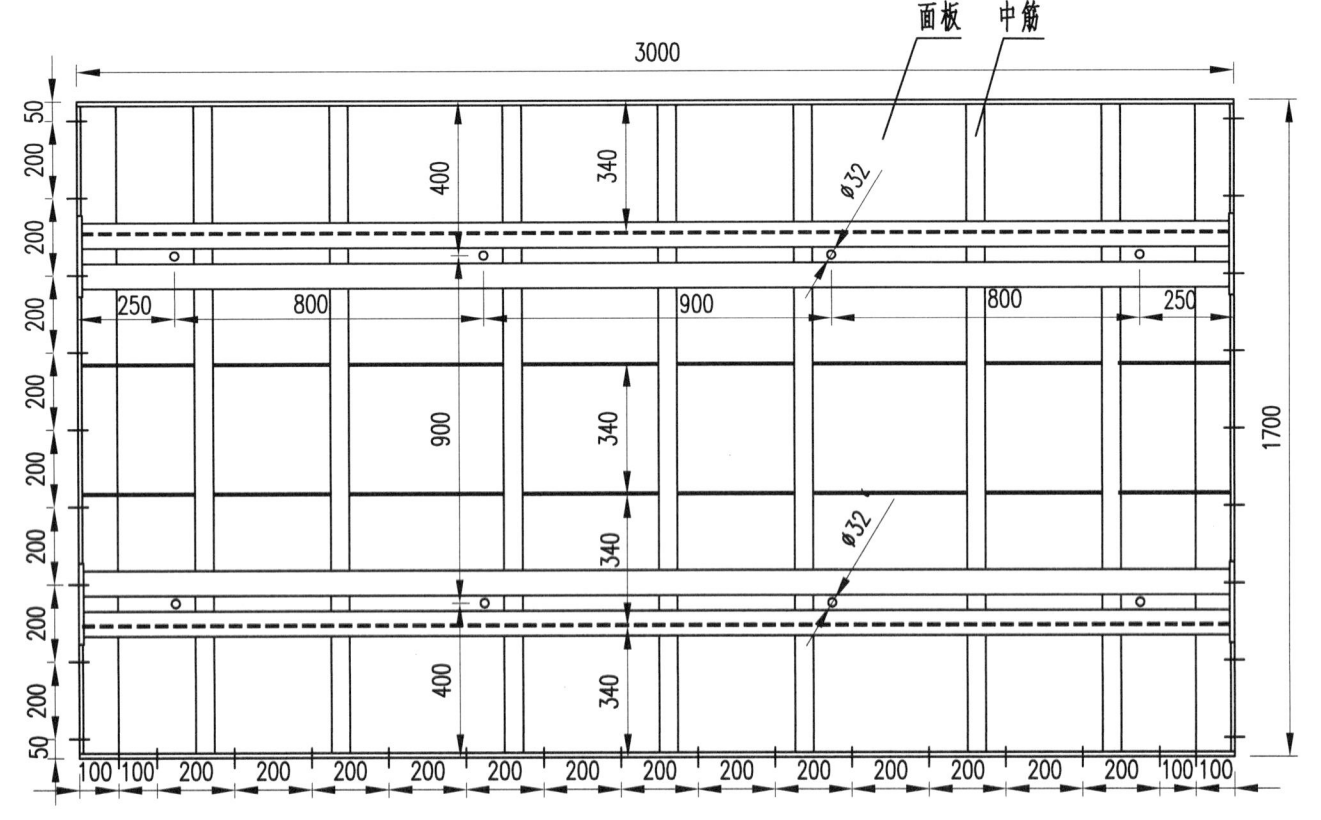

面板　中筋

说明：
1. 现仅以宽2.6m×高3.7m×长11.3m一种盖梁示意。
2. 模板面板采用5mm厚钢板，连接边筋采用 ∠100×10+12mm×0.1m钢板，中筋采用 [10+5mm×0.1m钢板组成，侧模对拉筋采用[16。
3. 图中尺寸以mm计。

盖梁模板细部构造图	材质	Q235	单重	719kg
CM2 1.7m×3m	件数	4	图号	4-3

CM3

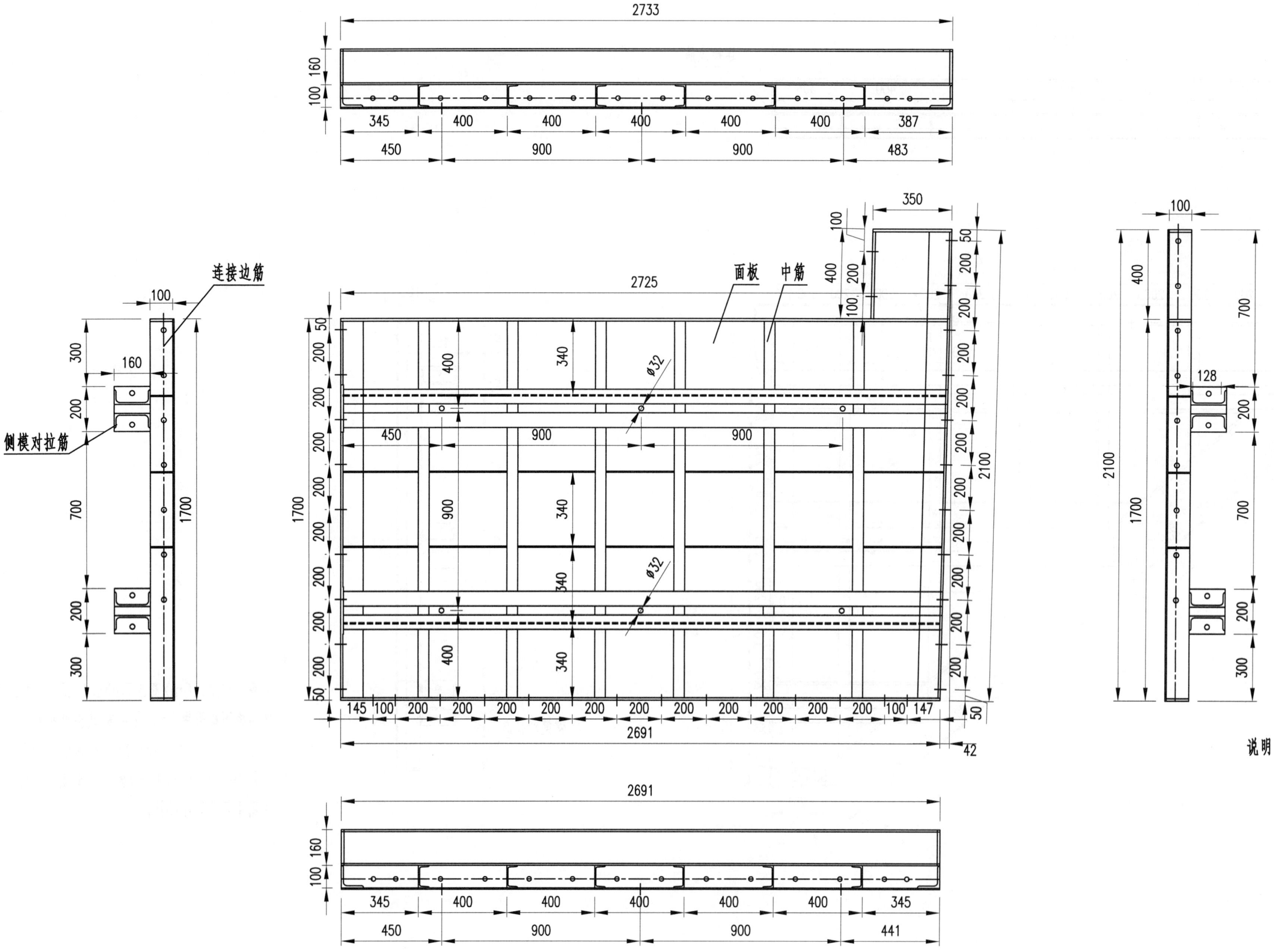

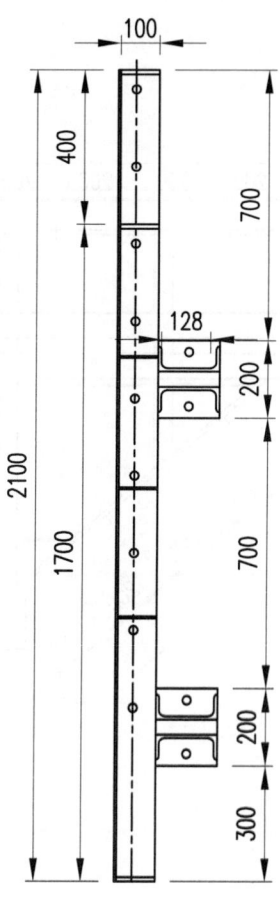

说明：
1. 现仅以宽2.6m×高3.7m×长11.3m一种盖梁示意。
2. 模板面板采用5mm厚钢板，连接边筋采用 ∠100×10+12mm×0.1m钢板，中筋采用 [10+5mm×0.1m钢板组成，侧模对拉筋采用[16。
3. 图中尺寸以mm计。

盖梁模板细部构造图	材质	Q235	单重	618kg
CM3 2m×2.691m/2.725m	件数	2	图号	4-4

CM4

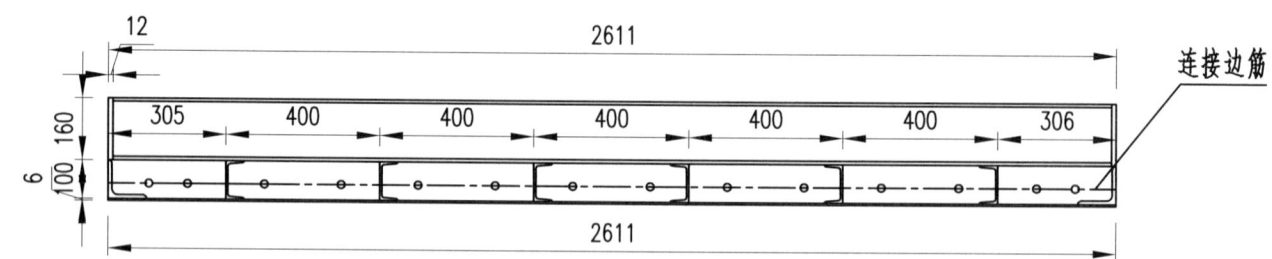
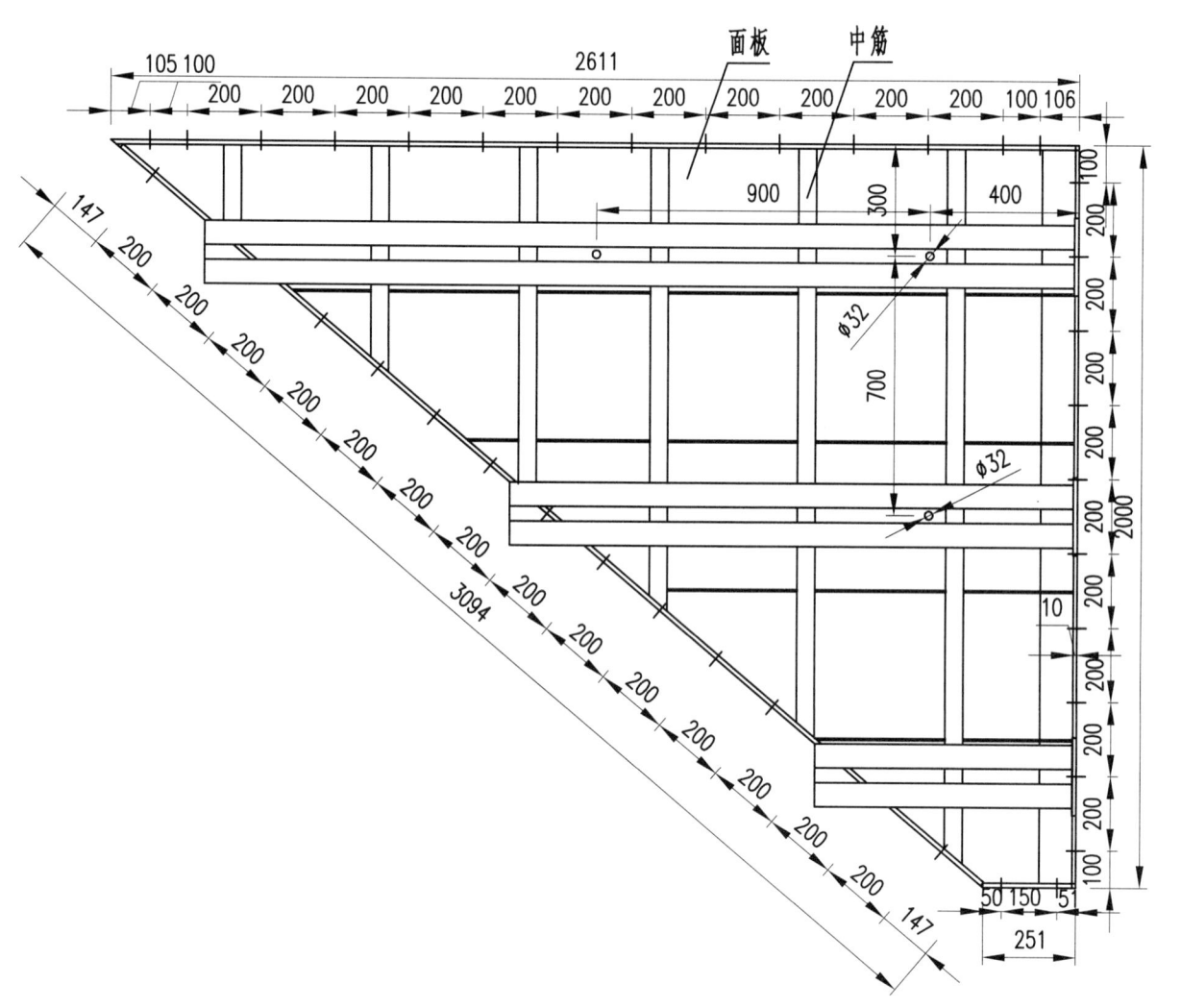
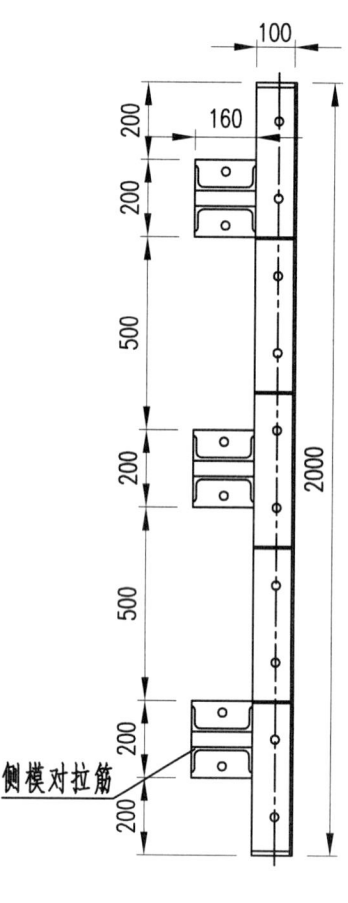

说明：
1. 现仅以宽2.6m×高3.7m×长11.3m一种盖梁示意。
2. 模板面板采用5mm厚钢板，连接边筋采用∠100×10+12mm×0.1m钢板，中筋采用[10+5mm×0.1m钢板组成，侧模对拉筋采用[16。
3. 图中尺寸以mm计。

盖梁模板细部构造图	材质	Q235	单重	455kg
CM4 2m×2.611m	件数	2	图号	4-5

CM5

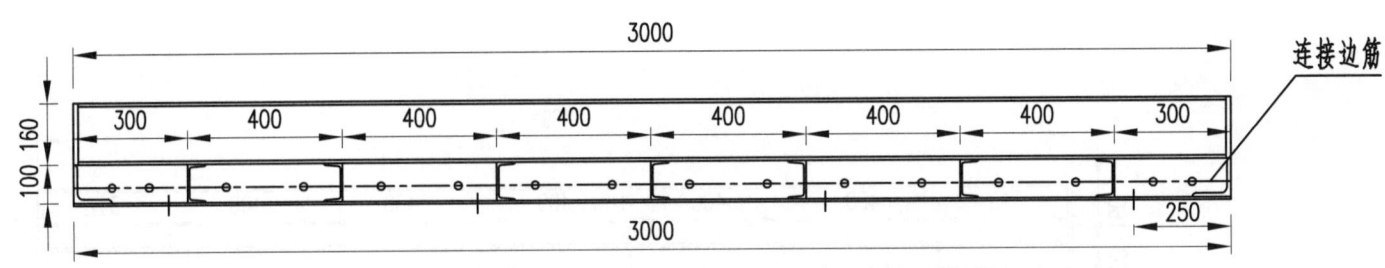

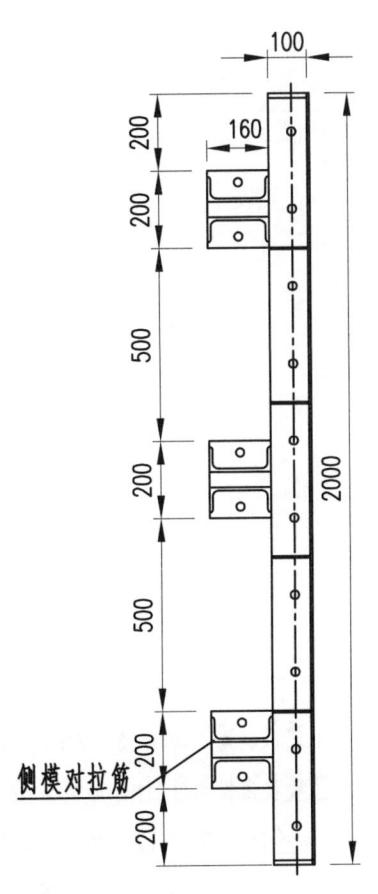

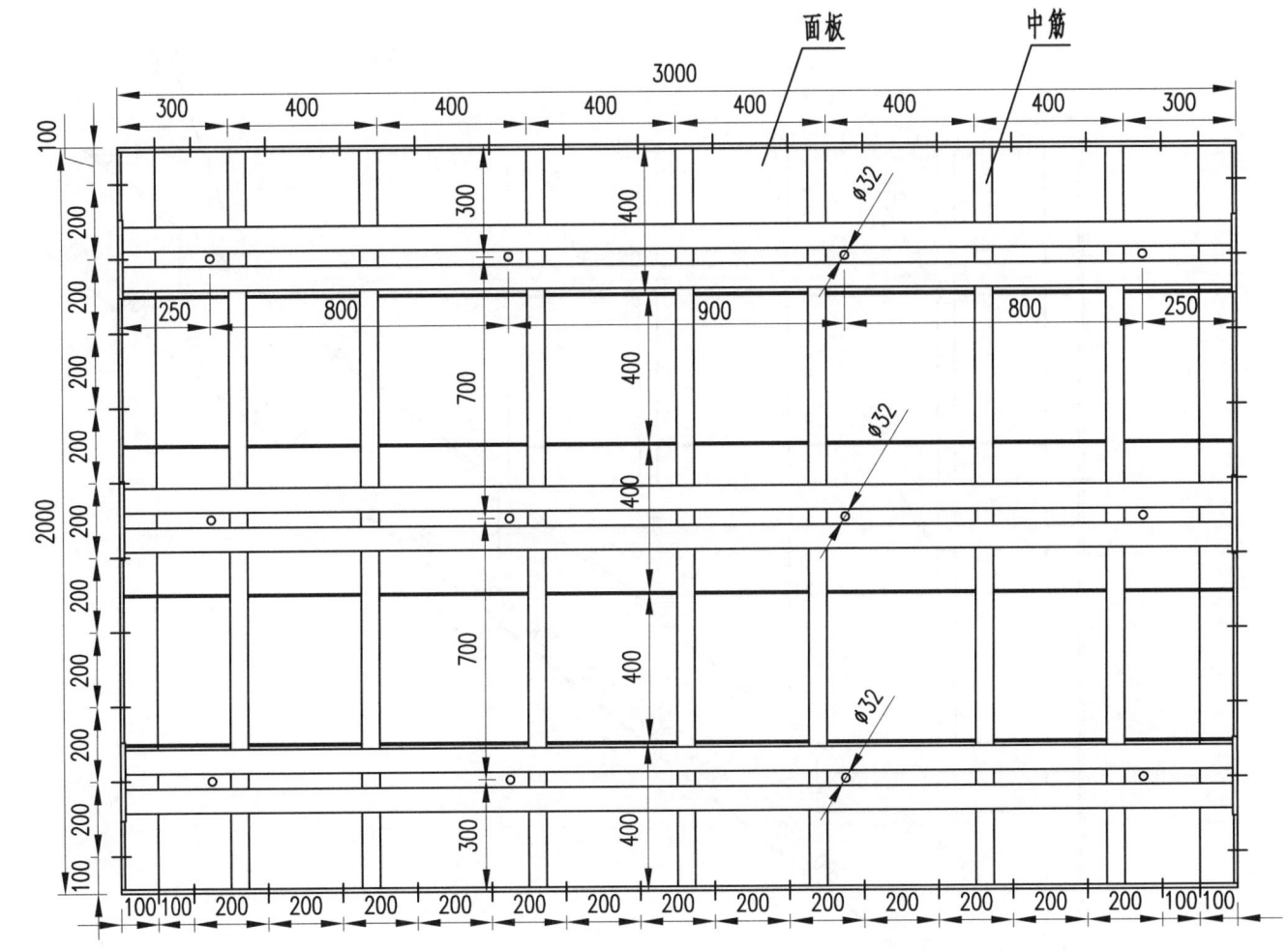

说明:
1. 现仅以宽2.6m×高3.7m×长11.3m一种盖梁示意。
2. 模板面板采用5mm厚钢板,连接边筋采用 ∠100×10+12mm×0.1m钢板,中筋采用 [10+5mm×0.1m钢板组成,侧模对拉筋采用[16。
3. 图中尺寸以mm计。

盖梁模板细部构造图	材质	Q235	单重	883kg
CM5 2m×3m	件数	4	图号	4-6

CM6

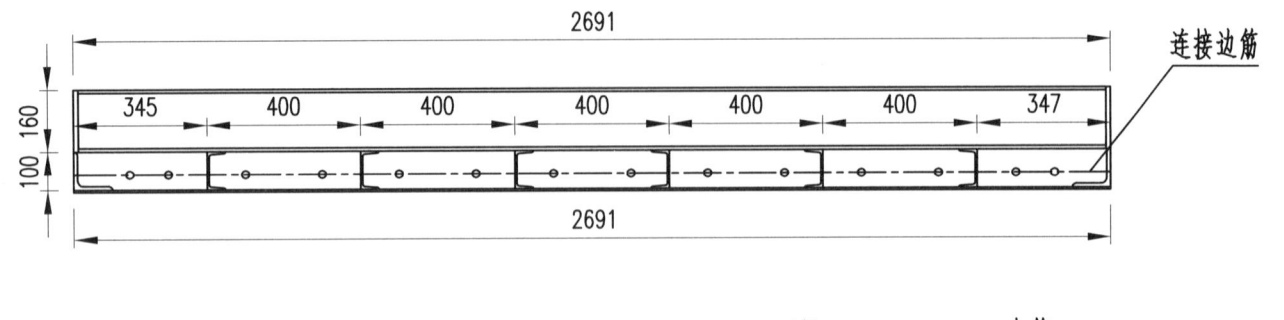
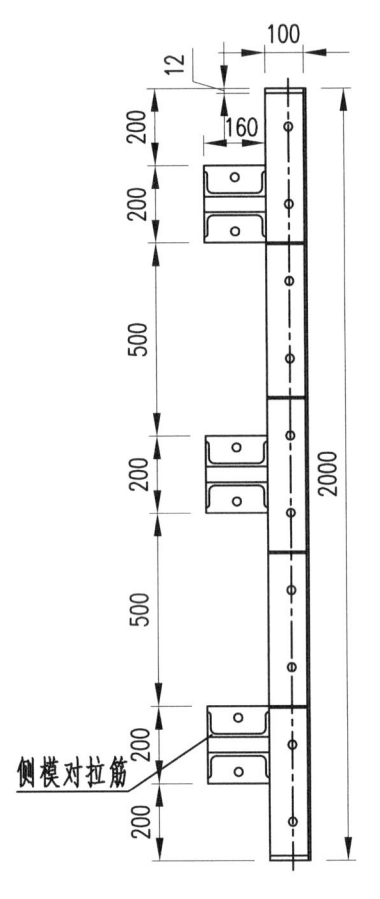
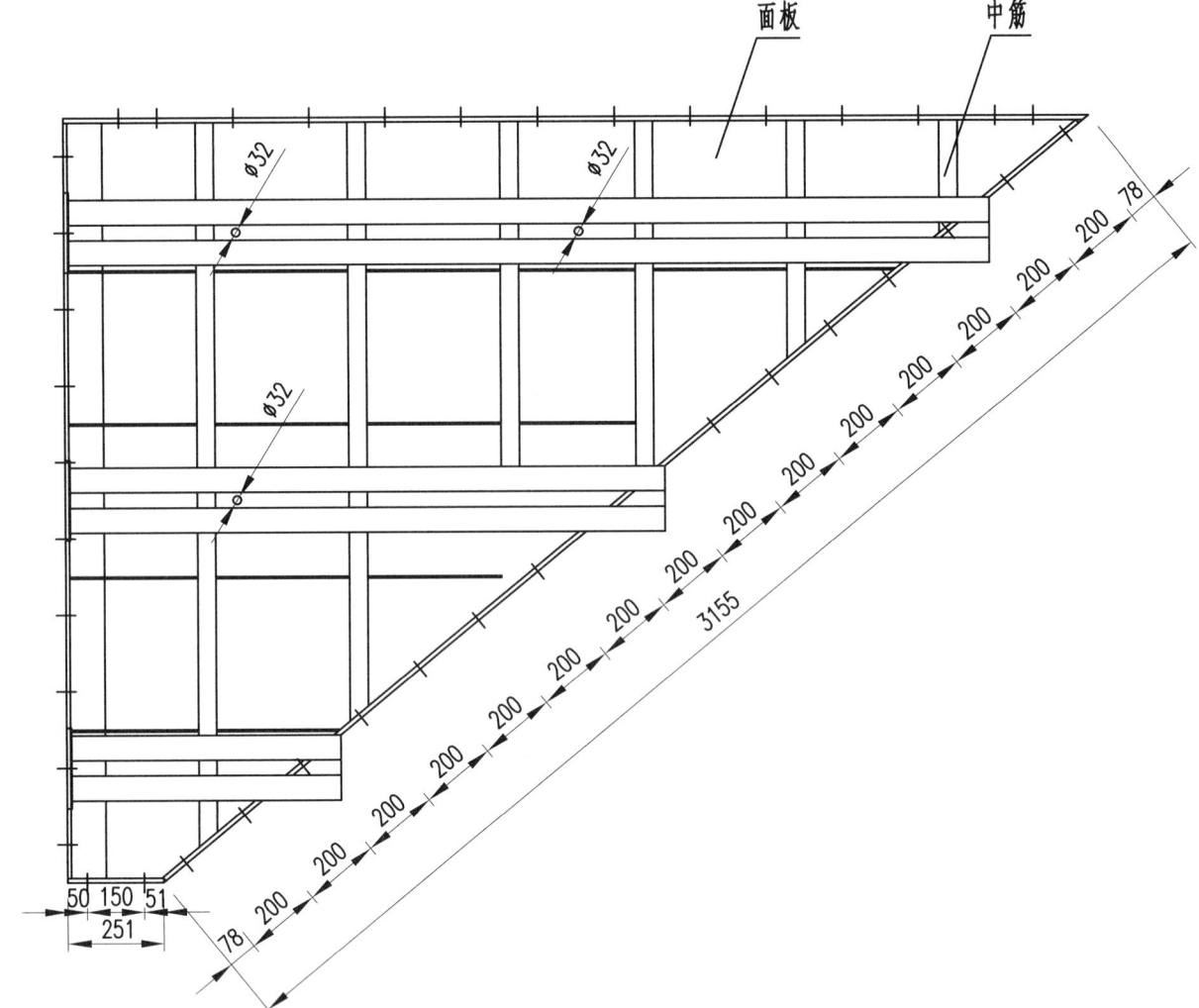

说明：
1. 现仅以宽2.6m×高3.7m×长11.3m一种盖梁示意。
2. 模板面板采用5mm厚钢板，连接边筋采用 ∠100×10+12mm×0.1m钢板，中筋采用 [10+5mm×0.1m钢板组成，侧模对拉筋采用[16。
3. 图中尺寸以mm计。

盖梁模板细部构造图	材质	Q235	单重	413kg
CM6 2m×2.691m	件数	2	图号	4-7

CM7

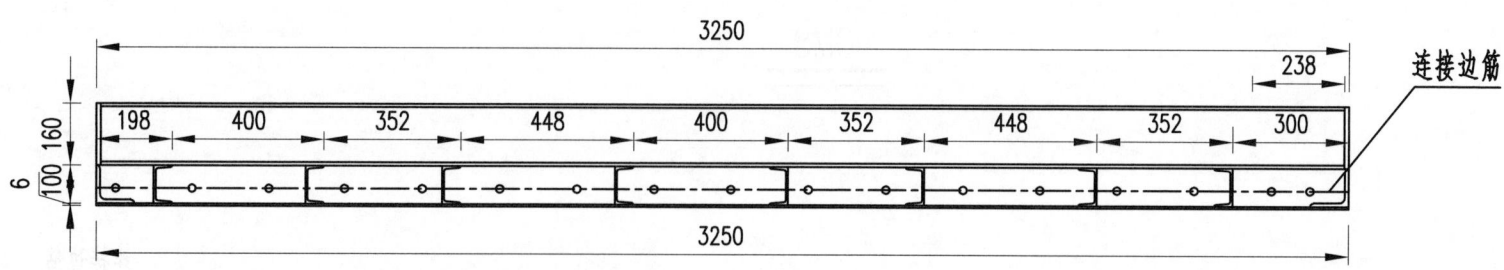

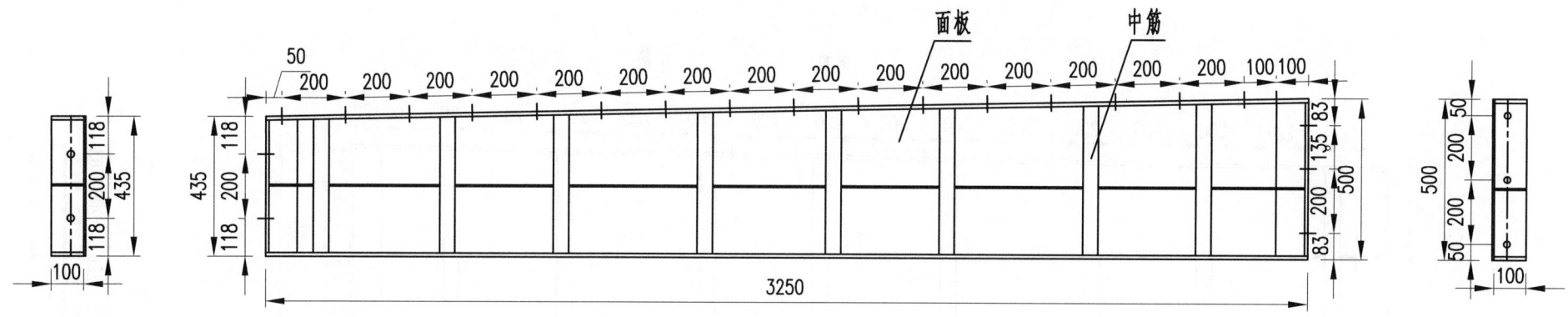

说明：
1. 现仅以宽2.6m×高3.7m×长11.3m一种盖梁示意。
2. 模板面板为5mm厚钢板，连接边筋采用
 ∠100×10+12mm×0.1m钢板，中筋采用
 [10+5mm×0.1m钢板组成。
3. 图中尺寸以mm计。

盖梁模板细部构造图	材 质	Q235	单 重	189kg
CM7 3.25m×0.435m/0.5m	件 数	2	图 号	4-8

CM8

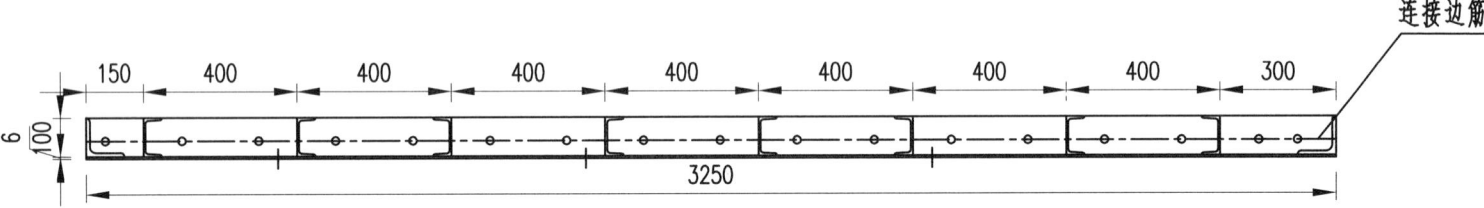
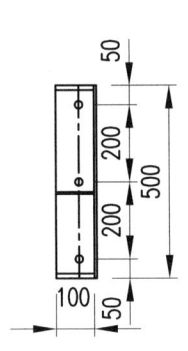
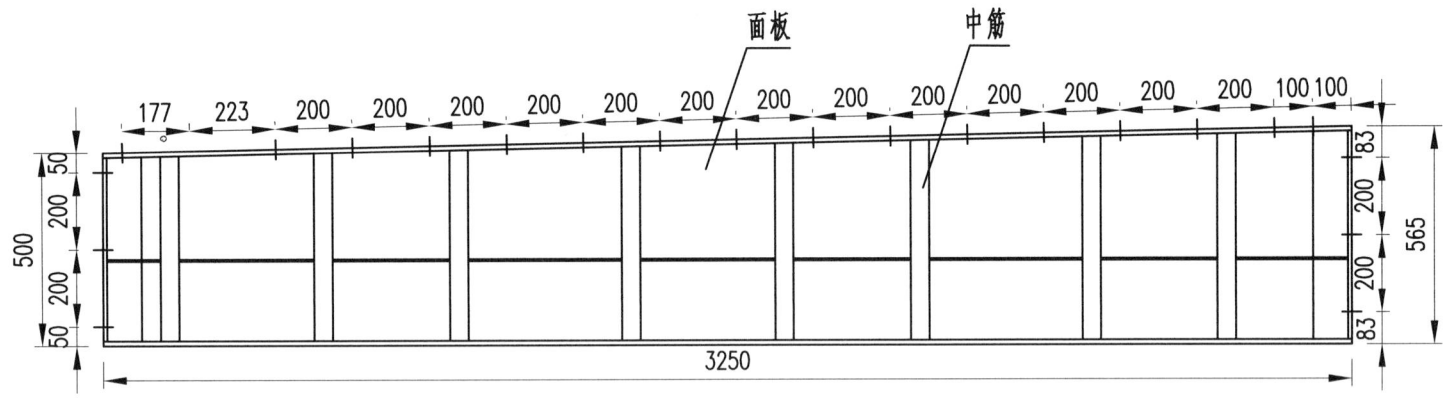
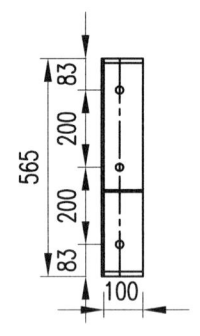

说明：
1. 现仅以宽2.6m×高3.7m×长11.3m一种盖梁示意。
2. 模板面板采用5mm厚钢板，连接边筋采用 ∠100×10+12mm×0.1m钢板，中筋采用 [10+5mm×0.1m钢板组成。
3. 图中尺寸以mm计。

盖梁模板细部构造图	材质	Q235	单重	215kg
CM8 3.25m×0.5m/0.565m	件数	2	图号	4-9

DM1

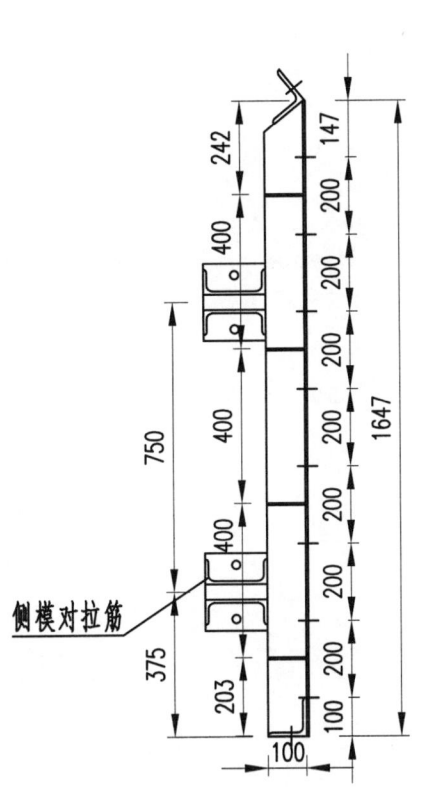
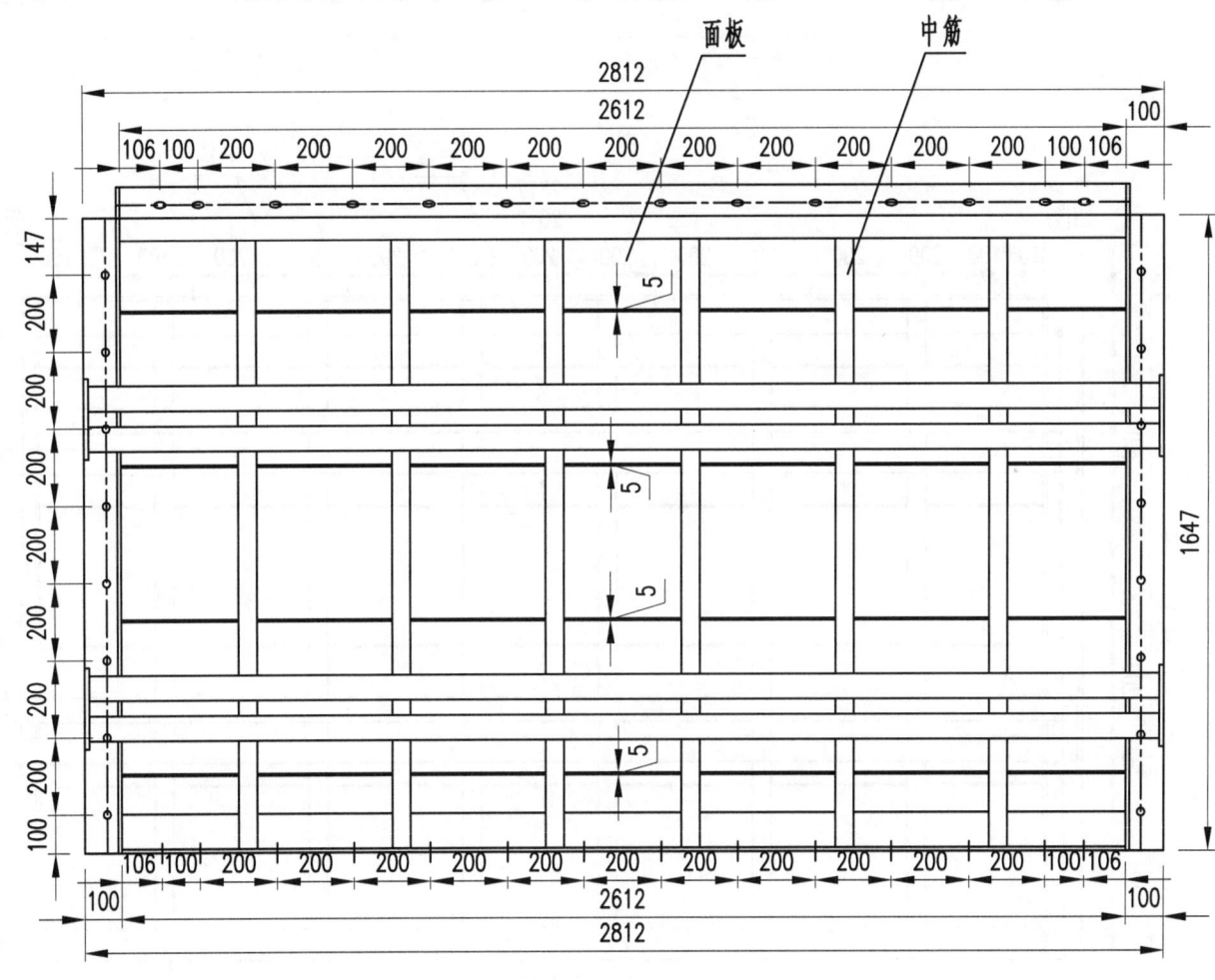
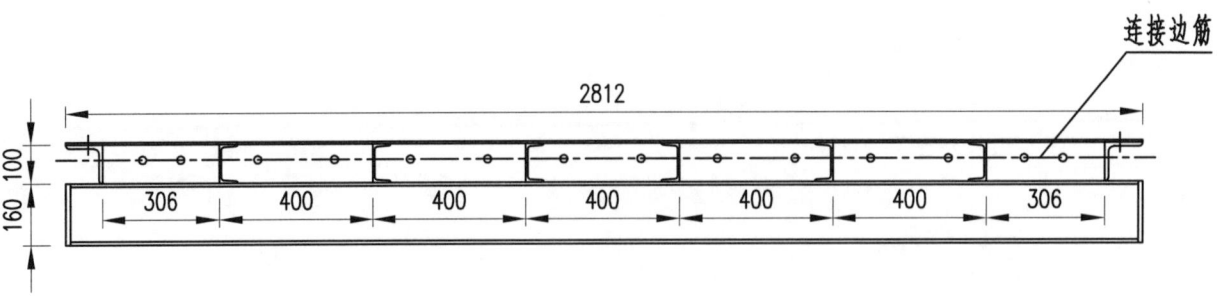

侧模对拉筋
面板　中筋
连接边筋

说明：
1. 现仅以宽2.6m×高3.7m×长11.3m一种盖梁示意。
2. 模板面板采用5mm厚钢板，连接边筋采用∠100×10+12mm×0.1m钢板，中筋采用[10+5mm×0.1m钢板组成，侧模对拉筋采用[16。
3. 图中尺寸以mm计。

盖梁模板细部构造图	材质	Q235	单重	628kg
DM1 2.812m×1.647m	件数	1	图号	4-10

DM2

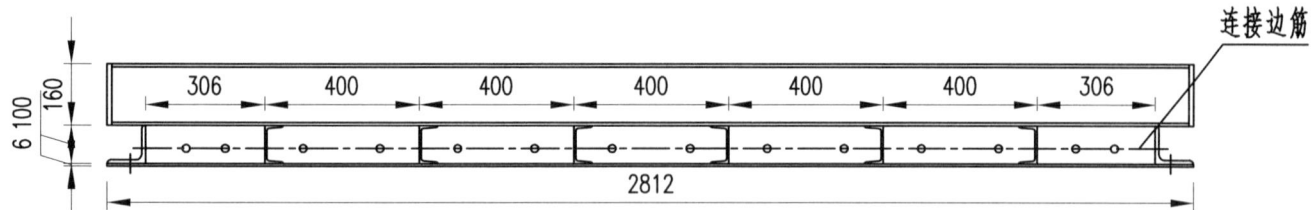
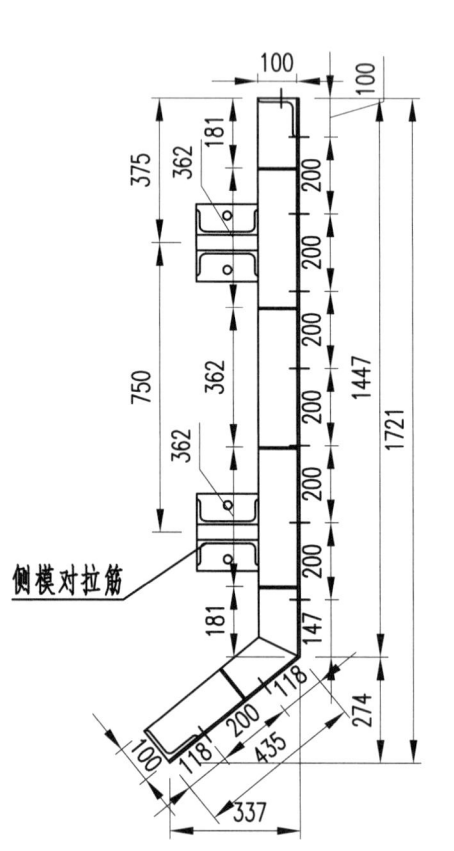
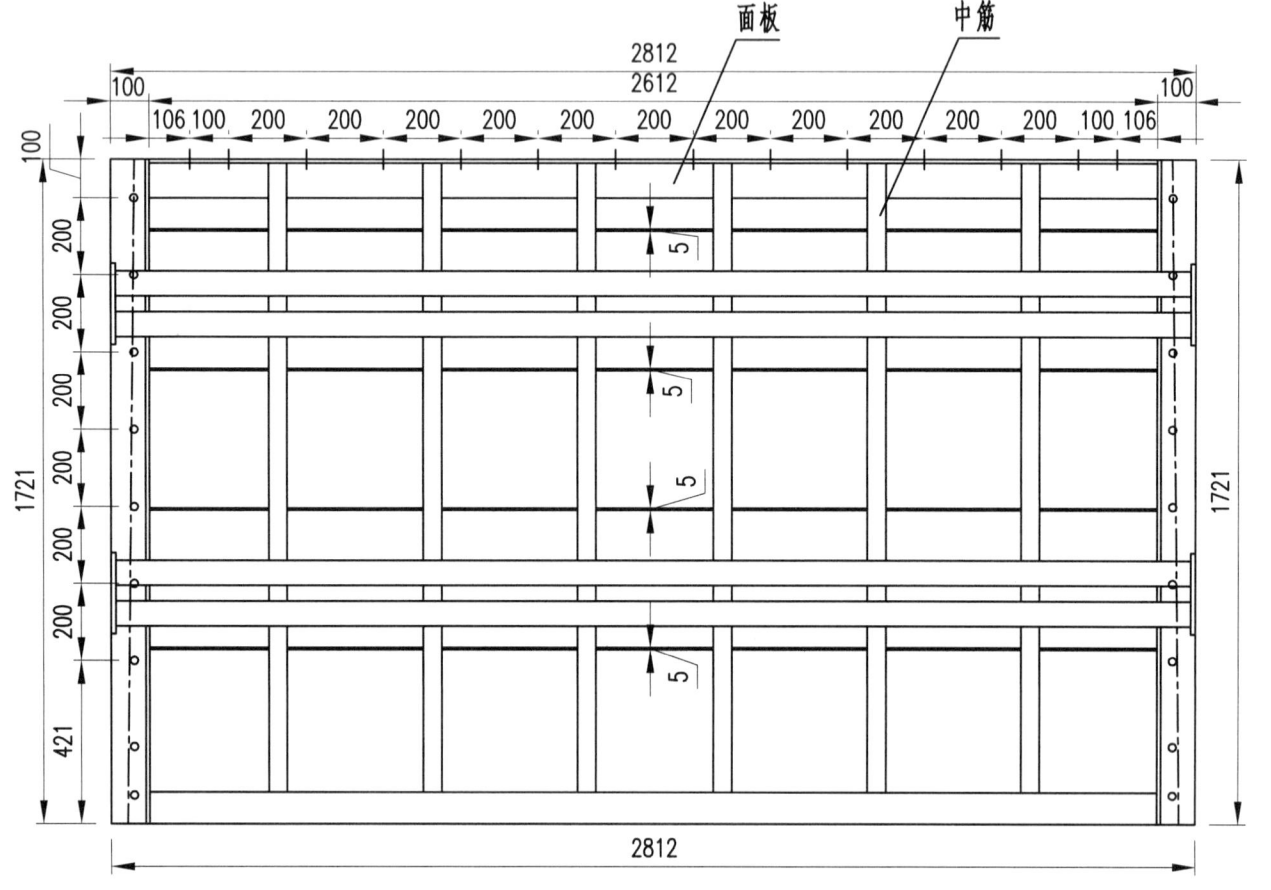

说明：
1. 现仅以宽2.6m×高3.7m×长11.3m一种盖梁示意。
2. 模板面板采用5mm厚钢板，连接边筋采用∠100×10+12mm×0.1m钢板，中筋采用[10+5mm×0.1m钢板组成，侧模对拉筋采用[16。
3. 图中尺寸以mm计。

盖梁模板细部构造图	材质	Q235	单重	643kg
DM2 2.812m×1.721m	件数	1	图号	4-11

DM3

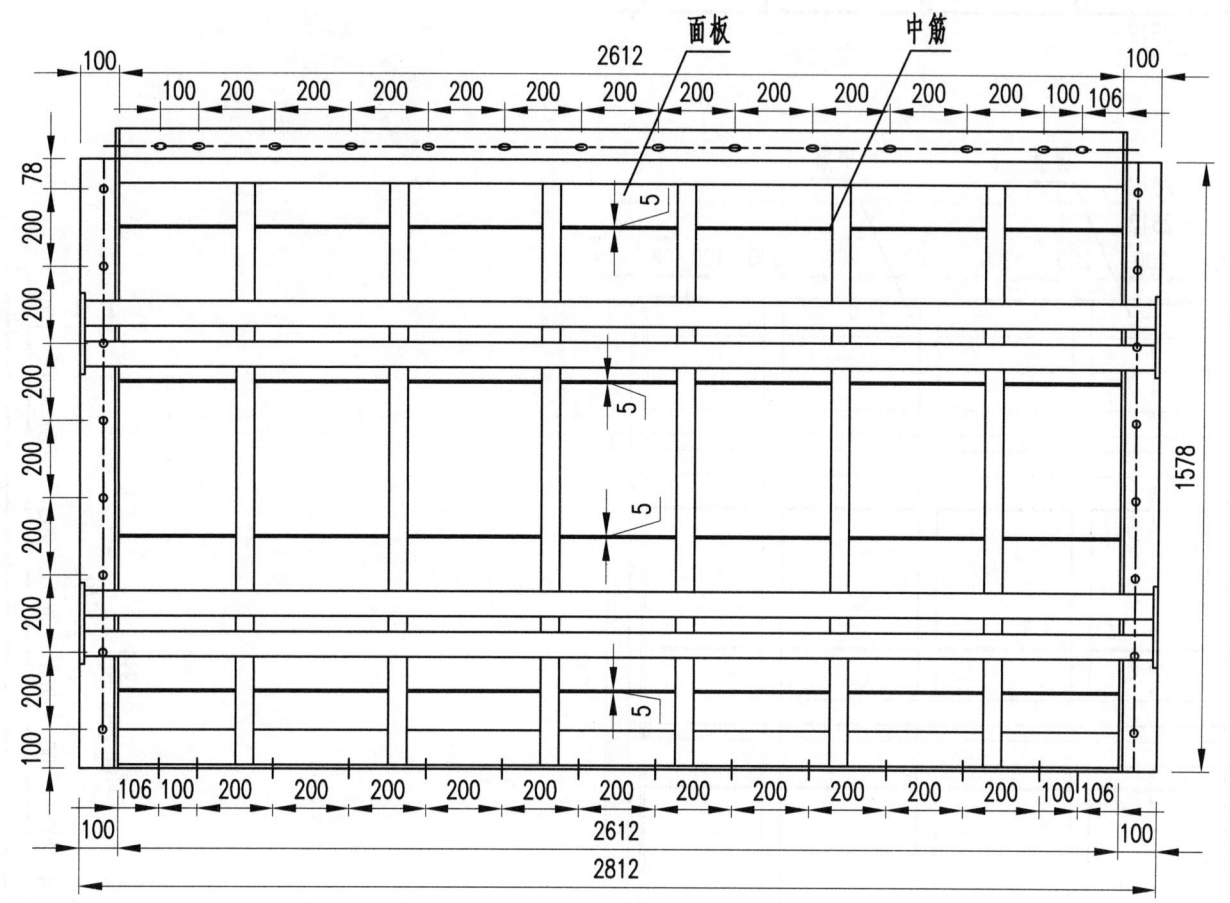
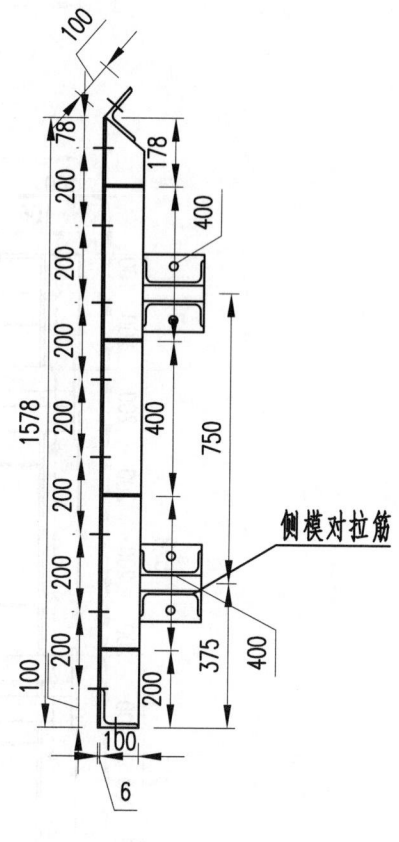
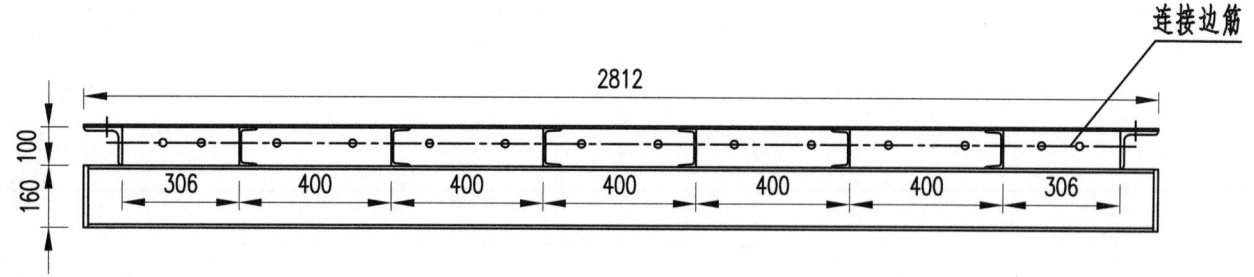

说明：
1. 现仅以宽2.6m×高3.7m×长11.3m一种盖梁示意。
2. 模板面板采用5mm厚钢板,连接边筋采用∠100×10+12mm×0.1m钢板,中筋采用[10+5mm×0.1m钢板组成,侧模对拉筋采用[16。
3. 图中尺寸以mm计。

盖梁模板细部构造图	材质	Q235	单重	615kg
DM3 2.812m×1.578m	件数	1	图号	4-12

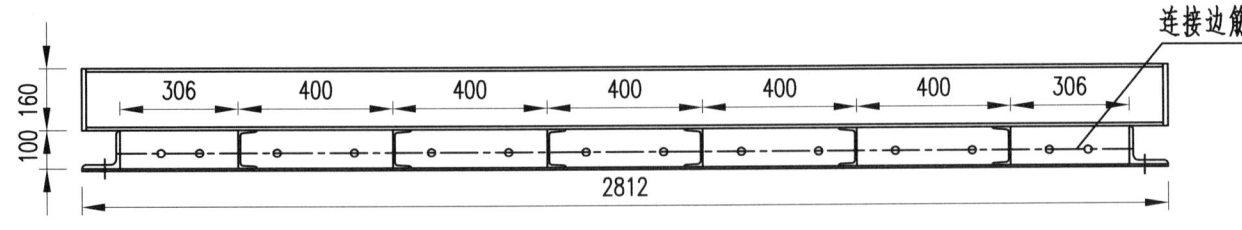
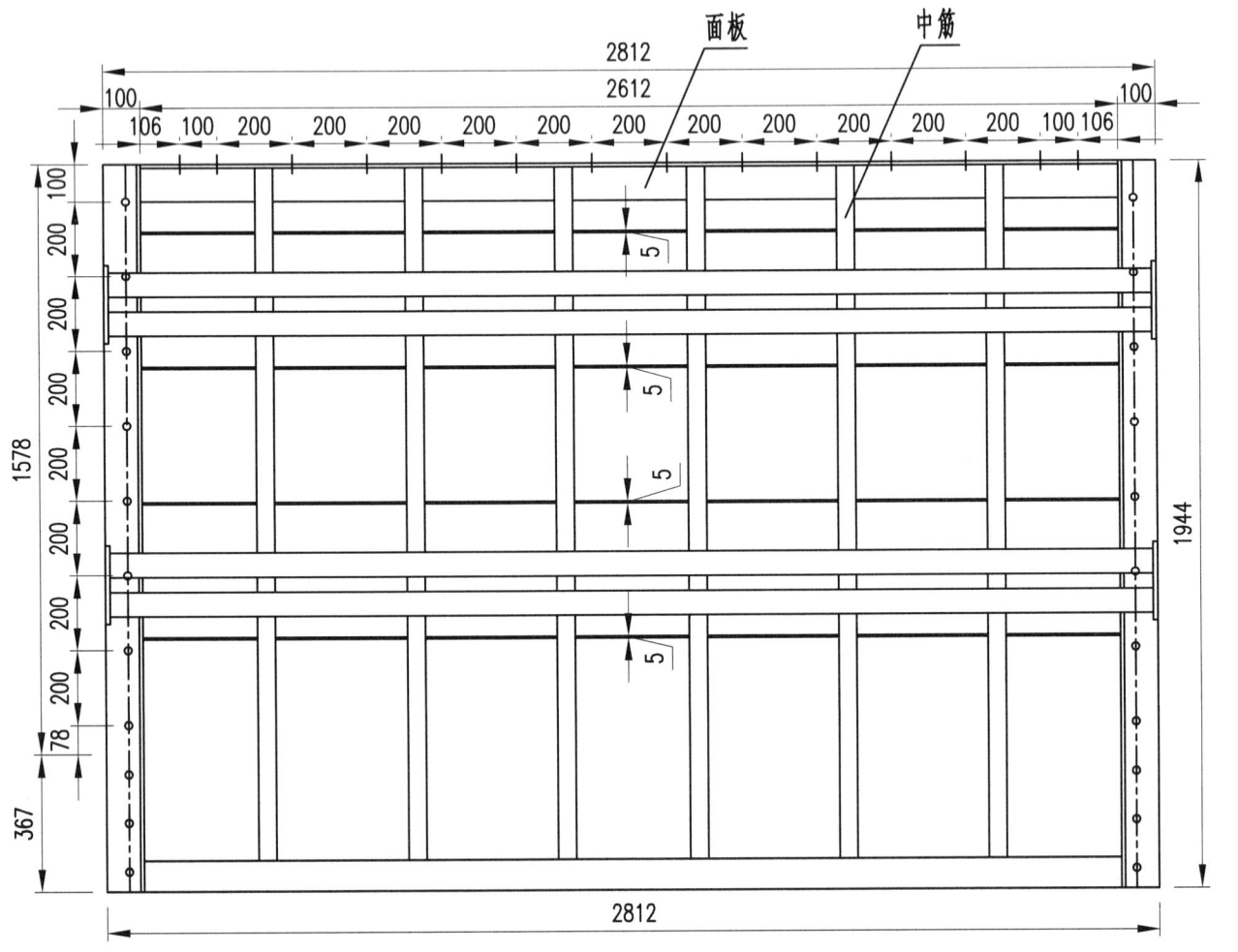
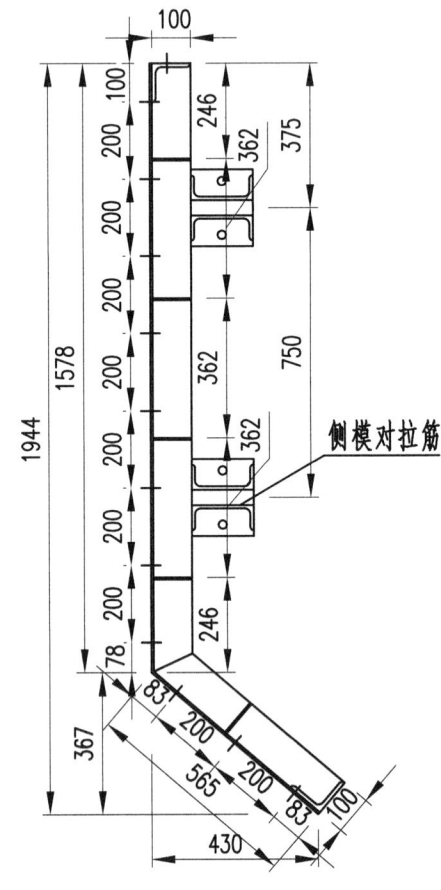

说明:
1. 现仅以宽2.6m×高3.7m×长11.3m一种盖梁示意。
2. 模板面板采用5mm厚钢板,连接边筋采用∠100×10+12mm×0.1m钢板,中筋采用[10+5mm×0.1m钢板组成,侧模对拉筋采用[16。
3. 图中尺寸以mm计。

盖梁模板细部构造图	材质	Q235	单重	713kg
DM4 2.812m×1.944m	件数	1	图号	4-13

DT1

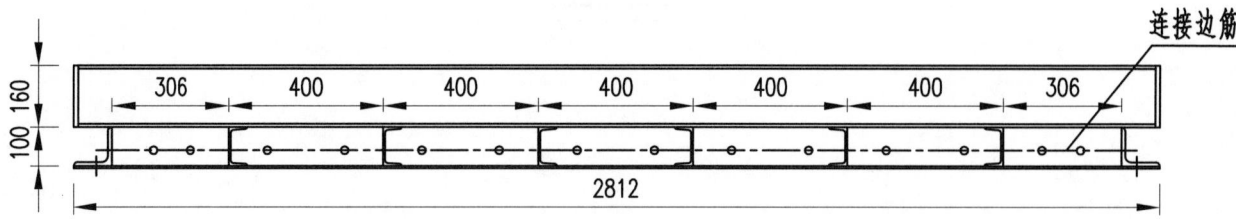

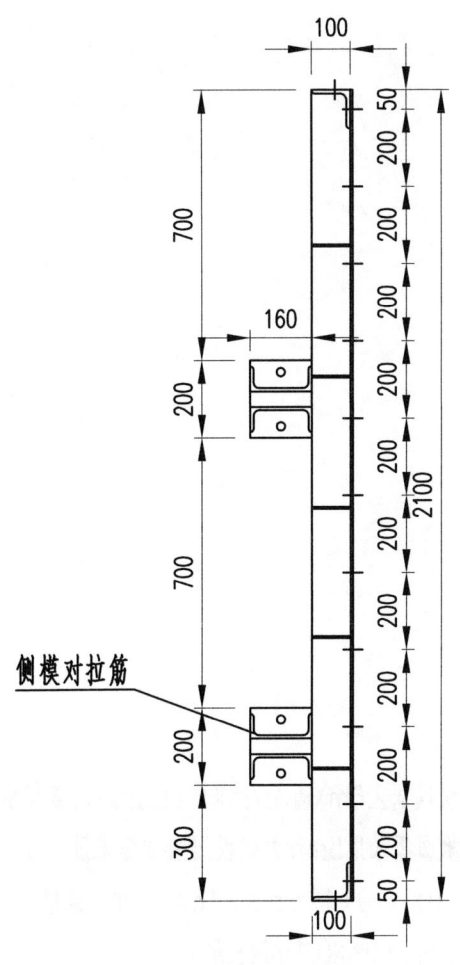
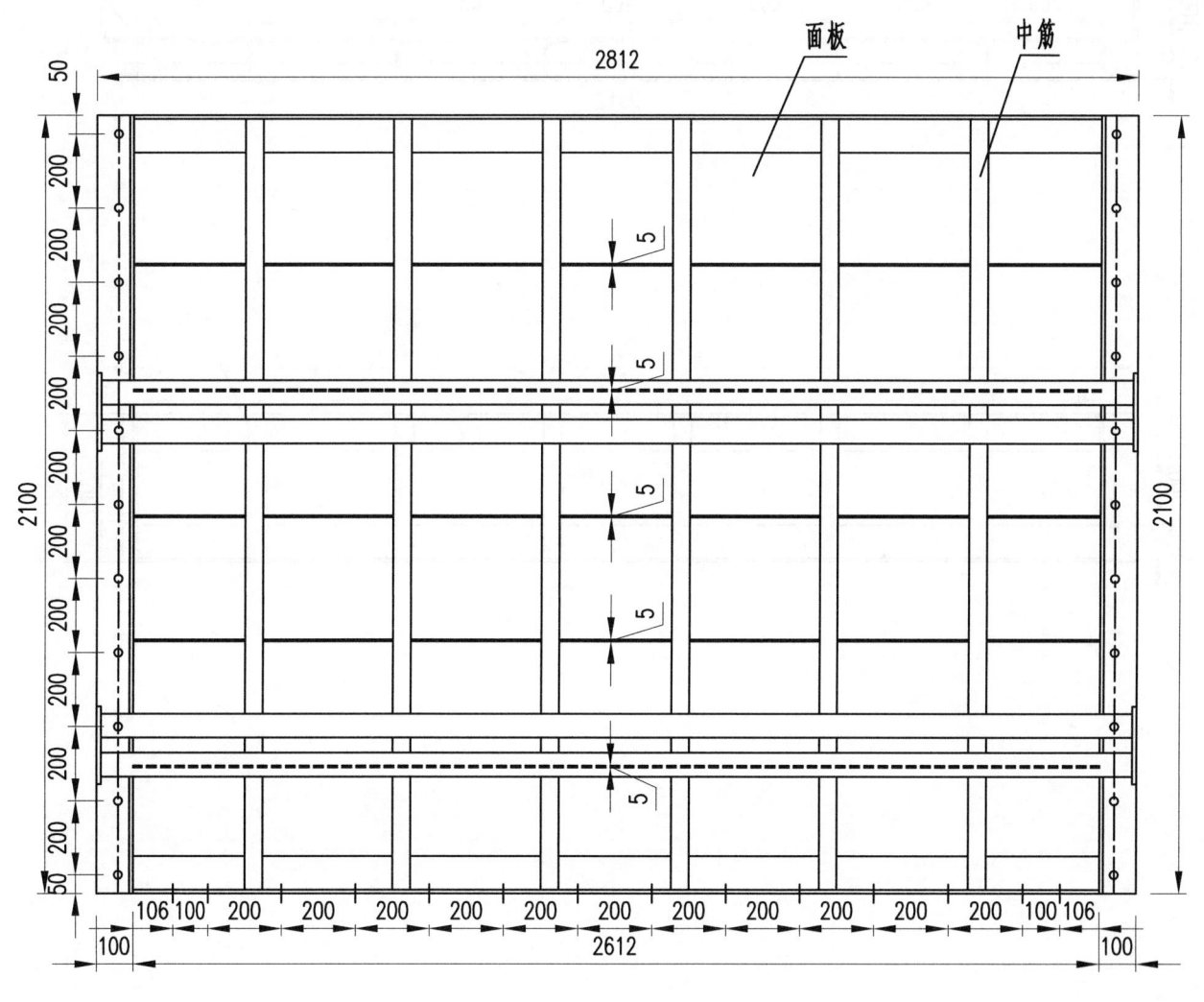

说明：
1. 现仅以宽2.6m×高3.7m×长11.3m一种盖梁示意。
2. 模板面板采用5mm厚钢板，连接边筋采用 ∠100×10+12mm×0.1m钢板，中筋采用 [10+5mm×0.1m钢板组成，侧模对拉筋采用[16。
3. 图中尺寸以mm计。

盖梁模板细部构造图	材 质	Q235	单重	728kg
DT1 2.812m×2.1m	件 数	2	图号	4-14

DT2

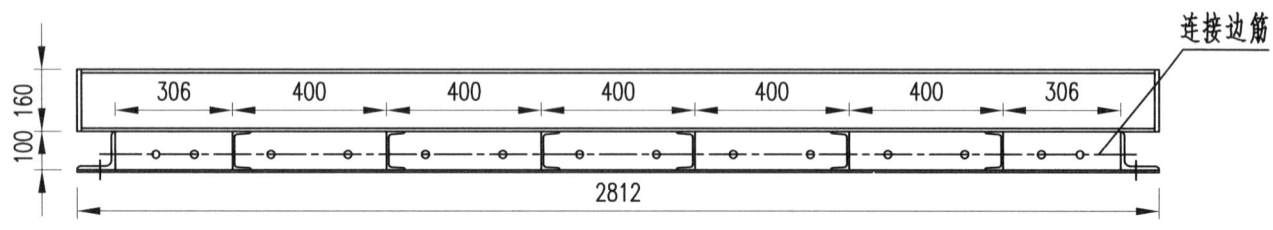

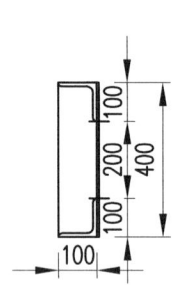
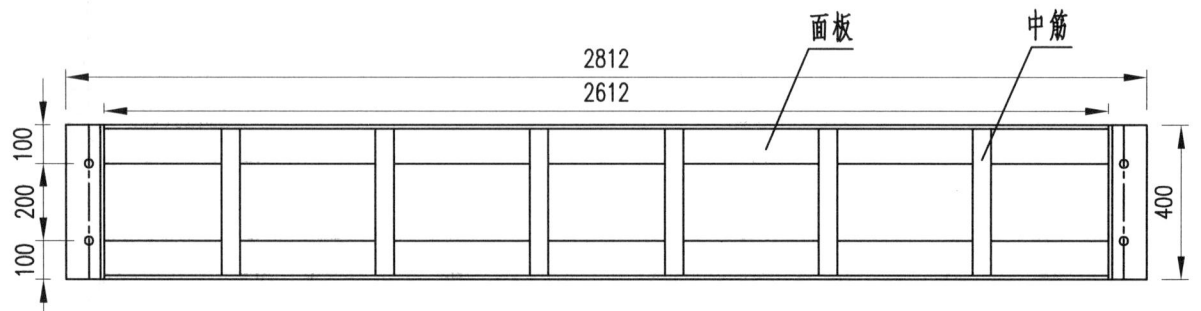

说明：
1. 现仅以宽2.6m×高3.7m×长11.3m一种盖梁示意。
2. 模板面板采用5mm厚钢板，连接边筋采用
   ∠100×10+12mm×0.1m钢板，中筋采用
   [10+5mm×0.1m钢板组成。
3. 图中尺寸以mm计。

盖梁模板细部构造图	材 质	Q235	单 重	144kg
DT2 2.812m×0.4m	件 数	2	图 号	4-15

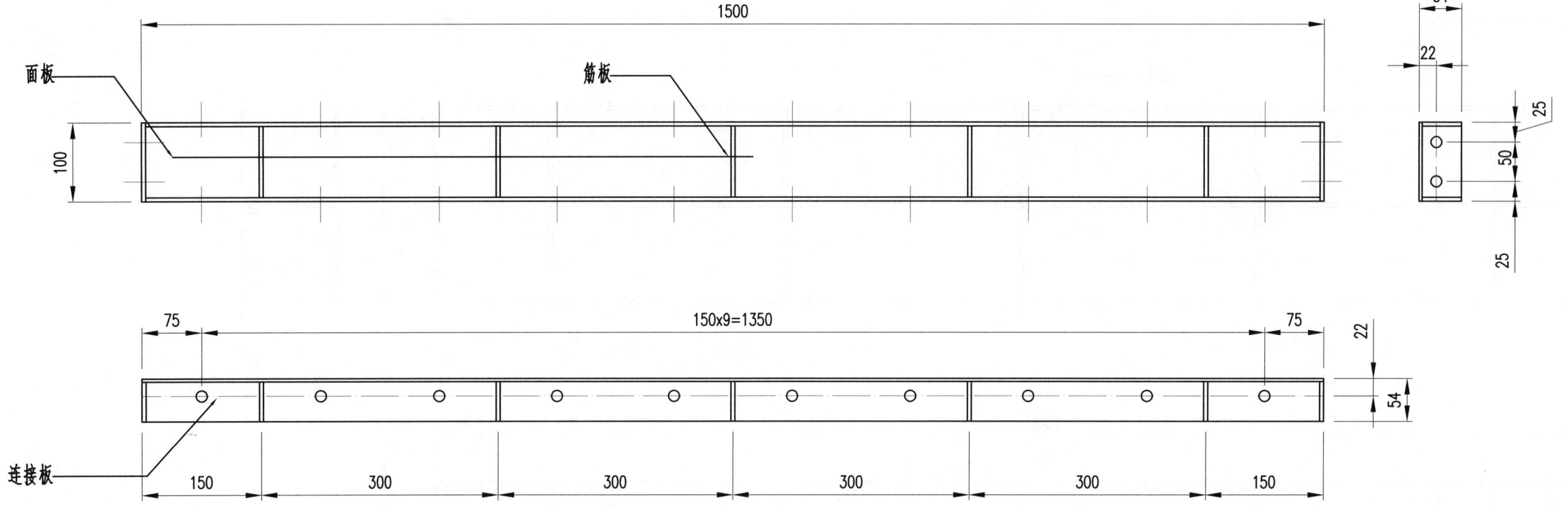

说明：
1. 面板为4mm厚钢板，筋板为5mm厚钢板，连接板为5mm厚钢。
2. 所有孔均为Ø14mm。
3. 面板平面度<2mm。
4. 图中尺寸以mm计。

平板模	材质	Q235	单重	11.97kg
1500mm×100mm	件数	1	图号	5-1

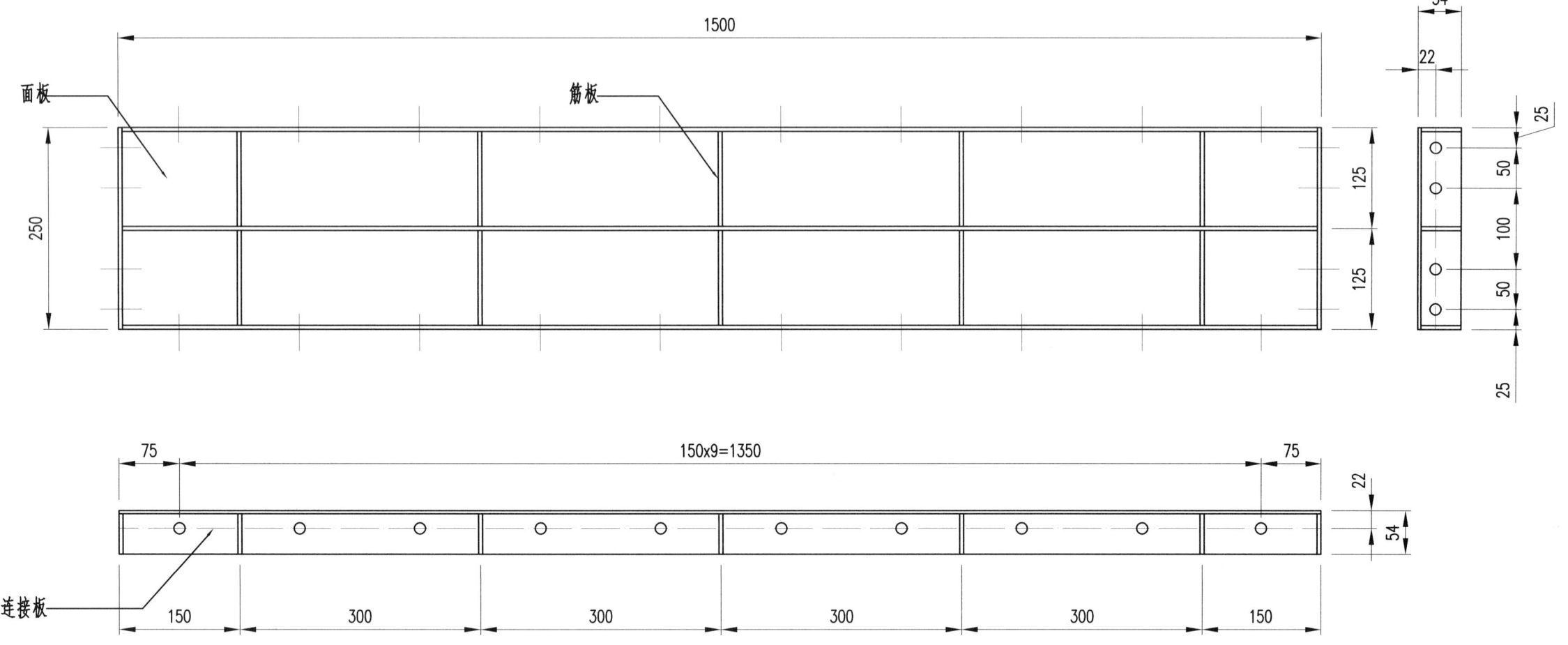

说明：
1. 面板为4mm厚钢板，筋板为5mm厚钢板，连接板为5mm厚钢板。
2. 所有孔均为ø14mm。
3. 面板平面度<2mm。
4. 图中尺寸以mm计。

平板模	材质	Q235	单重	24.04kg
1500mm×250mm	件数	1	图号	5-2

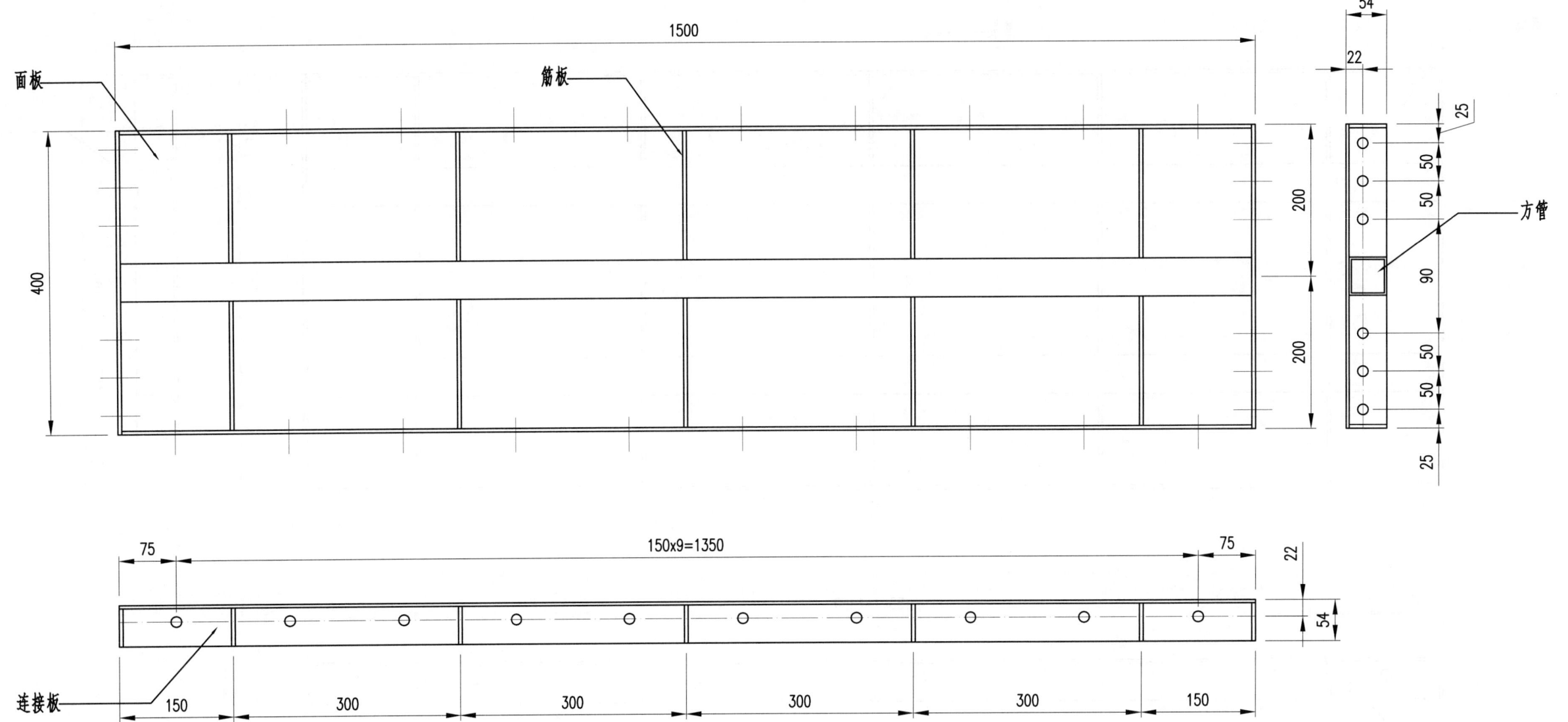

说明：
1. 面板为4mm厚钢板，筋板为5mm厚钢板，连接板为5mm厚钢板。
2. 所有孔均为ø14mm。
3. 面板平面度<2mm。
4. 方管尺寸为50mm×50mm×3mm。
5. 图中尺寸以mm计。

平板模	材质	Q235	单重	37.29kg
1500mm×400mm	件数	1	图号	5-3

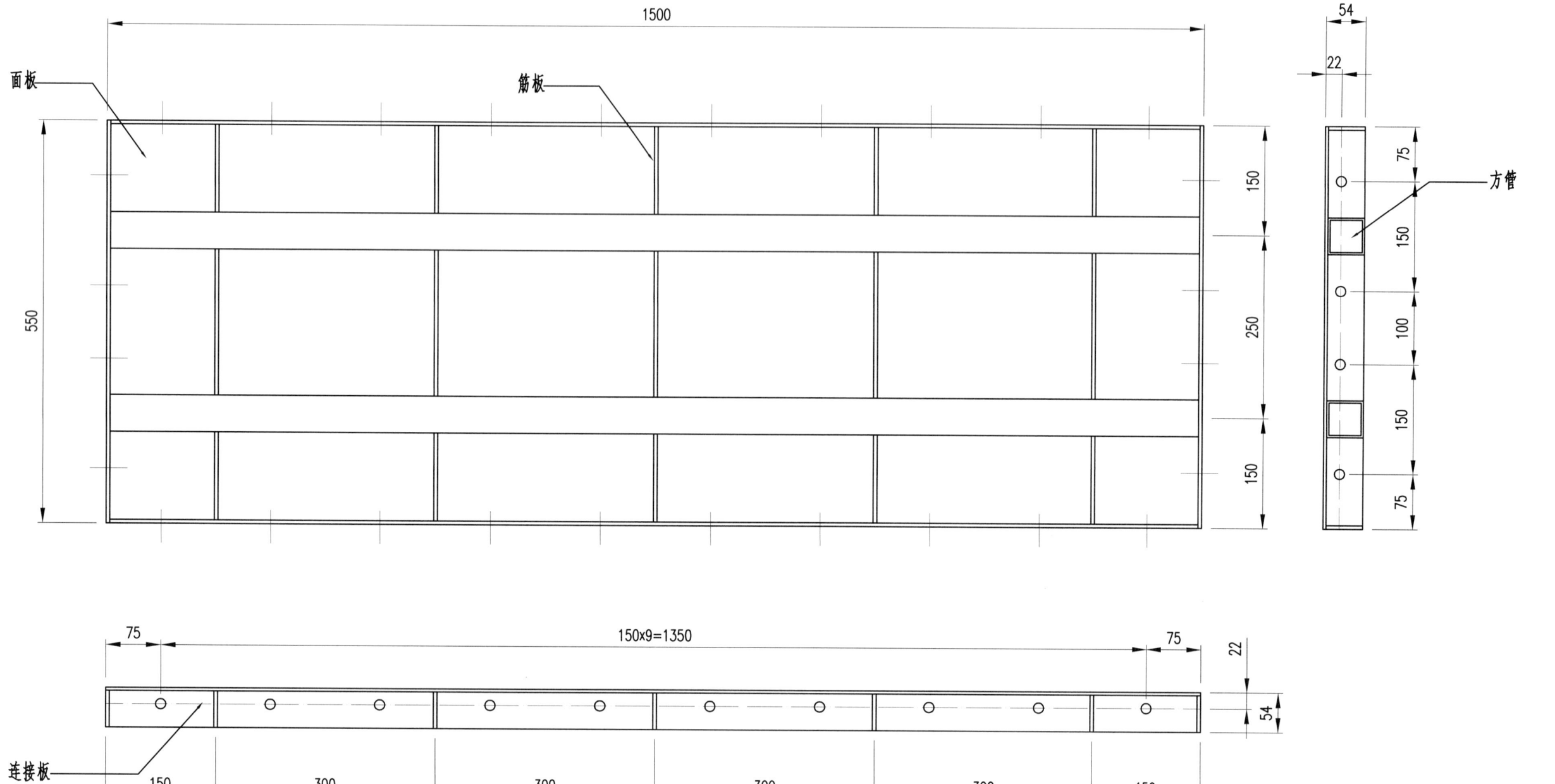

说明：
1. 面板为4mm厚钢板，筋板为5mm厚钢板，连接板为5mm厚钢板。
2. 所有孔均为⌀14mm。
3. 面板平面度<2mm。
4. 方管尺寸为50mm×50mm×3mm。
5. 图中尺寸以mm计。

平板模	材质	Q235	单重	53.48kg
1500mm×550mm	件数	1	图号	5-4

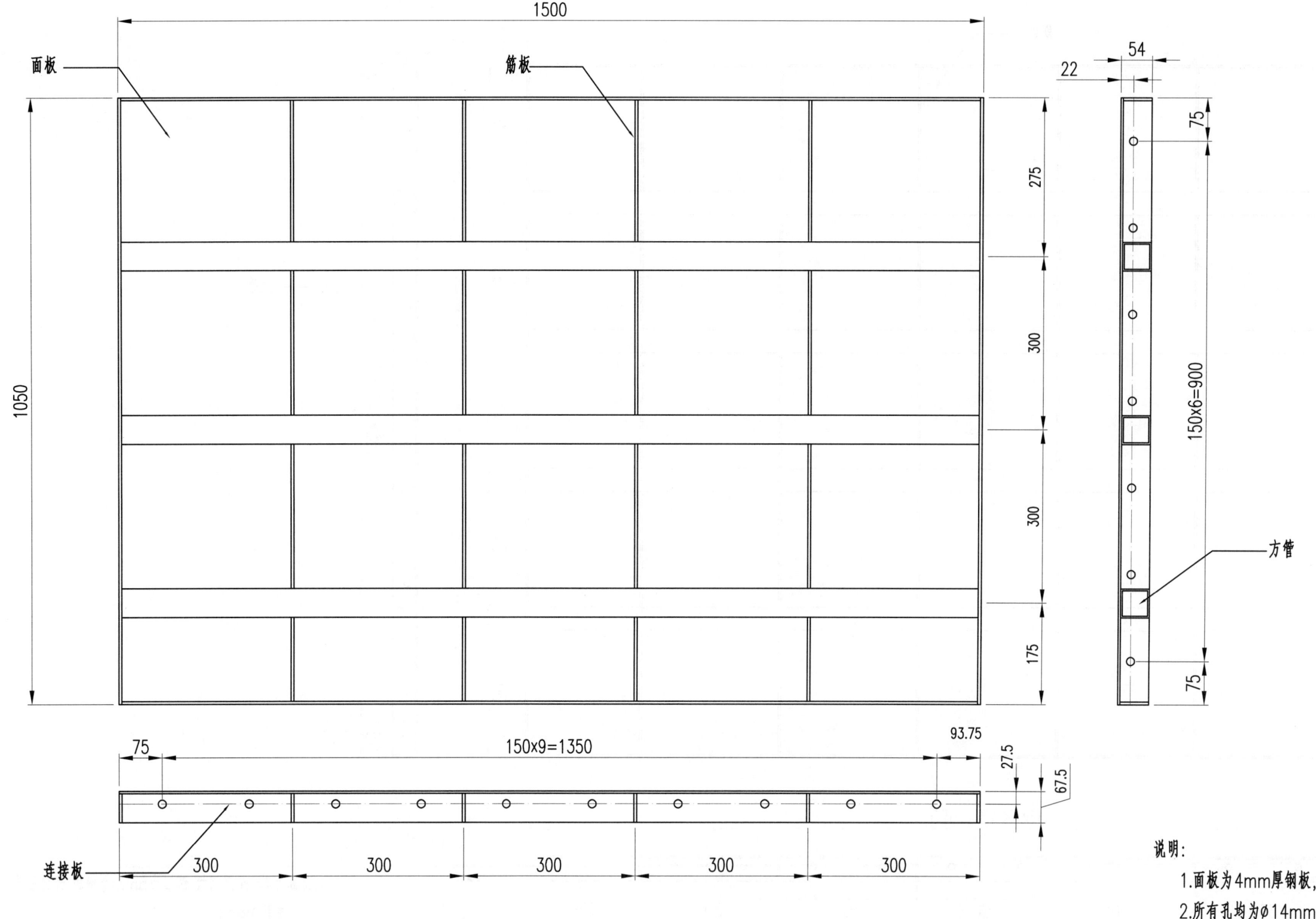

说明：
1. 面板为4mm厚钢板，筋板为5mm厚钢板，连接板为5mm厚钢板。
2. 所有孔均为⌀14mm。
3. 面板平面度<2mm。
4. 方管尺寸为50mm×50mm×3mm。
5. 图中尺寸以mm计。

平板模	材质	Q235	单重	88.9kg
1500mm×1050mm	件数	1	图号	5-5

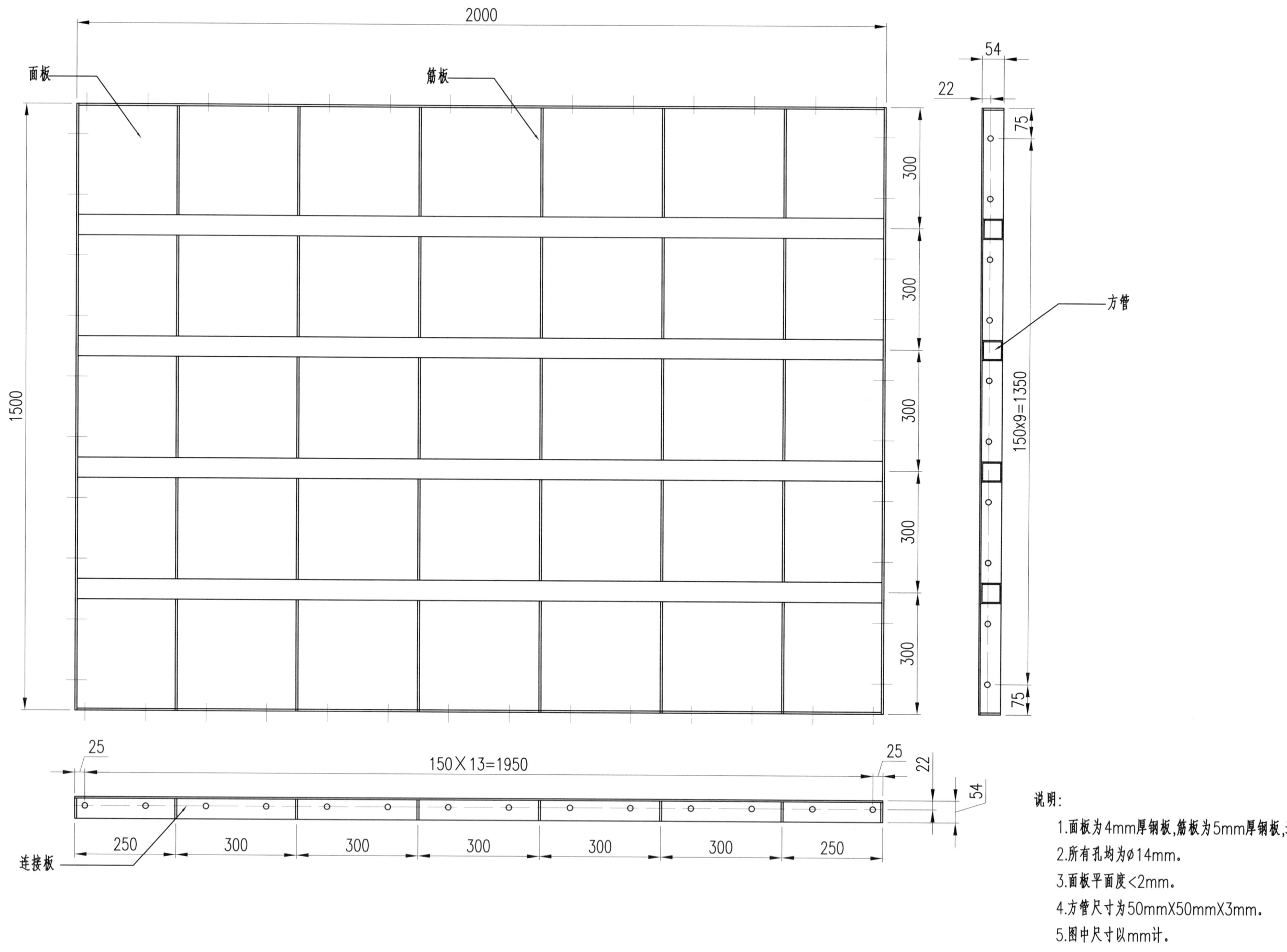

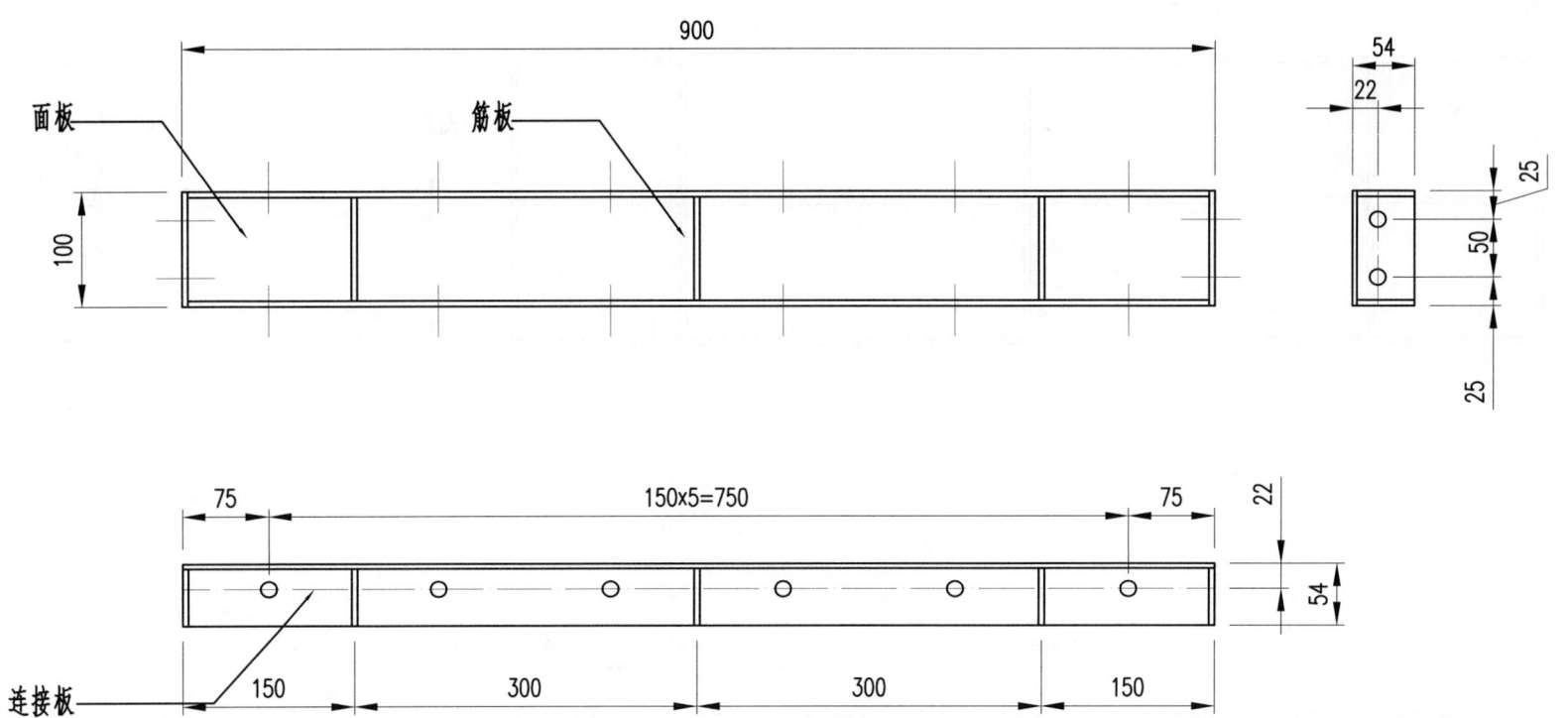

说明：
1. 面板为4mm厚钢板，筋板为5mm厚钢板，连接板为5mm厚钢板。
2. 所有孔均为∅14mm。
3. 面板平面度<2mm。
4. 图中尺寸以mm计。

平板模	材质	Q235	单重	7.34kg
900mm×100mm	件数	1	图号	5-7

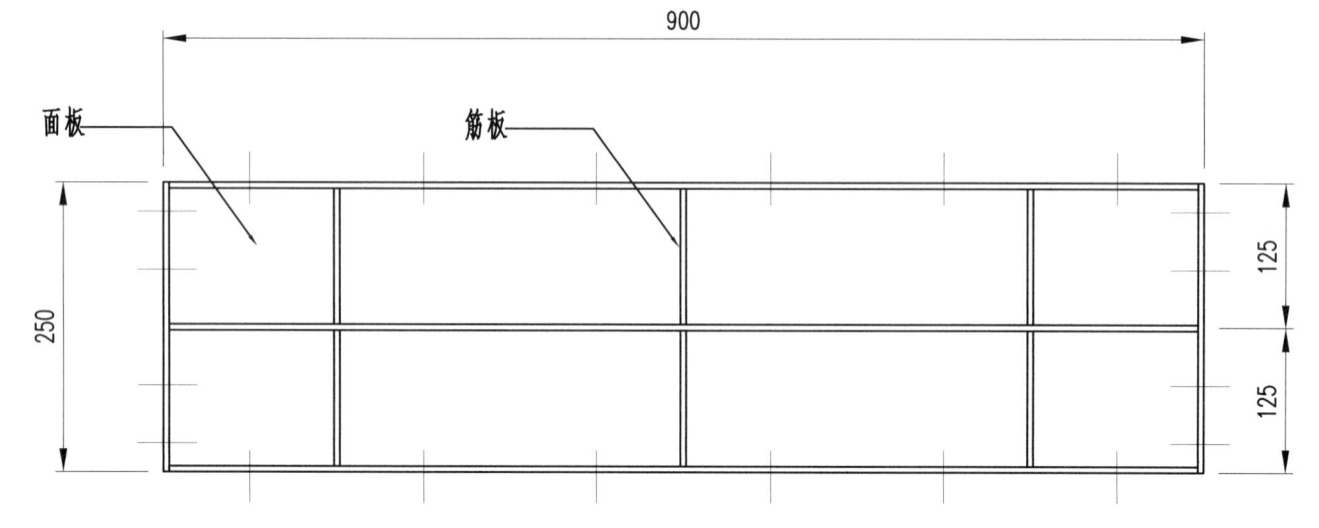
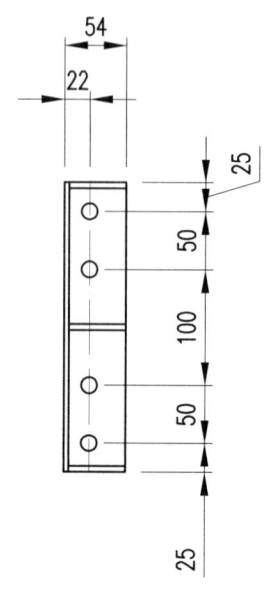
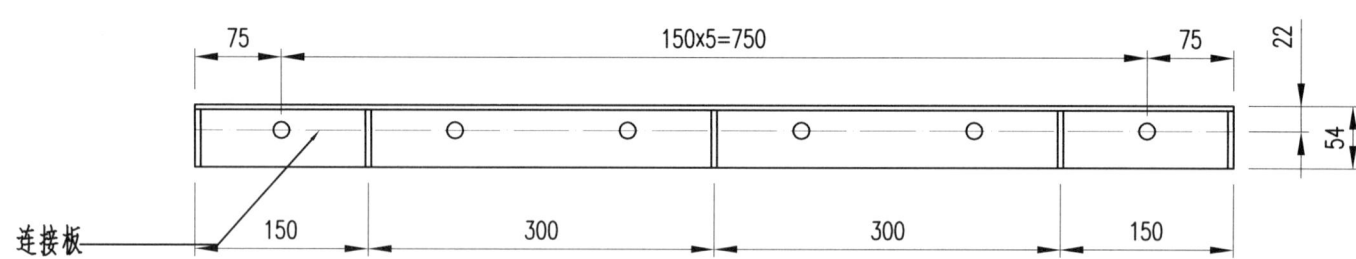

说明：
1. 面板为4mm厚钢板，筋板为5mm厚钢板，连接板为5mm厚钢板。
2. 所有孔均为φ14mm。
3. 面板平面度<2mm。
4. 图中尺寸以mm计。

平板模	材质	Q235	单重	14.82kg
900mm×250mm	件数	1	图号	5-8

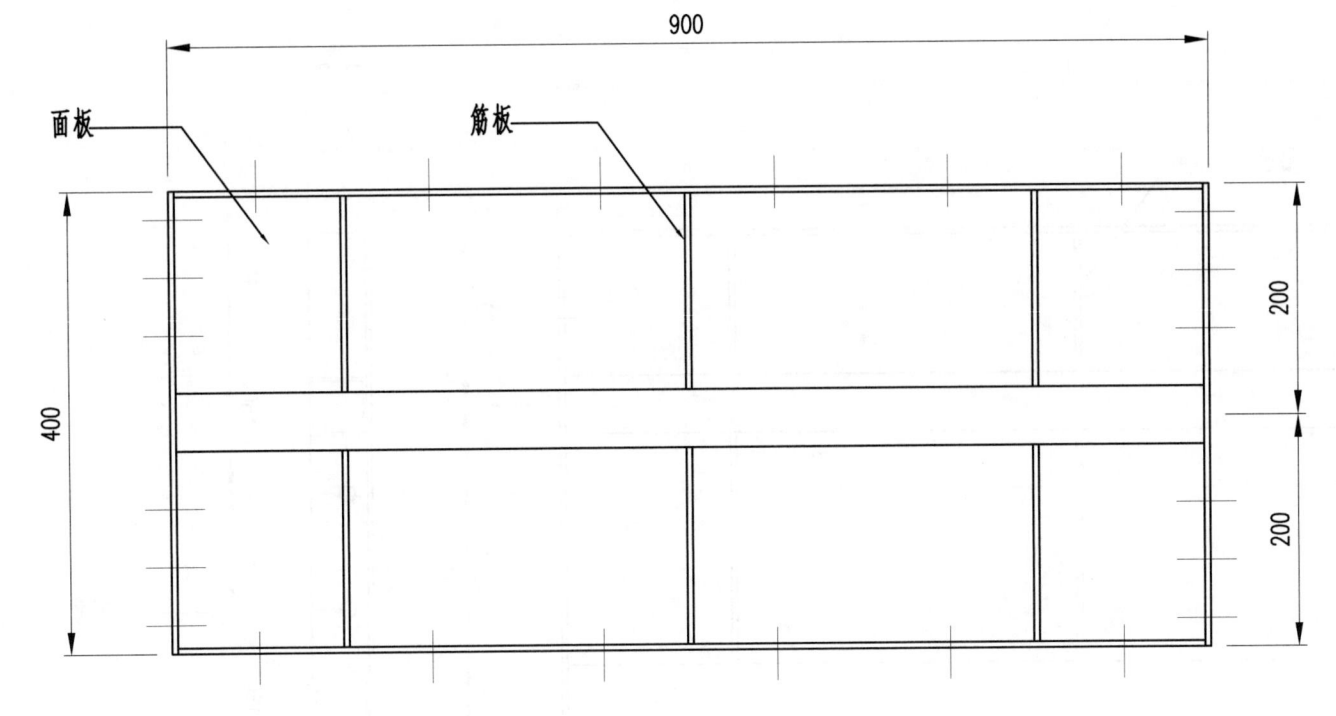
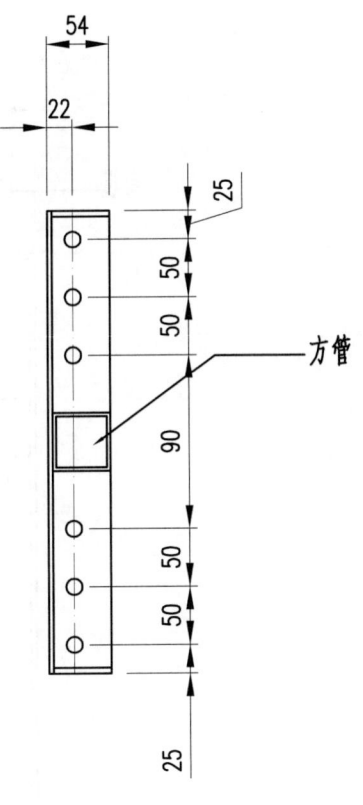
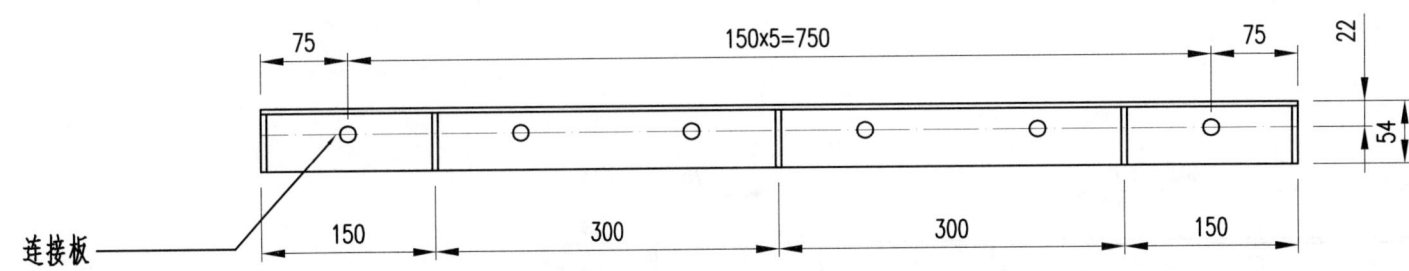

说明：
1. 面板为4mm厚钢板，筋板为5mm厚钢板，连接板为5mm厚钢板。
2. 所有孔均为ø14mm。
3. 面板平面度<2mm。
4. 方管尺寸为50mm×50mm×3mm。
5. 图中尺寸以mm计。

平板模	材质	Q235	单重	23kg
900mm×400mm	件数	1	图号	5-9

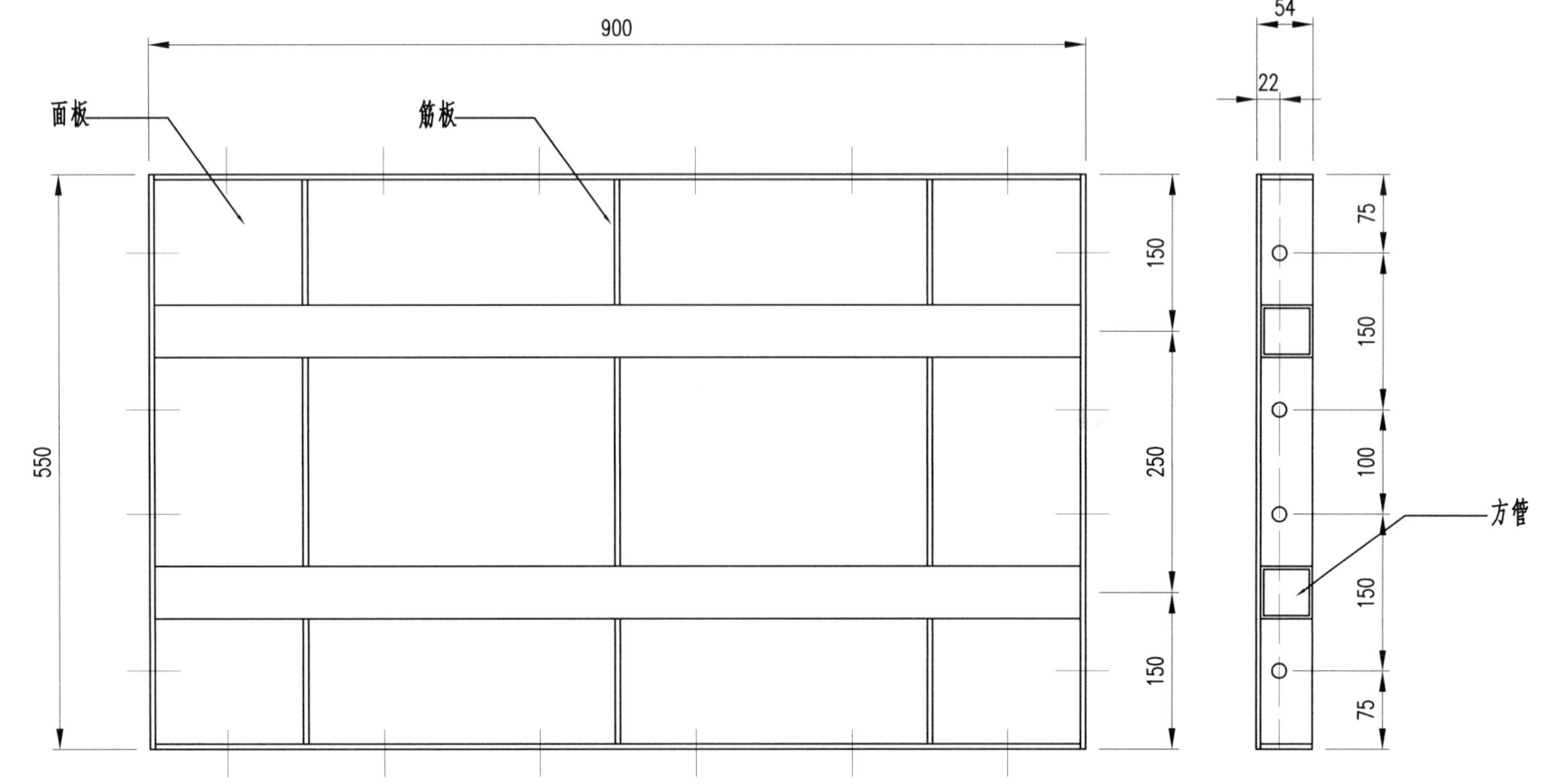

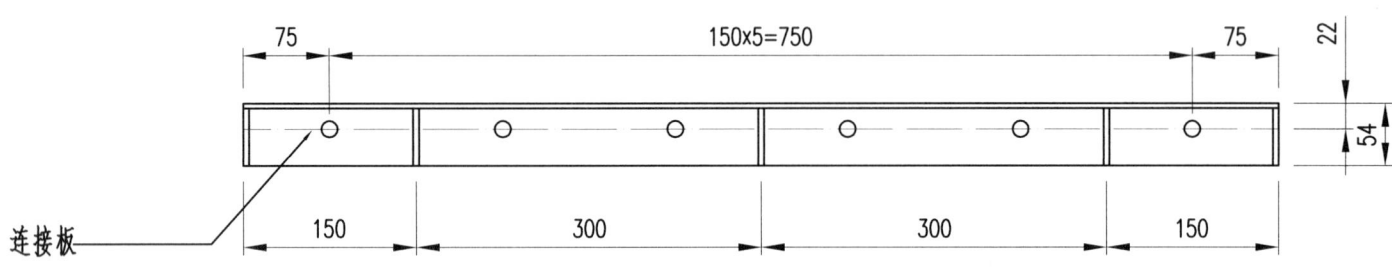

说明：
1. 面板为4mm厚钢板，筋板为5mm厚钢板，连接板为5mm厚钢板。
2. 所有孔均为⌀14mm。
3. 面板平面度<2mm。
4. 方管尺寸为50mm×50mm×3mm。
5. 图中尺寸以mm计。

平板模	材质	Q235	单重	32.95kg
900mm×550mm	件数	1	图号	5-10

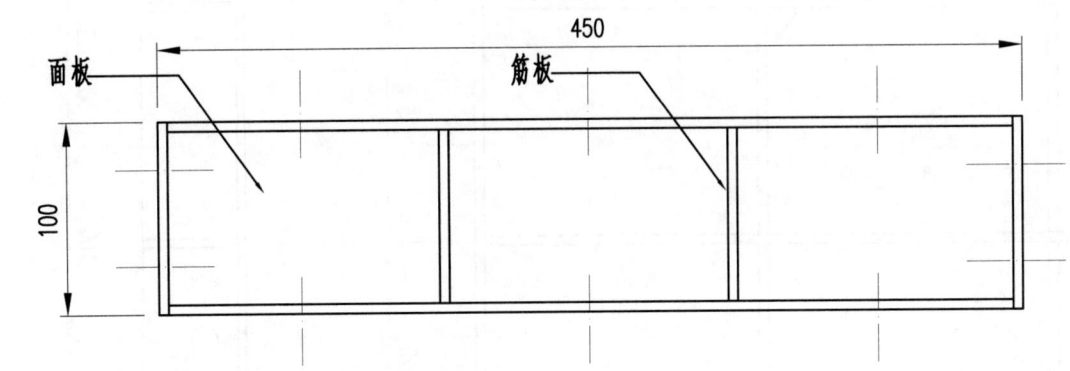
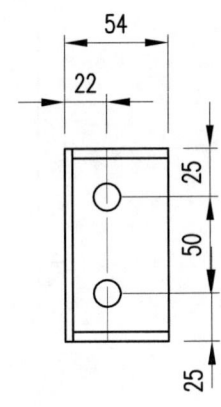
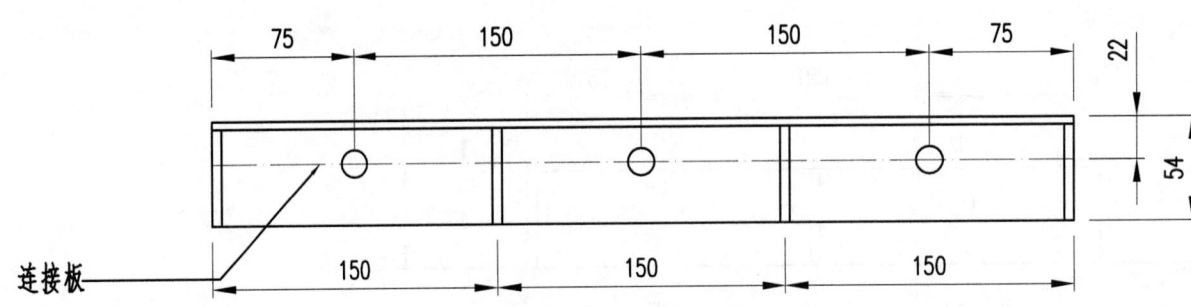

说明：
1. 面板为4mm厚钢板,筋板为5mm厚钢板,连接板为5mm厚钢板。
2. 所有孔均为ø14mm。
3. 面板平面度<2mm。
4. 图中尺寸以mm计。

平板模	材质	Q235	单重	3.964kg
450mm×100mm	件数	1	图号	5-11

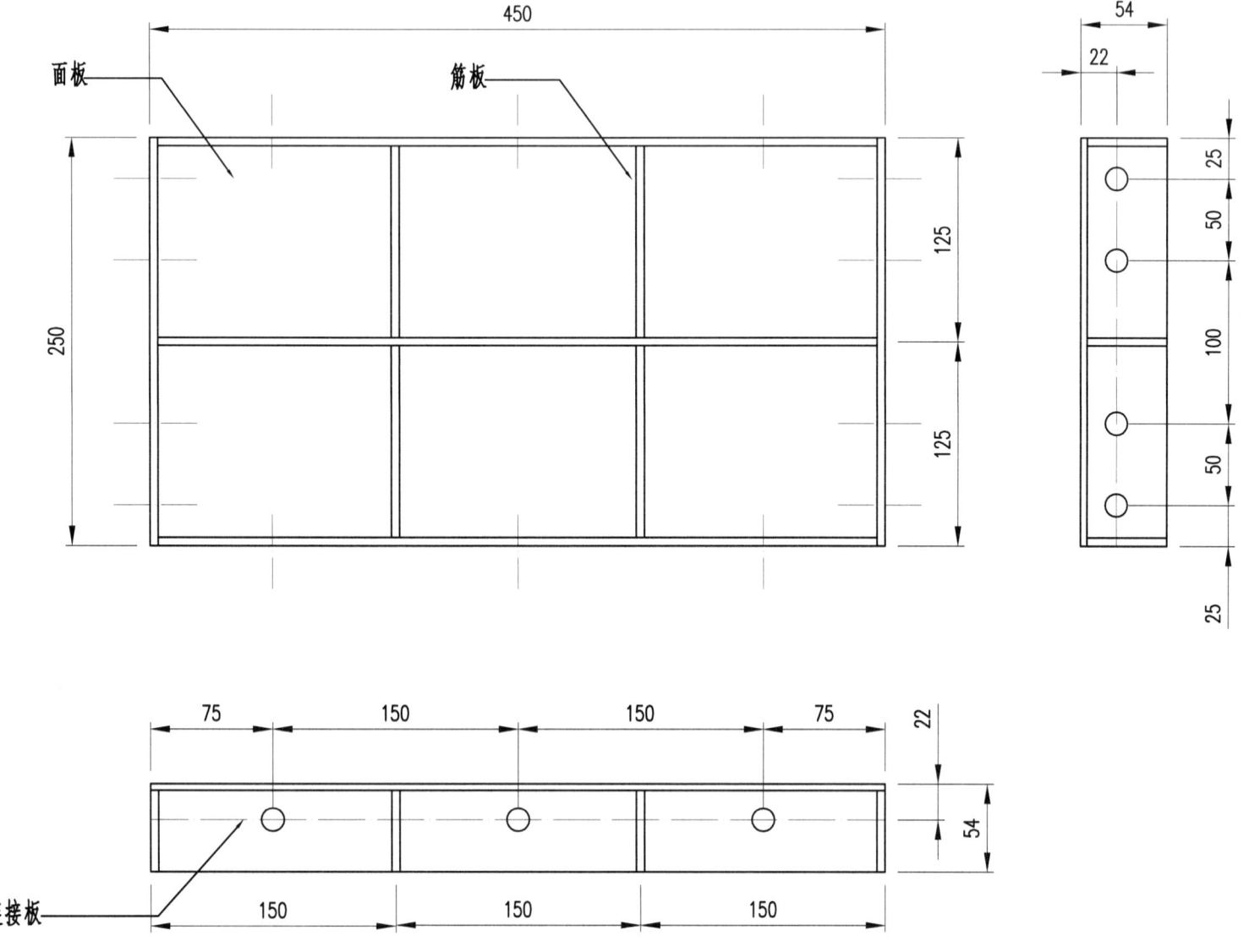

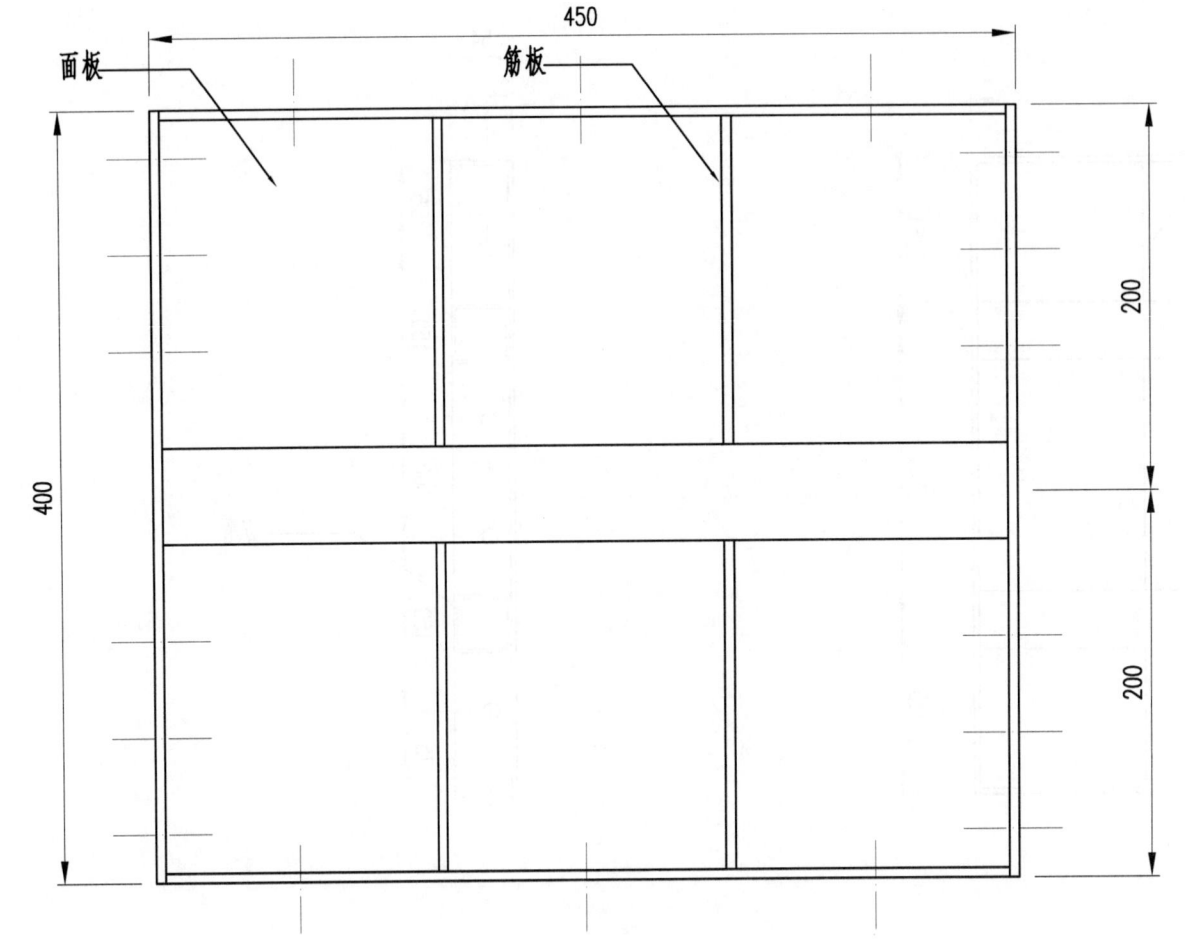
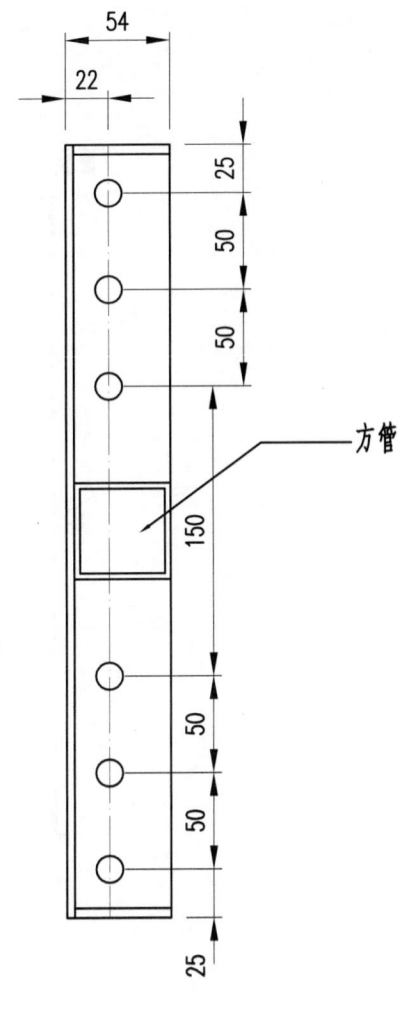
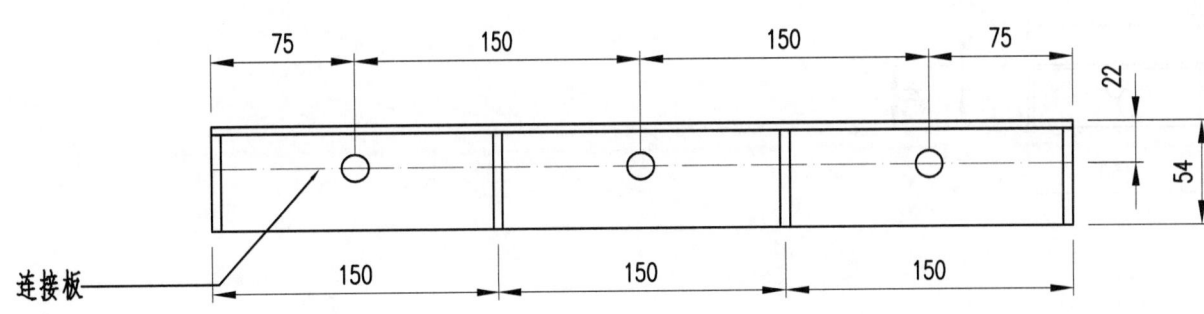

说明：
1. 面板为4mm厚钢板，筋板为5mm厚钢板，连接板为5mm厚钢板。
2. 所有孔均为 ø14mm。
3. 面板平面度<2mm。
4. 方管尺寸为50mm×50mm×3mm。
5. 图中尺寸以mm计。

平板模	材质	Q235	单重	12.68kg
450mm×400mm	件数	1	图号	5-13

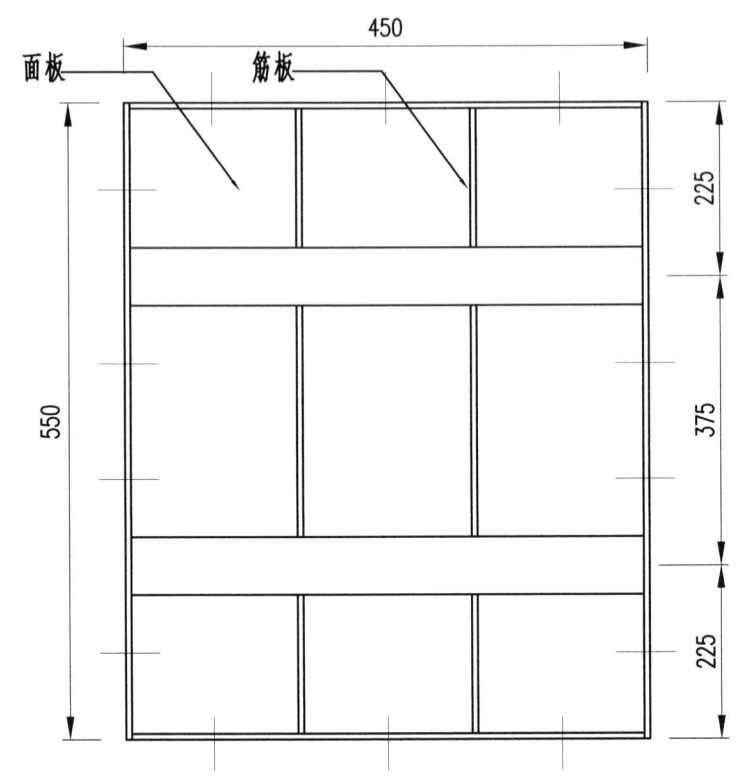
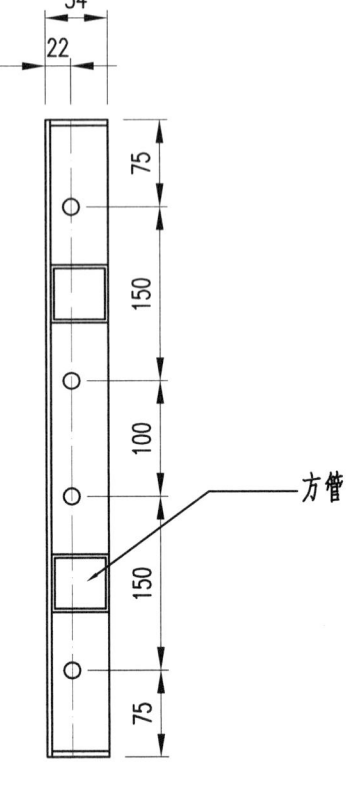
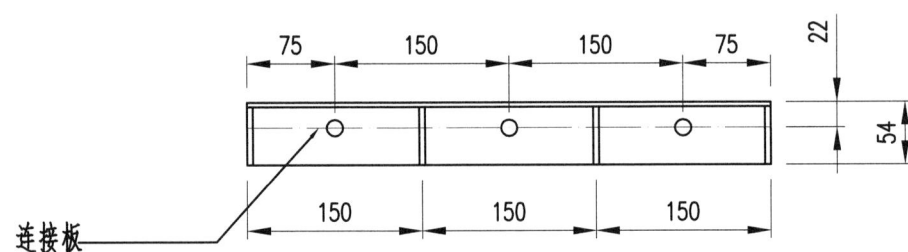

说明：
1. 面板为4mm厚钢板，筋板为5mm厚钢板，连接板为5mm厚钢板。
2. 所有孔均为φ14mm。
3. 面板平面度<2mm。
4. 方管尺寸为50mm×50mm×3mm。
5. 图中尺寸以mm计。

平板模	材质	Q235	单重	18.09kg
450mm×550mm	件数	1	图号	5-14

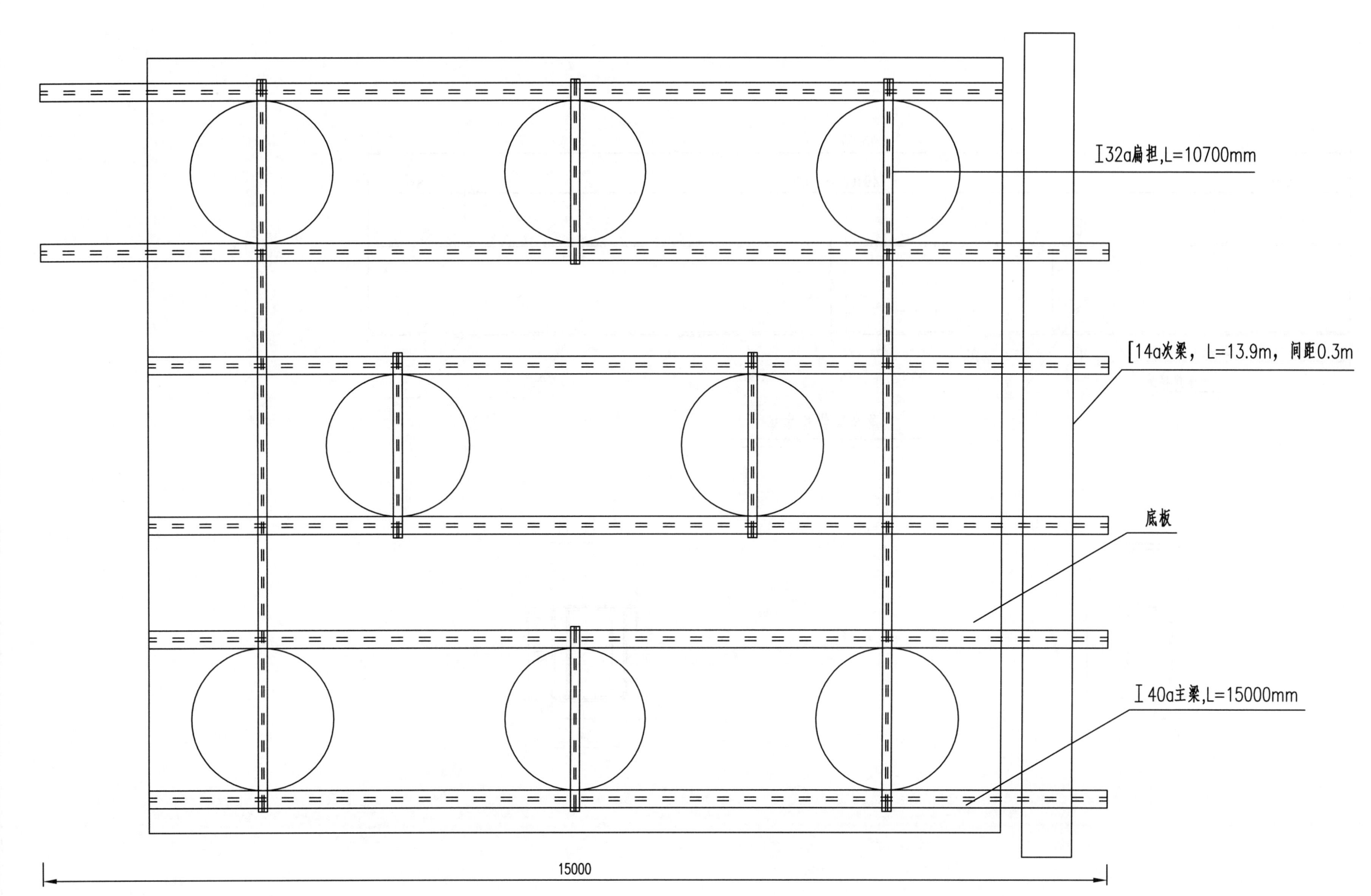

说明：
1. 次梁间距0.3m，共51根，每根长度13.9m，总重10303.9kg，次梁与地板间点焊。
2. 底板板面采用6mm厚钢板，154.7㎡，总重7286kg。桩位置每侧预留100mm下放量。
3. 图中尺寸以mm计。

吊箱	材质	Q235	单重	13400kg
吊箱总体图1	件数	1	图号	6-1

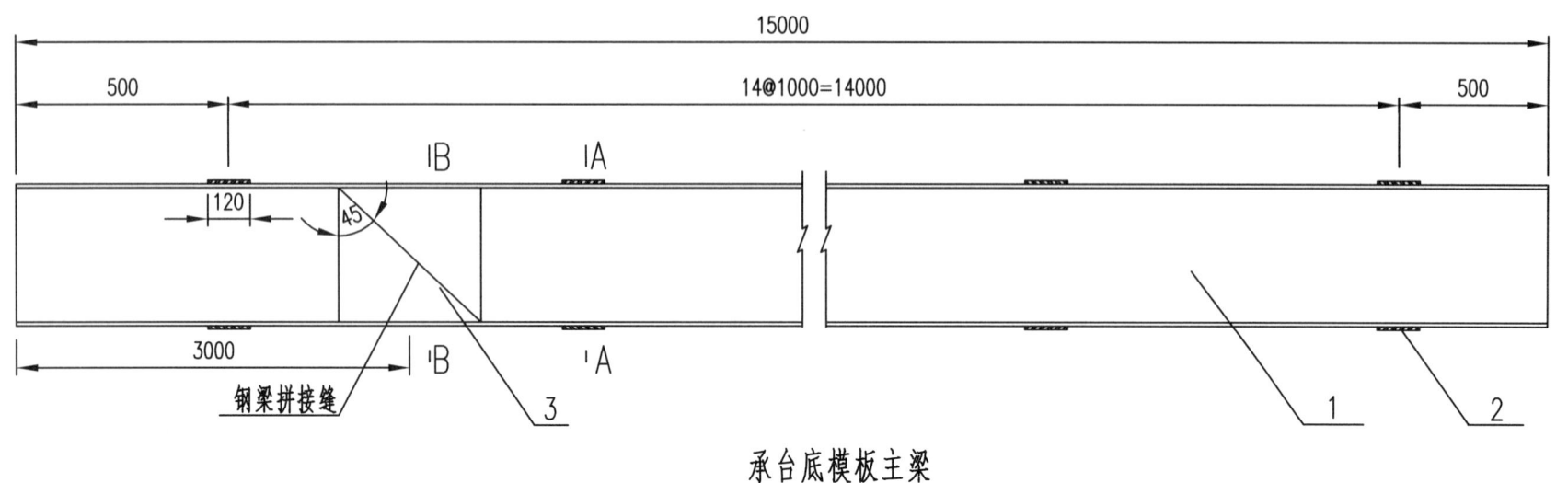

承台底模板主梁

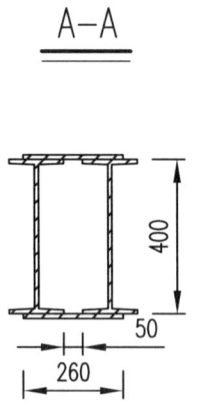

A—A

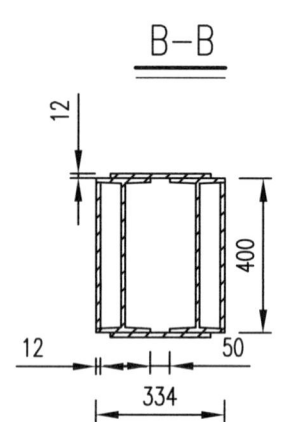

B—B

材料数量表(单根)

编号	名称	材料规格尺寸	单位	数量	单件质量(kg)	总质量(kg)	备注
1	吊底主梁	I40a主梁、L=15000mm	根	2	1014	2028	
2	连接板	12mm厚钢板、120mm×260mm	块	32	2.93	93.8	
3	加固板	12mm厚钢板、378mm×400mm	根	2	14.2	28.4	
	小计					2150.2	
合计		6根主梁				12901.2	

说明：

1. 连接板与钢梁之间满焊，焊缝高度10mm。
2. 钢梁45°斜角对接且焊口满焊,焊缝高10mm,加固板焊缝高10mm。
3. 此类钢梁加工6根。
4. 7.5m位置连接板错开300mm，并增加一个连接板，以便于穿吊底螺栓。
5. 图中尺寸以mm计。

吊箱	材质	Q235	单重	2150kg
吊箱主梁图	件数	6	图号	6-2

吊底扁担梁（一）

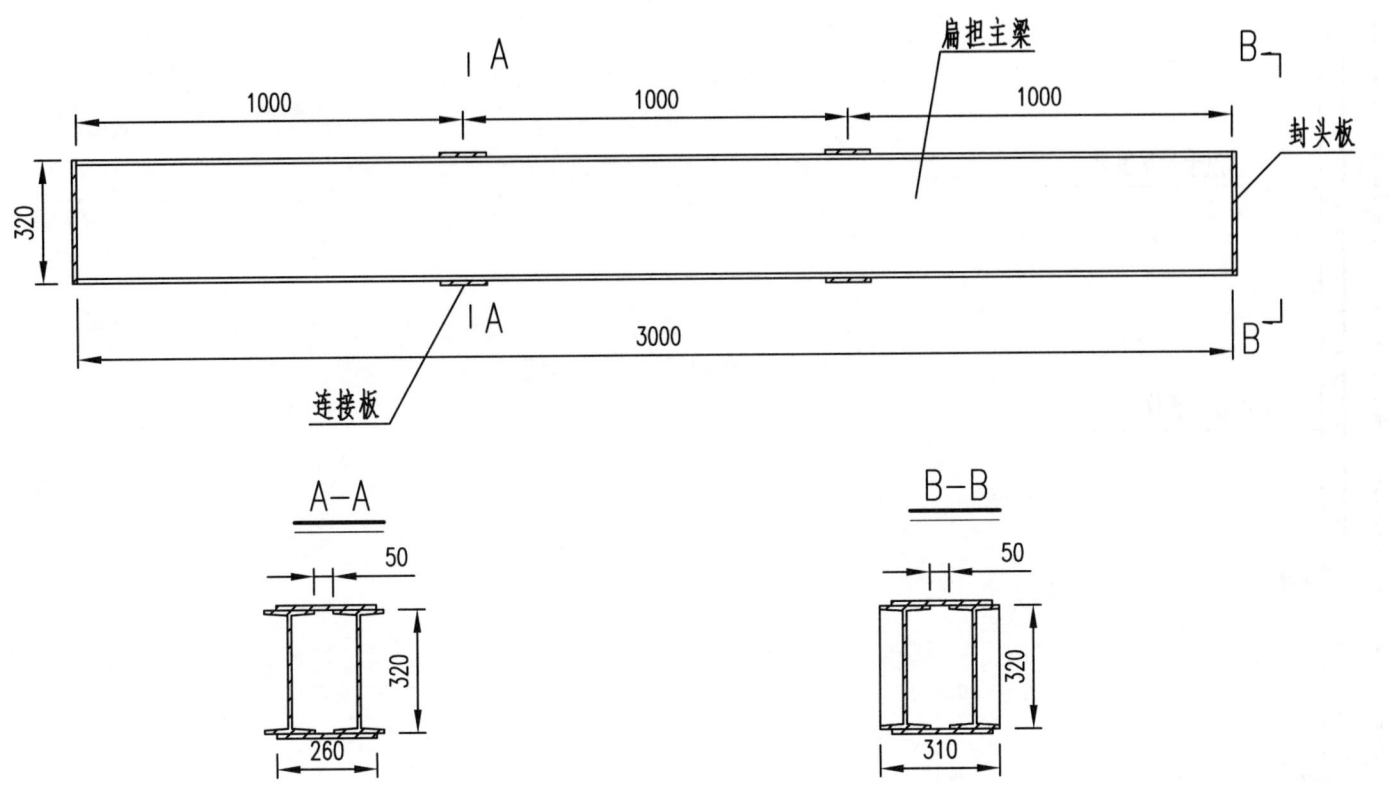

材料数量表（单根）

编号	名称	材料规格尺寸	单位	数量	单件质量（kg）	总质量（kg）	备注
1	扁担主梁	I32a主梁、L=3000mm	根	2	158.2	316.4	
2	连接板	12mm厚钢板、120mm×260mm	块	4	2.93	11.72	
3	封头板	12mm厚钢板、310mm×320mm	块	2	9.3	18.6	
合计						346.72	

说明：
1. 连接板、封头板与扁担主梁之间满焊，焊缝高度10mm。
2. 此类钢扁担加工4根，总重1387kg。
3. 图中尺寸以mm计。

吊底扁担梁（二）

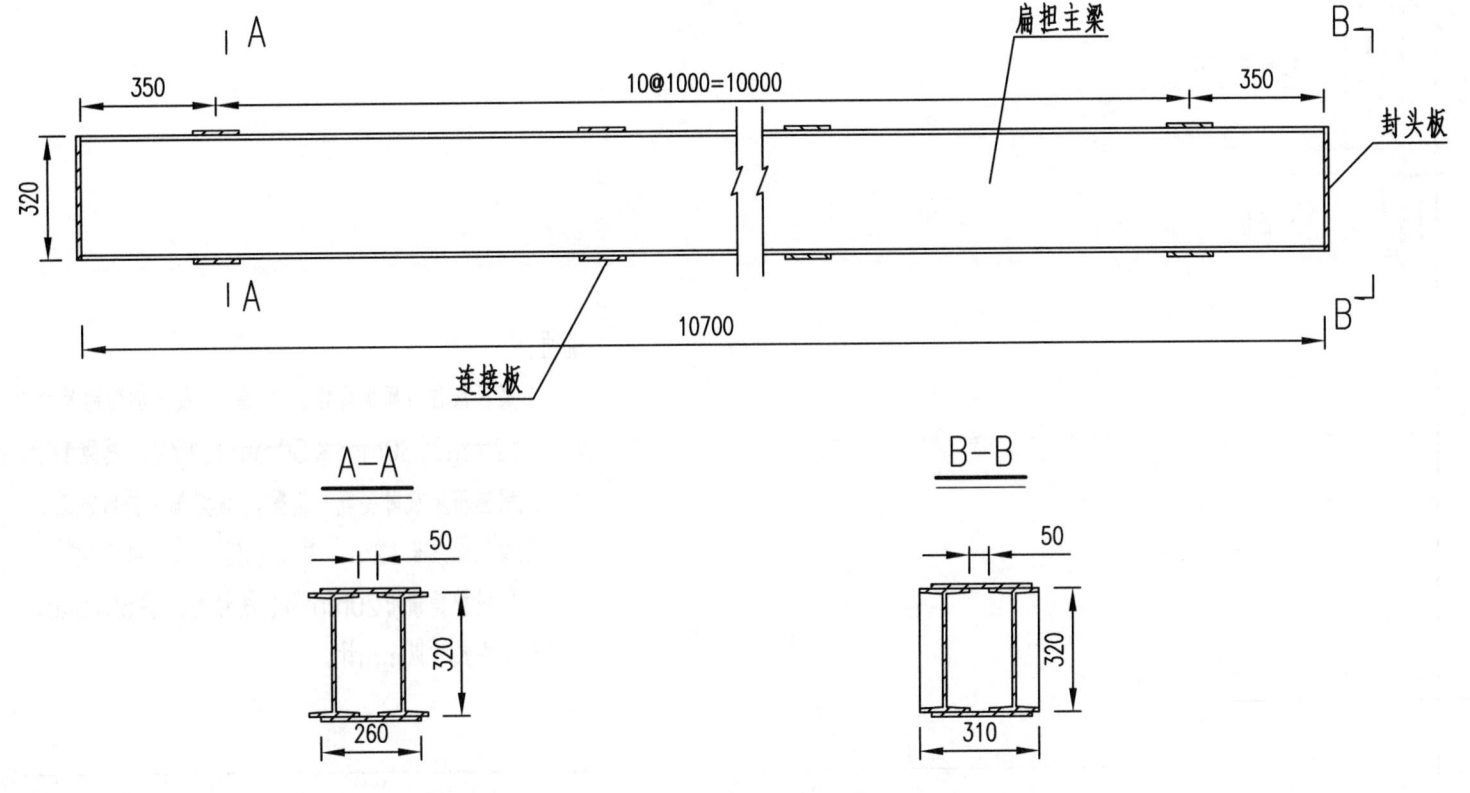

材料数量表（单根）

编号	名称	材料规格尺寸	单位	数量	单件质量（kg）	总质量（kg）	备注
1	扁担主梁	I32a主梁、L=10700mm	根	2	564.1	1128.2	
2	连接板	12mm厚钢板、120mm×260mm	块	22	2.93	64.46	
3	封头板	12mm厚钢板、310mm×320mm	块	2	9.3	18.6	
合计						1211.3	

说明：
1. 连接板、封头板与扁担主梁之间满焊，焊缝高度10mm。
2. 此类钢扁担加工2根，总重2422.6kg。
3. 图中尺寸以mm计。

吊箱	材质	Q235	单重	3810kg
吊箱扁担梁	件数	1	图号	6-3

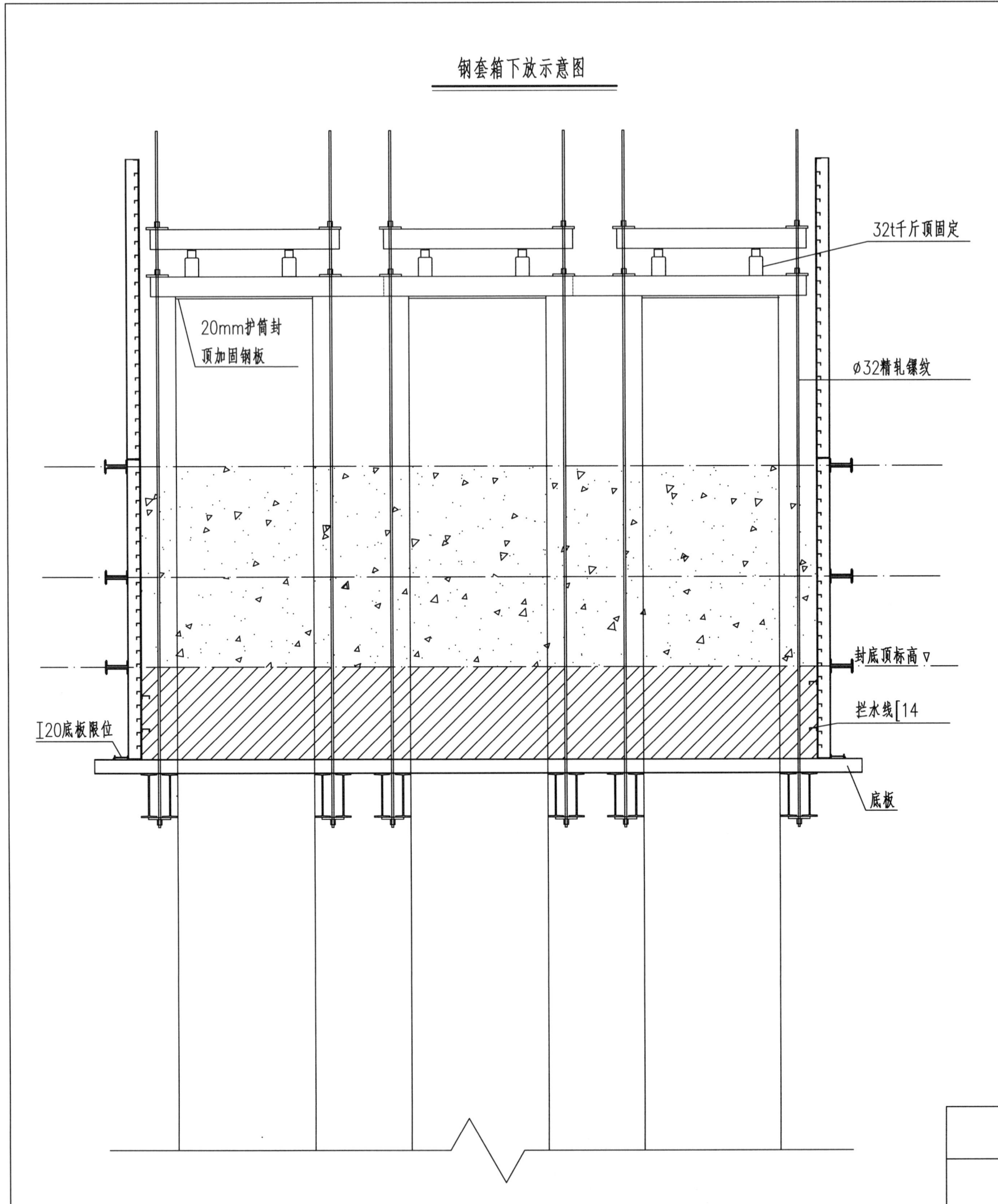

横围图加工图(一)

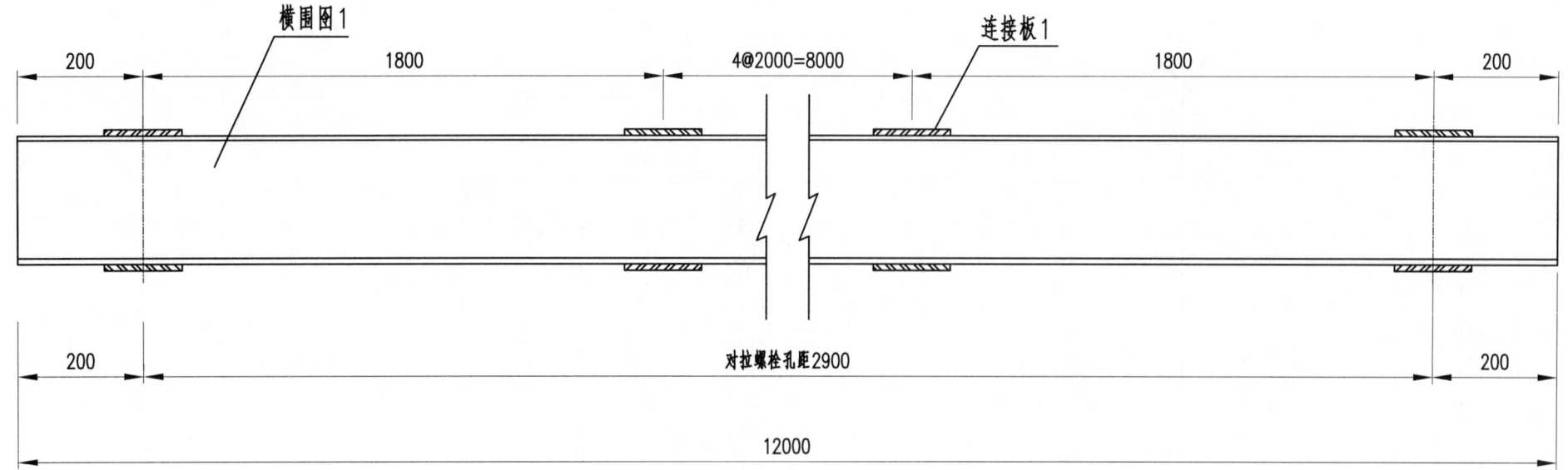
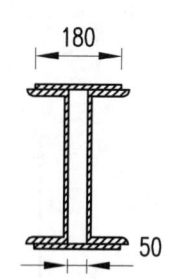

横围图加工图(二)

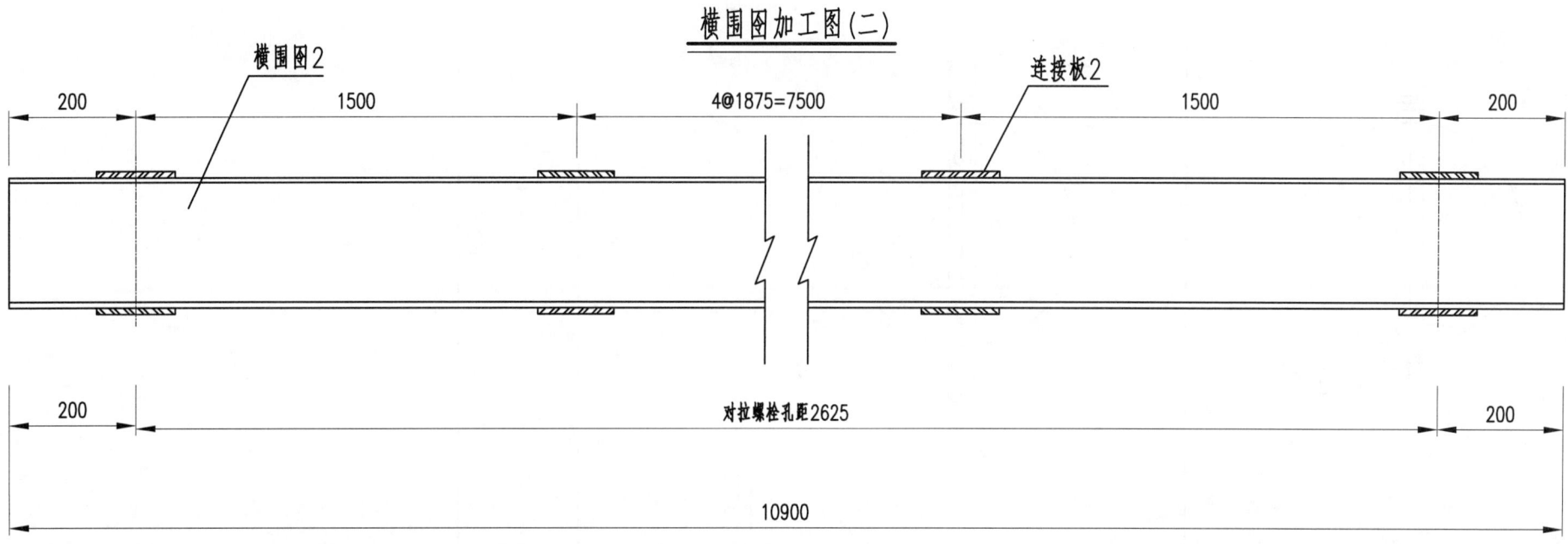
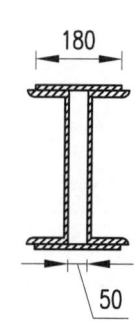

材料表

编号	名称	材料规格尺寸	单位	数量	单件质量(kg)	总质量(kg)	备注
1	横围图1	[20、L=12000mm	根	12	309.3	3711.6	
2	连接板1	12mm厚钢板、180mm×200mm	块	84	3.4	285.6	
3	横围图2	[20、L=10900mm	根	12	281	3372	
4	连接板2	12mm厚钢板、180mm×200mm	块	84	3.4	285.6	
5	对拉螺栓	M24×800mm	套	60	3.08	184.8	不含螺帽
6	垫板	20mm厚钢板、200mm×200mm	块	60	6.28	376.8	
合计						8216.4	

说明：
1. 连接板与横围图之间满焊，焊缝高度10mm。
2. 对拉螺栓与板面焊接防止漏水。
3. 图中尺寸以mm计。

吊箱	材质	Q235	单重	8220kg
横围图加工图	件数	1	图号	6-5

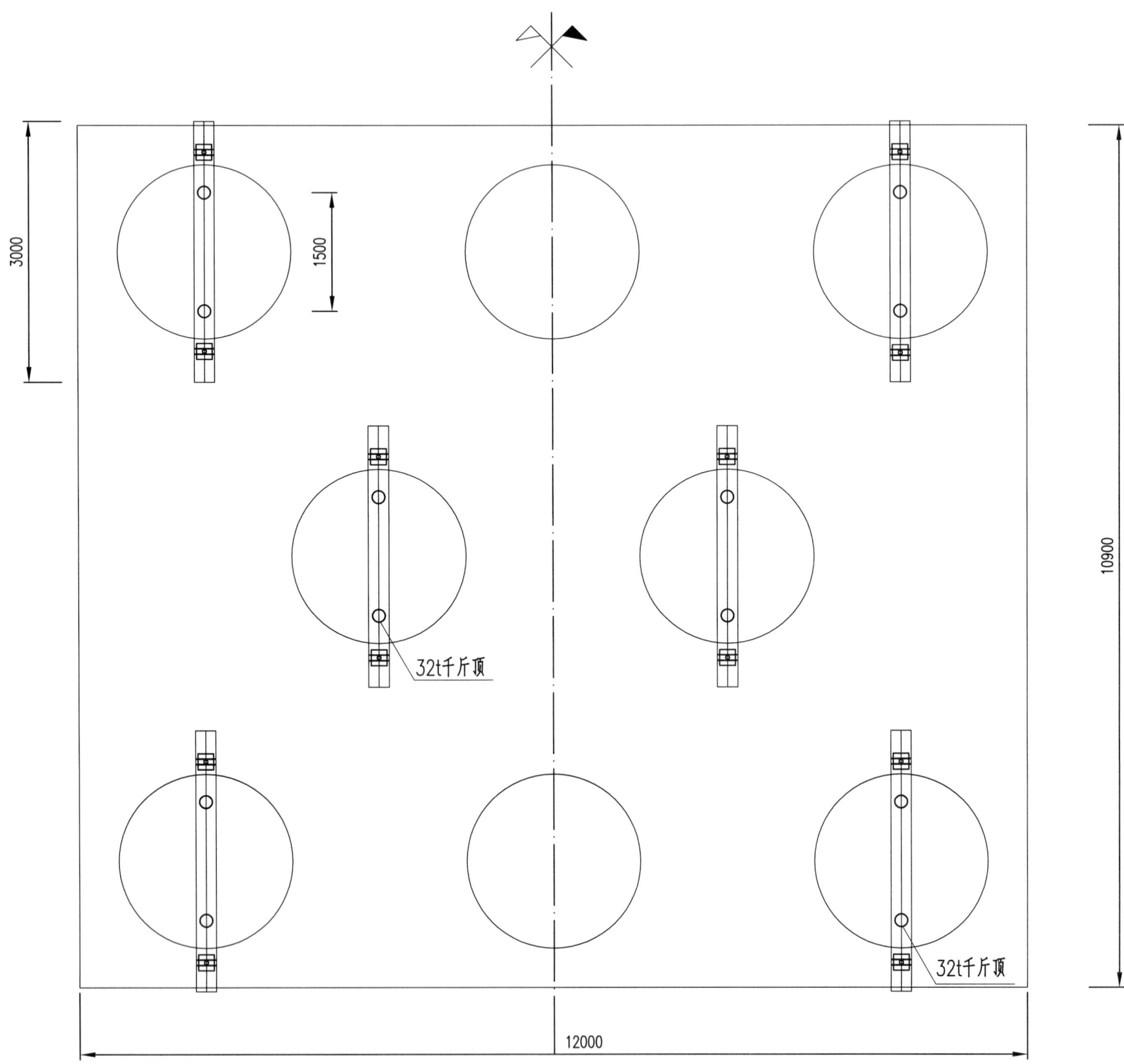

说明:
1. 连接板、封头板与扁担主梁之间满焊,焊缝高度10mm。
2. 此类钢扁担加工6根,总重2080.3kg。
3. 施工中需要32t千斤顶12个。
4. 图中尺寸以mm计。

吊箱	材 质	Q235	单 重	2080kg
千斤顶位置图	件 数	1	图 号	6-6

钢套箱内圈梁示意图

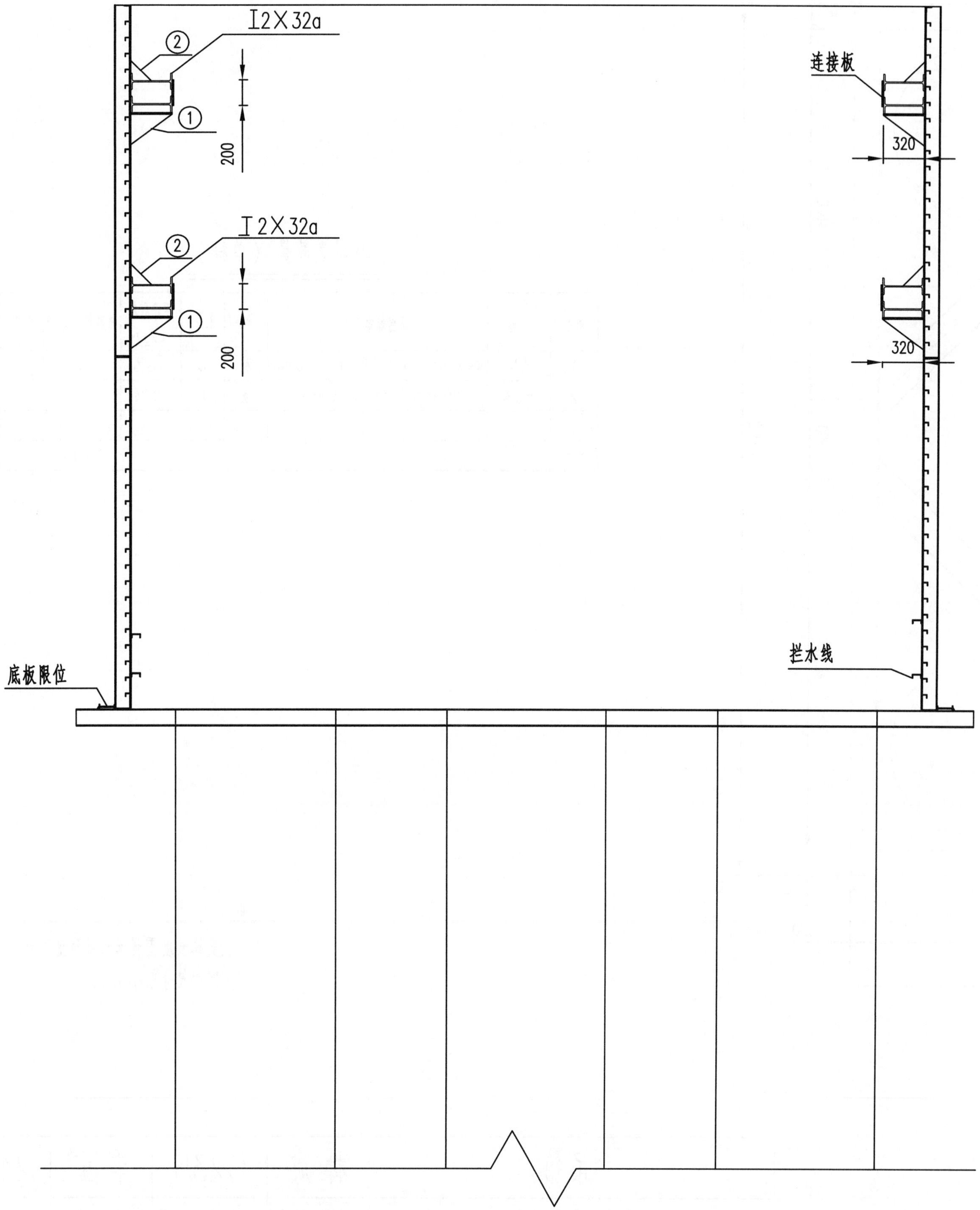

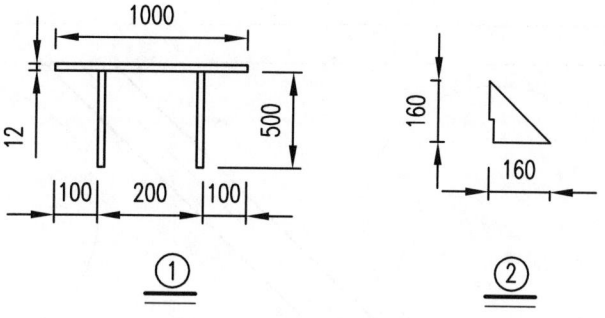

材料数量表

编号	名称	材料规格尺寸	单位	数量	单件质量（kg）	总质量（kg）	备注
1	一层圈梁	I32a, L=45800mm	根	2	2414	4828	
2	二层圈梁	I32a, L=45800mm	根	2	2414	4828	
3	连接板	12mm厚钢板、200mm×45.8m	块	2	863	1726	
4	拦水线	I14a, L=45800mm	根	2	666	1332	
5	底板限位	I20a, L=45800mm	根	1	1279	1279	
6	①	12mm厚钢板	件	52	19.6	1019.2	
7	②	12mm厚钢板、160mm×160mm/2	块	104	1.2	124.8	
合计						15137	

说明：
1. 圈梁支架间距为2m，上压板每支架处有2块。
2. 图中尺寸以mm计。

吊梁	材质	Q235	单重	15137kg
内圈梁示意图	件数	1	图号	6-7

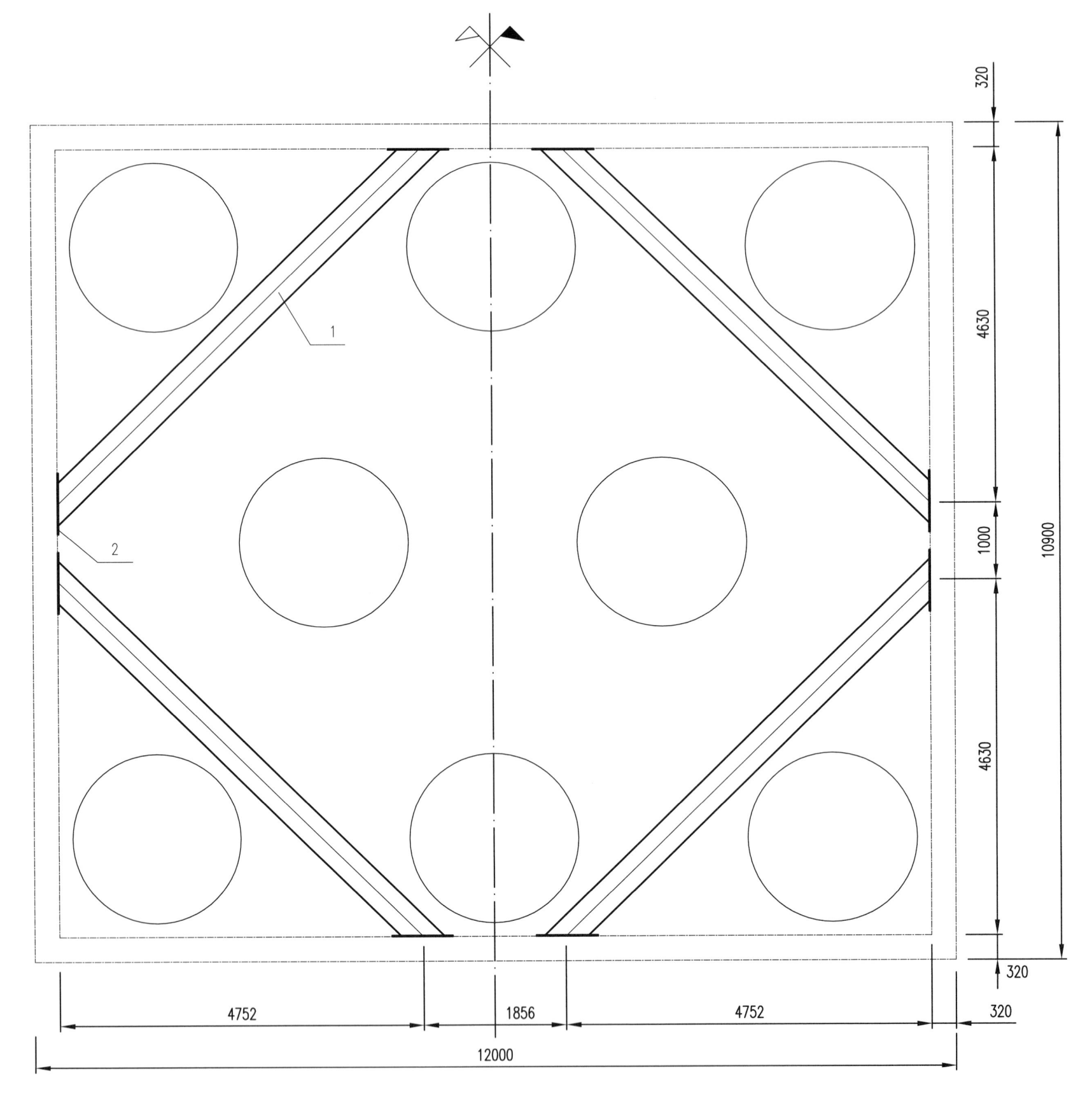

材料表数量（单根）

编号	名称	材料规格尺寸	单位	数量	单件质量（kg）	总质量（kg）	备注
1	支撑	φ400mm×8mm钢管，L=6590mm	根	4	509.6	2038.4	
2	连接板	800mm×16mm×500mm	块	8	50.24	402	
3							
合计						2440.4	

说明：
1. 支撑长度需现场实际测量下料。
2. 图中尺寸以mm计。

吊箱	材质	Q235	单重	2440kg
吊箱总体图2	件数	1	图号	6-8

单片模板加工图（上片）

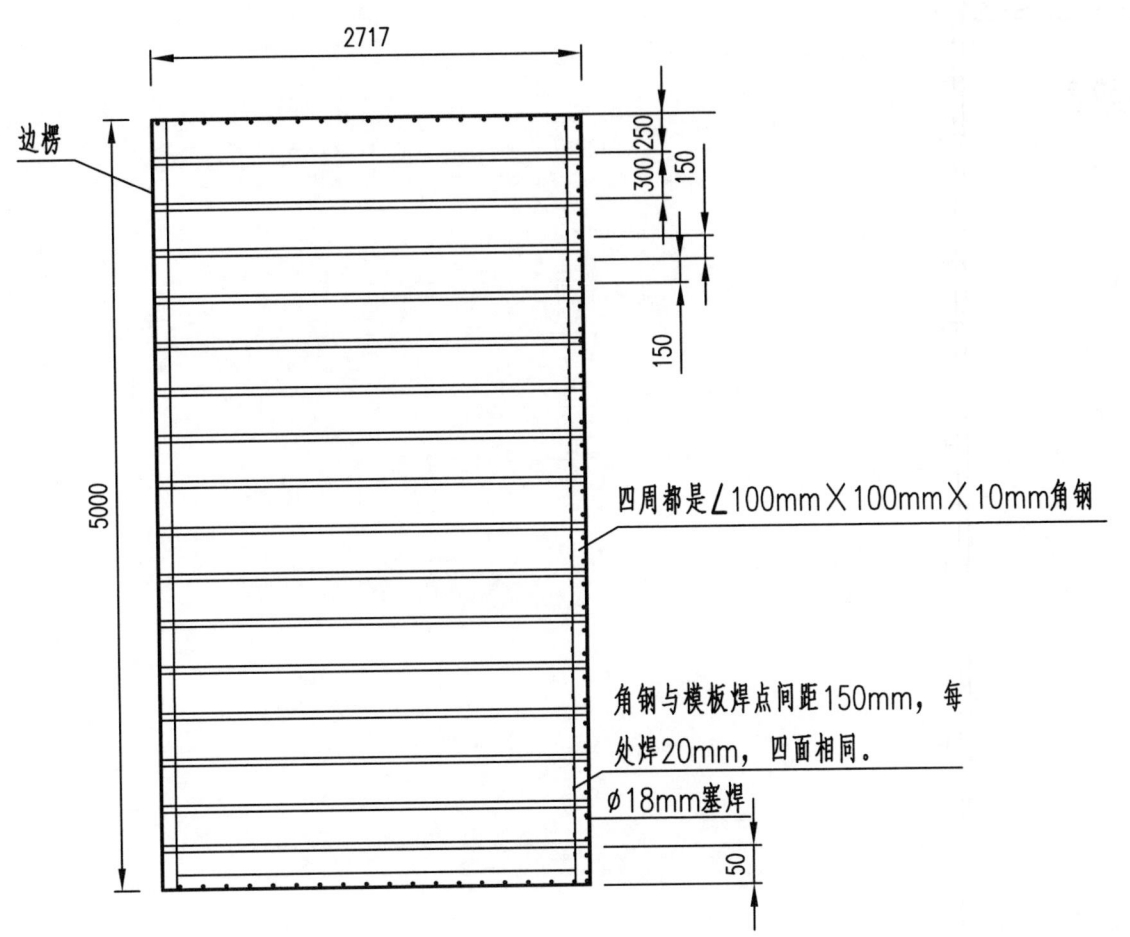

单片模板加工图（下片）

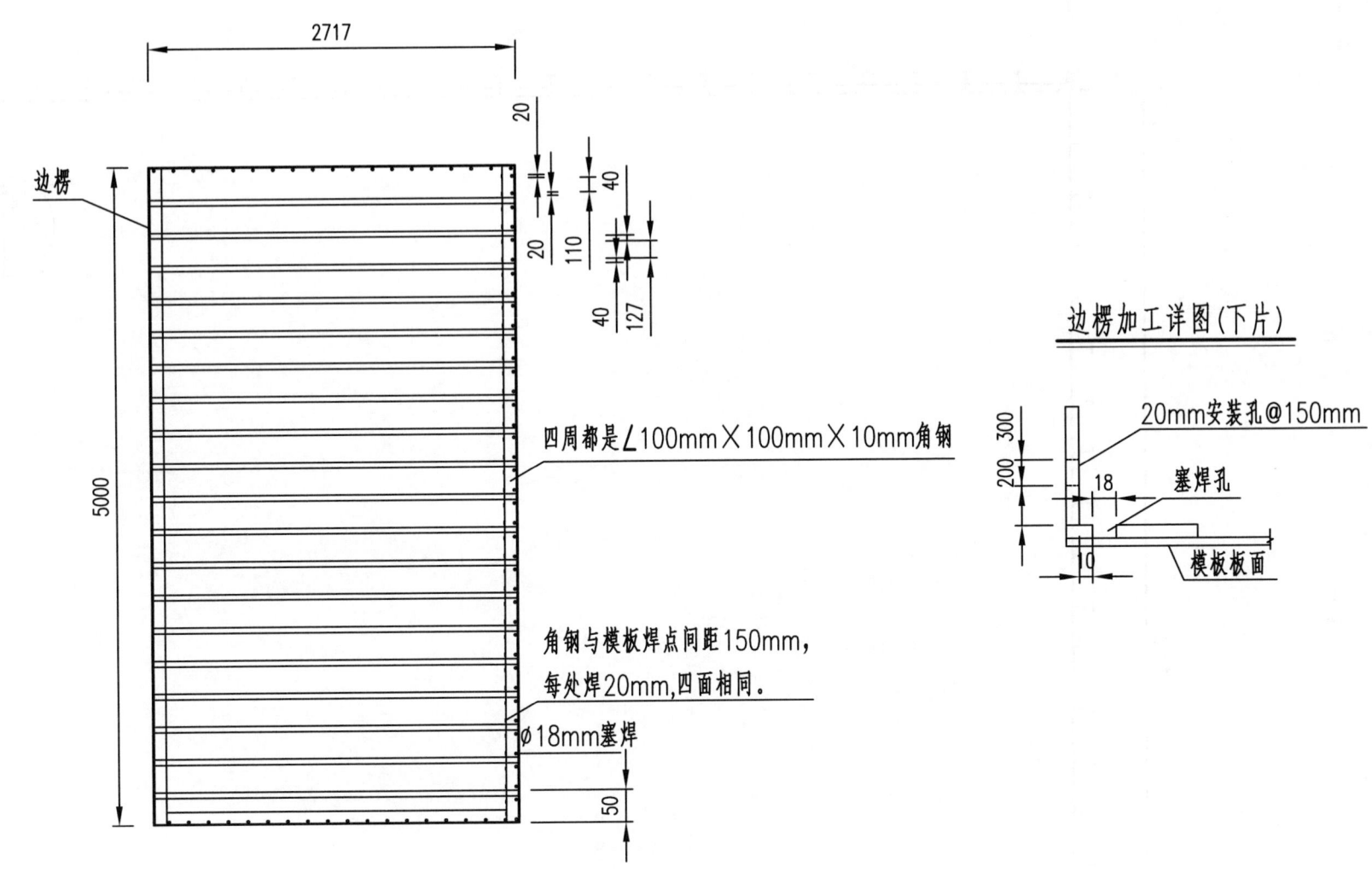

边楞加工详图(上片)

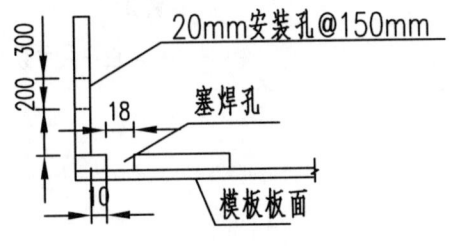

说明：
1. 加工时，在模板外侧四片焊接∠100mm×100mm×10mm用于拼接。
2. 12m长模板做法与此相同，每片宽2992mm，不增加外侧拼接角钢。
3. 每片模板拼接时，增加10mm×80mm厚橡胶条防水。
4. 安装孔在打孔时若遇槽钢肋，可适当调整位置，间距不大于200mm，且与相邻片孔位统一。
5. 图中尺寸以mm计。

吊箱	材质	Q235	单重	2510kg
单片模板加工图	件数	1	图号	6-9

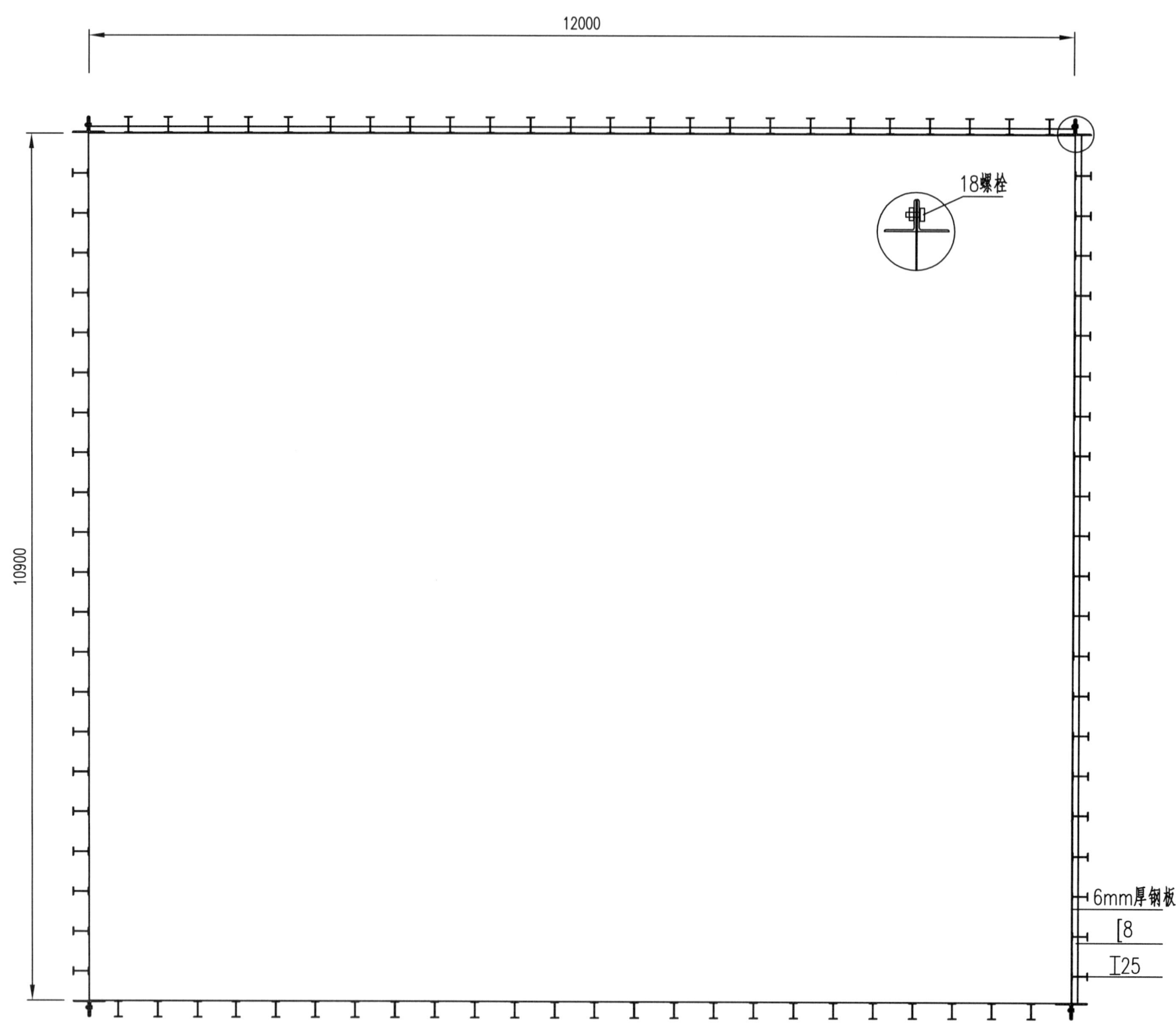

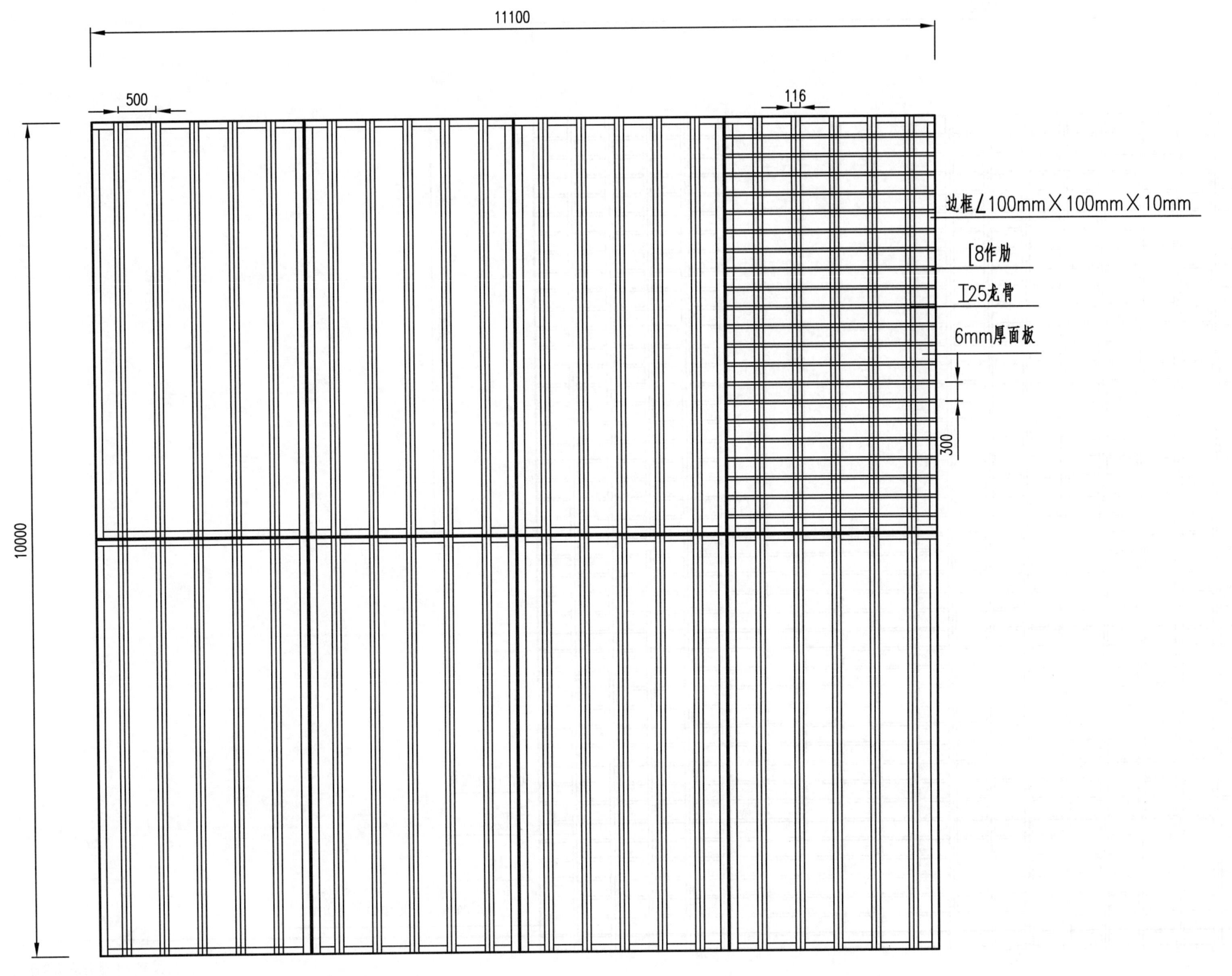

吊箱	材质	Q235	单重	18470kg
模板图	件数	1	图号	6-11

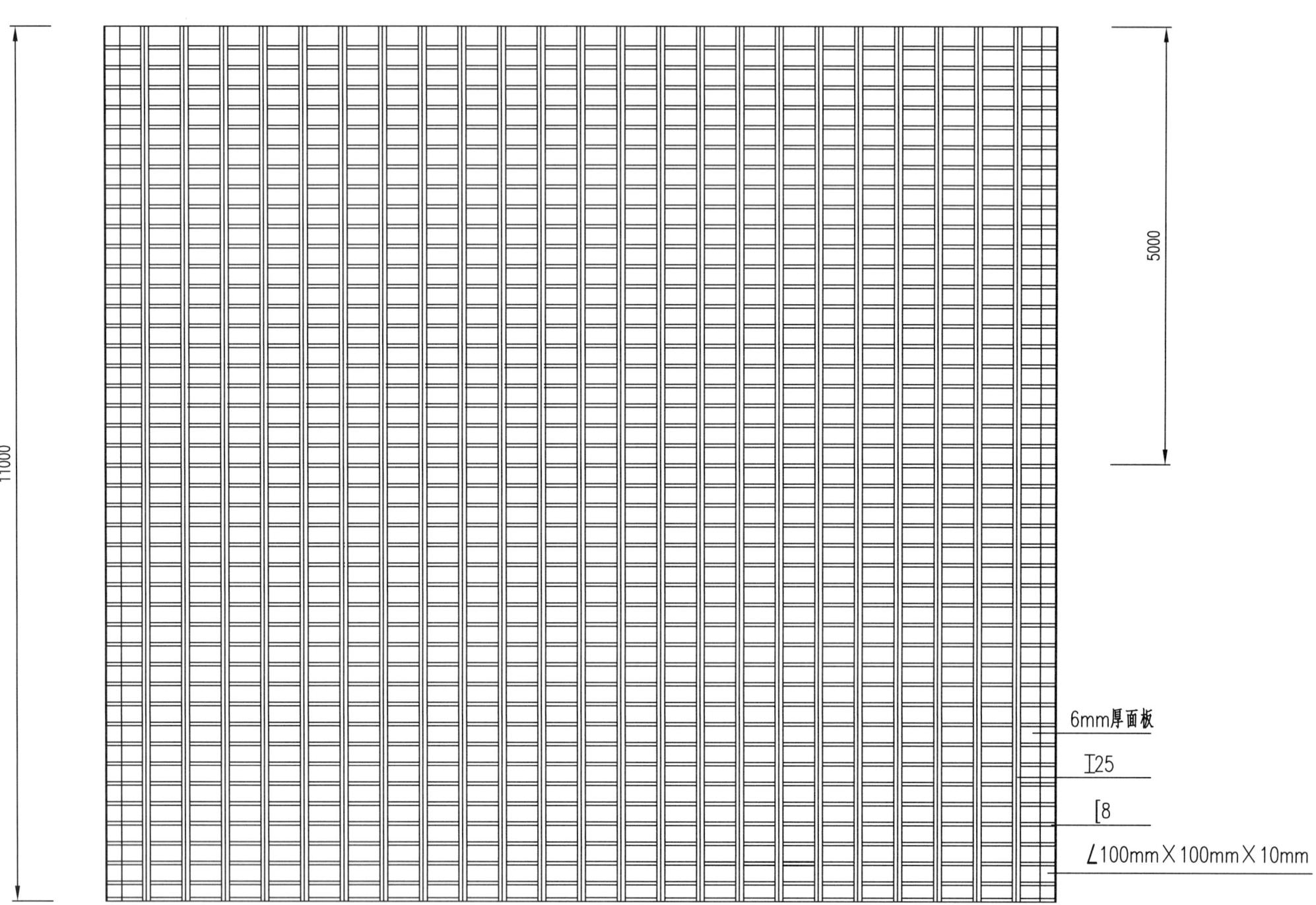

说明:
1. 模板分为8块。
2. 图中尺寸以mm计。

吊箱	材 质	Q235	单 重	20530kg
模板图	件 数	1	图 号	6-12

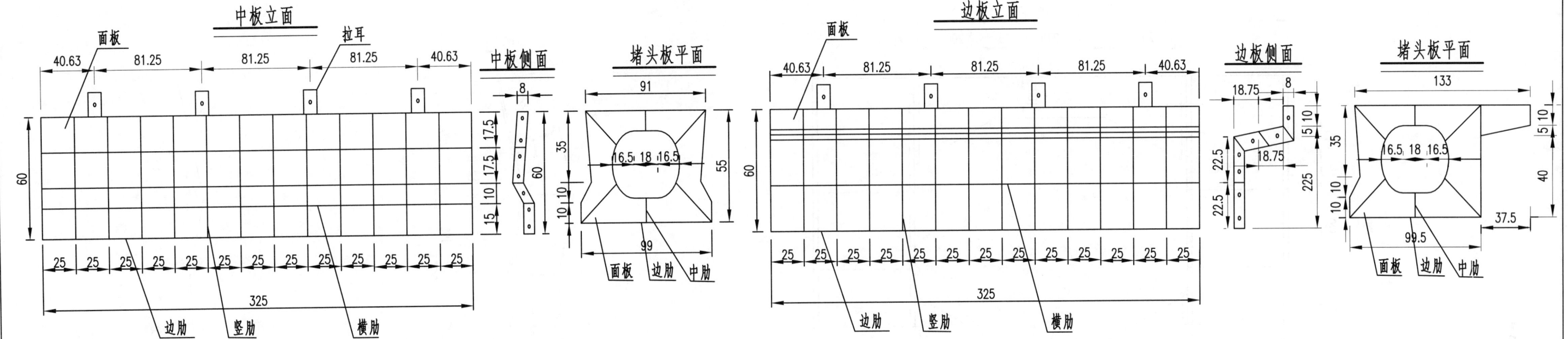

13m板梁模板图

一套13m中梁模板工程数量表

序号	名称		长度(cm)	宽度(cm)	厚度(cm)	体积(m³)	单位质量(t/m³)	质量(t)	总质量(t)
1	钢模板	面板	1300	64	0.5	0.0416	7.85	0.327	0.908×2 =1.816
2		边肋	3112	8	1.0	0.0249	7.85	0.195	
3		竖肋	3072	8	0.6	0.0147	7.85	0.116	
4		横肋	3900	8	0.6	0.0187	7.85	0.147	
5		拉杆	1920	ø1.8		0.0049	7.85	0.038	
6		拉耳	640	17	1.0	0.0109	7.85	0.085	
7	堵头模板	面板	95	55	0.5	0.0026	7.85	0.021	0.035×2 =0.07
8		边肋	308	6	0.6	0.0011	7.85	0.009	
9		中肋	186.5	6	0.6	0.0007	7.85	0.005	

一套13m边梁模板工程数量表

序号	名称		长度(cm)	宽度(cm)	厚度(cm)	体积(m³)	单位质量(t/m³)	质量(t)	总质量(t)
1	钢模板	面板	1300	92.8	0.5	0.0603	7.85	0.474	1.129
2		边肋	3342.4	8	1.0	0.0267	7.85	0.210	
3		竖肋	3072	8	0.6	0.0147	7.85	0.116	
4		横肋	5200	8	0.6	0.0250	7.85	0.196	
5		拉杆	2400	ø1.8		0.0061	7.85	0.048	
6		拉耳	640	17	1.0	0.0109	7.85	0.085	
7	堵头模板	面板	99.5	59.4	0.5	0.0030	7.85	0.023	0.039×2 =0.078
8		边肋	379	6	0.6	0.0014	7.85	0.011	
9		中肋	205	6	0.6	0.0007	7.85	0.005	

说明：
1. 一块模板长度为3.25m，由四块组成13m。
2. 面板采用5mm钢板；边肋采用10mm钢板；纵横肋采用6mm钢板。
3. 螺栓孔直径为18mm；用18mm或16mm的螺栓紧固。
4. 拉杆采用直径18mm的圆钢。
5. 图中尺寸以mm计。

13m空心板	材质	Q235	单重	1886kg
外模、内模断面图	件数	1	图号	7.1.1

端头模板

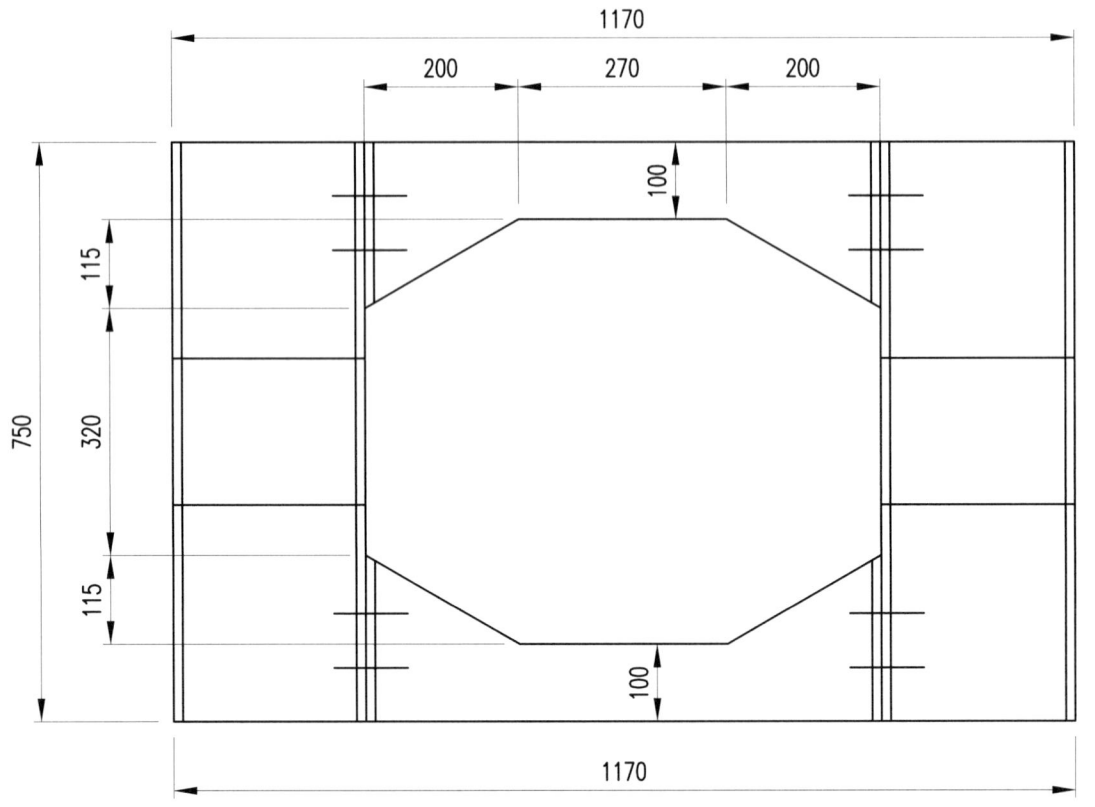 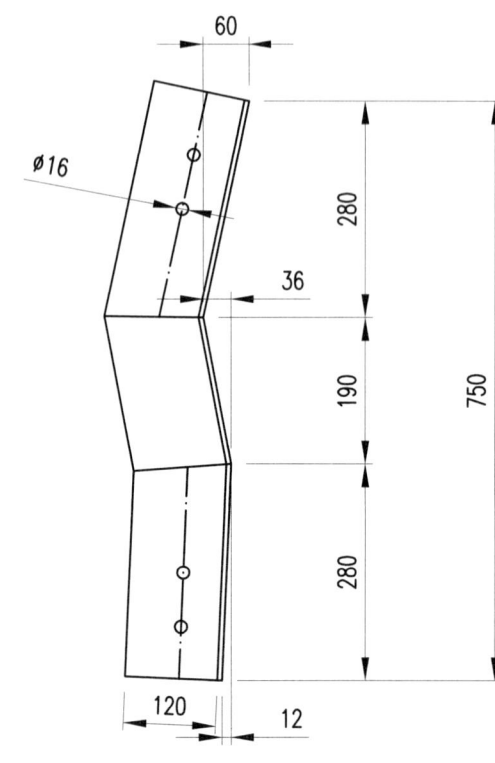 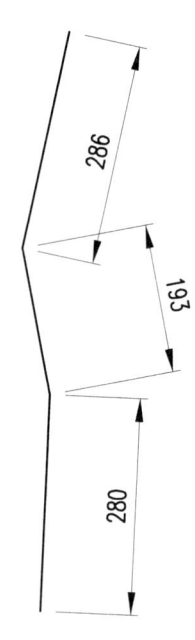

外模分节示意图

说明:
1. 材料均为6mm厚钢板。
2. 图中尺寸以mm计。

16m空心板	材 质	Q235	单 重	282.32kg
端头模板、外模分节示意图	件 数	4	图 号	7.1.2-1

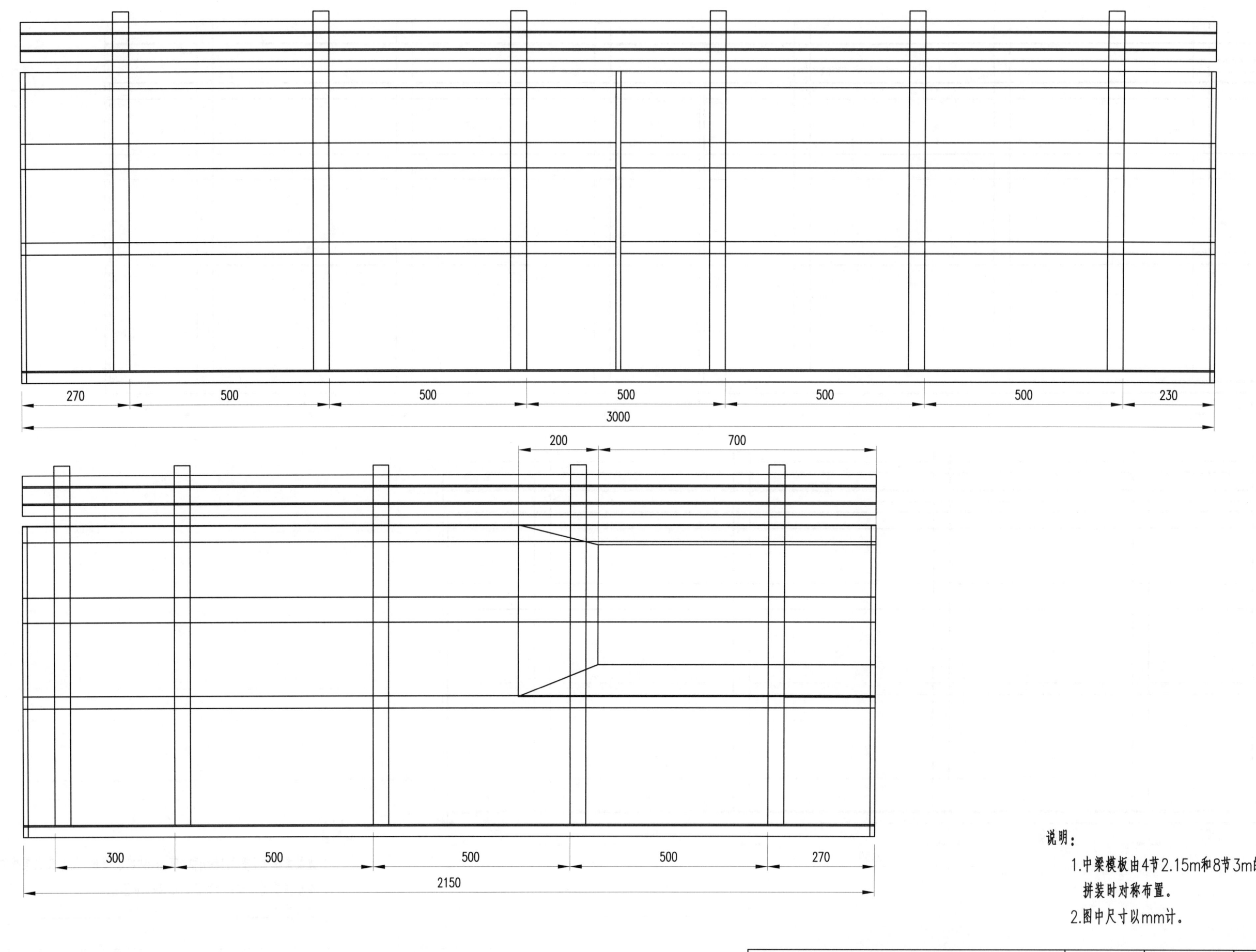

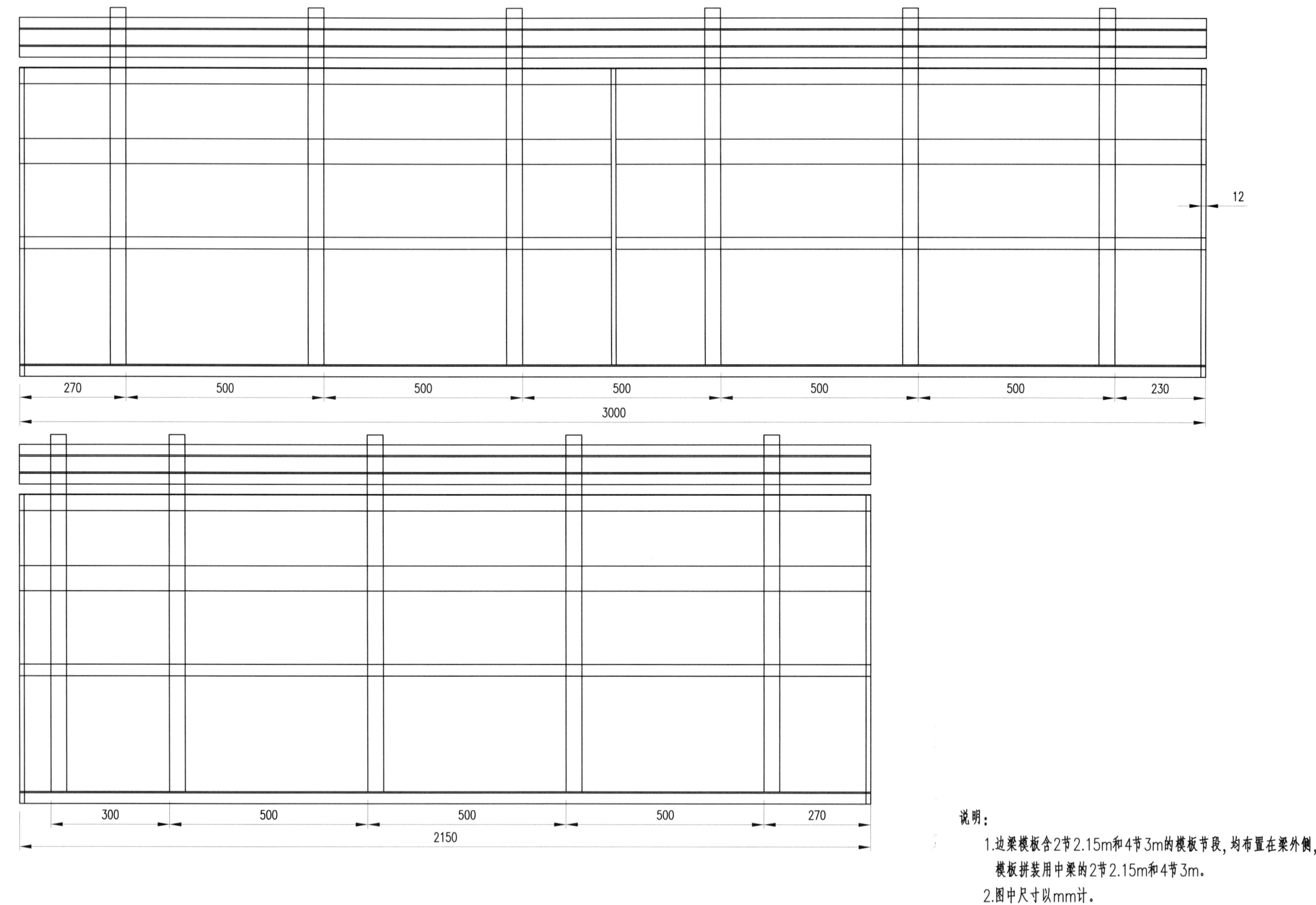

说明：
1. 边梁模板含2节2.15m和4节3m的模板节段，均布置在梁外侧，另一侧模板拼装用中梁的2节2.15m和4节3m。
2. 图中尺寸以mm计。

16m空心板	材质	Q235	单重	
外模断面图	件数		图号	7.1.2-3

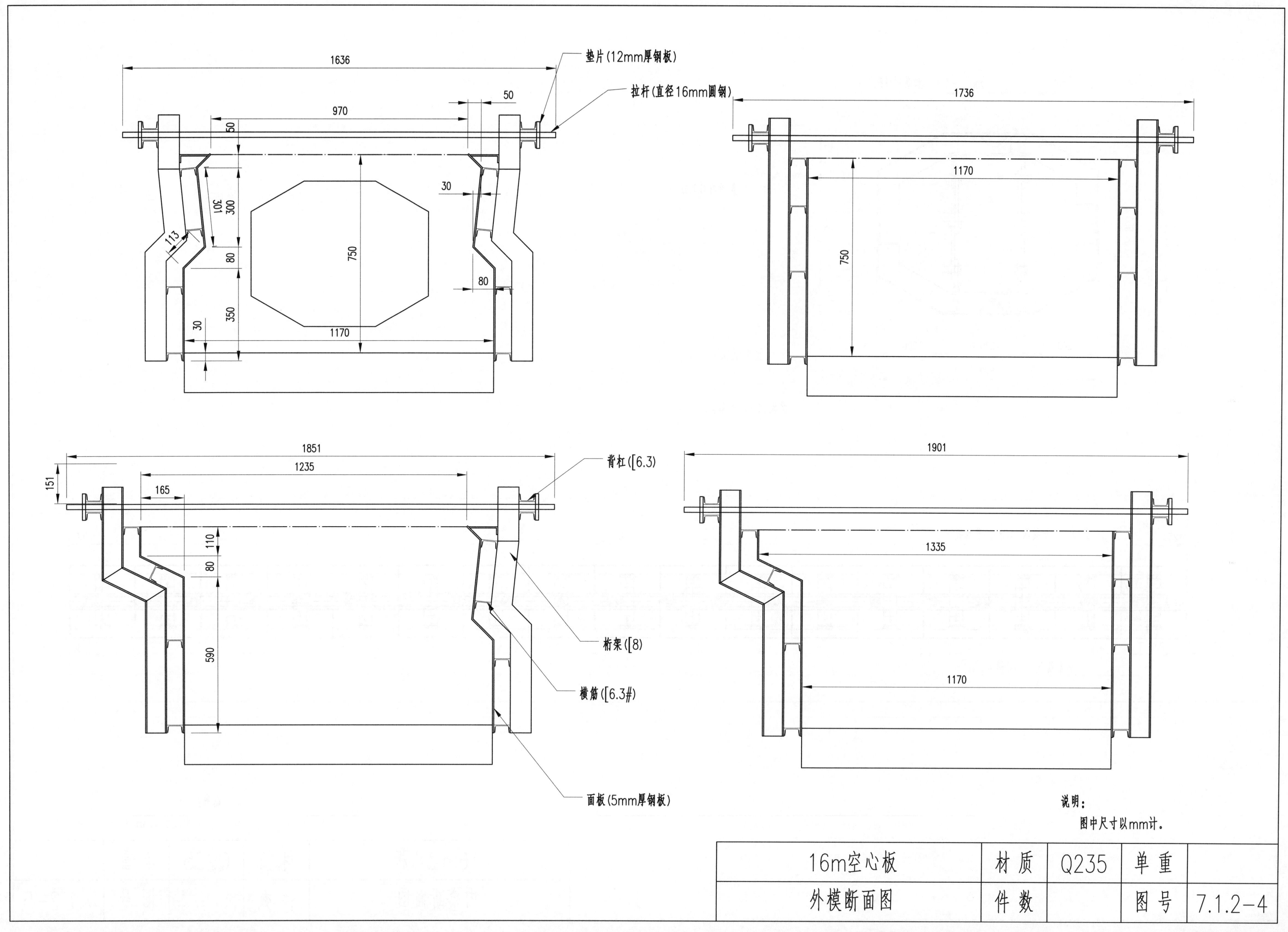

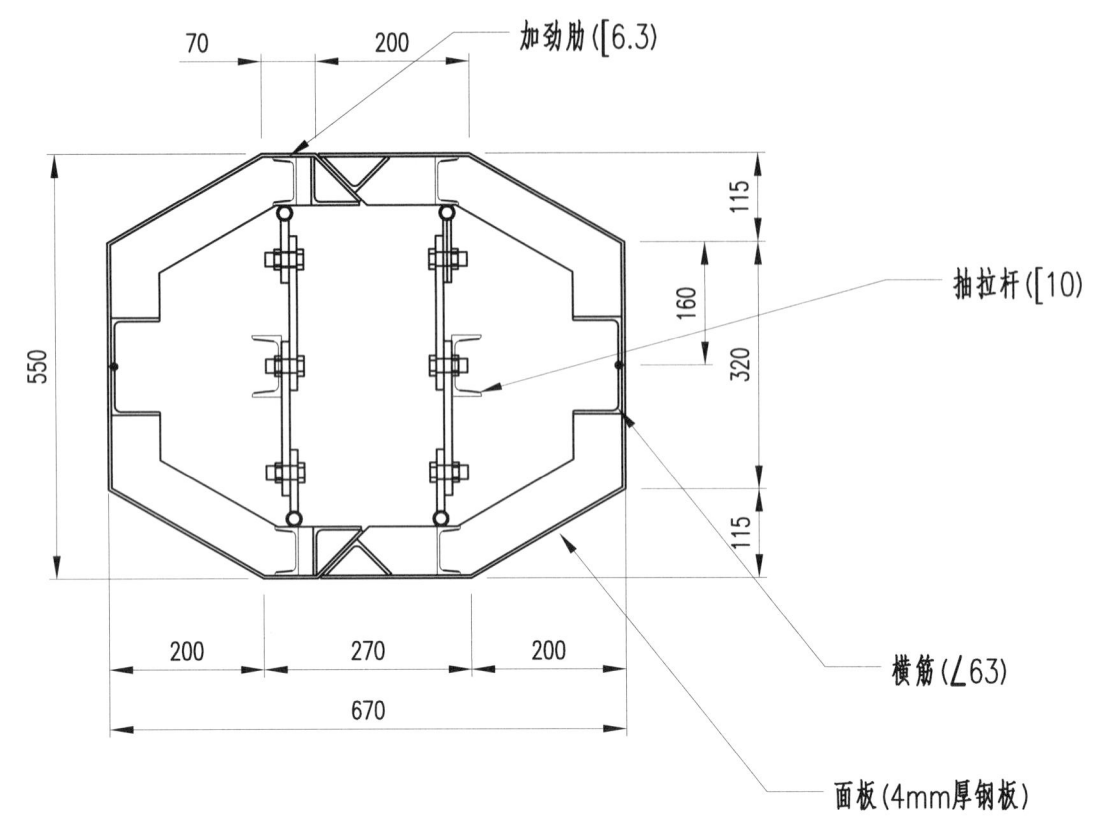
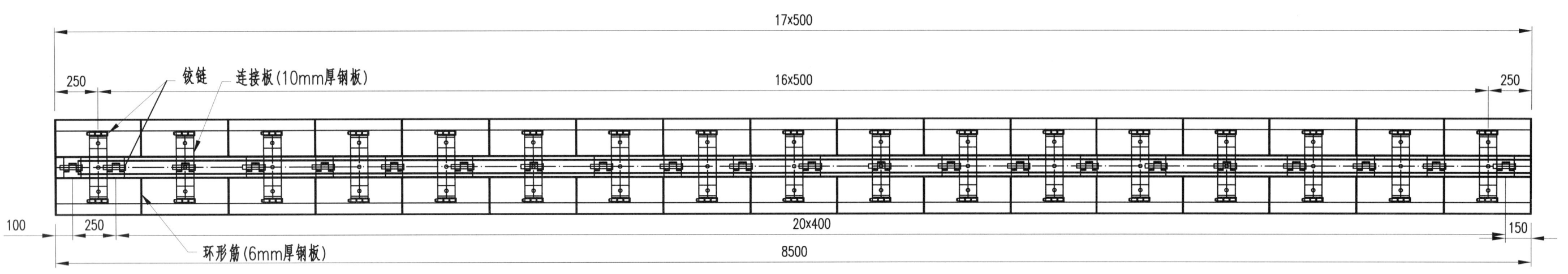

说明：
图中尺寸以mm计。

16m空心板	材 质	Q235	单 重	
内模断面图	件 数		图 号	7.1.2-5

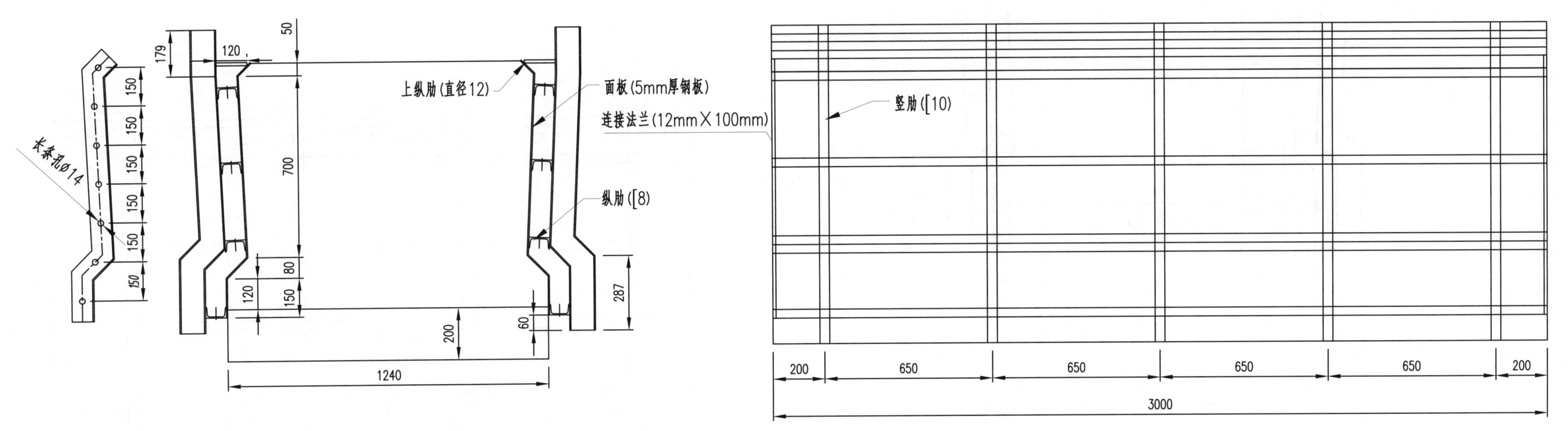

说明：
1.加工5节/套；再做一节0.28m,用在边跨。
2.图中尺寸以mm计。

20m空心板	材质	Q235	单重	6136kg
中梁	件数	1	图号	7.1.3-1

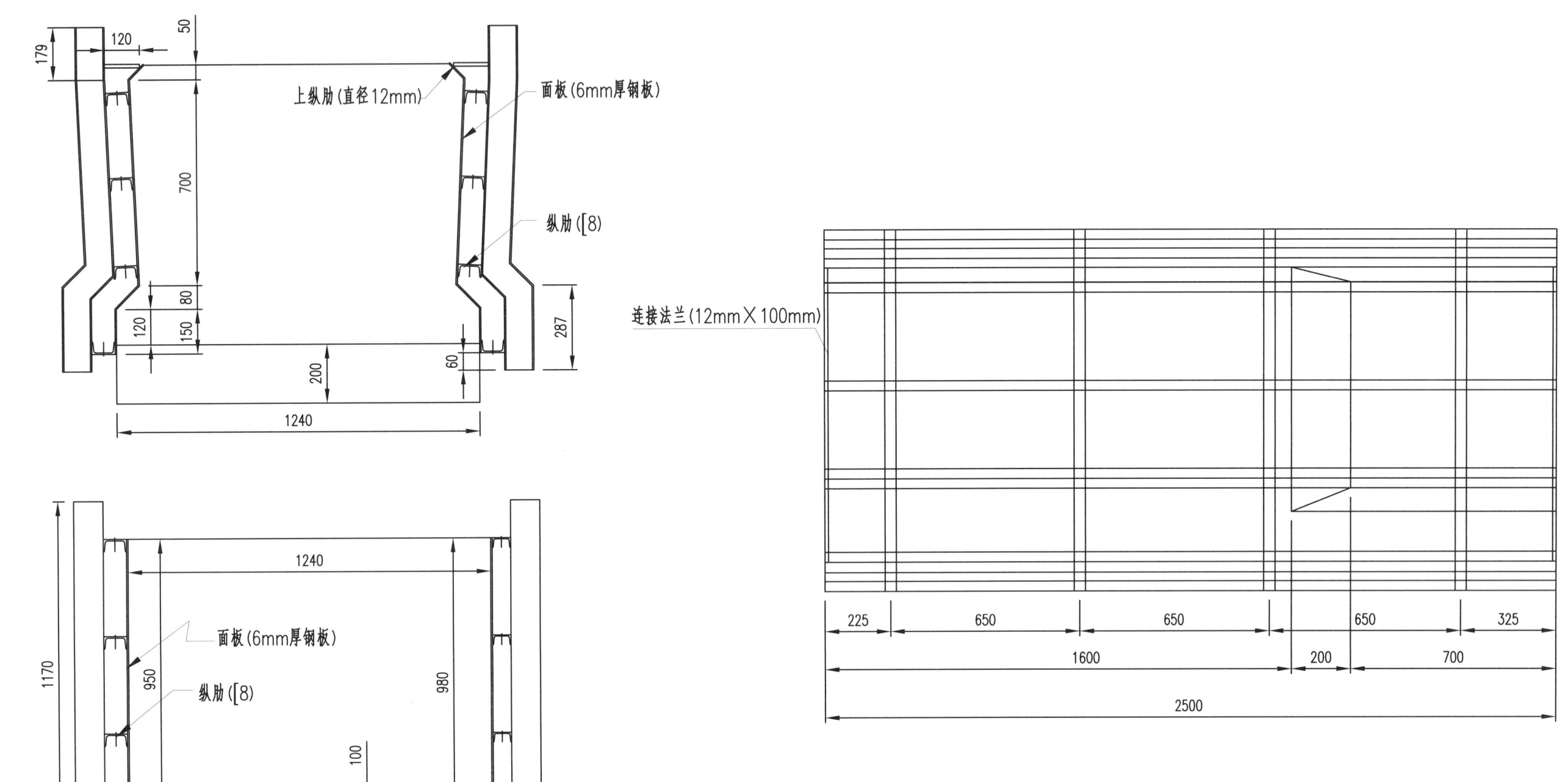

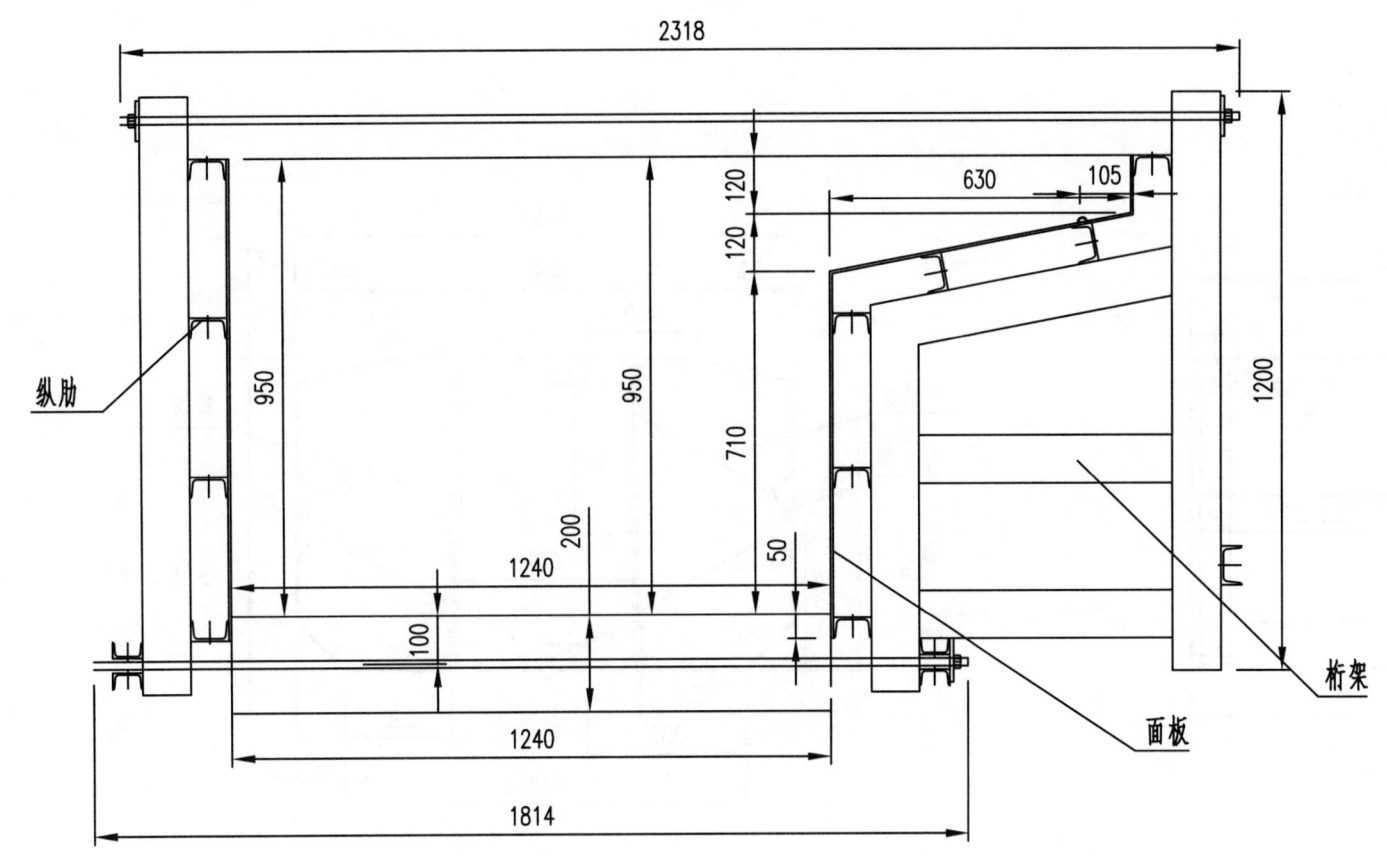
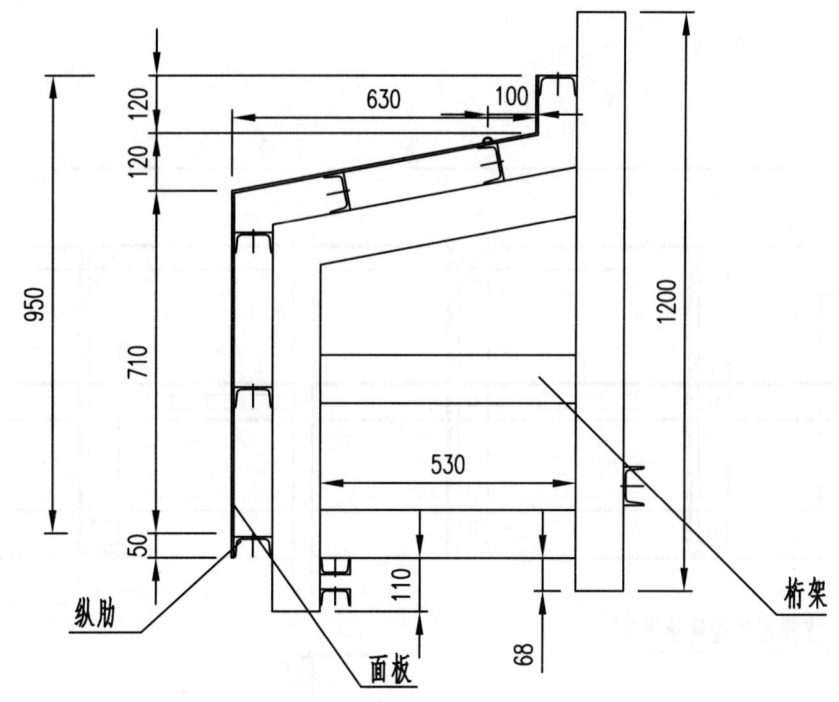
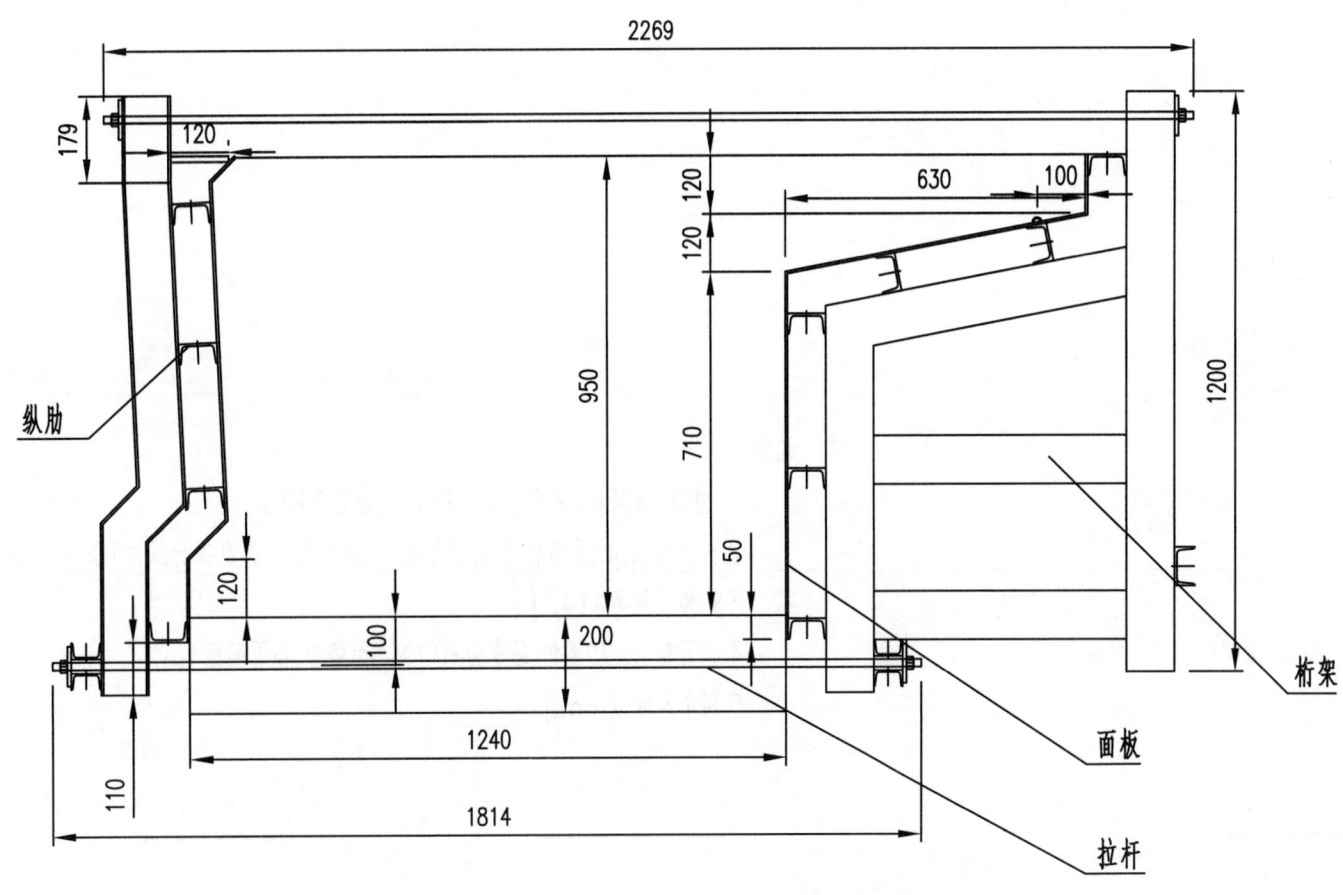

说明：
1. 分节情况为5m×4节。
2. 材料选用同中梁一样。
3. 面板为5mm厚钢板，纵肋[8,桁架为[10,拉杆选用为18mm圆钢。
4. 图中尺寸以mm计。

20m空心板	材质	Q235	单重	1076kg
边梁	件数	1	图号	7.1.3-3

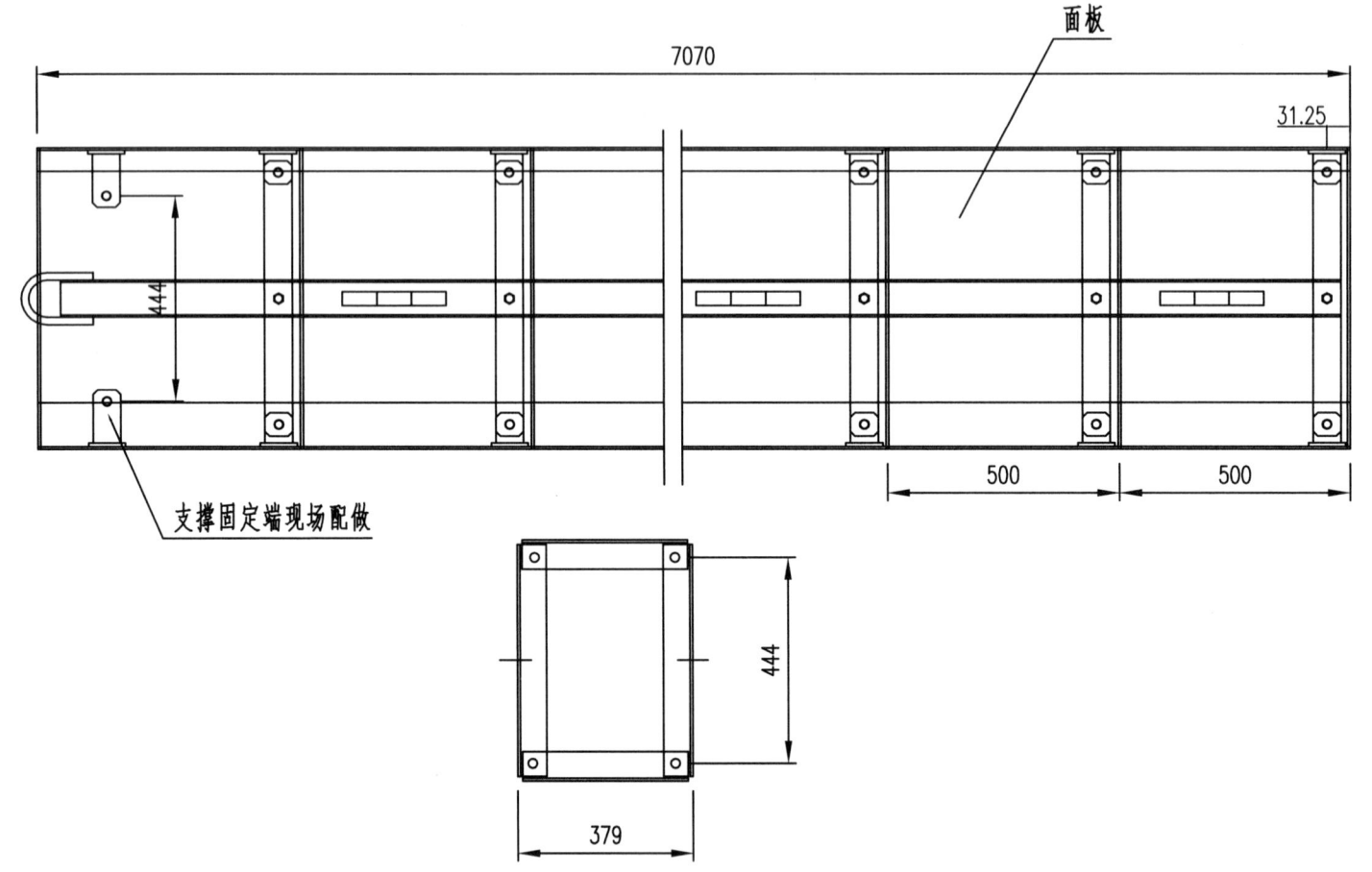
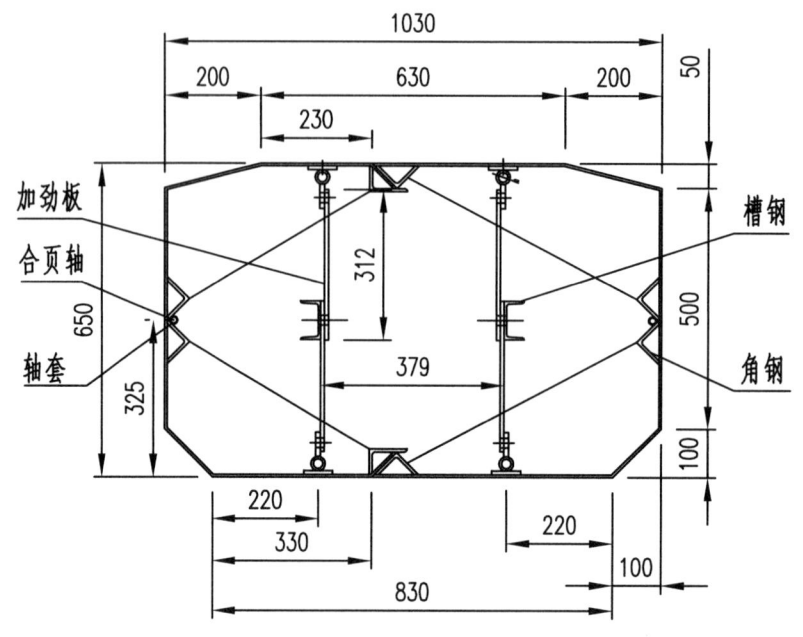

说明：
1. 角钢63×63×6,50×75×6,槽钢为[80。
2. 面板为5mm厚钢板,加劲板为6mm厚钢板,支撑及拉杆座为10mm厚钢板。
3. 连接孔均为ø14。
4. 合页轴为ø22圆钢,轴套为ø32×5无缝管,合页间距1m。
5. 图中尺寸以mm计。

20m空心板	材质	Q235	单重	1933kg
中梁	件数	1	图号	7.1.3-4

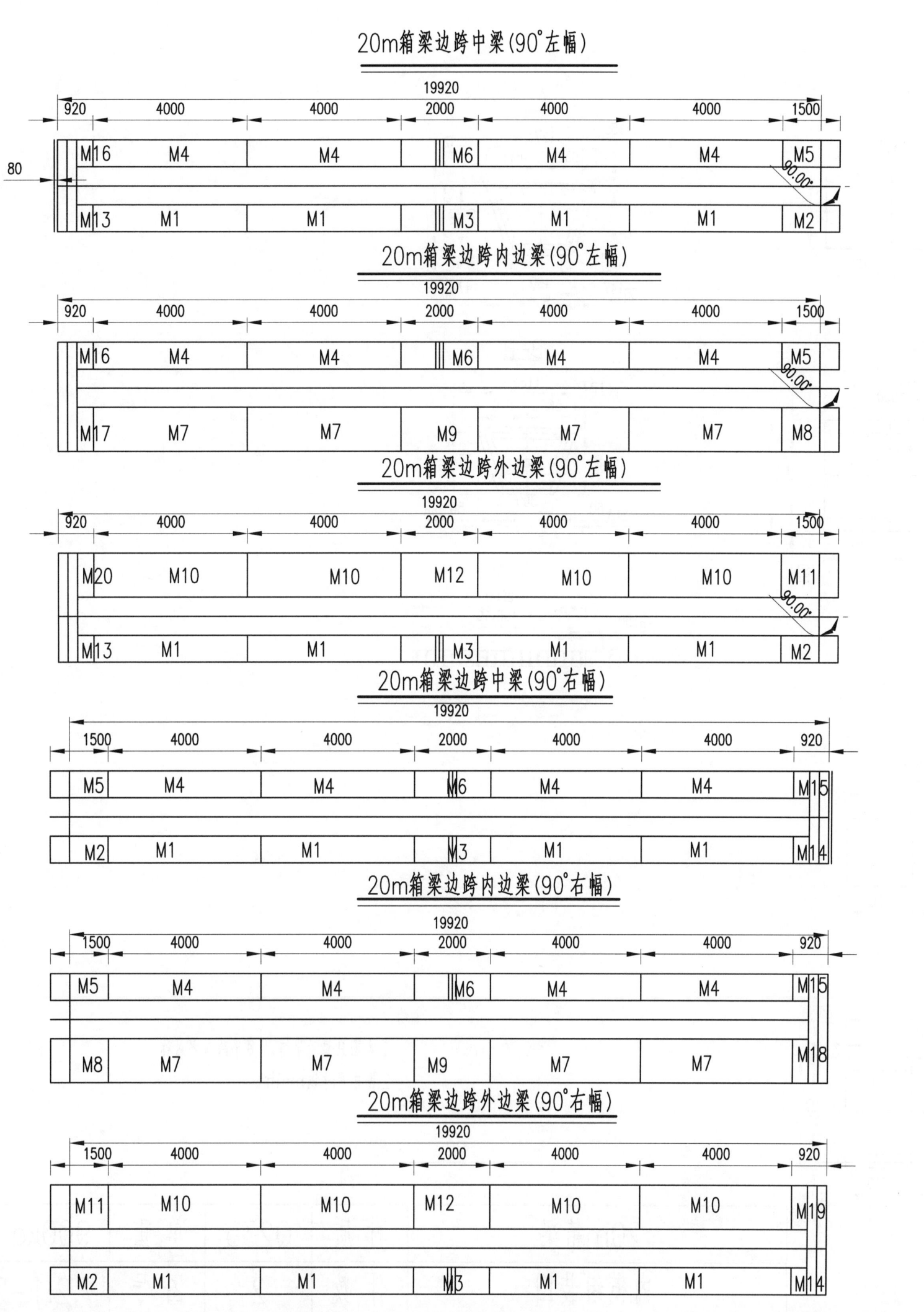

说明：

一：外模
1. 面板采用5mm厚钢板。
2. 横肋采用[8，间距280mm。
3. 竖肋采用[10。
4. 800mm一个支撑架，支撑架采用[10。
5. 上下采用φ20对拉杆。

二：内模
1. 面板采用4mm厚钢板。
2. 竖肋采用∠6.3。
3. 边肋采用8mm厚钢板。
4. 支撑架采用[6.3/∠6.3。

三：端模
1. 连续端面板采用10mm厚钢板。
2. 非连续端采用10mm或6mm厚钢板。

四：设计数量
1. 外模：中梁1套，边梁2片。
2. 内模：1套。
3. 端模数量为：
   90°连续端中梁1套，内外边梁各1套
   90°非连续端中梁1套，内外边梁各1套

五：图中尺寸以mm计。

20m箱梁	材质	Q235	单重	15.25t
模板组装图	件数	2	图号	7.2.1-1

20m箱梁中跨内模组装示意图(90°)

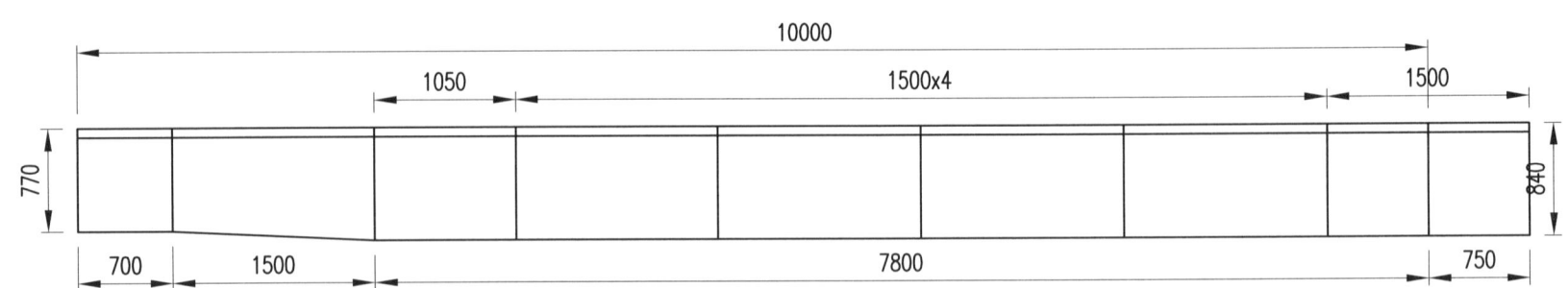

A-A

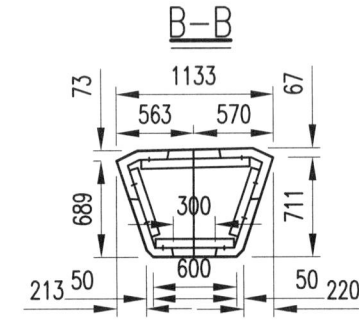

B-B

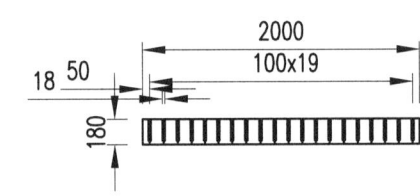

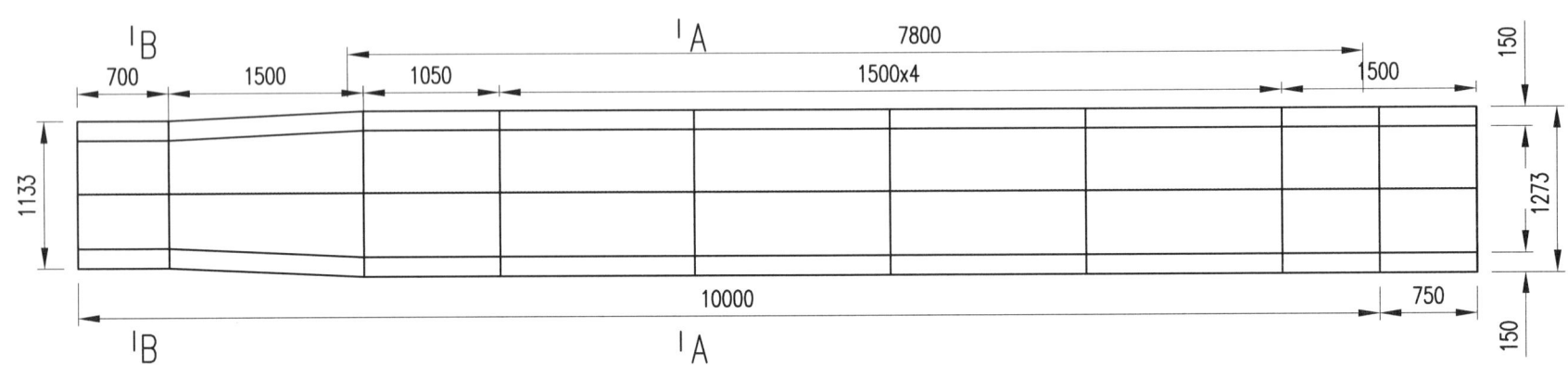

20m箱梁边跨内模组装示意图(90°)

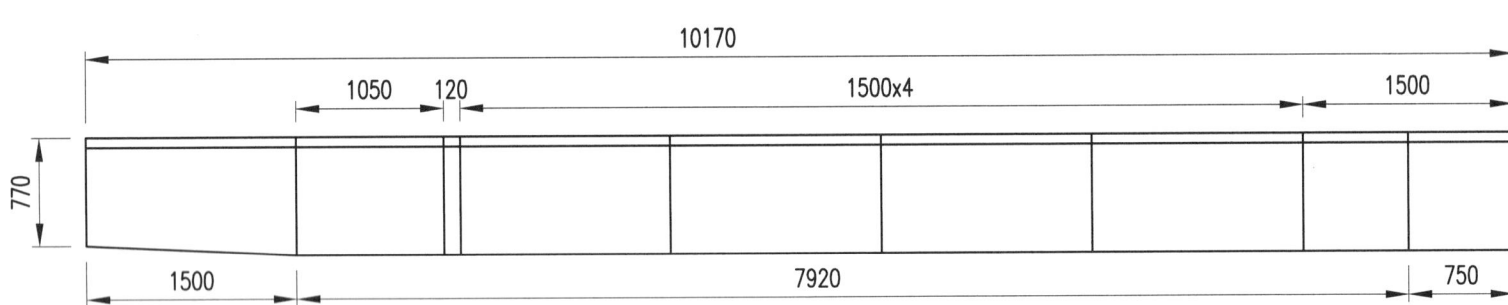

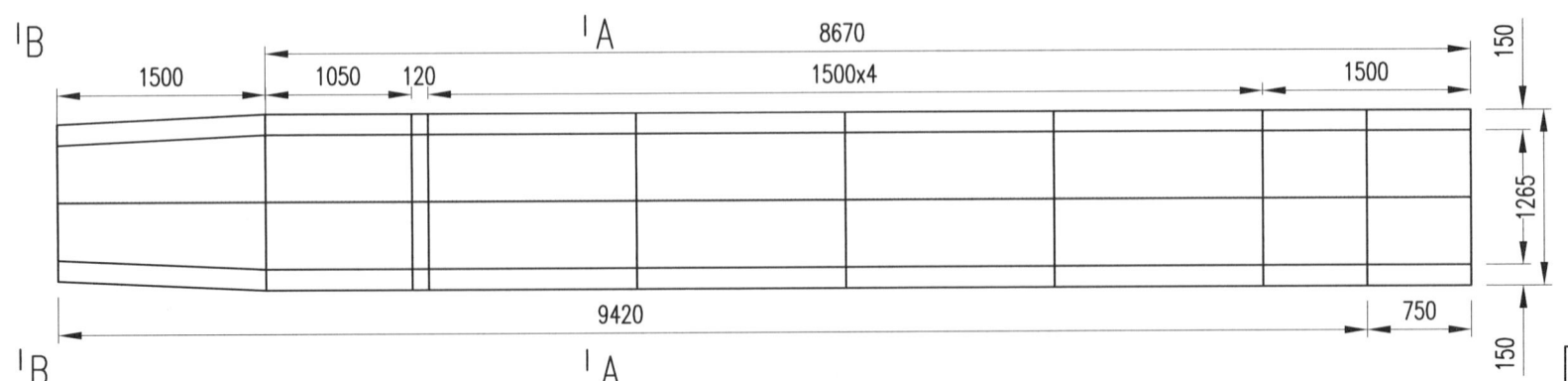

说明：
1. 本图只显示半跨，另半跨与之对称。
2. 图中尺寸以mm计。

20m箱梁	材质	Q235	单重	900kg
内模组装图	件数	2	图号	7.2.1-2

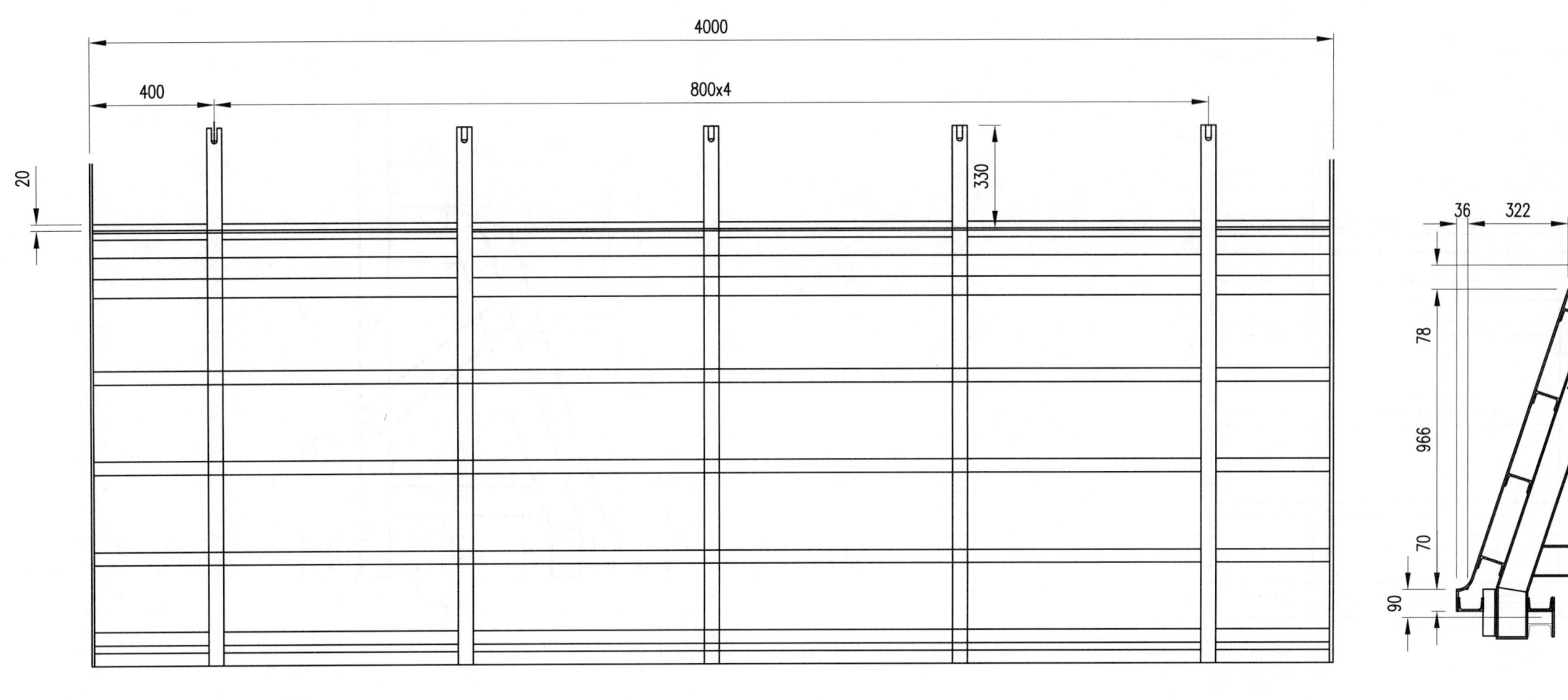

说明：

图中尺寸以mm计。

20m箱梁	材质	Q235	单重	818.5kg
中梁高端(一)	件数	4	图号	7.2.1-3

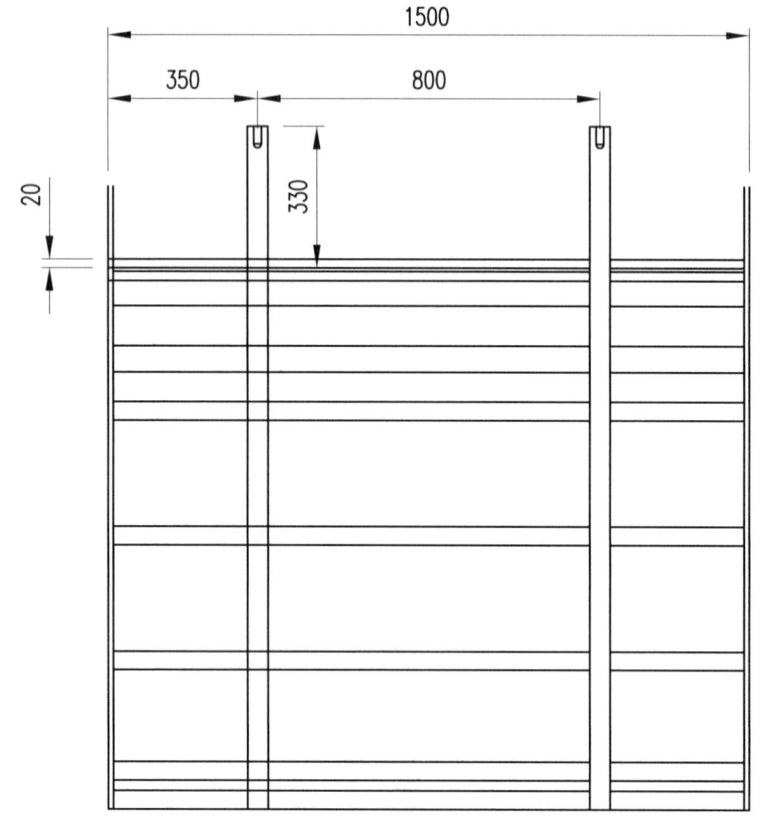
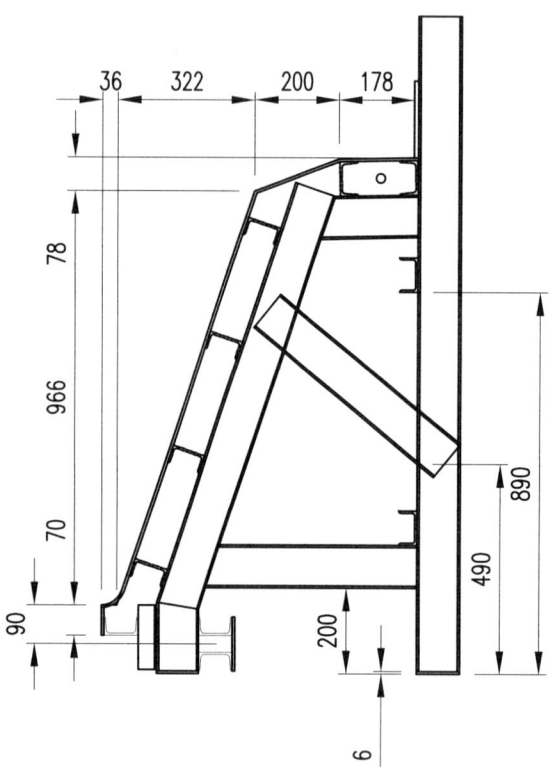

说明：
图中尺寸以mm计。

20m箱梁	材 质	Q235	单 重	338kg
中梁高端(二)	件 数	2	图 号	7.2.1-4

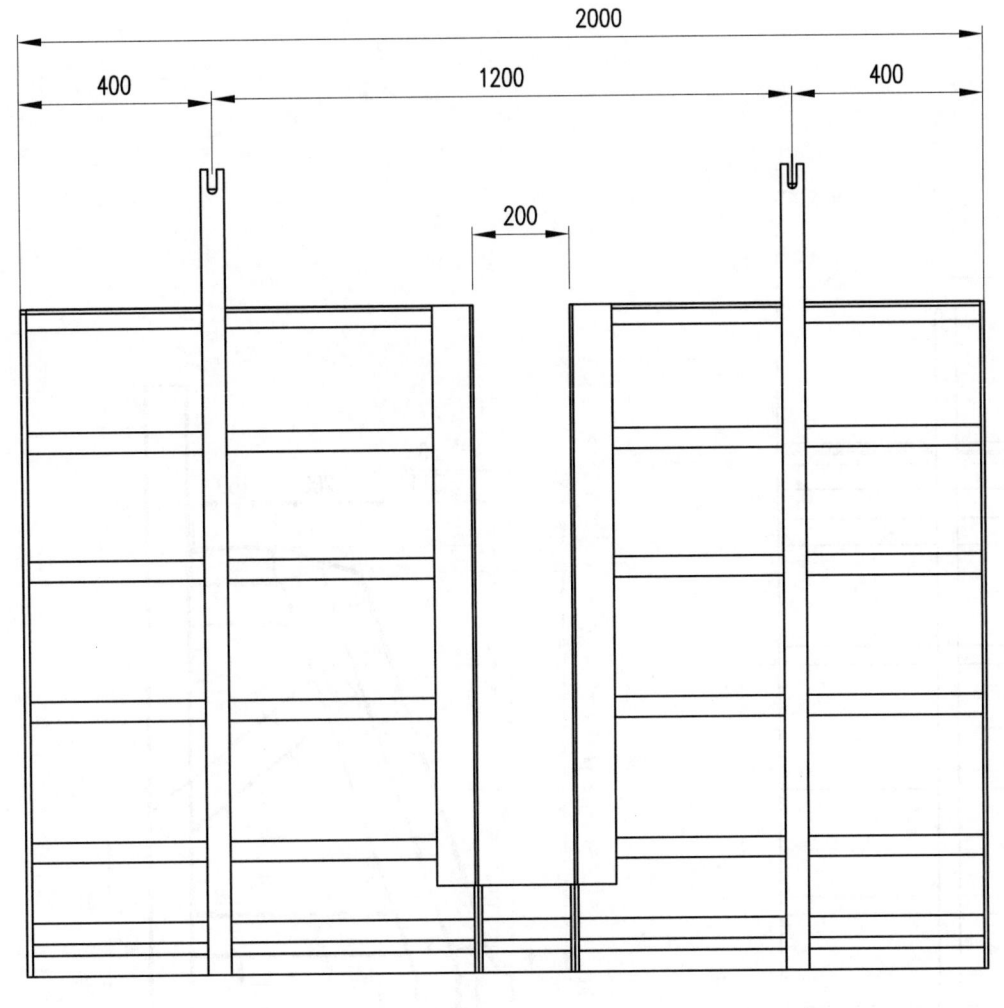
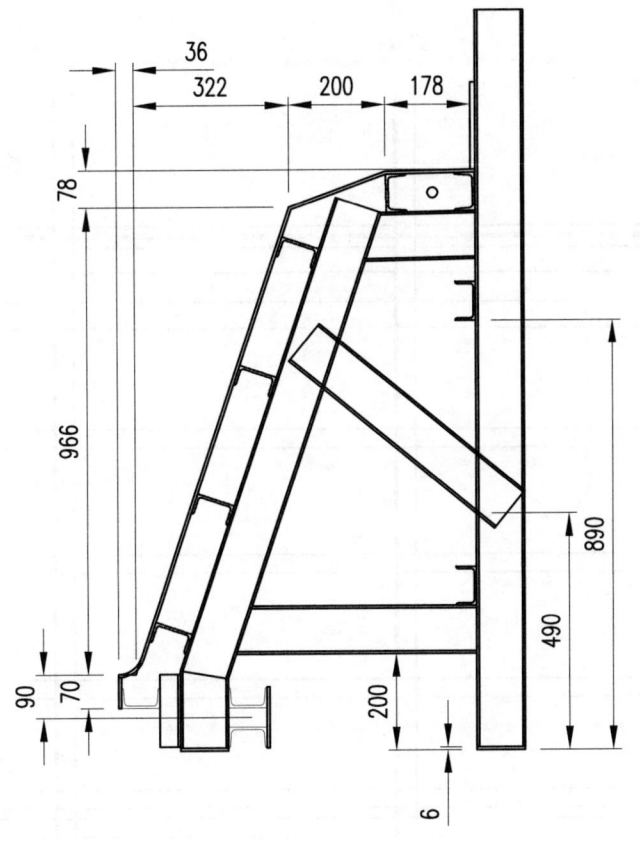
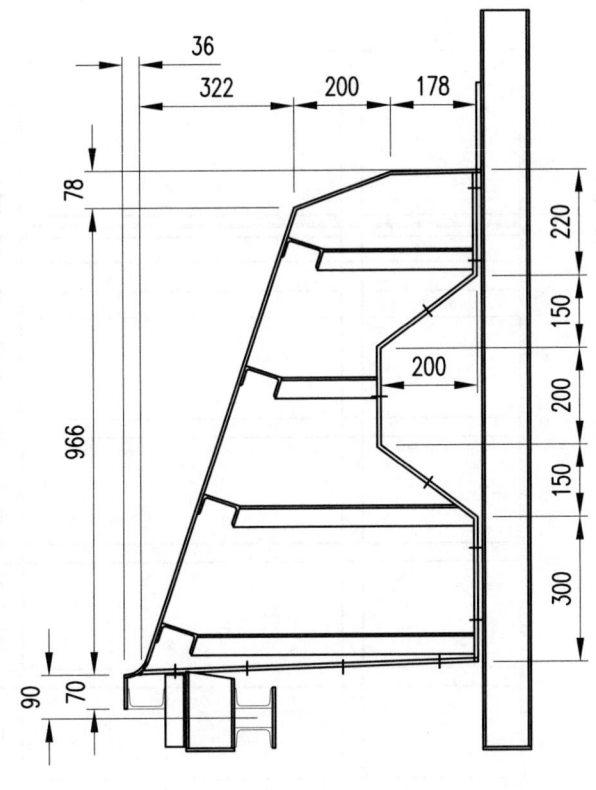
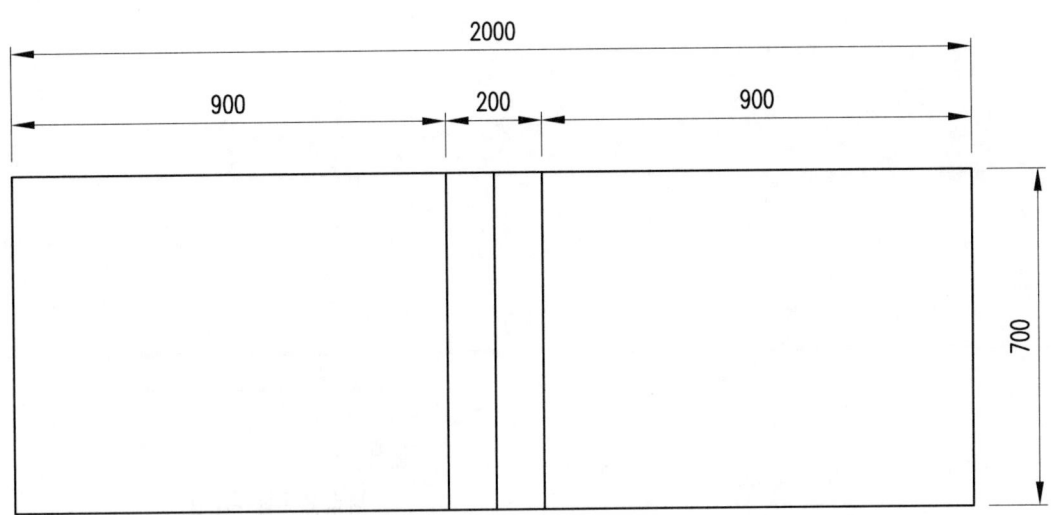

说明：
图中尺寸以mm计。

20m箱梁	材质	Q235	单重	500kg
中梁高端(三)	件数	1	图号	7.2.1-5

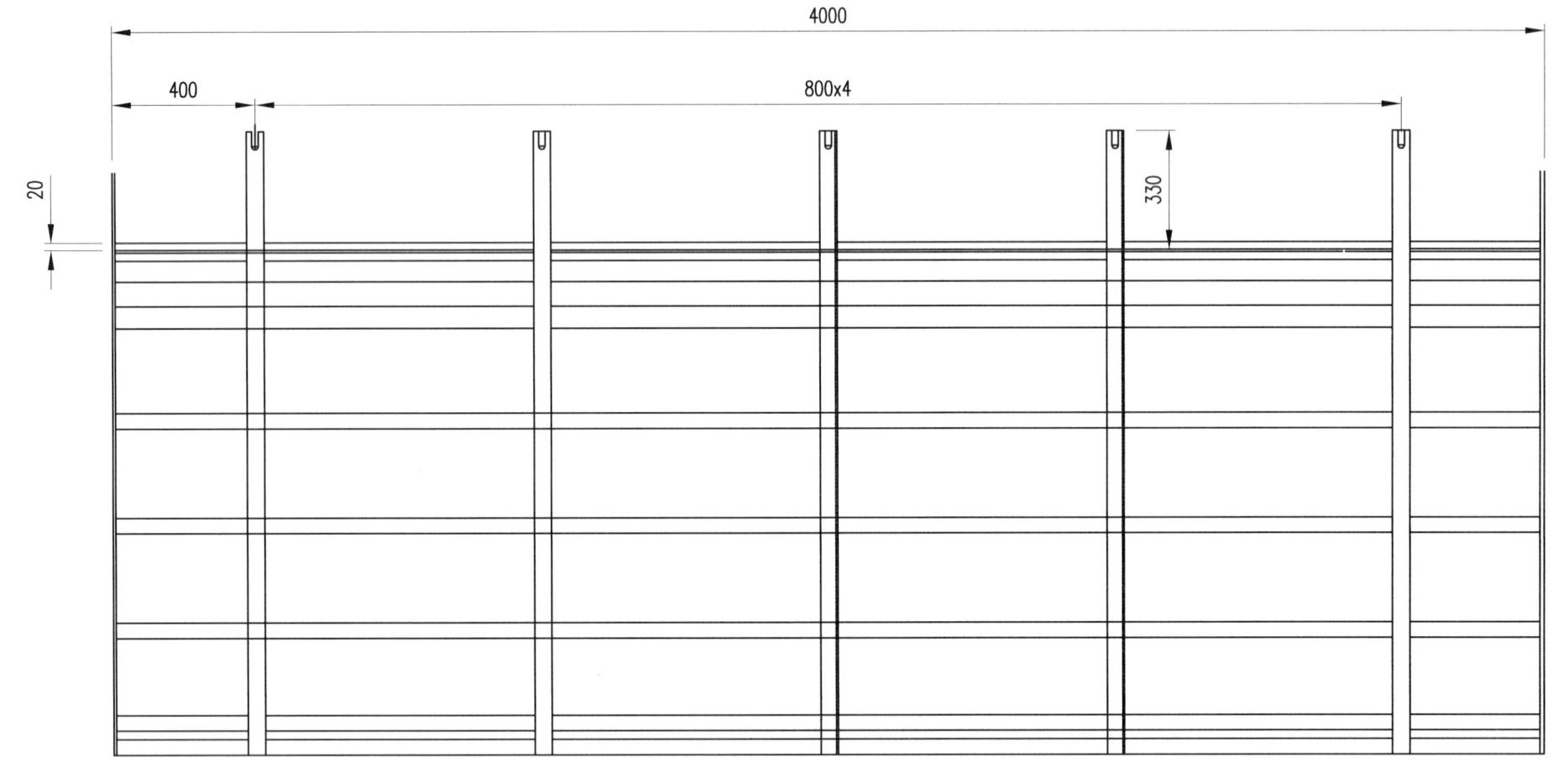
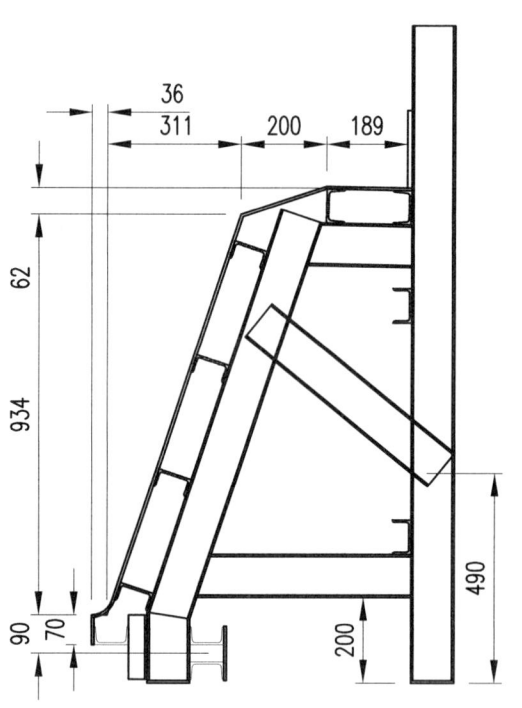

说明:
图中尺寸以mm计。

20m箱梁	材 质	Q235	单 重	3357kg
中梁低端(一)	件 数	4	图 号	7.2.1-6

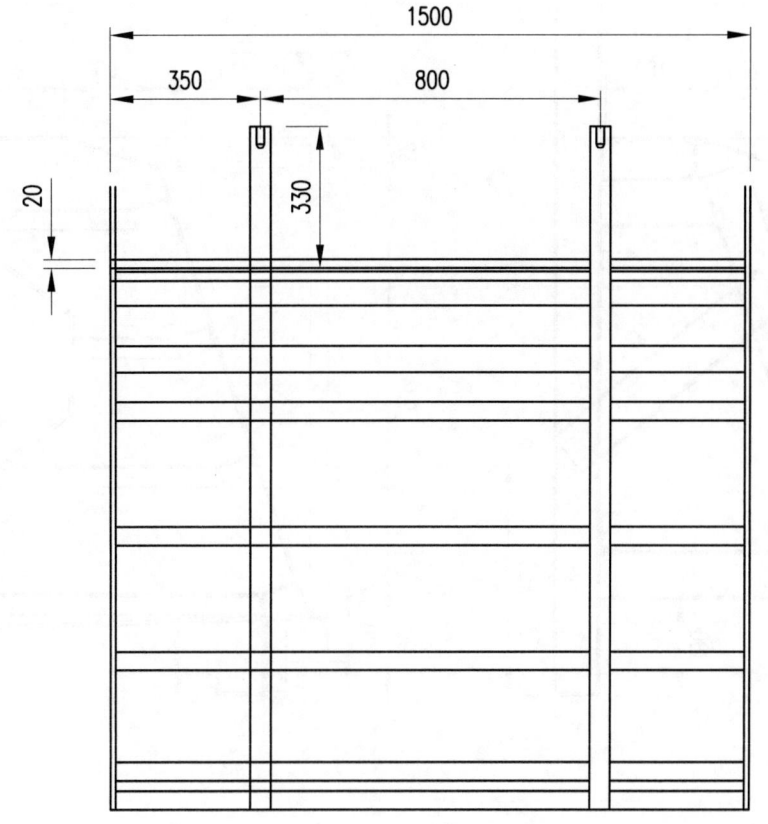
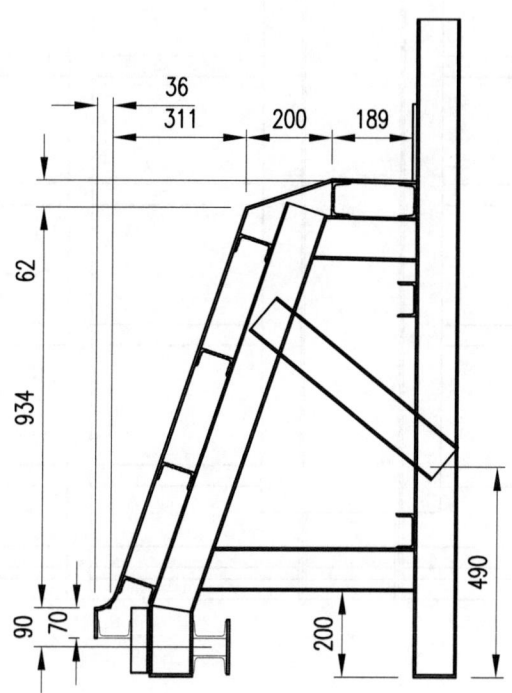

说明：

图中尺寸以mm计。

20m箱梁	材质	Q235	单重	335.5kg
中梁低端(二)	件数	2	图号	7.2.1-7

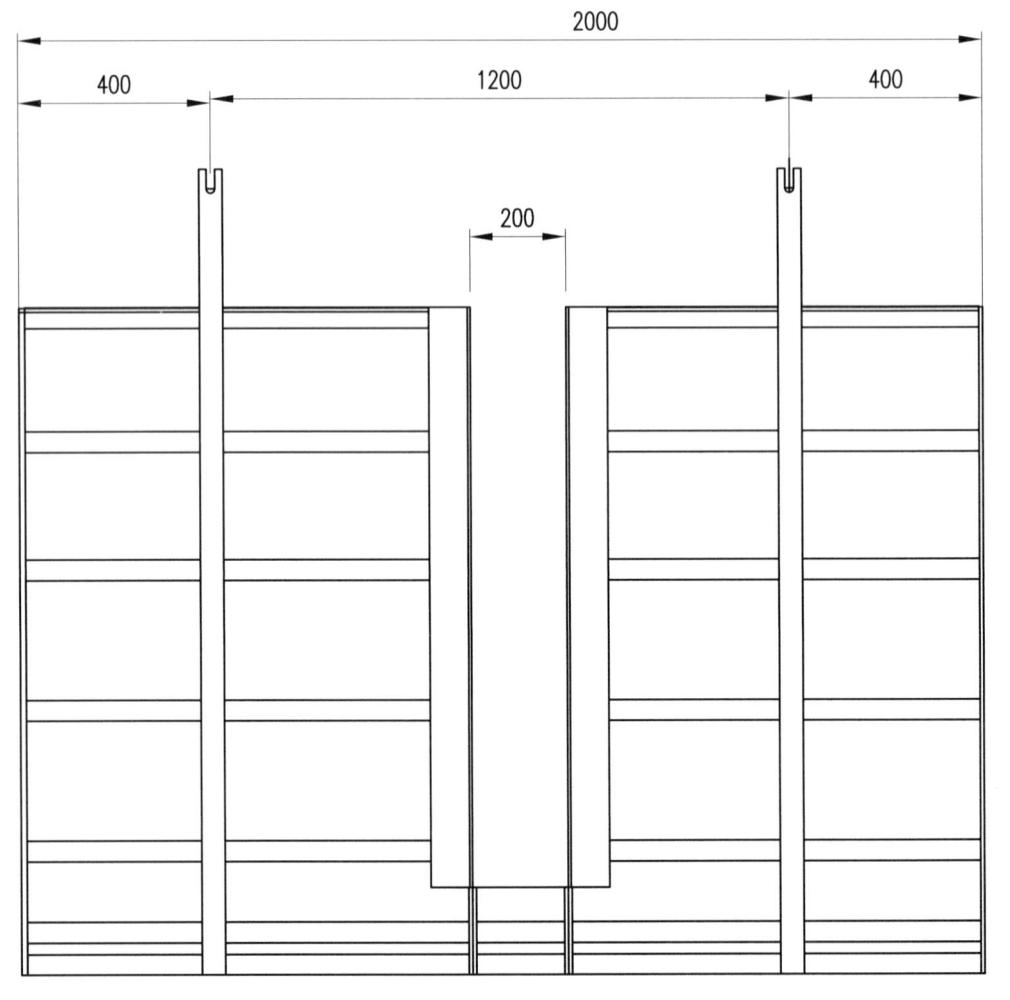
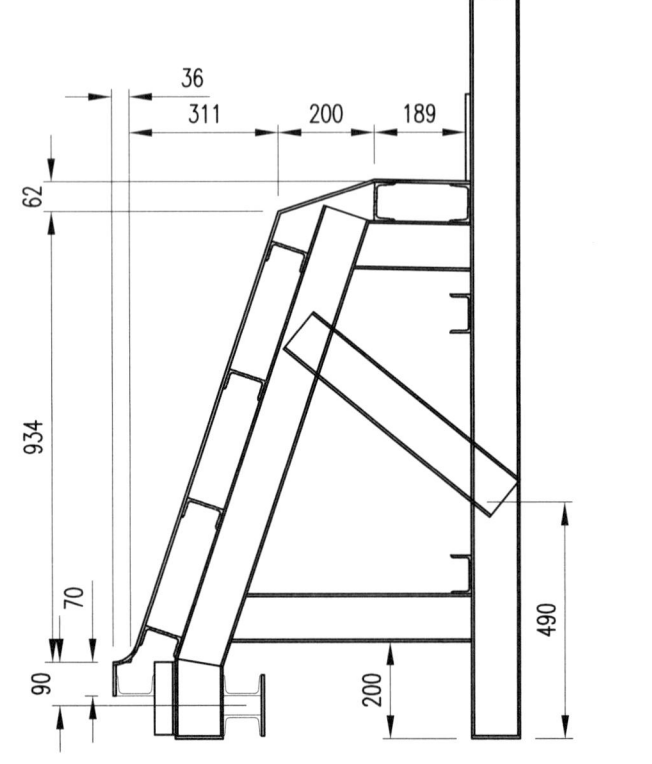
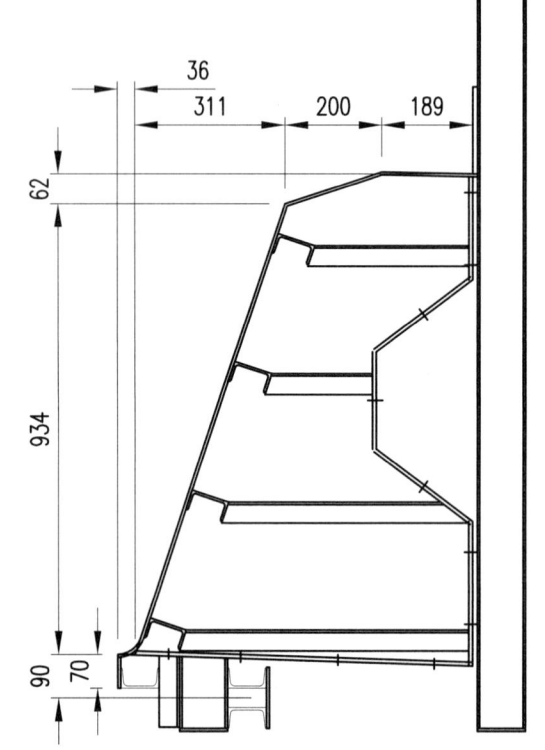
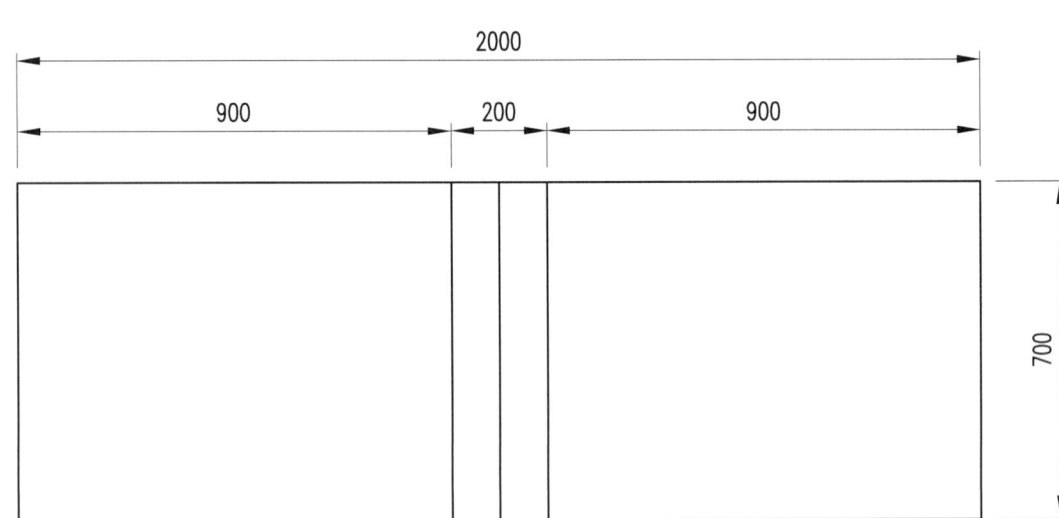

说明:
图中尺寸以mm计。

20m箱梁	材 质	Q235	单 重	500kg
中梁低端(三)	件 数	1	图 号	7.2.1-8

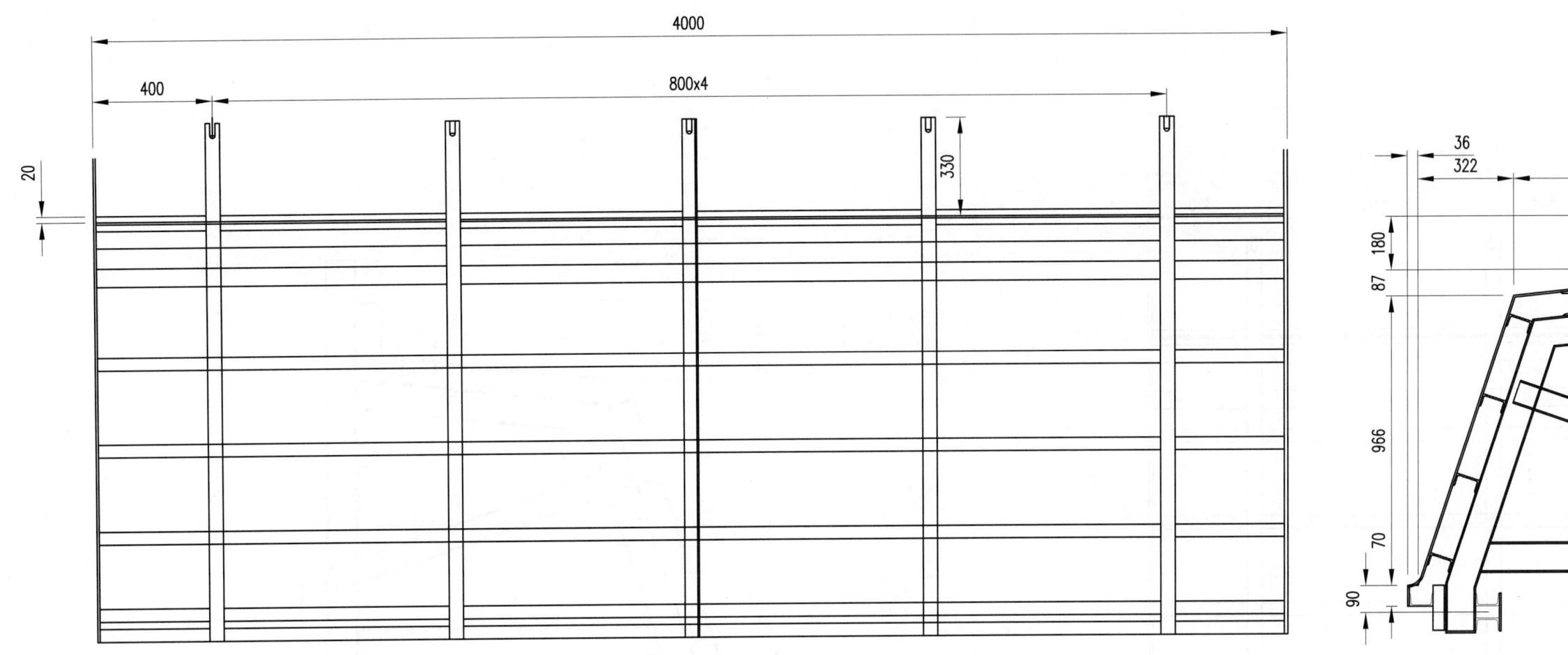
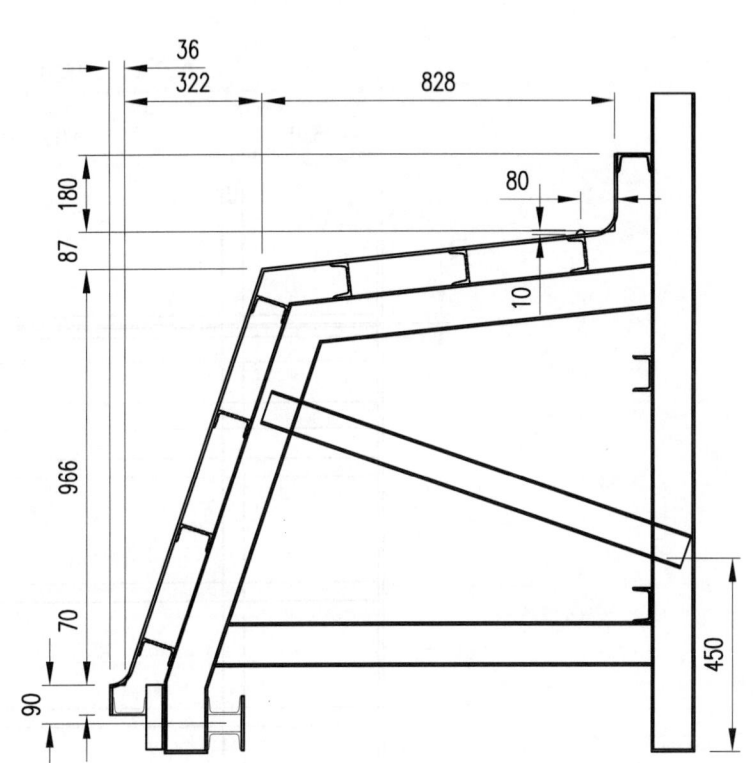

说明：
图中尺寸以mm计。

20m箱梁	材质	Q235	单重	1083.7kg
内边梁(一)	件数	4	图号	7.2.1-9

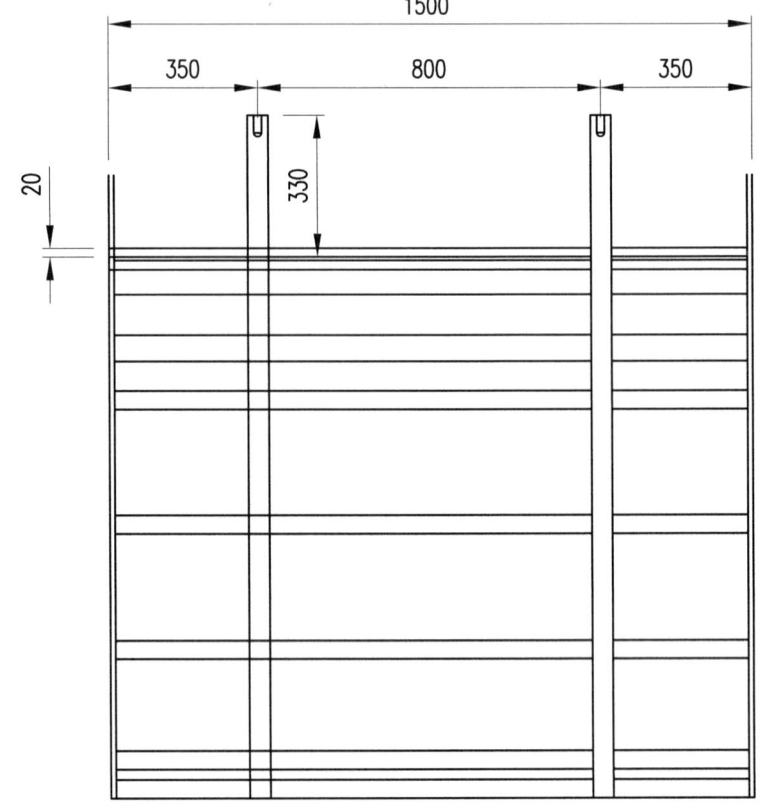
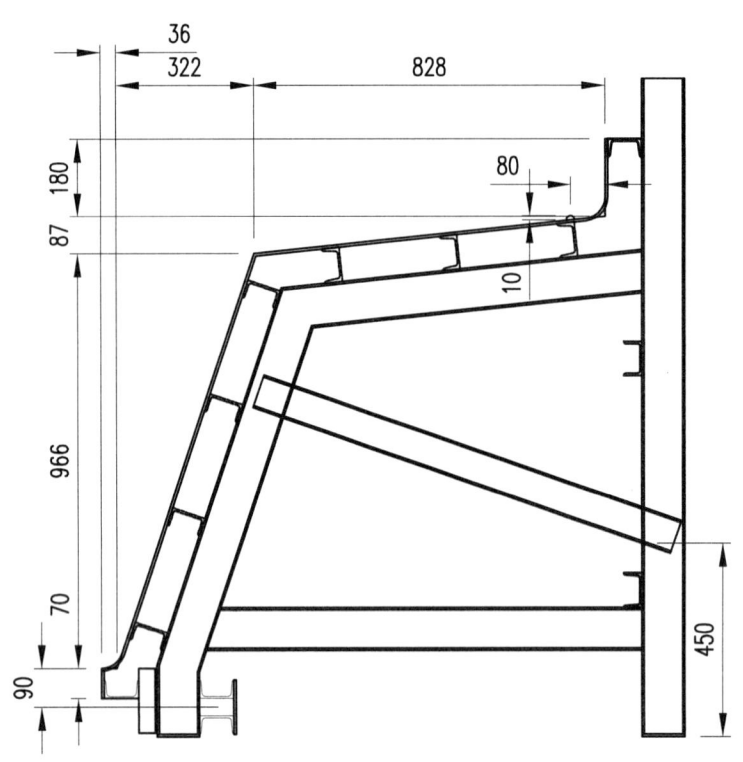

说明：
图中尺寸以mm计。

20m箱梁	材 质	Q235	单 重	436.5kg
内边梁(二)	件 数	2	图 号	7.2.1-10

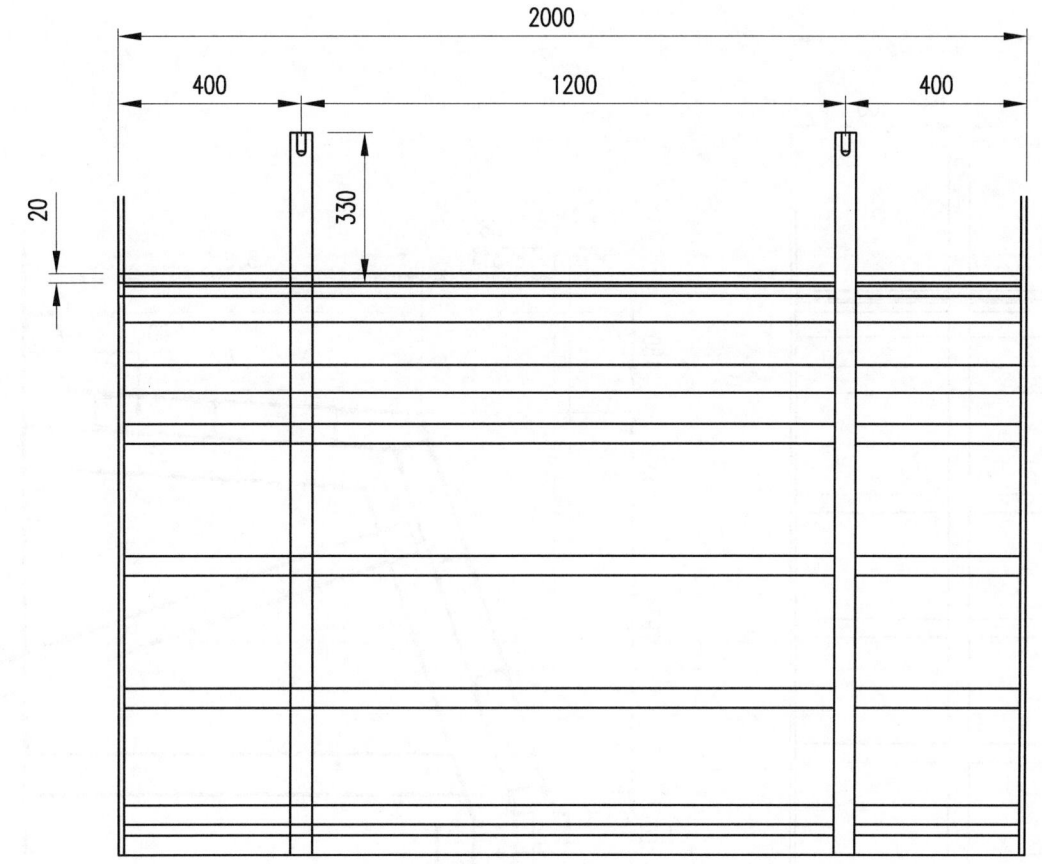
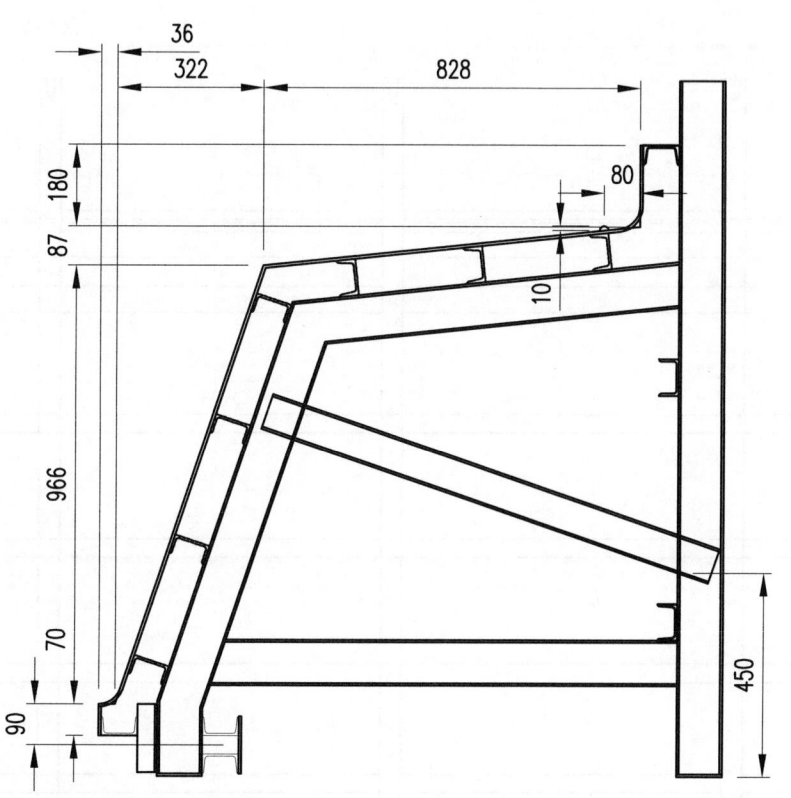

说明：
图中尺寸以mm计．

20m箱梁	材 质	Q235	单 重	528kg
内边梁(三)	件 数	1	图 号	7.2.1-11

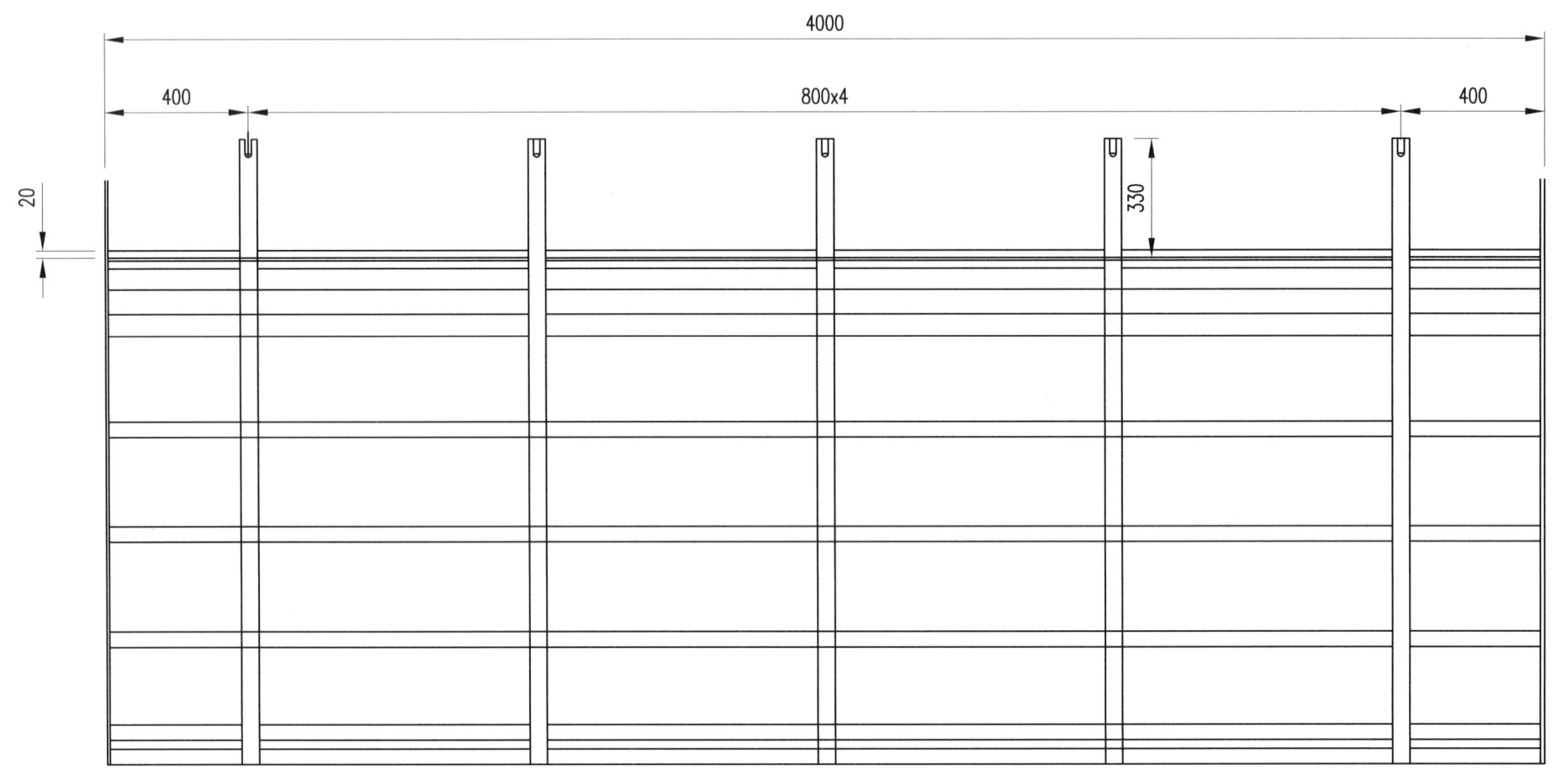
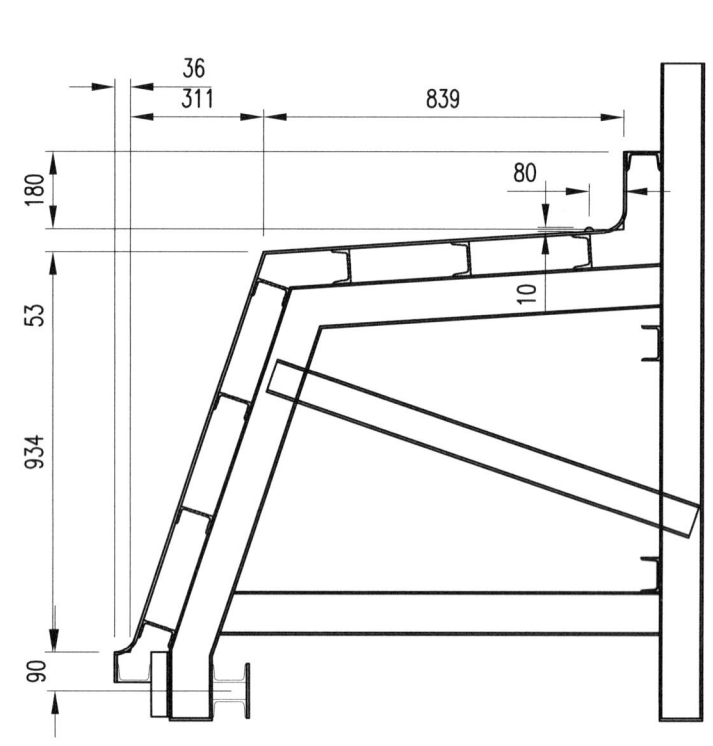

说明：
图中尺寸以mm计。

20m箱梁	材 质	Q235	单 重	1075.7kg
外边梁(一)	件 数	4	图 号	7.2.1-12

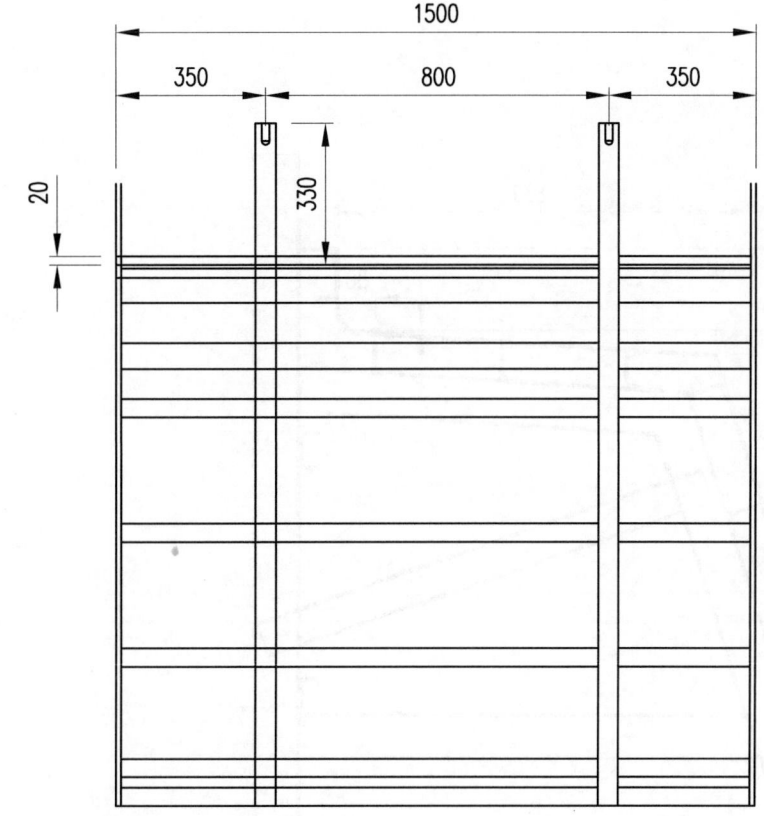
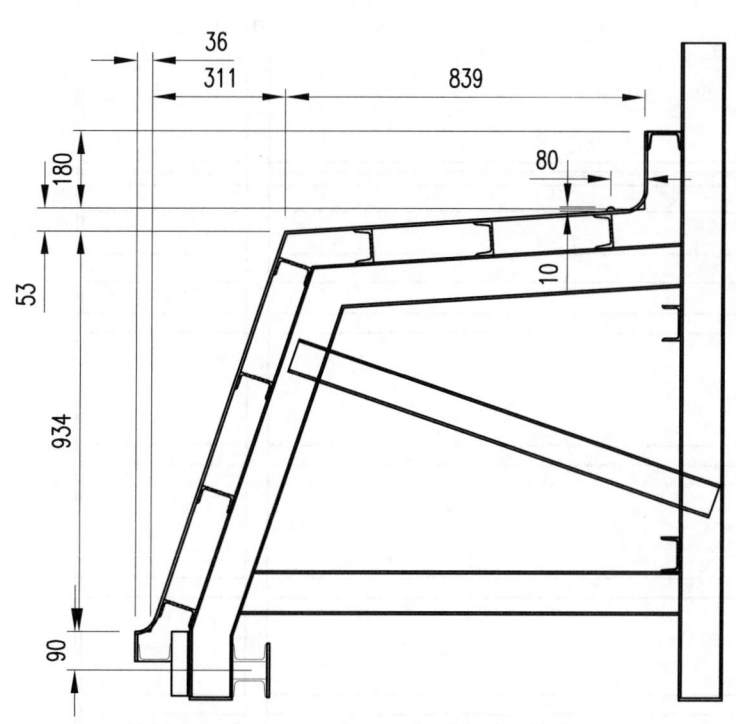

说明:

图中尺寸以mm计。

20m箱梁	材 质	Q235	单 重	466.5kg
外边梁(二)	件 数	2	图 号	7.2.1-13

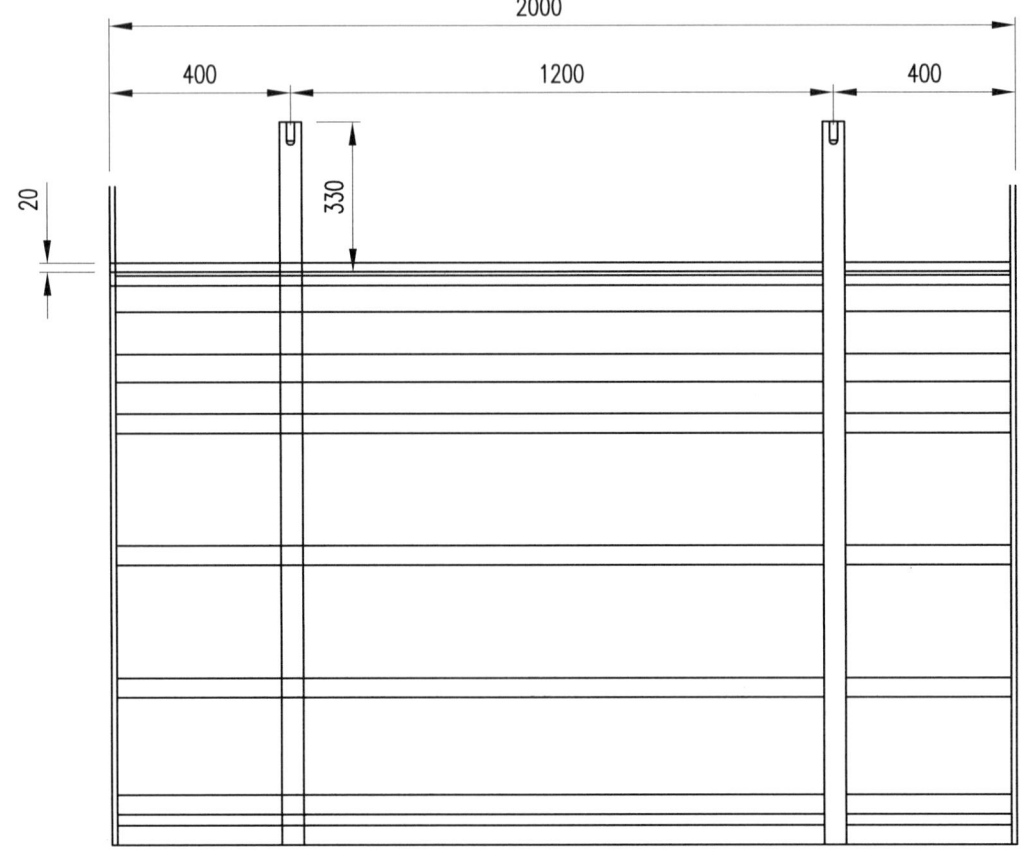
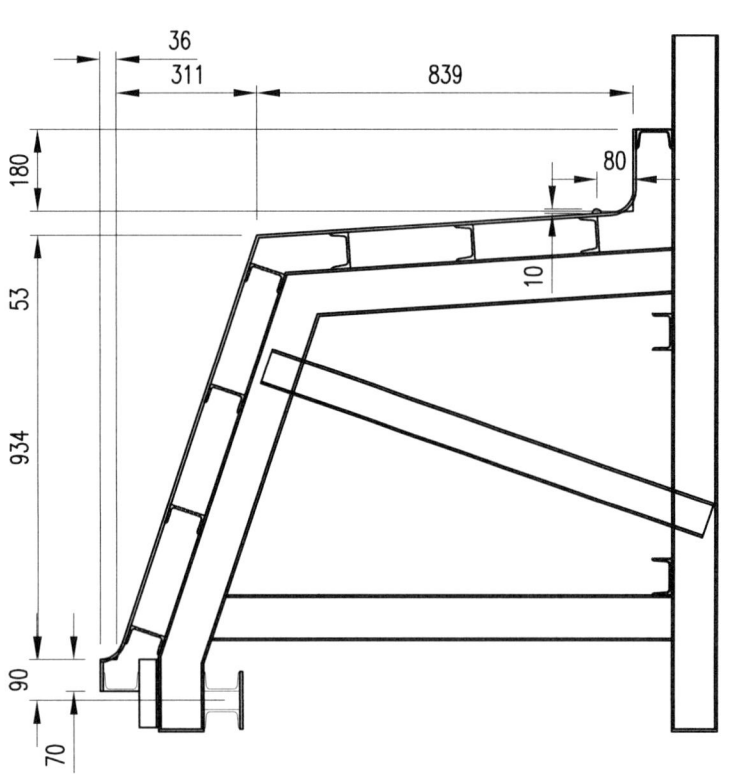

说明：
图中尺寸以mm计。

20m箱梁	材 质	Q235	单 重	524kg
外边梁(三)	件 数	1	图 号	7.2.1-14

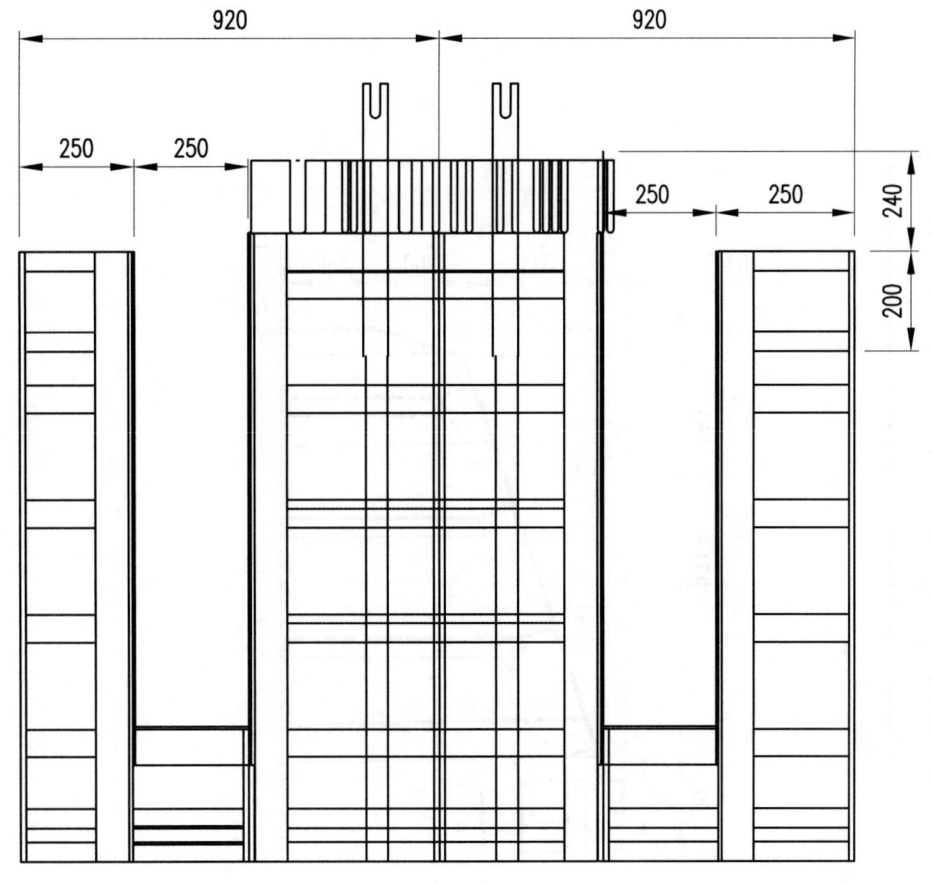
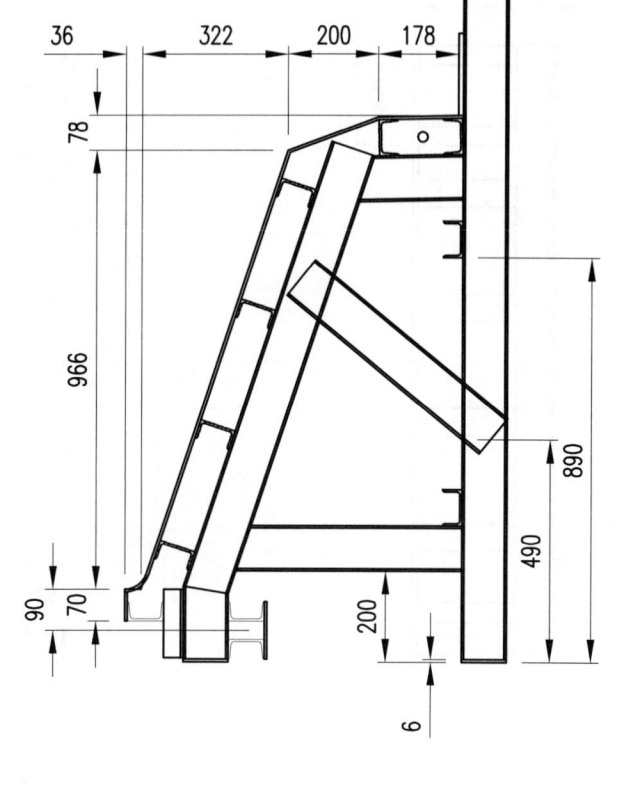
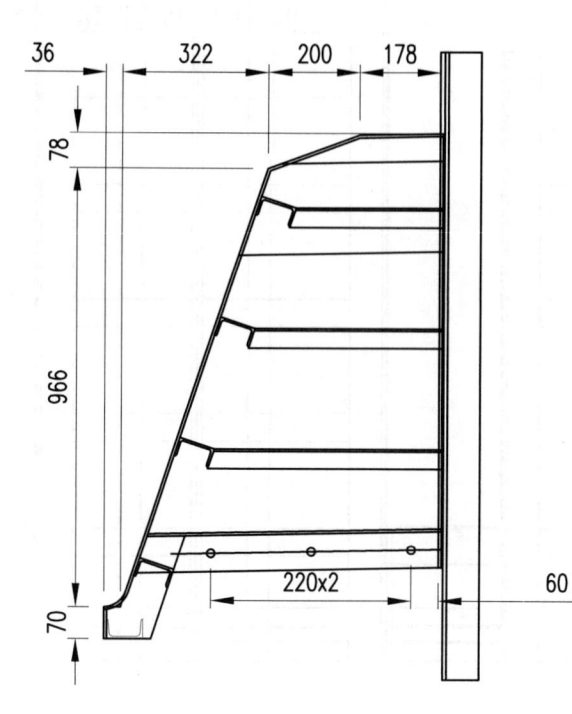
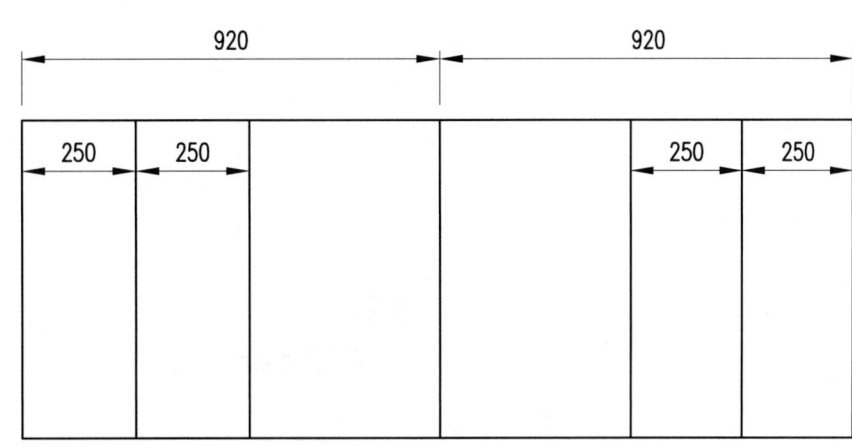
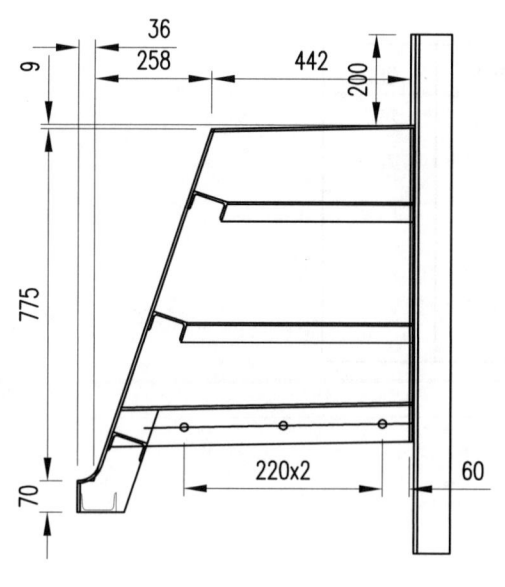

说明：
图中尺寸以mm计。

20m箱梁	材质	Q235	单重	650kg
外边梁(四)	件数	1	图号	7.2.1-15

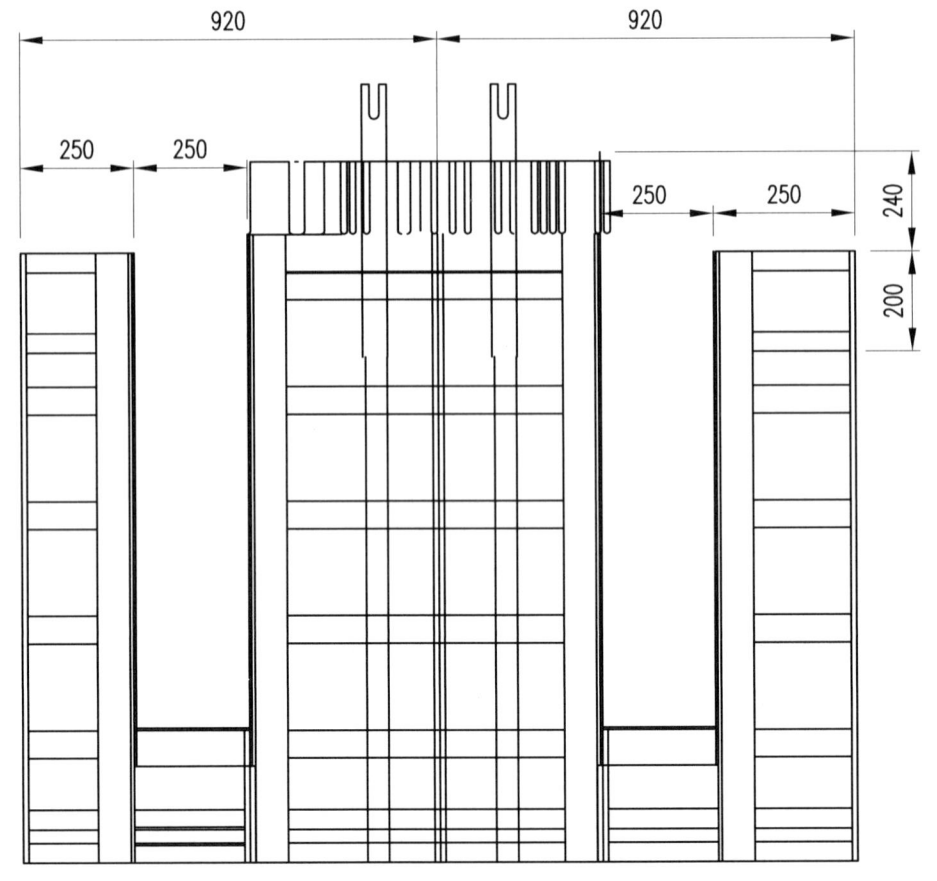
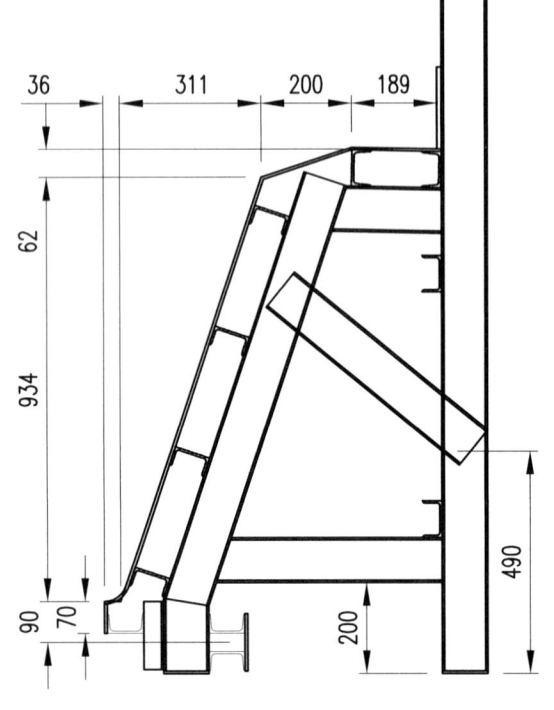
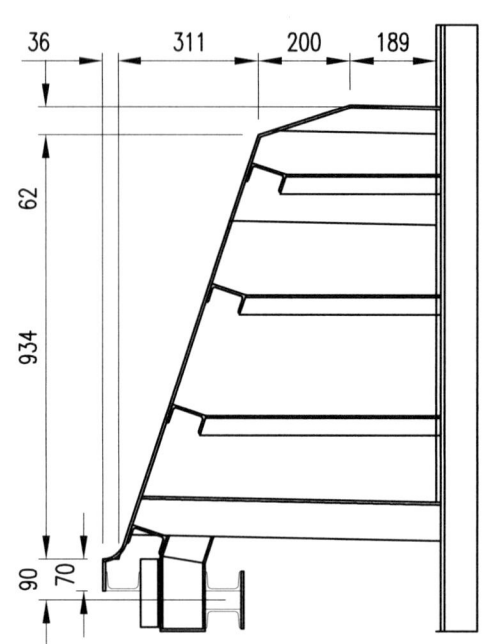
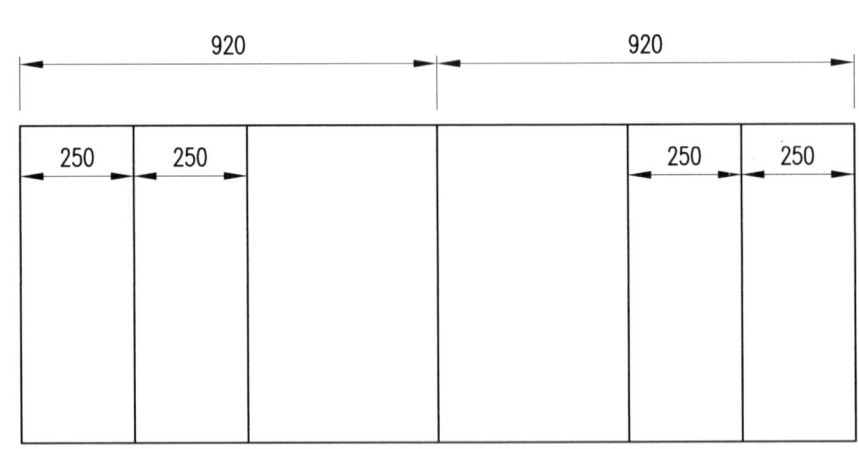
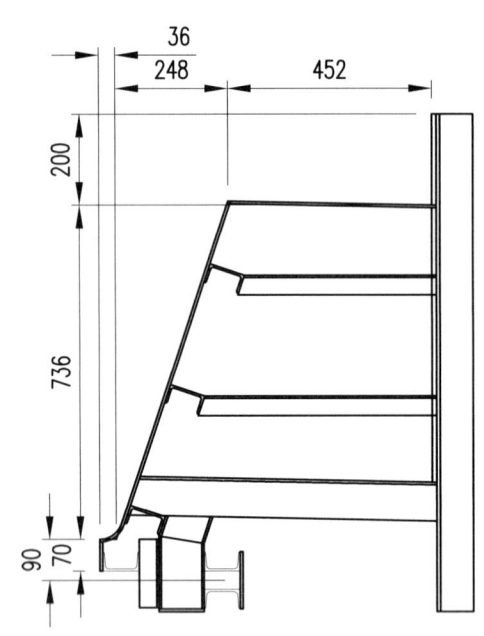

说明：
图中尺寸以mm计.

20m箱梁	材质	Q235	单重	650kg
外边梁(五)	件数	1	图号	7.2.1-16

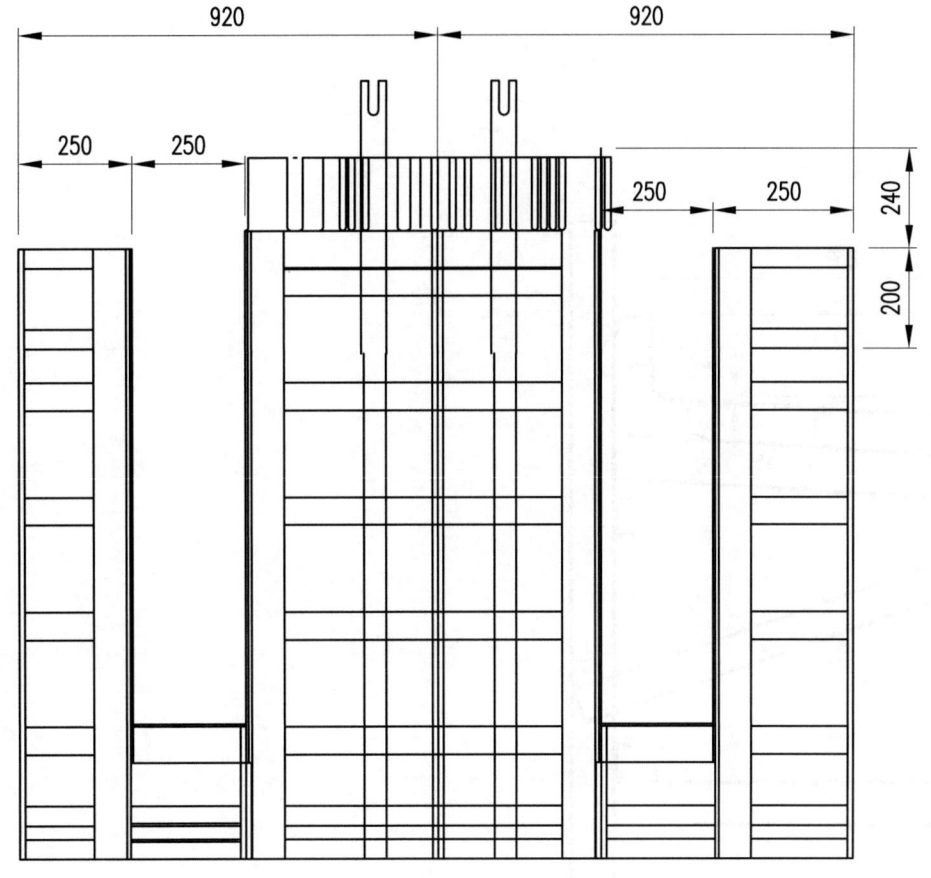
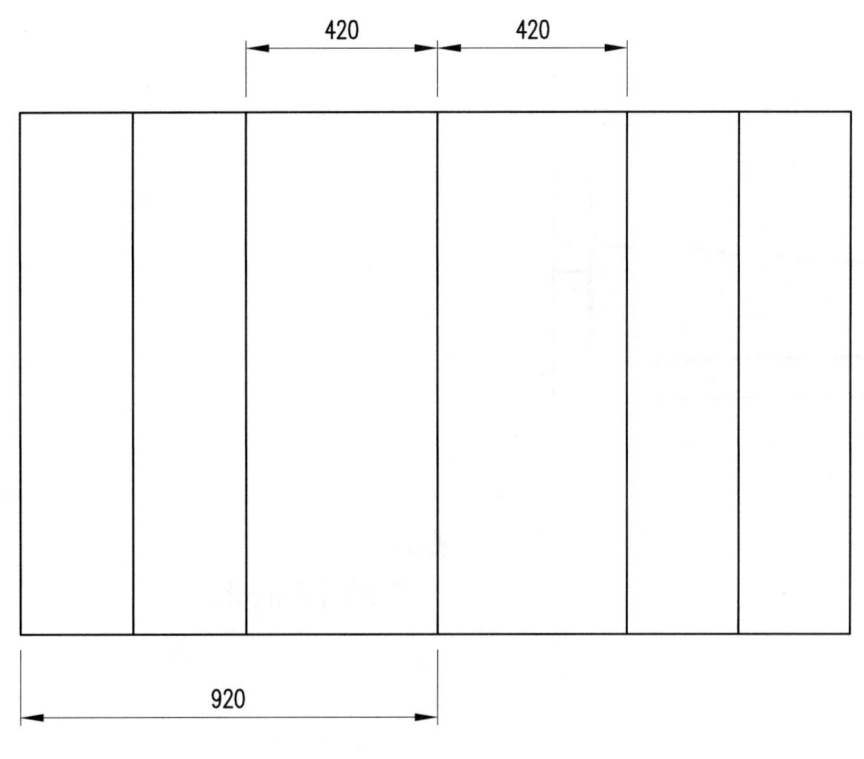
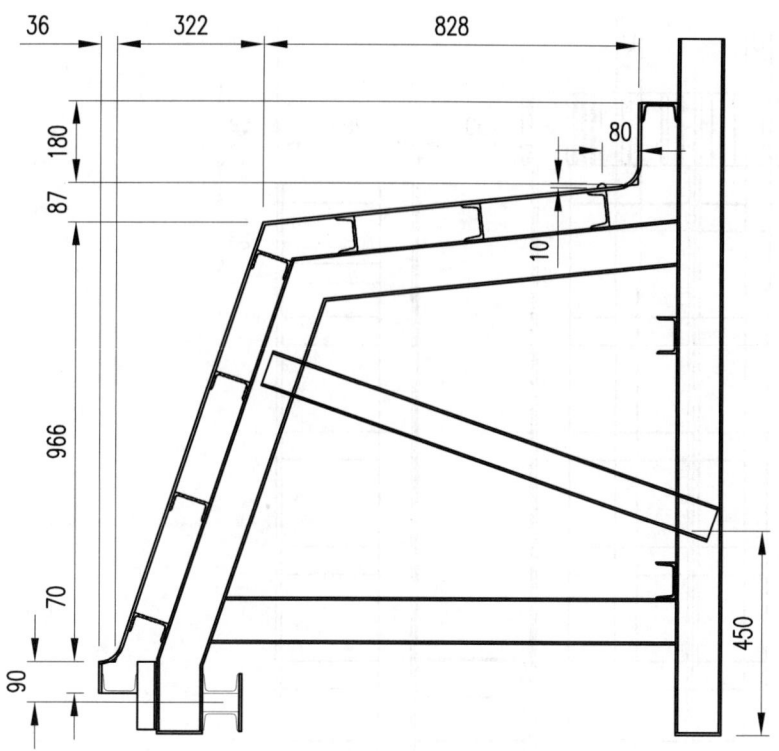
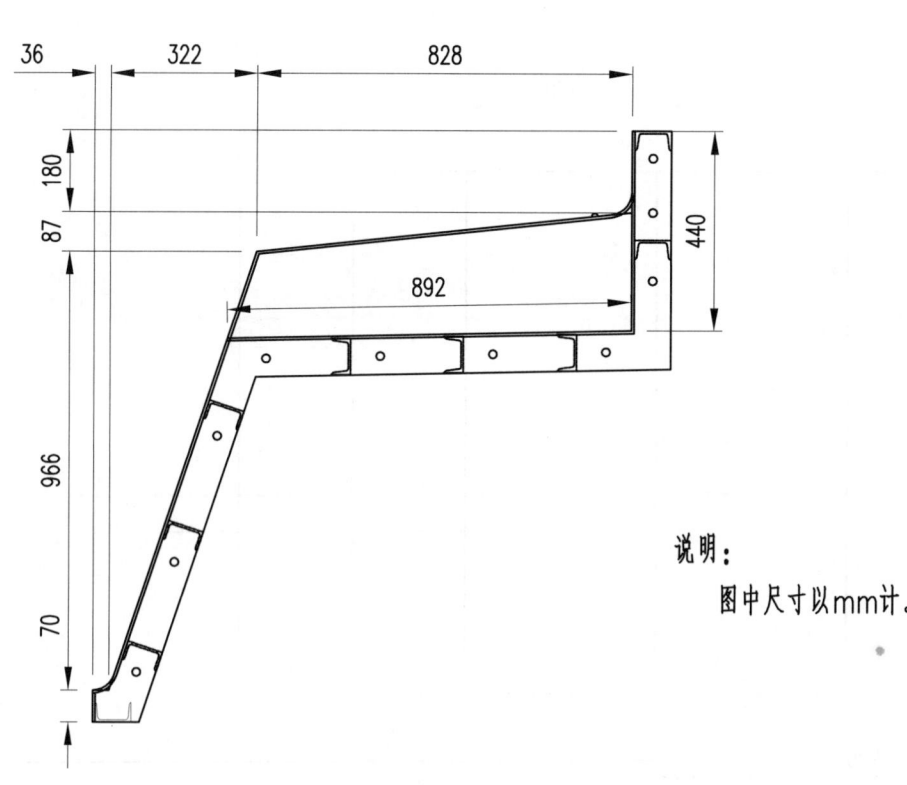

说明：
图中尺寸以mm计。

20m箱梁	材质	Q235	单重	750kg
外边梁(六)	件数	1	图号	7.2.1-17

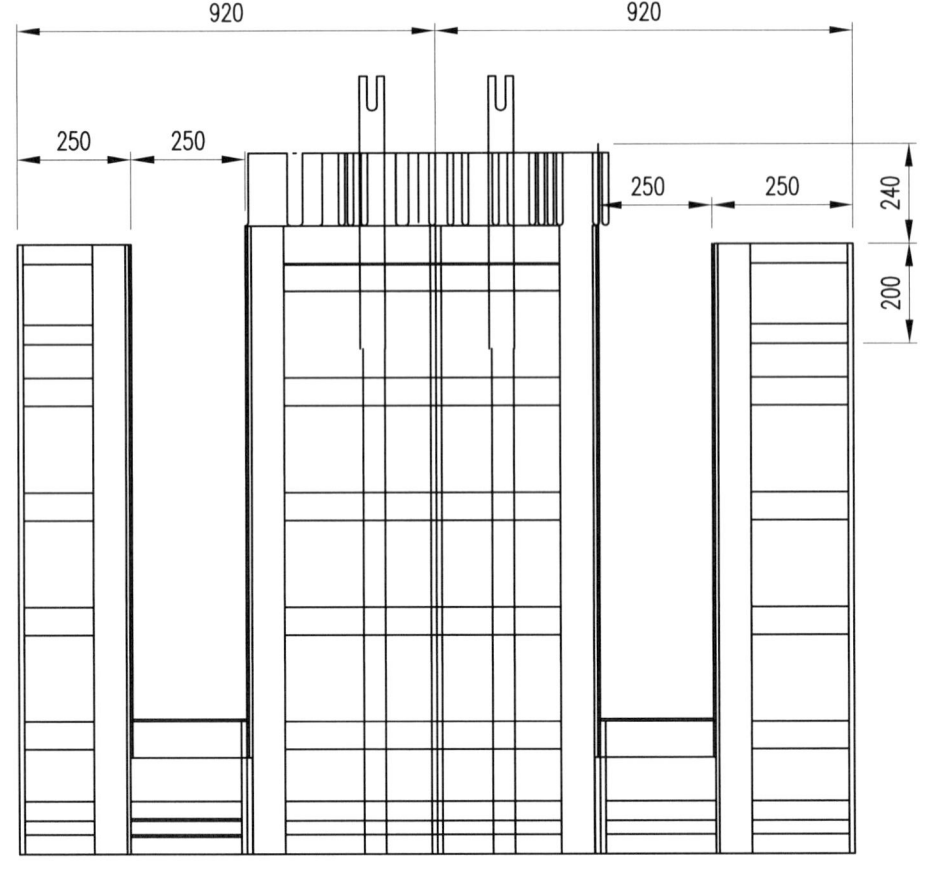
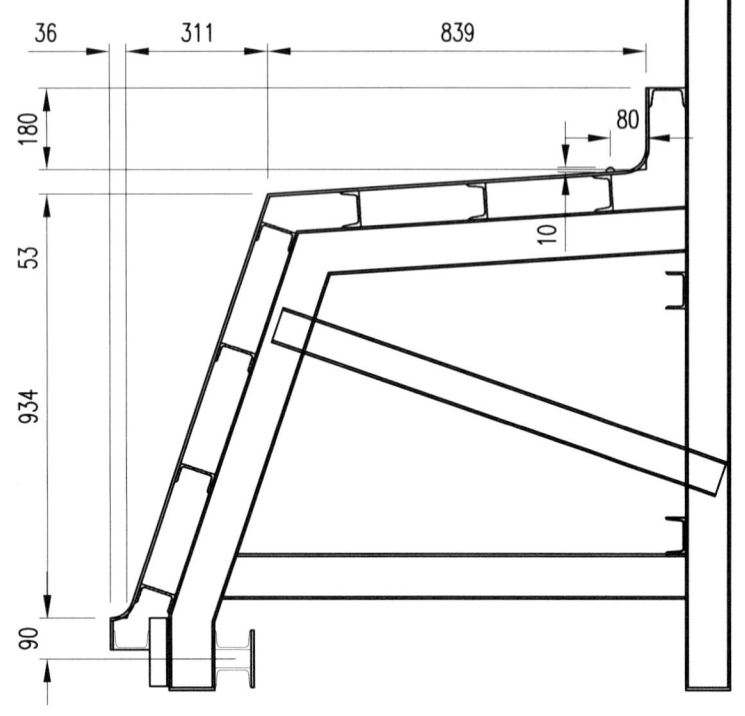
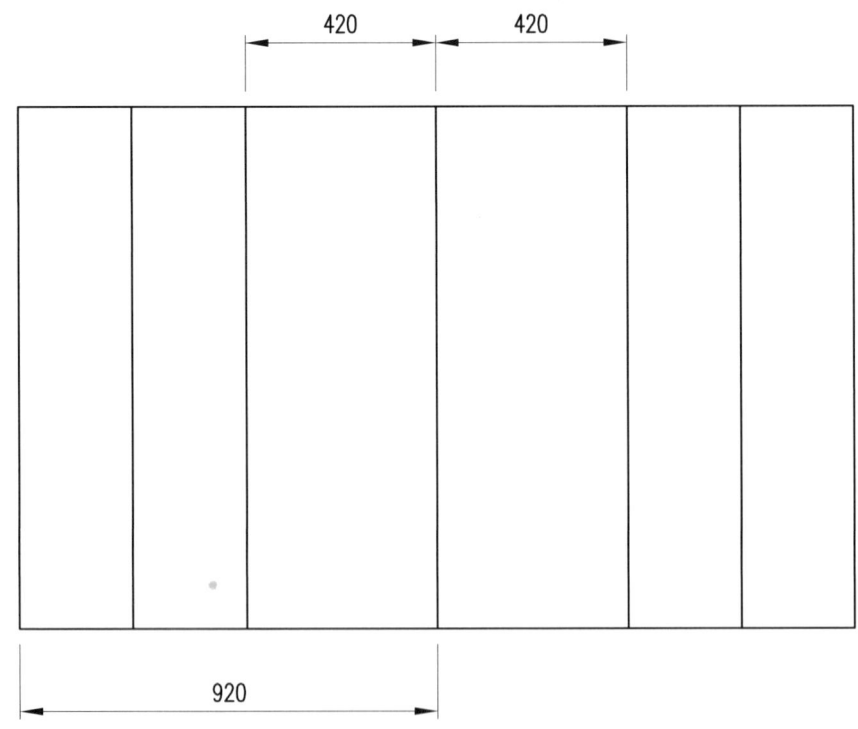
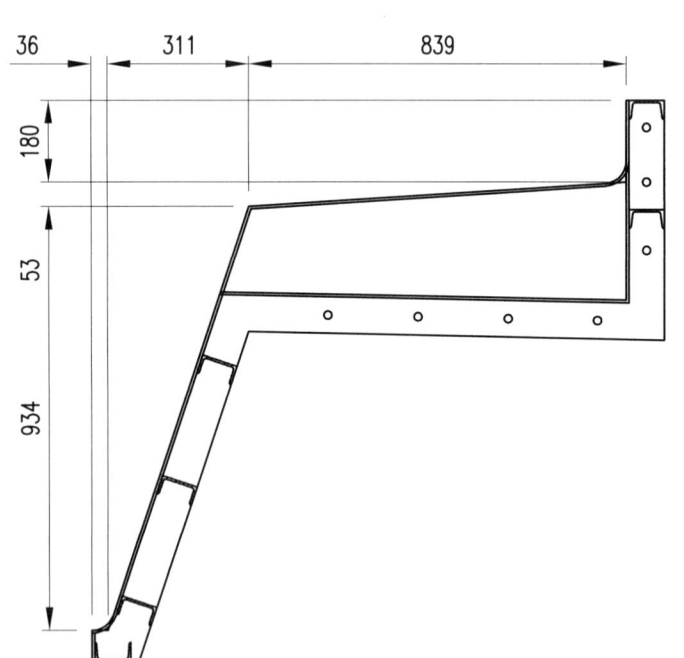

说明:
图中尺寸以mm计.

20m箱梁	材质	Q235	单重	750kg
外边梁(七)	件数	1	图号	7.2.1-18

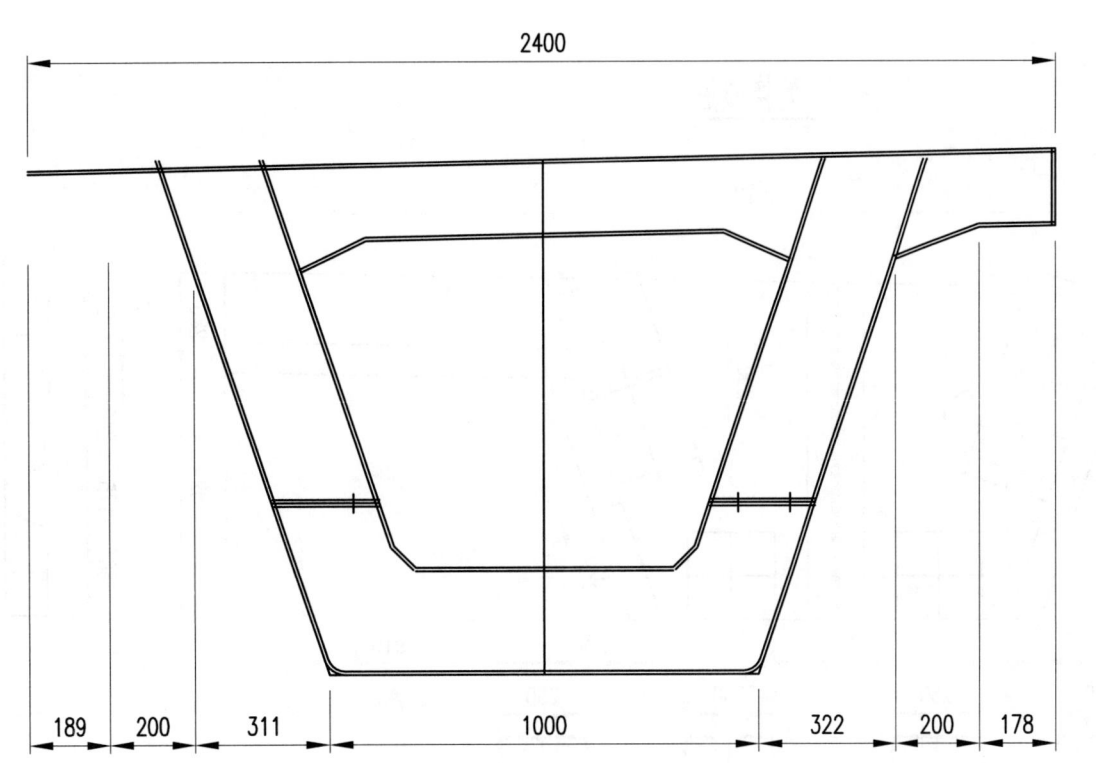
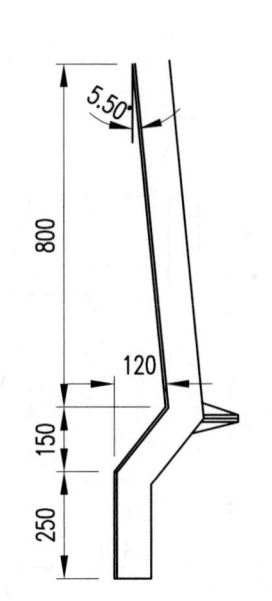
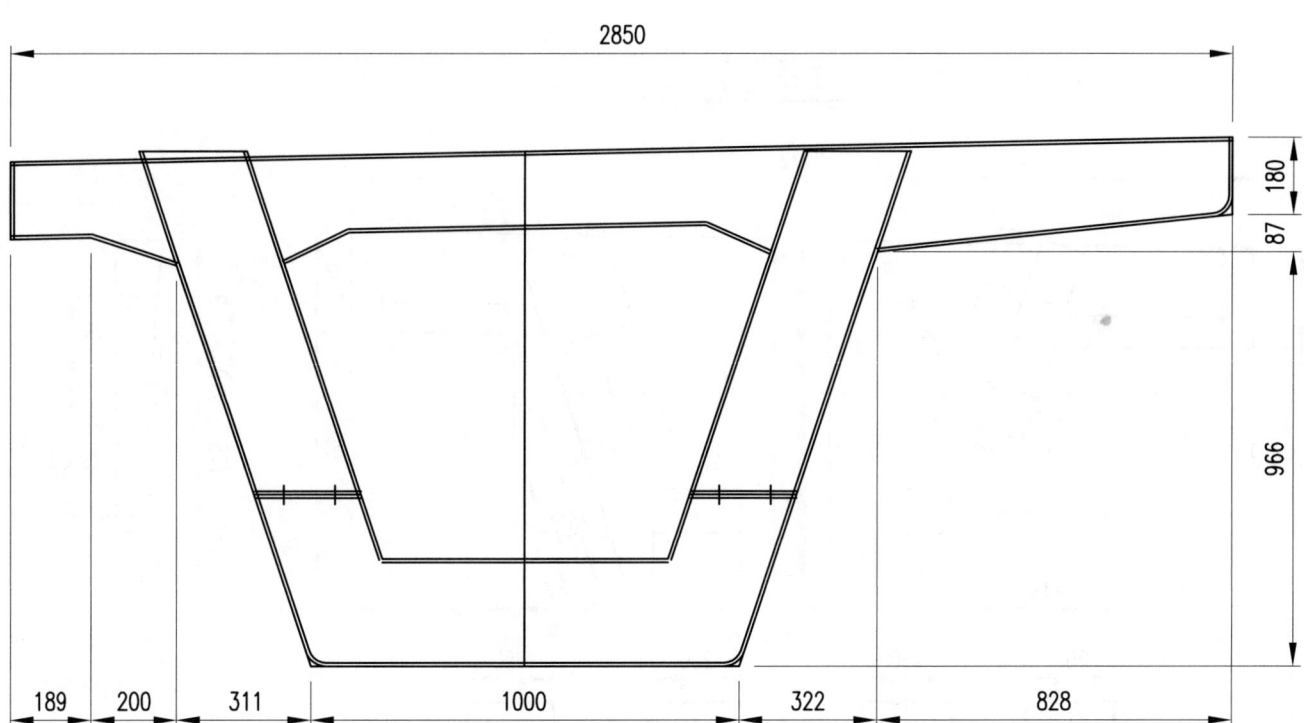

更换翅膀

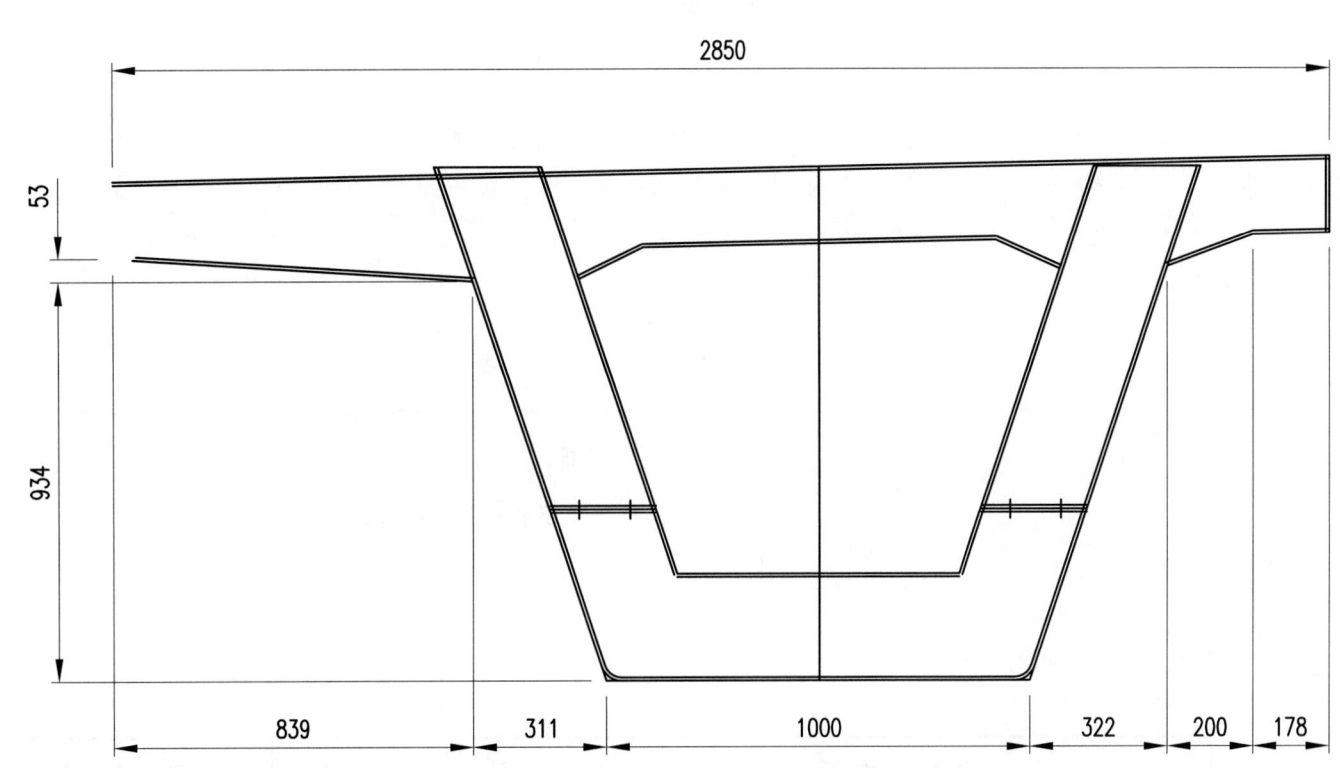

更换翅膀

说明：
1. 图中尺寸以mm计.
2. 90°连续端端模.

20m箱梁	材质	Q235	单重	200Kg
外边梁端模断面图	件数	2	图号	7.2.1-19

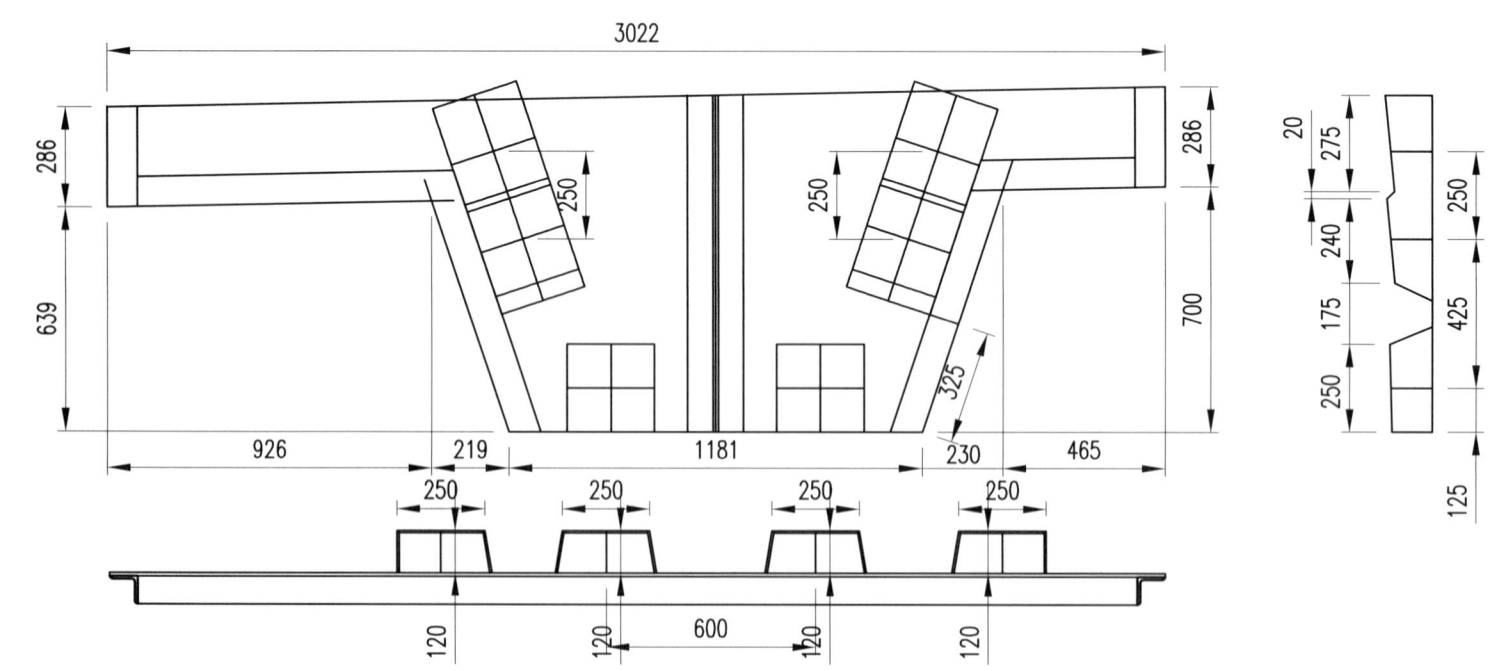

20m箱梁	材质	Q235	单重	400kg
断面图	件数	2	图号	7.2.1-20

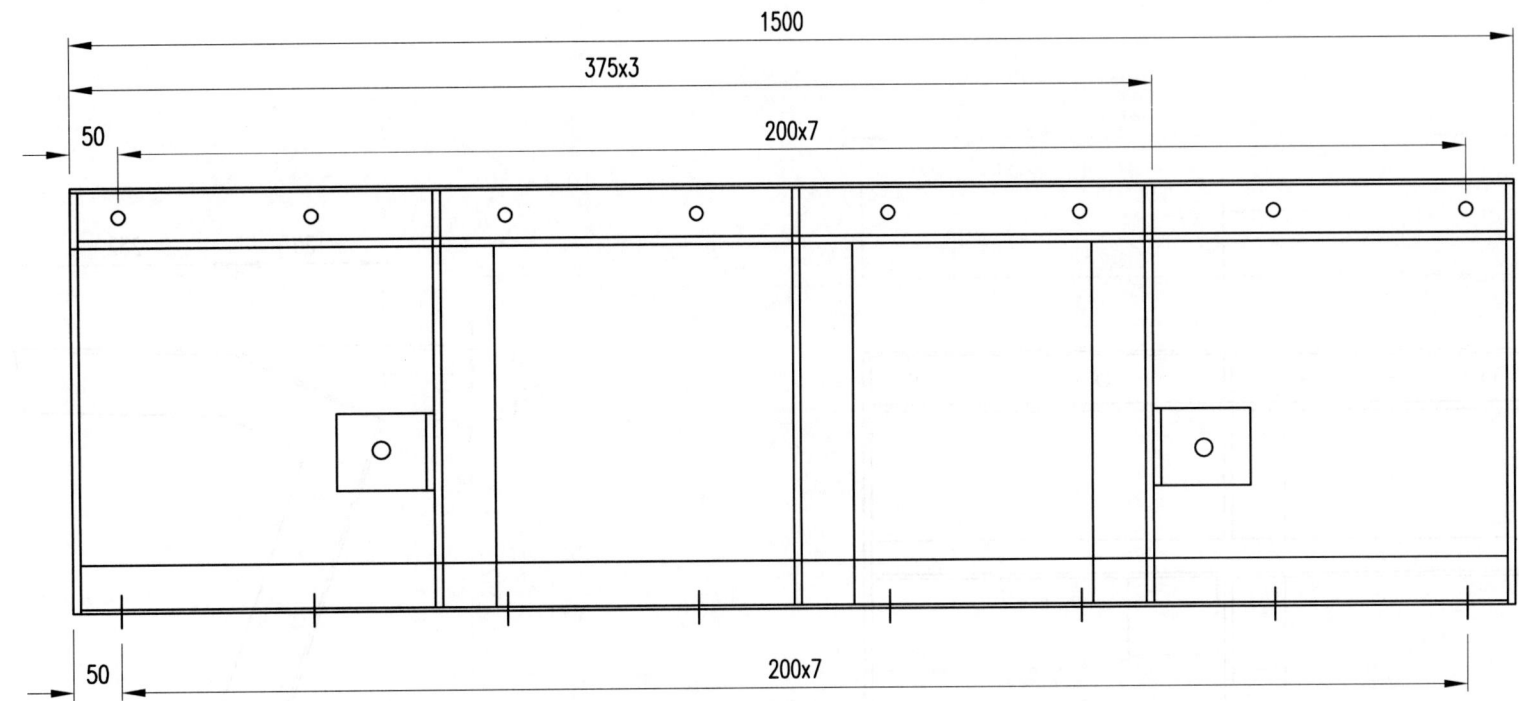
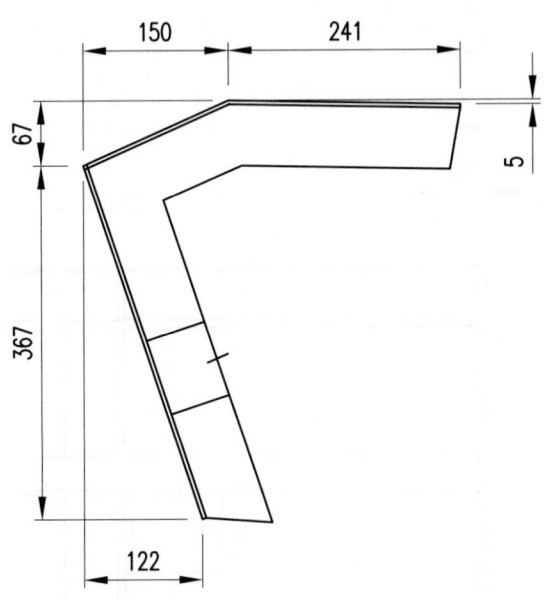

说明：
图中尺寸以mm计。

20m箱梁	材质	Q235	单重	74kg
内模(一)	件数	9	图号	7.2.1-21

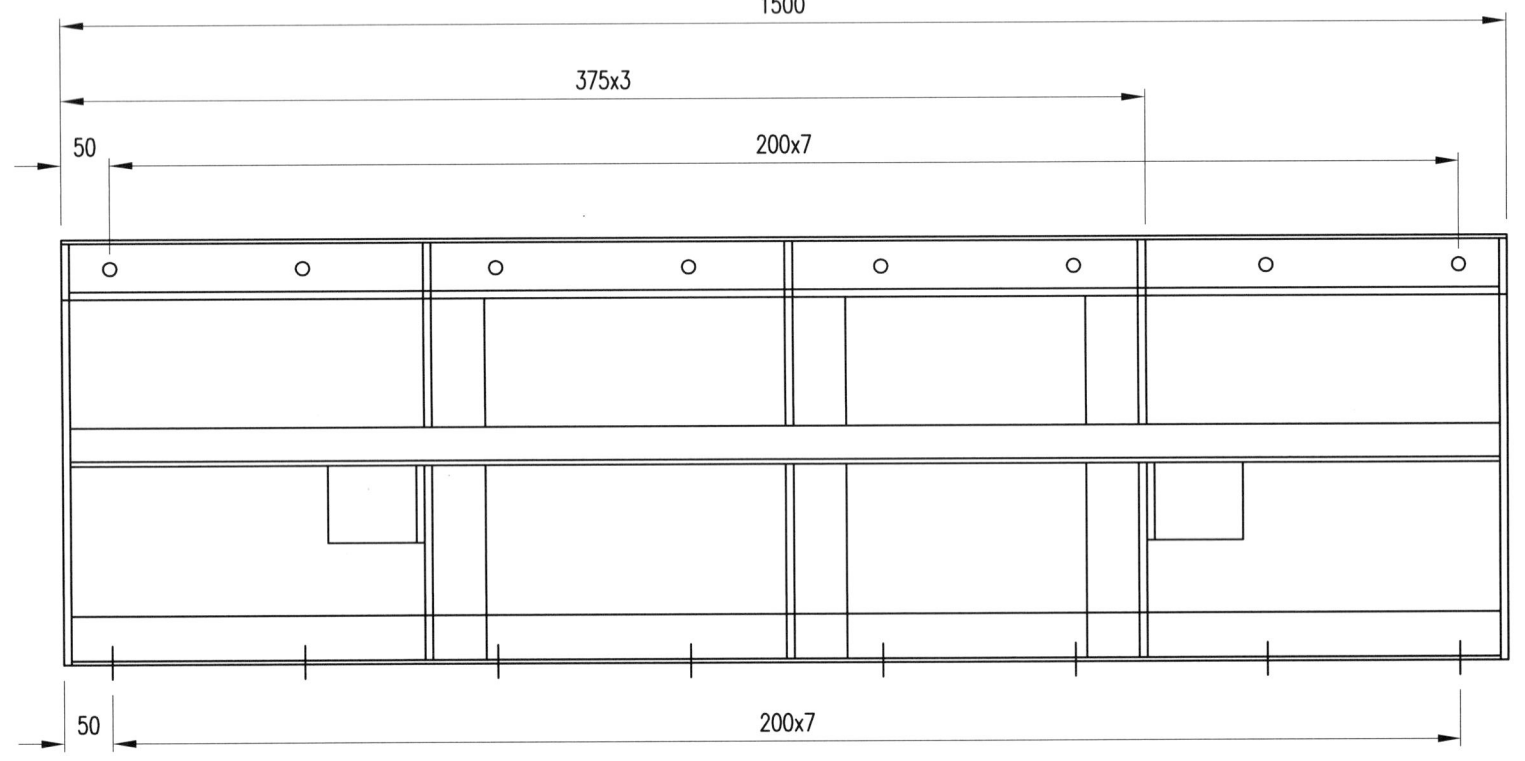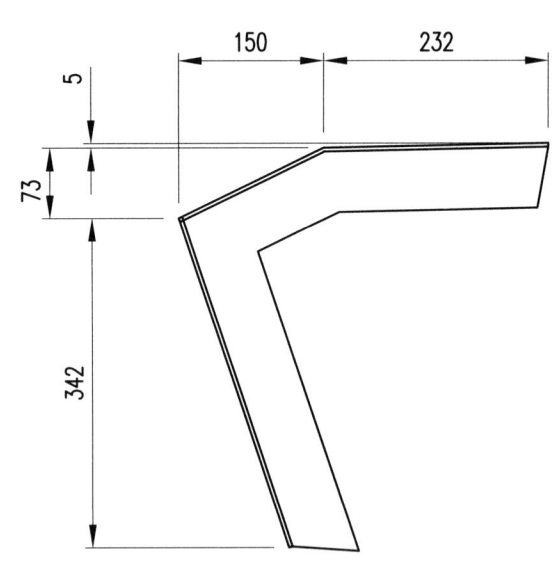

说明：
图中尺寸以mm计。

20m箱梁	材质	Q235	单重	72kg
内 模(二)	件数	9	图号	7.2.1-22

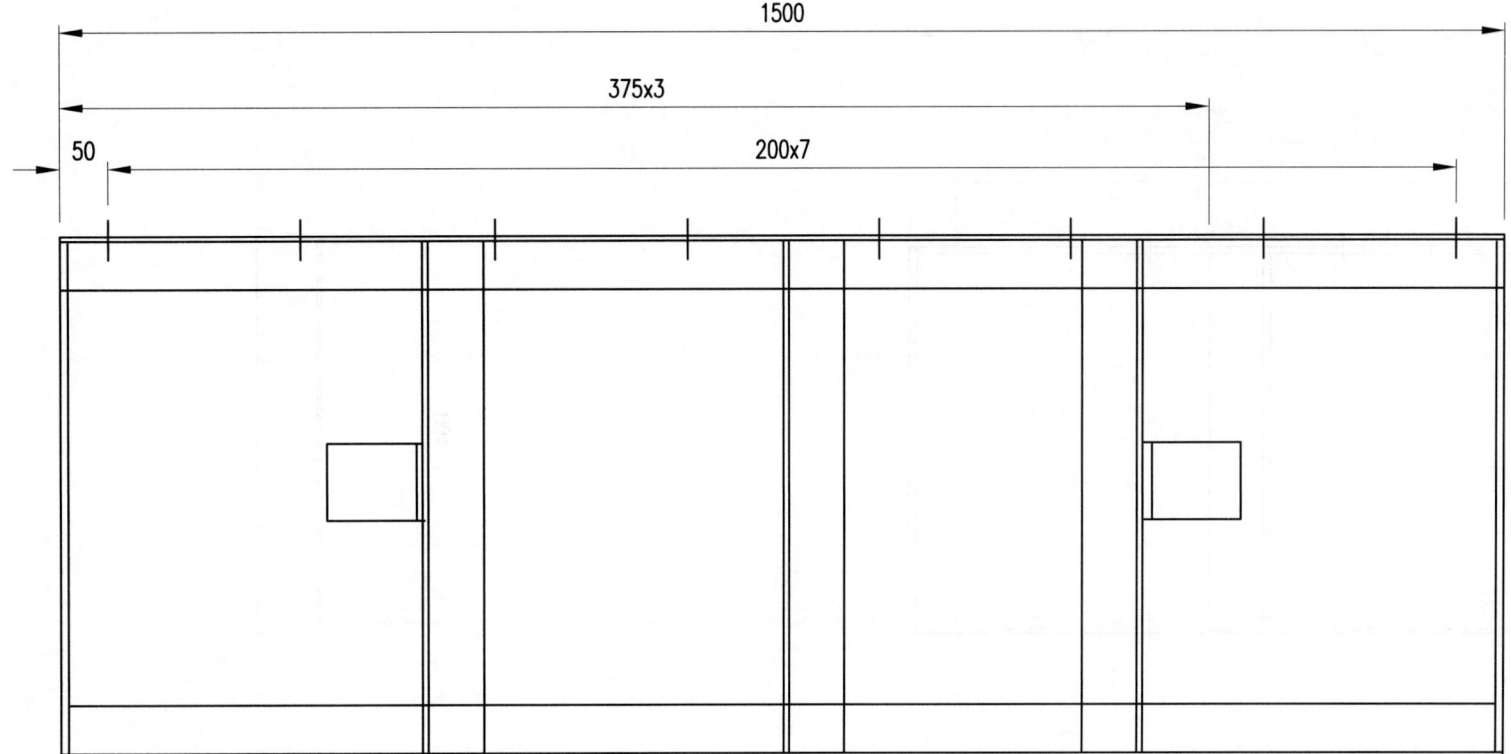
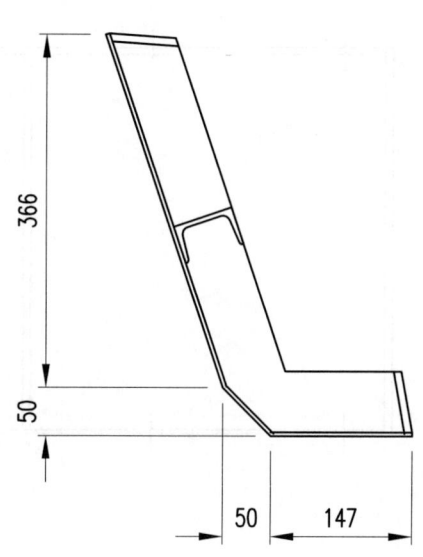

说明：
图中尺寸以mm计。

20m箱梁	材质	Q235	单重	60.5kg
内模(三)	件数	18	图号	7.2.1-23

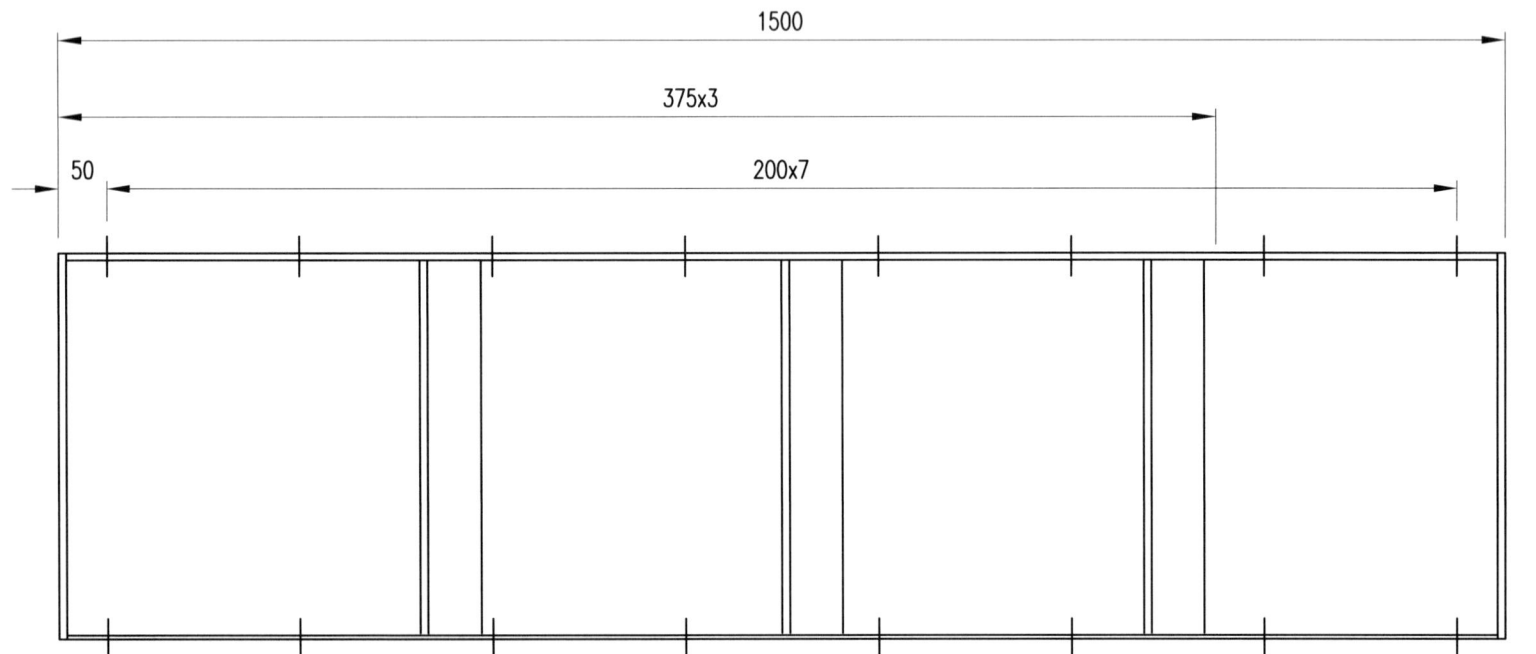
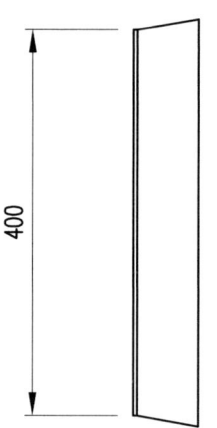

说明：
图中尺寸以mm计。

20m箱梁	材质	Q235	单重	41kg
内模(四)	件数	9	图号	7.2.1-24

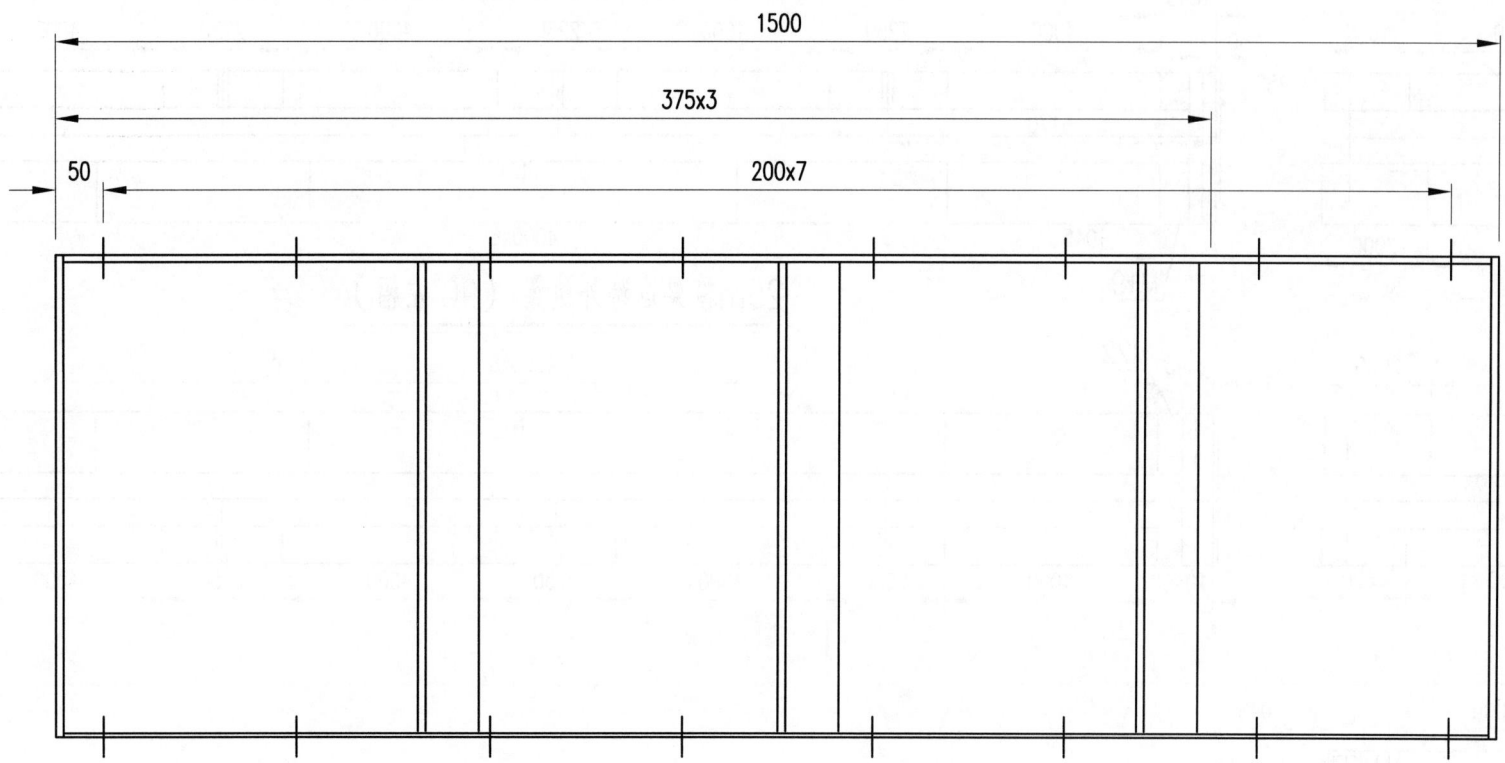
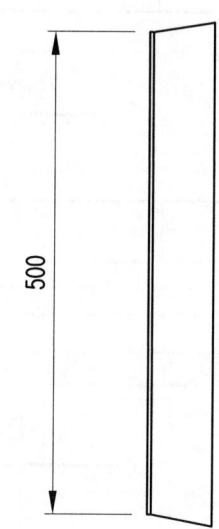

说明：

图中尺寸以mm计。

20m箱梁	材质	Q235	单重	48.7kg
内模(五)	件数	9	图号	7.2.1-25

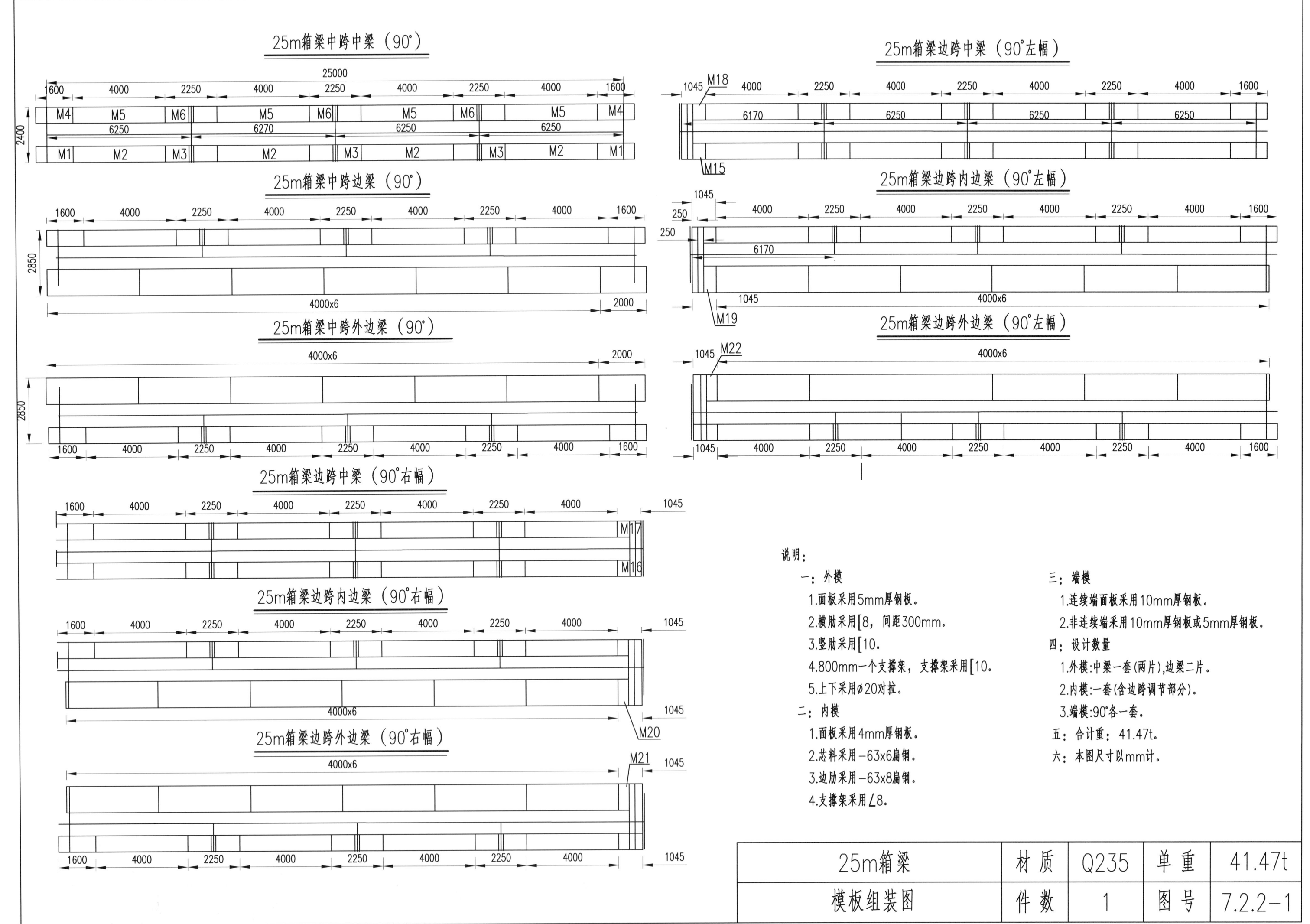

25m箱梁边跨内模(90°,另半跨与之对称)

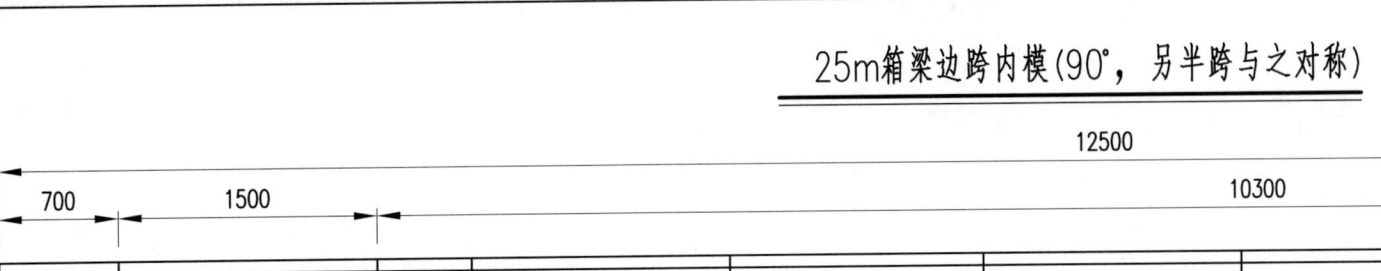
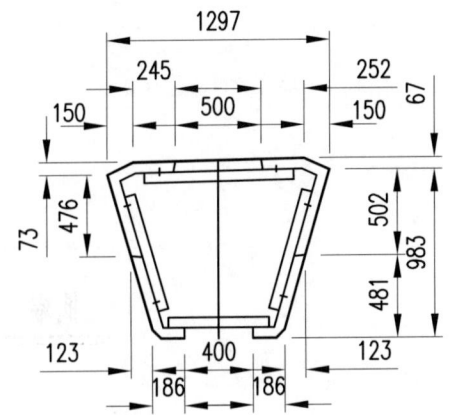

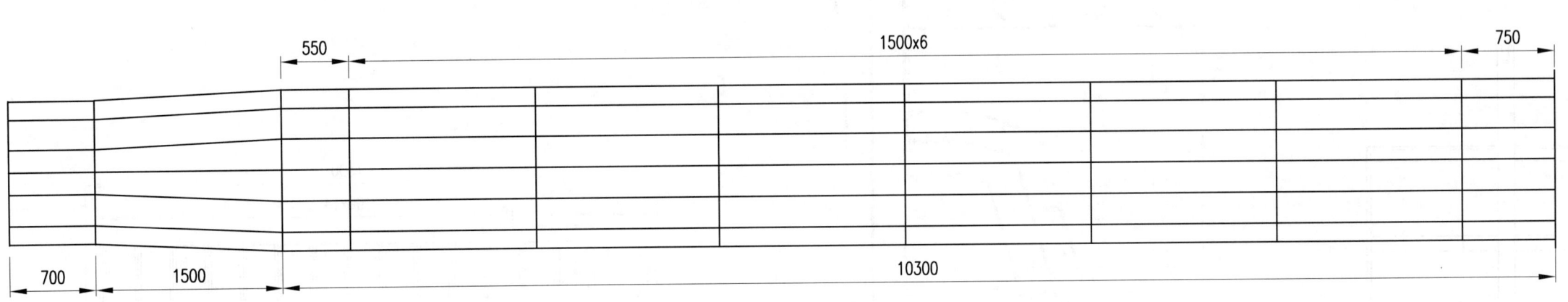
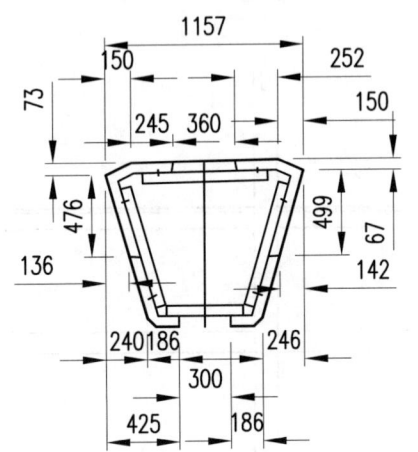

25m箱梁边跨内模(90°,另半跨与之对称)

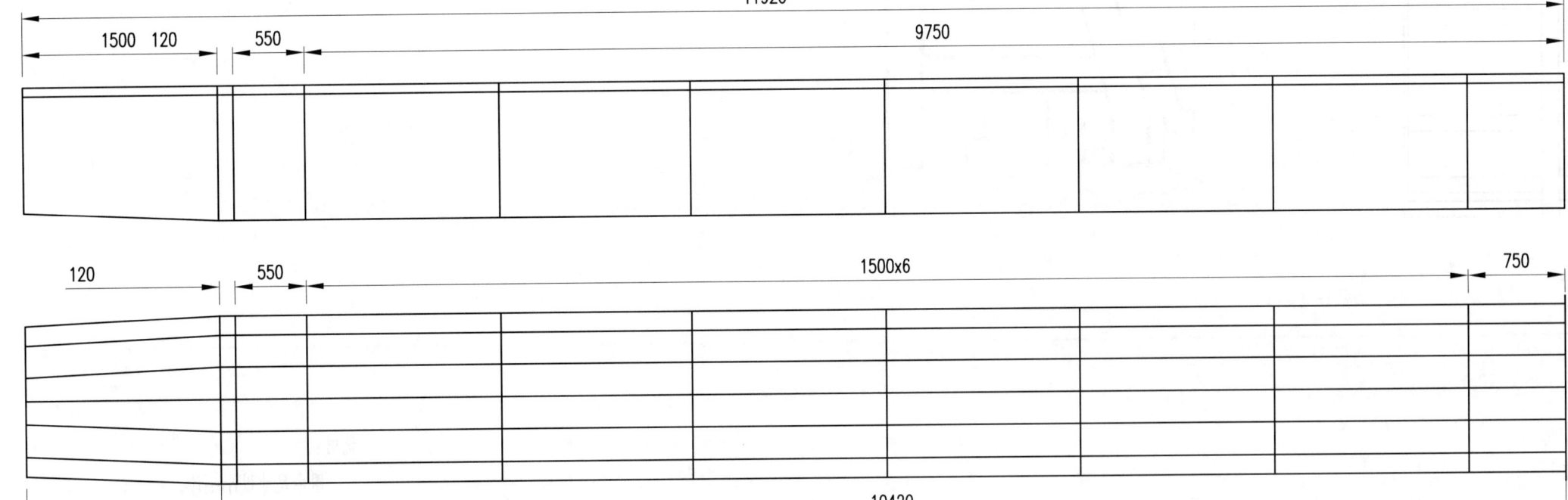

说明:
图中尺寸以mm计。

25m箱梁	材质	Q235	单重	1763kg
边跨内模	件数	2	图号	7.2.2-2

低端

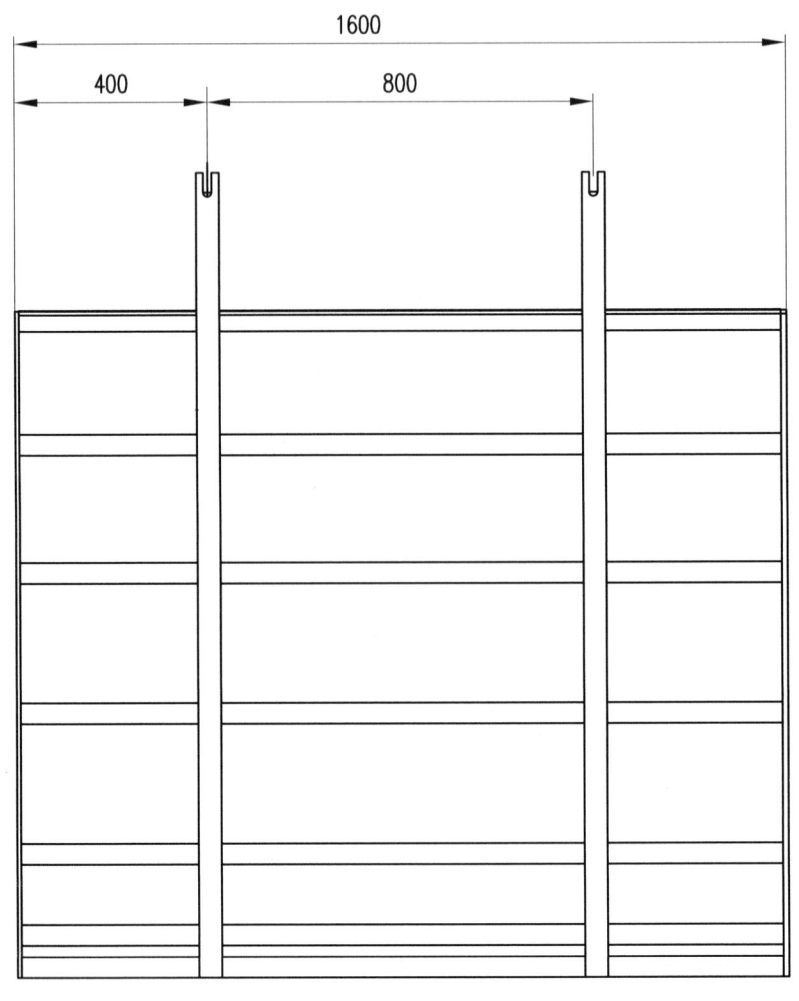
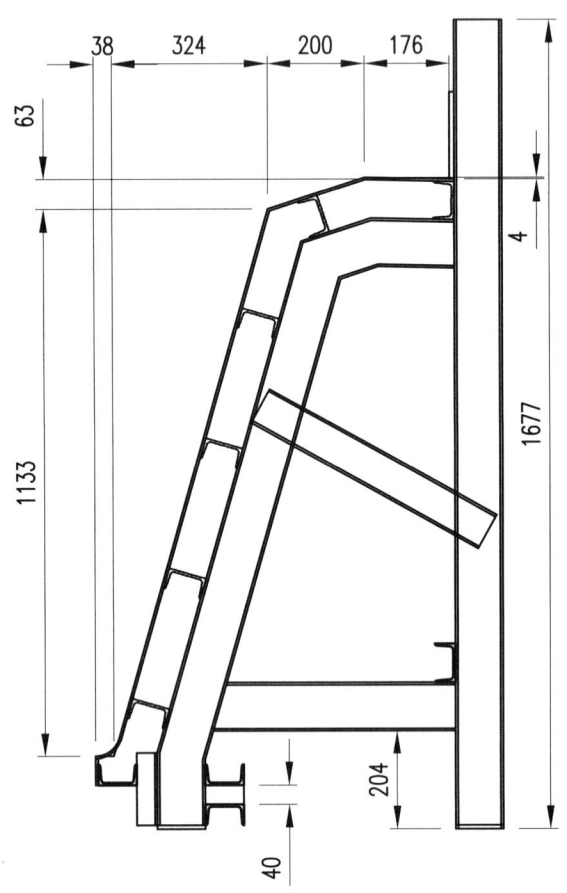
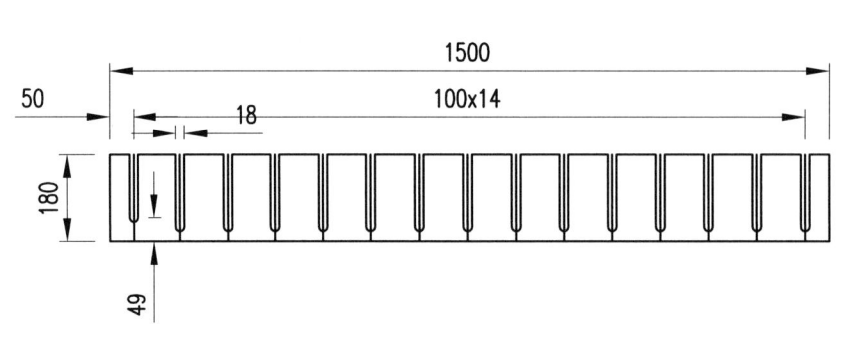

说明：
图中尺寸以mm计。

25m箱梁	材质	Q235	单重	736kg
外模(一)	件数	2	图号	7.2.2-3

低端

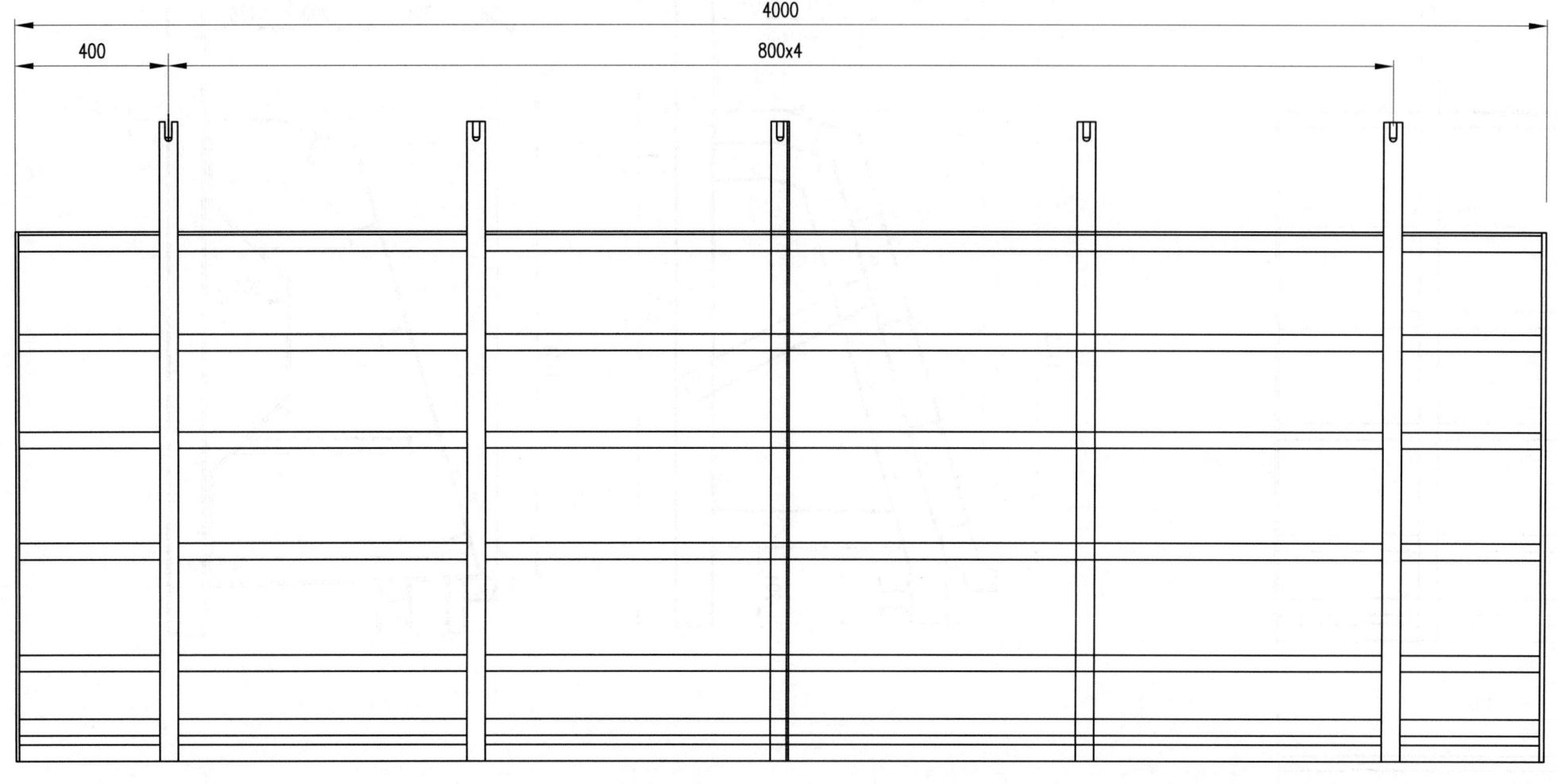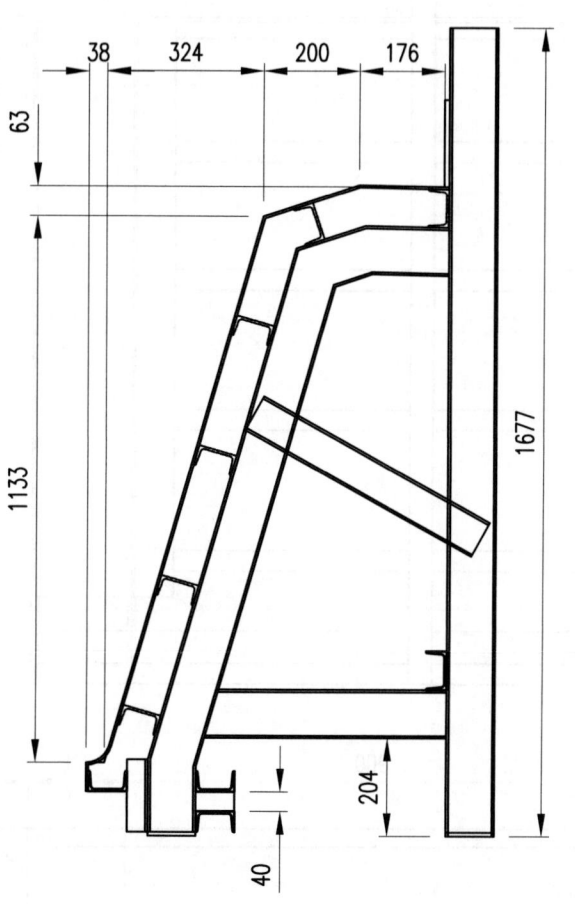

说明:

图中尺寸以mm计.

25m箱梁	材质	Q235	单重	845.7kg
外模(二)	件数	4	图号	7.2.2-4

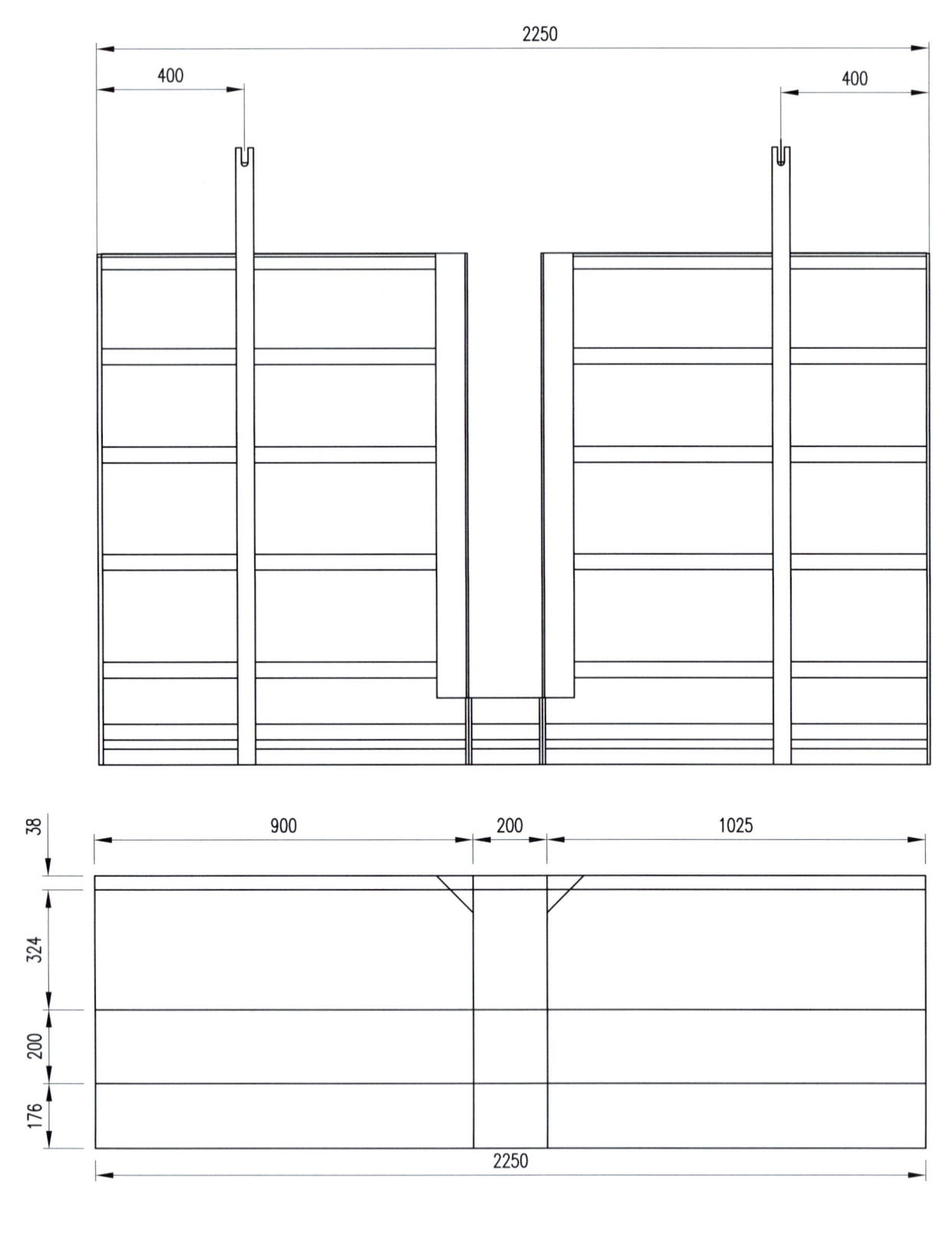

低端
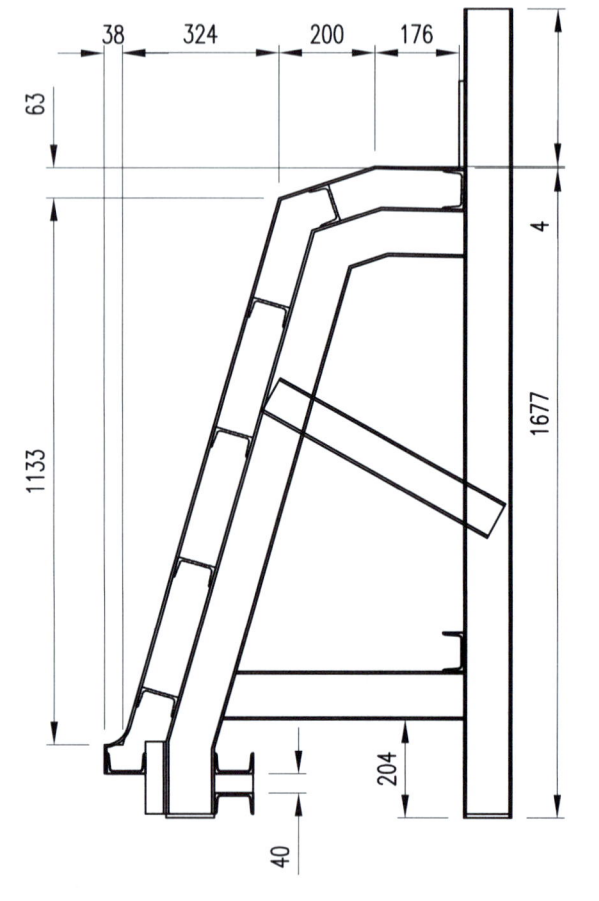
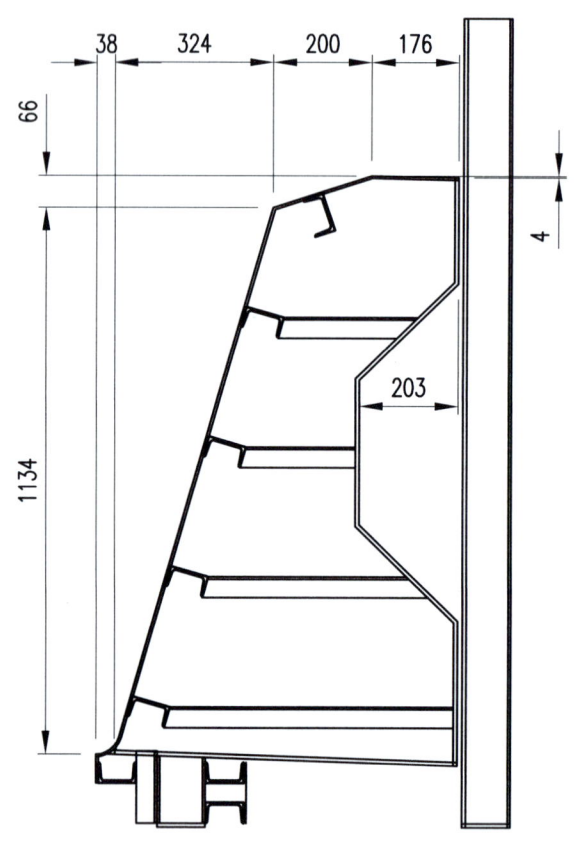

说明：
图中尺寸以mm计。

25m箱梁	材质	Q235	单重	568.7kg
外模(三)	件数	3	图号	7.2.2-5

高端

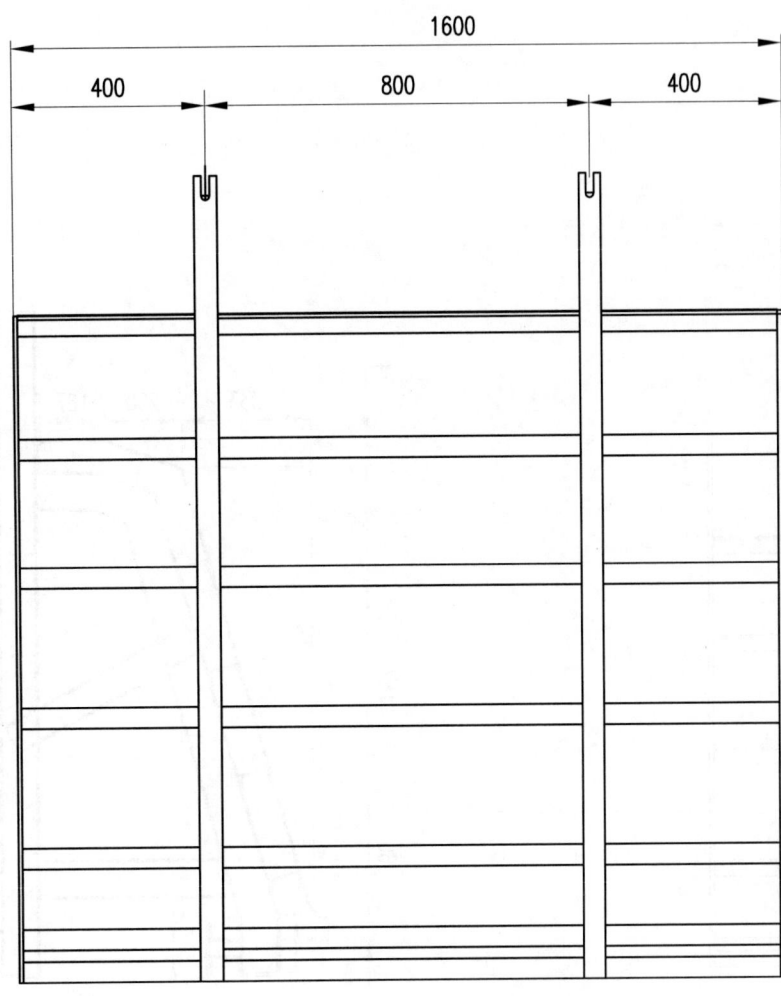
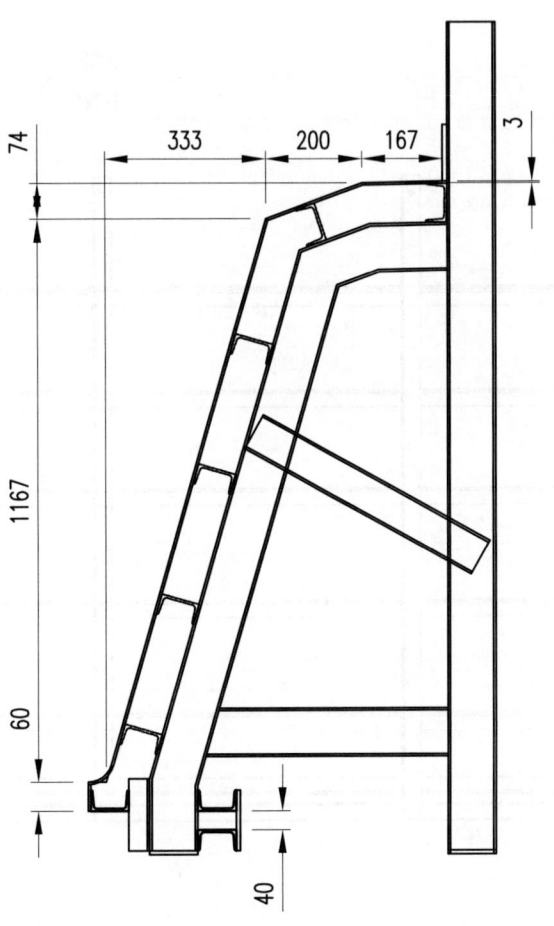

说明：
图中尺寸以mm计。

25m箱梁	材质	Q235	单重	363kg
外模(四)	件数	2	图号	7.2.2-6

高端

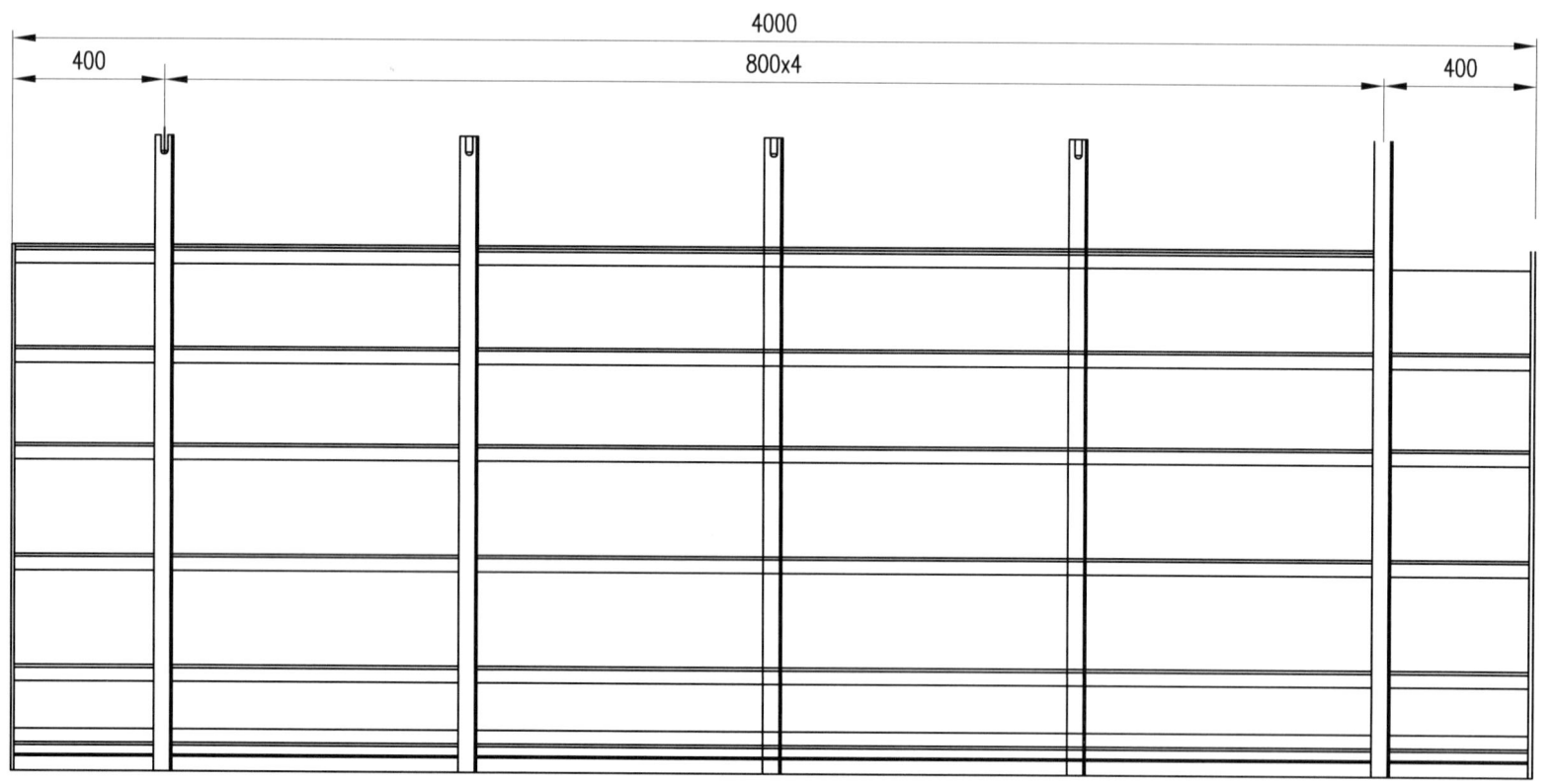
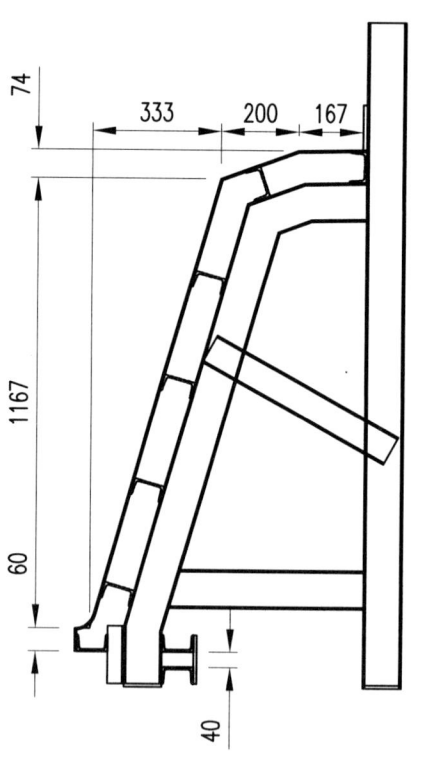

说明：
图中尺寸以mm计。

25m箱梁	材质	Q235	单重	854kg
外模(五)	件数	4	图号	7.2.2-7

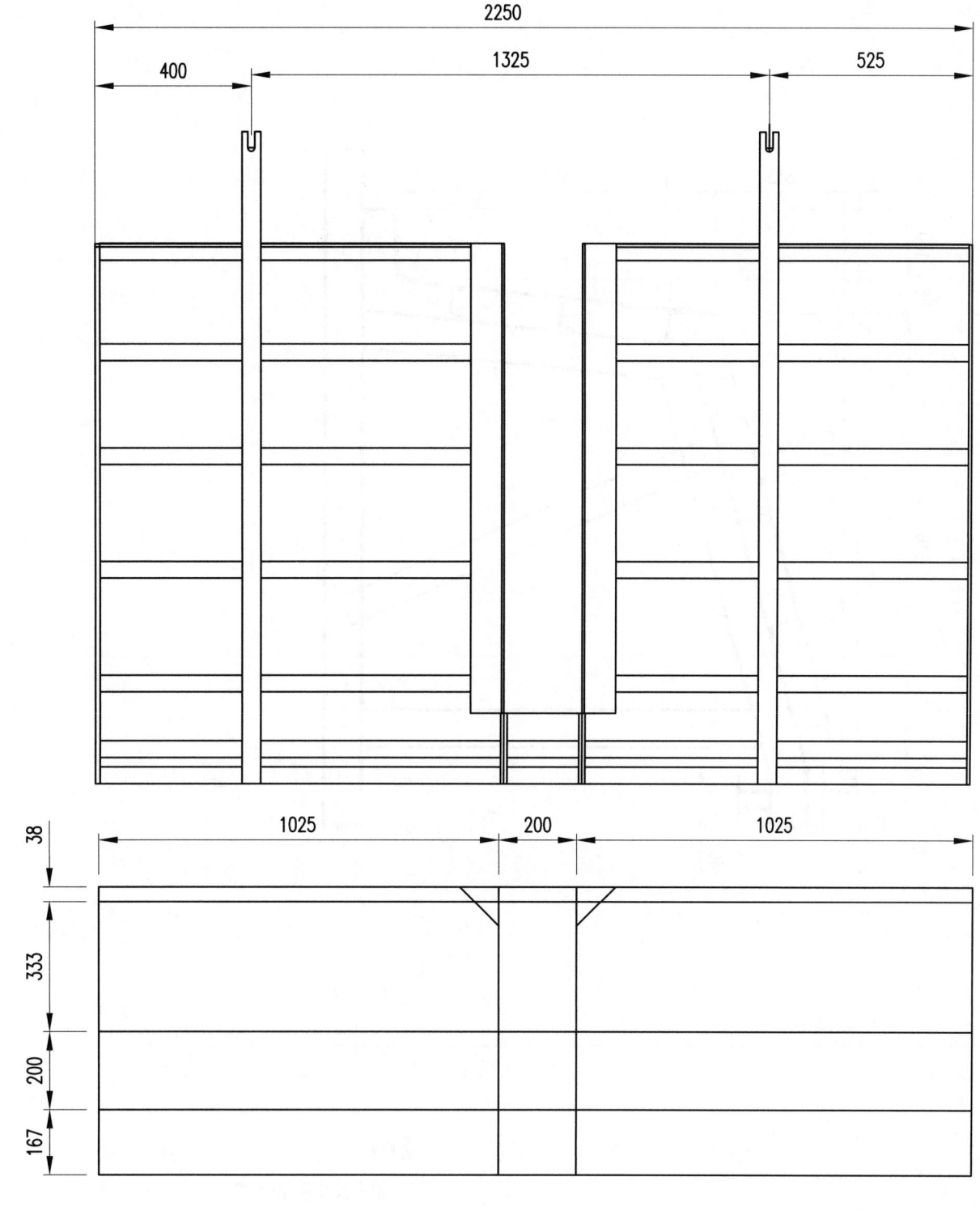
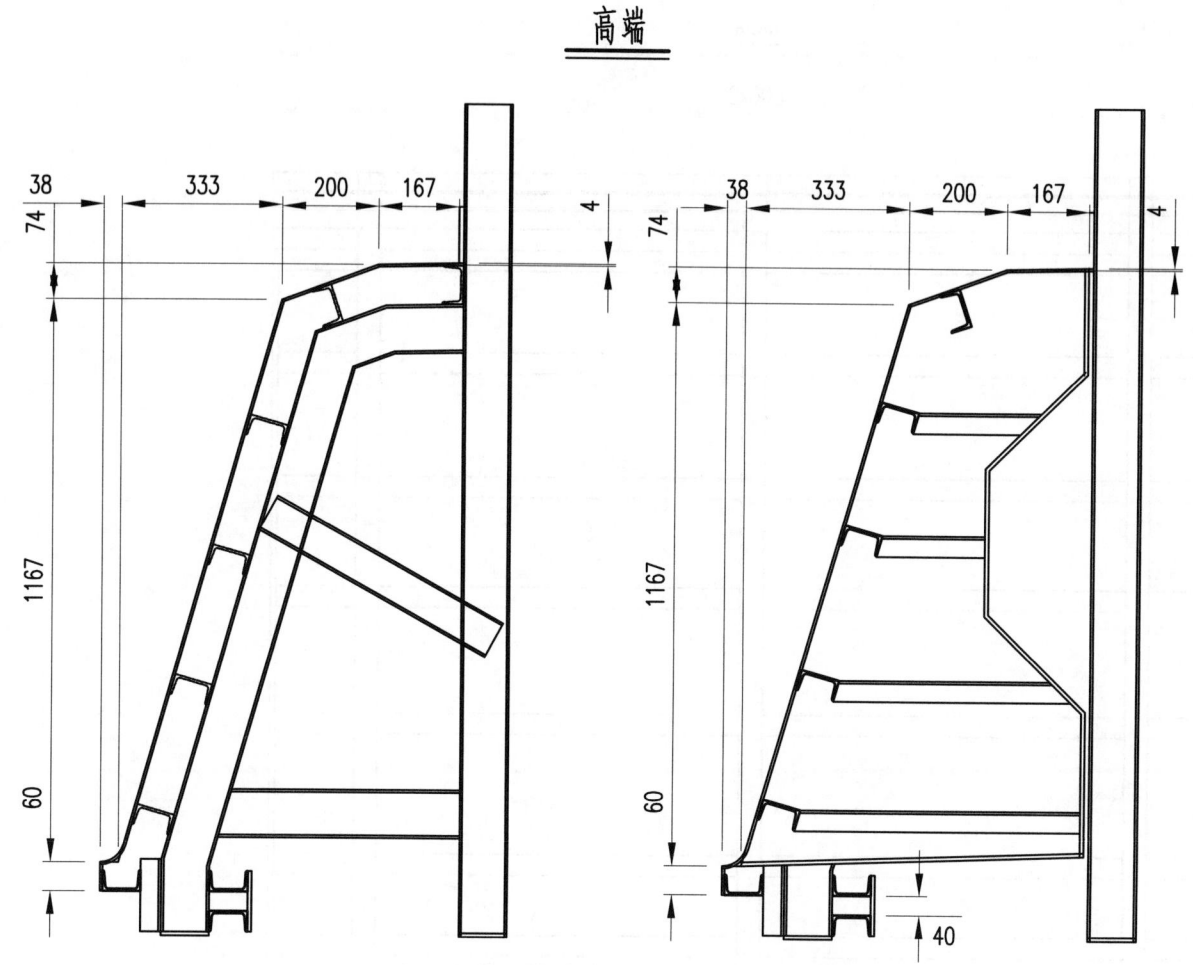

高端

说明：
图中尺寸以mm计。

25m箱梁	材质	Q235	单重	578kg
外模(六)	件数	3	图号	7.2.2-8

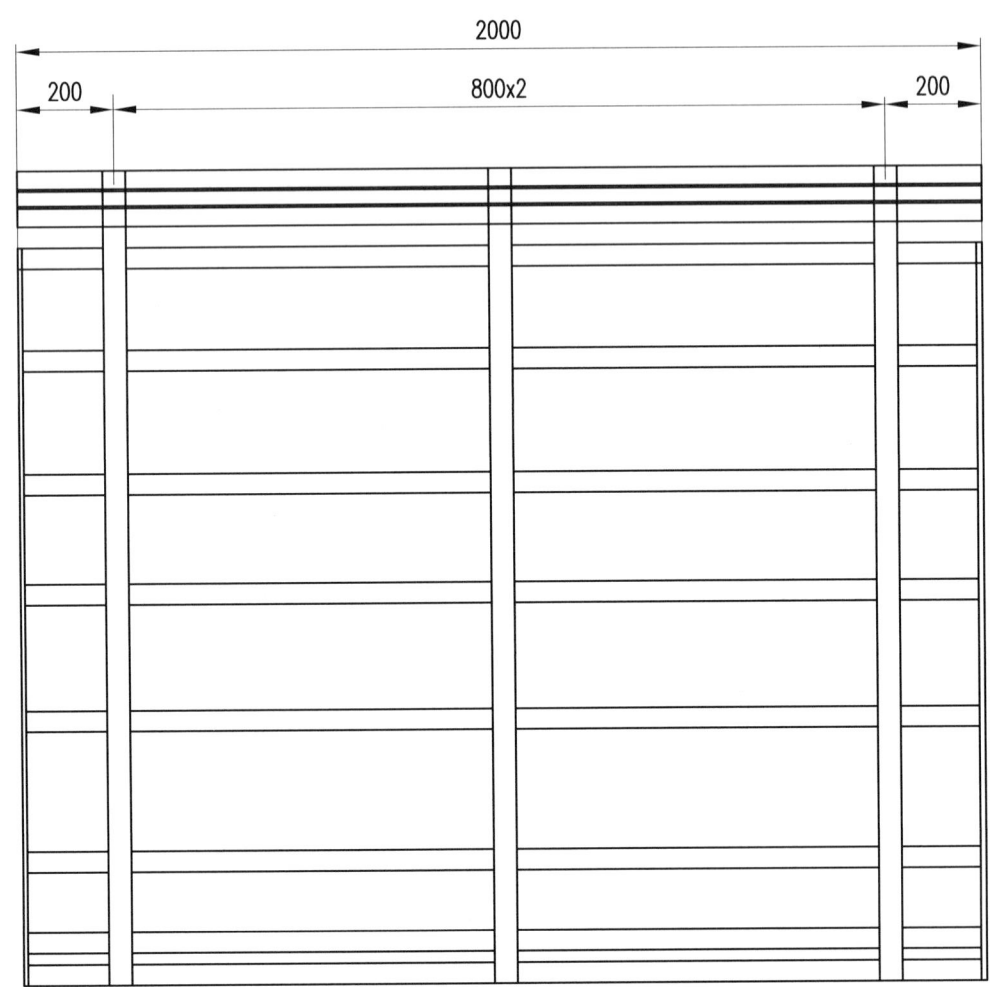
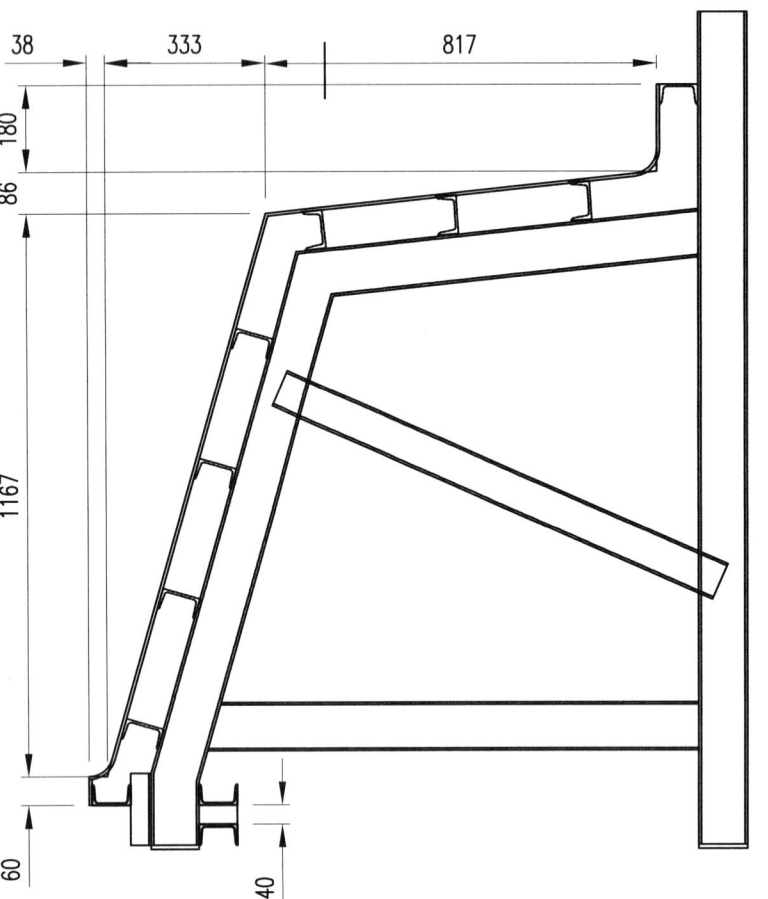

说明:
图中尺寸以mm计。

25m箱梁	材质	Q235	单重	602kg
外模(七)	件数	1	图号	7.2.2-9

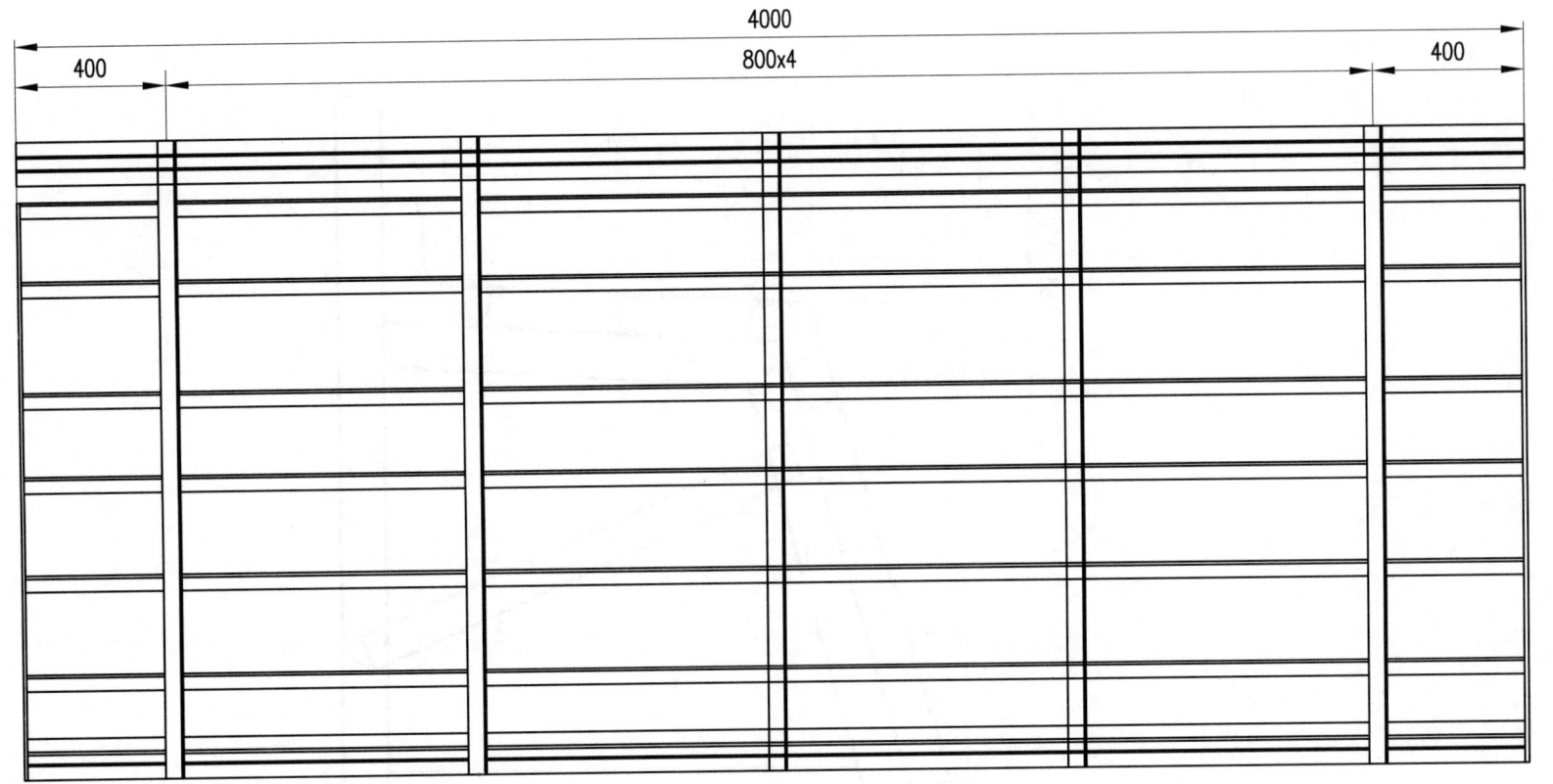
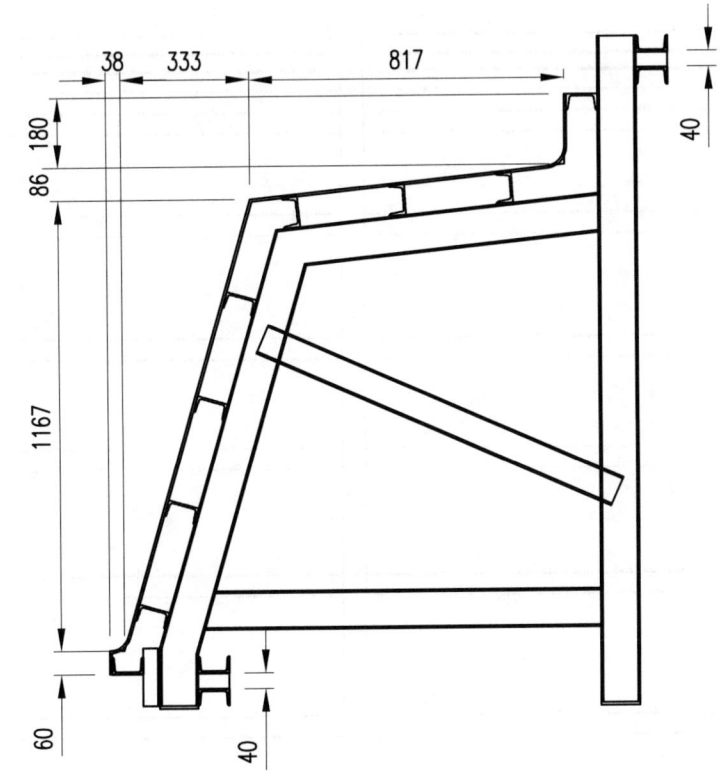

说明：
图中尺寸以mm计。

25m箱梁	材质	Q235	单重	1097.6kg
外模(八)	件数	6	图号	7.2.2-10

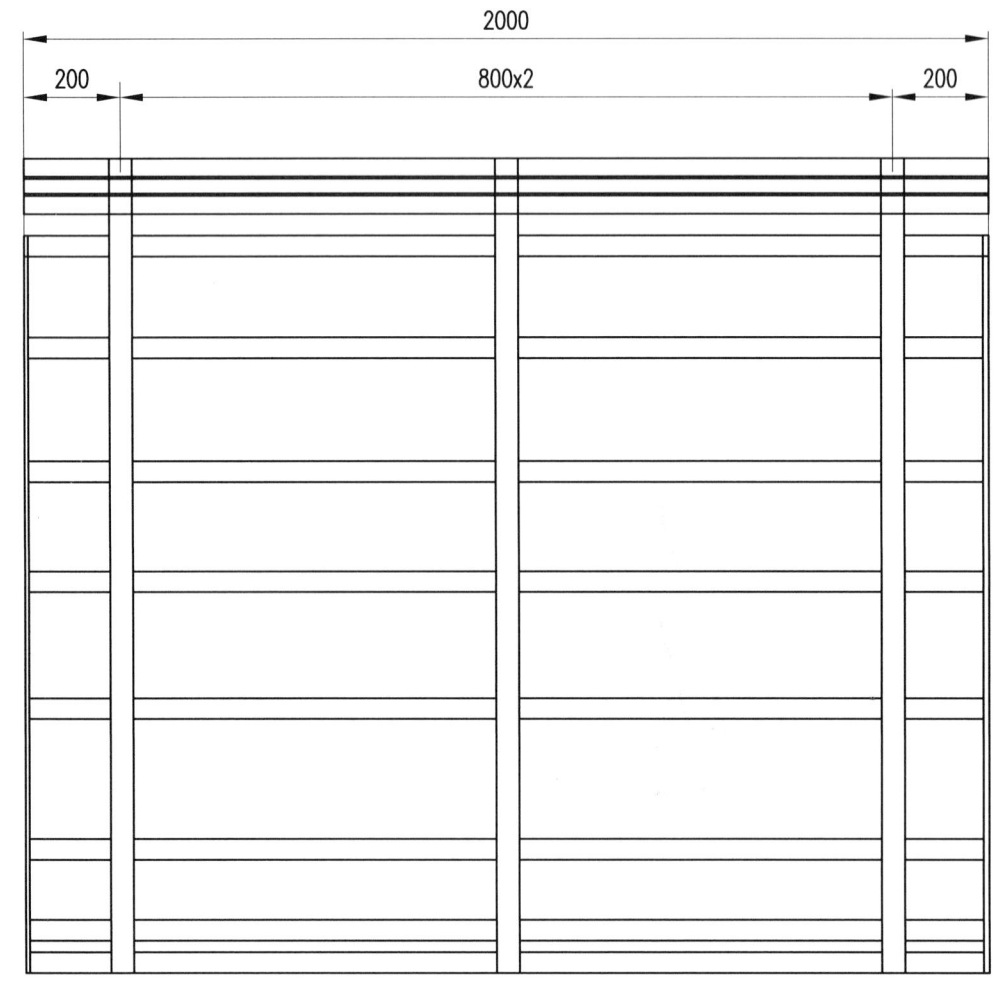
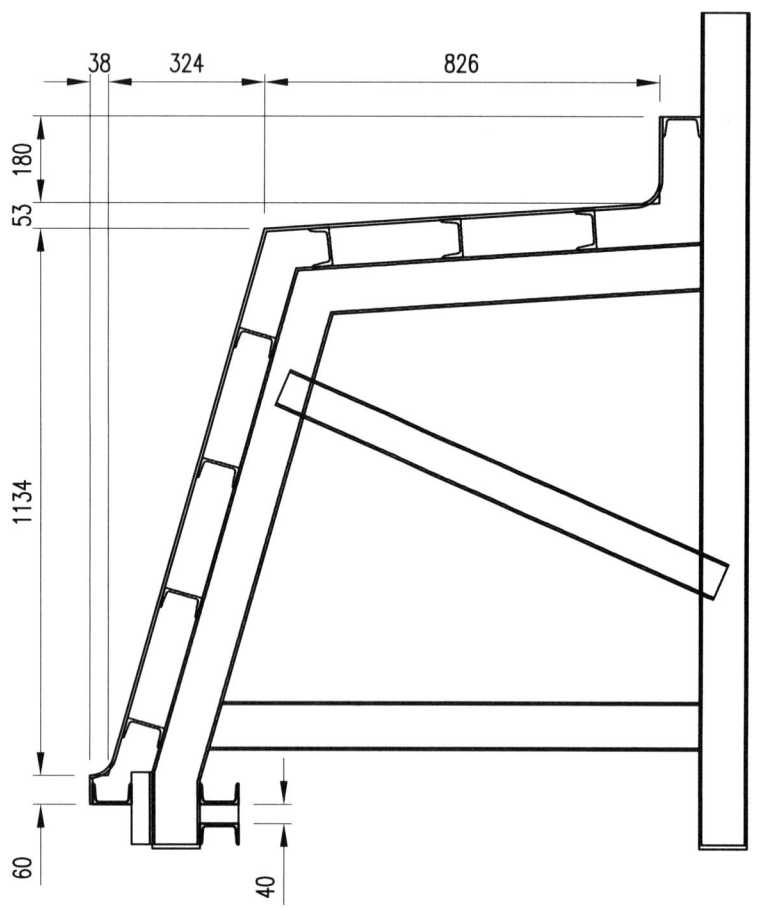

说明：
图中尺寸以mm计。

25m箱梁	材 质	Q235	单 重	598kg
外 模(九)	件 数	1	图 号	7.2.2-11

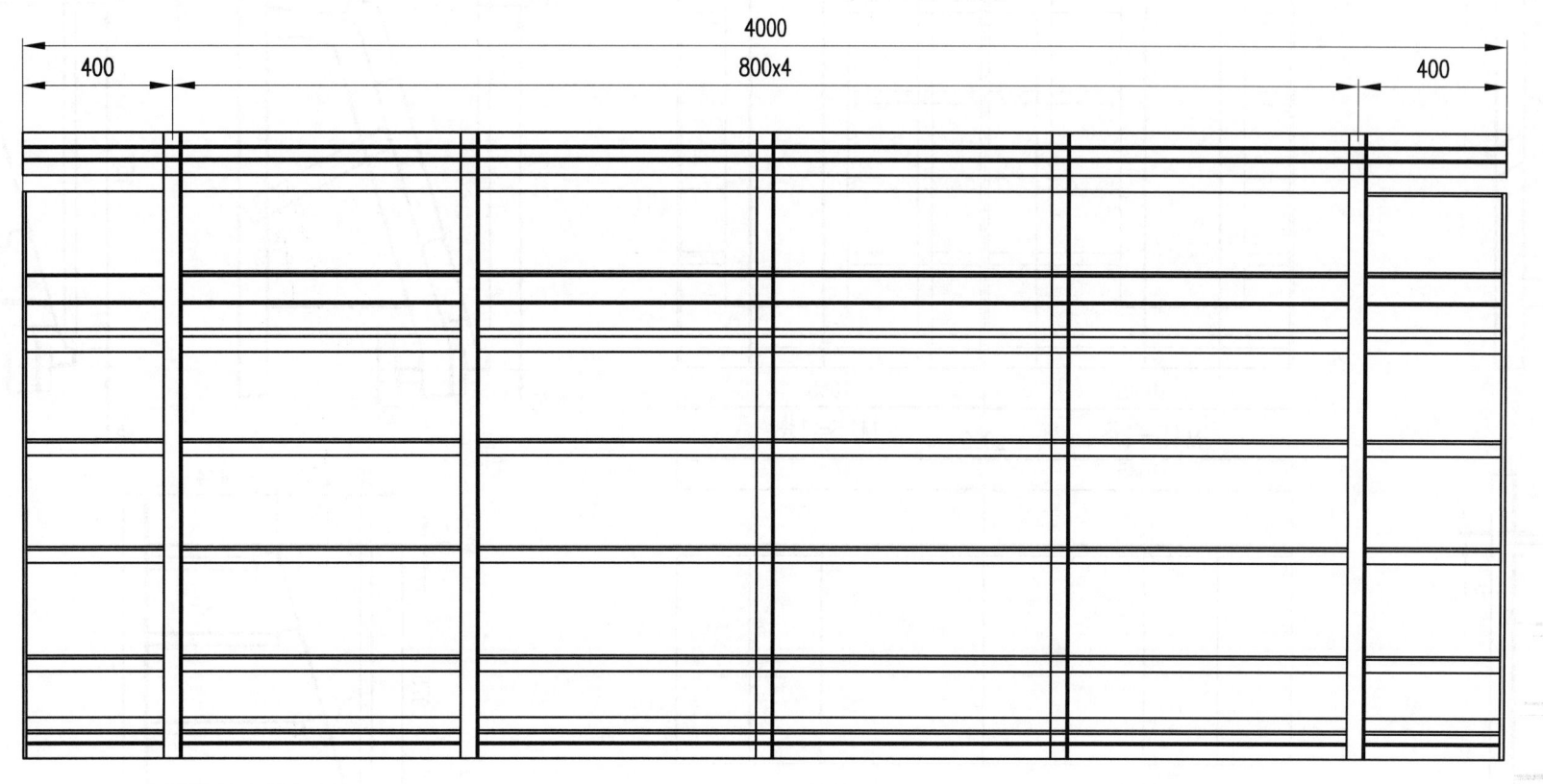
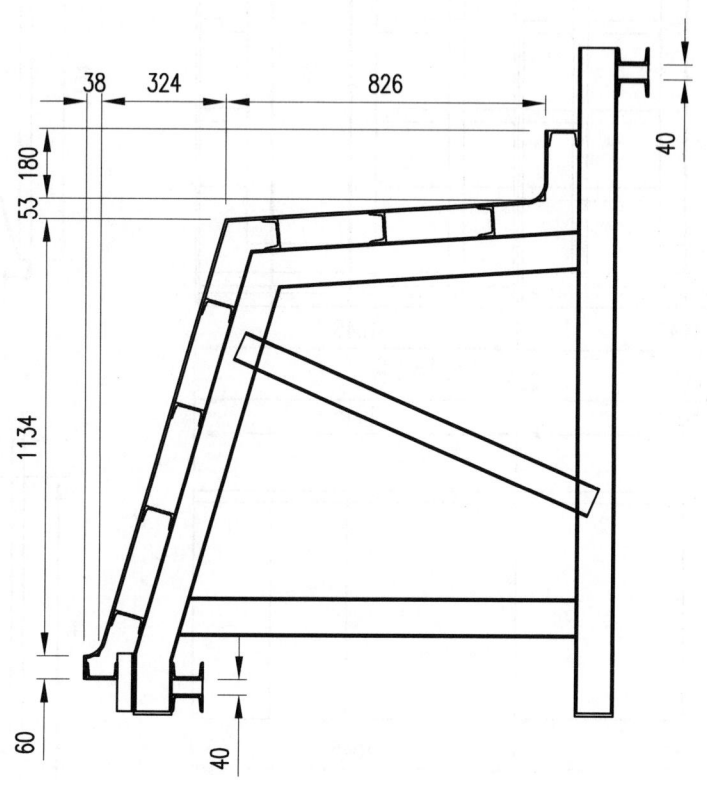

说明：
图中尺寸以mm计．

25m箱梁	材质	Q235	单重	1090kg
外模(十)	件数	6	图号	7.2.2-12

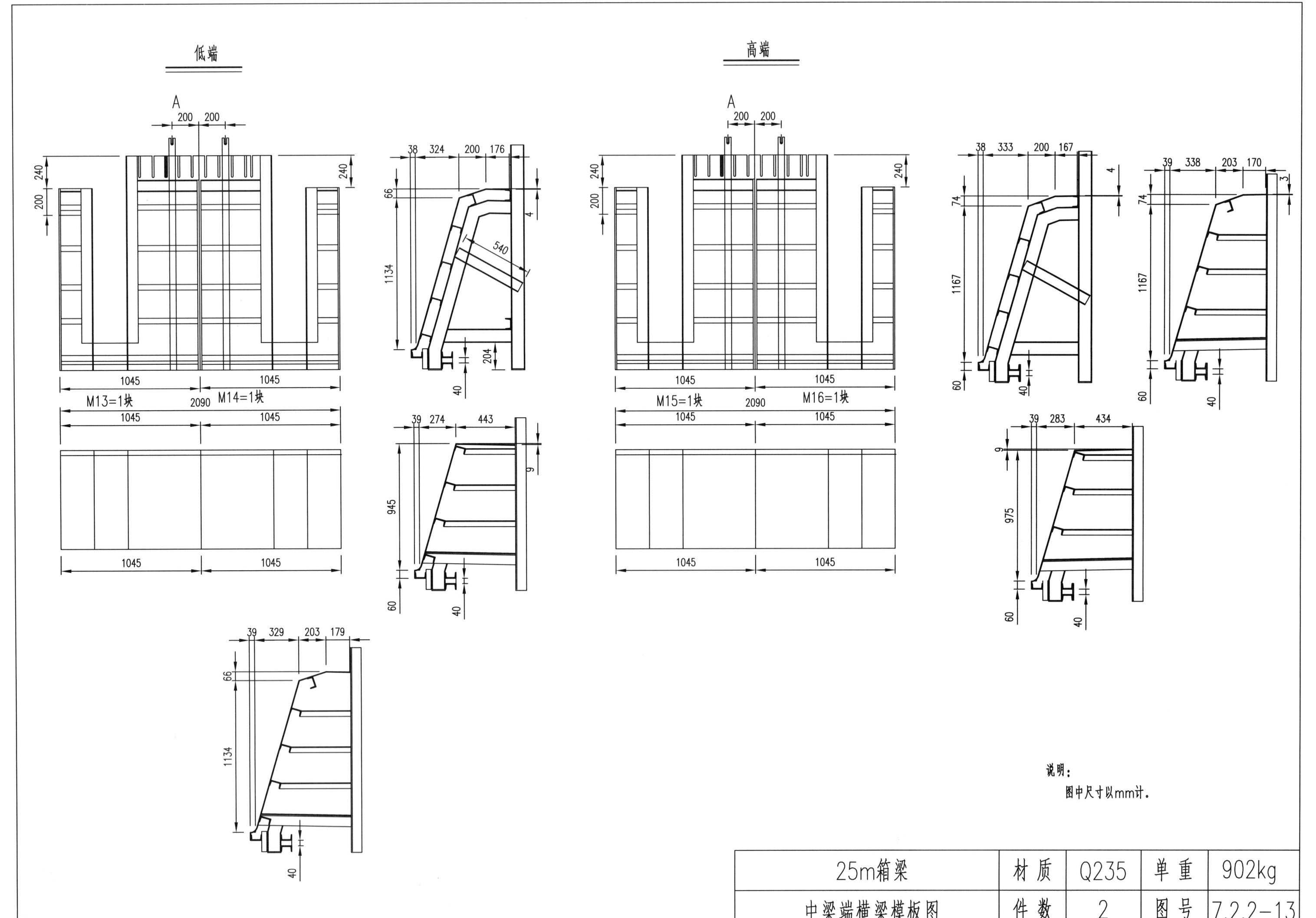

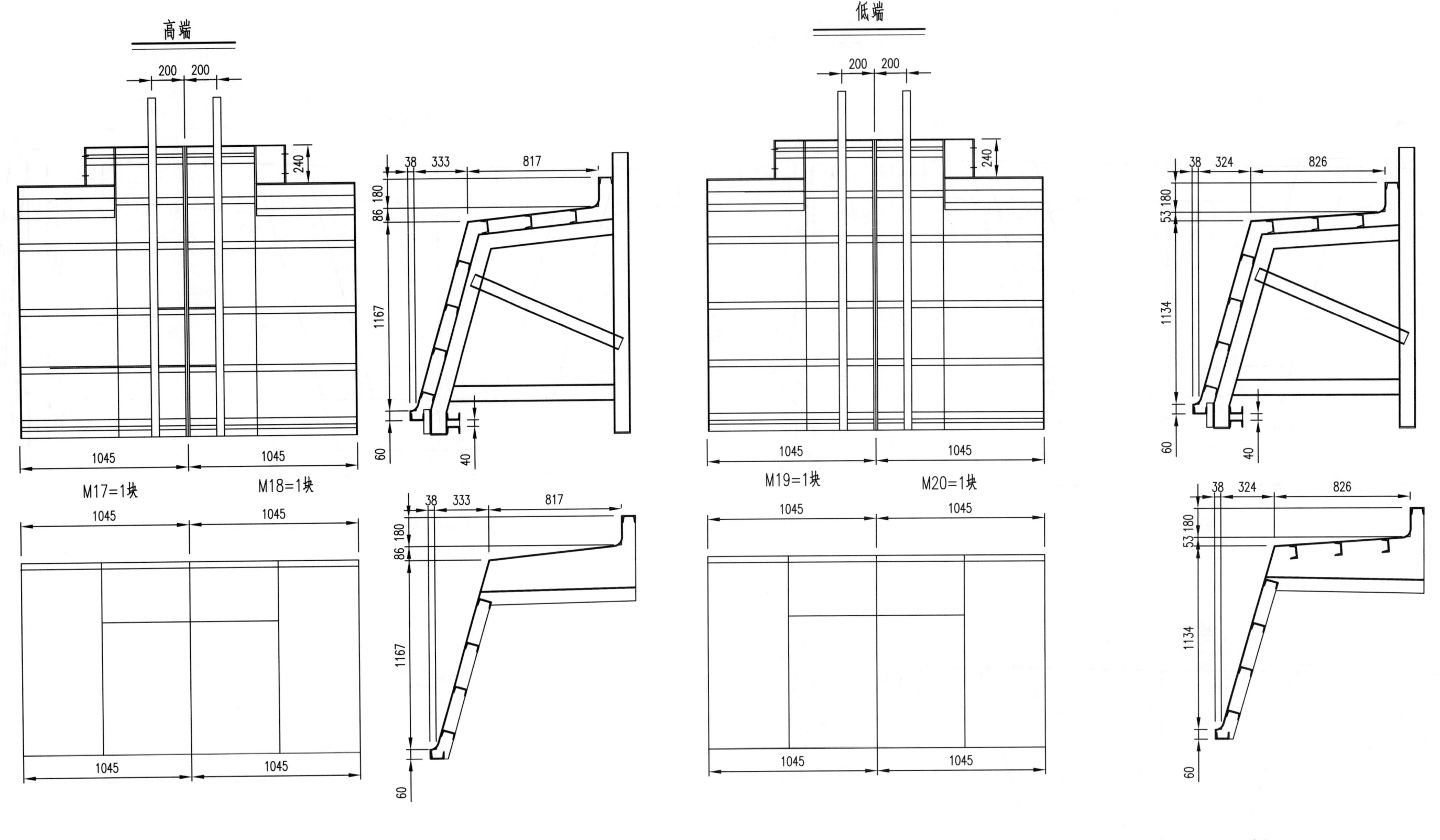

90°连续端端模

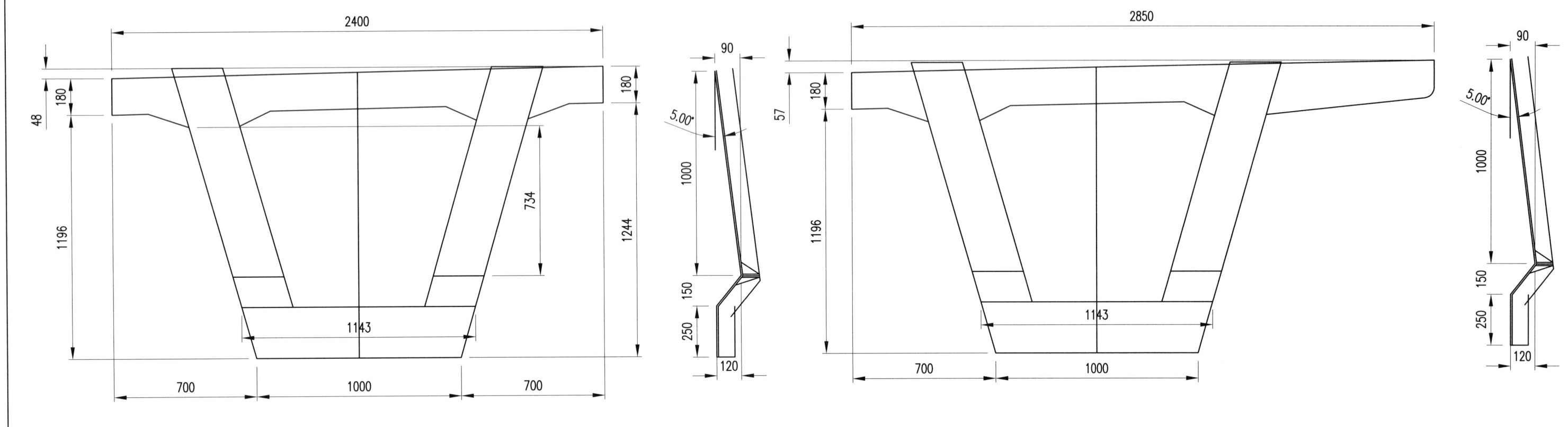

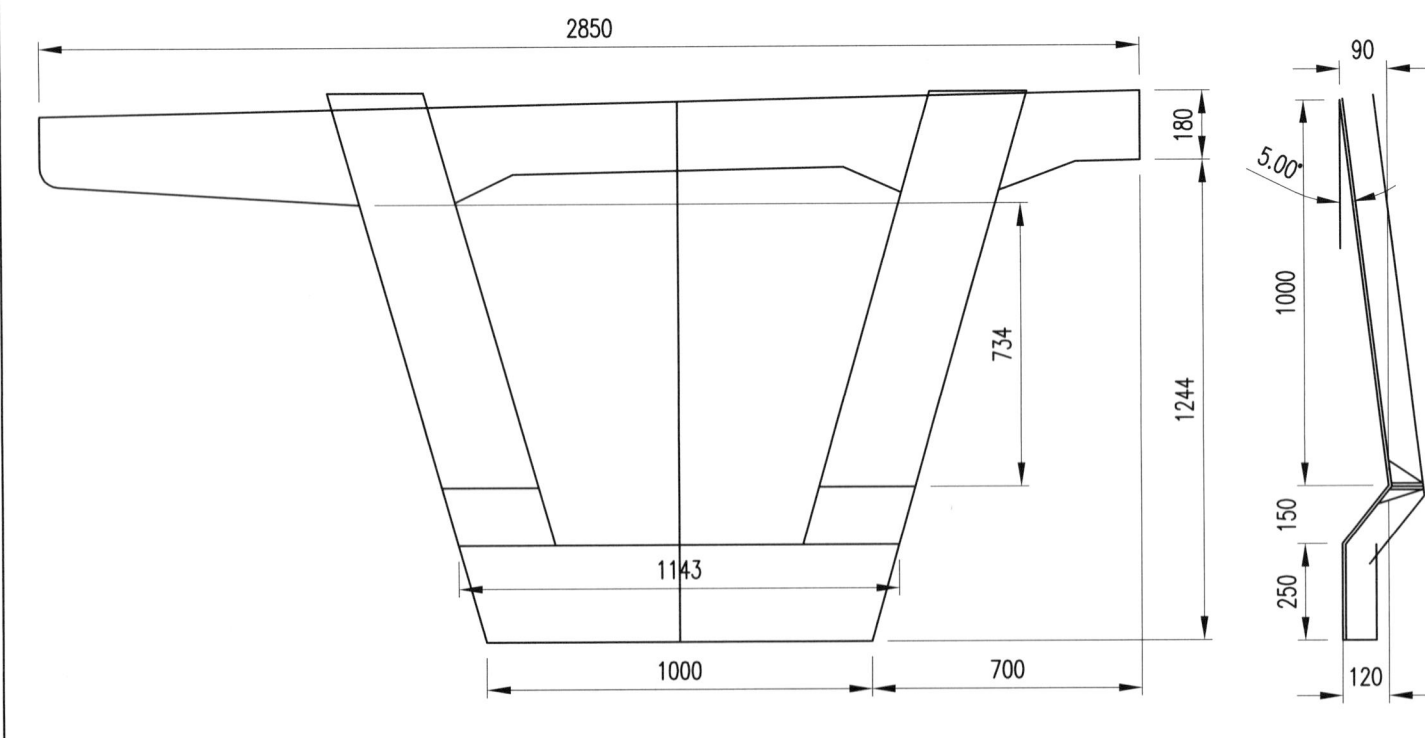

说明：
图中尺寸以mm计。

25m箱梁	材质	Q235	单重	325kg
90°连续端端模断面图	件数	2	图号	7.2.2-15

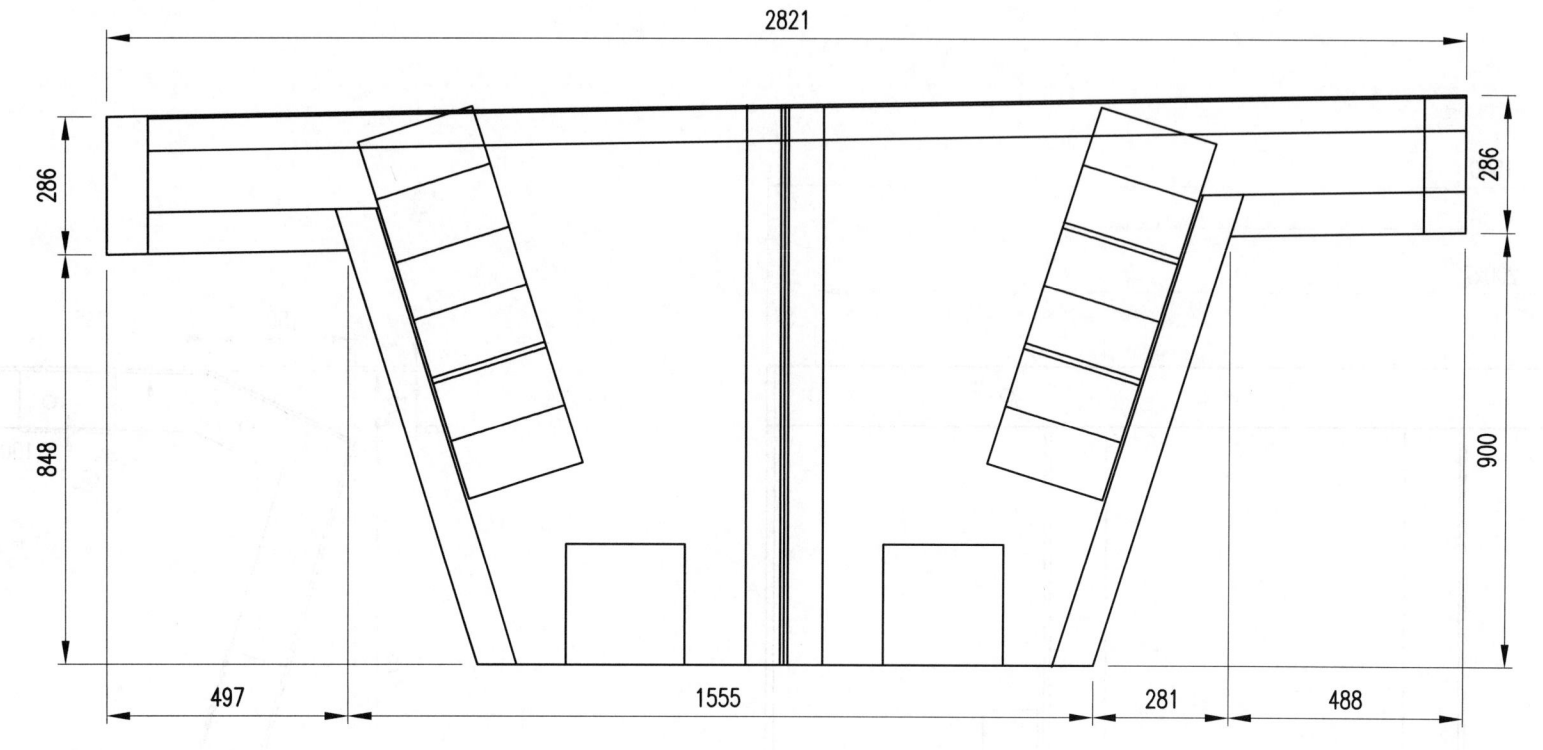
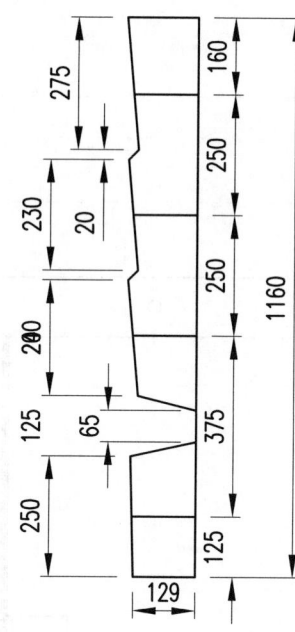
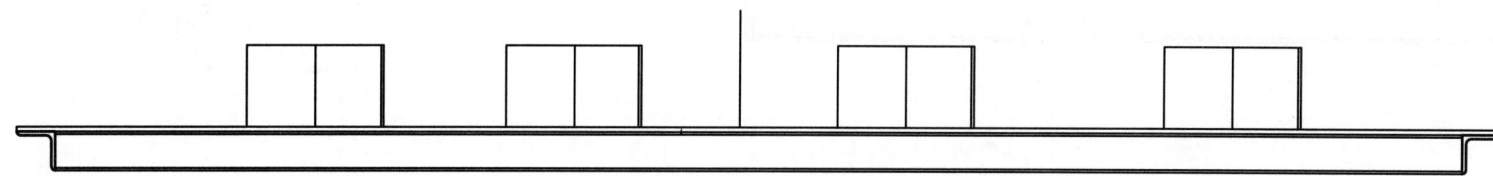

说明：
1. 本图只显示中梁非连续端端模，边梁非连续端端模与之相似,共6块。
2. 2块边梁更换翅膀。
3. 图中尺寸以mm计。

25m箱梁	材质	Q235	单重	450kg
端模断面图	件数	2	图号	7.2.2-16

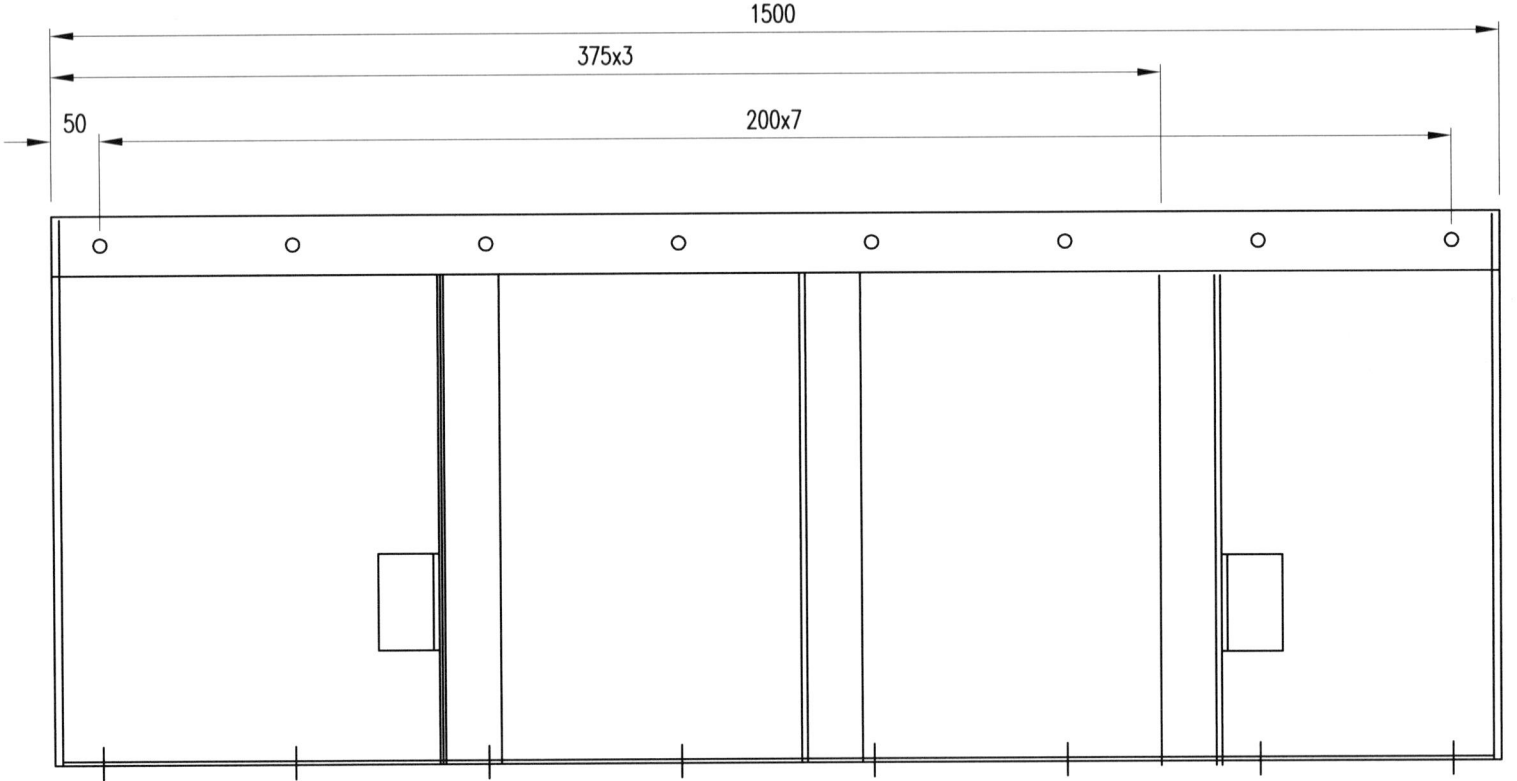
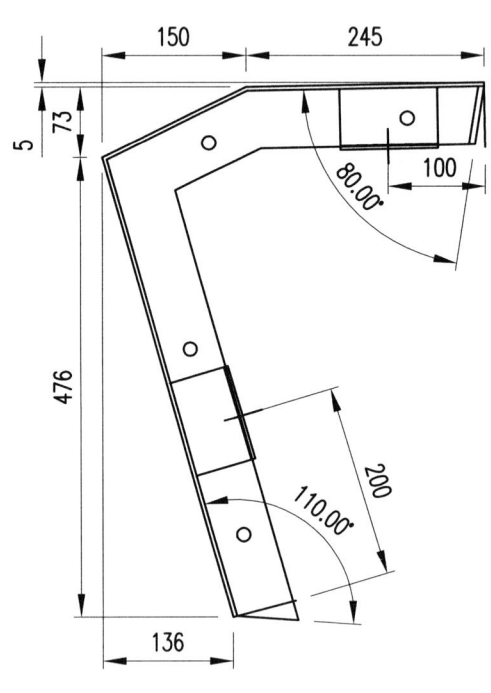

说明：
图中尺寸以mm计．

25m箱梁	材质	Q235	单重	91kg
内模(一)	件数	1	图号	7.2.2-17

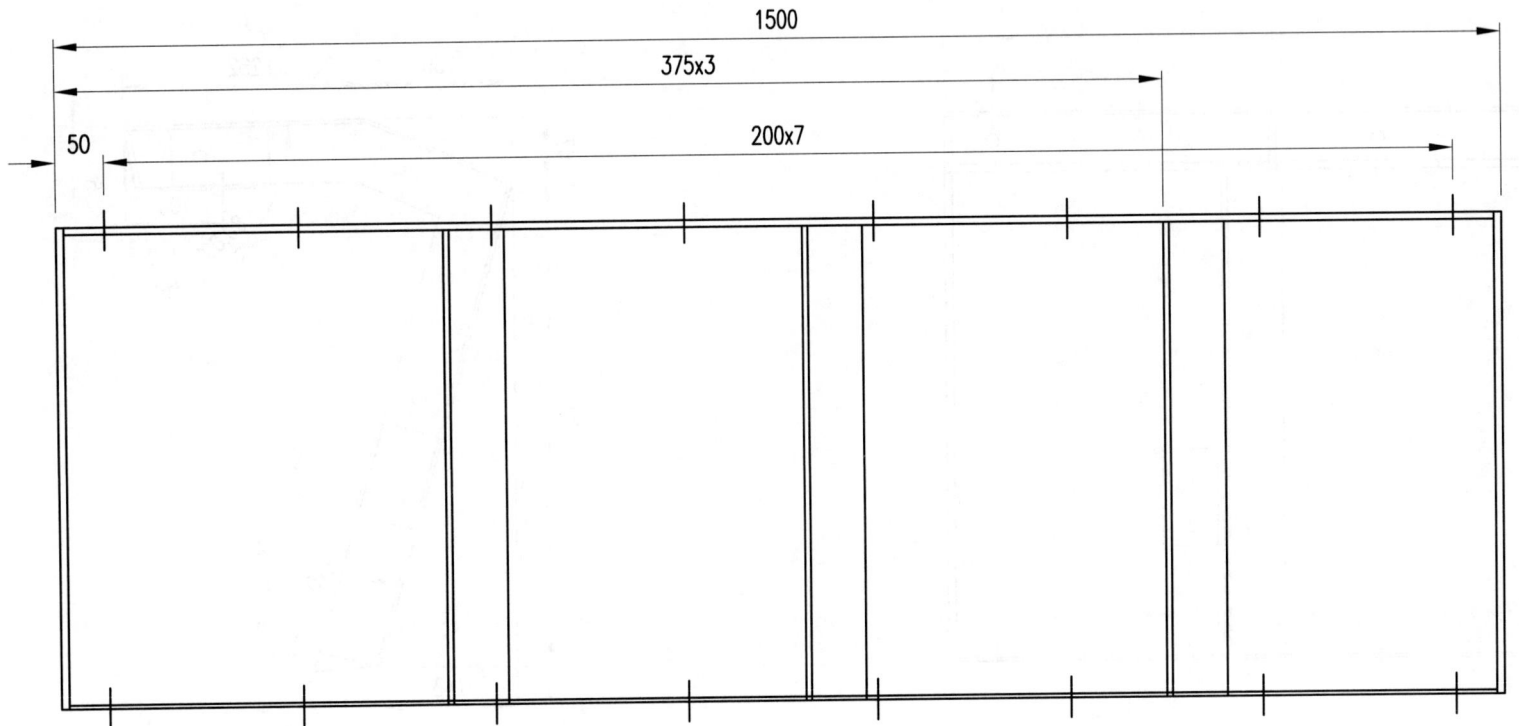
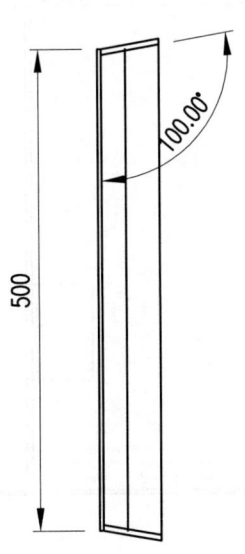

说明：
图中尺寸以mm计．

25m箱梁	材质	Q235	单重	55kg
内模(二)	件数	1	图号	7.2.2-18

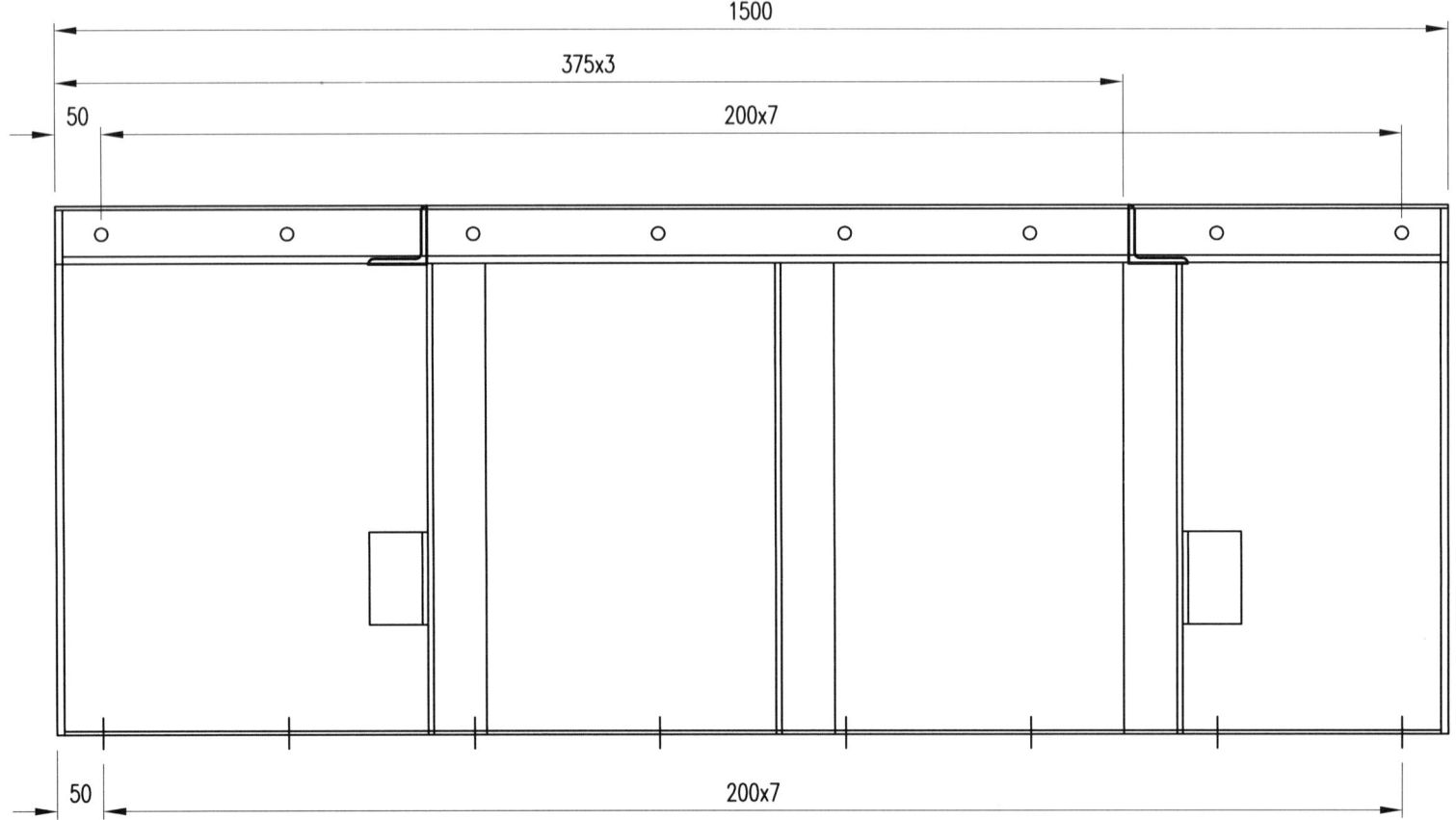
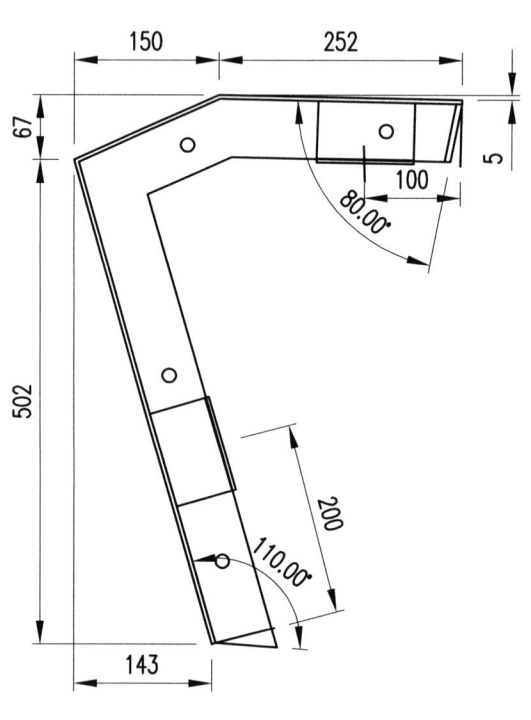

说明：
图中尺寸以mm计．

25m箱梁	材质	Q235	单重	93kg
内模(三)	件数	1	图号	7.2.2-19

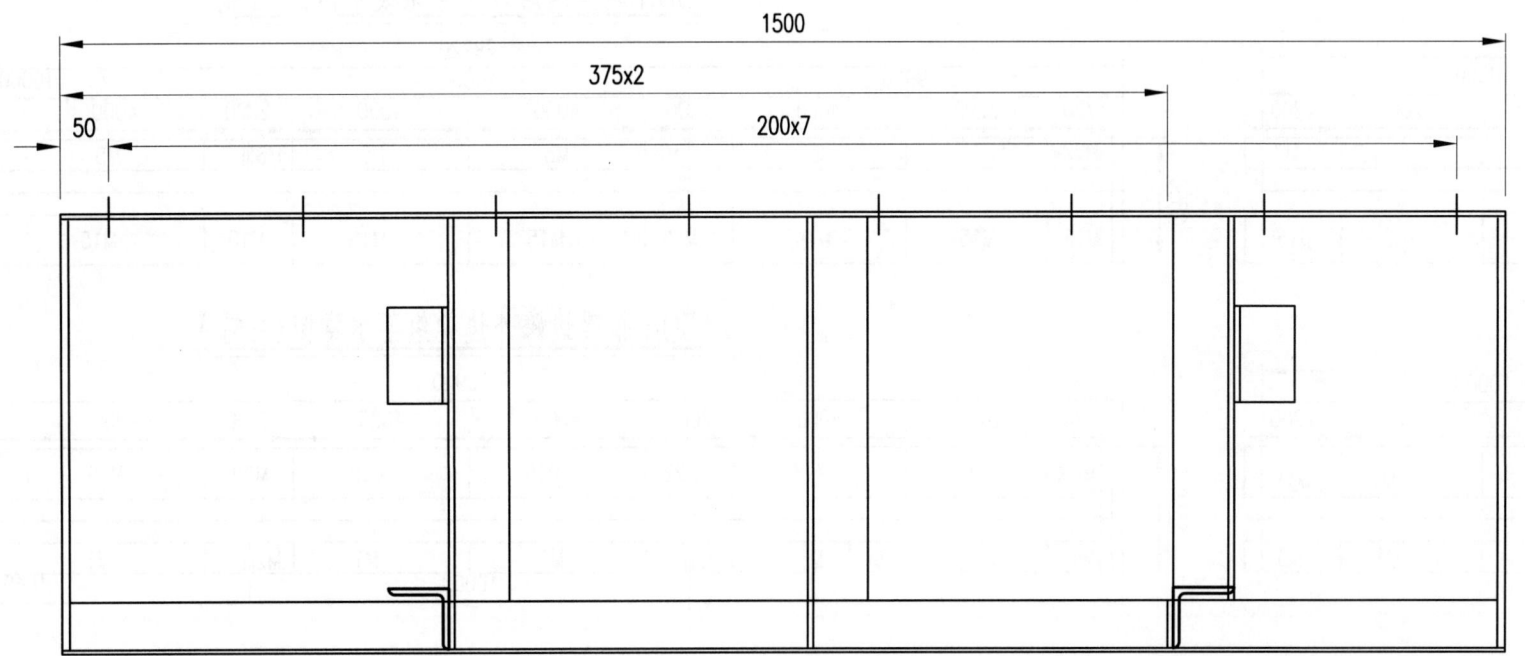
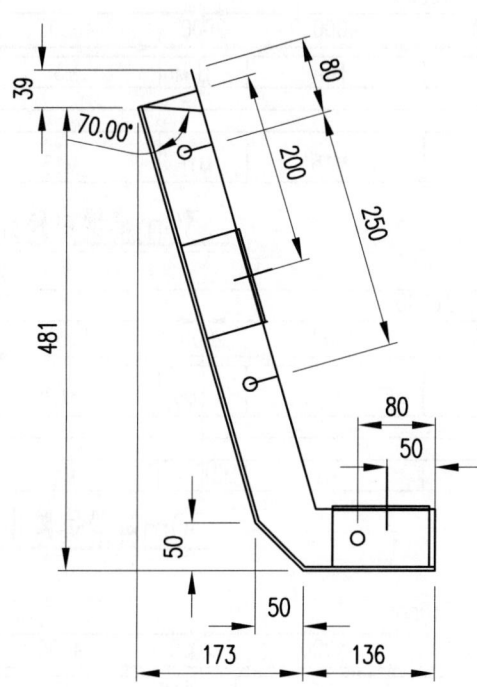

说明：
图中尺寸以mm计。

25m箱梁	材质	Q235	单重	72kg
内模(四)	件数	2	图号	7.2.2-20

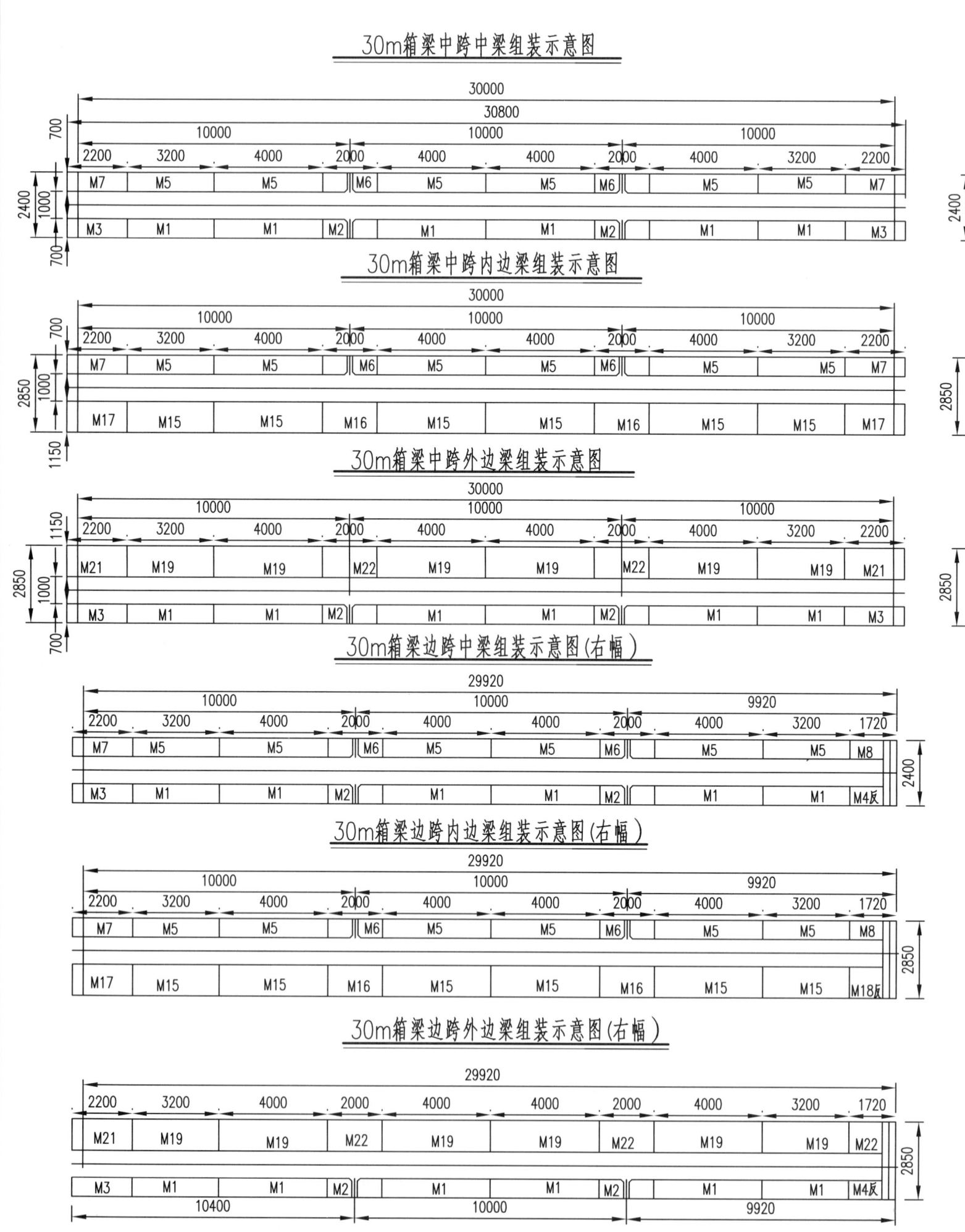

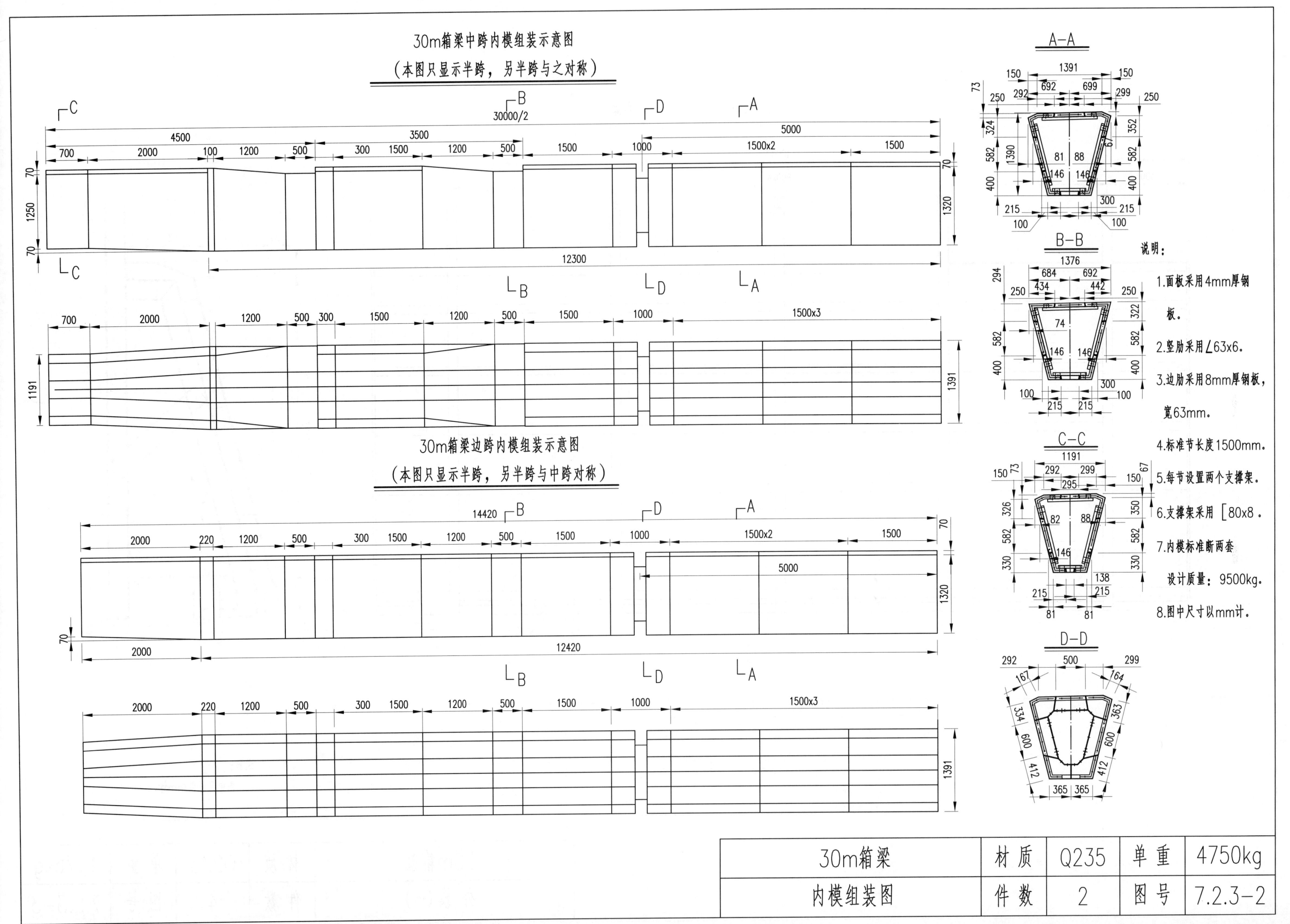

高端

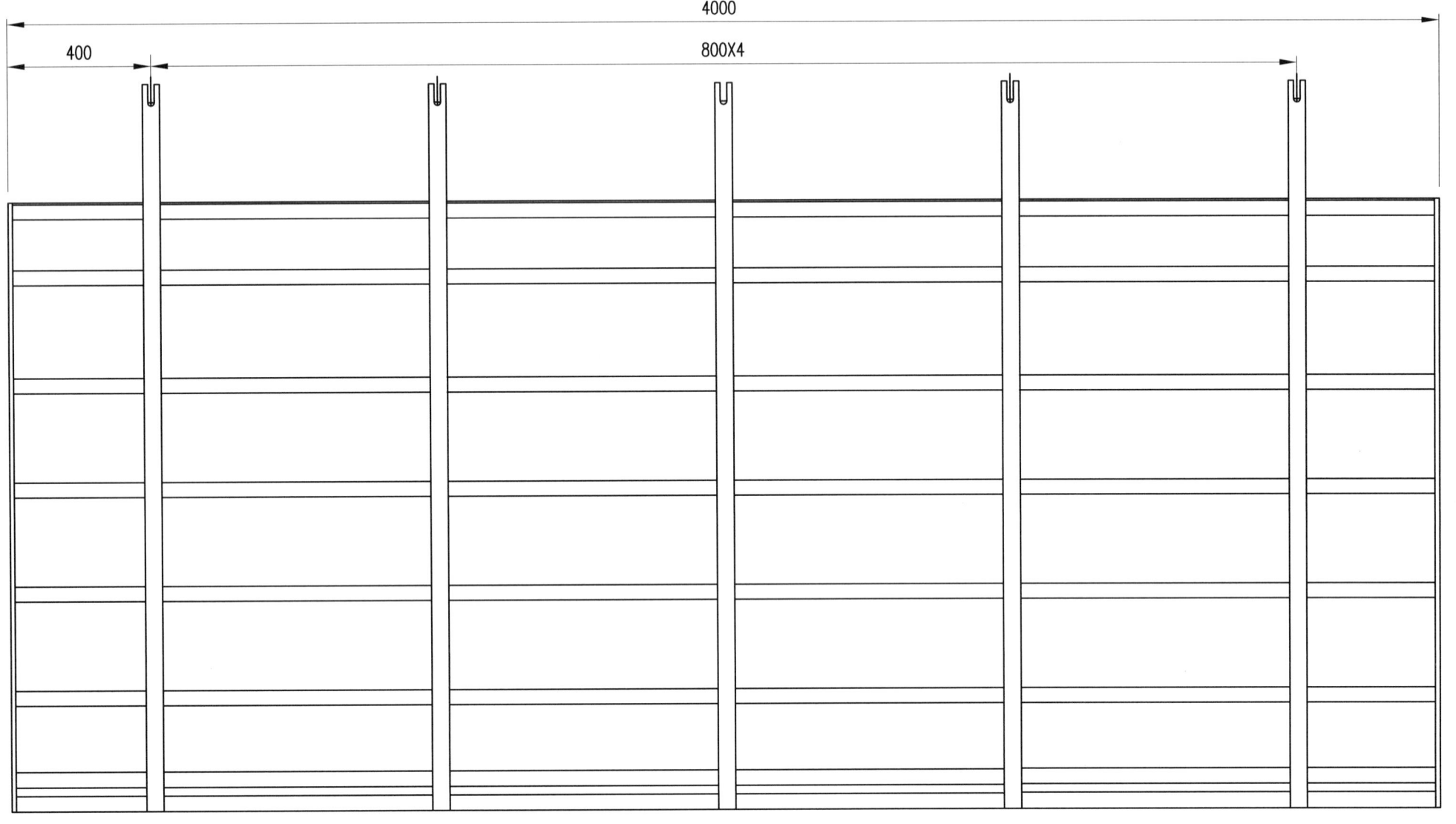
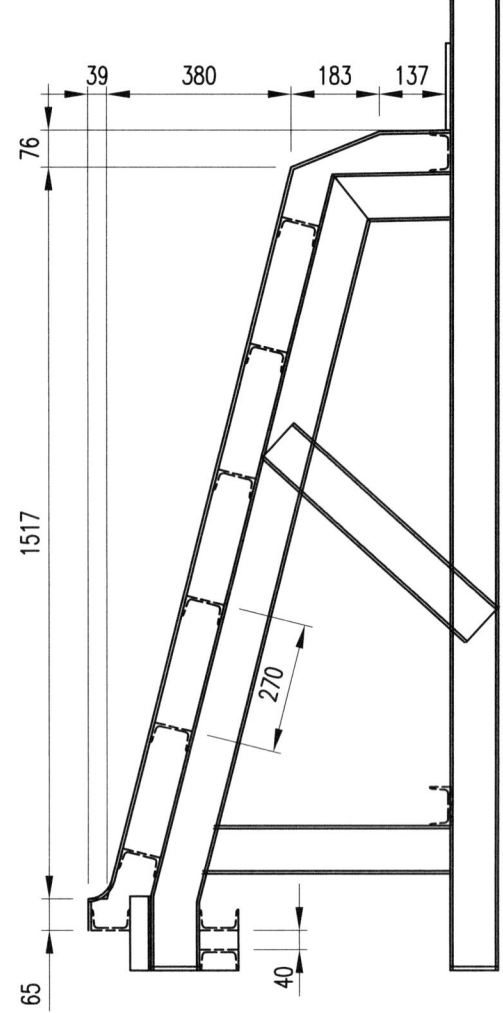

说明：
图中尺寸以mm计。

30m箱梁	材质	Q235	单重	1176kg
外模(一)	件数	4	图号	7.2.3-3

高端

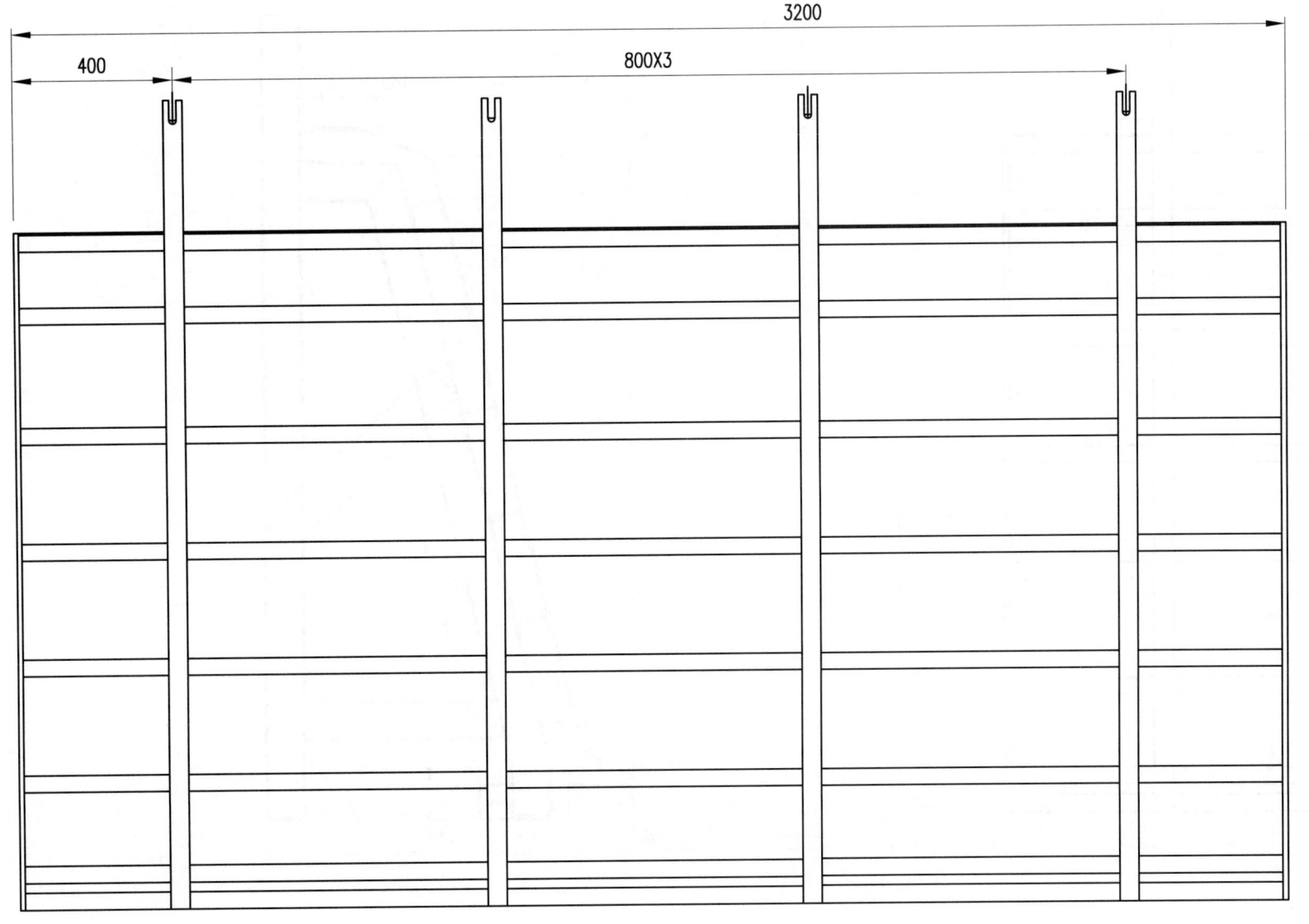
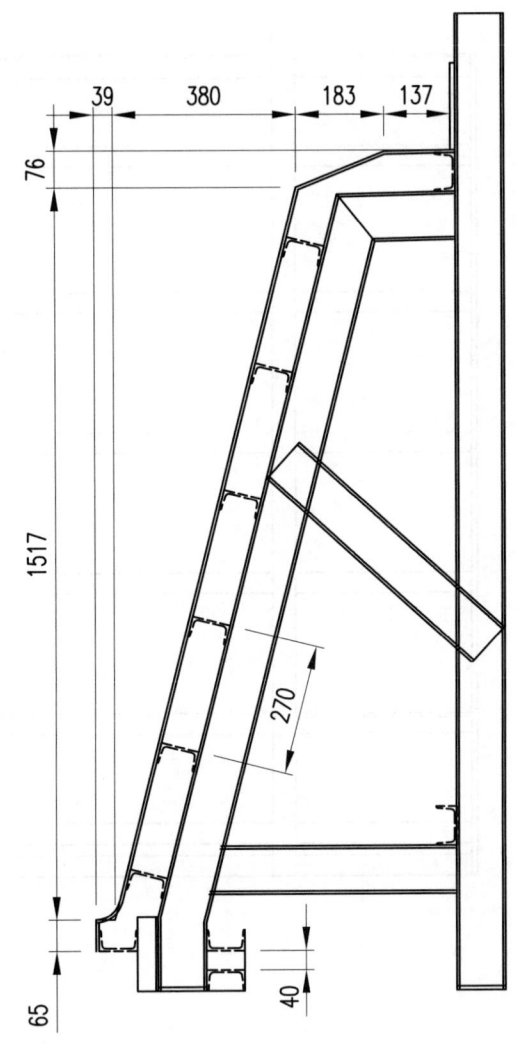

说明:
图中尺寸以mm计。

30m箱梁	材 质	Q235	单重	838.5kg
外模(二)	件数	2	图号	7.2.3-4

高端

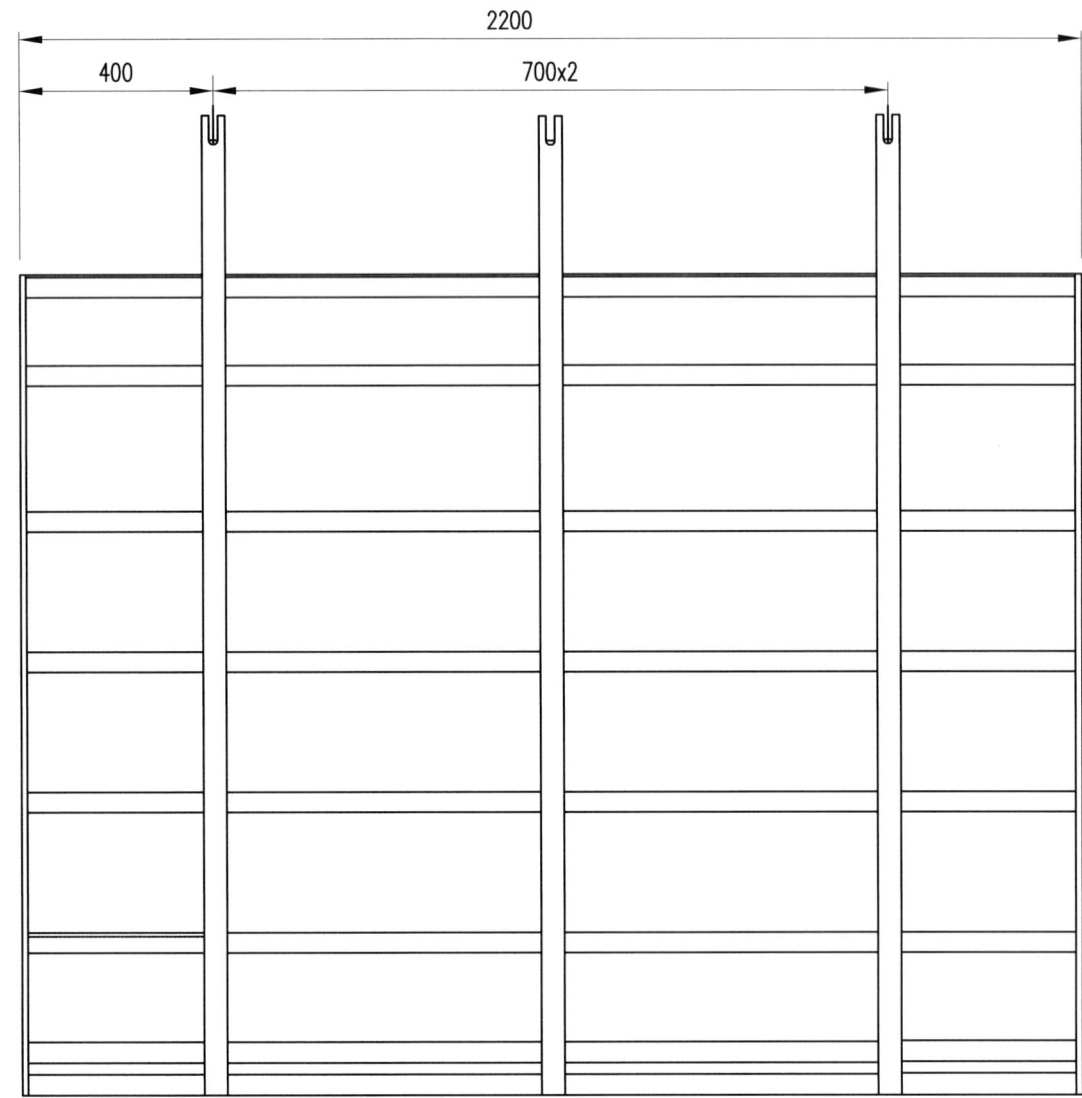
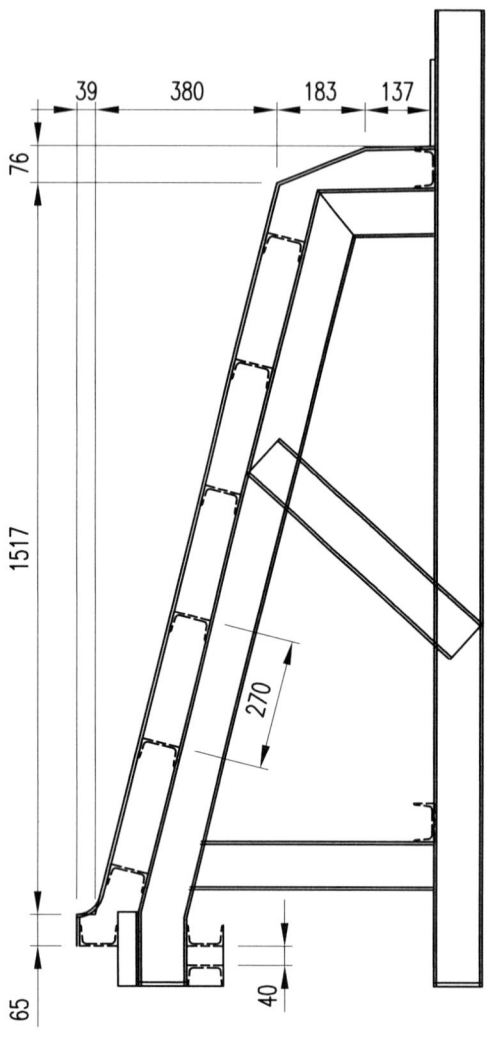

说明：

图中尺寸以mm计。

30m箱梁	材质	Q235	单重	577kg
外模(三)	件数	2	图号	7.2.3-5

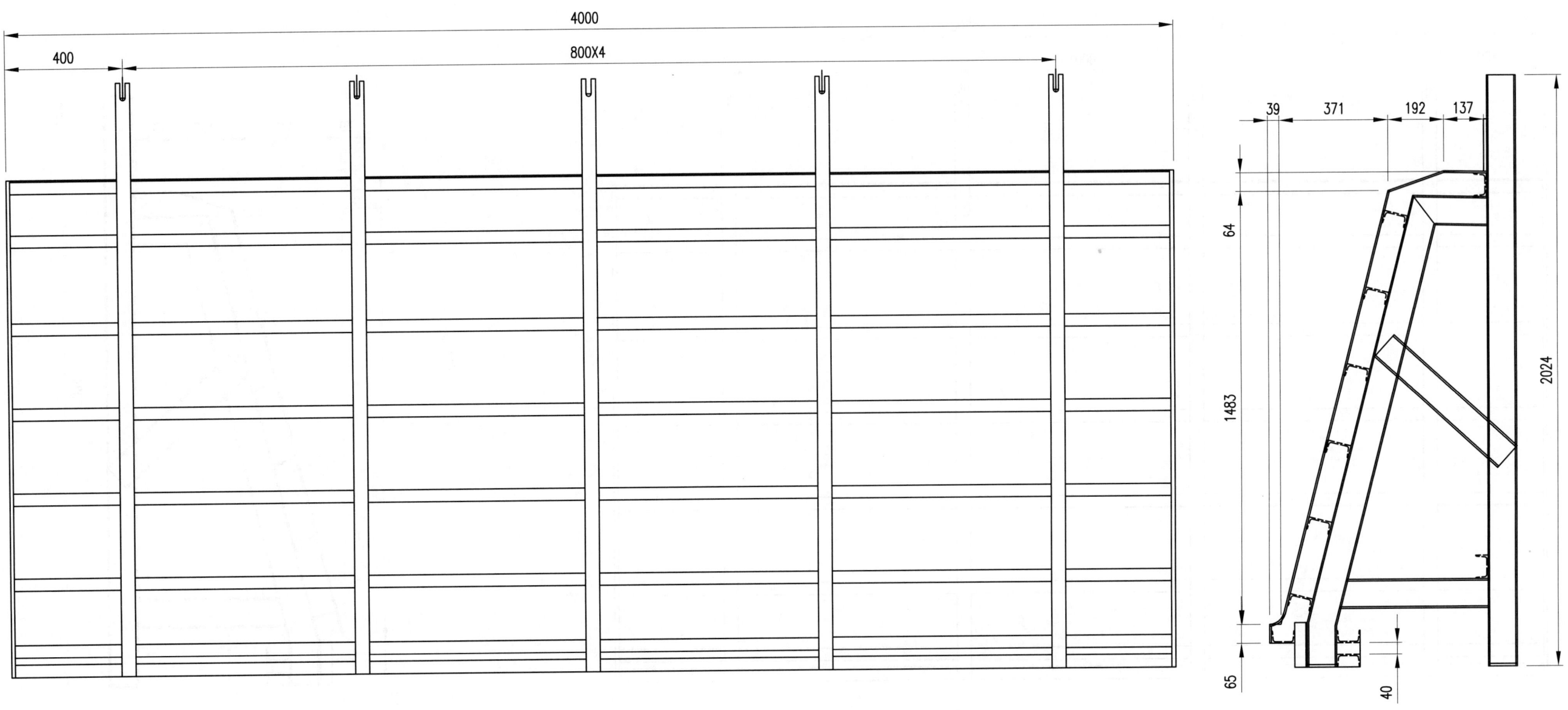

低端

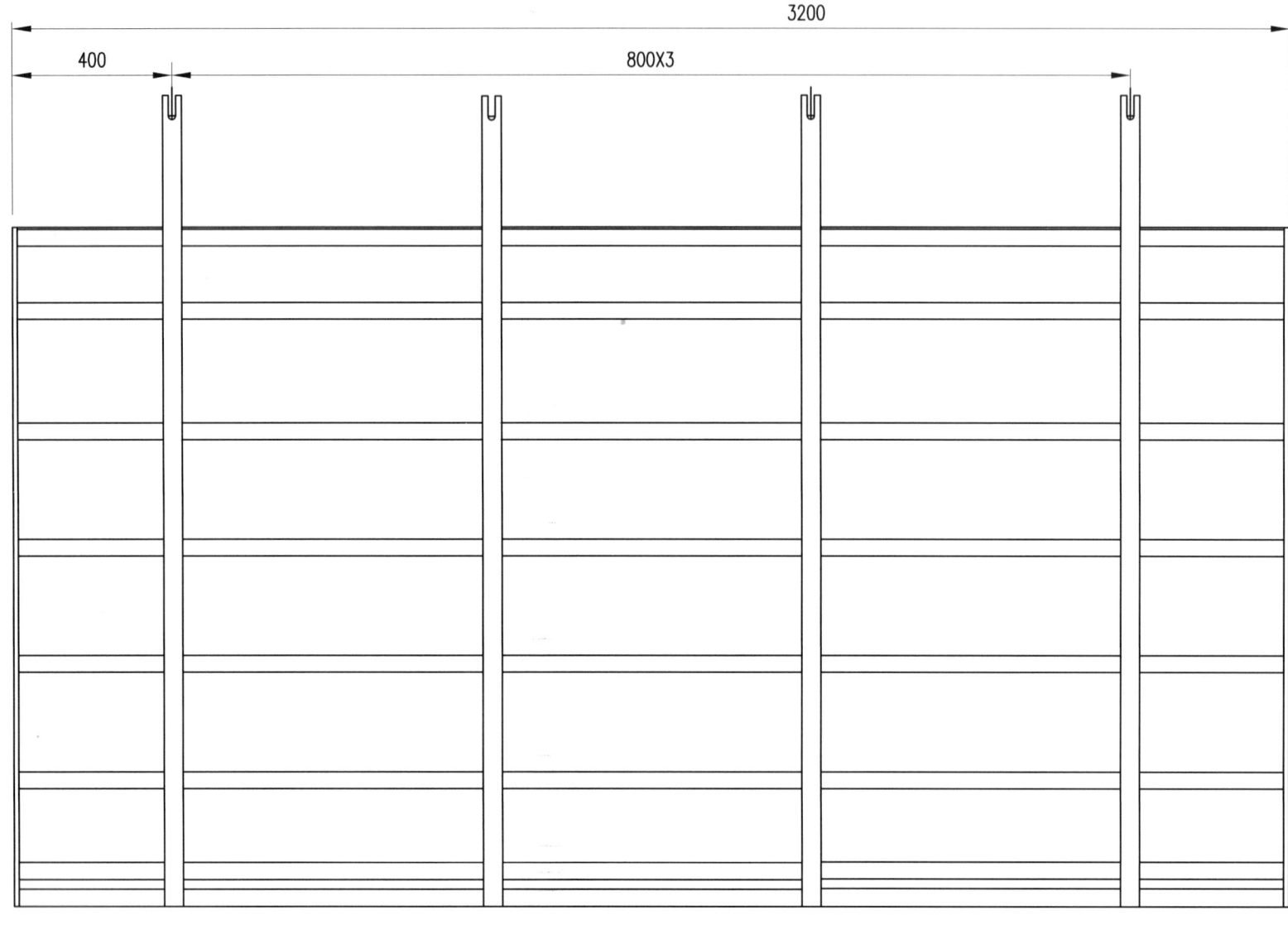
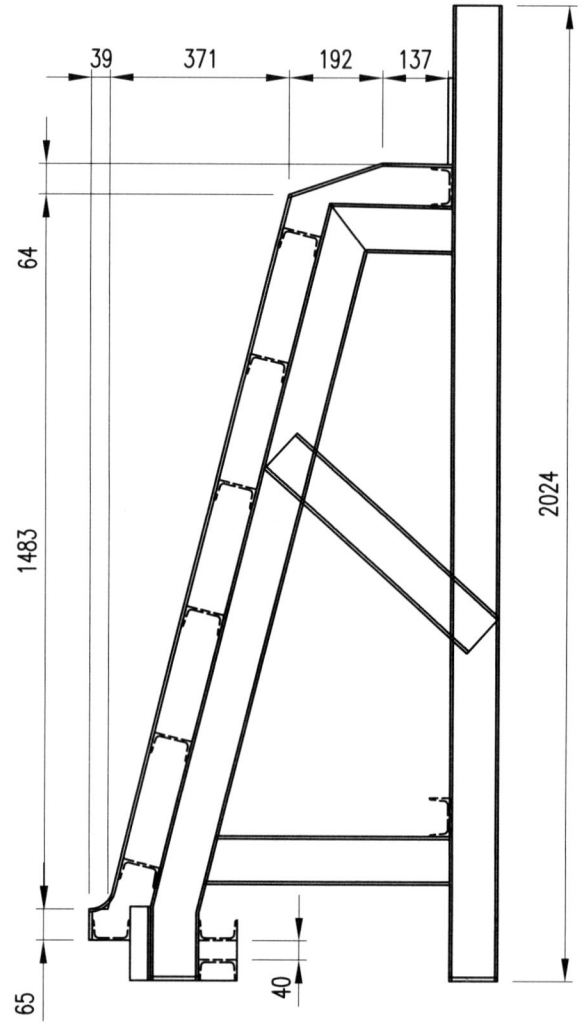

说明：
图中尺寸以mm计。

30m箱梁	材质	Q235	单重	832.5kg
外模(五)	件数	2	图号	7.2.3-7

低端

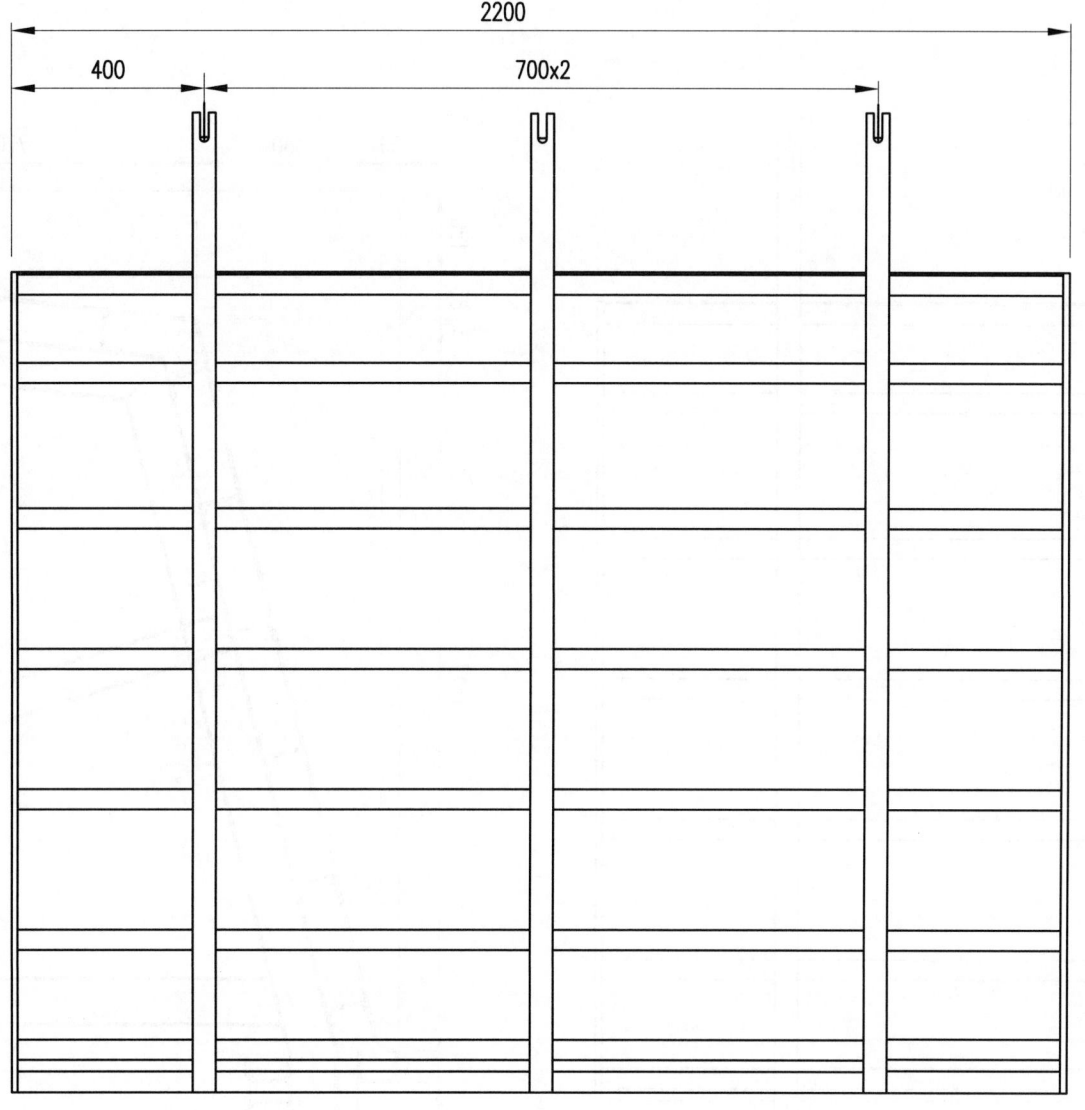
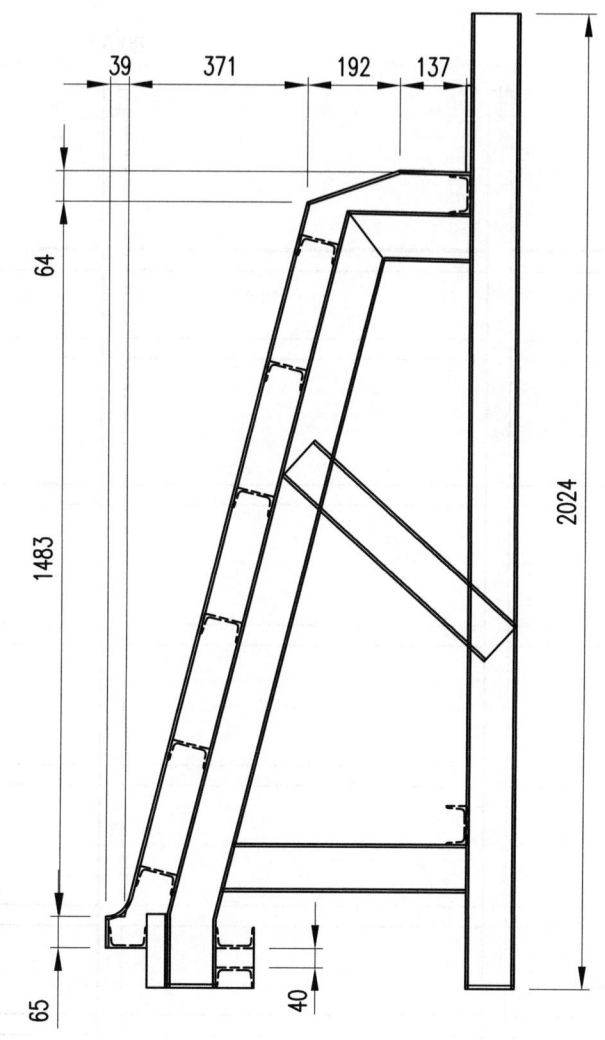

说明：
图中尺寸以mm计。

30m箱梁	材质	Q235	单重	573.5kg
外模(六)	件数	2	图号	7.2.3-8

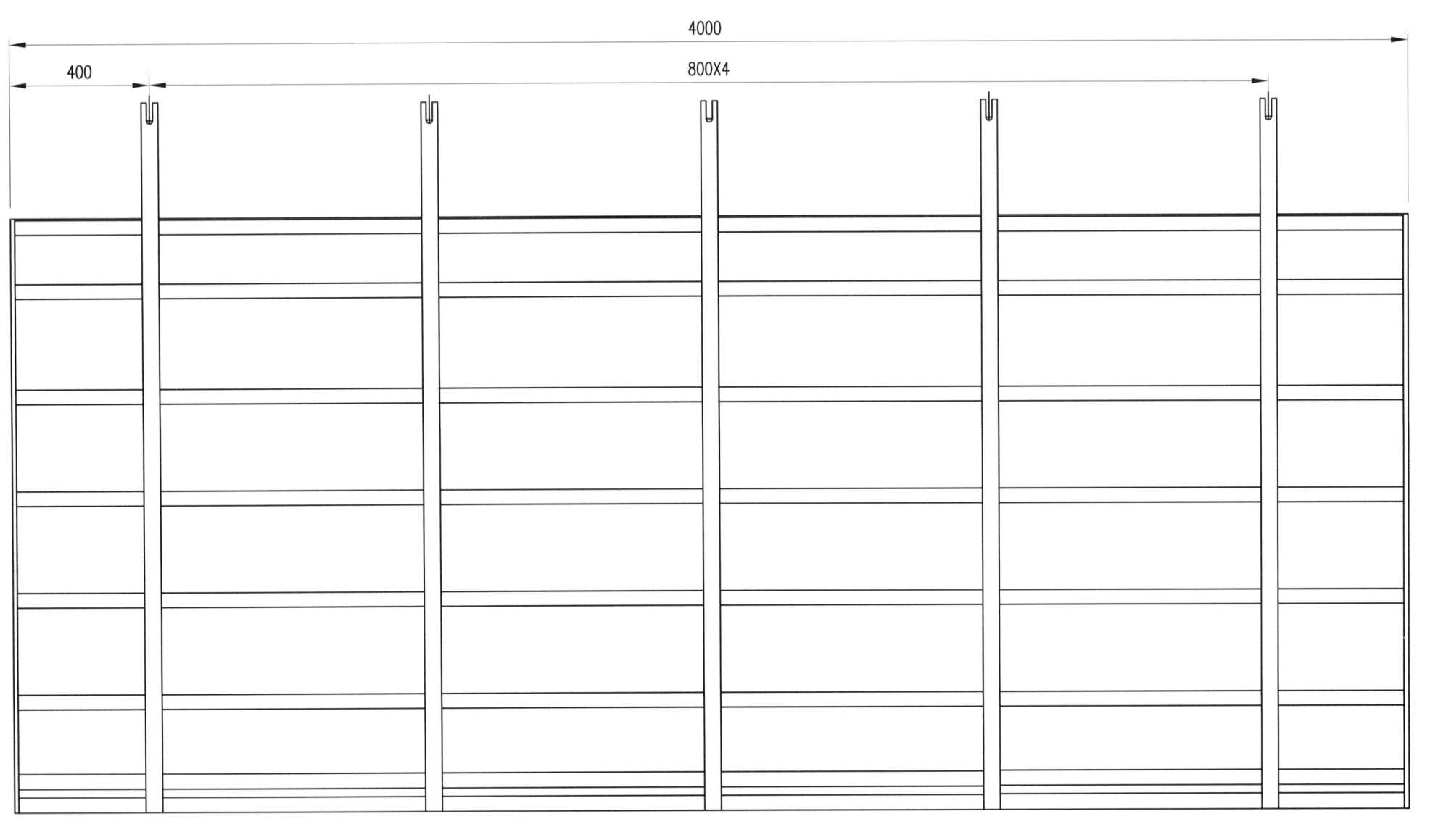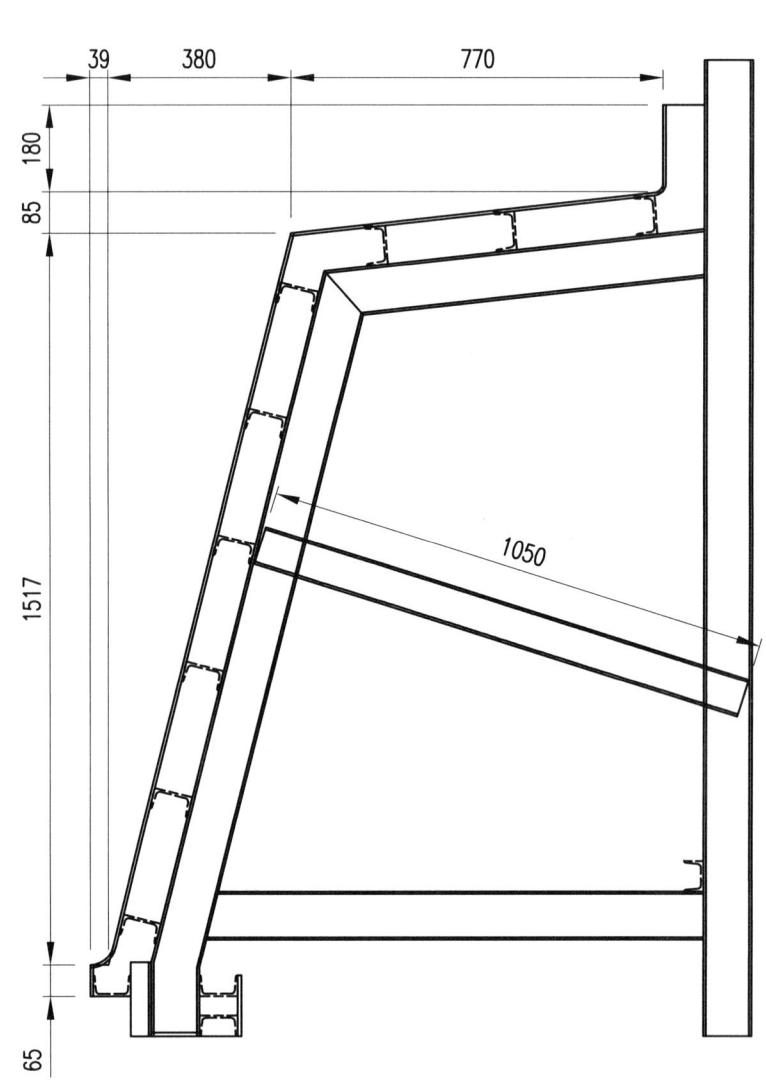

说明：
图中尺寸以mm计．

30m箱梁	材质	Q235	单重	4991kg
外模(七)	件数	1	图号	7.2.3-9

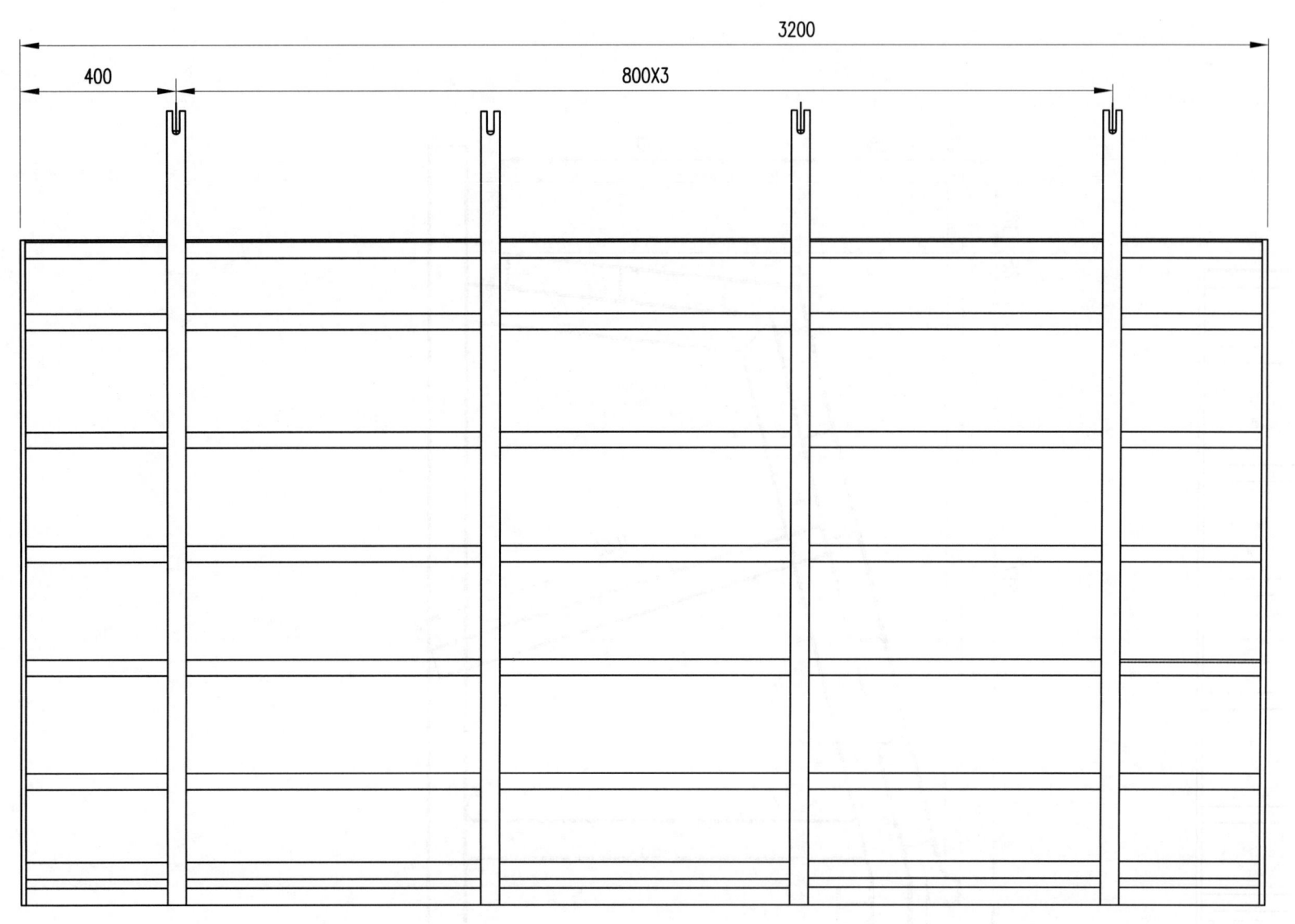
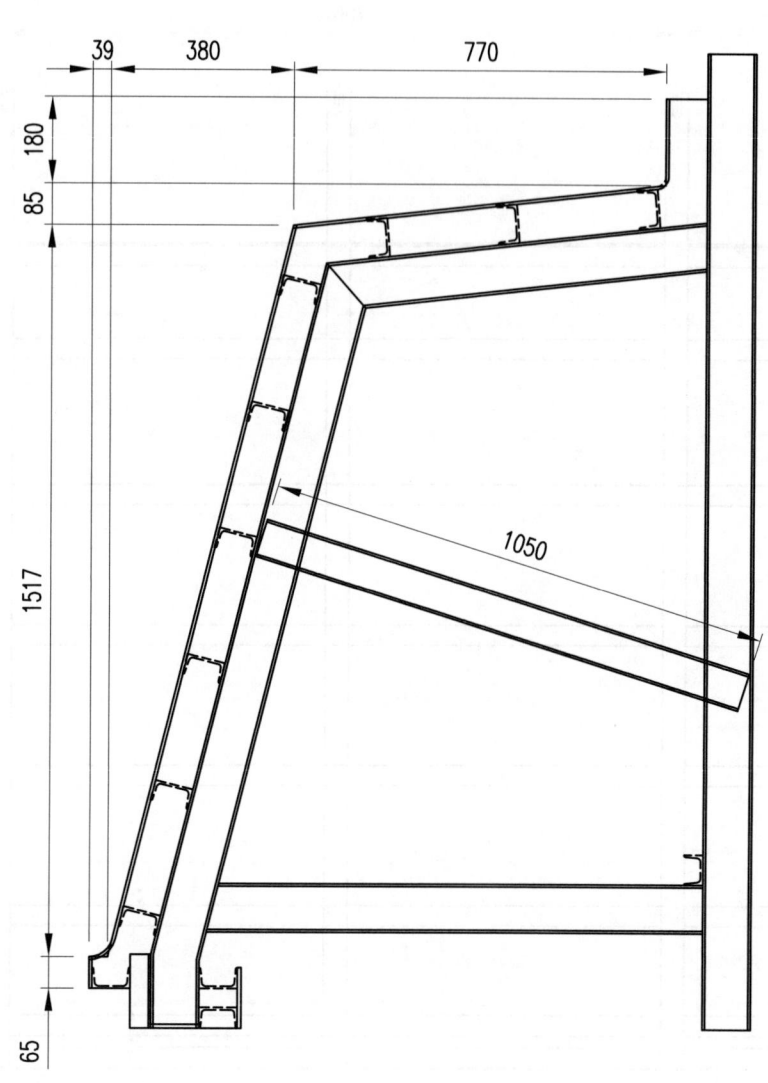

说明:
图中尺寸以mm计。

30m箱梁	材质	Q235	单重	1009kg
外模(八)	件数	2	图号	7.2.3-10

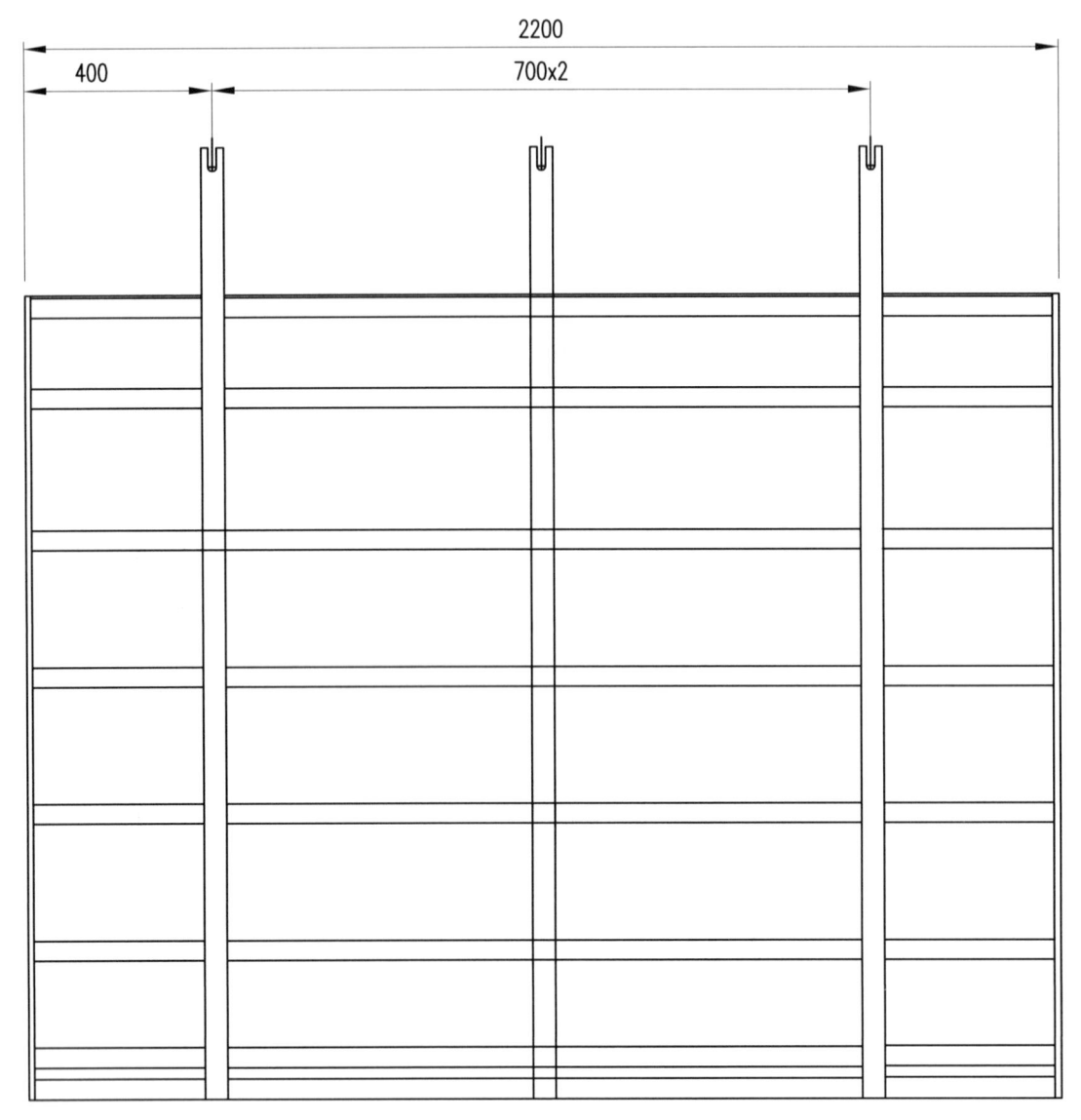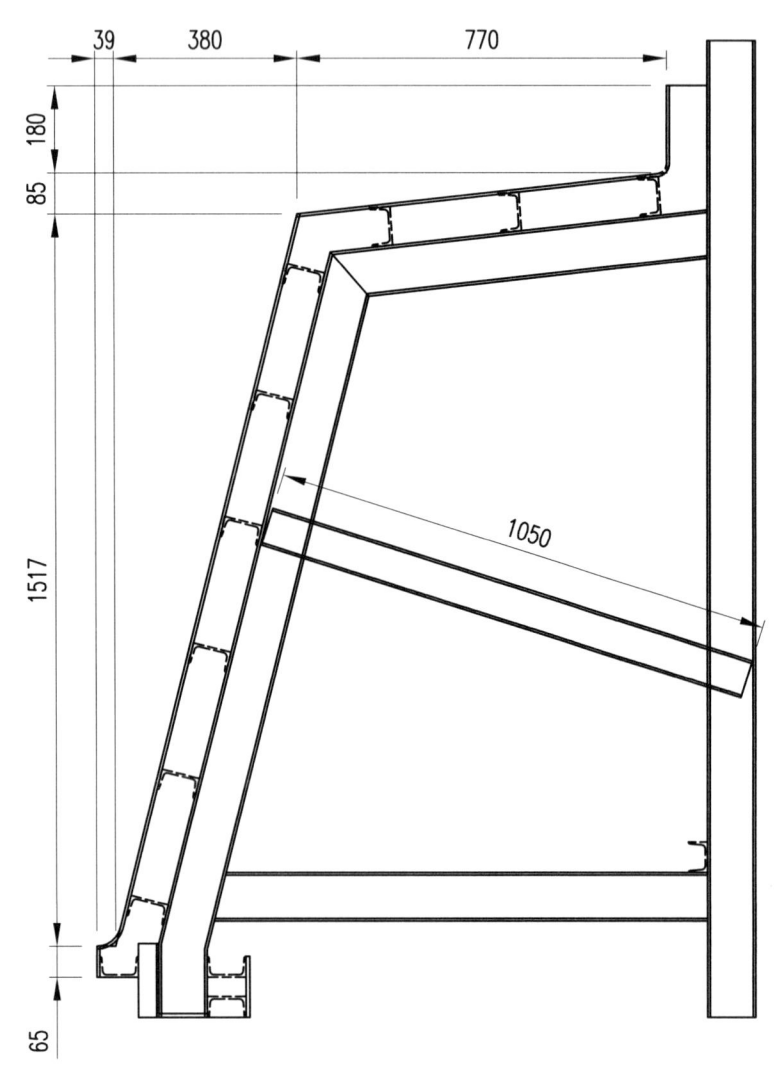

说明：

图中尺寸以mm计。

30m箱梁	材 质	Q235	单 重	745.5kg
外模(九)	件 数	2	图 号	7.2.3-11

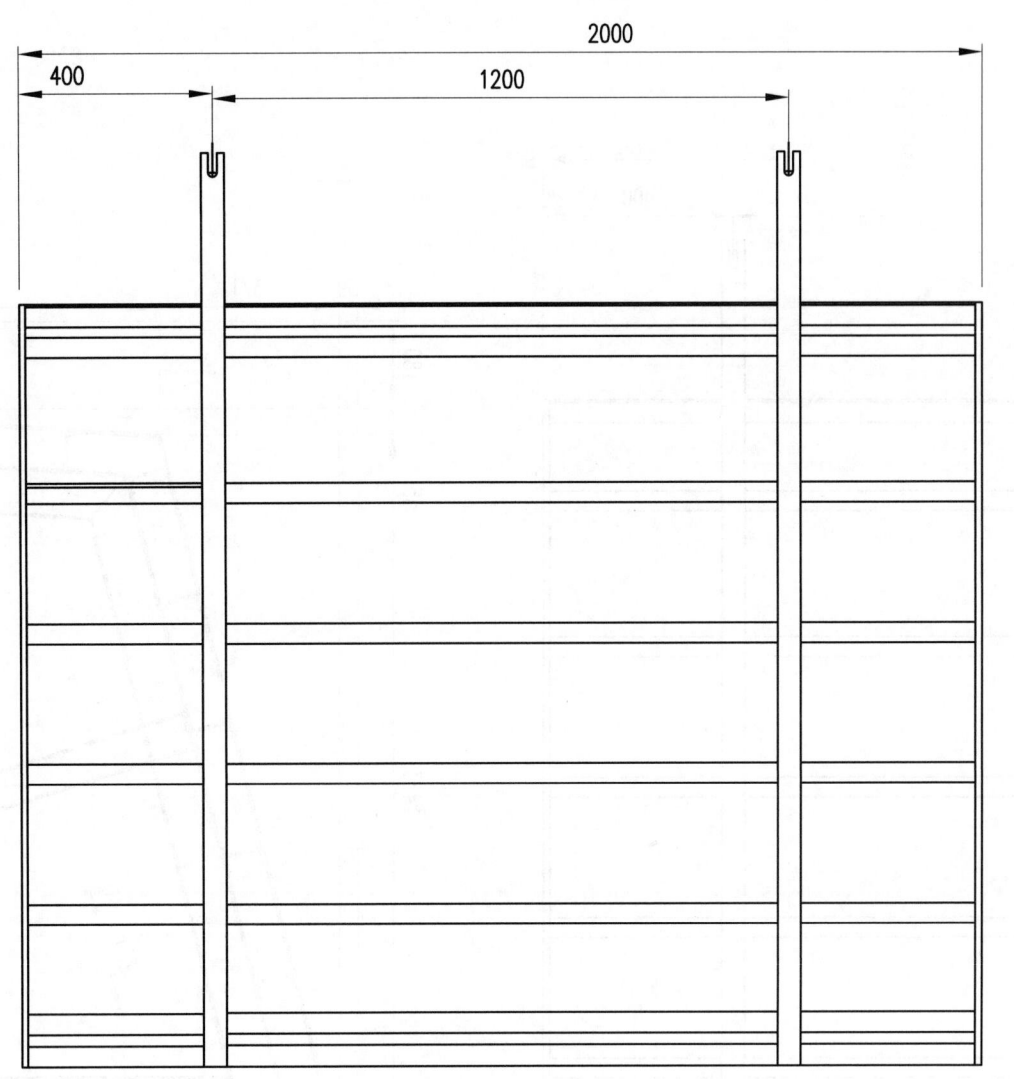
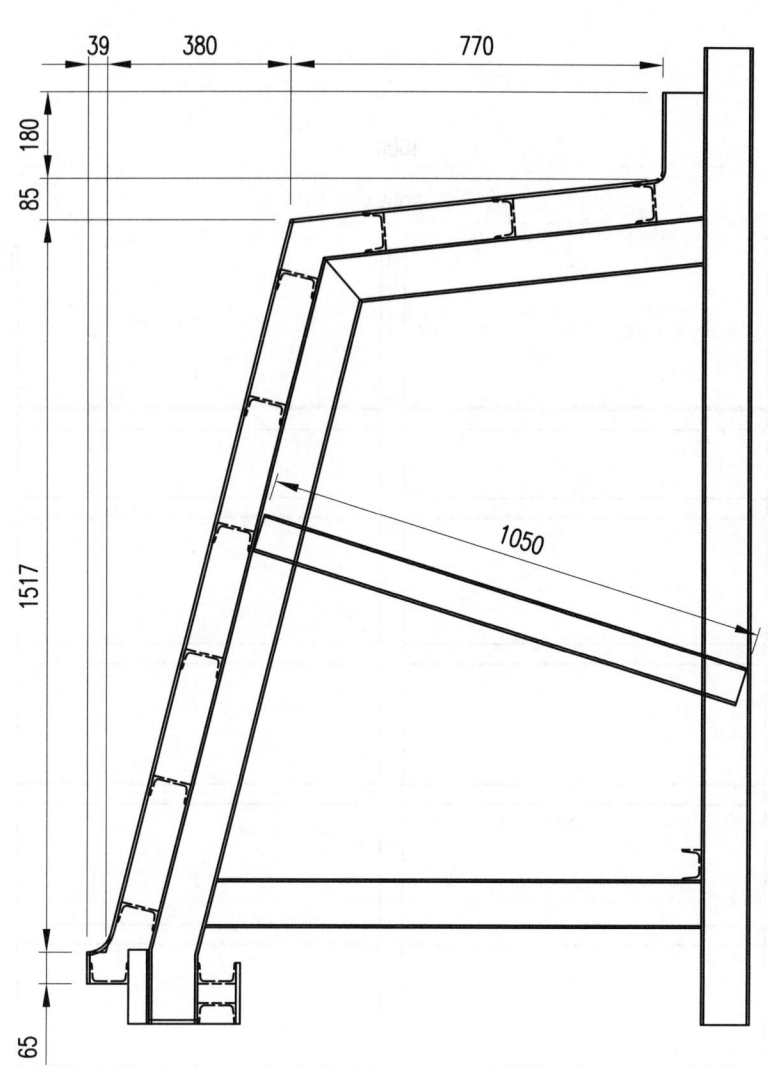

30m箱梁	材质	Q235	单重	620kg
外模(十)	件数	2	图号	7.2.3-12

说明：
图中尺寸以mm计。

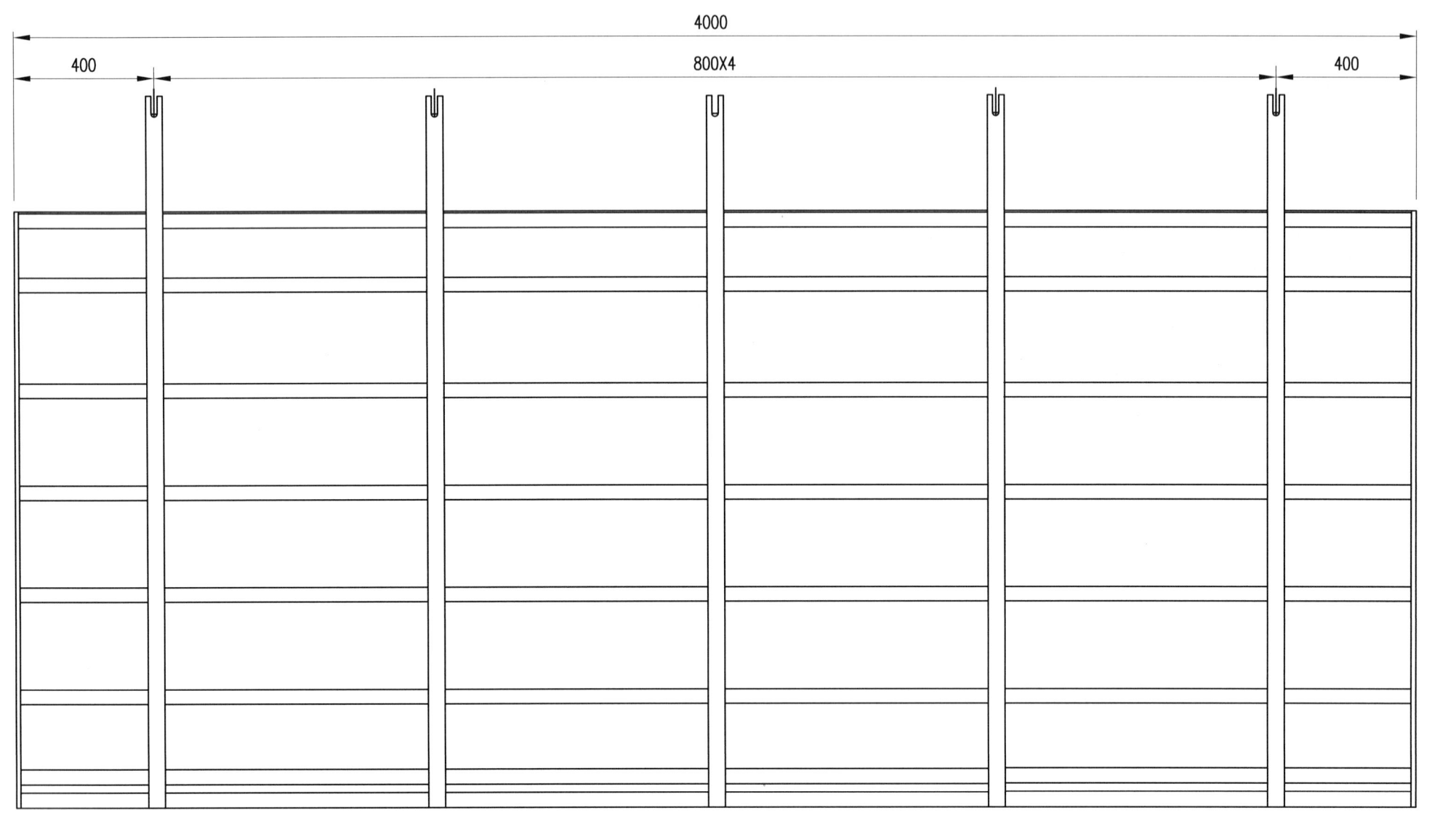
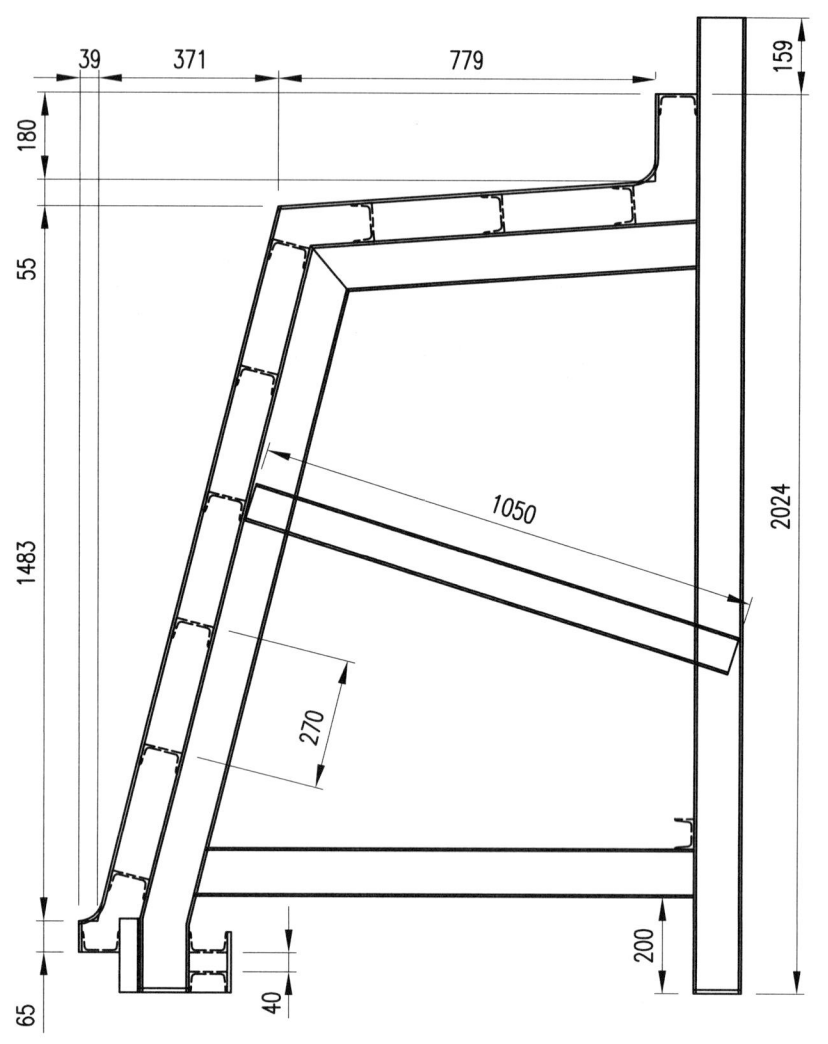

说明：
图中尺寸以mm计。

30m箱梁	材质	Q235	单重	1234kg
外模(十一)	件数	4	图号	7.2.3-13

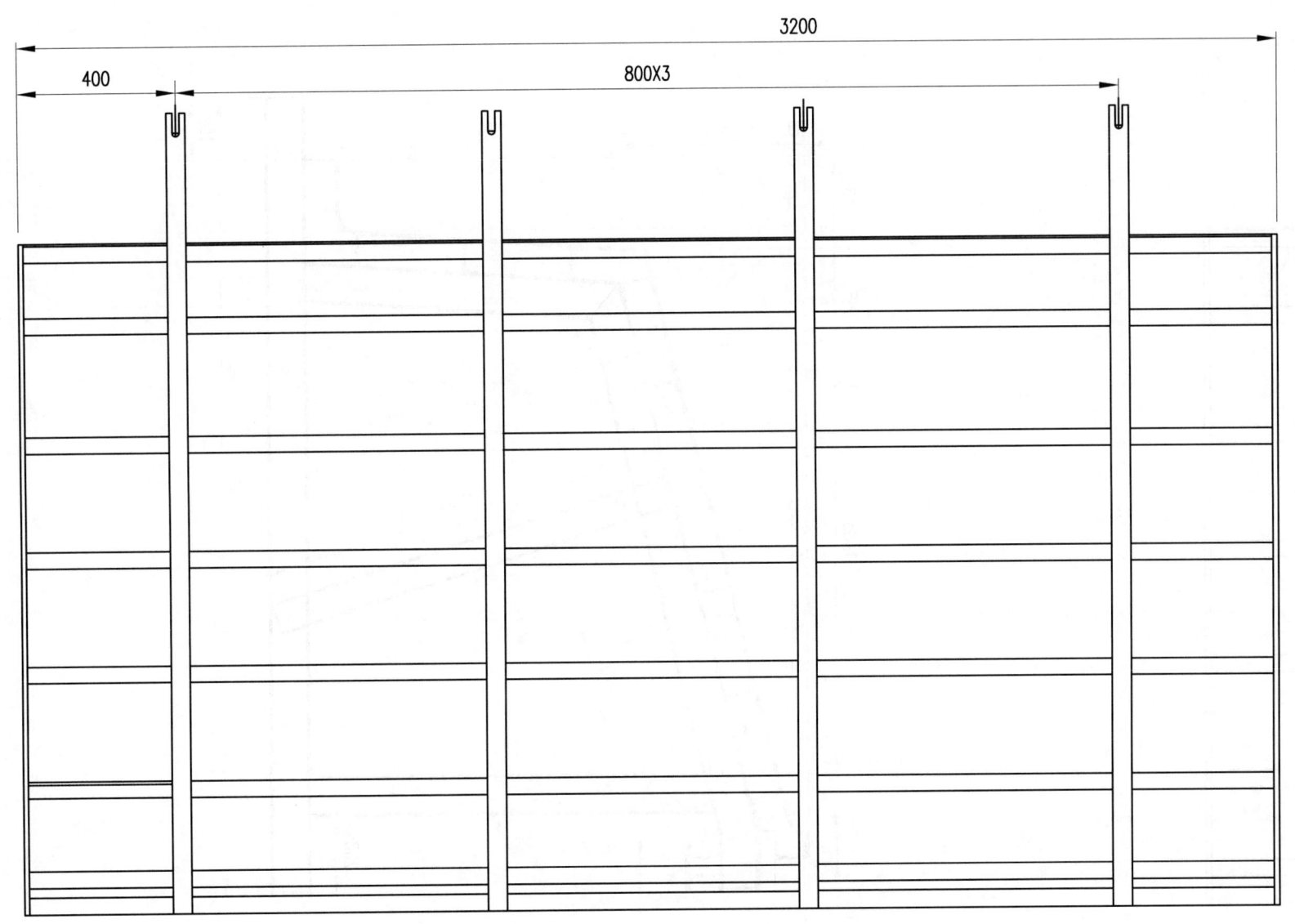
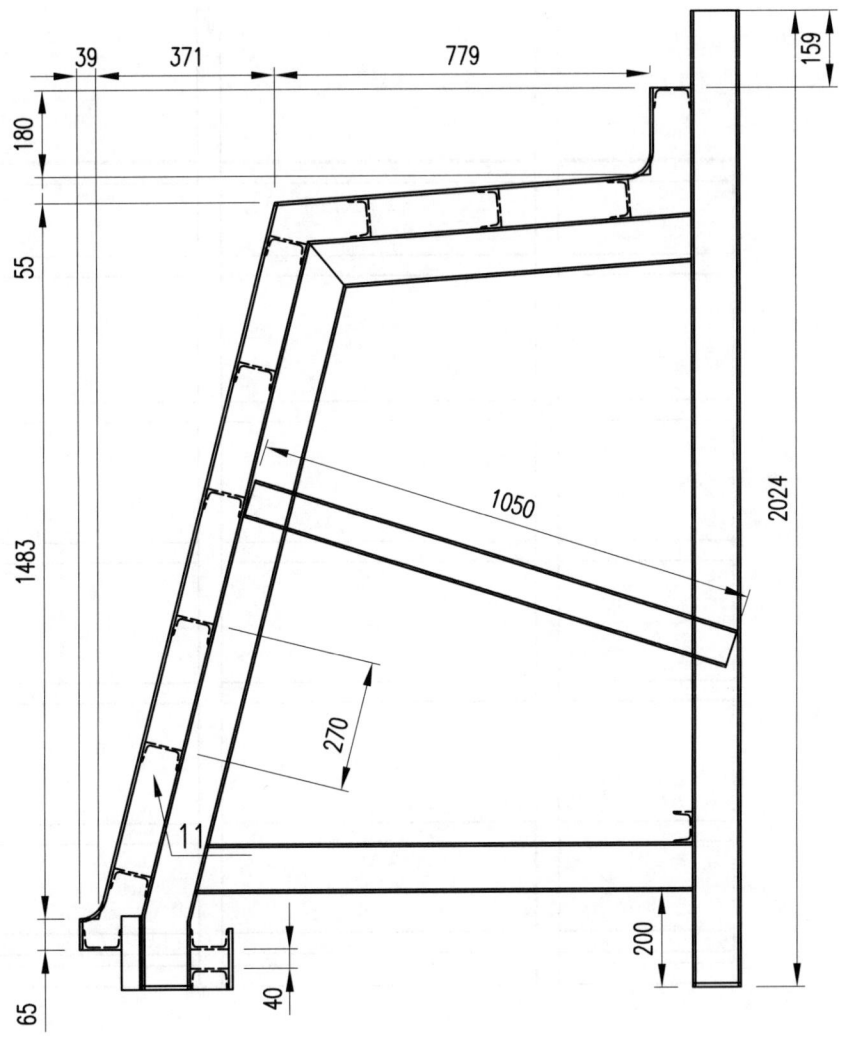

说明：

图中尺寸以mm计。

30m箱梁	材质	Q235	单重	997kg
外模(十二)	件数	2	图号	7.2.3-14

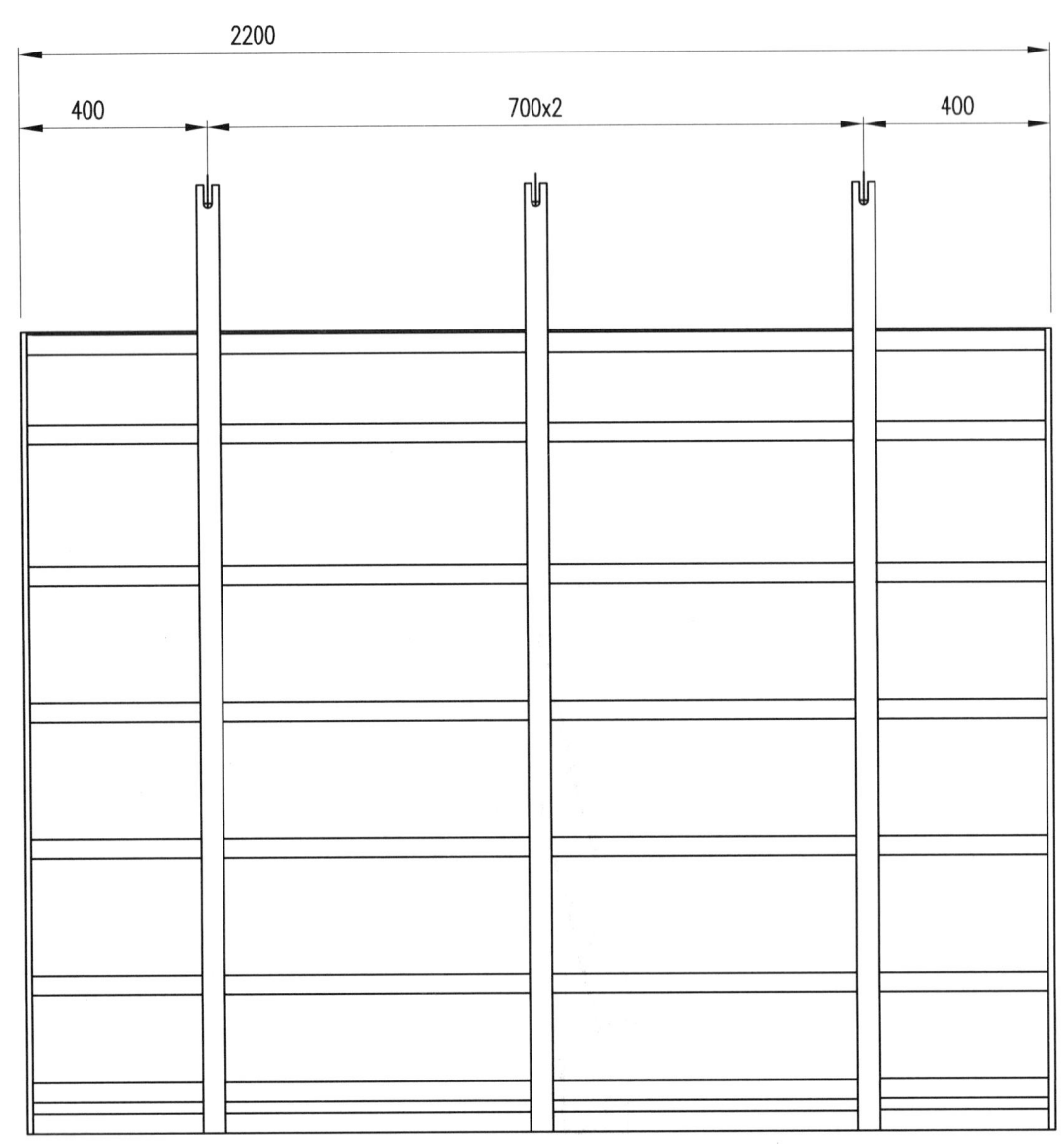
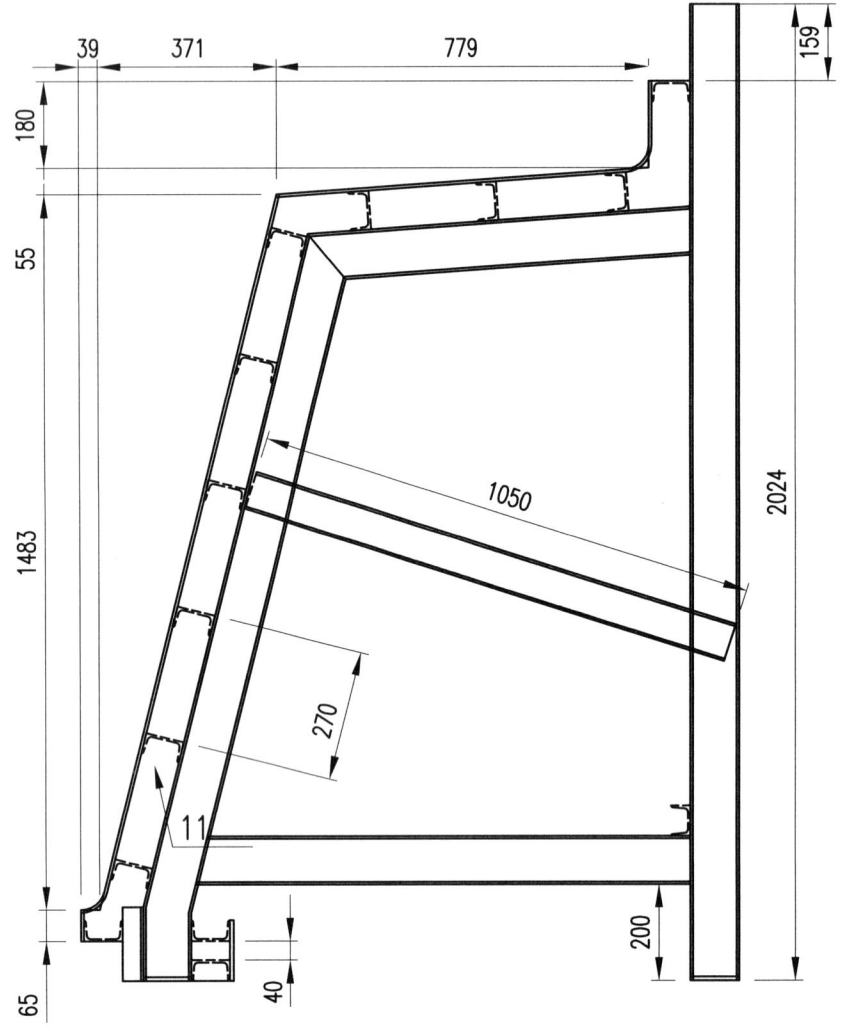

说明:
图中尺寸以mm计。

30m箱梁	材质	Q235	单重	735kg
外模(十三)	件数	2	图号	7.2.3-15

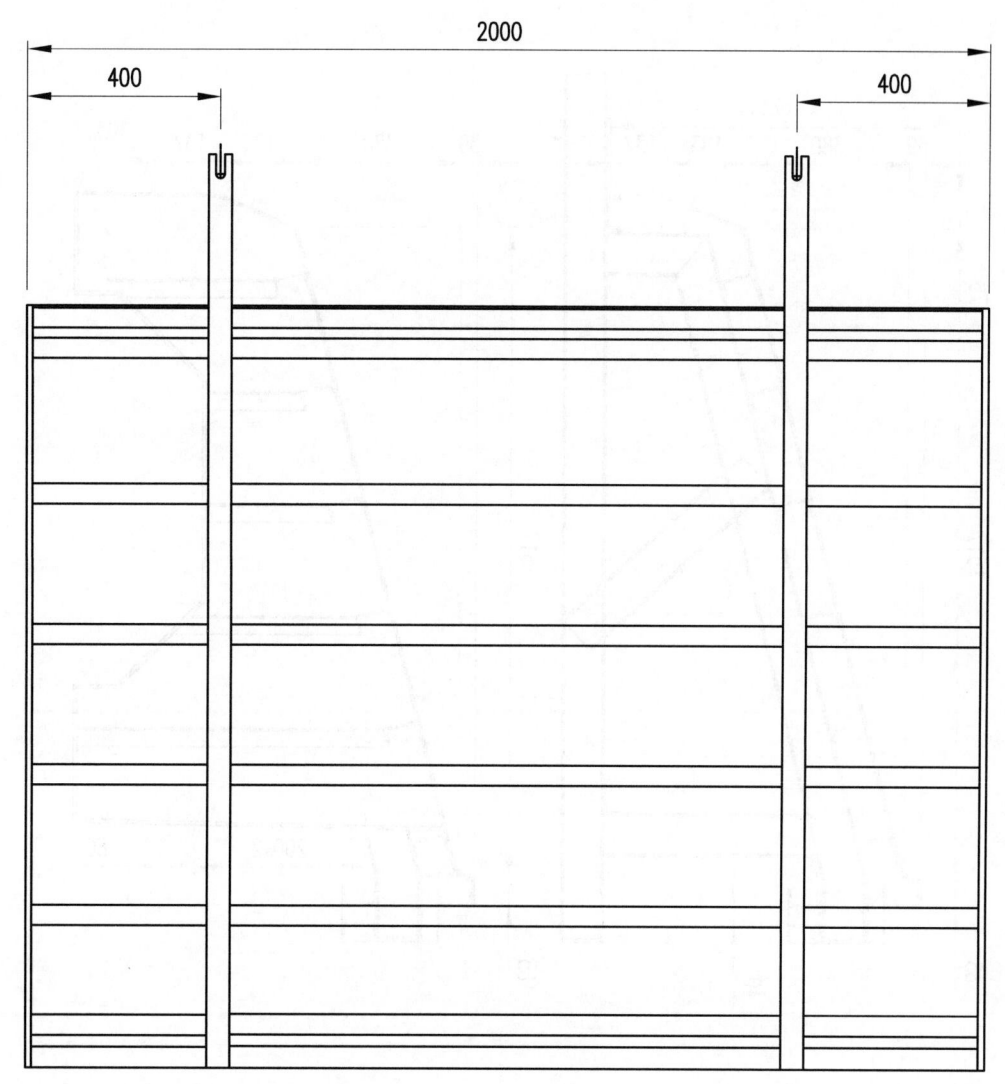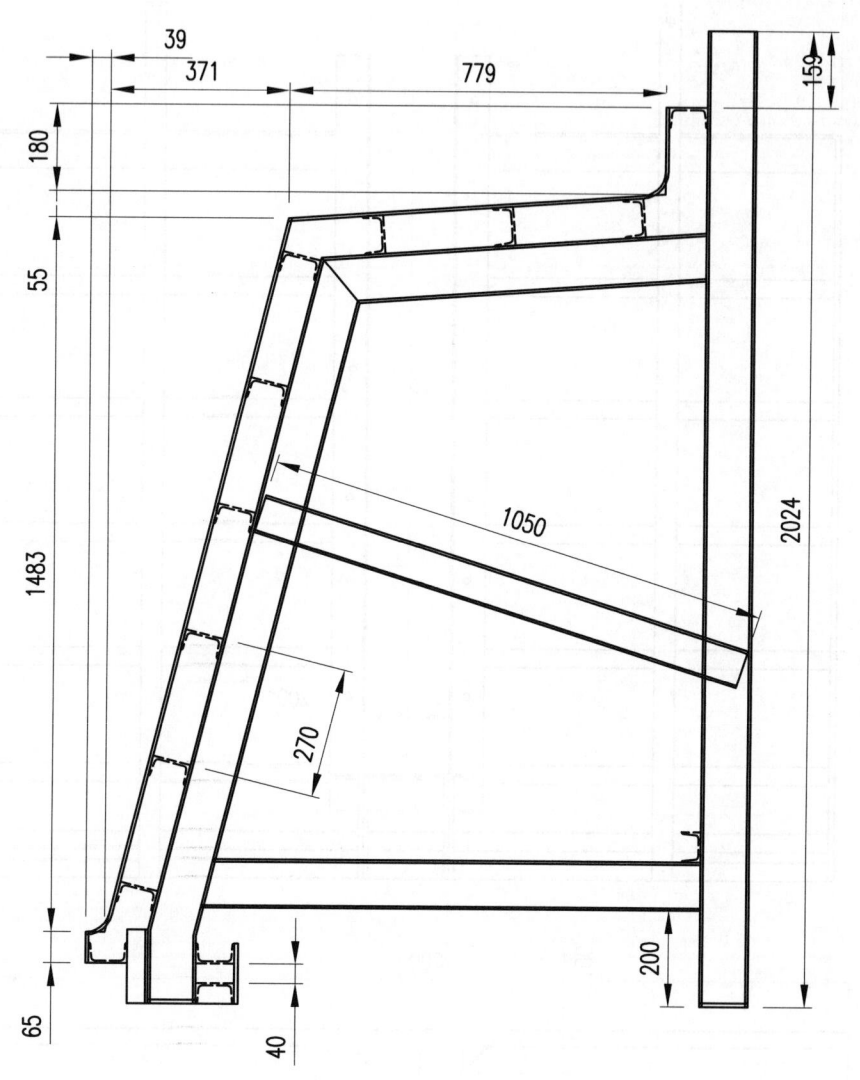

说明:
图中尺寸以mm计。

30m箱梁	材质	Q235	单重	610kg
外模(十四)	件数	2	图号	7.2.3-16

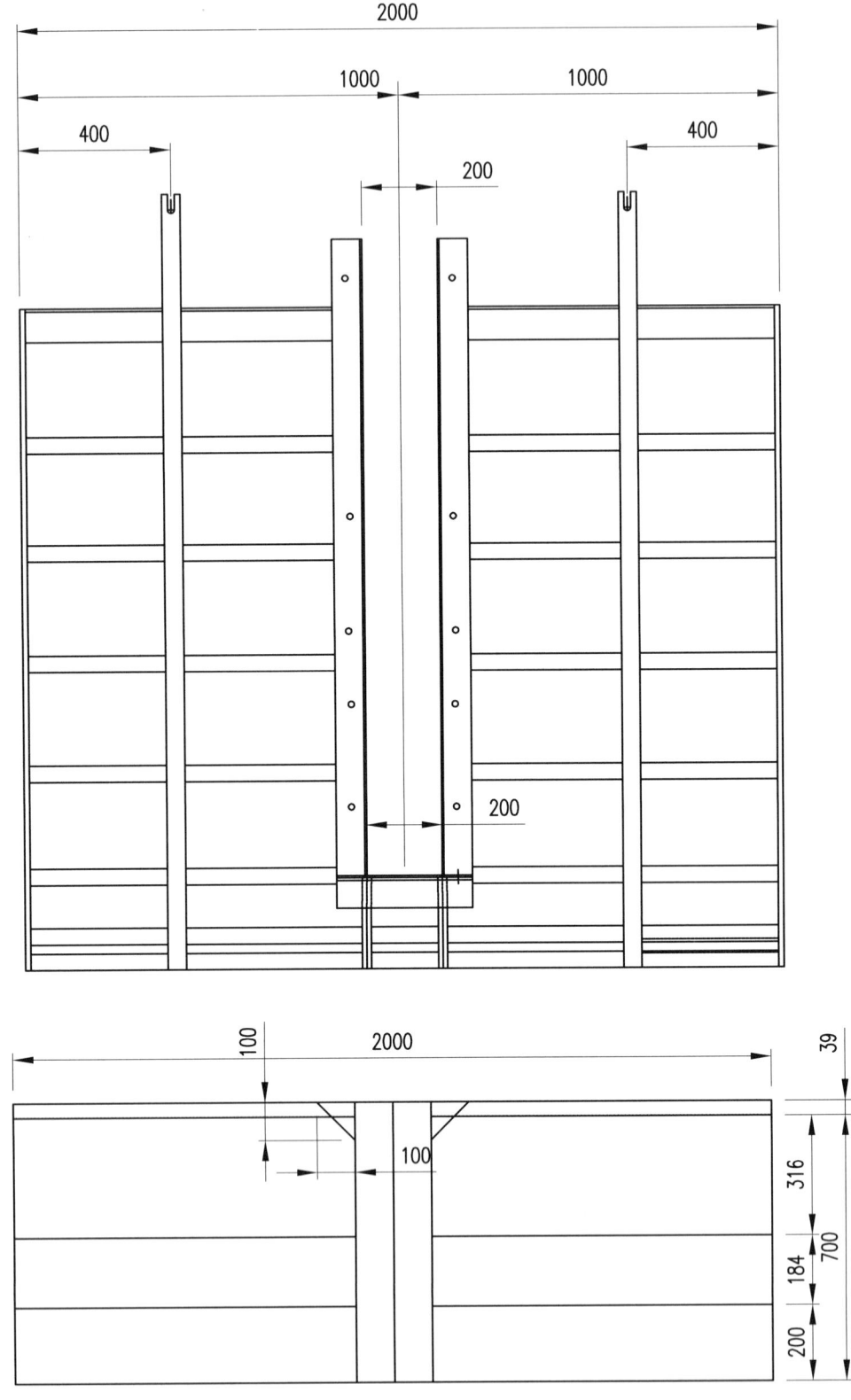
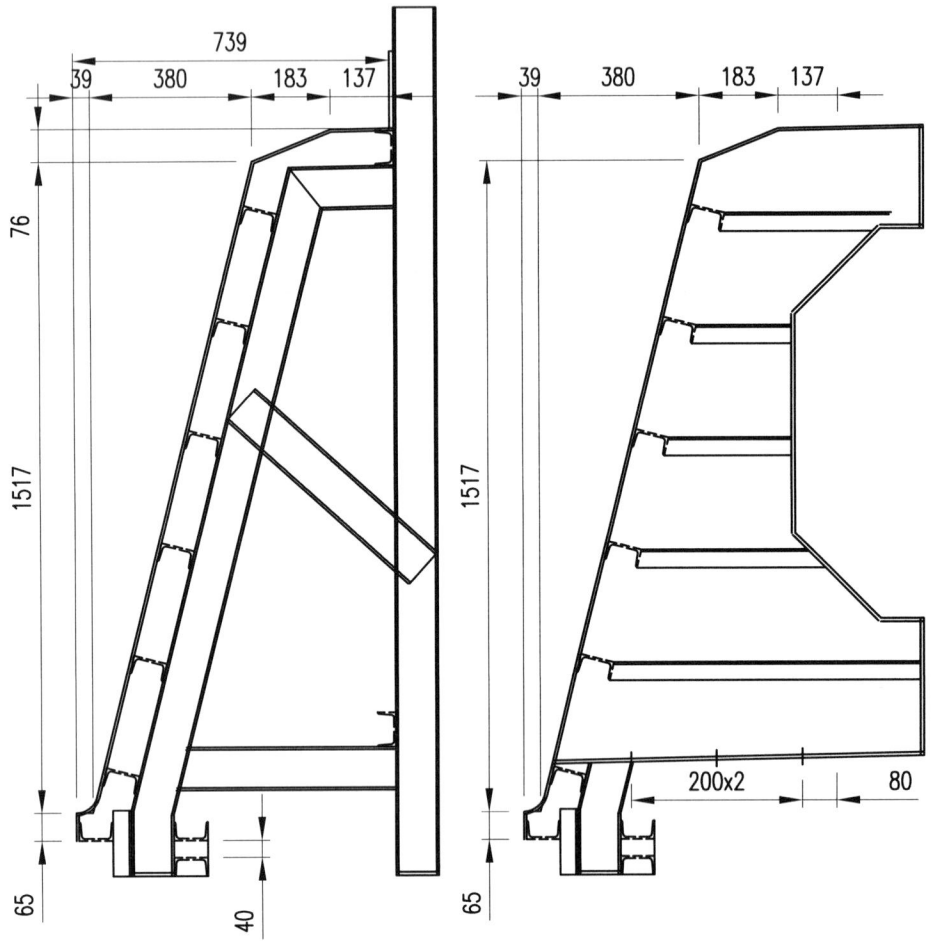

说明：
图中尺寸以mm计。

30m箱梁	材 质	Q235	单 重	610.5kg
外 模(十五)	件 数	2	图 号	7.2.3-17

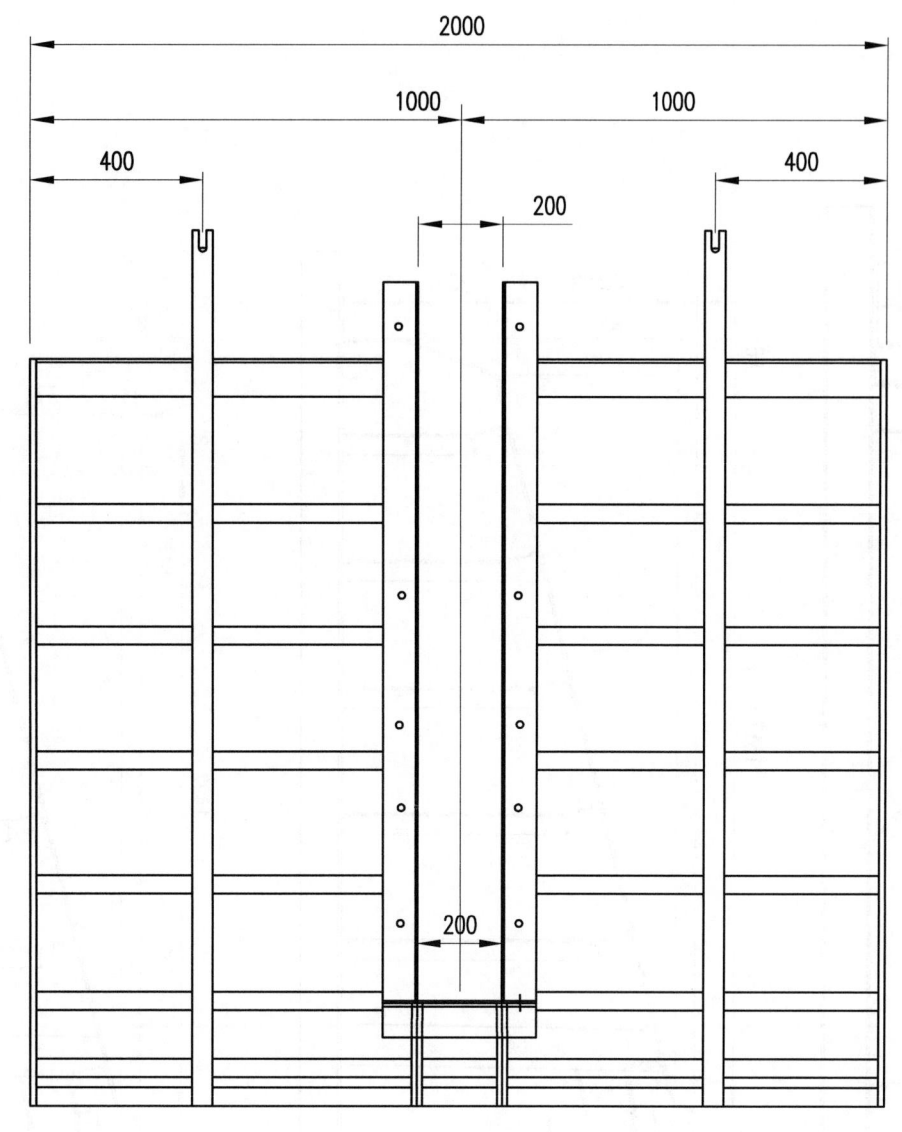
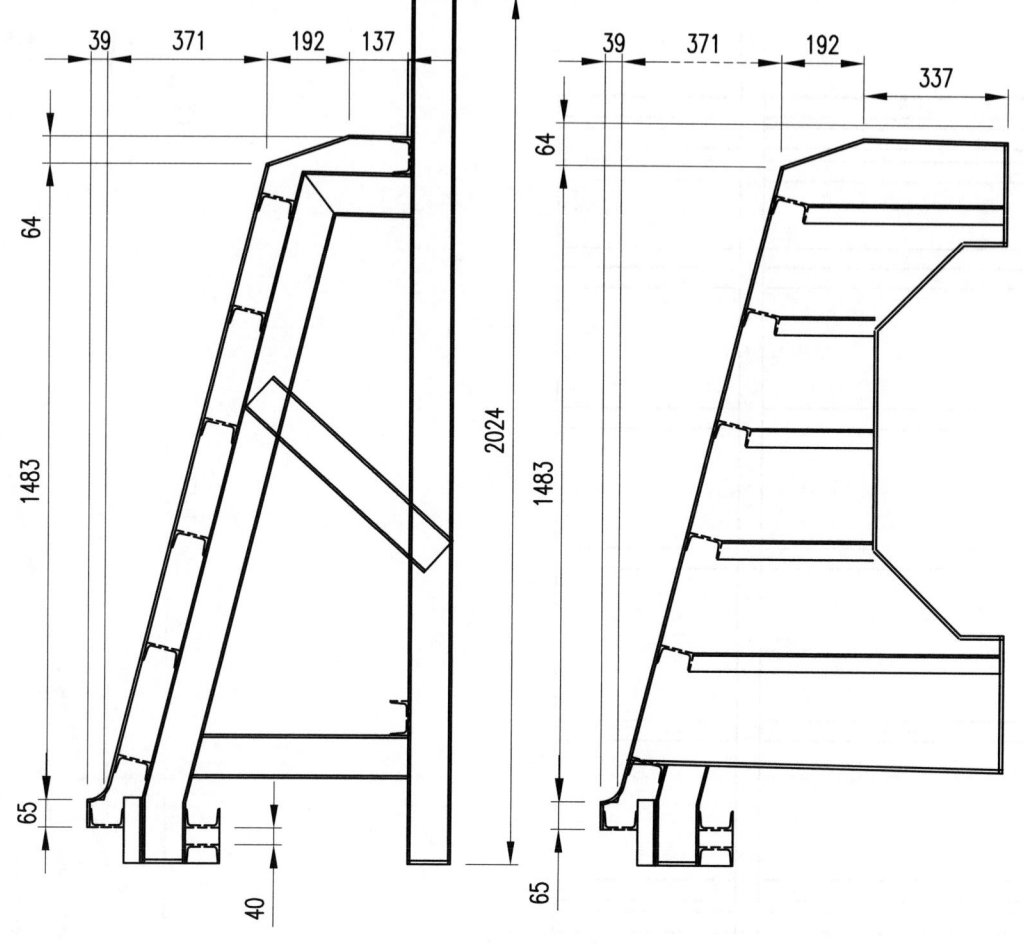
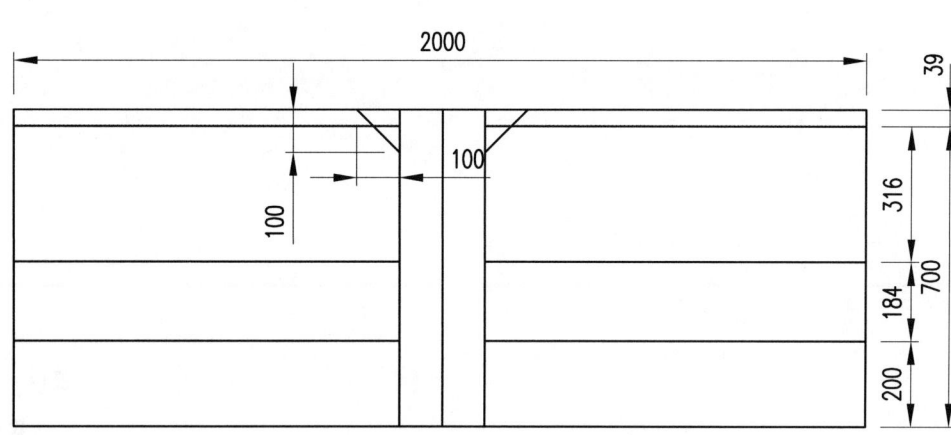

说明：
图中尺寸以mm计。

30m箱梁	材质	Q235	单重	716.5kg
外模(十六)	件数	2	图号	7.2.3-18

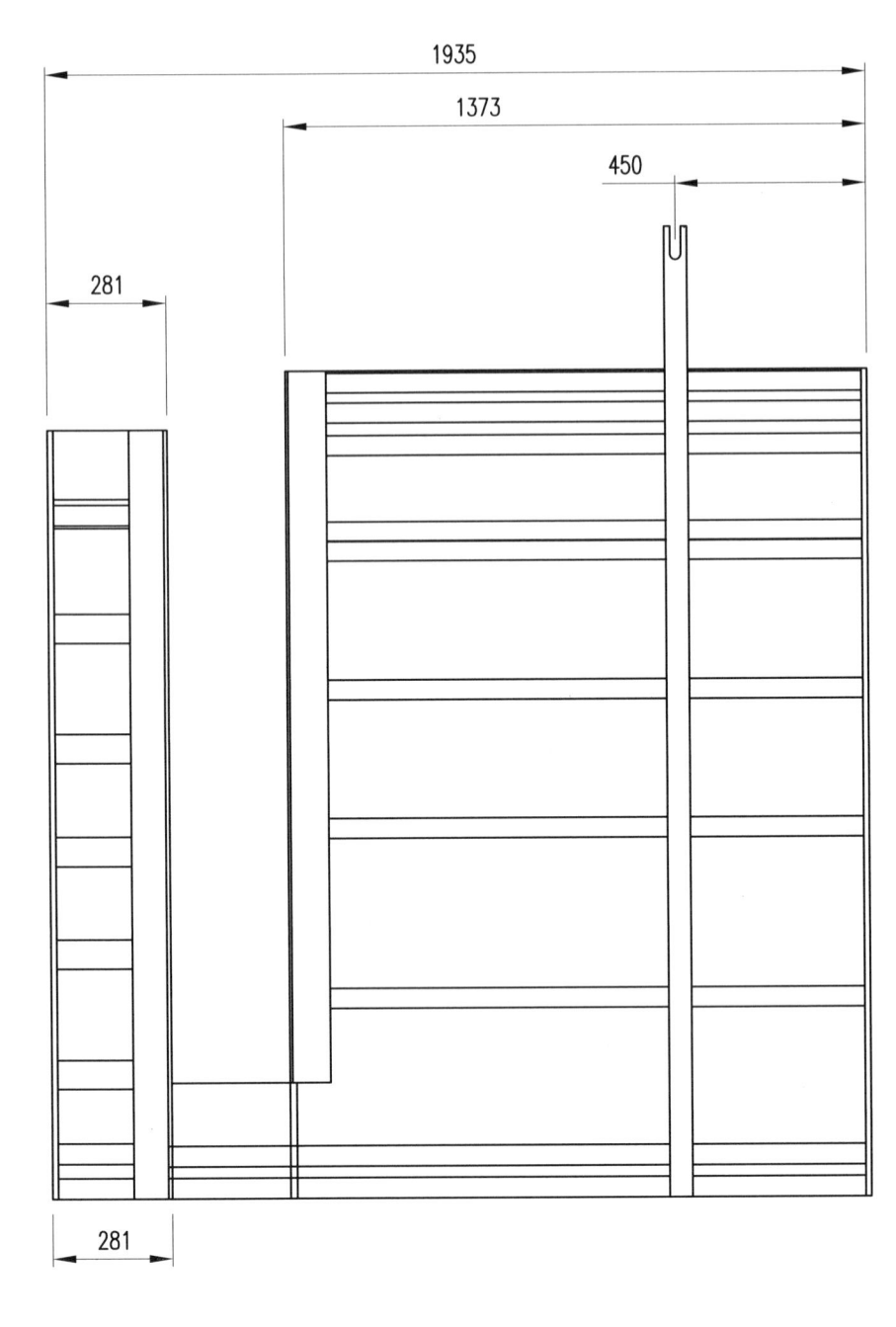
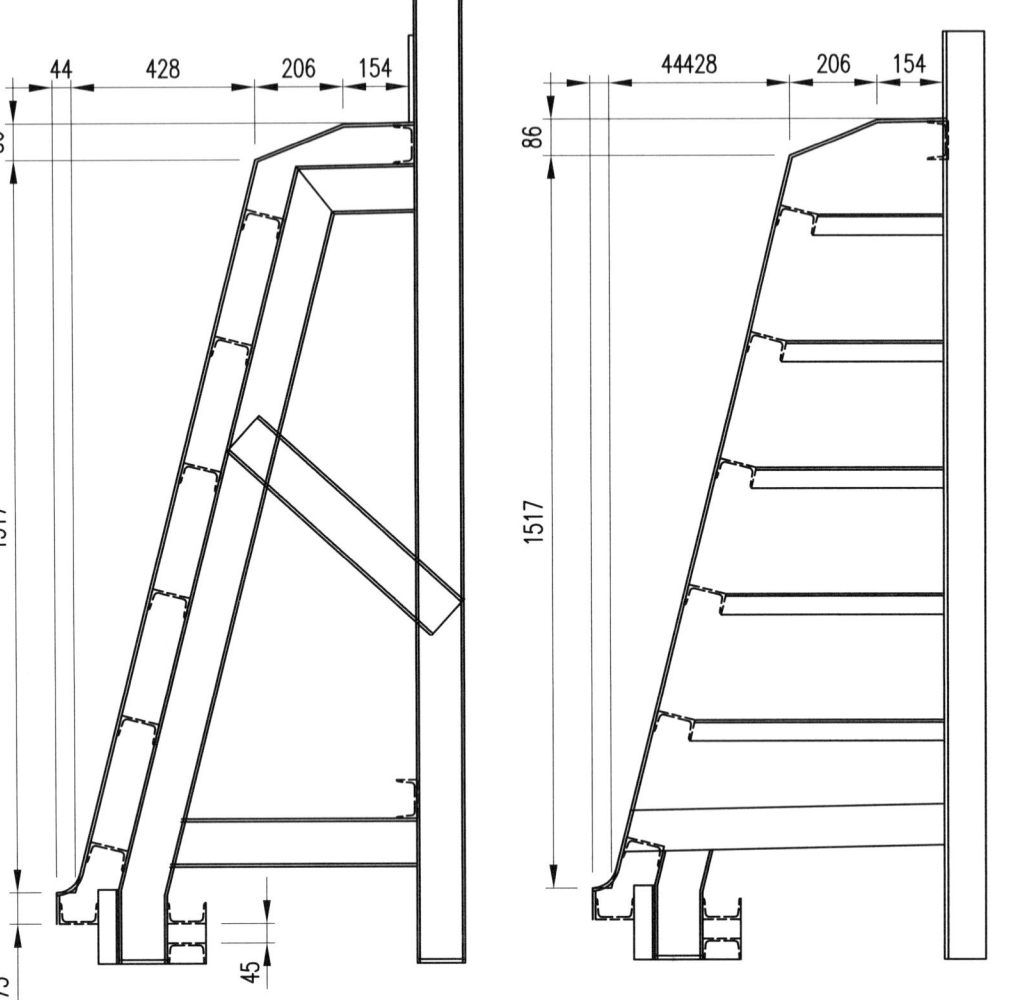
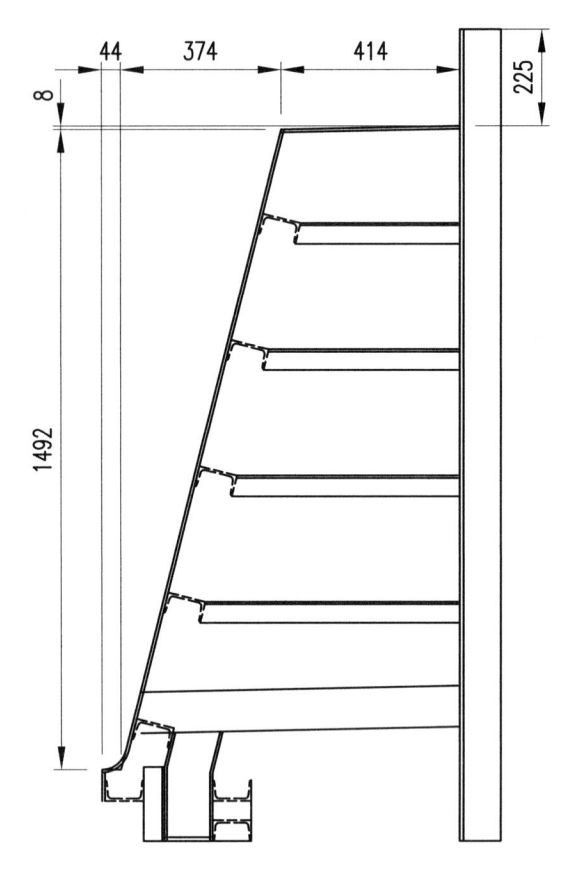
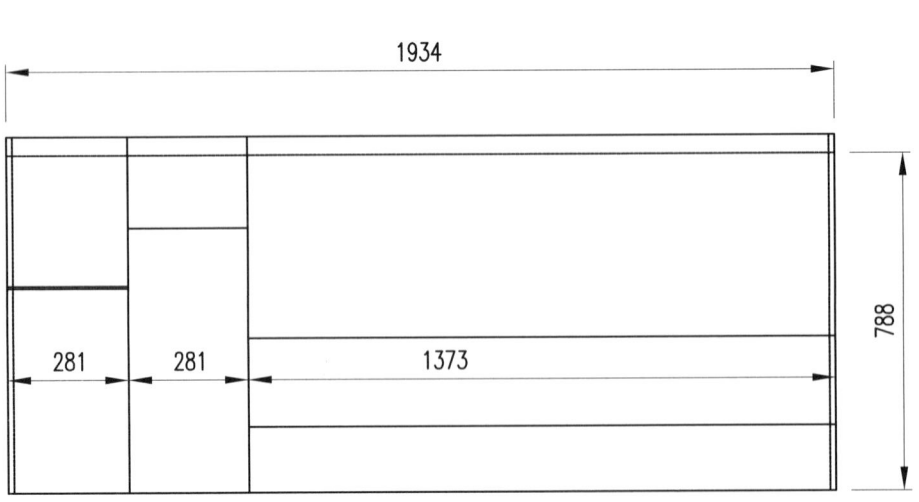

说明:
图中尺寸以mm计。

30m箱梁	材质	Q235	单重	375kg
外模(十七)	件数	2	图号	7.2.3-19

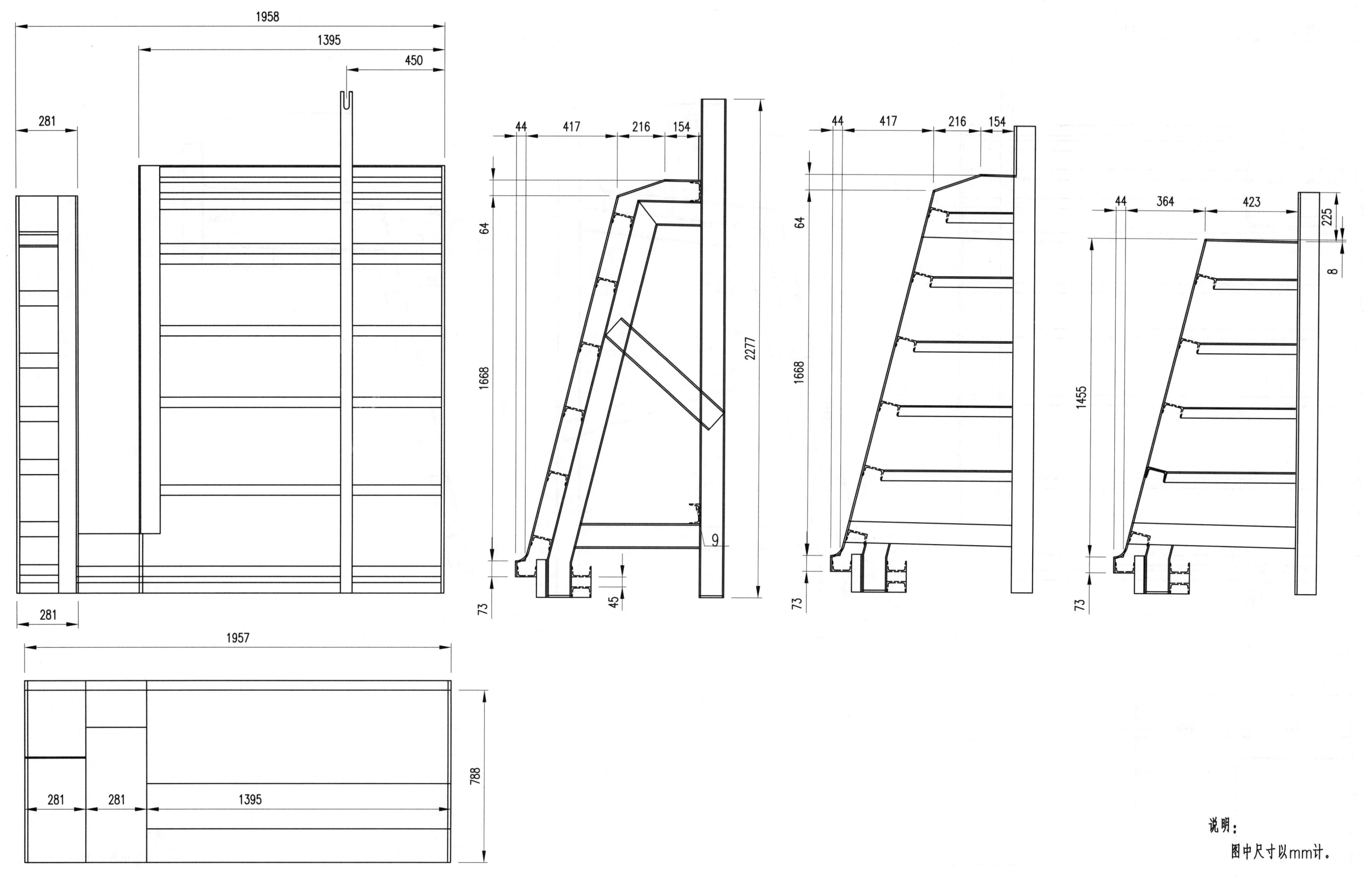

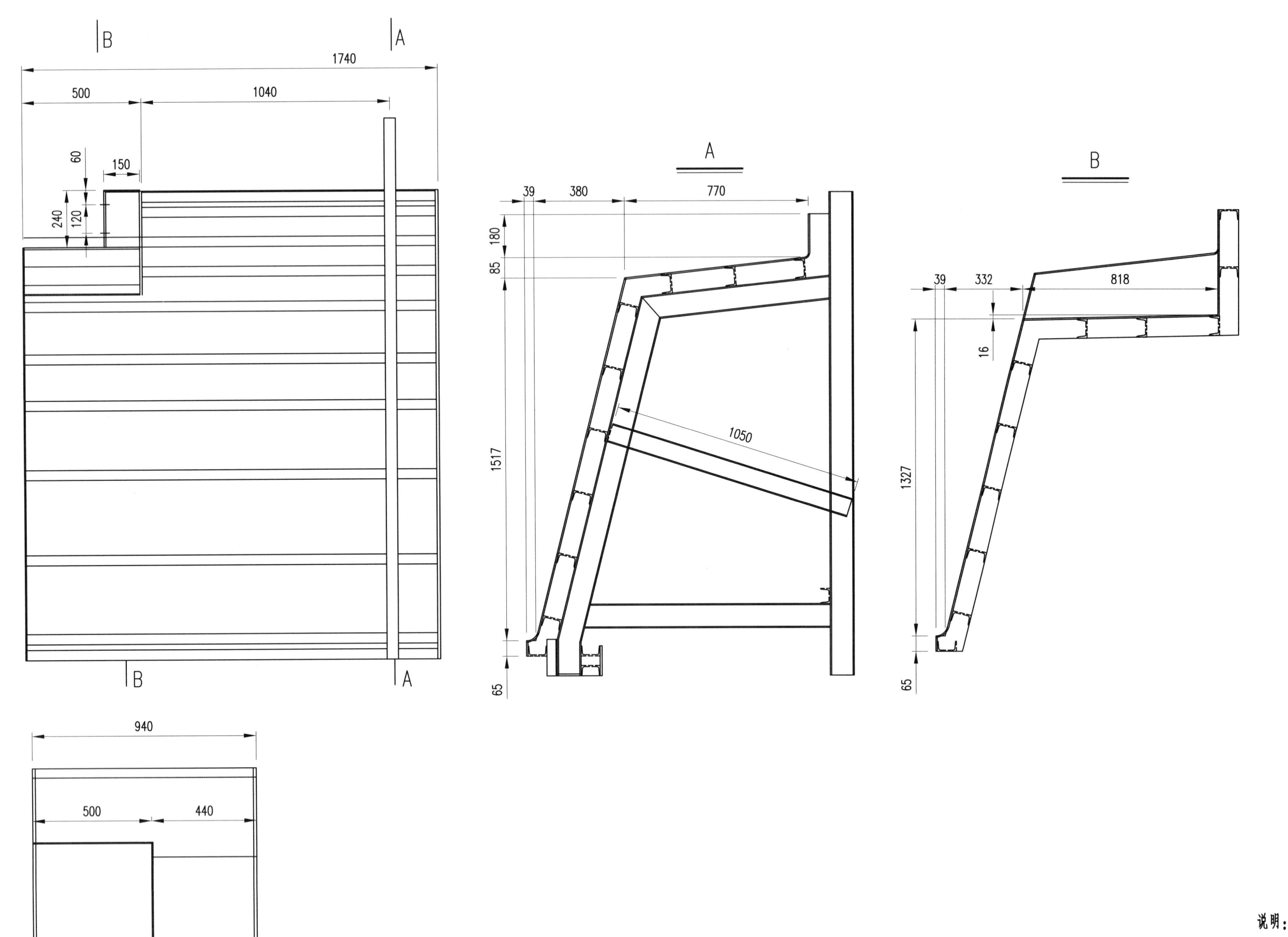

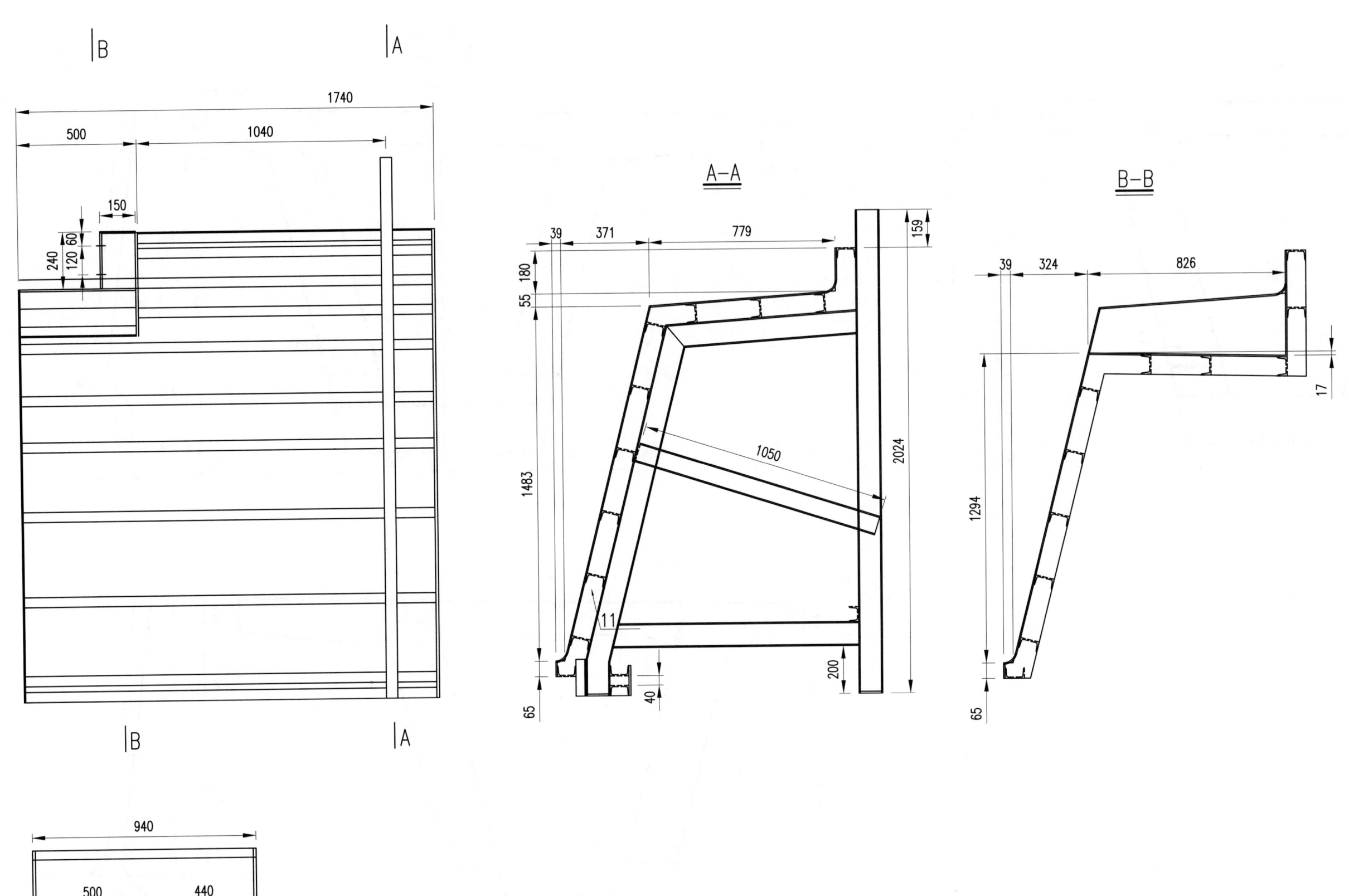

30m箱梁	材质	Q235	单重	350kg
外模(二十)	件数	2	图号	7.2.3-22

说明：
图中尺寸以mm计。

更换翅膀

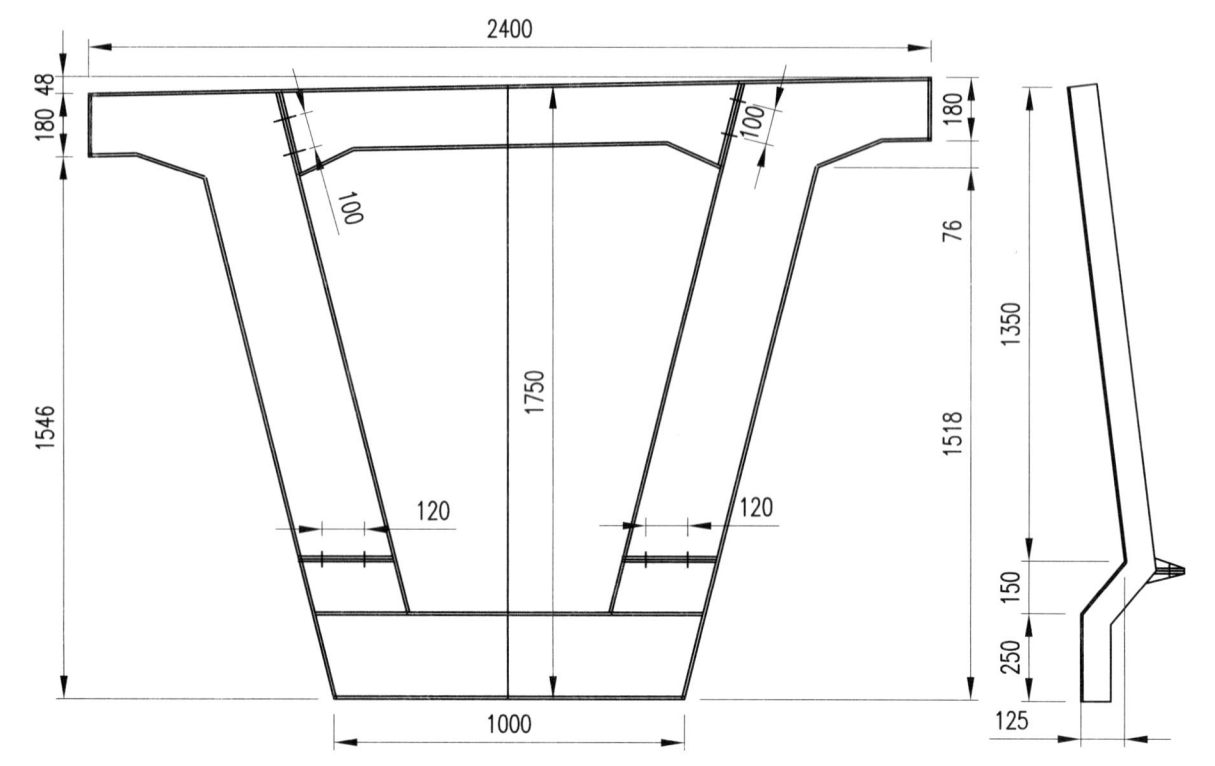
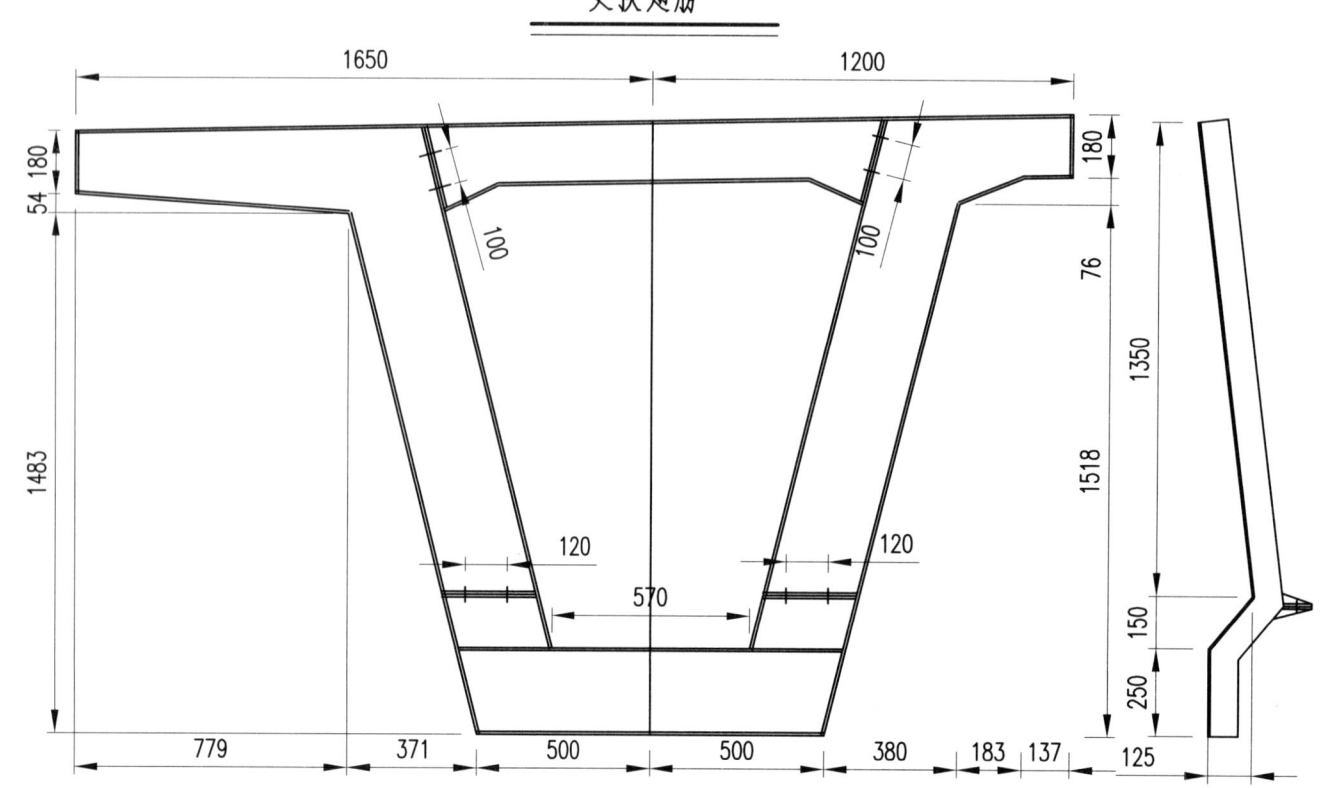
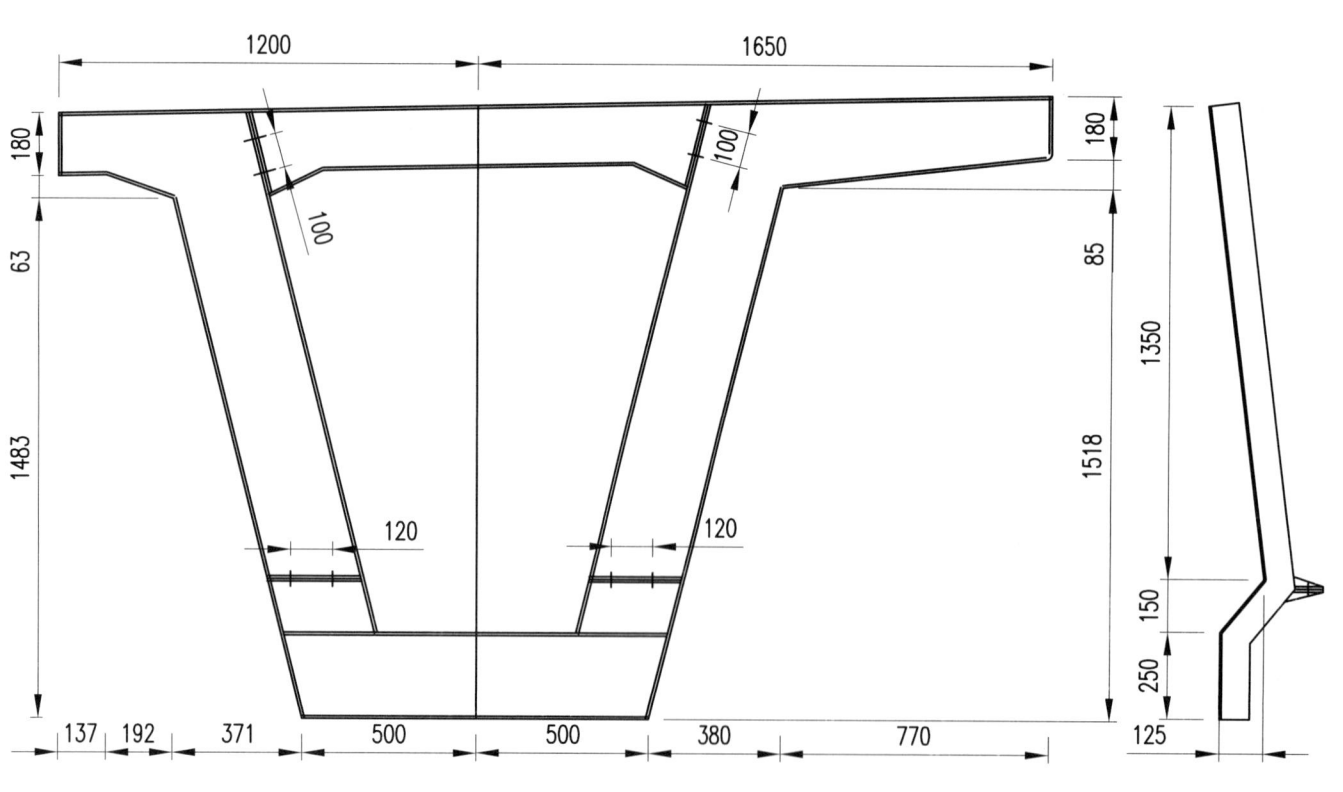

说明：
图中尺寸以mm计。

30m箱梁	材质	Q235	单重	222.5kg
断面图	件数	2	图号	7.2.3-23

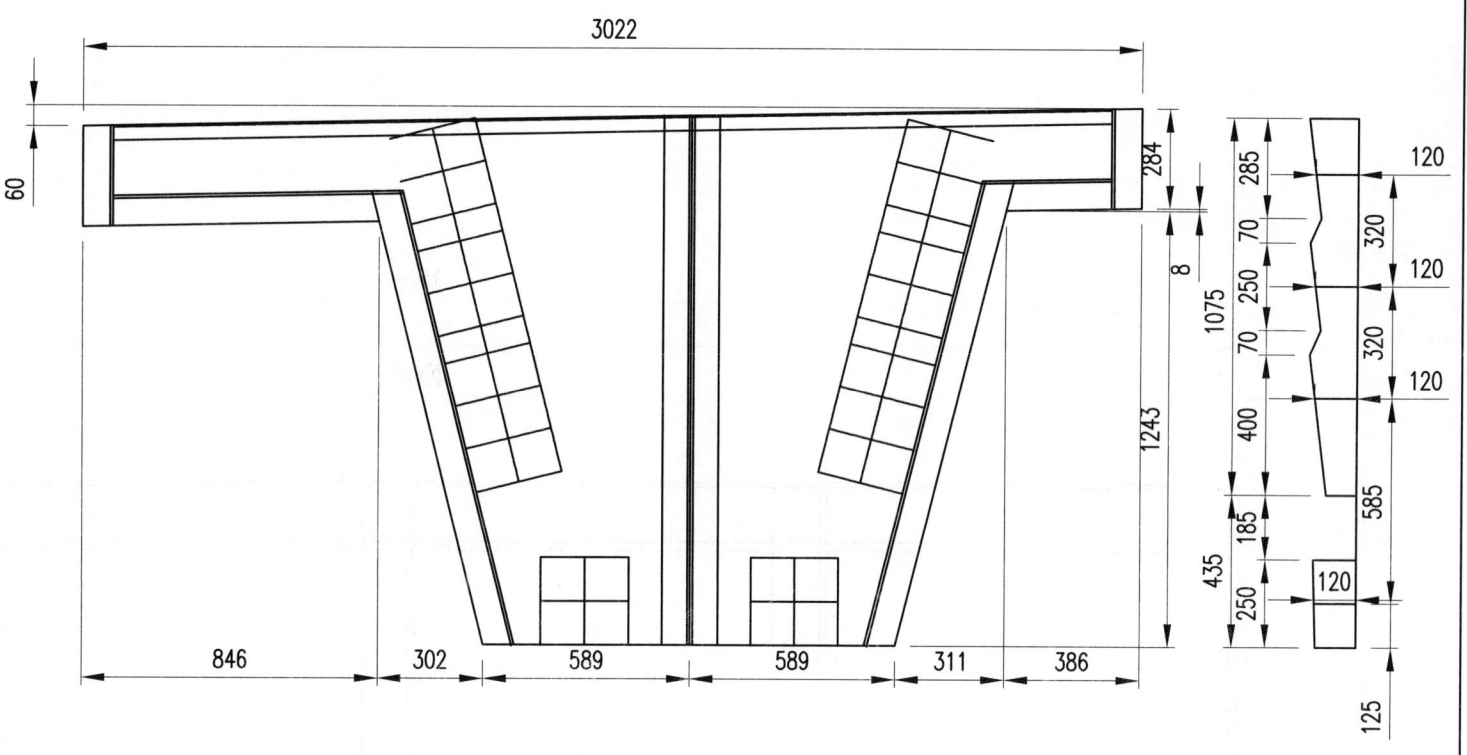

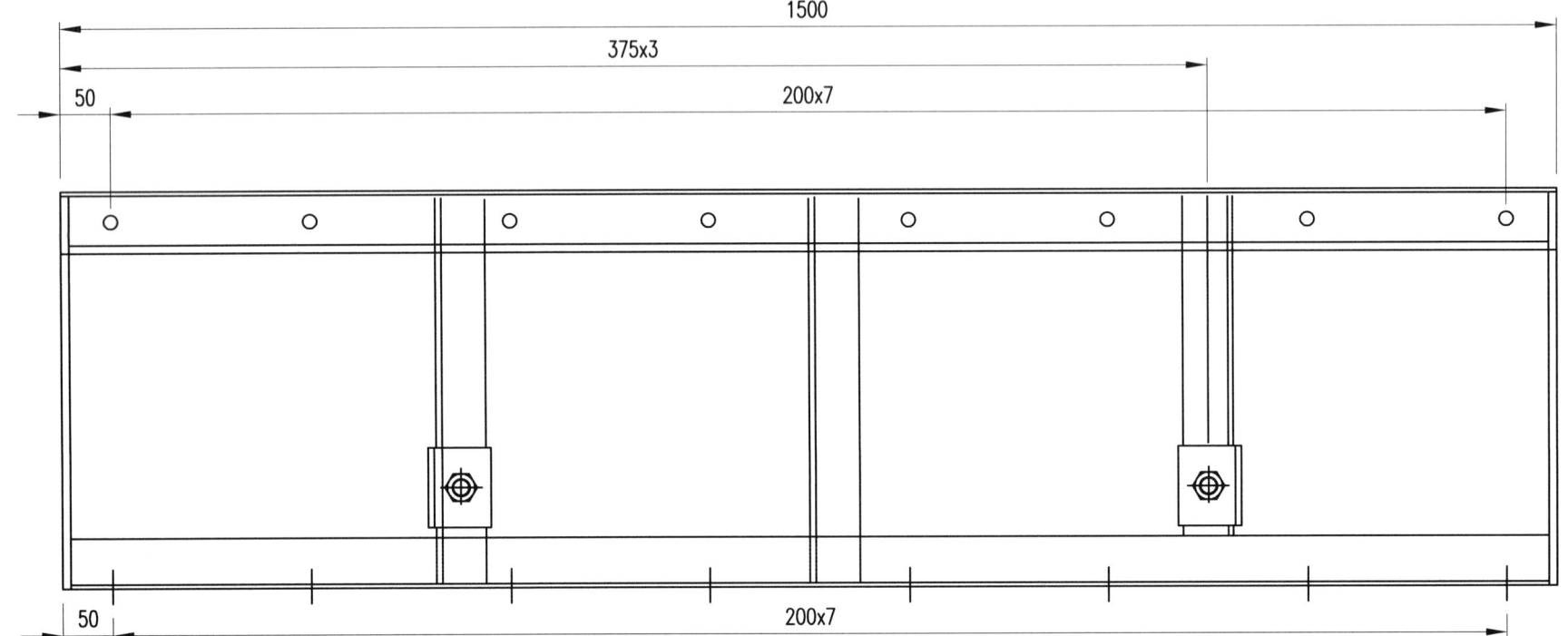
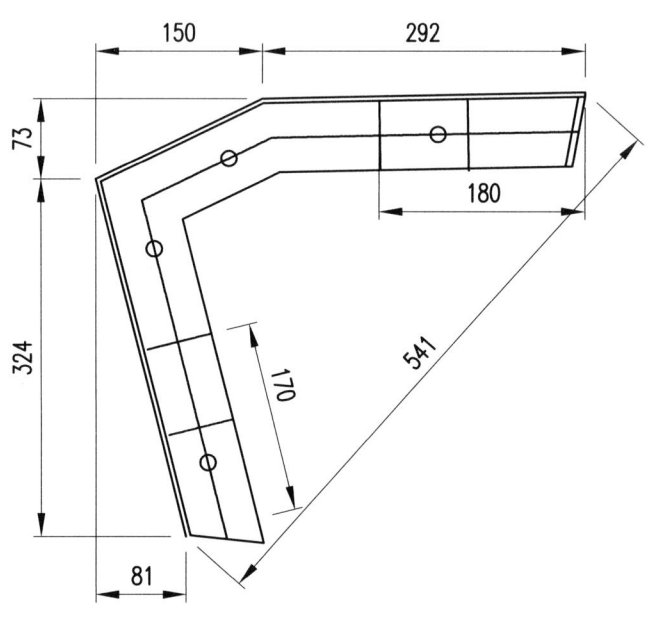

说明：
图中尺寸以mm计。

30m箱梁	材质	Q235	单重	72kg
内模(一)	件数	8	图号	7.2.3-25

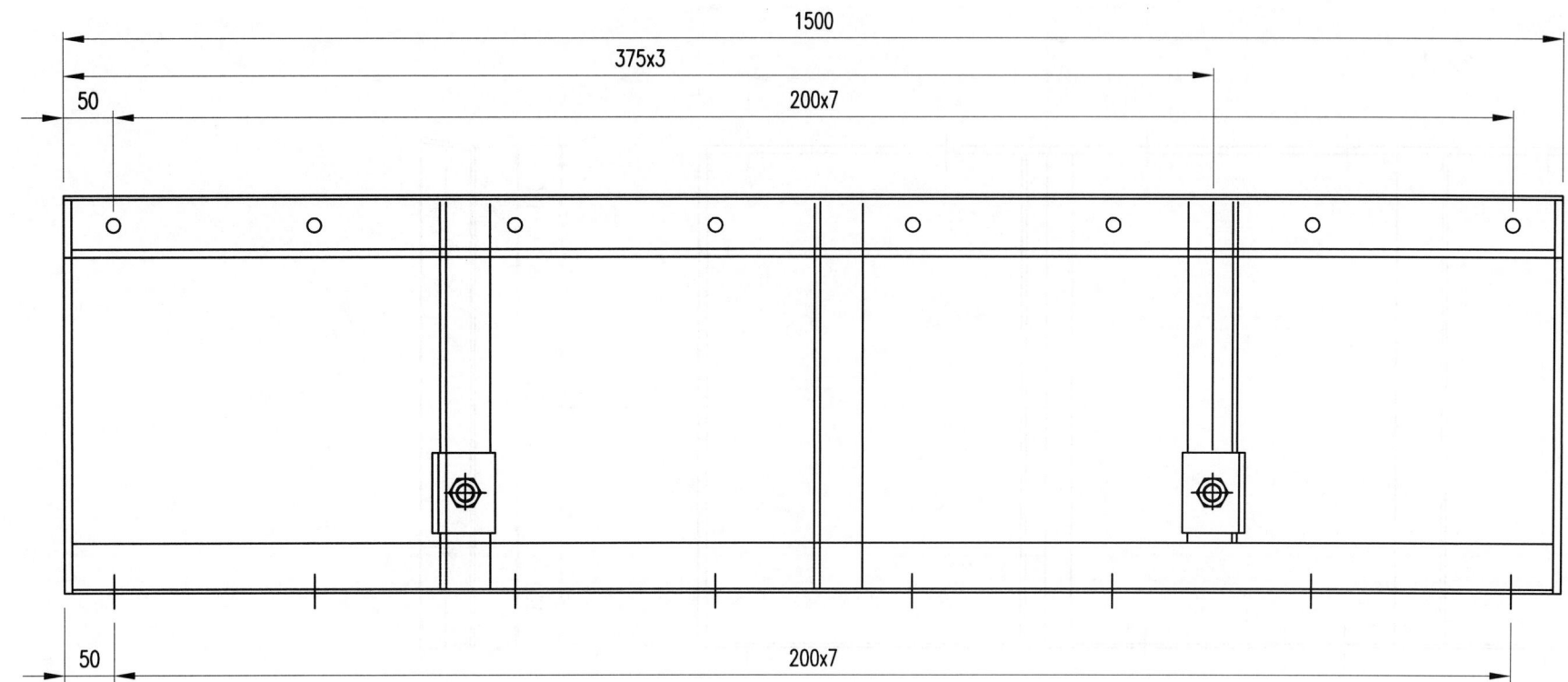
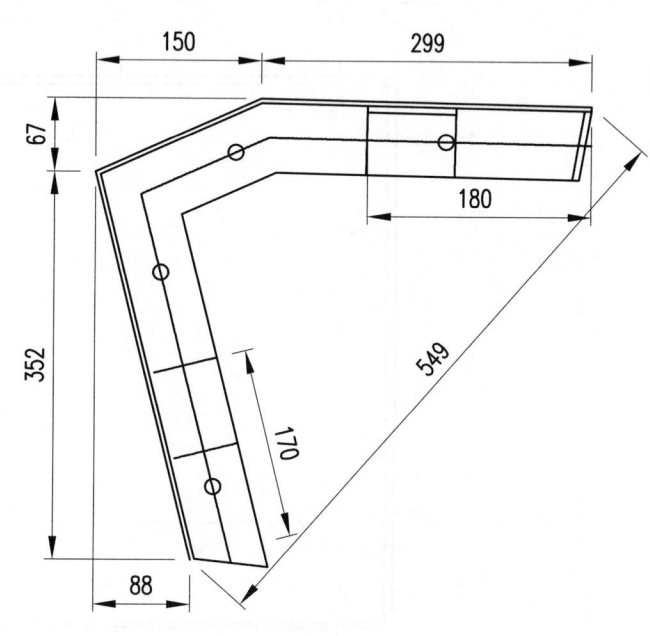

说明：
图中尺寸以mm计。

30m箱梁	材质	Q235	单重	74.5kg
内模(二)	件数	8	图号	7.2.3-26

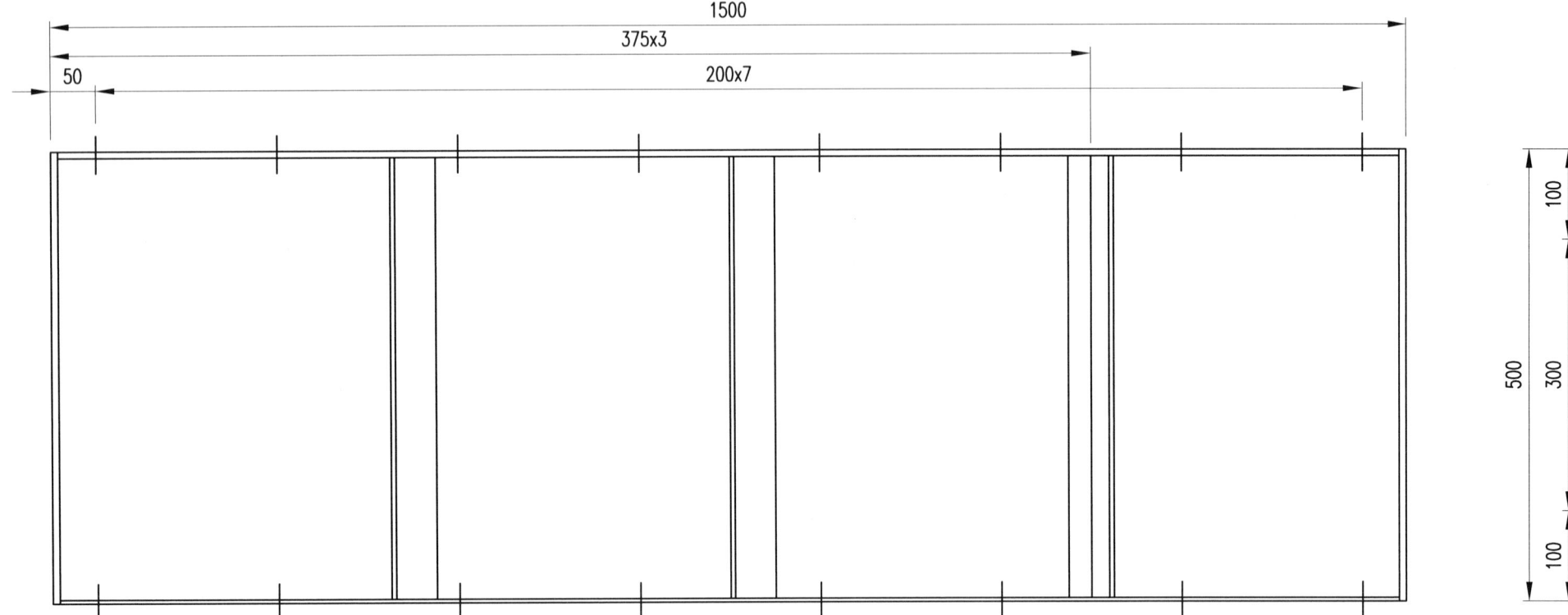

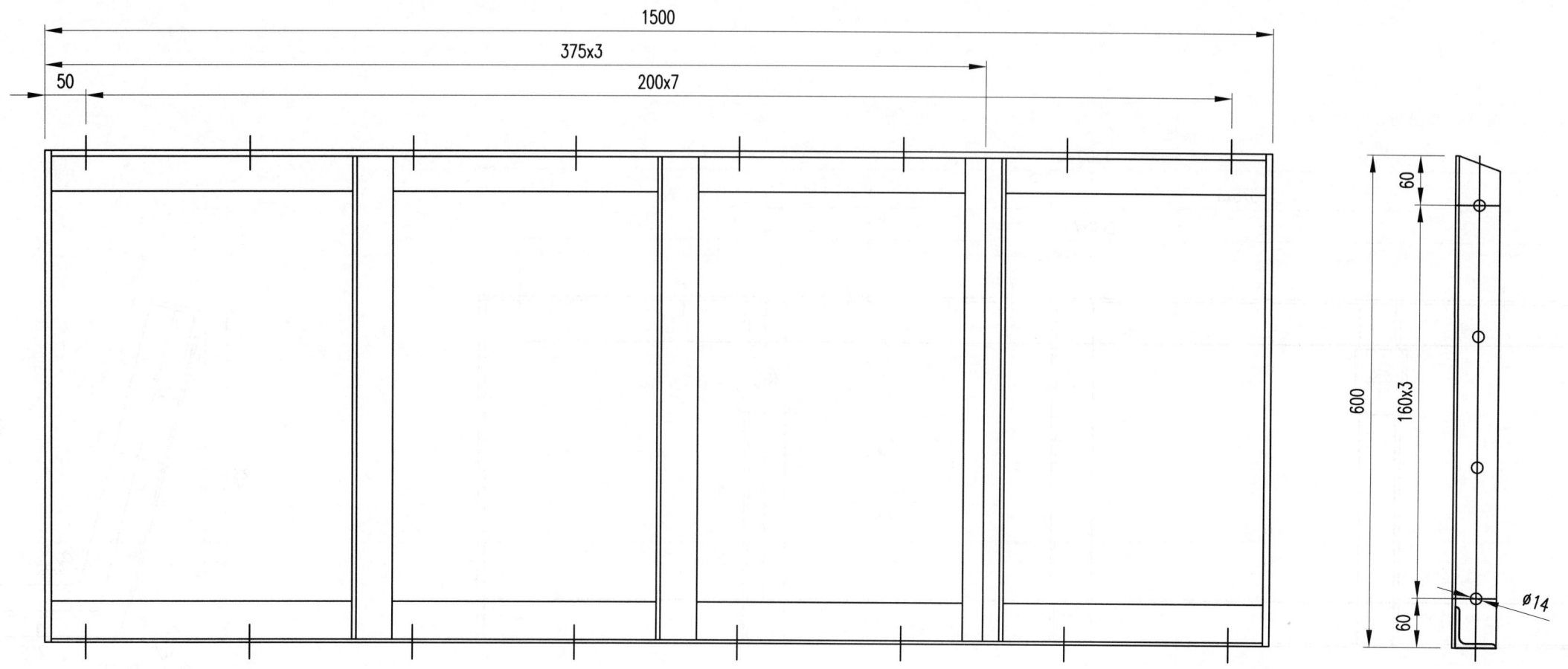

说明:
图中尺寸以mm计。

30m箱梁	材质	Q235	单重	51.6kg
内模(四)	件数	16	图号	7.2.3-28

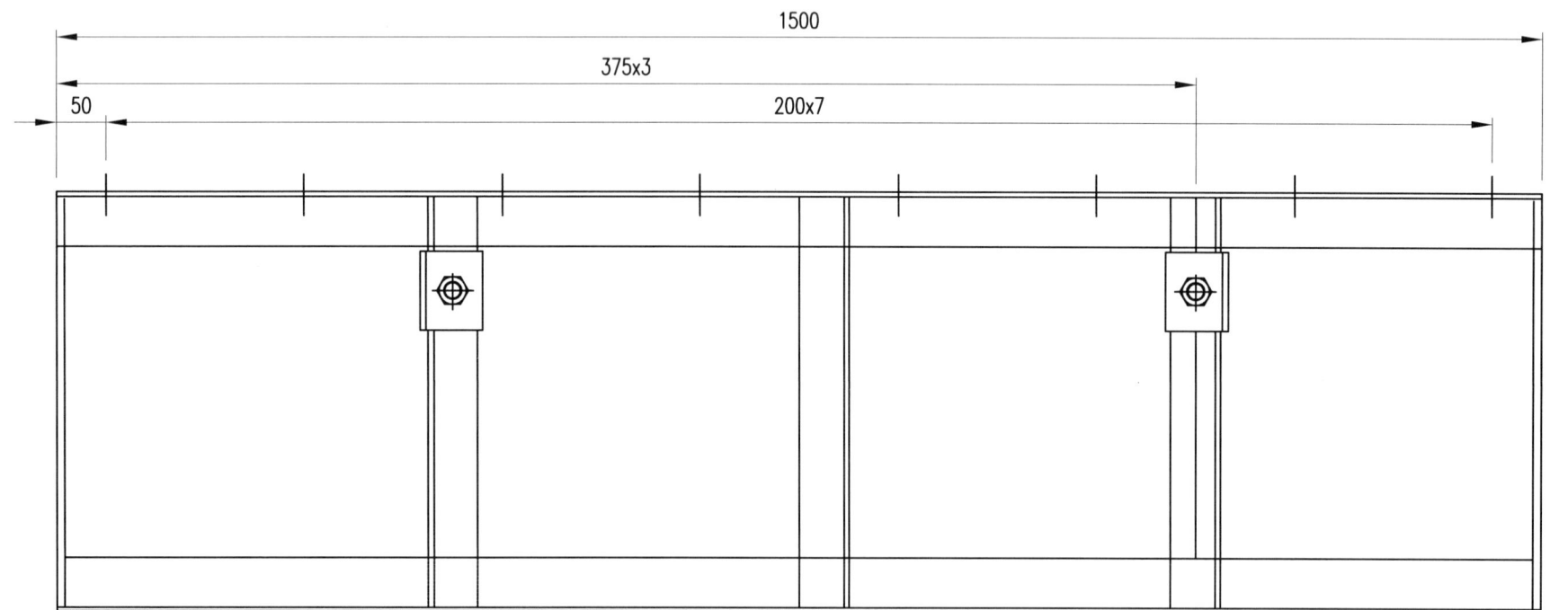
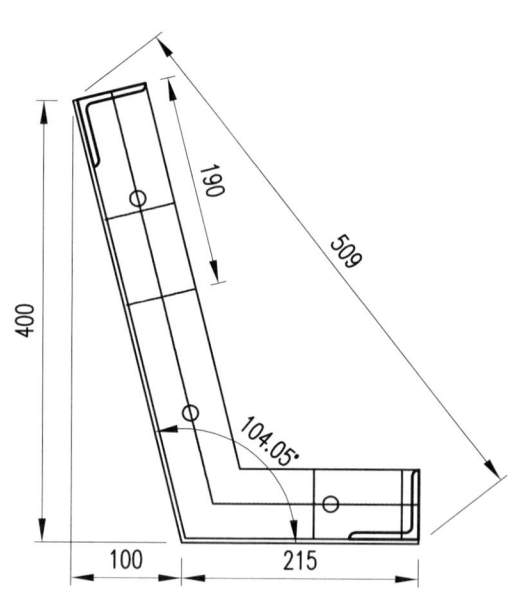

说明：
1.图中尺寸以mm计。
2.N5=16块。

30m箱梁	材质	Q235	单重	65kg
内模(五)	件数	16	图号	7.2.3-29

40m箱梁中跨中梁组装示意图

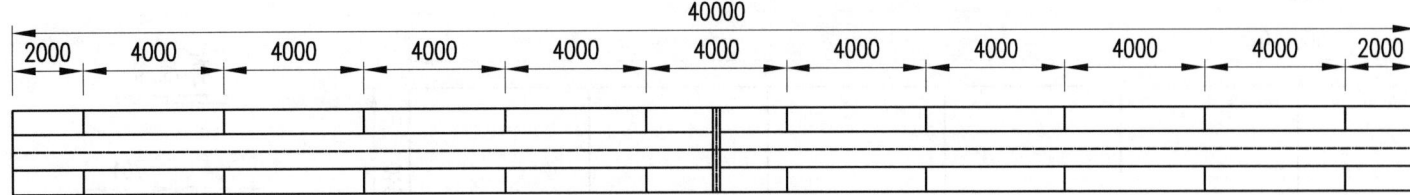

40m箱梁中跨内边梁组装示意图

40m箱梁中跨外边梁组装示意图

40m箱梁边跨中梁组装示意图（左幅）

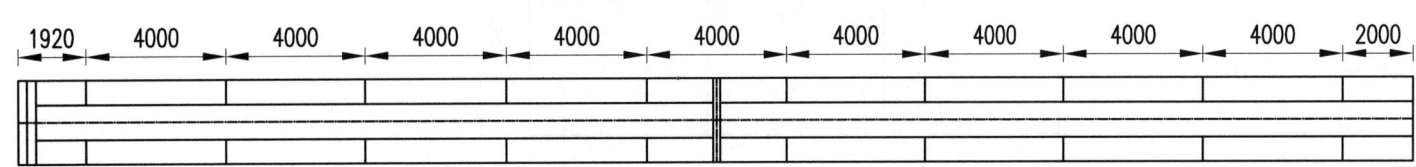

40m箱梁边跨内边梁组装示意图（左幅）

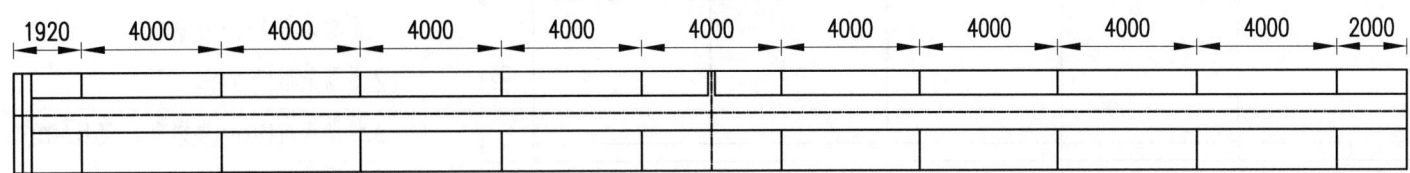

40m箱梁边跨外边梁组装示意图（左幅）

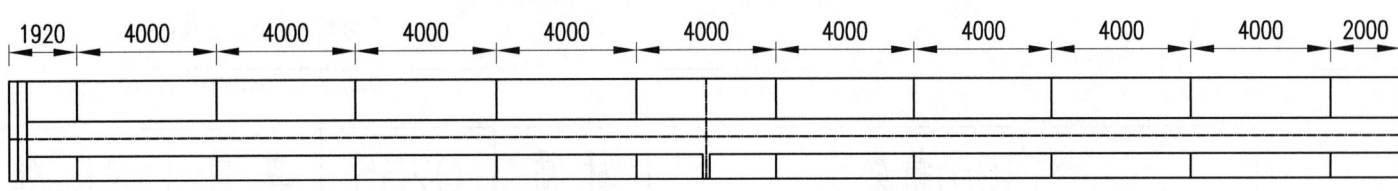

40m箱梁边跨中梁组装示意图（右幅）

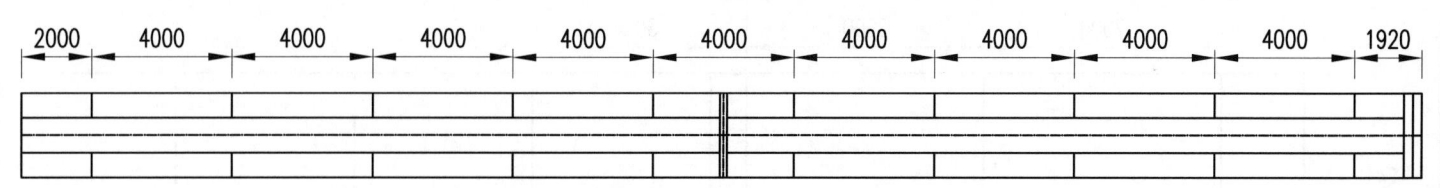

40m箱梁边跨内边梁组装示意图（右幅）

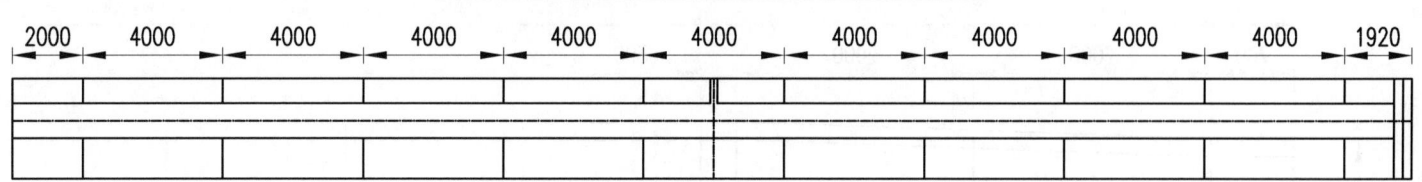

40m箱梁边跨外边梁组装示意图（右幅）

说明：

图中尺寸以mm计，图中比例1:250。

一：外模
1. 面板采用5mm厚钢板。
2. 横肋采用[10，间距280mm。
3. 竖肋采用[12。
4. 800mm一个支撑架，支撑架采用[12。
5. 上下采用φ22对拉杆。

二：内模
1. 面板采用4mm厚钢板。
2. 竖肋采用L6.3。
3. 边肋采用8mm厚钢板。
4. 支撑架采用[8。

三：端模
1. 连续端面板采用10mm厚钢板。
2. 非连续端采用10mm厚及6mm厚钢板。

四：设计数量
1. 中梁外模：1套。
2. 边梁外模：2片。
3. 内模：1套。
4. 端模数量为：
   连续端1套；
   非连续端1套。

40m箱梁	材质	Q235	单重	93.95t
模板组装图	件数	1	图号	7.2.4-1

40m箱梁中跨内模组装示意图

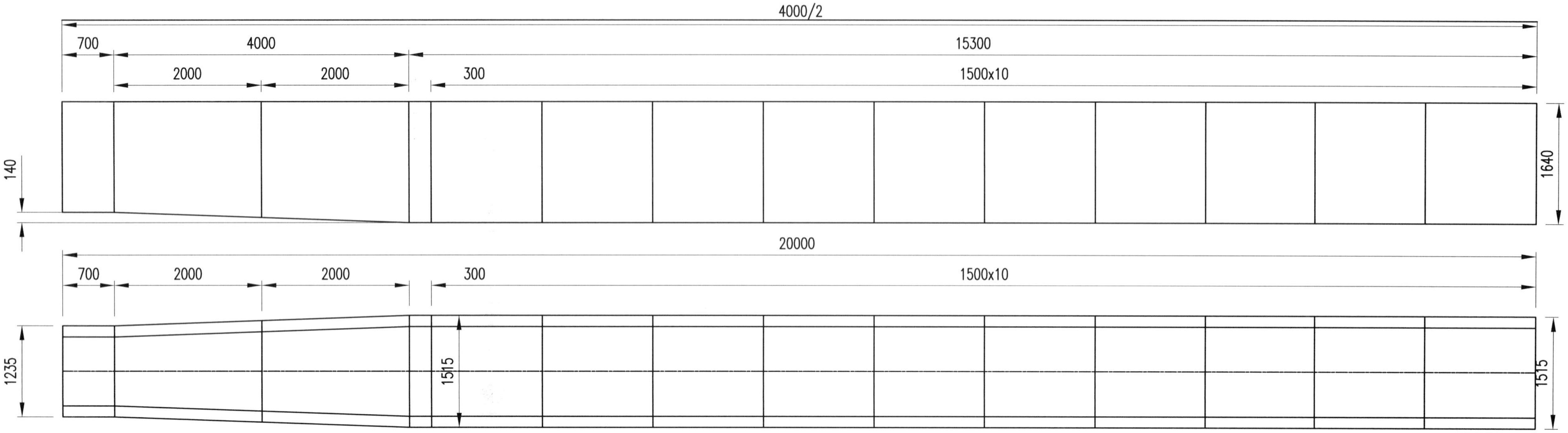

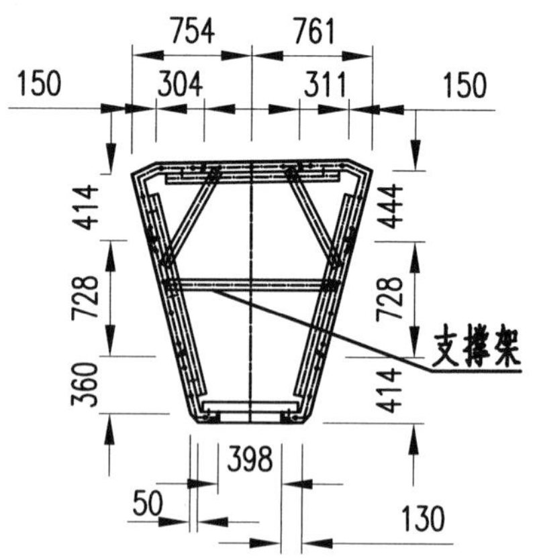

40m箱梁边跨内模组装示意图

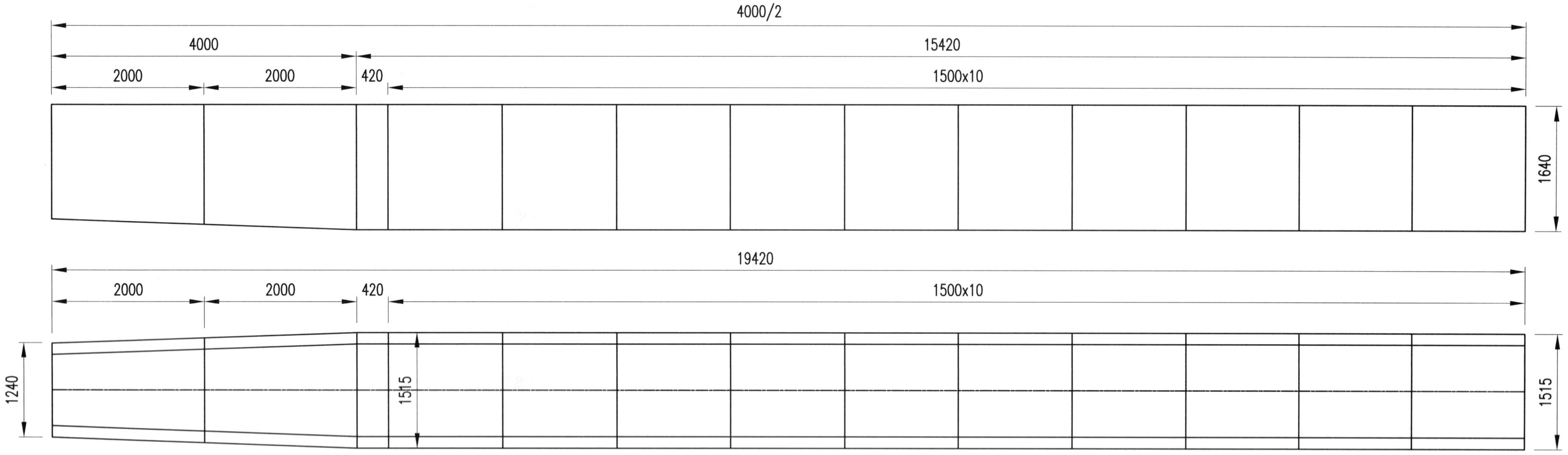

标准节

端头节

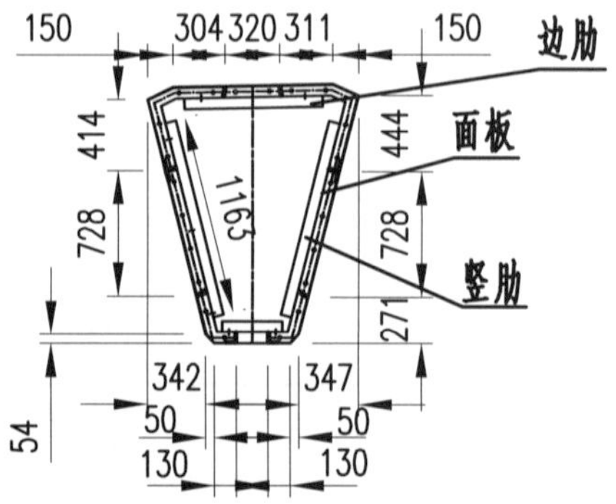

说明:
1. 面板采用4mm厚钢板。
2. 竖肋采用[63×6。
3. 边肋采用8mm厚钢板,宽63mm。
4. 标准节长1500mm。
5. 每节设置两个支撑架。
6. 支撑架采用[80×8和L8。
7. 内模一套设计质量:16.7t。
8. 图中尺寸以mm计。

40m箱梁	材质	Q235	单重	16.7t
内模组装图	件数	1	图号	7.2.4-2

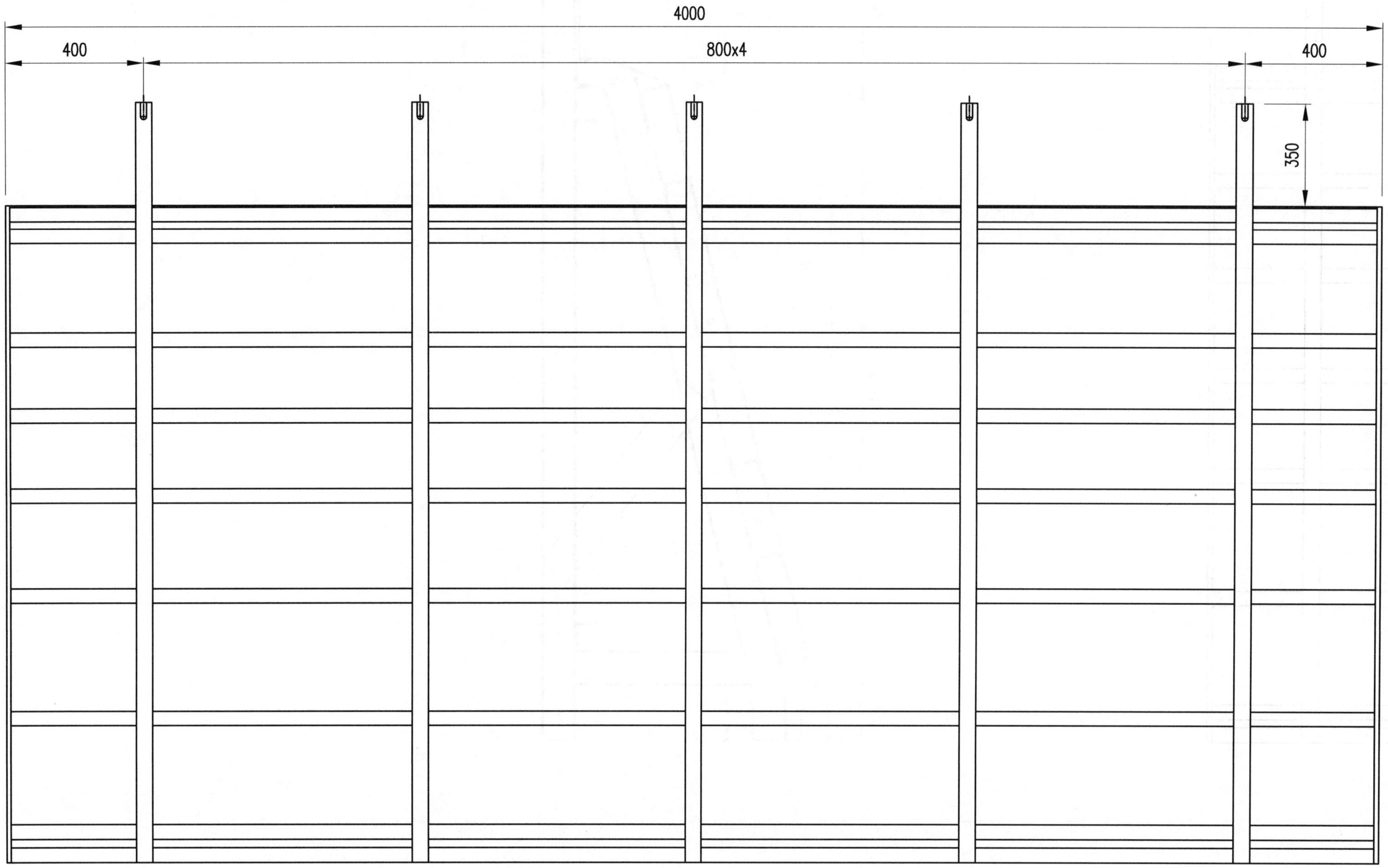

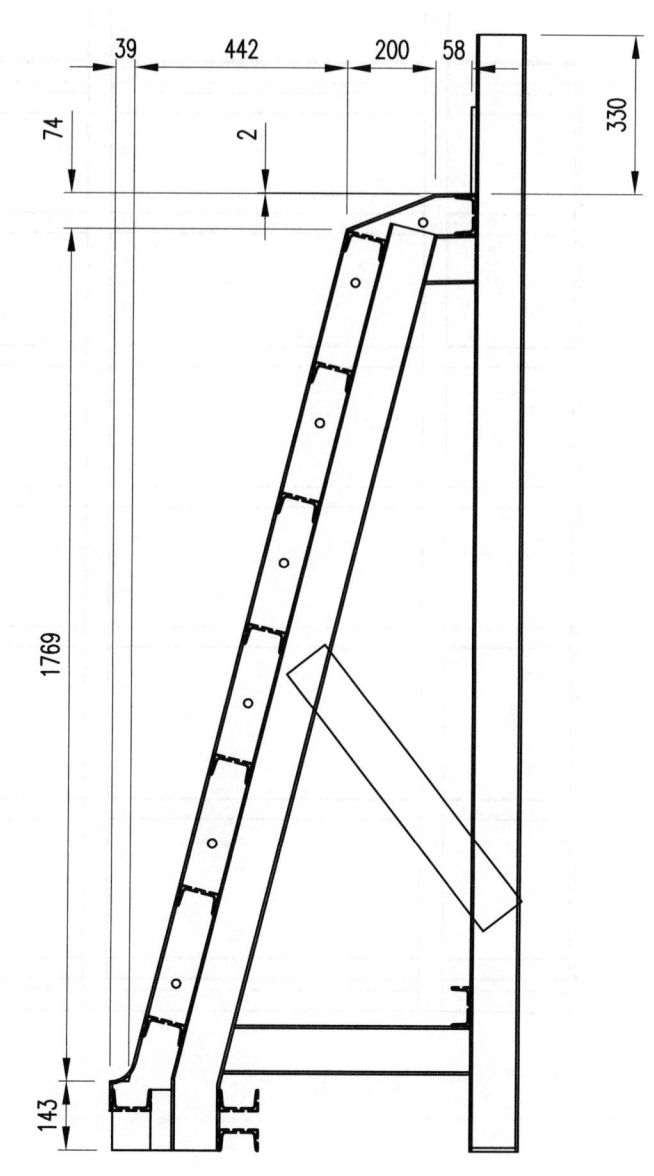

说明：
图中尺寸以mm计。

40m箱梁	材质	Q235	单重	1619kg
外模	件数	8	图号	7.2.4-3

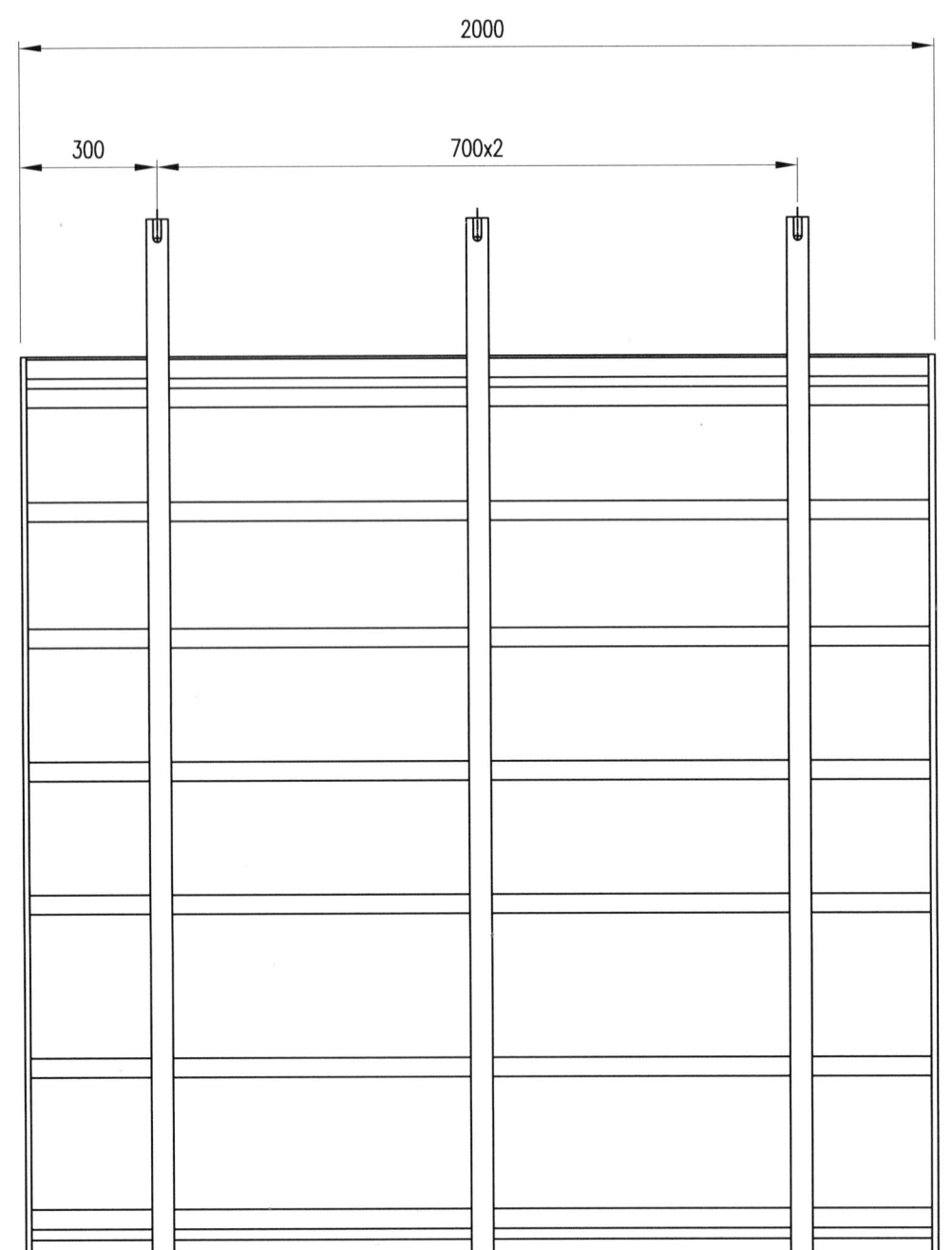
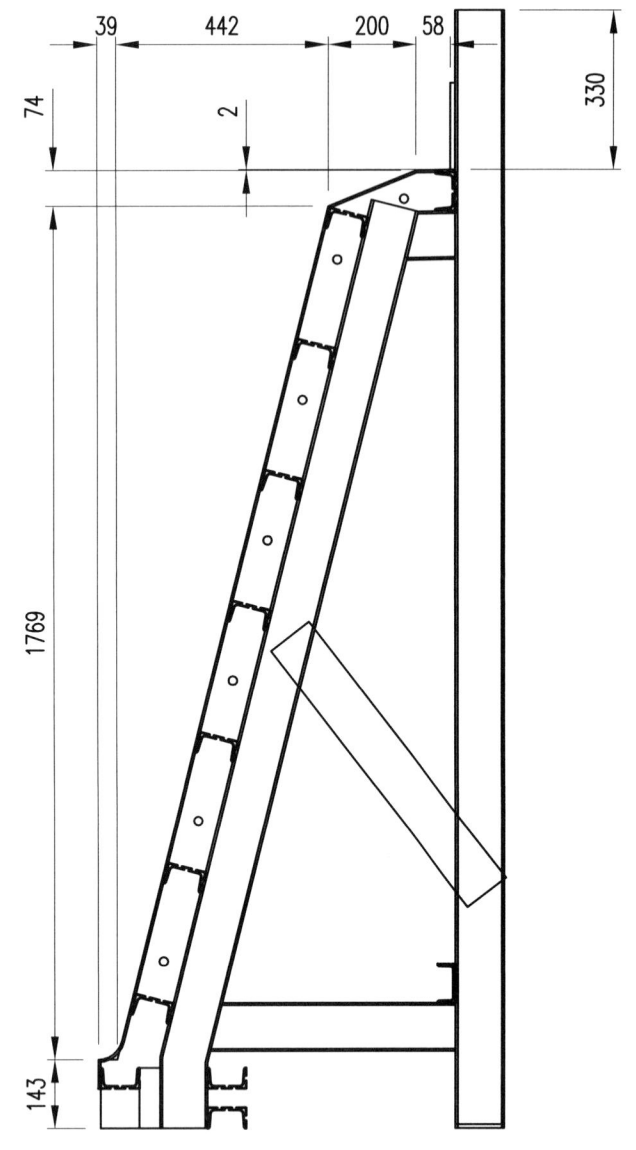

说明：
图中尺寸以mm计．

40m箱梁	材 质	Q235	单 重	704kg
外模	件 数	2	图 号	7.2.4-4

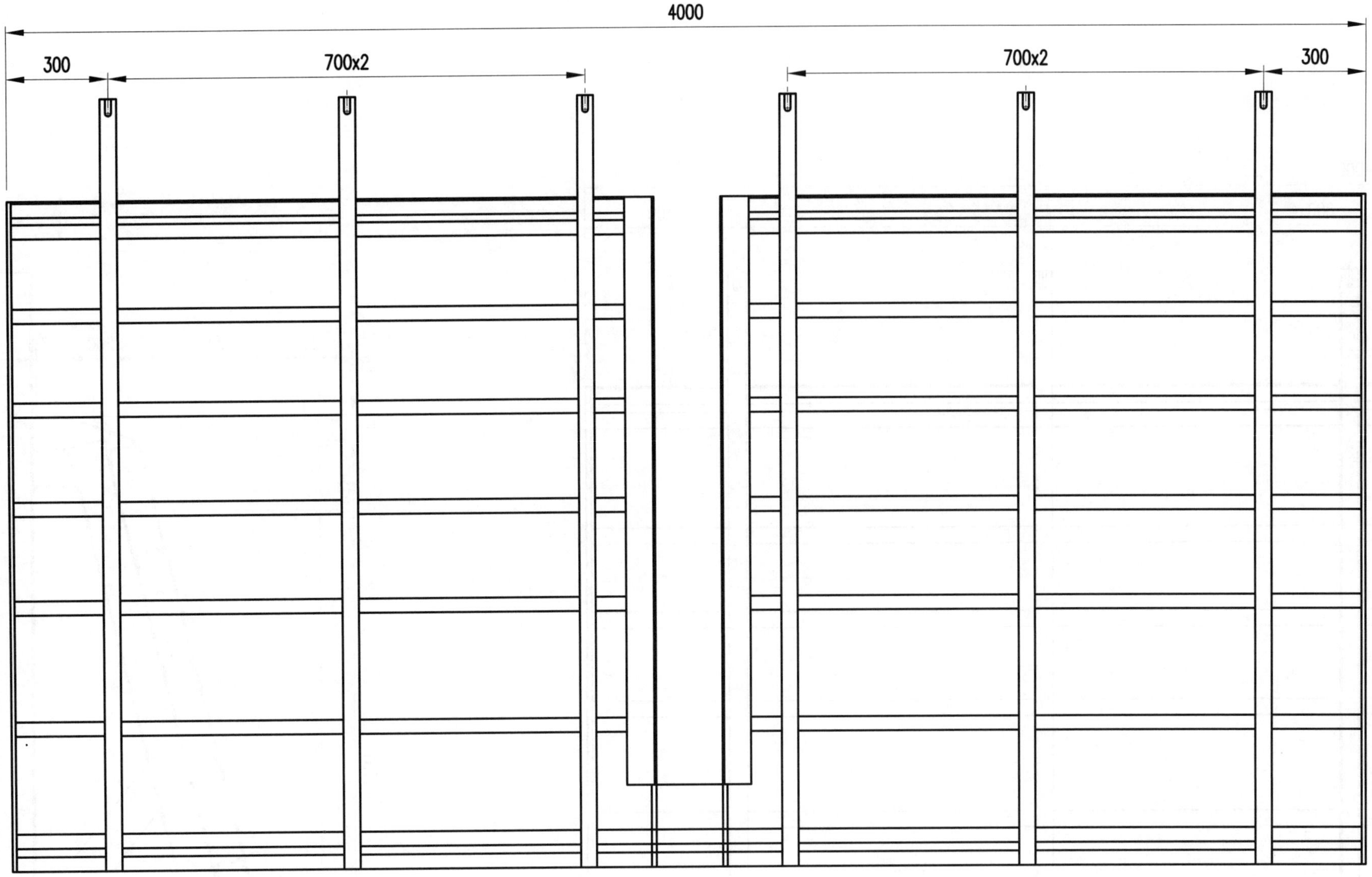

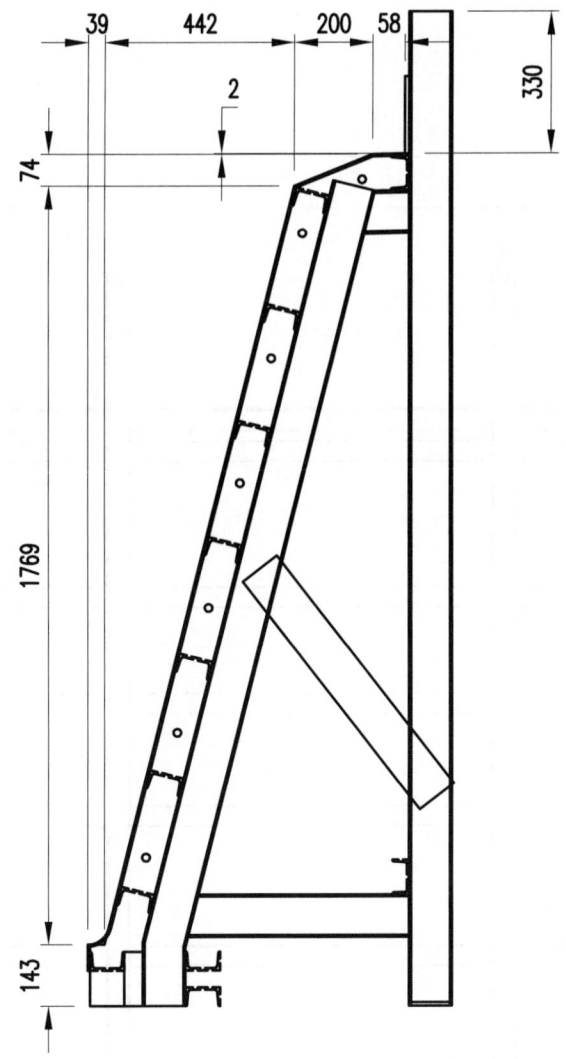

M3=1块

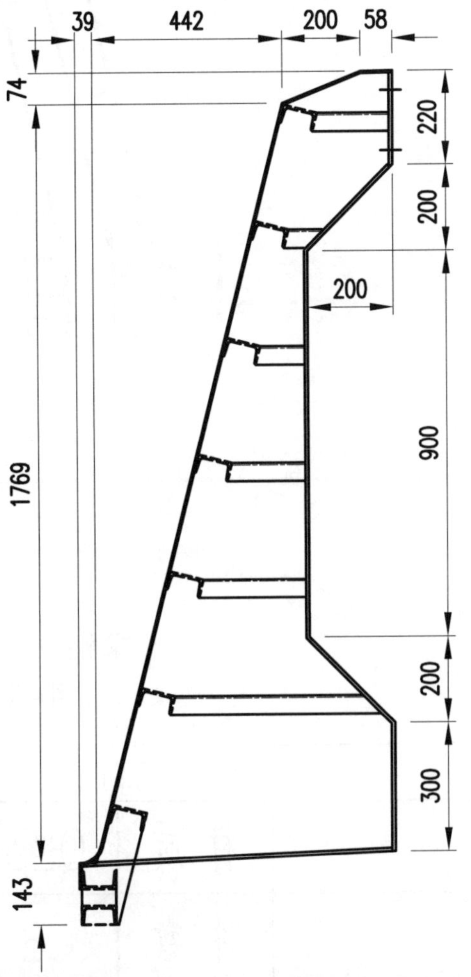

说明:
图中尺寸以mm计。

40m箱梁	材 质	Q235	单 重	2885kg
外 模(三)	件 数	1	图 号	7.2.4-5

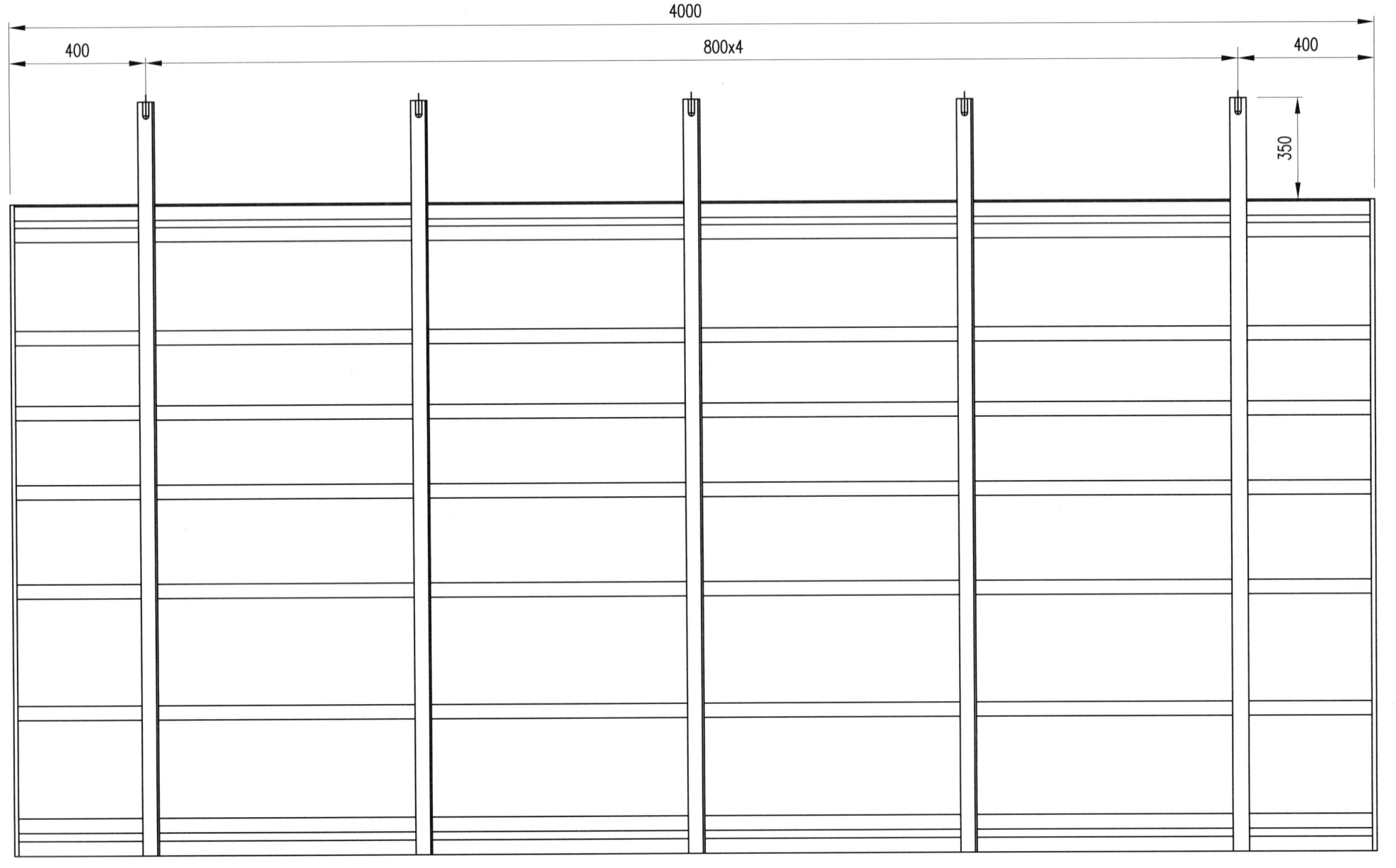
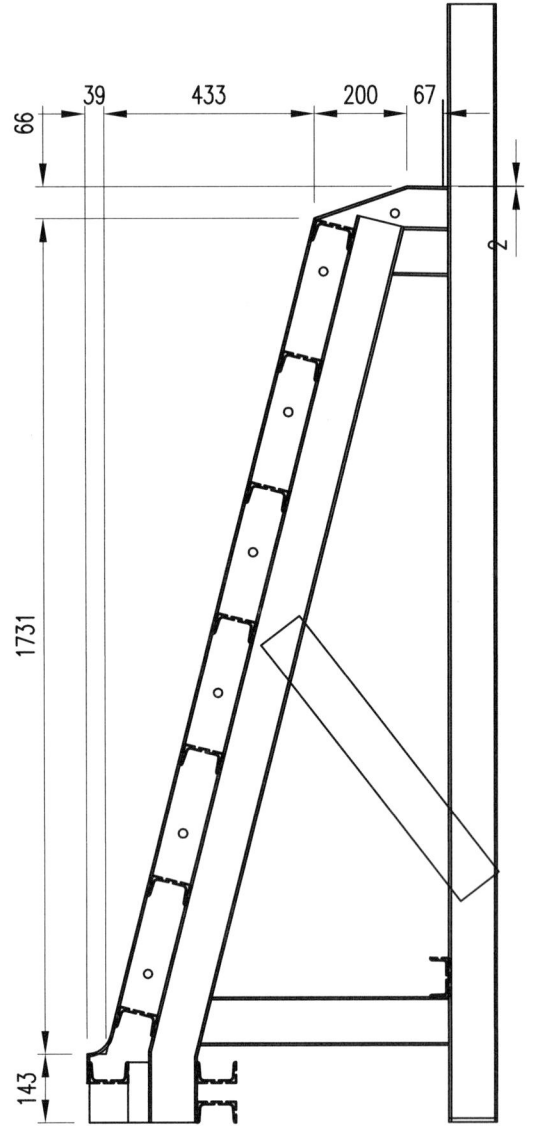

说明：
图中尺寸以mm计。

40m箱梁	材质	Q235	单重	1187kg
外模(四)	件数	8	图号	7.2.4-6

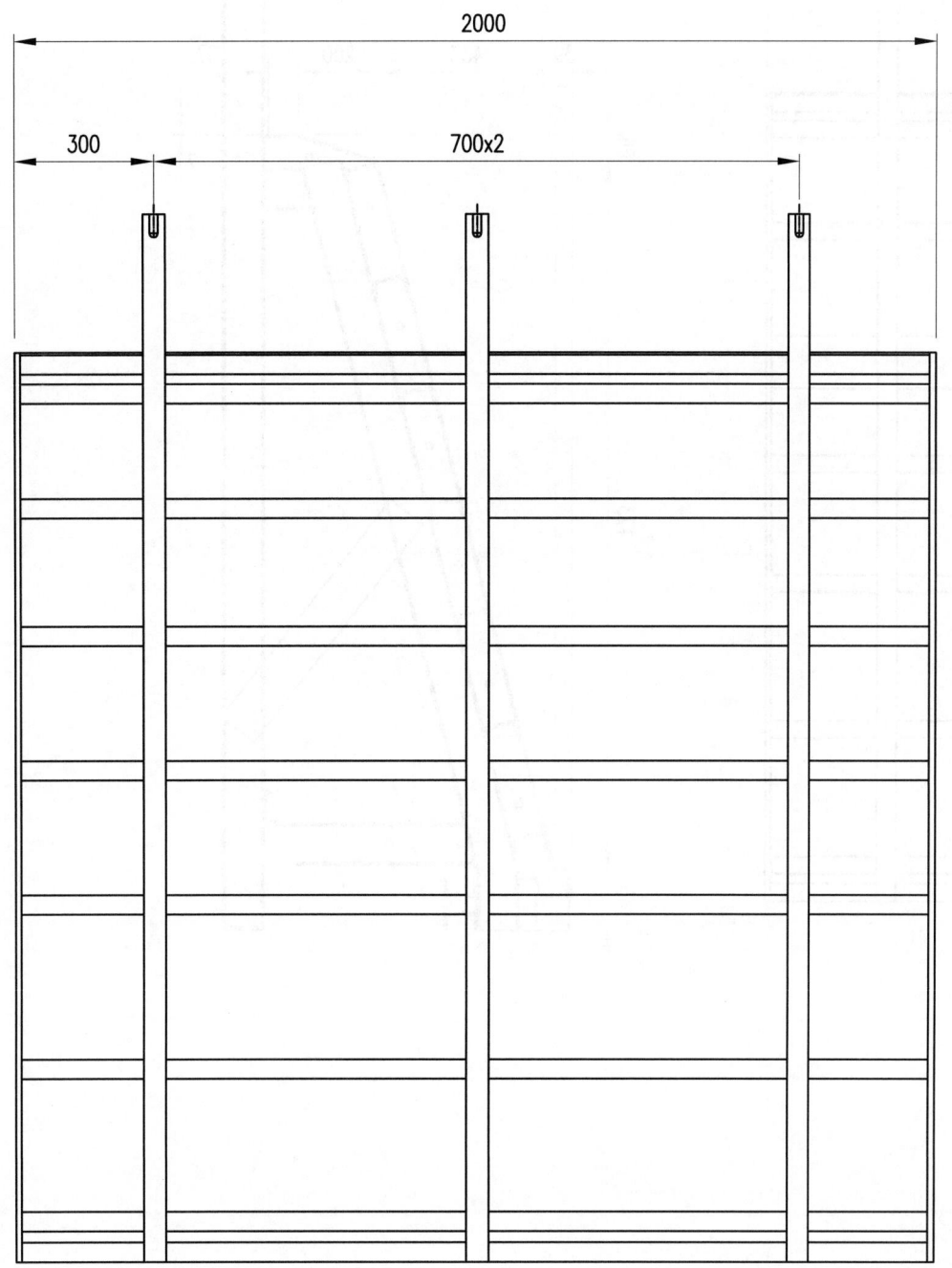
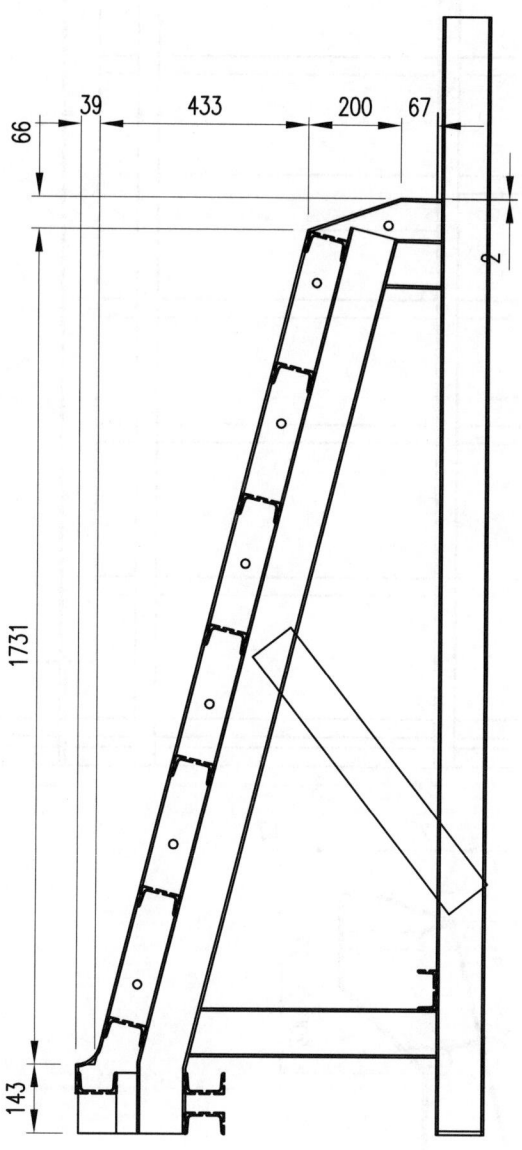

说明：

图中尺寸以mm计。

40m箱梁	材质	Q235	单重	699.5kg
外模(五)	件数	2	图号	7.2.4-7

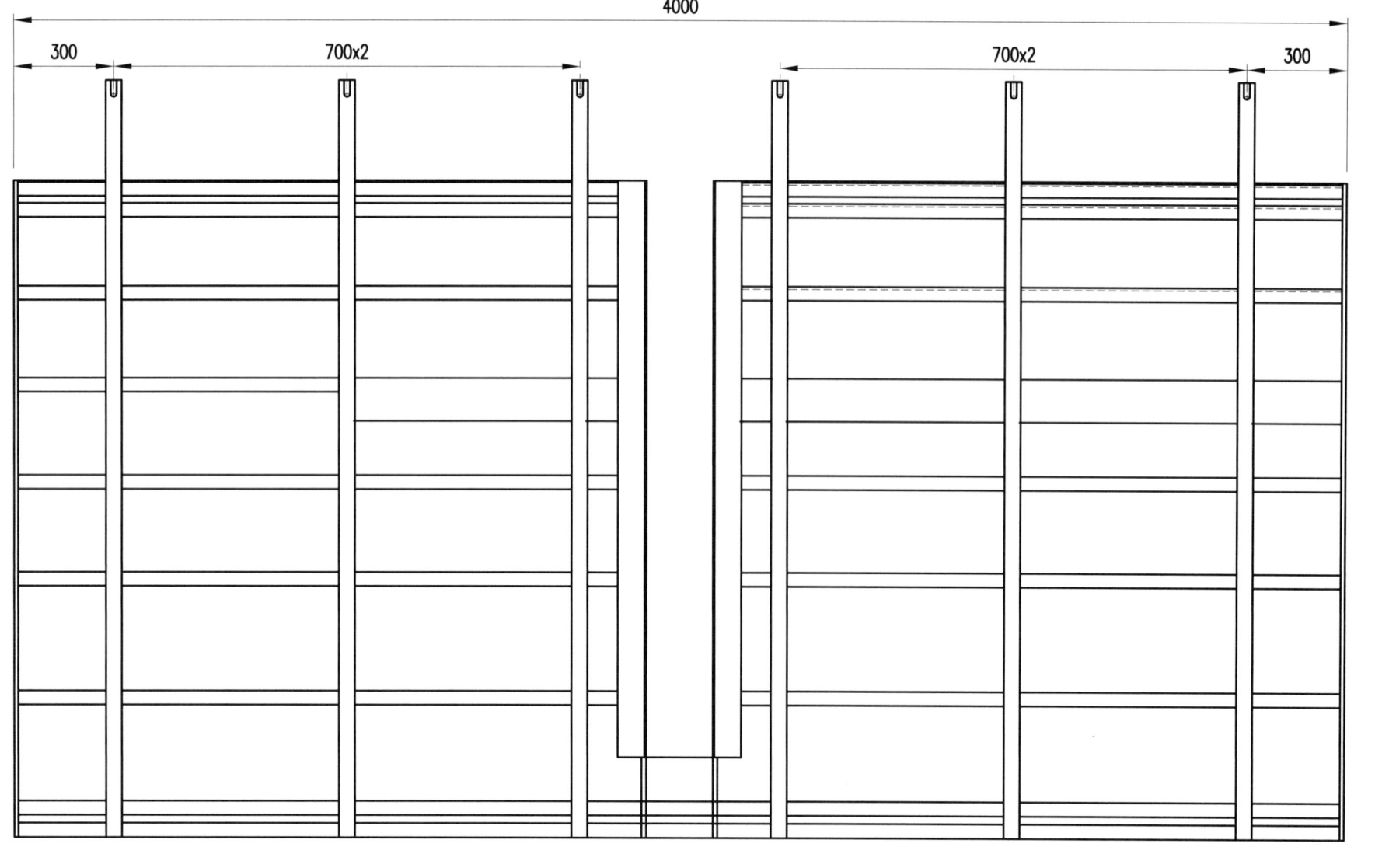
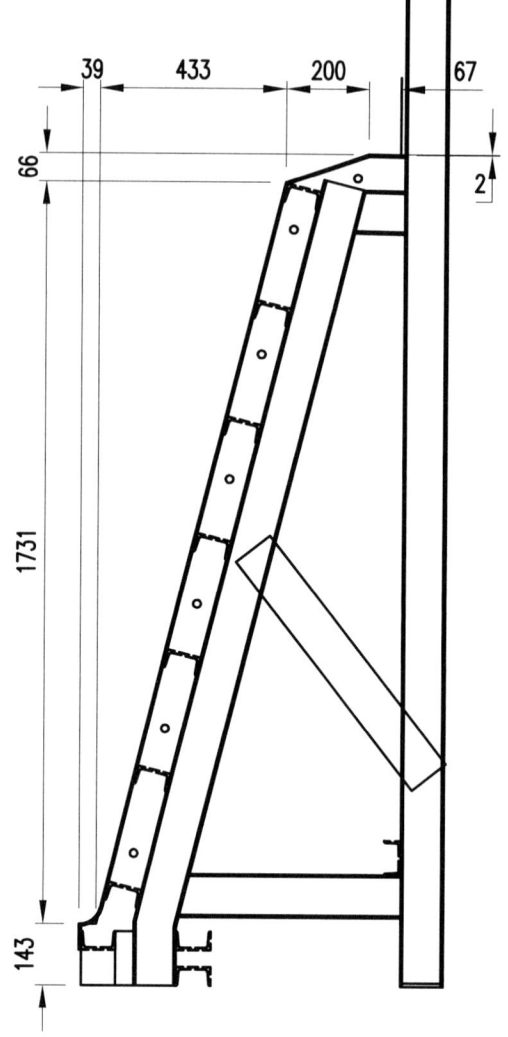
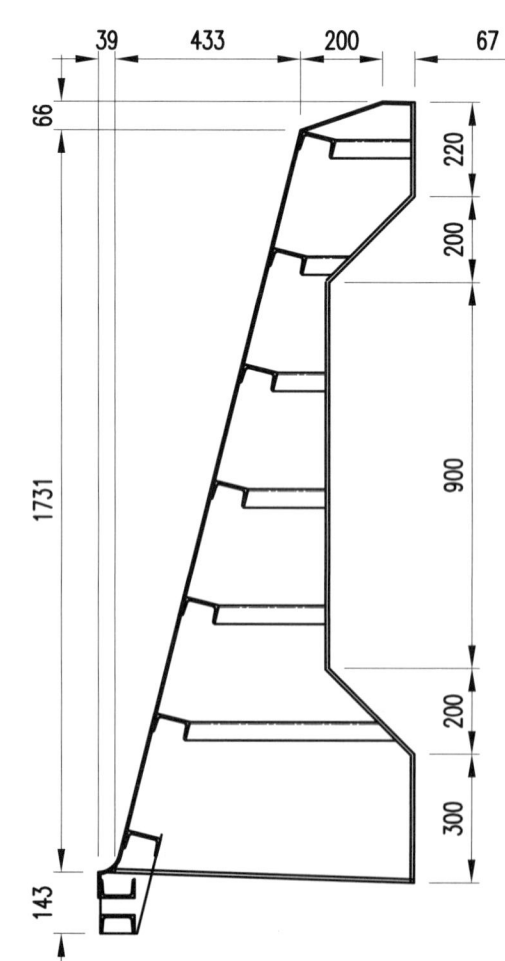

说明：
图中尺寸以mm计。

40m箱梁	材 质	Q235	单 重	2885kg
外 模(六)	件 数	1	图 号	7.2.4-8

M7=1块

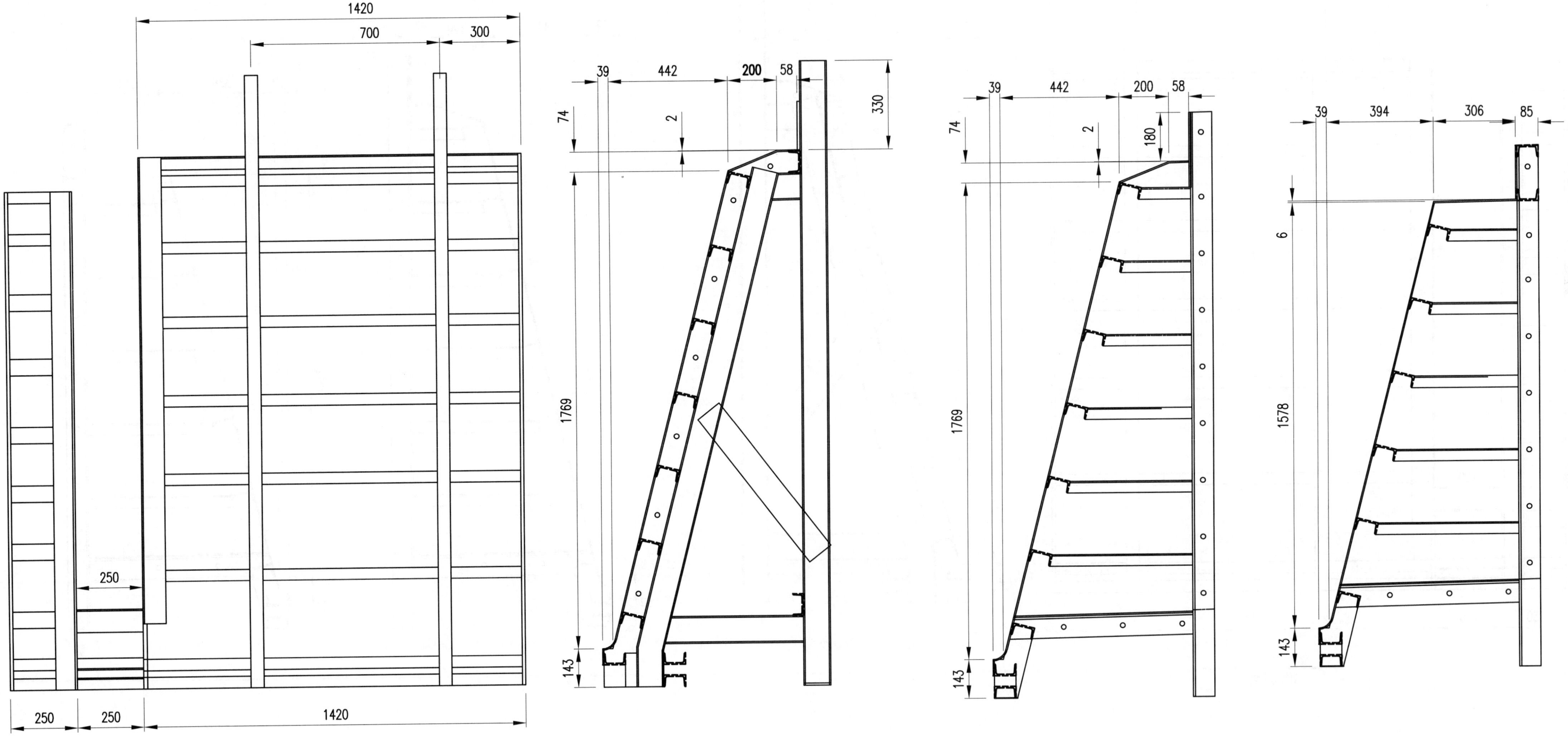

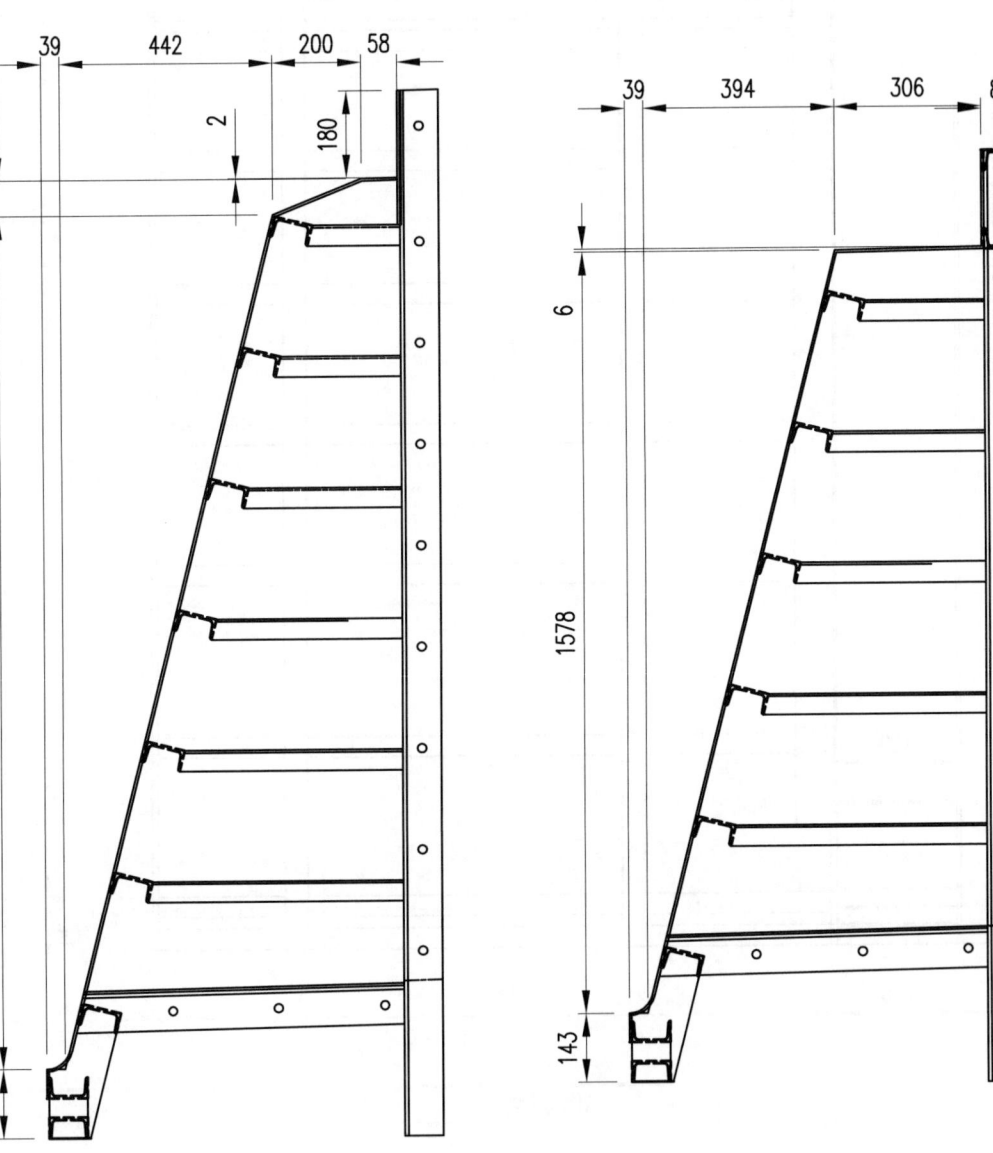

说明：

图中尺寸以mm计。

40m箱梁	材 质	Q235	单 重	2765kg
外 模(七)	件 数	1	图 号	7.2.4-9

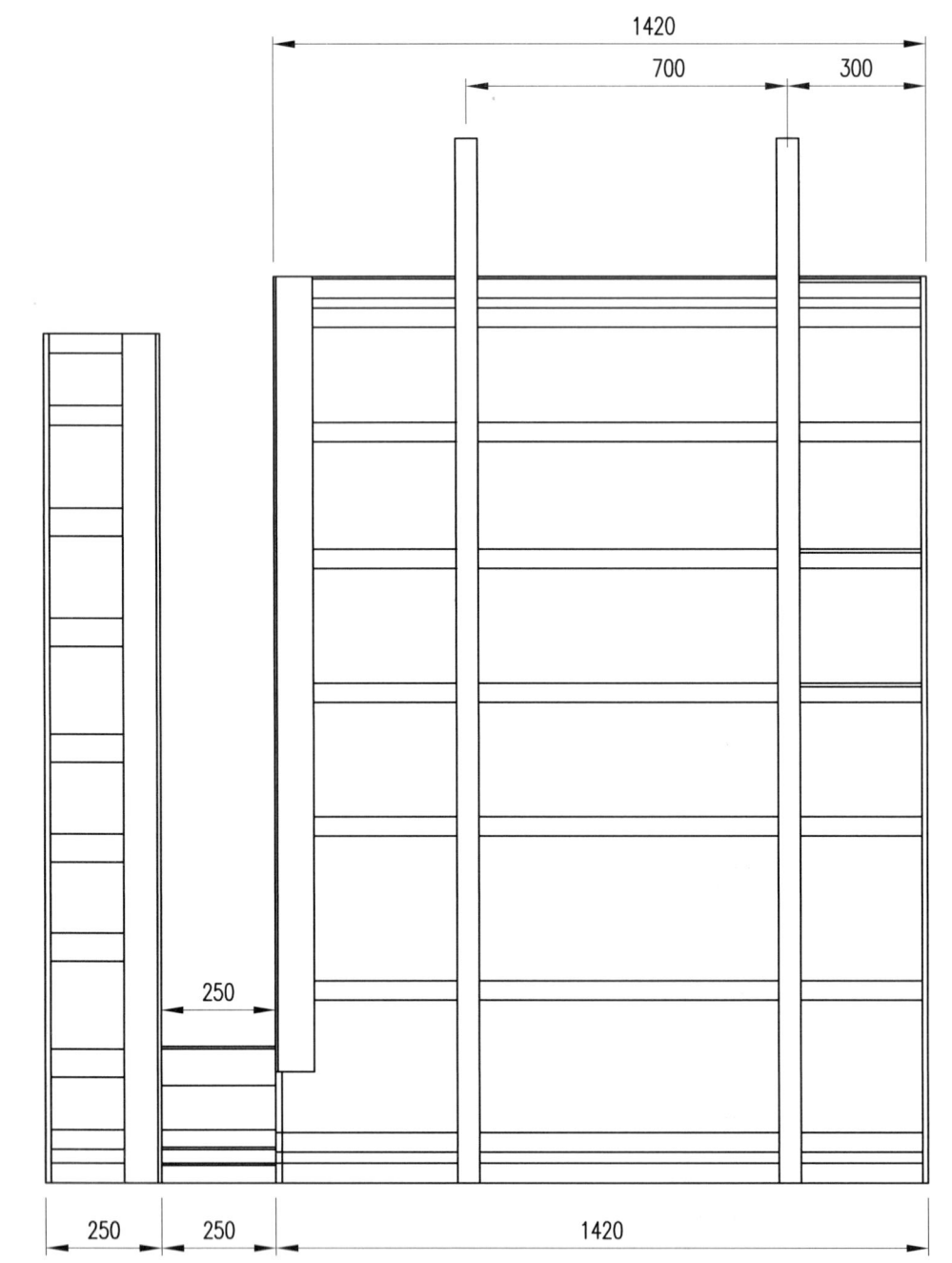
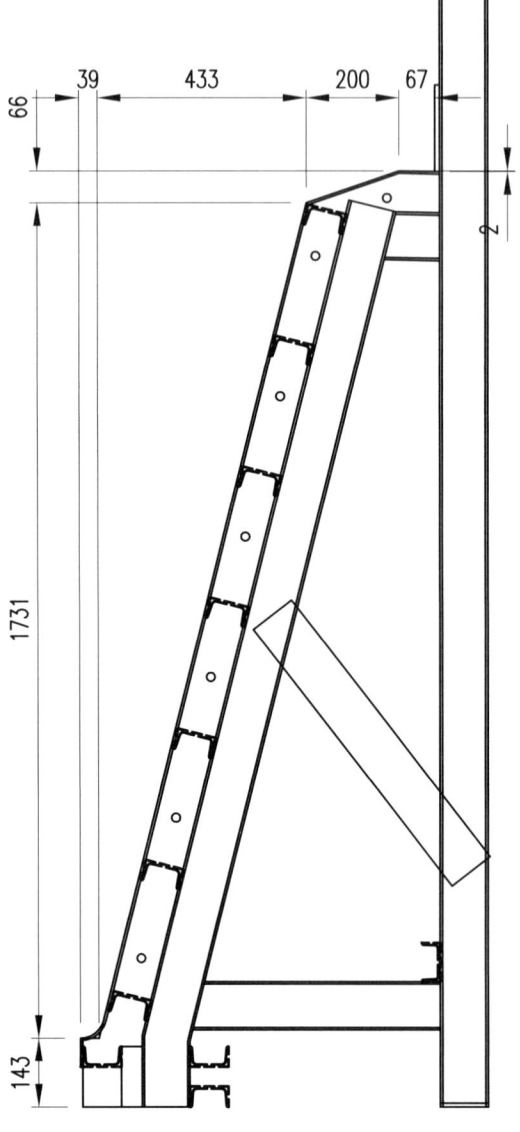
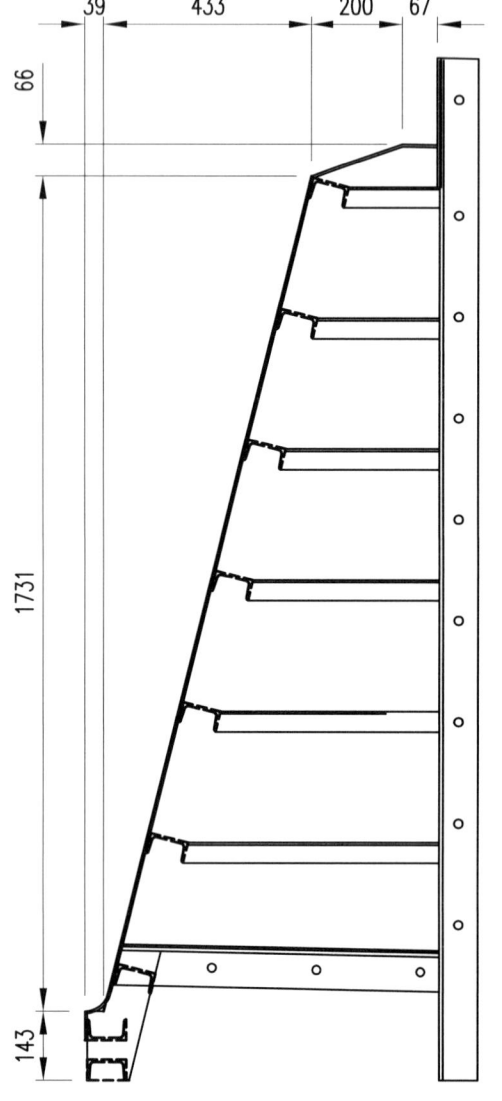
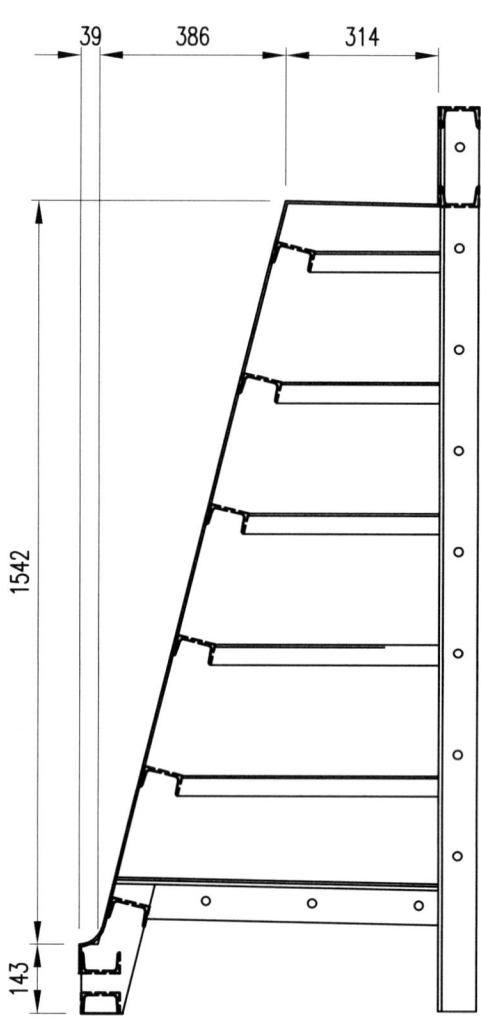

M8=1块

说明：
1. 图中尺寸以mm计。
2. 端横梁：2765kg。

40m箱梁	材质	Q235	单重	2765kg
外模（八）	件数	1	图号	7.2.4-10

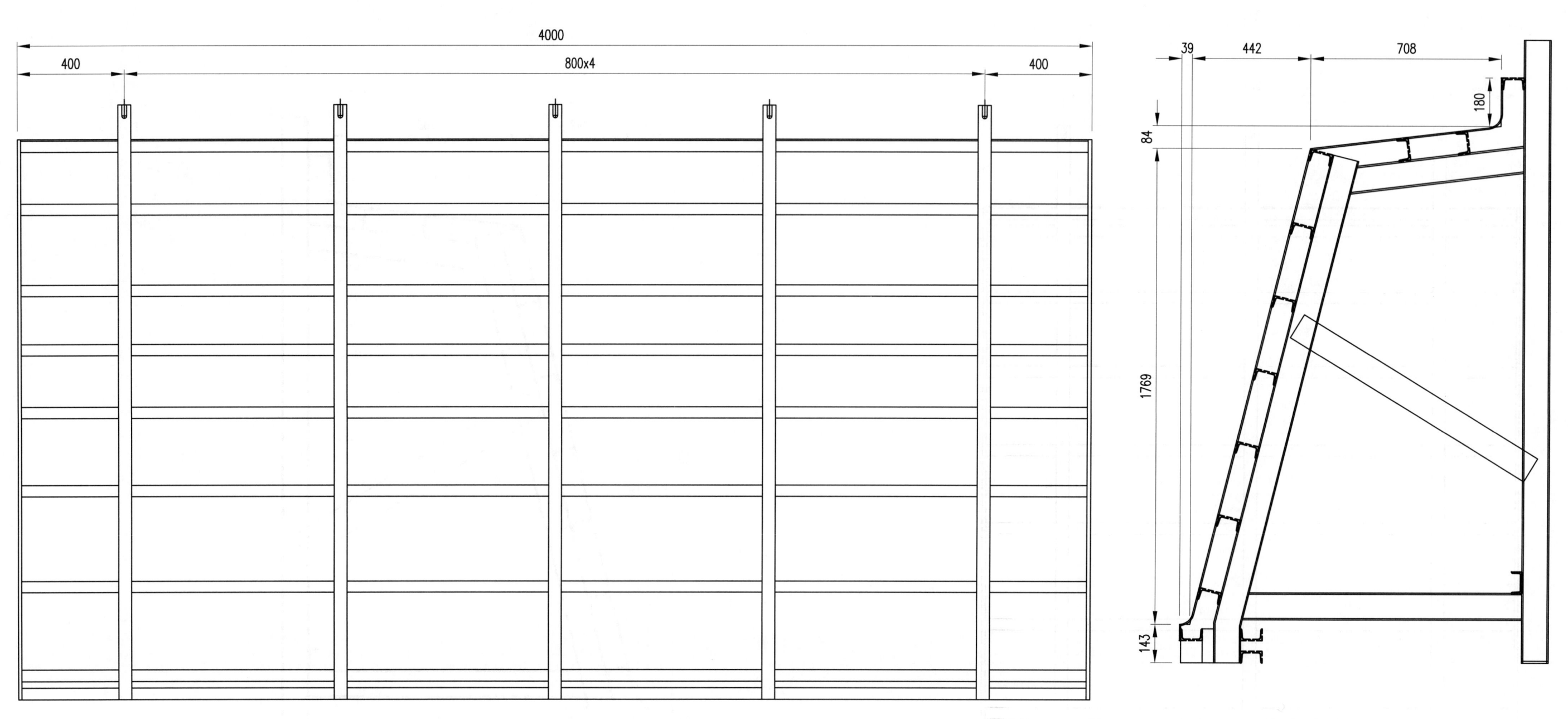

40m箱梁	材质	Q235	单重	1468kg
外模(九)	件数	9	图号	7.2.4-11

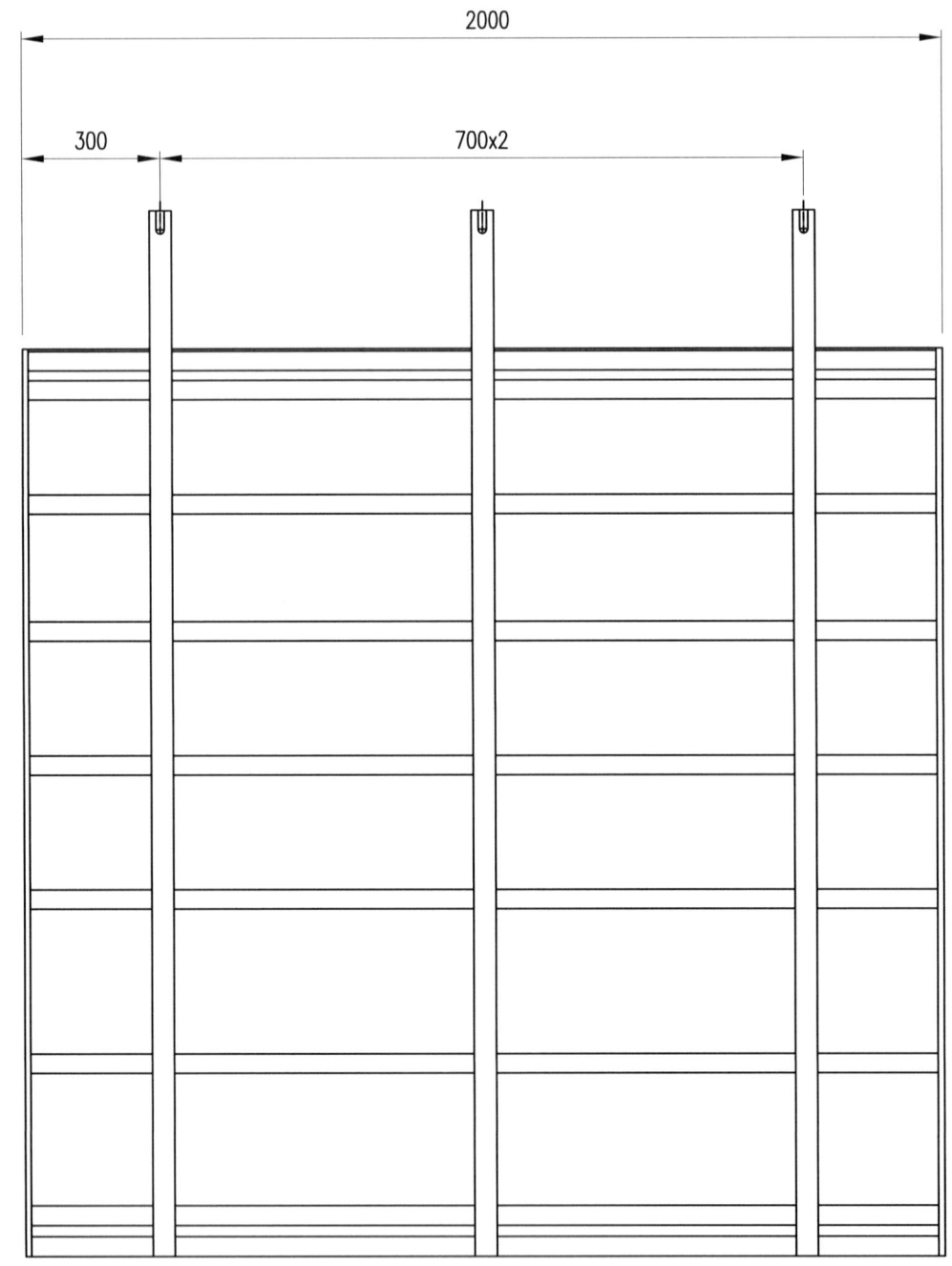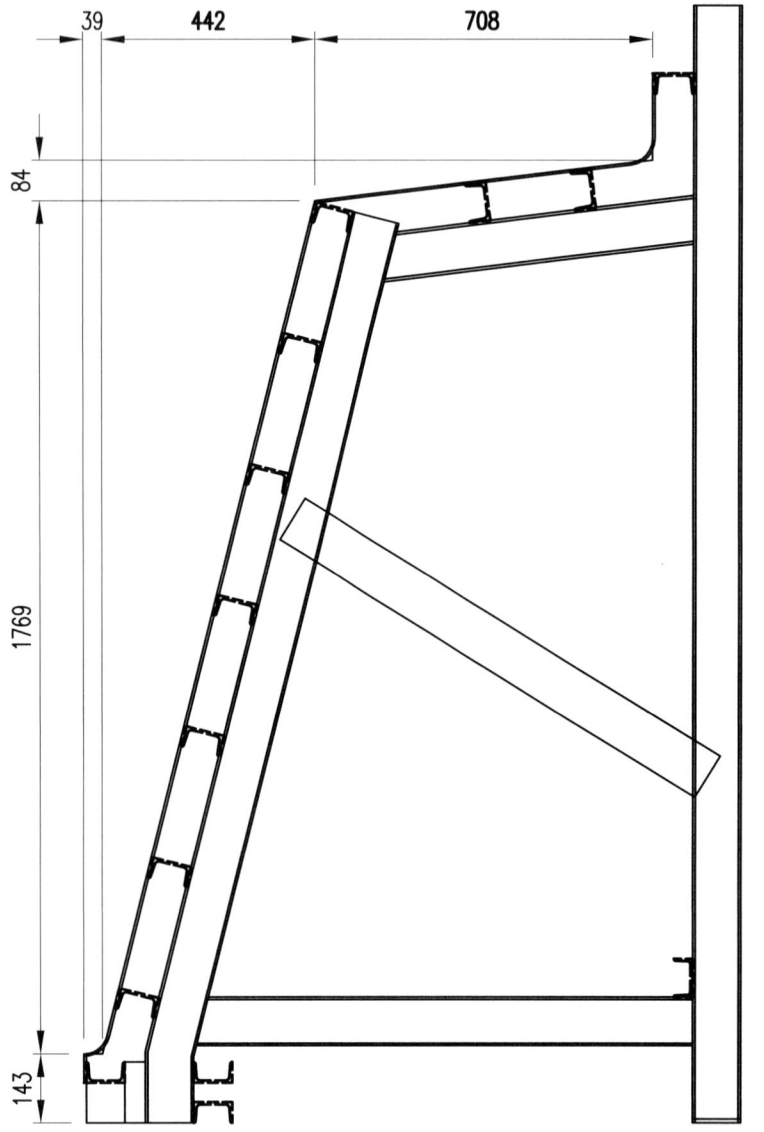

说明：
图中尺寸以mm计。

40m箱梁	材 质	Q235	单 重	856.5kg
外模(十)	件 数	2	图 号	7.2.4-12

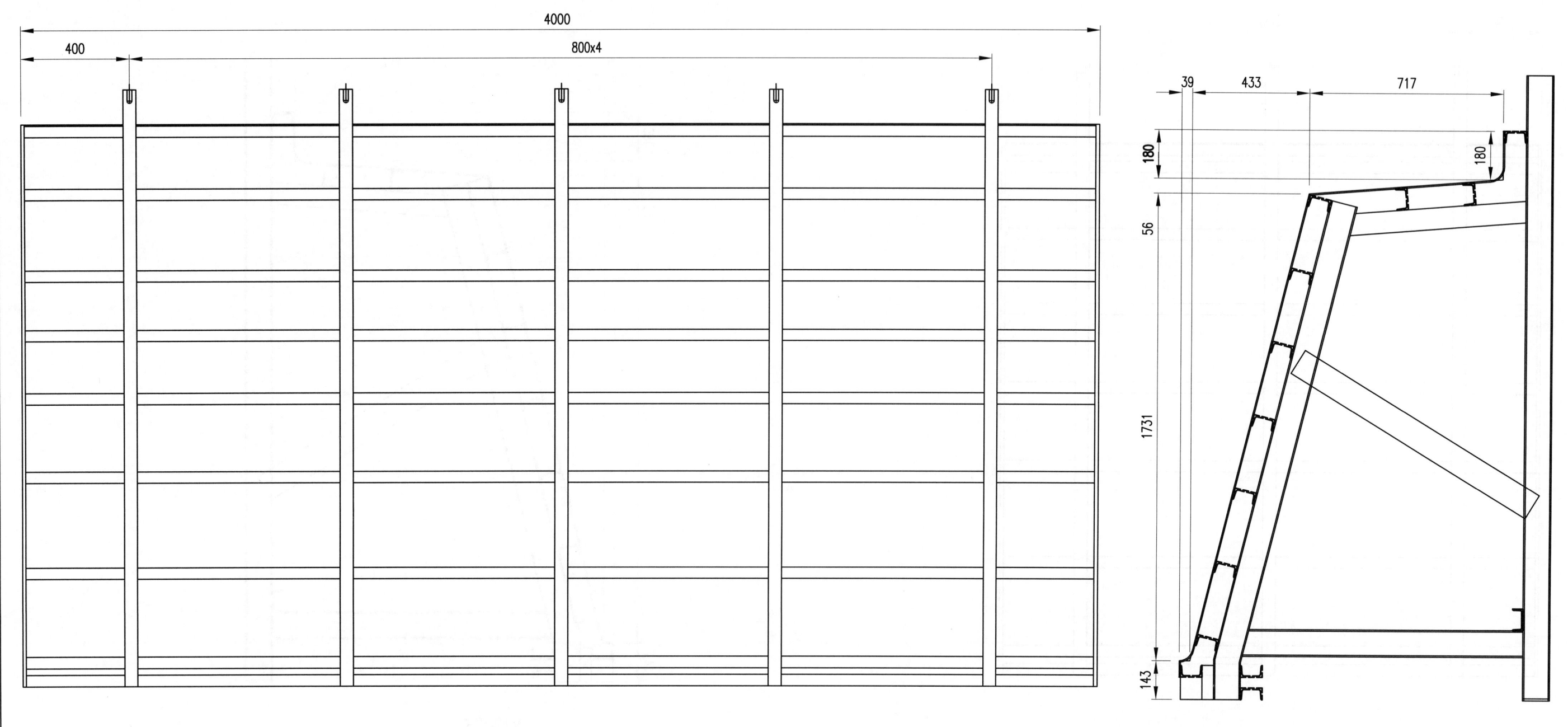

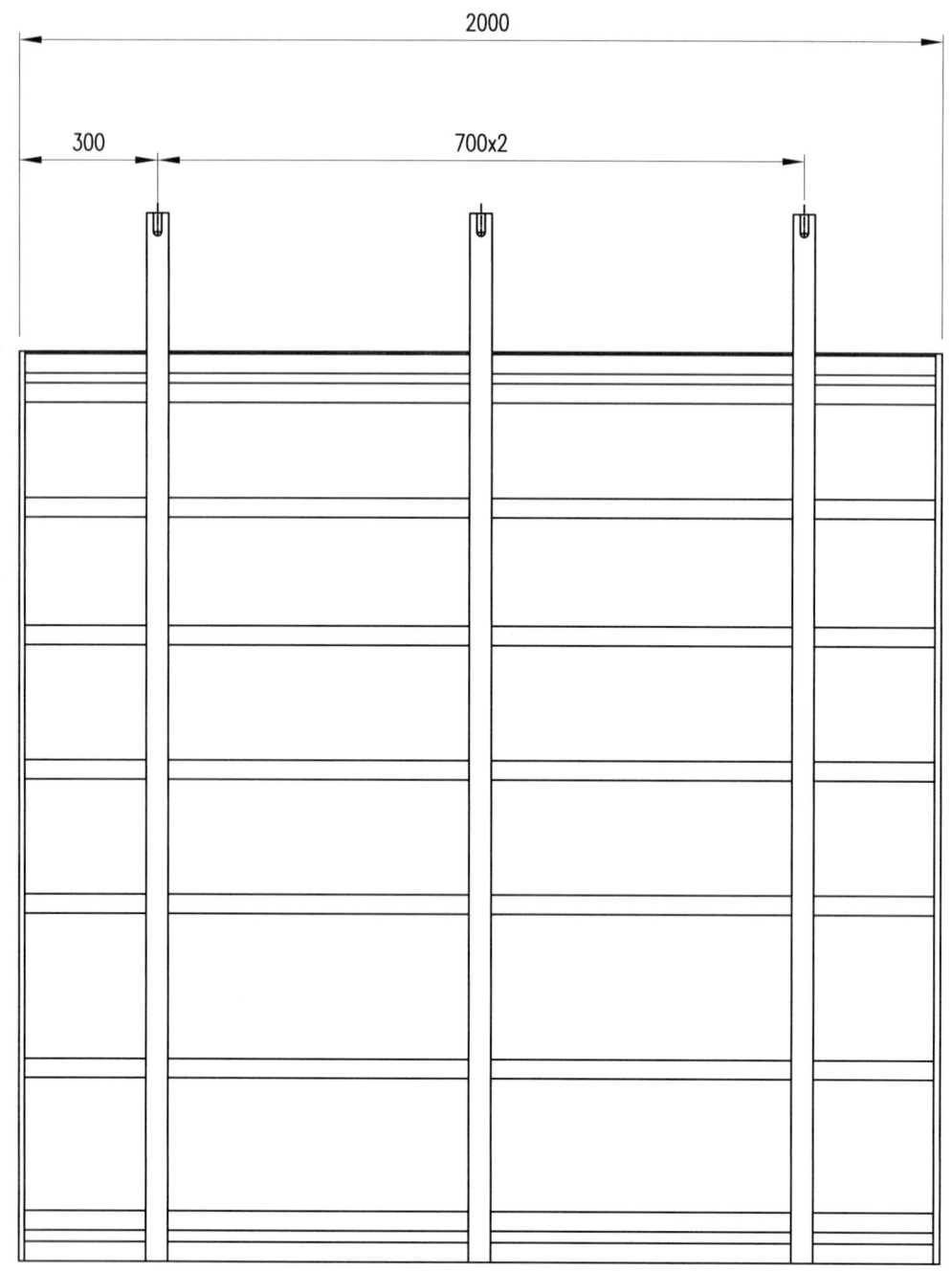
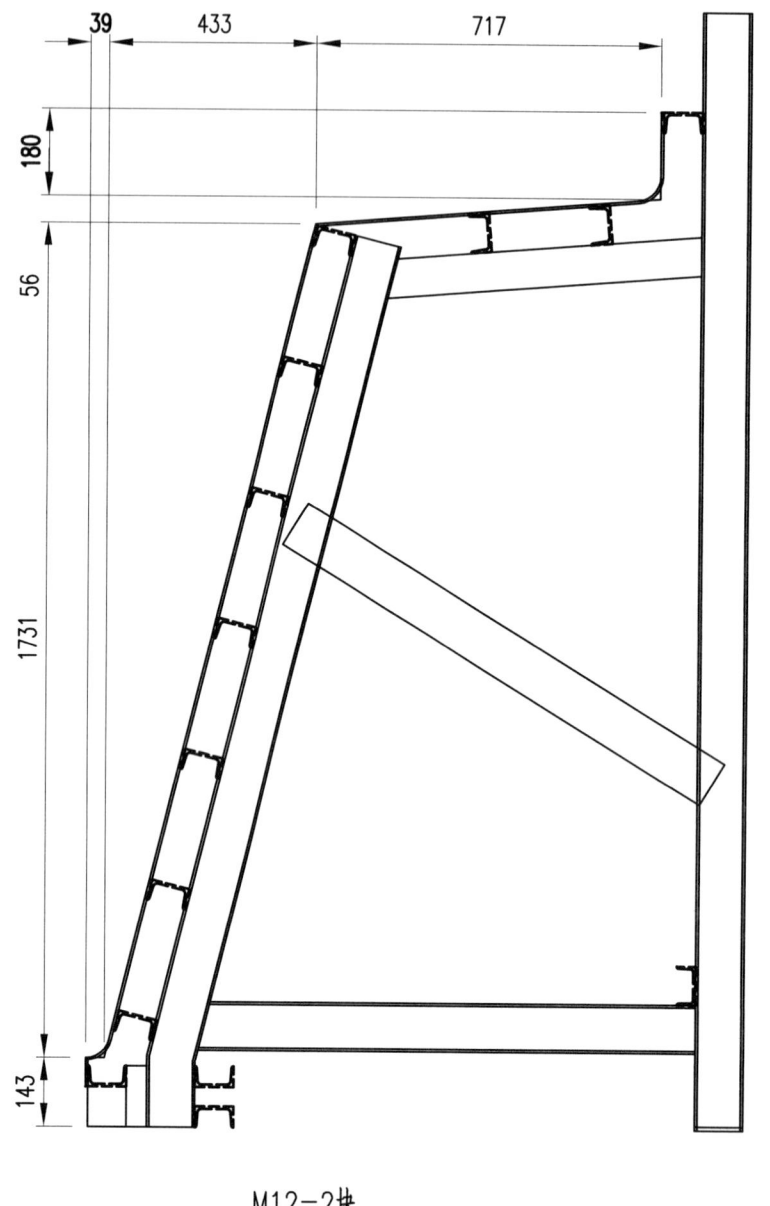

M12=2块

说明：
图中尺寸以mm计。

40m箱梁	材质	Q235	单重	852.5kg
外模(十二)	件数	2	图号	7.2.4-14

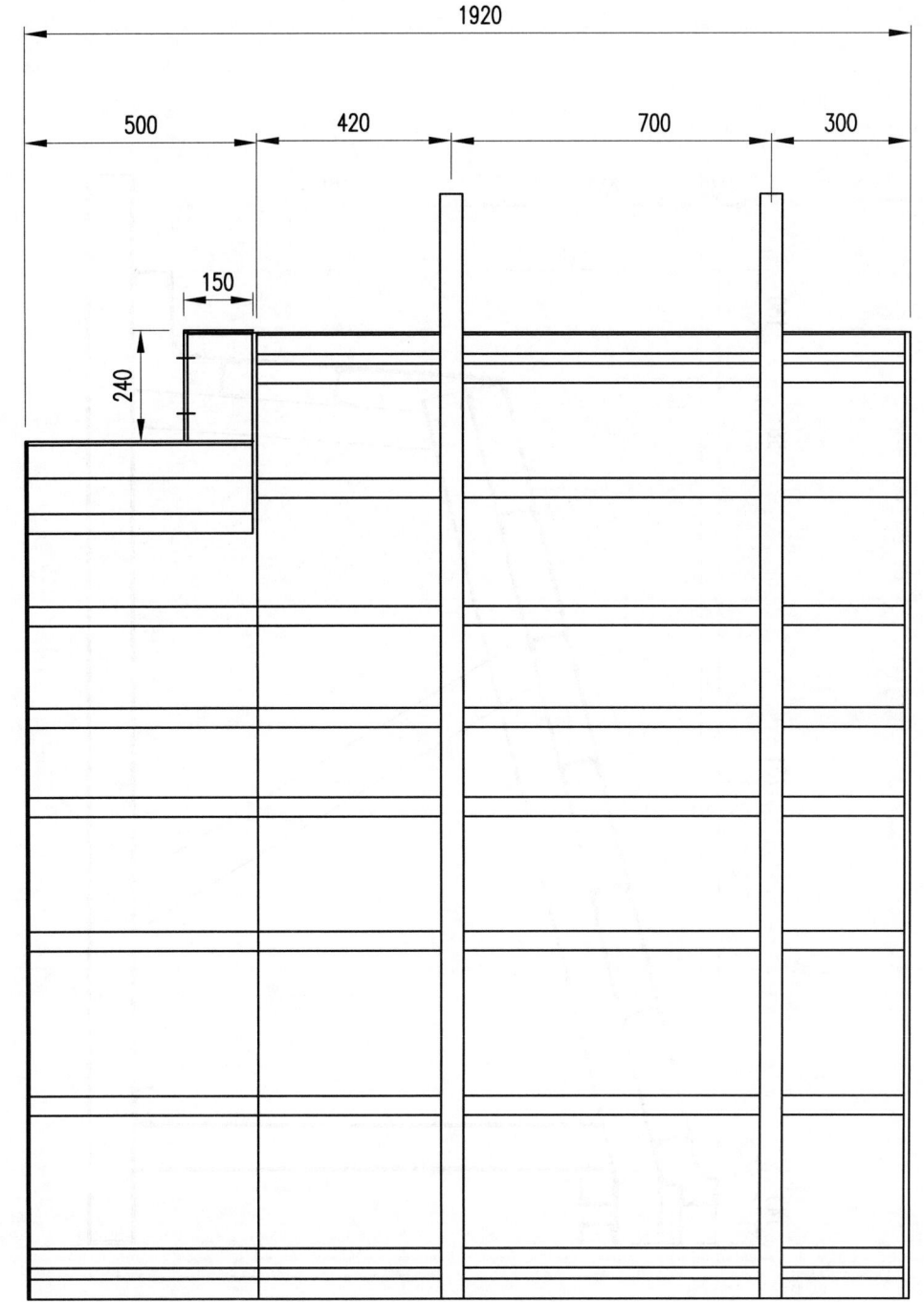
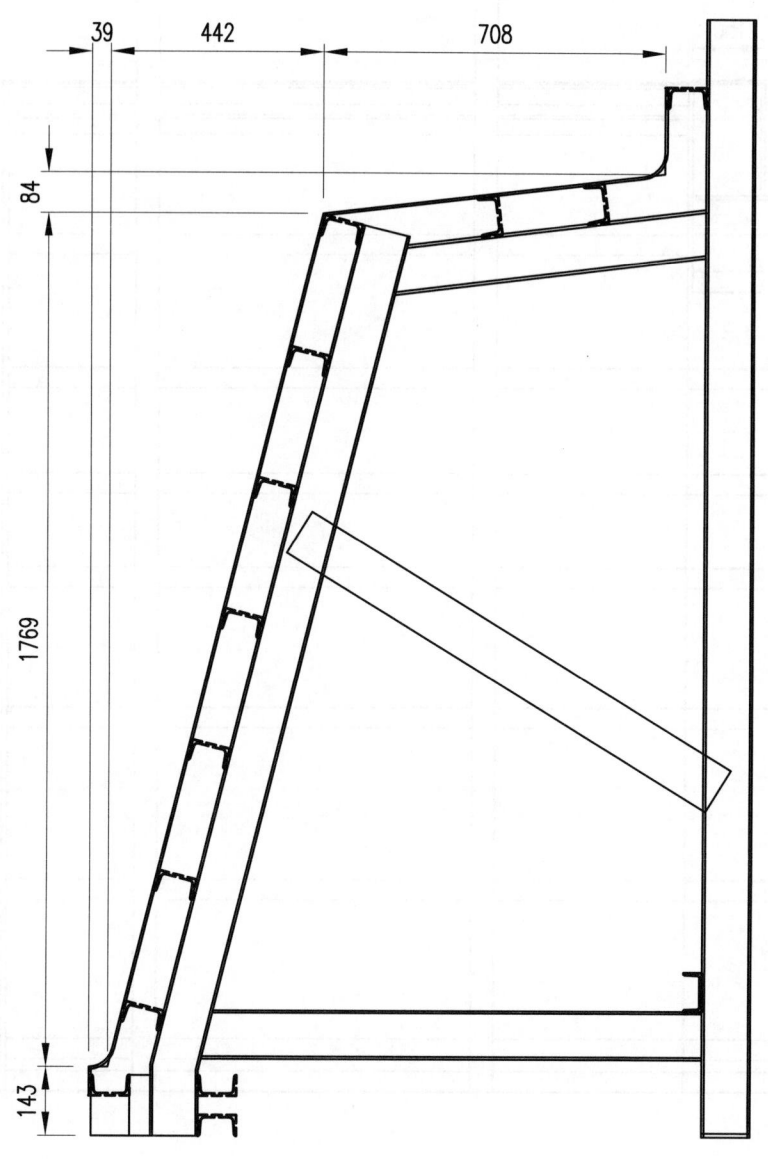

说明:
图中尺寸以mm计。

40m箱梁	材质	Q235	单重	1552kg
外模(十三)	件数	1	图号	7.2.4-15

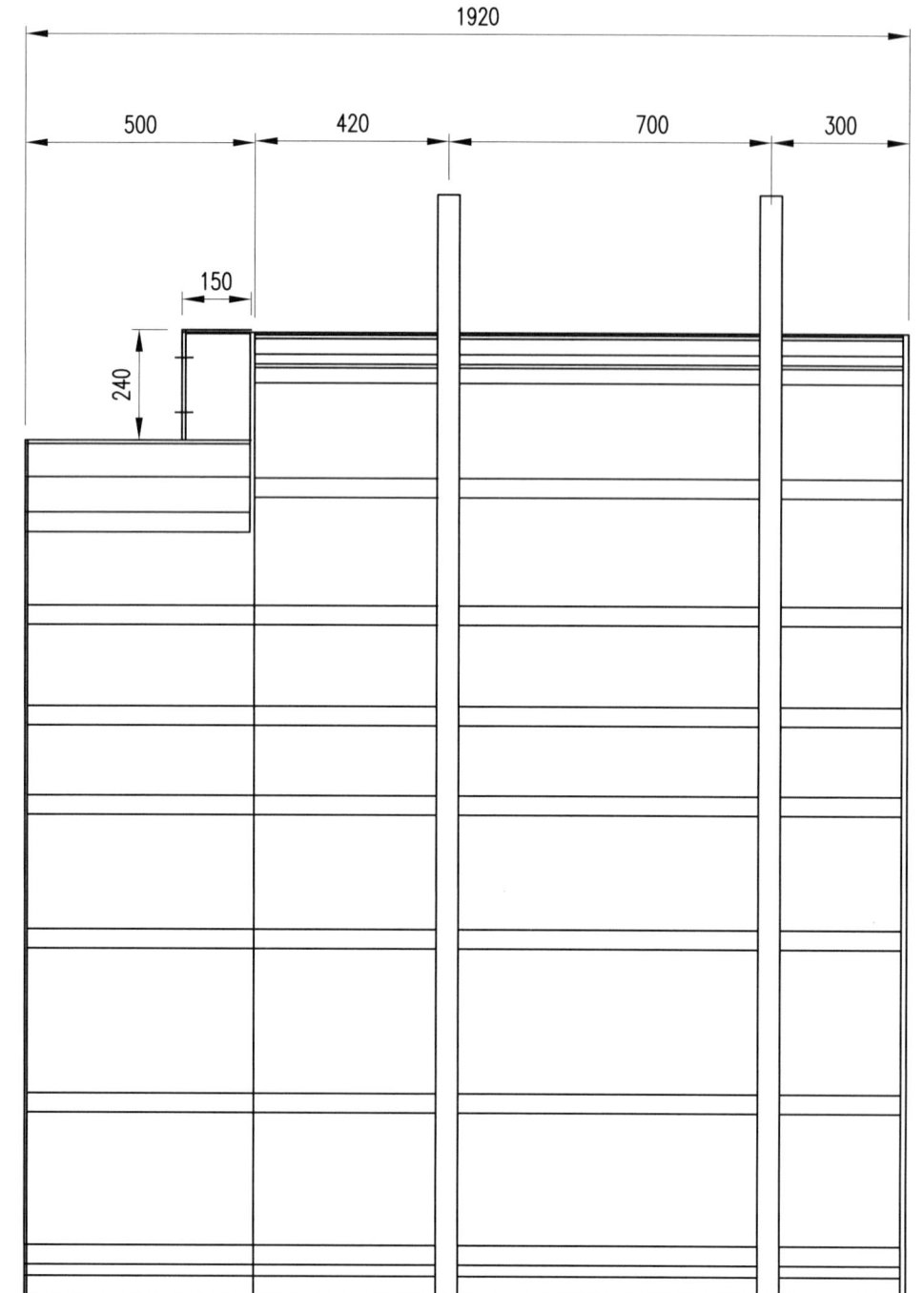
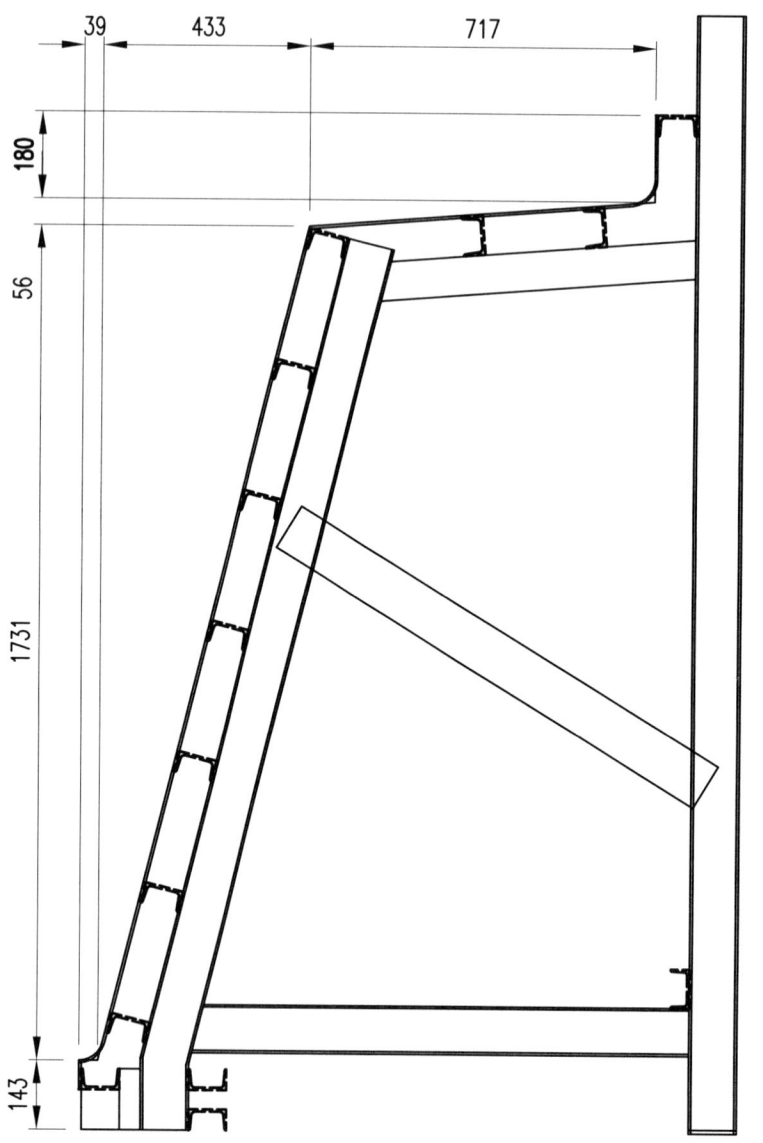

说明:
图中尺寸以mm计。

40m箱梁	材质	Q235	单重	1552kg
外模(十四)	件数	1	图号	7.2.4-16

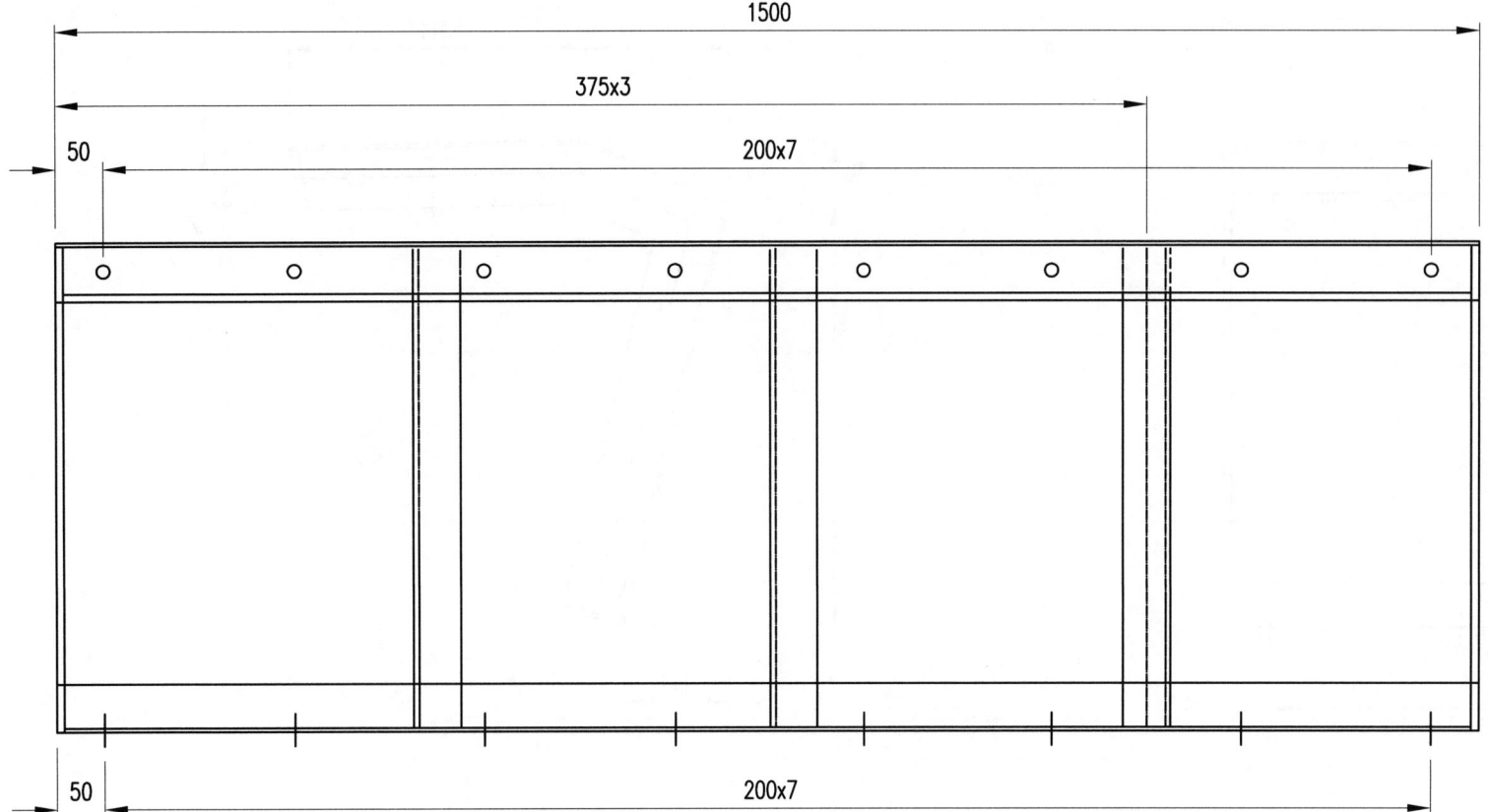
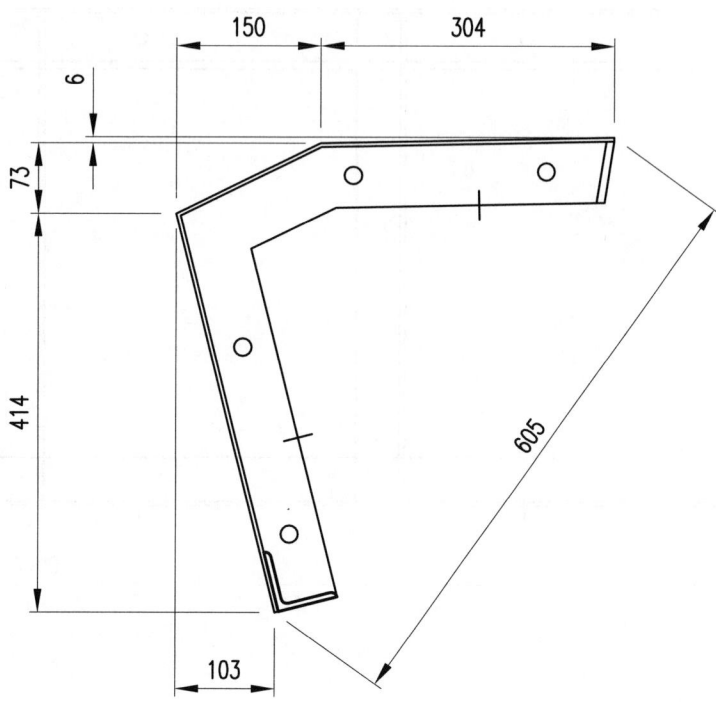

说明：

图中尺寸以mm计。

40m箱梁	材 质	Q235	单 重	79kg
内 模(十五)	件 数	1	图 号	7.2.4-17

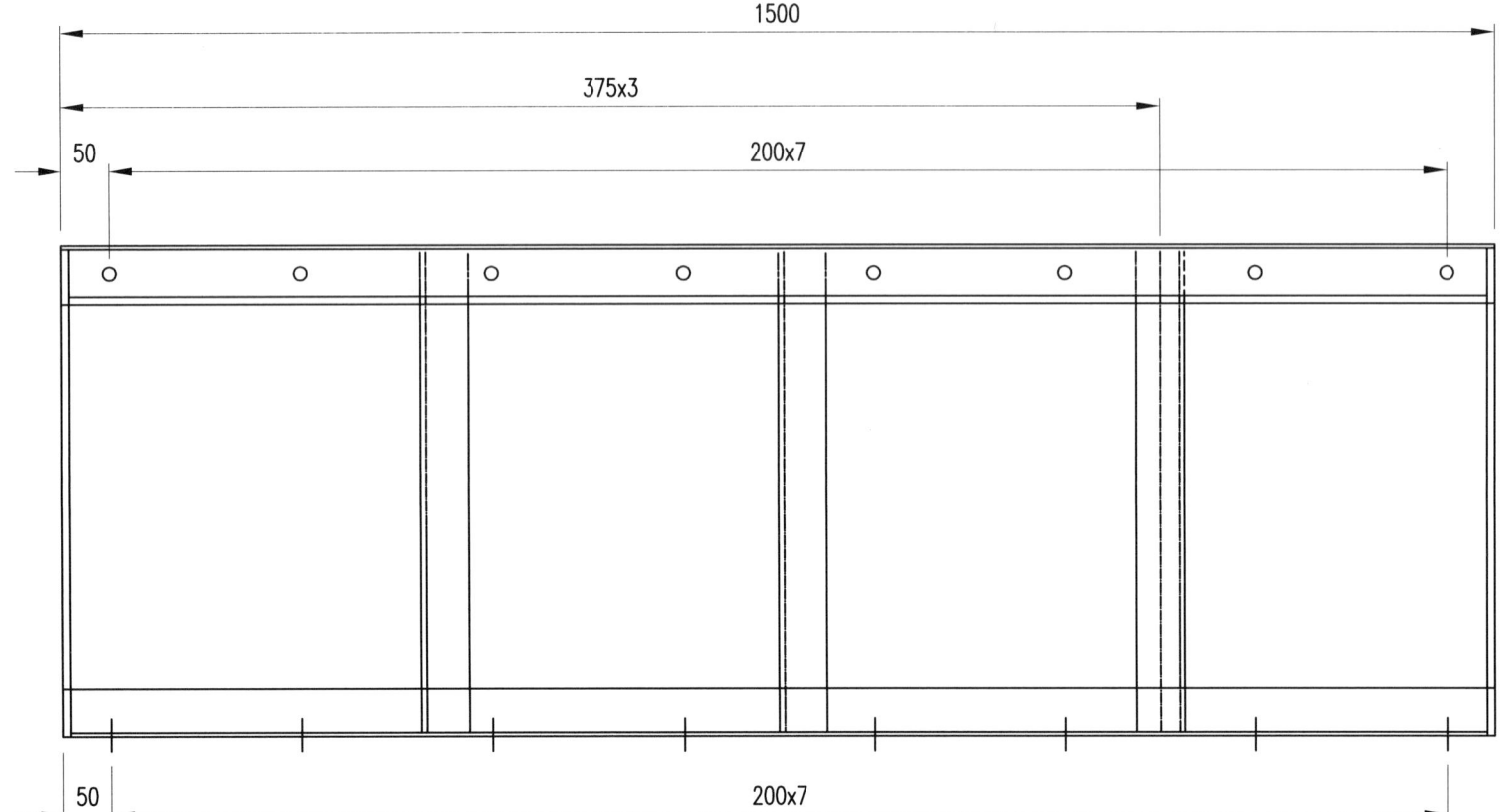
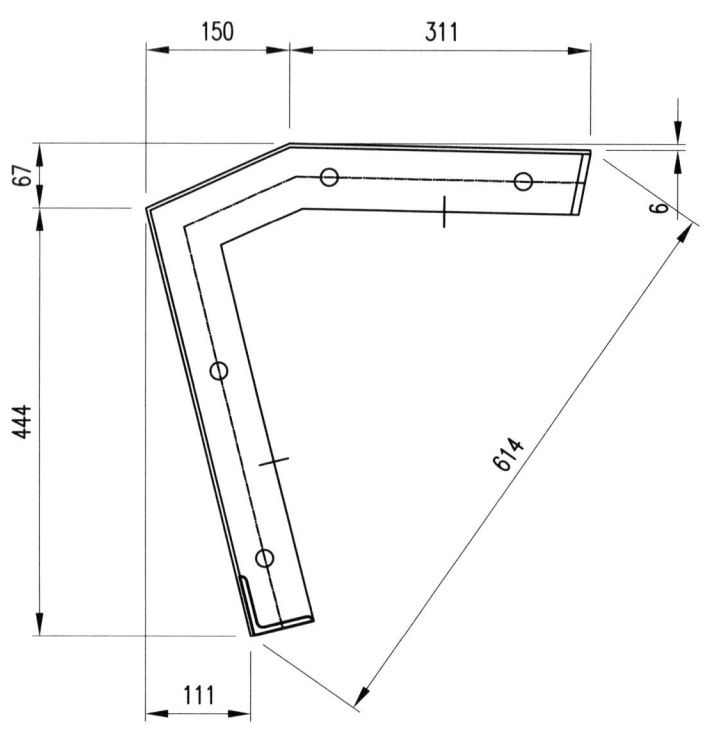

说明：
图中尺寸以mm计。

40m箱梁	材质	Q235	单重	81kg
内模(十六)	件数	1	图号	7.2.4-18

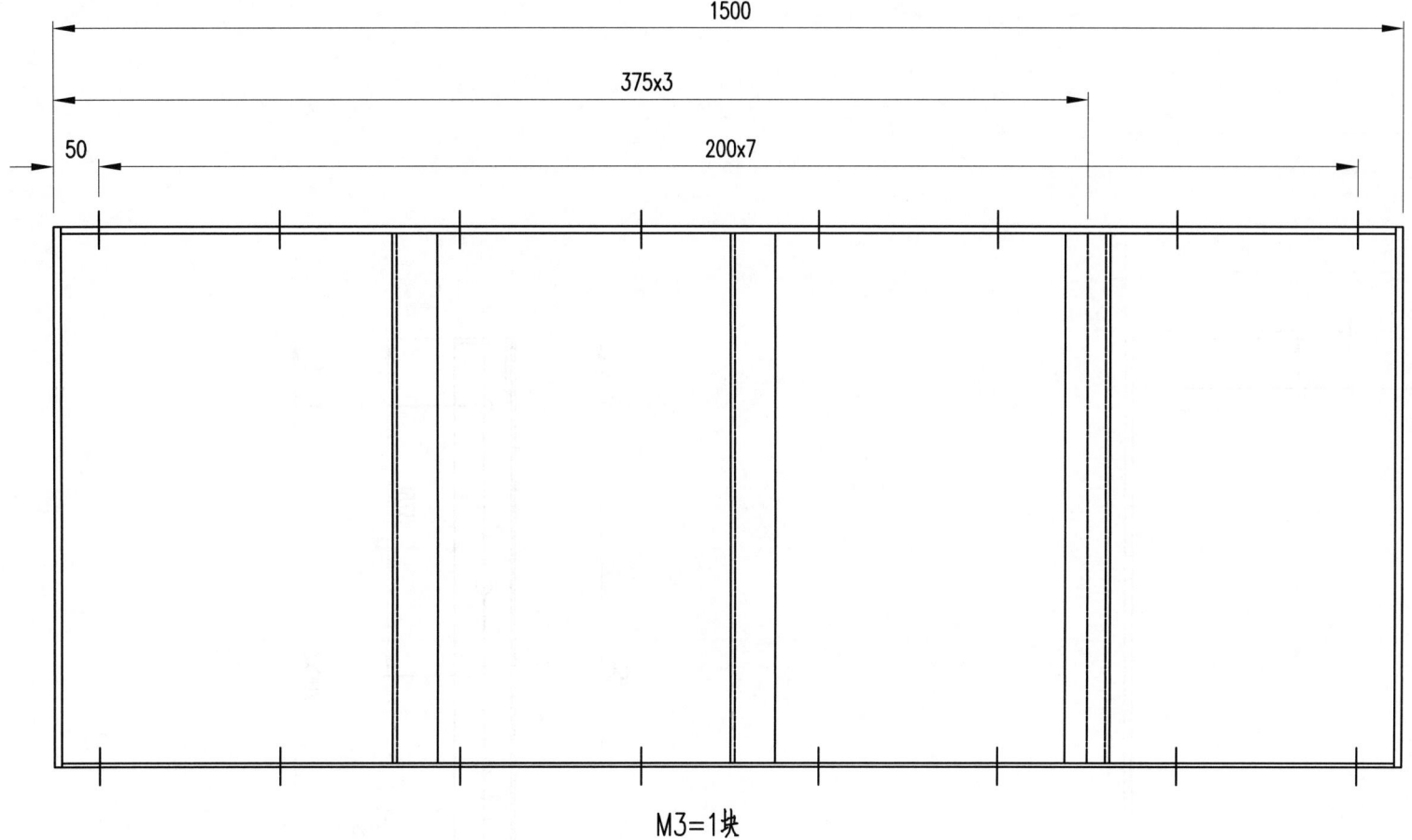

M3=1块

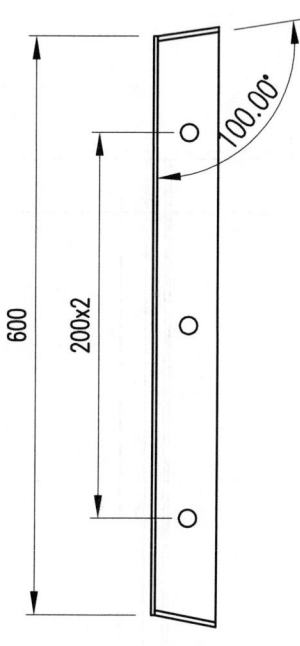

说明:
图中尺寸以mm计.

40m箱梁	材质	Q235	单重	55kg
内 模(十七)	件数	1	图号	7.2.4-19

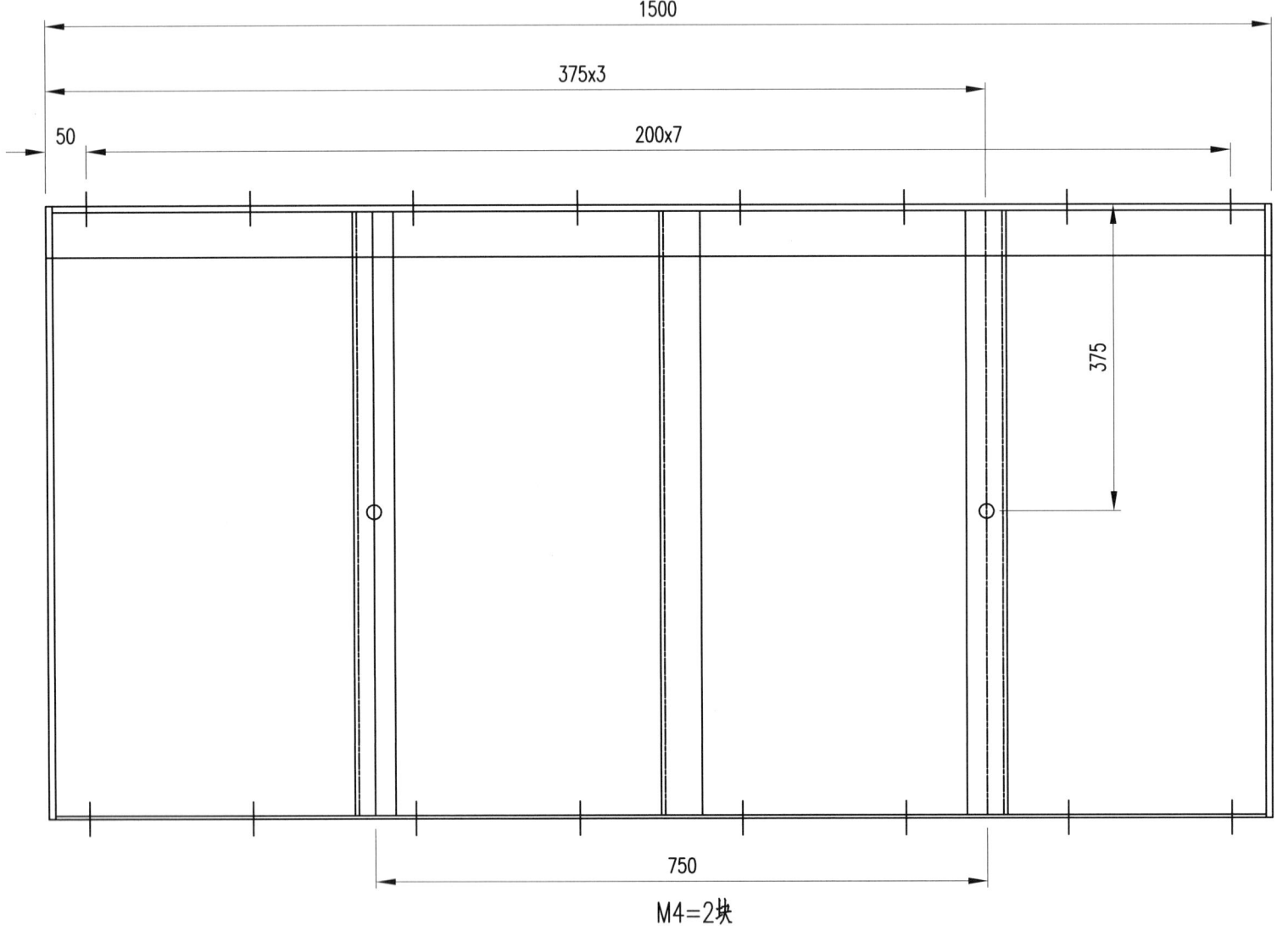
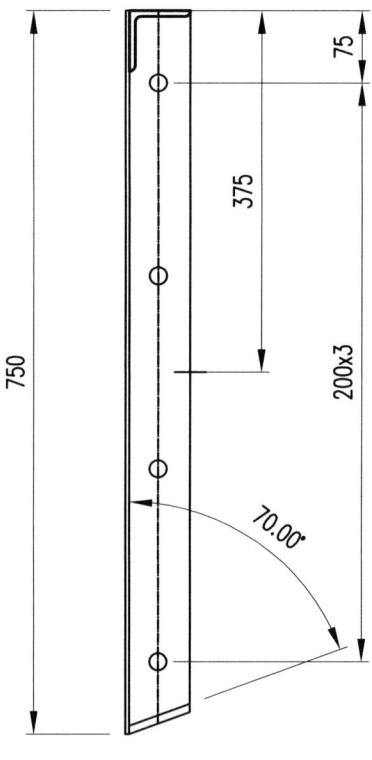

说明：
图中尺寸以mm计。

40m箱梁	材质	Q235	单重	68.5kg
内模(十八)	件数	2	图号	7.2.4-20

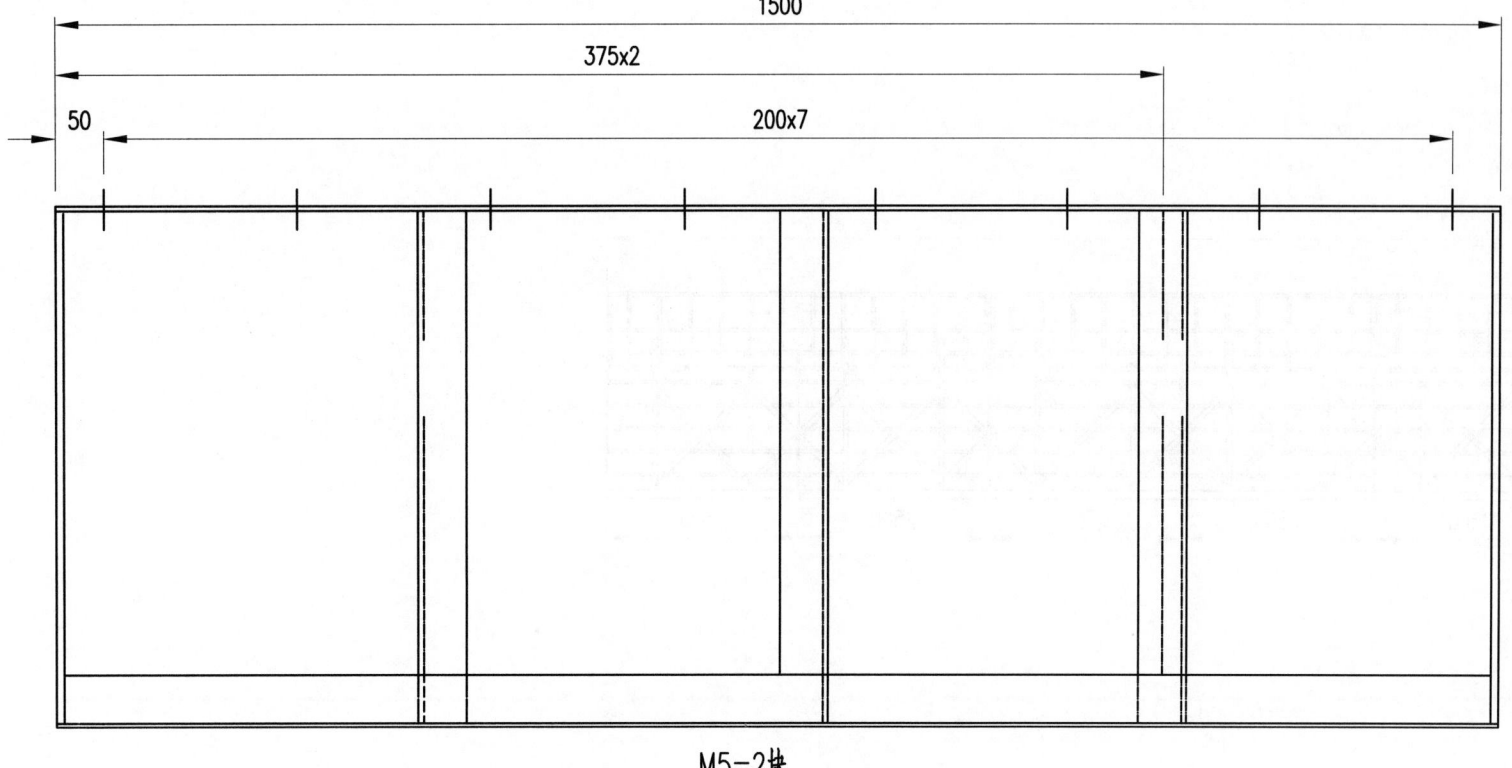
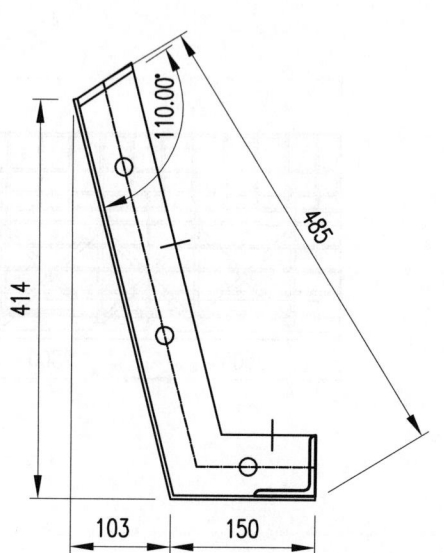

M5=2块

说明：
图中尺寸以mm计。

40m箱梁	材质	Q235	单重	56kg
内模(十九)	件数	2	图号	7.2.4-21

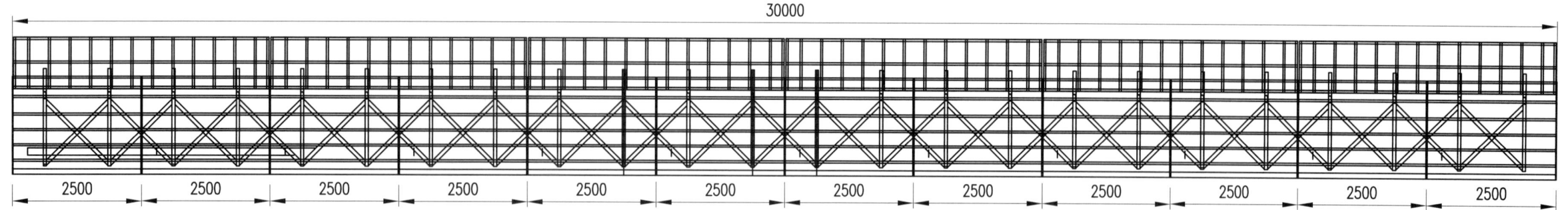

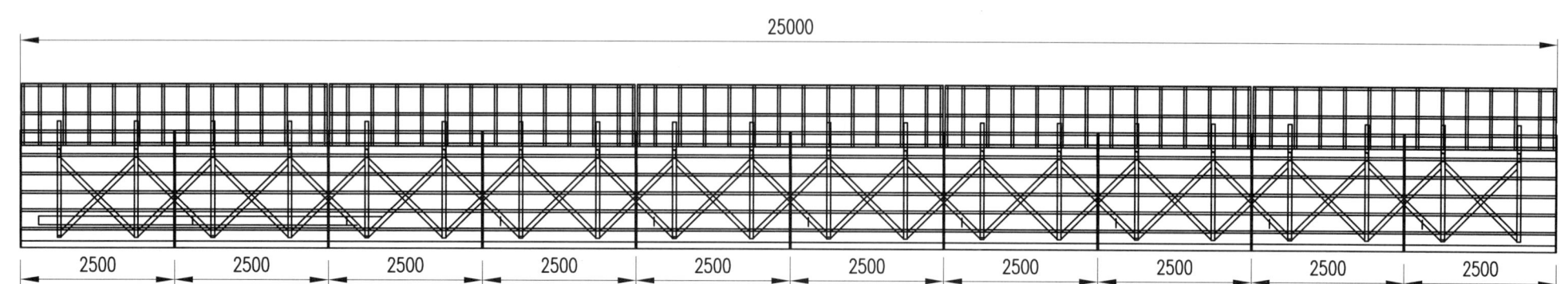

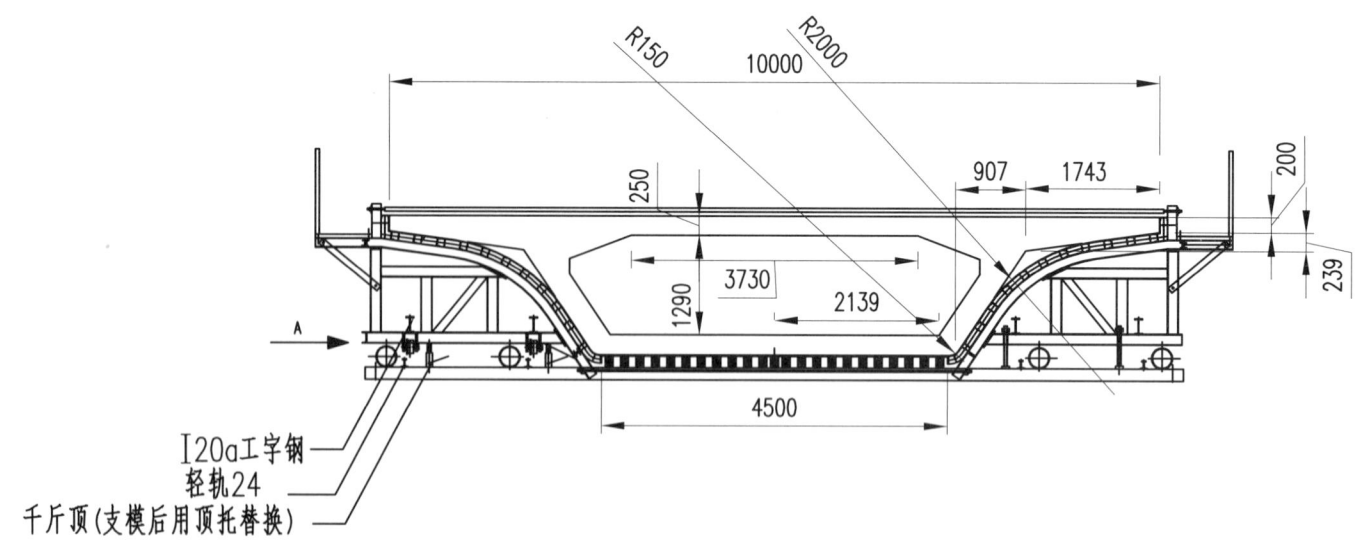

说明：

1. 模板横断面整体加工，确保结构尺寸准确，纵向按2.5m为一节，5m为一个单元。
2. 一套30m梁重约45t,一套25m梁重约37t。
3. 图中尺寸以mm计。

30m(25m)大型箱梁模板方案图	材 质	Q235	单 重	
断面图	件 数	1	图 号	7.3-1

一、支模状态

二、首先将上下拉杆拆除,将模板纵向按10m一个单元拆开,同时清理干净杂物。

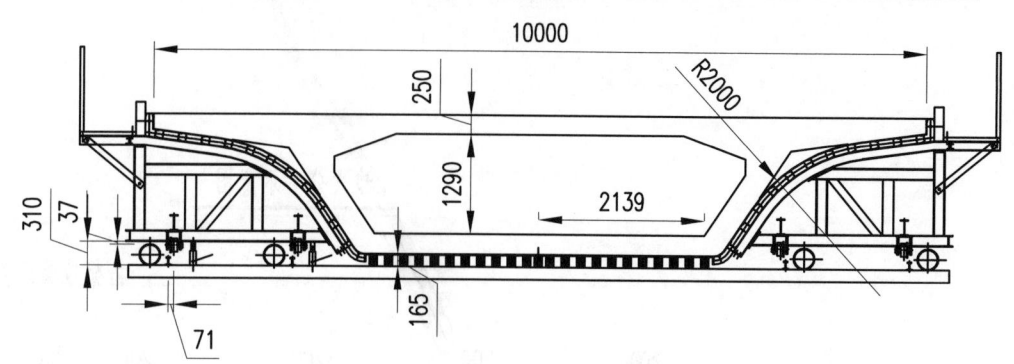

I20a工字钢
轻轨24
千斤顶(支模后用顶托替换)

三、每5m布置4个千斤顶,按图示位置支撑好,松掉支撑托,将横移钢管按图示位置放好；
将千斤顶松开,模板下落至钢管上。

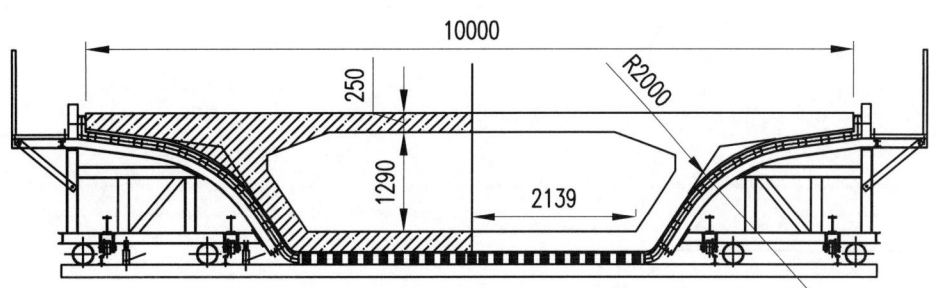

四、将左右两侧模分单元向外移动70mm,纵移行走轮落在钢轨正上方。

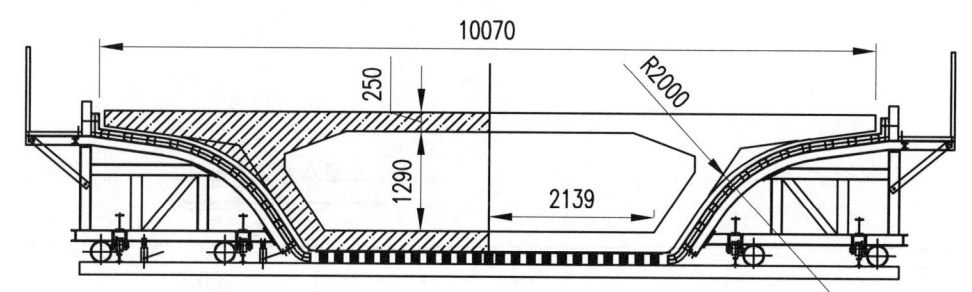

五、用千斤顶将模板微微顶起,去掉横移钢管,将模板分单元下落至纵移钢轨上,
拖动模板,进入下一个工作循环。支模顺序与此相反。

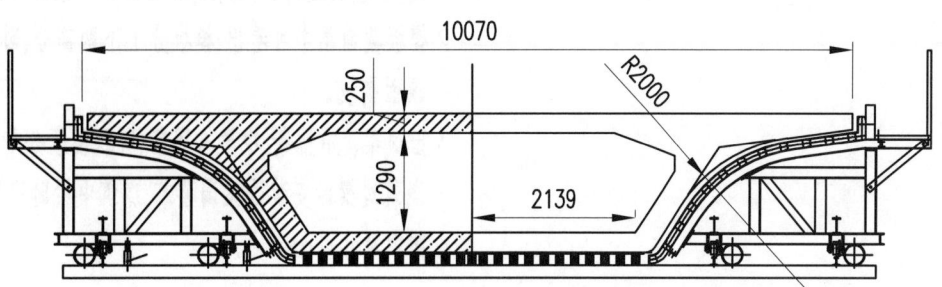

说明：
图中尺寸以mm计。

30m(25m)大型箱梁模板方案图	材 质	Q235	单重	
模板纵、横移流程示意图	件 数	1	图号	7.3-2

边梁分节示意图

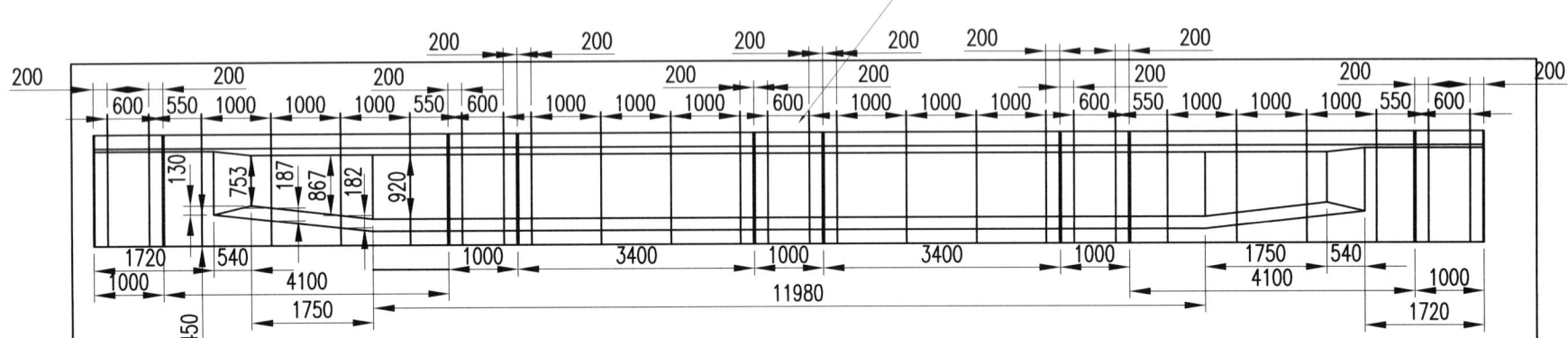

中梁分节示意图

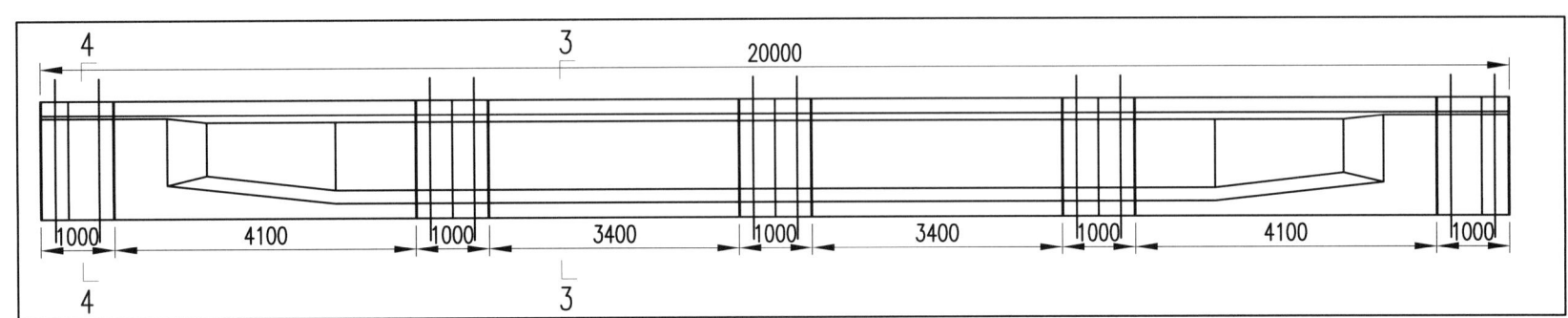

说明：
1. 为满足能共用的目的，模板设计以边梁最大副为依据，同时设计翼缘板滑块，通过滑块的滑动来控制翼缘板的宽度，以达到能同时浇筑边梁和中梁的目的。
2. 模板截面图中可看出，模板分上下两部分，通过丝杠的调节来达到制作不同顶面横坡。
3. 因边梁没有隔断，中梁有隔断，所以模板分节图中1m节要同时制作调整节，浇筑边梁时安装边梁调整节，浇筑中梁时安装中梁调整节，满足生产目的。
4. 图中尺寸以mm计。

20mT梁模板	材 质	Q235	单 重	
分节示意图	件 数		图 号	7.4.1-1

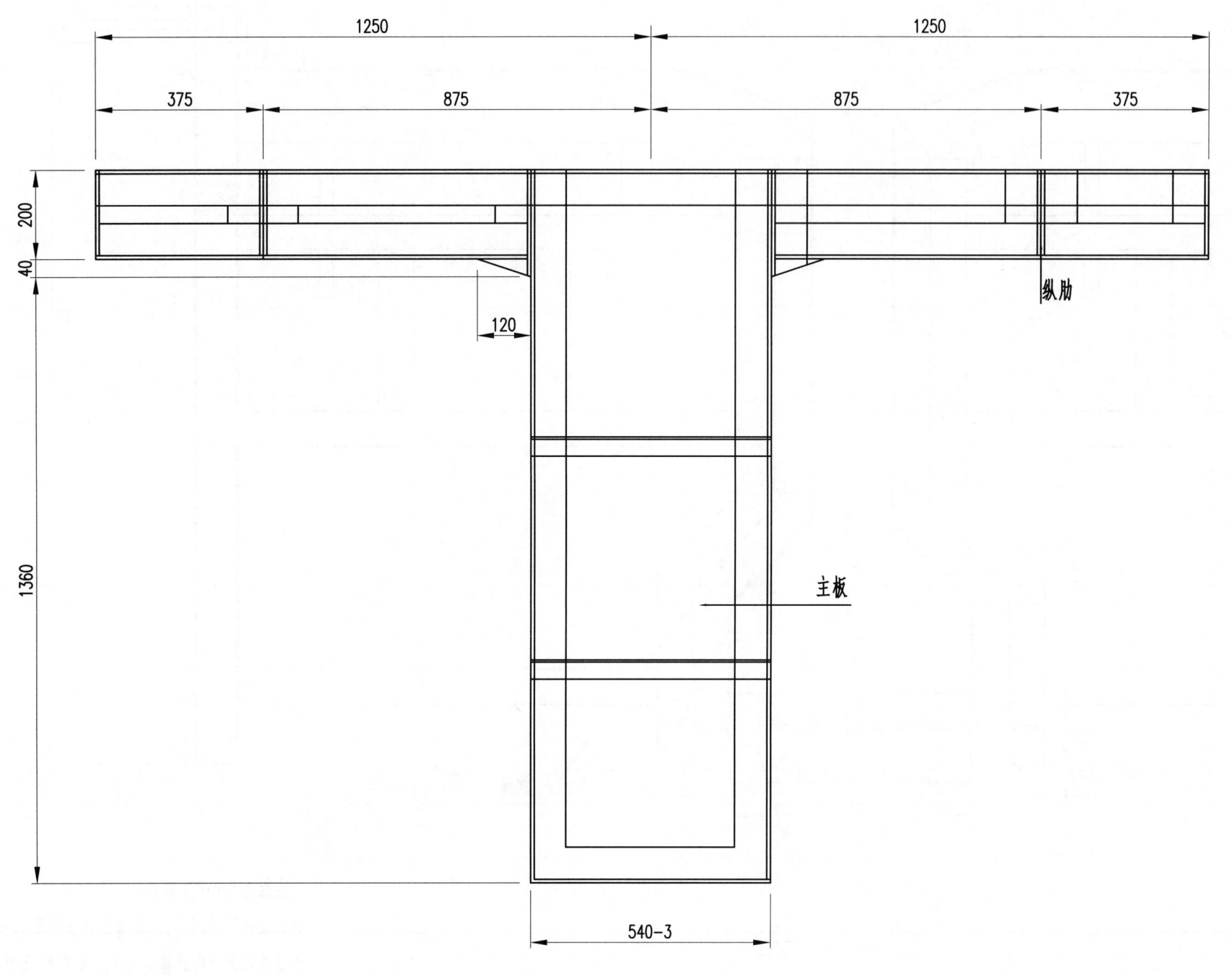

说明：
1. 主板用5mm厚钢板。
2. 纵肋用[8,法兰用∠80。
3. 图中尺寸以mm计。

20mT梁模板	材质	Q235	单重	149kg
封锚堵头模板	件数	2	图号	7.4.1-2

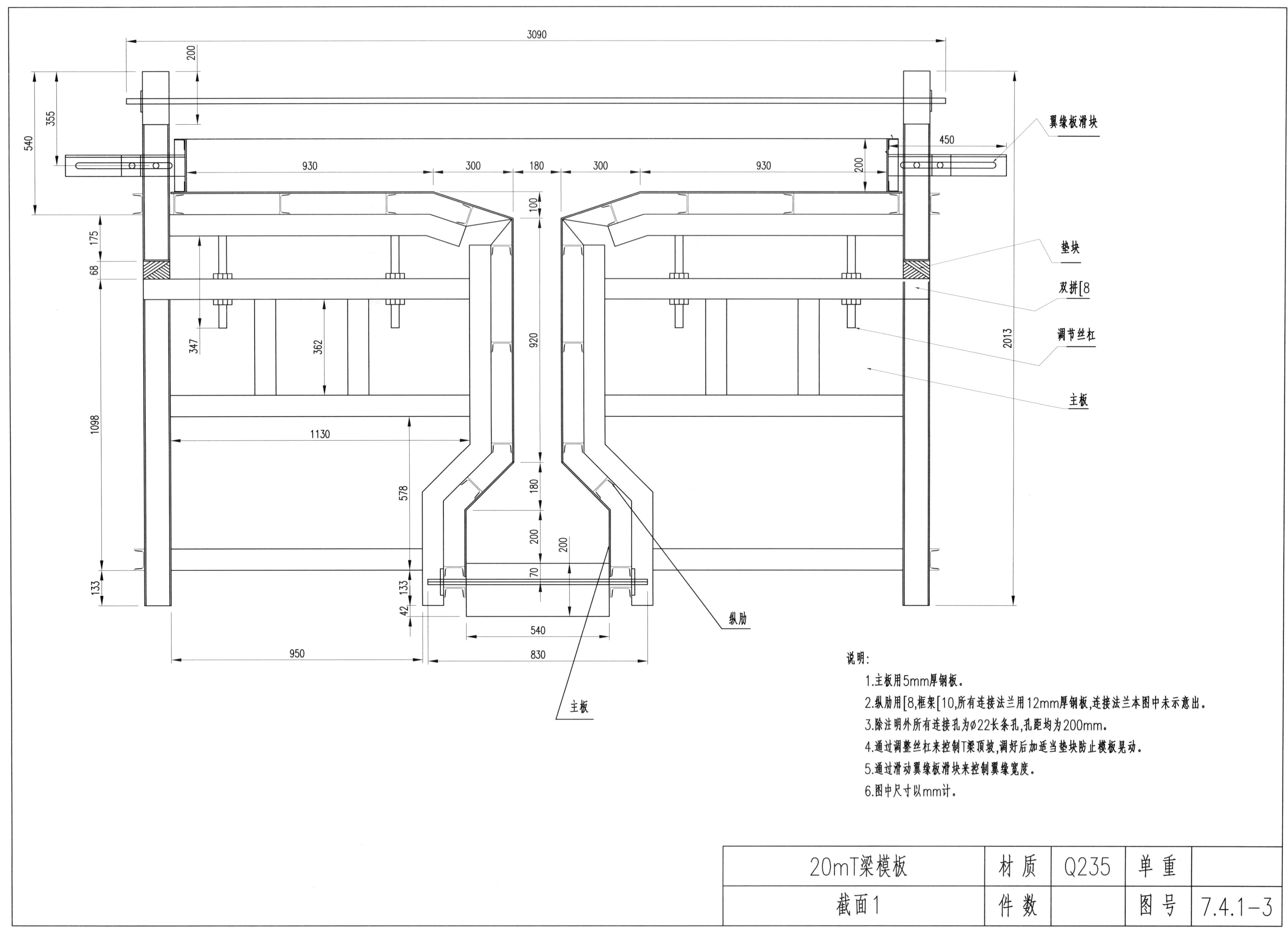

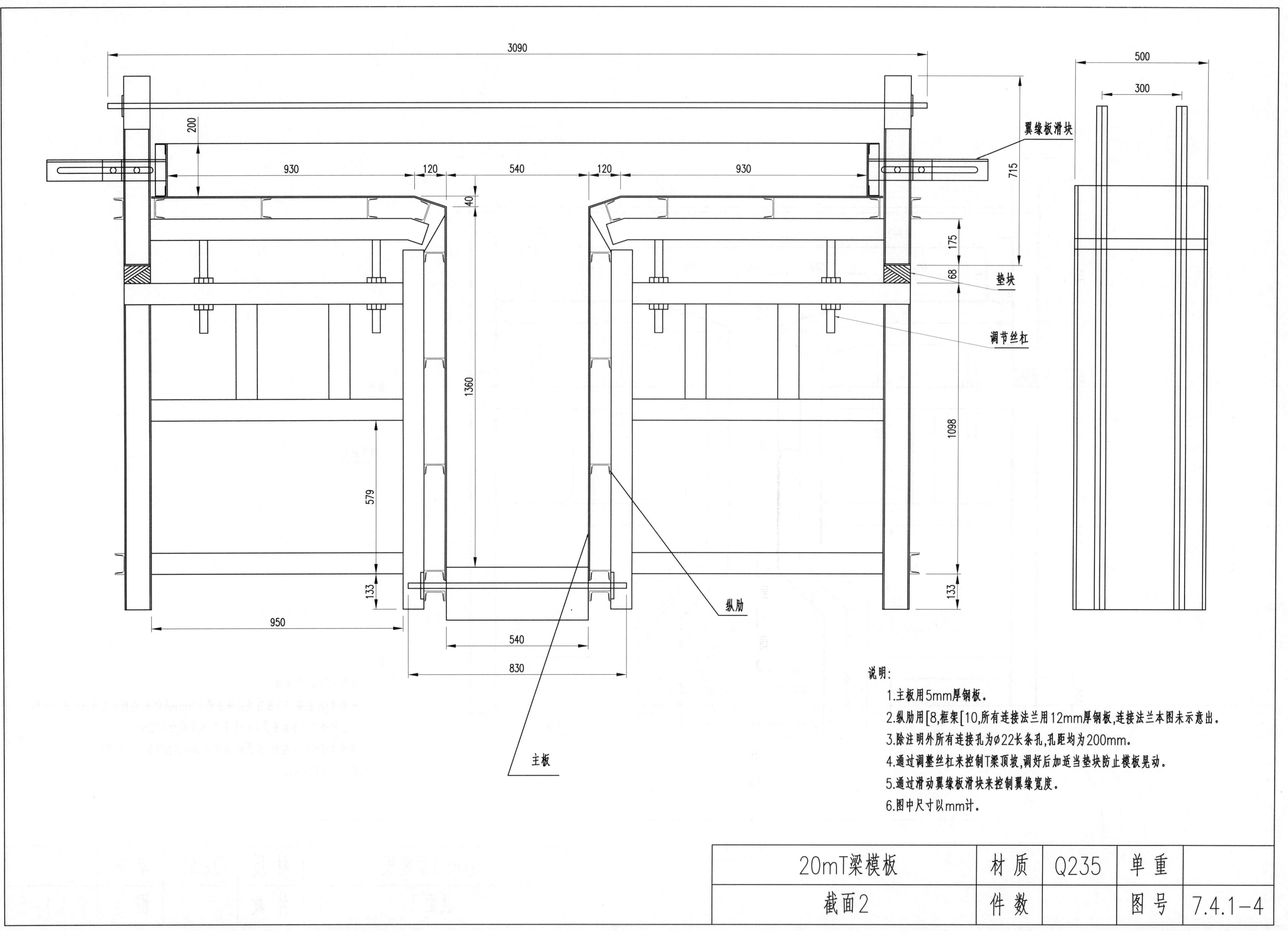

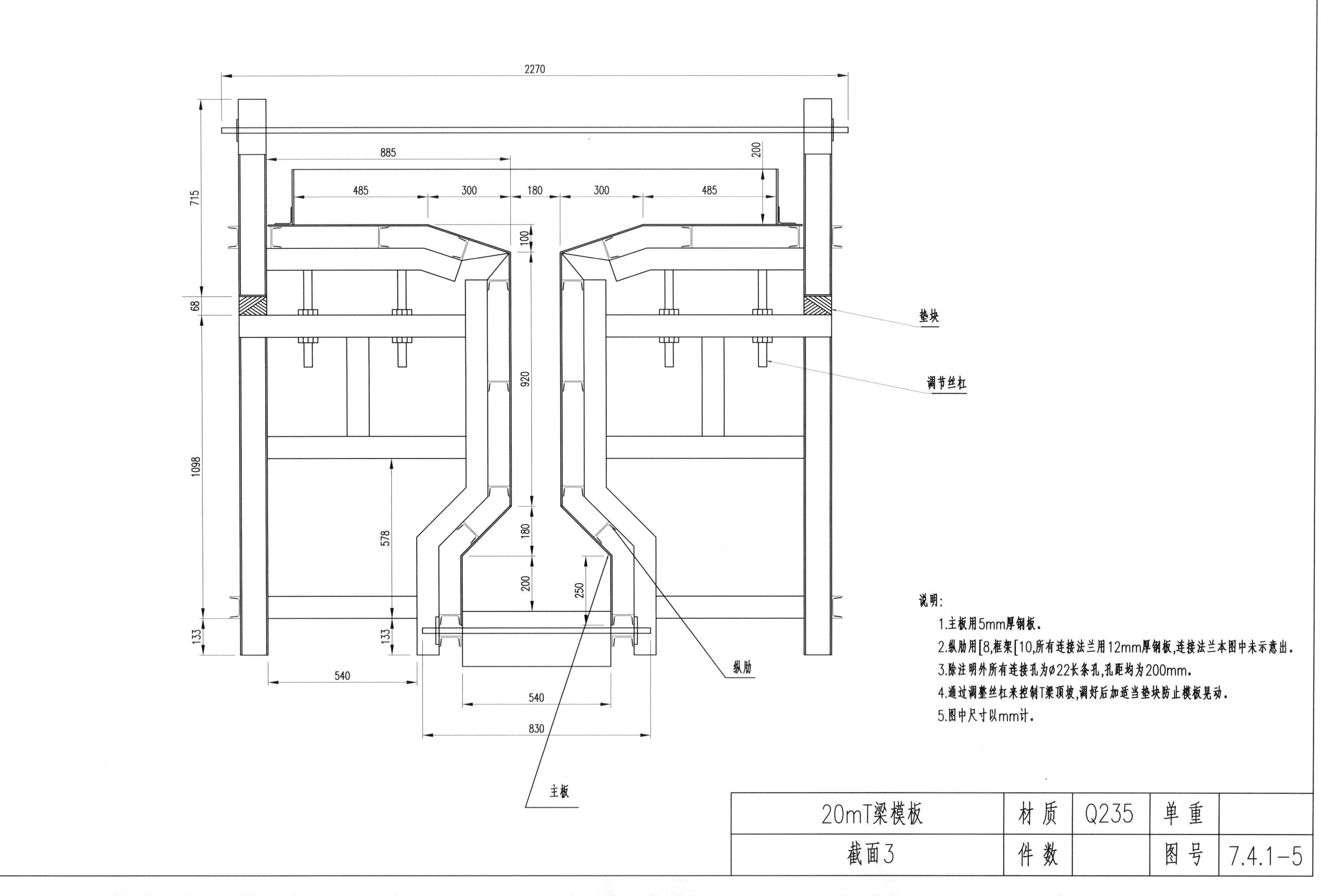

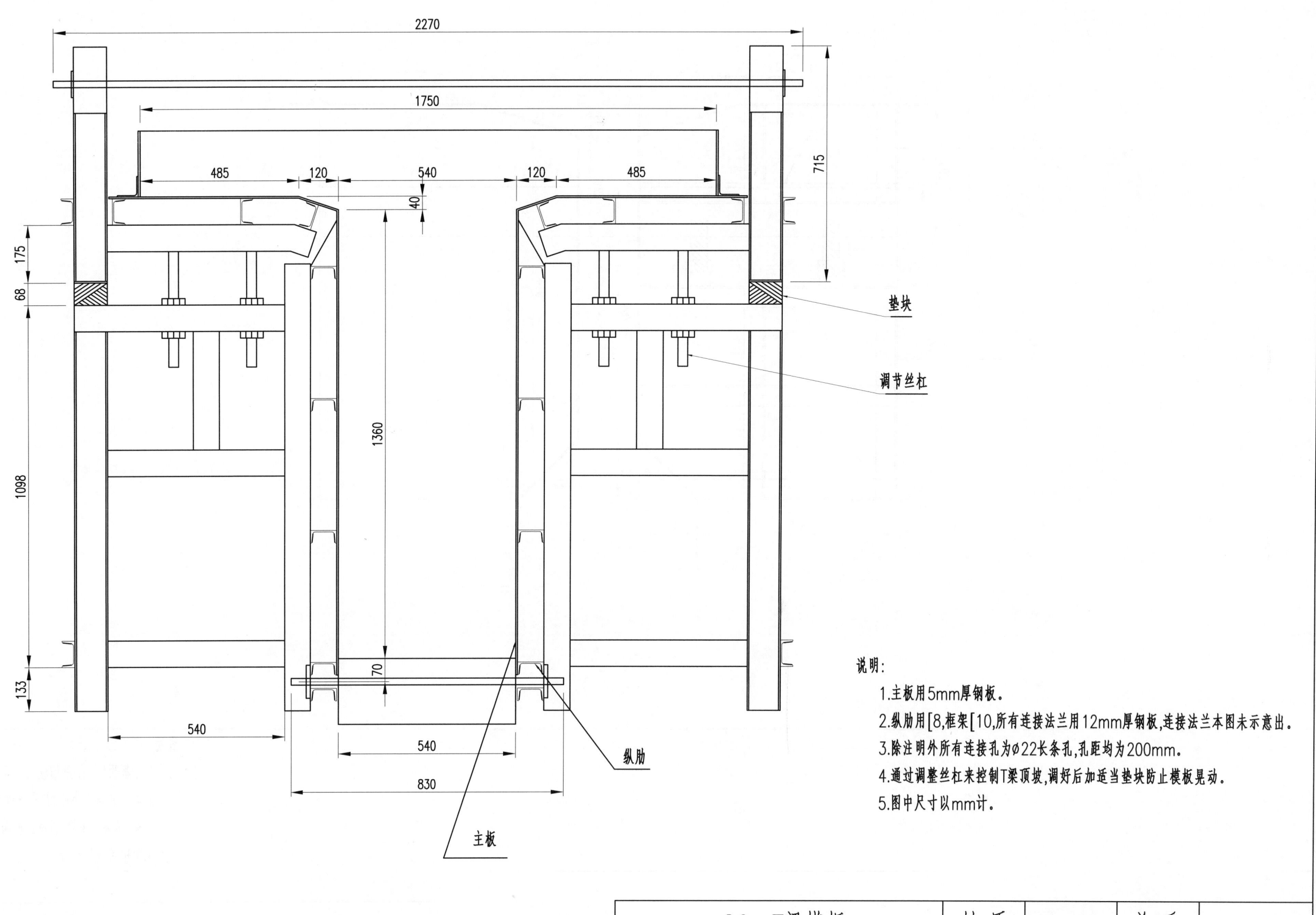

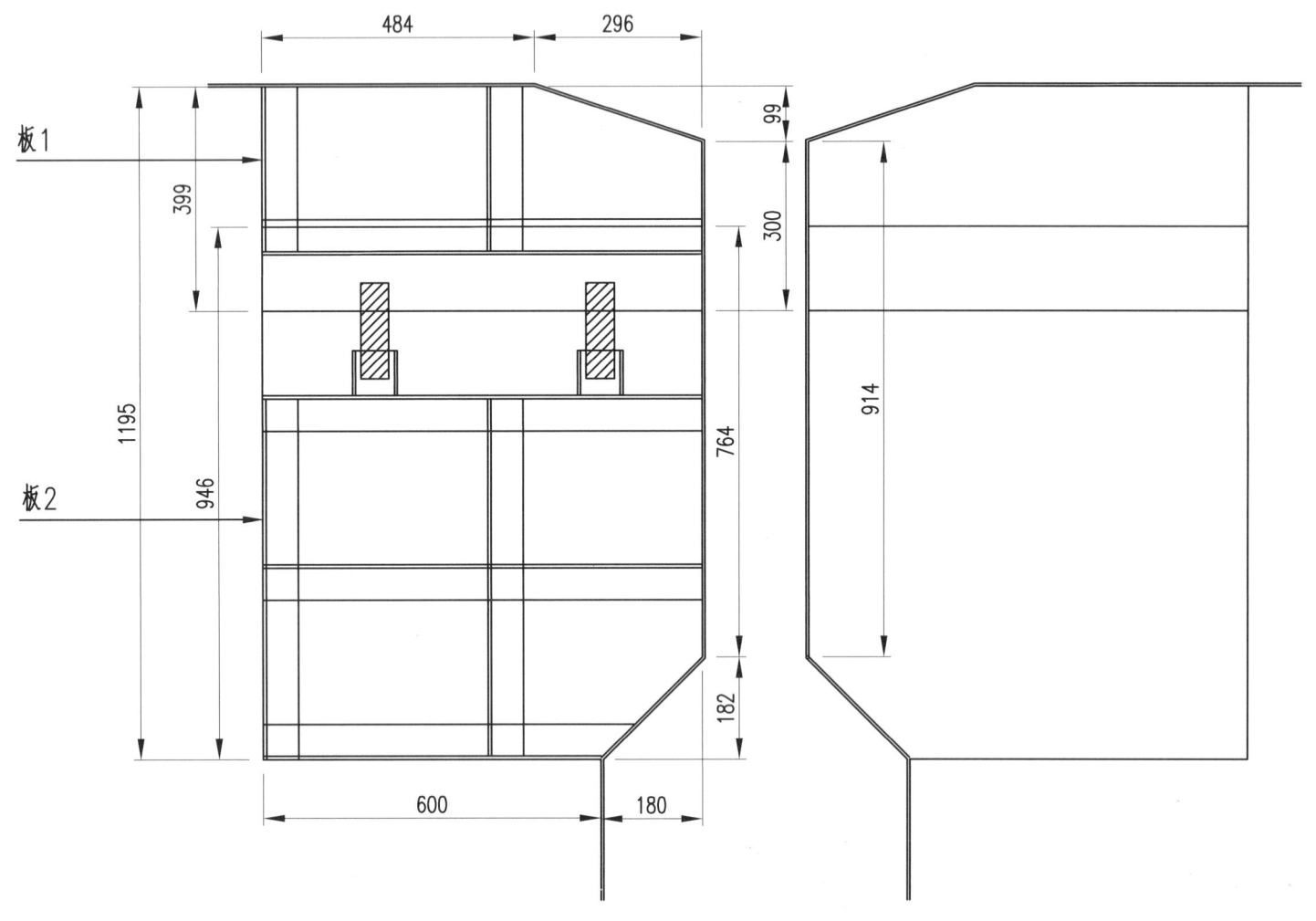

说明:
1. 主板用5mm厚钢板。
2. 本图只画出半副图,另一边与之对称。
3. 板1与板2相错,利用丝杠调节高度,以满足不同的顶面坡度。
4. 图中尺寸以mm计。

20mT梁模板	材 质	Q235	单 重	
中横断结构图	件 数		图 号	7.4.1-7

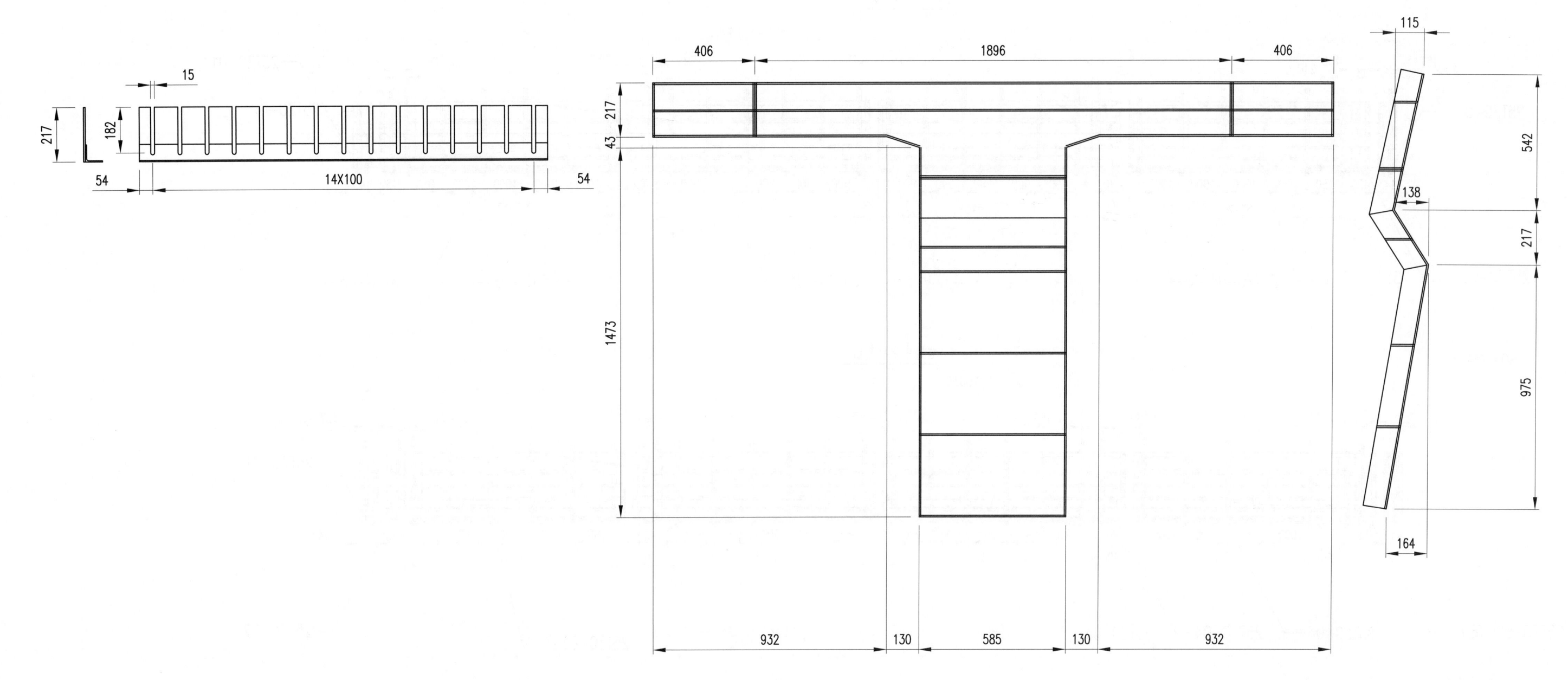

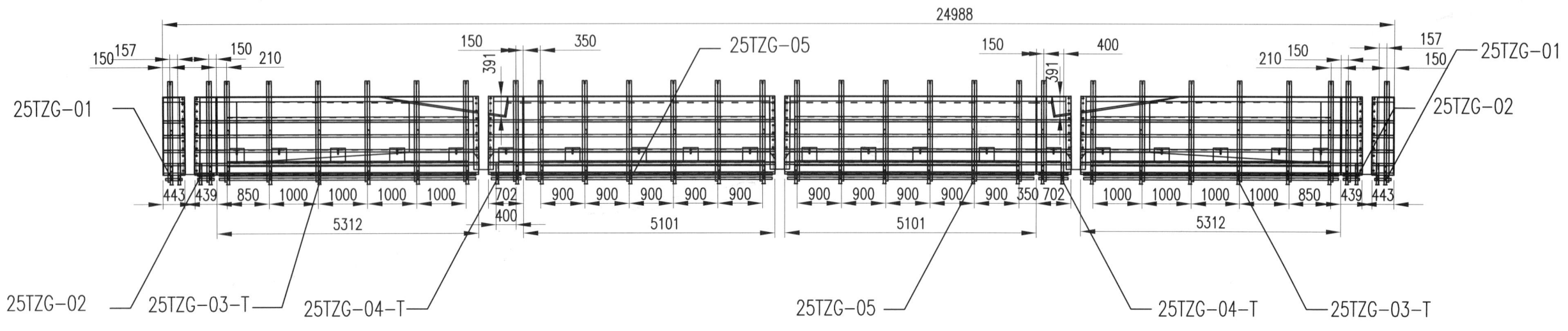

中跨中梁组装图

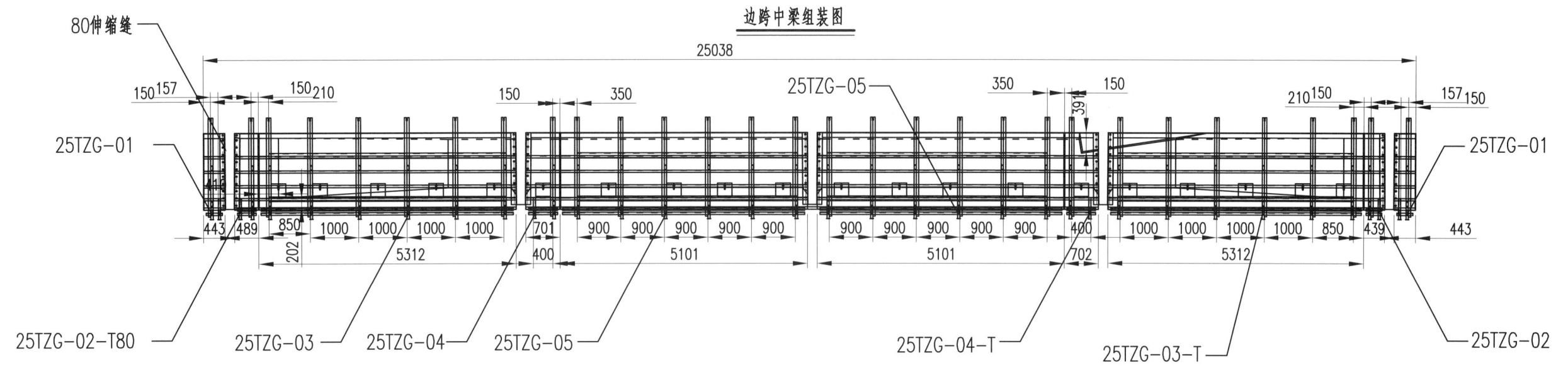

边跨中梁组装图

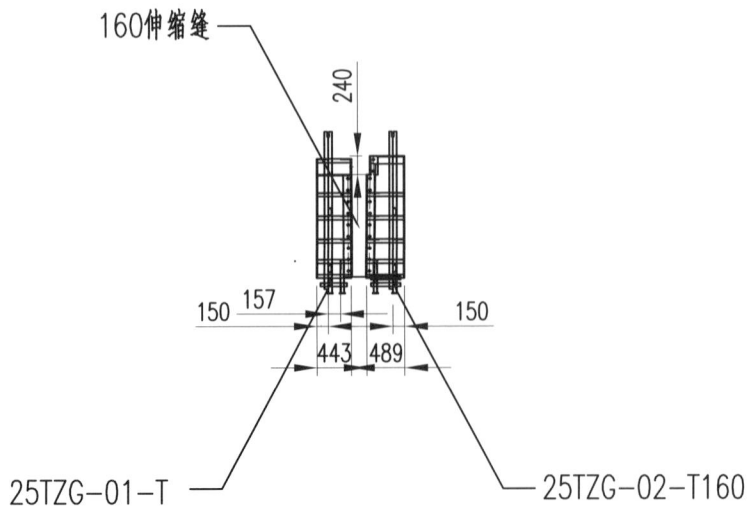

说明：
图中尺寸以mm计。

25mT梁模板	材质	Q235	单重	
组装示意图(一)	件数		图号	7.4.2-1

中跨边梁组装图

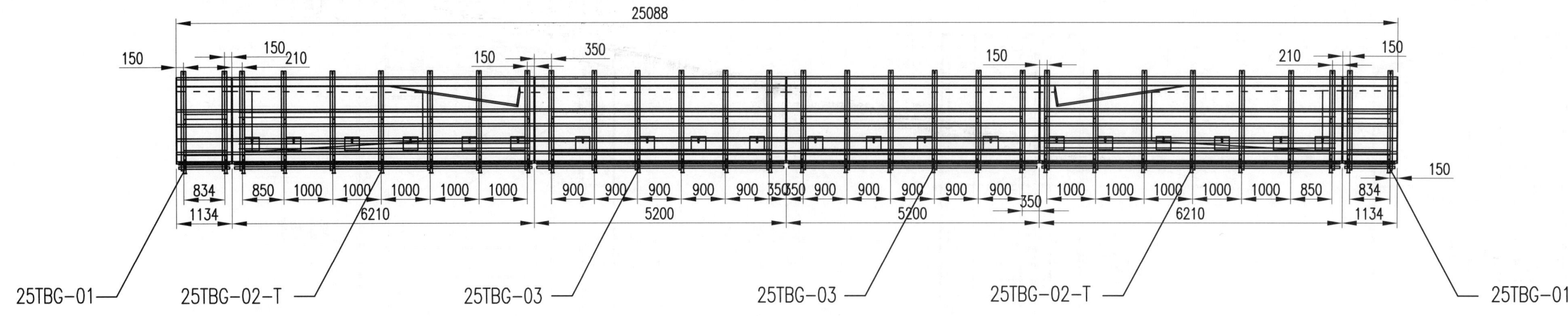

边跨边梁组装图

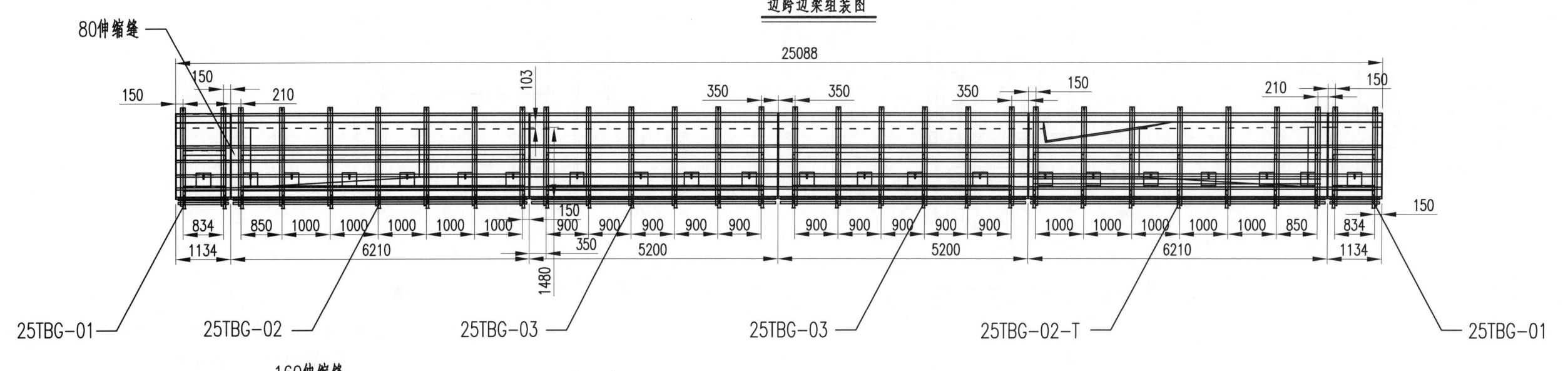

160伸缩缝

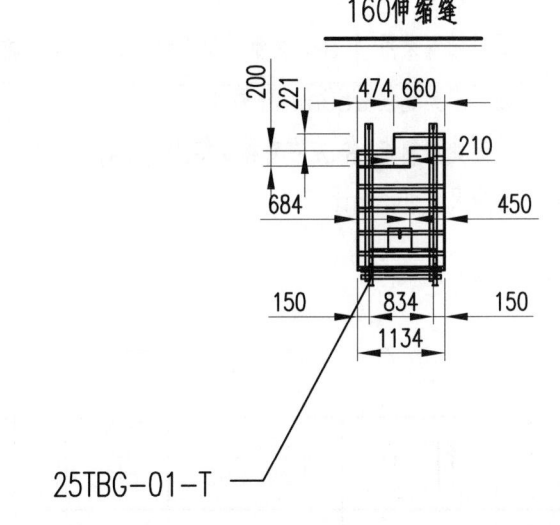

说明：
图中尺寸以mm计。

25mT梁模板	材质	Q235	单重	
组装示意图（二）	件数		图号	7.4.2-2

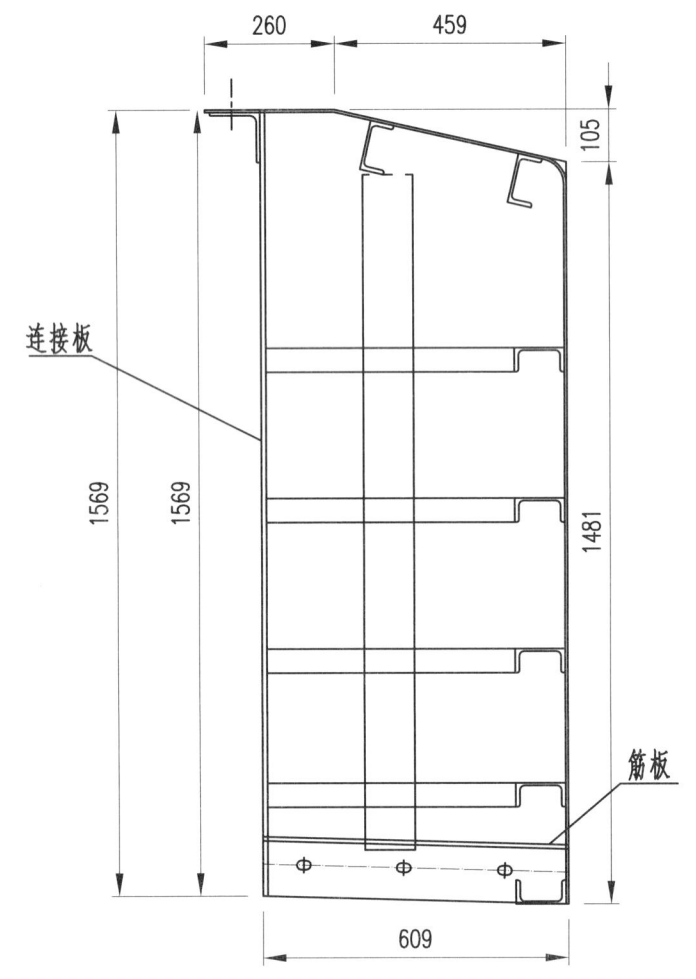
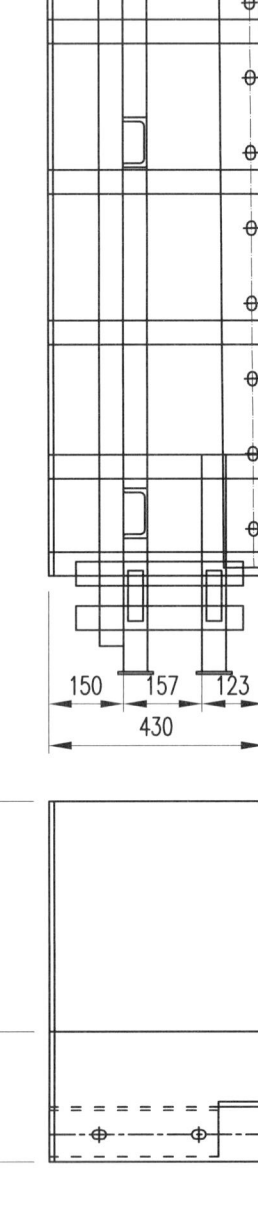
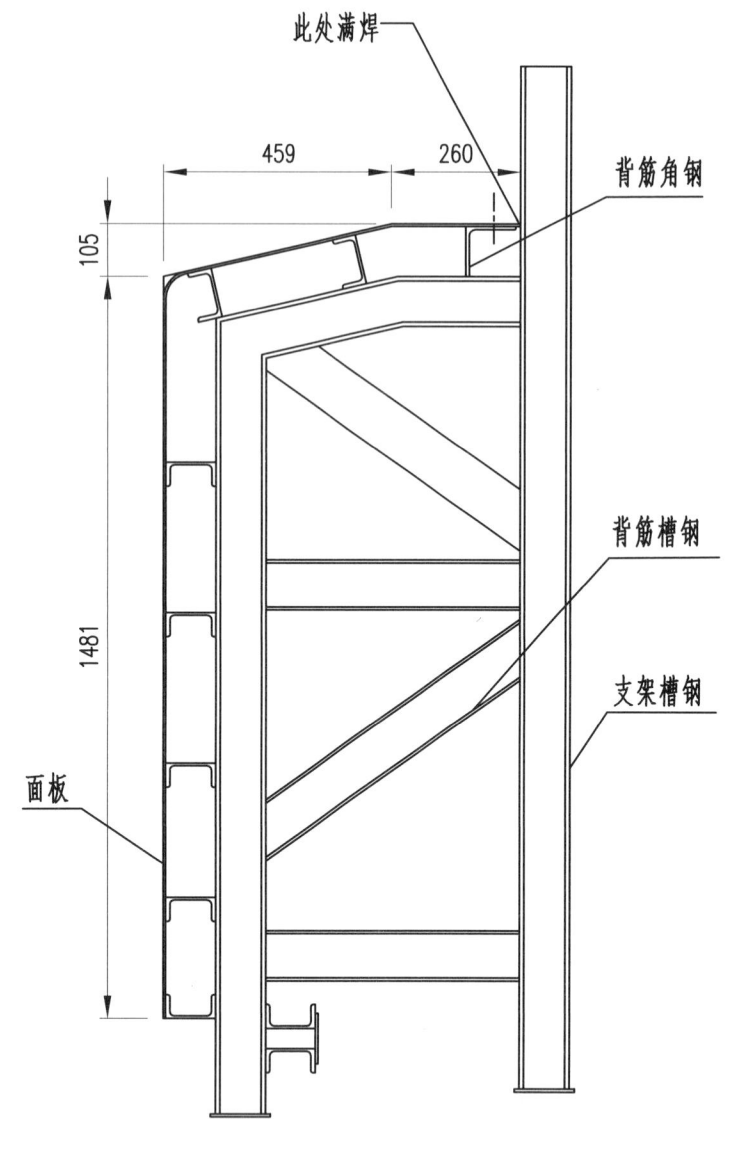

说明：
1. 面板厚度为5mm，筋板厚度为8mm，连接板厚度为10mm。
2. 所有尺寸均为⌀18×28mm长孔。
3. 背筋槽钢采用[10、角钢采用∠100×10、支架槽钢采用[10。
4. 用于中梁连续端80mm伸缩缝。
5. 按照此图制作2件，左右对称制作2件，共4件。
6. 图中尺寸以mm计。

25mT梁模板	材质	Q235	单重	290kg
中梁高坡侧模01	件数	4	图号	7.4.2-3

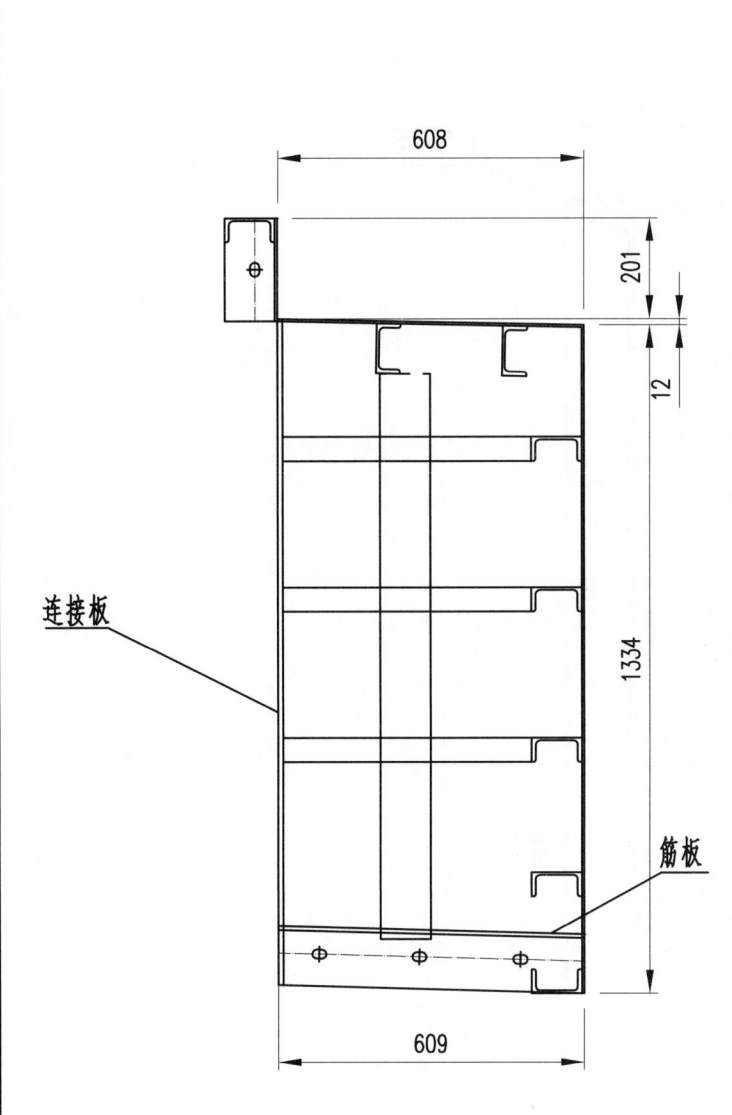
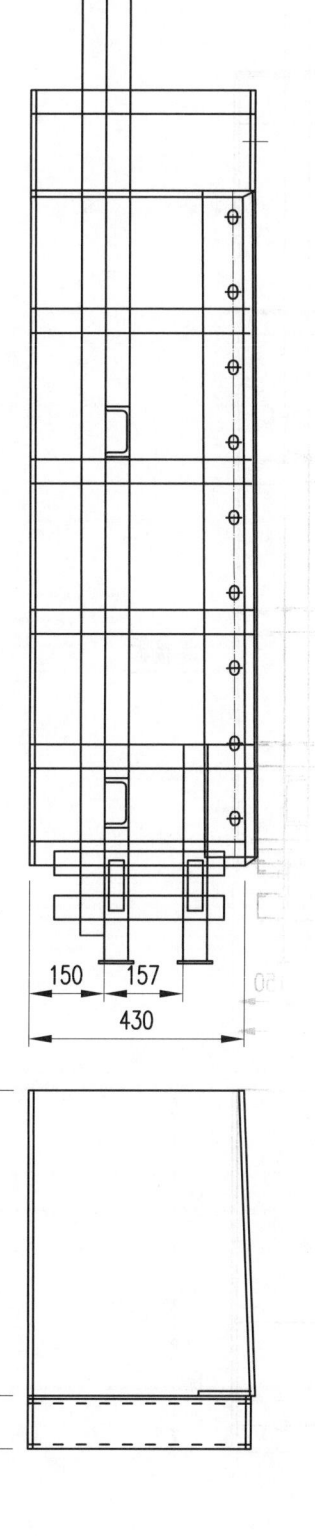
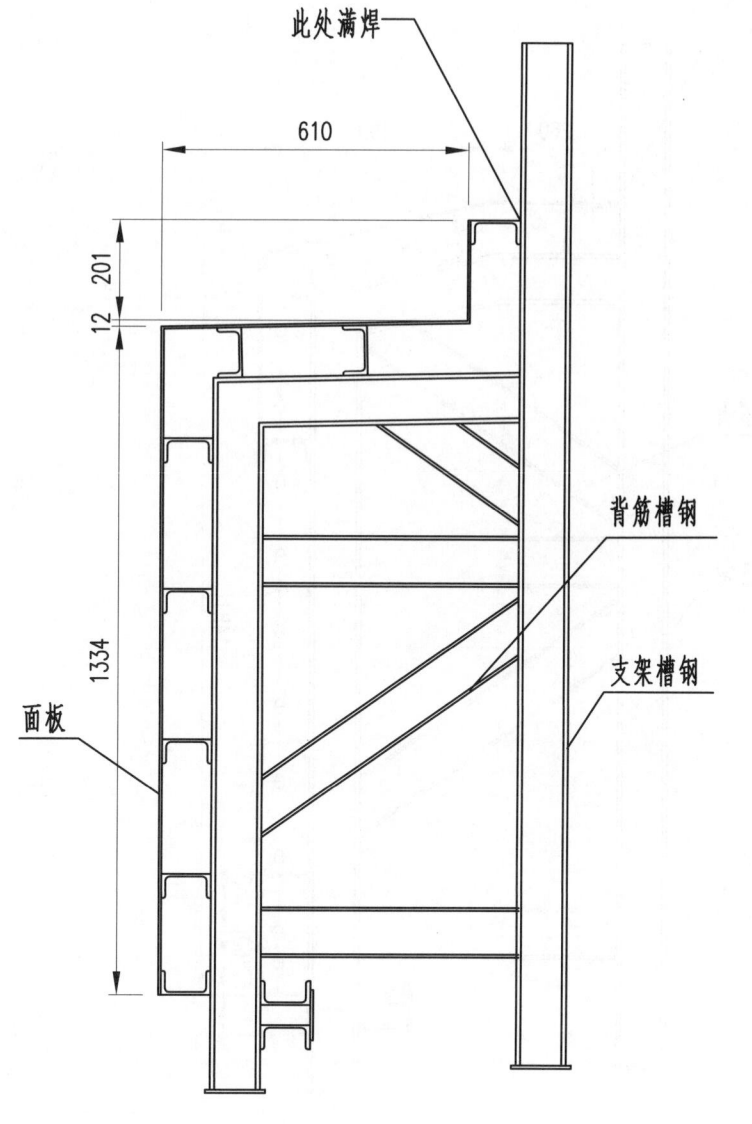

说明：
1. 面板厚度为5mm，筋板厚度为8mm，连接板厚度为10mm。
2. 所有尺寸均为ϕ18×28mm长孔。
3. 背筋槽钢采用[100、支架槽钢采用[100。
4. 用于中梁160mm伸缩缝。
5. 按照此图制作2件，左右对称制作2件，共4件。
6. 图中尺寸以mm计。

25mT梁模板	材质	Q235	单重	290kg
中梁高坡侧模01替换	件数	4	图号	7.4.2-4

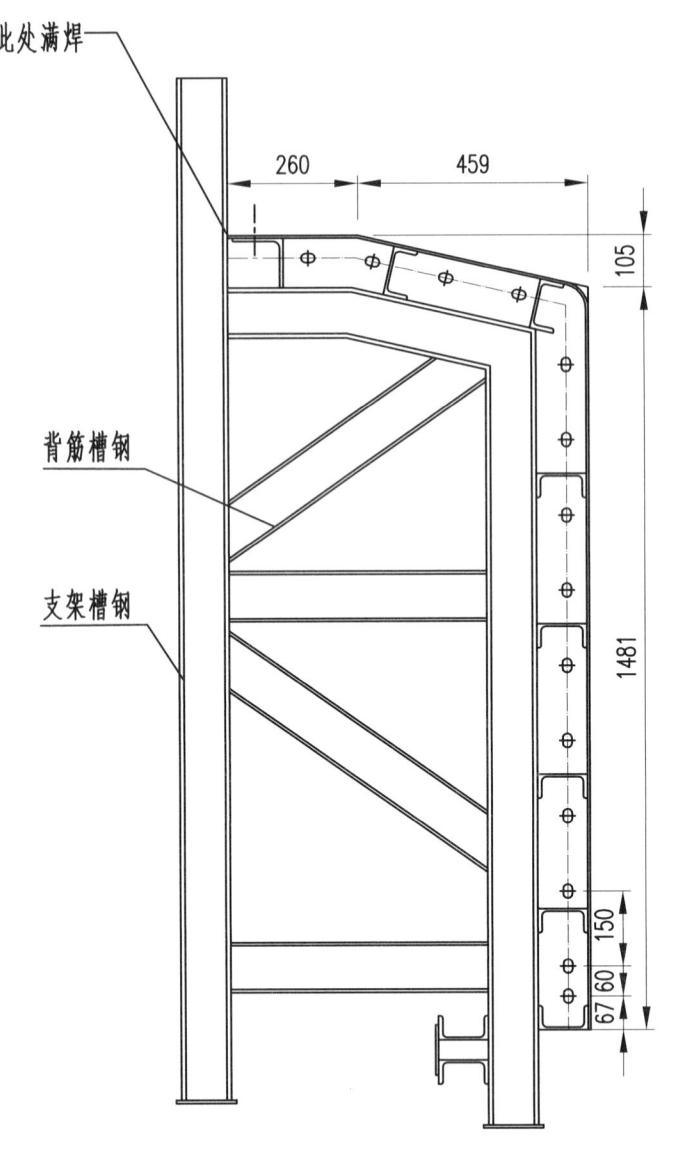
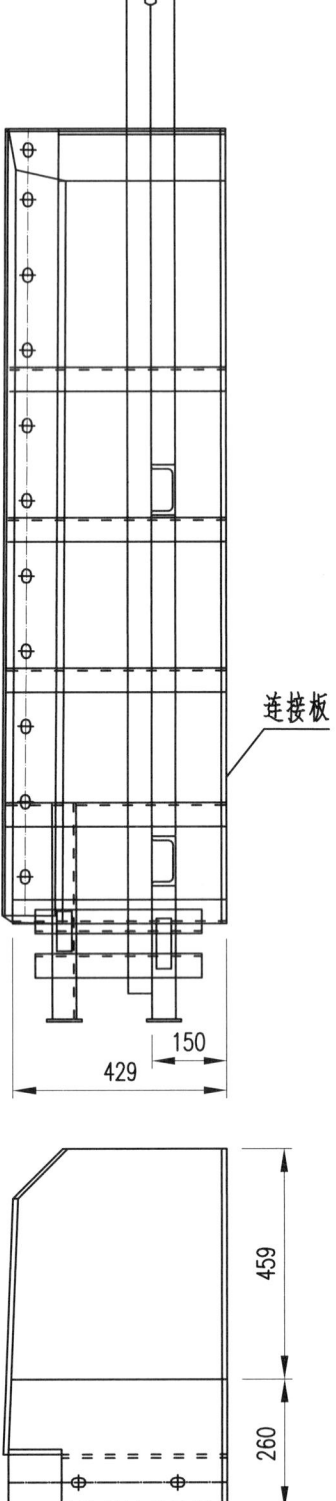
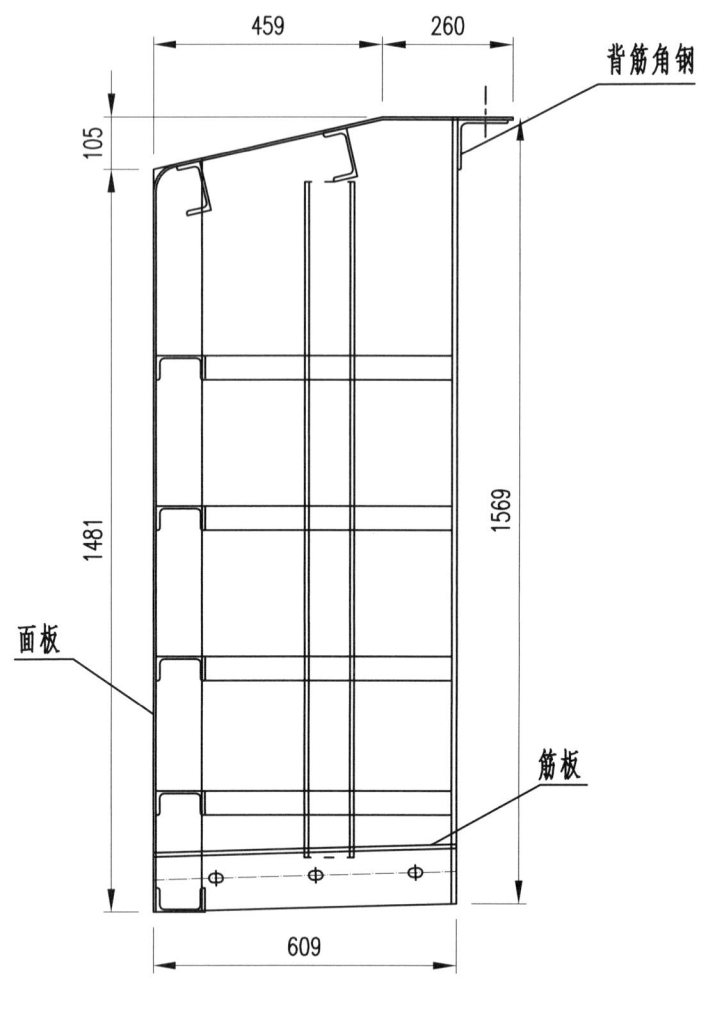

说明：
1. 面板厚度为5mm，筋板厚度为8mm，连接板厚度为10mm。
2. 所有尺寸均为⌀18X28mm长孔。
3. 背筋槽钢采用[10、角钢采用∠100x10、支架槽钢采用[10。
4. 用于中梁连续端。
5. 按照此图制作2件，左右对称制作2件，共4件。
6. 图中尺寸以mm计。

25mT梁模板	材质	Q235	单重	290kg
中梁高坡侧模02	件数	4	图号	7.4.2-5

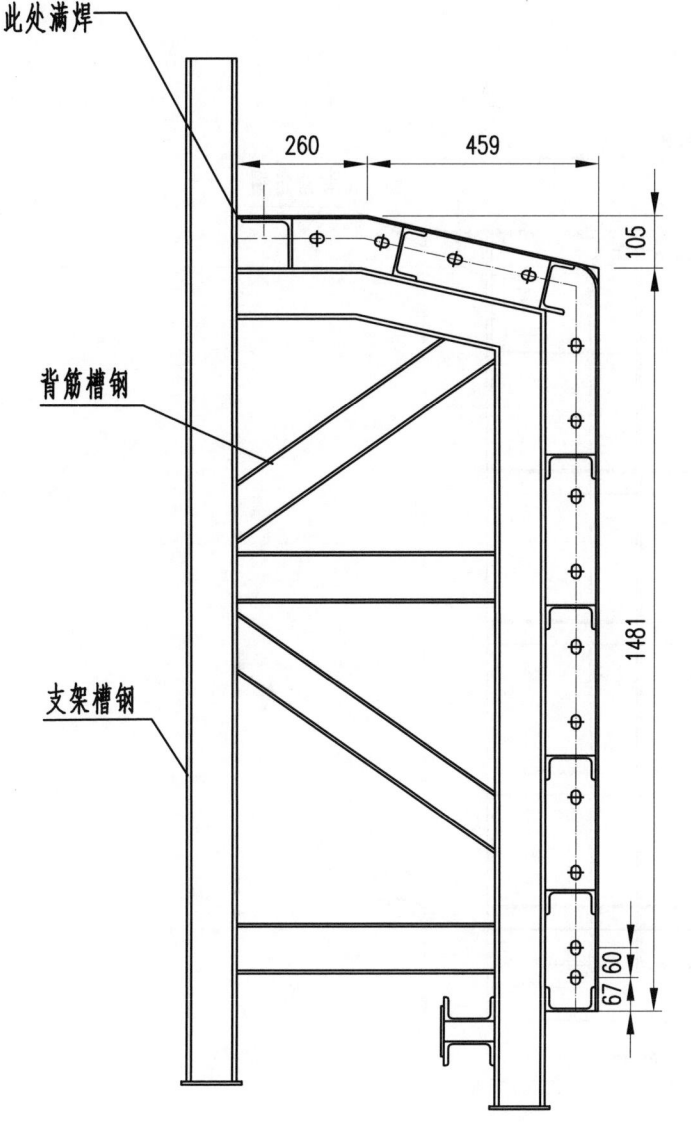
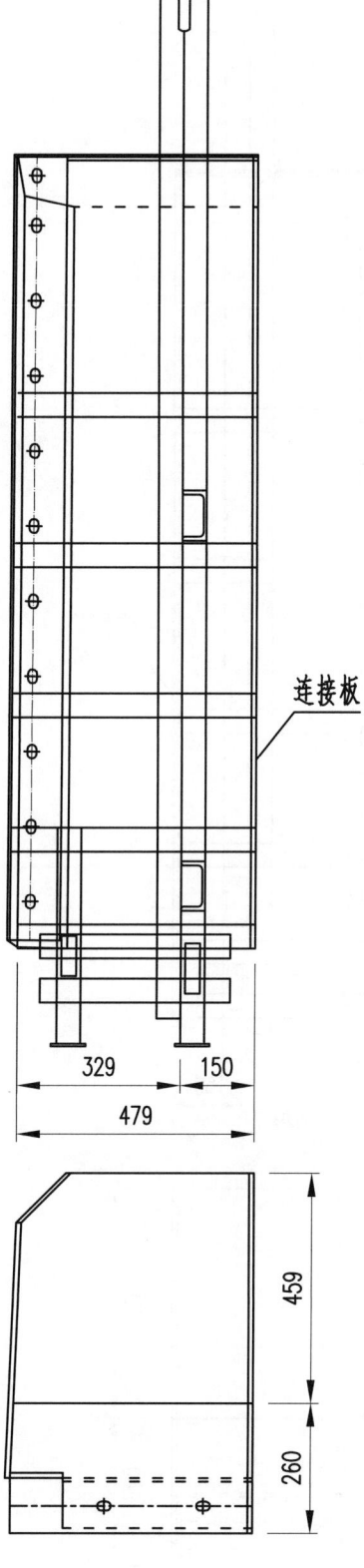
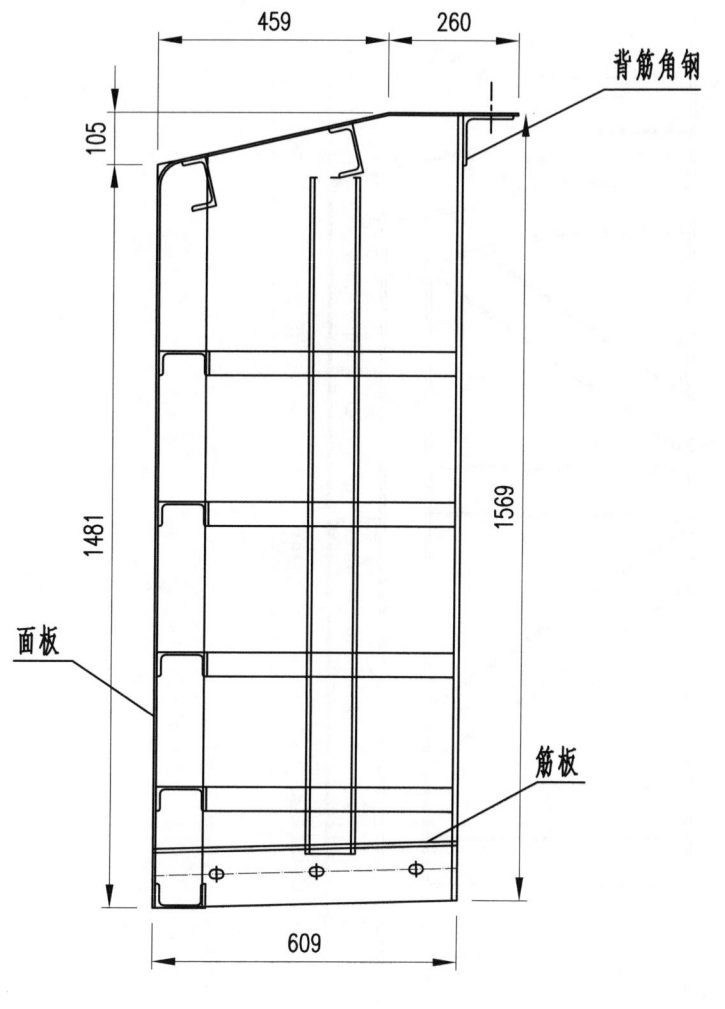

说明：
1. 面板厚度为5mm，筋板厚度为8mm，连接板厚度为10mm。
2. 所有尺寸均为φ18×28mm长孔。
3. 背筋槽钢采用[10、角钢采用∠100×10、支架槽钢采用[10。
4. 用于中梁连续端80mm伸缩缝。
5. 按照此图制作2件，左右对称制作2件，共4件。
6. 图中尺寸以mm计。

25mT梁模板	材质	Q235	单重	290kg
中梁高坡侧模02替换（一）	件数	4	图号	7.4.2-6

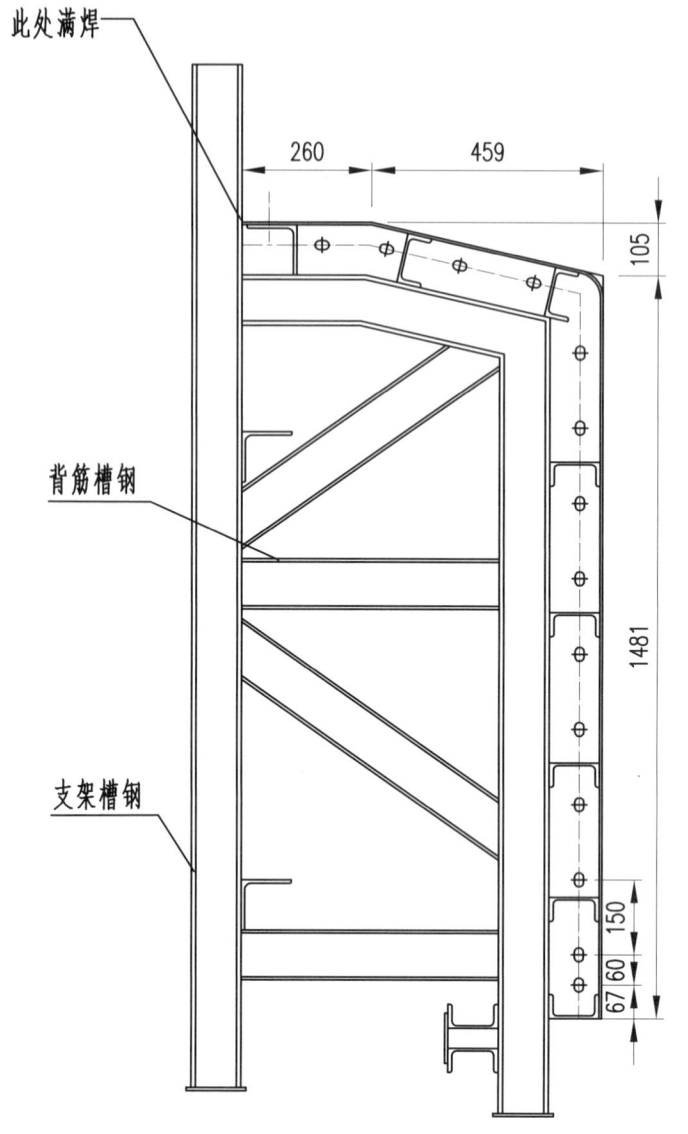
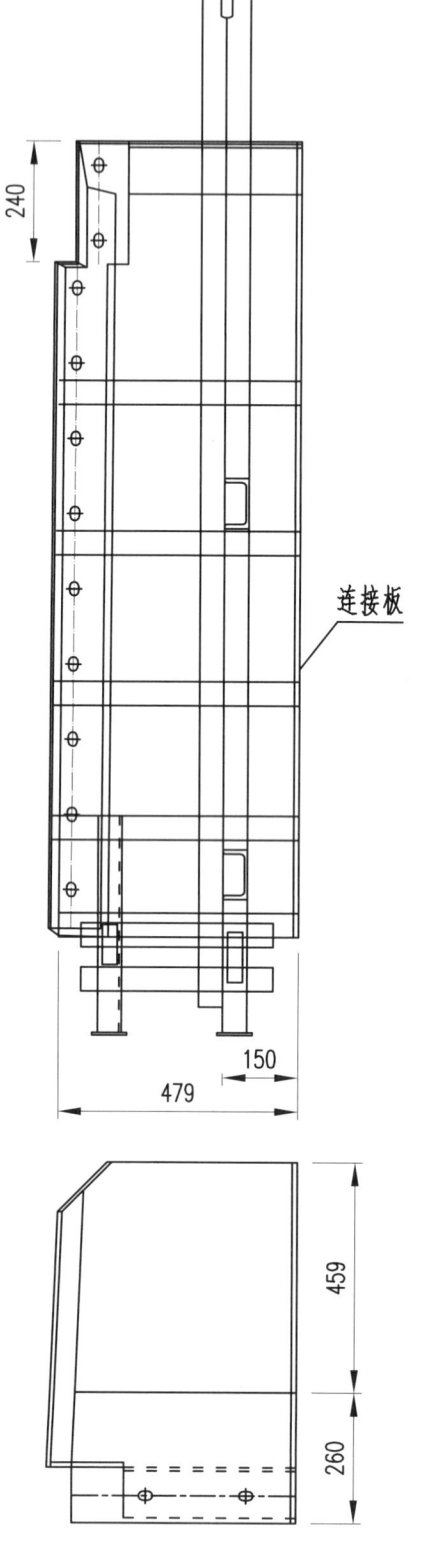
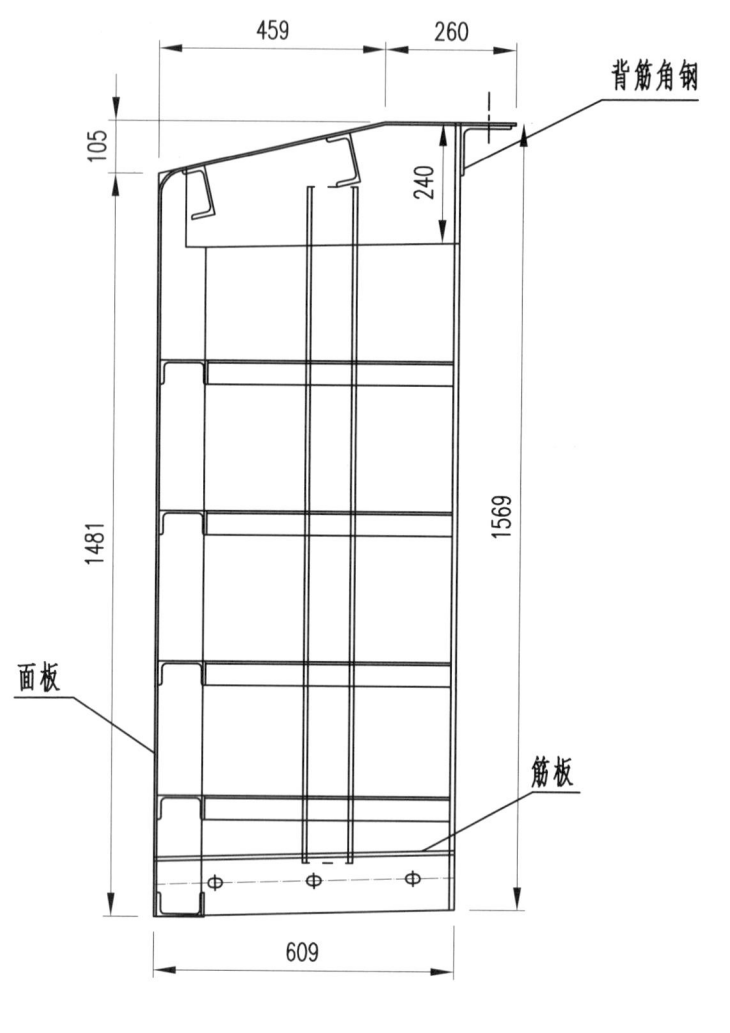

说明：
1. 面板厚度为5mm，筋板厚度为8mm，连接板厚度为10mm。
2. 所有尺寸均为φ18×28mm长孔。
3. 背筋槽钢采用[10、角钢采用∠100×10、支架槽钢采用[10。
4. 用于中梁160mm伸缩缝。
5. 按照此图制作2件，左右对称制作2件，共4件。
6. 图中尺寸以mm计。

25mT梁模板	材质	Q235	单重	290kg
中梁高坡侧模02替换(二)	件数	4	图号	7.4.2-7

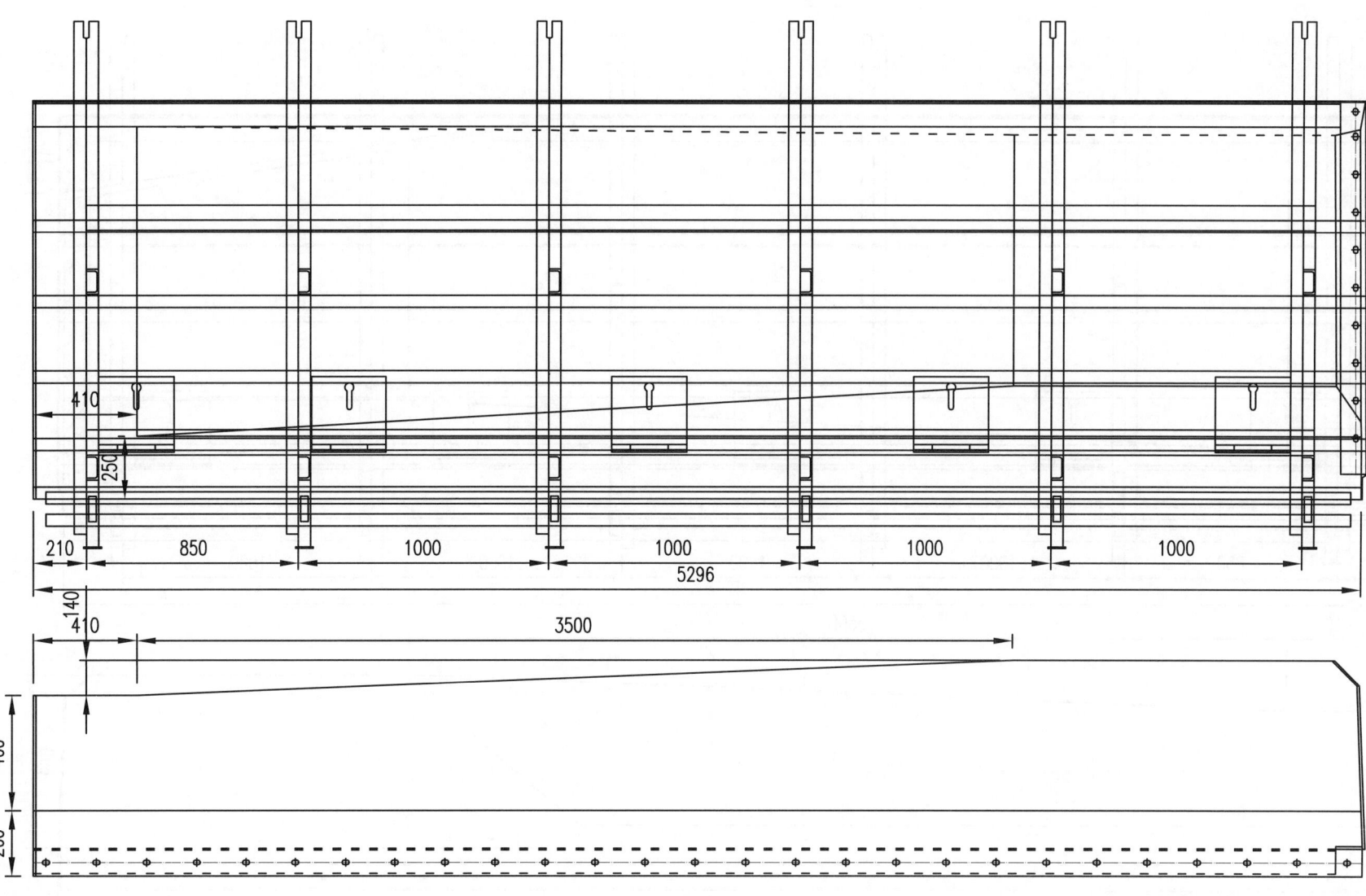
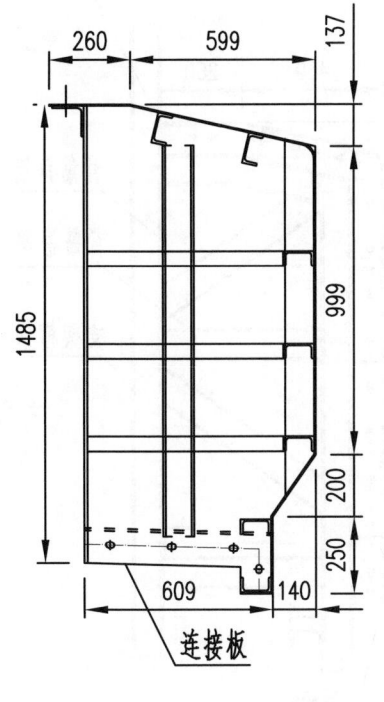

说明：
1. 面板厚度为5mm,连接板厚度为10mm。
2. 所有尺寸均为φ18X28mm长孔。
3. 背筋槽钢采用[10、角钢采用∠100x10、支架槽钢采用[10。
4. 按照此图制作2件,左右对称制作2件,共4件。
5. 图中尺寸以mm计。

25mT梁模板	材 质	Q235	单 重	1841kg
中梁高坡侧模03	件 数	4	图 号	7.4.2-8

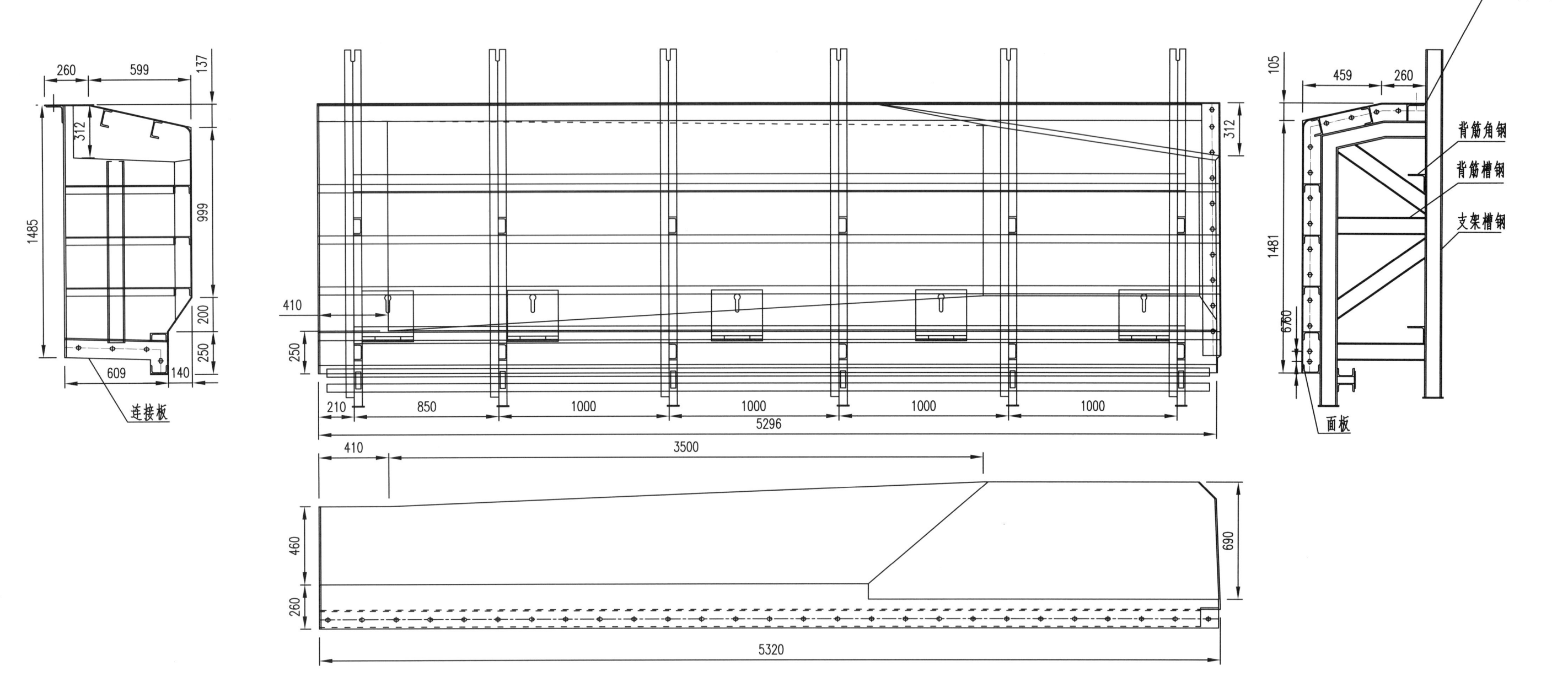

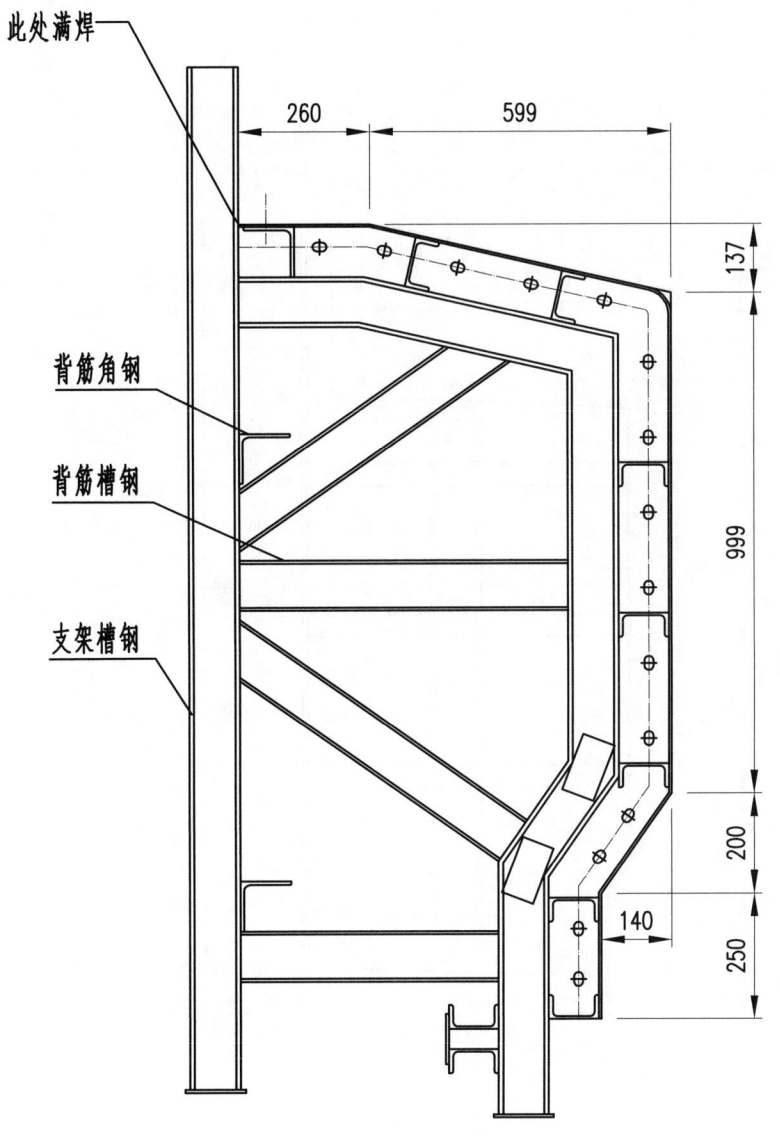
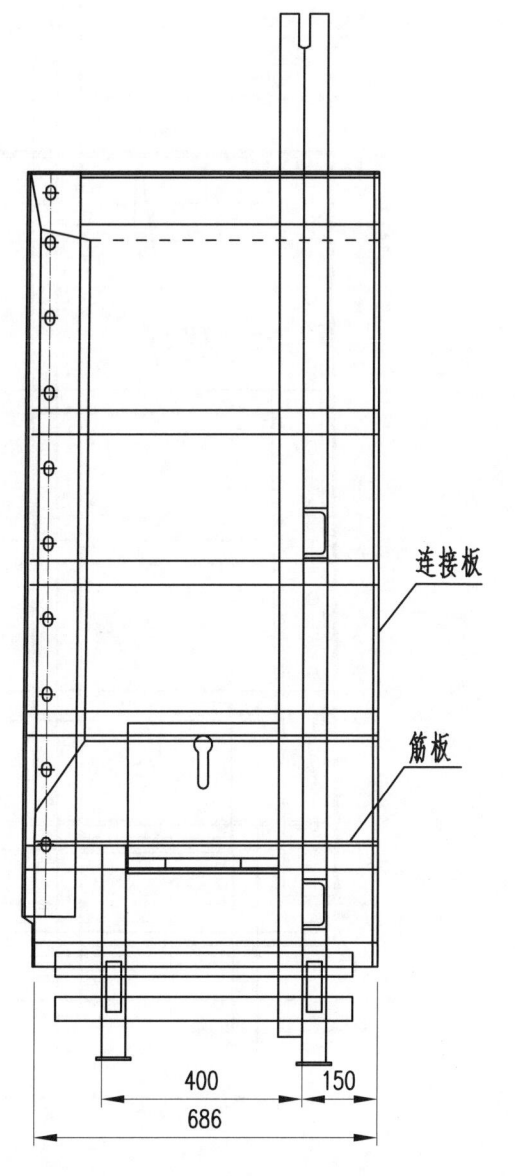
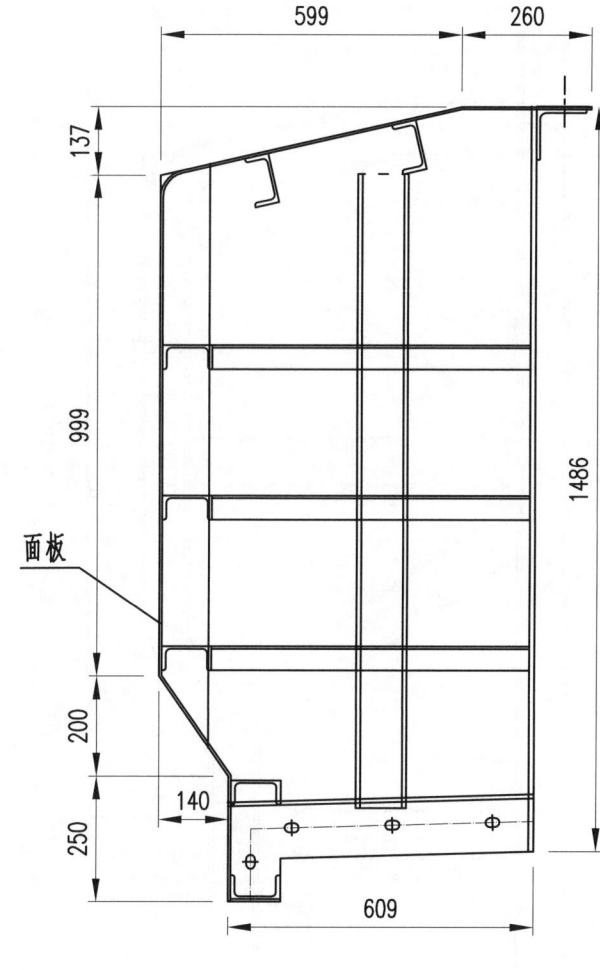
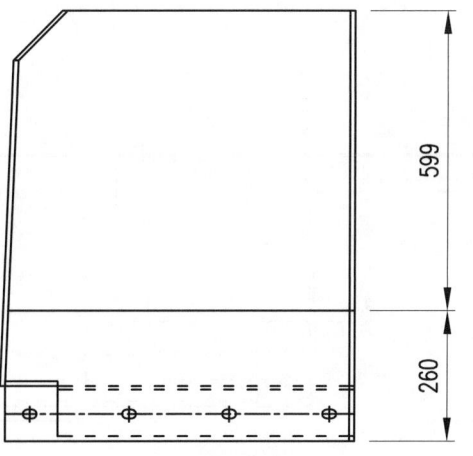

此处满焊
背筋角钢
背筋槽钢
支架槽钢
连接板
筋板
面板

说明：
1. 面板厚度为5mm，筋板厚度为8mm，连接板厚度为10mm。
2. 所有尺寸均为φ18×28mm长孔。
3. 背筋槽钢采用[10、角钢采用∠100×10、支架槽钢采用[10。
4. 按照此图制作2件，左右对称制作2件，共4件。
5. 图中尺寸以mm计。

25mT梁模板	材质	Q235	单重	350kg
中梁高坡侧模04	件数	4	图号	7.4.2-10

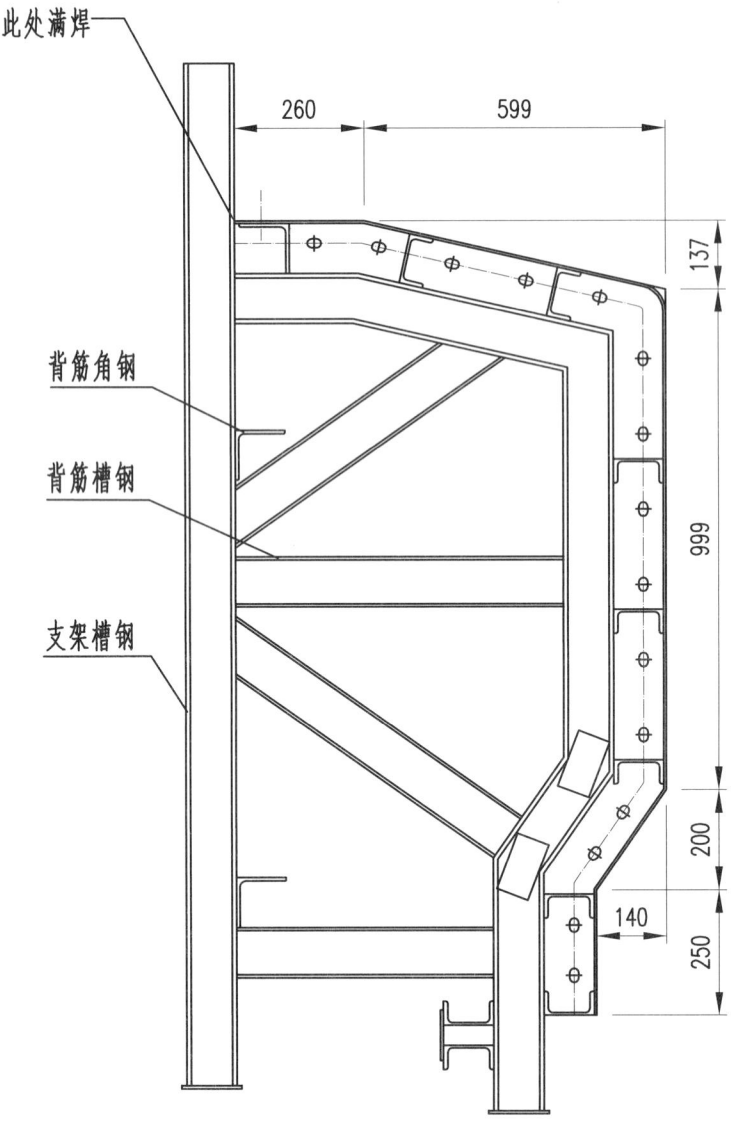
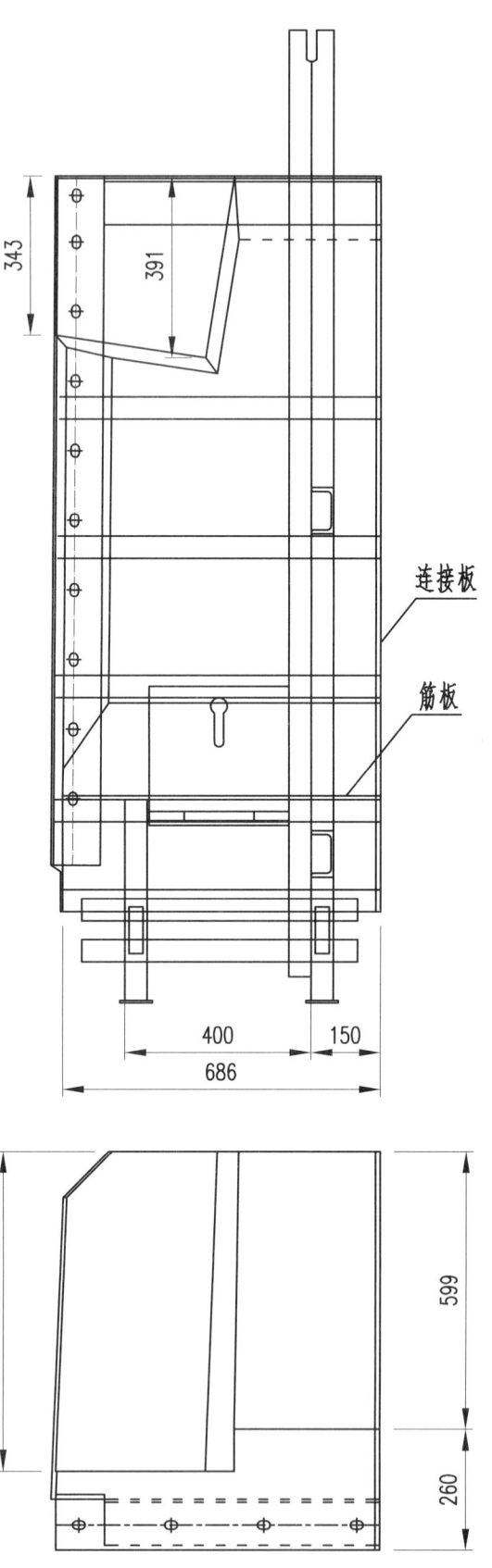
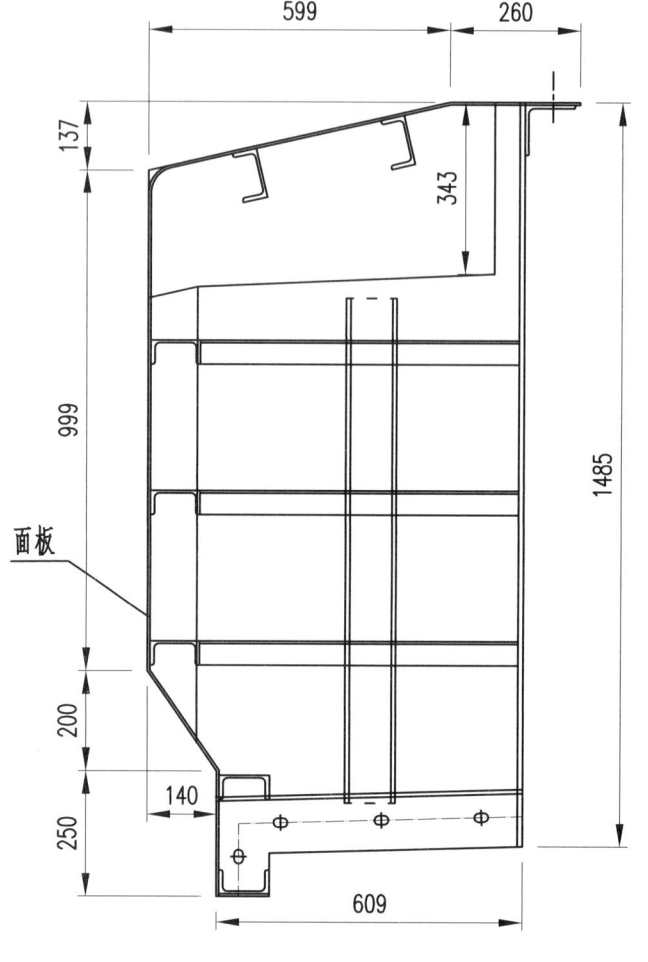

说明：
1. 面板厚度为5mm，筋板厚度为8mm，连接板厚度为10mm。
2. 所有尺寸均为φ18X28mm长孔。
3. 背筋槽钢采用[10、角钢采用∠100x10、支架槽钢采用[10。
4. 按照此图制作2件，左右对称制作2件，共4件。
5. 图中尺寸以mm计。

25mT梁模板	材 质	Q235	单 重	350kg
中梁高坡侧模04替换	件 数	4	图 号	7.4.2-11

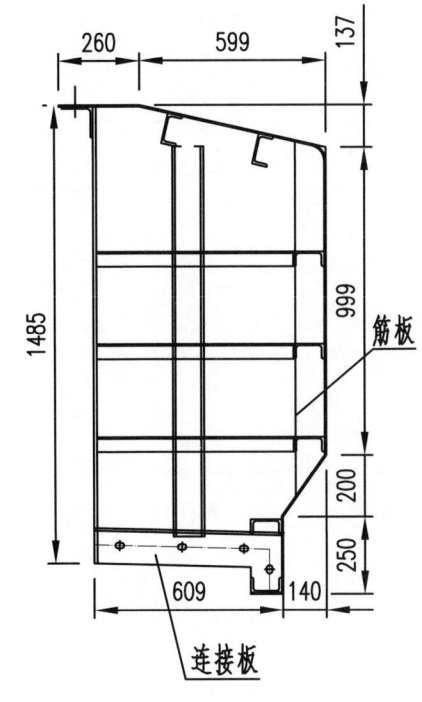
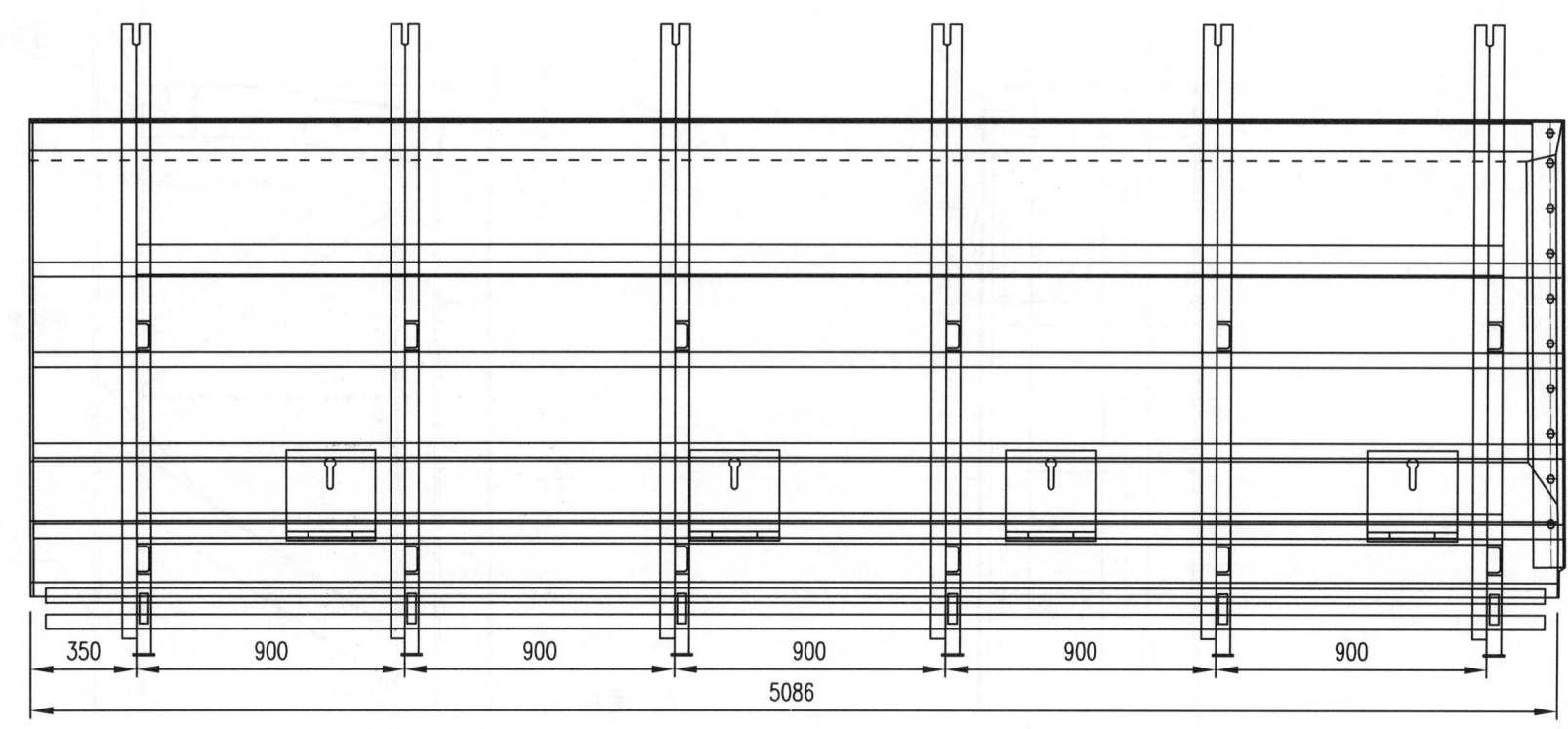
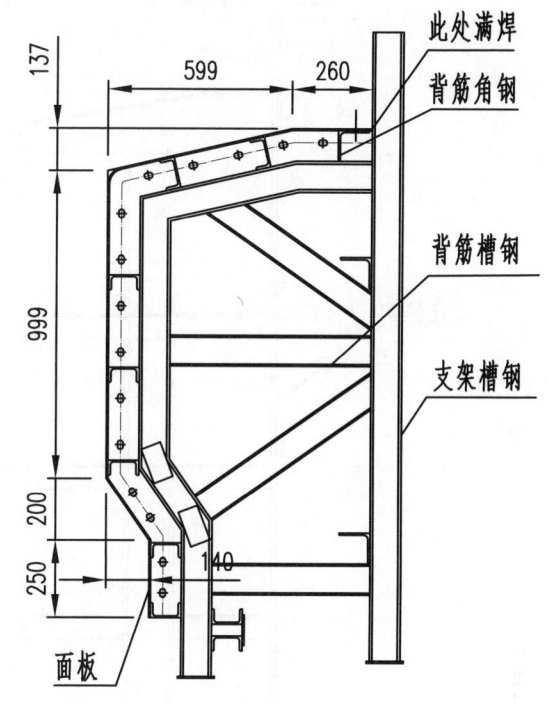
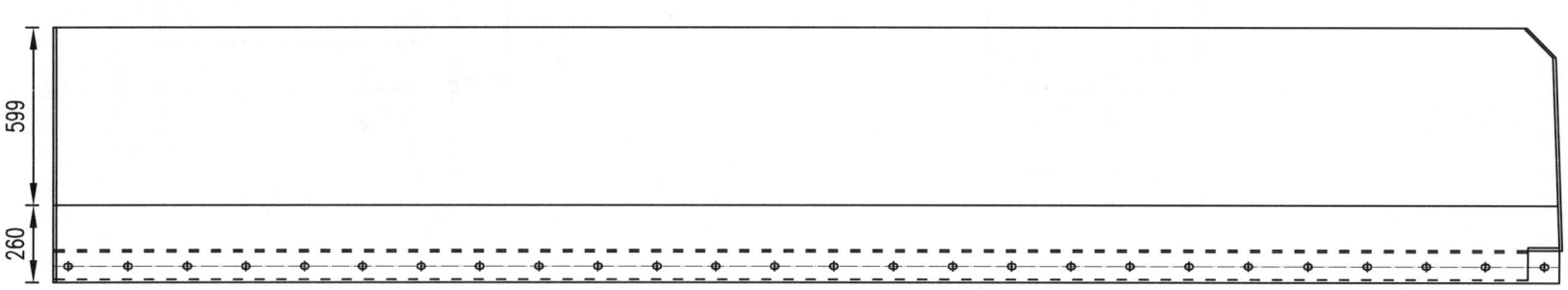

说明：
1. 面板厚度为5mm，筋板厚度为8mm，连接板厚度为10mm。
2. 所有尺寸均为φ18×28mm长孔。
3. 背筋槽钢采用［10、角钢采用∠100×10、支架槽钢采用［10。
4. 按照此图制作2件，左右对称制作2件，共4件。
5. 图中尺寸以mm计。

25mT梁模板	材质	Q235	单重	1782kg
中梁高坡侧模05	件数	4	图号	7.4.2-12

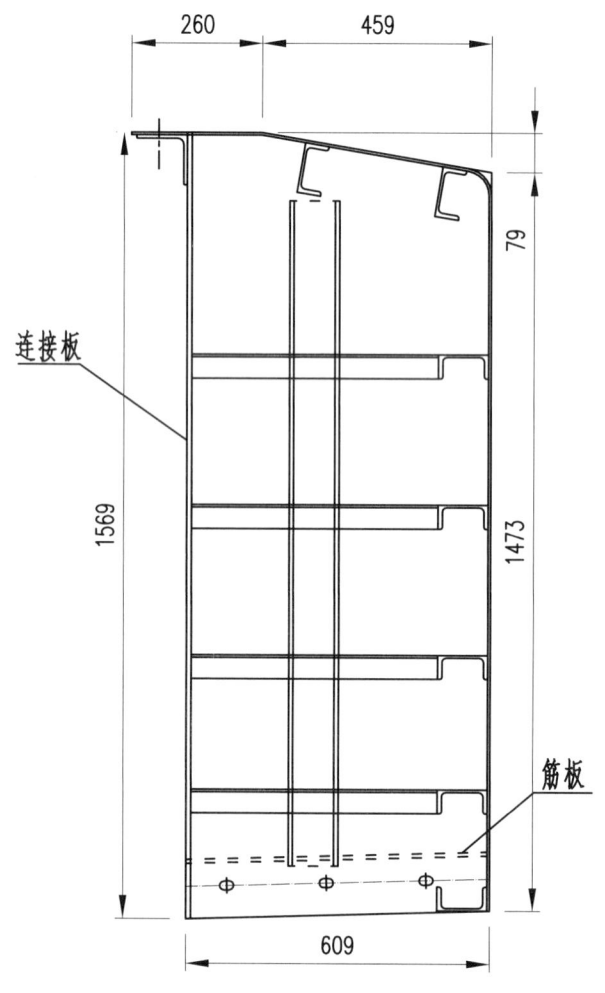
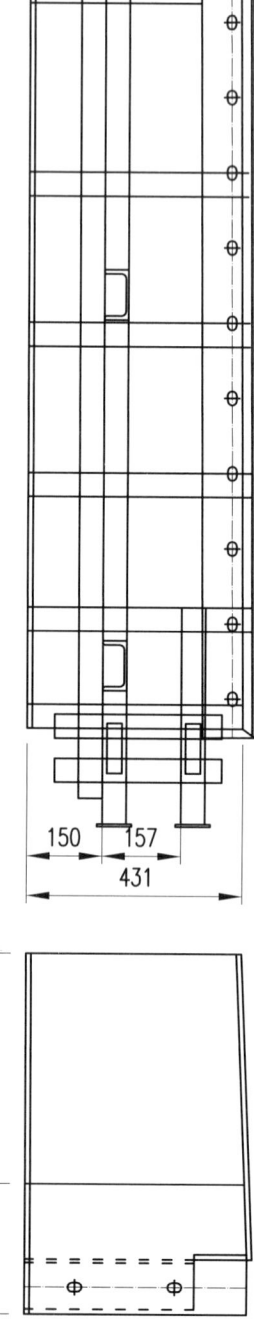
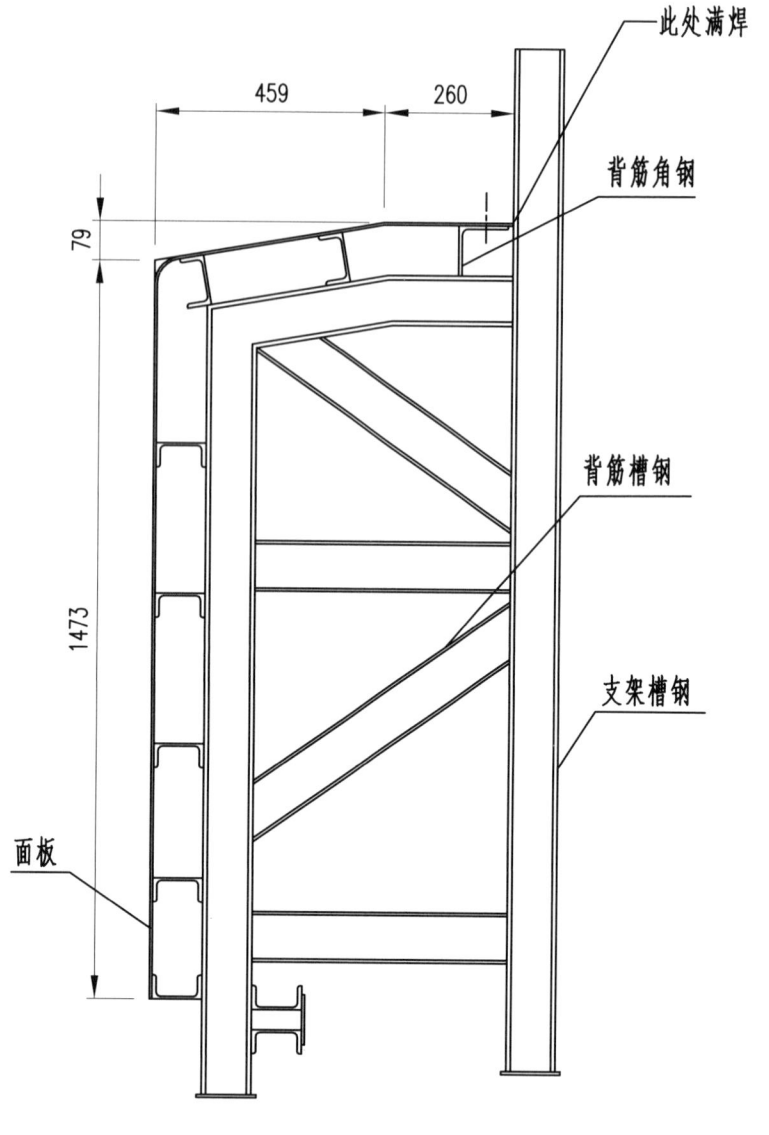

说明：
1. 面板厚度为5mm,筋板厚度为8mm,连接板厚度为10mm。
2. 所有尺寸均为⌀18X28mm长孔。
3. 背筋槽钢采用[10、角钢采用∠100x10、支架槽钢采用[10。
4. 用于中梁连续端80mm伸缩缝。
5. 按照此图制作2件,左右对称制作2件,共4件。
6. 图中尺寸以mm计。

25mT梁模板	材 质	Q235	单 重	290kg
中梁低坡侧模01	件 数	4	图 号	7.4.2-13

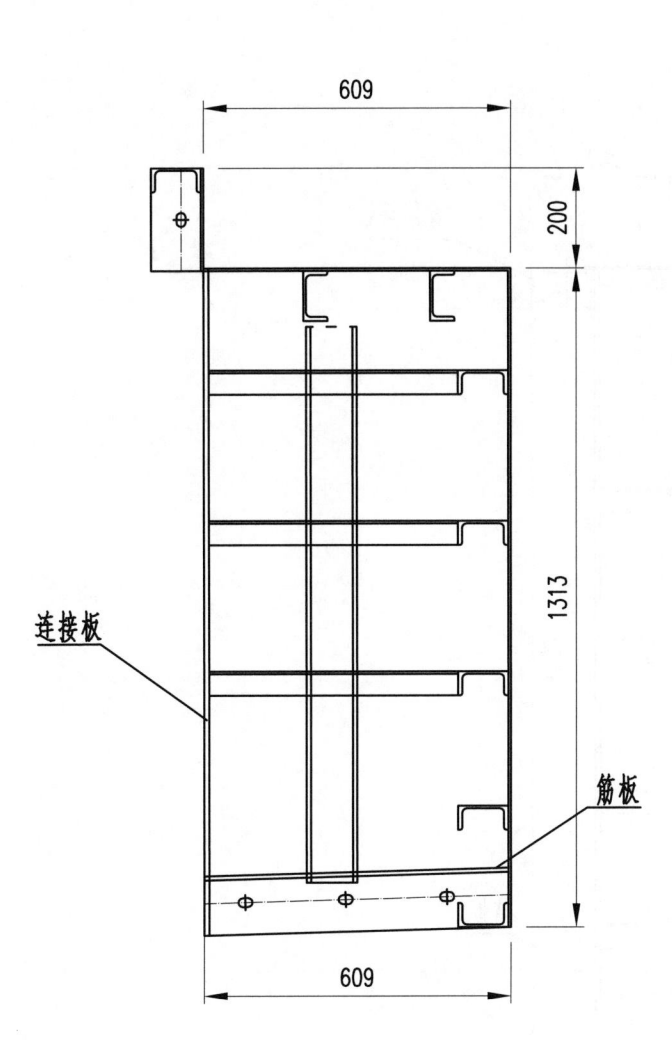
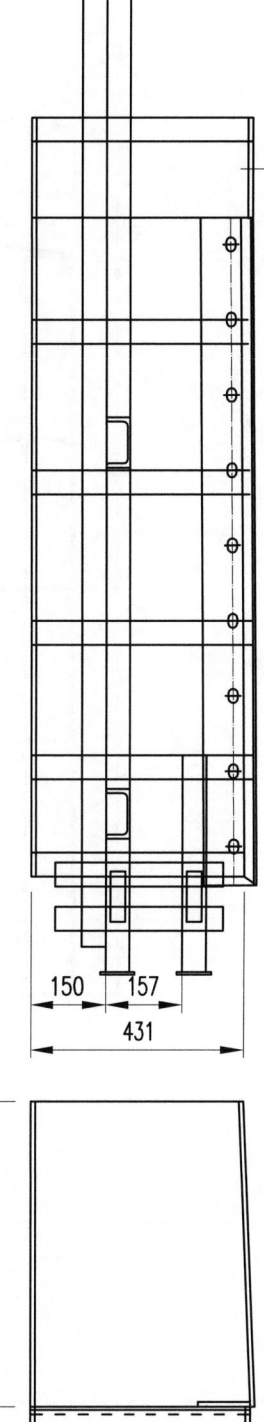
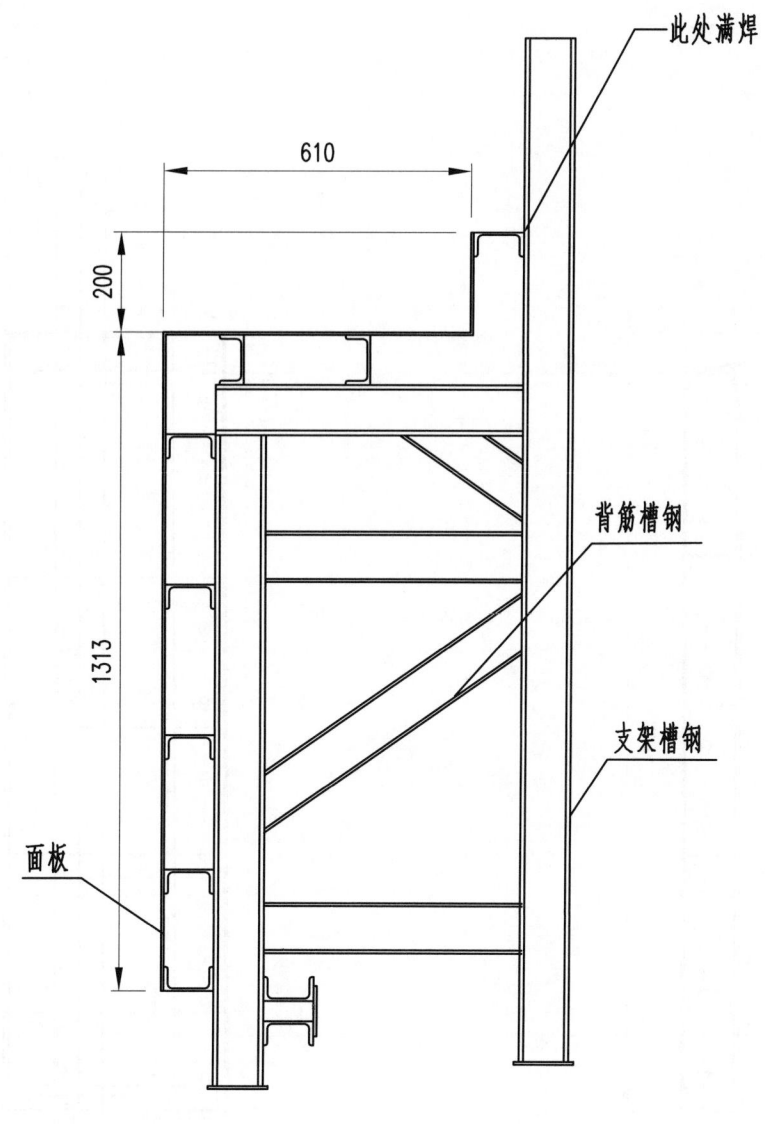

说明：
1. 面板厚度为5mm，连接板厚度为10mm。
2. 所有尺寸均为∅18X28mm长孔。
3. 背筋槽钢采用[10、角钢采用∠100x10、支架槽钢采用[10。
4. 用于中梁160mm伸缩缝。
5. 按照此图制作2件，左右对称制作2件，共4件。
6. 图中尺寸以mm计。

25mT梁模板	材质	Q235	单重	290kg
中梁低坡侧模01替换	件数	4	图号	7.4.2-14

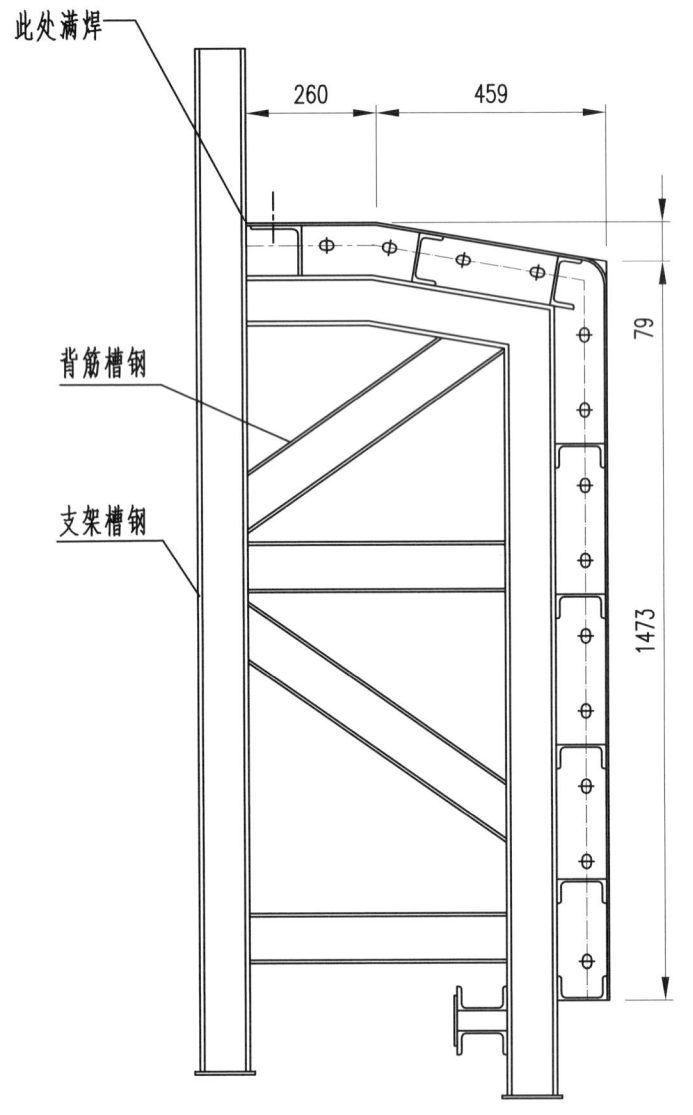
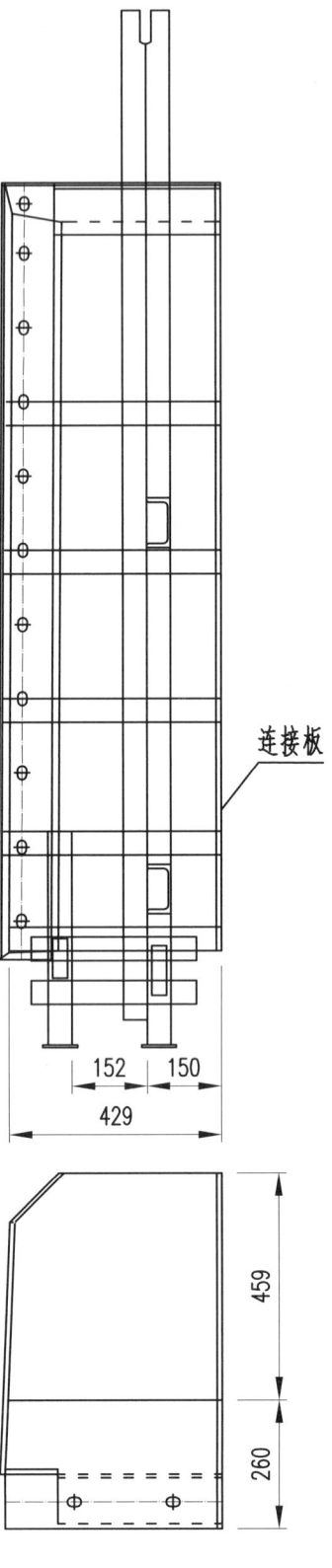
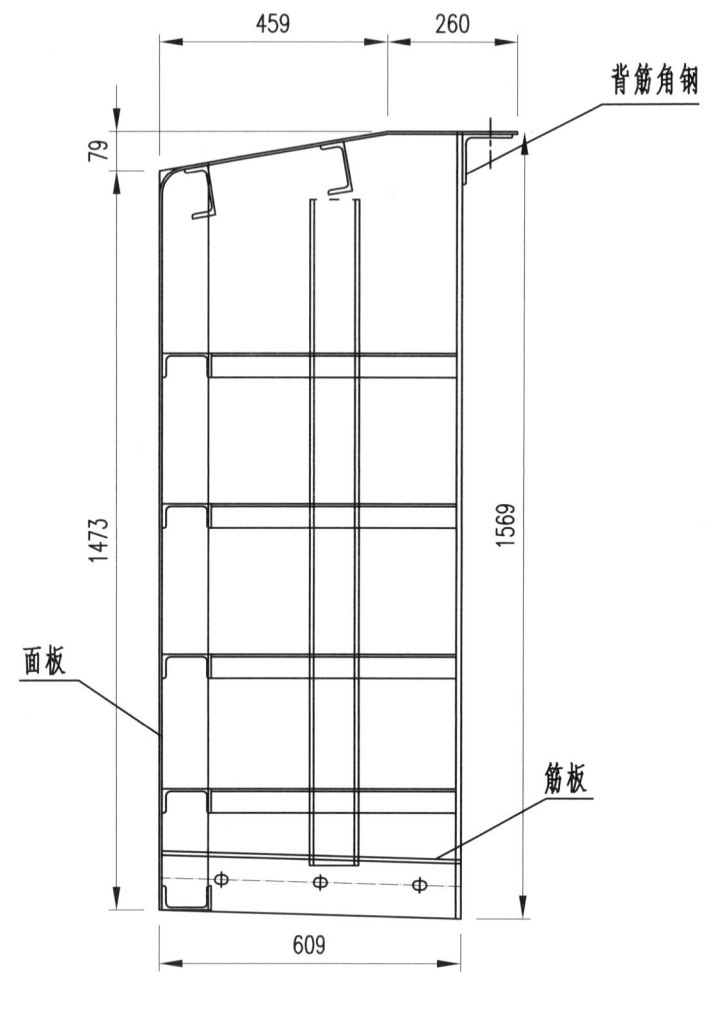

说明：
1. 面板厚度为5mm,筋板厚度为8mm,连接板厚度为10mm。
2. 所有尺寸均为φ18X28mm长孔。
3. 背筋槽钢采用[10、角钢采用∠100x10、支架槽钢采用[10。
4. 用于中梁连续端。
5. 按照此图制作2件,左右对称制作2件,共4件。
6. 图中尺寸以mm计。

25mT梁模板	材 质	Q235	单 重	290kg
中梁低坡侧模02	件 数	4	图 号	7.4.2-15

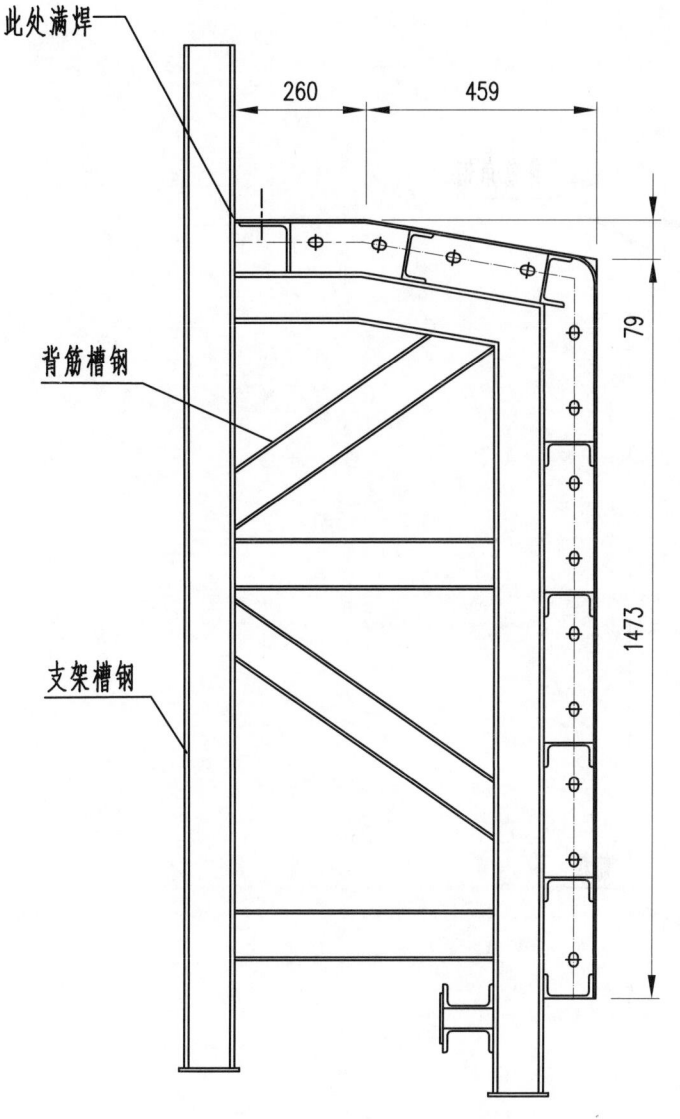
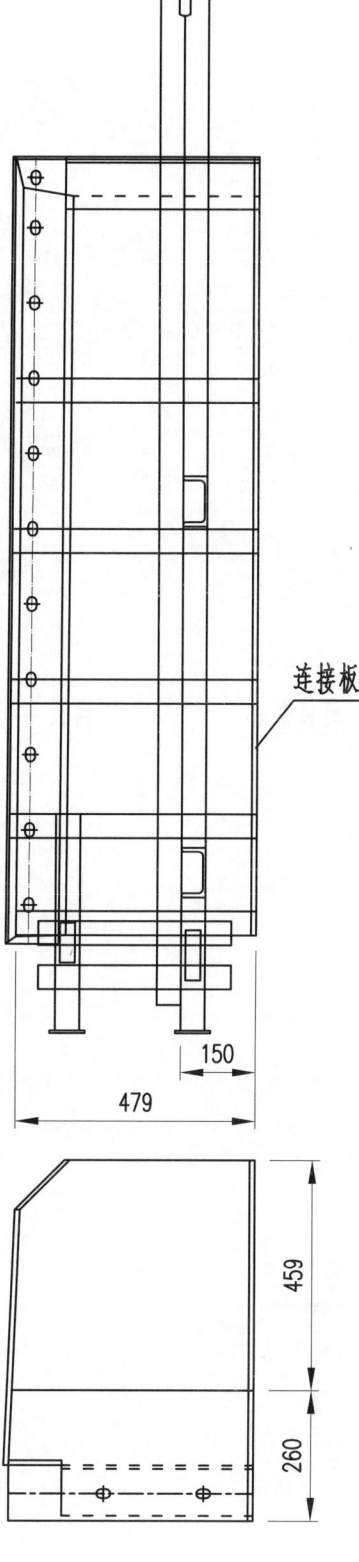
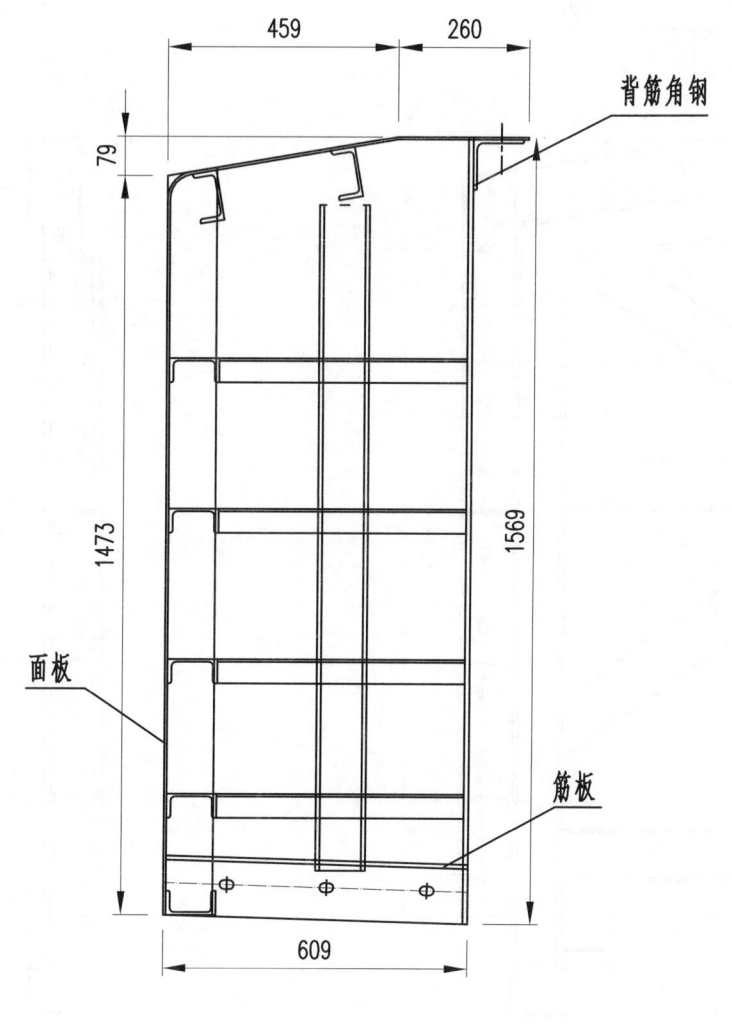

说明：
1. 面板厚度为5mm,筋板厚度为8mm,连接板厚度为10mm。
2. 所有尺寸均为ø18X28mm长孔。
3. 背筋槽钢采用[10、角钢采用∠100x10、支架槽钢采用[10。
4. 用于中梁连续端80mm伸缩缝。
5. 按照此图制作2件,左右对称制作2件,共4件。
6. 图中尺寸以mm计。

25mT梁模板	材 质	Q235	单 重	290kg
中梁低坡侧模02替换	件 数	4	图 号	7.4.2-16

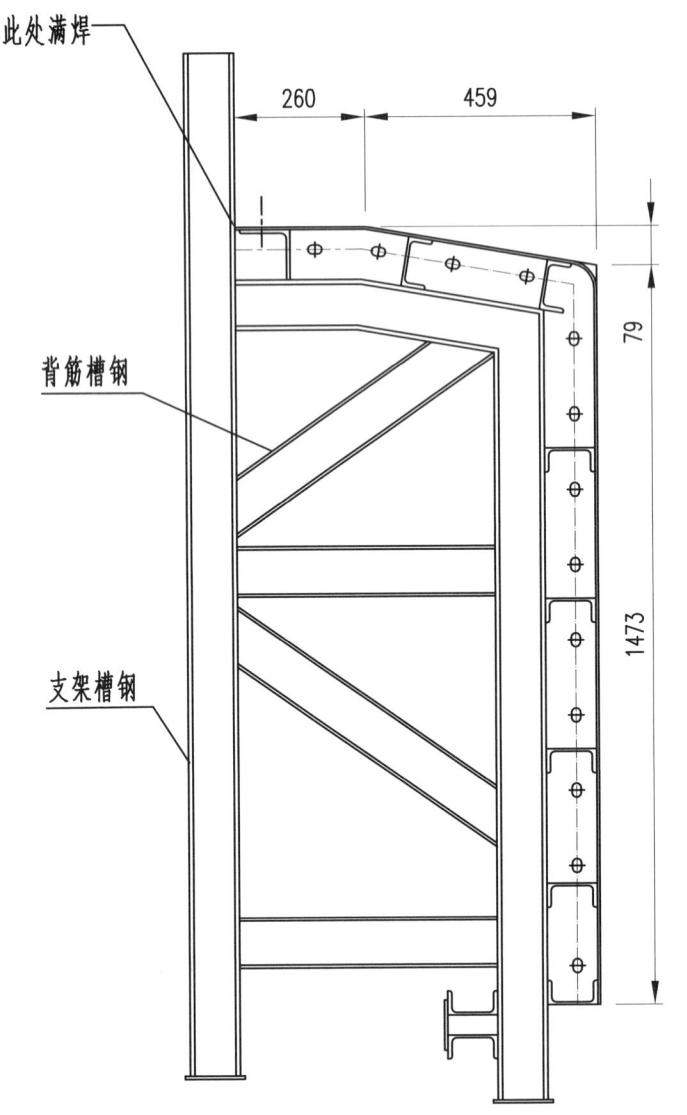
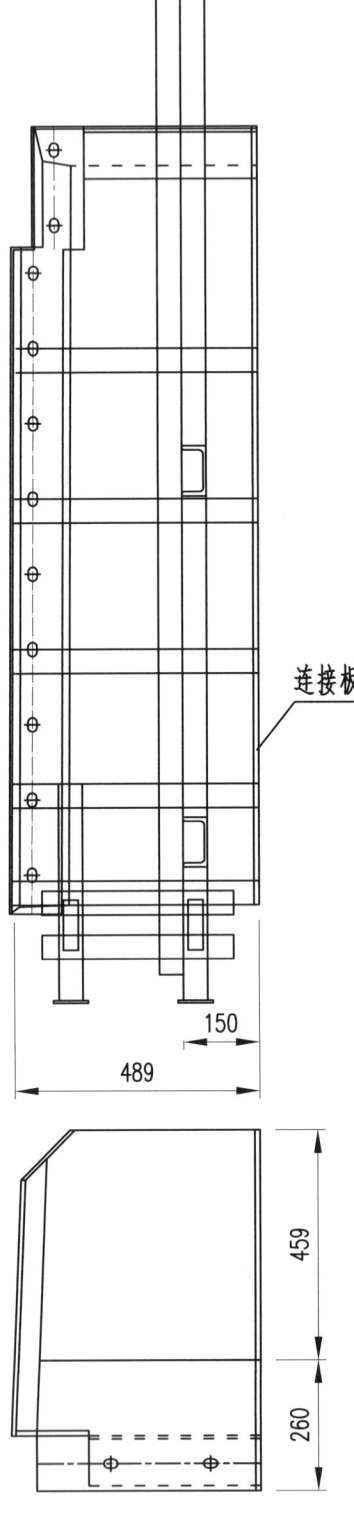
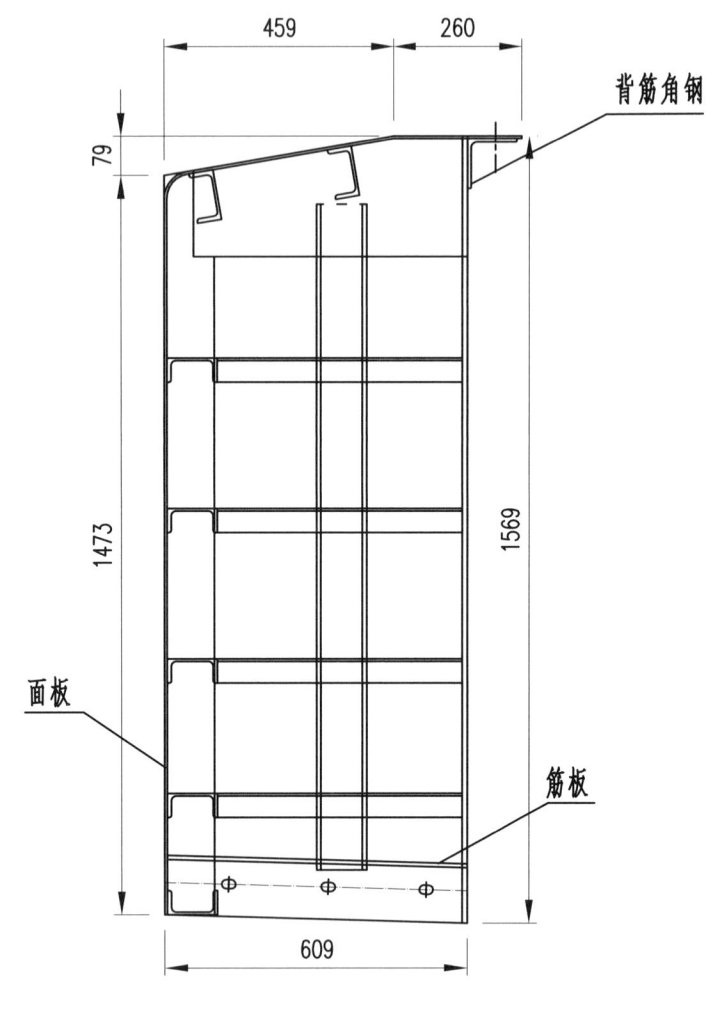

说明：
1. 面板厚度为5mm，筋板厚度为8mm，连接板厚度为10mm。
2. 所有尺寸均为φ18X28mm长孔。
3. 背筋槽钢采用[10、角钢采用∠100x10、支架槽钢采用[10。
4. 用于中梁160mm伸缩缝。
5. 按照此图制作2件，左右对称制作2件，共4件。
6. 图中尺寸以mm计。

25mT梁模板	材质	Q235	单重	290kg
中梁低坡侧模01替换	件数	4	图号	7.4.2-17

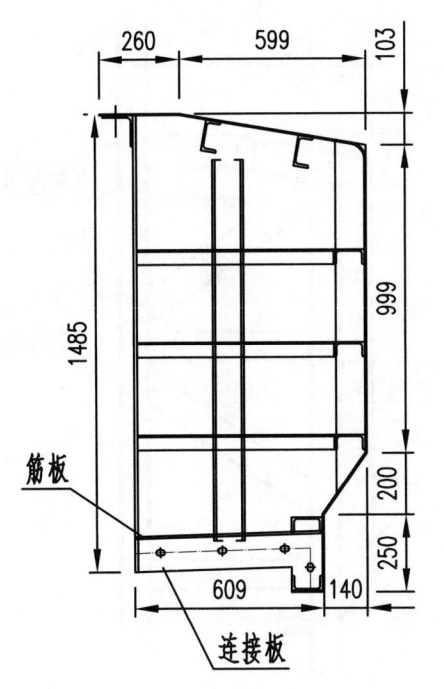
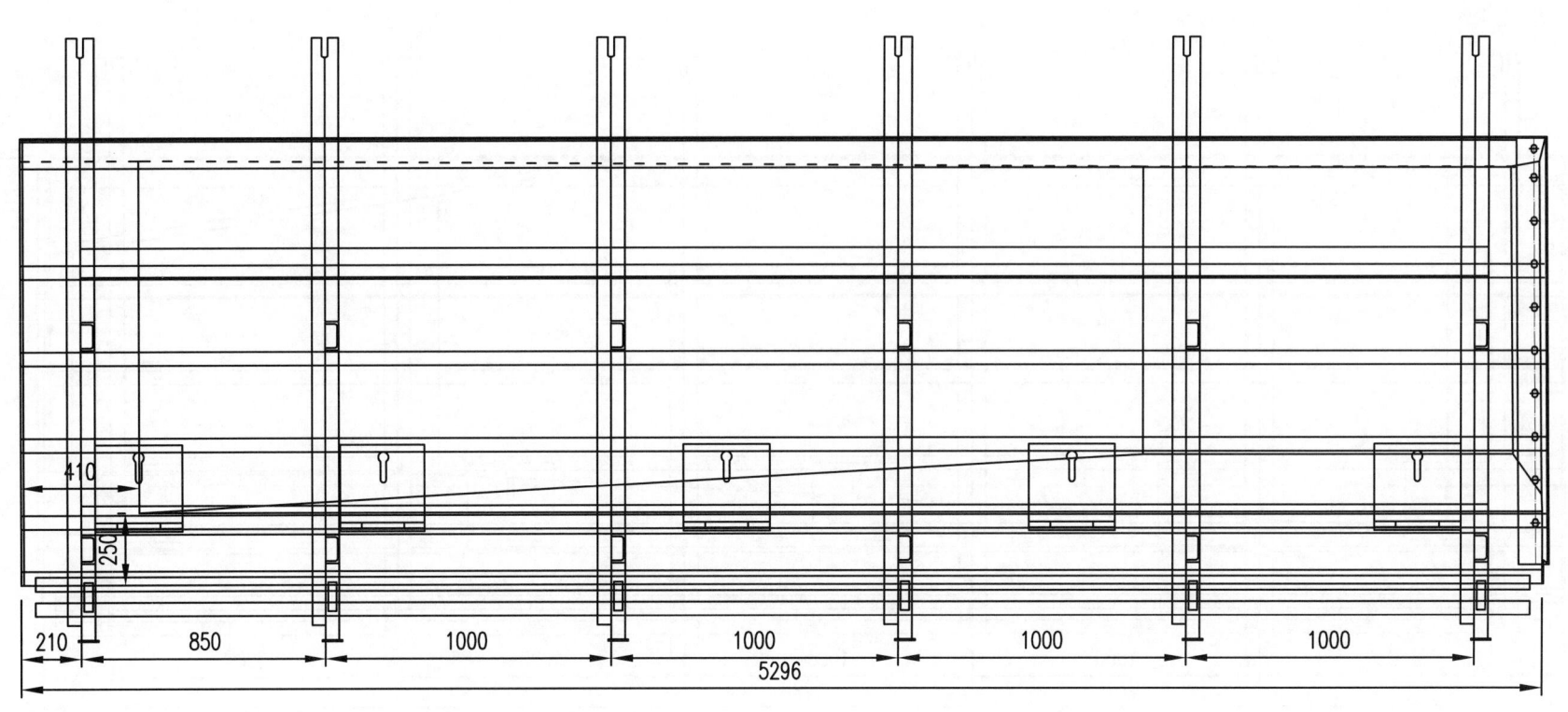
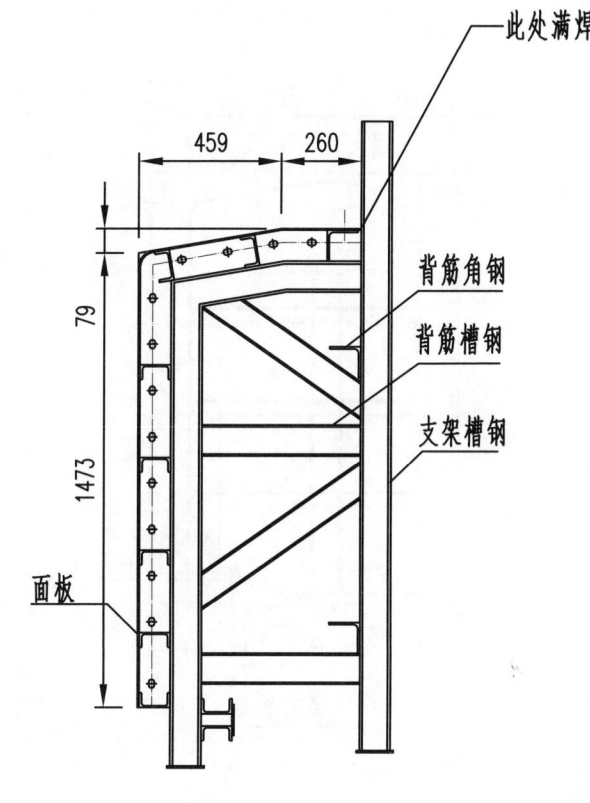
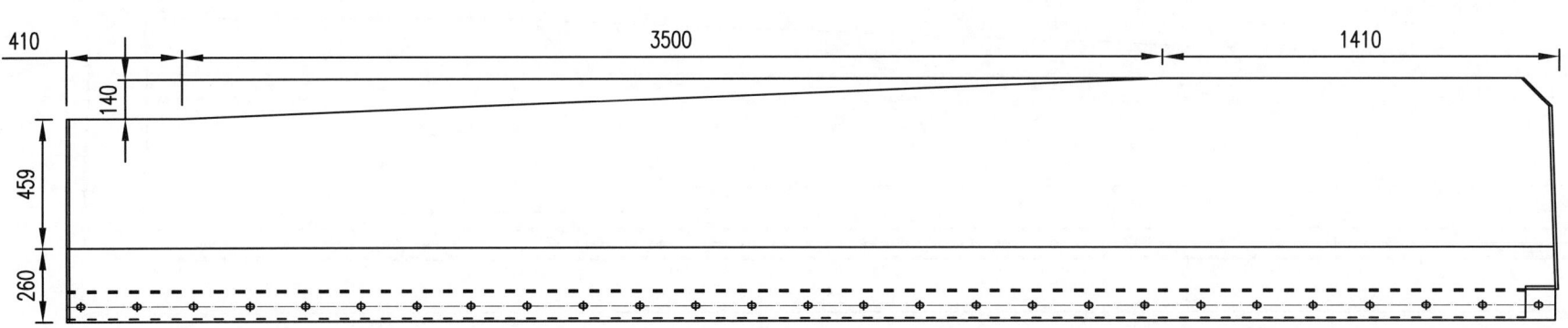

说明：
1. 面板厚度为5mm，筋板厚度为8mm，连接板厚度为10mm。
2. 所有尺寸均为⌀18×28mm长孔。
3. 背筋槽钢采用[10、角钢采用∠100×10、支架槽钢采用[10。
4. 按照此图制作2件，左右对称制作2件，共4件。
5. 图中尺寸以mm计。

25mT梁模板	材质	Q235	单重	1841kg
中梁低坡侧模01	件数	4	图号	7.4.2-18

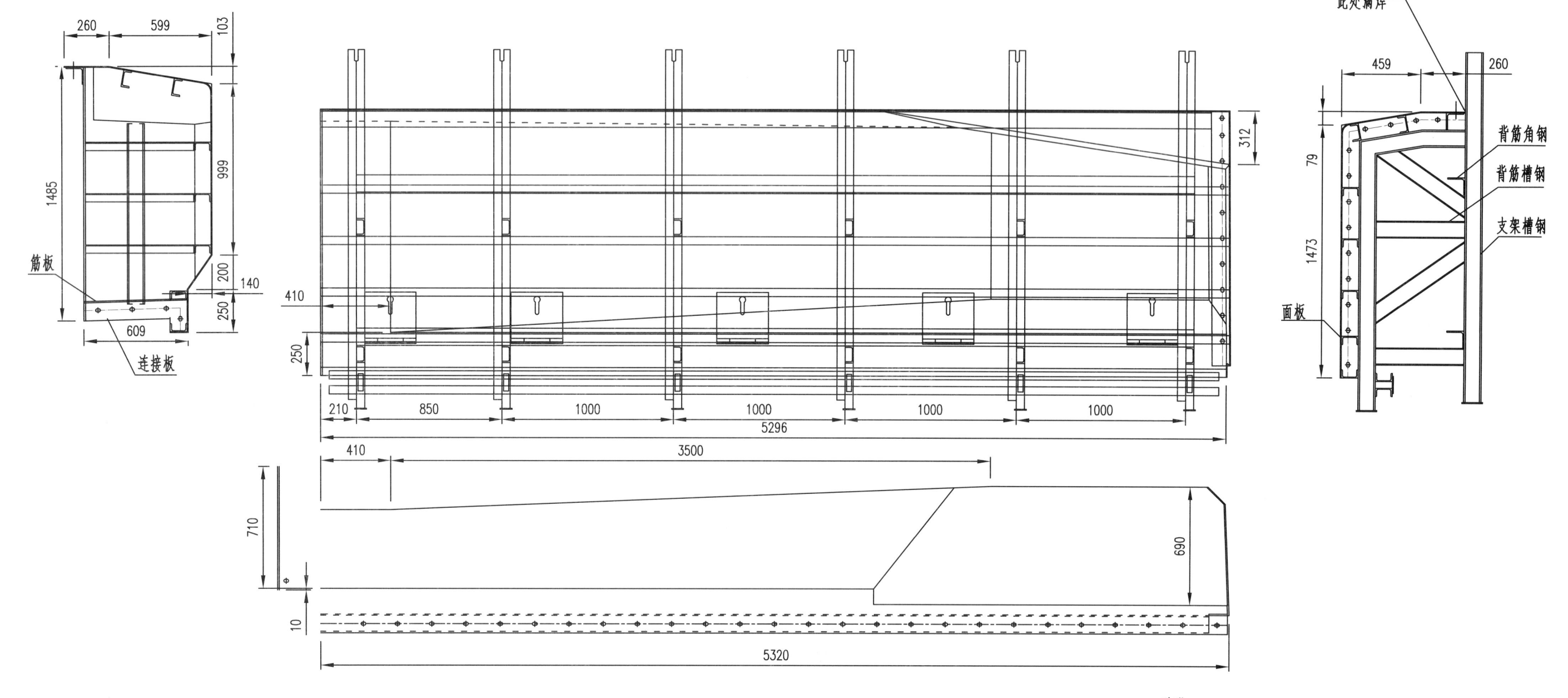

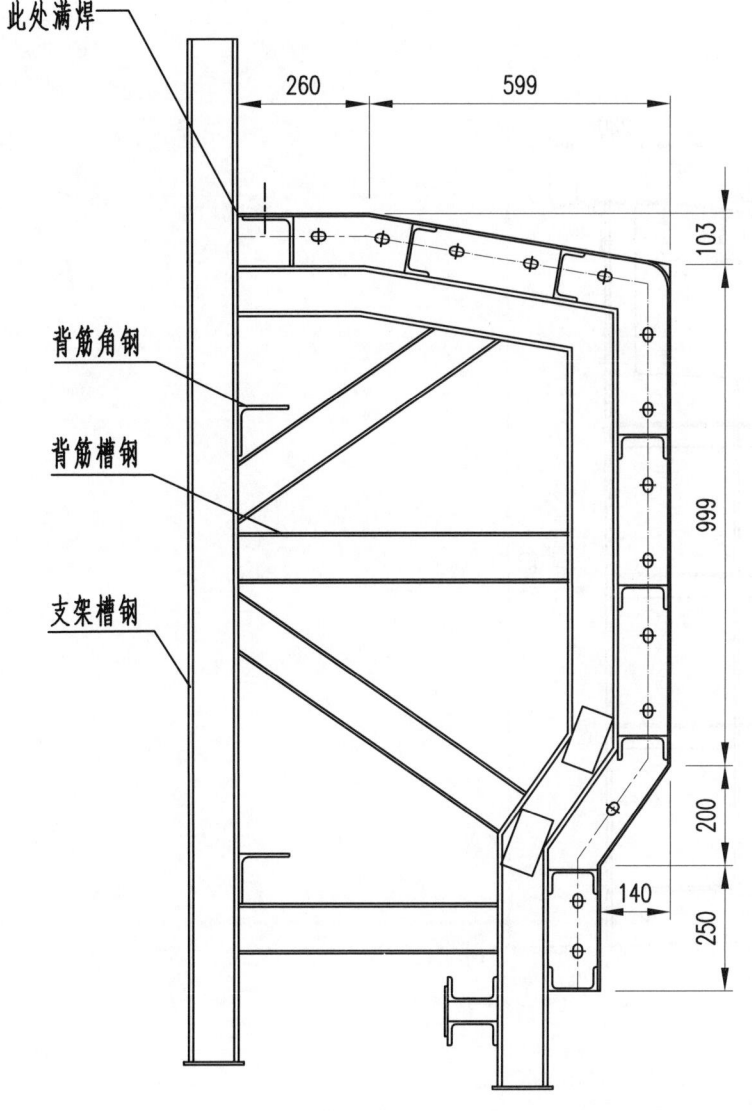
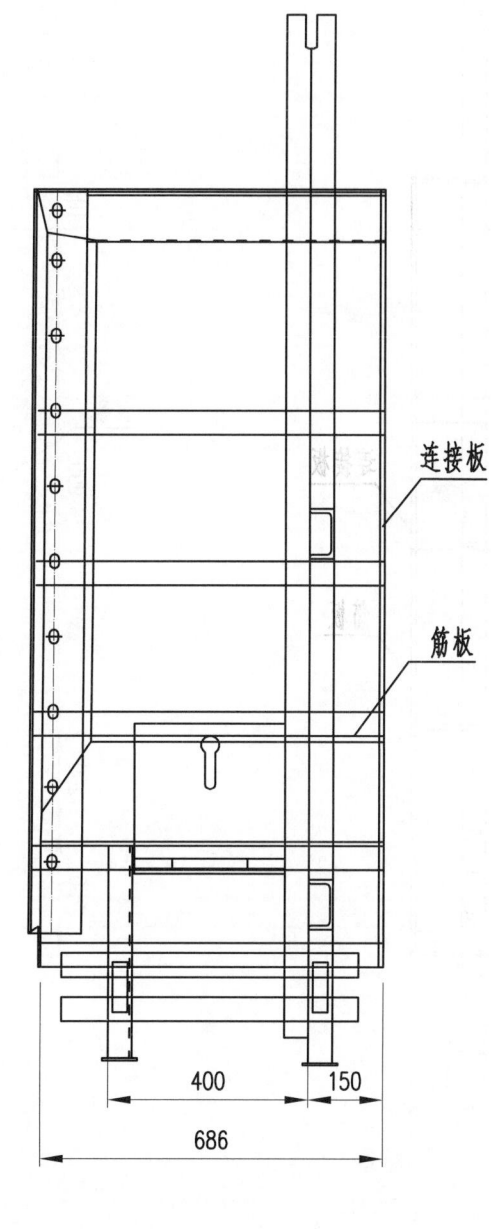
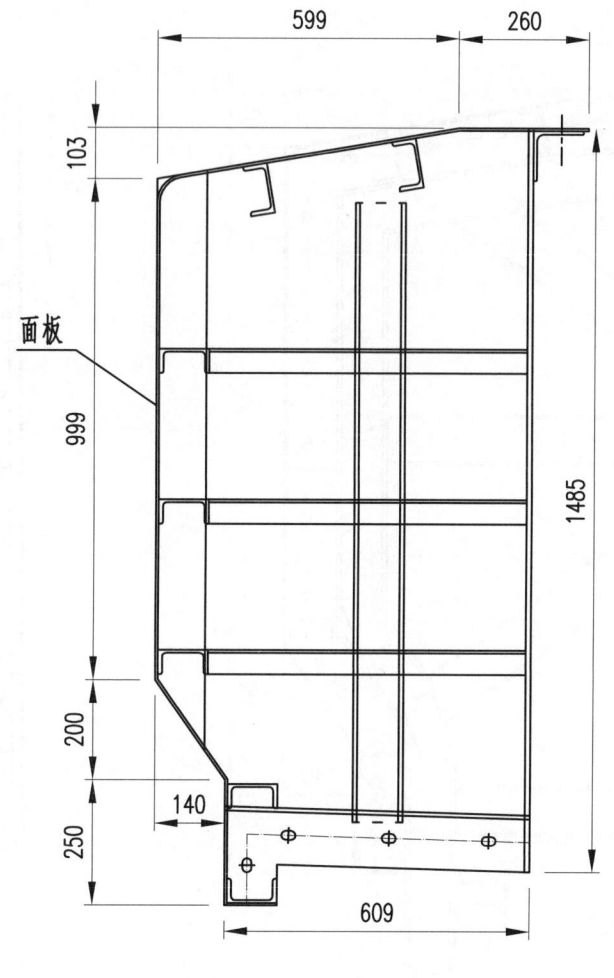
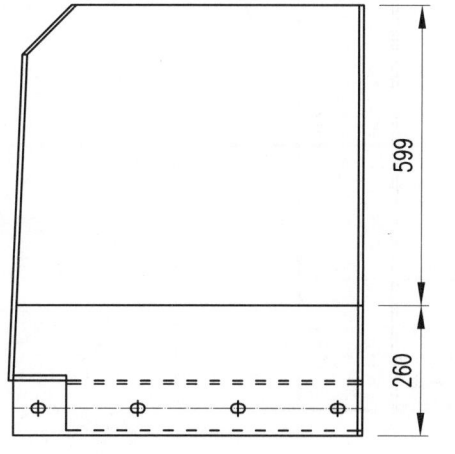

说明：
1. 面板厚度为5mm，筋板厚度为8mm，连接板厚度为10mm。
2. 所有尺寸均为ø18×28mm长孔。
3. 背筋槽钢采用[10、角钢采用∠100×10、支架槽钢采用[10。
4. 按照此图制作2件，左右对称制作2件，共4件。
5. 图中尺寸以mm计。

25mT梁模板	材质	Q235	单重	350kg
中梁低坡侧模04	件数	4	图号	7.4.2-20

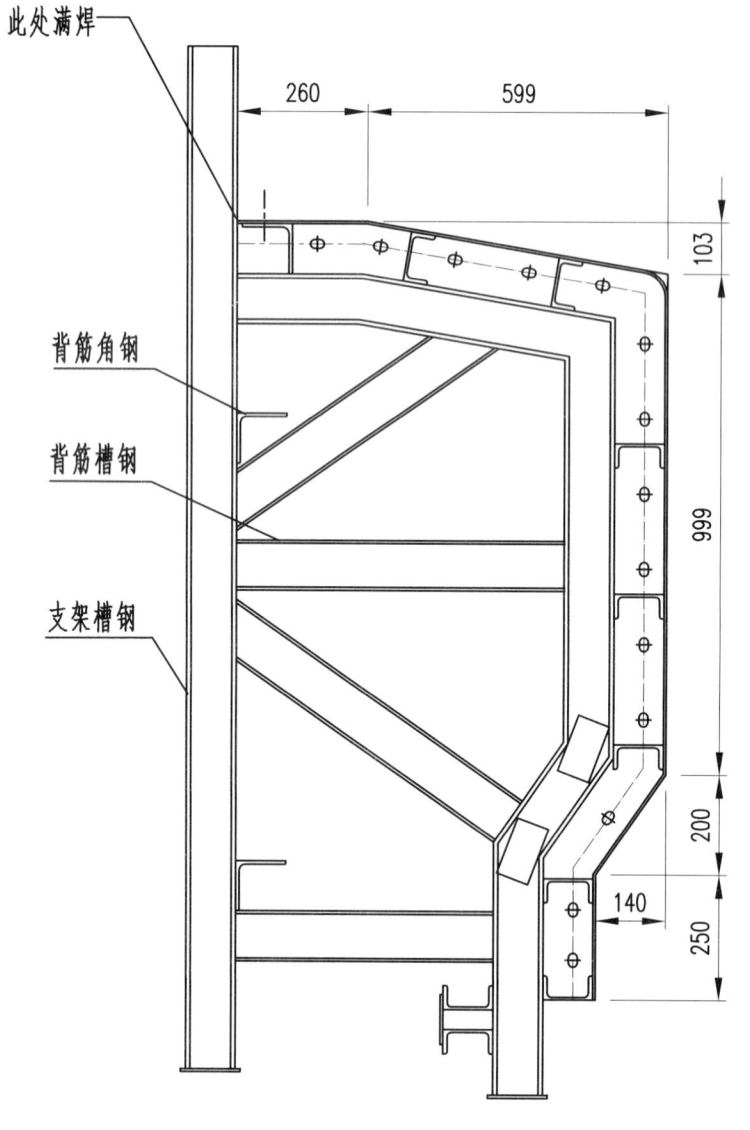
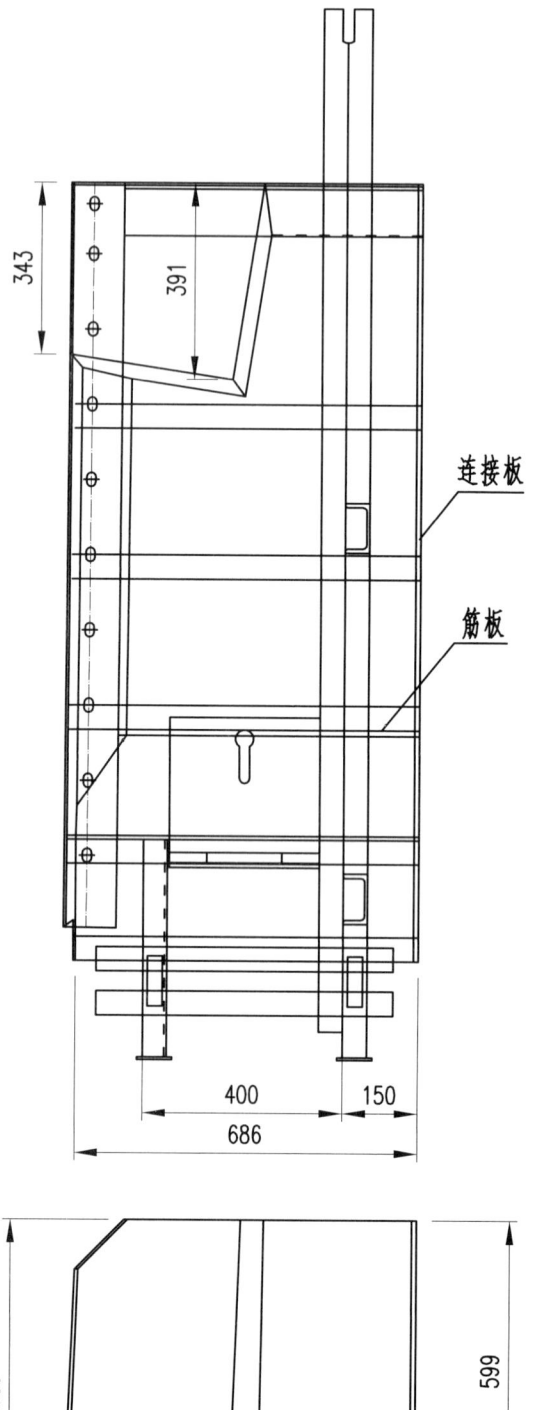
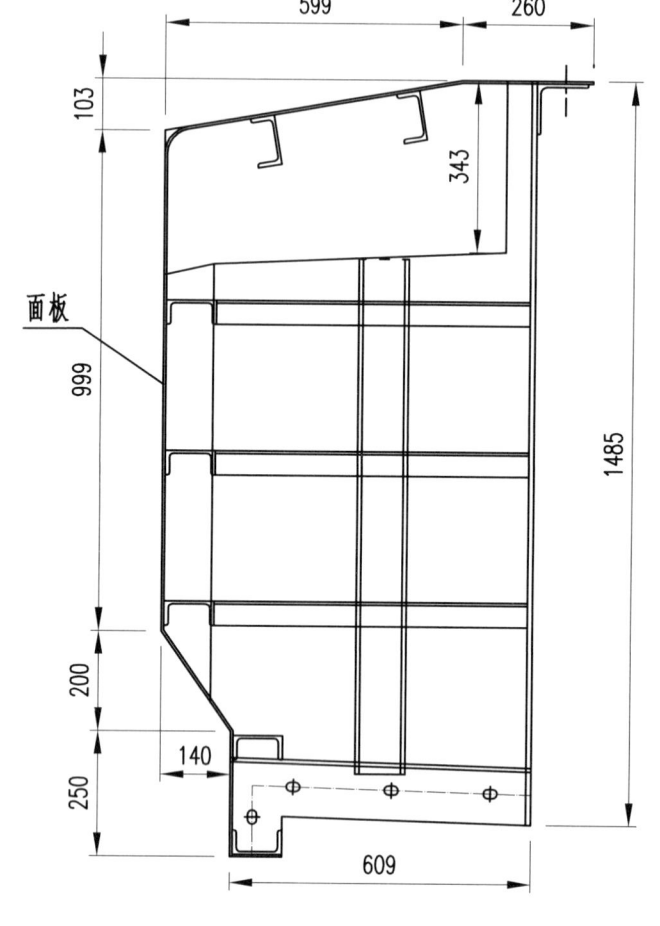

说明：
1. 面板厚度为5mm,筋板厚度为8mm,连接板厚度为10mm。
2. 所有尺寸均为⌀18×28mm长孔。
3. 背筋槽钢采用[10、角钢采用∠100×10、支架槽钢采用[10。
4. 按照此图制作2件,左右对称制作2件,共4件。
5. 图中尺寸以mm计。

25mT梁模板	材质	Q235	单重	350kg
中梁低坡侧模04替换	件数	4	图号	7.4.2-21

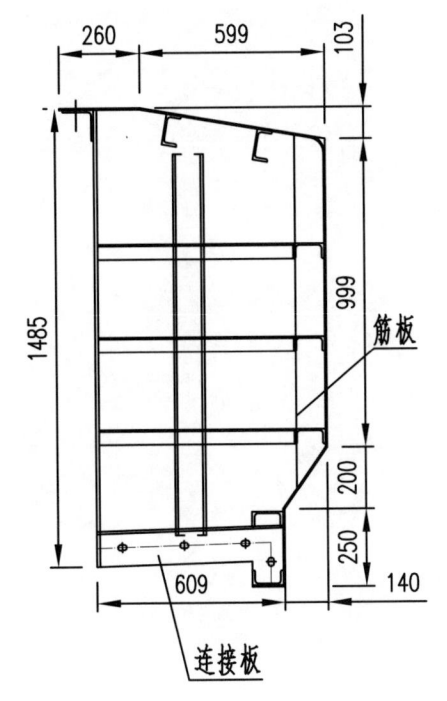
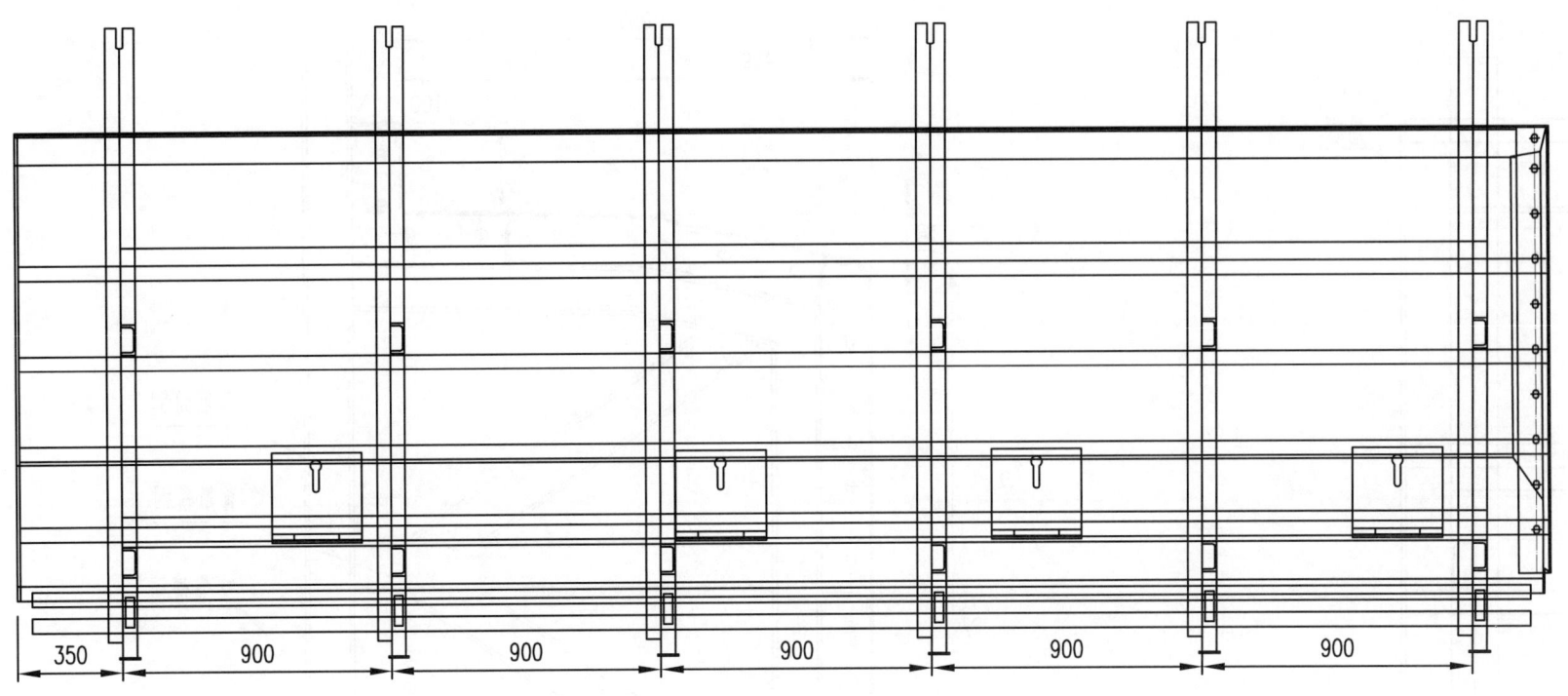
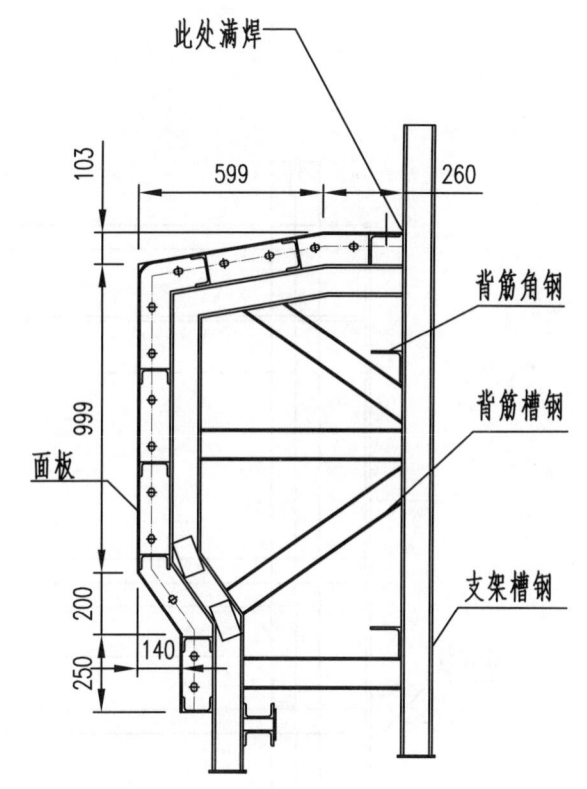
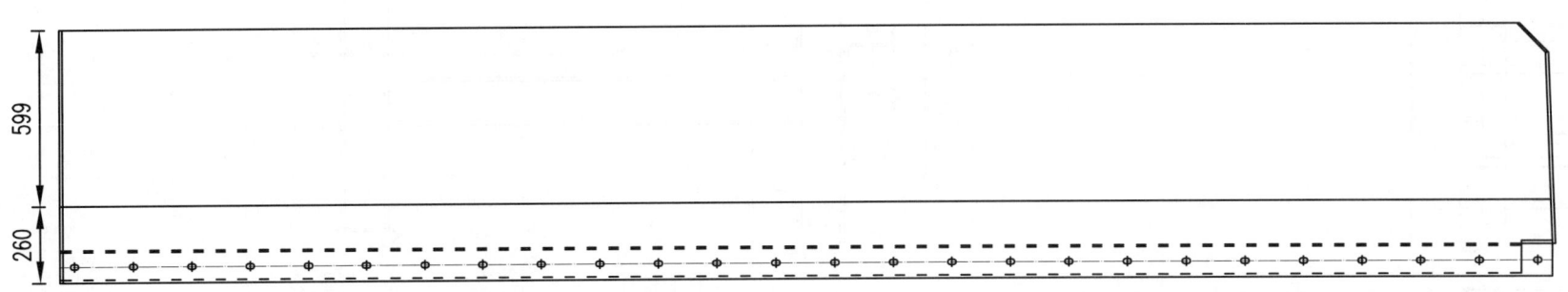

说明：
1. 面板厚度为5mm，筋板厚度为8mm，连接板厚度为10mm。
2. 所有尺寸均为⌀18×28mm长孔。
3. 背筋槽钢采用[10、角钢∠100×10、支架槽钢采用[10。
4. 按照此图制作2件，左右对称制作2件，共4件。
5. 图中尺寸以mm计。

25mT梁模板	材质	Q235	单重	1782kg
中梁低坡侧模05	件数	4	图号	7.4.2-22

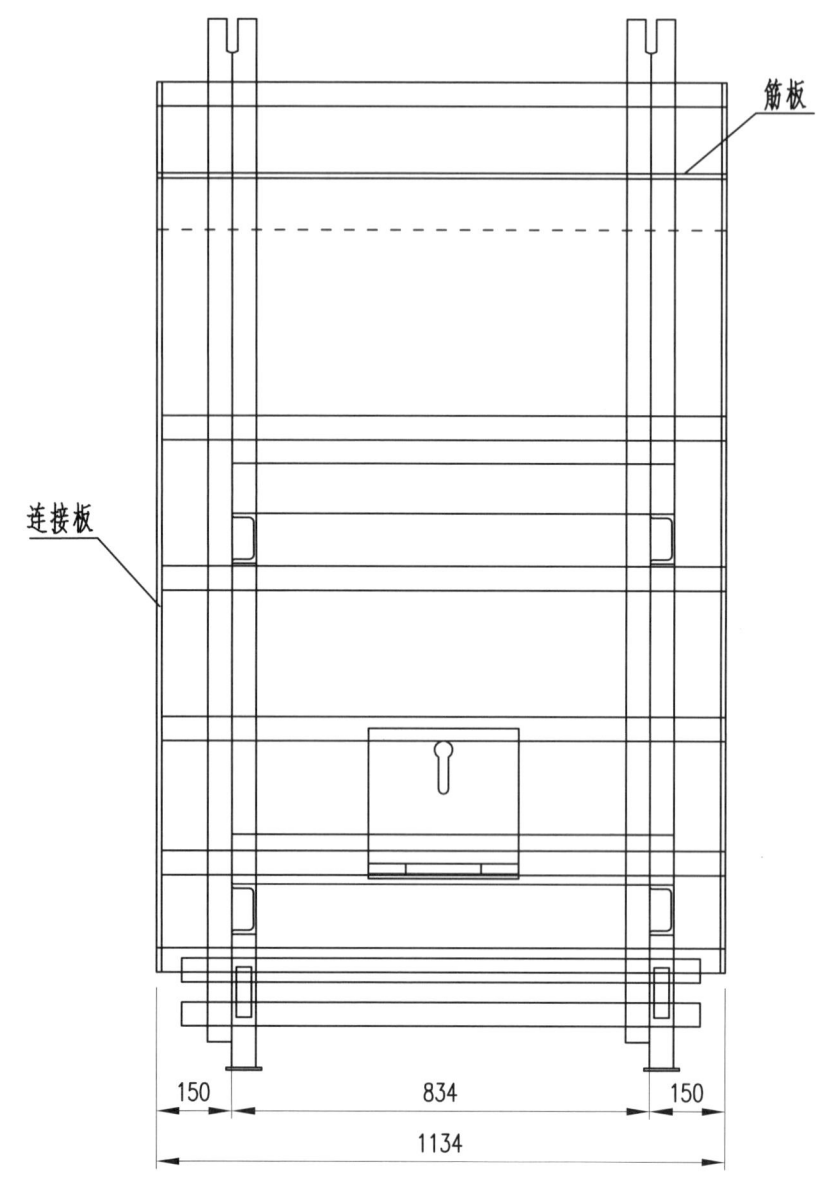
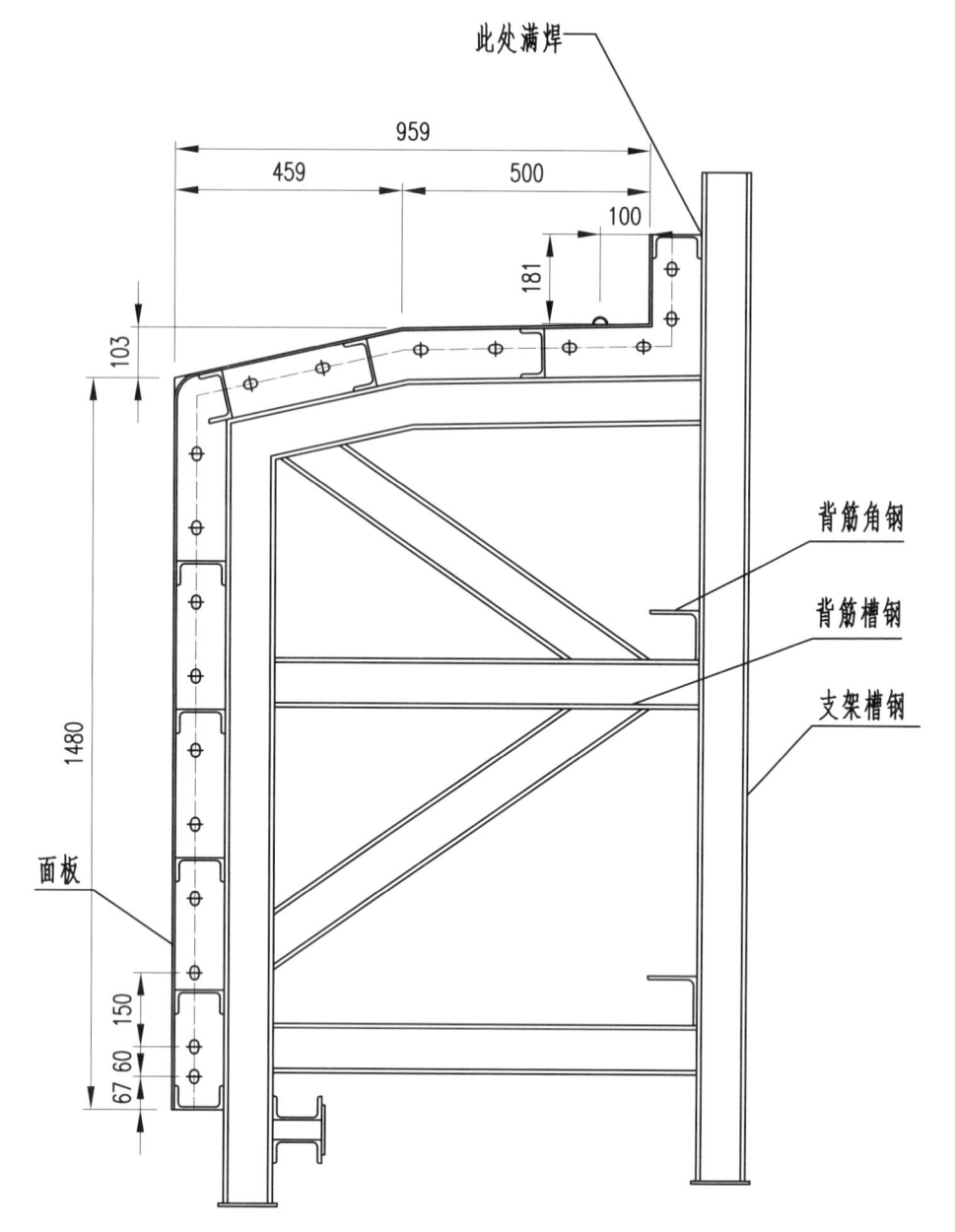

说明:
1. 面板厚度为5mm,筋板厚度为8mm,连接板厚度为10mm。
2. 所有尺寸均为∅18×28mm长孔。
3. 背筋槽钢采用[10、角钢采用∠100×10、支架槽钢采用[10。
4. 用于中梁连续端80mm伸缩缝。
5. 图中尺寸以mm计。

25mT梁模板	材 质	Q235	单重	532kg
边梁高坡侧模01	件 数	2	图 号	7.4.2-23

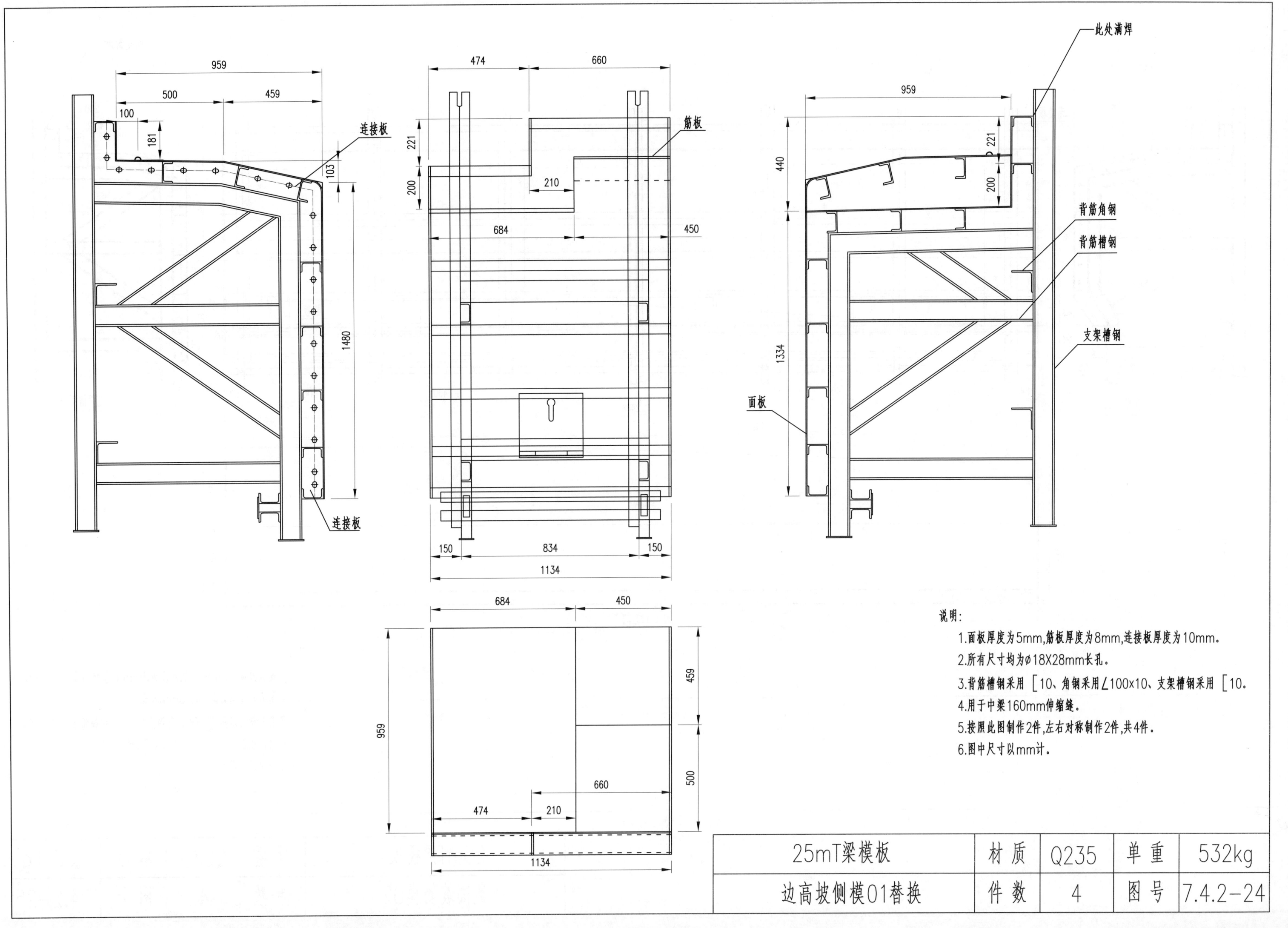

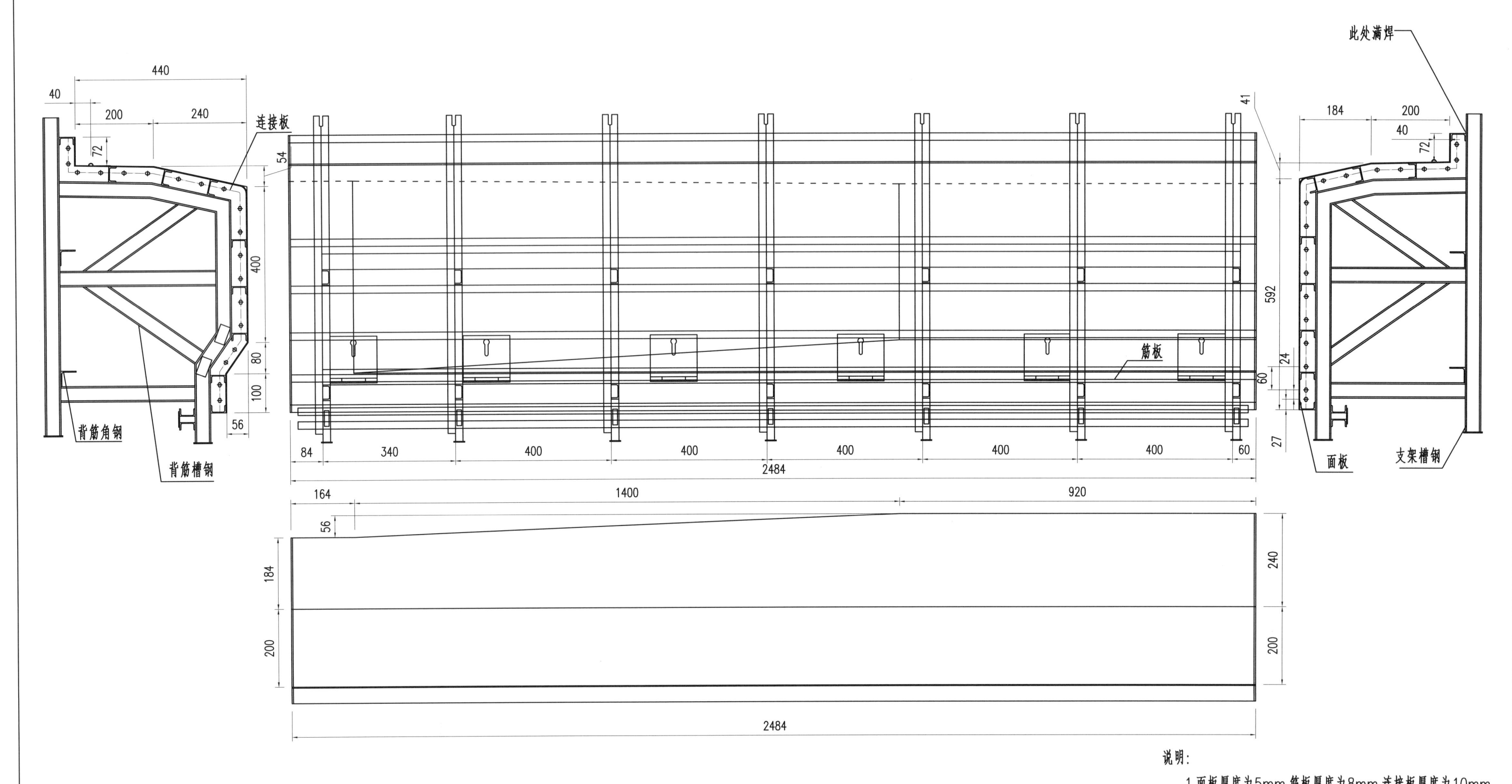

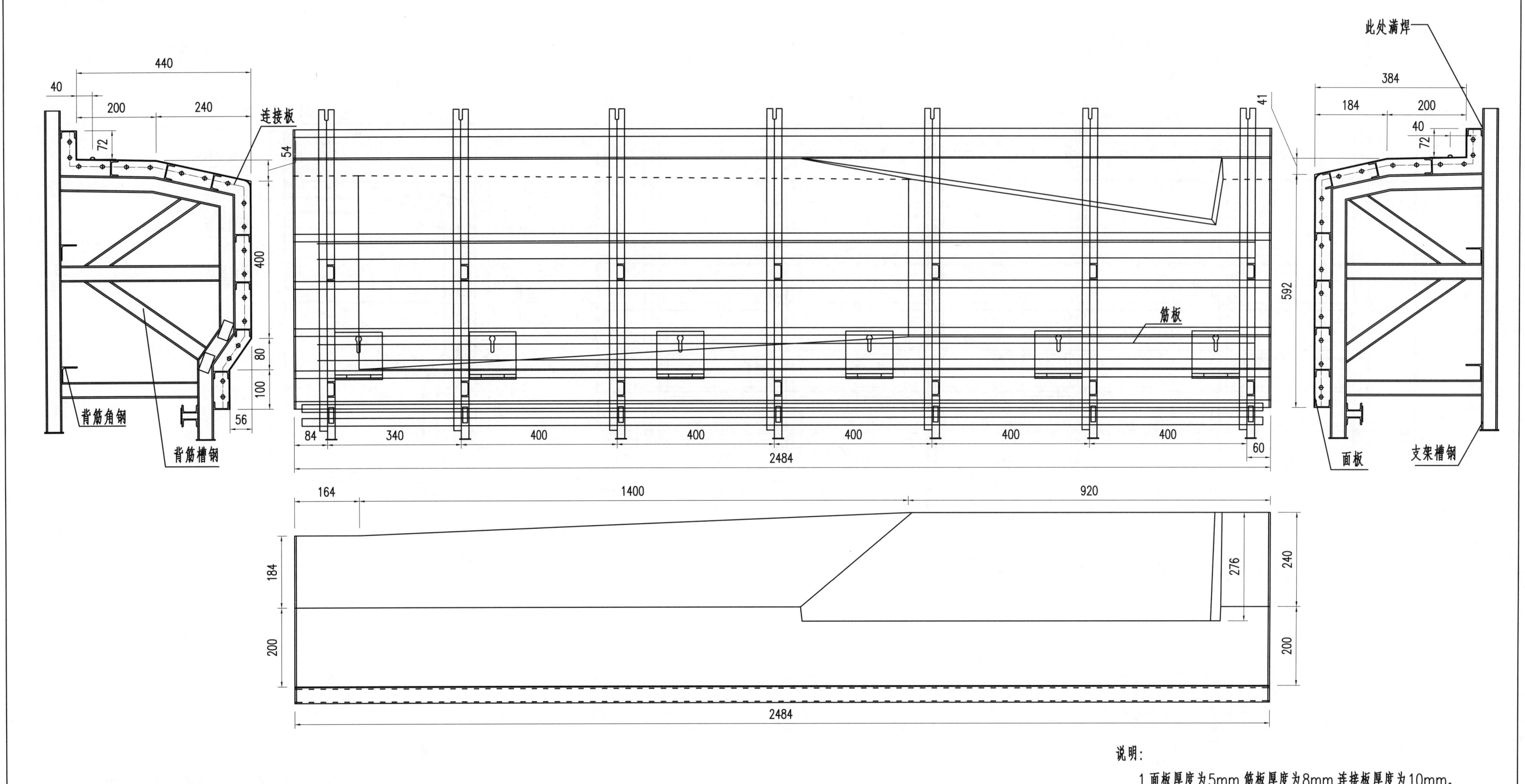

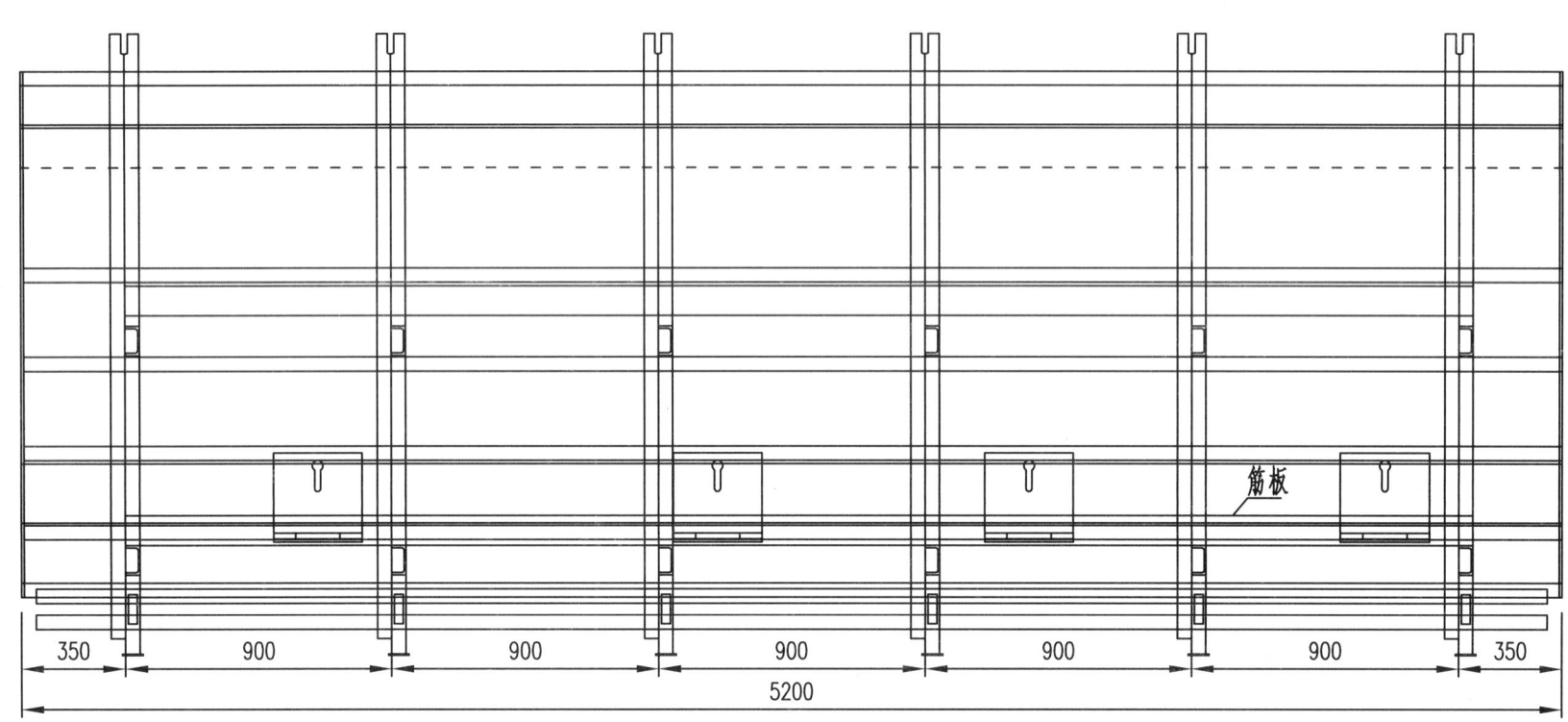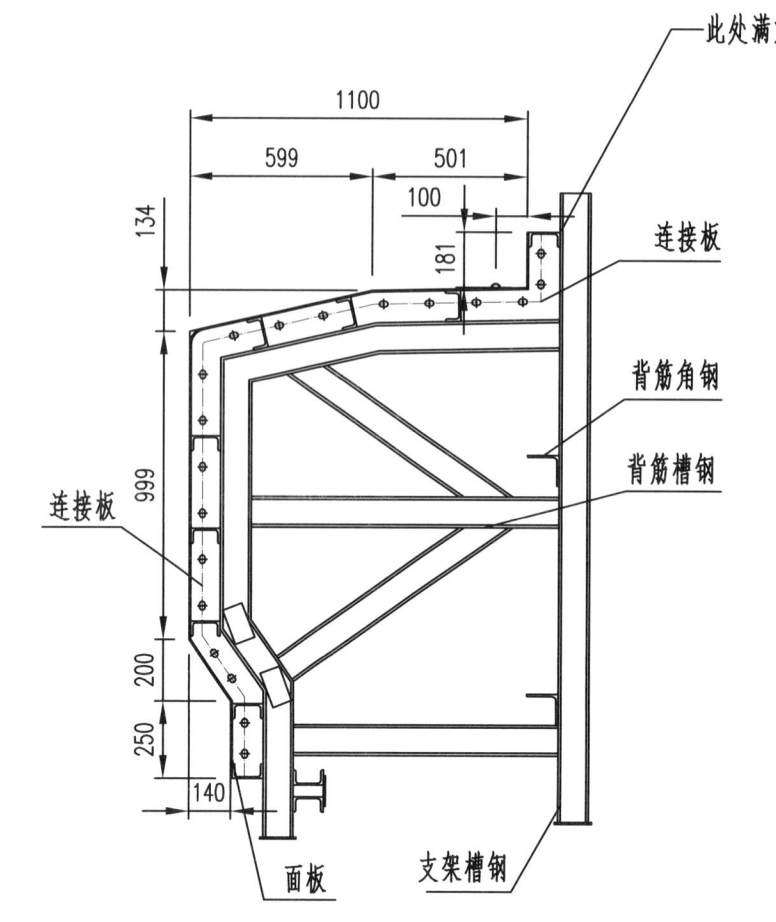

说明：
1. 面板厚度为5mm，筋板厚度为8mm，连接板厚度为10mm。
2. 所有尺寸均为∅18×28mm长孔。
3. 背筋槽钢采用[10、角钢∠100×10、支架槽钢采用[10。
4. 按照此图制作2件，左右对称制作2件，共4件。
5. 图中尺寸以mm计。

25mT梁模板	材 质	Q235	单 重	1958kg
边梁高坡侧模03	件 数	4	图 号	7.4.2-27

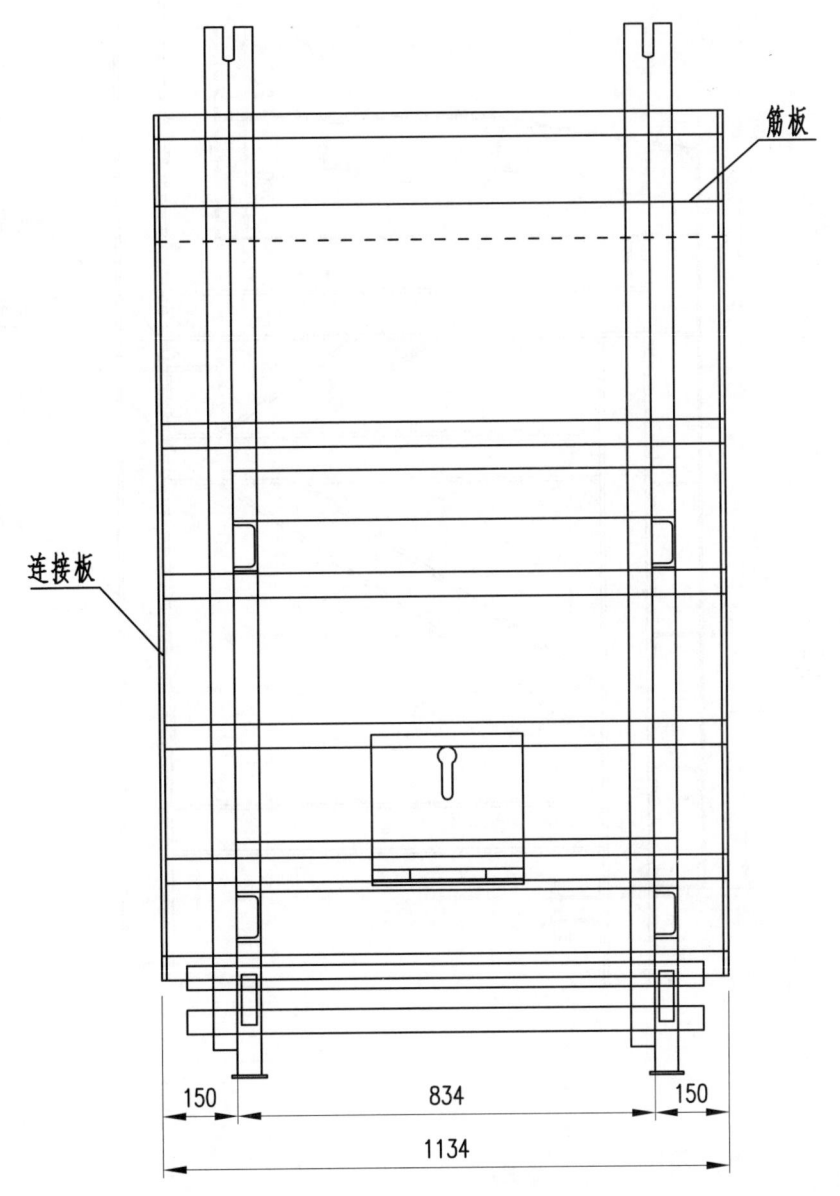
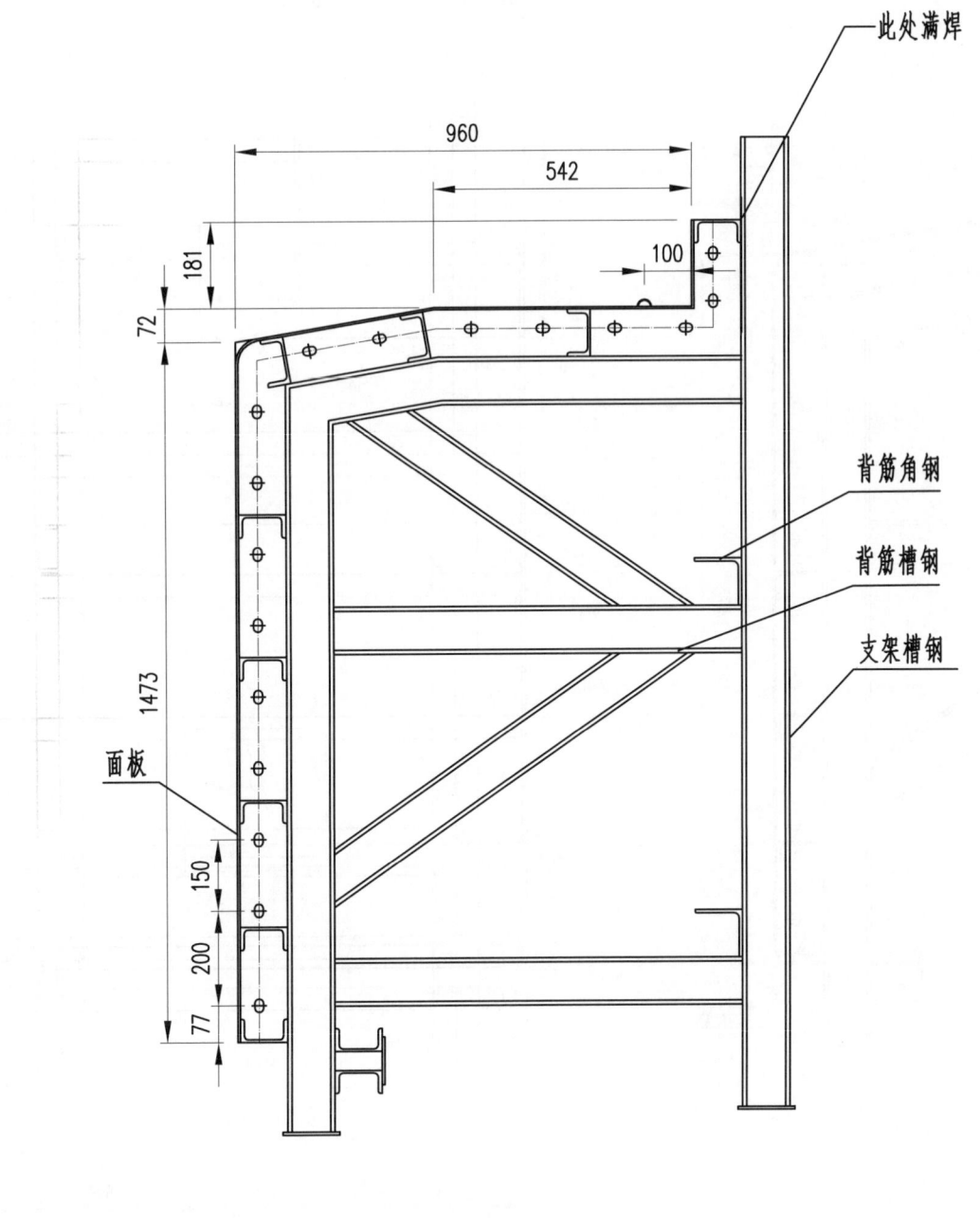

说明：
1. 面板厚度为5mm，筋板厚度为8mm，连接板厚度为10mm。
2. 所有尺寸均为ϕ18×28mm长孔。
3. 背筋槽钢采用[10、角钢∠100×10、支架槽钢采用[10。
4. 用于中梁连续端80mm伸缩缝。
5. 图中尺寸以mm计。

25mT梁模板	材 质	Q235	单 重	532kg
边梁低坡侧模01	件 数	2	图 号	7.4.2-28

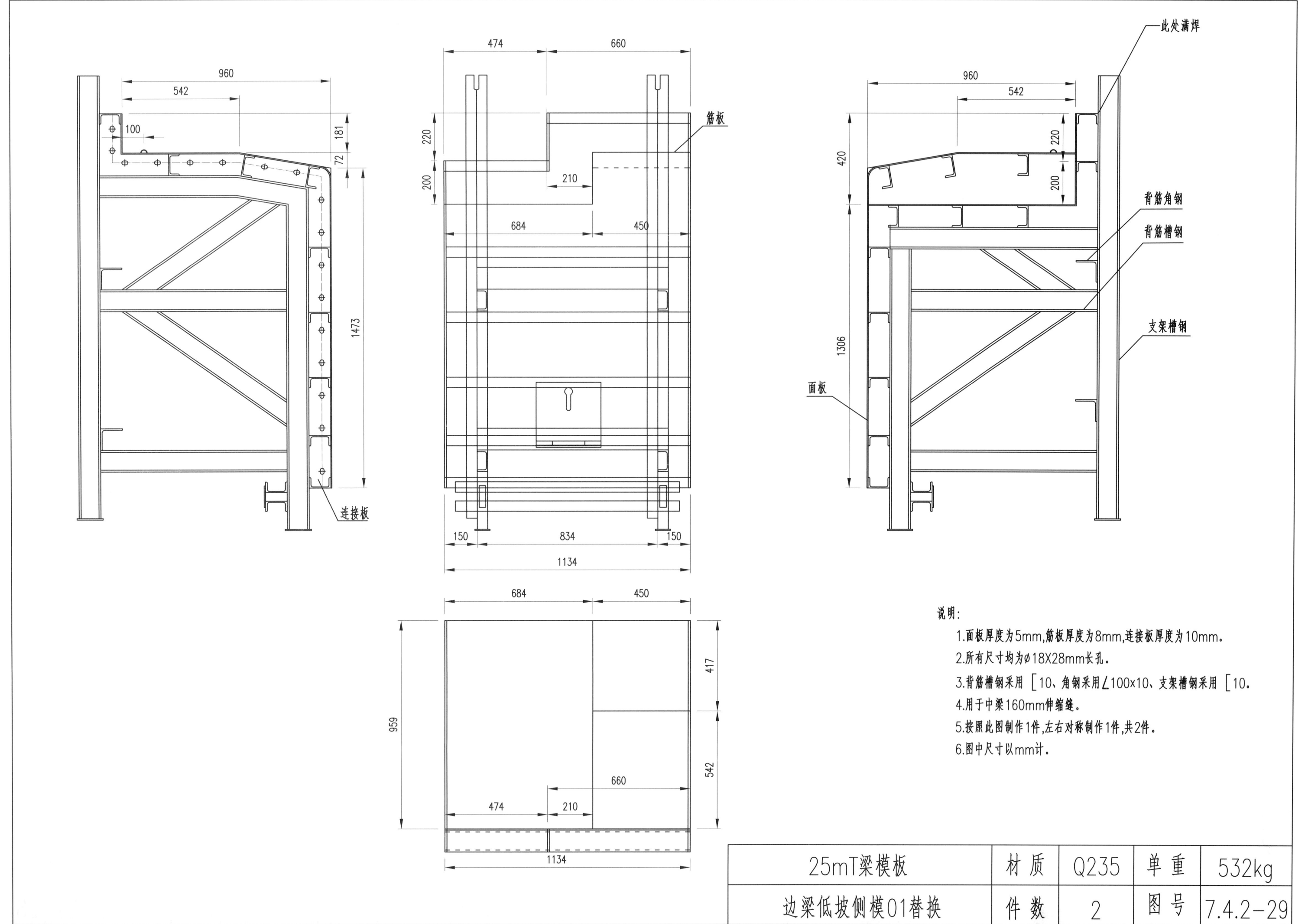

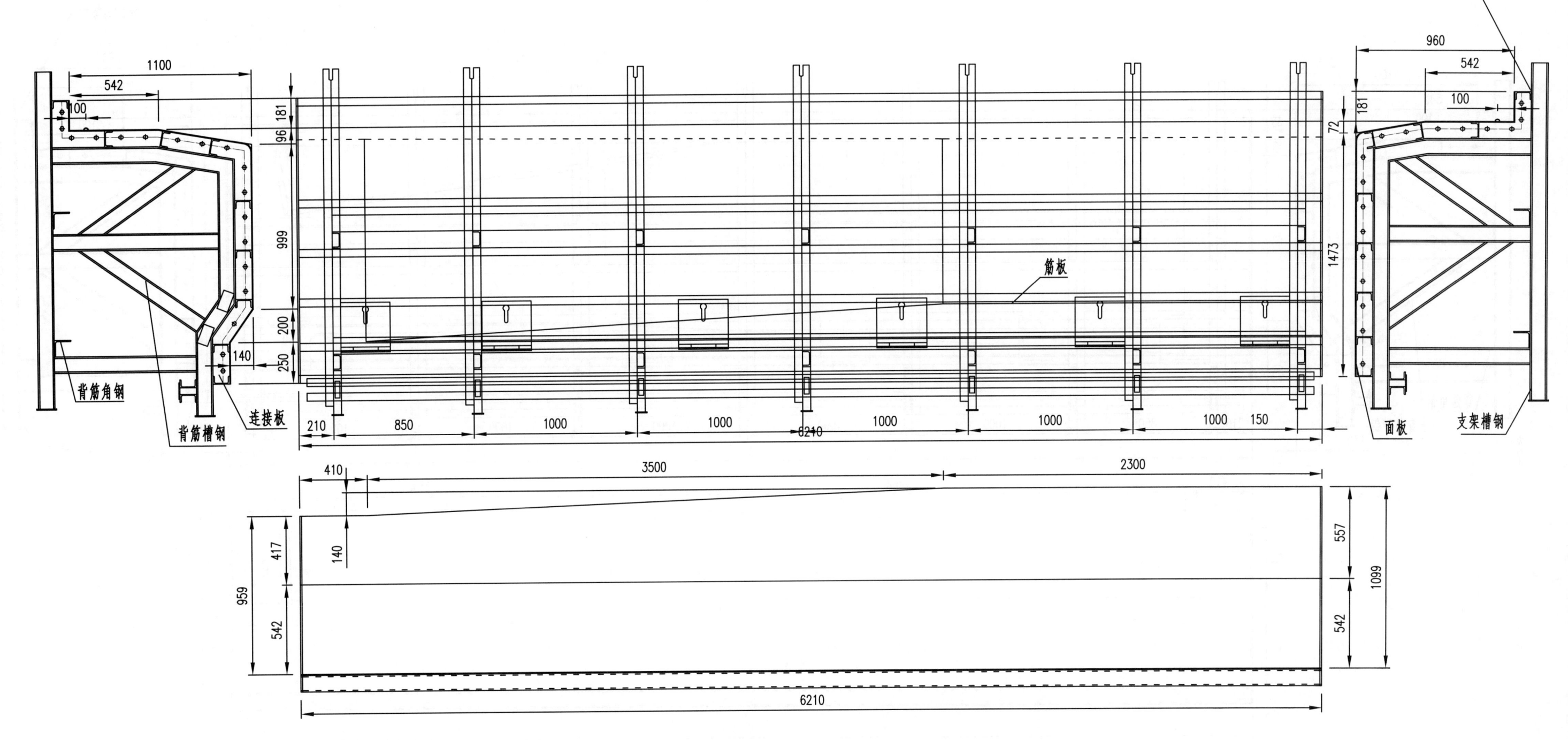

说明:
1. 面板厚度为5mm,筋板厚度为8mm,连接板厚度为10mm。
2. 所有尺寸均为ø18X28mm长孔。
3. 背筋槽钢采用[10、角钢∠100x10、支架槽钢采用[10。
4. 按照此图制作1件,左右对称制作1件,共2件。
5. 图中尺寸以mm计。

25mT梁模板	材质	Q235	单重	2334kg
边梁低坡侧模02	件数	2	图号	7.4.2-30

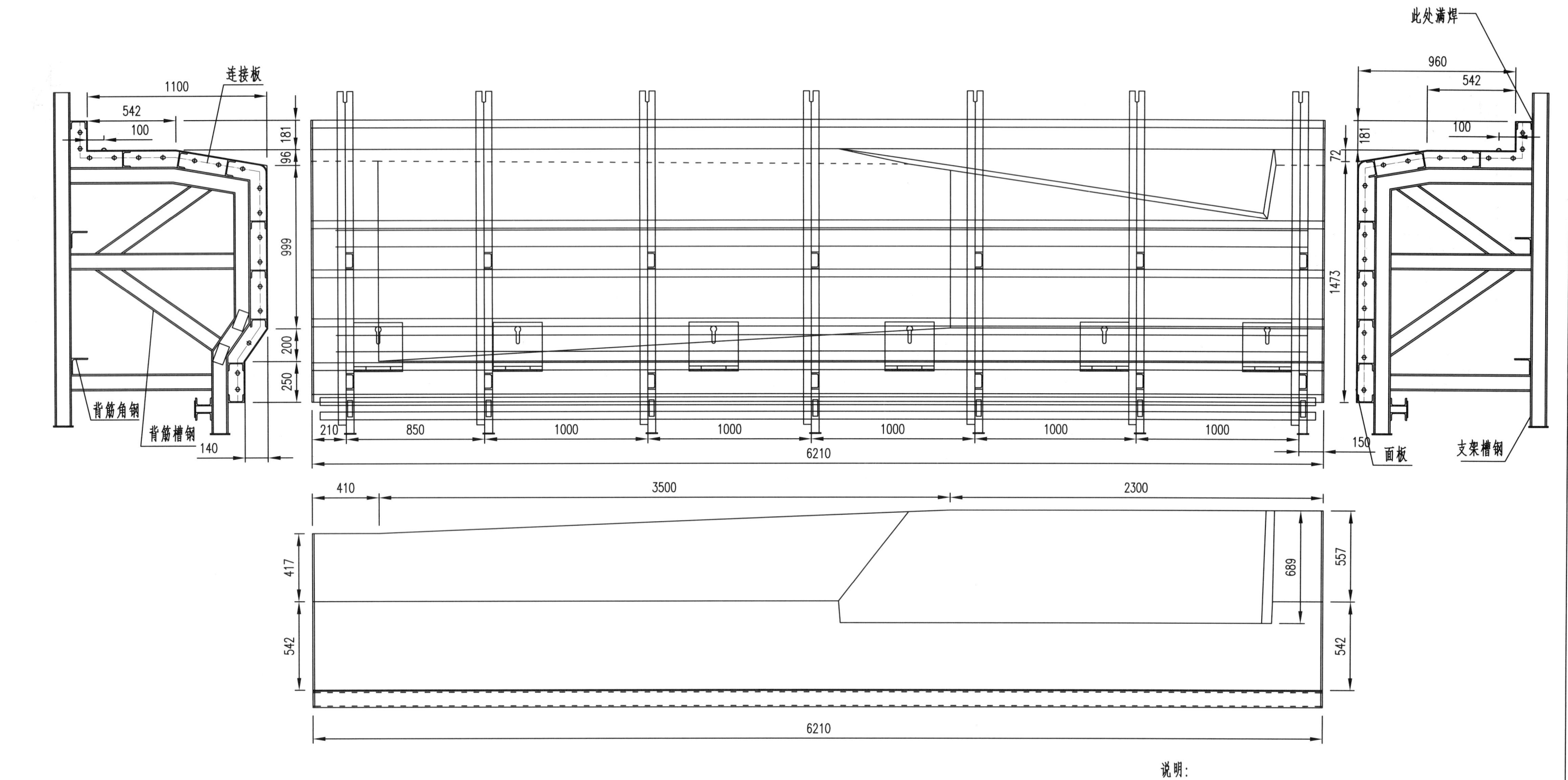

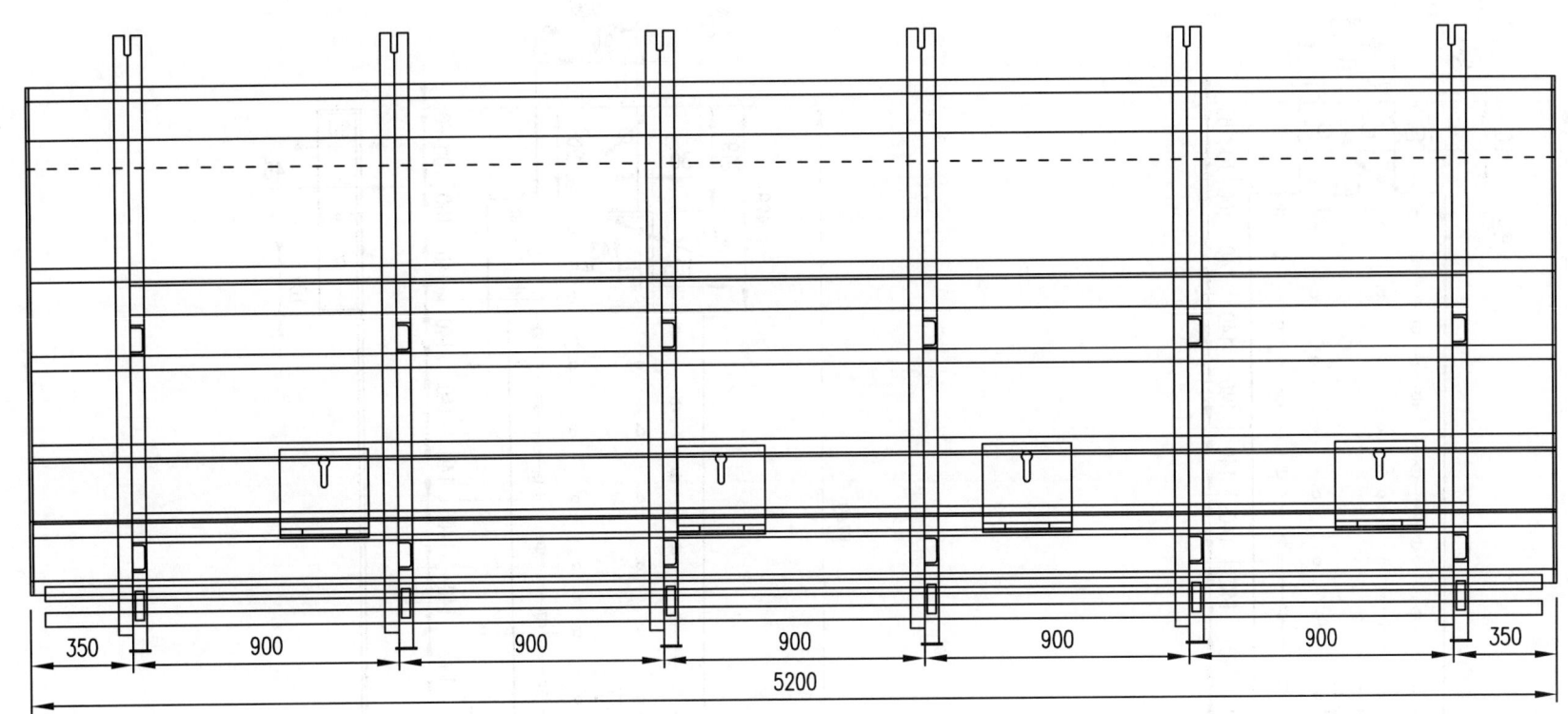
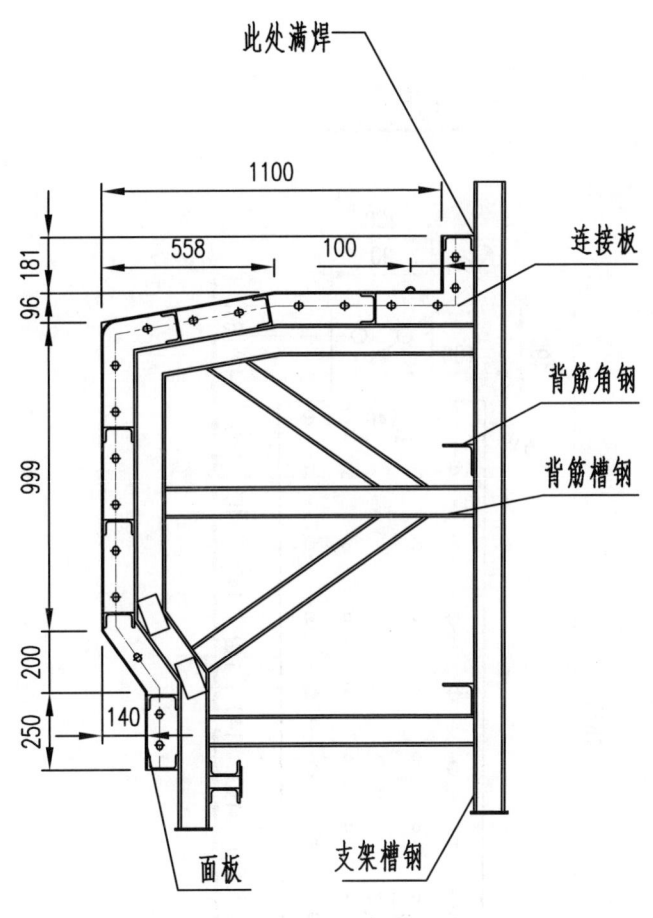

说明：
1. 面板厚度为5mm,连接板厚度为10mm。
2. 所有尺寸均为Ø18X28mm长孔。
3. 背筋槽钢采用[10、角钢采用∠100x10、支架槽钢采用[10。
4. 按照此图制作1件,左右对称制作1件,共2件。
5. 图中尺寸以mm计。

25mT梁模板	材质	Q235	单重	1958kg
边梁低坡侧模03	件数	2	图号	7.4.2-32

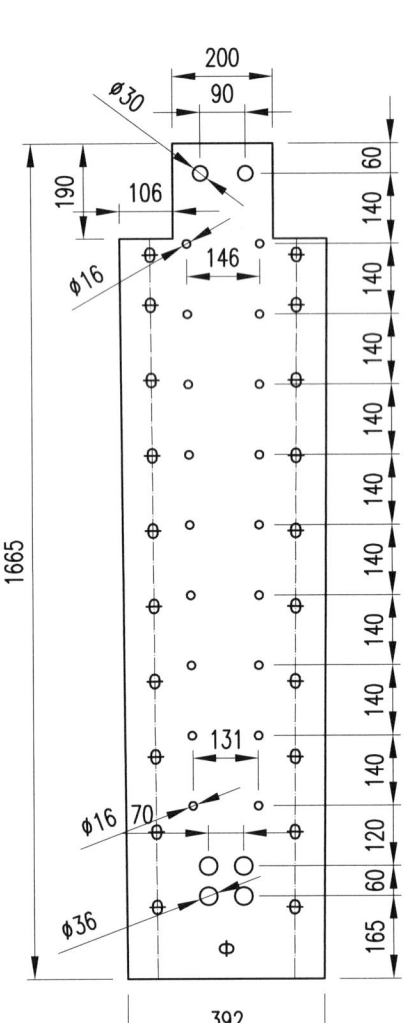

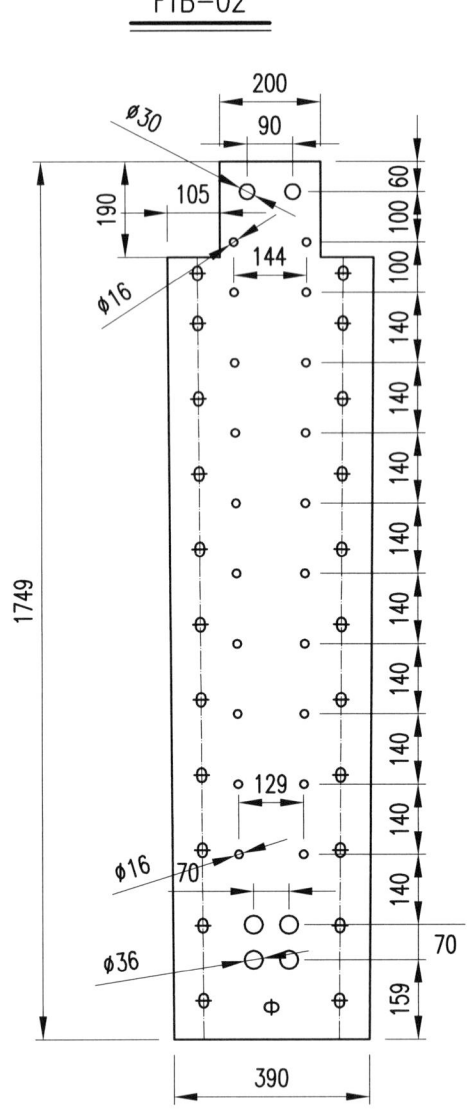

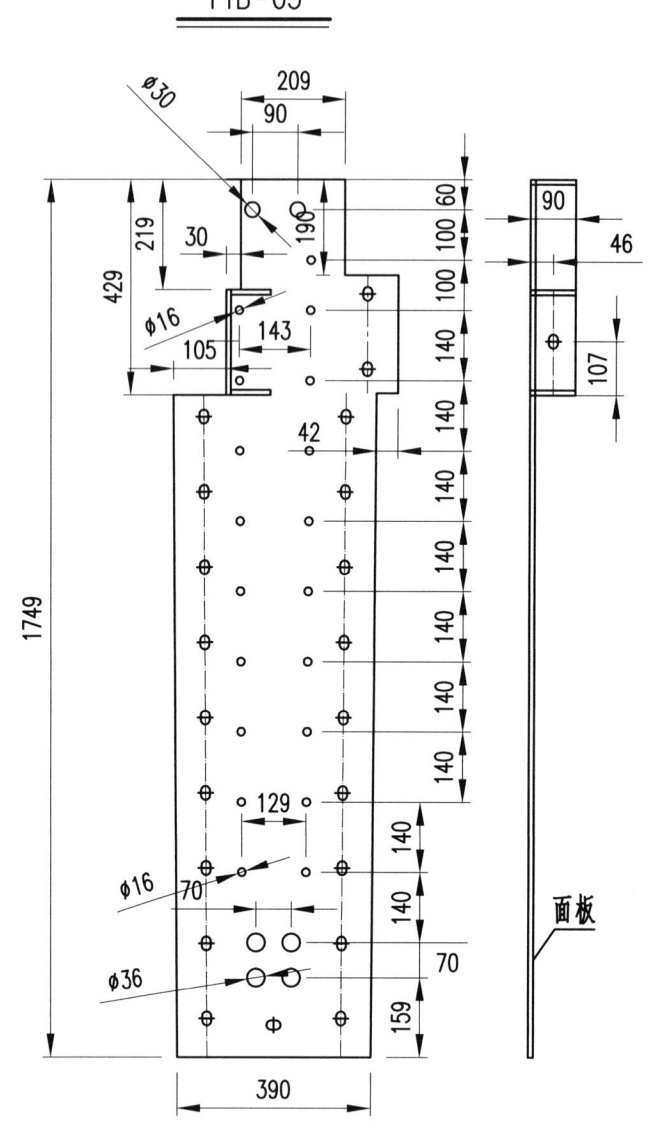

说明：

1. 面板厚度为10mm。
2. FTB-01,12件,47kg/件。
3. FTB-02,4件,50kg/件。
4. FTB-03,按照此图做2件,左右对称制作2件,共4件,55kg/件。
5. 图中尺寸以mm计。

25mT梁模板	材质	Q235	单重	984kg
横隔板封头板	件数	20	图号	7.4.2-33

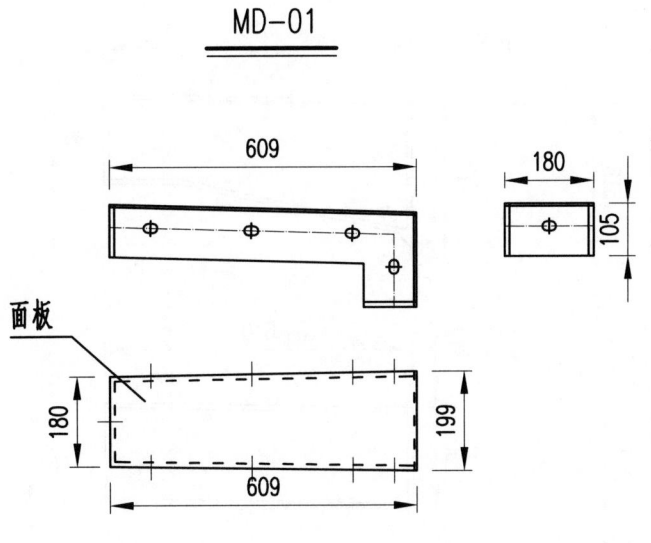

MD-01

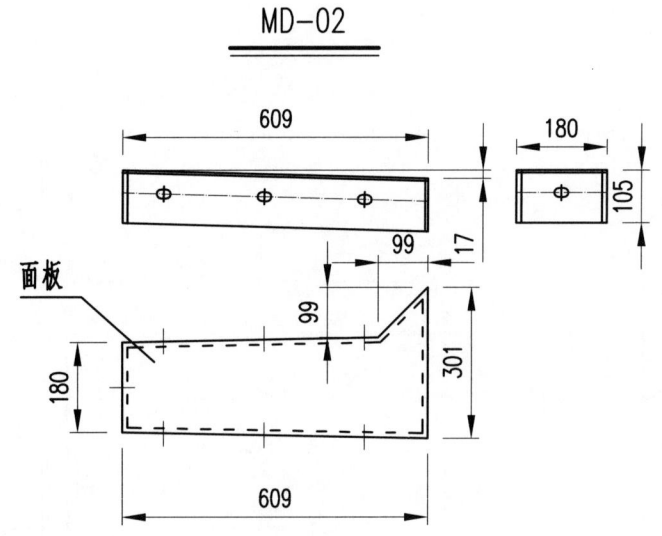

MD-02

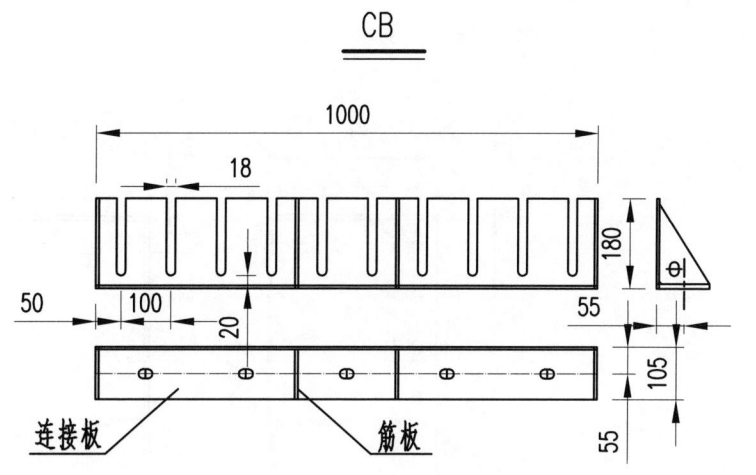

CB

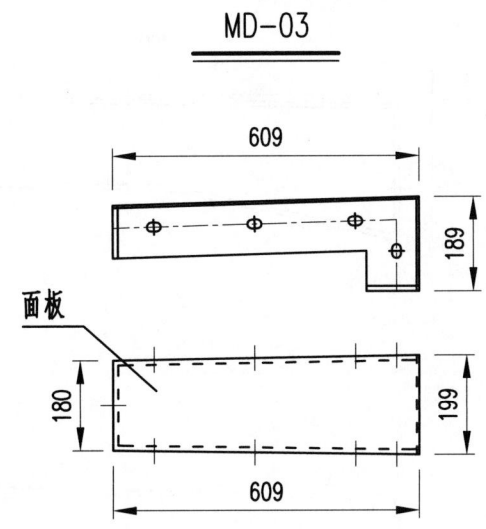

MD-03

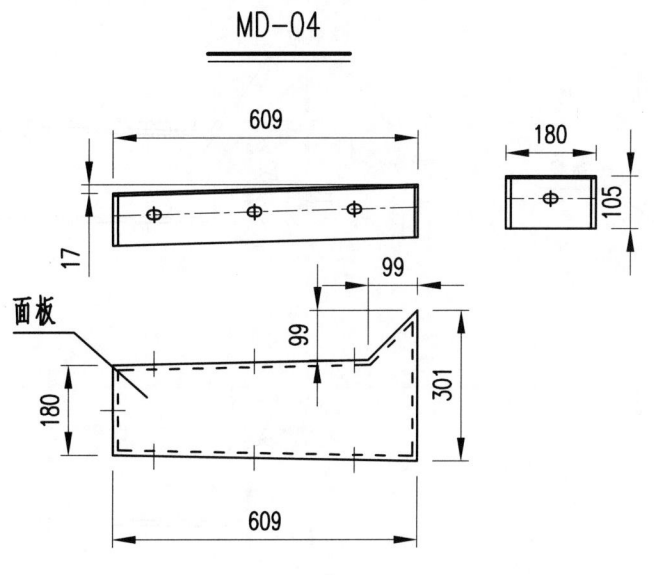

MD-04

说明：
1. 面板厚度为5mm,筋板厚度为8mm,连接板厚度为10mm。
2. 所有尺寸均为⌀18×28mm长孔。
3. MD-01,6件,22kg/件。
4. MD-02,按照此图制做2件,左右对称制做2件,共4件,20kg/件。
5. MD-03,6件,22kg/件。
6. MD-04,按照此图制做2件,左右对称制做2件,共4件,20kg/件。
7. CB,100件,20kg/件。
8. 图中尺寸以mm计。

25mT梁模板	材 质	Q235	单 重	2424kg
横隔板底模齿板	件 数	120	图 号	7.4.2-34

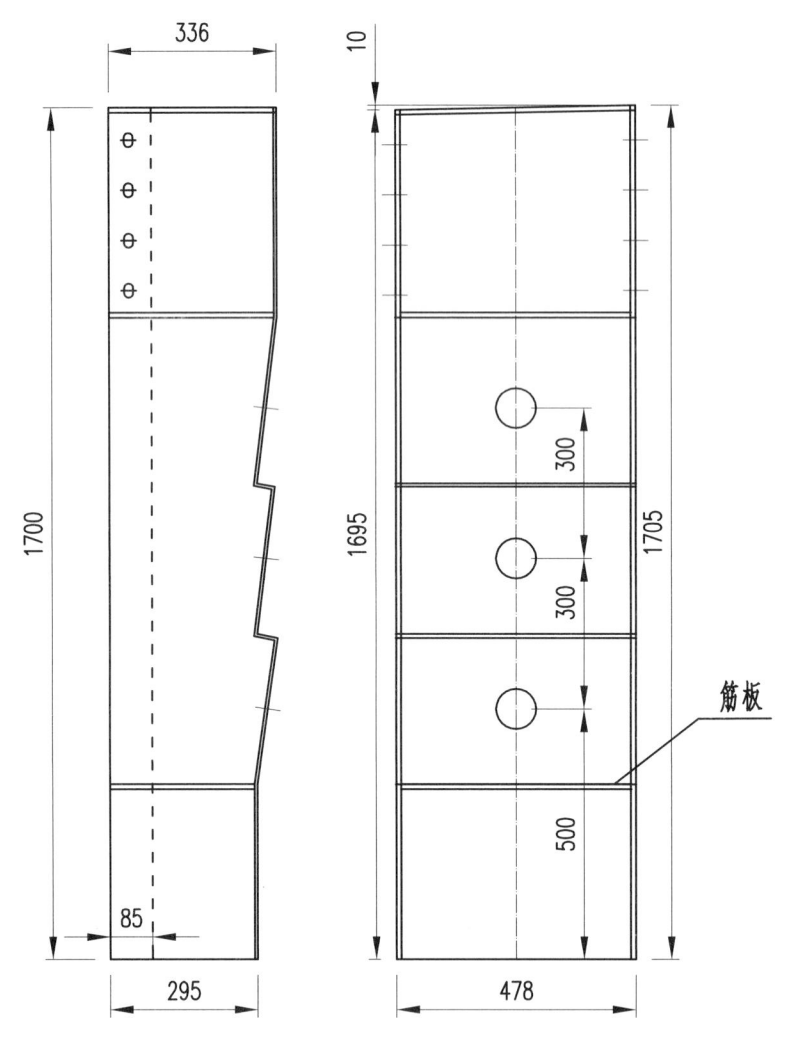
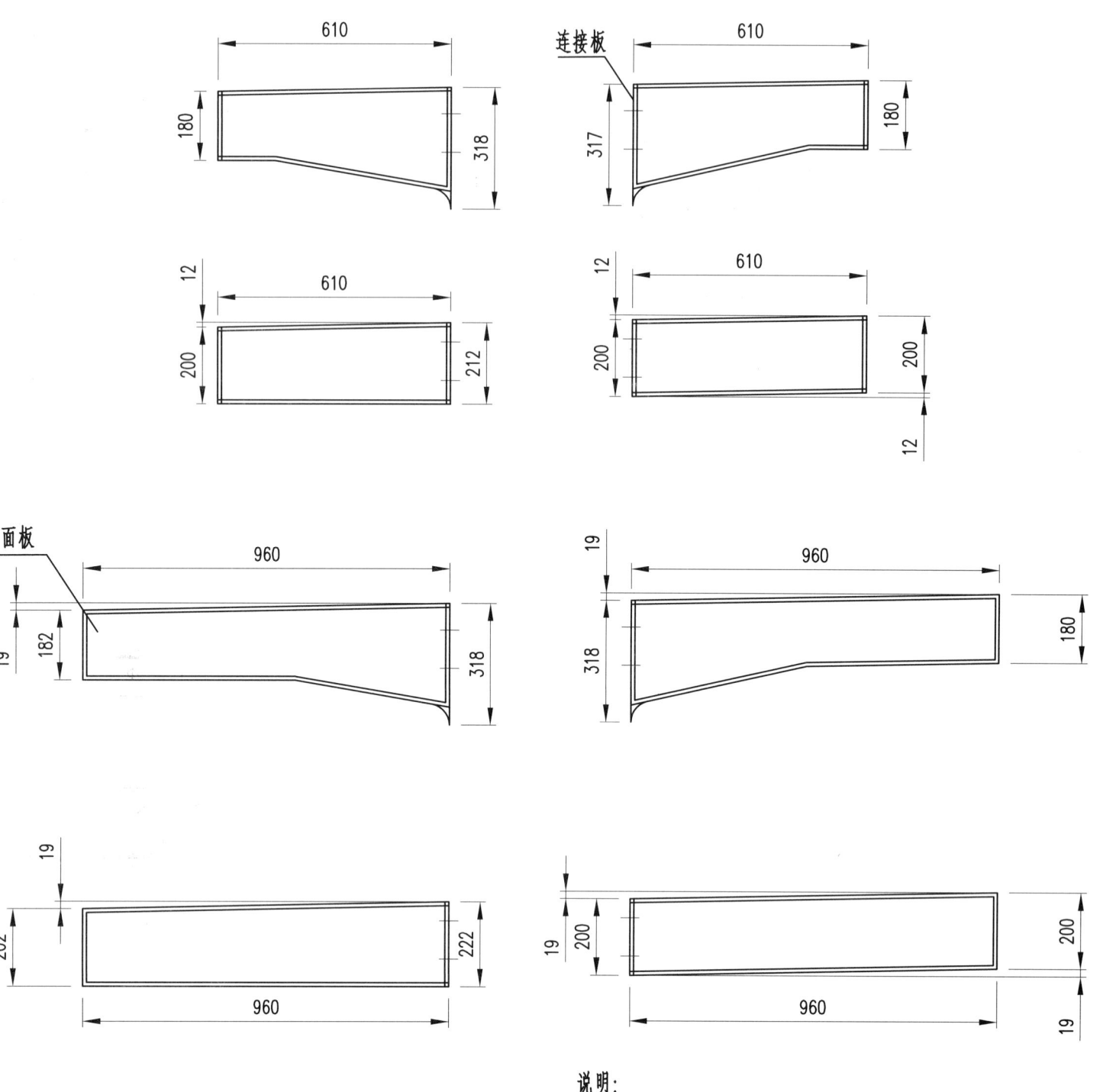

说明：
1. 面板厚度为5mm，筋板厚度为8mm，连接板厚度为10mm。
2. 所有尺寸均为⌀18×28mm长孔。
3. 按照此图制作3套，左右对称制作3套，共6套（每套9件）。
4. 图中尺寸以mm计。

25mT梁模板	材质	Q235	单重	310kg
封头模板	件数	6	图号	7.4.2-35

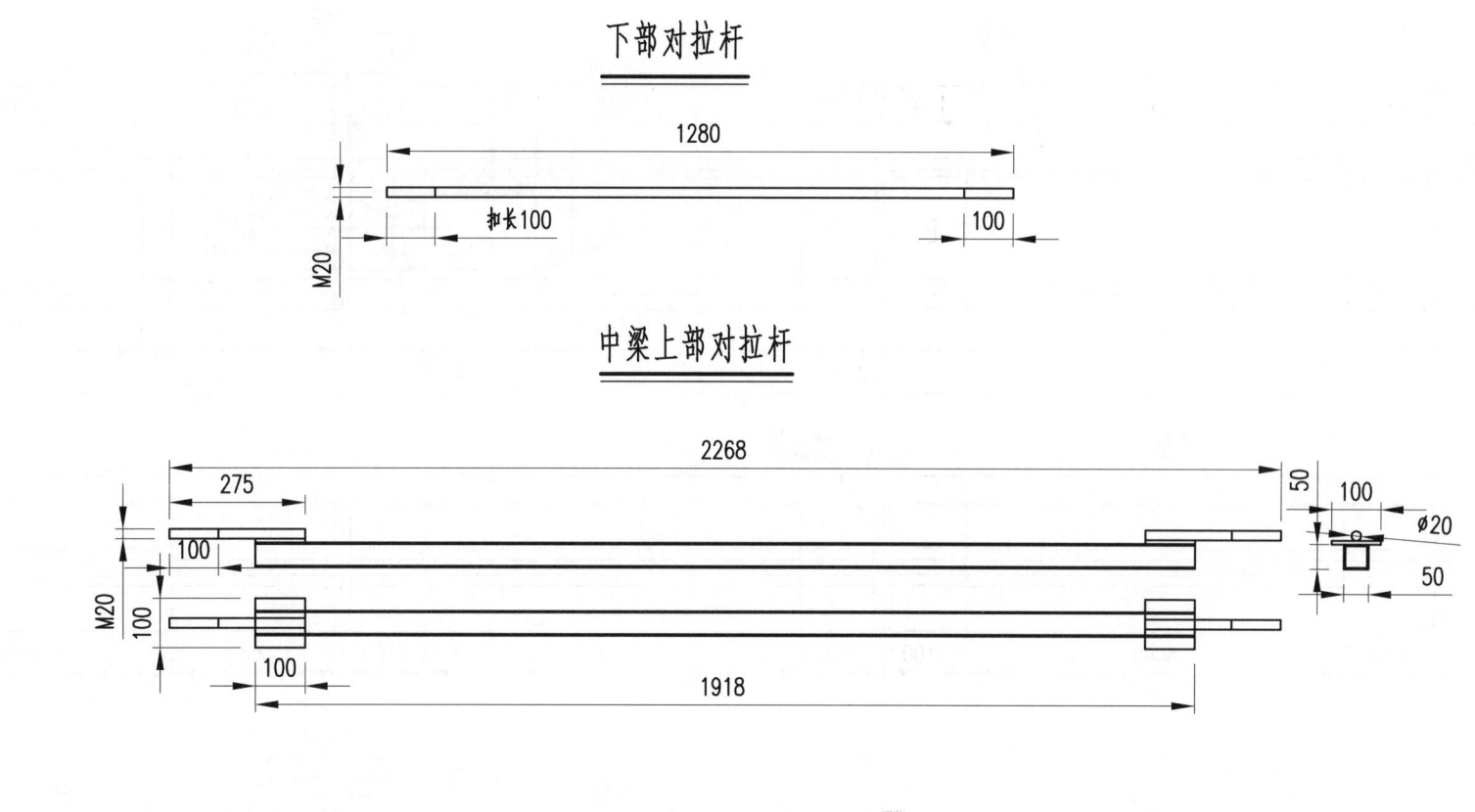
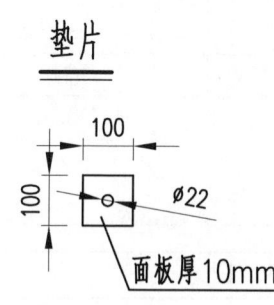
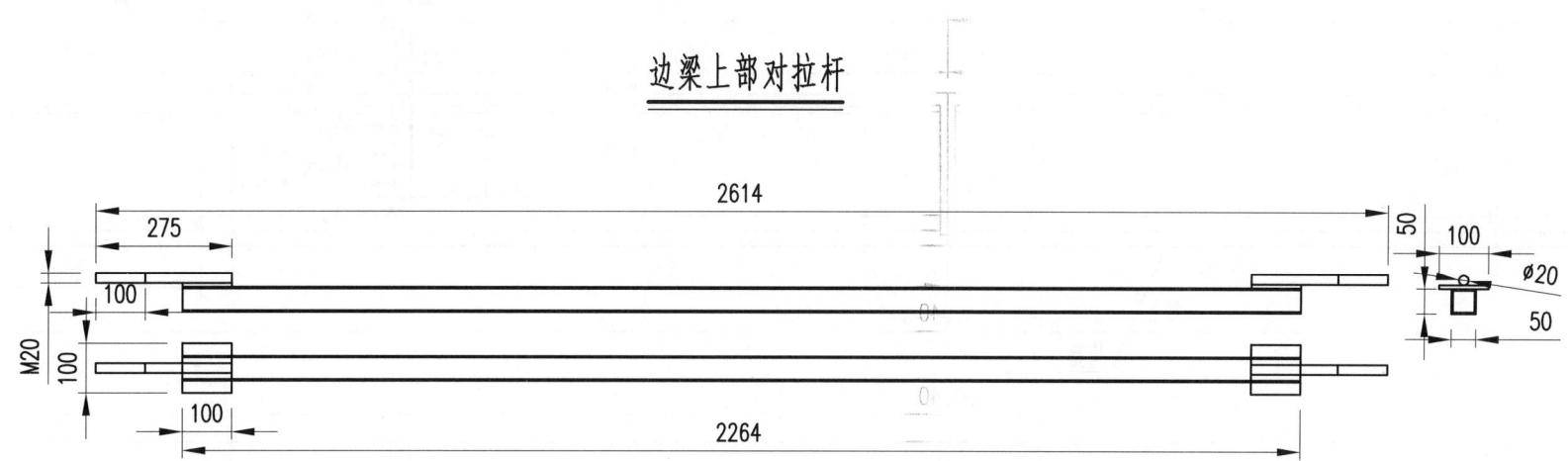

说明：

1. 下部对拉杆，3.2kg/套，126套(1杆2母为1套)。
2. 中梁上部对拉杆，12.5kg/套，60套(1杆2母为1套)。
3. 边梁上部对拉杆，13.8kg/套，60套(1杆2母为1套)。
4. 垫片，492件，1kg/件。
5. M20螺母，492个。
6. 振捣器底座(图中未示出)用M20、螺栓180，长扣长50，200套(1杆1母为1套)。
7. 图中尺寸以mm计。

25mT梁模板	材 质	Q235	单 重	2473.2kg
对拉杆	件 数	246	图 号	7.4.2-36

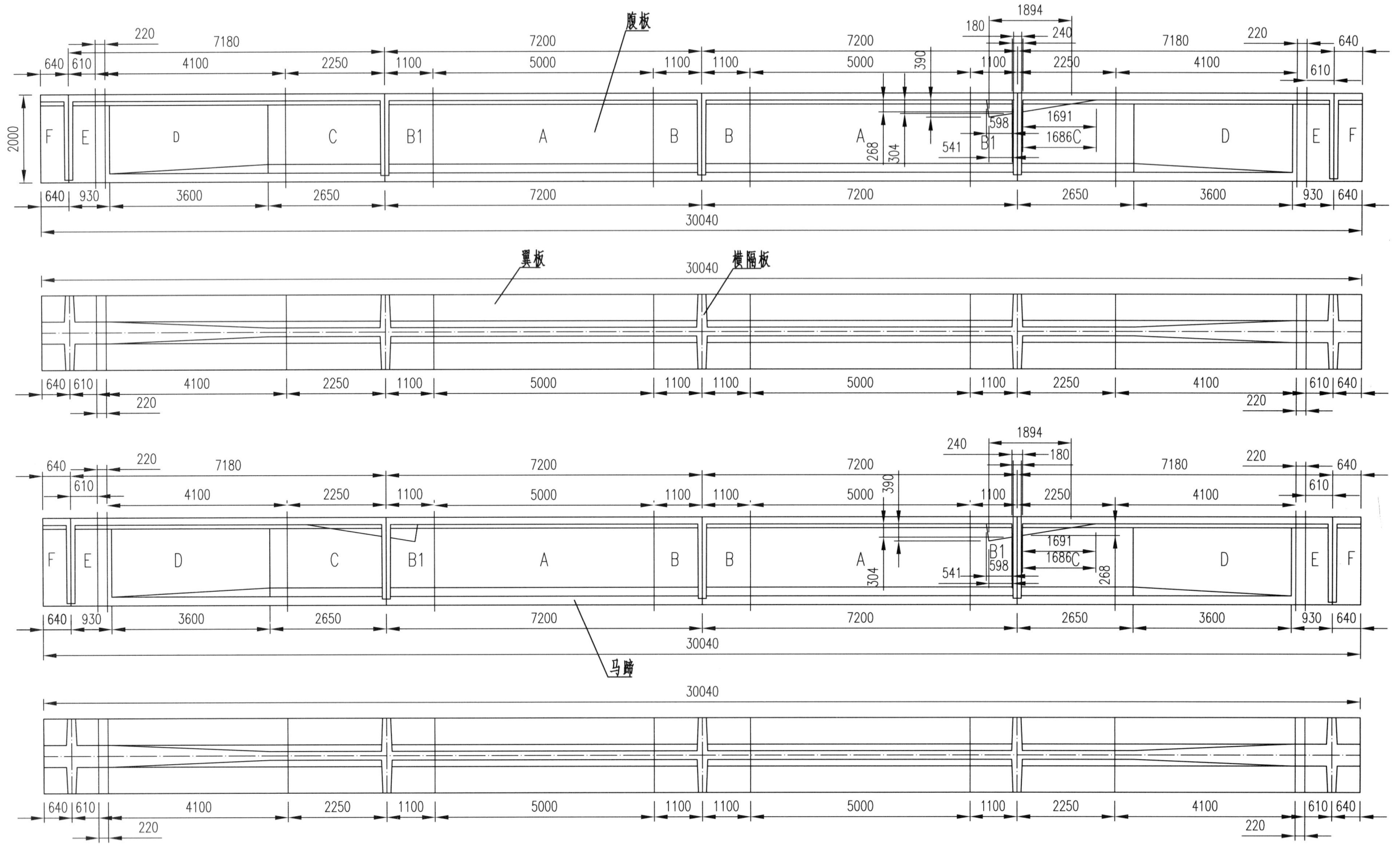

中梁标准段 中梁端头

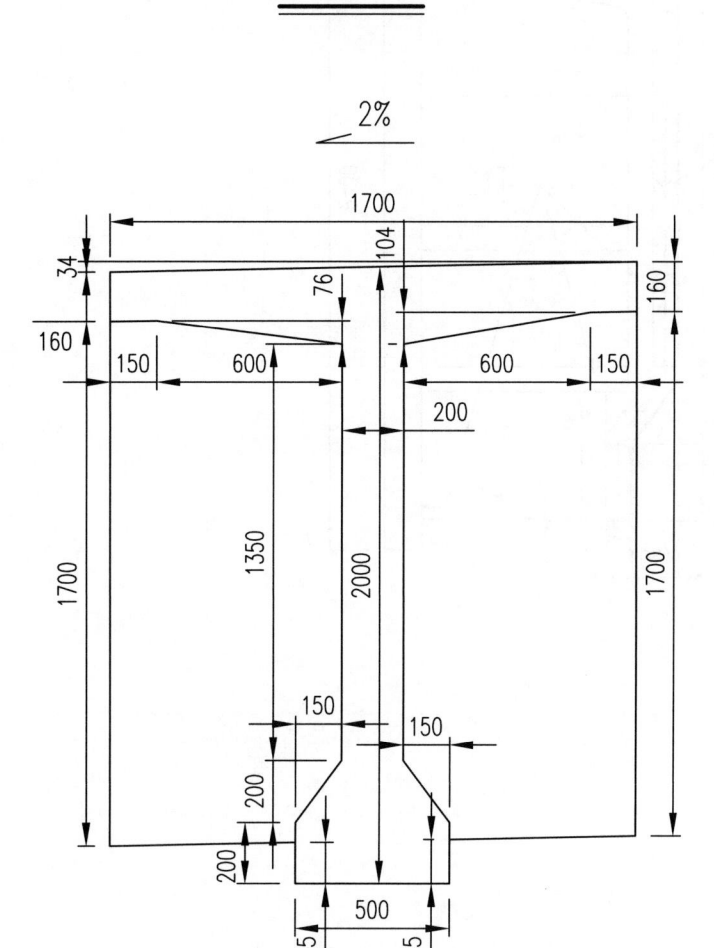
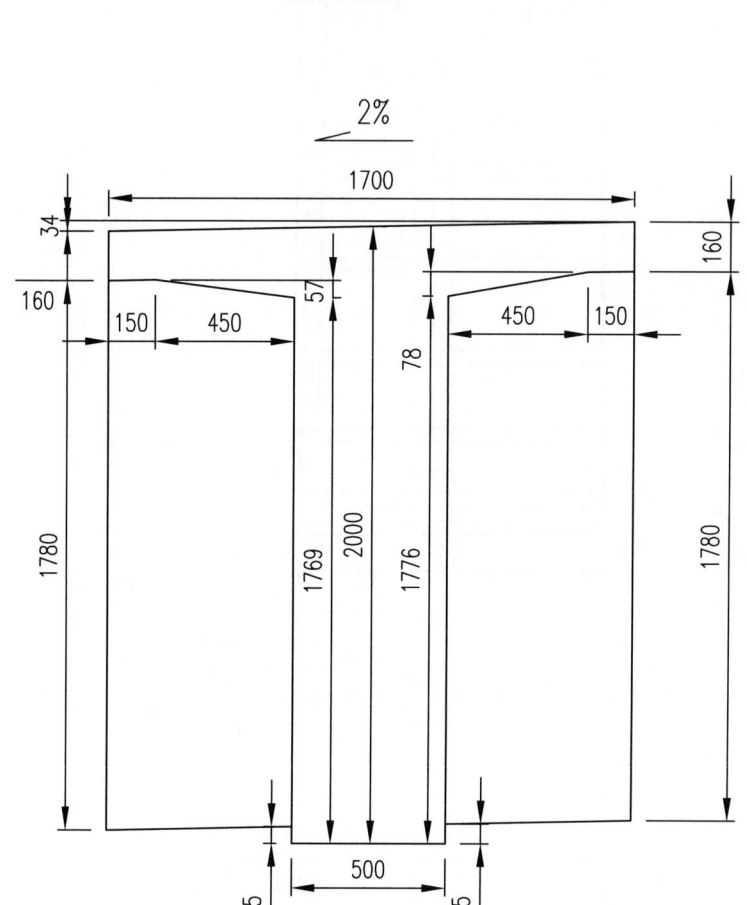
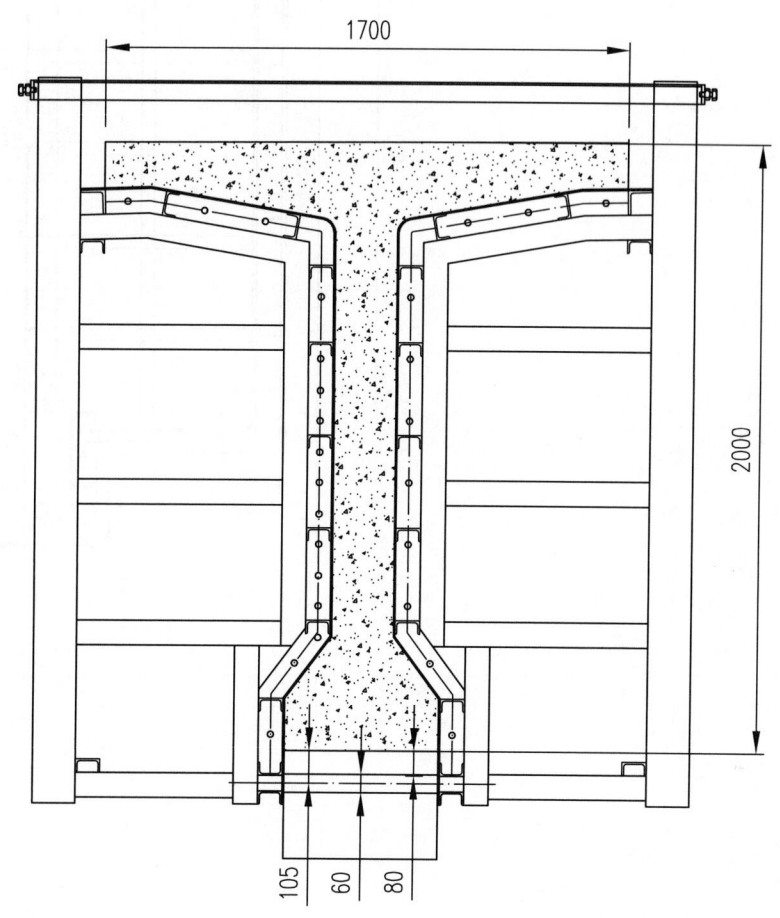

说明：

图中尺寸以mm计。

30mT梁模板	材质	Q235	单重	
组装示意图(二)	件数		图号	7.4.3-2

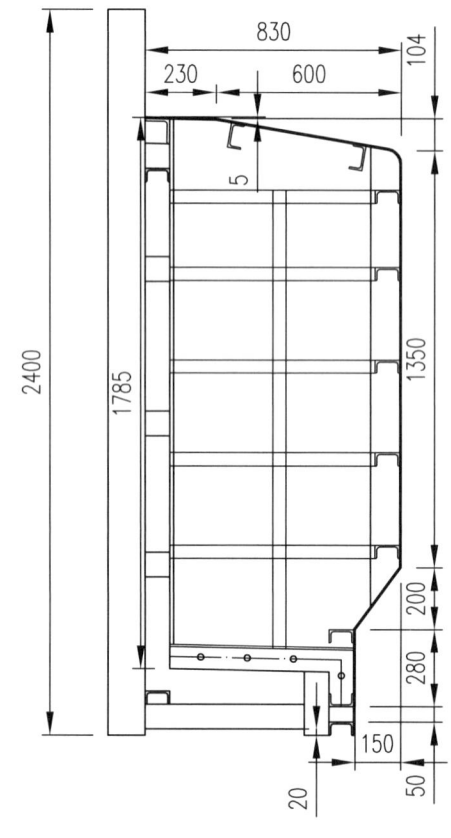
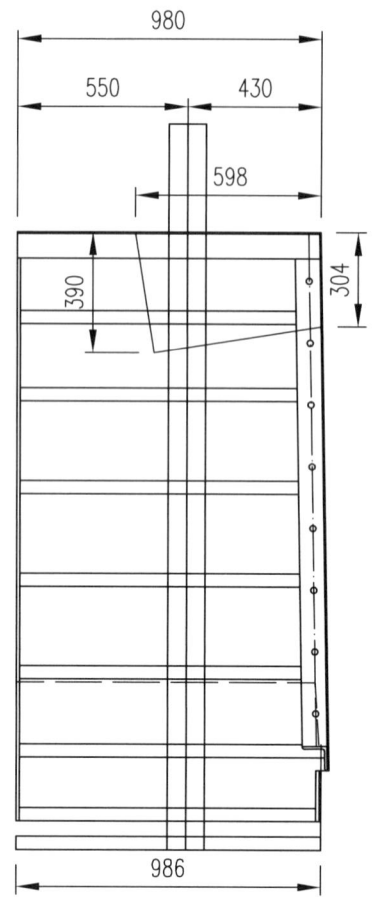
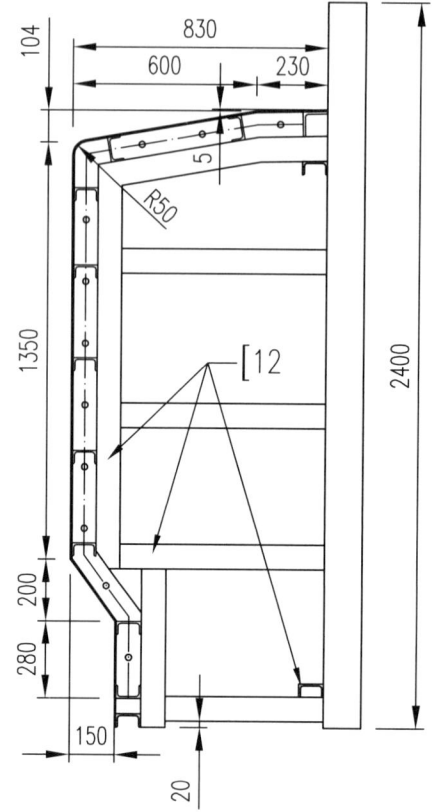
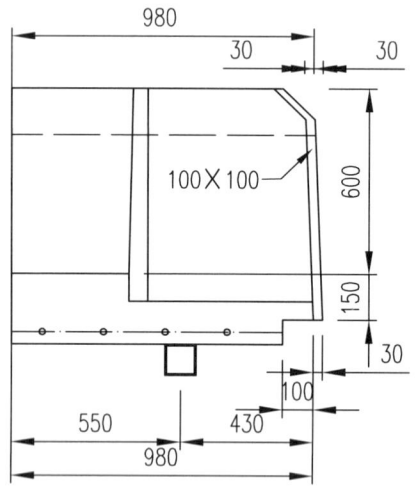

说明：

图中尺寸以mm计。

30mT梁模板	材 质	Q235	单 重	1075.3kg
中梁标准段模板上坡B1	件 数	2	图 号	7.4.3-3

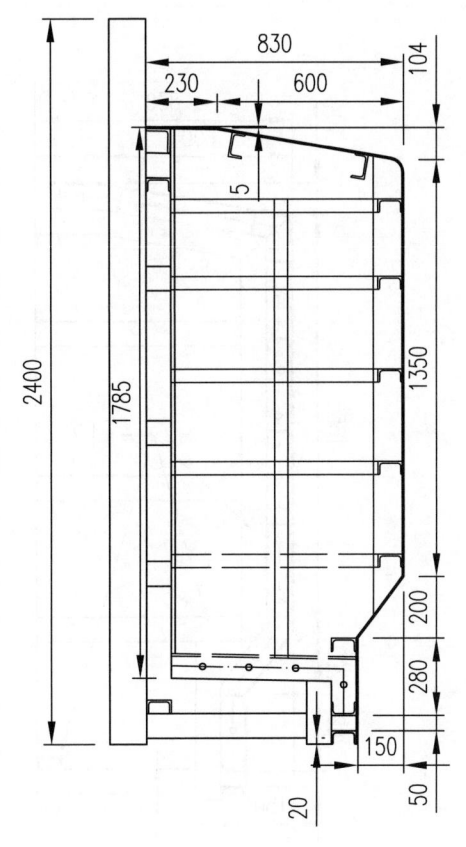
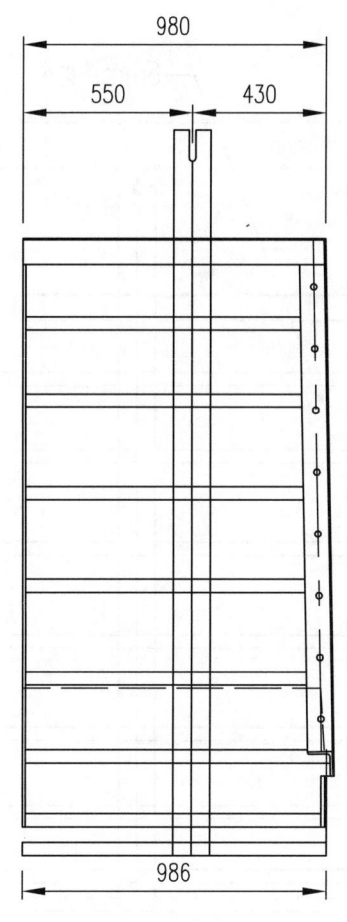
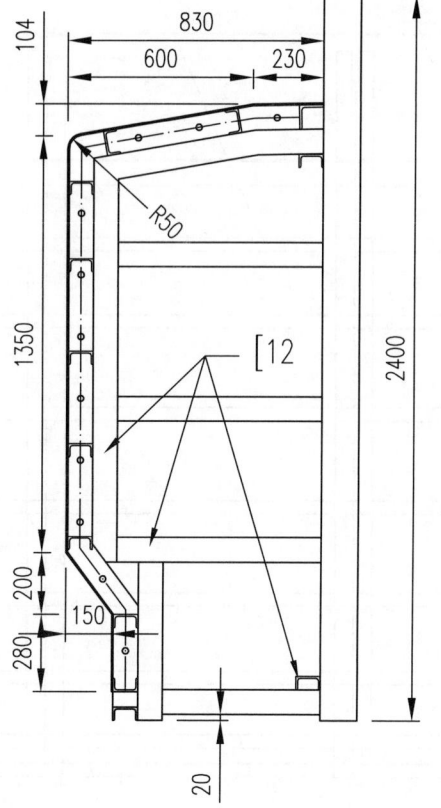
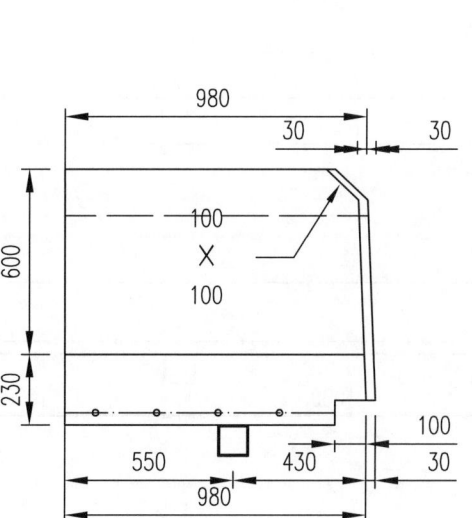

说明：

图中尺寸以mm计。

30mT梁模板	材质	Q235	单重	1075.3kg
中梁标准段模板上坡B	件数	2	图号	7.4.3-4

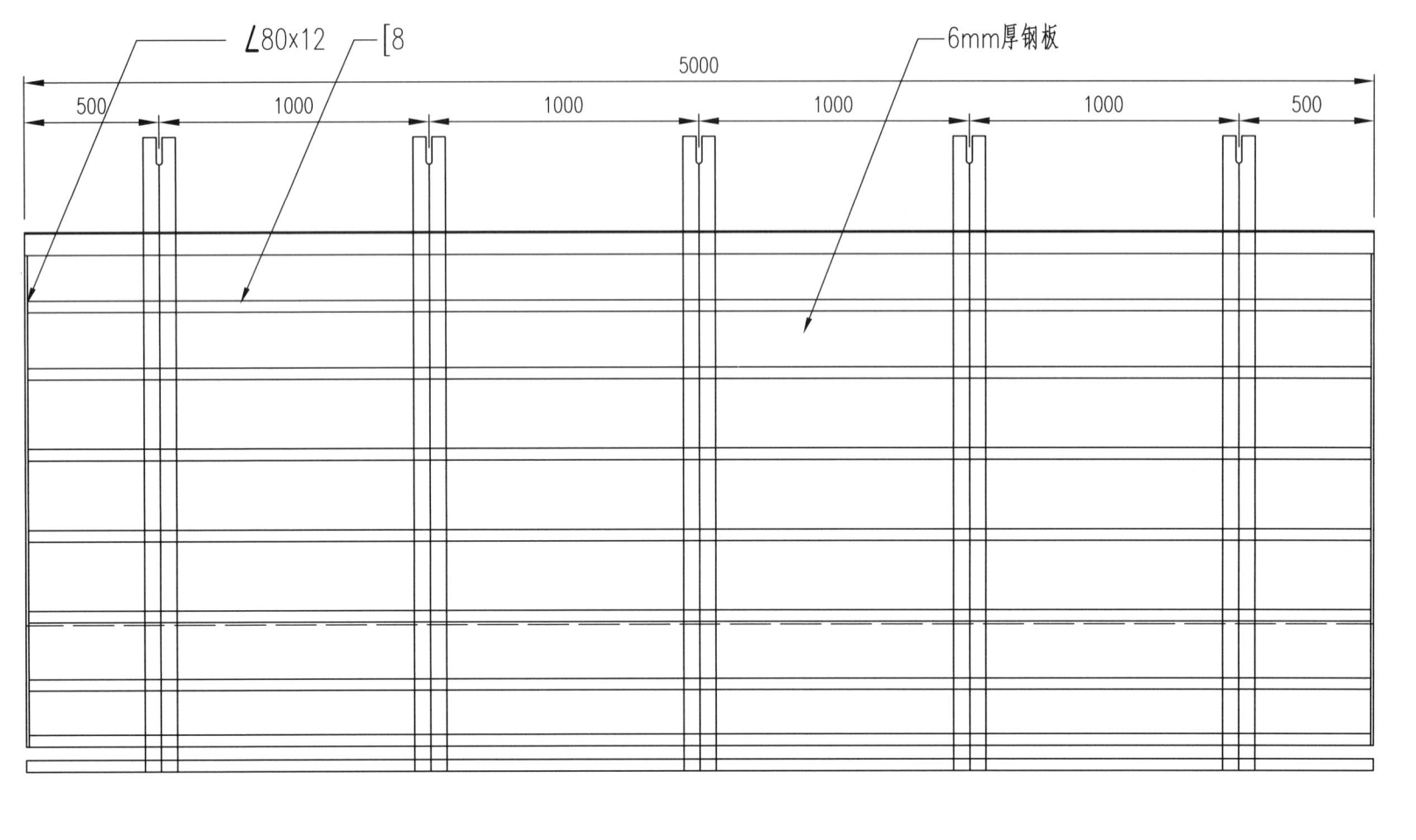
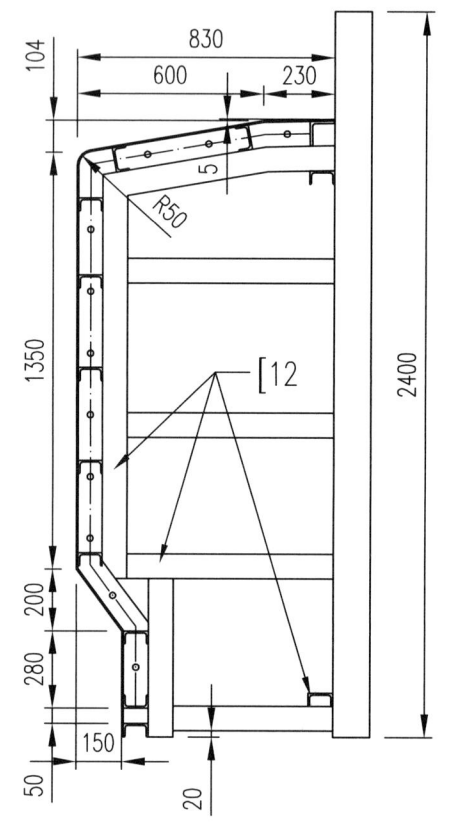
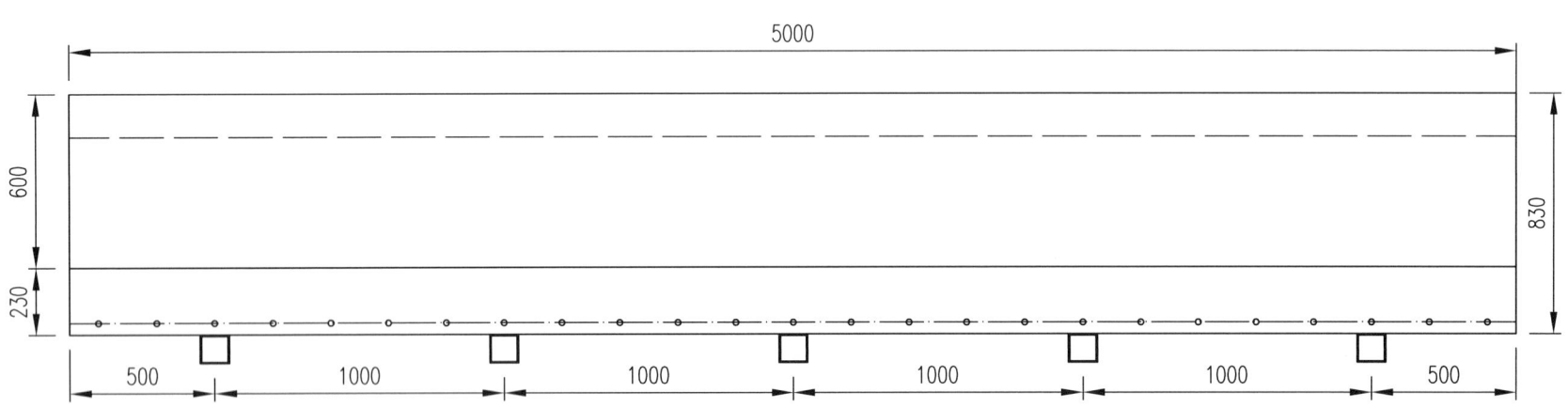

说明：
图中尺寸以mm计。

30mT梁模板	材质	Q235	单重	2243.3kg
中梁标准段模板上坡A	件数	2	图号	7.4.3-5

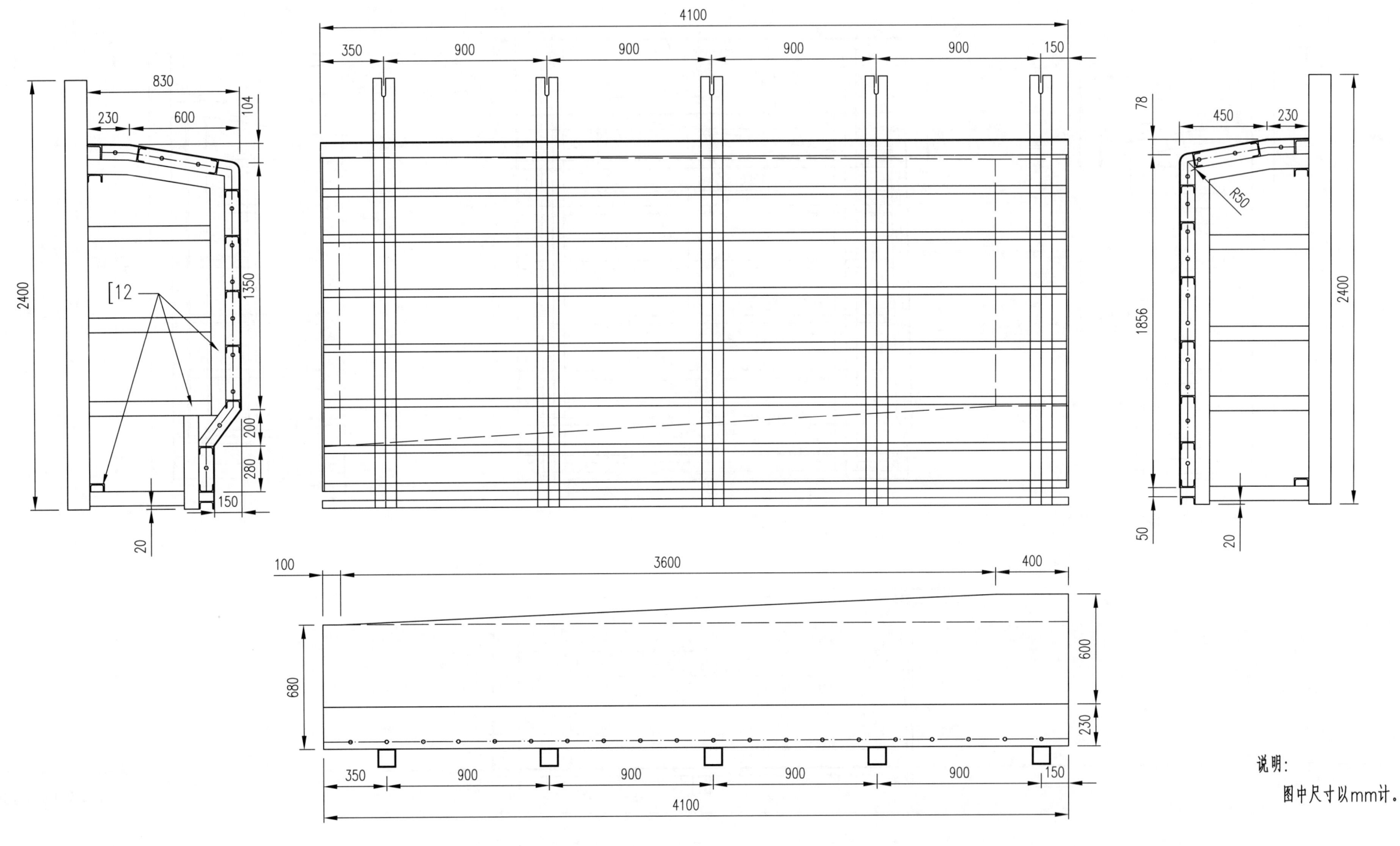

说明：
图中尺寸以mm计。

30mT梁模板	材 质	Q235	单 重	1925.0kg
中梁变截面模板上坡D	件 数	2	图 号	7.4.3-6

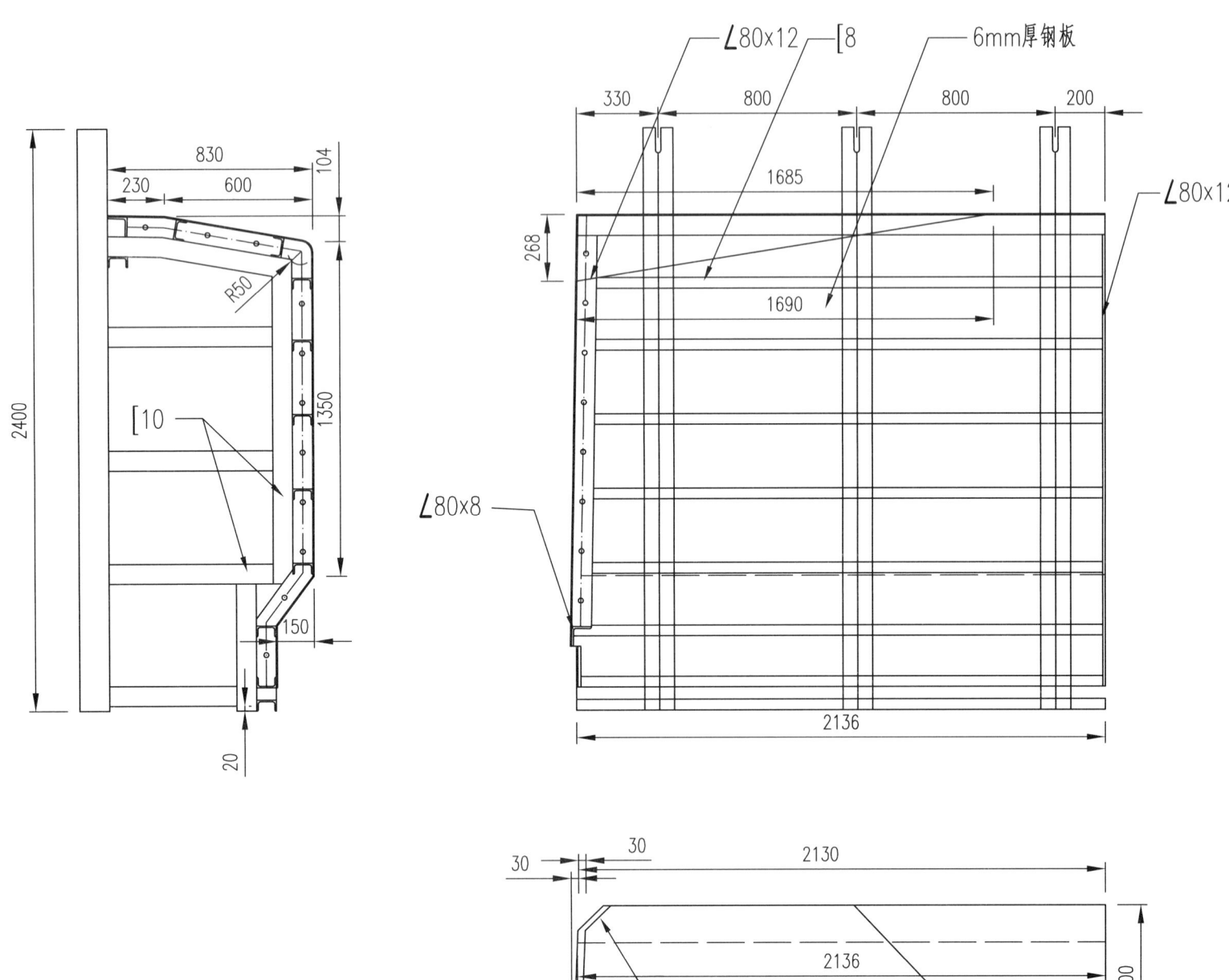
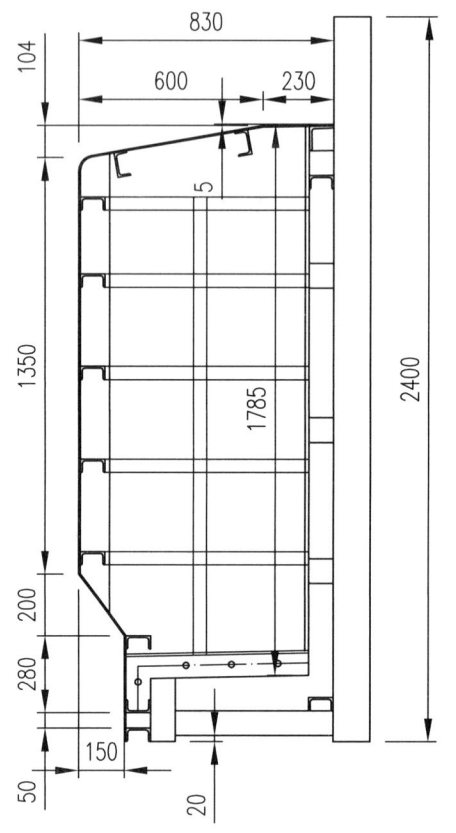
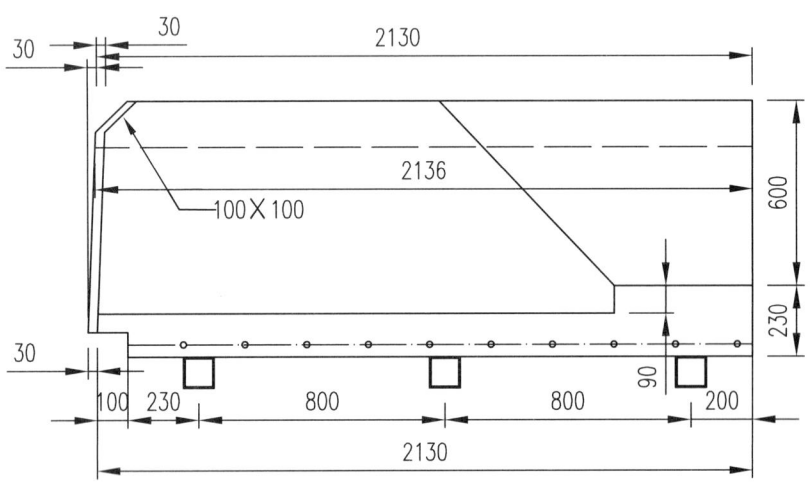

说明：

图中尺寸以mm计。

30mT梁模板	材 质	Q235	单 重	1085.8kg
中梁标准段模板上坡C	件 数	2	图 号	7.4.3-7

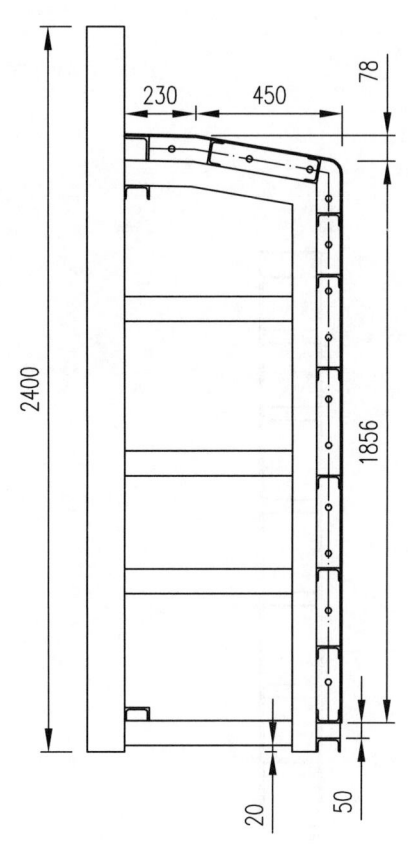
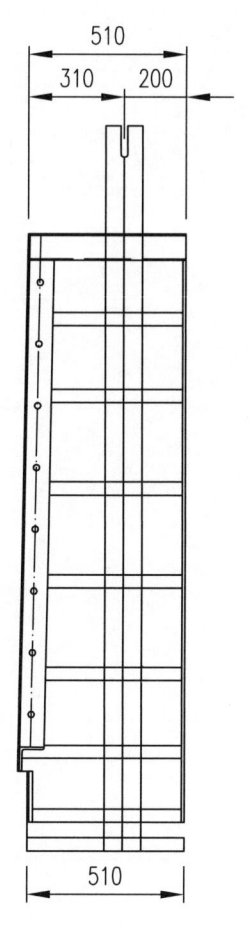
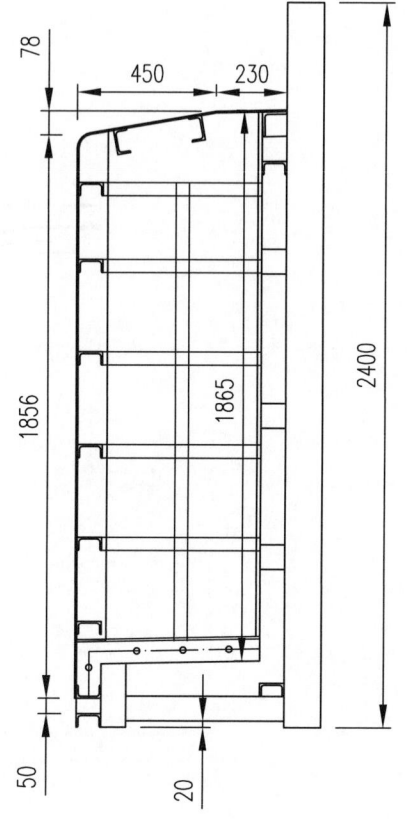
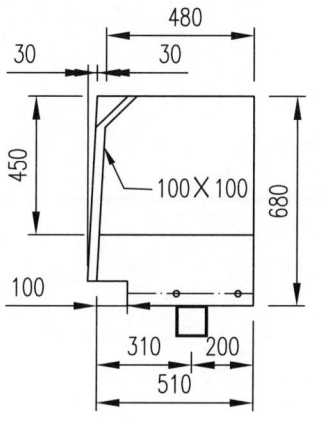

说明:
图中尺寸以mm计。

30mT梁模板	材 质	Q235	单 重	492.3kg
中梁标准段模板上坡E	件 数	2	图 号	7.4.3-8

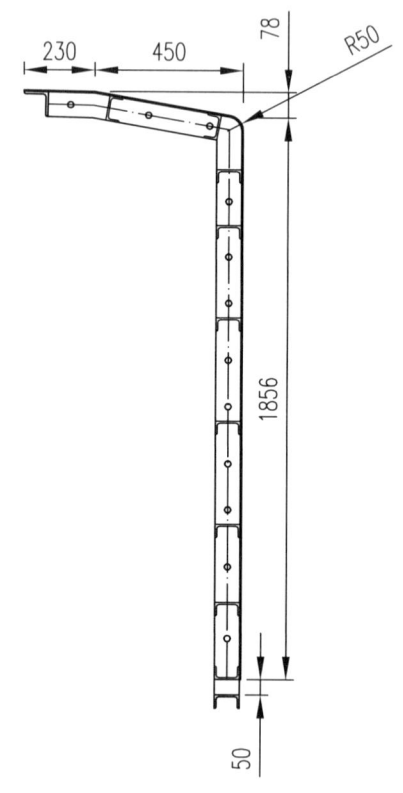
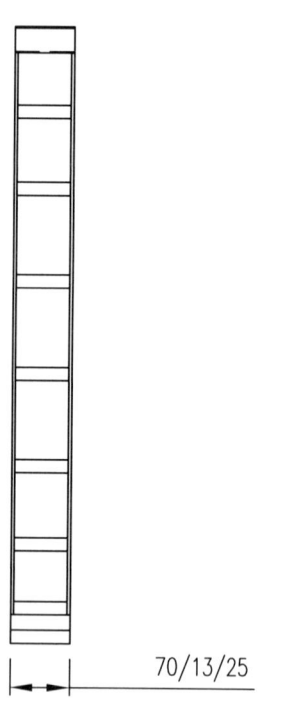

说明:
1. 调节块分为70型、25型、13型三种类型。
2. 图中尺寸以mm计。

30mT梁模板	材 质	Q235	单 重	
调节块	件 数		图 号	7.4.3-9

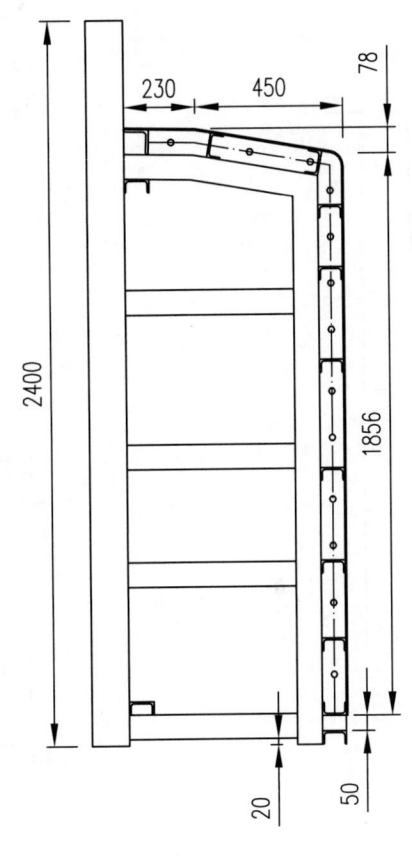
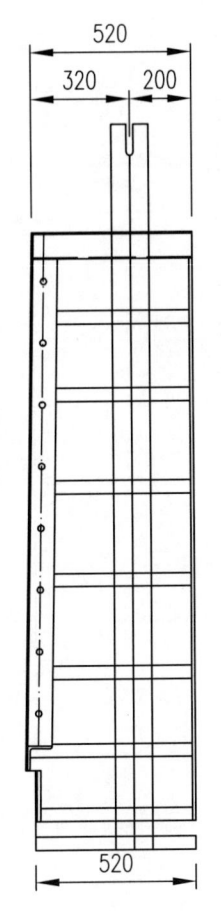
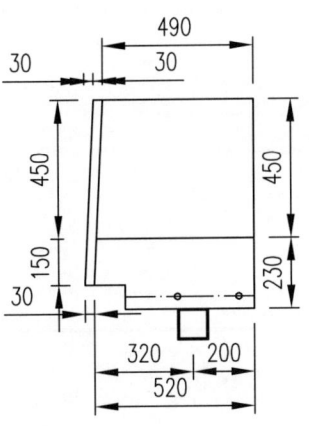
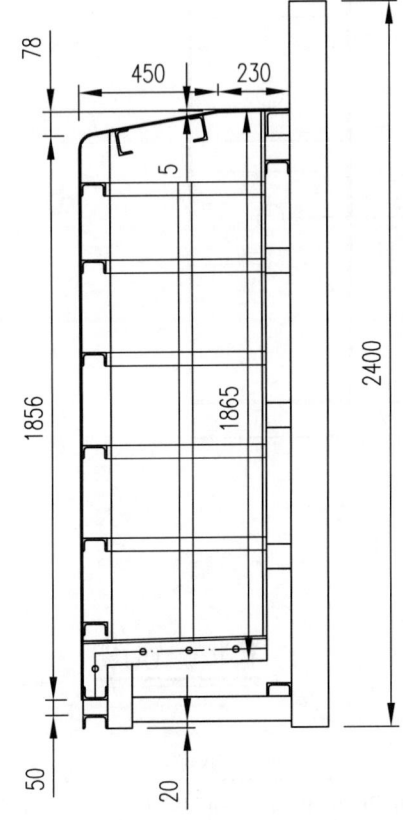

说明：
图中尺寸以mm计。

30mT梁模板	材质	Q235	单重	494.8kg
中梁标准段模板上坡F	件数	2	图号	7.4.3-10

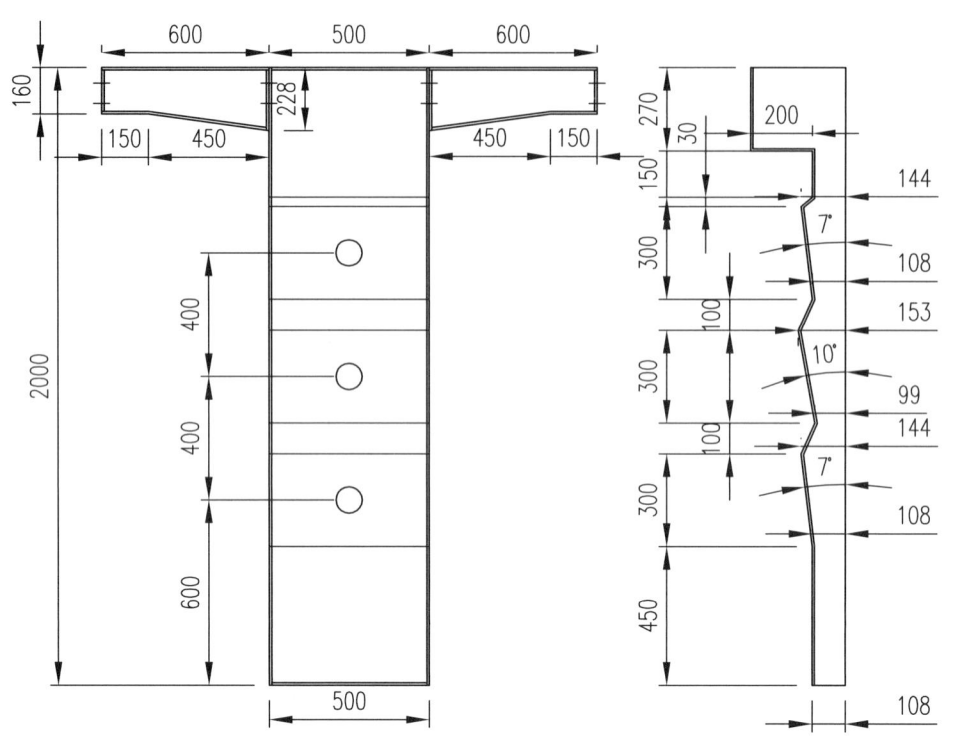

边梁封端模板 2件

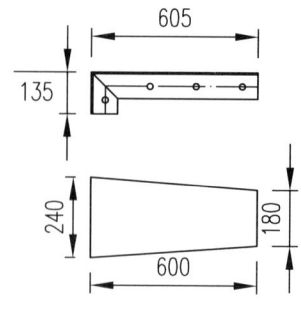

端隔板底封板 2件

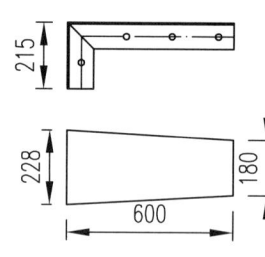

中隔板底封板 3件

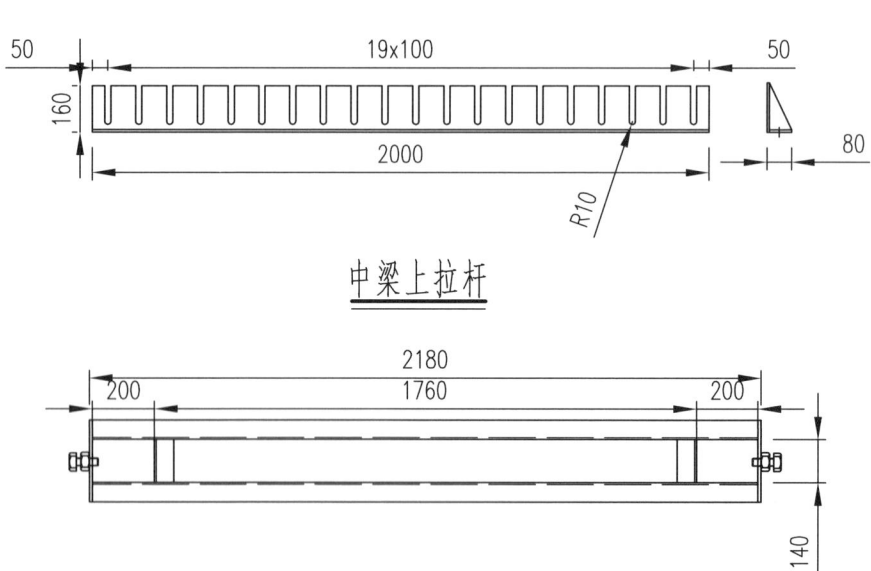

梳状板 60块

中梁上拉杆

说明：
1. 边梁封端模板2件，采用8mm厚钢板。
2. 梳状板60块，采用8mm厚钢板。
3. 端隔板底封板，2件，面板采用5mm厚钢板，边肋采用8mm厚钢板。
4. 中隔板底封板，3件，面板采用5mm厚钢板，边肋采用8mm厚钢板。
5. 图中尺寸以mm计。

30mT梁模板	材质	Q235	单重	
配件		件数		图号	7.4.3-11

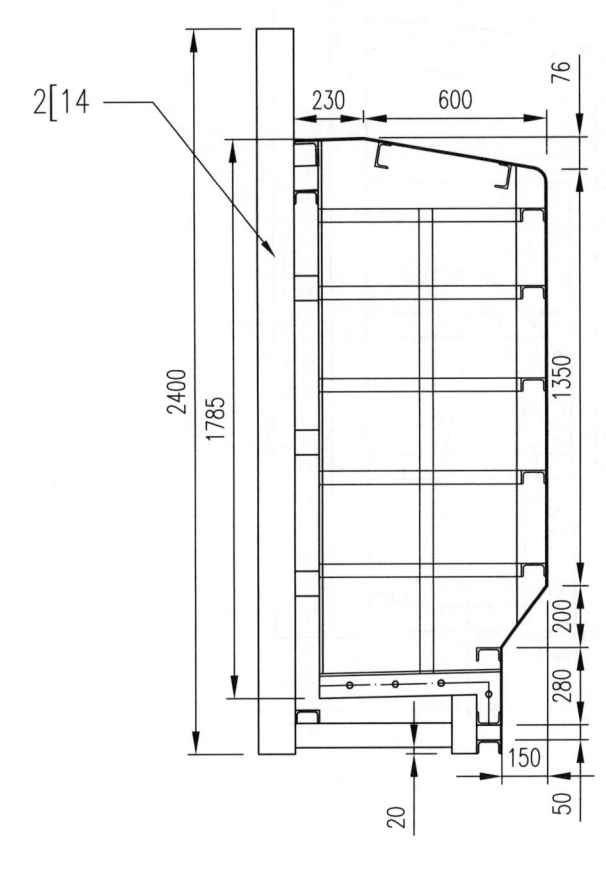
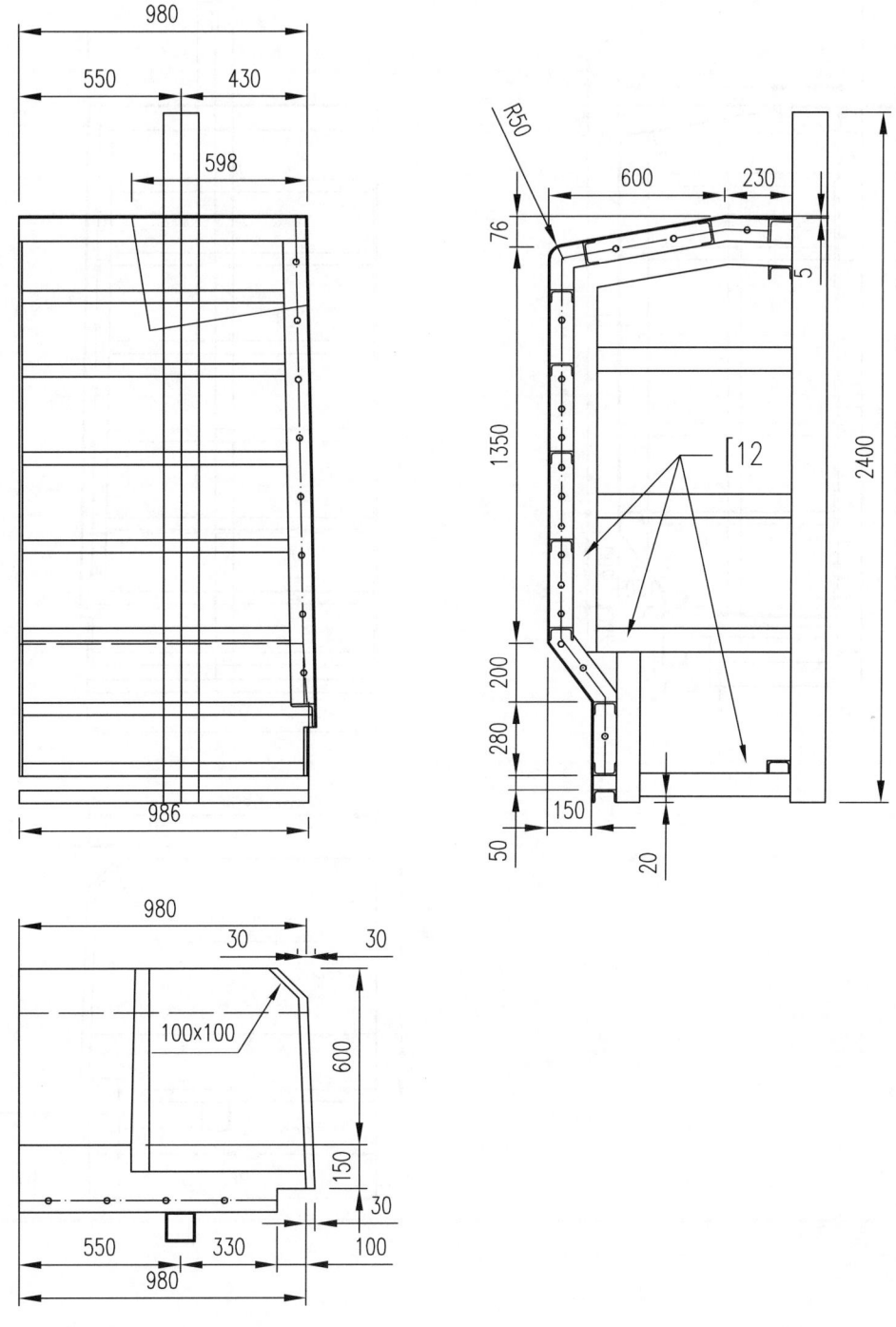

30mT梁模板	材质	Q235	单重	1075.3kg
中梁标准段模板下坡B1	件数	2	图号	7.4.3-12

说明：
图中尺寸以mm计。

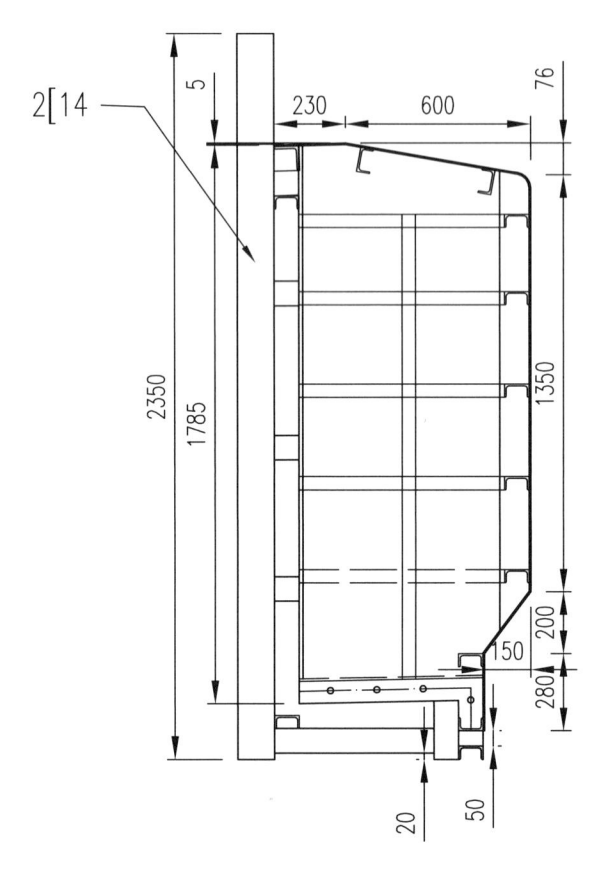
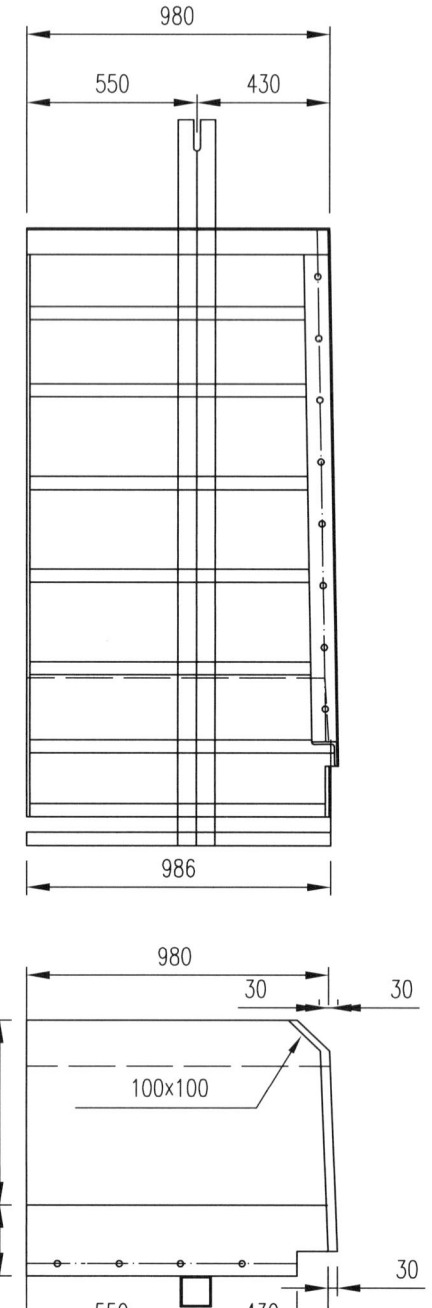
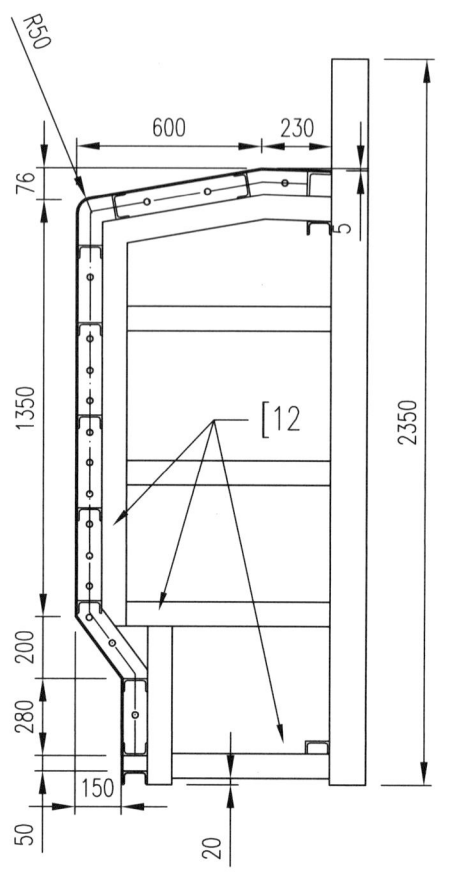

说明:
图中尺寸以mm计。

30mT梁模板	材 质	Q235	单 重	1075.3kg
中梁标准段模板下坡B	件 数	2	图 号	7.4.3-13

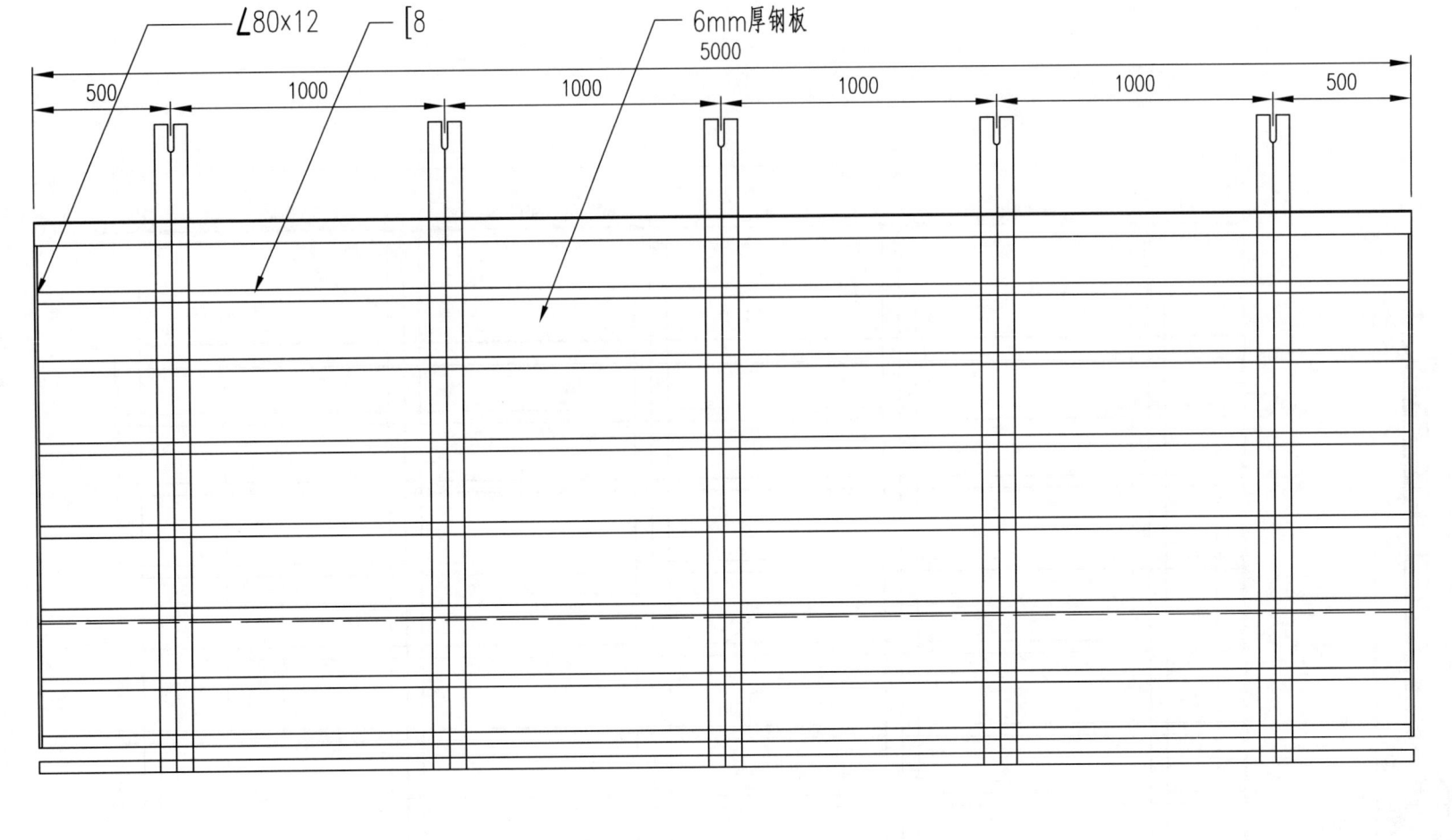
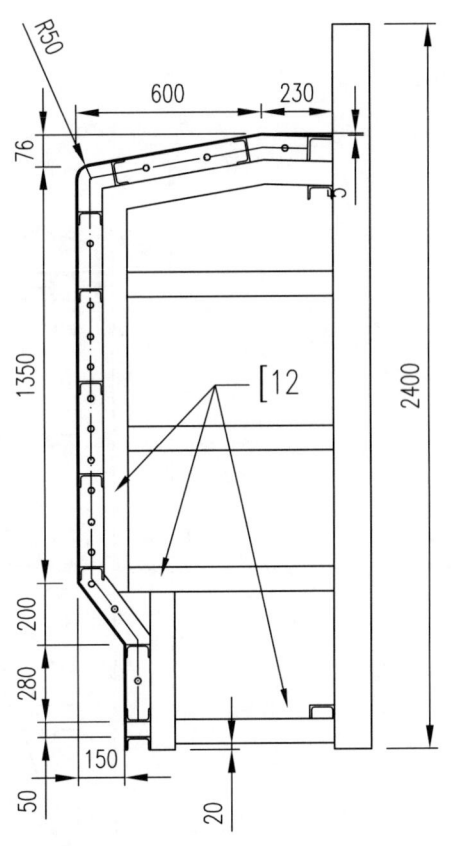
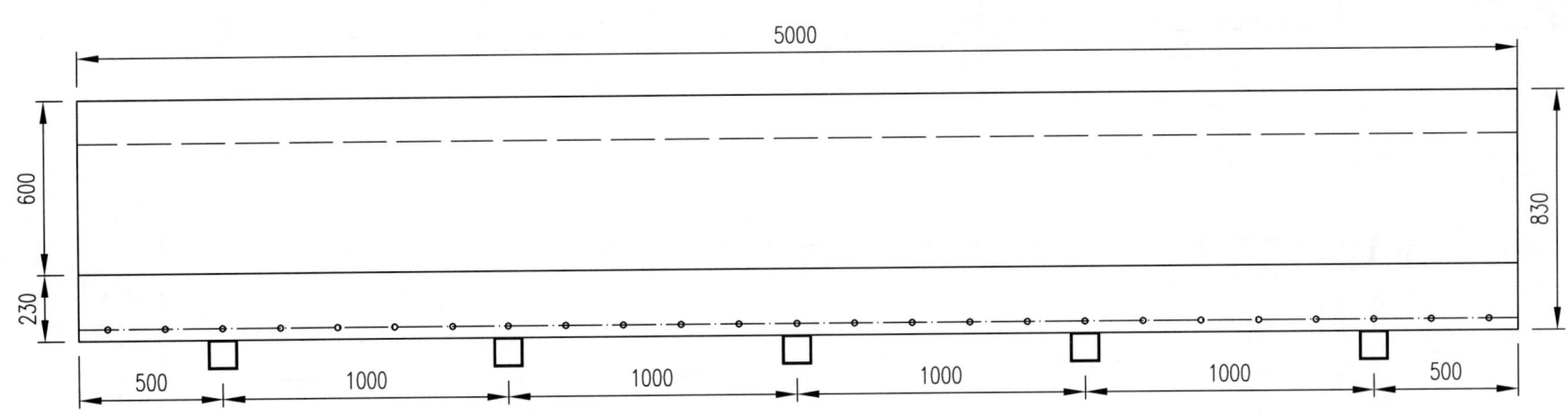

说明：
图中尺寸以mm计。

30mT梁模板	材 质	Q235	单 重	2243.3kg
中梁标准段模板下坡A	件 数	2	图 号	7.4.3-14

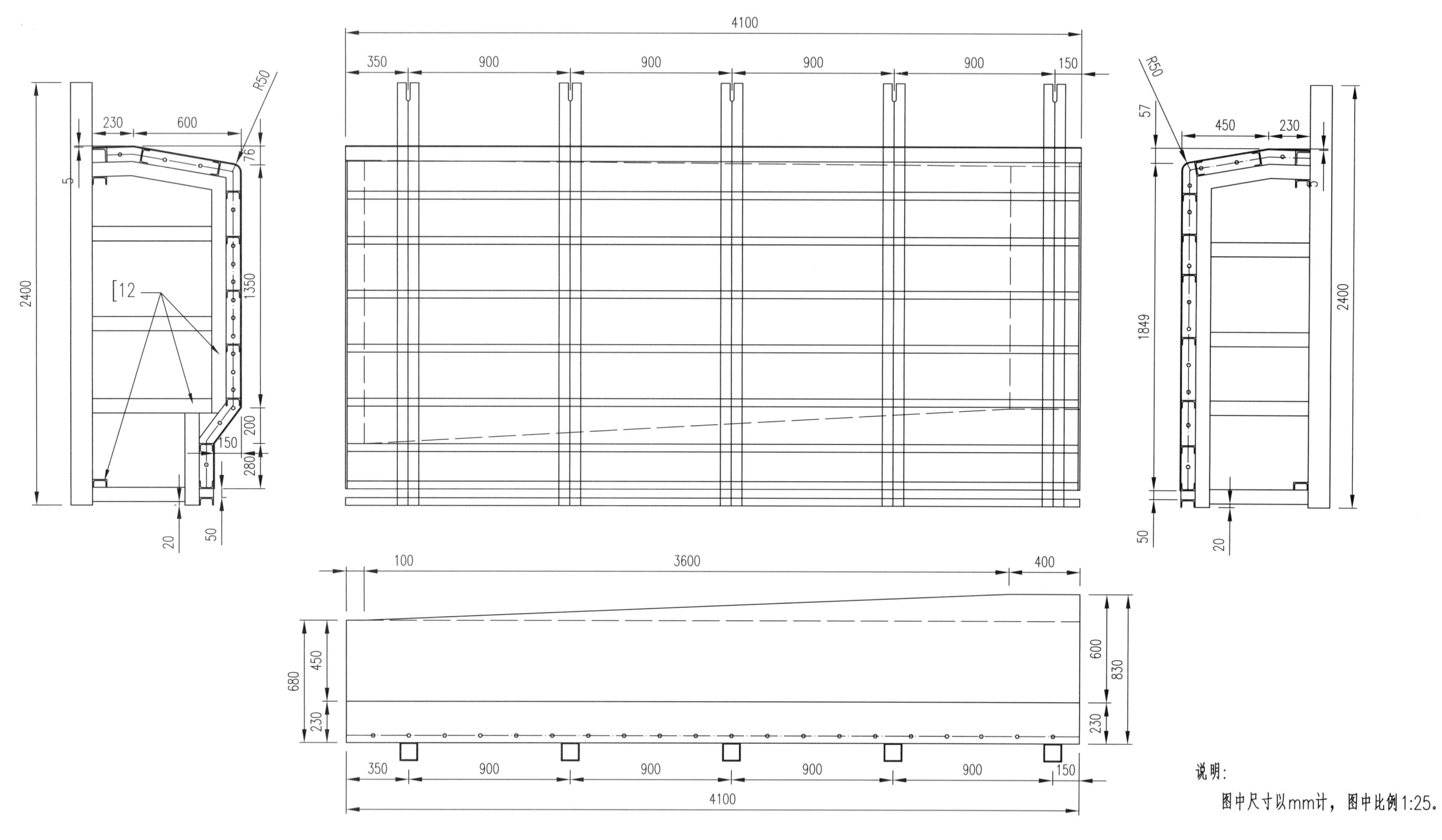

说明：
图中尺寸以mm计，图中比例1:25。

30mT梁模板	材质	Q235	单重	1925.0kg
中梁变截面模板下坡D	件数	2	图号	7.4.3-15

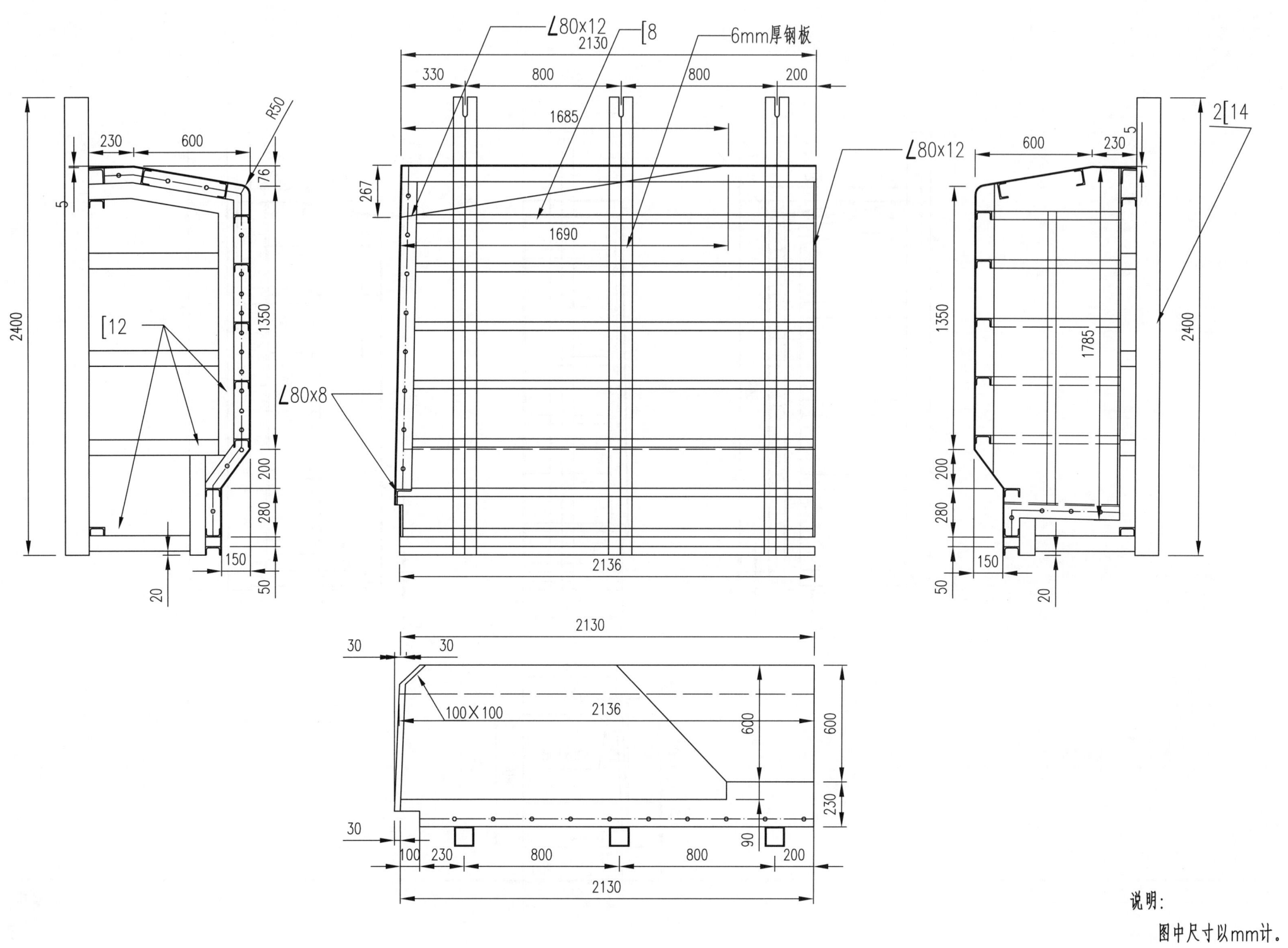

说明：
图中尺寸以mm计。

30mT梁模板	材质	Q235	单重	1085.8kg
中梁标准段模板下坡C	件数	2	图号	7.4.3-16

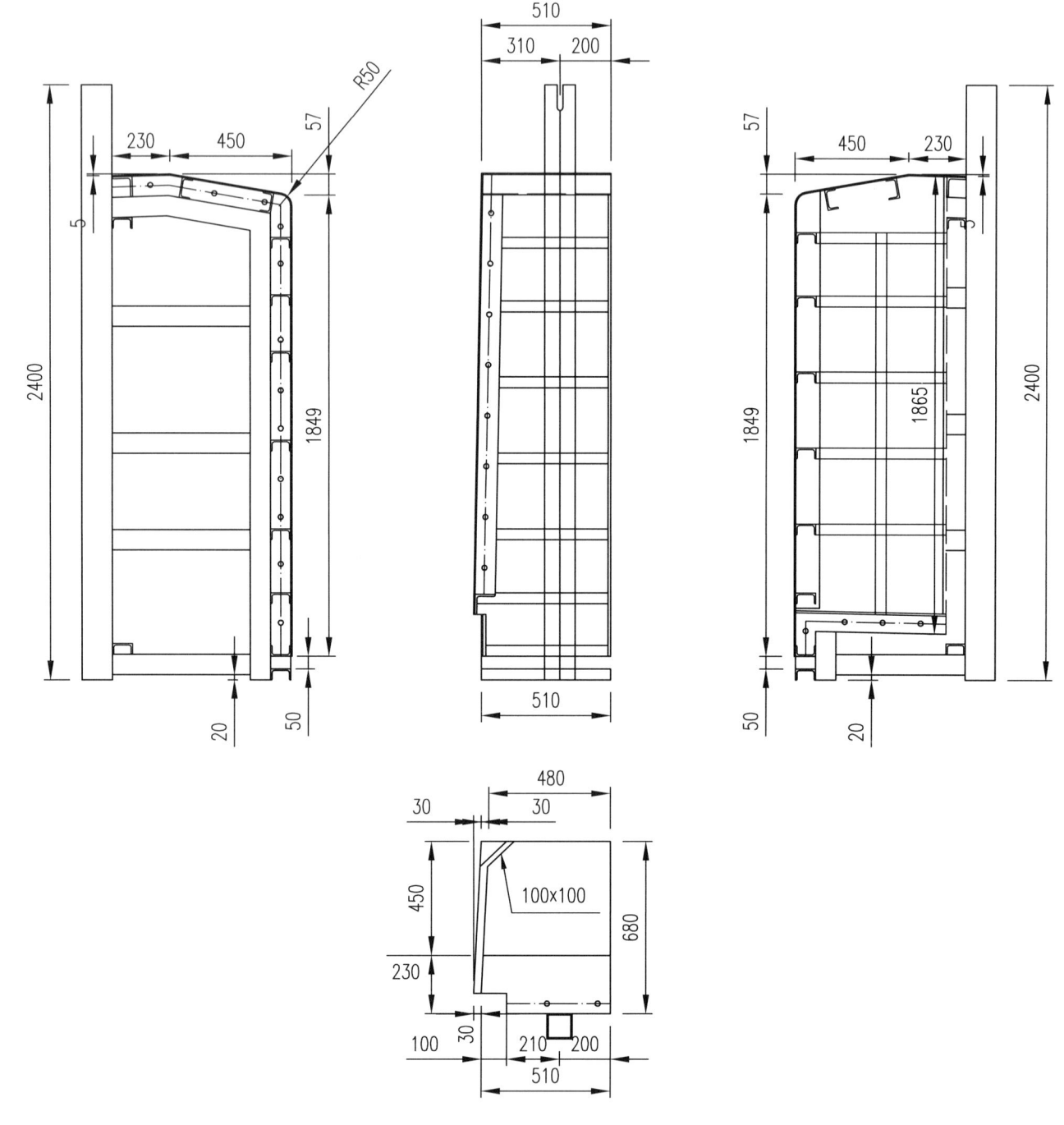

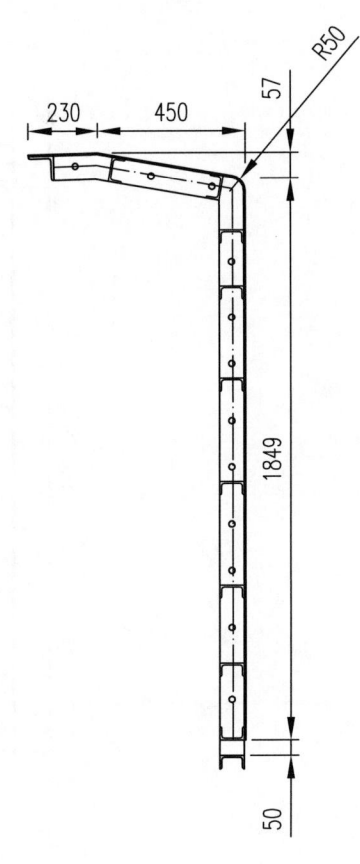
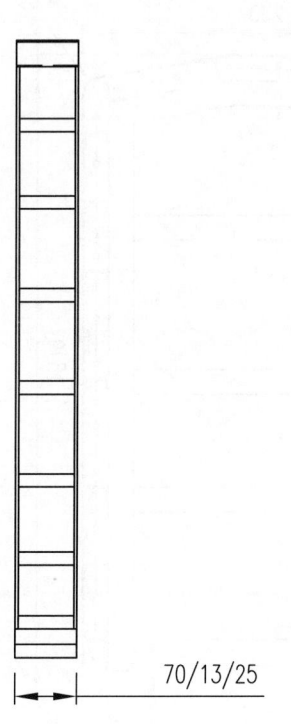

说明：
1. 调节块70型、25型、13型三种。
2. 图中尺寸以mm计。

30mT梁模板	材 质	Q235	单 重	
调节块(二)	件 数		图 号	7.4.3-18

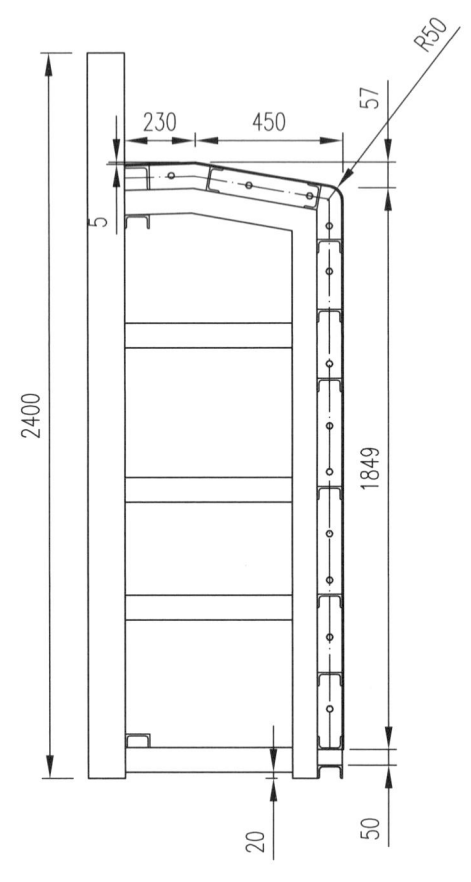
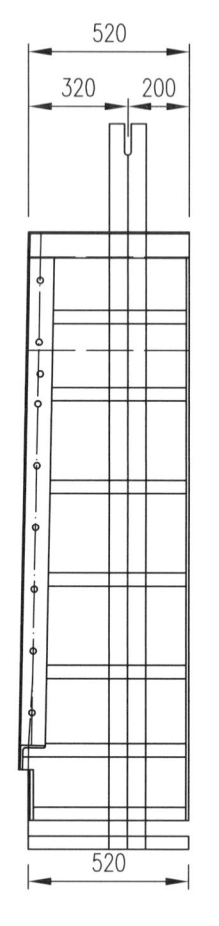
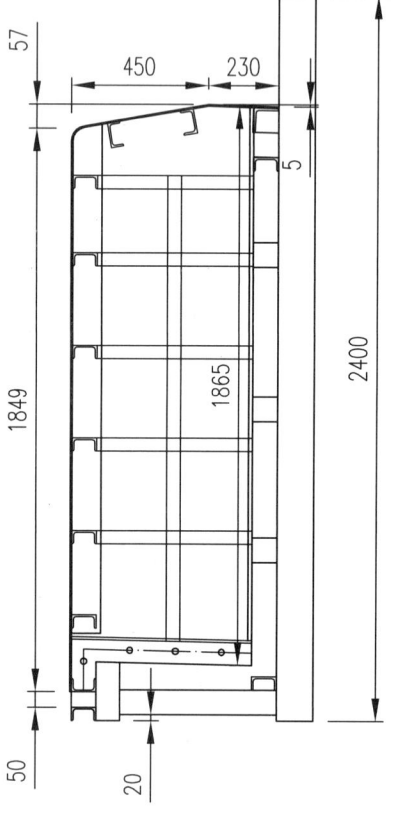
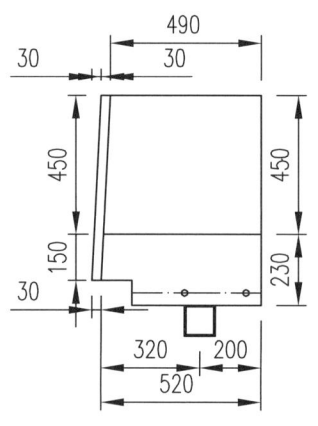

说明：
图中尺寸以mm计。

30mT梁模板	材 质	Q235	单重	494.8kg
中梁变截面模板下坡F	件 数	2	图号	7.4.3-19

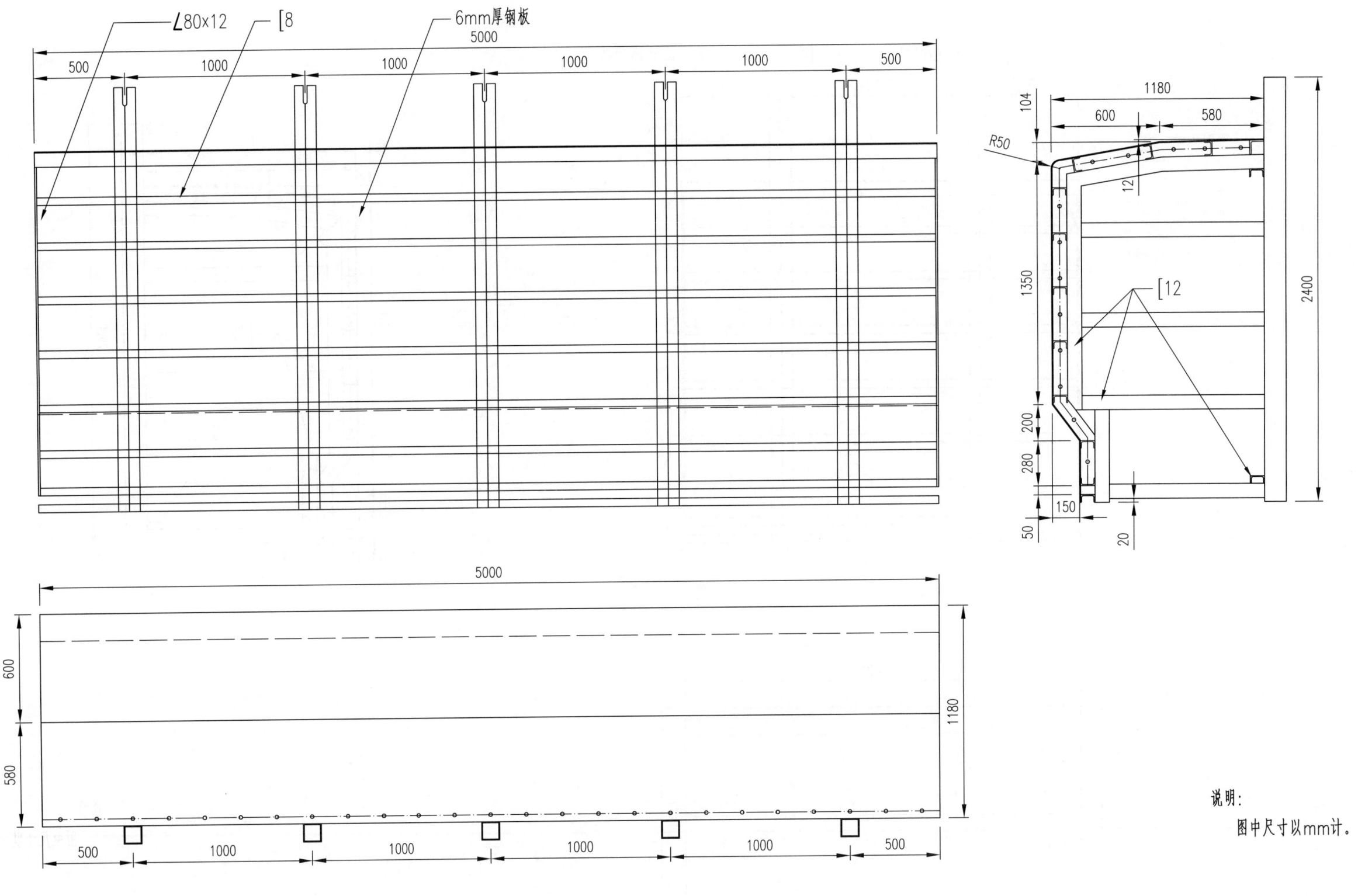

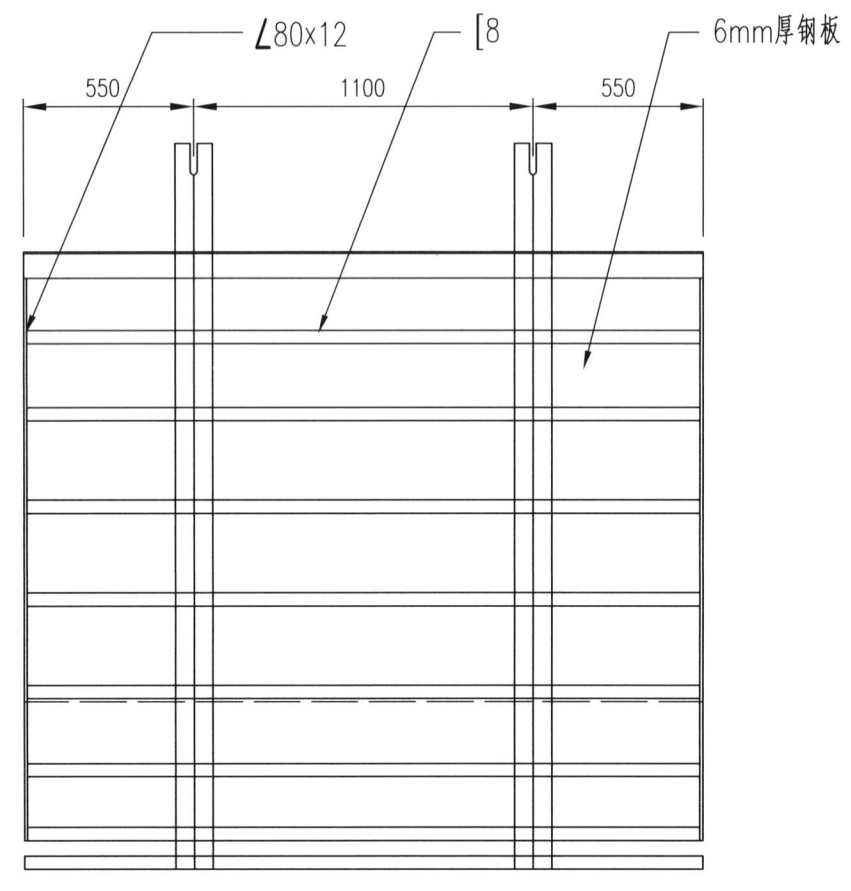

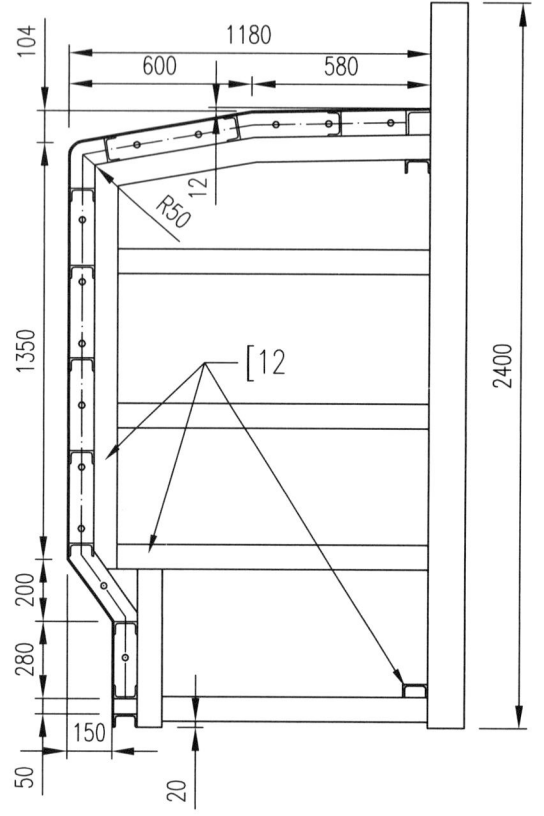

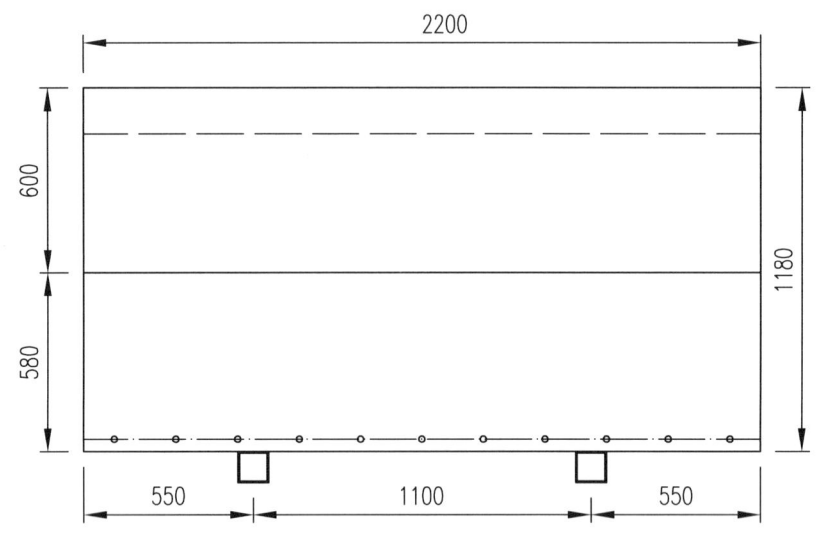

说明：

图中尺寸以mm计。

30mT梁模板	材 质	Q235	单 重	1365.3kg
边梁标准段模板上坡	件 数	2	图 号	7.4.3-21

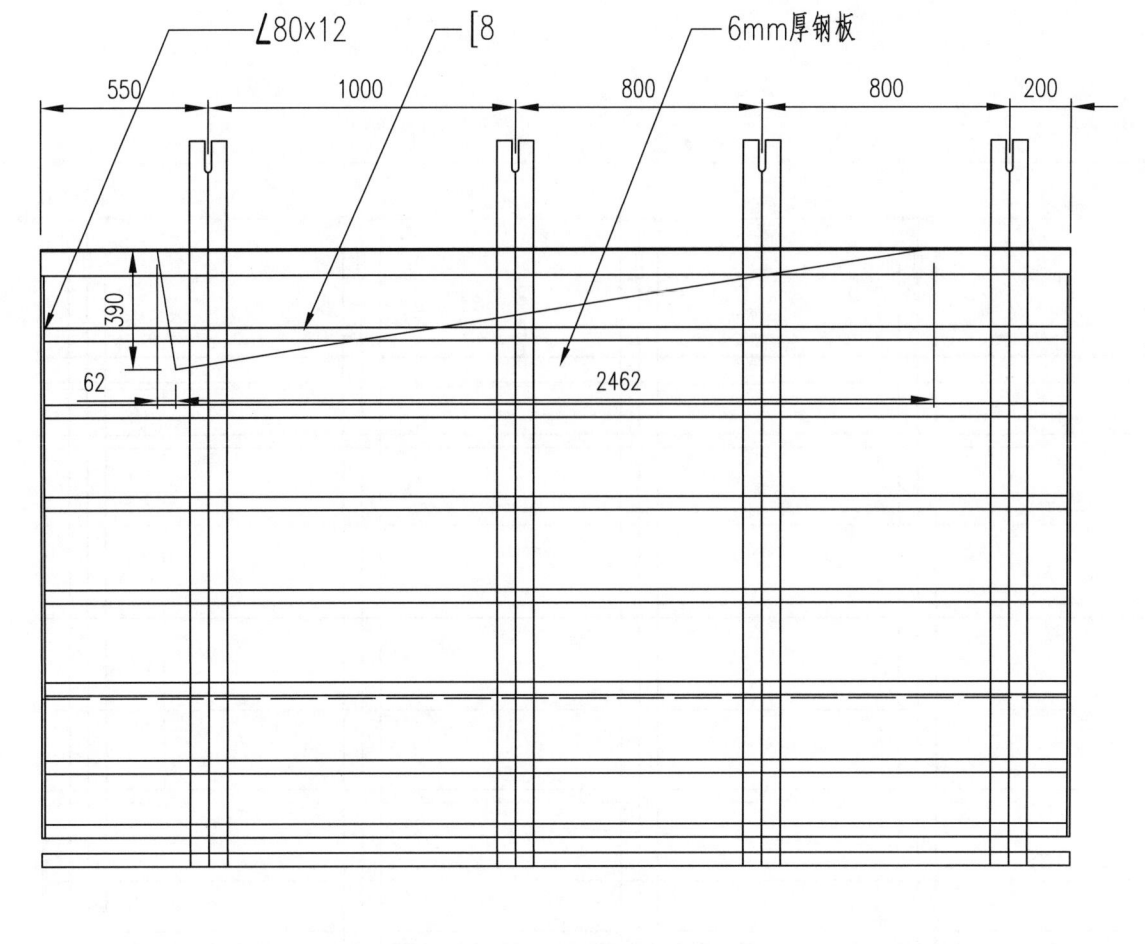
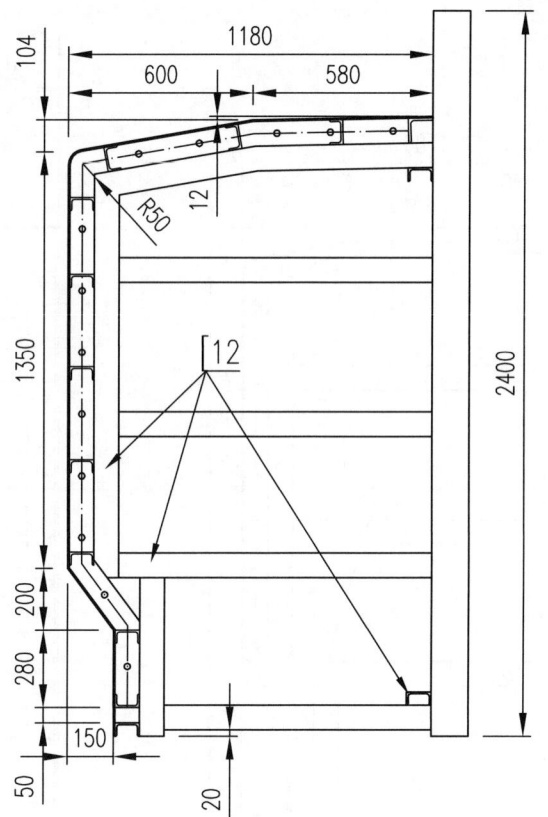
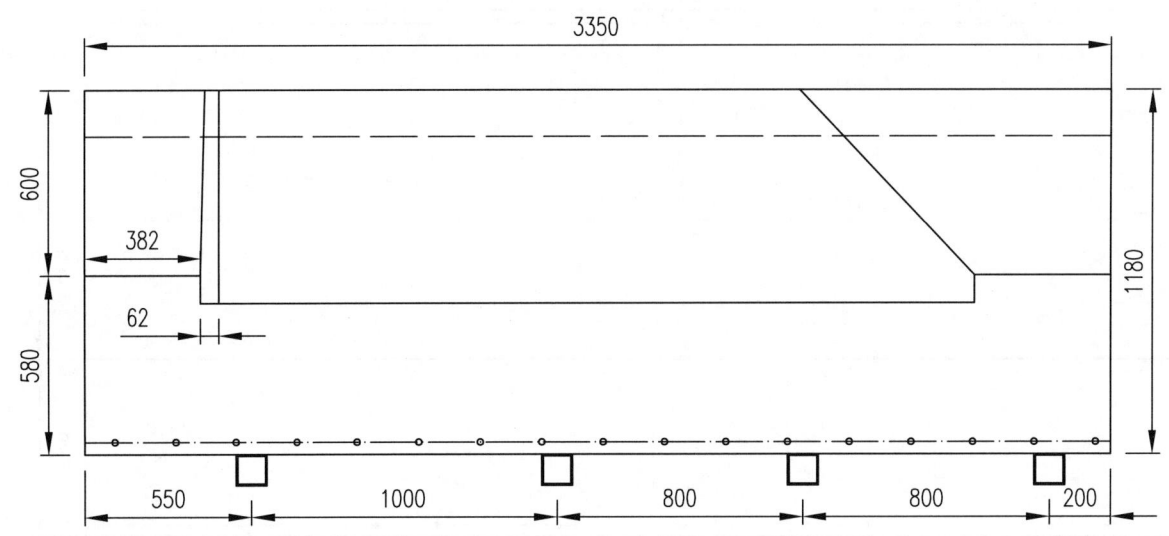

说明：
图中尺寸以mm计。

30mT梁模板	材 质	Q235	单 重	1602.6kg
边梁标准段模板上坡J	件 数	2	图 号	7.4.3-22

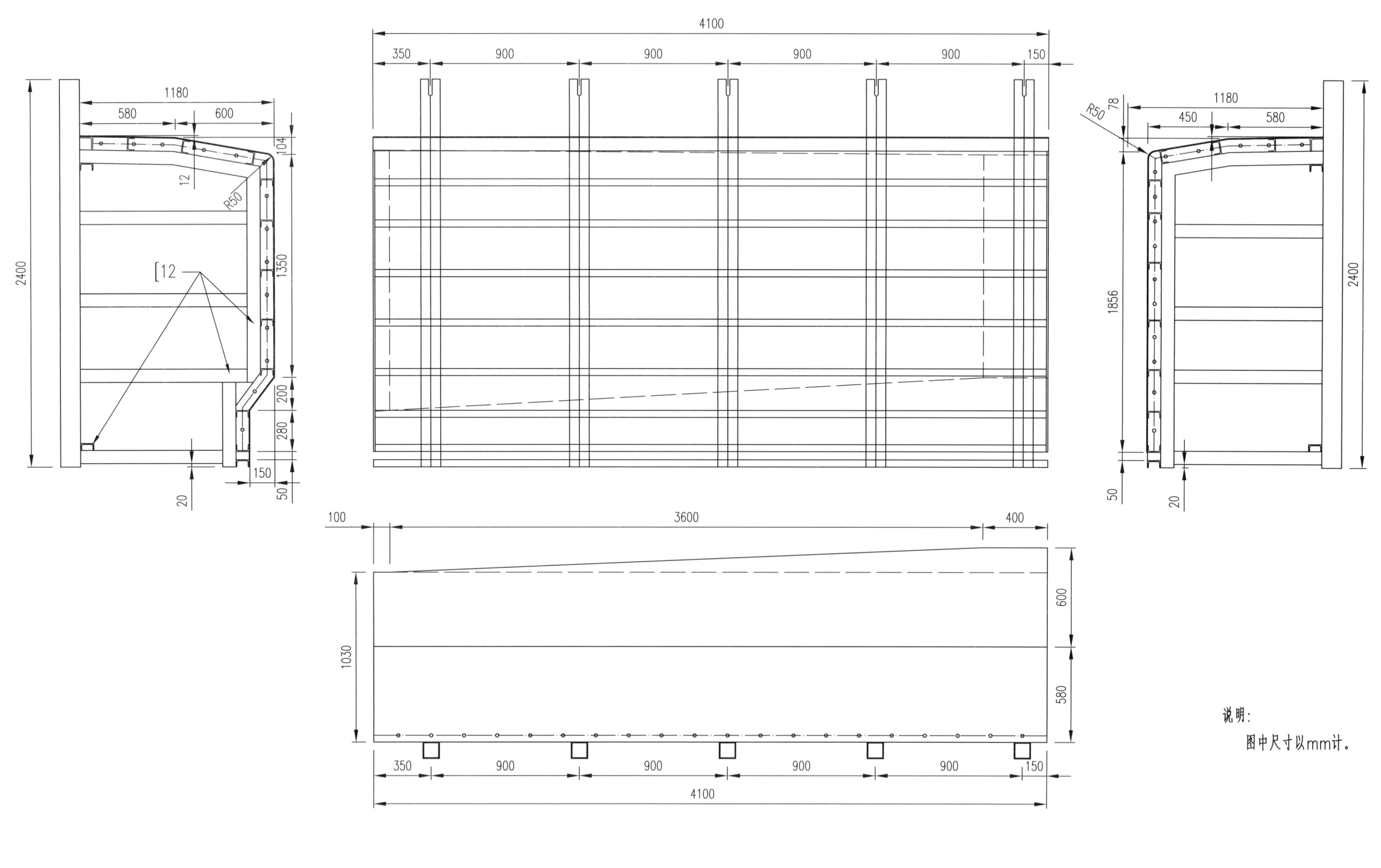

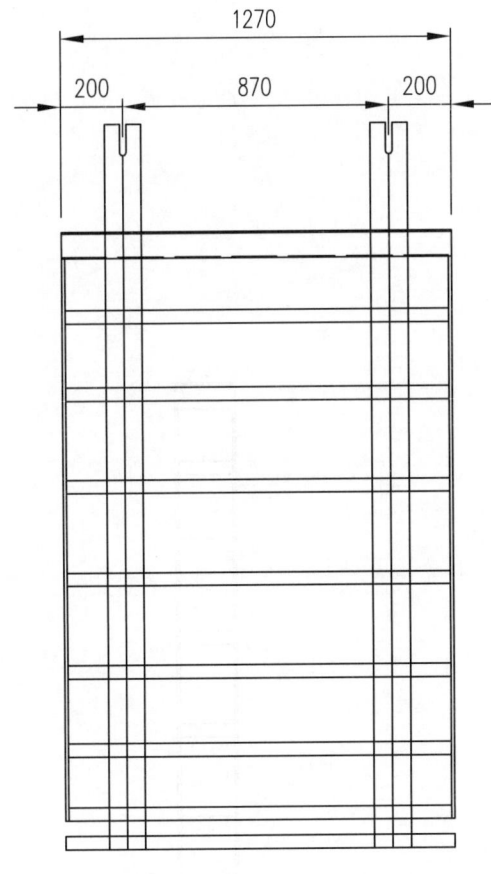
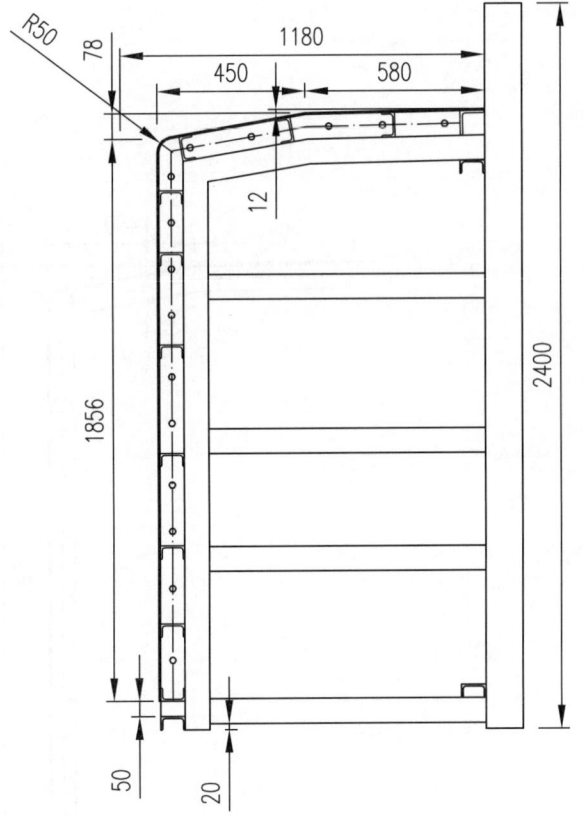
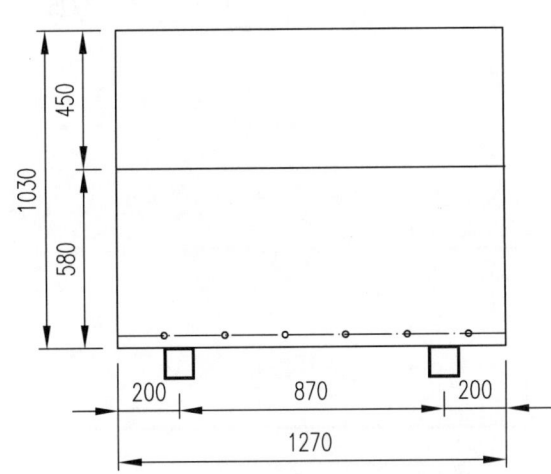

说明：
图中尺寸以mm计。

30mT梁模板	材 质	Q235	单 重	1096.8kg
边梁端头模板上坡L	件 数	2	图 号	7.4.3-24

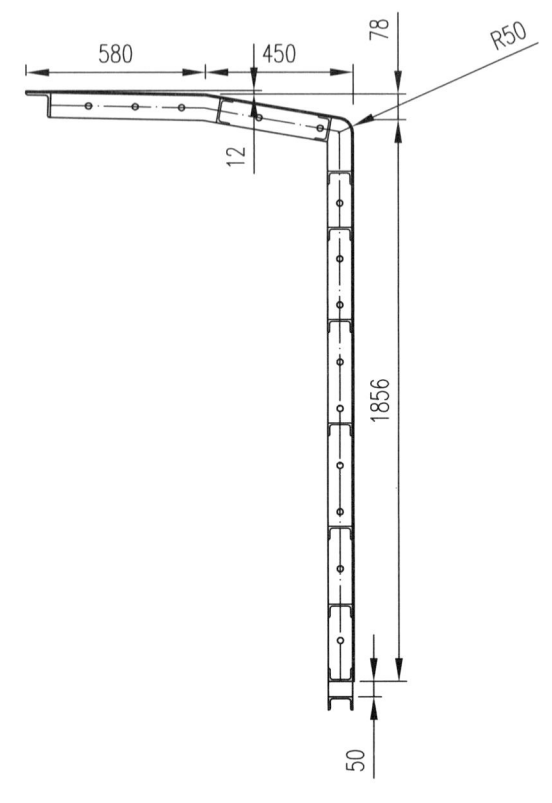
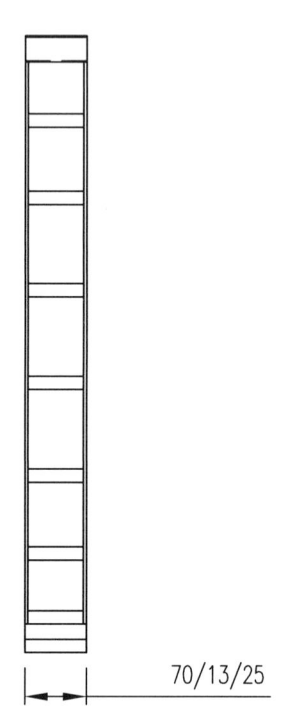

说明：
1.调节块分为70型、25型、13型三种。
2.图中尺寸以mm计。

30mT梁模板	材 质	Q235	单 重	
调节块(三)	件 数		图 号	7.4.3-25

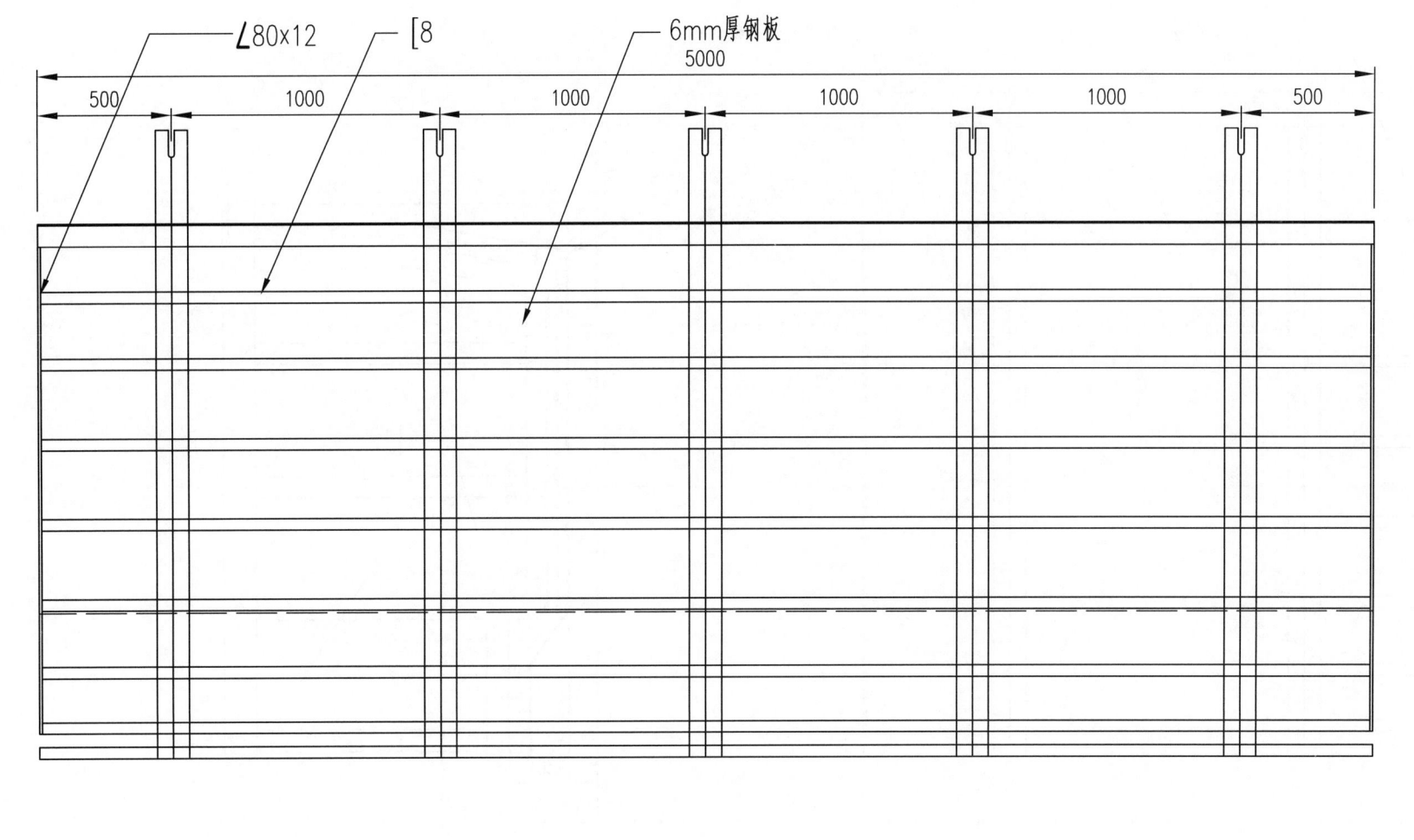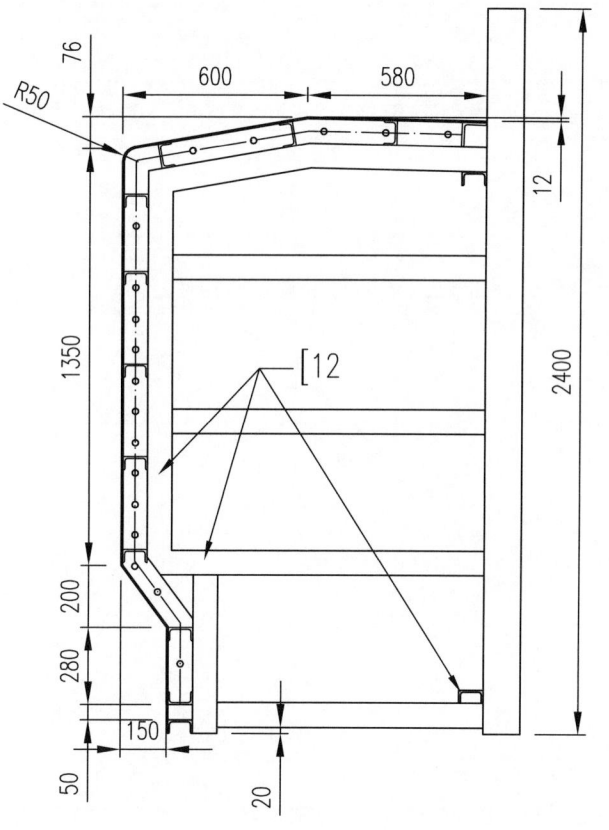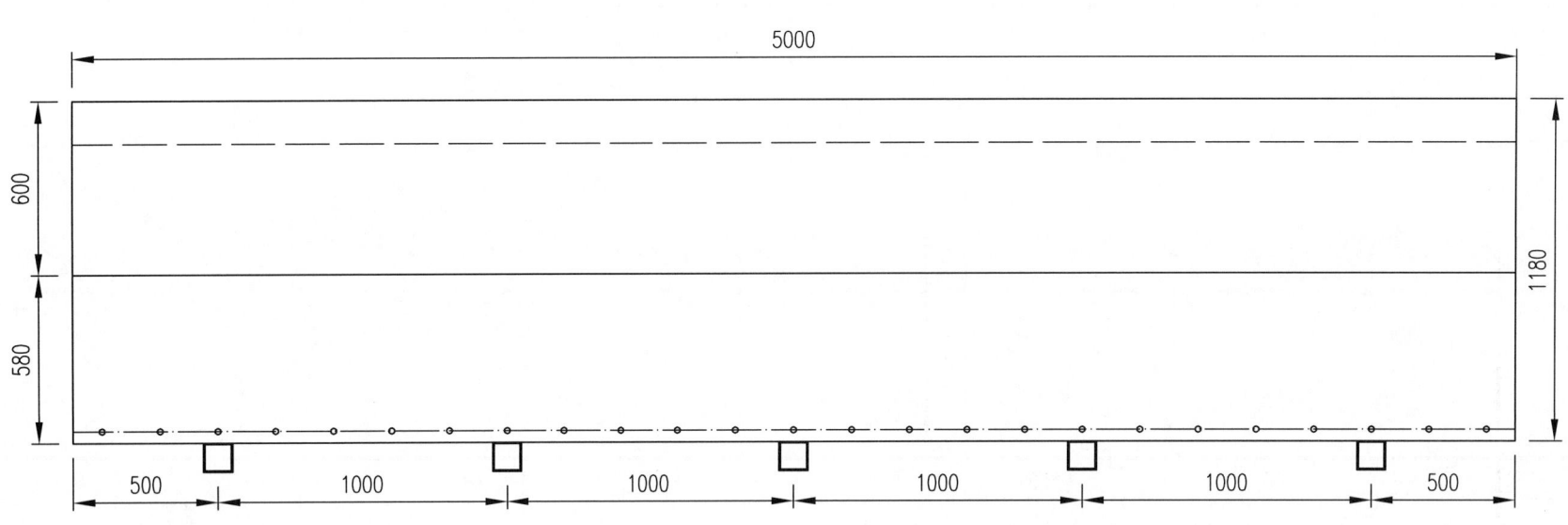

说明：
图中尺寸以mm计。

30mT梁模板	材质	Q235	单重	2438.6kg
边梁标准段模板下坡H	件数	2	图号	7.4.3-26

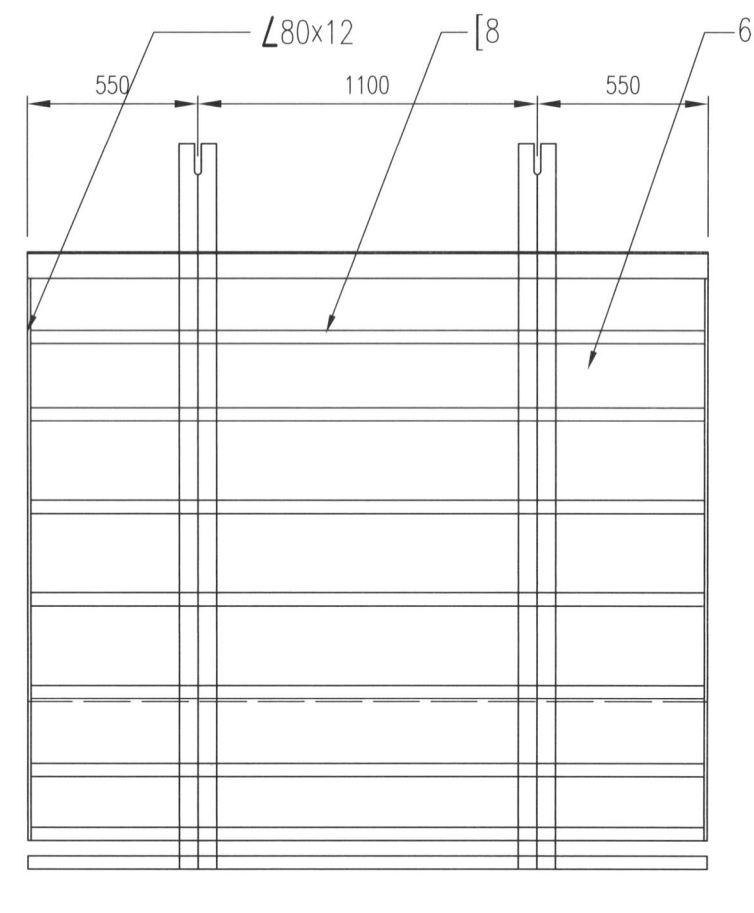
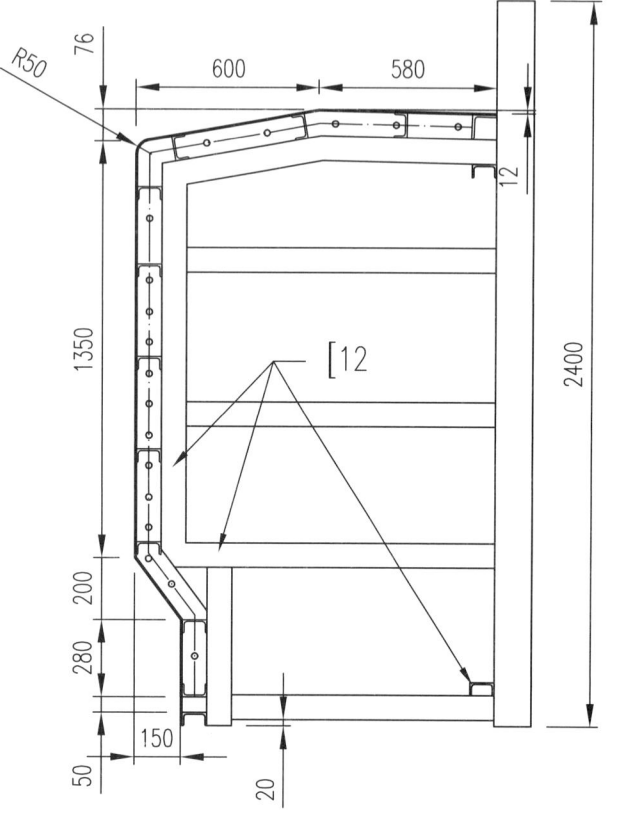
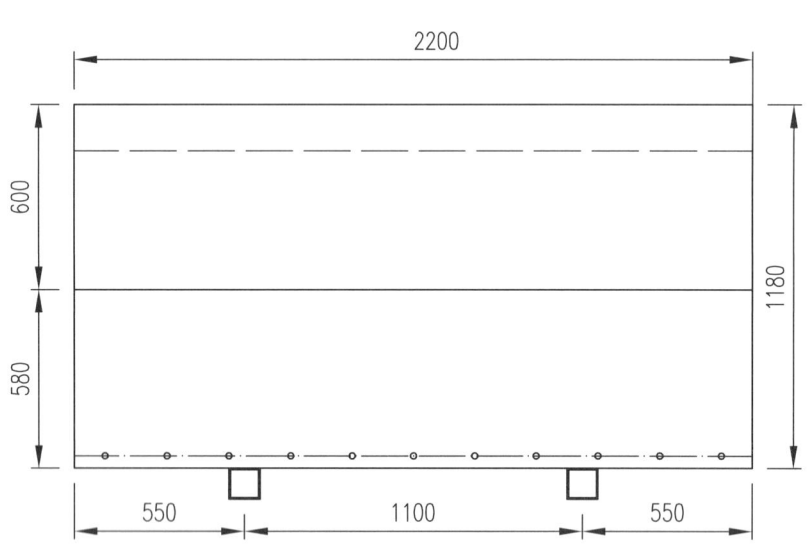

说明：
图中尺寸以mm计。

30mT梁模板	材 质	Q235	单 重	1365.3kg
边梁标准段模板下坡	件 数	2	图 号	7.4.3-27

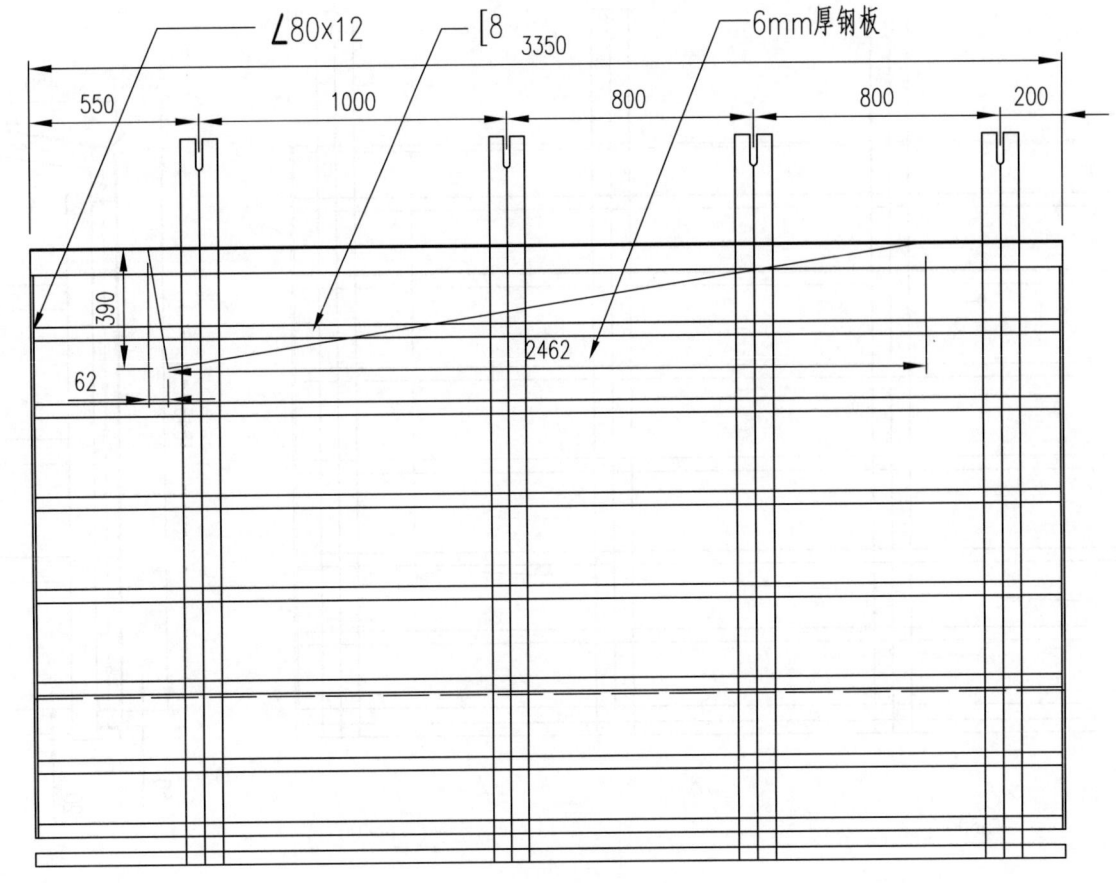
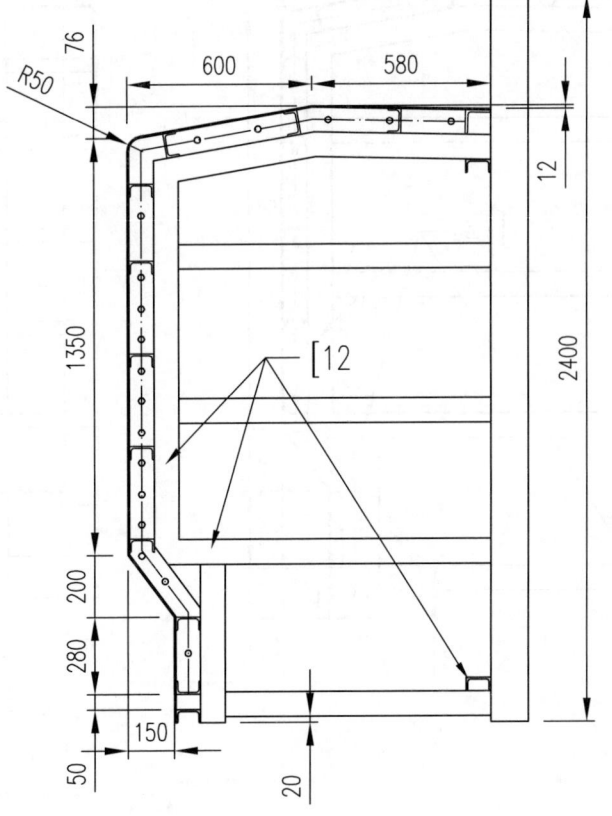
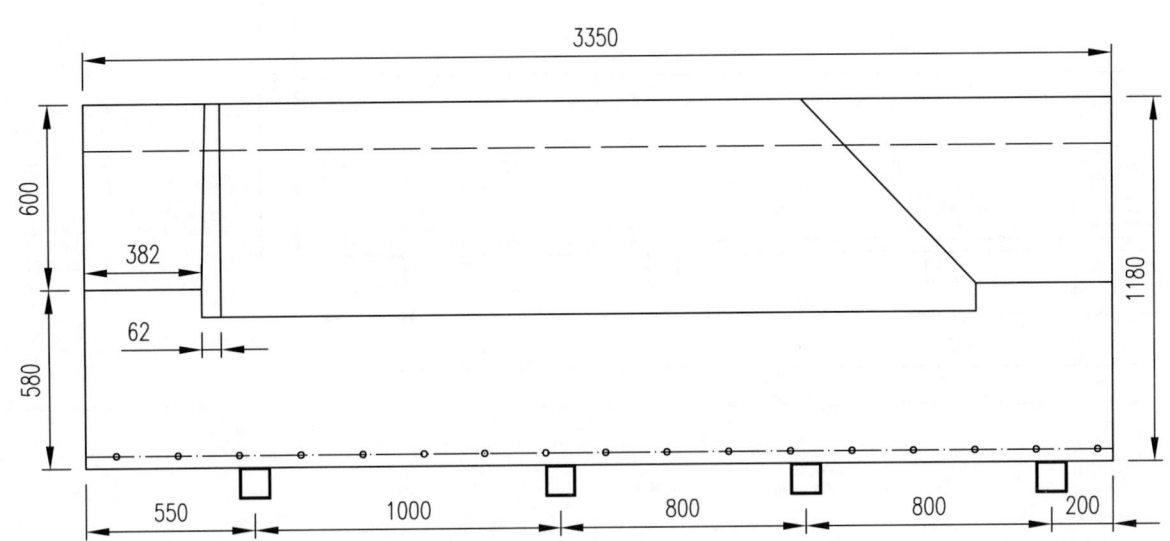

说明:
图中尺寸以mm计。

30mT梁模板	材 质	Q235	单 重	1602.6kg
边梁标准段模板下坡J	件 数	2	图 号	7.4.3-28

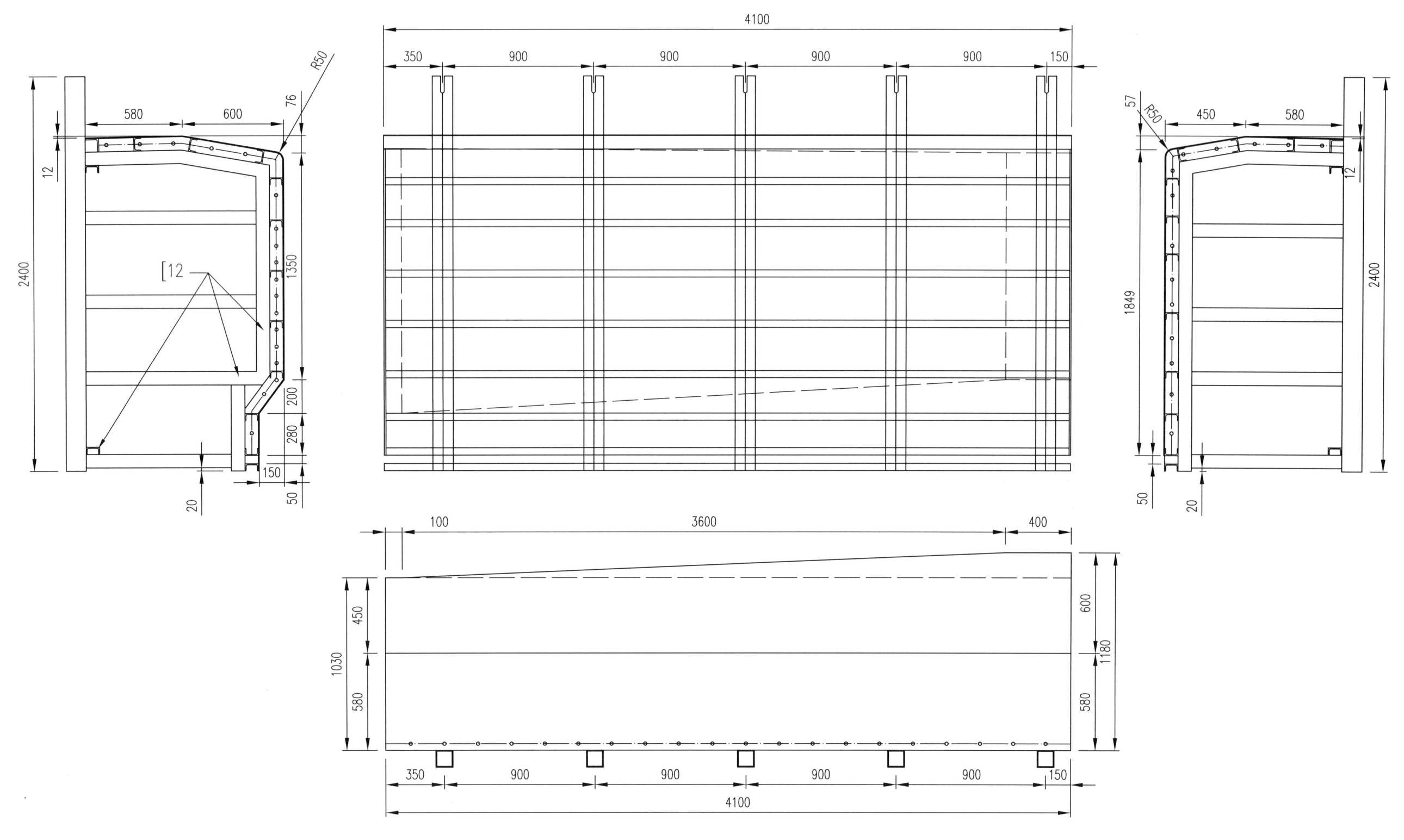

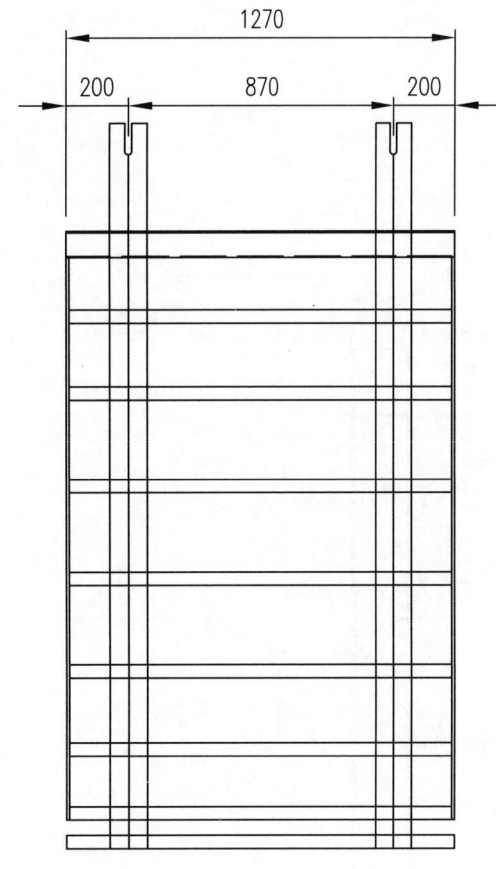
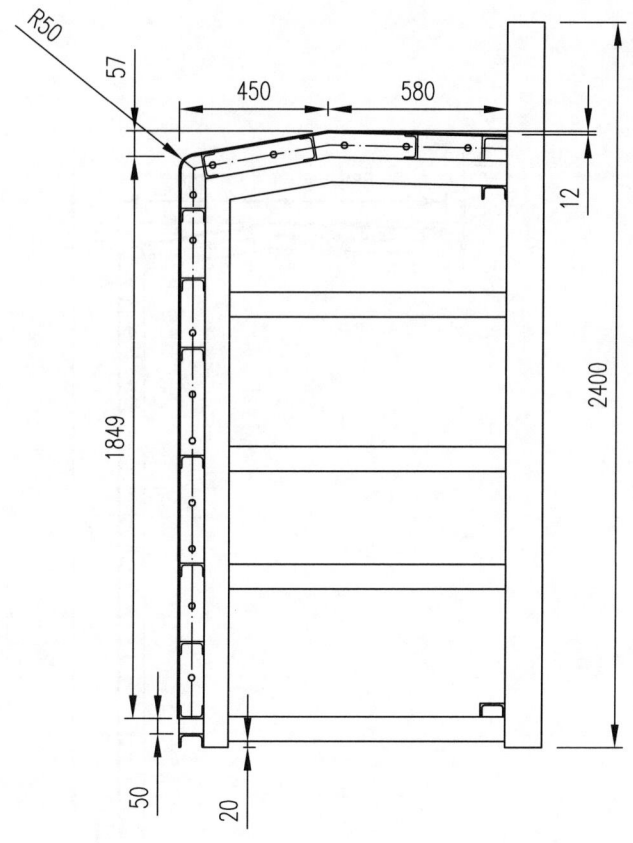
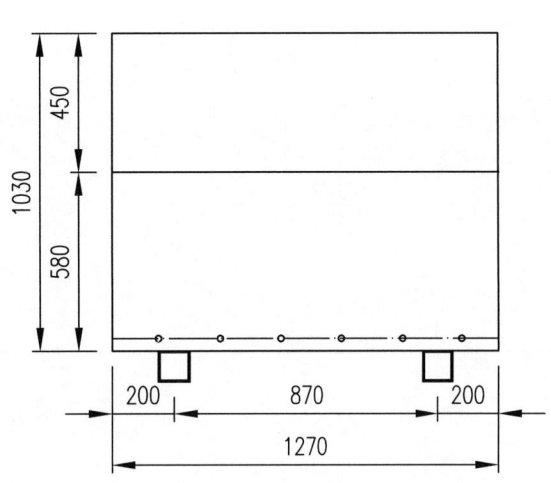

说明：
图中尺寸以mm计。

30mT梁模板	材质	Q235	单重	1096.8kg
边梁端头模板下坡L	件数	2	图号	7.4.3-30

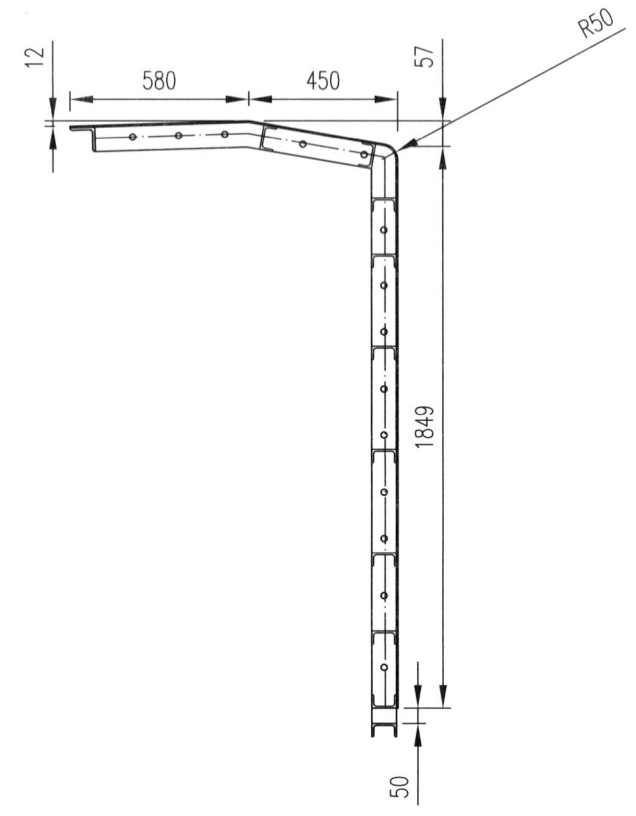
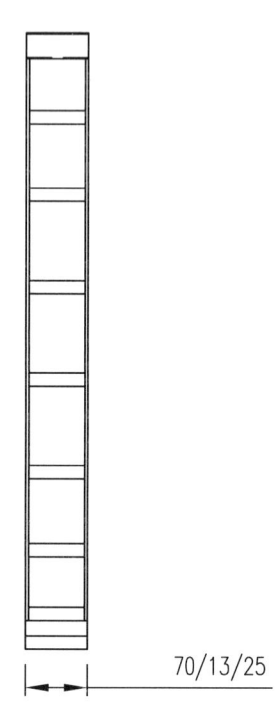

说明：
1.调节块分为70型、25型、13型三种。
2.图中尺寸以mm计。

30mT梁模板	材 质	Q235	单 重	
调节块	件 数	1	图 号	7.4.3-31

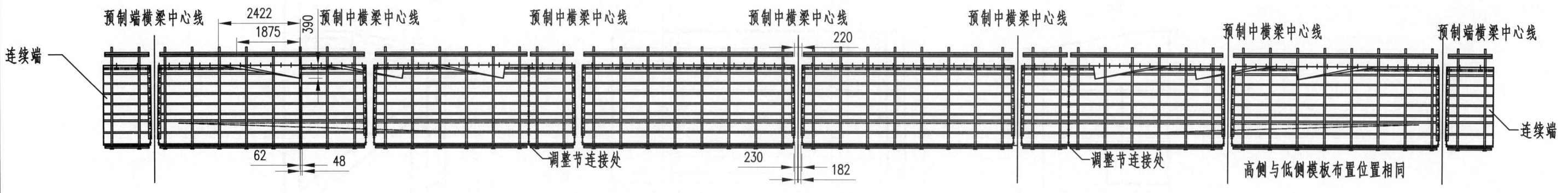

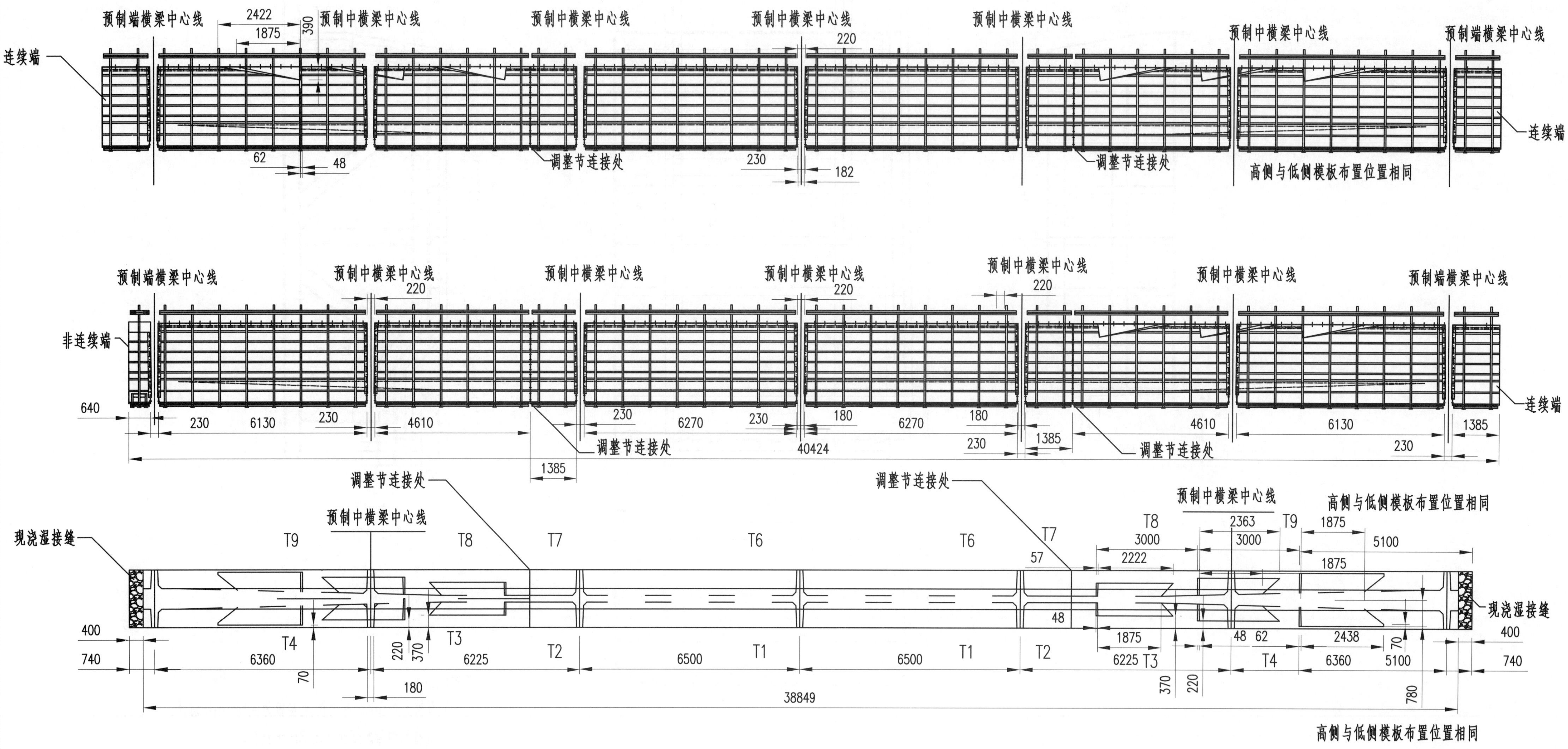

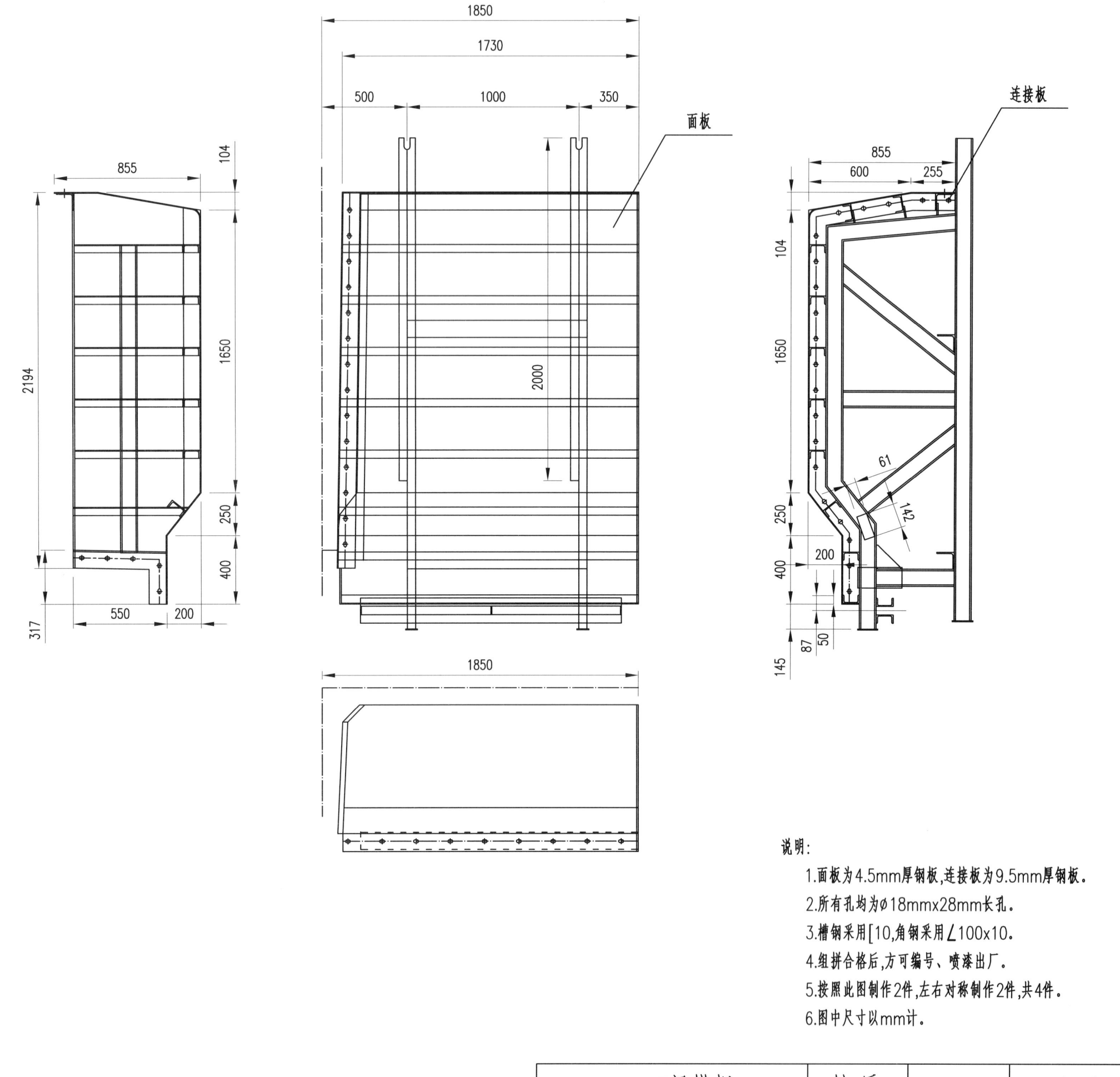

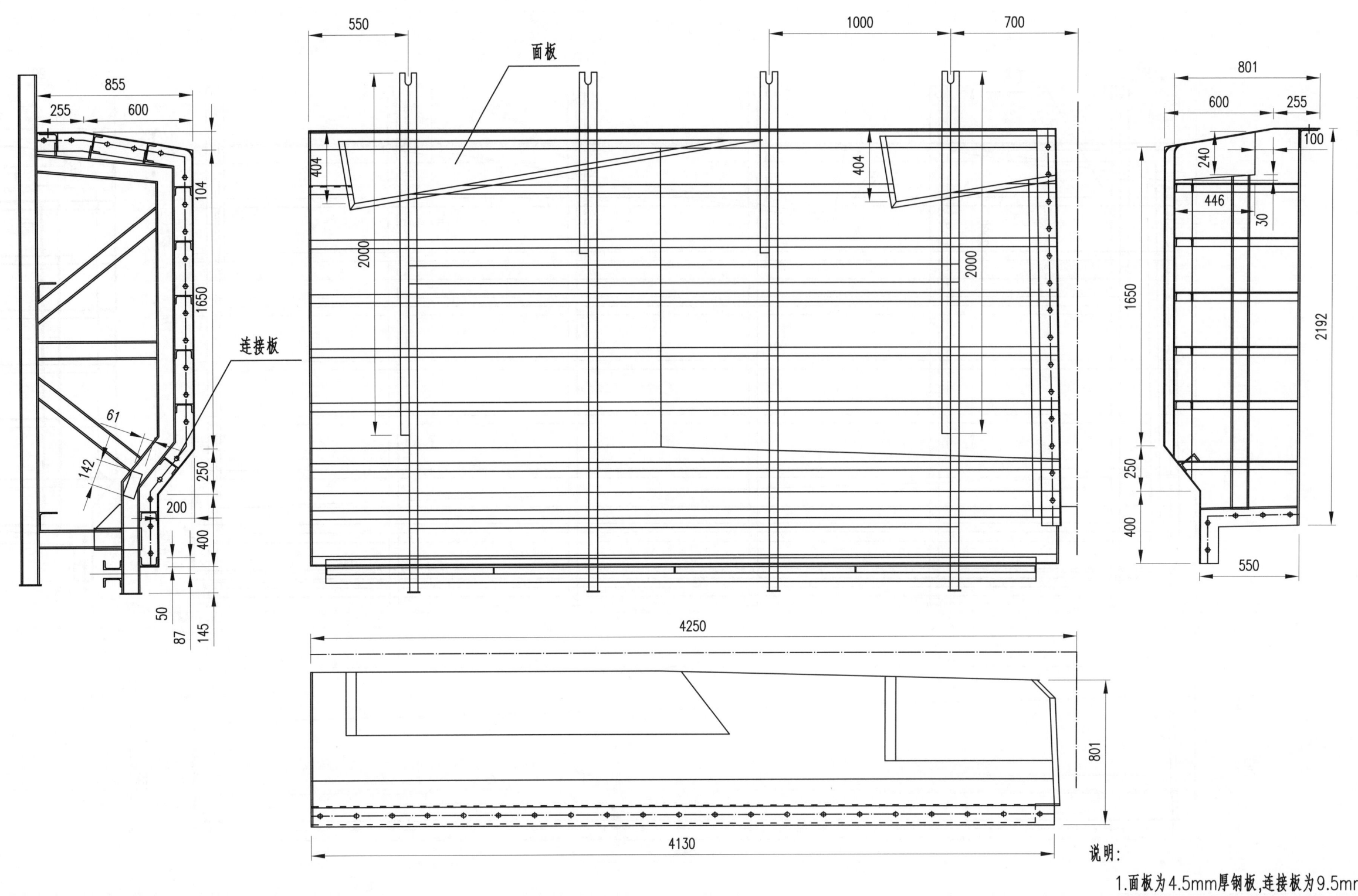

说明：
1. 面板为4.5mm厚钢板，连接板为9.5mm厚钢板。
2. 所有孔均为ø18mm×28mm长孔。
3. 槽钢采用[10,角钢采用∠100×10。
4. 组拼合格后，方可编号、喷漆出厂。
5. 按照此图制作2件，左右对称制作2件，共4件。
6. 图中尺寸以mm计。

40mT梁模板	材 质	Q235	单 重	1362kg
中梁高坡侧模02	件 数	2	图 号	7.4.4-3

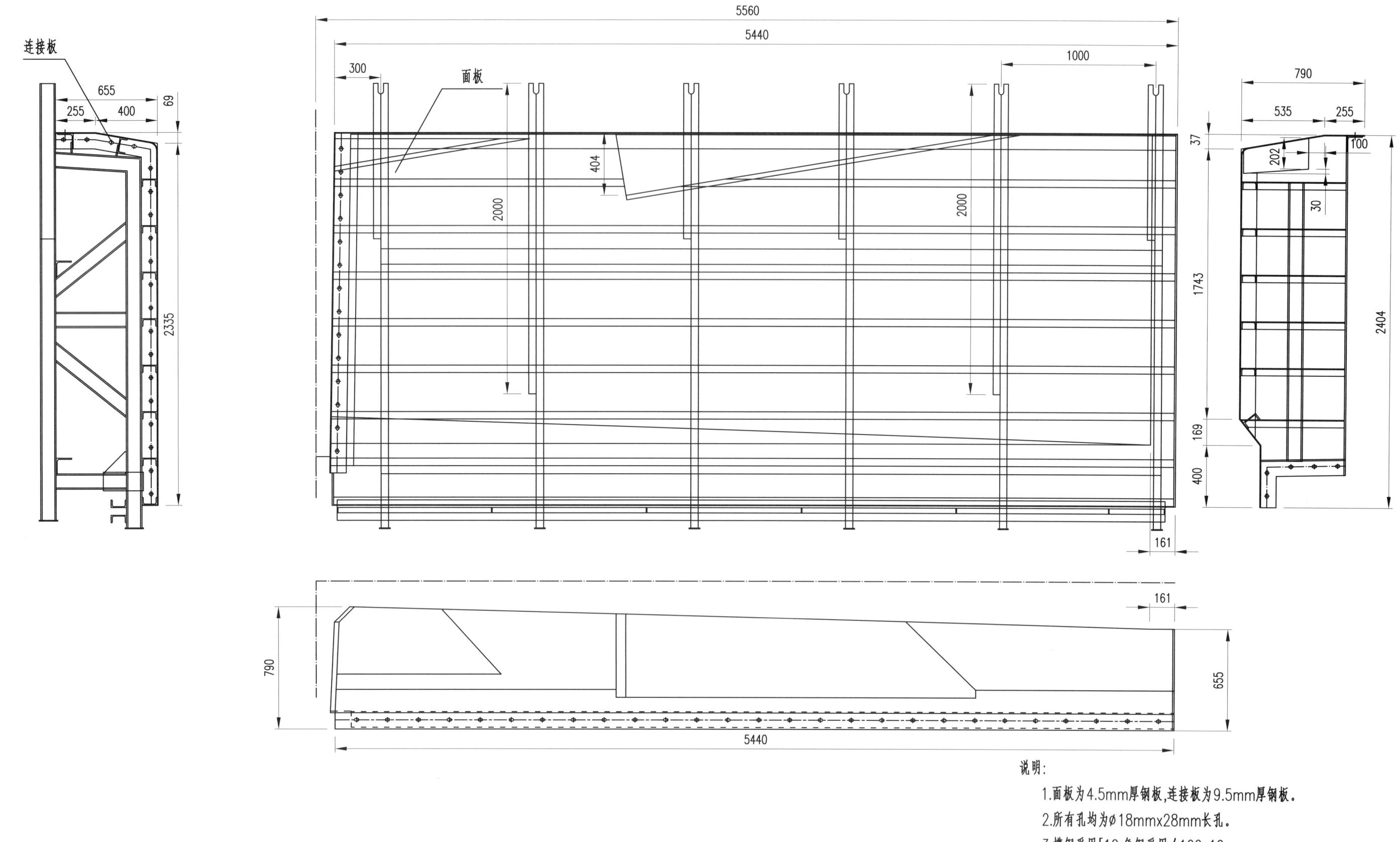

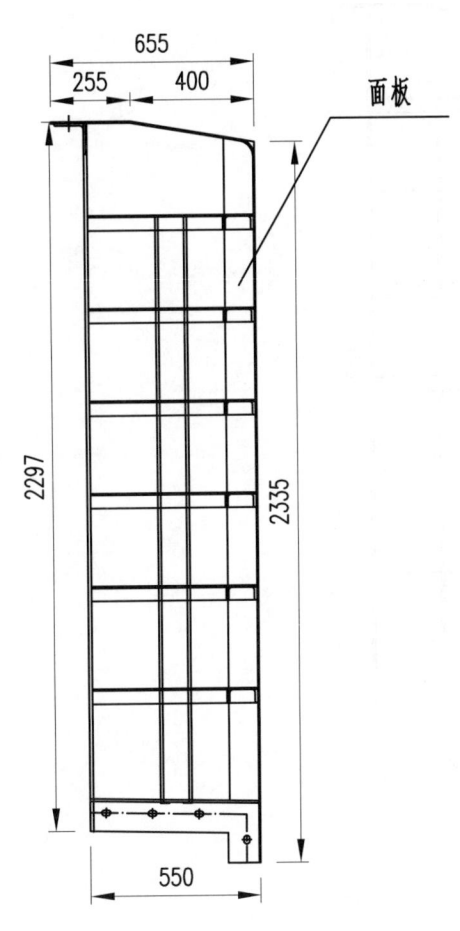
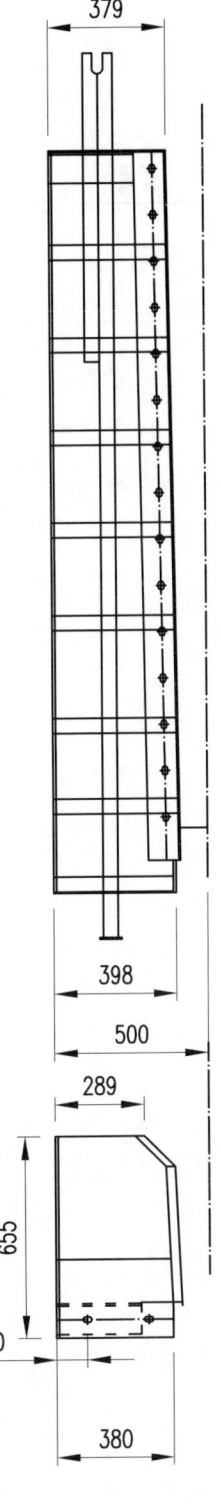
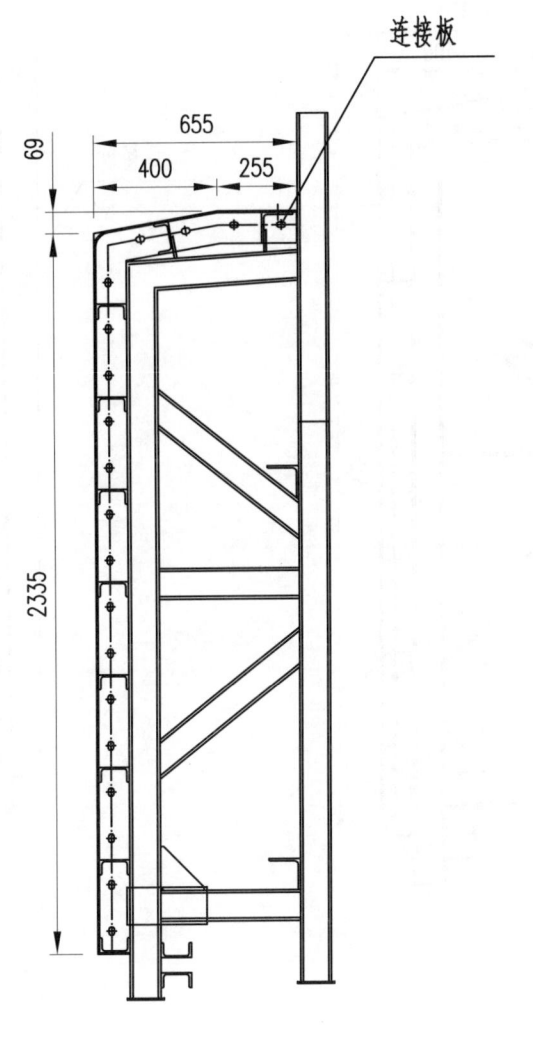

说明：
1. 面板为4.5mm厚钢板，连接板为9.5mm厚钢板。
2. 槽钢采用[10，角钢采用∠100x10。
3. 组拼合格后，方可编号、喷漆出厂。
4. 按照此图制作2件，左右对称制作2件，共4件。
5. 图中尺寸以mm计。

40mT梁模板	材质	Q235	单重	380kg
中梁高坡侧模04	件数	2	图号	7.4.4-5

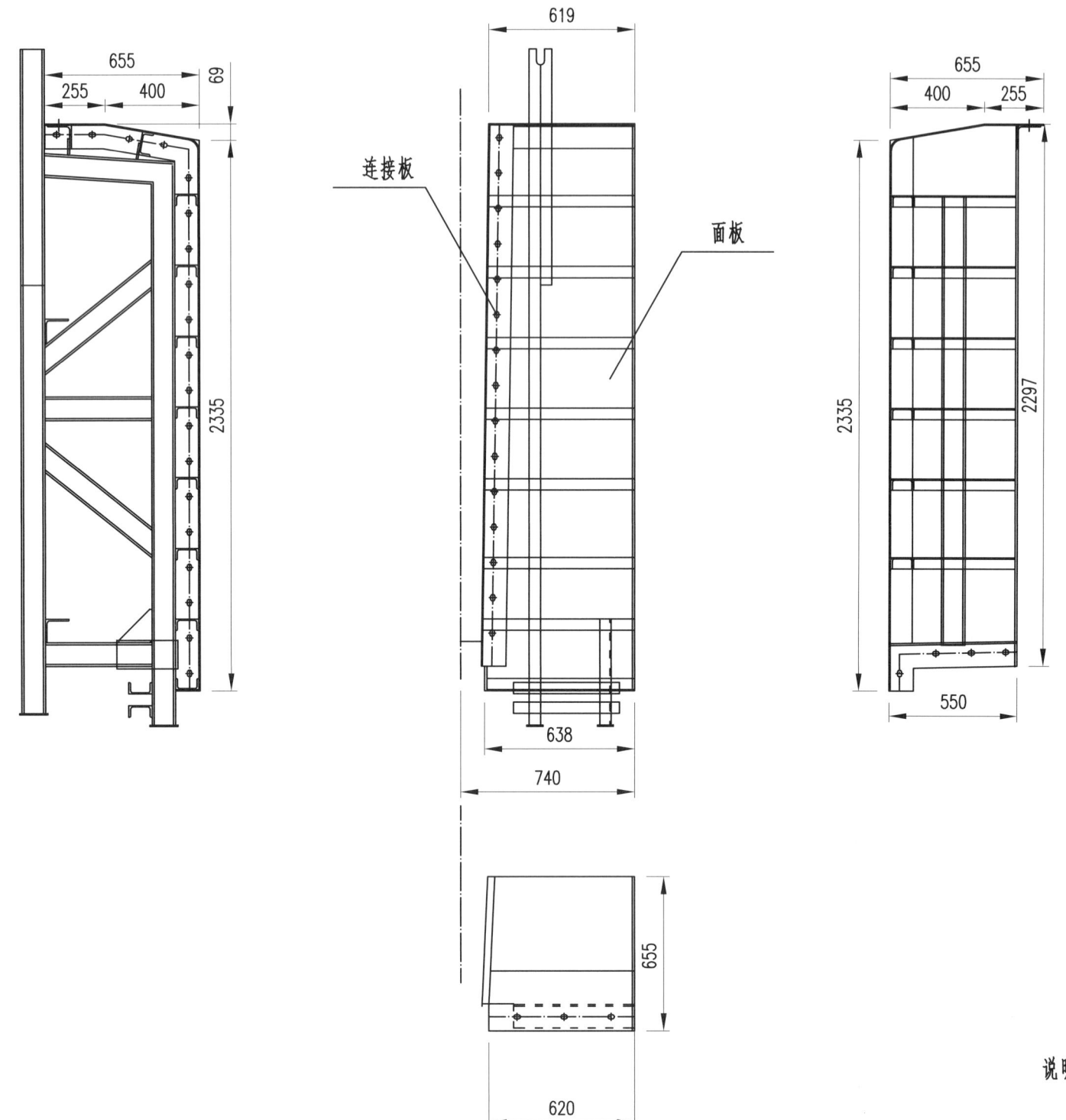

说明：
1. 面板为4.5mm厚钢板，连接板为9.5mm厚钢板。
2. 所有孔均为⌀18mm×28mm长孔。
3. 槽钢采用[10,角钢采用∠100×10。
4. 组拼合格后，方可编号、喷漆出厂。
5. 按照此图制作2件，左右对称制作2件，共4件。
6. 图中尺寸以mm计。

40mT梁模板	材 质	Q235	单 重	380kg
中梁高坡侧模05	件 数	2	图 号	7.4.4-6

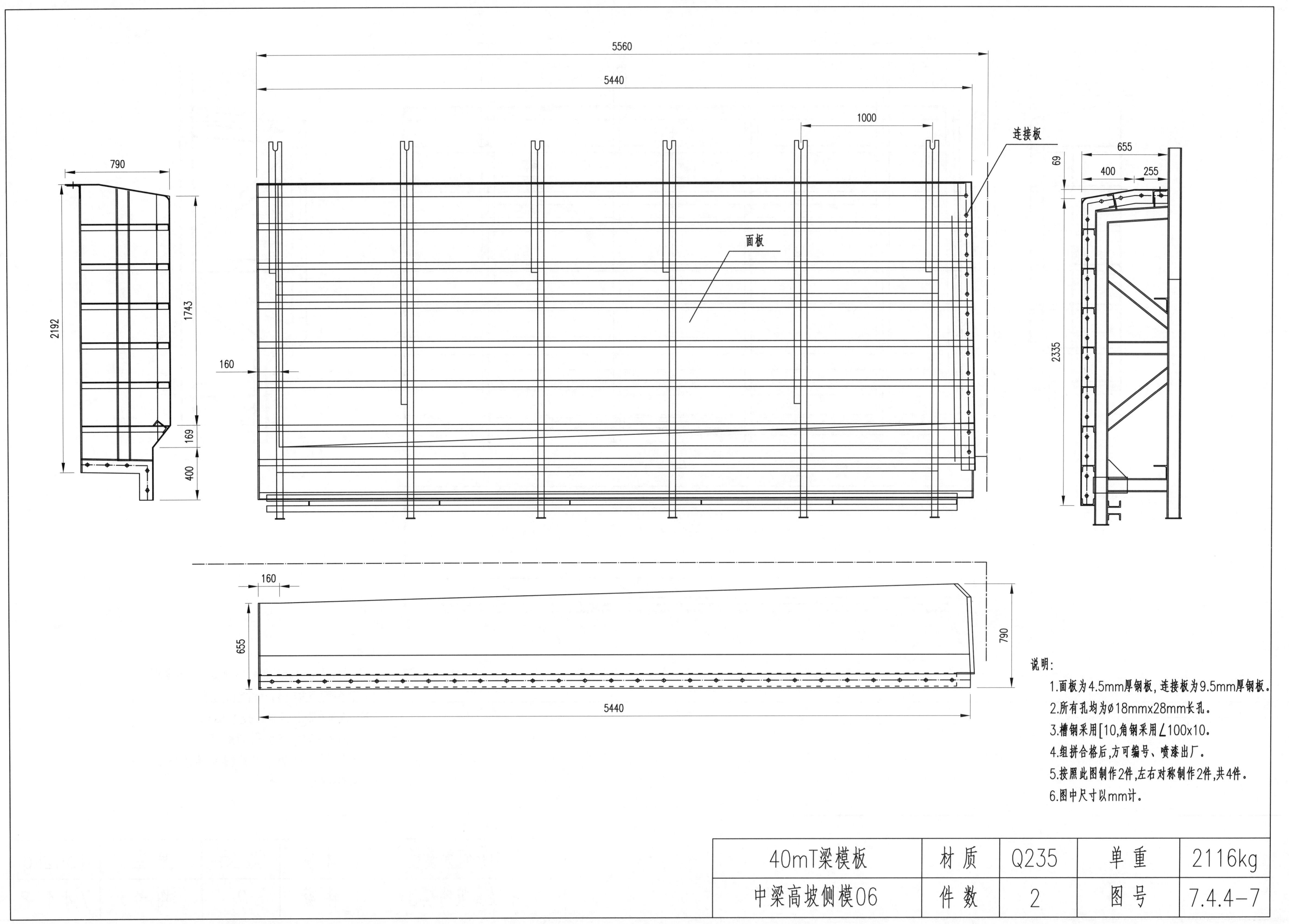

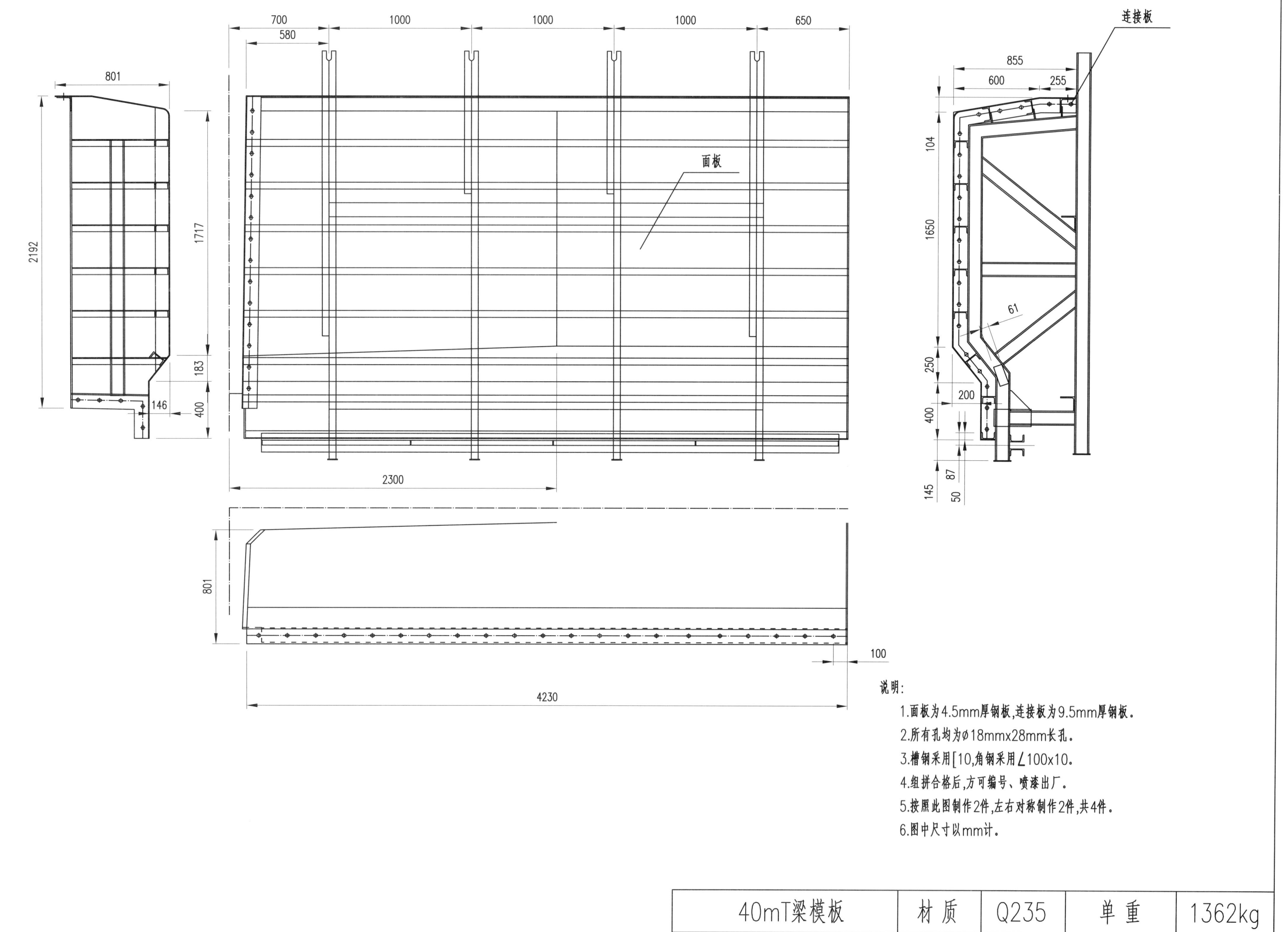

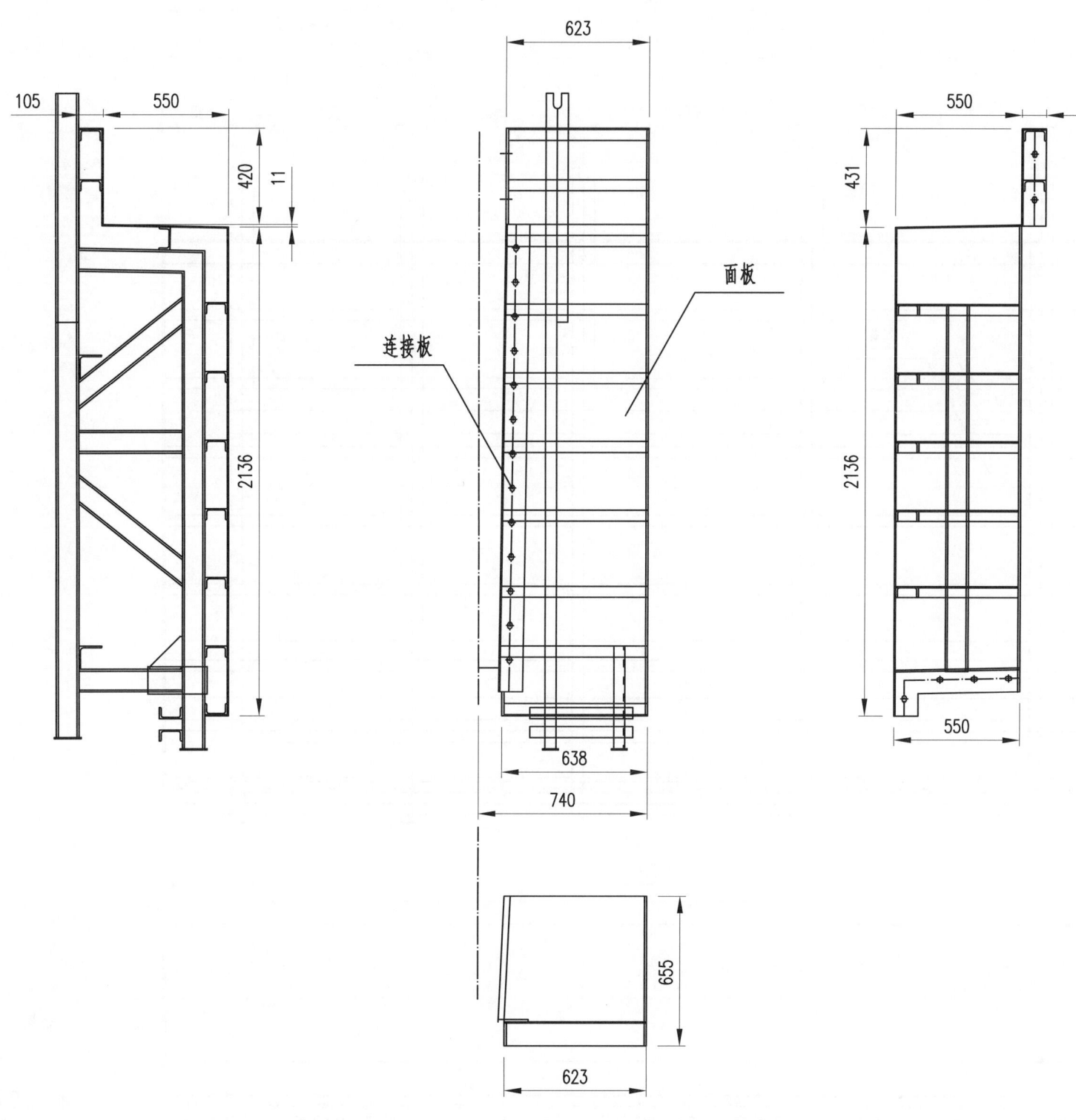

说明：
1. 面板为4.5mm厚钢板，连接板为9.5mm厚钢板。
2. 所有孔均为ø18mm×28mm长孔。
3. 槽钢采用[10,角钢采用∠100×10。
4. 组拼合格后，方可编号、喷漆出厂。
5. 按照此图制作2件，左右对称制作2件，共4件。
6. 图中尺寸以mm计。

40mT梁模板	材质	Q235	单重	380kg
中梁高坡侧模08	件数	2	图号	7.4.4-9

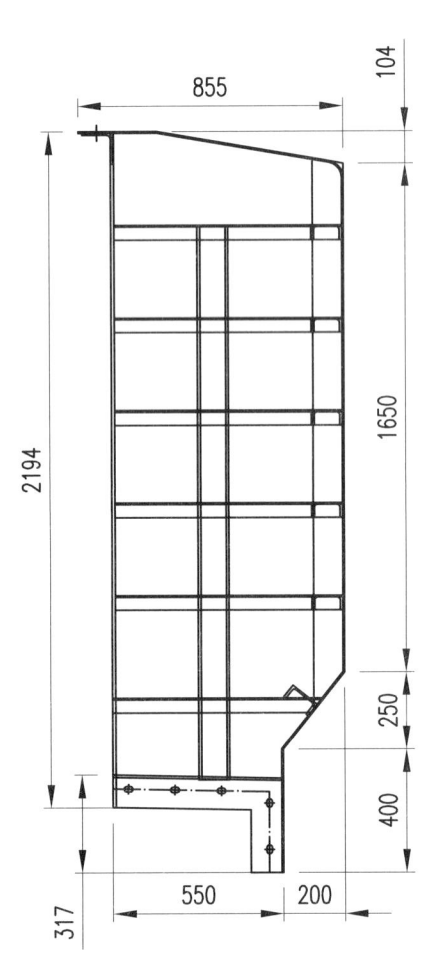
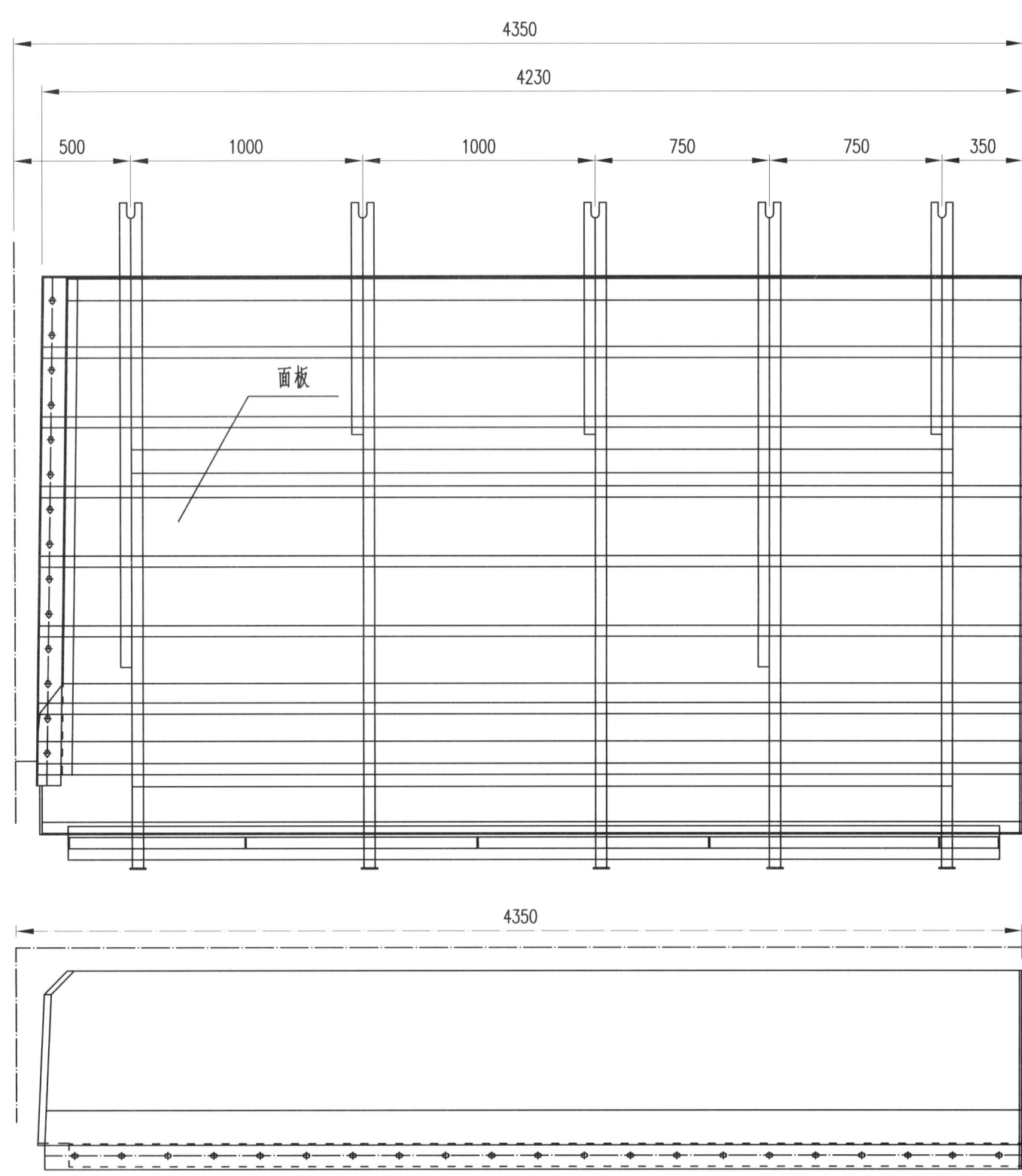
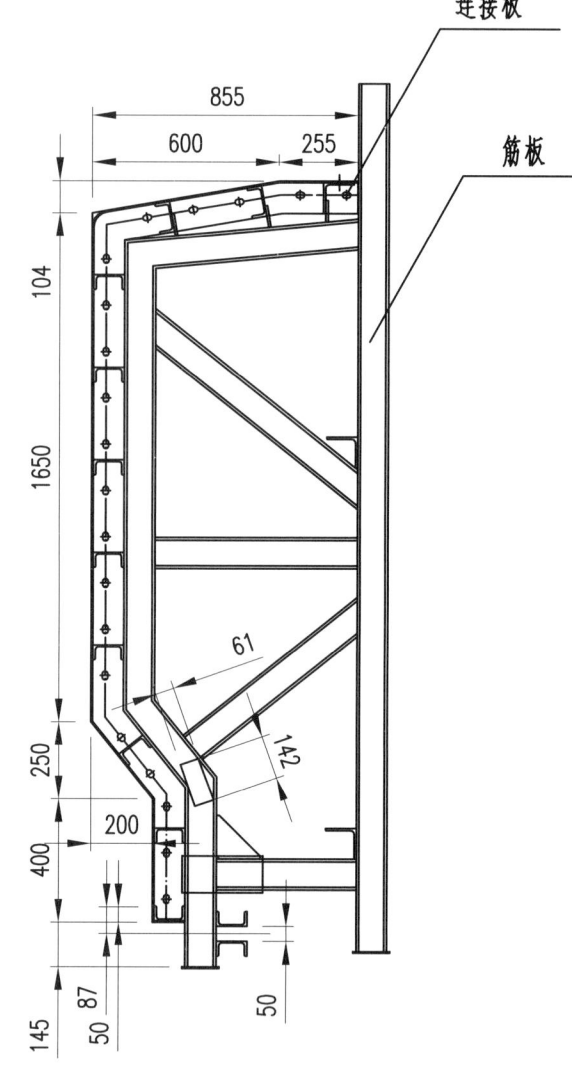

说明：
1. 面板为4.5mm厚钢板，连接板为9.5mm厚钢板。
2. 所有孔均为φ18mm×28mm长孔。
3. 槽钢采用[10，角钢采用∠100×10。
4. 组拼合格后，方可编号、喷漆出厂。
5. 按照此图制作2件，左右对称制作2件，共4件。
6. 图中尺寸以mm计。

40mT梁模板	材 质	Q235	单重	1400kg
中梁高坡侧模09	件 数	2	图号	7.4.4-10

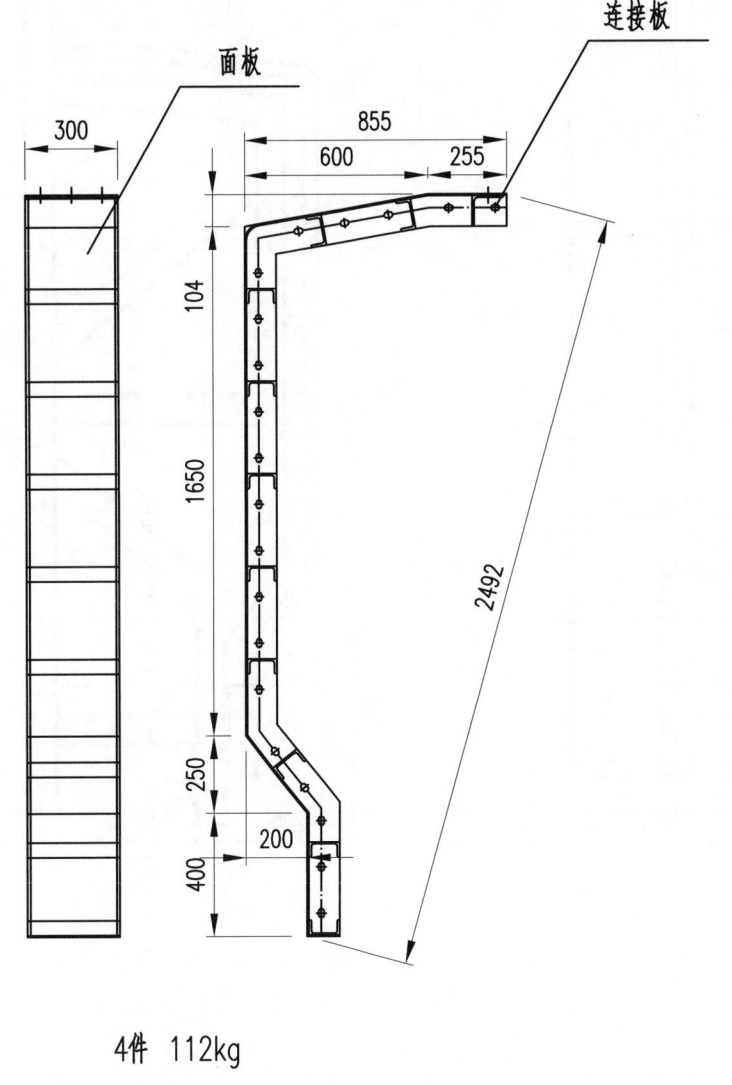

4件 112kg

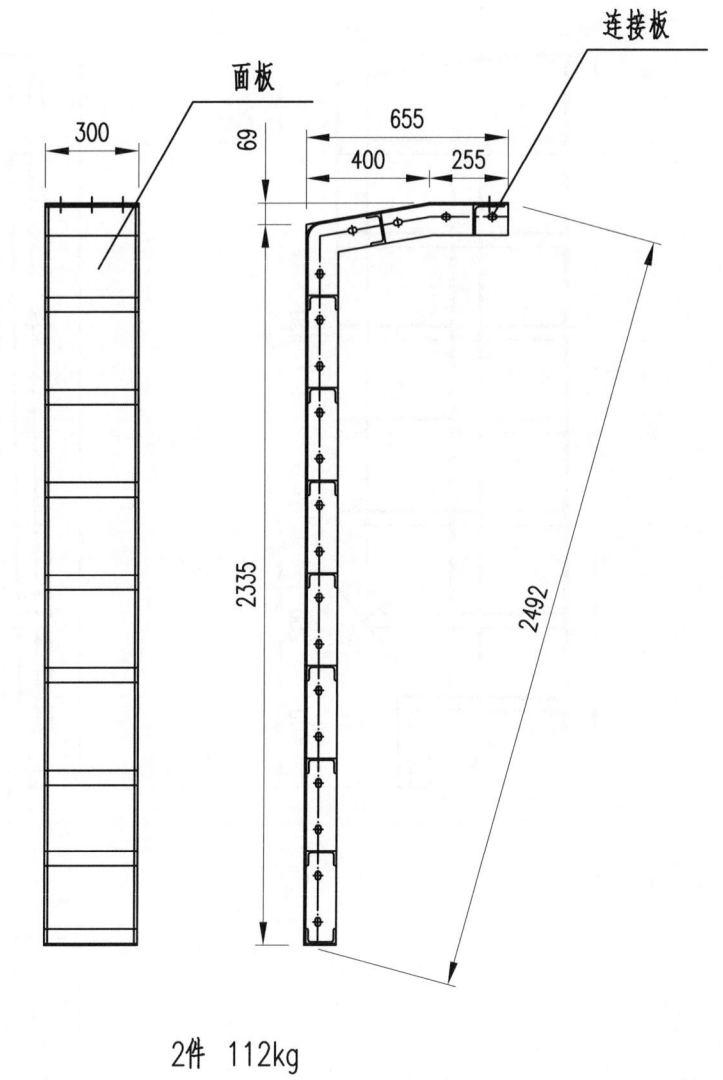

2件 112kg

说明：
1. 面板为4.5mm厚钢板，连接板为9.5mm厚钢板。
2. 所有孔均为⌀18mm×28mm长孔。
3. 槽钢采用[10，角钢采用∠100×10。
4. 组拼合格后，方可编号、喷漆出厂。
5. 图中尺寸以mm计。

40mT梁模板	材 质	Q235	单重	700kg
中梁高坡侧模10	件 数	2	图 号	7.4.4-11

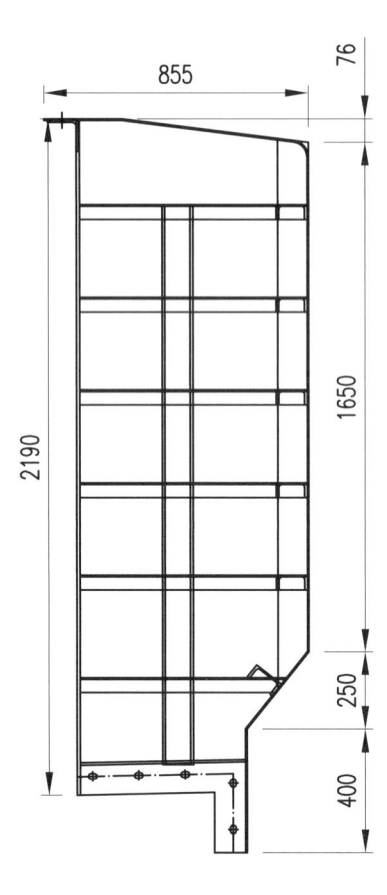
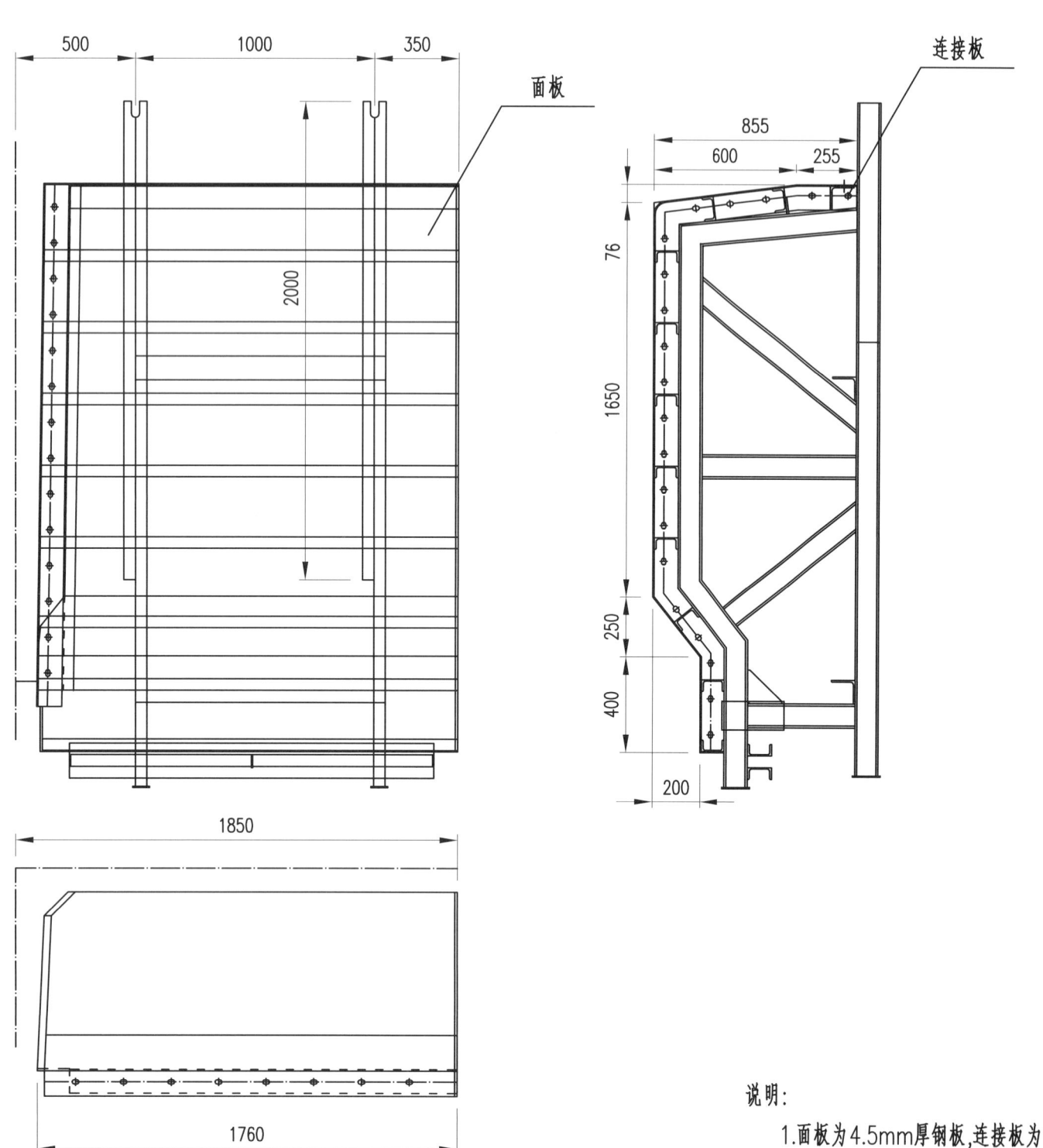

说明：
1. 面板为4.5mm厚钢板，连接板为9.5mm厚钢板。
2. 所有孔均为φ18mm×28mm长孔。
3. 槽钢采用[10,角钢采用∠100×10。
4. 组拼合格后，方可编号、喷漆出厂。
5. 按照此图制作2件，左右对称制作2件，共4件。
6. 图中尺寸以mm计。

40mT梁模板	材 质	Q235	单 重	700kg
中梁低坡侧模01	件 数	4	图 号	7.4.4-12

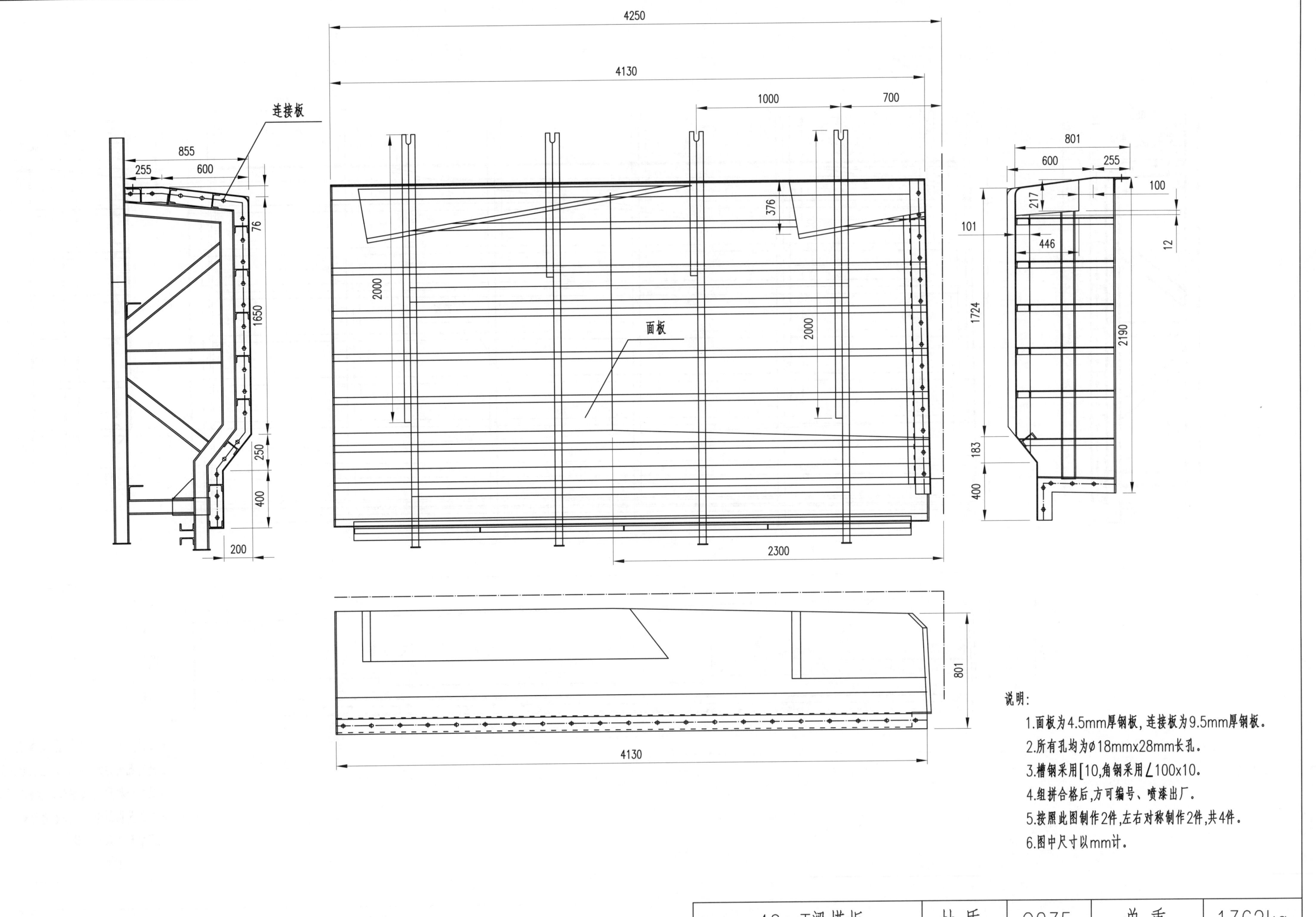

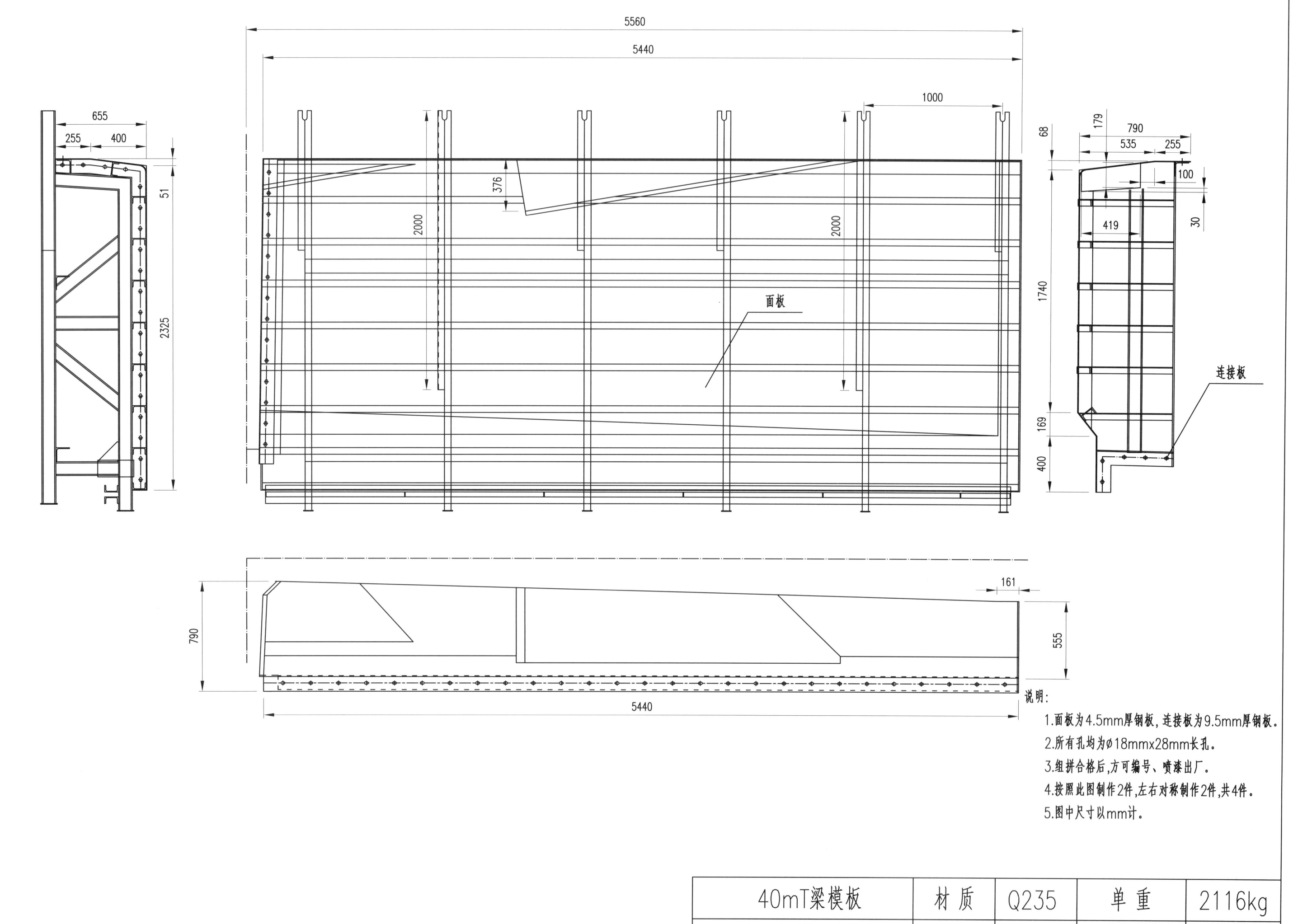

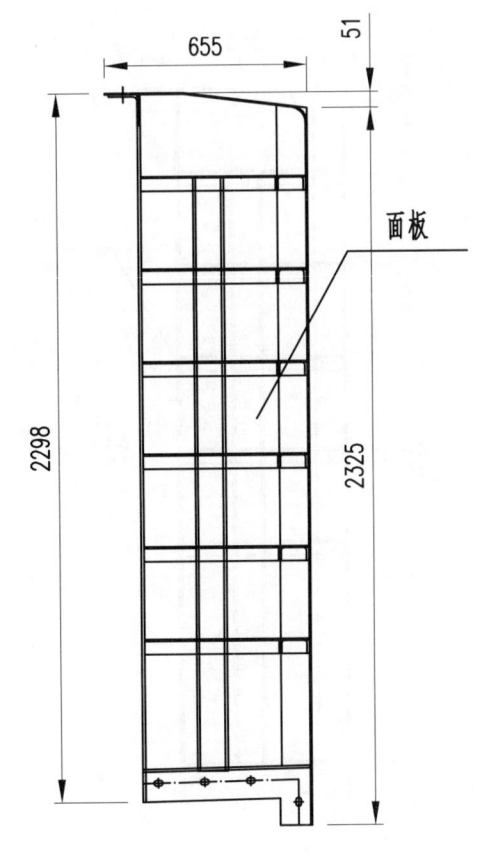
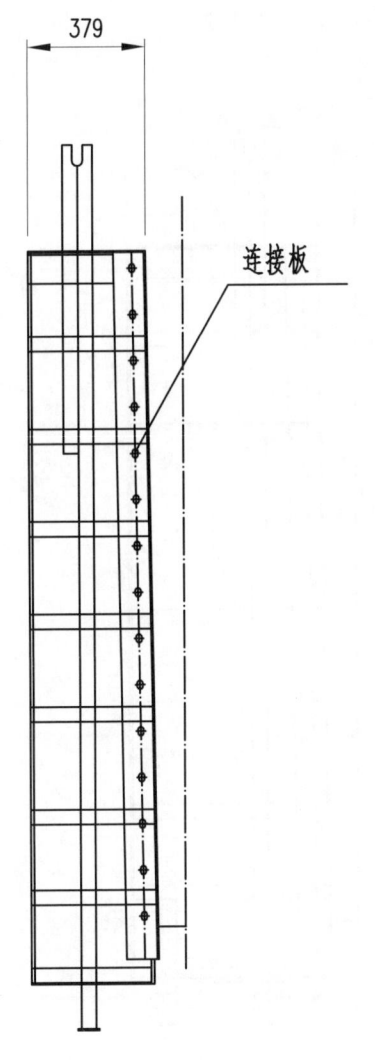
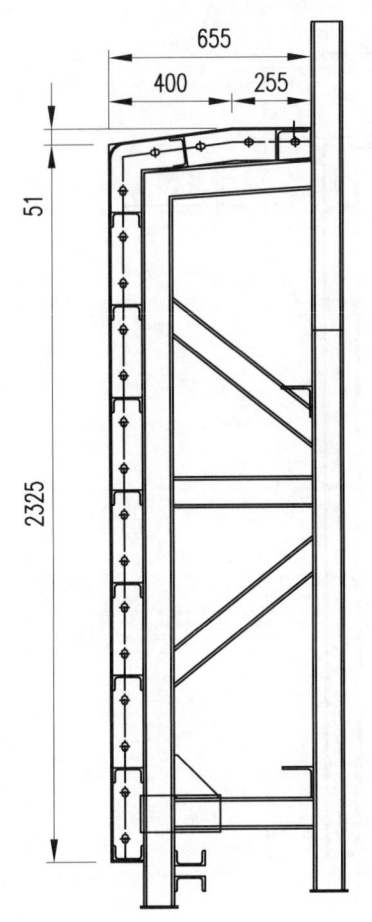
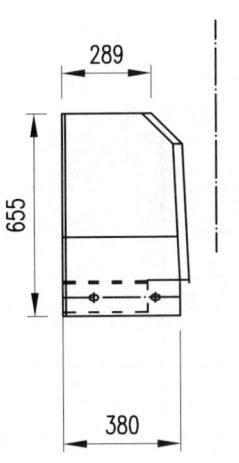

说明：
1. 面板为4.5mm厚钢板，连接板为9.5mm厚钢板。
2. 所有孔均为∅18mm×28mm长孔。
3. 槽钢采用[10,角钢采用∠100×10。
4. 组拼合格后，方可编号、喷漆出厂。
5. 按照此图制作2件，左右对称制作2件，共4件。
6. 图中尺寸以mm计。

40mT梁模板	材质	Q235	单重	380kg
中梁低坡侧模04	件数	2	图号	7.4.4-15

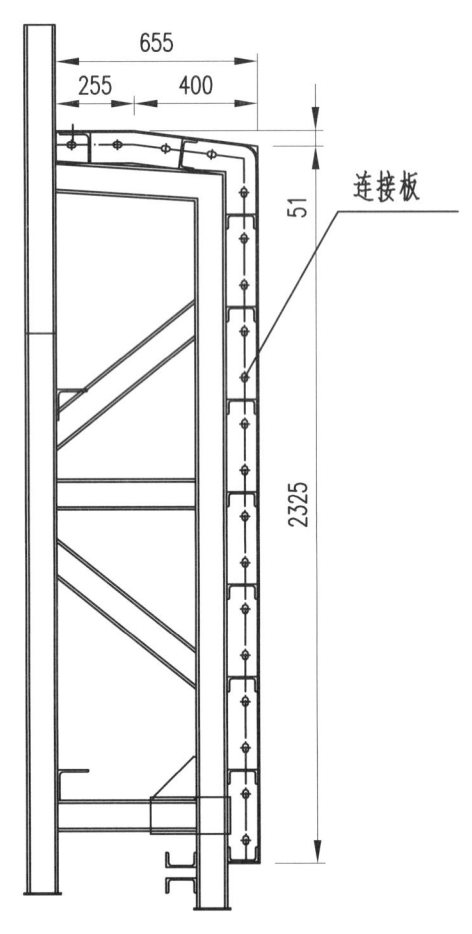
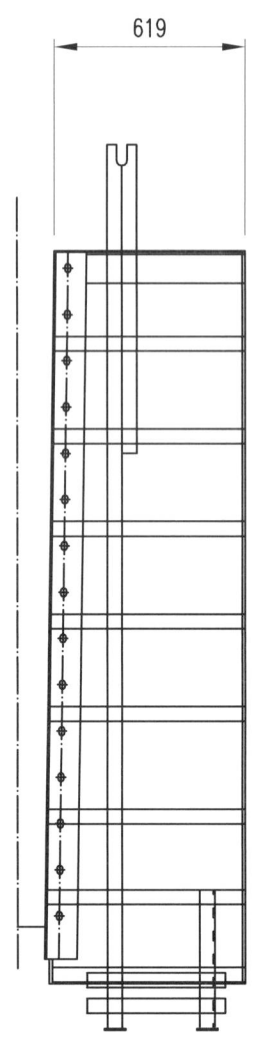
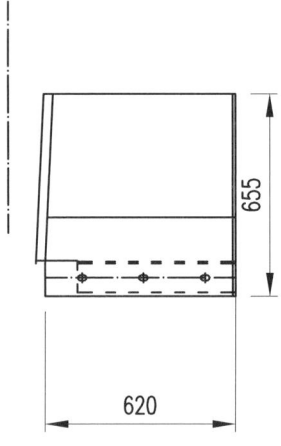
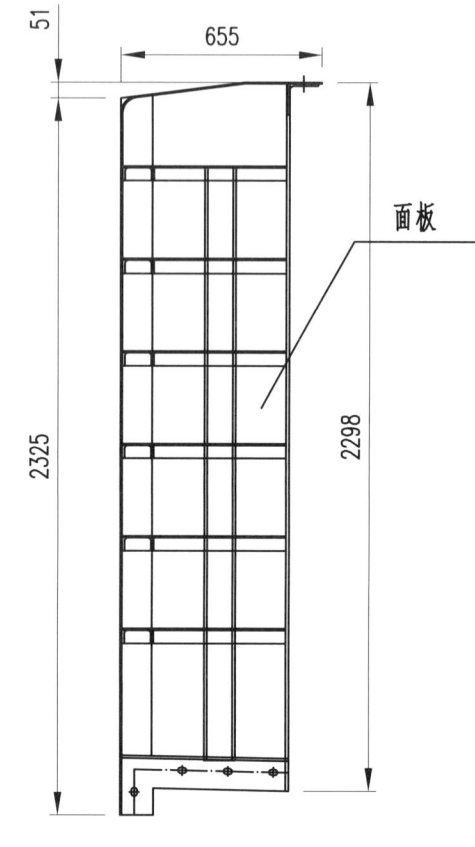

连接板

面板

说明：
1. 面板为4.5mm厚钢板，连接板为9.5mm厚钢板。
2. 所有孔均为ø18mm×28mm长孔。
3. 槽钢采用[10，角钢采用∠100×10。
4. 组拼合格后，方可编号、喷漆出厂。
5. 按照此图制作2件，左右对称制作2件，共4件。
6. 图中尺寸以mm计。

40mT梁模板	材质	Q235	单重	380kg
中梁低坡侧模05	件数	2	图号	7.4.4-16

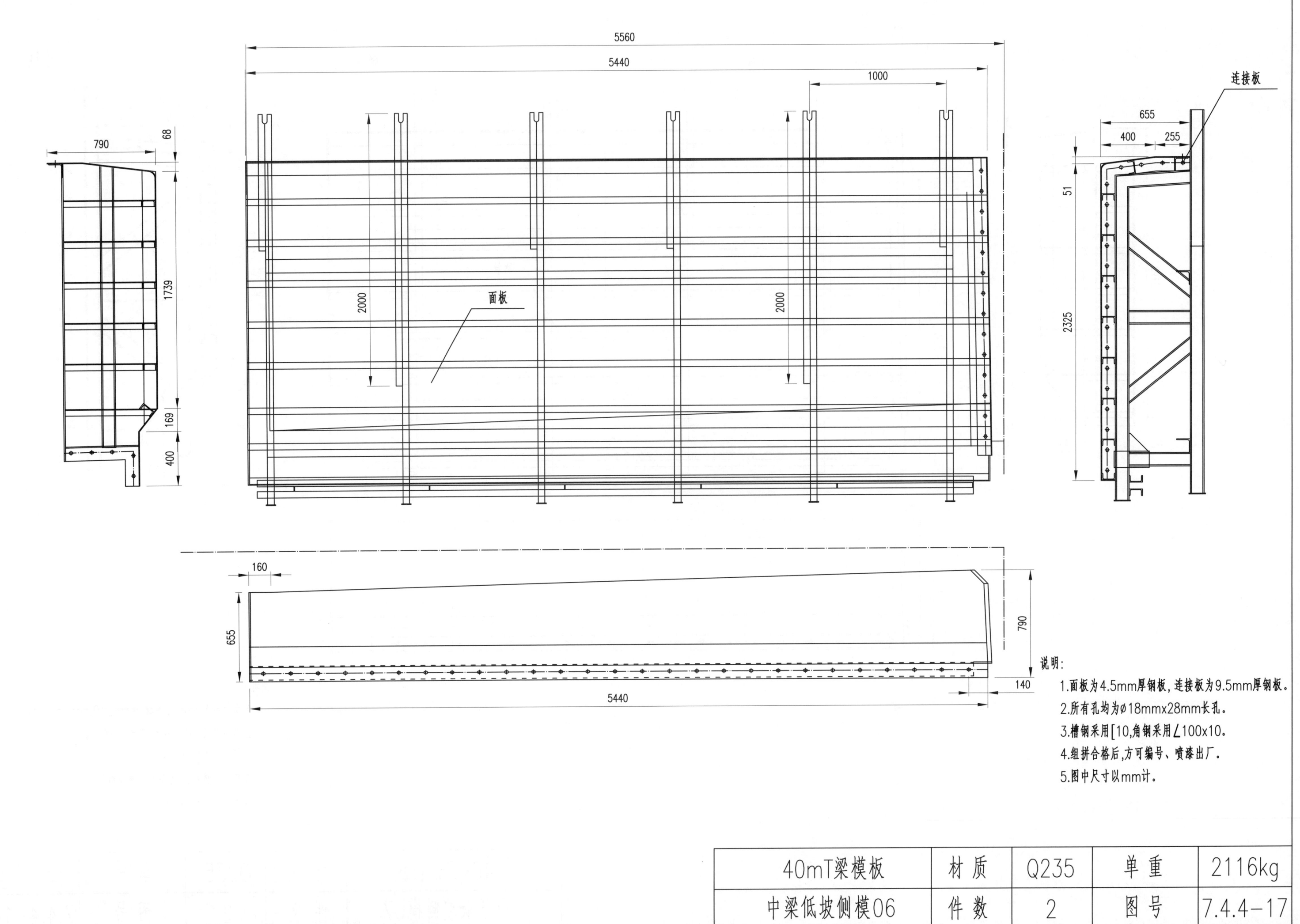

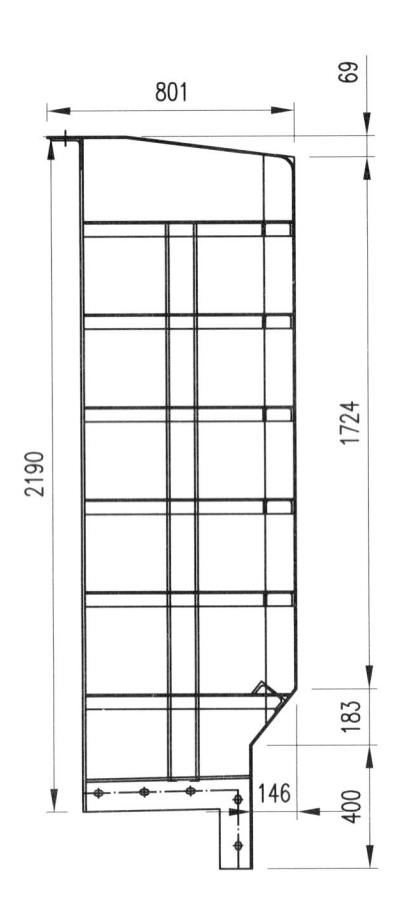
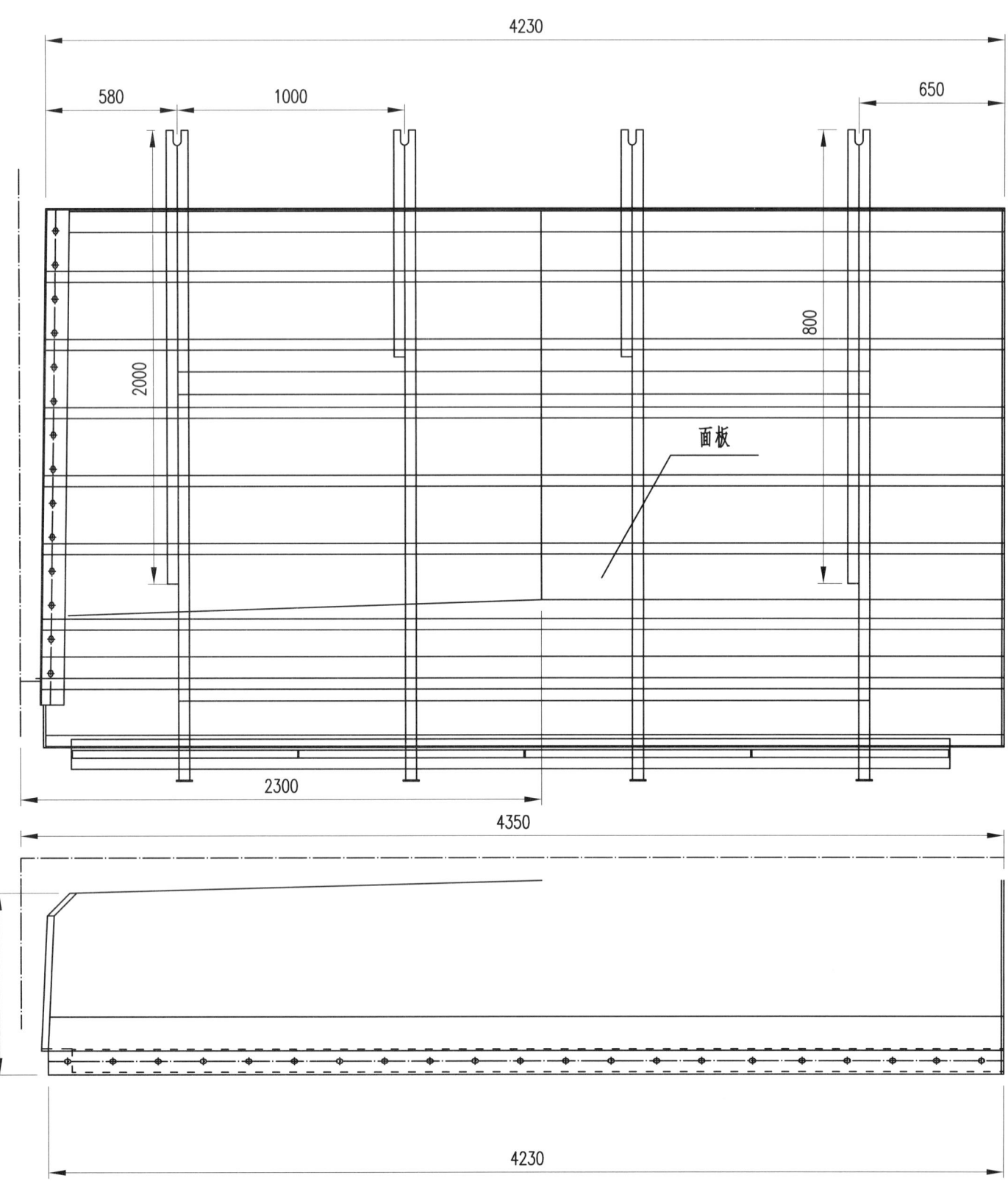
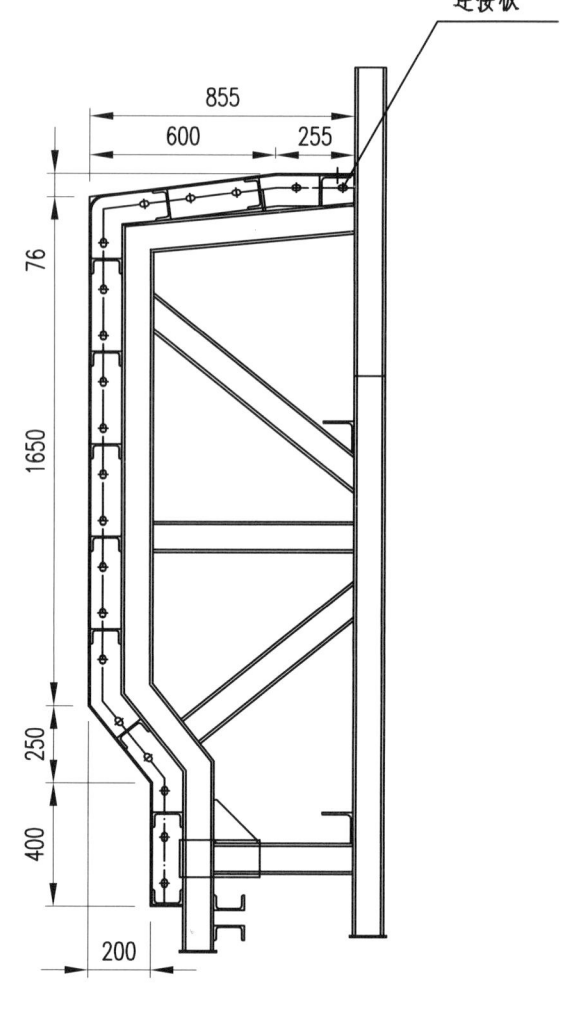

说明:
1. 面板为4.5mm厚钢板,连接板为9.5mm厚钢板。
2. 所有孔均为φ18mm×28mm长孔。
3. 槽钢采用[10,角钢采用∠100×10。
4. 组拼合格后,方可编号、喷漆出厂。
5. 图中尺寸以mm计。

40mT梁模板	材 质	Q235	单 重	1362kg
中梁低坡侧模07	件 数	2	图 号	7.4.4-18

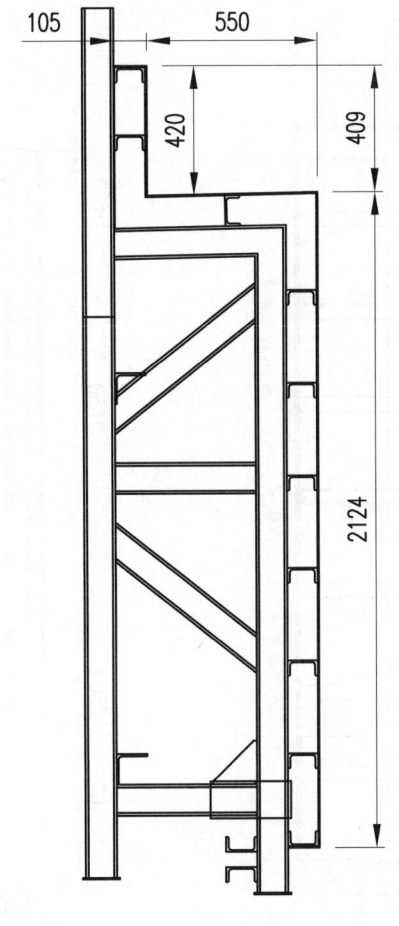
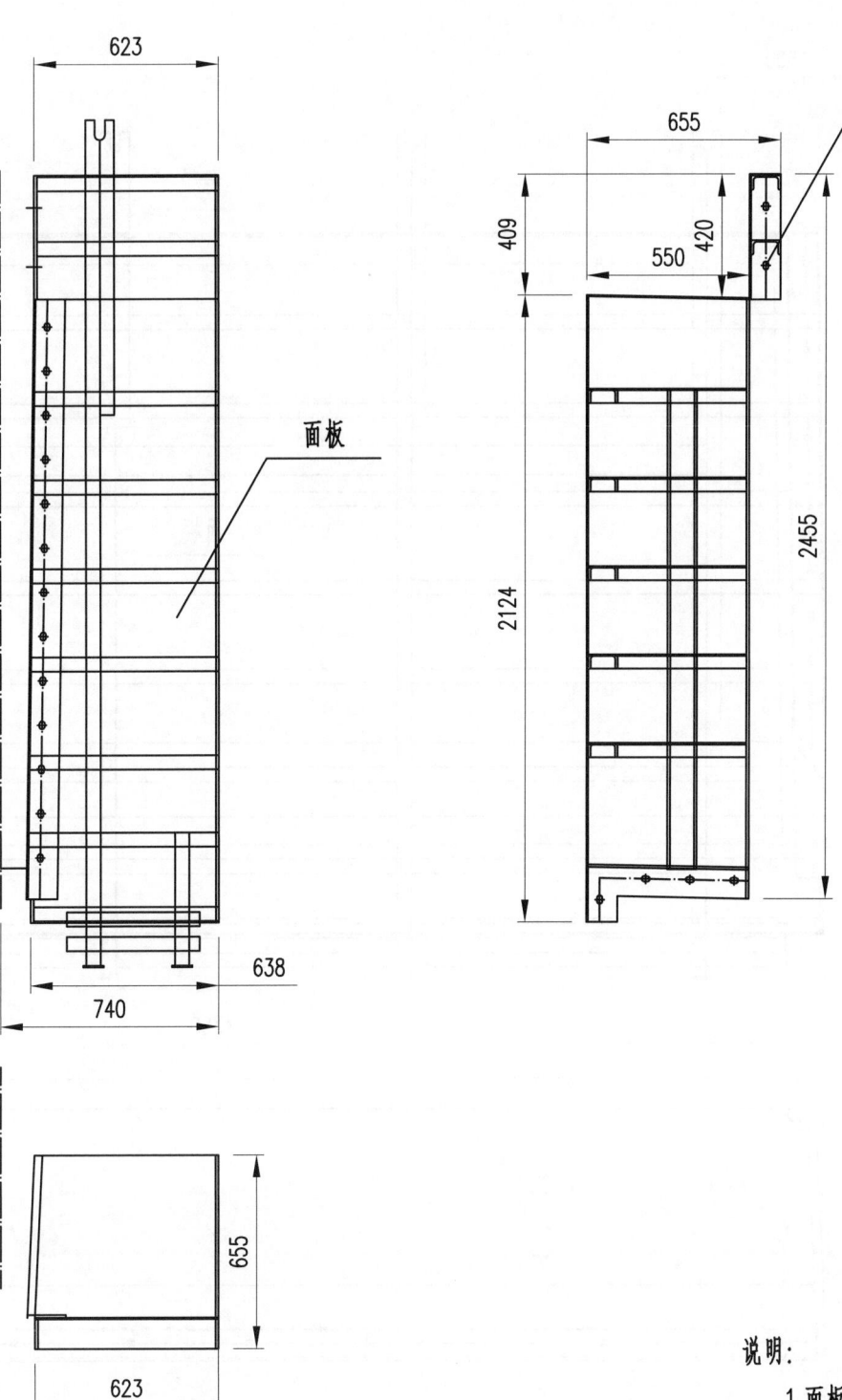
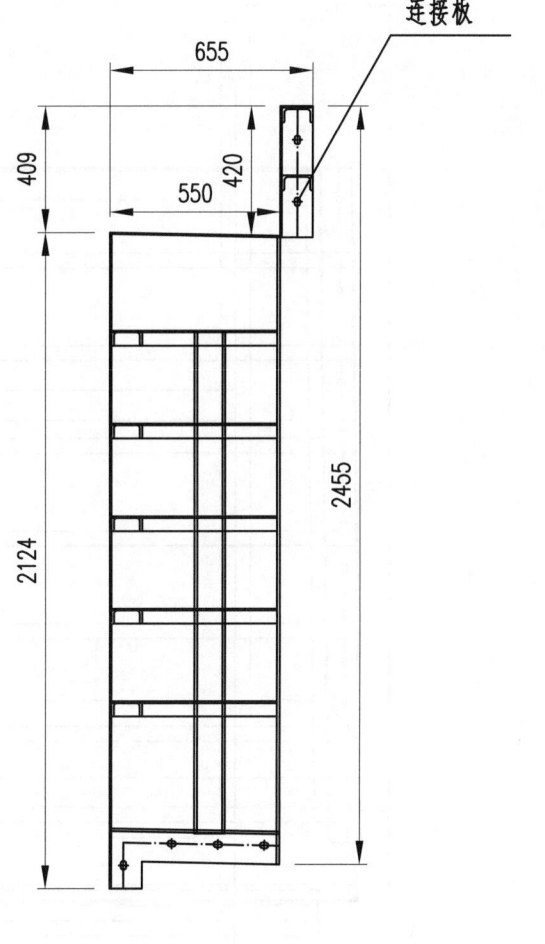

说明：
1. 面板为4.5mm厚钢板，连接板为9.5mm厚钢板。
2. 所有孔均为⌀18mm×28mm长孔。
3. 槽钢采用[10，角钢采用∠100×10。
4. 组拼合格后，方可编号、喷漆出厂。
5. 按照此图制作2件，左右对称制作2件，共4件。
6. 图中尺寸以mm计。

40mT梁模板	材 质	Q235	单 重	380kg
中梁低坡侧模08	件 数	2	图 号	7.4.4-19

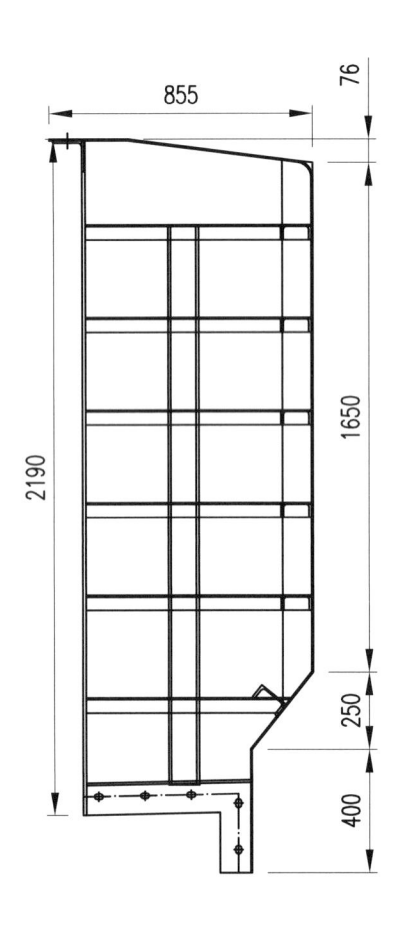
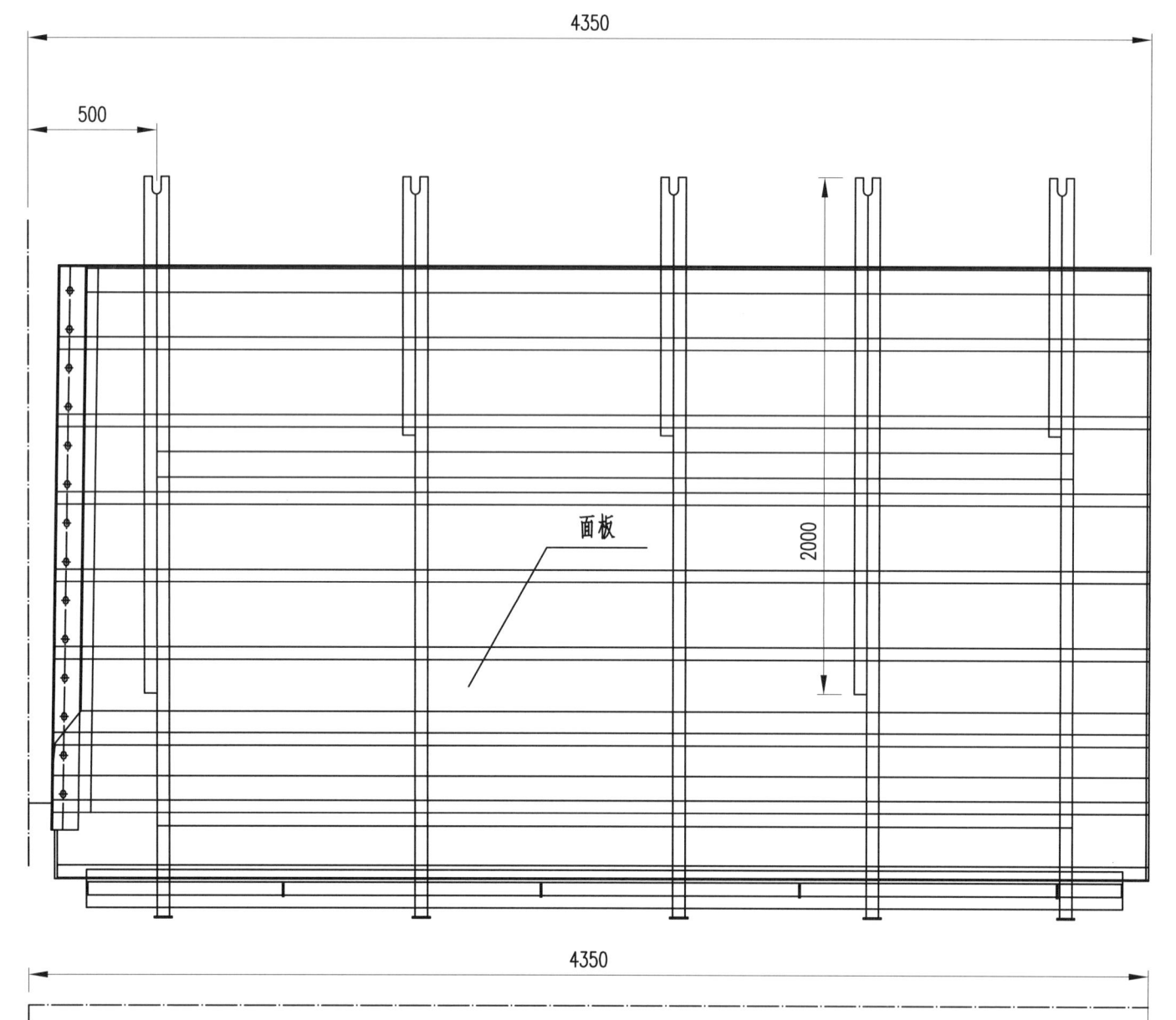
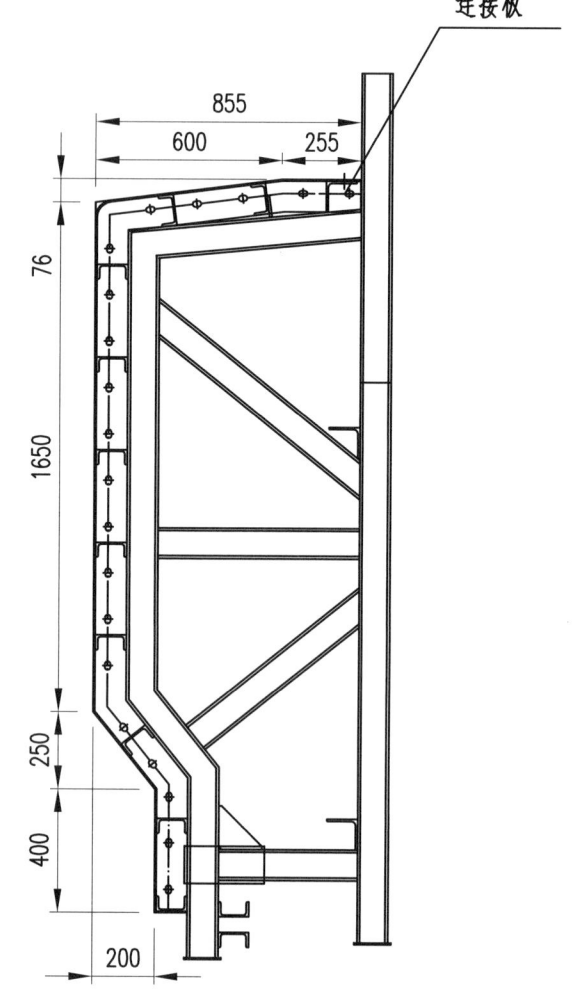
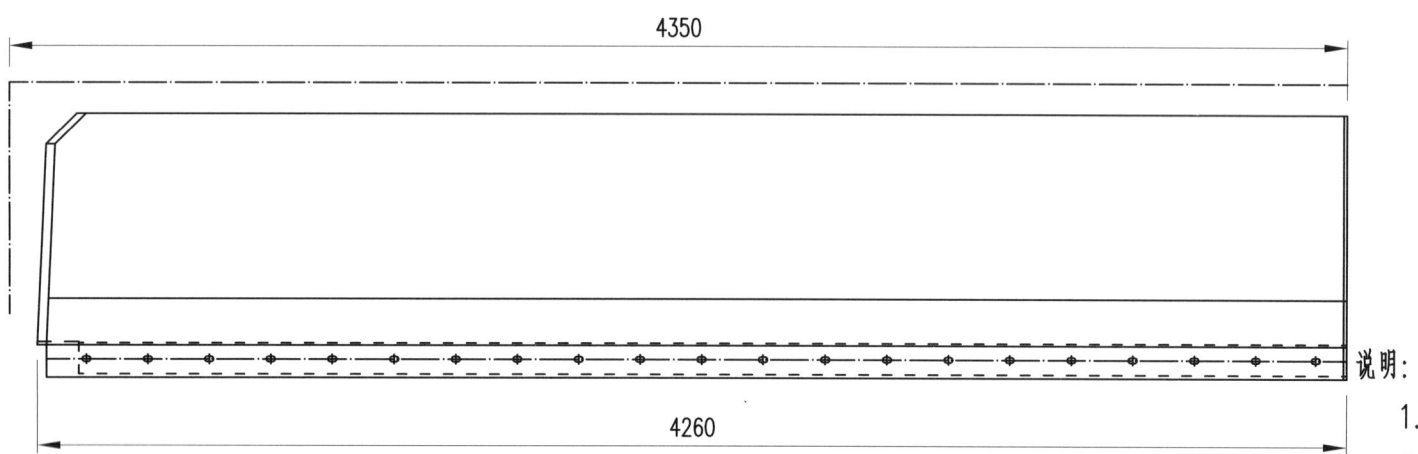

说明：
1. 面板为4.5mm厚钢板，连接板为9.5mm厚钢板。
2. 所有孔均为⌀18mm×28mm长孔。
3. 槽钢采用[10，角钢采用∠100×10。
4. 组拼合格后，方可编号、喷漆出厂。
5. 按照此图制作2件，左右对称制作2件，共4件。
6. 图中尺寸以mm计。

40mT梁模板	材质	Q235	单重	1400kg
中梁低坡侧模09	件数	2	图号	7.4.4-20

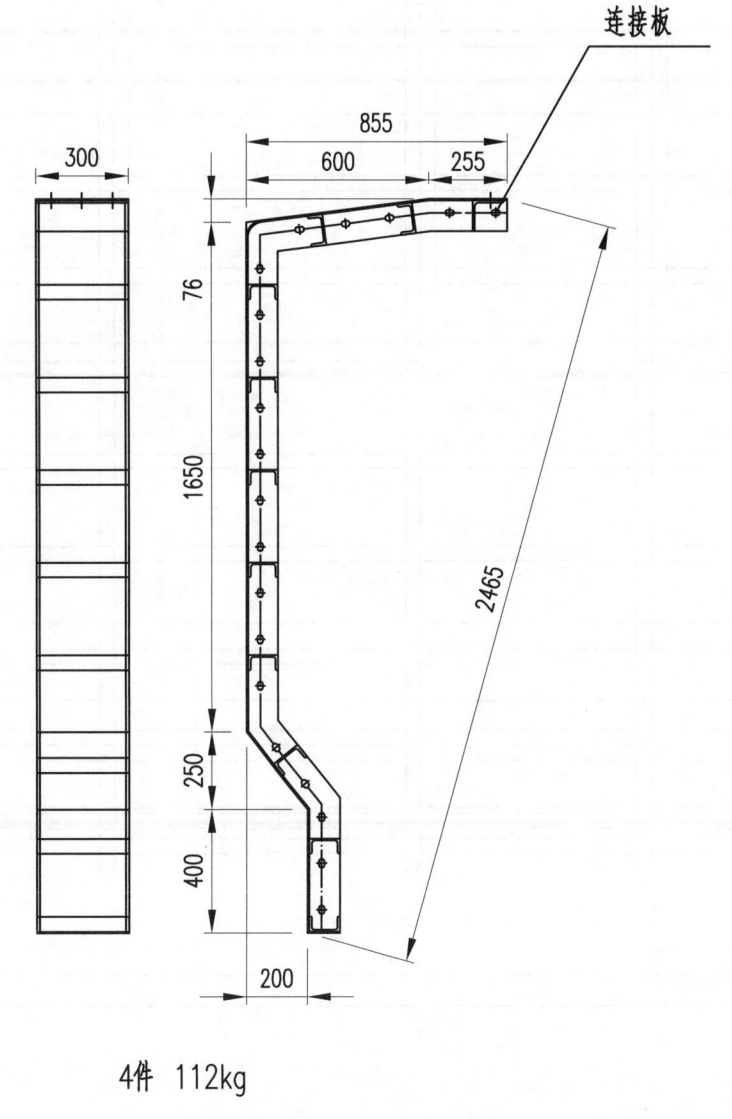

4件 112kg

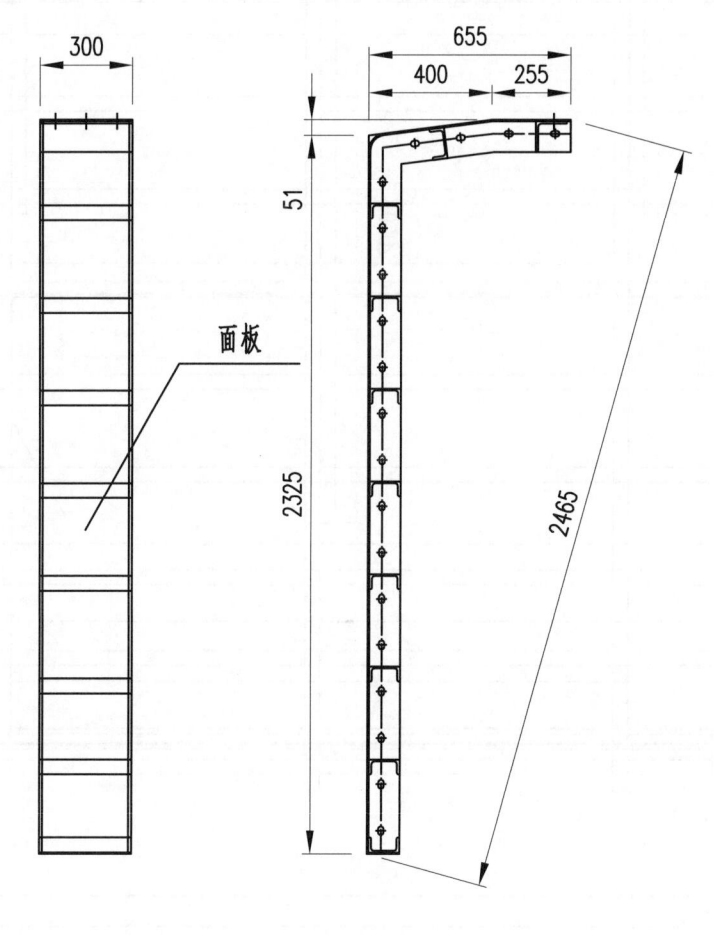

2件 112kg

说明：
1. 面板为4.5mm厚钢板，连接板为9.5mm厚钢板。
2. 所有孔均为∅18mm×28mm长孔。
3. 槽钢采用[10,角钢采用∠100×10。
4. 组拼合格后，方可编号、喷漆出厂。
5. 按照此图制作2件，左右对称制作2件，共4件。
6. 图中尺寸以mm计。

40mT梁模板	材 质	Q235	单 重	700kg
中梁低坡侧模10	件 数	1	图 号	7.4.4-21

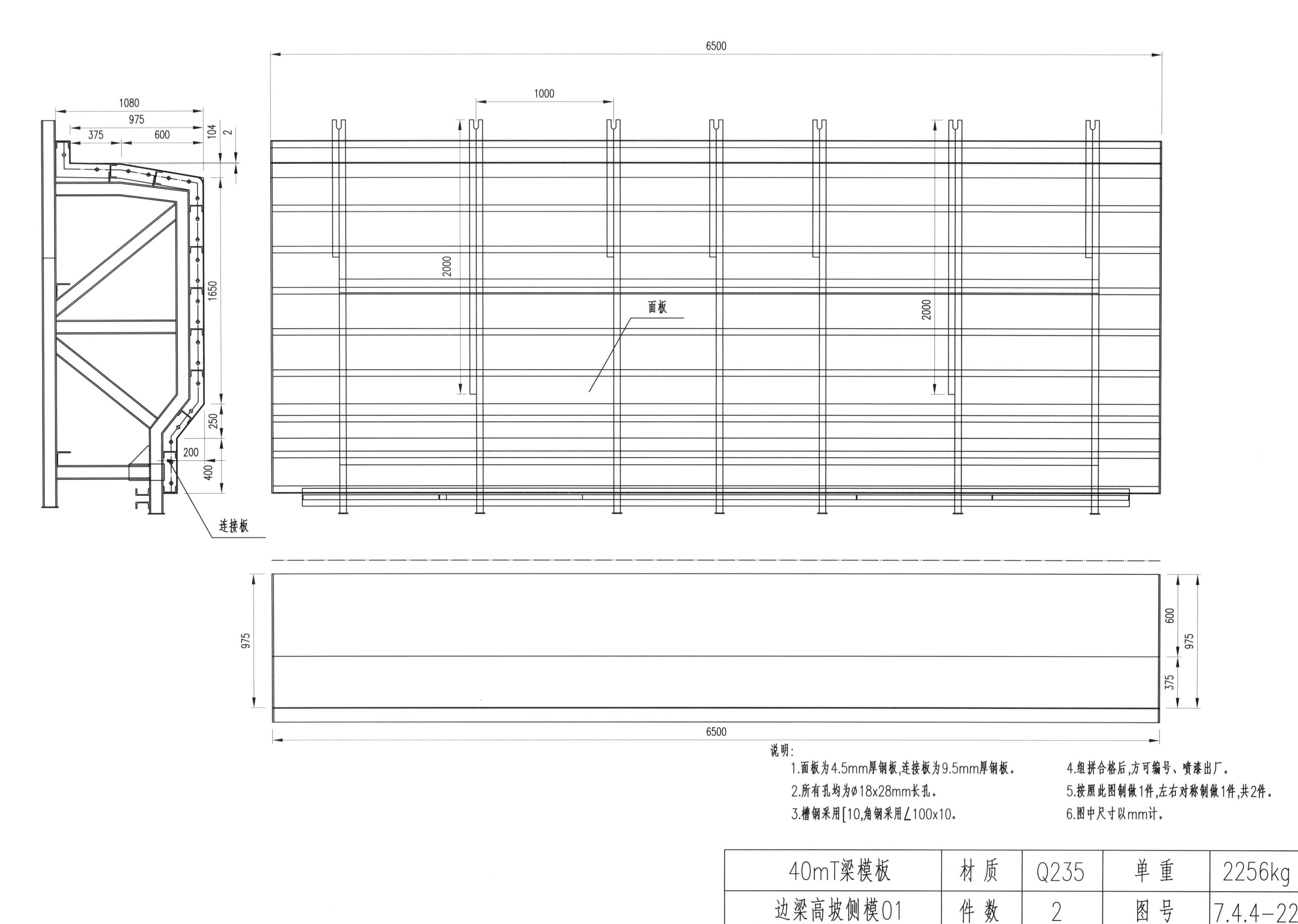

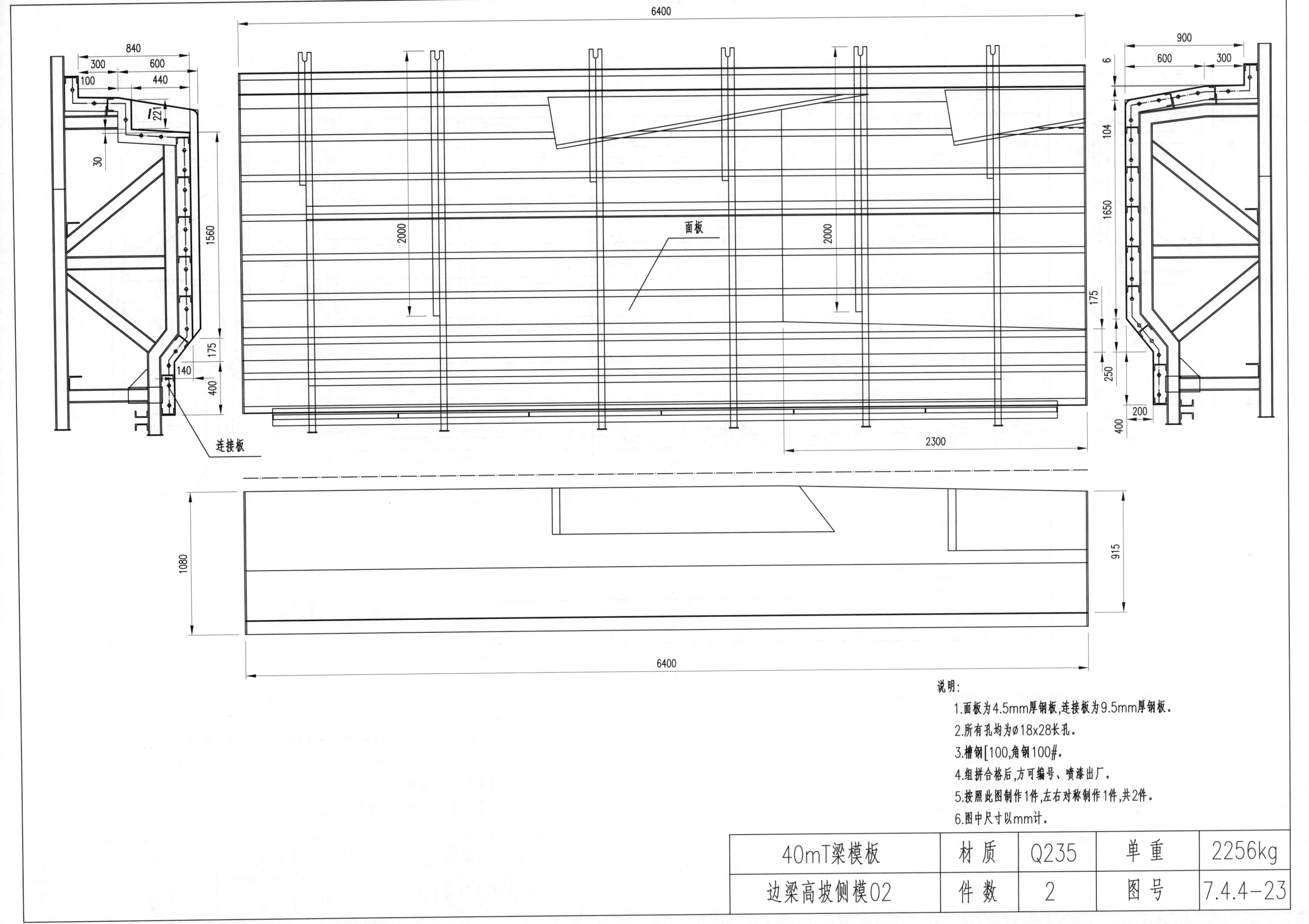

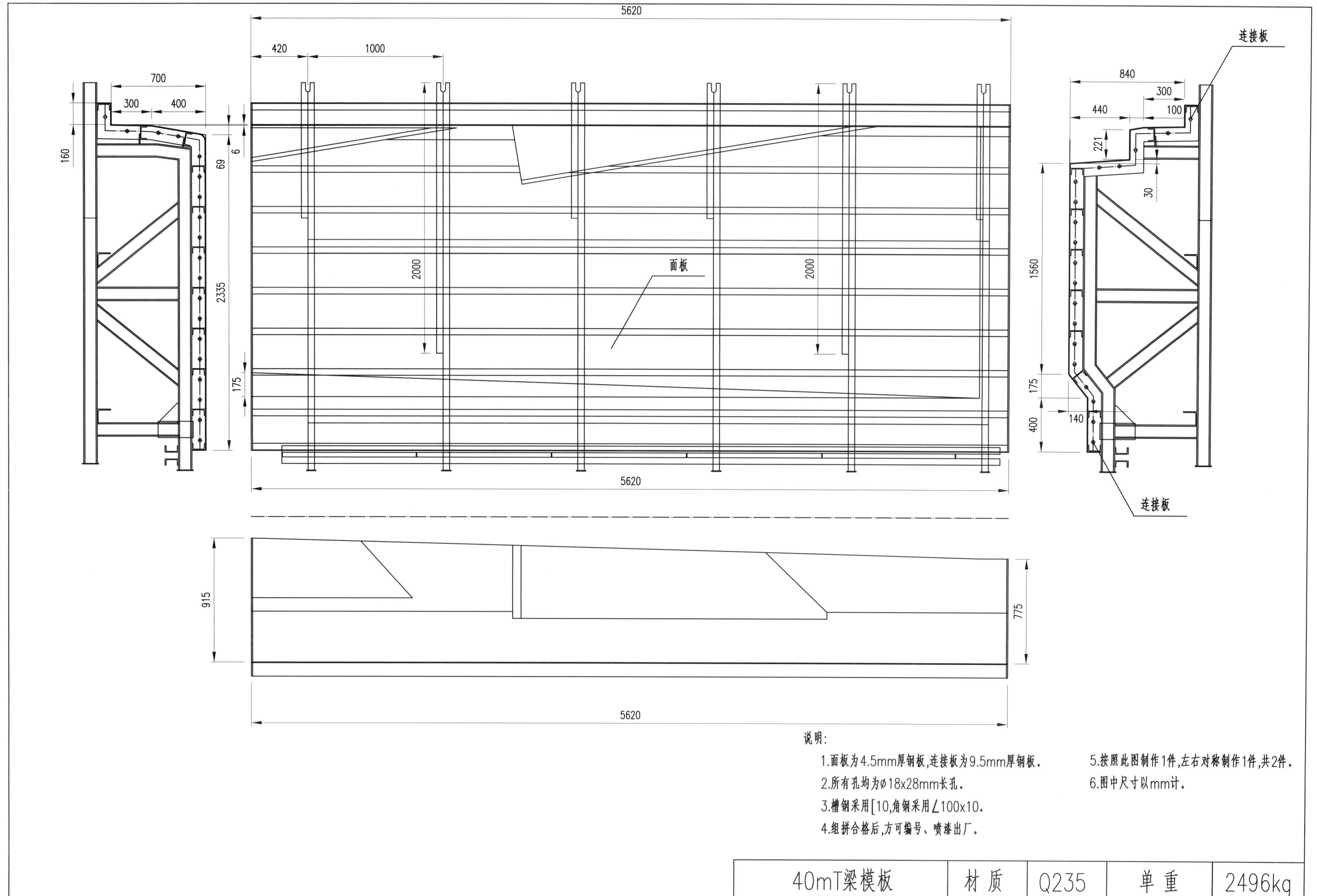

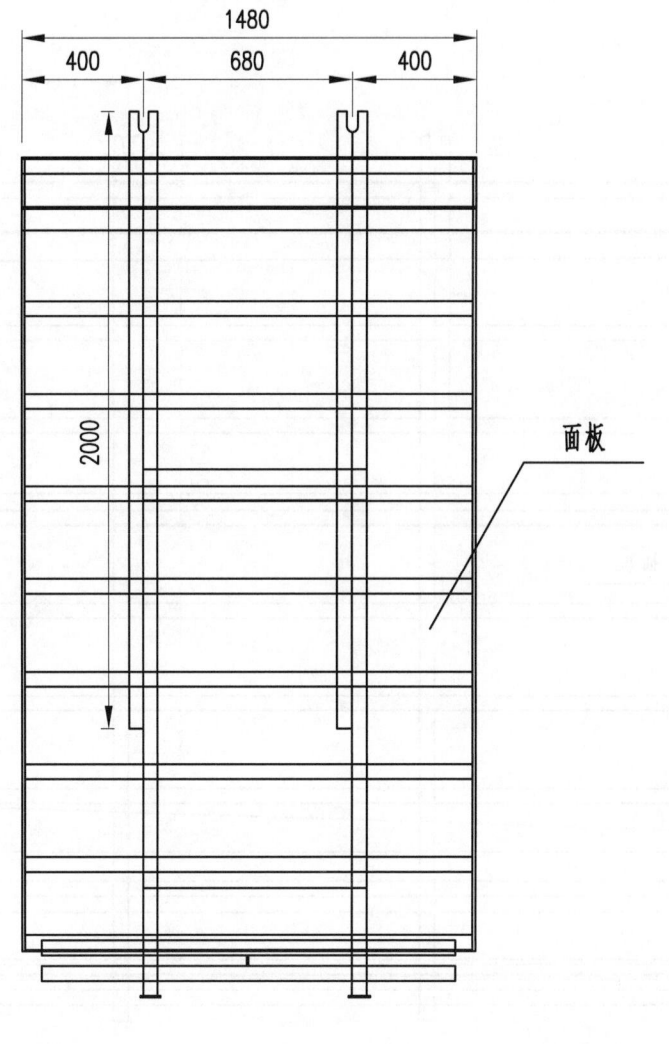
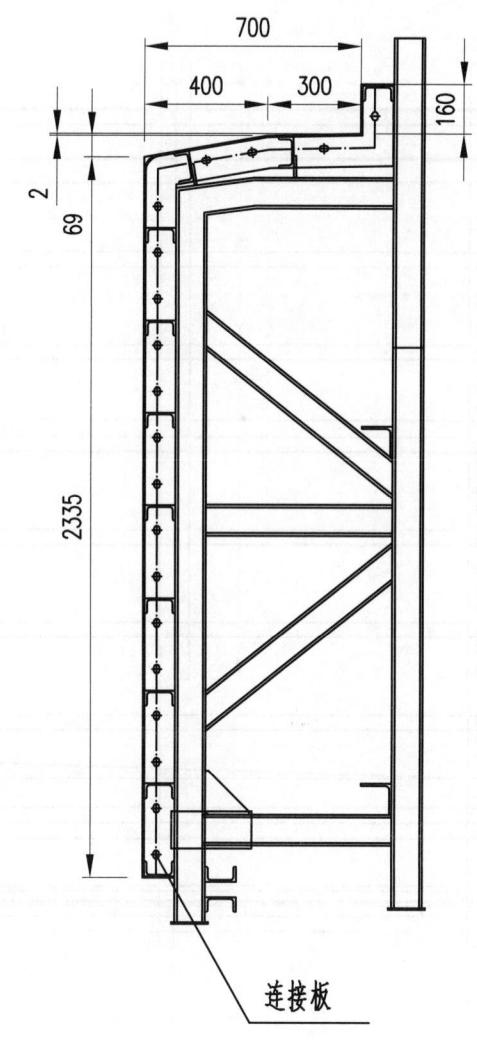
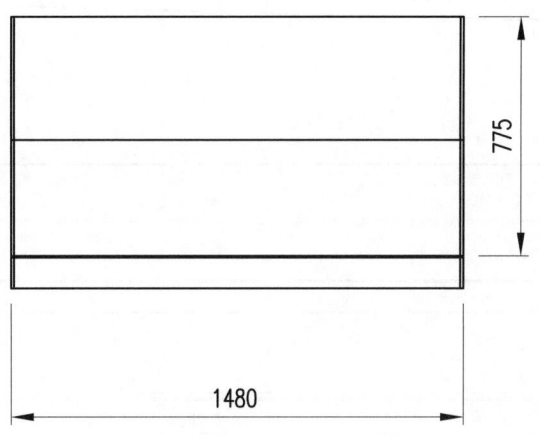

面板

连接板

说明：
1. 面板为4.5mm厚钢板，连接板为9.5mm厚钢板。
2. 所有孔均为⌀18x28mm长孔。
3. 槽钢采用[10，角钢采用∠100x10。
4. 组拼合格后，方可编号、喷漆出厂。
5. 按照此图制作1件，左右对称制作1件，共2件。
6. 图中尺寸以mm计。

40mT梁模板	材 质	Q235	单 重	578kg
边梁高坡侧模04	件 数	2	图 号	7.4.4-25

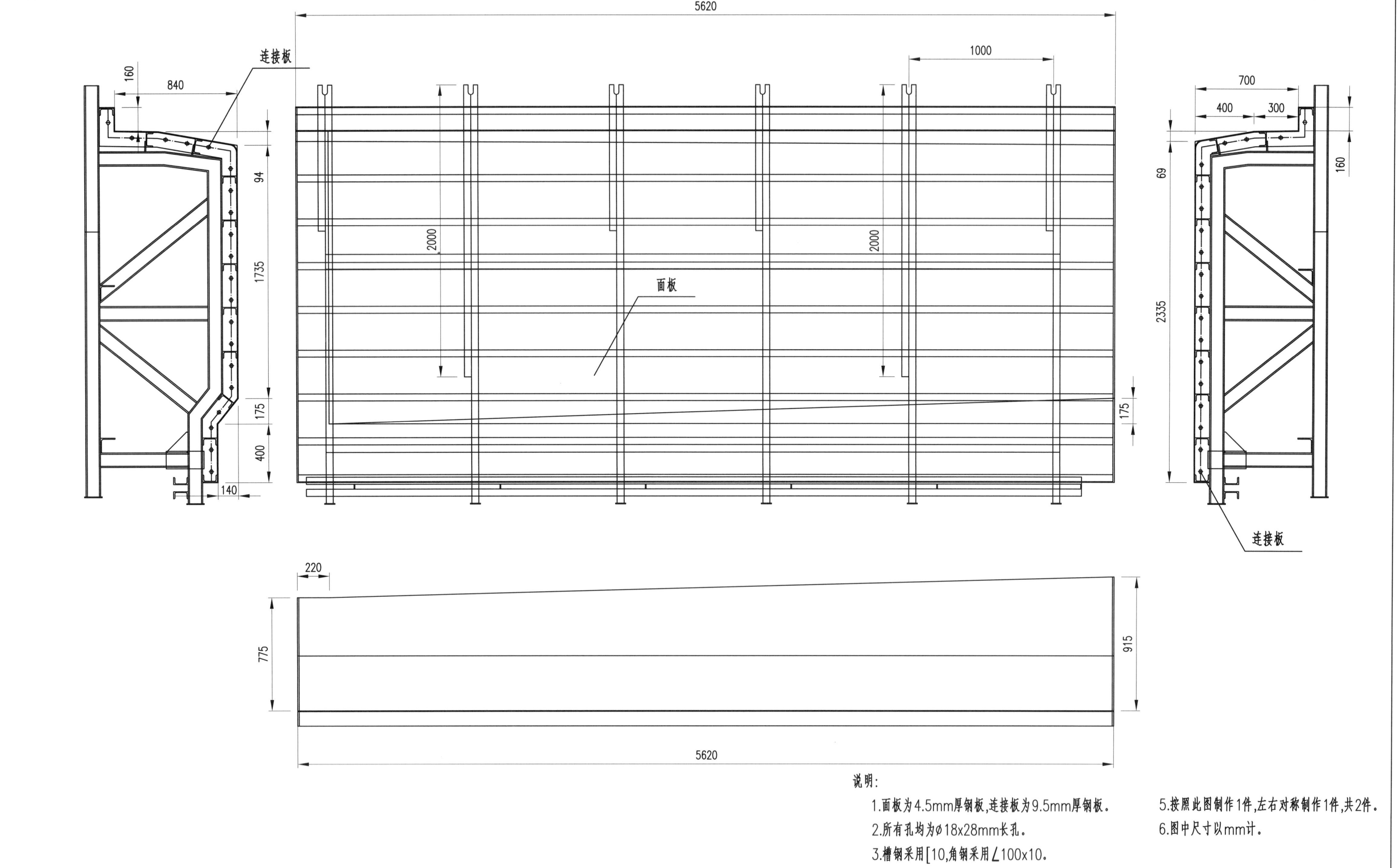

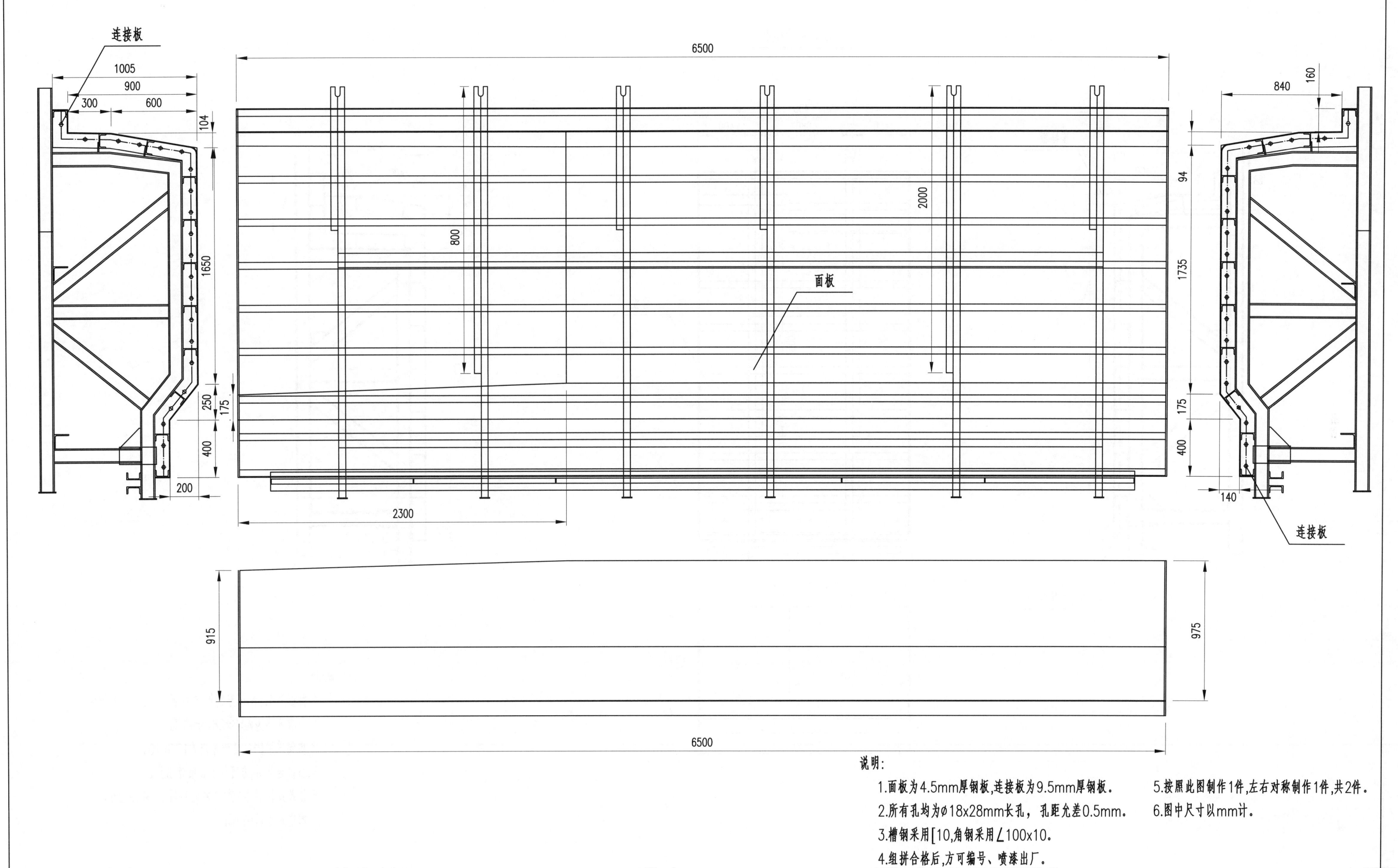

80伸缩缝模板

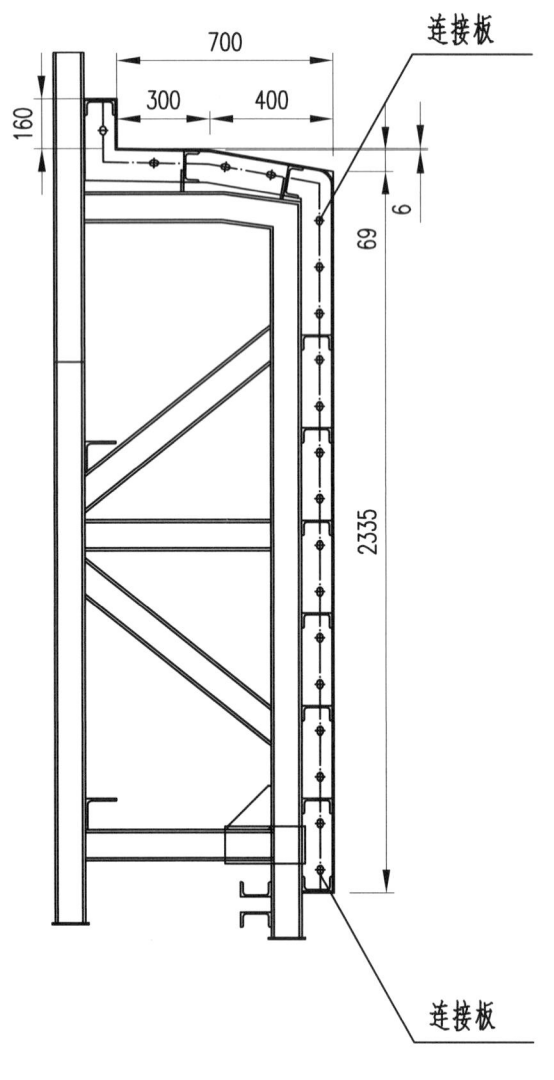
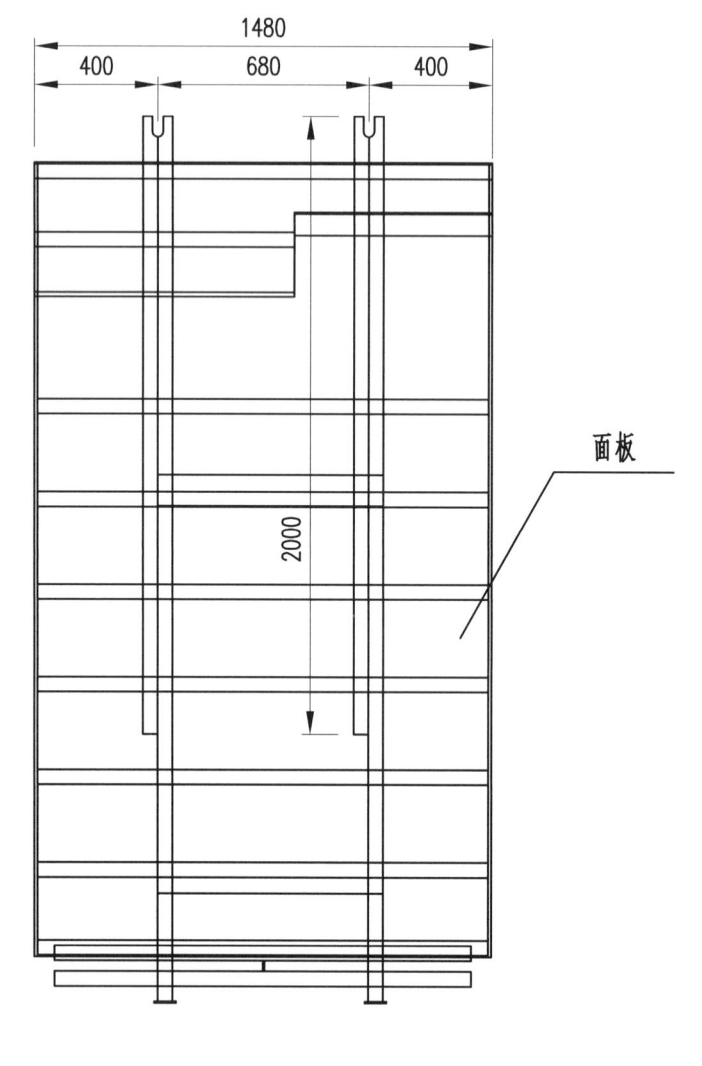
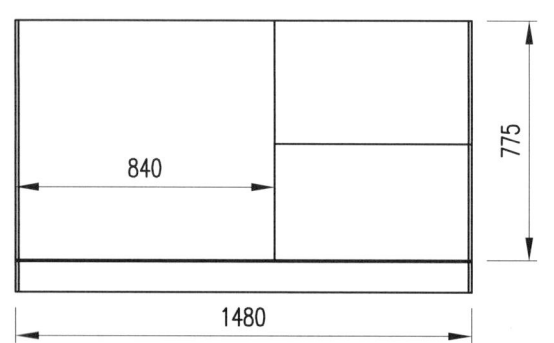

面板

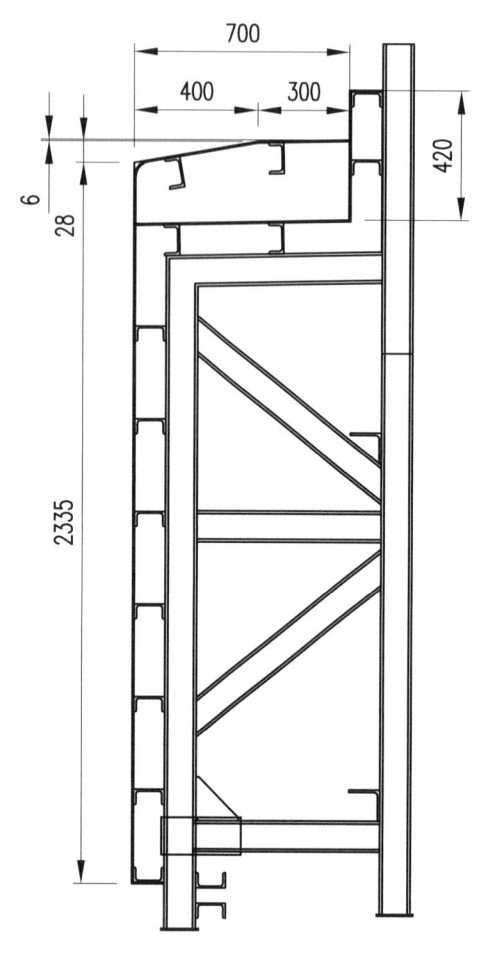

说明：
1. 面板为4.5mm厚钢板，连接板为9.5mm厚钢板。
2. 所有孔均为ø18×28mm长孔。
3. 槽钢采用[10,角钢采用∠100×10。
4. 组拼合格后，方可编号、喷漆出厂。
5. 按照此图制作1件，左右对称制作1件，共2件。
6. 图中尺寸以mm计。

40mT梁模板	材质	Q235	单重	578kg
边梁高坡侧模07	件数	2	图号	7.4.4-28

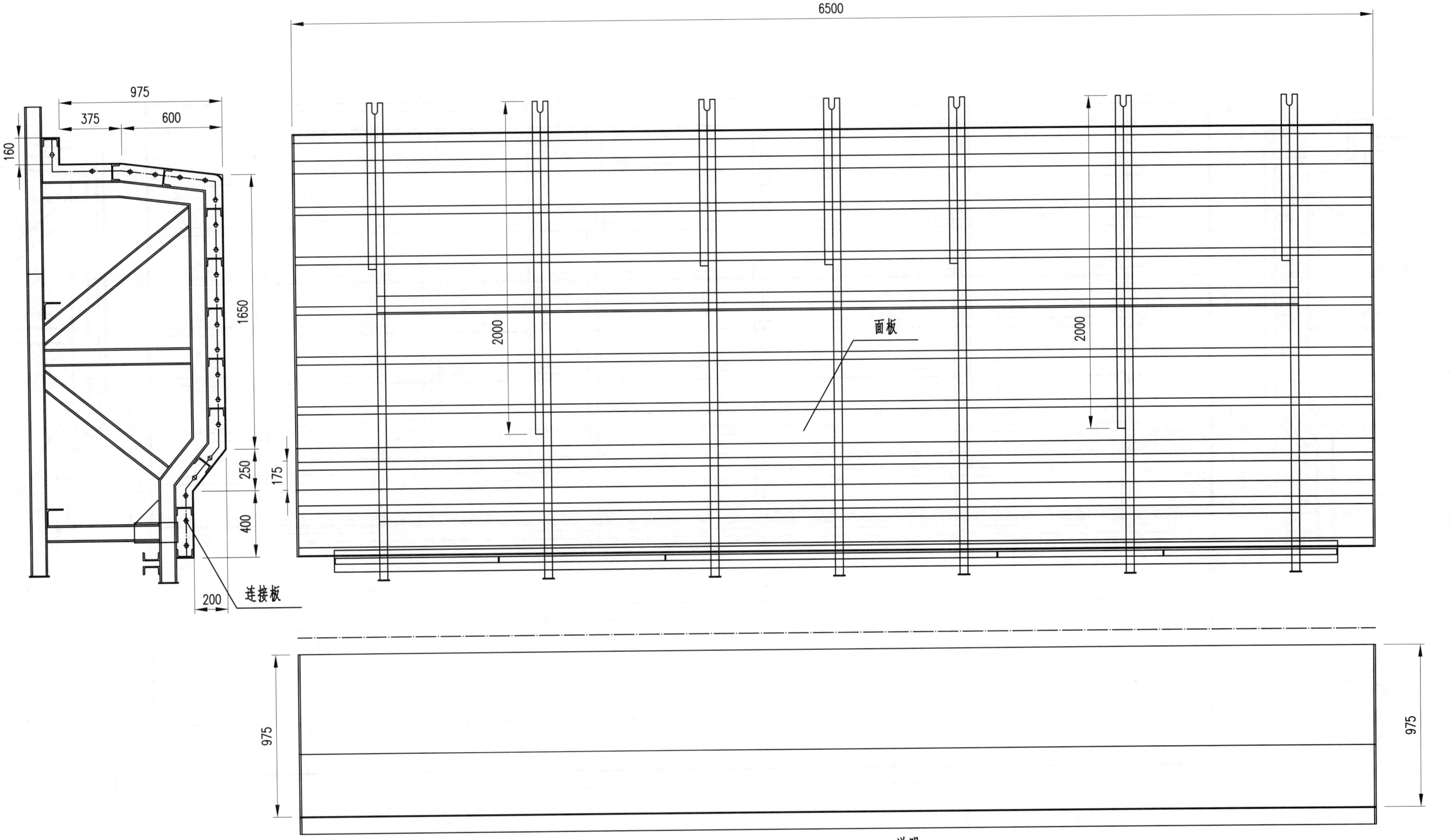

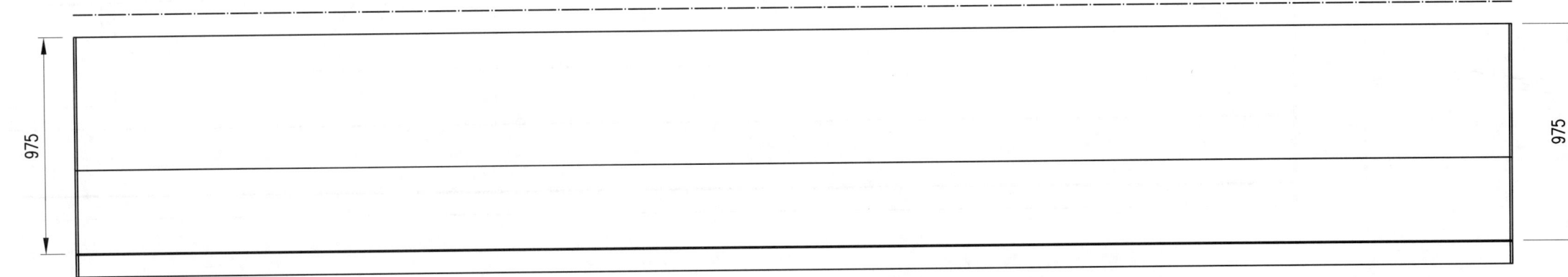

说明：
1. 面板为4.5mm厚钢板，连接板为9.5mm厚钢板。
2. 所有孔均为φ18×28mm长孔。
3. 槽钢采用[10，角钢采用∠100×10。
4. 组拼合格后，方可编号、喷漆出厂。
5. 按照此图制作1件，左右对称制作1件，共2件。
6. 图中尺寸以mm计。

40mT梁模板	材质	Q235	单重	2256kg
边梁低坡侧模01	件数	2	图号	7.4.4-29

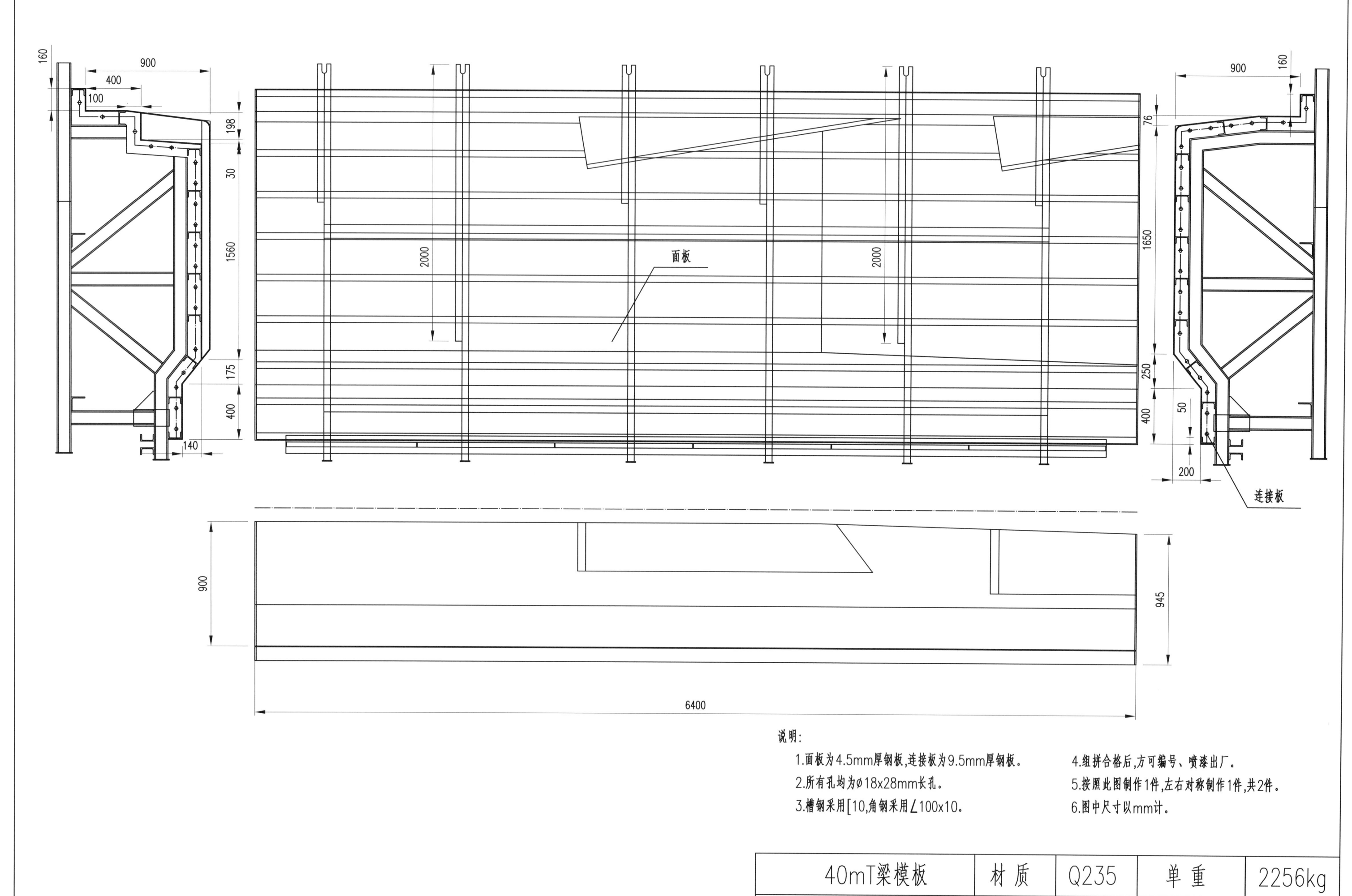

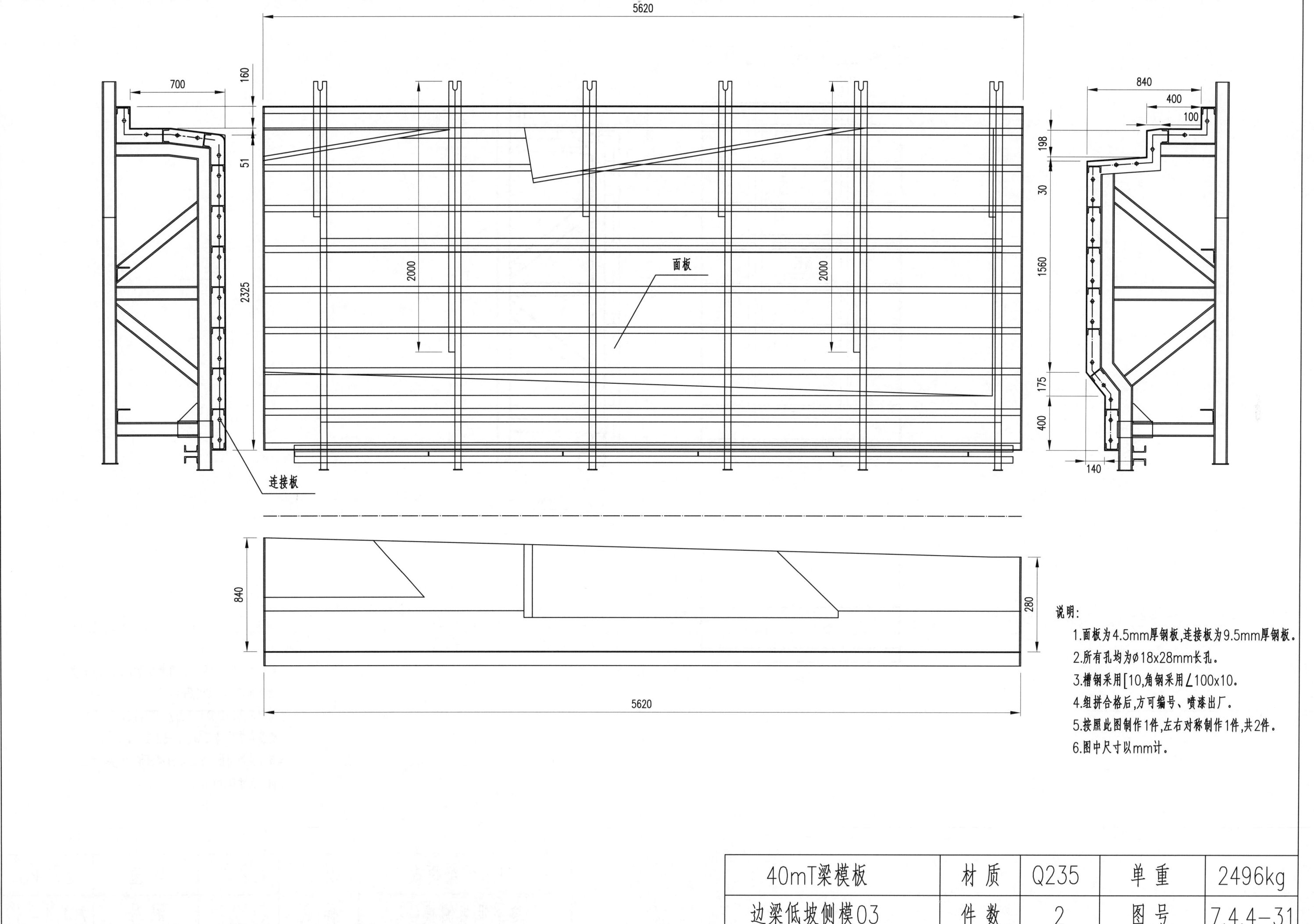

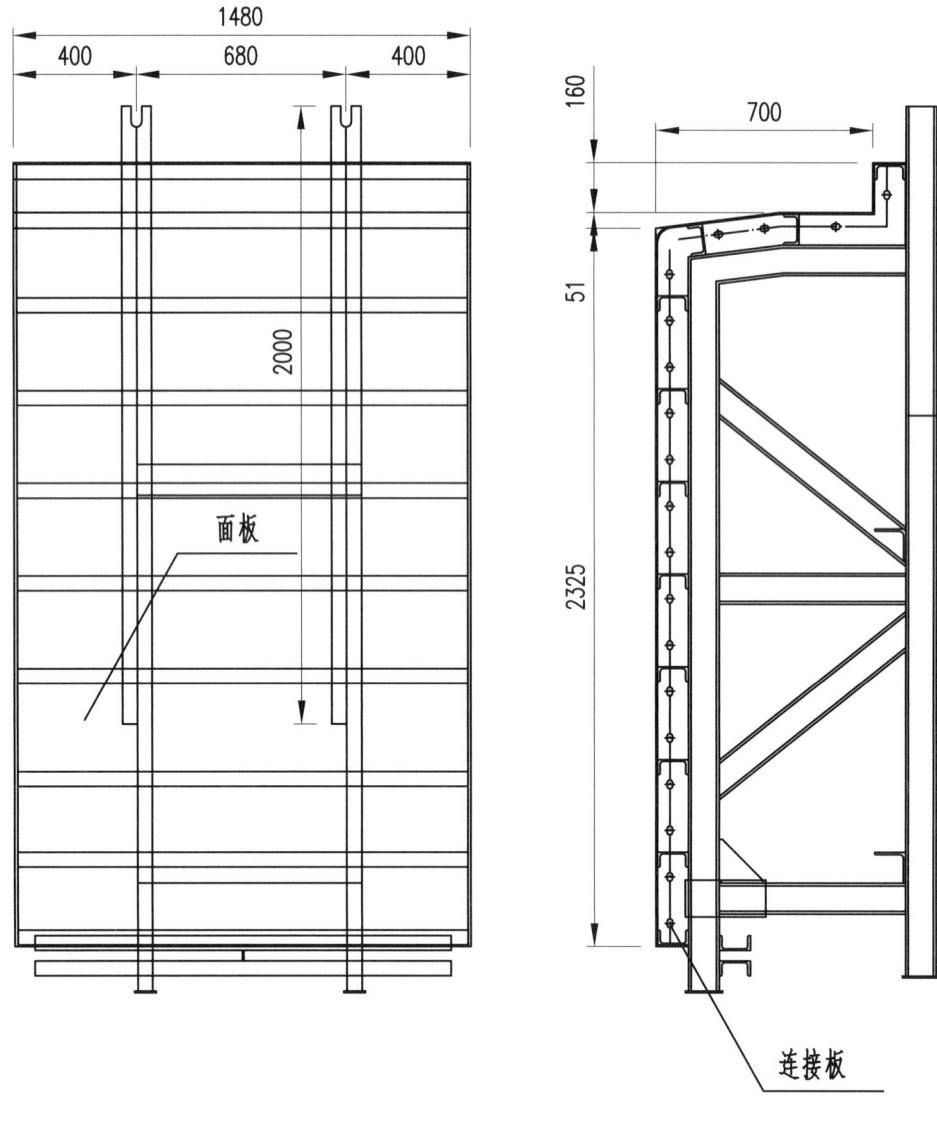

面板

连接板

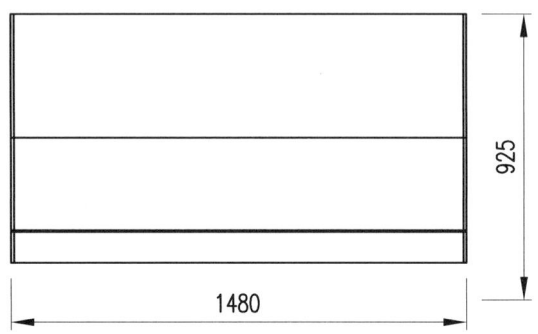

说明：
1. 面板为4.5mm厚钢板，连接板为9.5mm厚钢板。
2. 所有孔均为∅18×28mm长孔。
3. 槽钢采用[10,角钢采用∠100×10。
4. 组拼合格后，方可编号、喷漆出厂。
5. 按照此图制作1件，左右对称制作1件，共2件。
6. 图中尺寸以mm计。

40mT梁模板	材 质	Q235	单 重	578kg
边梁低坡侧模04	件 数	2	图 号	7.4.4-32

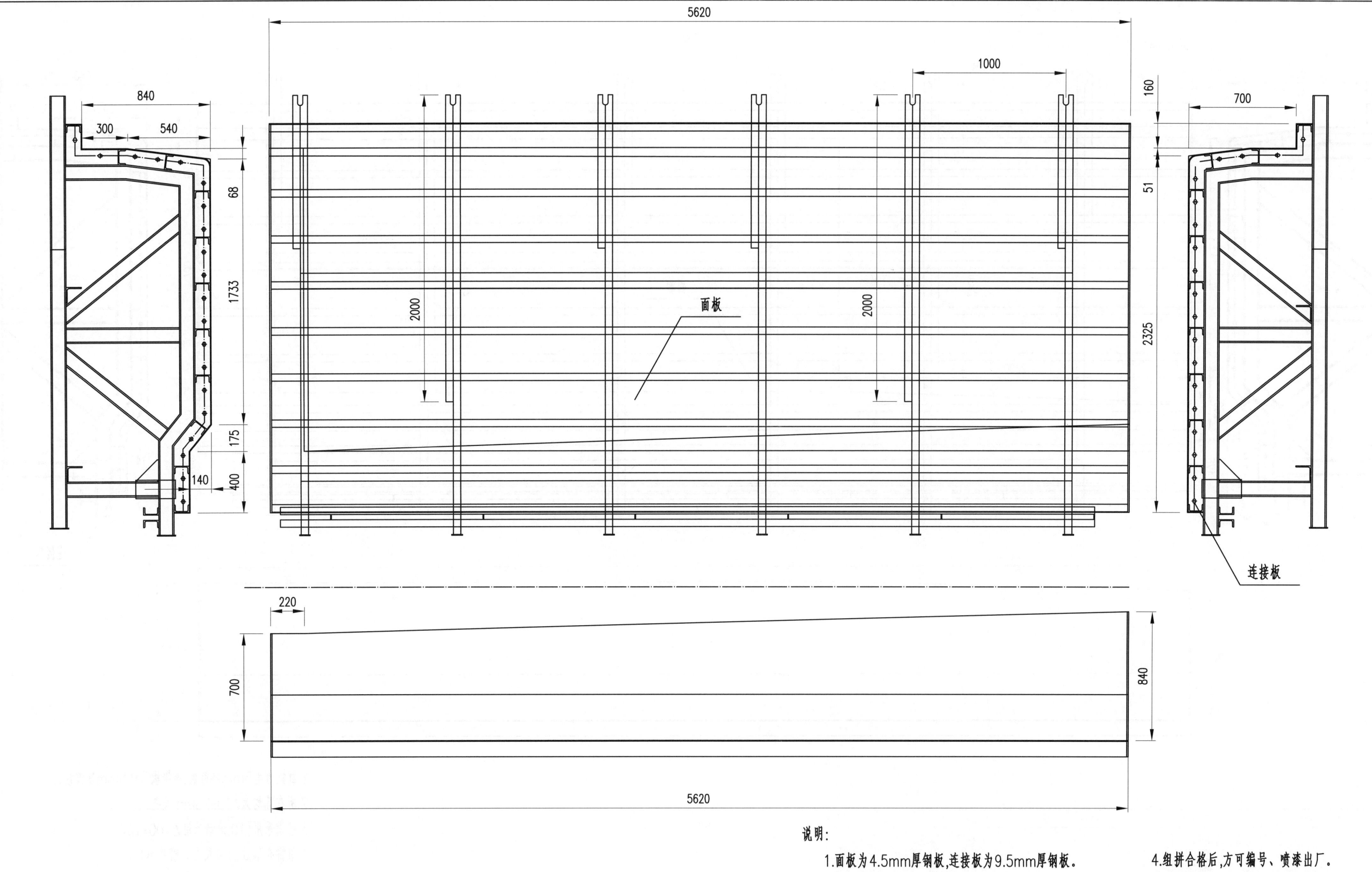

说明:
1. 面板为4.5mm厚钢板,连接板为9.5mm厚钢板。
2. 所有孔均为⌀18×28mm长孔,孔距允差0.5mm。
3. 槽钢采用[10,角钢采用∠100×10。
4. 组拼合格后,方可编号、喷漆出厂。
5. 按照此图制作1件,左右对称制作1件,共2件。
6. 图中尺寸以mm计。

40mT梁模板	材质	Q235	单重	2083kg
边梁低坡侧模05	件数	2	图号	7.4.4-33

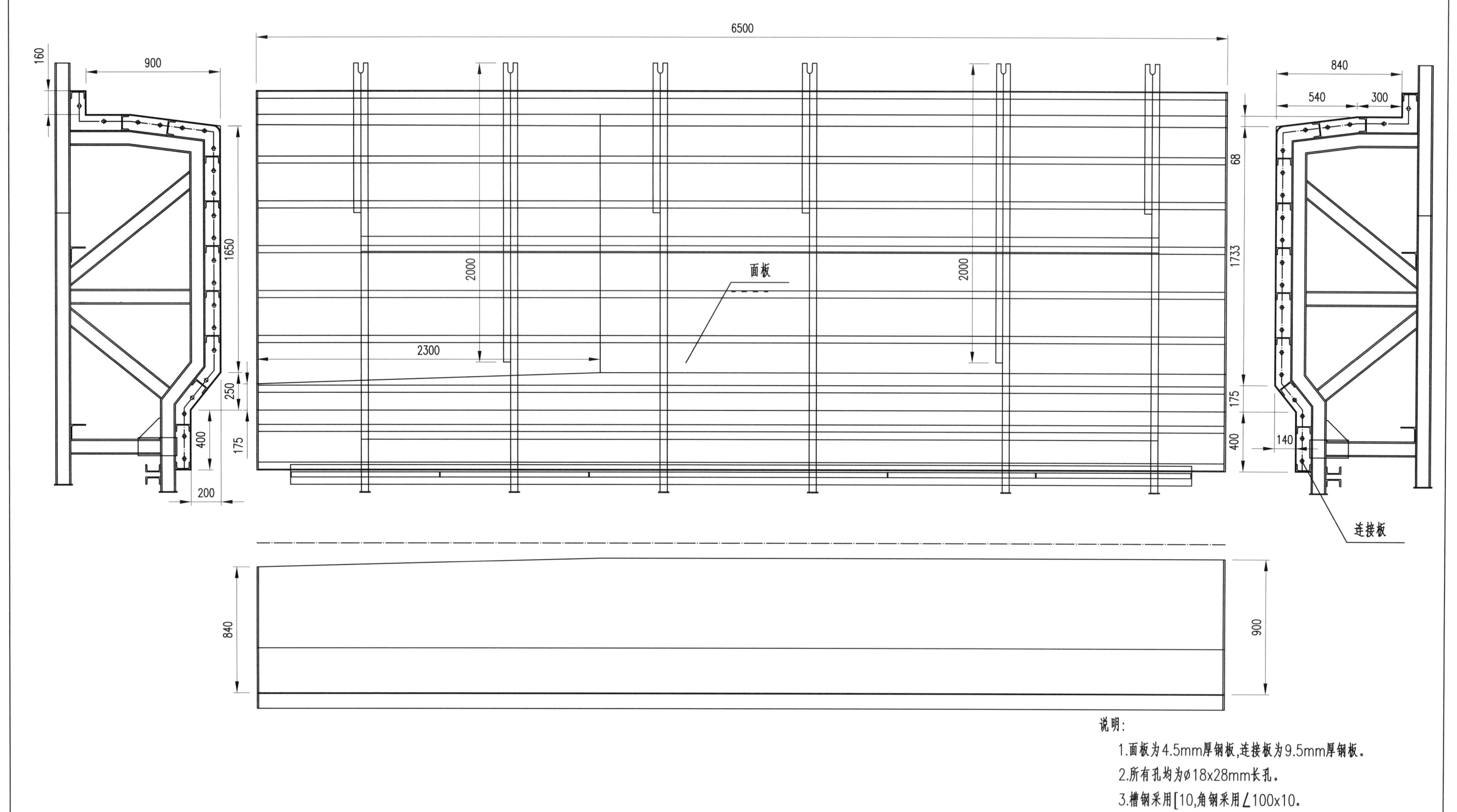

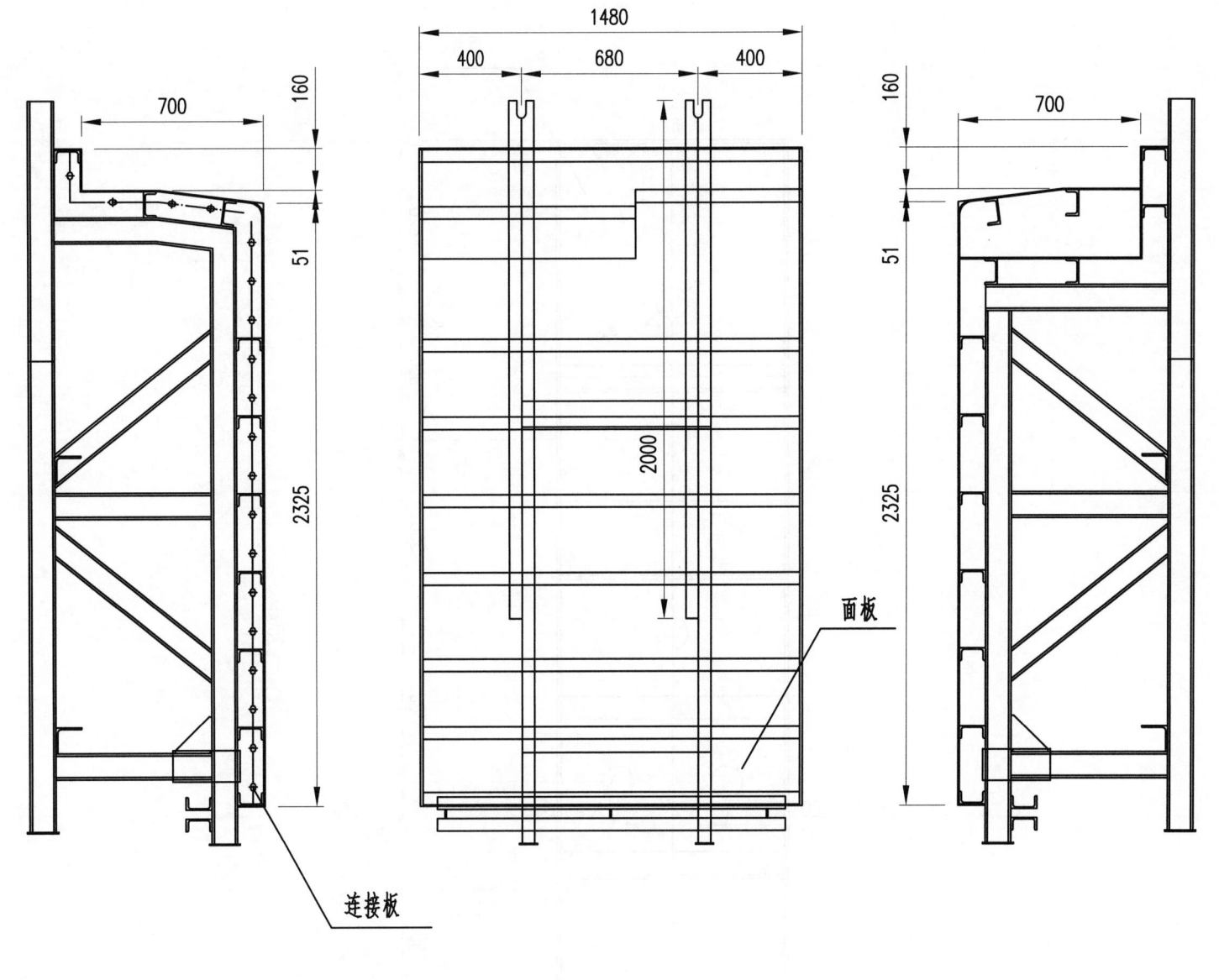

面板

连接板

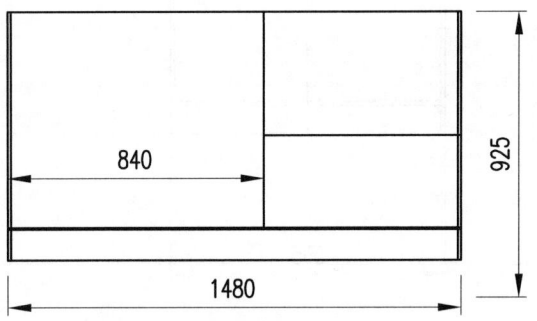

说明：
1. 面板为4.5mm厚钢板,连接板为9.5mm厚钢板。
2. 所有孔均为∅18×28mm长孔。
3. 槽钢采用[10,角钢采用∠100×10。
4. 组拼合格后,方可编号、喷漆出厂。
5. 按照此图制作1件,左右对称制作1件,共2件。
6. 图中尺寸以mm计。

40mT梁模板	材 质	Q235	单重	578kg
边梁低坡侧模07	件 数	2	图号	7.4.4-35

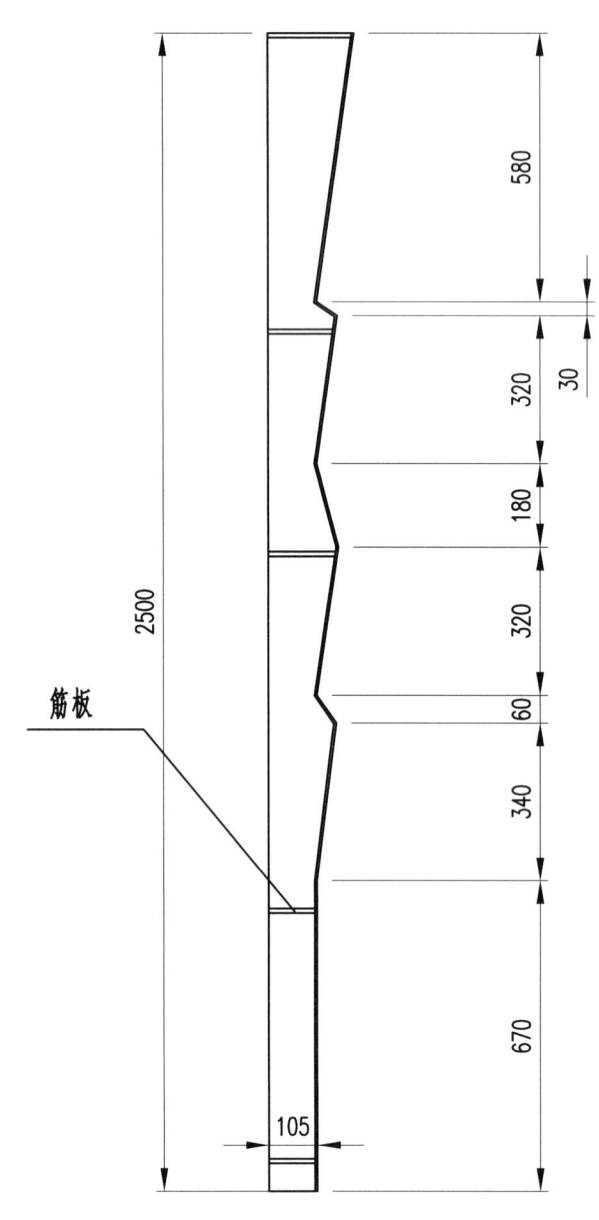
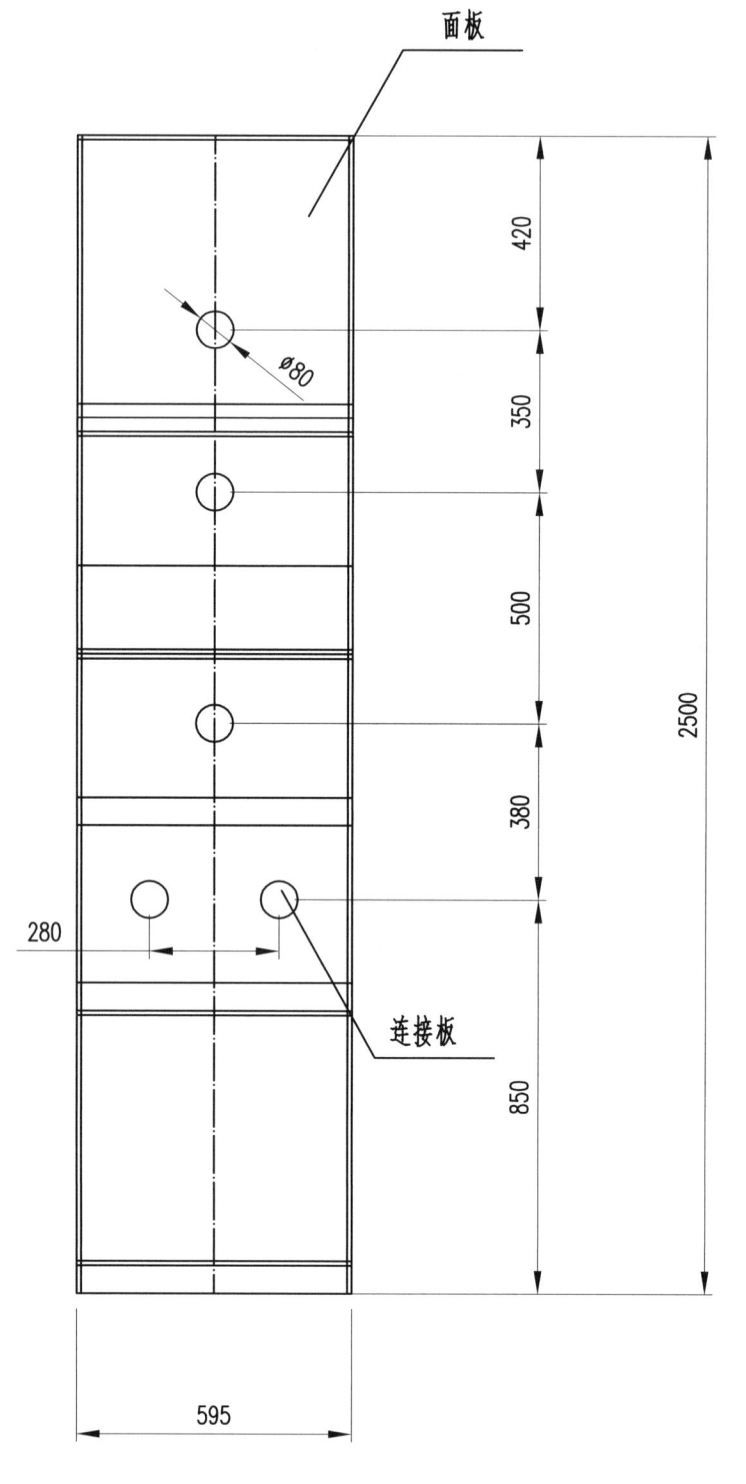

说明：
1. 面板为4.5mm厚钢板，筋板为7.5mm厚钢板，连接板为9.5mm厚钢板。
2. 所有孔均为ϕ18x28mm长孔。
3. 槽钢采用[10,角钢采用∠100x10。
4. 组拼合格后，方可编号、喷漆出厂。
5. 按照此图制作1件，左右对称制作1件，共2件。
6. 图中尺寸以mm计。

40mT梁模板	材 质	Q235	单 重	300kg
槽口封头01	件 数	2	图 号	7.4.4-36

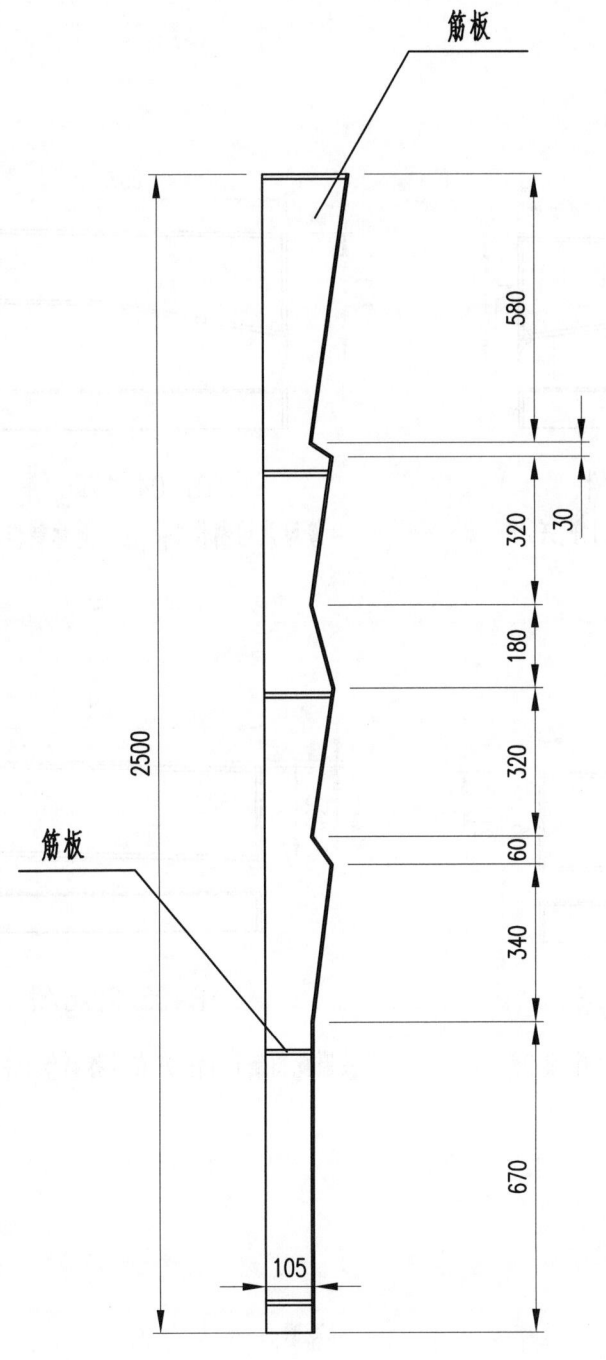
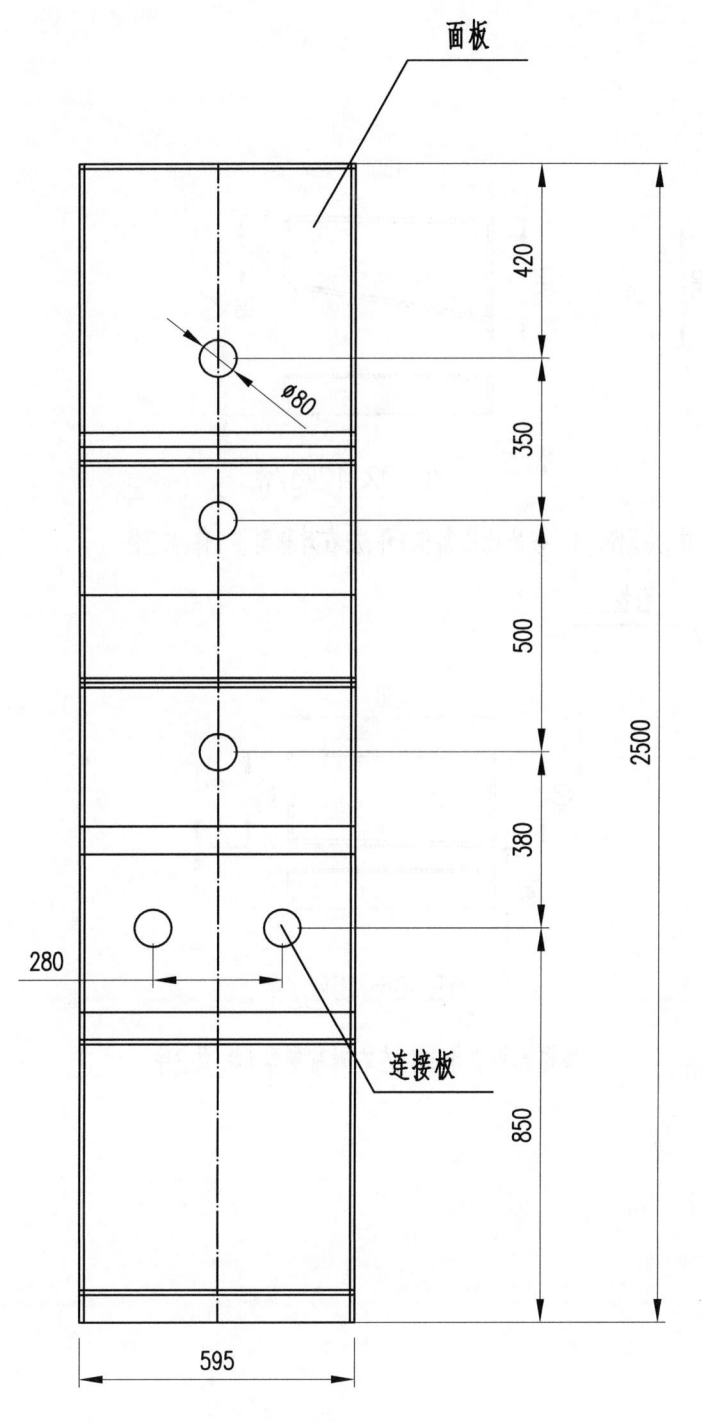

说明：
1. 面板为4.5mm厚钢板,筋板为7.5mm厚钢板,连接板为9.5mm厚钢板。
2. 所有孔均为ø18x28mm长孔。
3. 槽钢采用[10,角钢采用∠100x10。
4. 组拼合格后,方可编号、喷漆出厂。
5. 按照此图制作1件,左右对称制作1件,共2件。
6. 图中尺寸以mm计。

40mT梁模板	材 质	Q235	单 重	300kg
槽口封头02	件 数	2	图 号	7.4.4-37

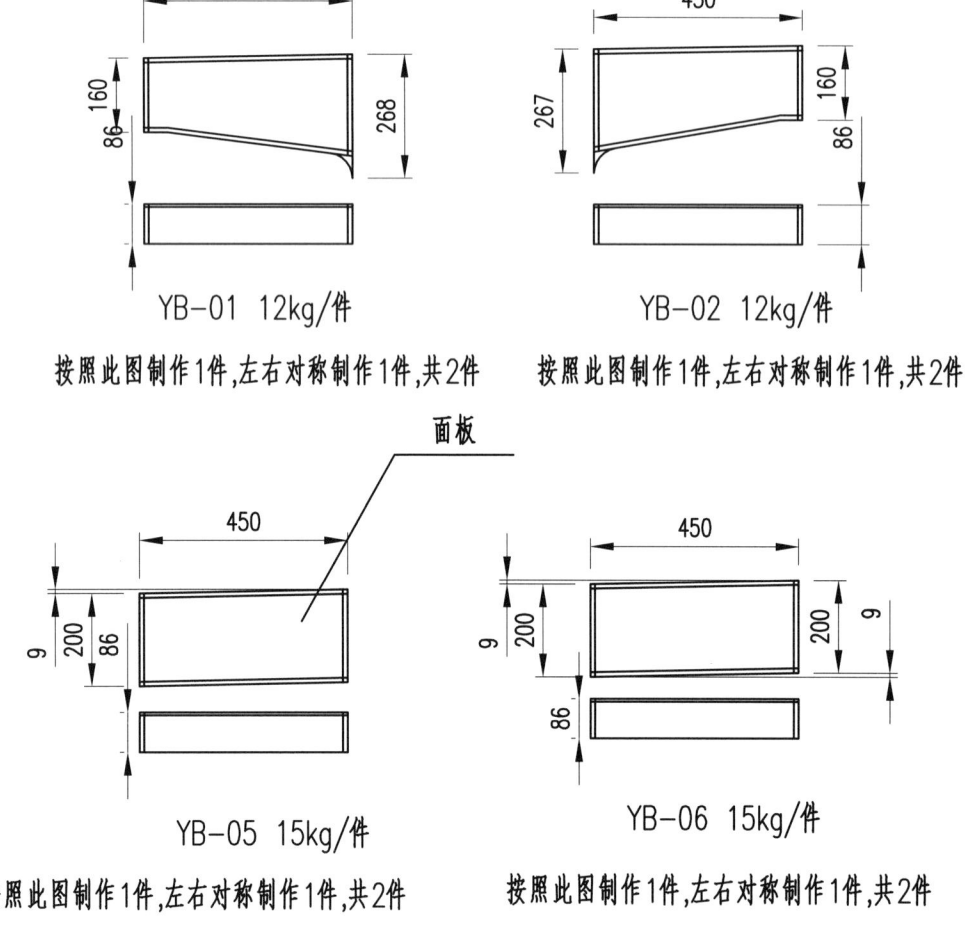

YB-01 12kg/件
按照此图制作1件,左右对称制作1件,共2件

YB-02 12kg/件
按照此图制作1件,左右对称制作1件,共2件

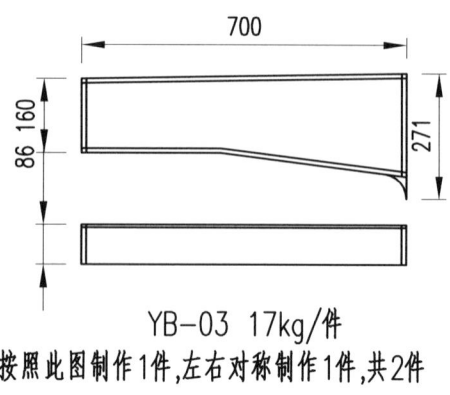

YB-03 17kg/件
按照此图制作1件,左右对称制作1件,共2件

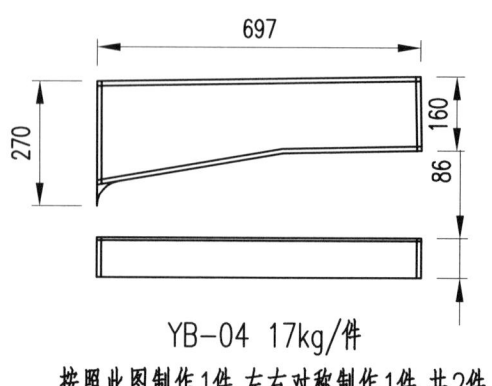

YB-04 17kg/件
按照此图制作1件,左右对称制作1件,共2件

面板

YB-05 15kg/件
按照此图制作1件,左右对称制作1件,共2件

YB-06 15kg/件
按照此图制作1件,左右对称制作1件,共2件

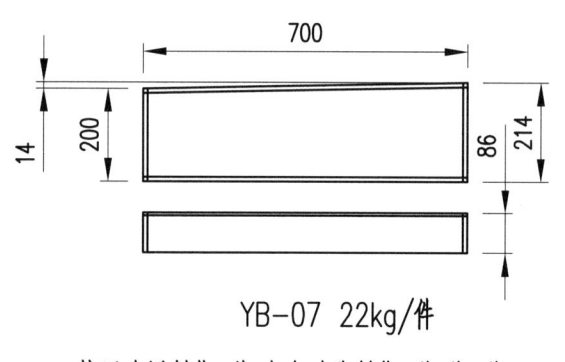

YB-07 22kg/件
按照此图制作1件,左右对称制作1件,共2件

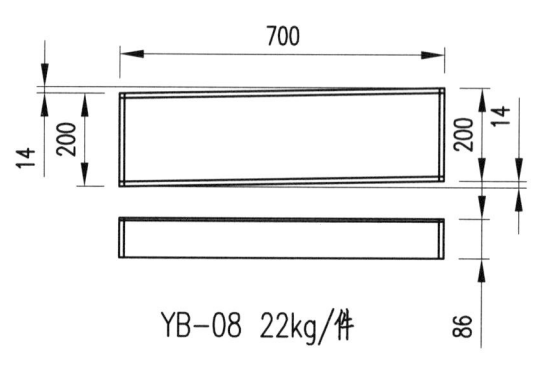

YB-08 22kg/件
按照此图制作1件,左右对称制作1件,共2件

说明:
1.面板为4.5mm厚钢板。
2.所有孔均为ø18x28mm长孔。
3.槽钢采用[10,角钢采用∠100x10。
4.组拼合格后,方可编号、喷漆出厂。
5.按照此图制作1件,左右对称制作1件,共2件。
6.图中尺寸以mm计。

40mT梁模板	材质	Q235	单重	132kg
翼缘板封头	件数	2	图号	7.4.4-38

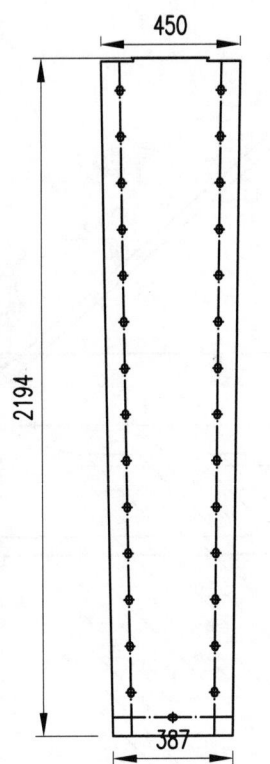

FB-01 72kg/件 10件

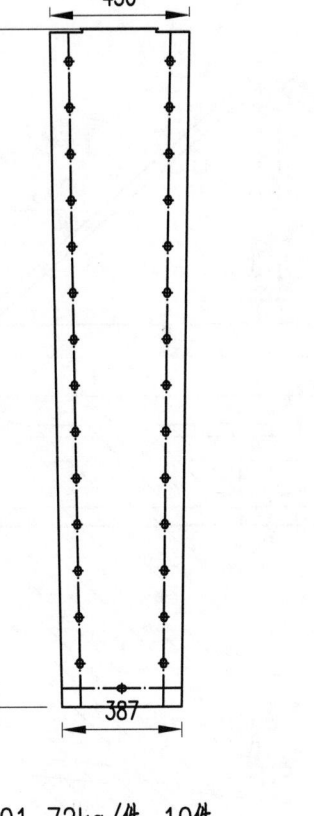

FB-02 76kg/件 4件

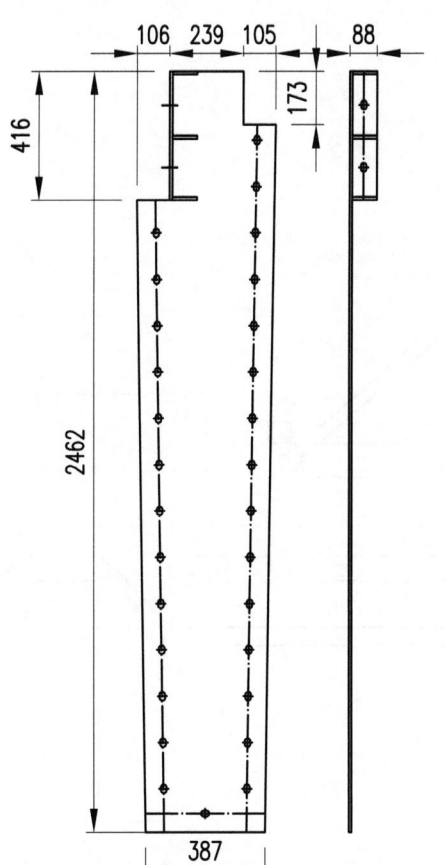

FB-03 76kg/件 按照此图制作2件,左右对称制作2件,共4件

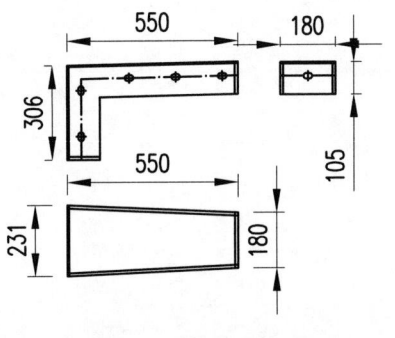

MD-01 20kg/件 5件

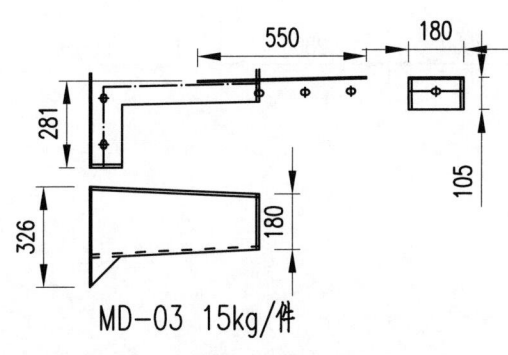

MD-03 15kg/件

按照此图制作1件,左右对称制作1件,共2件

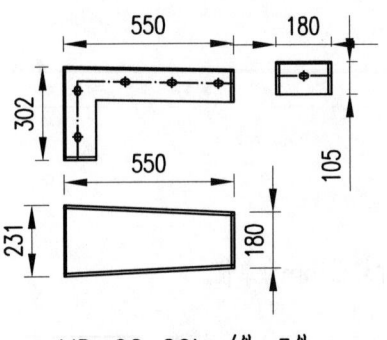

MD-02 20kg/件 5件

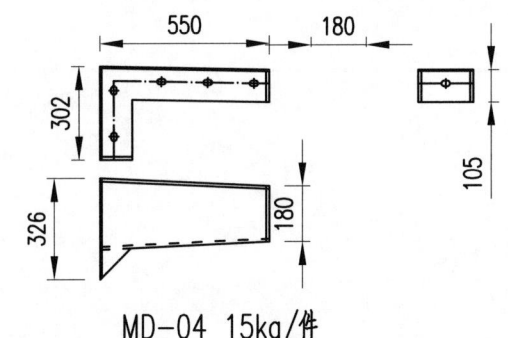

MD-04 15kg/件

按照此图制作1件,左右对称制作1件,共2件

说明:

图中尺寸以mm计。

40mT梁模板	材质	Q235	单重	1588kg
配件	件数	1	图号	7.4.4-39

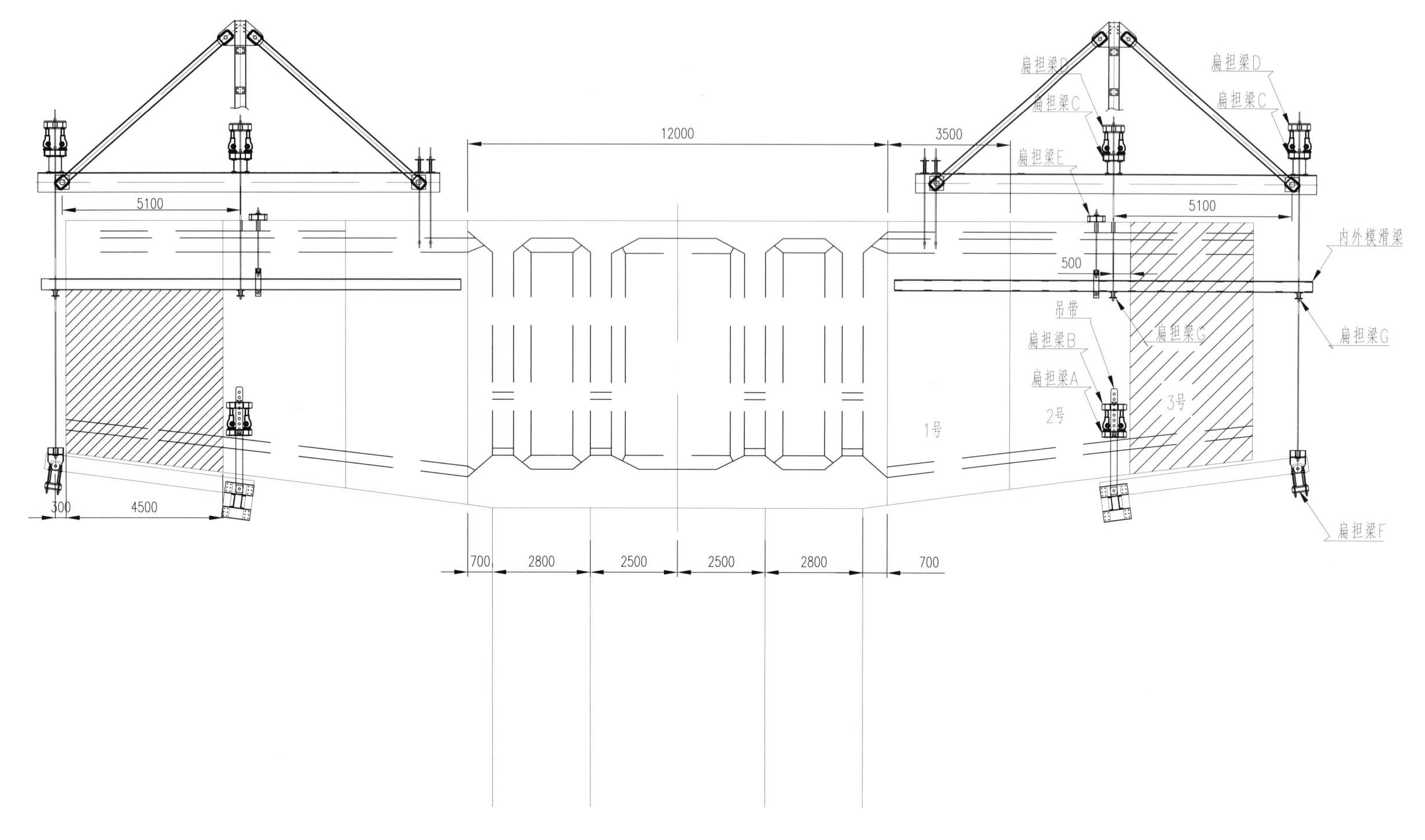

说明：
本图尺寸均以mm为单位。

三角挂篮	材 质	Q235	单 重	
挂篮总体图	件 数		图 号	8.1

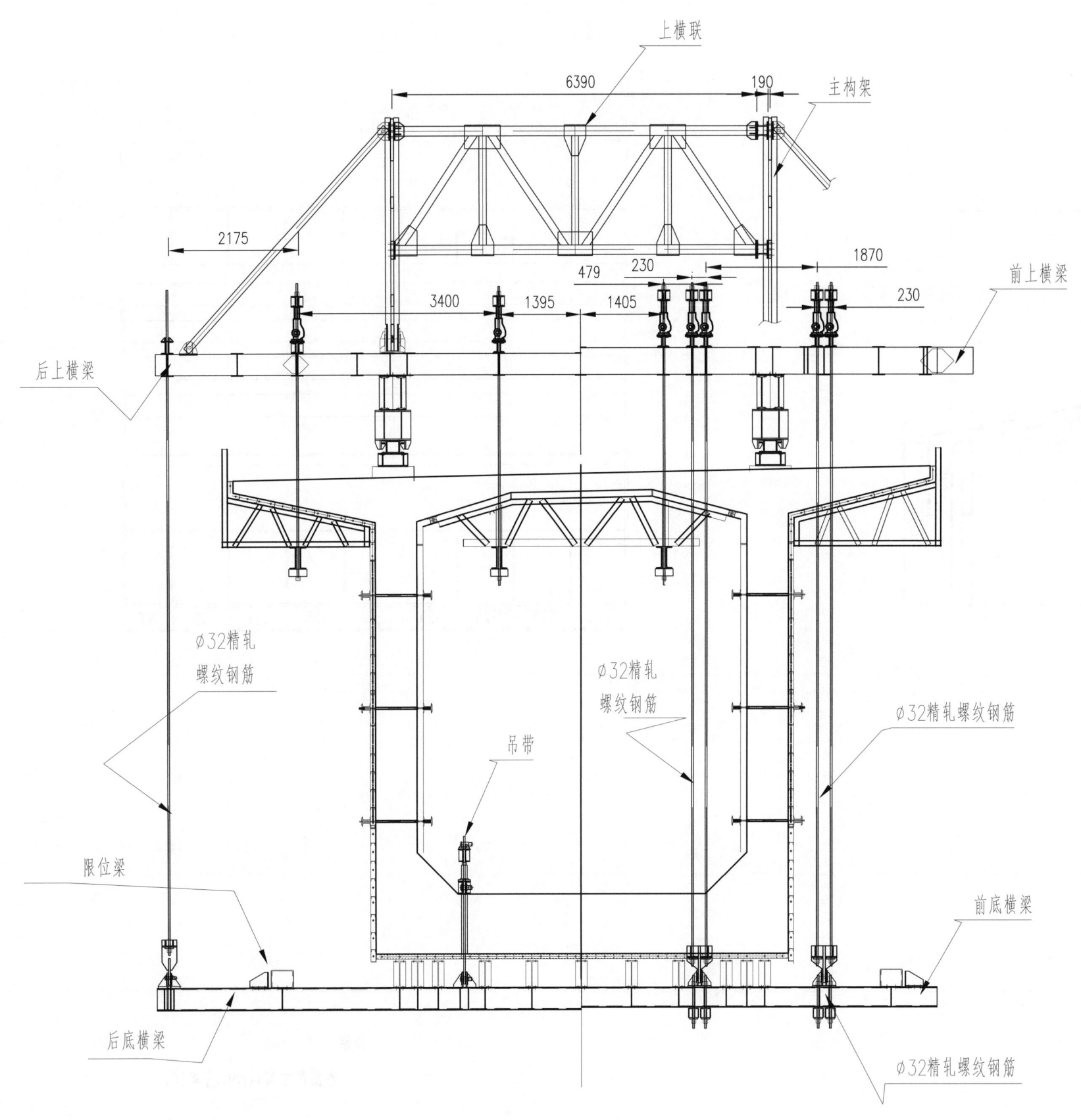

说明：
1. 本图尺寸均以mm为单位。
2. 挂篮走行轨道锚固利用主体箱梁竖向预应力筋接长锚固。
3. 挂篮行走时应保证两侧主梁相对同步前进。
4. 下平联为在挂篮安装好后，用[22水平放置，一端与主梁顶面焊接，另一端与后横梁侧面焊接，下平联与上横联一起，保证两侧主梁系统形成整体。

三角挂篮	材质	Q235	单重	49t
挂篮正视图	件数		图号	8.1-1

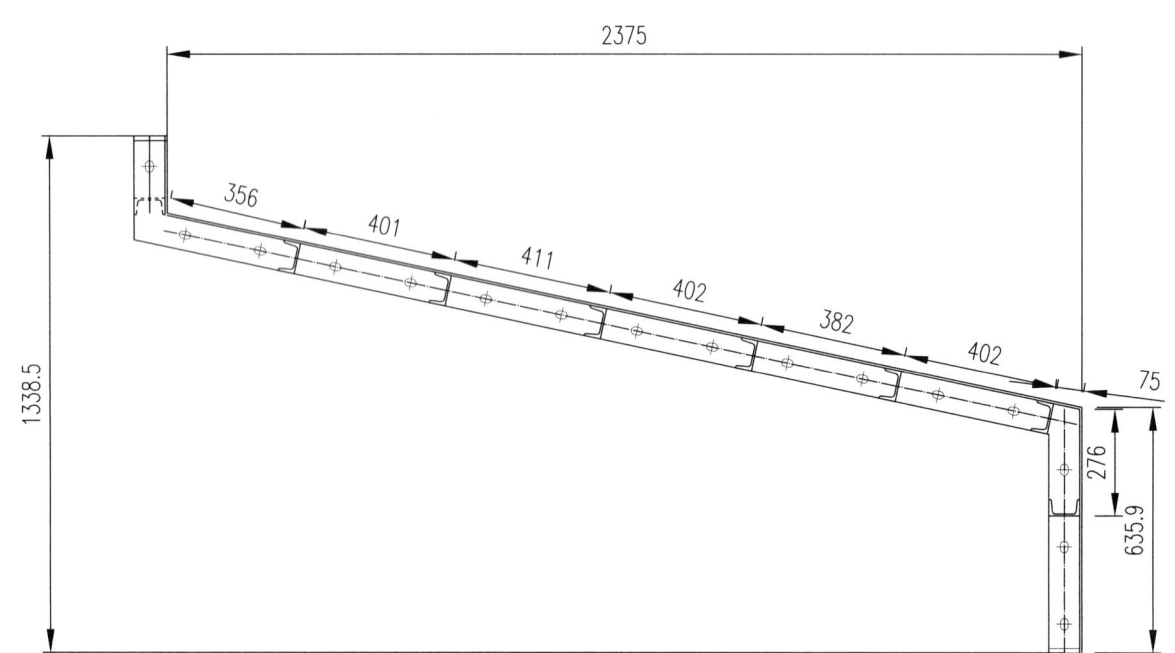
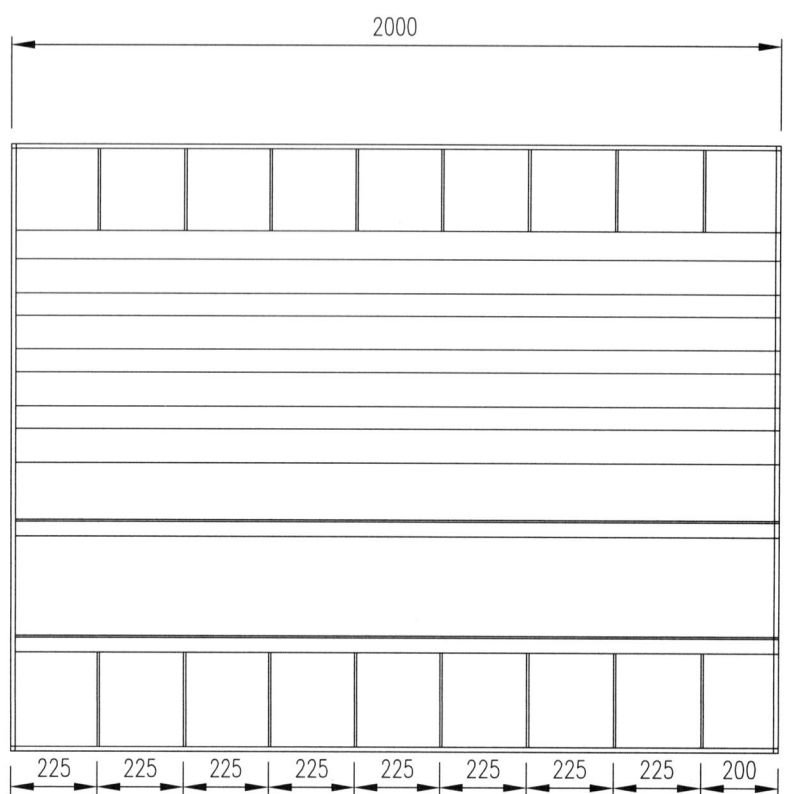

说明：
本图尺寸均以mm为单位。

三角挂篮	材质	Q235	单重	
翼梁低端2000段	件数		图号	8.1-2

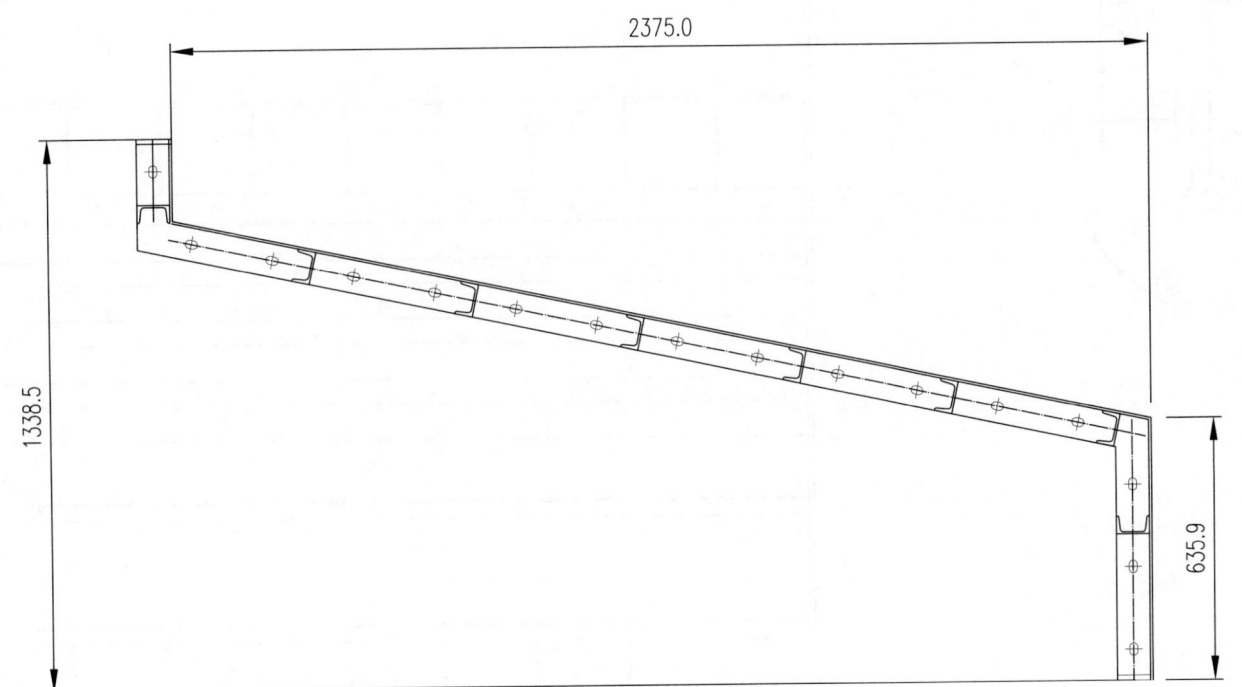

说明：
本图尺寸均以mm为单位。

三角挂篮	材质	Q235	单重	
翼梁低端2250段	件数		图号	8.1-3

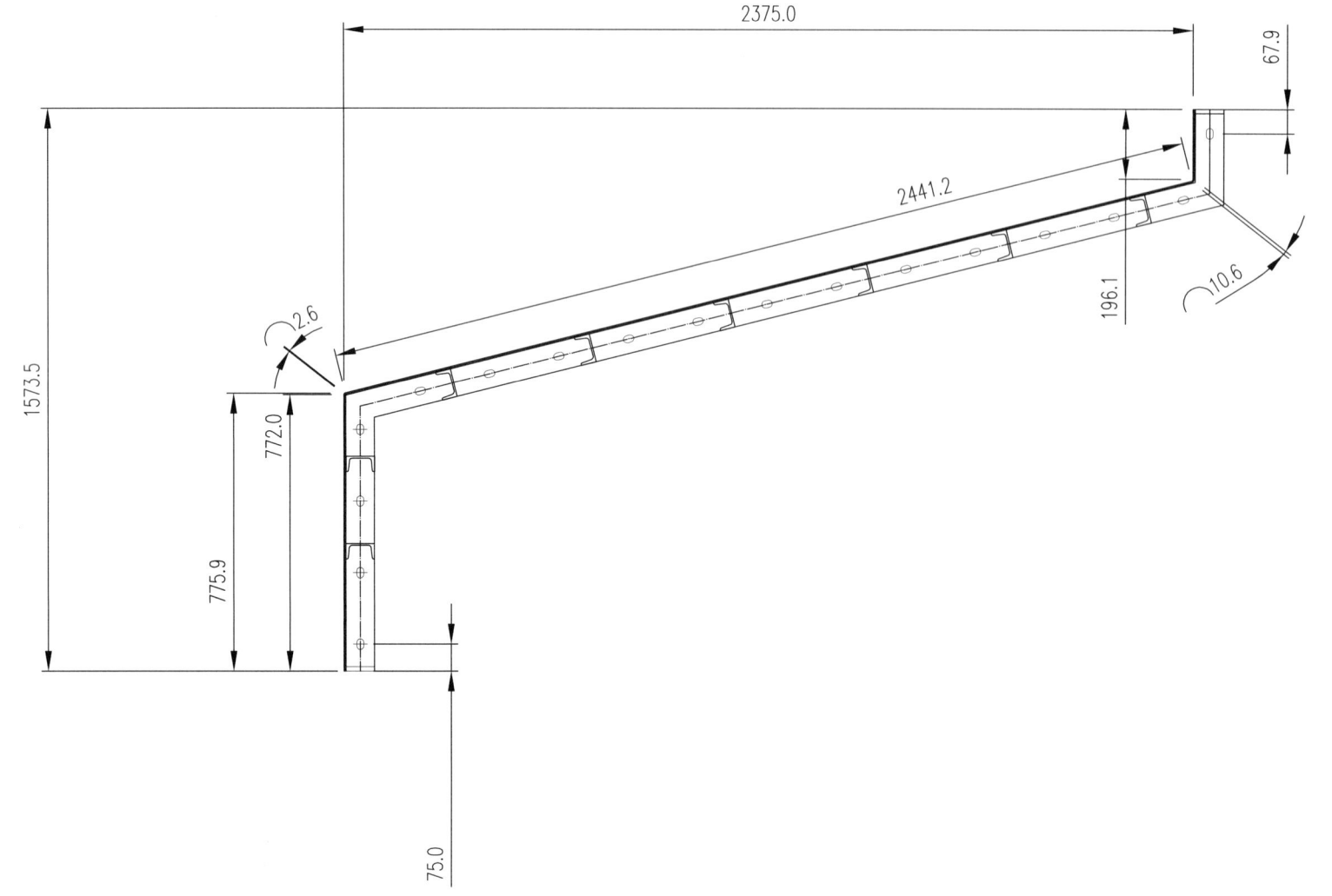

说明：
本图尺寸均以mm为单位。

三角挂篮	材　质	Q235	单　重	
翼梁高端2000段	件　数		图　号	8.1-4

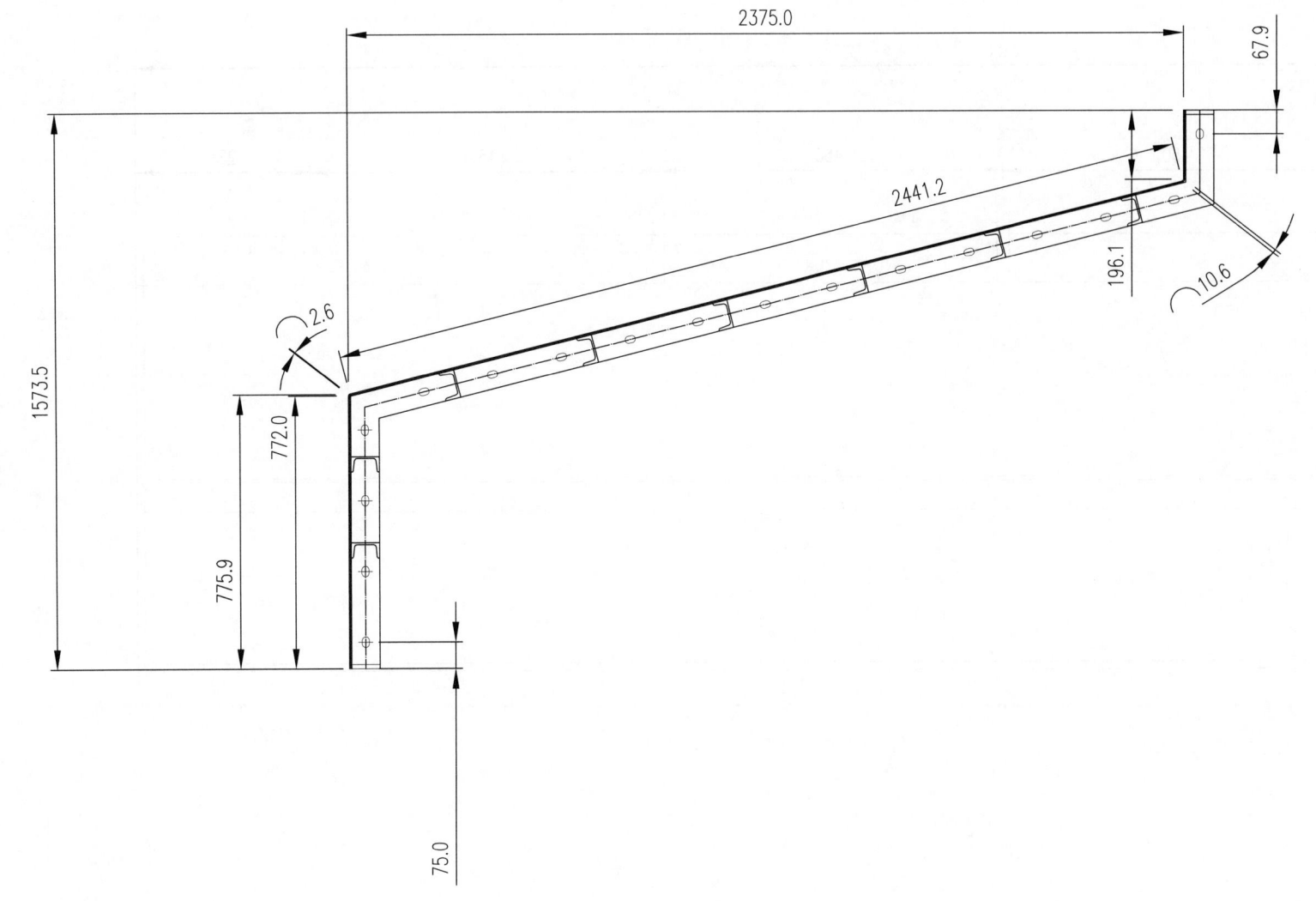
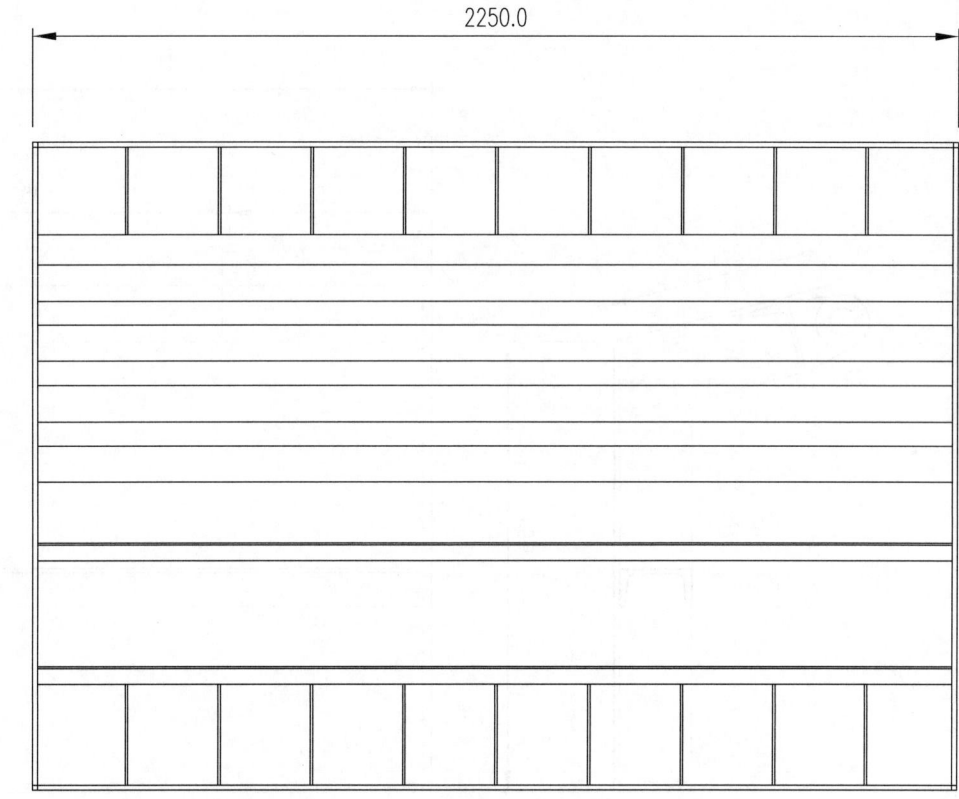

说明:
本图尺寸均以mm为单位。

三角挂篮	材质	Q235	单重	
翼梁高端2250段	件数		图号	8.1-5

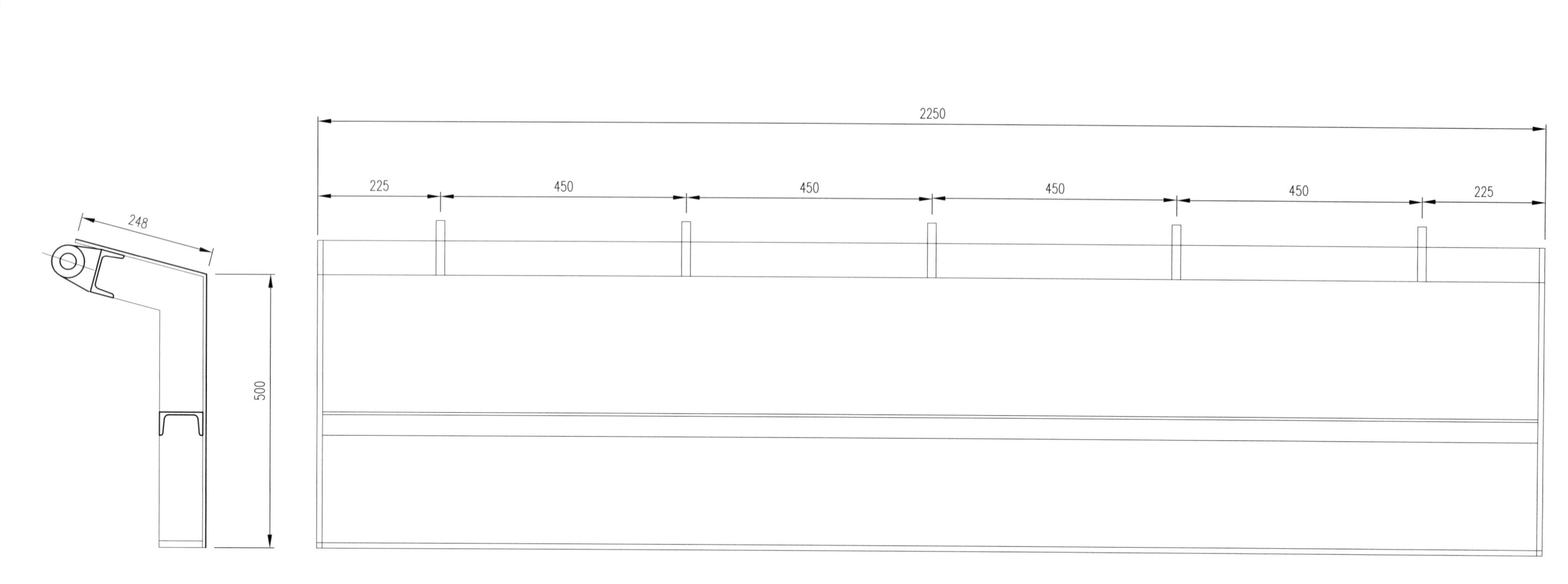

说明:
1.数量4件,内模面板厚度为4mm.
2.图中尺寸以mm计.

三角挂篮	材 质	Q235	单 重	
挂篮模板图(一)	件 数		图 号	8.1-6

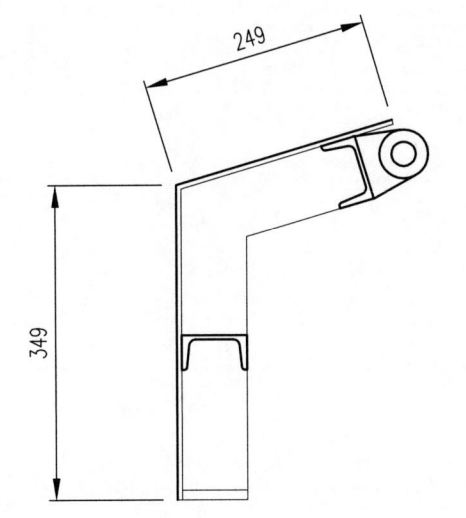
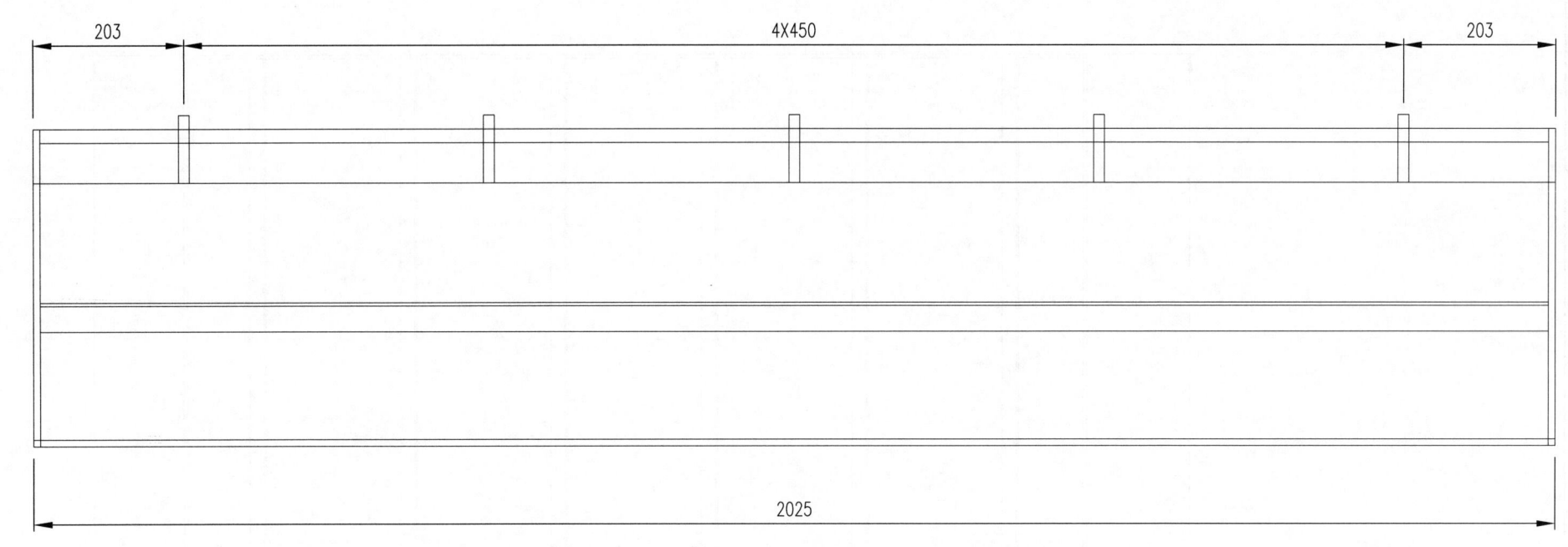

说明：
1.数量4件,内模面板厚度为4mm.
2.图中尺寸以mm计.

三角挂篮	材 质	Q235	单 重	
挂篮模板图(二)	件 数		图 号	8.1-7

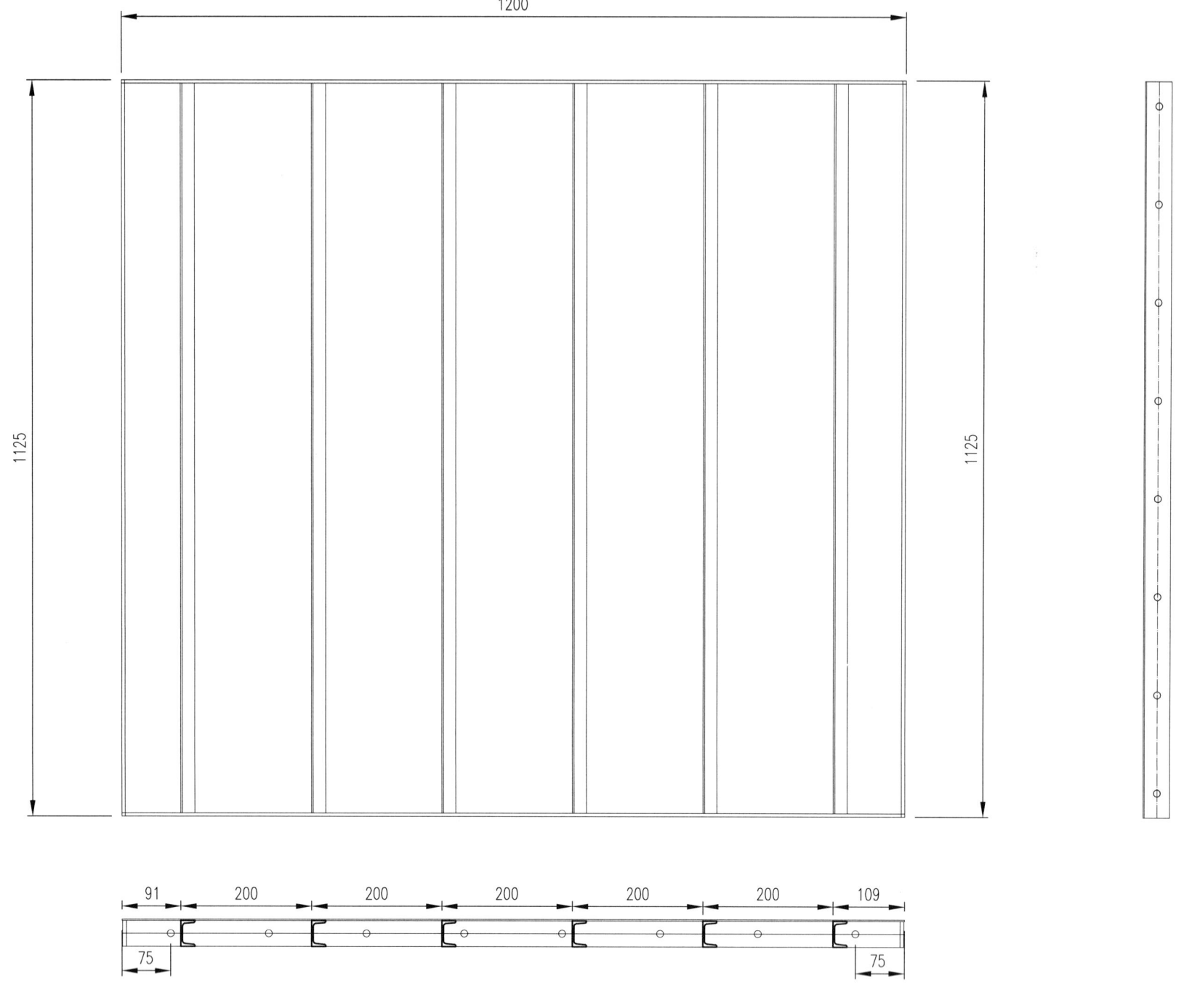

说明：
1. 数量4件，内模面板厚度为4mm。
2. 图中尺寸以mm计。

三角挂篮	材 质	Q235	单 重	
挂篮模板图(三)	件 数		图 号	8.1-8

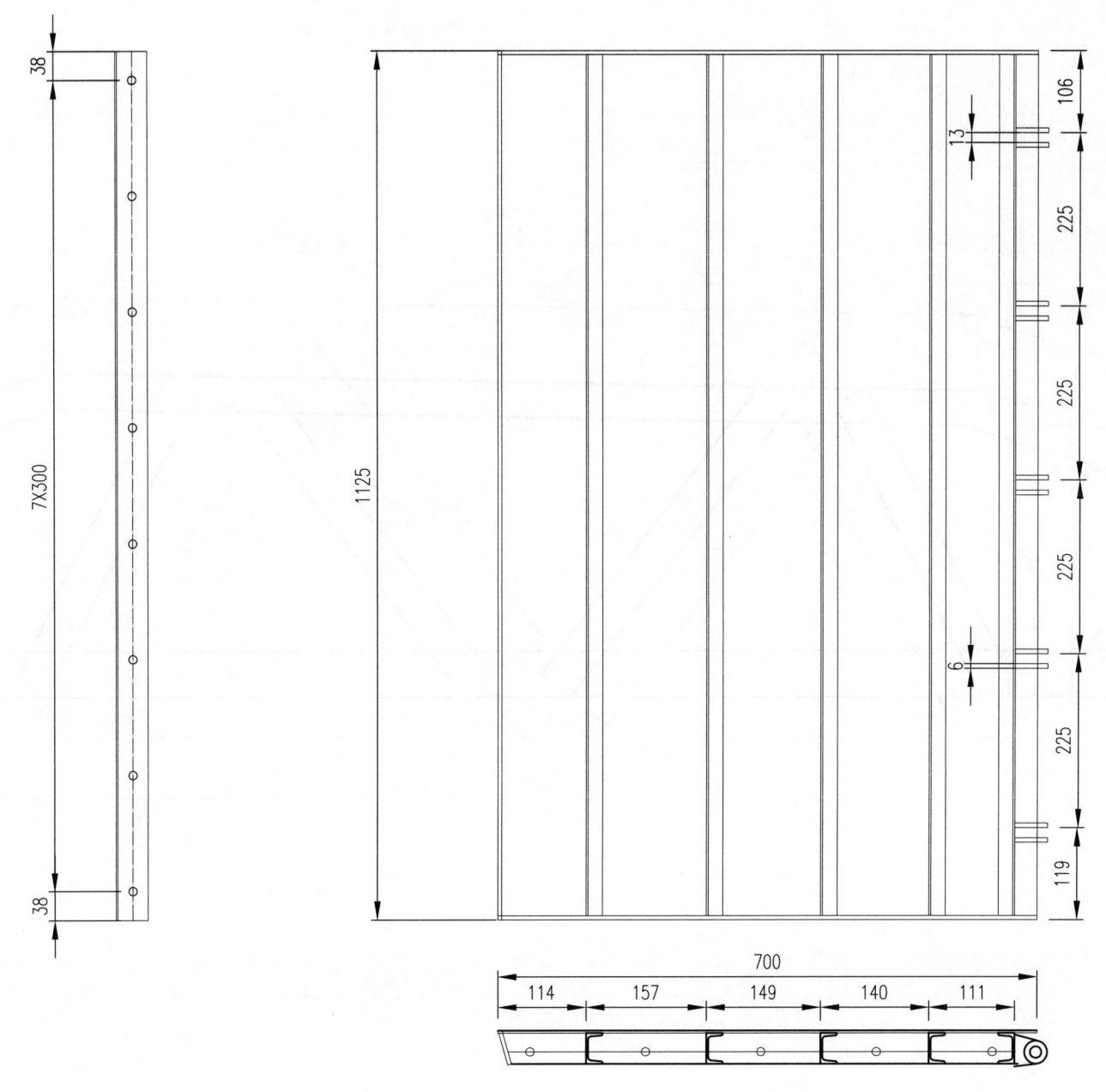

说明：
1.数量4件,内模面板厚度为4mm.
2.图中尺寸以mm计.

三角挂篮	材质	Q235	单重	
挂篮模板图(四)	件数		图号	8.1-9

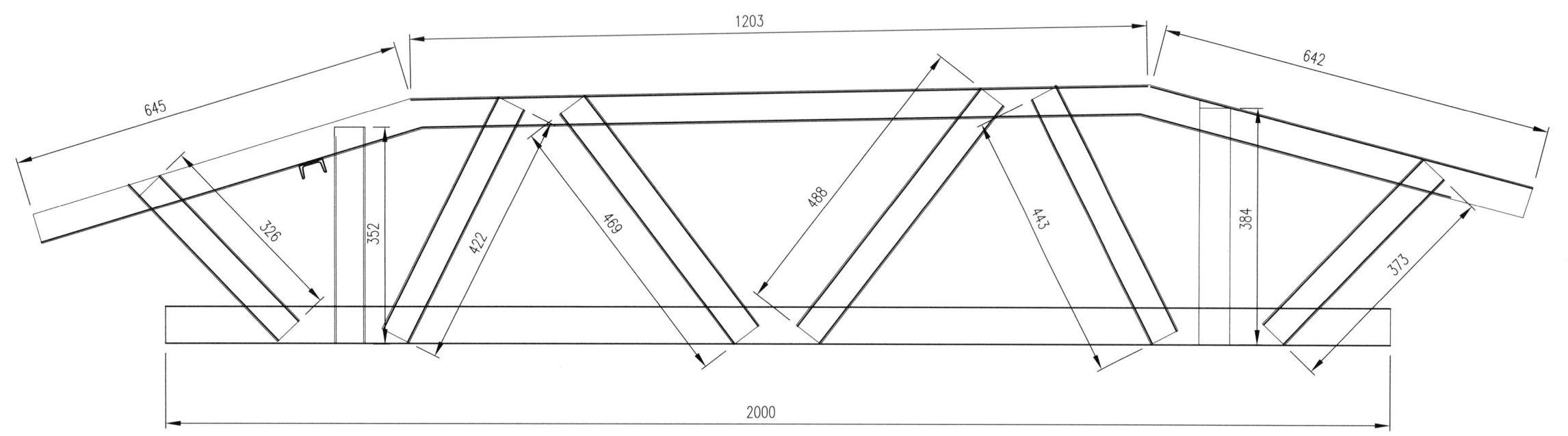

说明：
1.数量4件,内模面板厚度为4mm。
2.图中尺寸以mm计。

三角挂篮	材 质	Q235	单 重	
挂篮模板图(五)	件 数		图 号	8.1-10

三角挂篮施工总布置图

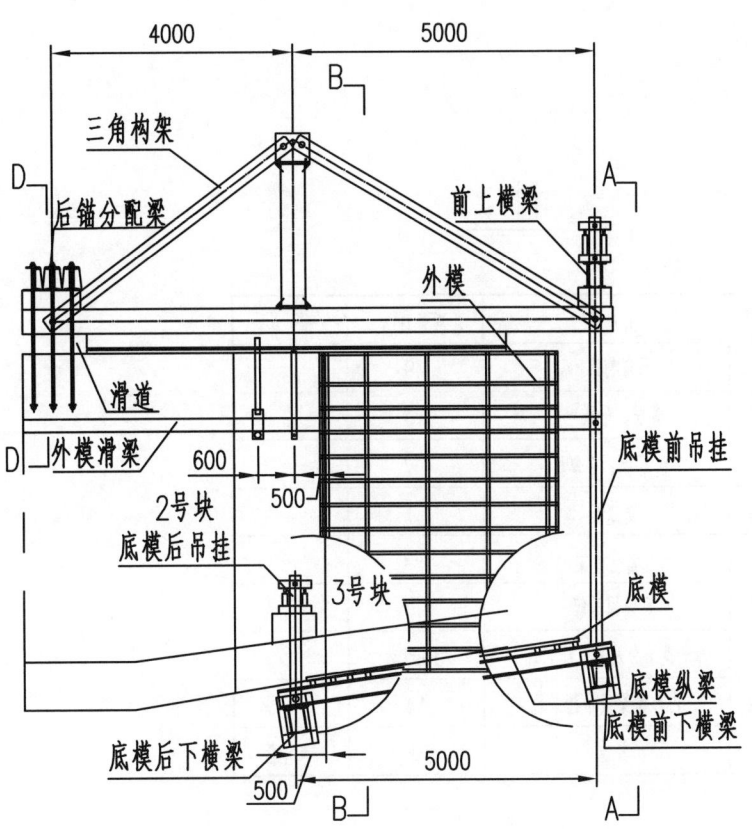

挂篮走行示意图

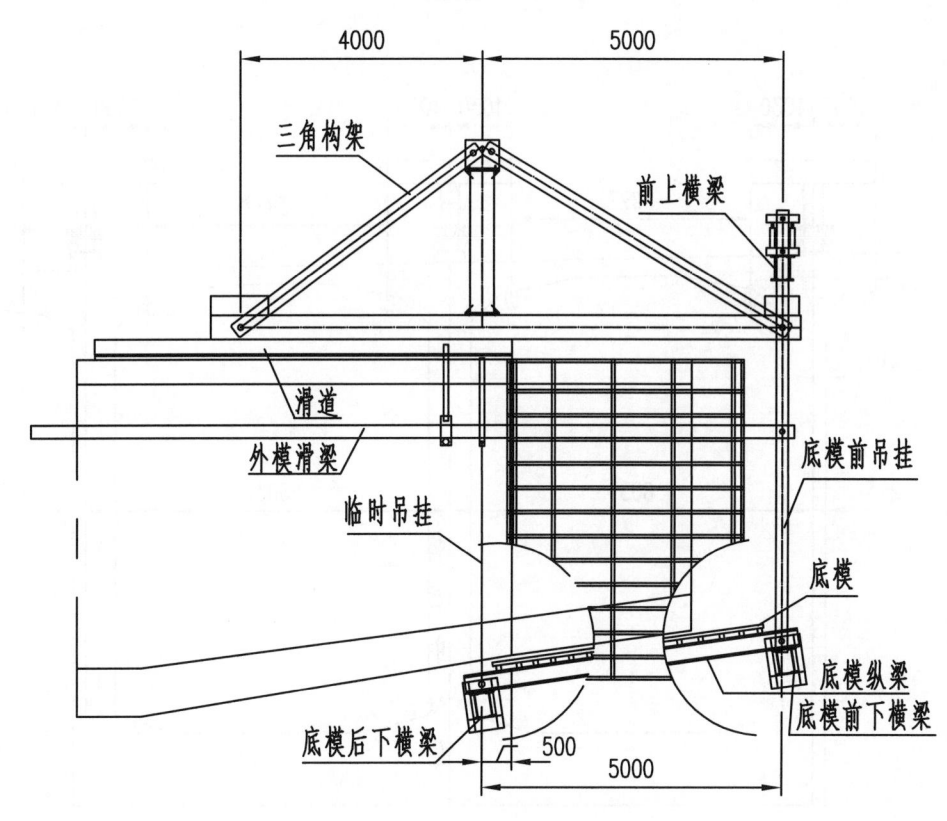

说明：
1. 图中尺寸以mm计。
2. 本挂篮加工时应严格按有关工艺细则执行，投入使用前应做荷载实验。
3. 两片三角构架下面的滑道底面高程应调平。
4. 张拉操作平台由现场自理。
5. 所有销轴及吊带必须探伤。
6. 走行：底模平台临时吊于外模支架，外模支架落于外滑梁；三角桁片、内滑梁及外滑梁带着外模、底模一次走行到位。
7. 1号块采用托架现浇。

三角挂篮	材质	Q235	单重	
挂篮模板图(六)	件数		图号	8.1-11

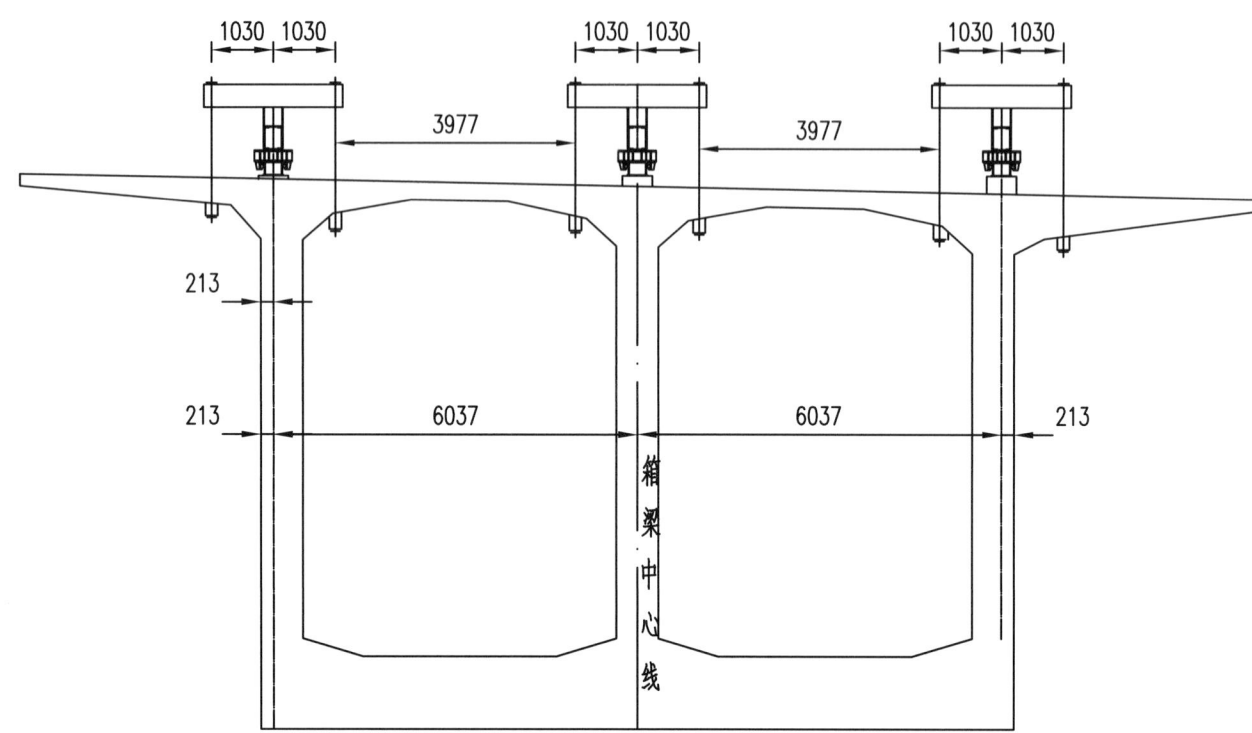

材料表

编号	名称	总质量(t)	备注
01	三角构架	14.9	
02	横联、平联	1.3	
03	前滑板、后勾板	1.7	
04	走道梁	11.7	
05	前上横梁	4.1	
06	后锚固系统	2.3	
07	底模平台及其吊挂系统	30.5	
08	内外滑梁及吊挂系统	14	
09	其他	合计80.1	一只挂篮

说明：
1. 图中尺寸以mm计。
2. 后锚固筋下吊点与梁体混凝土面之间必须有可靠的防滑措施。

三角挂篮	材质	Q235	单重	
挂篮模板图(七)	件数		图号	8.1-12

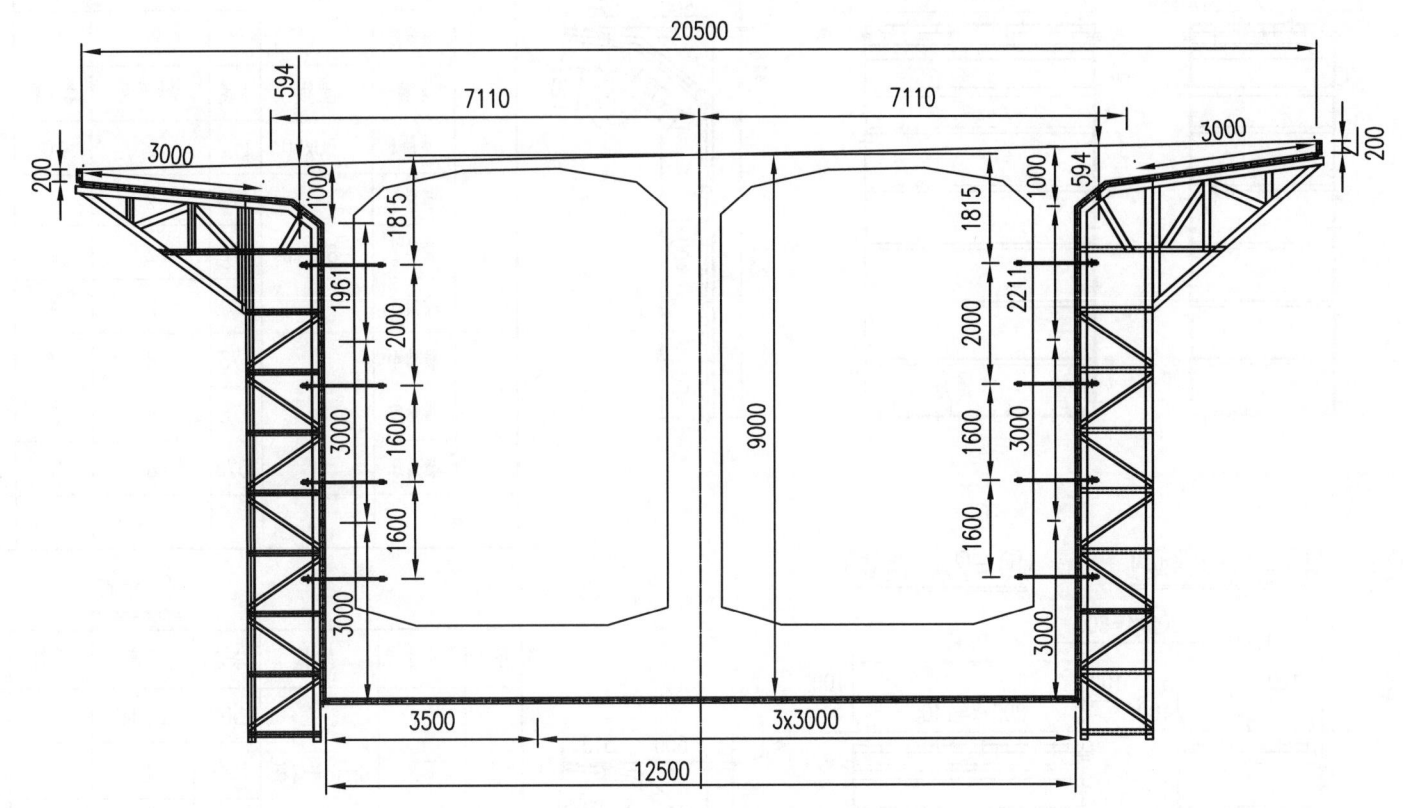
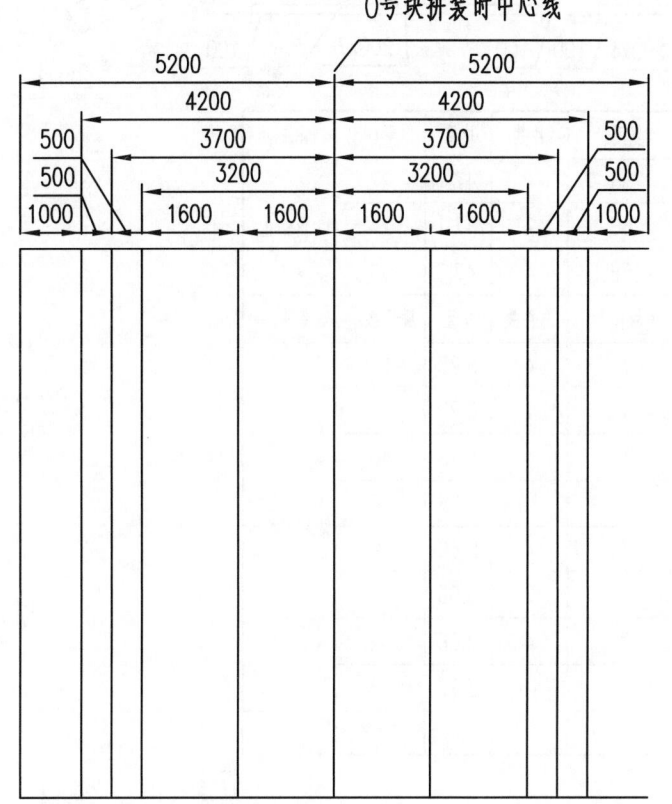

材料表

序号	型材	长度(m)	质量(kg)	件数	总质量(kg)	备注
1	6mm厚钢板		9347	4	37388	4只挂篮模板用料
2	—80×10	505	3173	4	12692	
3	L80×8	10	100	4	400	
4	[8号	897	7221	4	28884	
5	[12号	800	9921	4	39684	
6	L50×5	104	392	4	1568	
合计					120616	

说明：

1. 模板制作完成后需整体拼装。
2. 模板支架焊接应符合钢结构中对焊接的要求。
3. 内模使用标准平模或木模现场拼装（施工现场自理）。
4. 一只挂篮模板质量=30154kg(不含内模及内模支架)。
5. 图中尺寸以mm计。

三角挂篮	材质	Q235	单重	
挂篮模板图(八)	件数	4	图号	8.1-13

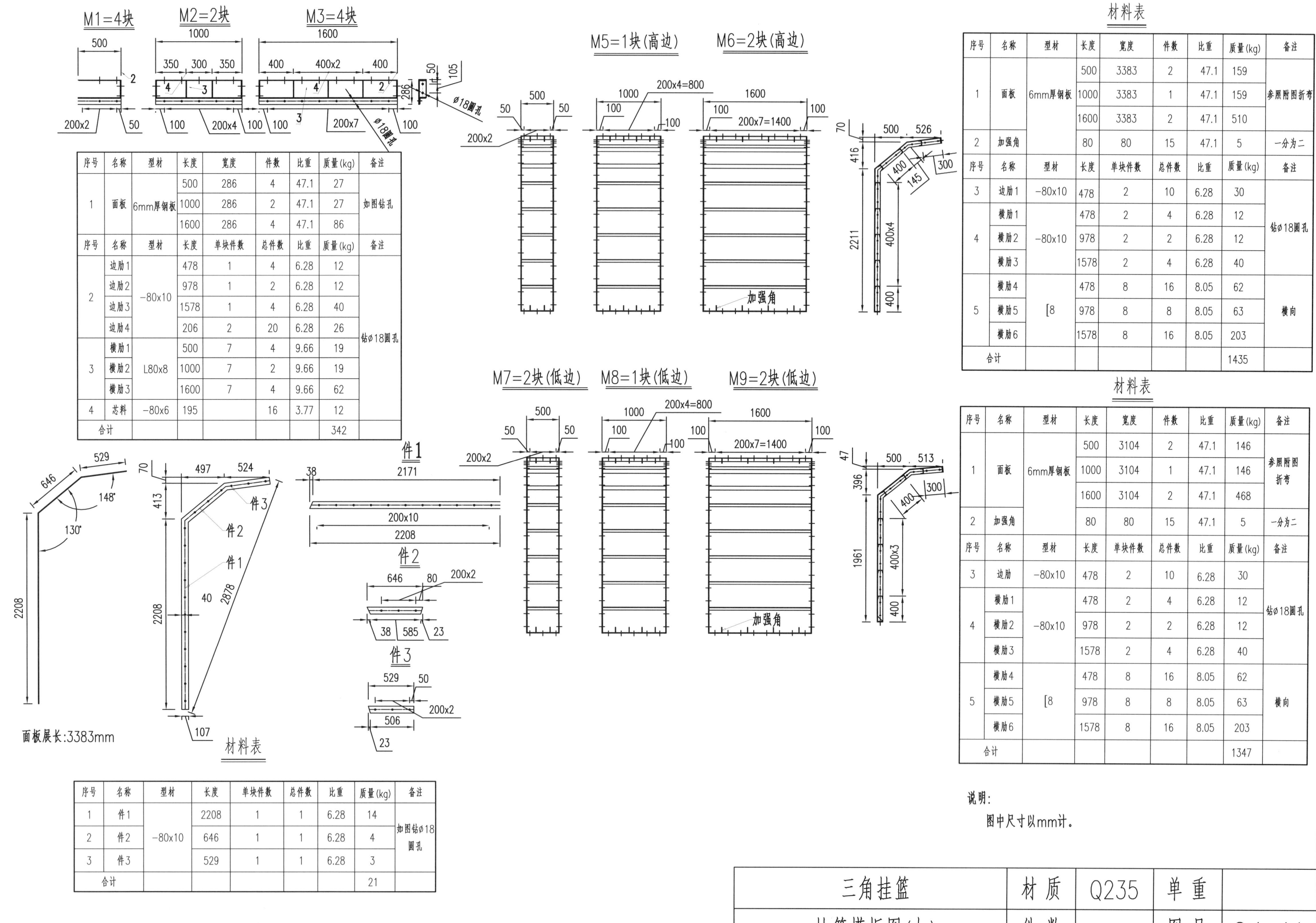

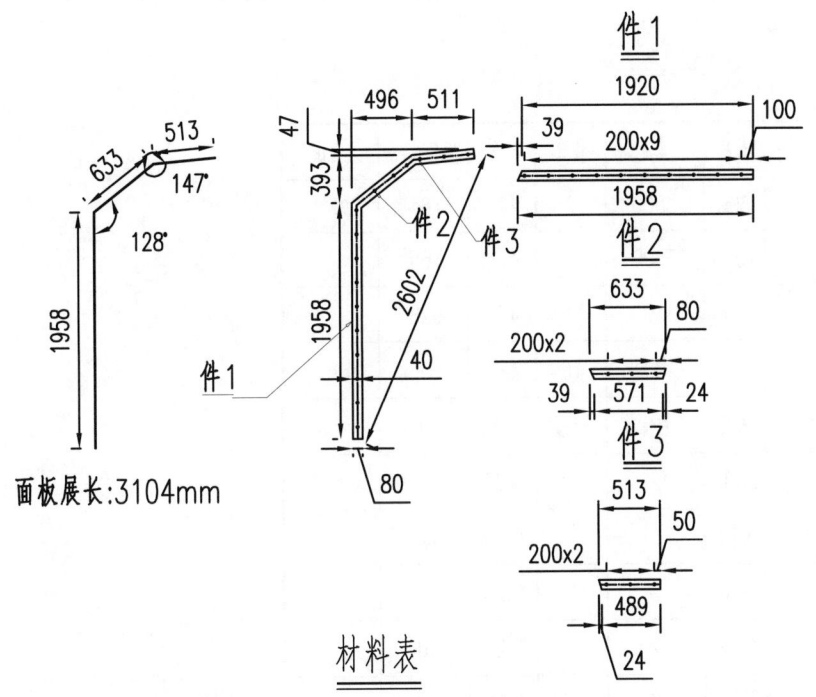
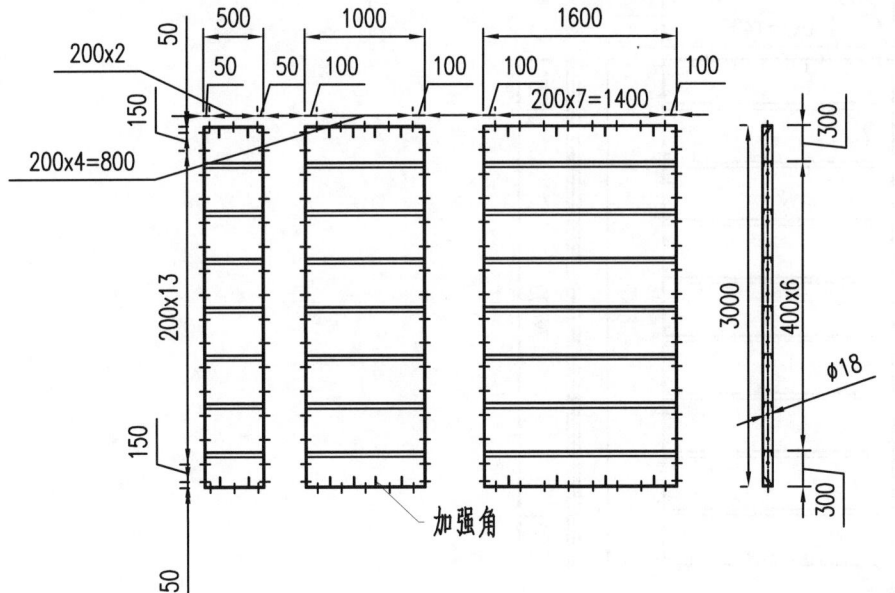

面板展长: 3104mm

材料表

序号	名称	型材	长度	单块件数	总件数	比重	质量(kg)	备注
1	件1	-80x10	1958	1	1	6.28	12	如图钻 Ø18 圆孔
2	件2		633	1	1	6.28	4	
3	件3		513	1	1	6.28	3	
合计							19	

M10=14块　M11=7块　M12=14块
(侧8底6)　(侧4底3)　(侧8底6)

材料表

序号	名称	型材	长度	宽度	件数	比重	质量(kg)	备注
1	面板	6mm厚钢板	500	3000	14	47.1	989	
			1000	3000	7	47.1	989	
			1600	3000	14	47.1	3165	
2	加强角		80	80	112	47.1	34	一分为二

序号	名称	型材	长度	单块件数	总件数	比重	质量(kg)	备注
3	边肋1	-80x10	3000	2	70	6.28	1319	
	边肋2		478	2	28	6.28	84	
	边肋3		978	2	14	6.28	86	
	边肋4		1578	2	28	6.28	277	
4	横肋1	[8	478	7	98	8.05	377	
	横肋2		978	7	49	8.05	386	
	横肋3		1578	7	98	8.05	1245	
合计							8951	

M13=4块　M14=2块　M15=4块

材料表

序号	名称	型材	长度	宽度	件数	比重	质量(kg)	备注
1	面板	6mm厚钢板	500	3000	4	47.1	283	
			1000	3000	2	47.1	283	
			1600	3000	4	47.1	904	
2	加强角		80	80	30	47.1	9	一分为二
3	滴水槽	3mm厚钢板	500	27	4	23.55	1	
			1000	27	2	23.55	1	
			1600	27	4	23.55	4	

序号	名称	型材	长度	单块件数	总件数	比重	质量(kg)	备注
4	边肋1	-80x10	3000	2	20	6.28	377	
	边肋2		478	2	8	6.28	24	
	边肋3		978	2	4	6.28	25	
	边肋4		1578	2	8	6.28	79	
4	横肋1	[8	478	7	28	8.05	108	
	横肋2		978	7	14	8.05	110	
	横肋3		1578	7	28	8.05	356	
合计							2564	

说明:
图中尺寸以mm计。

三角挂篮	材质	Q235	单重	
挂篮模板图(十)	件数		图号	8.1-15

材料表

序号	名称	型材	长度	宽度	件数	比重	质量(kg)	备注
1	面板	6mm厚钢板	500	3500	2	47.1	165	
			1000	3500	1	47.1	165	
			1600	3500	2	47.1	528	
2	加强角		80	80	16	47.1	5	

序号	名称	型材	长度	单块件数	总件数	比重	质量(kg)	备注
3	边肋1	−80×10	3500	2	10	6.28	220	
	边肋2		478	2	4	6.28	12	
	边肋3		978	2	2	6.28	12	
	边肋4		1578	2	4	6.28	40	
4	横肋1	[8	478	8	16	8.05	62	
	横肋2		978	8	8	8.05	63	
	横肋3		1578	8	16	8.05	203	
合计							1475	

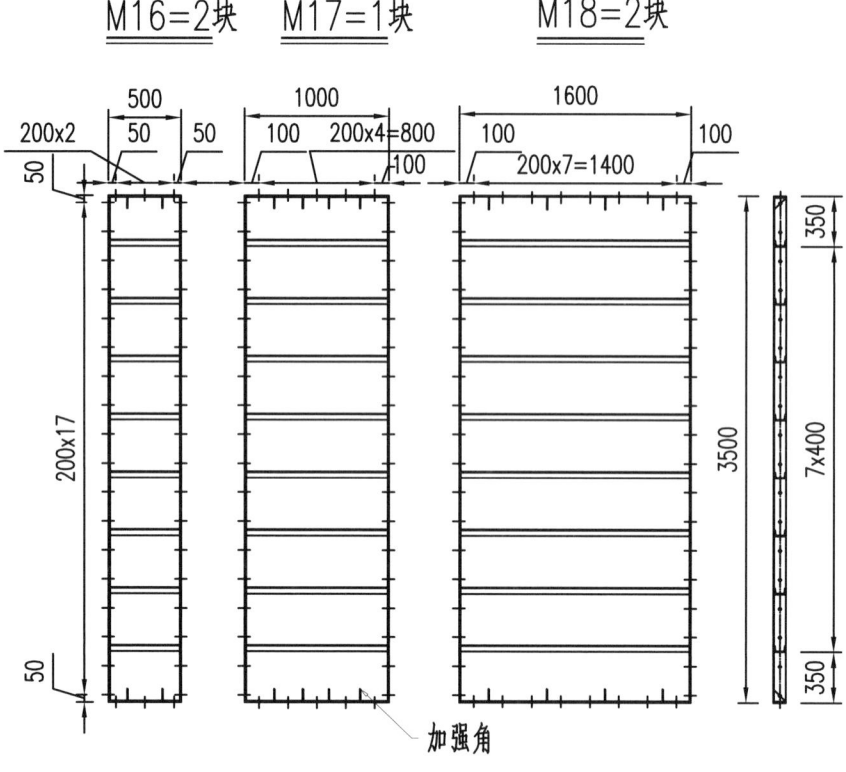

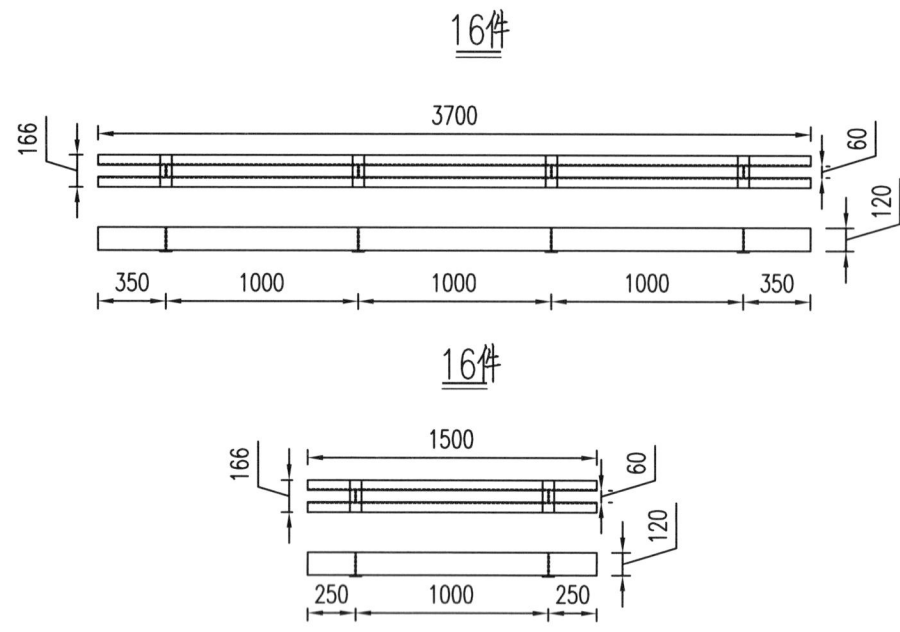

材料表

序号	名称	型材	长度	单块件数	总件数	比重	质量(kg)	备注
1	横肋1	[12	3700	2	32	12.4	1468	
2	横肋2		1500	2	32	12.4	595	
3	连接板1	−60×6	166	6	96	2.83	45	
4	连接板2		120	6	96	2.83	33	
5	连接杆	L50×5	5200	5	20	3.77	392	
合计							2533	

说明：

图中尺寸以mm计。

三角挂篮	材 质	Q235	单 重	
挂篮模板图十一）	件 数		图 号	8.1-16

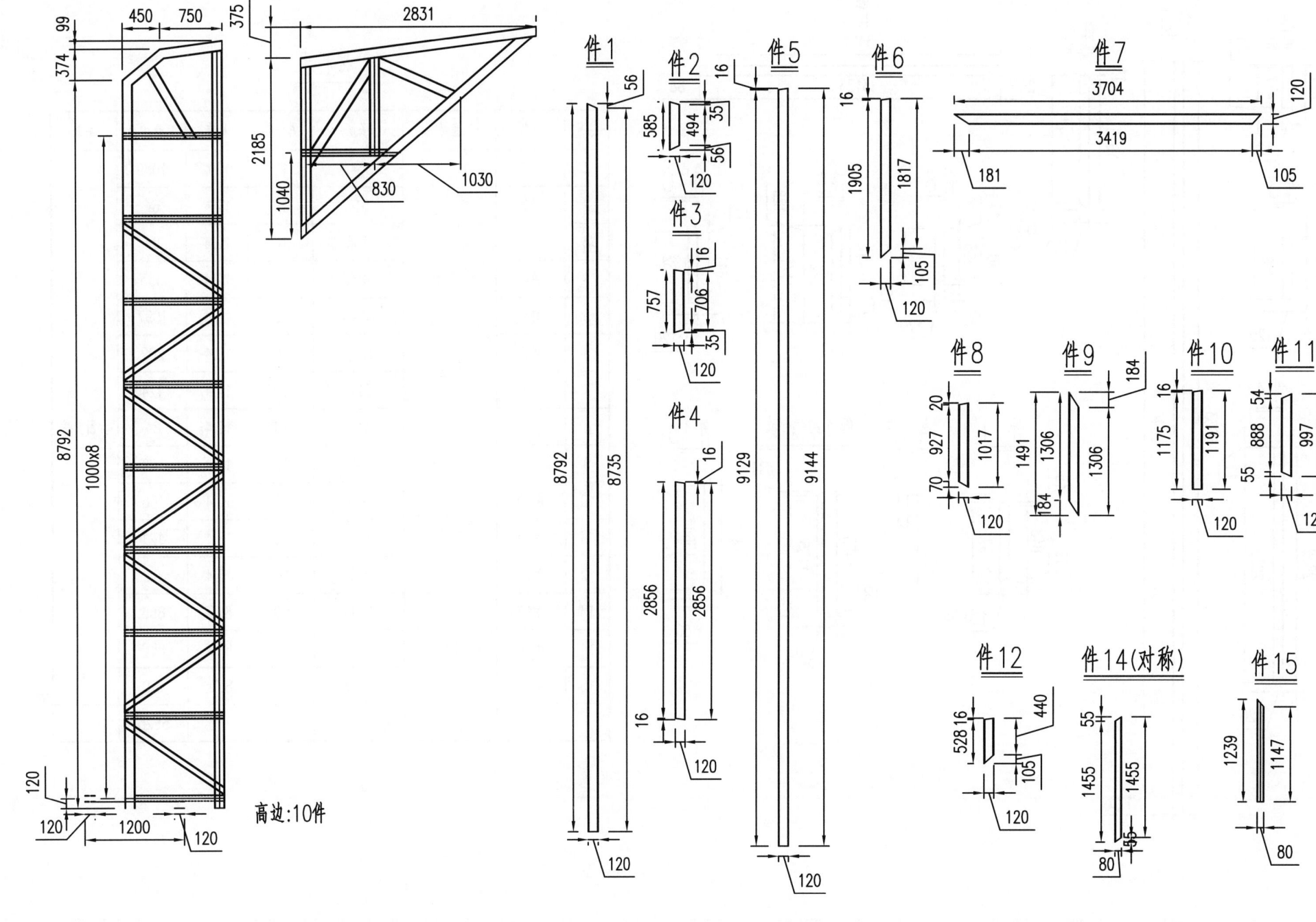

材料表

序号	名称	型材	长度	总件数	比重	质量(kg)	备注
1	件1	[12	8792	10	12.4	1090	
2	件2		585	10	12.4	73	
3	件3		757	10	12.4	94	
4	件4		2872	10	12.4	356	
5	件5		9144	10	12.4	1134	
6	件6		1921	10	12.4	238	
7	件7		3704	10	12.4	459	
8	件8		1017	10	12.4	126	如图割料
9	件9		1306	10	12.4	162	
10	件10		1191	10	12.4	148	
11	件11		997	10	12.4	124	
12	件12		544	10	12.4	67	
13	件13	[8	1200	90	8.04	868	
14	件14		1510	70	8.04	850	
15	件15		1239	10	8.04	100	
合计						5889	

说明：

图中尺寸以mm计。

三角挂篮	材质	Q235	单重	
挂篮模板图(十二)	件数		图号	8.1-17

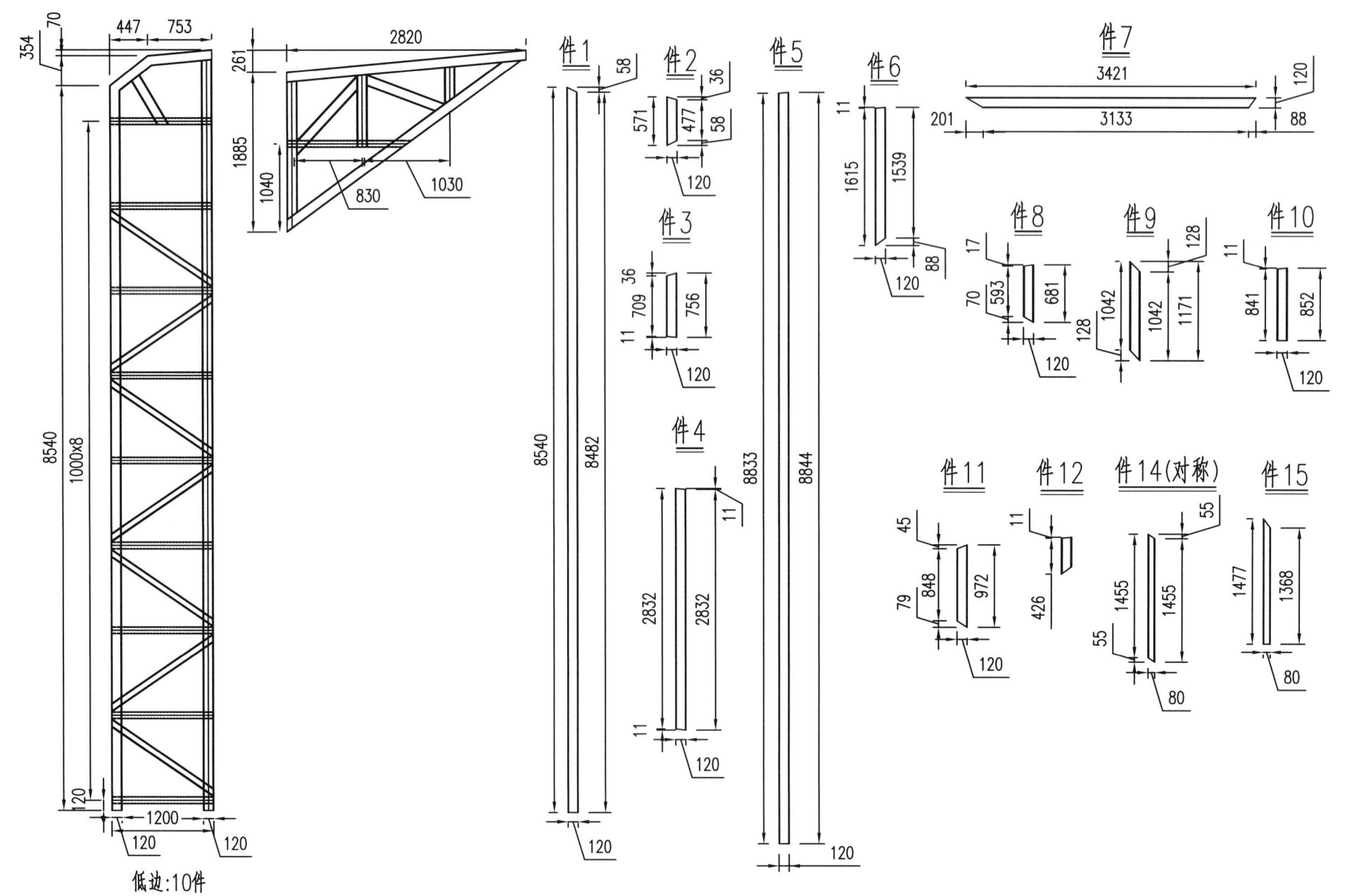

材料表

序号	名称	型材	长度	总件数	比重	质量(kg)	备注
1	件1	[12	8540	10	12.4	1059	
2	件2		517	10	12.4	64	
3	件3		756	10	12.4	94	
4	件4		2843	10	12.4	353	
5	件5		8844	10	12.4	1097	
6	件6		1626	10	12.4	202	
7	件7		3421	10	12.4	424	
8	件8		681	10	12.4	84	如图割斜
9	件9		1042	10	12.4	129	
10	件10		852	10	12.4	106	
11	件11		972	10	12.4	121	
12	件12		437	10	12.4	54	
13	件13	[8	1200	90	8.04	868	
14	件14		1510	70	8.04	850	
15	件15		1477	10	8.04	119	
合计						5625	

说明：

图中尺寸以mm计。

三角挂篮	材质	Q235	单重	
挂篮模板图(十三)	件数		图号	8.1-18

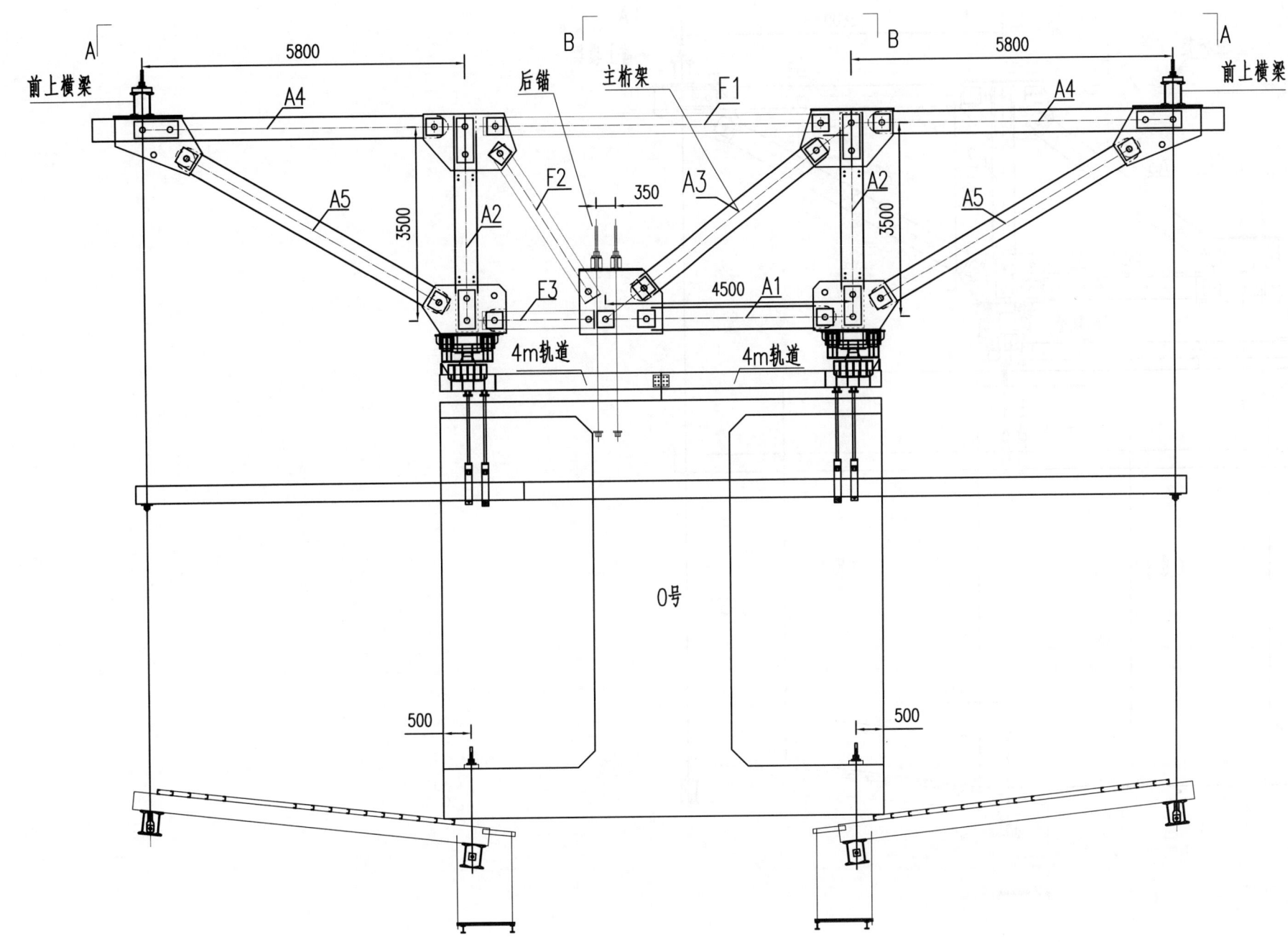

说明：
1. 由于本桥的0号块长度只有8m长，而最大节段长度为5m，因此挂篮本身的正常长度约12m，前支点到尾段的长度约在5m长，因此两支挂篮无法进行0号块上进行正常拼装，需对挂篮进行局部改装。项目采用的办法是将两支菱形挂篮首先进行联体，将两个菱形挂篮中的一个杆件作为主梁杆件，然后将两个菱形挂篮进行联体，形成一个杆件，再浇筑完成1号块，拼装挂篮的长度满足要求后，再将挂篮进行分体，按正常菱形挂篮杆件进行安装，每套挂篮及附属设施共重140t，悬臂最大施工节段质量为167t。
2. 一侧挂篮主桁按正常安装。另一侧挂篮主桁安装A2、A4、A5杆件，附加杆F1、F2、F3及主桁A1、A2杆件连成平面框。
3. 安装平联桁架，将主桁框架连成立体框架。安装主桁前端A4、A5杆件。
4. 图中尺寸以mm计。

联体挂篮解体示意图	材 质	Q235	单 重	
前移步骤1			图号	8.2.1-1

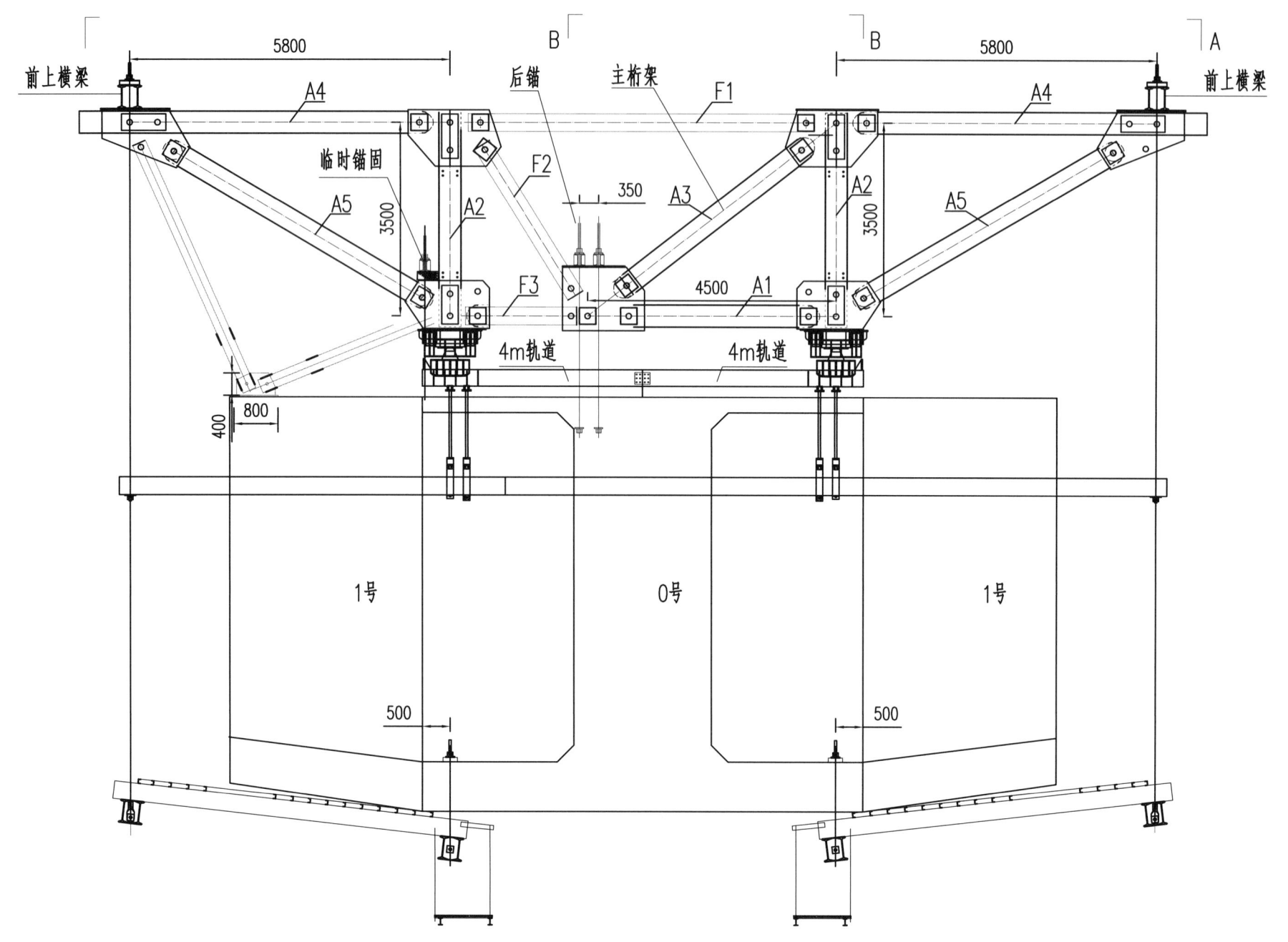

说明：
1. 1号块张拉压浆后,安装附加杆件F4、F5。
2. 利用箱梁竖向预应力钢筋在联体挂篮支座前端临时锚固。
3. 图中尺寸以mm计。

联体挂篮解体示意图	材 质	Q235	单重	
前移步骤2	件 数		图号	8.2.1-2

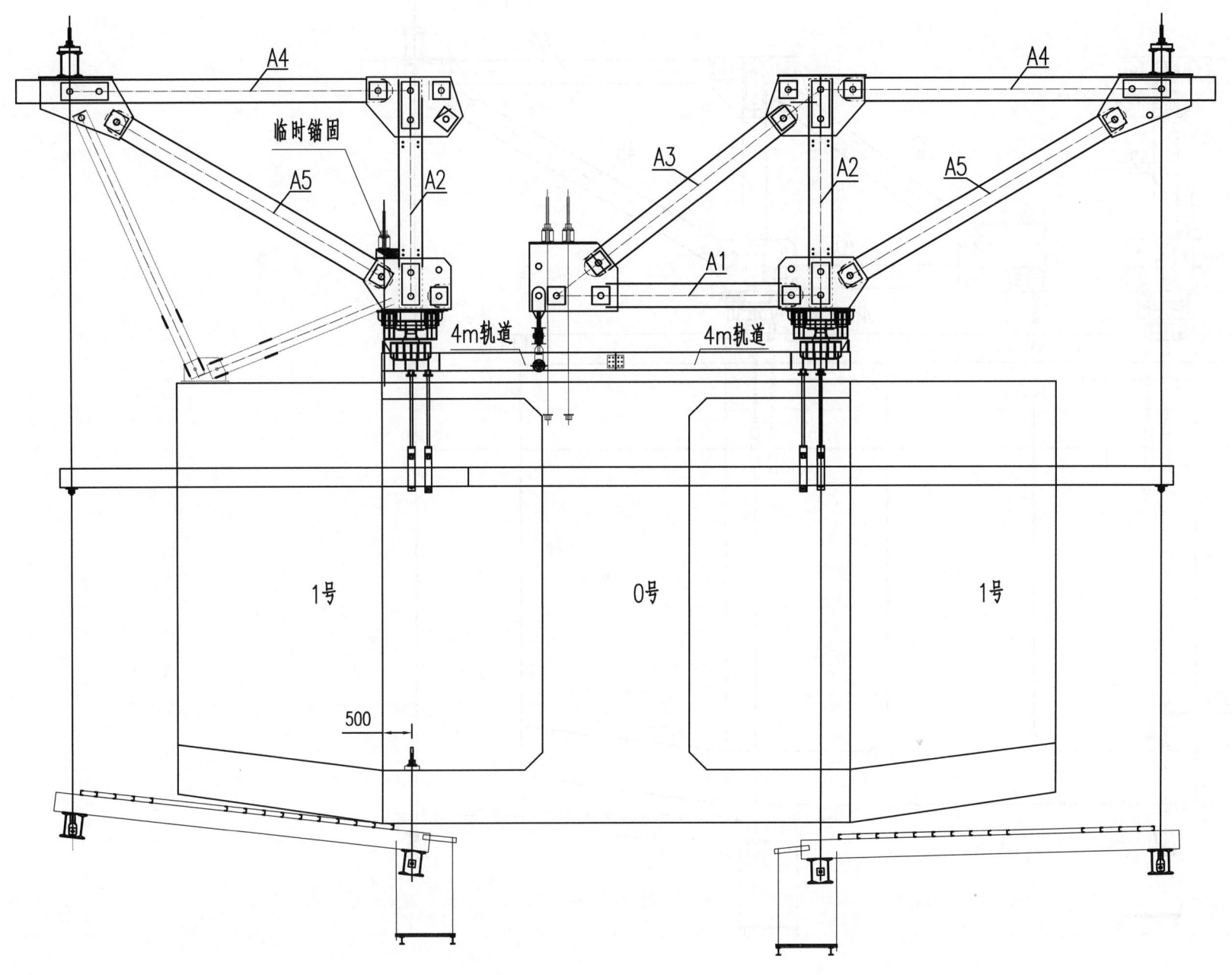

说明：
1. 1号块张拉压浆后,安装附加杆件F4、F5。
2. 利用箱梁竖向预应力钢筋在联体挂篮支座前端临时锚固。
3. 图中尺寸以mm计。

联体挂篮解体示意图	材 质	Q235	单 重	
前移步骤3	件 数		图 号	8.2.1-3

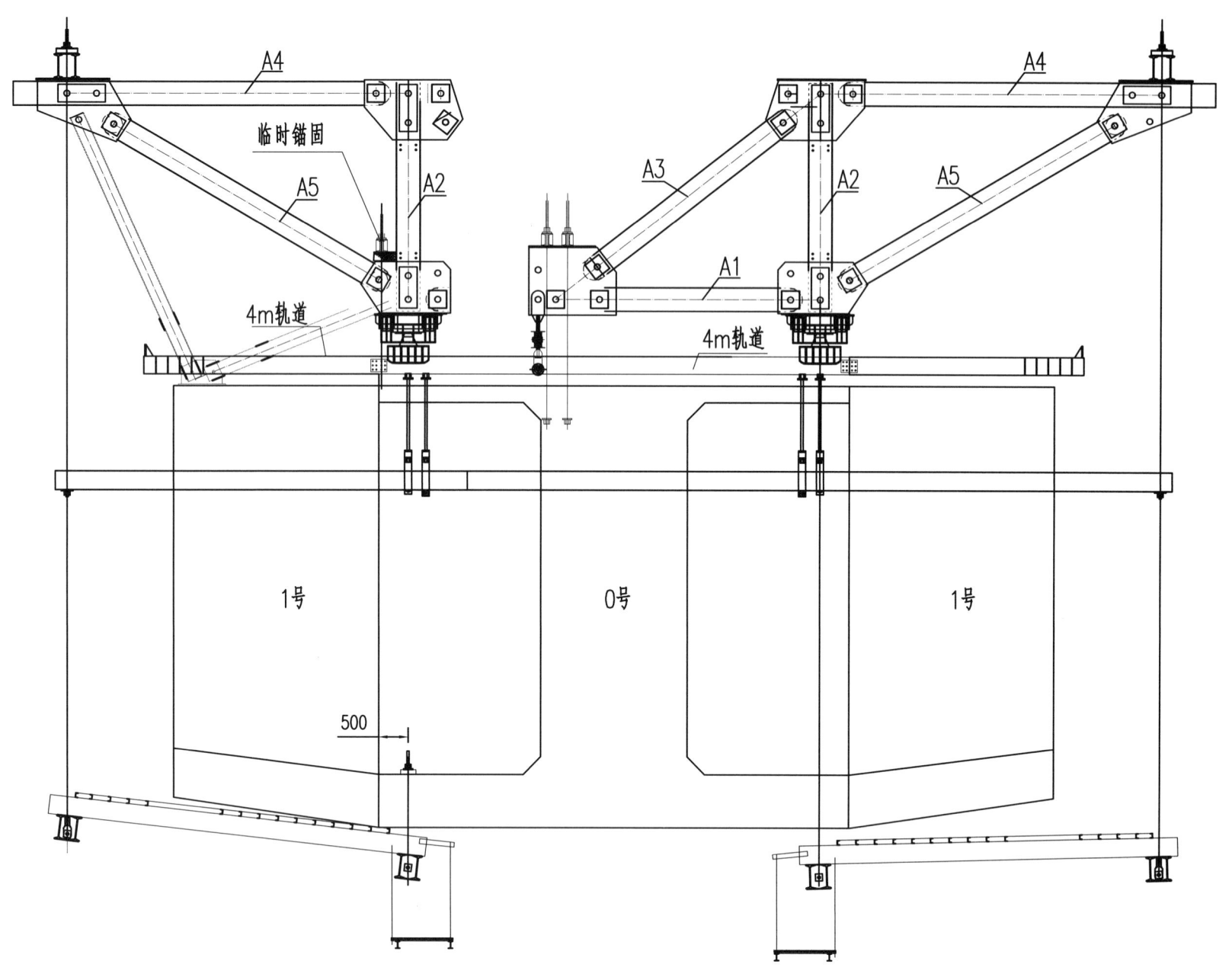

说明：
1. 确认临时支撑稳固,在预应力张拉后拆除杆件F1、F2、F3,设置轨道。
2. 图中尺寸以mm计。

联体挂篮解体示意图	材 质	Q235	单 重	
前移步骤4	件 数		图 号	8.2.1-4

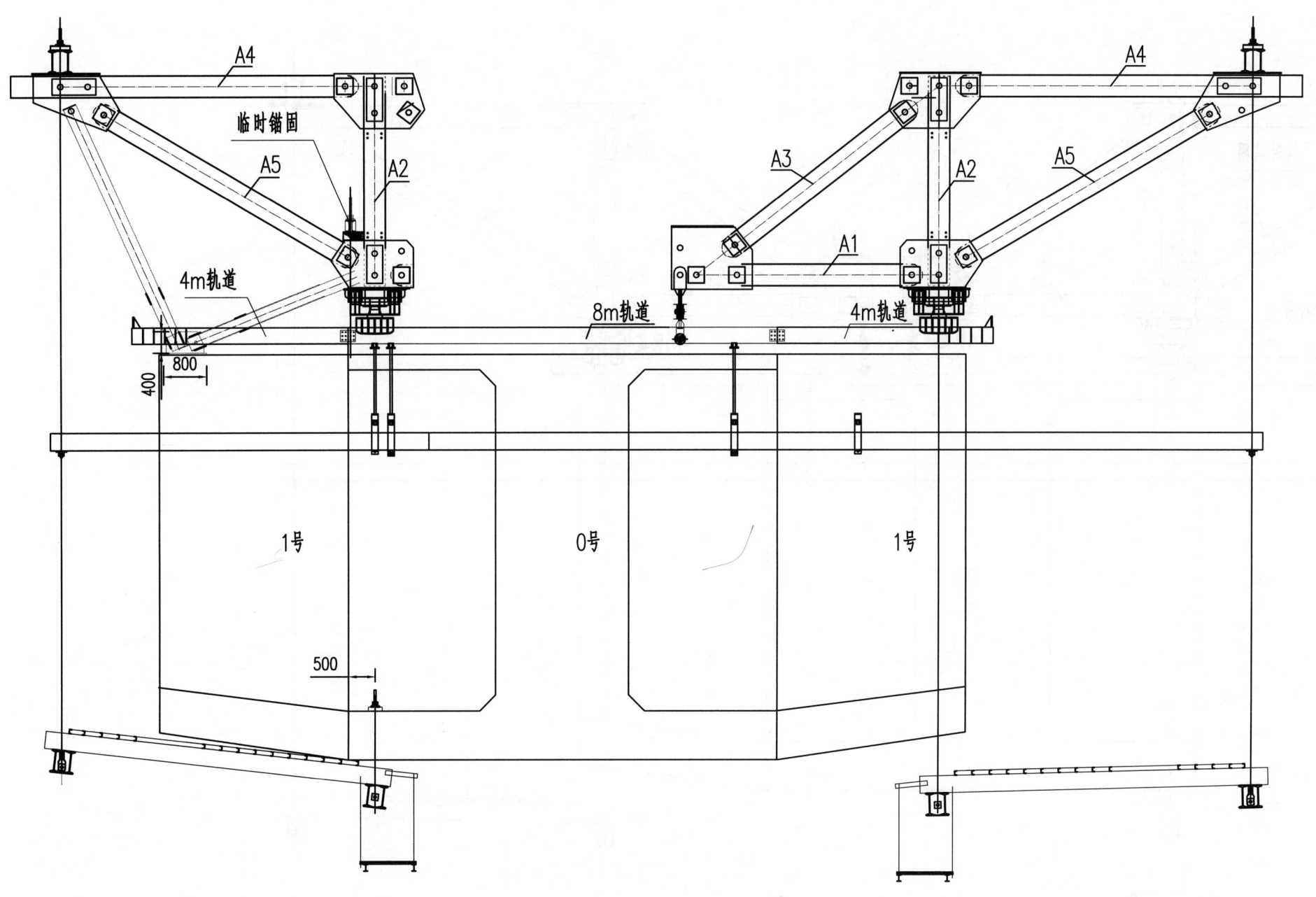

说明：
1. 确认临时支撑稳固，在预应力张拉后拆除杆件F1、F2、F3。设置轨道，解除挂篮后锚，挂篮前移3.5m。
2. 图中尺寸以mm计。

联体挂篮解体示意图	材 质	Q235	单 重	
前移步骤5	件 数		图 号	8.2.1-5

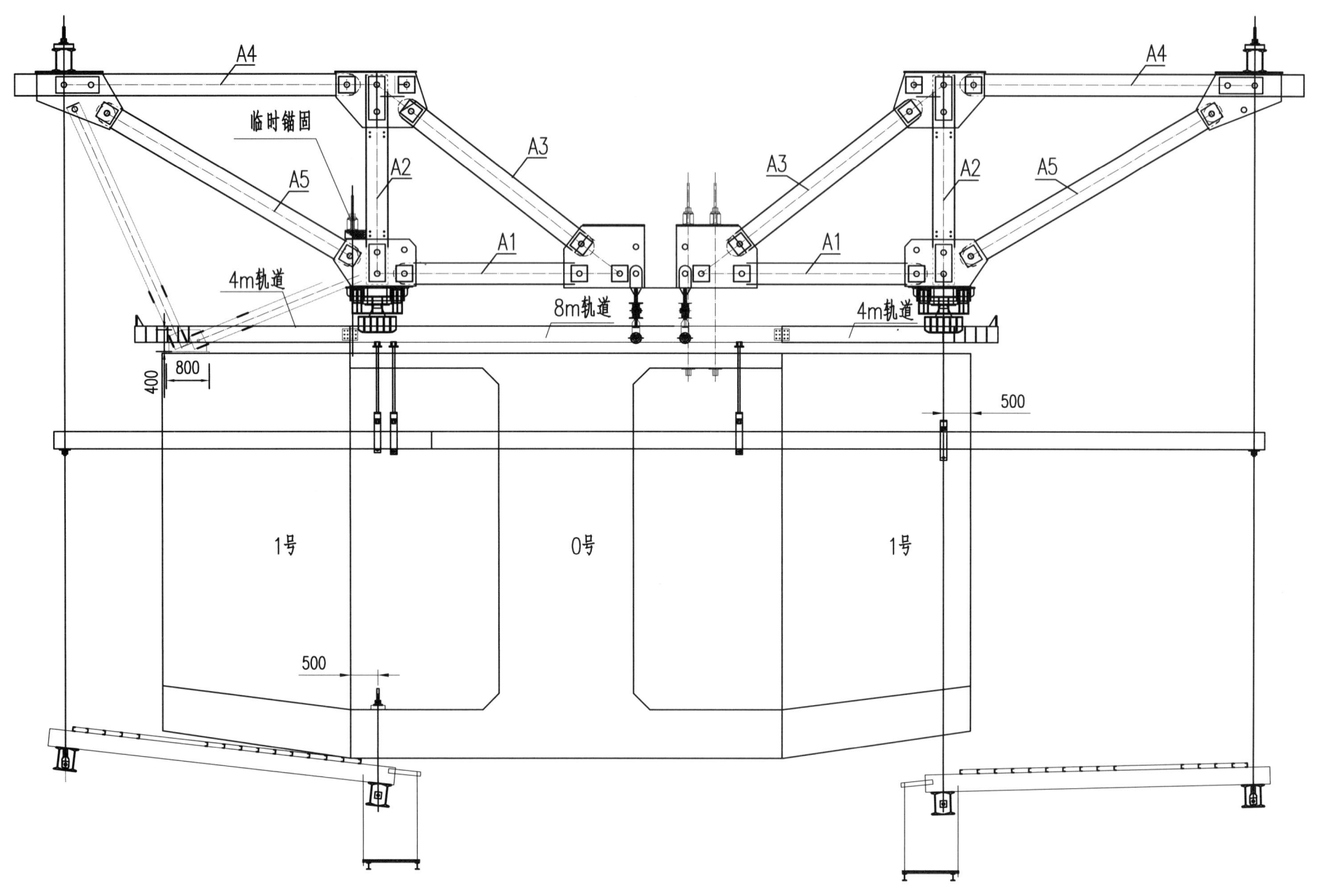

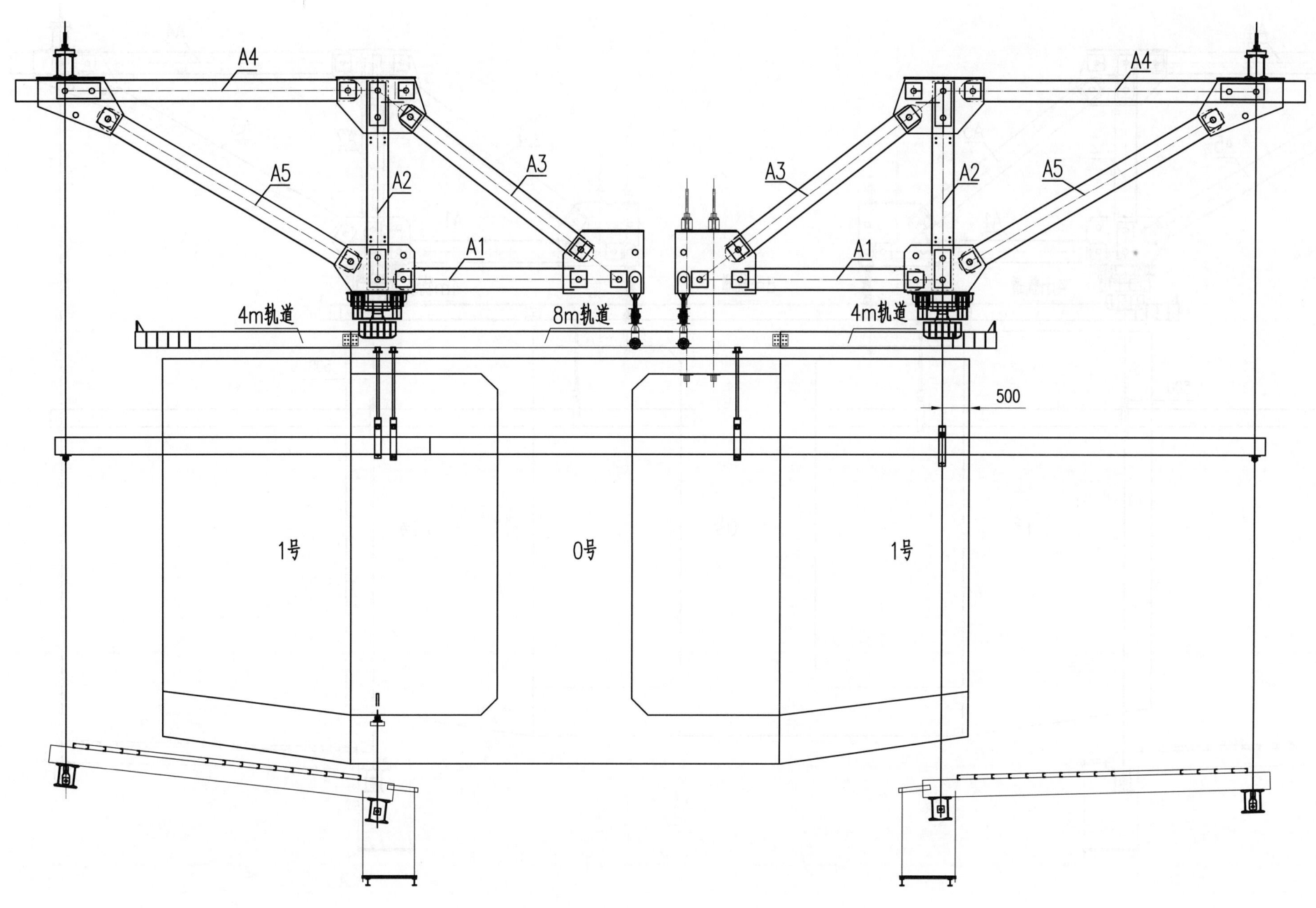

说明：
1. 拆除杆件F4、F5。
2. 图中尺寸以mm计。

联体挂篮解体示意图	材 质	Q235	单 重	
前移步骤7	件 数		图 号	8.2.1-7

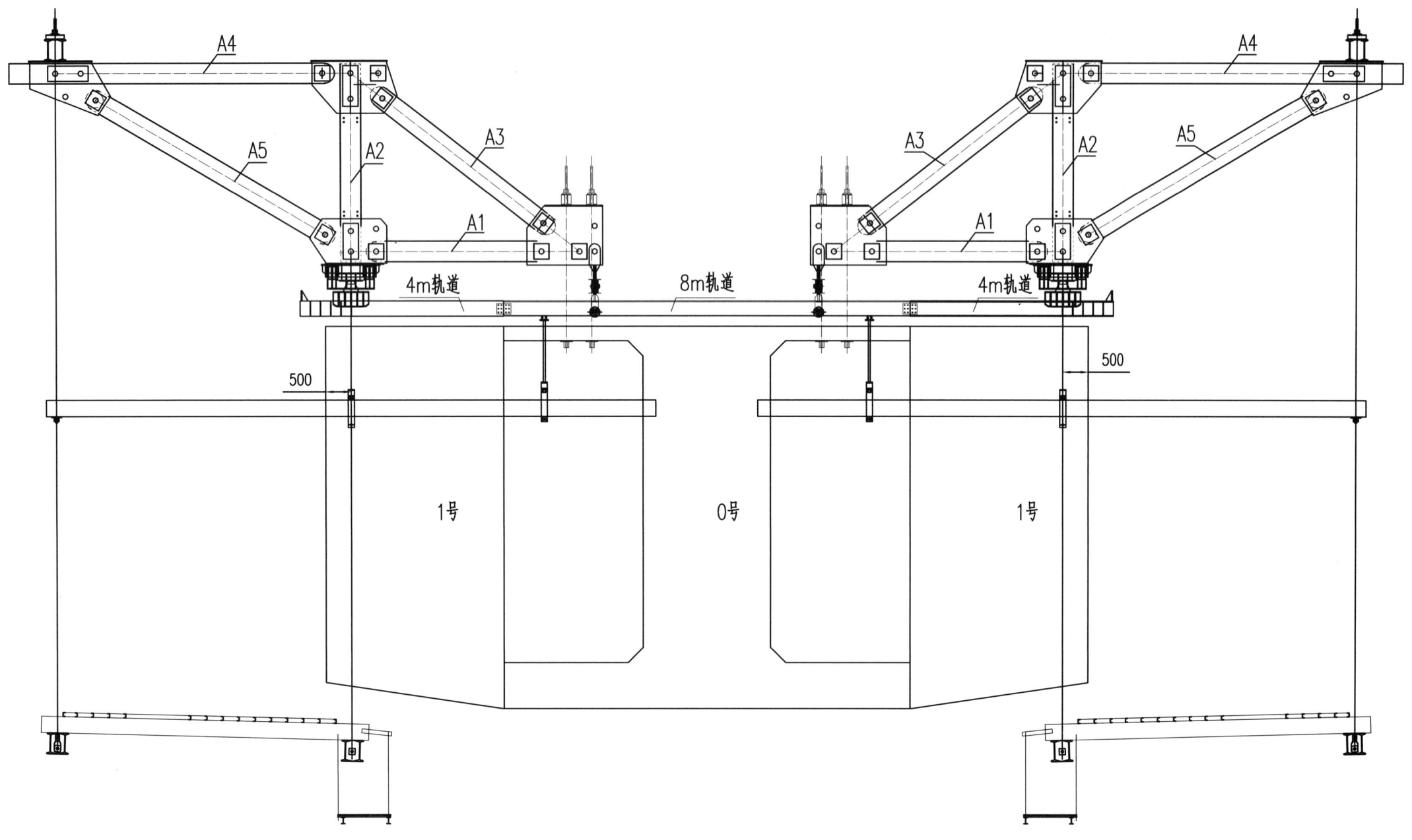

说明：
1. 移动到位。
2. 图中尺寸以mm计。

联体挂篮解体示意图	材 质	Q235	单 重	
前移步骤8	件 数		图 号	8.2.1-8

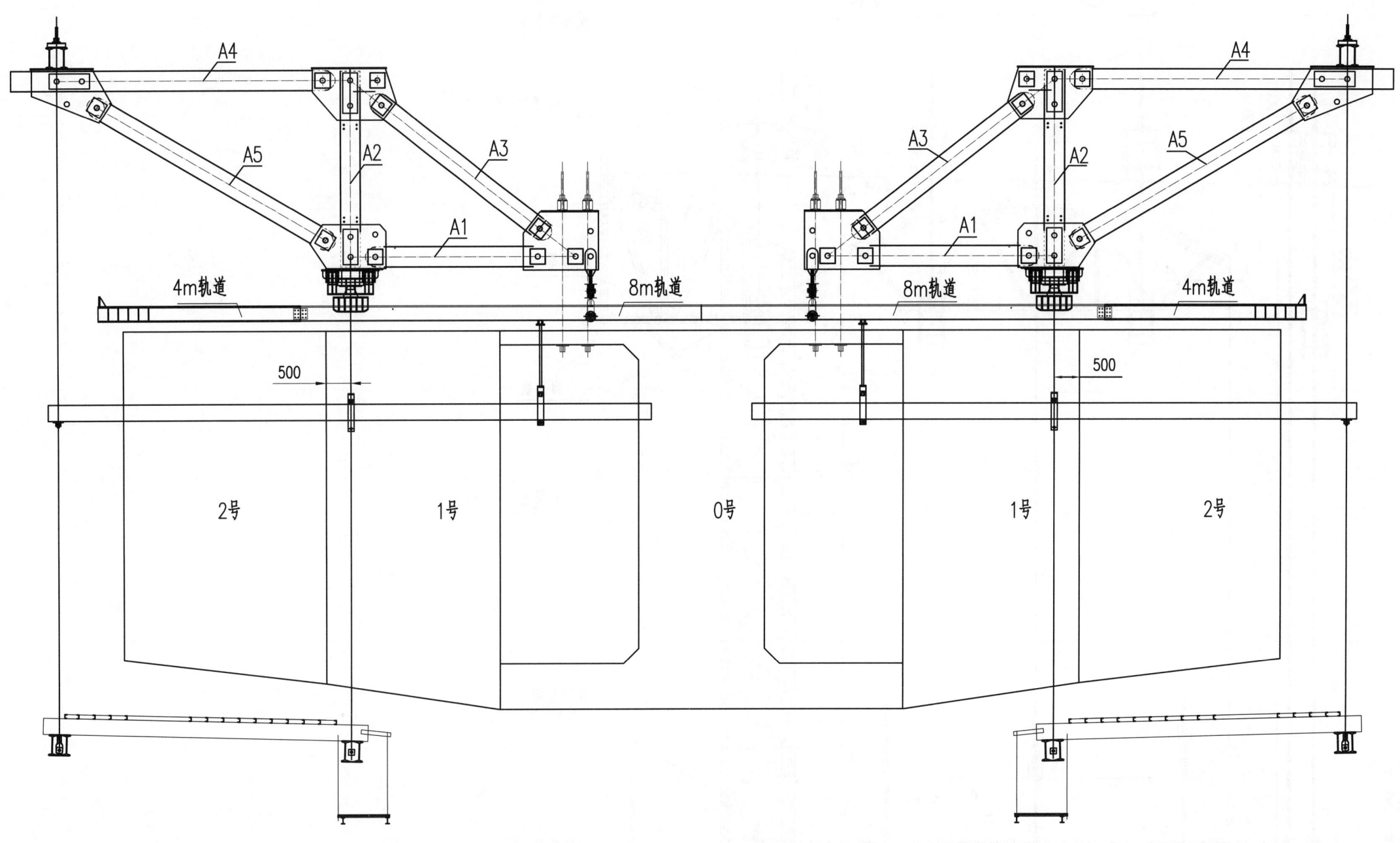

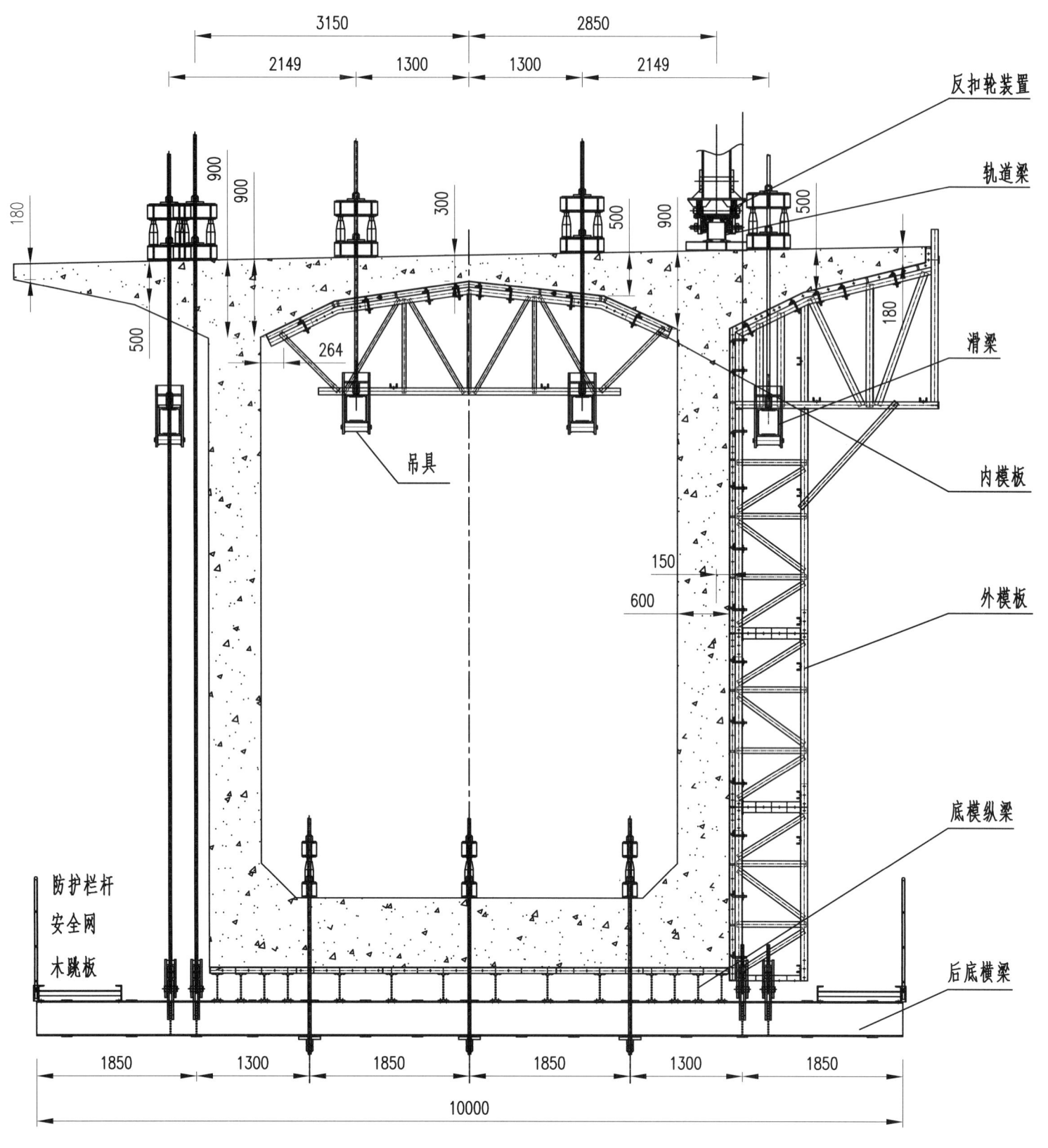

说明：
1. 该菱形挂篮每套自重约为50t，悬臂最大施工节段中梁为163t。
2. 图中尺寸以mm计。

73m+135m+73m菱形挂篮	材质	Q235	单重	
挂篮总装后横梁立面图	件数		图号	8.2.2-1

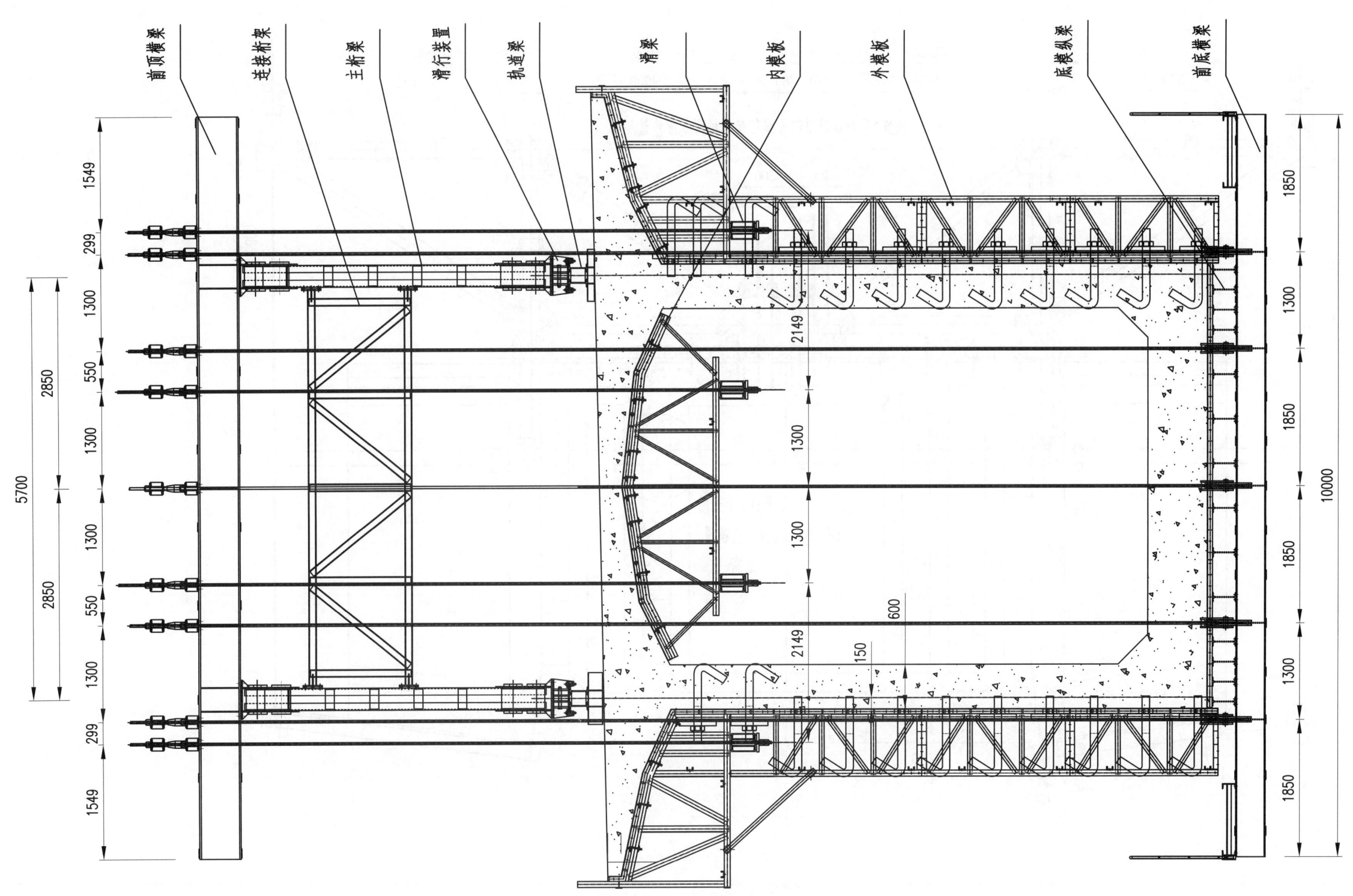

73m+135m+73m菱形挂篮	材质	Q235	单重	
挂篮总装前横梁立面图	件数		图号	8.2.2-2

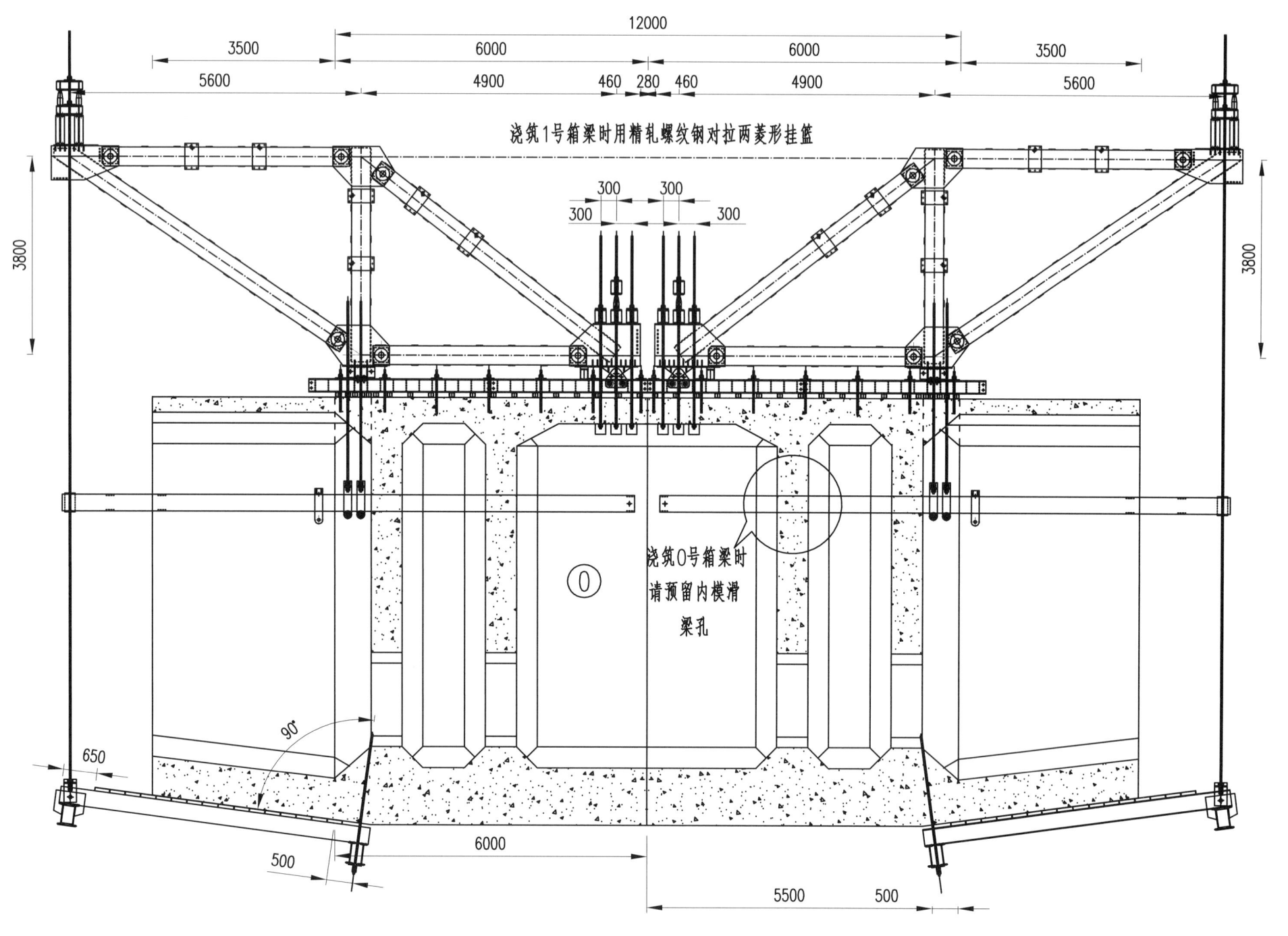

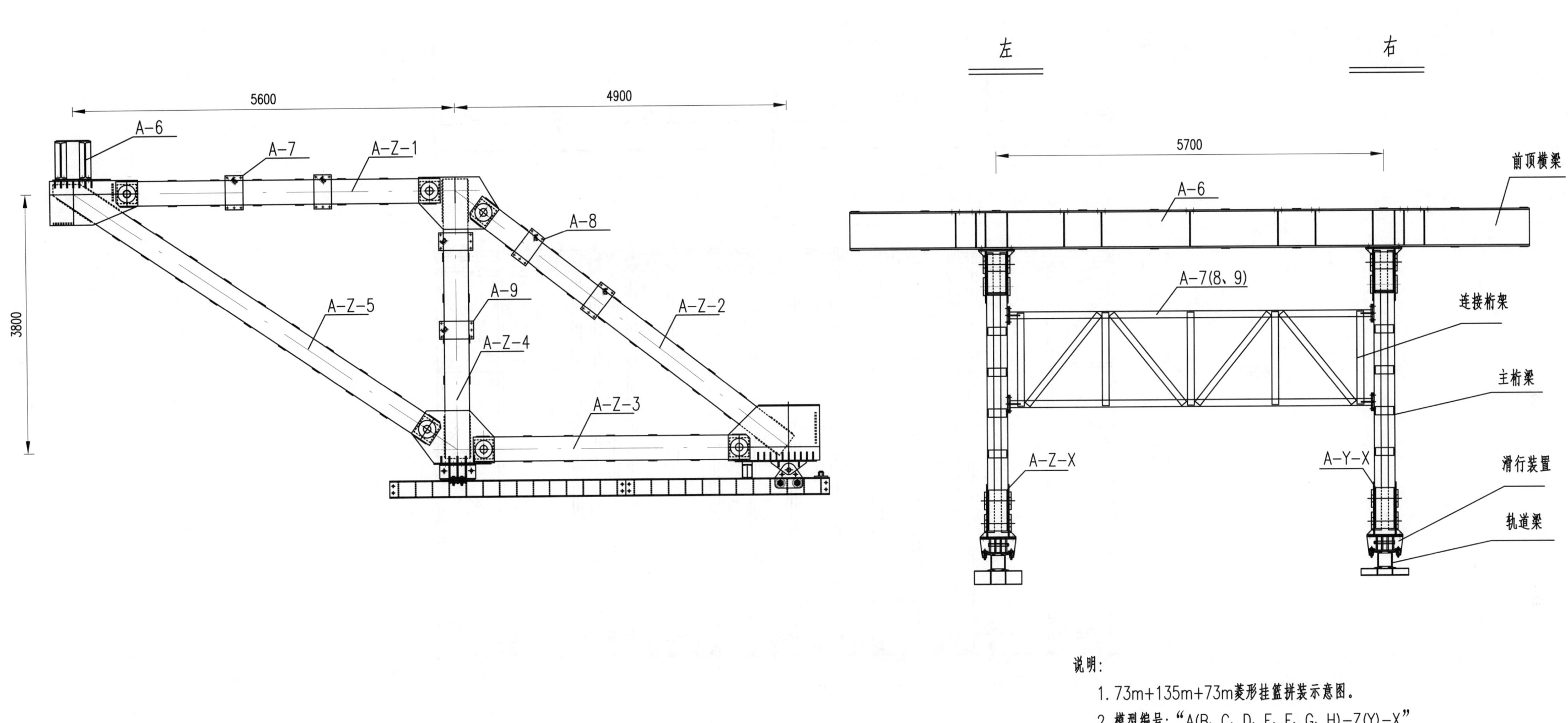

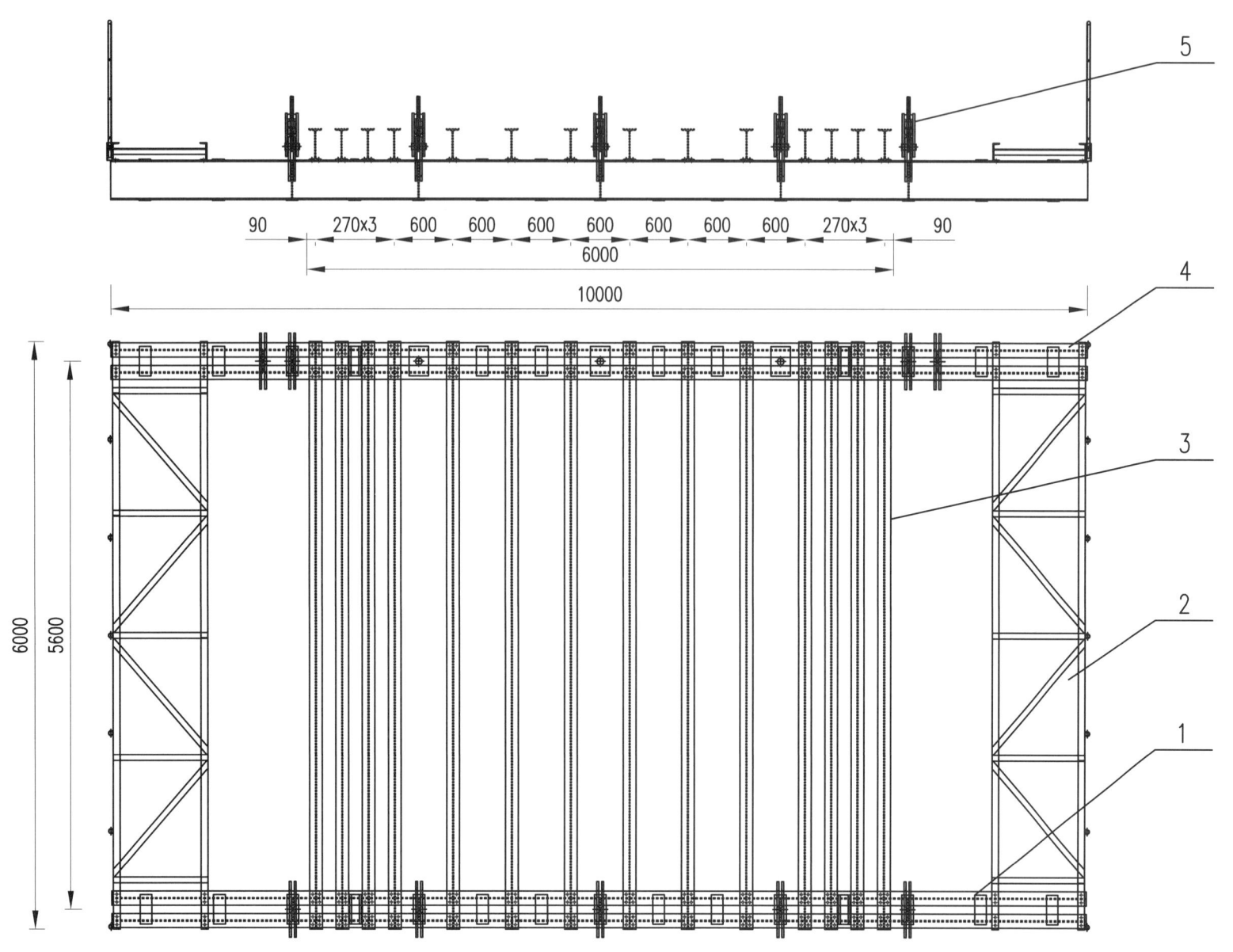

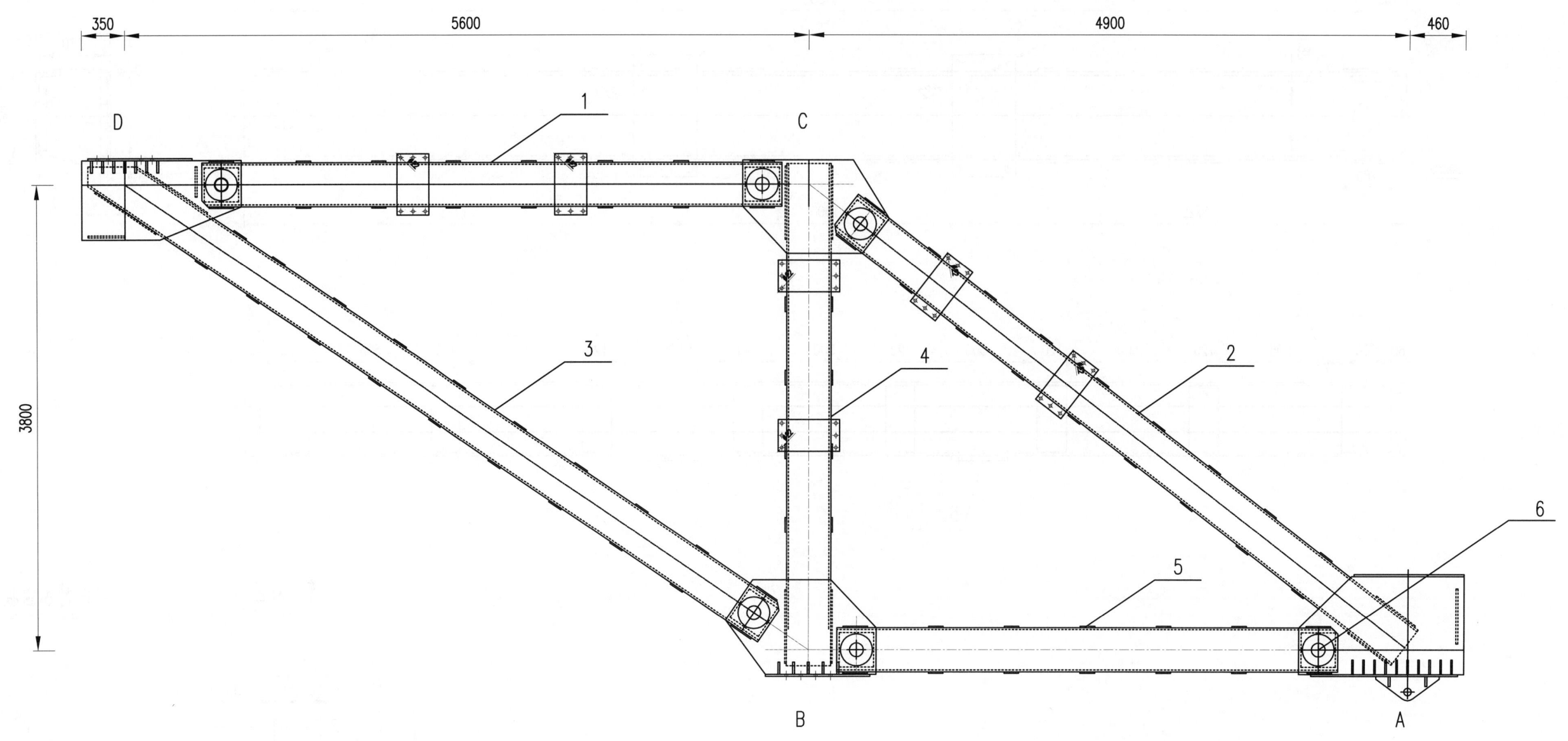

材料数量表

序号	构件名称	材料型号	规格(mm)	数量	单件质量(kg)	总质量(kg)	备注
1	CD杆件连接杆	[36b焊接件	4750	1件	669	669	
2	AC杆件连接杆	[36b焊接件	5800	1件	1240	1240	
3	BD杆件连接杆	[36b焊接件	6721	1件	1128	1128	
4	BC杆件连接杆	[36b焊接件	4100	1件	1131	1131	
5	AB杆件连接杆	[36b焊接件	4100	1件	554	554	
6	销轴	40cr	ø110x450	6件	33	198	
合计						4920	

说明：
图中尺寸以mm计。

73m+135m+73m菱形挂篮	材质	Q235	单重	5t
菱形桁架主桁梁	件数	1	图号	8.2.2-6

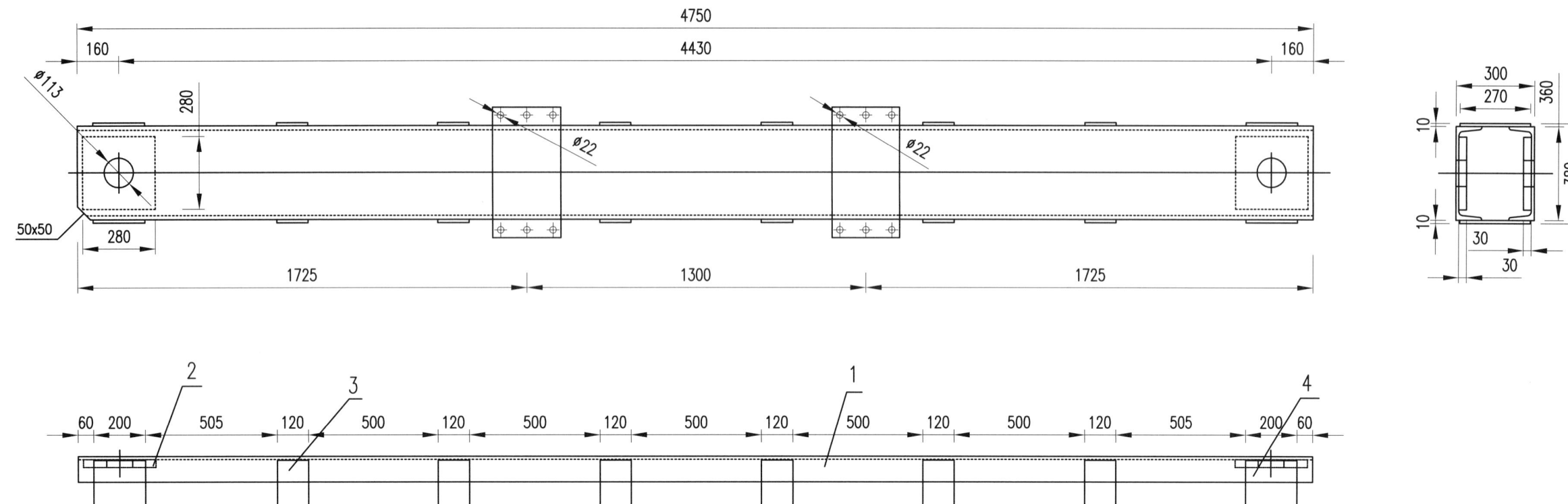

连接杆座

内衬加强板

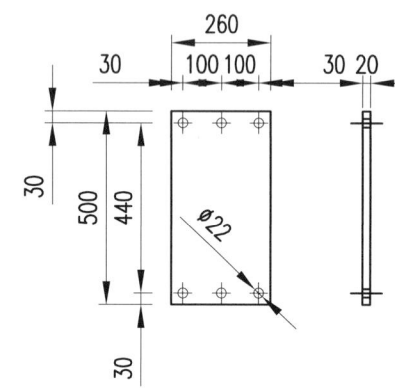
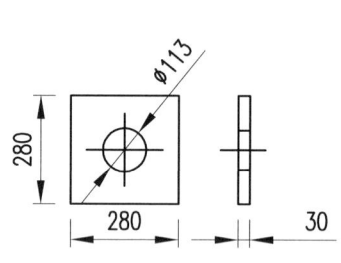

说明:
图中尺寸以mm计。

材料数量表

序号	构件名称	材料型号	规格(mm)	数量	单件质量(kg)	总质量(kg)	备注
1	连接横梁	[36b	4750	2根	253.6	507.2	
2	内衬加强板	30mm厚钢板	30×280×280	4块	18.5	74	金加工
3	加强肋1	10mm厚钢板	10×120×270	12块	2.5	30	
4	加强肋2	10mm厚钢板	10×200×270	4块	4.2	16.8	
5	连接杆座	20mm厚钢板	20×260×500	2块	20.4	40.8	
合计						668.8	

73m+135m+73m菱形挂篮	材质	Q235	单重	669kg
主桁梁连接轴销	件数		图号	8.2.2-7

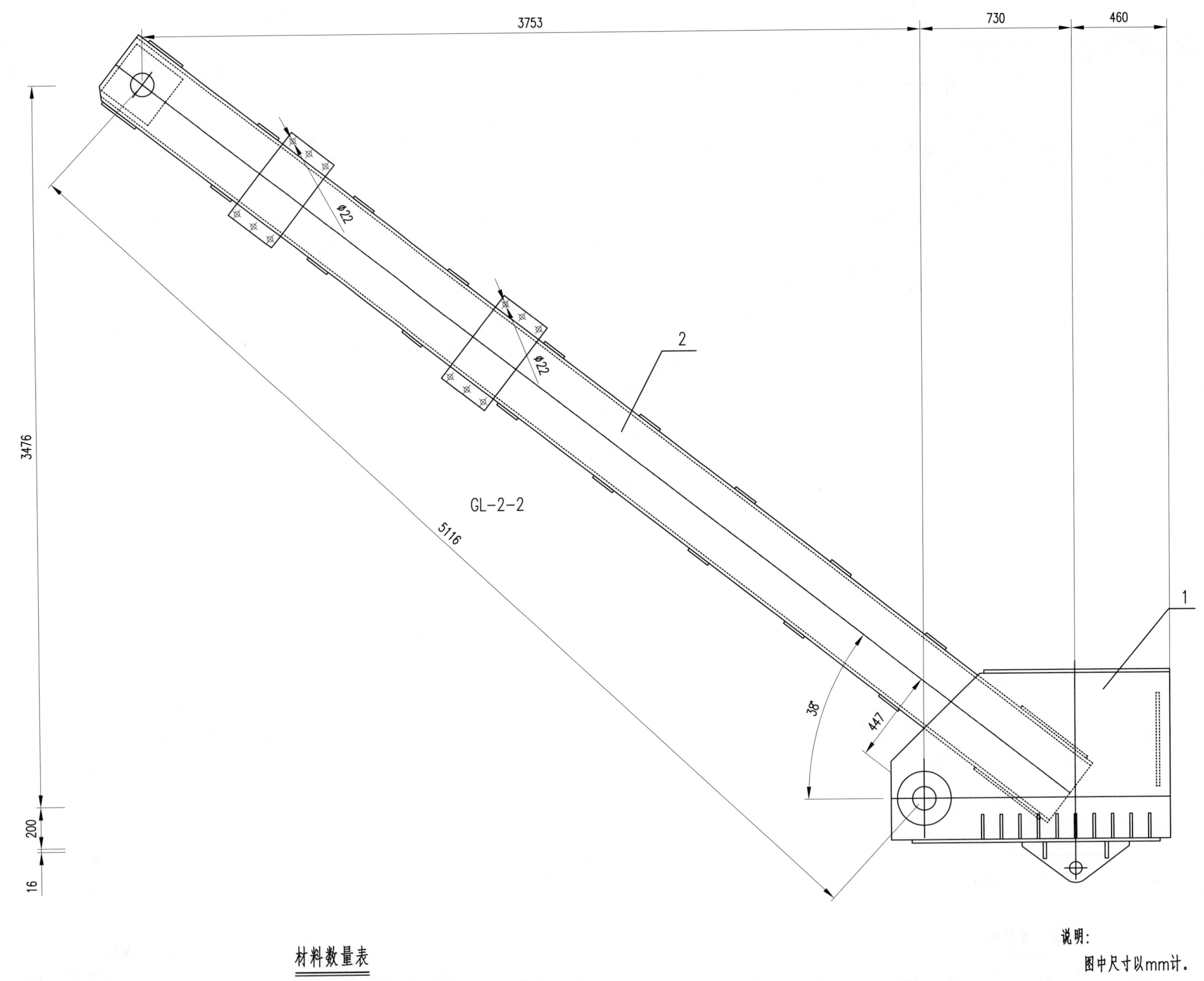

材料数量表

序号	构件名称	材料型号	规格(mm)	数量	单重(kg)	总重(kg)	备注
1	AC杆件横梁装置	钢板焊接件	1350x832x660	1件	477.3	477.3	
2	AC杆件连接杆	[36b焊接件	5800	1件	762.6	762.6	
合计						1239.9	

说明：

图中尺寸以mm计．

73m+135m+73m菱形挂篮	材质	Q235	单重	1t
菱形桁架主桁梁AC杆件	件数	2件	图号	8.2.2-8

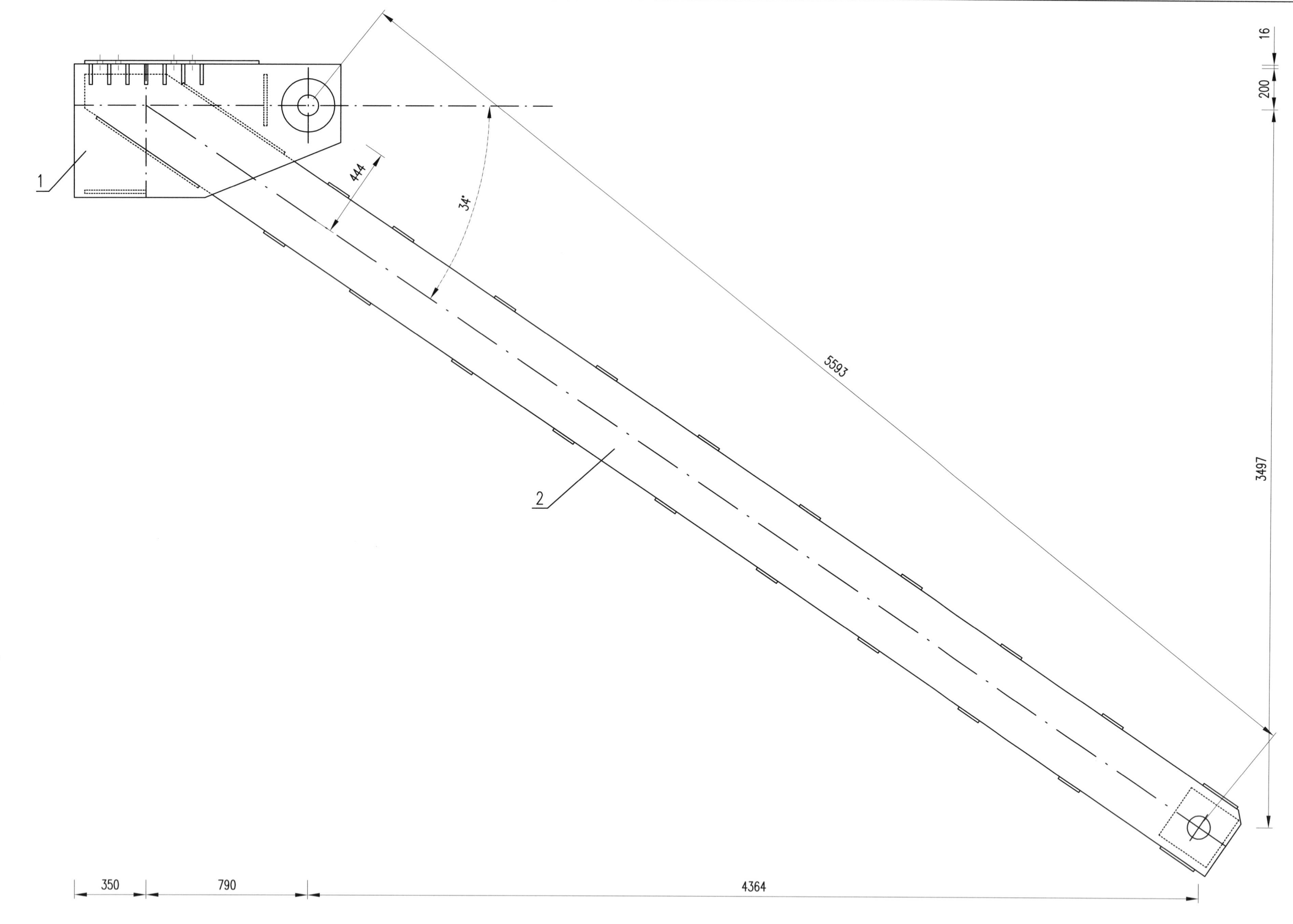

材料数量表

序号	构件名称	材料型号	规格(mm)	数量	单件质量(kg)	总质量(kg)	备注
1	BD杆件横梁装置	钢板焊接件	1300x666x530	1件	293.9	293.9	
2	BD杆件连接杆	[36b焊接件	6721	1件	833.6	833.6	
合计						1127.5	

说明：
图中尺寸以mm计。

73m+135m+73m菱形挂篮	材质	Q235	单重	1128kg
菱形桁架主桁梁BD杆件	件数	2件	图号	8.2.2-9

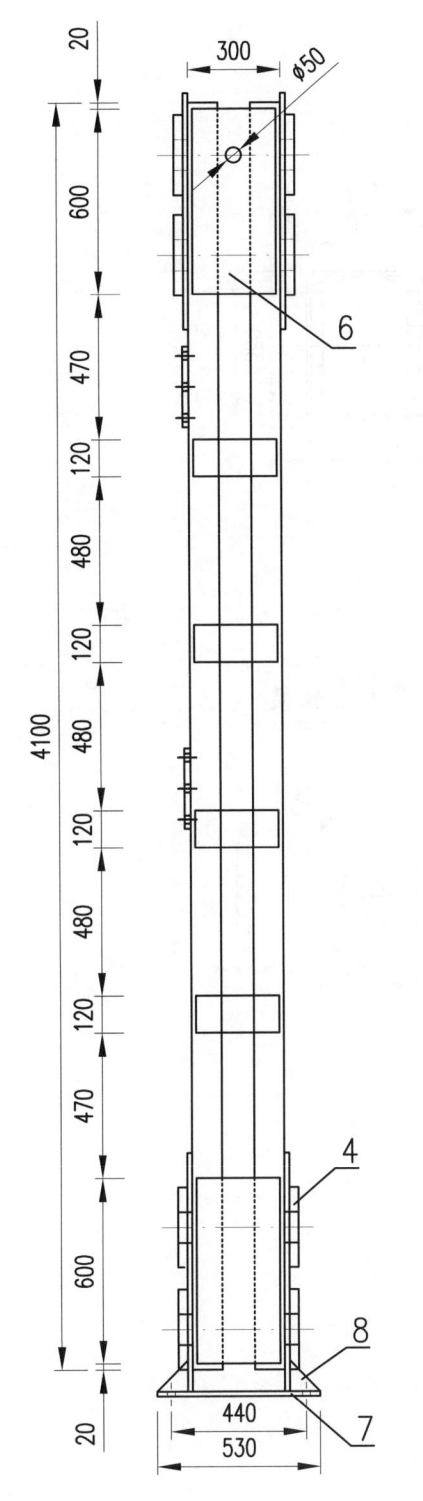
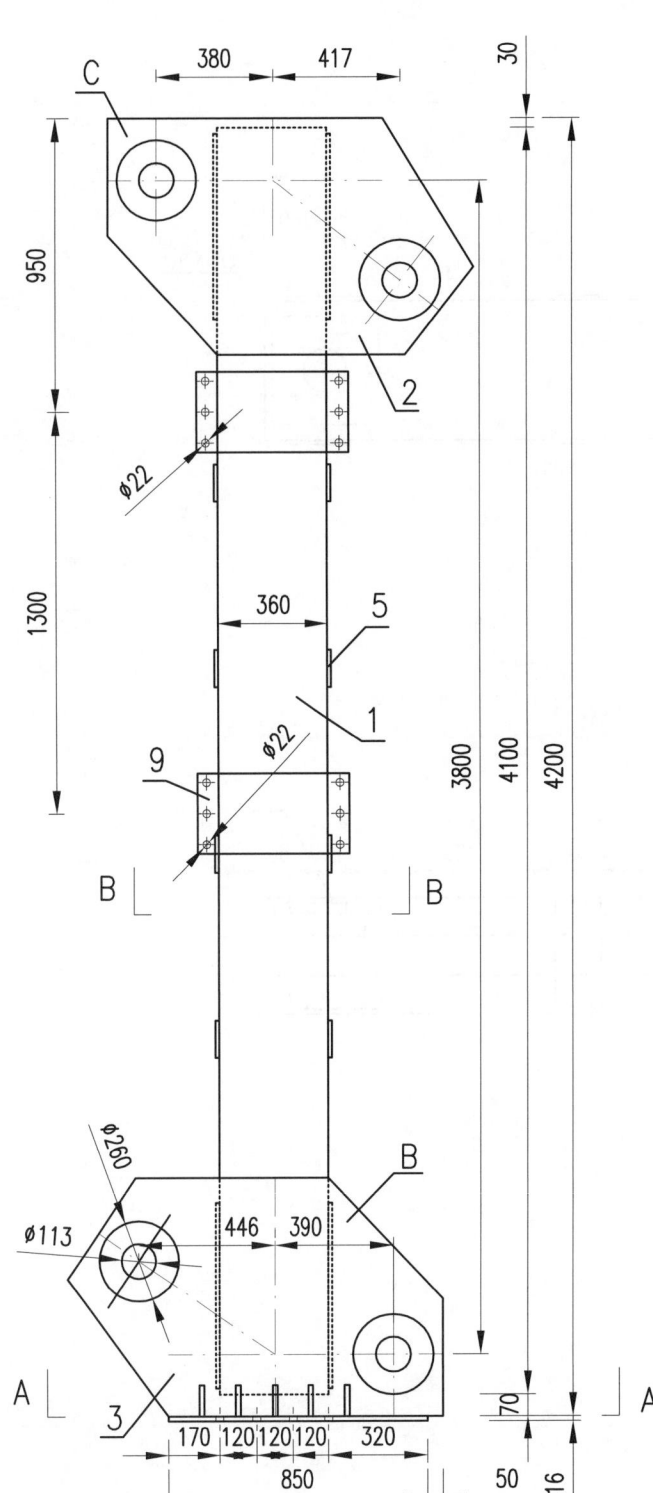
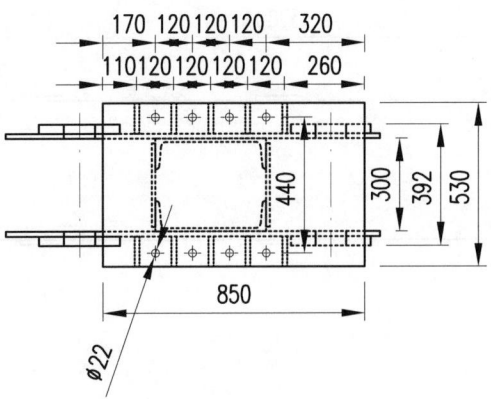

A-A

连接座板C

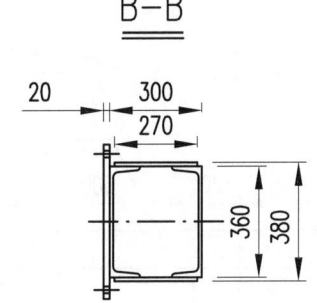

B-B

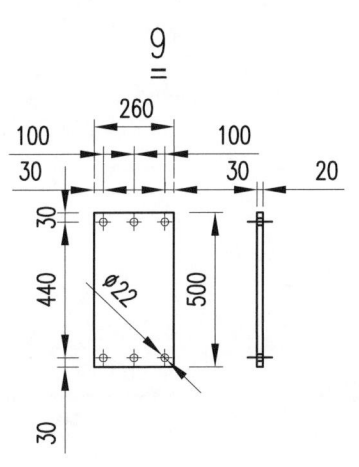

9

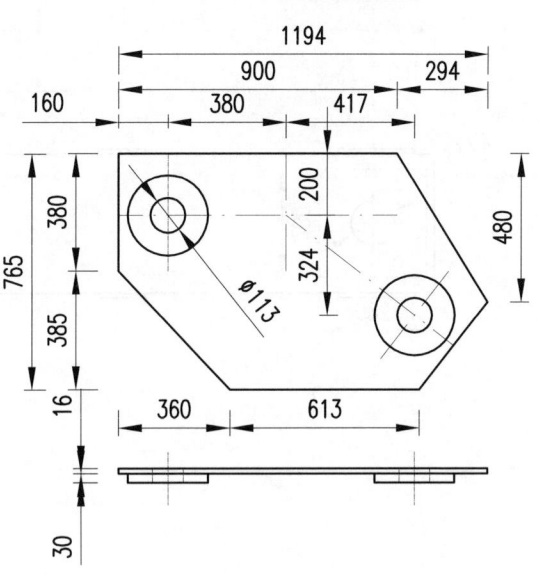

连接座板B

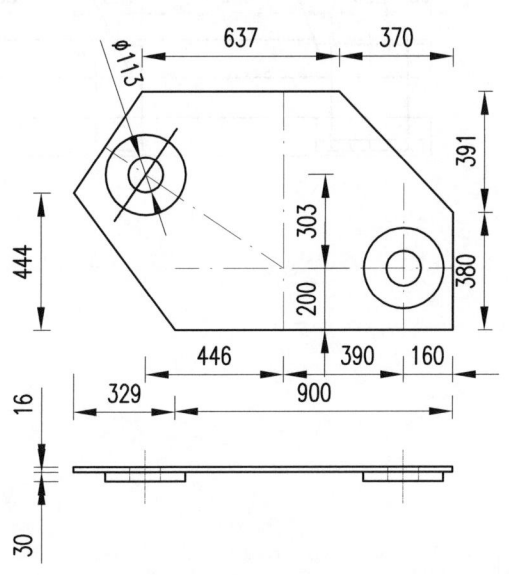

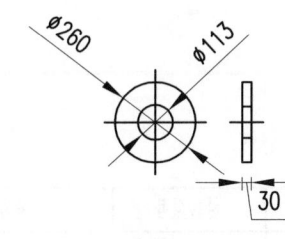

外衬圆板

说明：

图中尺寸以mm计。

材料数量表

序号	构件名称	材料型号	规格(mm)	数量	单件质量(kg)	总质量(kg)	备注
1	主桁梁	[36b	4100	2根	218.9	437.8	
2	连接座板C	16mm厚钢板	16×765×1194	2块	93.1	186.2	
3	连接座板B	16mm厚钢板	16×771×1229	2块	96.2	192.4	
4	外衬圆板	30mm厚钢板	ϕ260	8块	10.7	85.6	金加工
5	主桁加强板1	10mm厚钢板	10×120×270	8块	2.5	20	
6	主桁加强板2	10mm厚钢板	10×270×600	4块	12.7	50.8	
7	底座连接法兰	16mm厚钢板	16×530×850	1块	56.6	113.2	
8	底座连接法兰撑角	10mm厚钢板	10×100×100	10块	0.4	4	
9	连接座杆	20mm厚钢板	20×260×500	2块	20.4	40.8	

73m+135m+73m菱形挂篮	材 质	Q235	单 重	1131kg
菱形桁架主桁梁AC杆件	件 数	2件	图 号	8.2.2-10

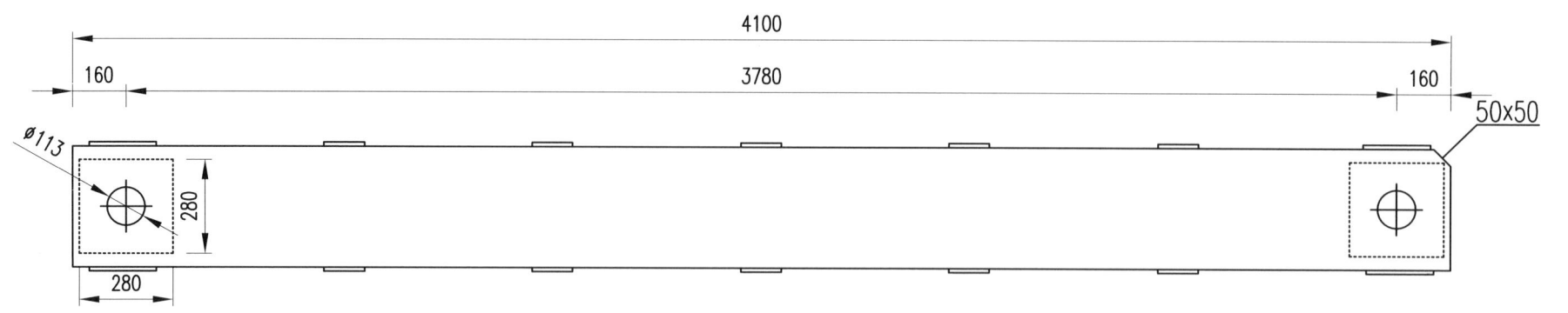
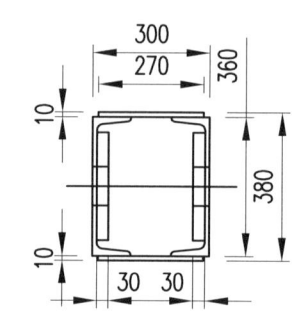
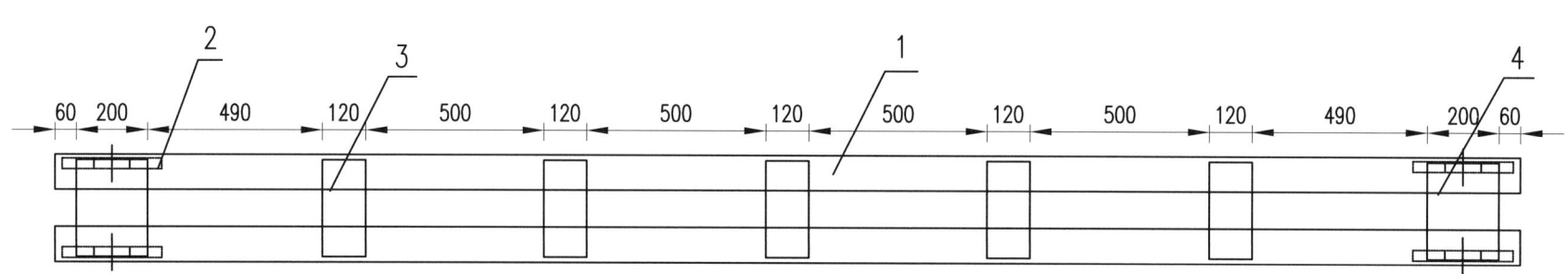
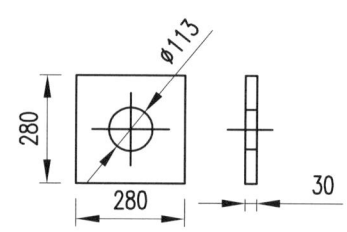

内衬加强板

材料数量表

序号	构件名称	材料型号	规格(mm)	数量	单件质量(kg)	总质量(kg)	备注
1	连接横梁	[36b	4100	2根	218.9	437.8	
2	内衬加强板	30mm厚钢板	30×280×280	4块	18.5	74	金加工
3	加强肋1	10mm厚钢板	10×120×270	10块	2.5	25	
4	加强肋2	10mm厚钢板	10×200×270	4块	4.2	16.8	
合计						553.6	

说明：
图中尺寸以mm计。

73m+135m+73m菱形挂篮	材 质	Q235	单 重	554kg
菱形桁架主桁梁AB杆件	件 数	2件	图 号	8.2.2-11

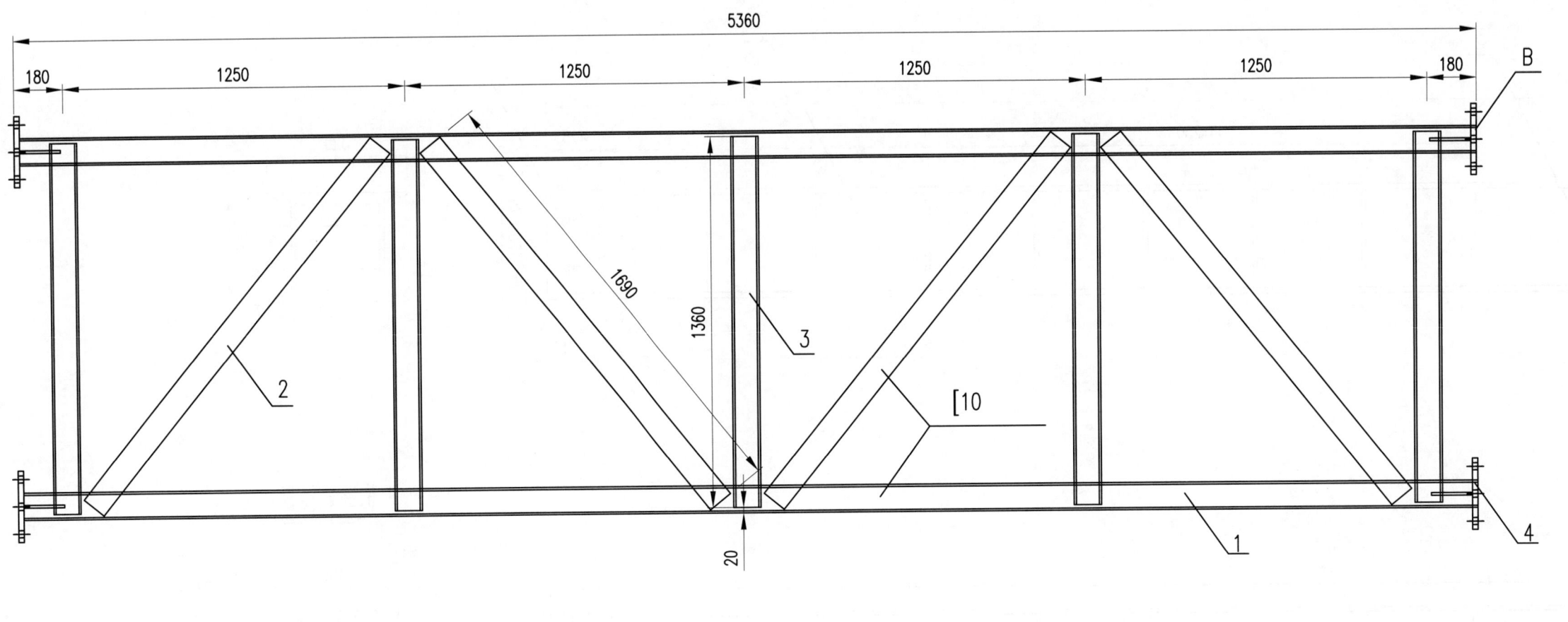
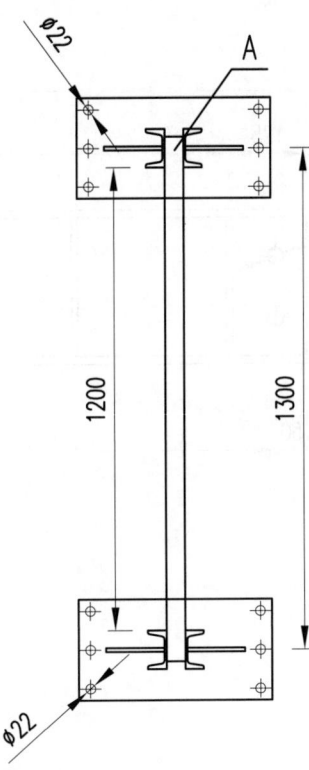
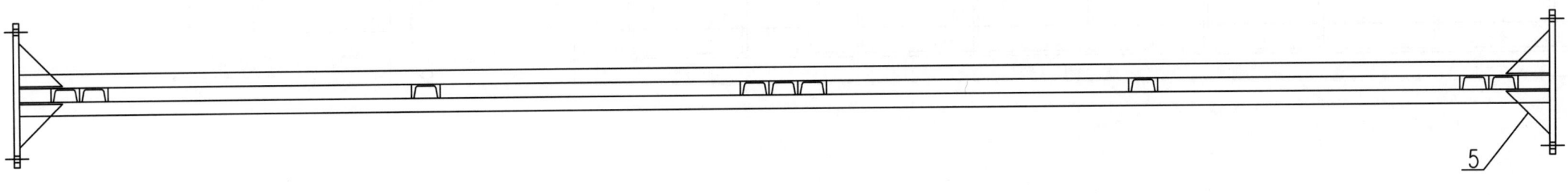
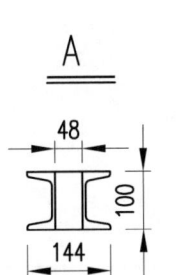
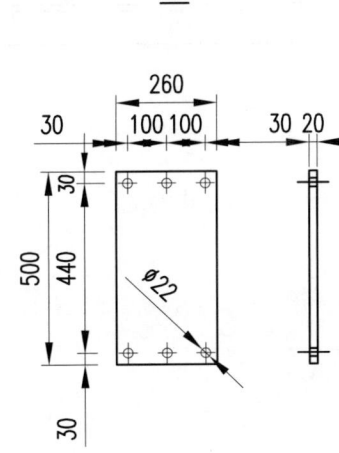

材料数量表

序号	构件名称	材料型号	规格(mm)	数量	单件质量(kg)	总质量(kg)	备注
1	连接横梁	[10	5320	4根	53.2	212.8	
2	支杆1	[10	1690	4根	16.9	67.6	
3	支杆2	[10	1360	5根	13.6	68	
4	连接法兰	20mm厚钢板	20×260×500	4块	20.4	81.6	
5	加强肋	10mm厚钢板	10×150×150	8块	0.9	7.2	
合计						437.2	

说明:
图中尺寸以mm计。

73m+135m+73m菱形挂篮	材质	Q235	单重	437kg
主桁梁连接架	件数	3件	图号	8.2.2-12

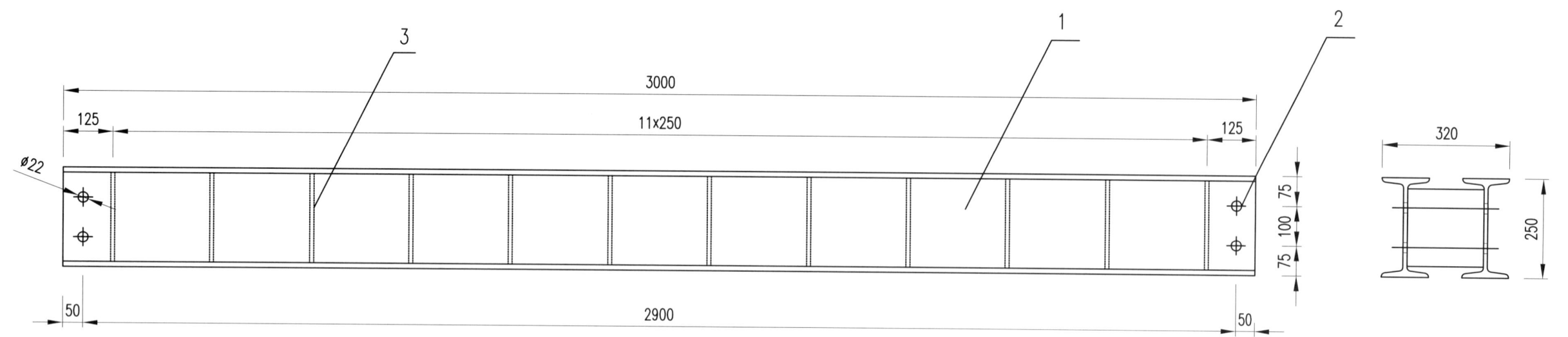

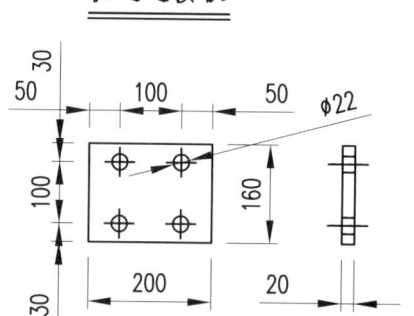

轨道连接板

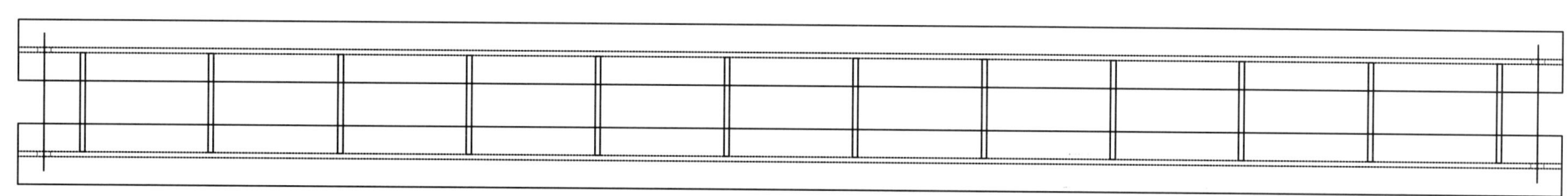

材料数量表

序号	构件名称	材料型号	规格(mm)	数量	单件质量(kg)	总质量(kg)	备注
1	轨道杆件	[25a	3000	2根	114.3	228.6	
2	连接法兰	20mm厚钢板	20×160×200	2块	5	10	
3	加强肋1	10mm厚钢板	10×195×195	12块	3	36	
合计						274.6	

说明：
图中尺寸以mm计。

73m+135m+73m菱形挂篮	材 质	Q235	单 重	275kg
菱形桁架轨道梁3.0m	件 数	2件	图 号	8.2.2-13

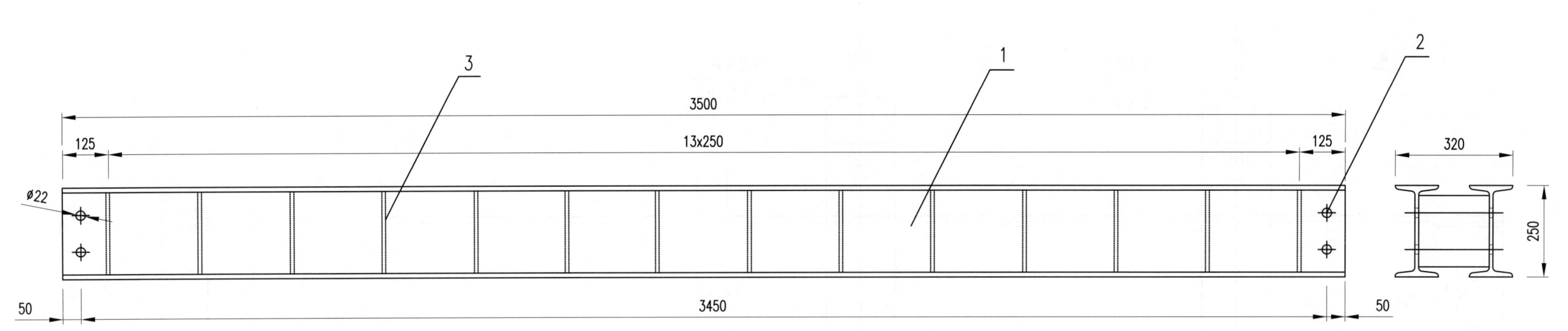

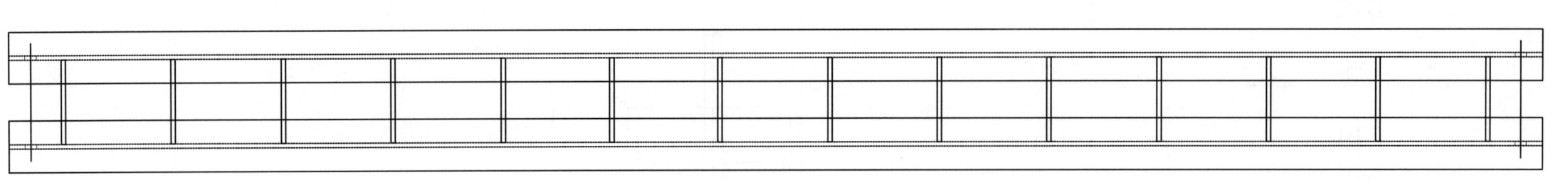

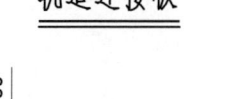

轨道连接板

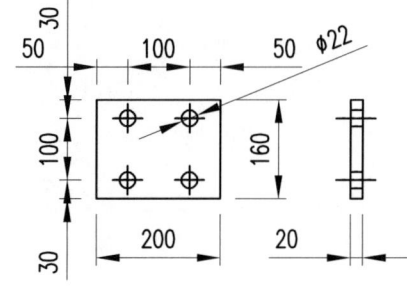

材料数量表

序号	构件名称	材料型号	规格(mm)	数量	单件质量(kg)	总质量(kg)	备注
1	轨道杆件	[25a	3500	2根	133.3	266.6	
2	连接法兰	20mm厚钢板	20x200x160	2块	5	10	
3	加强肋1	10mm厚钢板	10x195x195	14块	3	42	
合计						318.6	

说明：
图中尺寸以mm计。

73m+135m+73m菱形挂篮	材 质	Q235	单重	319kg
菱形桁架轨道梁3.5m	件 数	6件	图号	8.2.2-14

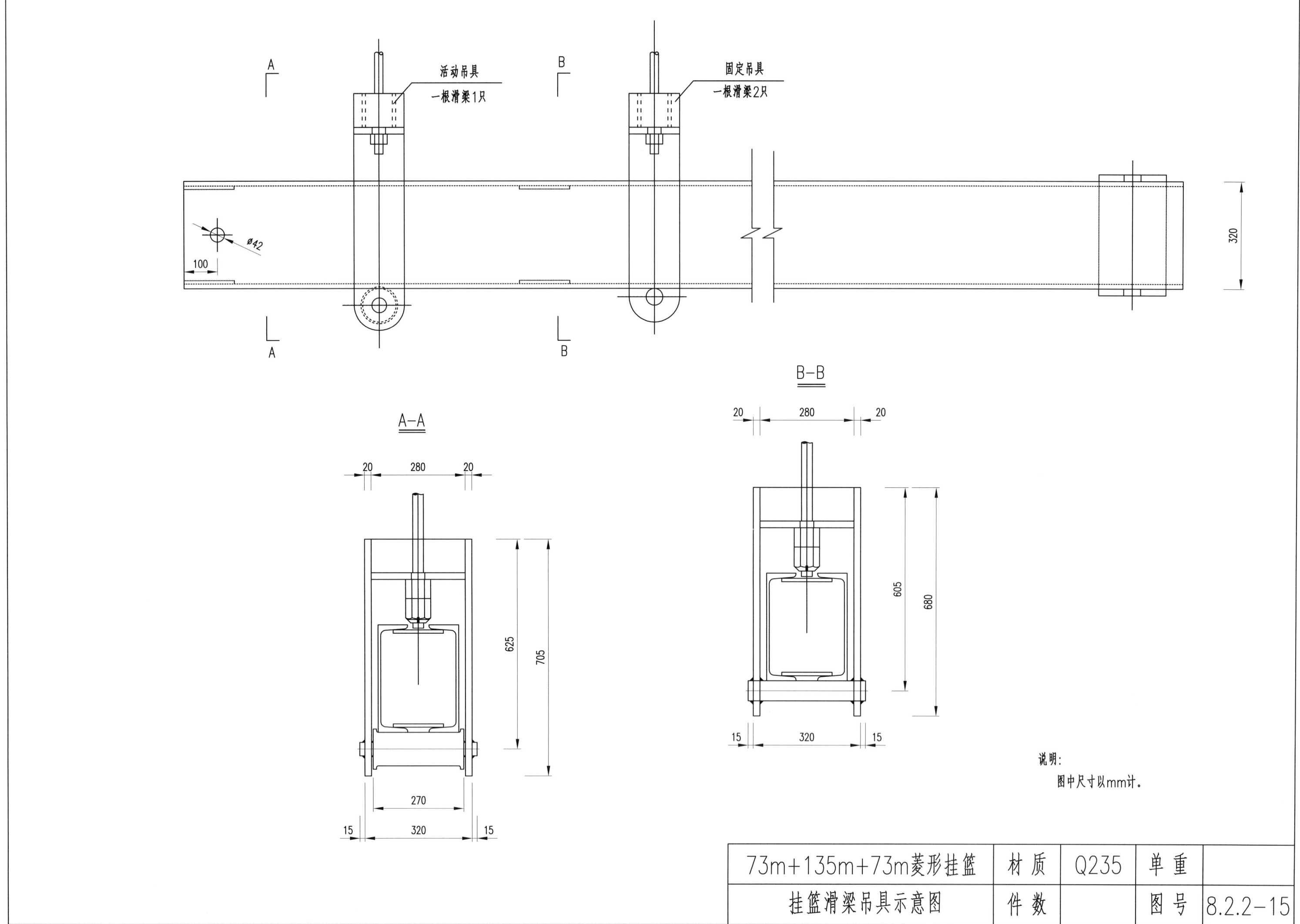

B-B

A-A

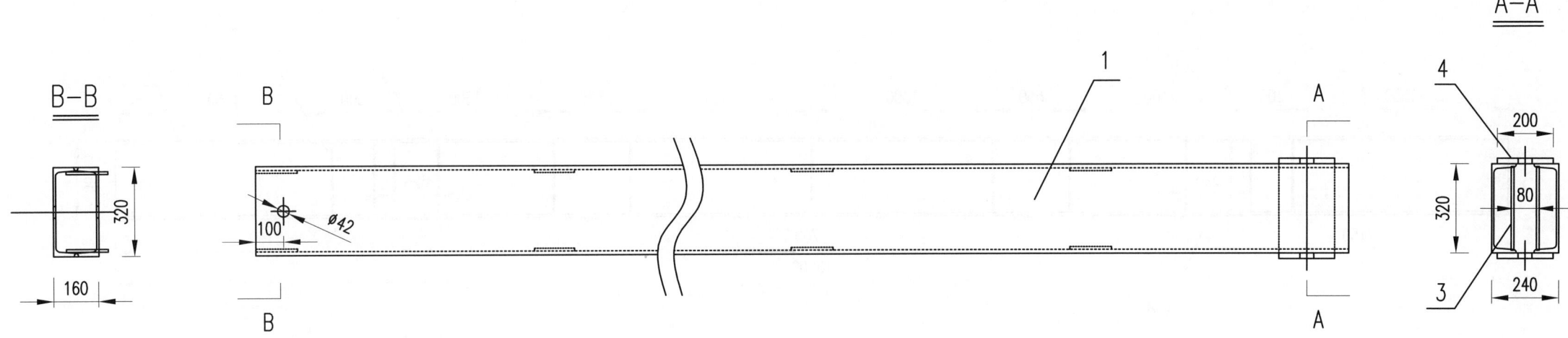

滑梁防脱销大样

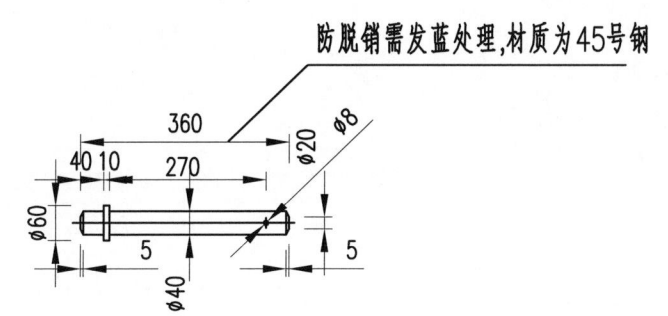

防脱销需发蓝处理,材质为45号钢

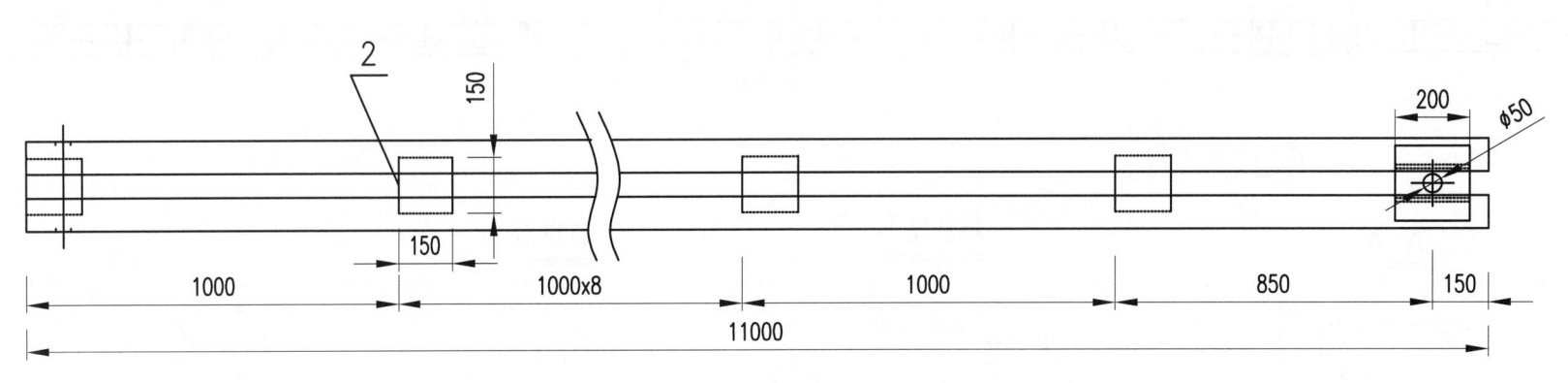

材料数量表

序号	构件名称	材料型号	规格(mm)	数量	单件质量(kg)	总质量(kg)	备注
1	滑梁	[32b	11000	2根	475.2	950.4	
2	加强板	10mm厚钢板	10x150x150	22块	1.8	39.6	
3	加强板	10mm厚钢板	10x200x300	2块	4.7	9.4	
4	加强板	20mm厚钢板	20x200x200	2块	6.3	12.6	
5	防脱销	ϕ60圆钢	ϕ60x360	1根	3.6	3.6	
合计						1015.6	

说明:
1.防脱销在图中未示意。
2.图中尺寸以mm计。

73m+135m+73m菱形挂篮	材 质	Q235	单重	1016kg
菱形桁架滑梁	件 数	4件	图号	8.2.2-16

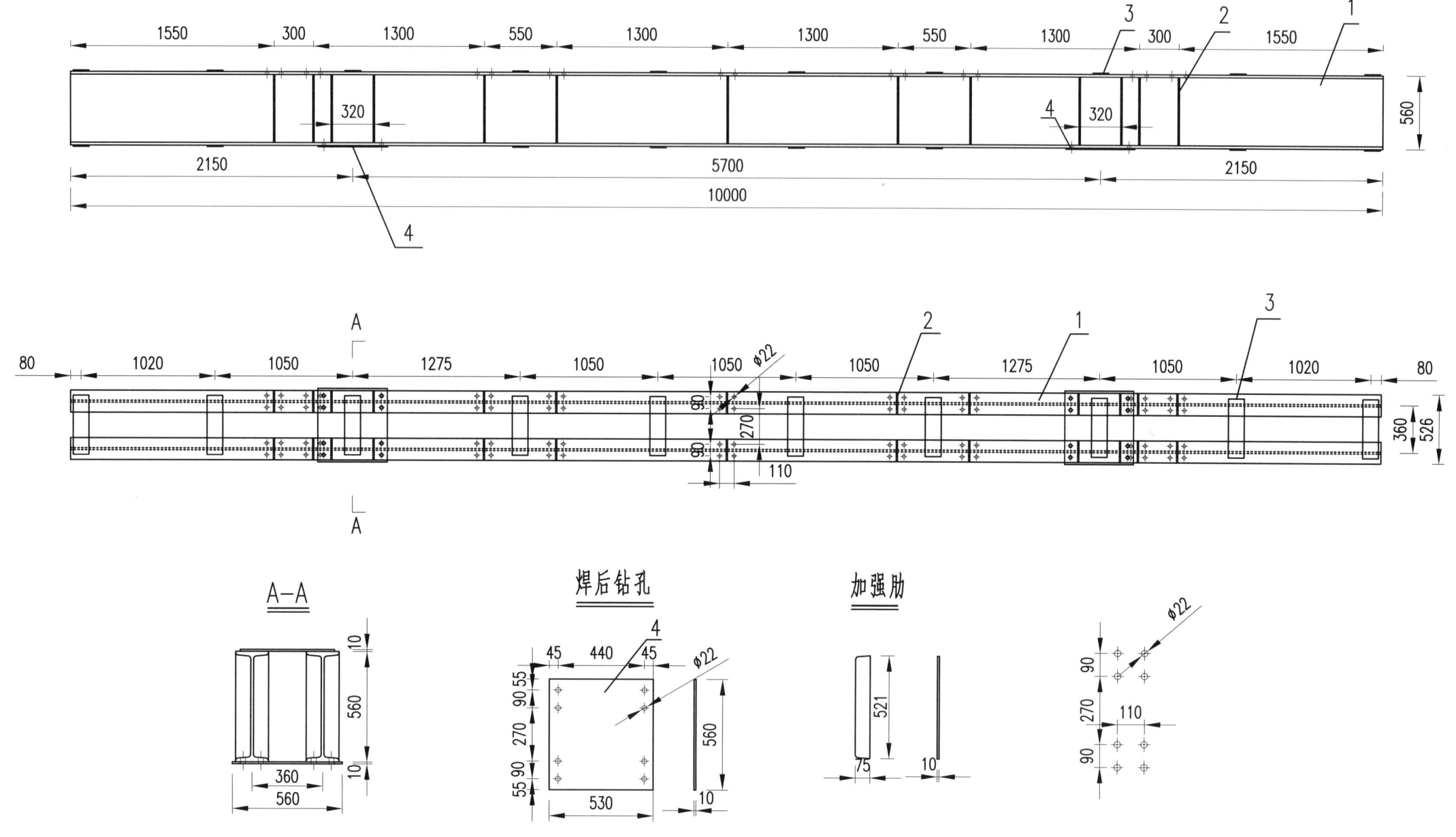

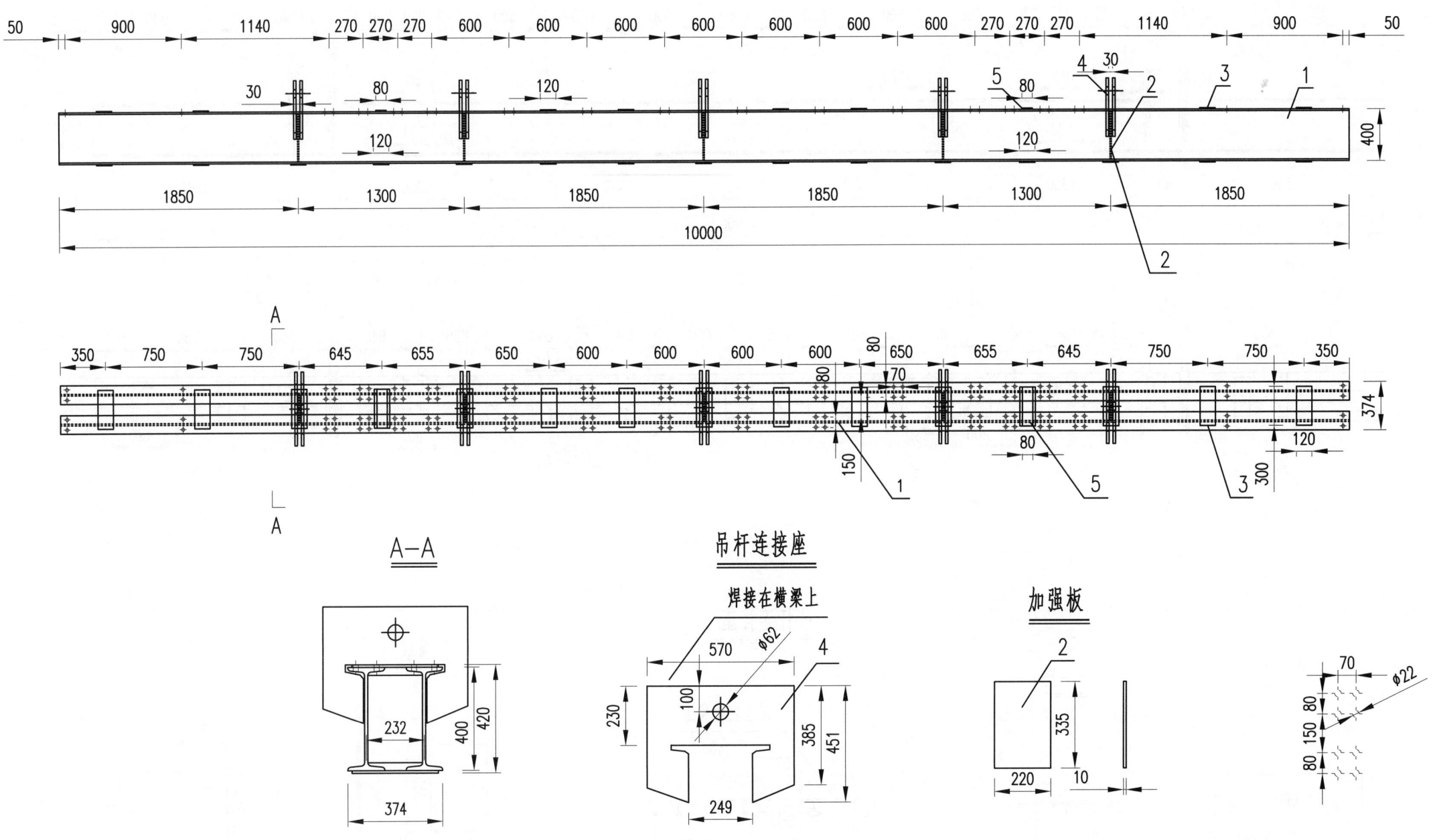

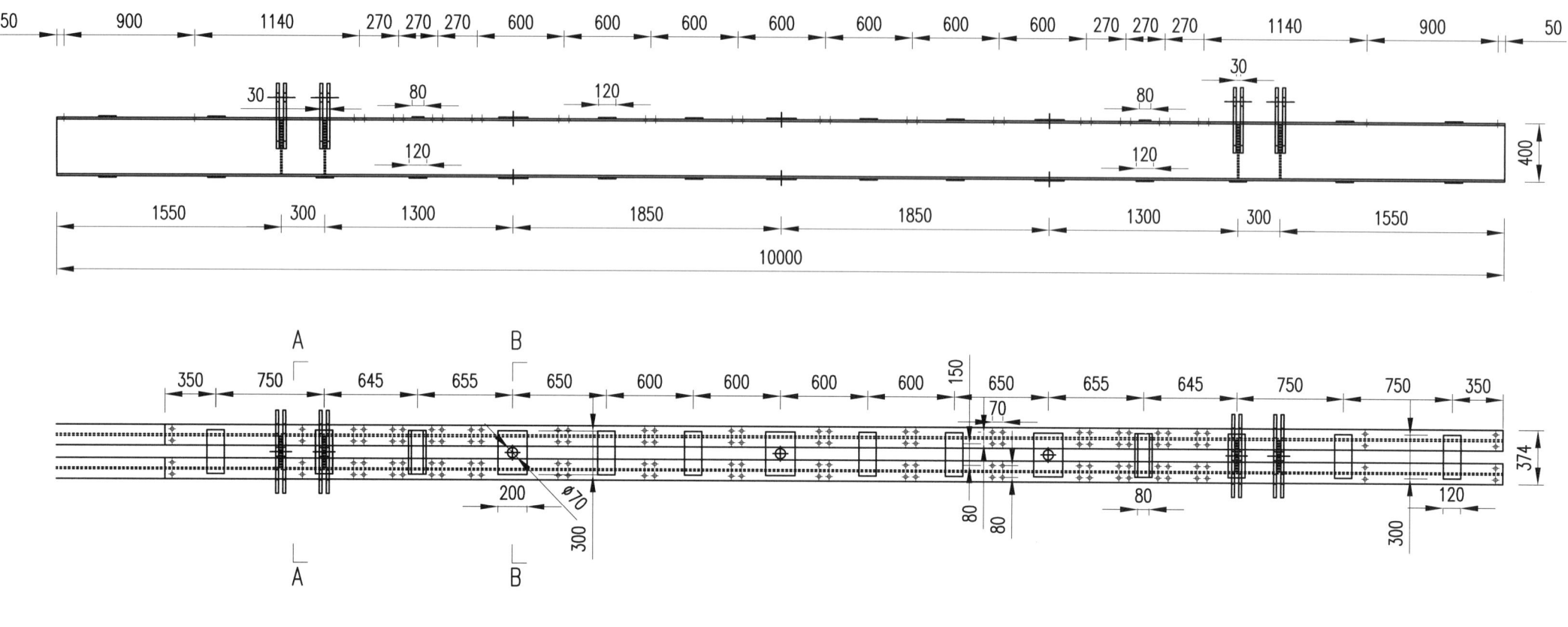

吊杆连接座

加强板

说明：
图中尺寸以mm计。

73m+135m+73m菱形挂篮	材 质	Q235	单 重	1701kg
菱形挂篮后底横梁	件 数	1件	图 号	8.2.2-19

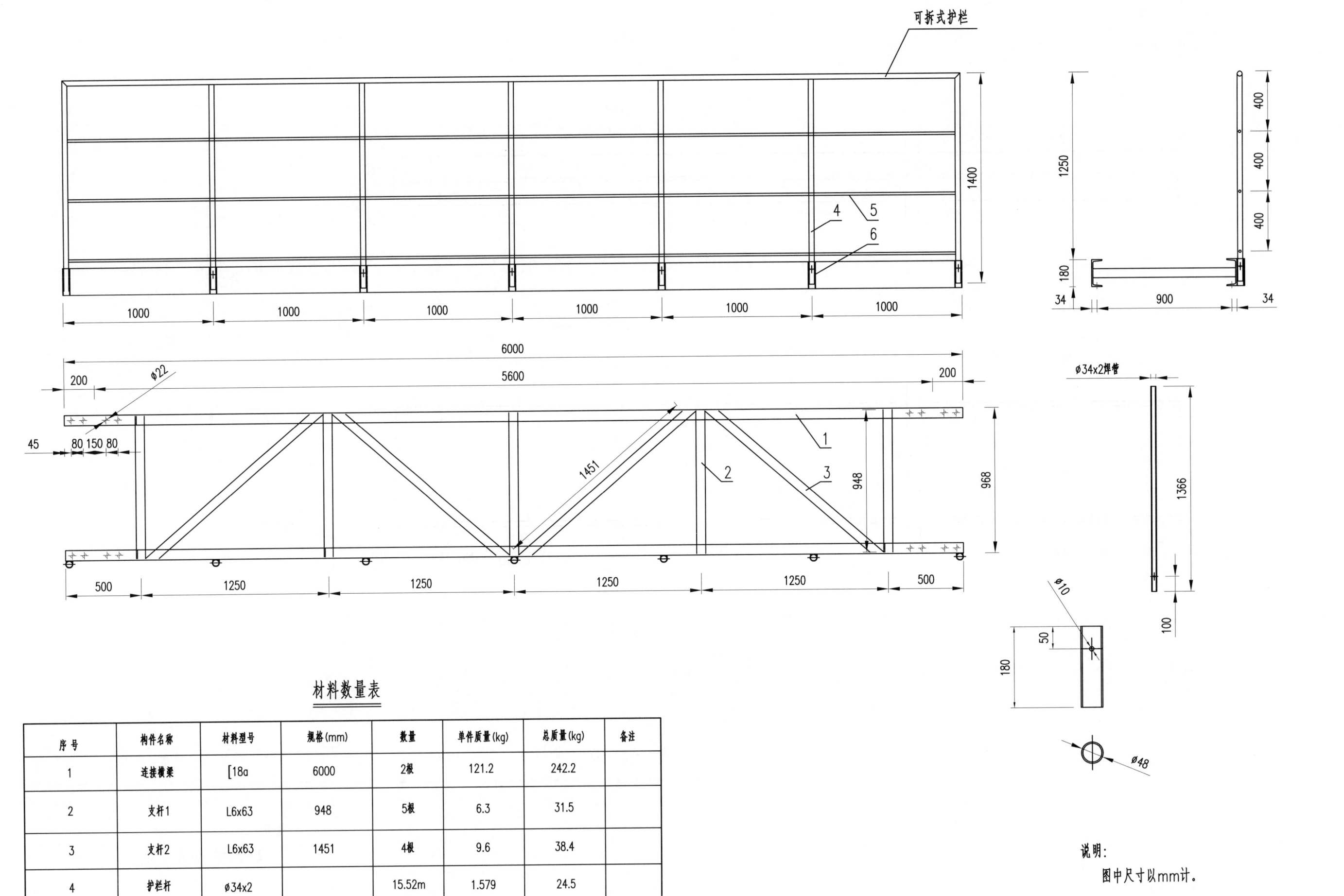

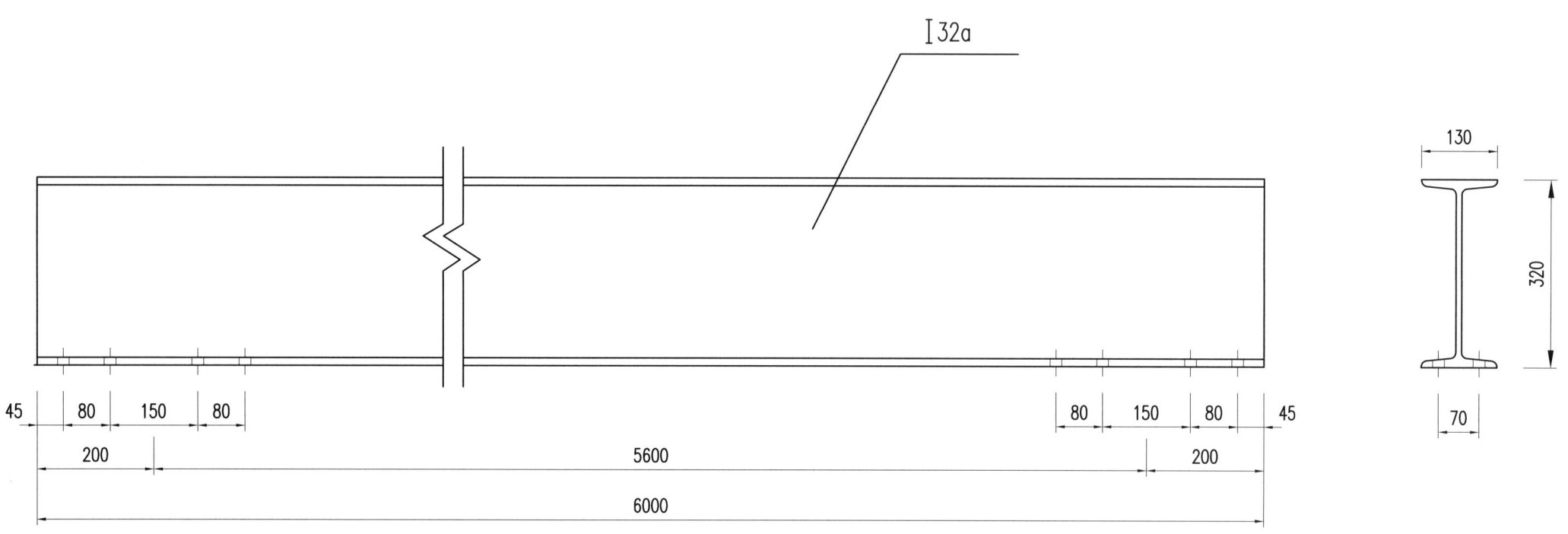

说明:
图中尺寸以mm计。

73m+135m+73m菱形挂篮	材 质	Q235	单重	316kg
挂篮底模纵梁	件 数	14件	图号	8.2.2-21

吊杆与底横梁连接示意

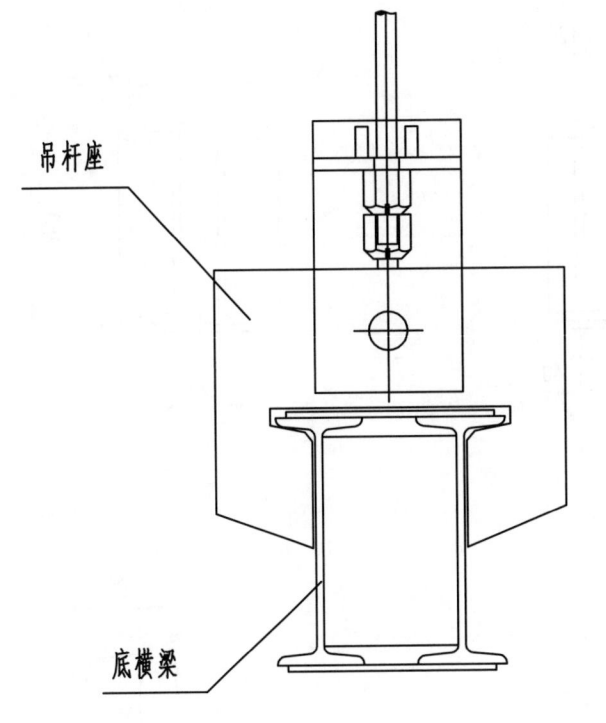
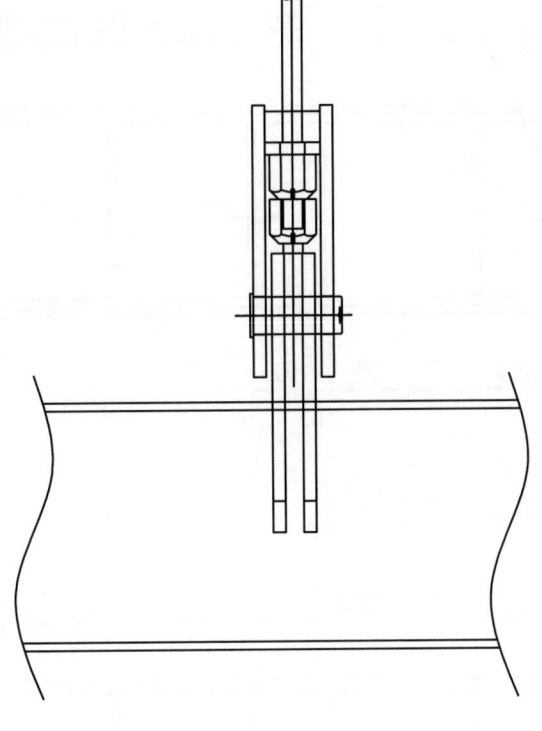

吊杆座
底横梁

吊杆连接轴
材质40cr

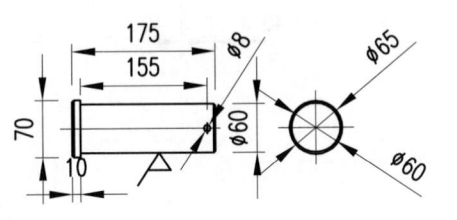

吊杆连接座

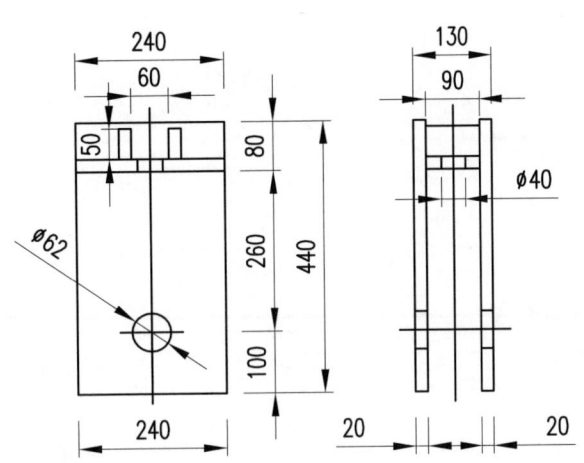

吊杆连接座1

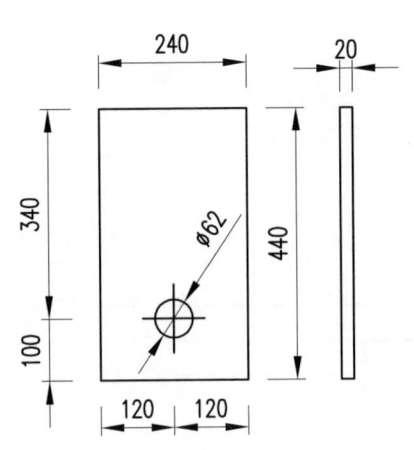

吊杆连接座2

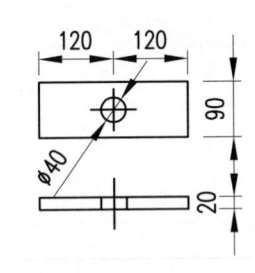

加强肋

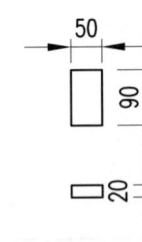

说明：
图中尺寸以mm计。

73m+135m+73m菱形挂篮	材质	Q235	单重	37kg
前、后底横梁吊带座	件数	9件	图号	8.2.2-22

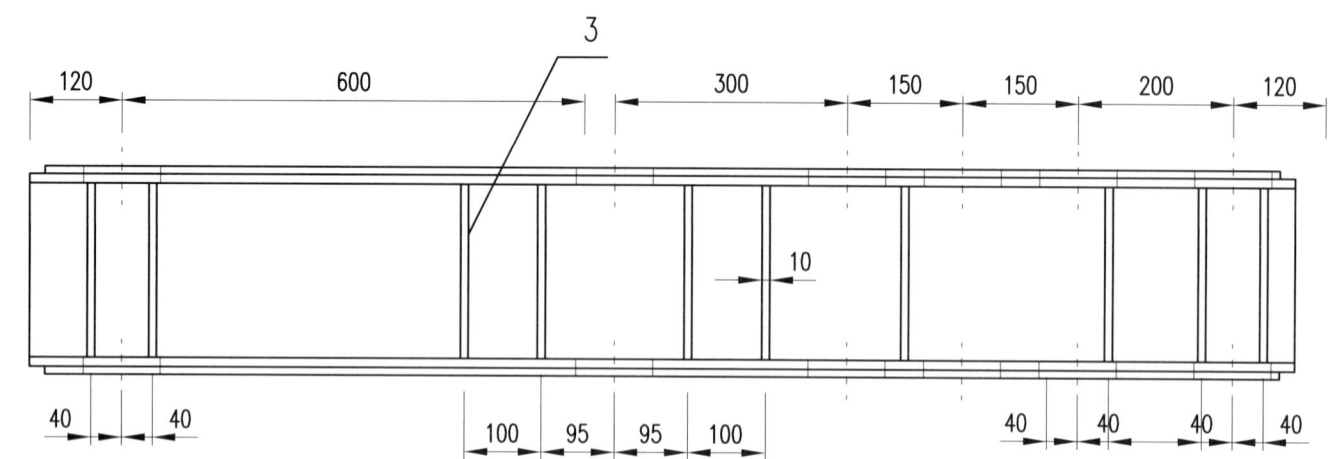
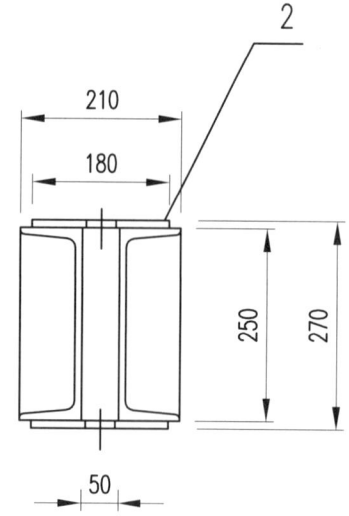
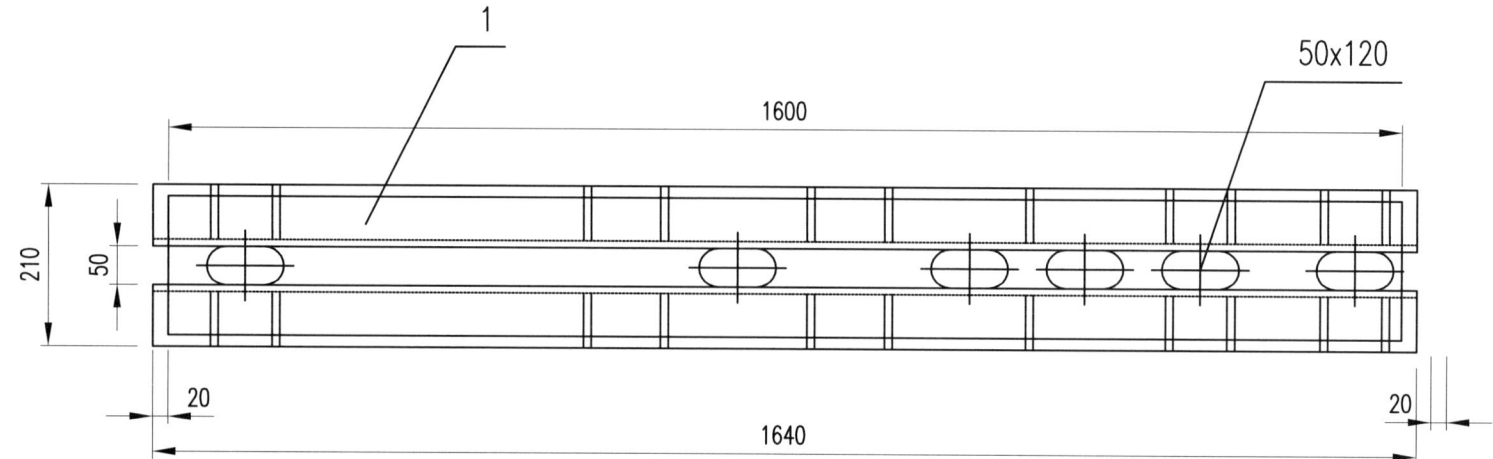
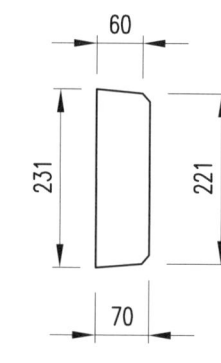

材料数量表

序号	构件名称	材料型号	规格(mm)	数量	单件质量(kg)	总质量(kg)
1	扁担梁	[25b	1640	2根	51.5	103
2	加强板1	10mm厚钢板	10×180×1600	2块	22.6	45.2
3	加强板2	10mm厚钢板	10×226×70	20块	1.2	24
合计						172.2

说明：

图中尺寸以mm计。

73m+135m+73m菱形挂篮	材 质	Q235	单 重	172kg
菱形桁架锚固扁担梁	件 数	8件	图 号	8.2.2-23

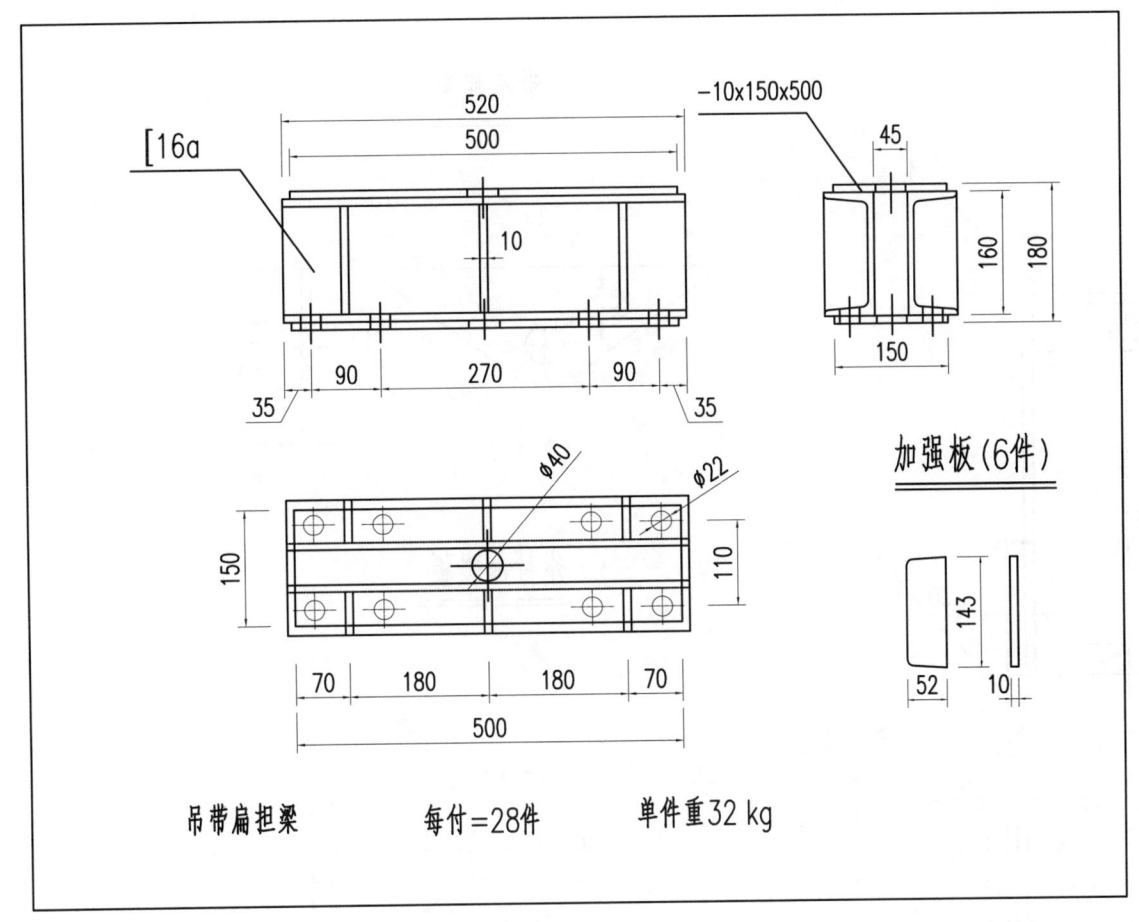

吊带扁担梁　　每付=28件　　单件重32 kg

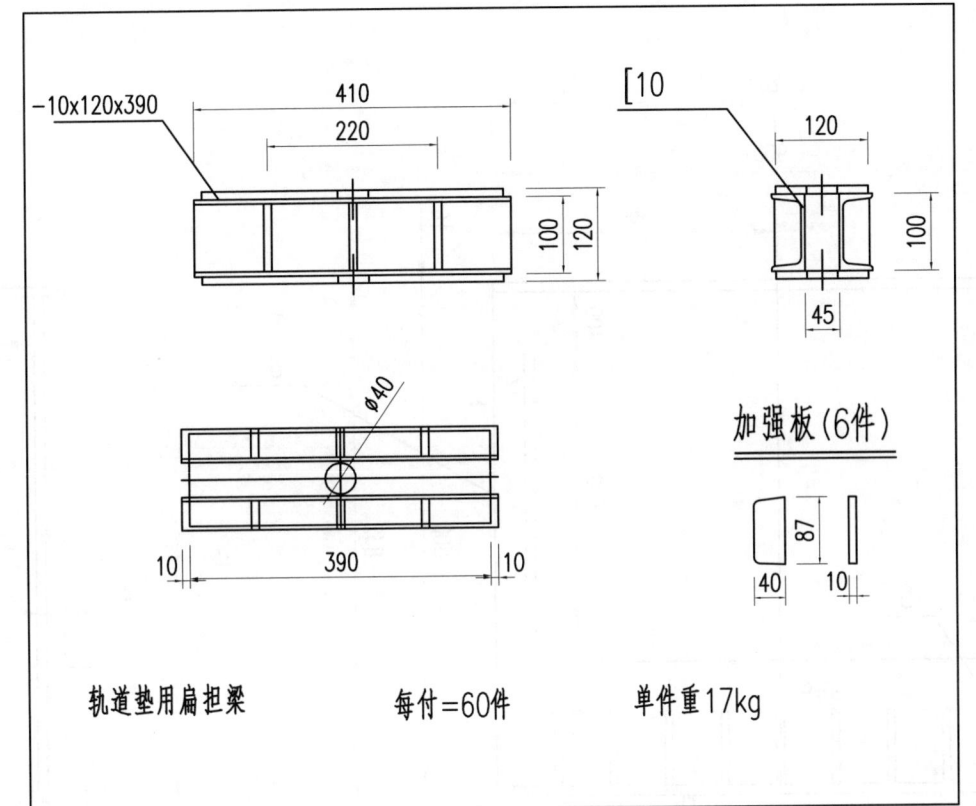

轨道垫用扁担梁　　每付=60件　　单件重17kg

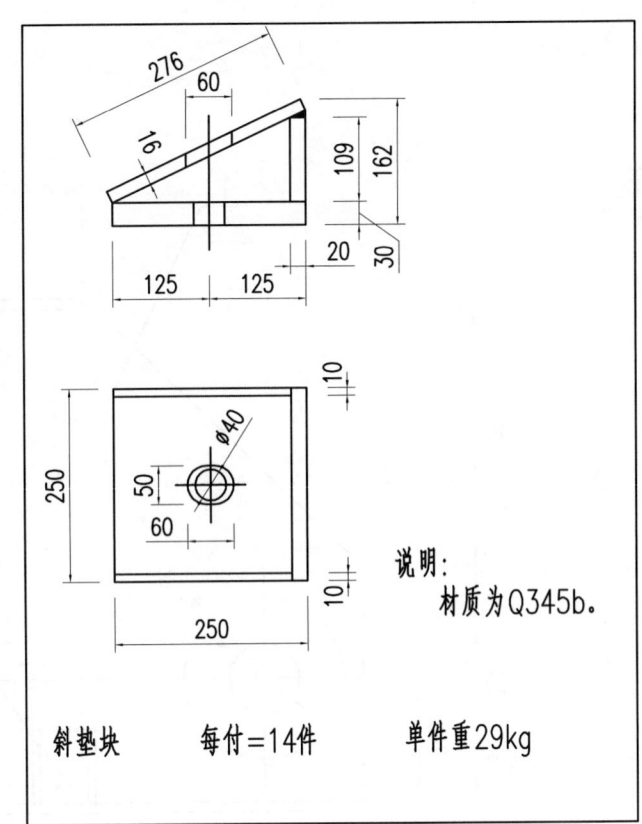

说明：
材质为Q345b.

斜垫块　　每付=14件　　单件重29kg

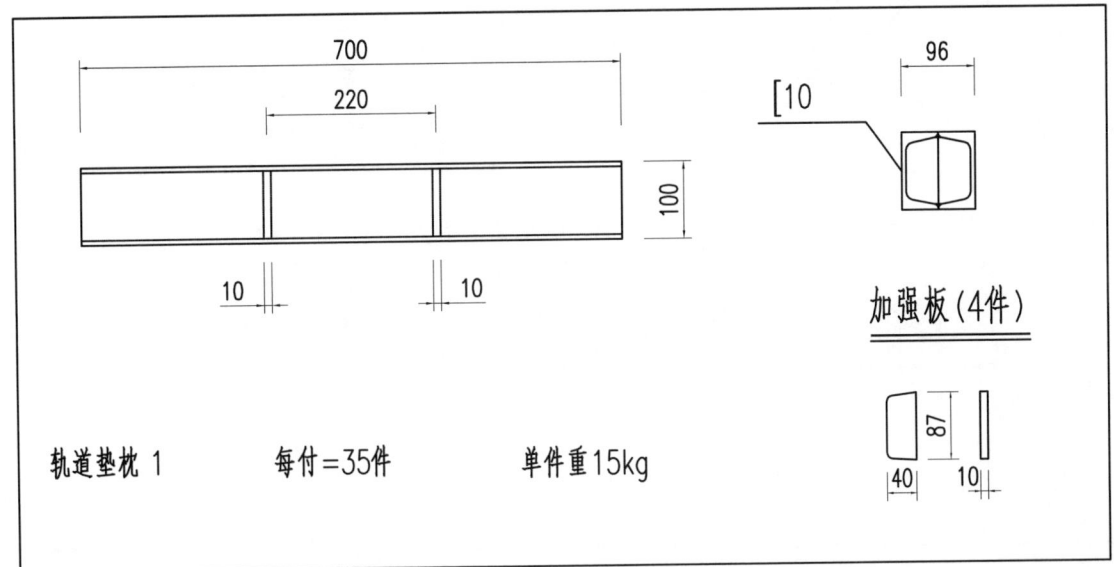

轨道垫枕1　　每付=35件　　单件重15kg

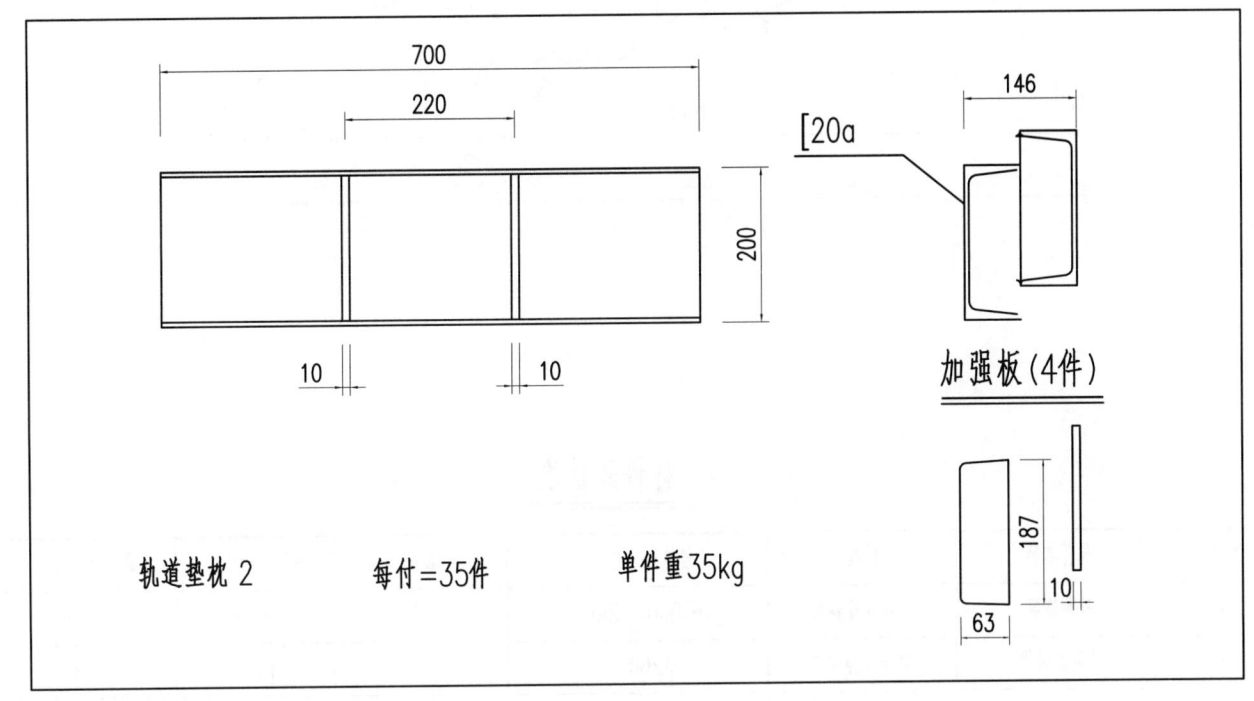

轨道垫枕2　　每付=35件　　单件重35kg

说明：
图中尺寸以mm计.

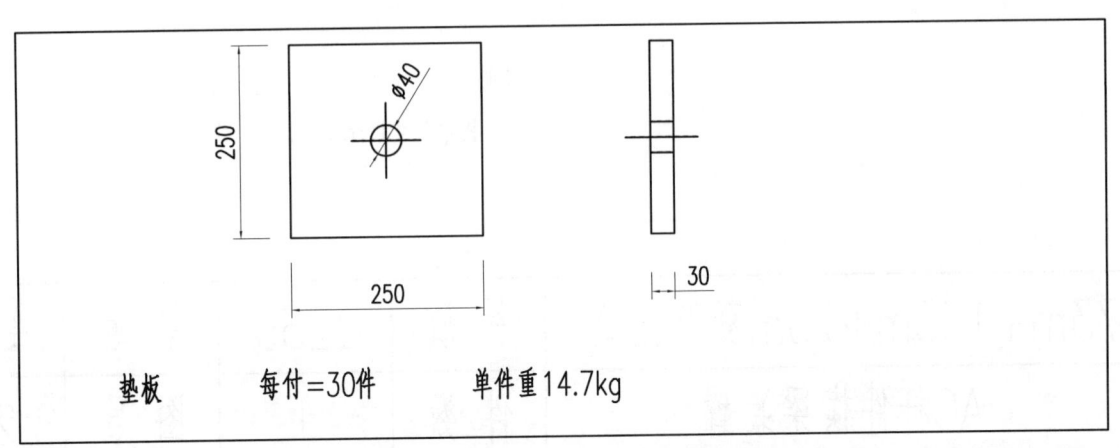

垫板　　每付=30件　　单件重14.7kg

73m+135m+73m菱形挂篮	材 质	Q235	单 重	
轨道扁担梁、垫枕、垫板	件 数		图 号	8.2.2-24

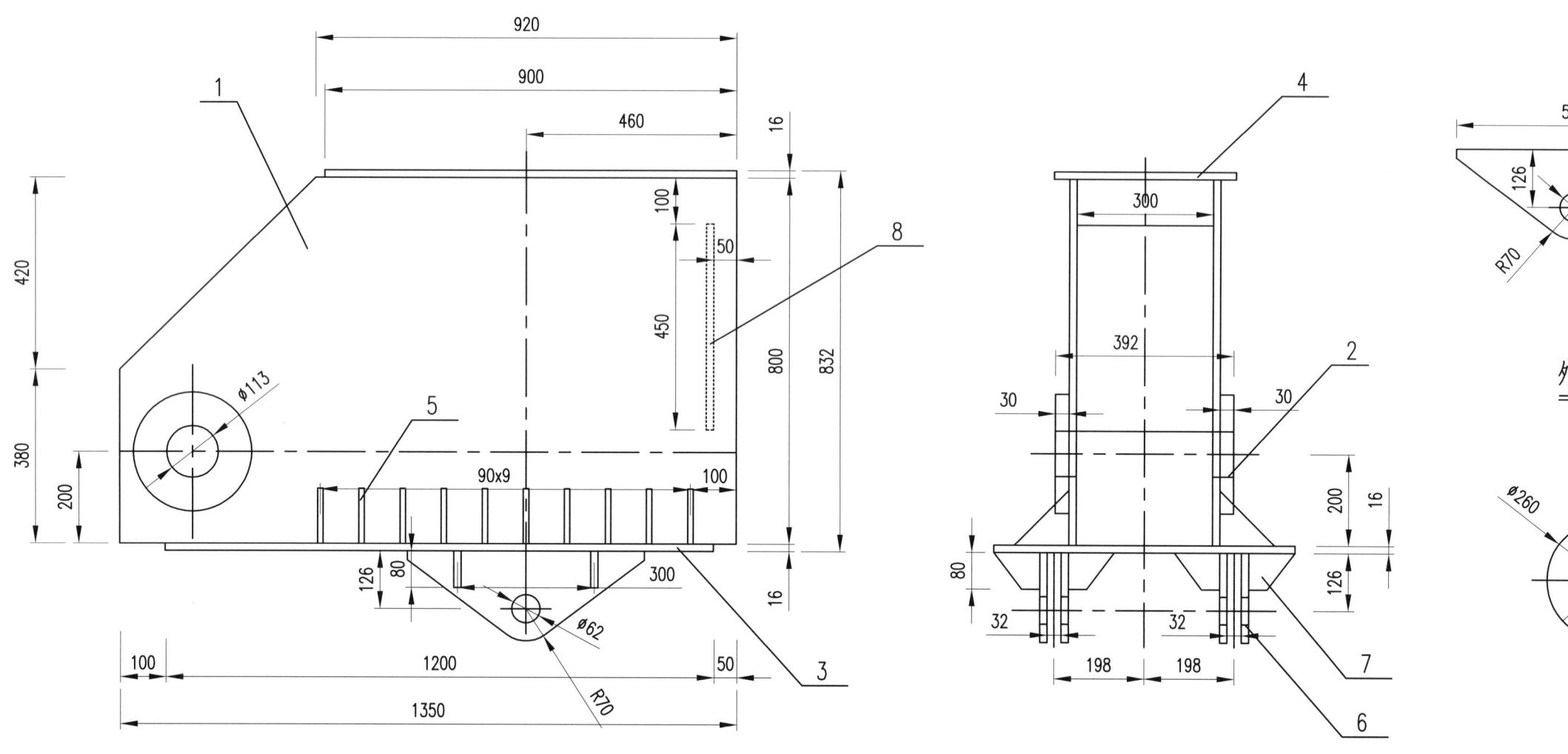

材料数量表

序号	构件名称	材料型号	规格(mm)	数量	单件质量(kg)	总质量(kg)	备注
1	横梁座板	16mm厚钢板	16×800×1350	2块	124.3	248.6	
2	外衬加强板	30mm厚钢板	ø260	2块	10.7	21.4	金加工
3	底板	16mm厚钢板	16×660×1200	1块	99.5	99.5	
4	顶板	16mm厚钢板	16×400×900	1块	45.2	45.2	
5	底板撑角	10mm厚钢板	10×120×120	20块	0.6	12	
6	滑行底座	16mm厚钢板	16×196×520	4块	7.6	30.4	
7	滑行底座撑角	10mm厚钢板	10×80×100	8块	0.4	3.2	
8	加强板	16mm厚钢板	16×300×450	1块	17	17	
合计						477.3	

说明：
图中尺寸以mm计。

73m+135m+73m菱形挂篮	材质	Q235	单重	477kg
AC杆件横梁装置	件数	1	图号	8.2.2-25

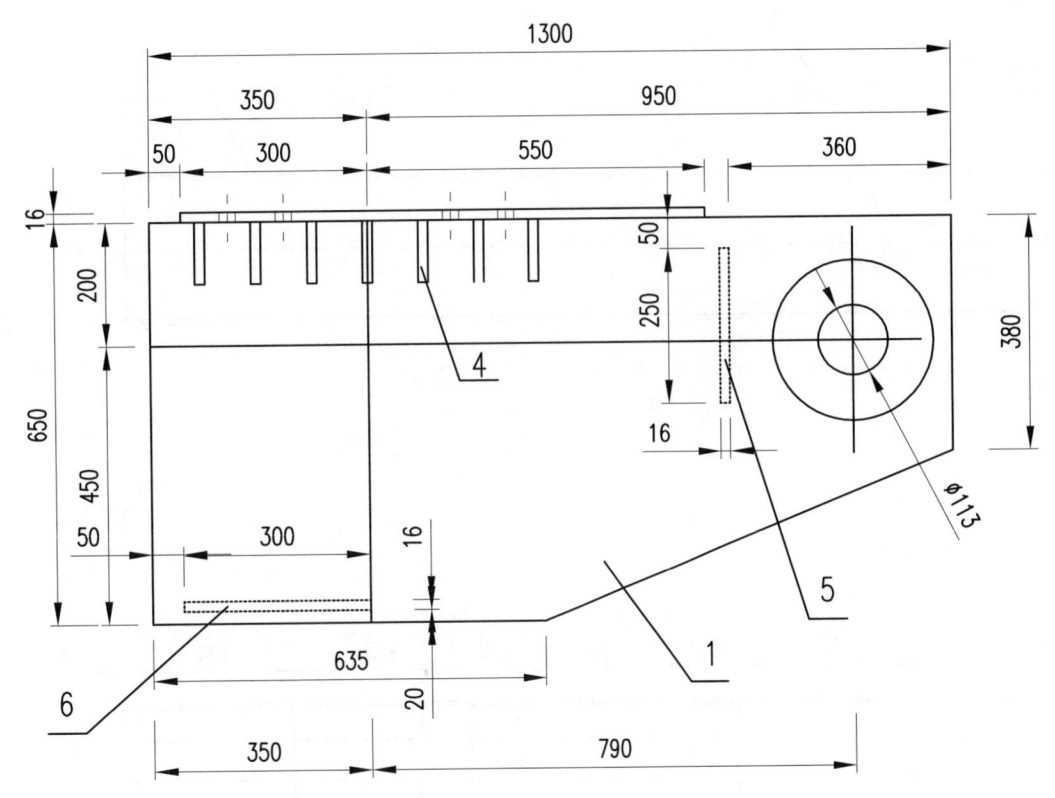
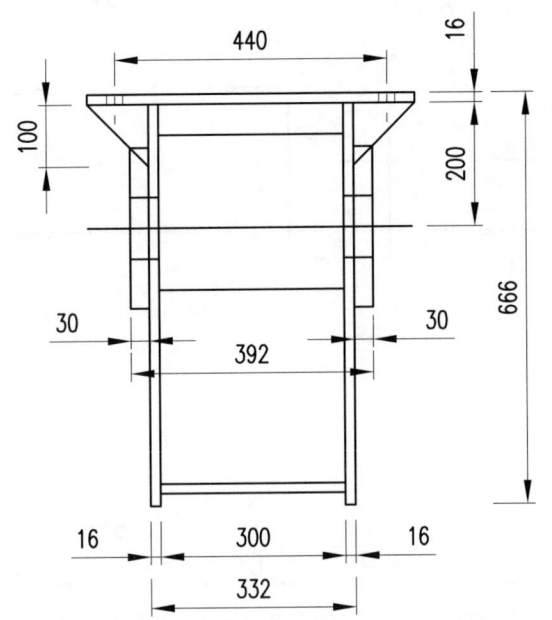
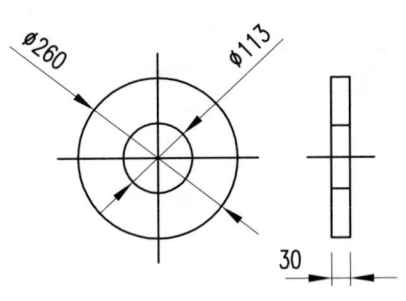

外衬加强板

顶板孔位

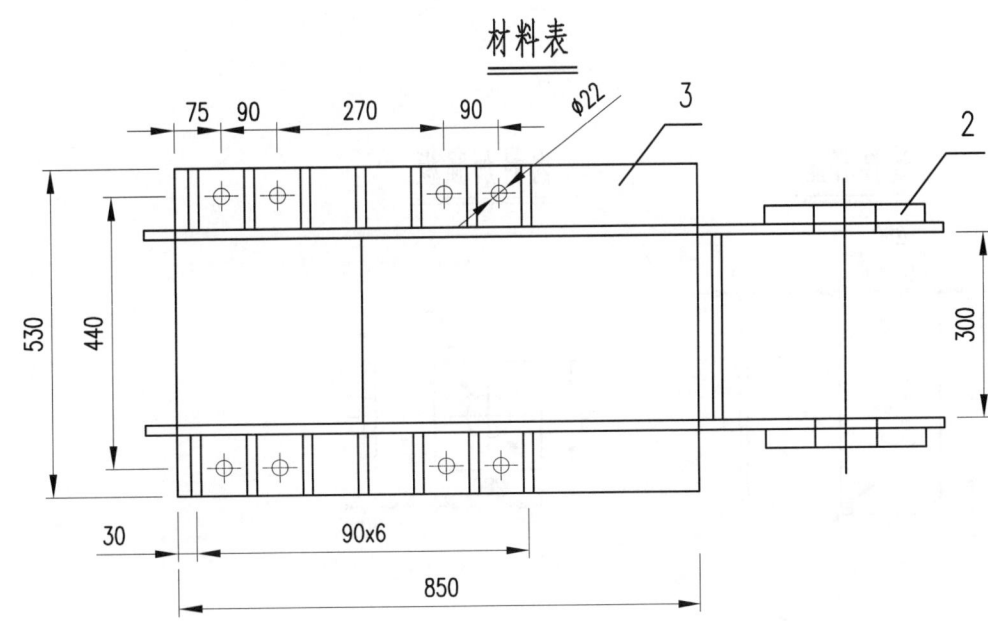

材料表

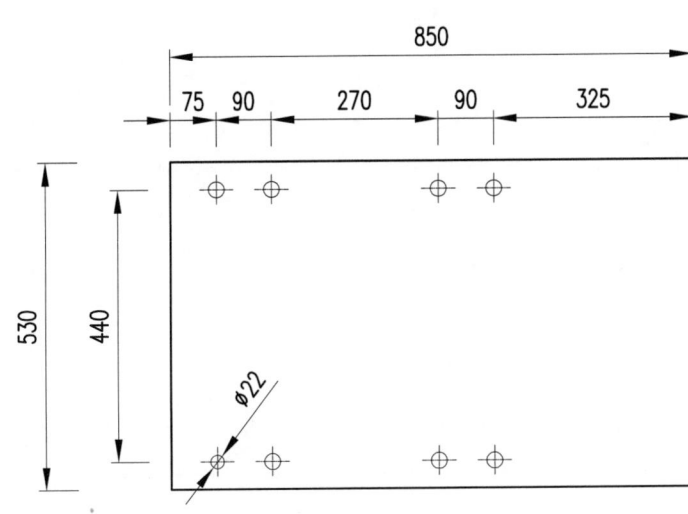

材料数量表

序号	构件名称	材料型号	规格(mm)	数量	单件质量(kg)	总质量(kg)	备注
1	横梁底板	16mm厚钢板	16×650×1300	2块	94.8	189.6	
2	外衬加强板	30mm厚钢板	ϕ260	2块	10.7	21.4	金加工
3	顶板	16mm厚钢板	16×530×850	1块	56.6	56.6	
4	顶板撑角	10mm厚钢板	10×100×100	14块	0.4	5.6	
5	内加强板1	16mm厚钢板	16×300×250	1块	9.4	9.4	
6	内加强板2	16mm厚钢板	16×300×300	1块	11.3	11.3	
合计						293.9	

说明：

图中尺寸以mm计。

73m+135m+73m菱形挂篮	材质	Q235	单重	294kg
BD杆件横梁装置	件数	1	图号	8.2.2-26

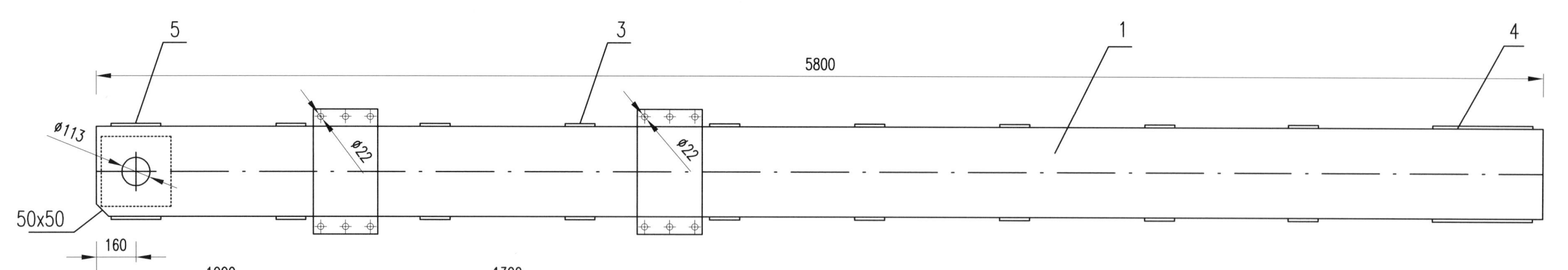
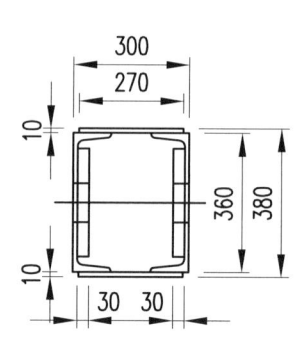
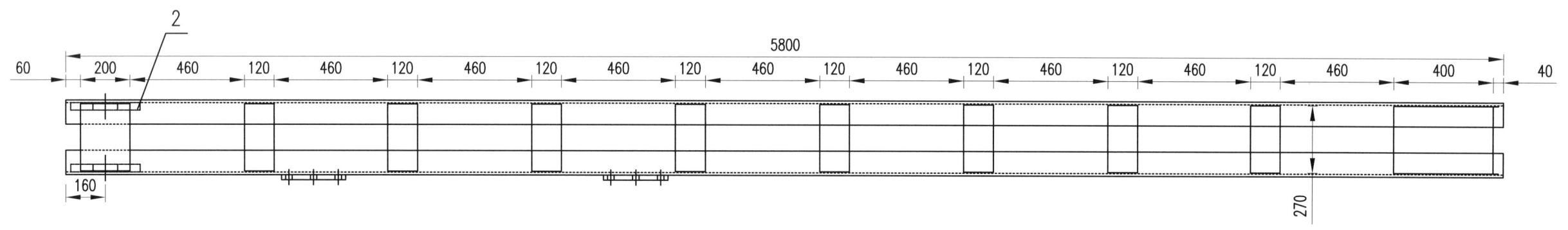
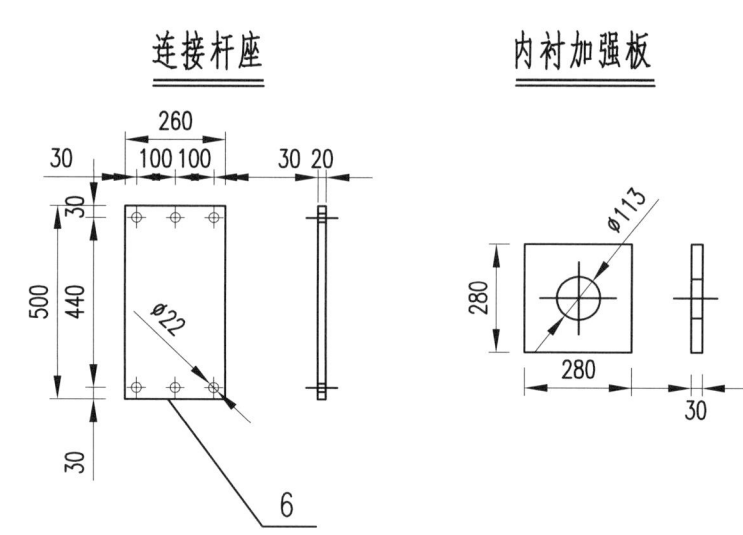

连接杆座　　内衬加强板

材料数量表

序号	构件名称	材料型号	规格(mm)	数量	单件质量(kg)	总质量(kg)	备注
1	横梁杆件	[36b	5800	2根	309.7	619.4	
2	内衬加强板	30mm厚钢板	30x280x280	2块	18.5	37	全加工
3	加强肋1	10mm厚钢板	10x120x270	16块	2.5	40	
4	加强肋2	10mm厚钢板	10x270x400	2块	8.5	17	
5	加强肋3	10mm厚钢板	10x200x270	2块	4.2	8.4	
6	连接杆座	20mm厚钢板	20x260x500	2块	20.4	40.8	
合计						762.6	

说明：

图中尺寸以mm计。

73m+135m+73m菱形挂篮	材质	Q235	单重	763kg
AC杆件联接杆	件数		图号	8.2.2-27

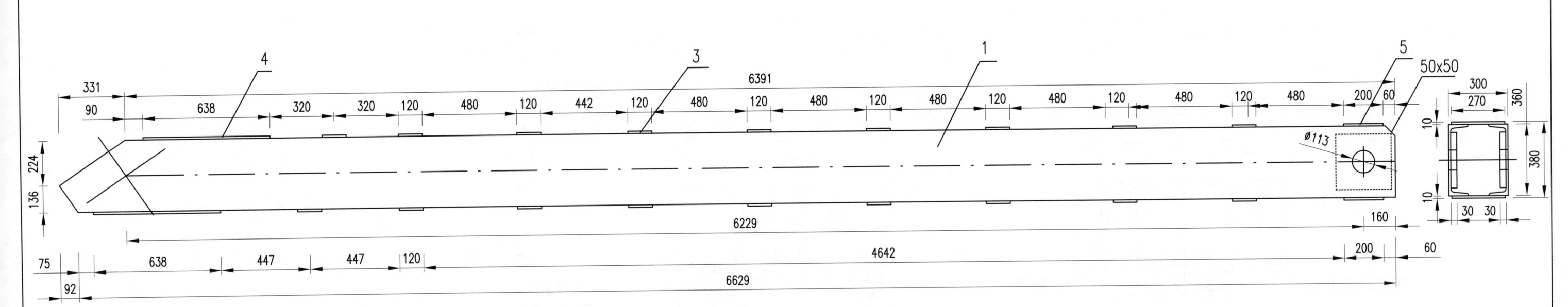

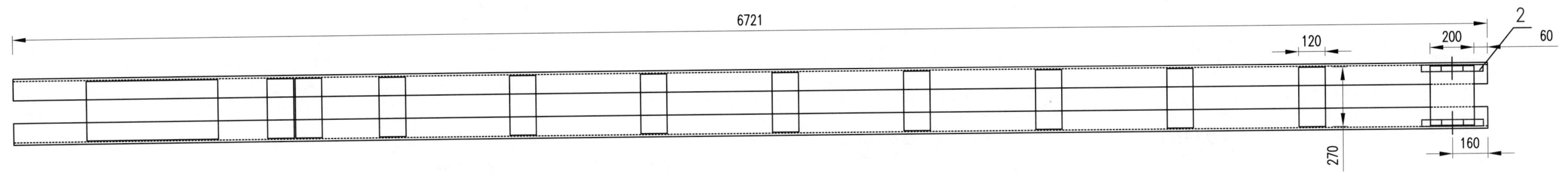

内衬加强板

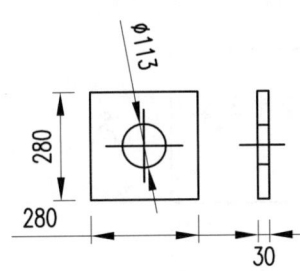

材料数量表

序号	构件名称	材料型号	规格(mm)	数量	单件质量(kg)	总质量(kg)	备注
1	横梁杆件	[36b	6721	2根	358.9	717.8	
2	内衬加强板	30mm厚钢板	30x280x280	2块	18.5	37	金加工
3	加强肋1	10mm厚钢板	10x120x270	18块	2.5	45	
4	加强肋2	10mm厚钢板	10x270x600	2块	12.7	25.4	
5	加强肋3	10mm厚钢板	10x200x270	2块	4.2	8.4	
合计						833.6	

说明：

图中尺寸以mm计。

73m+135m+73m菱形挂篮	材质	Q235	单重	834kg
BD杆件联接杆	件数		图号	8.2.2-28

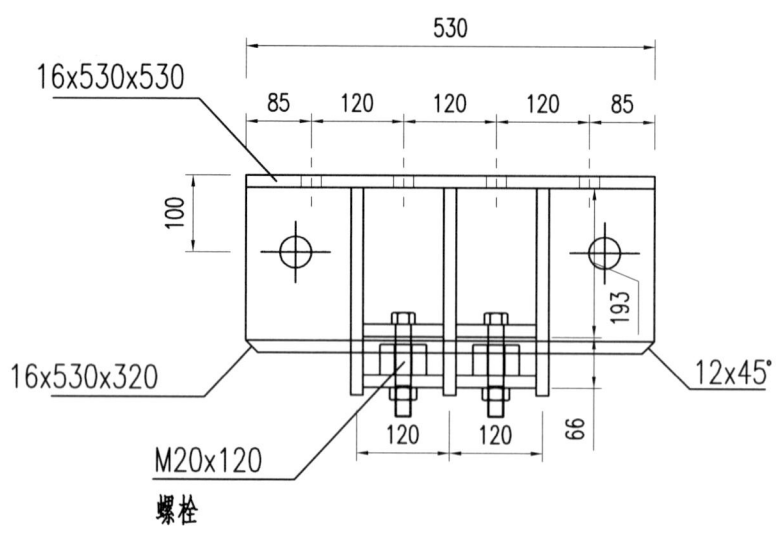
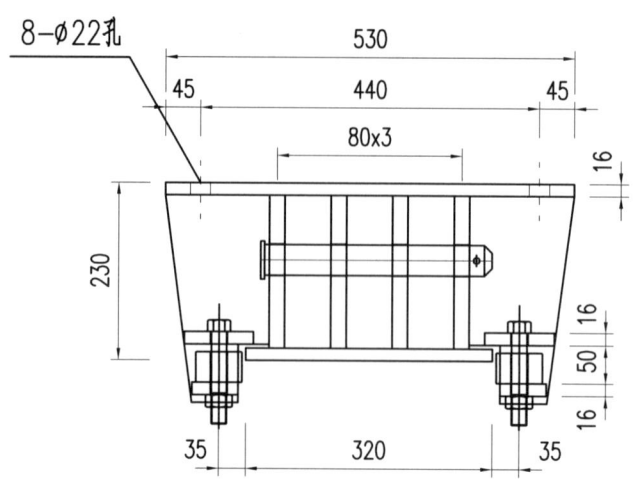
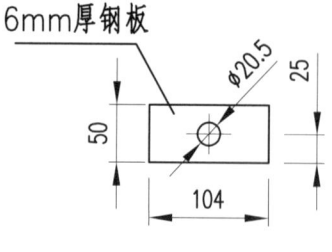

定位板a(4件)

定位板b(4件)

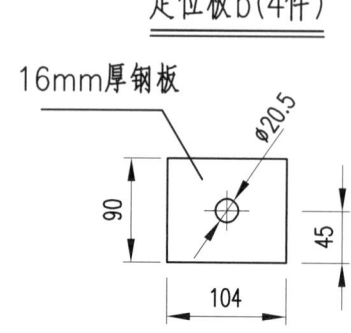

支撑板(4件)

撑板(6件)

滚轮(4件)

托销(2件)

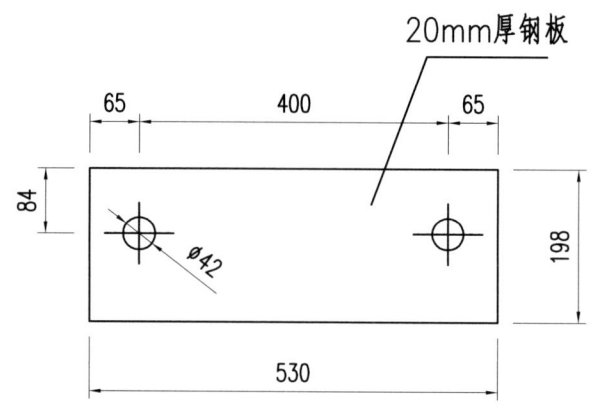
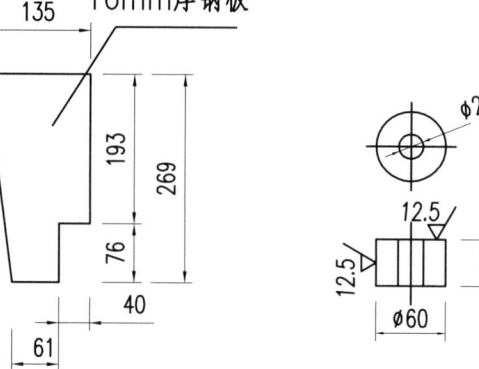
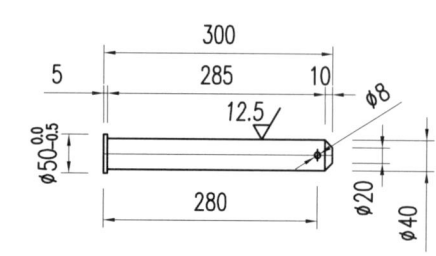

说明：
1. 滚轮、脱销需发蓝处理,材质为45号钢。
2. 图中尺寸以mm计。

73m+135m+73m菱形挂篮	材质	Q235	单重	160kg
菱形桁架滑行装置	件数	2件	图号	8.2.2-29

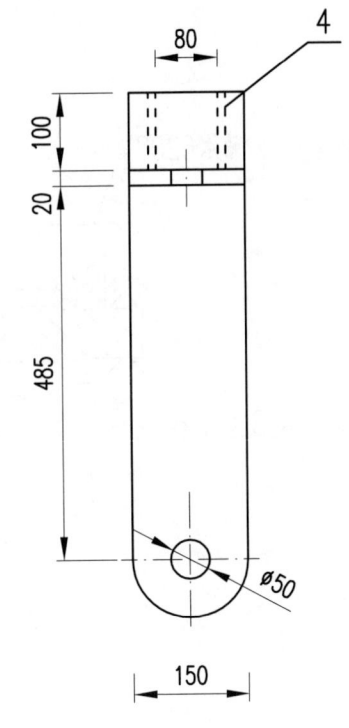
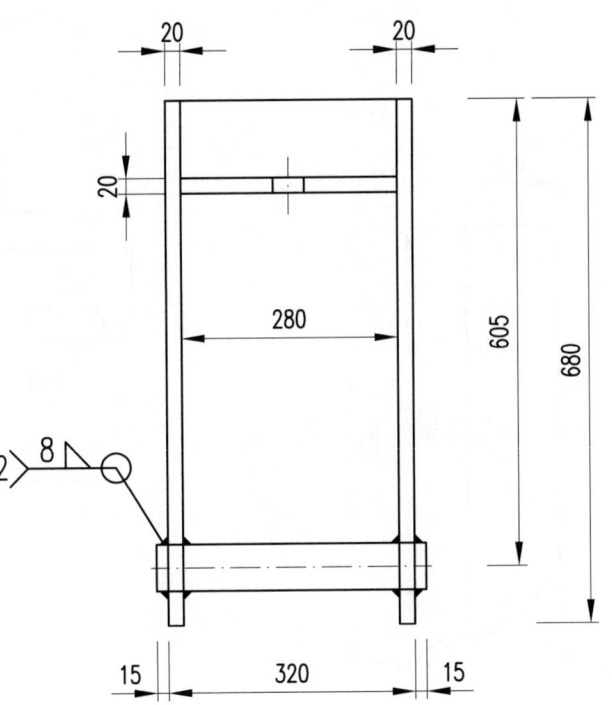
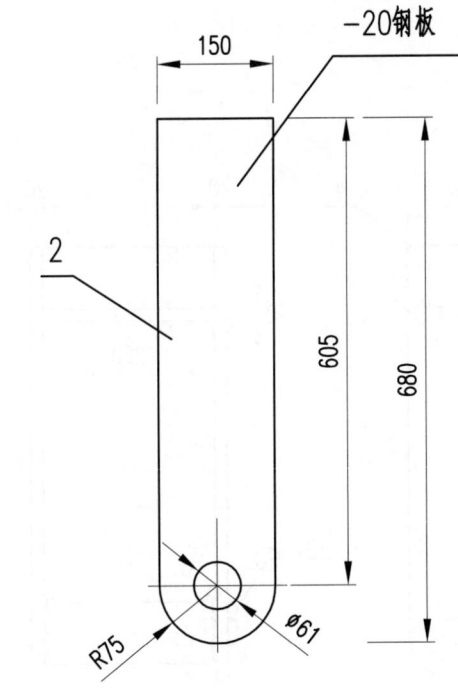
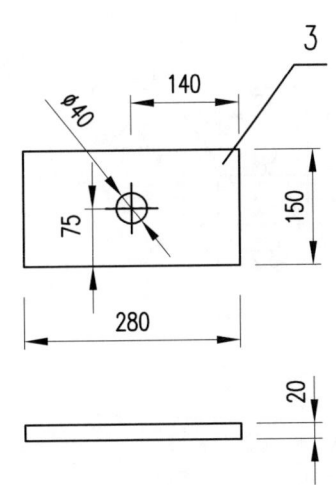
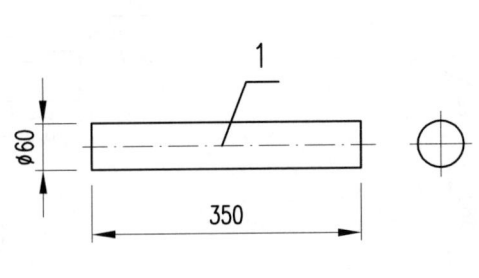

材料数量表

序号	构件名称	数量	材料规格	单件质量(kg)	总质量(kg)	备注
1	圆钢	1	⌀60×350	5.4	5.4	
2	钢板	2	680×150×20	16	32	
3	钢板	1	280×150×20	6.6	6.6	
4	钢板	2	280×100×10	2.2	4.4	
合计					48.4	

说明：
1. 均采用双面贴角围焊,焊缝高8mm。
2. 图中尺寸以mm计。

73m+135m+73m菱形挂篮	材质	Q235	单重	48kg
挂篮滑梁吊具(固定)	件数	8件	图号	8.2.2-30

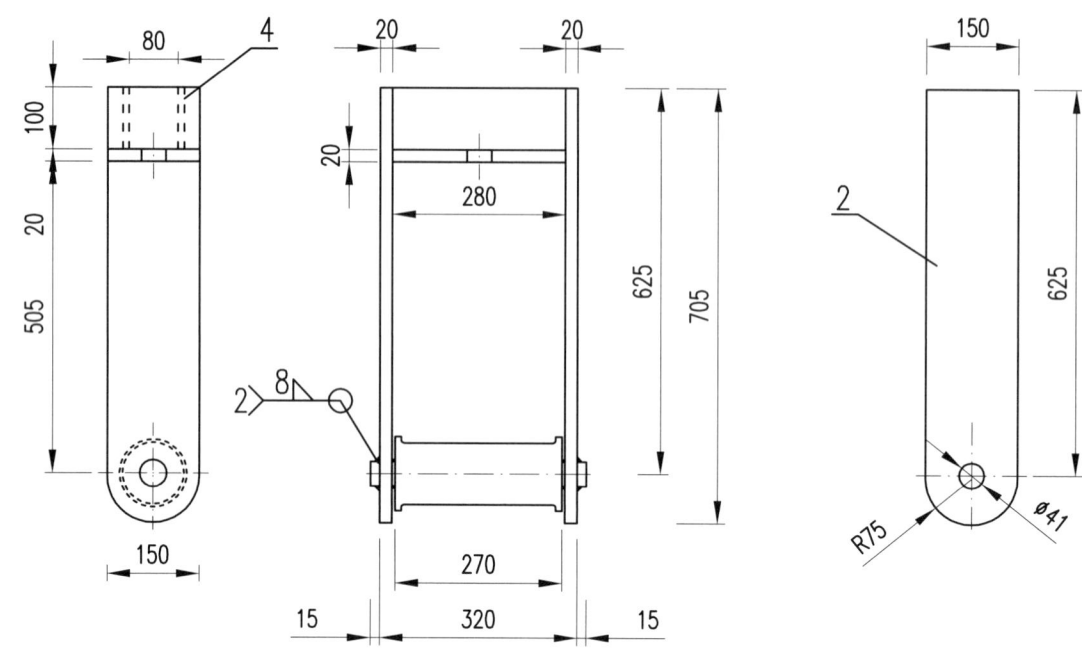
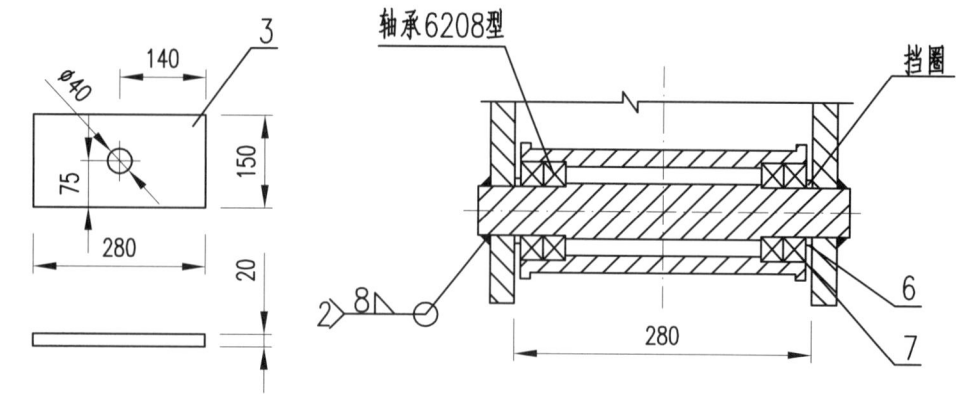
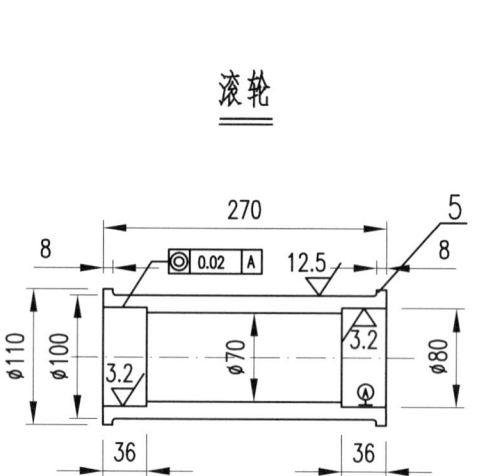
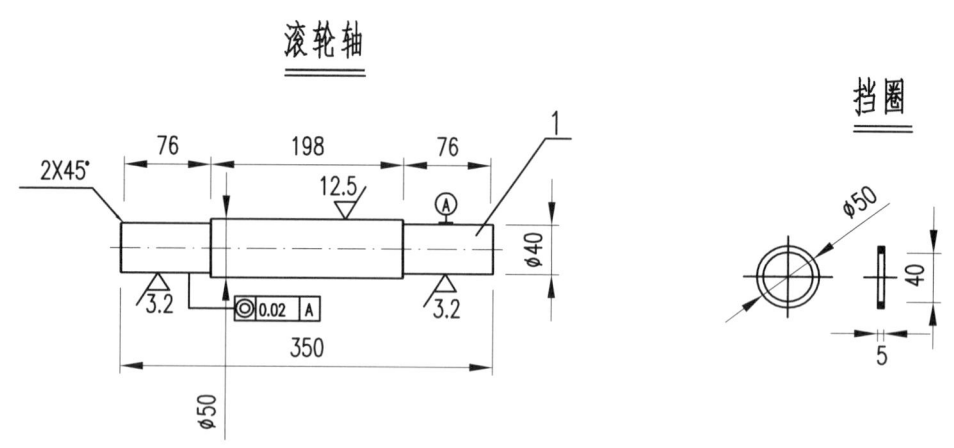

滚轮

滚轮轴

挡圈

大样

材料数量表

序号	构件名称	数量	材料规格	单件质量(kg)	总质量(kg)	备注
1	滚轮轴	1	φ50×350	5.4	5.4	
2	钢板	2	705×150×20	16.6	33.2	
3	钢板	1	280×150×20	6.6	6.6	
4	钢板	2	280×100×10	2.2	4.4	
5	滚轮	1	φ110×20	11.9	11.9	
6	垫圈	2	φ50×5	0.1	0.2	
7	轴承	4	6280型	0.7	2.8	
合计					64.5	

说明：
1. 均采用双面贴角围焊，焊缝高8mm。
2. 先将轴承安装好，在轴承处注满黄油，然后将侧板装上焊接。
3. 图中尺寸以mm计。

73m+135m+73m菱形挂篮	材 质	Q235	单 重	65kg
挂篮滑梁吊具(活动)	件 数	4件	图 号	8.2.2-31

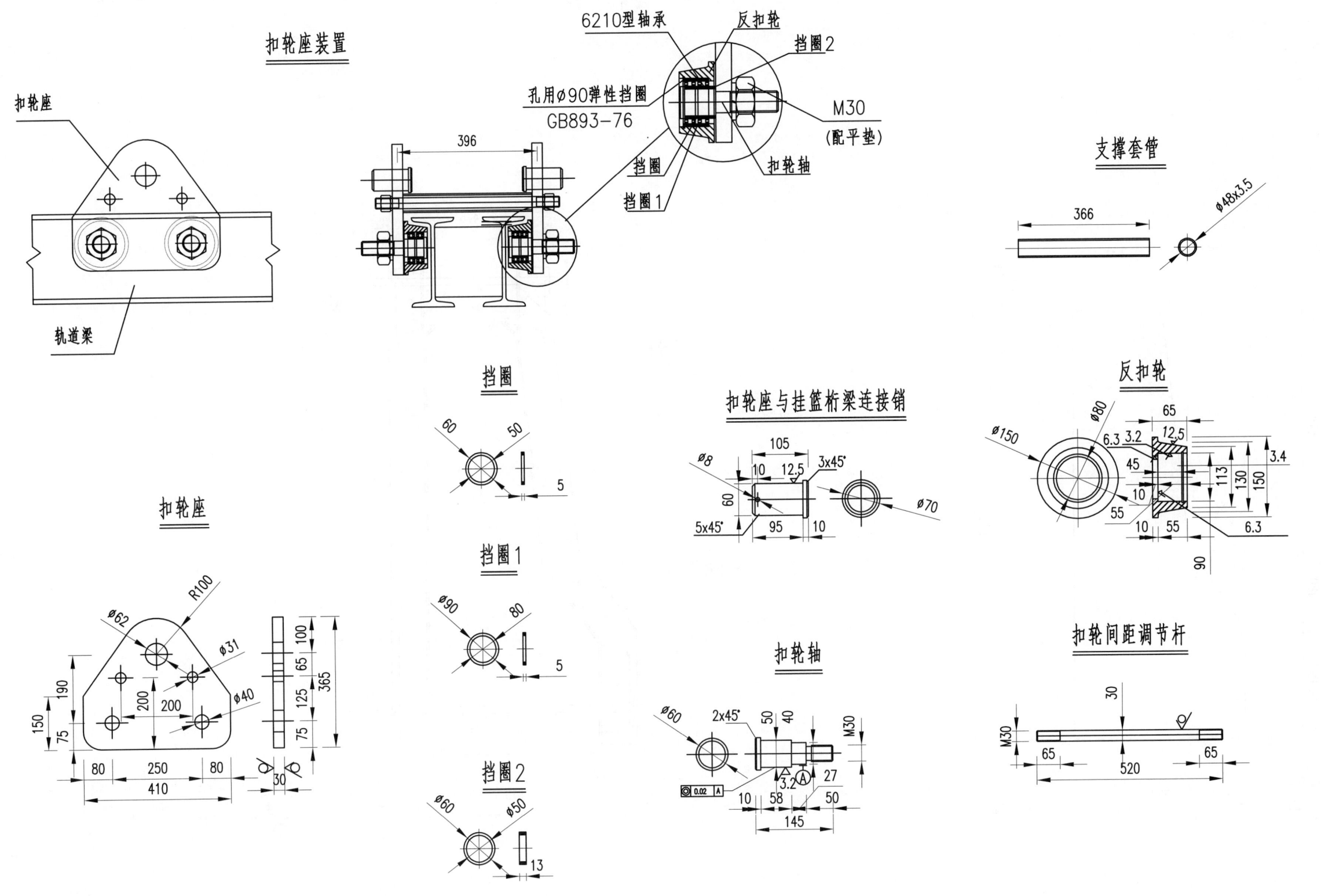

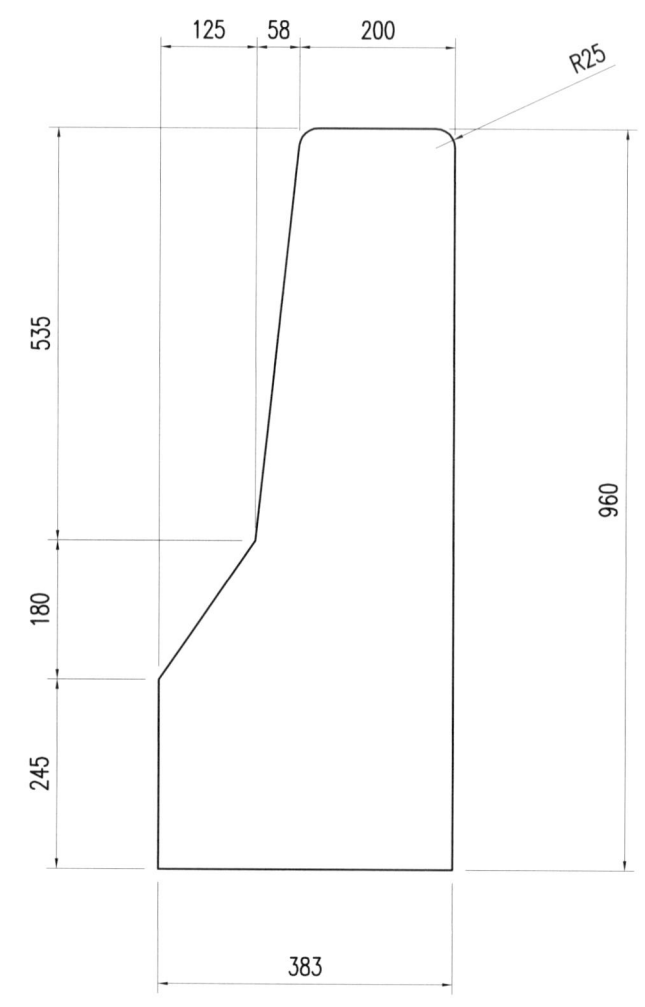
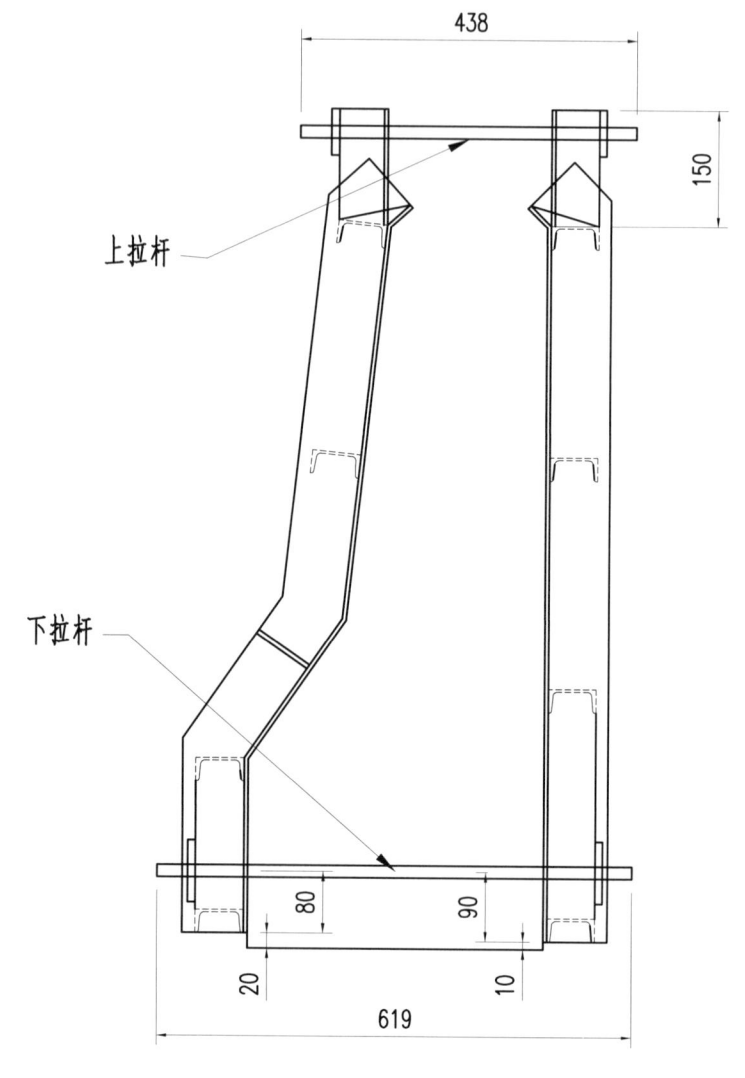

材料表

序号	名称	材料规格	数量	质量(kg)	合计(kg)	总数量(个)	总质量(kg)
1	上拉杆	16mm	2	1	3	1	3
2	下拉杆	16mm	2	2			
护栏模板（1.5 m/块）总质量							291
每平米质量							96

说明：

图中尺寸以mm计。

1.5m护栏模板	材质	Q235	单重	
横截面图	件数		图号	9-1

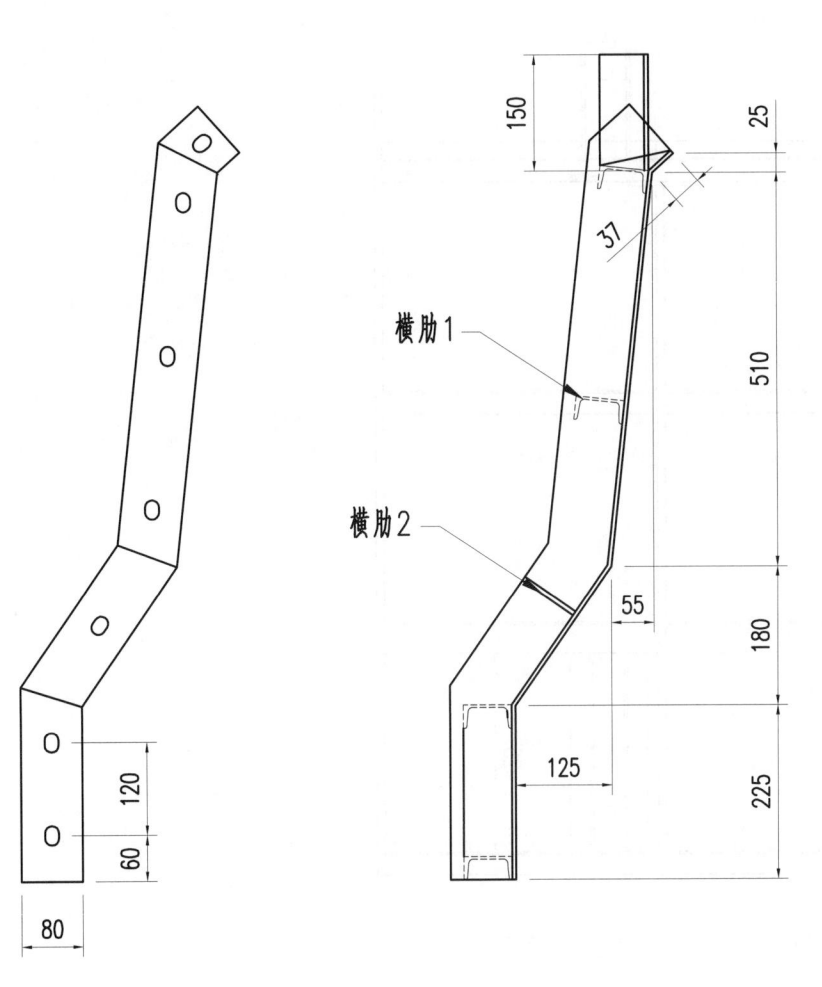
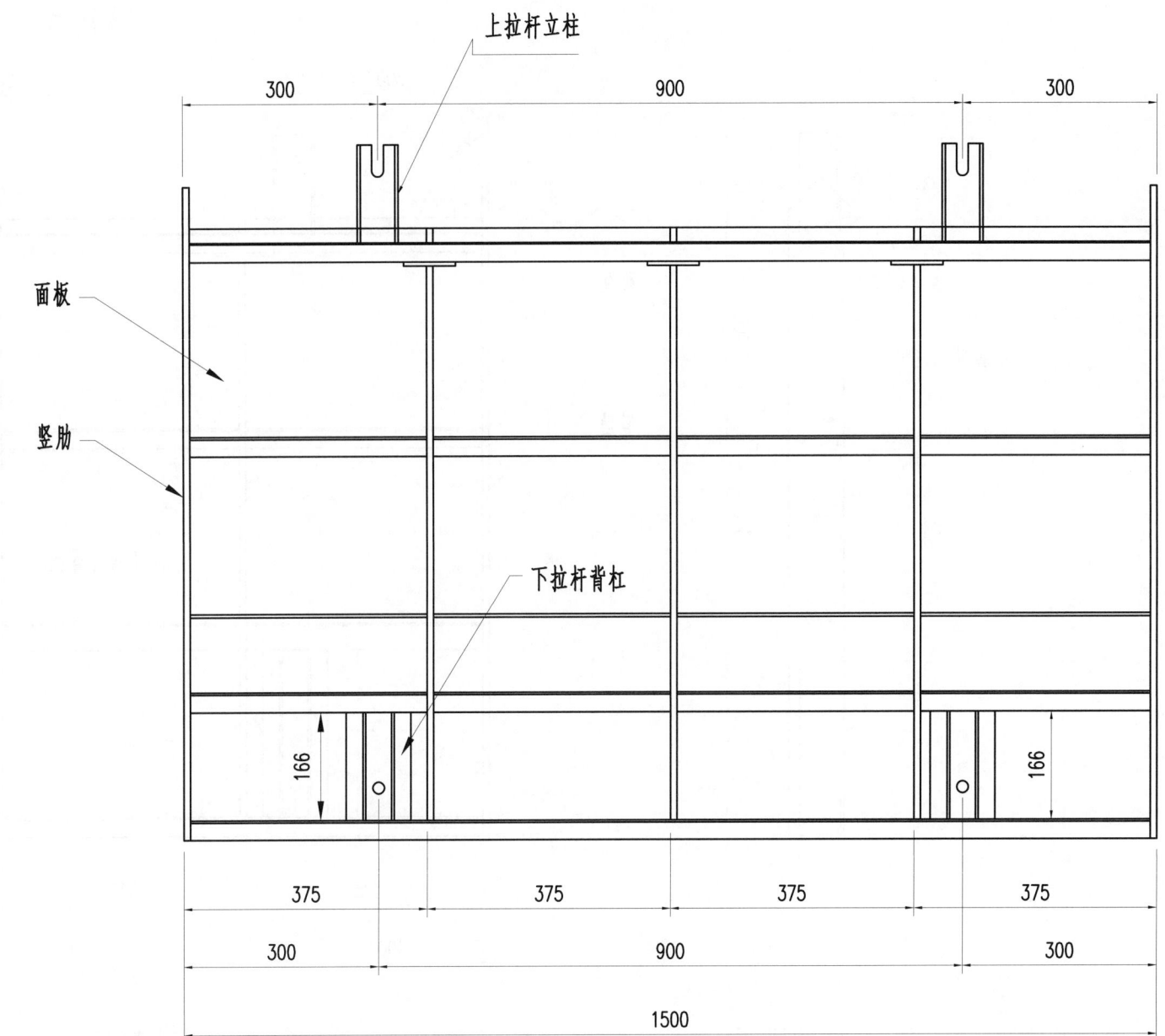

材料表

序号	名称	材料规格	数量	质量(kg)	合计(kg)	总数量(片)	总质量(kg)
1	面板	5mm厚钢板	1	59	147	1	147
2	竖肋	12mm厚钢板	5	37			
3	横肋1	[6.3	4	40			
4	横肋2	6mm厚钢板	1	6			
5	上拉杆立柱	[6.3	2	2			
6	下拉杆背杠	[6.3	2	2			
7	拉杆垫片	6mm厚钢板	4	2			

说明：

1. 拉杆垫片未在图中示意。
2. 图中尺寸以mm计。

1.5m护栏模板	材 质	Q235	单 重	147kg
内模	件 数		图 号	9-2

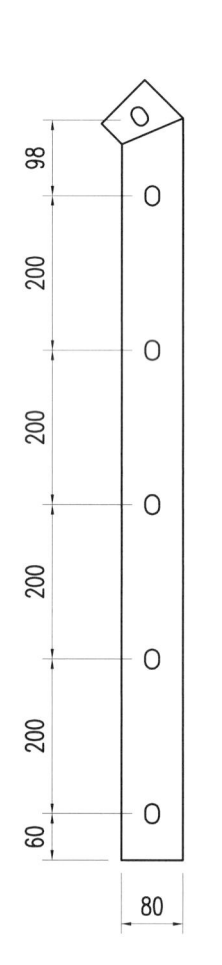
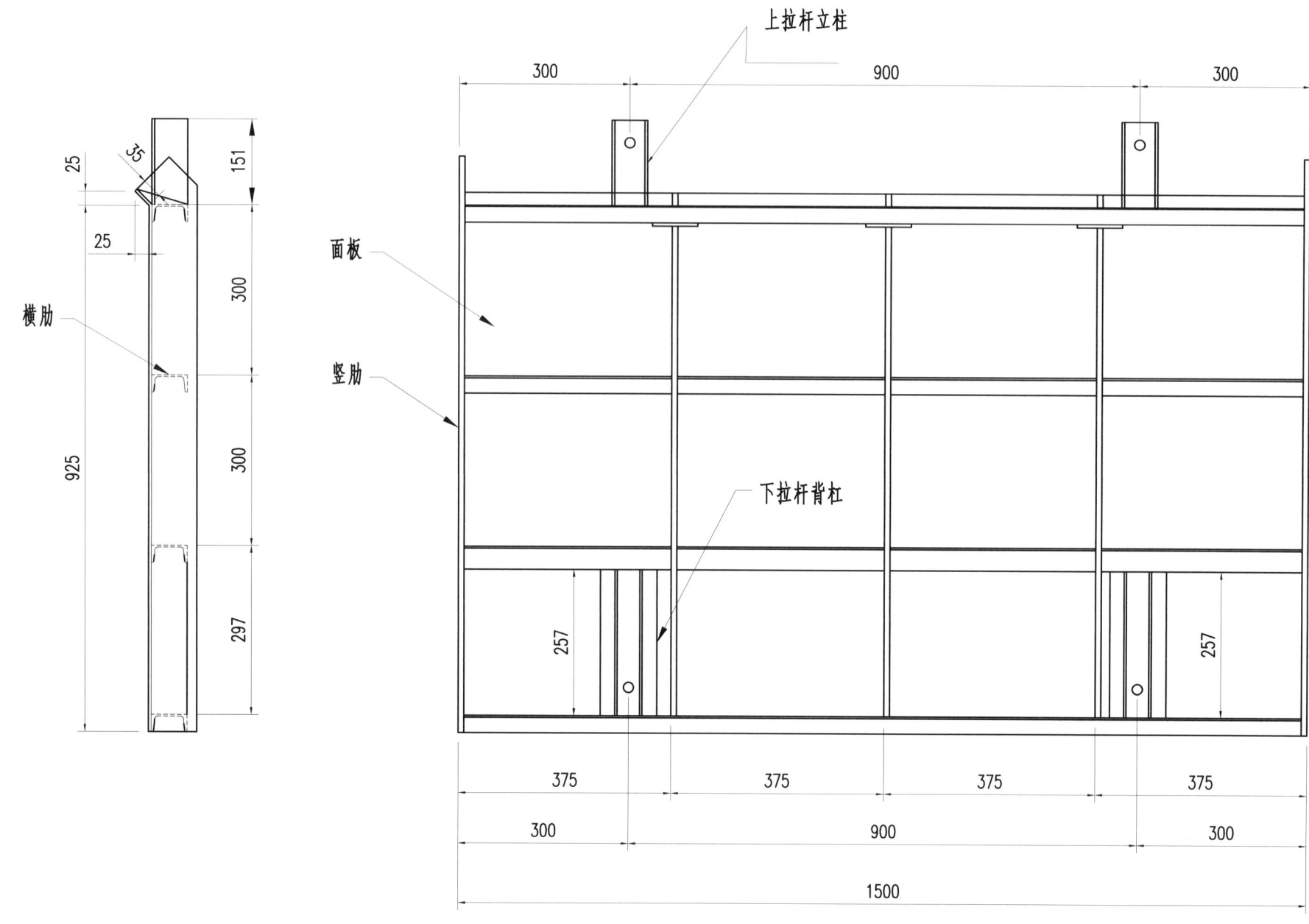

材料表

序号	名称	材料规格	数量	质量(kg)	合计(kg)	总数量(片)	总质量(kg)
1	面板	5mm厚钢板	1	57	140	1	140
2	竖肋	12mm厚钢板	5	36			
3	横肋	[6.3	4	40			
4	上拉杆立柱	[6.3	2	2			
5	下拉杆背杠	[6.3	4	3			
6	拉杆垫片	6mm厚钢板	4	2			

说明：
1. 拉杆垫片未在图中示意。
2. 图中尺寸以mm计。

1.5m护栏模板	材质	Q235	单重	140kg
外模	件数		图号	9-3

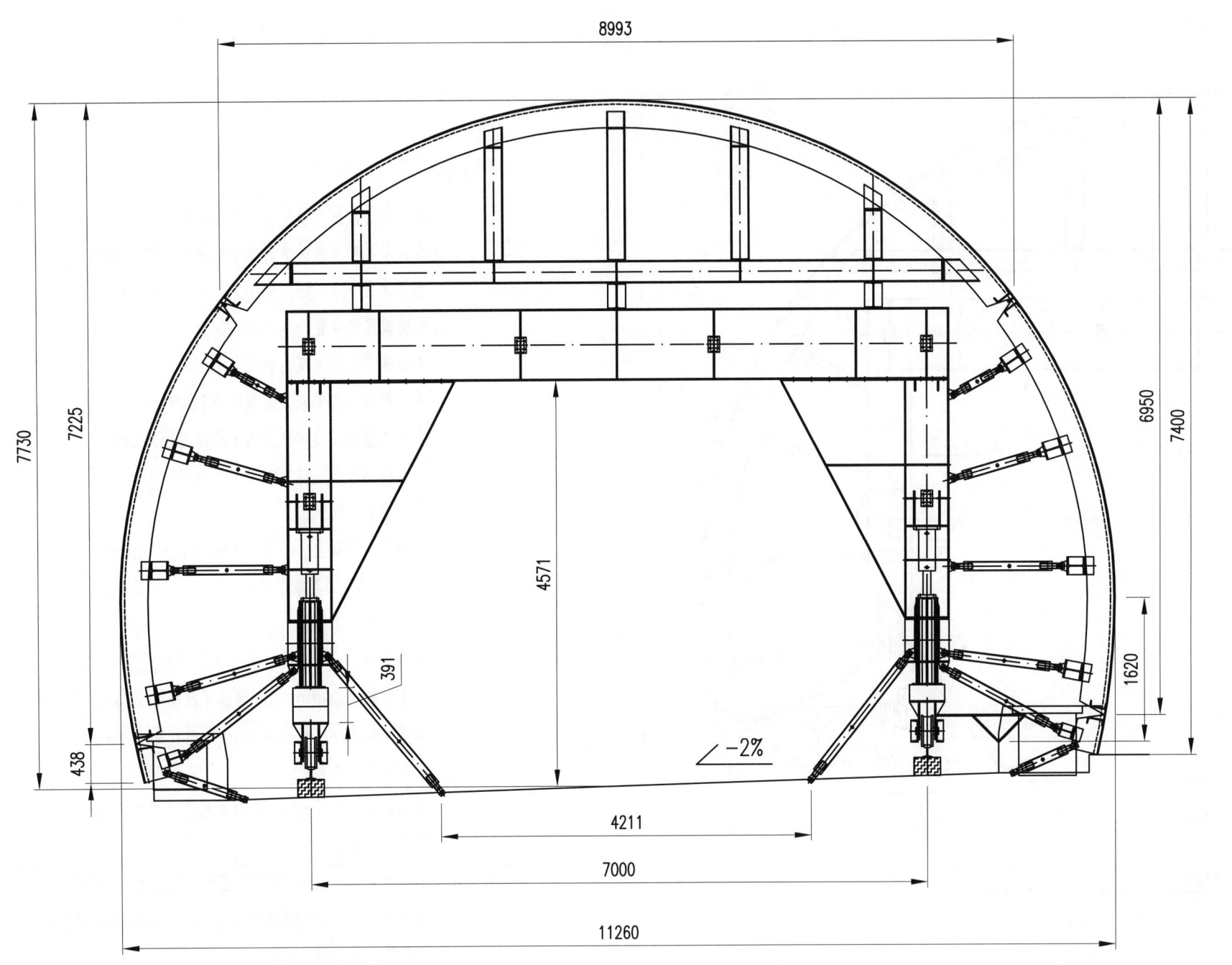

说明：
1. 本台车为液压自动收模、电动行走式。
2. 本台车半径在原隧道断面半径基础上加大50mm，
   模板半径：R1=5630mm; R2=8100mm。
3. 边模板底边位置：
   左边模板底边在电缆沟盖板向下550mm；
   右边模板底边在电缆沟盖板向下100mm；
   左小边模板底边位置在调平层向上200mm；
   右小边模板底边位置在调平层向上150mm。
4. 台车枕木位置：
   在调平层路面上台车枕木规格：高200mm×长600mm×宽200mm
   （用户自备）；台车轨道规格：43kg/m钢轨（用户自备）。
5. 台车液压系统参数：
   额定压力：16MPa；升降油缸工作行程：200mm；
   备用行程：100mm；平移油缸可调范围：左右各150mm；
   侧模油缸工作行程：200mm；备用行程：100mm。
6. 台车行走系统参数：
   驱动电机功率：2×7.5kw；行走速度：6.5m/min。
7. 螺旋支撑参数：
   侧模丝杆：T60×8梯形螺纹，套管⌀102×6无缝钢管；
   上下千斤：T80×10矩形螺纹，套管⌀102×6无缝钢管。
8. 浇筑口接管内径：⌀125mm。
9. 台车模板面板为12mm厚钢板，幅宽2000mm，纵向长度12000mm。
10. 图中尺寸以mm计。

双向四车道隧道施工台车	材质	Q235	单重	
主视图-2%	件数	1	图号	10.1-1

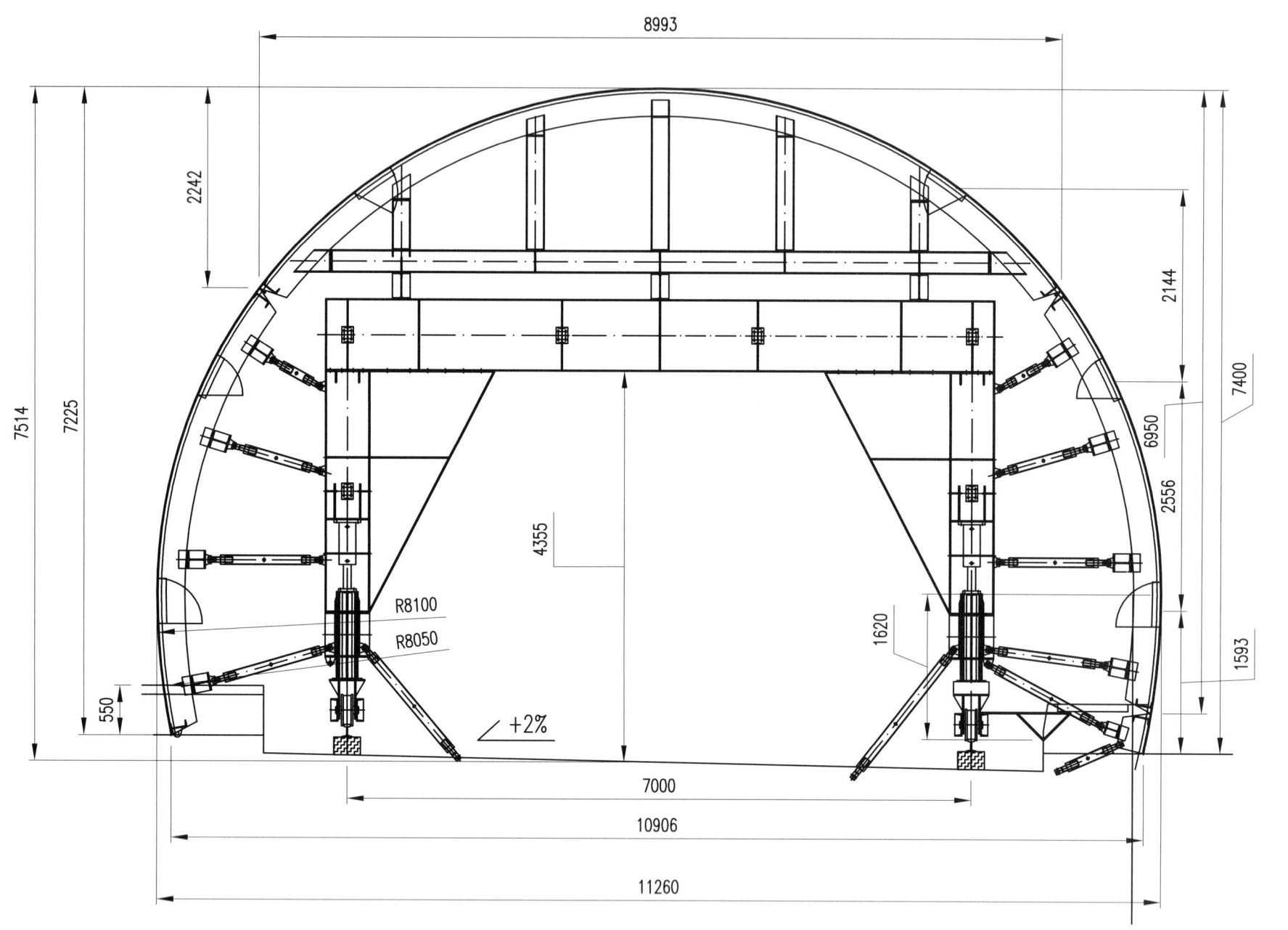

说明：
1. 本台车为液压自动收模、电动行走式。
2. 本台车半径在原隧道断面半径基础上加大50mm，
   模板半径：R1=5630mm；R2=8100mm。
3. 边模板底边位置：
   左边模板底边在电缆沟盖板向下550mm；
   右边模板底边在电缆沟盖板向下100mm；
   左小边模板底边位置在调平层向上200mm；
   右小边模板底边位置在调平层向上150mm。
4. 台车枕木位置：
   在调平层路面上台车枕木规格：高200mm×长600mm×宽200mm
   （用户自备）；台车轨道规格：43kg/m钢轨(用户自备)。
5. 台车液压系统参数：
   额定压力：16MPa；升降油缸工作行程：200mm；
   备用行程：100mm；平移油缸可调范围：左右各150mm；
   侧模油缸工作行程：200mm；备用行程：100mm。
6. 台车行走系统参数：
   驱动电机功率：2×7.5kw；行走速度：6.5m/min。
7. 螺旋支撑参数：
   侧模丝杆：T60×8梯形螺纹，套管Ø102×6无缝钢管；
   上下千斤：T80×10矩形螺纹，套管Ø102×6无缝钢管。
8. 浇筑口接管内径：Ø125mm。
9. 台车模板面板为12mm厚钢板，幅宽2000mm，纵向长度12000mm。
10. 图中尺寸以mm计。

双向四车道隧道施工台车	材质	Q235	单重	
主视图+2%	件数	1	图号	10.1-2

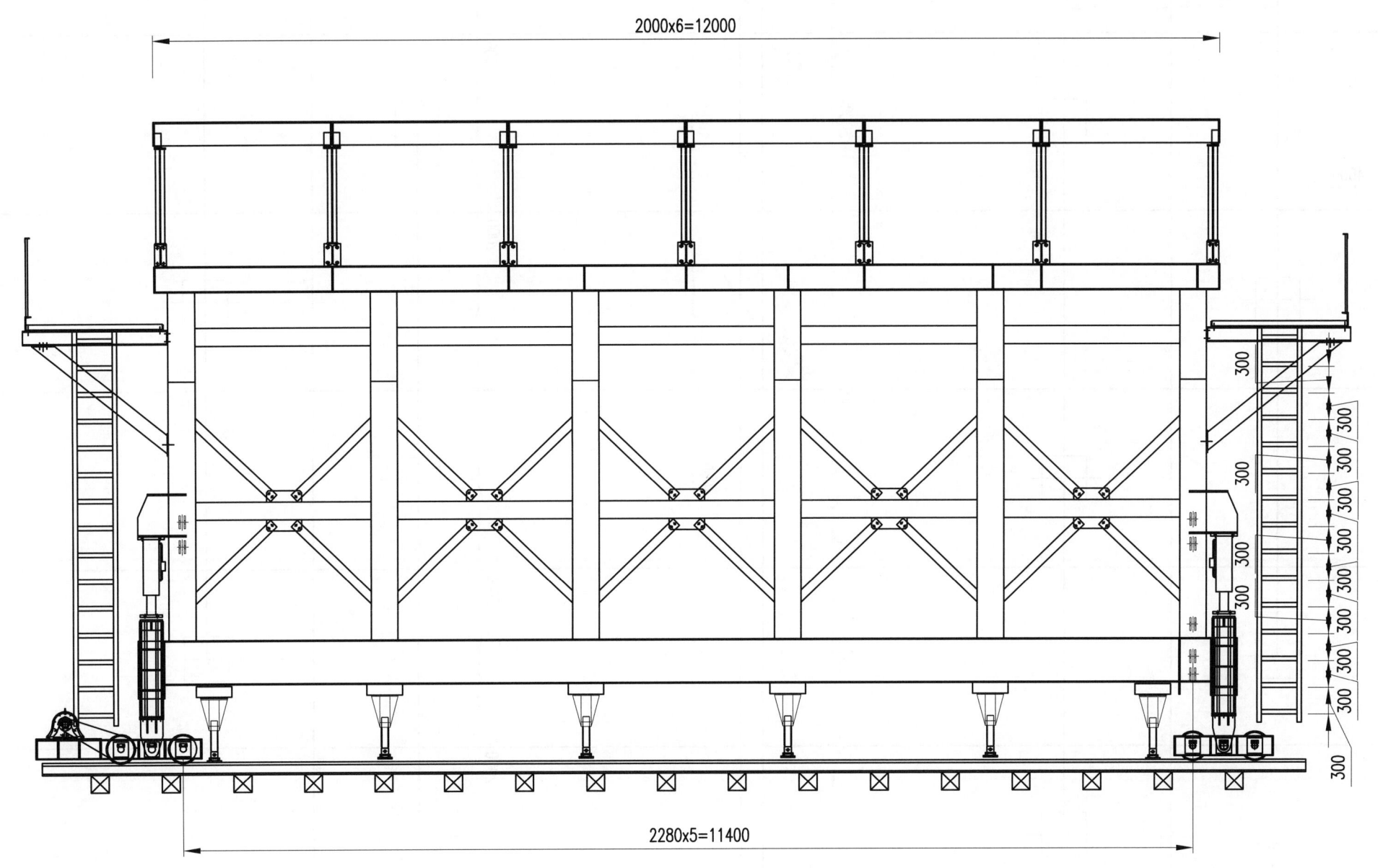

说明：
图中尺寸以mm计。

双向四车道隧道施工台车	材 质	Q235	单 重	
侧视图	件 数	1	图 号	10.1-3

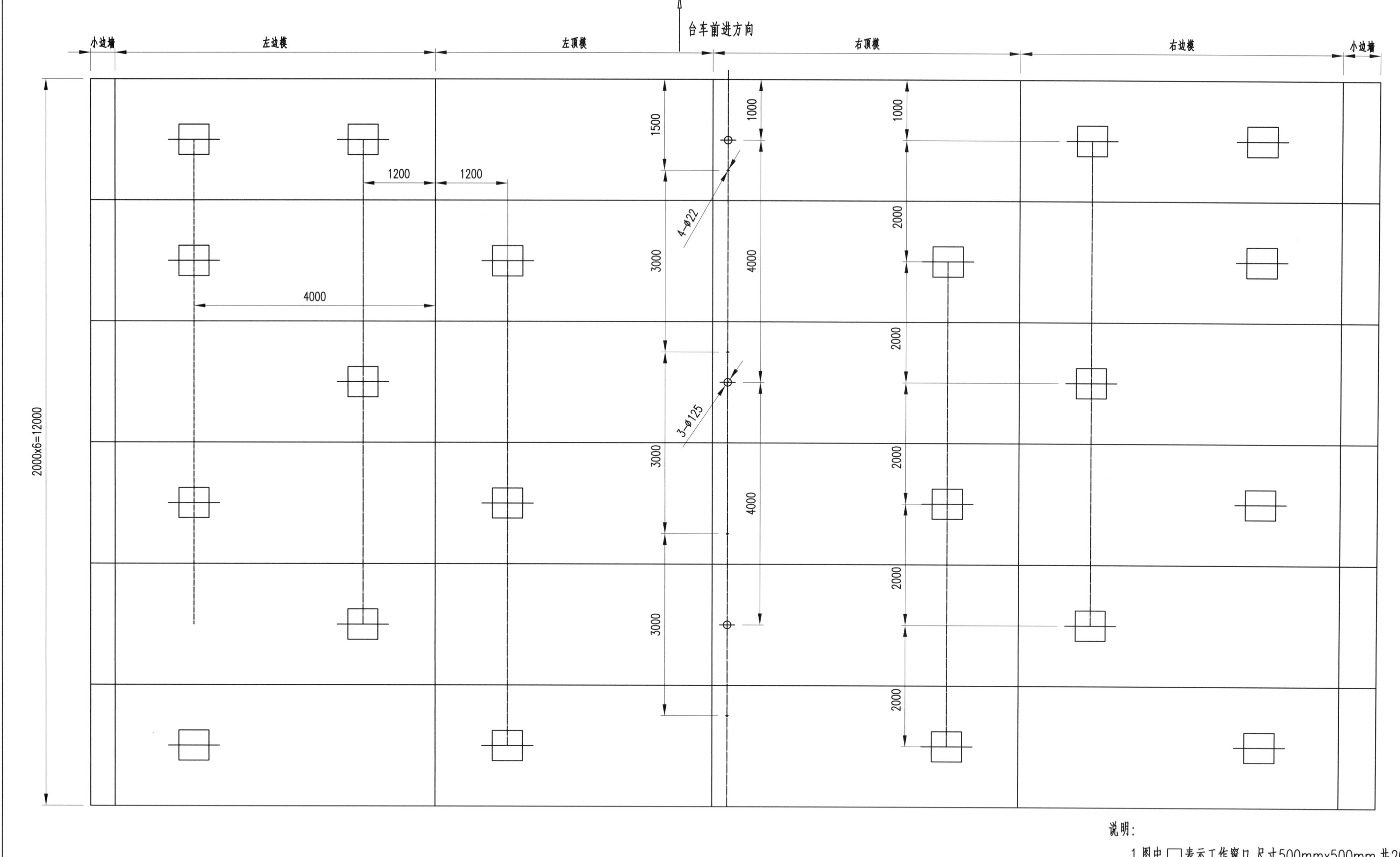

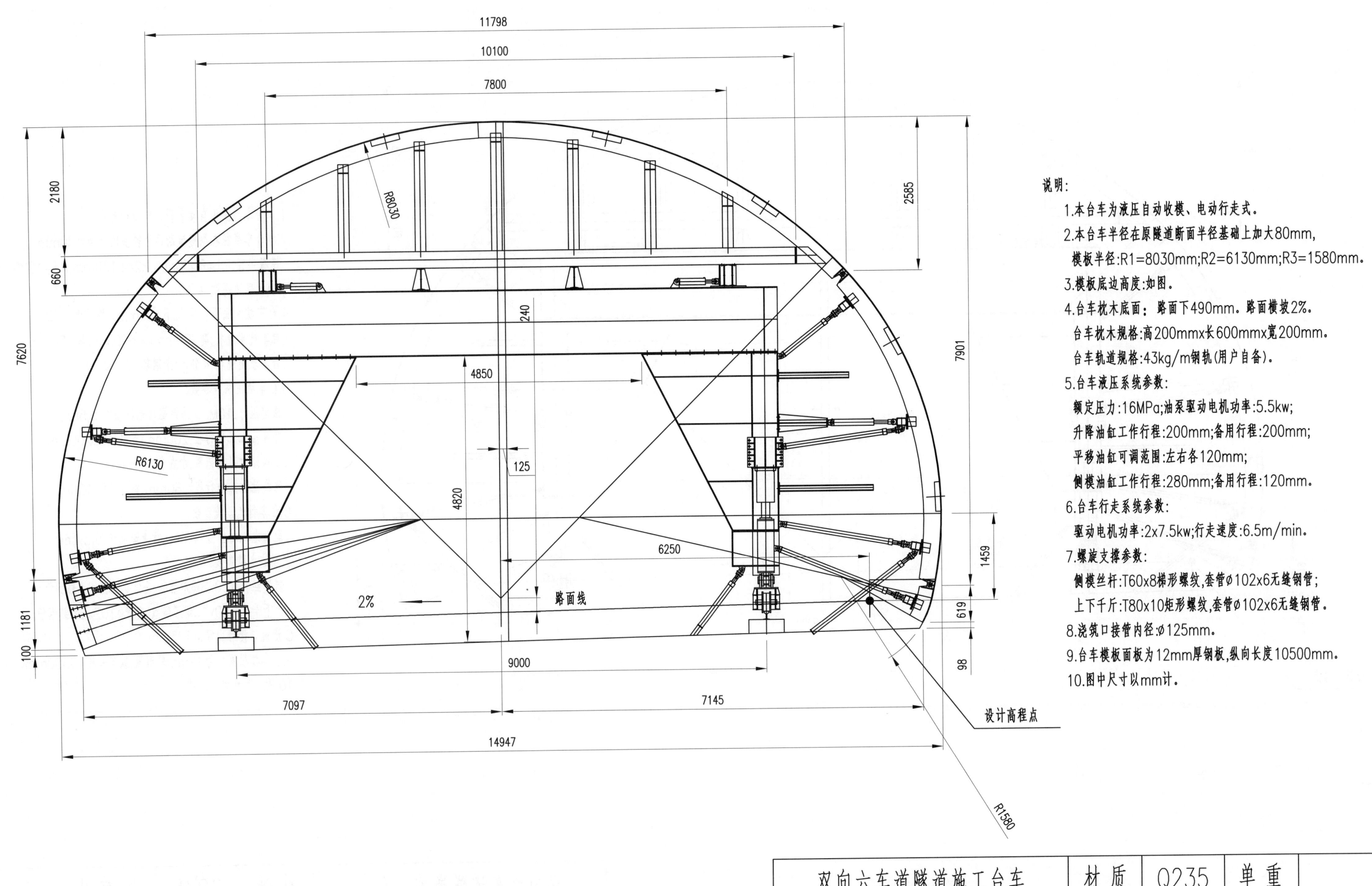

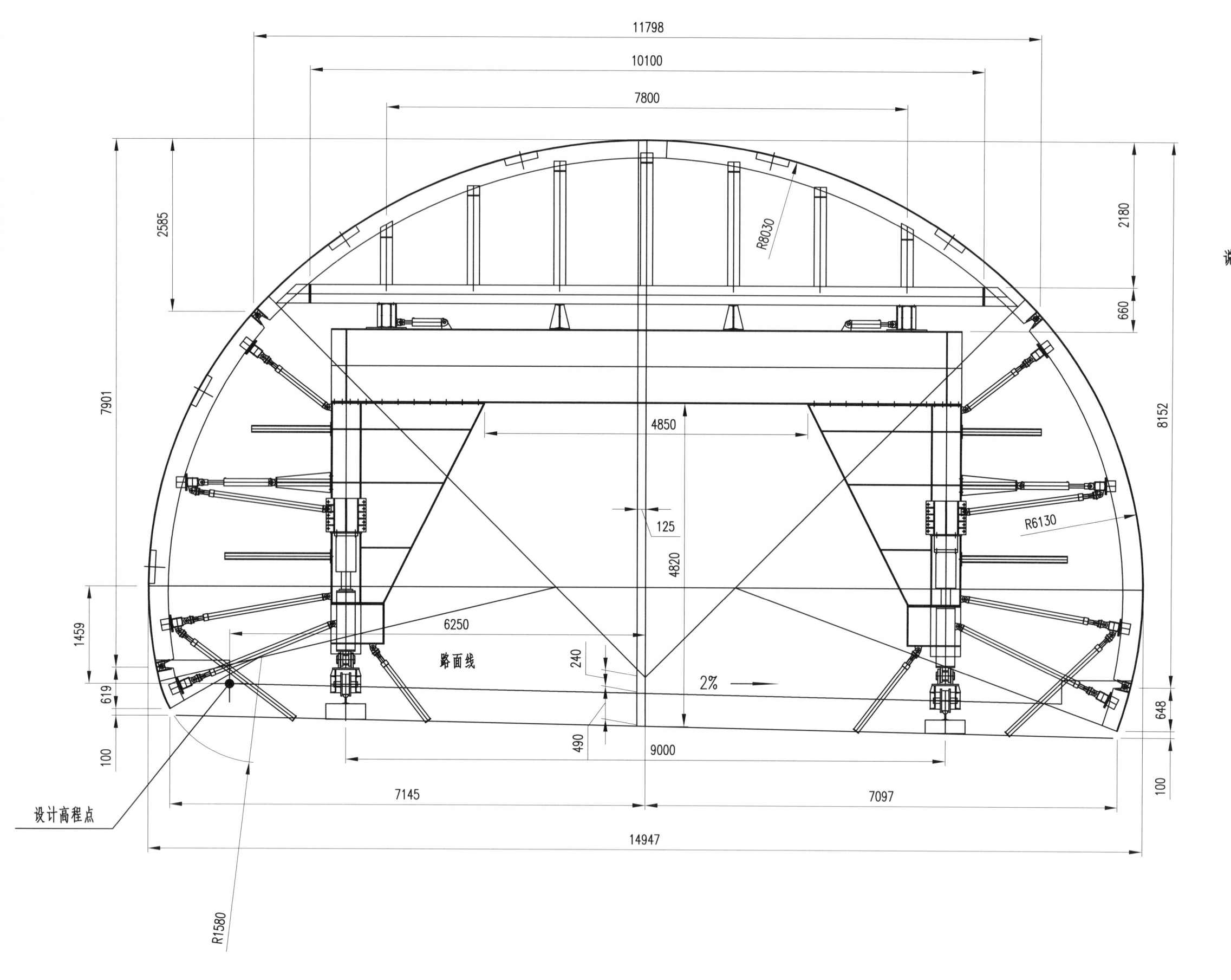

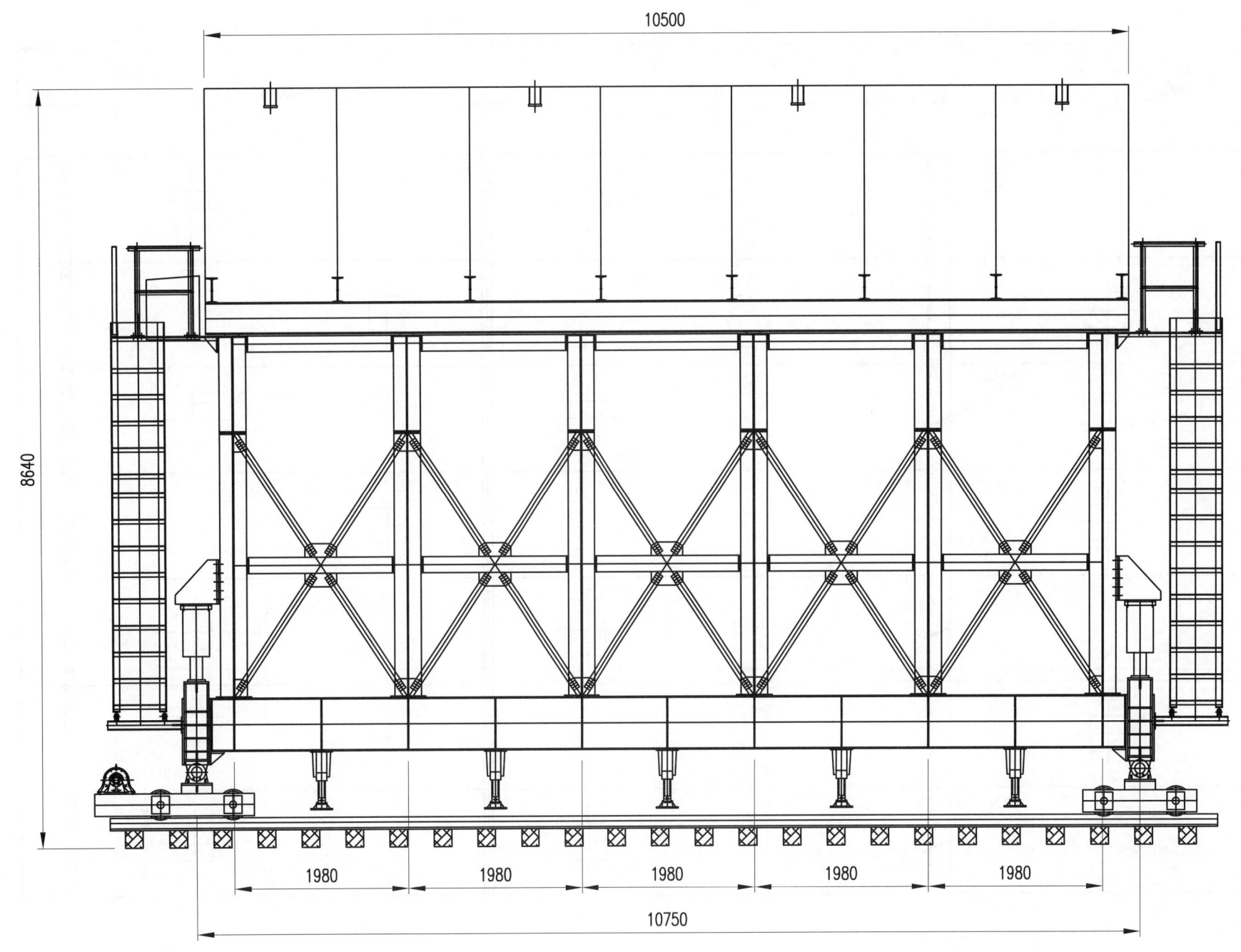

说明：
图中尺寸以mm计。

双向六车道隧道施工台车	材质	Q235	单重	
侧视图	件数	1	图号	10.2-3

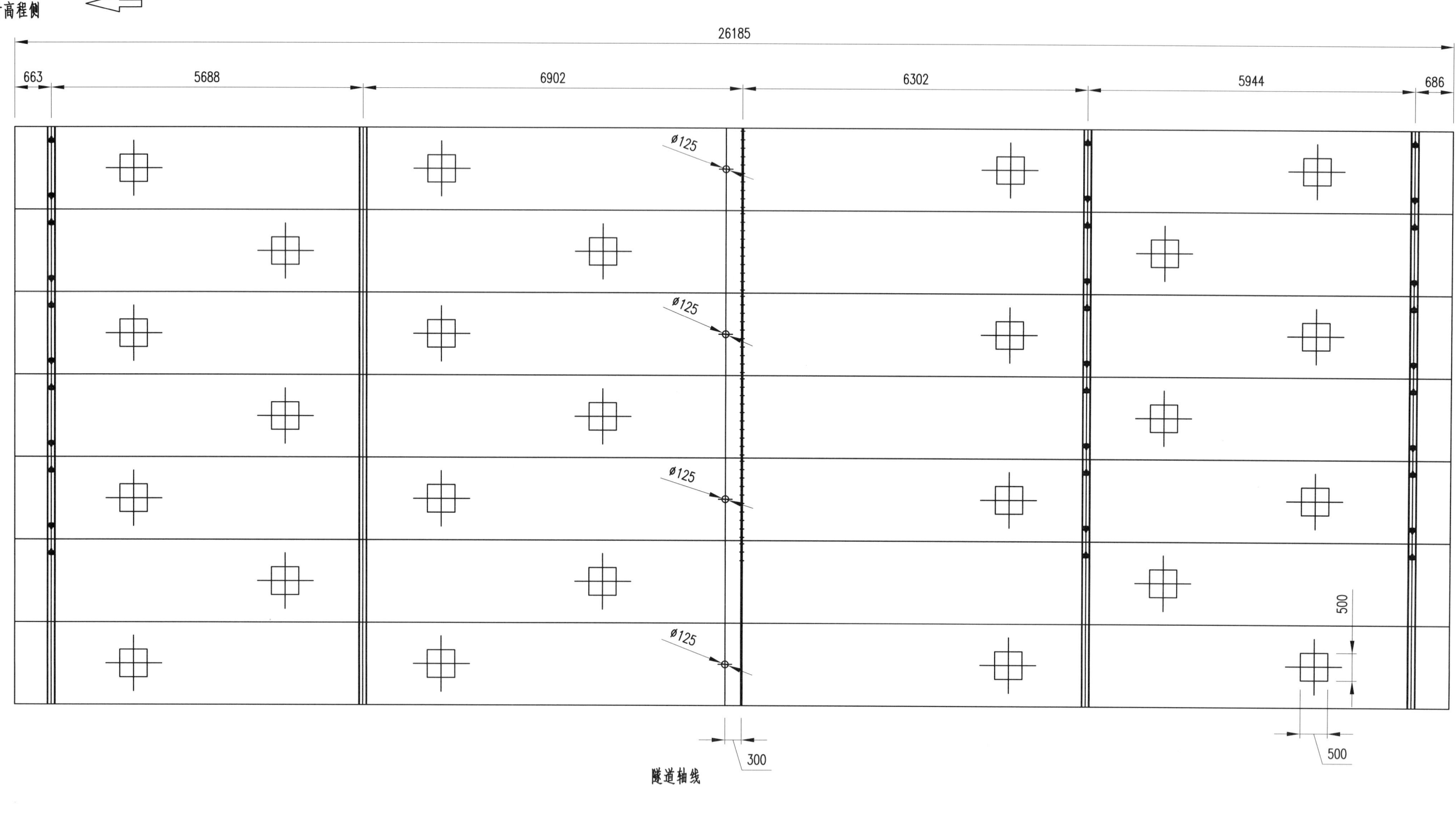

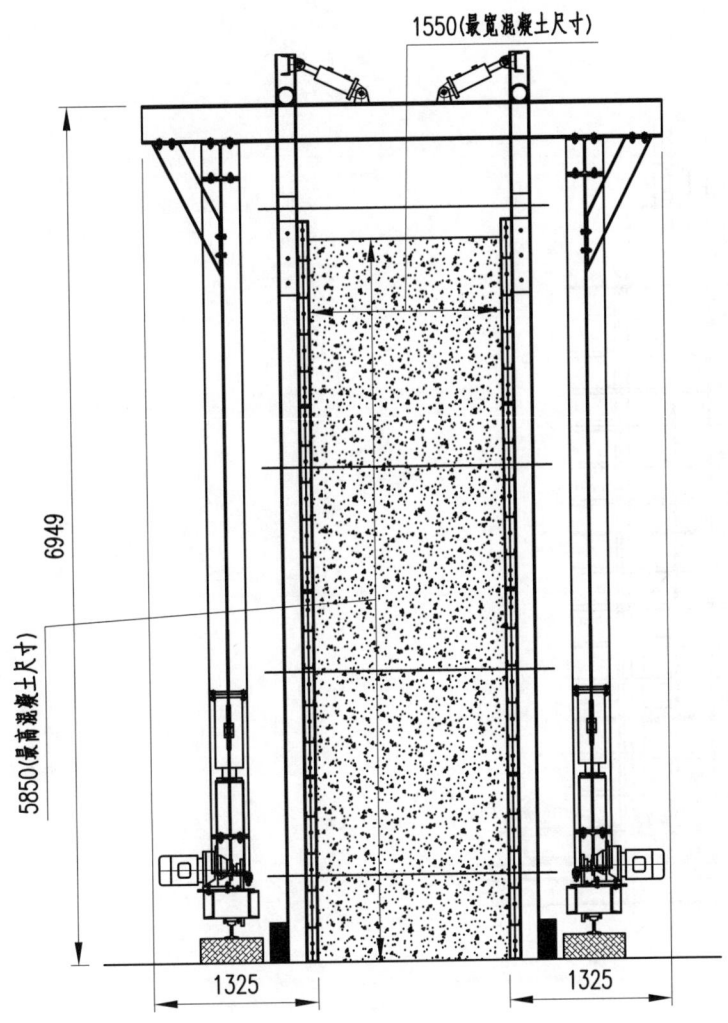
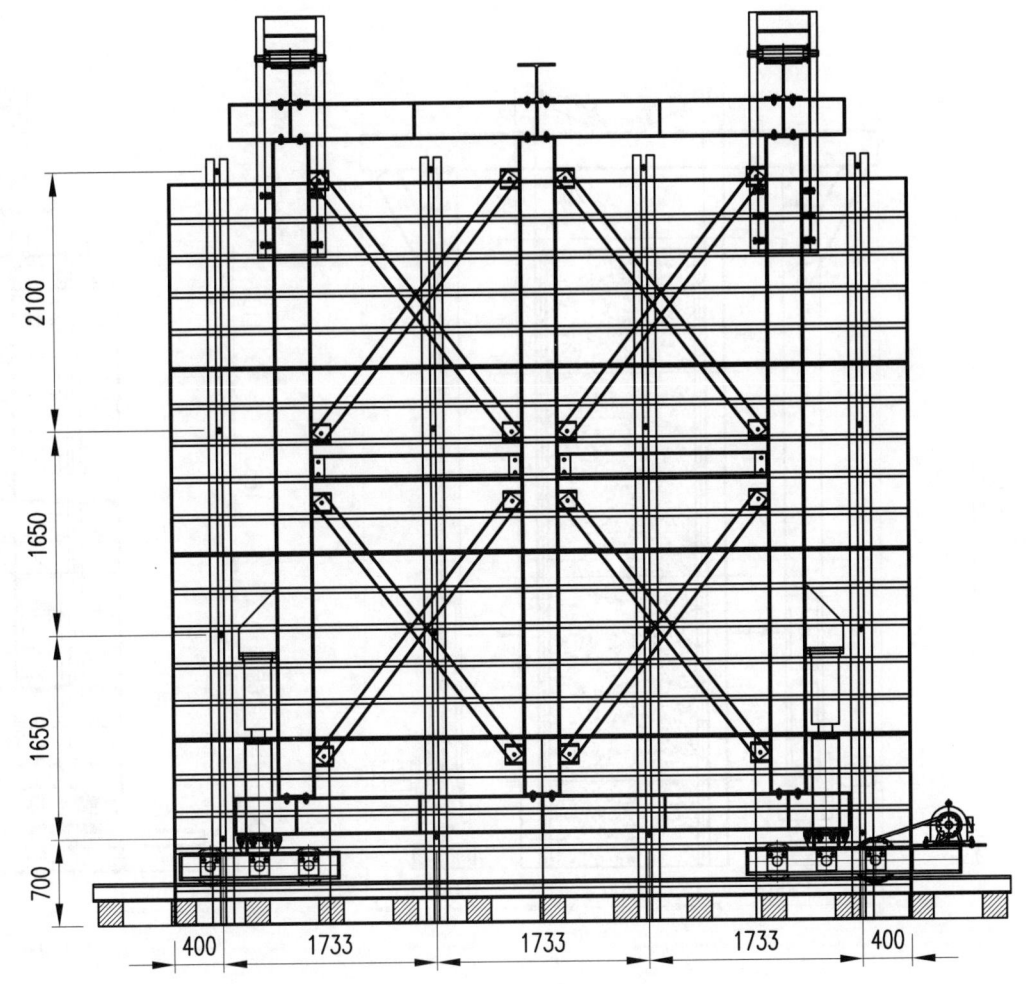

说明：
1. 模板连接孔均为∅22mm圆孔，采用M20x60mm全丝螺栓。
2. 加工时严格控制尺寸，厂内试拼，焊缝饱满无缺陷。
3. 考虑模板施工的便捷，采用[16背楞,模板采用3排对拉杆,对拉孔及对拉杆等配件甲方自备；
脱模时上部液压撑开，升降油缸升起桁架,按动电机桁架即可自动行走。
4. 模板制作材料:面板采用6mm厚钢板,横边框和竖边框都采用12mm厚x80mm宽的钢板,横肋采用[8,背楞采用双[16b；
桁架制作材料:横梁、立柱采用H型钢300mmX300mmX10mmX15mm,支撑[20,斜撑[12,接板为12mm厚钢板。
5. 1套模板约重16t，共加工1套；本书细化图纸加工数量均为1套数量。
6. 图中尺寸以mm计。

此种结构形式需要：
4个升降油缸,
4个水平油缸,
2个从动轮组件,
2个主动轮组件。

模板拆模起吊数据：
1. 模板部分起吊质量(含背楞)为4t。
2. 桁架部分起吊质量为3t。
3. 顶模梁起吊质量为0.5t。
4. 此图桁架只用于行走,支护模板时严禁采用桁架受力。

涵洞台车	材质	Q235	单重	16t
模板拼装图(一)	件数	1	图号	11-1

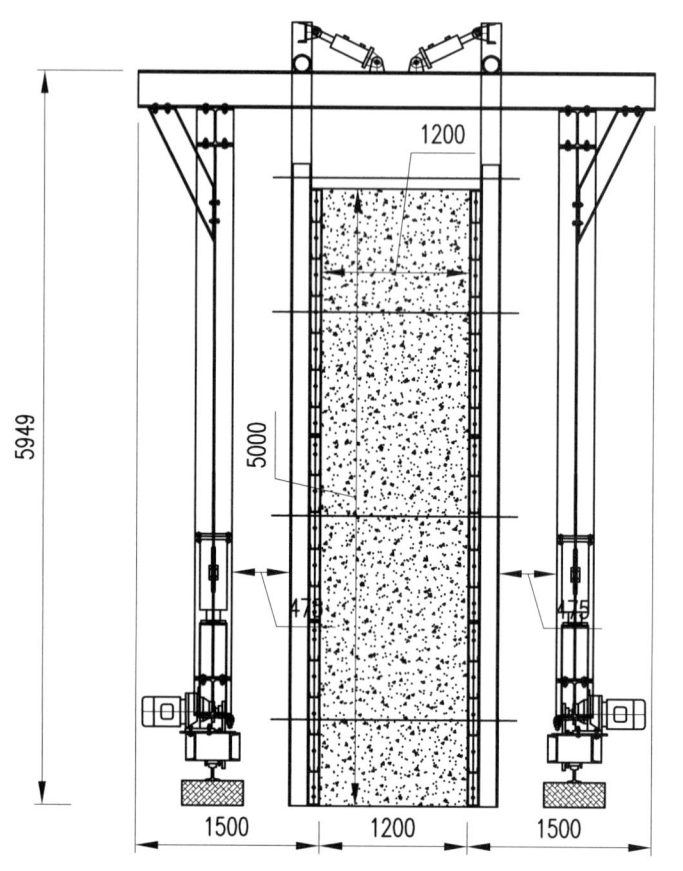
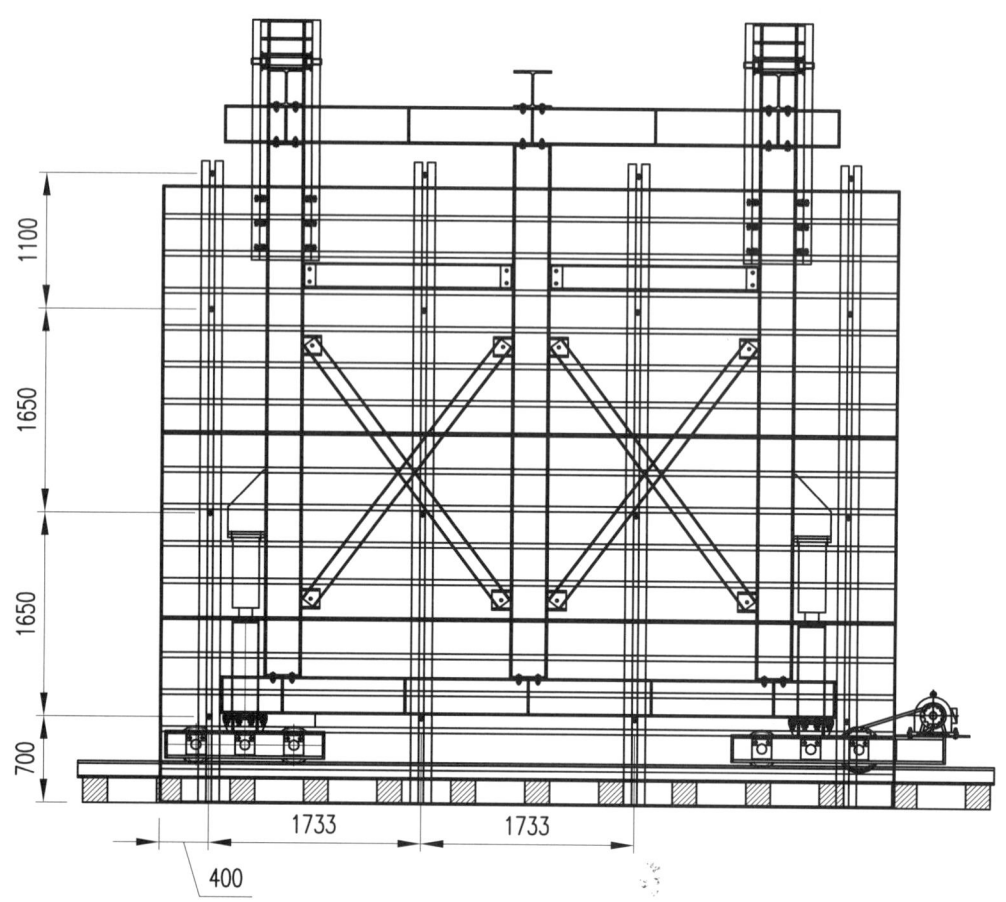

说明：
1. 模板连接孔均为∅22mm圆孔，采用M20×60mm全丝螺栓。
2. 加工时严格控制尺寸，厂内试拼，焊缝饱满无缺陷。
3. 考虑模板施工的便捷，采用[16背楞，模板采用3排对拉杆，对拉孔及对拉杆等配件甲方自备；
   脱模时上部液压撑开，升降油缸升起桁架，按动电机桁架即可自动行走。
4. 模板制作材料：面板采用6mm厚钢板，横边框和竖边框都采用12mm厚×80mm宽的钢板，横肋采用[8,背楞采用双[16b；
   桁架制作材料：横梁、立柱采用H型钢300mm×300mm×10mm×15mm，支撑[20，斜撑[12，接板为12mm厚钢板。
5. 1套模板约重14t，共加工1套；本书细化图纸加工数量均为1套数量。
6. 图中尺寸以mm计。

此种结构形式需要：
4个升降油缸，
4个水平油缸，
2个从动轮组件，
2个主动轮组件。

模板拆模起吊数据：
1. 模板部分起吊质量(含背楞)为4t。
2. 桁架部分起吊质量为3t。
3. 顶横梁起吊质量为0.5t。
4. 此图桁架只用于行走，支护模板时严禁采用桁架受力。

涵洞台车	材质	Q235	单重	14t
模板拼装图(二)	件数	1	图号	11-2

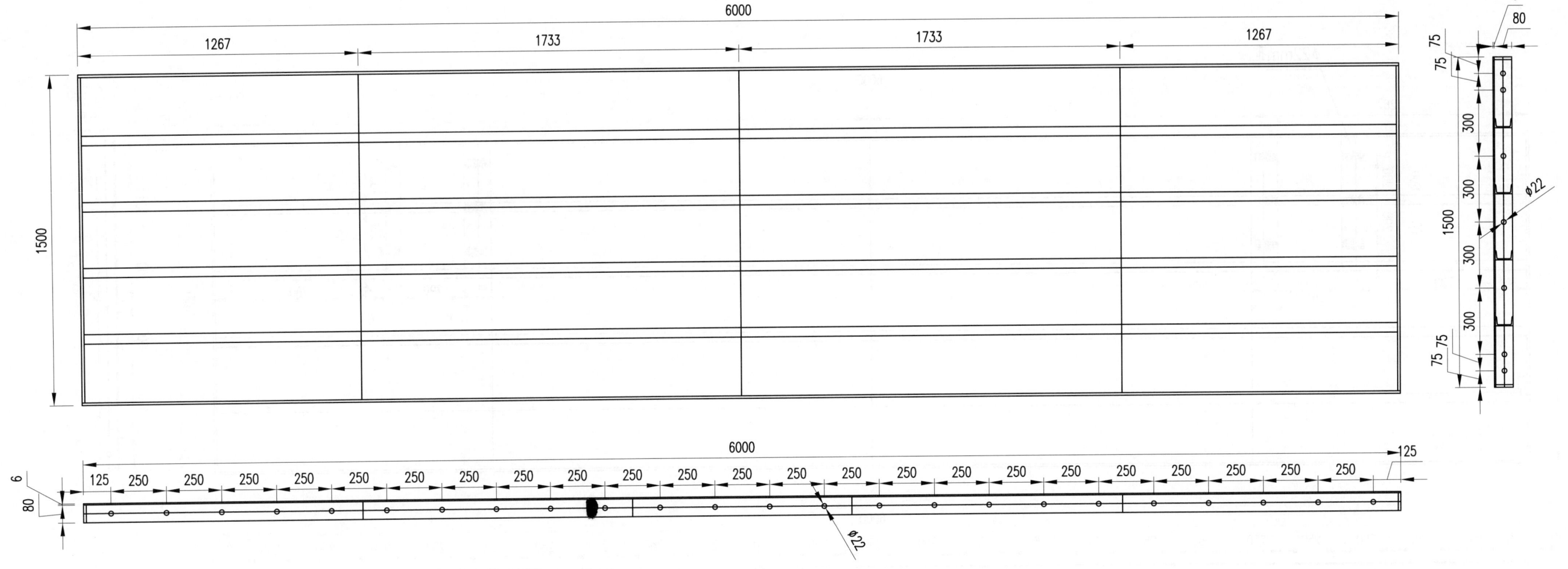

说明：
1. 模板连接孔均为ø=22mm椭圆孔。
2. 图中尺寸以mm计。

涵洞台车	材质	Q235	单重	535kg
模板一	件数	1	图号	11-3

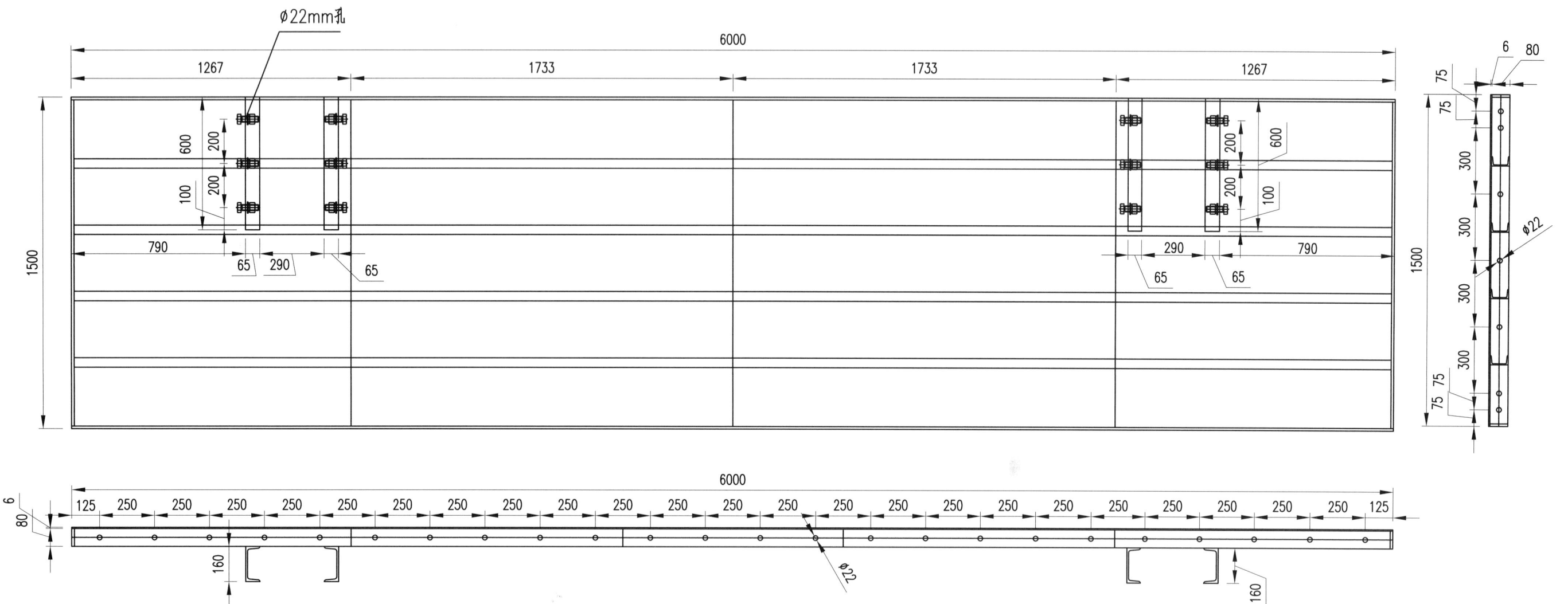

说明:
1. 模板连接孔均为ϕ=22mm椭圆孔。
2. 图中尺寸以mm计。

涵洞台车	材 质	Q235	单 重	535kg
模板二	件 数	1	图 号	11-4

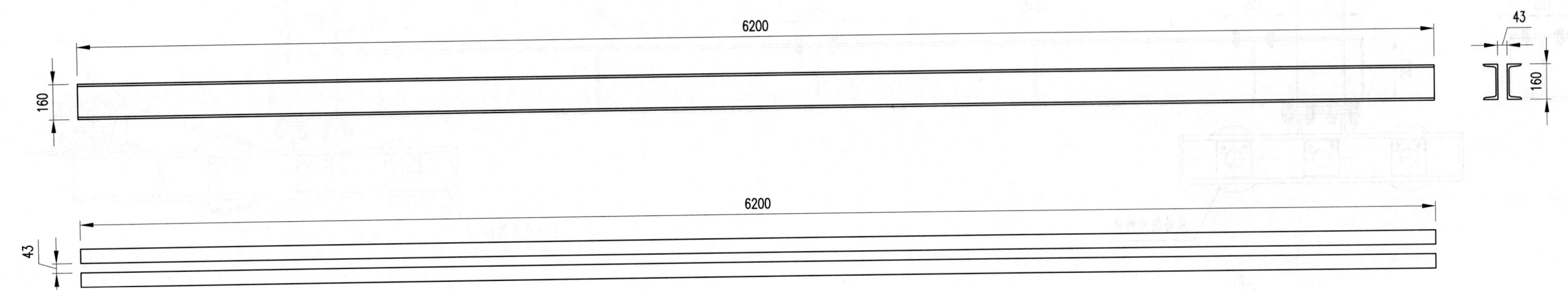

说明：
图中尺寸以mm计。

涵洞台车	材质	Q235	单重	122kg
模板背楞	件数	1	图号	11-5

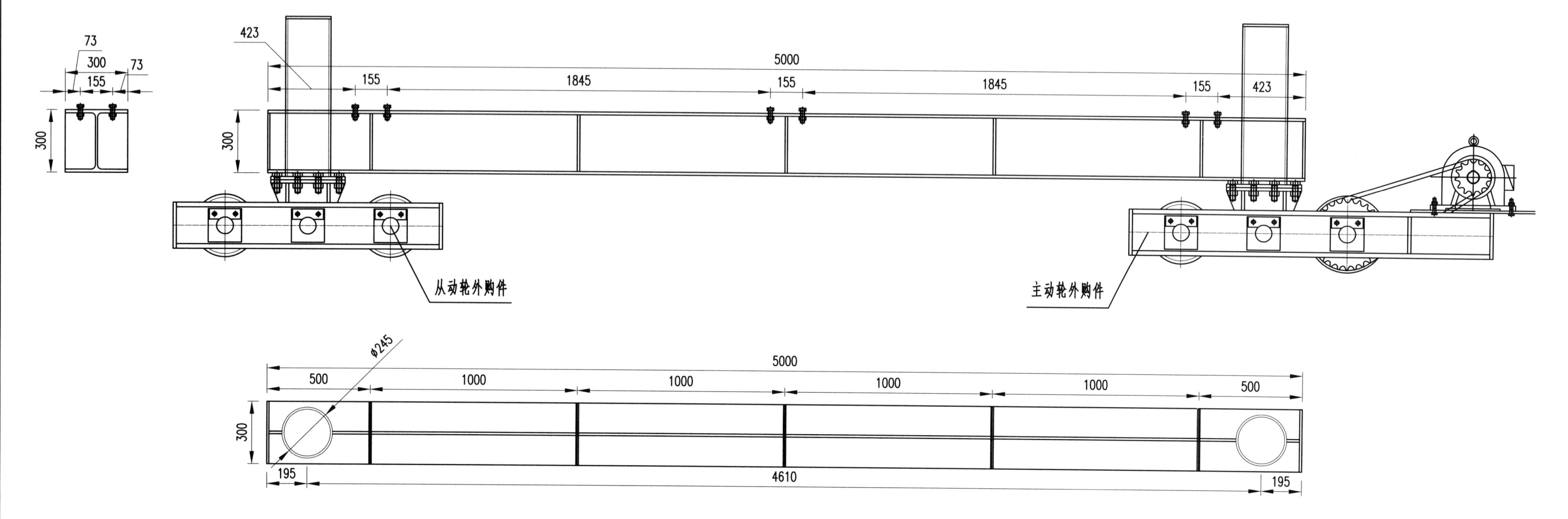

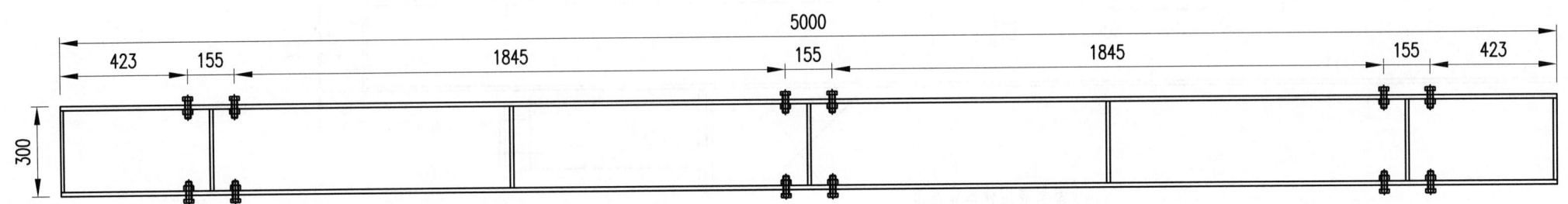
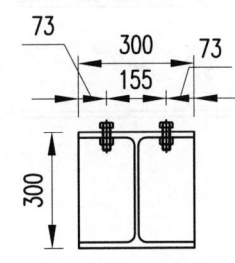

说明：
图中尺寸以mm计。

涵洞台车	材质	Q235	单重	485kg
上横梁	件数	1	图号	11-7

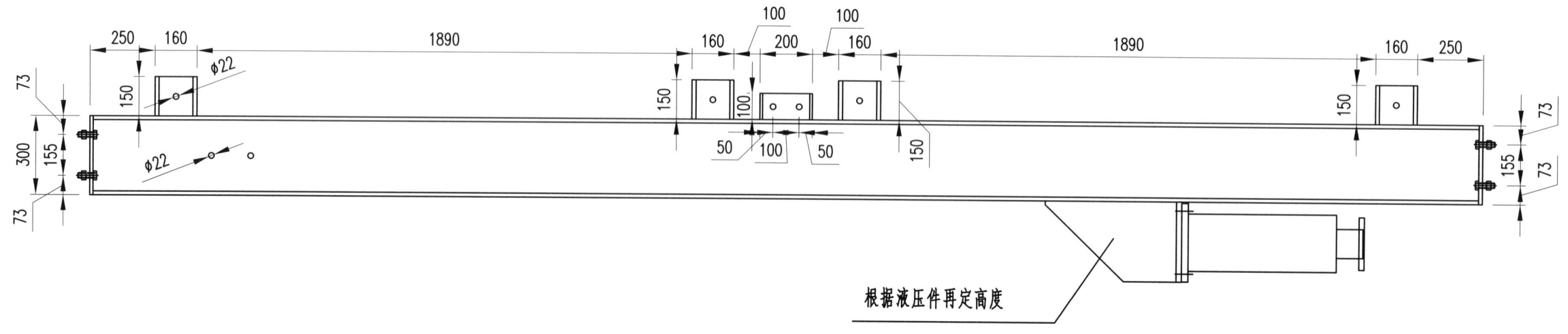
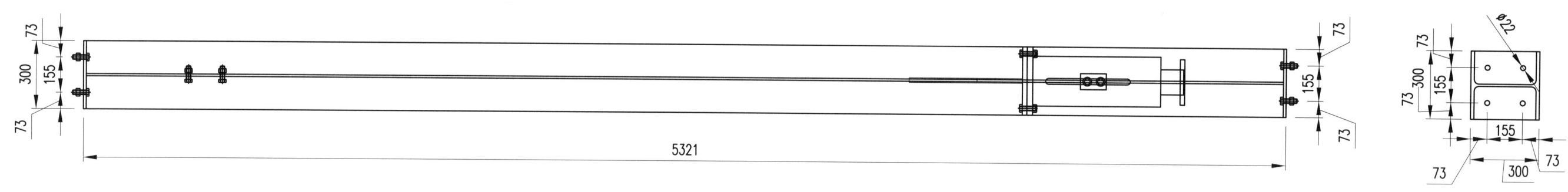

根据液压件再定高度

说明：
图中尺寸以mm计。

涵洞台车	材质	Q235	单重	517kg
立柱一	件数	1	图号	11-8

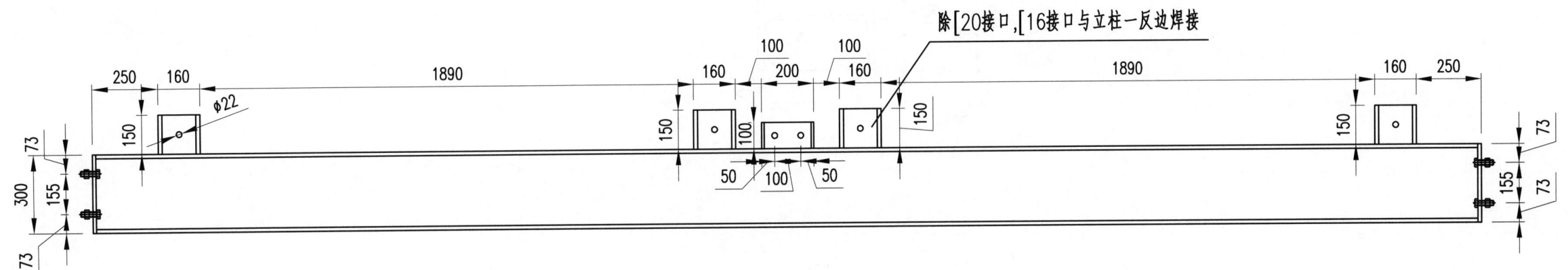

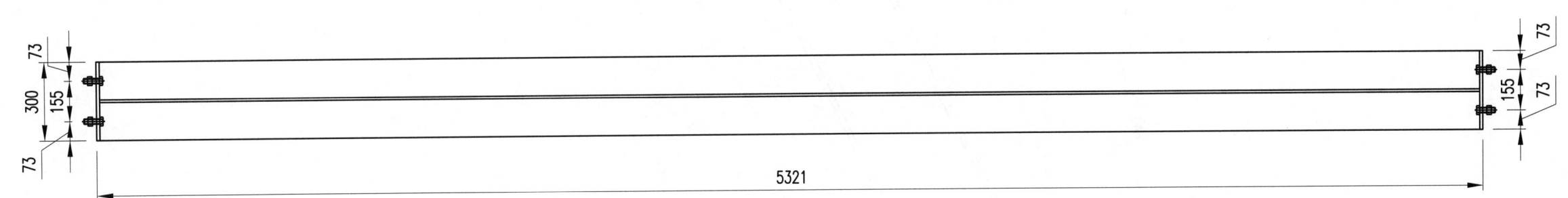

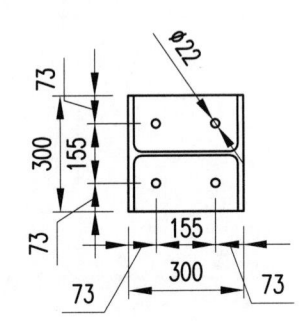

说明：
图中尺寸以mm计。

涵洞台车	材 质	Q235	单 重	517kg
立柱二	件 数	1	图 号	11-9

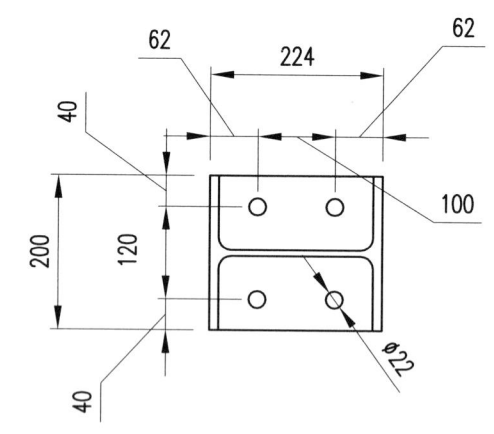
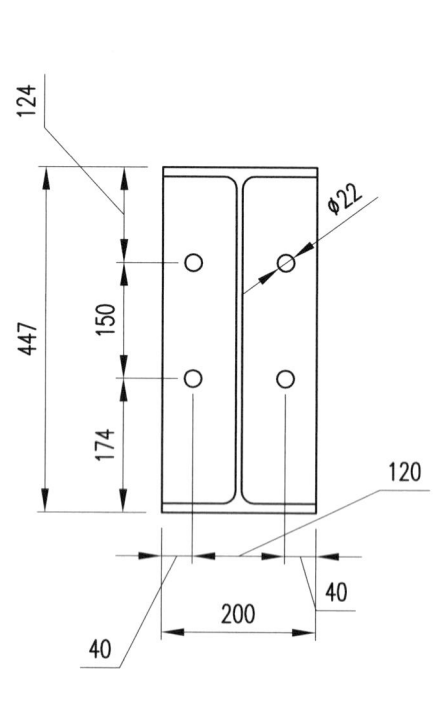
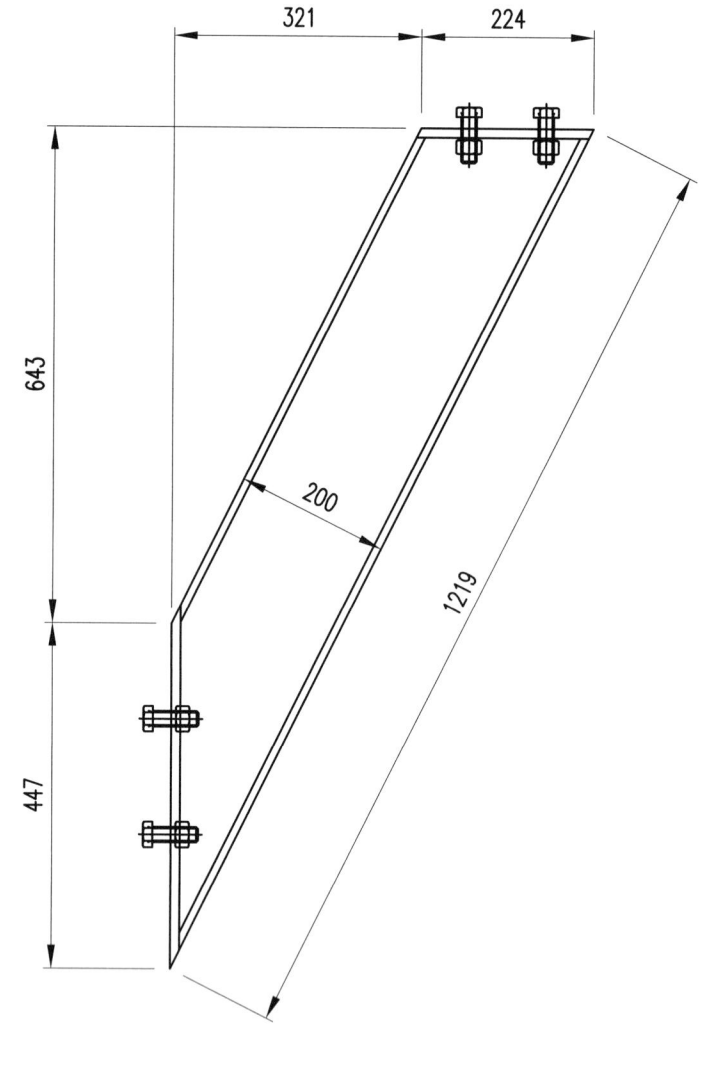

说明：
图中尺寸以mm计。

涵洞台车	材质	Q235	单重	65kg
立柱二	件数	1	图号	11-10

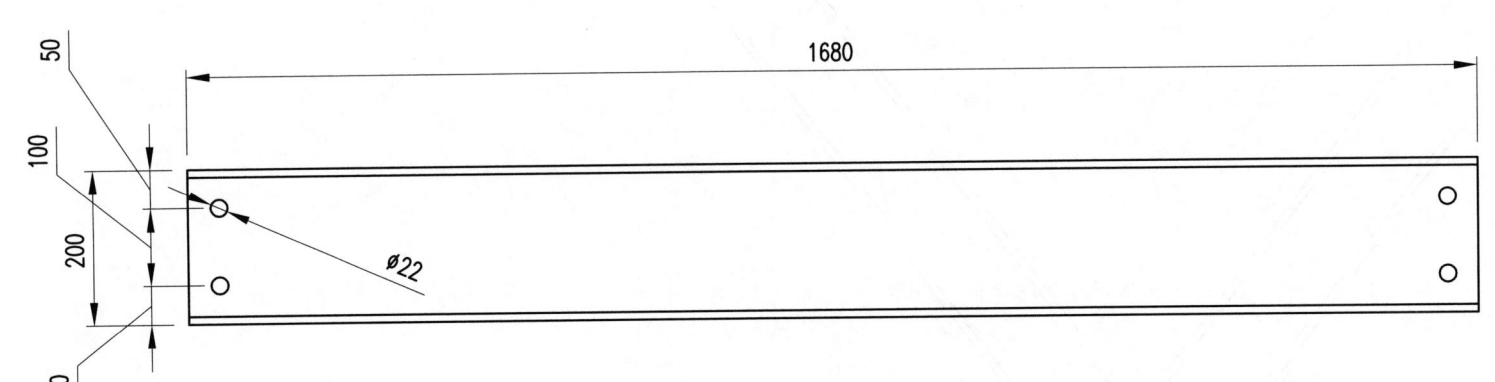
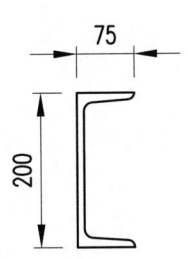

说明：

图中尺寸以mm计。

涵洞台车	材质	Q235	单重	43kg
连杆	件数	1	图号	11-11

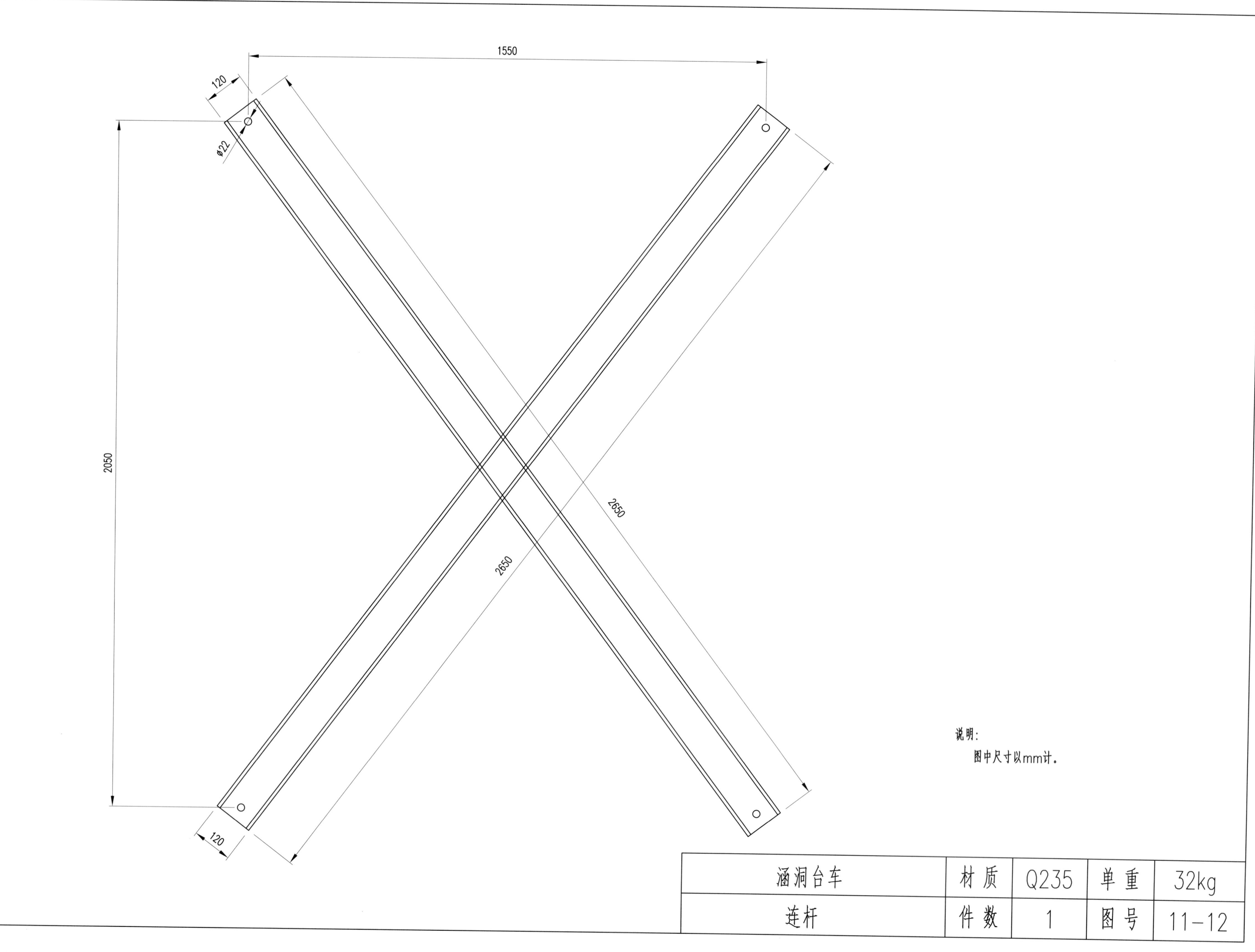

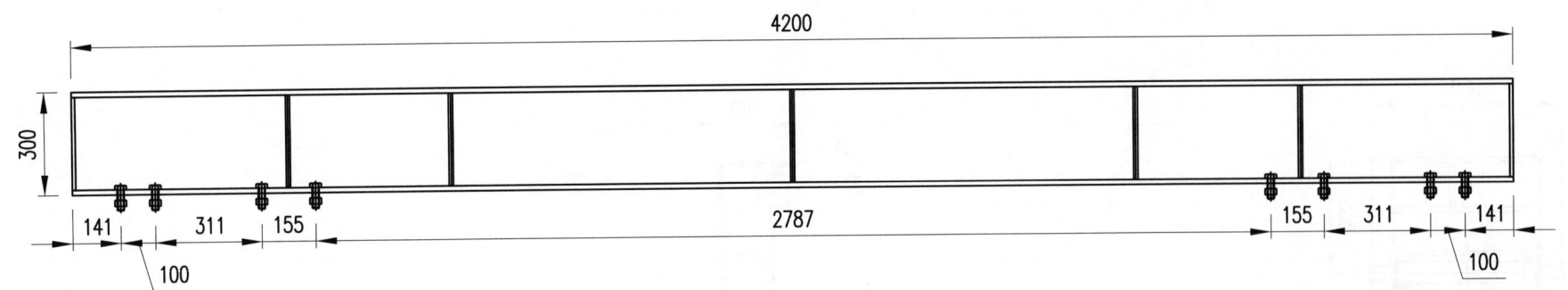
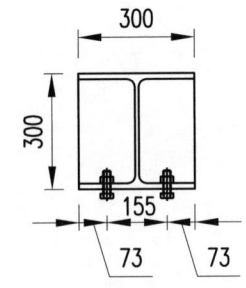

说明：
图中尺寸以mm计。

涵洞台车	材质	Q235	单重	409kg
横连梁	件数	1	图号	11-13

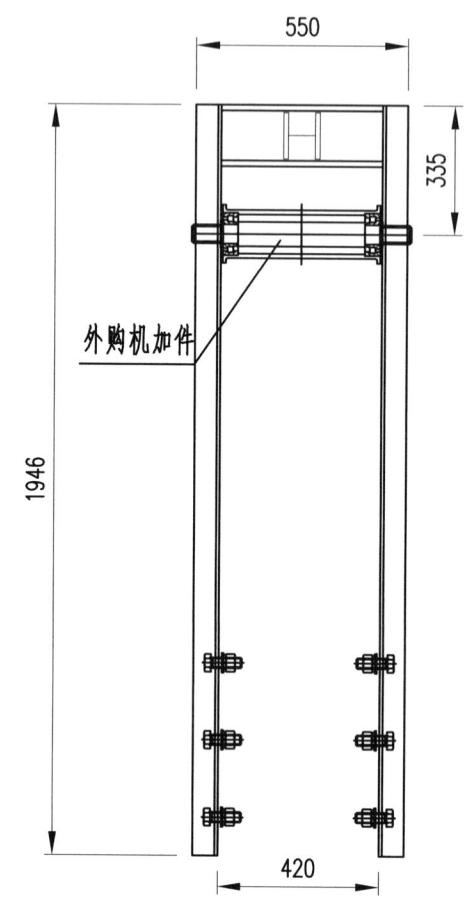
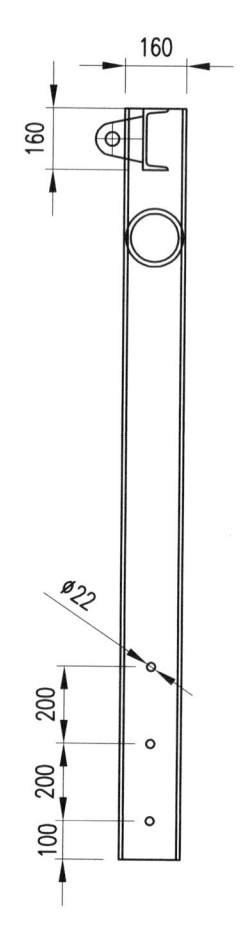

外购机加件

说明：
图中尺寸以mm计。

涵洞台车	材质	Q235	单重	47kg
吊具	件数	1	图号	11-14